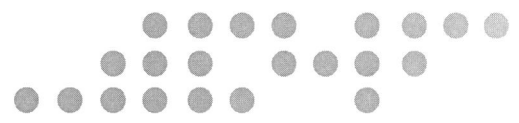

산업안전기사 필기
4주완성

- 한국산업인력공단의 출제기준 완벽하게 분석하였음
- 핵심이론 요약하여 수록하였음
- 계산문제는 풀이과정과 공식을 상세하게 정리
- 상세한 해설을 수록하여 이해가 쉽도록 하였음
- 최신 과년도 기출문제 수록 하였음

경 국 현 저

머리말

 본 교재는 오랜 기간 산업현장에서의 실무경험과 대학에서의 강의 경험을 통해 터득한 교육 노하우를 접목하여 산업안전기사를 준비하는 수험생들에게 단기간에 가장 효율적인 학습이 되도록 구성하였고 수험생들이 최단 시간에 자격증을 취득할 수 있도록 기획하였으며 이론을 핵심 요약하여 시간을 절약할 수 있도록 하였으며 과년도 기출문제 5개년을 수록하여 별도로 기출문제 교재를 구입하지 않고 본서로 공부하고 산업안전기사 자격증 시험에 합격할 수 있도록 과년도 기출문제 해설에 최선을 다하였다.

본 교재의 특징

- 핵심이론을 요약하여 시간을 절약할 수 있도록 하였다.
- 수험자가 단기간에 완성할 수 있도록 한국산업인력공단의 출제 기준안에 맞도록 체계적으로 정리하였다.
- 연도별 과년도 기출문제를 체계적으로 학습하기 쉽도록 정리하였다
- 계산문제는 공식과 풀이과정을 상세하게 정리하였다.
- 수험생 스스로 문제를 해결할 수 있도록 상세하게 해설을 수록하였다.

 본 교재를 충분히 활용하여 산업안전기사 자격시험에 합격되시기를 기원하며 차후 변경되는 출제경향 및 과년도 문제 등을 추가로 수록하여 계속 보완하도록 하겠다.

 끝으로 본서를 출간함에 있어 도움을 주시고 지도하여 주신 모든 선·후배님들께 감사를 드리며 본 수험서의 발행에 힘써주신 명인북스 박한용 대표님, 그리고 임직원 여러분께 진심으로 감사를 드리며 무궁한 발전을 기원합니다.

지은이 정국현

출제기준(필기)

직무 분야	안전관리	중직무분야	안전관리	자격 종목	산업안전기사	적용 기간	2024.1.1.~2026.12.31.

○직무내용 : 제조 및 서비스업 등 각 산업현장에 소속되어 산업재해 예방계획의 수립에 관한사항을 수행하며, 작업환경의 점검 및 개선에 관한 사항, 사고사례 분석 및 개선에 관한 사항, 근로자의 안전교육 및 훈련 등을 수행하는 직무이다.

필기검정방법	객관식	문제수	120	시험시간	3시간

필기 과목명	출제 문제수	주요항목	세부항목	세세항목
산업 재해 예방 및 안전 보건 교육	20	1. 산업재해예방 계획수립	1. 안전관리	1. 안전과 위험의 개념 2. 안전보건관리 제이론 3. 생산성과 경제적 안전도 4. 재해예방활동기법 5. KOSHA GUIDE 6. 안전보건예산 편성 및 계상
			2. 안전보건관리 체제 및 운용	1. 안전보건관리조직 구성 2. 산업안전보건위원회 운영 3. 안전보건경영시스템 4. 안전보건관리규정
		2. 안전보호구 관리	1. 보호구 및 안전장구 관리	1. 보호구의 개요 2. 보호구의 종류별 특성 3. 보호구의 성능기준 및 시험방법 4. 안전보건표지의 종류·용도 및 적용 5. 안전보건표지의 색채 및 색도기준
		3. 산업안전심리	1. 산업심리와 심리검사	1. 심리검사의 종류 2. 심리학적 요인 3. 지각과 정서 4. 동기·좌절·갈등 5. 불안과 스트레스
			2. 직업적성과 배치	1. 직업적성의 분류 2. 적성검사의 종류 3. 직무분석 및 직무평가 4. 선발 및 배치 5. 인사관리의 기초
			3. 인간의 특성과 안전과의 관계	1. 안전사고 요인 2. 산업안전심리의 요소 3. 착상심리 4. 착오 5. 착시 6. 착각현상

필기 과목명	출제 문제수	주요항목	세부항목	세세항목
산업재해 예방 및 안전보건교육	20	4. 인간의 행동과학	1. 조직과 인간행동	1. 인간관계 2. 사회행동의 기초 3. 인간관계 메커니즘 4. 집단행동 5. 인간의 일반적인 행동특성
			2. 재해 빈발성 및 행동과학	1. 사고경향 2. 성격의 유형 3. 재해 빈발성 4. 동기부여 5. 주의와 부주의
			3. 집단관리와 리더십	1. 리더십의 유형 2. 리더십과 헤드십 3. 사기와 집단역학
			4. 생체리듬과 피로	1. 피로의 증상 및 대책 2. 피로의 측정법 3. 작업강도와 피로 4. 생체리듬 5. 위험일
		5. 안전보건교육의 내용 및 방법	1. 교육의 필요성과 목적	1. 교육목적 2. 교육의 개념 3. 학습지도 이론 4. 교육심리학의 이해
			2. 교육방법	1. 교육훈련기법 2. 안전보건교육방법(TWI, O.J.T, OFF.J.T등) 3. 학습목적의 3요소 4. 교육법의 4단계 5. 교육훈련의 평가방법
			3. 교육실시 방법	1. 강의법 2. 토의법 3. 실연법 4. 프로그램학습법 5. 모의법 6. 시청각교육법 등
			4. 안전보건교육계획 수립 및 실시	1. 안전보건교육의 기본방향 2. 안전보건교육의 단계별 교육과정 3. 안전보건교육 계획
			5. 교육내용	1. 근로자 정기안전보건 교육내용 2. 관리감독자 정기안전보건 교육내용 3. 신규채용시와 작업내용변경시 안전보건 교육내용 4. 특별교육대상 작업별 교육내용
		6. 산업안전관계 법규	1. 산업안전보건법령	1. 산업안전보건법 2. 산업안전보건법 시행령 3. 산업안전보건법 시행규칙 4. 산업안전보건기준 관한 규칙 5. 관련 고시 및 지침에 관한 사항

필기 과목명	출제 문제수	주요항목	세부항목	세세항목
인간공학 및 위험성 평가·관리	20	1. 안전과 인간공학	1. 인간공학의 정의	1. 정의 및 목적 2. 배경 및 필요성 3. 작업관리와 인간공학 4. 사업장에서의 인간공학 적용분야
			2. 인간-기계체계	1. 인간-기계 시스템의 정의 및 유형 2. 시스템의 특성
			3. 체계설계와 인간요소	1. 목표 및 성능명세의 결정 2. 기본설계 3. 계면설계 4. 촉진물 설계 5. 시험 및 평가 6. 감성공학
			4 인간요소와 휴먼에러	1. 인간실수의 분류 2. 형태적 특성 3. 인간실수 확률에 대한 추정기법 4. 인간실수 예방기법
		2. 위험성 파악·결정	1. 위험성 평가	1. 위험성 평가의 정의 및 개요 2. 평가대상 선정 3. 평가항목 4. 관련법에 관한 사항
			2. 시스템 위험성 추정 및 결정	1. 시스템 위험성 분석 및 관리 2. 위험분석 기법 3. 결함수 분석 4. 정성적, 정량적 분석 5. 신뢰도 계산
		3. 위험성 감소대책 수립·실행	1. 위험성 감소대책 수립 및 실행	1. 위험성 개선대책(공학적·관리적)의 종류 2. 허용가능한 위험수준 분석 3. 감소대책에 따른 효과 분석 능력
		4. 근골격계질환 예방관리	1. 근골격계 유해요인	1. 근골격계 질환의 정의 및 유형 2. 근골격계 부담작업의 범위
			2. 인간공학적 유해요인 평가	1. OWAS 2. RULA 3. REBA 등
			3. 근골격계 유해요인 관리	1. 작업관리의 목적 2. 방법연구 및 작업측정 3. 문제해결절차 4. 작업개선안의 원리 및 도출방법
		5. 유해요인 관리	1. 물리적 유해요인 관리	1. 물리적 유해요인 파악 2. 물리적 유해요인 노출기준 3. 물리적 유해요인 관리대책 수립
			2. 화학적 유해요인 관리	1. 화학적 유해요인 파악 2. 화학적 유해요인 노출기준 3. 화학적 유해요인 관리대책 수립
			3. 생물학적 유해요인 관리	1. 생물학적 유해요인 파악 2. 생물학적 유해요인 노출기준 3. 생물학적 유해요인 관리대책 수립

필기과목명	출제문제수	주요항목	세부항목	세세항목
인간공학 및 위험성 평가·관리	20	6. 작업환경 관리	1. 인체계측 및 체계제어	1. 인체계측 및 응용원칙 2. 신체반응의 측정 3. 표시장치 및 제어장치 4. 통제표시비 5. 양립성 6. 수공구
			2. 신체활동의 생리학적 측정법	1. 신체반응의 측정 2. 신체역학 3. 신체활동의 에너지 소비 4. 동작의 속도와 정확성
			3. 작업 공간 및 작업자세	1. 부품배치의 원칙 2. 활동분석 3. 개별 작업 공간 설계지침
			4. 작업측정	1. 표준시간 및 연구 2. work sampling의 원리 및 절차 3. 표준자료 (MTM, Work factor 등)
			5. 작업환경과 인간공학	1. 빛과 소음의 특성 2. 열교환과정과 열압박 3. 진동과 가속도 4. 실효온도와 Oxford 지수 5. 이상환경(고열, 한랭, 기압, 고도 등) 및 노출에 따른 사고와 부상 6. 사무/VDT 작업 설계 및 관리
			6. 중량물 취급 작업	1. 중량물 취급 방법 2. NIOSH Lifting Equation
기계·기구 및 설비 안전 관리	20	1. 기계공정의 안전	1. 기계공정의 특수성 분석	1. 설계도(설비 도면, 장비사양서 등) 검토 2. 파레토도, 특성요인도, 클로즈 분석, 관리도 3. 공정의 특수성에 따른 위험요인 4. 설계도에 따른 안전지침 5. 특수 작업의 조건 6. 표준안전작업절차서 7. 공정도를 활용한 공정분석 기술
			2. 기계의 위험 안전조건 분석	1. 기계의 위험요인 2. 본질적 안전 3. 기계의 일반적인 안전사항과 안전조건 4. 유해위험기계기구의 종류, 기능과 작동원리 5. 기계 위험성 6. 기계 방호장치 7. 유해위험기계기구 종류와 기능 8. 설비보전의 개념 9. 기계의 위험점 조사 능력 10. 기계 작동 원리 분석 기술
		2. 기계분야 산업재해 조사 및 관리	1. 재해조사	1. 재해조사의 목적 2. 재해조사시 유의사항 3. 재해발생시 조치사항 4. 재해의 원인분석 및 조사기법
			2. 산재분류 및 통계 분석	1. 산재분류의 이해 2. 재해관련 통계의 정의 3. 재해관련 통계의 종류 및 계산 4. 재해손실비의 종류 및 계산
			3. 안전점검·검사·인증 및 진단	1. 안전점검의 정의 및 목적 2. 안전점검의 종류 3. 안전점검표의 작성 4. 안전검사 및 안전인증 5. 안전진단

필기 과목명	출제 문제수	주요항목	세부항목	세세항목
기계·기구 및 설비 안전관리	20	3. 기계설비 위험요인 분석	1. 공작기계의 안전	1. 절삭가공기계의 종류 및 방호장치 2. 소성가공 및 방호장치
			2. 프레스 및 전단기의 안전	1. 프레스 재해방지의 근본적인 대책 2. 금형의 안전화
			3. 기타 산업용 기계 기구	1. 롤러기 2. 원심기 3. 아세틸렌 용접장치 및 가스집합 용접장치 4. 보일러 및 압력용기 5. 산업용 로봇 6. 목재 가공용 기계 7. 고속회전체 8. 사출성형기
			4. 운반기계 및 양중기	1. 지게차 2. 컨베이어 3. 양중기(건설용은 제외) 4. 운반 기계
		4. 기계안전시설 관리	1. 안전시설 관리 계획하기	1. 기계 방호장치 2. 안전작업절차 3. 공정도를 활용한 공정분석 4. Fool Proof 5. Fail Safe
			2. 안전시설 설치하기	1. 안전시설물 설치기준 2. 안전보건표지 설치기준 3. 기계 종류별(지게차, 컨베이어, 양중기(건설용은 제외), 운반 기계) 안전장치 설치기준 4. 기계의 위험점 분석
			3. 안전시설 유지·관리하기	1. KS B 규격과 ISO 규격 통칙에 대한 지식 2. 유해위험기계기구 종류 및 특성
		5. 설비진단 및 검사	1. 비파괴검사의 종류 및 특징	육안검사 누설검사 침투검사 초음파검사 자기탐상검사 음향검사 방사선투과검사
			2. 소음·진동 방지 기술	1. 소음방지 방법 2. 진동방지 방법
전기설비 안전관리	20	1. 전기안전관리 업무수행	전기안전관리	1. 배(분)전반 2. 개폐기 3. 보호계전기 4. 과전류 및 누전 차단기 5. 정격차단용량(kA) 6. 전기안전관련 법령
		2. 감전재해 및 방지 대책	1. 감전재해 예방 및 조치	1. 안전전압 2. 허용접촉 및 보폭 전압 3. 인체의 저
			2. 감전재해의 요인	1. 감전요소 2. 감전사고의 형태 3. 전압의 구분 5. 통전전류의 세기 및 그에 따른 영향
			3. 절연용 안전장구	1. 절연용 안전보호구 2. 절연용 안전방호구
		3. 정전기 장·재해 관리	1. 정전기 위험요소 파악	1. 정전기 발생원리 2. 정전기의 발생현상 3. 방전의 형태 및 영향 4. 정전기의 장해
			2. 정전기 위험요소 제거	1. 접지 2. 유속의 제한 3. 보호구의 착용 4. 대전방지제 5. 가습 6. 제전기 7. 본딩

필기 과목명	출제 문제수	주요항목	세부항목	세세항목
전기 설비 안전 관리	20	4. 전기 방폭 관리	1. 전기방폭설비	1. 방폭구조의 종류 및 특징 2. 방폭구조 선정 및 유의사항 3. 방폭형 전기기기
			2. 전기방폭 사고예방 및 대응	1. 전기폭발등급　　2. 위험장소 선정 3. 정전기방지 대책 4. 절연저항, 접지저항, 정전용량 측정
		5. 전기설비 위험요 인 관리	1. 전기설비 위험요인 파악	1. 단락　　　　　　2. 누전 3. 과전류　　　　　4. 스파크 5. 접촉부과열　　　6. 절연열화에 의한 발열 7. 지락　　　　　　8. 낙뢰　　　9. 정전기
			2. 전기설비 위험요인 점검 및 개선	1. 유해위험기계기구 종류 및 특성 2. 안전보건표지 설치기준 3. 접지 및 피뢰 설비 점검
화학 설비 안전 관리	20	1. 화재·폭발 검토	1. 화재·폭발 이론 및 발생 이해	1. 연소의 정의 및 요소 2. 인화점 및 발화점 3. 연소·폭발의 형태 및 종류 4. 연소(폭발)범위 및 위험도 5. 완전연소 조성농도 6. 화재의 종류 및 예방대책 7. 연소파와 폭굉파 8. 폭발의 원리
			2. 소화 원리 이해	1. 소화의 정의　　2. 소화의 종류 3. 소화기의 종류
			3. 폭발방지대책 수립	1. 폭발방지대책 2. 폭발하한계 및 폭발상한계의 계산
		2. 화학물질 안전관리 실행	1. 화학물질(위험물, 유해화학물질) 확 인	1. 위험물의 기초화학　2. 위험물의 정의 3. 위험물의 종류　　4. 노출기준 5. 유해화학물질의 유해요인
			2. 화학물질(위험물, 유해화학물질) 유 해 위험성 확인	1. 위험물의 성질 및 위험성 2. 위험물의 저장 및 취급방법 3. 인화성 가스취급시 주의사항 4. 유해화학물질 취급시 주의사항 5. 물질안전보건자료(MSDS)
			3. 화학물질 취급설비 개념 확인	1. 각종 장치(고정, 회전 및 안전장치 등) 종류 2. 화학장치(반응기, 정류탑, 열교환기 등) 특성 3. 화학설비(건조설비 등)의 취급시 주의사항 4. 전기설비(계측설비 포함)
		3. 화공안전 비상조치 계획·대응	1. 비상조치계획 및 평가	1. 비상조치 계획 2. 비상대응 교육 훈련 3. 자체매뉴얼 개발
		4. 화공 안전운전· 점검	1. 공정안전 기술	1. 공정안전의 개요 2. 각종 장치(제어장치, 송풍기, 압축기, 배관 및 피팅류) 3. 안전장치의 종류
			2 안전 점검 계획 수립	1. 안전운전 계획
			3. 공정안전보고서 작성심사확인	1. 공정안전 자료 2. 위험성 평가

필기 과목명	출제 문제수	주요항목	세부항목	세세항목
건설 공사 안전 관리	20	1. 건설공사 특성분석	1. 건설공사 특수성 분석	1. 안전관리 계획 수립 2. 공사장 작업환경 특수성 3. 계약조건의 특수성
			2. 안전관리 고려사항 확인	1. 설계도서 검토 2. 안전관리 조직 3. 시공 및 재해사례검토
		2. 건설공사 위험성	1. 건설공사 유해위험 요인 파악	1. 유해·위험요인 선정 2. 안전보건자료 3. 유해위험방지계획서
			2. 건설공사 위험성 추정·결정	1. 위험성 추정 및 평가 방법 2. 위험성 결정 관련 지침 활용
		3. 건설업 산업안전 보건관리비 관리	1. 건설업 산업안전보 건관리비 규정	1. 건설업산업안전보건관리비의 계상 및 사용기준 2. 건설업산업안전보건관리비 대상액 작성요령 3. 건설업산업안전보건관리비의 항목별 사용내역
		4. 건설현장 안전시 설 관리	1. 안전시설 설치 및 관리	1. 추락 방지용 안전시설 2. 붕괴 방지용 안전시설 3. 낙하, 비래방지용 안전시설
			2. 건설공구 및 장비 안전수칙	1. 건설공구의 종류 및 안전수칙 2. 건설장비의 종류 및 안전수칙
		5. 비계·거푸집 가시 설 위험방지	1. 건설 가시설물 설치 및 관리	1. 비계 2. 작업통로 및 발판 3. 거푸집 및 동바리 4. 흙막이
		6. 공사 및 작업 종류별 안전	1. 양중 및 해체 공사	1. 양중공사 시 안전수칙 2. 해체공사 시 안전수칙
			2. 콘크리트 및 PC 공사	1. 콘크리트공사 시 안전수칙 2. PC공사 시 안전수칙
			3. 운반 및 하역작업	1. 운반작업 시 안전수칙 2. 하역작업 시 안전수칙

CONTENTS

차 례

chapter 1 　산업재해예방 및 안전보건 교육

01 산업재해예방 계획 수립

1. 안전제일의 유래 및 이념 ········· 3
2. 사고(accident)의 정의 ········· 3
3. 안전사고와 재해 ········· 3
4. 재해발생의 연쇄성 이론 ········· 4
5. 재해 원인의 연쇄 관계 ········· 5
6. 재해발생의 메커니즘(3가지의 구조적 요소) ········· 6
7. 재해발생 비율 ········· 6
8. 재해예방의 원칙 및 위험관리 기법 ········· 7
9. 사고 예방대책의 기본원리(사고방지원리의 단계) ········· 7
10. 무재해운동 이론 ········· 8
11. 위험예지 훈련 ········· 8
12. 실수 및 과오의 3대 원인 ········· 9
13. STOP(safety training observation program) ········· 9

02 안전보건관리 체제 및 운용

1. 안전관리 조직의 형태 ········· 10
2. 산업안전보건법상의 안전 보건관리 조직 업무내용 ········· 11
3. 산업안전보건위원회 ········· 12
4. 안전관리 규정 ········· 13
5. 안전관리 계획 ········· 14
6. 안전보건개선계획 ········· 15

03 재해조사 및 통계분석

1. 재해조사의 목적 ········· 16
2. 재해발생시의 조치사항 ········· 16
3. 재해발생의 메커니즘(mechanism) ········· 17
4. 통계적 원인 분석 방법 ········· 17
5. 재해율 ········· 18
6. 세이프 티 스코어(SafeT.score) ········· 19
7. 재해손실비 ········· 20
8. 재해사례 연구의 진행단계 ········· 20

04 안전점검 및 작업분석

1. 안전점검 ··· 21
2. 작업표준 ··· 22
3. 작업위험 분석 ·· 22
4. 동작 경제의 3원칙 ·· 23
5. 안전인증 ··· 24
6. 안전검사 ··· 25

05 안전보호구 관리

1. 보호구의 개요 ·· 27
2. 안전모 ··· 27
3. 눈의 보호구(보안경) ·· 29
4. 안면보호구(보안면) ··· 31
5. 귀 보호구 ·· 31
6. 호흡용 보호구 ·· 32
7. 손의 보호구 ·· 35
8. 발의 보호구 ·· 36
9. 안전대 ··· 36
10. 산업안전 표지 ·· 38

06 산업안전심리

1. 산업심리학의 정의 및 목적 ··· 41
2. 호오도온(Hawthorne) 실험 ·· 41
3. 욕구 및 사회행동의 기본형태 ··· 41
4. 인간관계의 메커니즘 및 관리방식 ··· 42
5. 집단관리 ··· 42
6. 직장에서의 적응과 부적응 ·· 43
7. 모랄 서어베이(morale survey : 사기조사)의 주요방법 ··························· 44
8. 카운슬링(counseling) ·· 44
9. 리더십 ··· 45
10. 적성의 요인 및 적성발견의 방법 ··· 46
11. 성격검사의 종류 ·· 46
12. 심리검사 ··· 47
13. 적성배치와 인사관리 ·· 47
14. 안전사고의 요인 ·· 48
15. 산업안전 심리의 요소 ·· 48
16. 재해 빈발설 ·· 49
17. 사고경향성자(재해 누발자, 재해 다발자)의 유형 ································· 49
18. Lewin. K의 법칙 ··· 50
19. 인간변화의 4단계 ··· 50
20. 동기부여이론 ··· 50

21. 착오의 메커니즘 및 착오요인 ··· 52
22. 착시(Optical Illusion) ··· 52
23. 인간의 동작 특성 ··· 54
24. 간결성의 원리 ·· 54
25. 주의력과 부주의 ··· 54
26. 의식 수준의 단계 ··· 55
27. 피로 ··· 56
28. 바이오리듬(biorhythm : 생체리듬) ·· 57
29. 스트레스의 주요원인 ·· 57

07 안전보건교육의 내용 및 방법

1. 교육의 3요소 ·· 59
2. 학습지도의 원리 ··· 59
3. 교육지도(학습지도)의 8원칙 ··· 59
4. 교육법 및 작업지도 기법의 4단계 ·· 60
5. 학습의 이론 ·· 61
6. 기억 및 망각 ·· 62
7. 연습의 방법 : 전습법과 분습법 ·· 62
8. 학습의 전이 ·· 62
9. 적응기제(適應機制) ··· 63
10. 안전교육의 기본방향 및 목적 ·· 64
11. 안전교육의 3단계 및 단계별 교육과정 ·· 64
12. 안전교육 계획 ··· 65
13. 기능(기술)교육의 진행방법 ·· 66
14. 안전교육 방법 ··· 66
15. 기업 내 정형교육 ·· 68
16. O·J·T와 off·J·T ··· 69
17. 교육방법의 선택 ··· 69
18. 시청각 교육의 필요성 ··· 70
19. 강의 계획 ·· 71
20. 교육훈련 평가의 기준 ··· 71
21. 교육훈련 평가 ··· 72
22. 산업안전보건법관련 교육과정별 교육대상 및 교육내용 ······································ 72

chapter 2 인간공학 및 위험성 평가 관리

01 안전과 인간공학

1. 안전과 인간공학 ··· 77
2. 인간기계 체계 ·· 77
3. 작업설계에 있어서의 인간의 가치기준 ·· 78
4. 인간공학의 연구 방법 및 인간공학의 기여도 ·· 79
5. 인간 기준 및 기준의 요건 ··· 79

6. 휴먼에러(human error) ·· 80
7. 인간 및 기계의 신뢰성 요인 ·· 81
8. 신뢰도 ·· 81
9. 고장 및 System의 수명 ·· 82
10. 인간에 대한 monitoring 방식 ··· 83
11. fail-safety 및 lock system ·· 83
12. 체계의 제어 ··· 84
13. 인체계측 ··· 85
14. 생리학적 측정법 ·· 85
15. 에너지 소모량의 산출 ··· 85
16. 작업공간 및 작업대 ·· 86
17. 기계 통제장치의 유형 ··· 87
18. 통제 표시비(통제비) ··· 87
19. 인간의 특정감각을 통하여 환경으로부터 받아들이는 자극차원 ········· 88
20. 정보와 측정단위 및 관계식 ·· 88
21. 표시장치로 나타내는 정보의 유형 및 표시장치의 종류 ······················ 89
22. 청각장치와 시각장치의 선택(특정 감각의 선택) ································ 89
23. 암호체계 사용상의 일반적인 지침 ·· 89
24. 인간의 기술 ··· 90
25. 양립성(compatibility) ··· 90
26. 디스플레이(display)가 형성하는 목시각 ··· 90
27. 시각적 표시장치 ·· 91
28. 청각적 표시장치 ·· 91
29. 신체 활동 및 생리적 배경 ·· 92
30. 조정장치의 저항력 ·· 93
31. 이력현상 및 사공간 ·· 93
32. 온도와 열 압박 ··· 93
33. 조 명 ··· 94
34. 휘광(glare)의 처리 ··· 95
35. 시각 및 색각 ··· 96
36. 소 음 ··· 96
37. 진동 및 coriolis 현상 ·· 99

02 근골격계 질환 예방 관리

1. 근골격계 질환의 정의·종류 ··· 100
2. 근골격계 질환의 발생원인 ·· 101
3. 근골격계 부담작업 ··· 101
4. 근골격계 질환의 관리방안 ·· 102
5. 근골격계질환 예방관리 프로그램 ··· 103
6. 근골격계질환 예방관리 프로그램의 기본 진행순서, 기본원칙, 기본방향 등
   ··· 103
7. 근골격계질환 예방·관리추진팀 및 보건관리자의 역할 ··················· 104

03 유해요인 조사

1. 근골격계부담작업 유해요인조사 지침 ····· 105
2. 유해요인조사도구 중 JSI(jop strain index)의 평가항목 ····· 106
3. 유해요인의 개선방법 ····· 106
4. 유해요인의 공학적, 관리적 개선사례 ····· 106

04 인간공학적 유해요인 평가(작업 부하 평가)

1. 들기작업공식 ····· 107
2. OWAS ····· 108
3. RULA ····· 108
4. REBA ····· 109

05 위험성 파악·결정

1. 시스템 안전관리 ····· 110
2. 시스템 안전의 달성 ····· 110
3. 위험성의 분류 및 FAFR ····· 111
4. 설비도입 및 제품 개발 단계의 안전성 평가 ····· 111
5. PHA(예비사고분석) ····· 112
6. FHA(결함사고분석) ····· 112
7. FMEA(고장형태와 영향분석) ····· 112
8. CA(위험도 분석) ····· 114
9. DT(디시젼 트리)와 ETA(사상수분석법) ····· 114
10. THERP(인간과오율예측기법) ····· 115
11. MORT(경영소홀과 위험수분석) ····· 115
12. O & SHA(operating and support hazard analysis) ····· 115
13. HAZOP(위험 및 운선성 검토) ····· 115
14. 위험(risk) 처리(조정)기술 ····· 116
15. F.T.A(결함수 분석법) ····· 116
16. 공장설비의 안전성 평가 ····· 119
17. 화학설비의 안전성 평가 ····· 120

06 위험성 감소 대책 수립·실행

1. 위험성 평가의 개요 ····· 122
2. 위험성 평가의 방법 ····· 123
3. 위험성 평가의 절차 ····· 124
4. 위험성평가의 실시시기 ····· 126

chapter 3 기계·기구 및 설비 안전관리

01 기계안전의 개념
1. 기계의 위험 및 안전조건 ·· 131
2. 기계의 방호 ·· 135

02 기계공정의 안전
1. 기계설비의 안전조건 ·· 138
2. 소성 가공기계의 안전 ·· 146
3. 용접장치의 안전 ·· 153

03 산업용 기계안전기술
1. 보일러 안전 ·· 158
2. 압력용기 및 공기압축기 안전 ·· 161
3. 산업용 로봇의 안전 ·· 163
4. 운반기계 및 양중기의 안전 ·· 164

chapter 4 전기설비 안전관리

01 감전재해 및 방지대책
1. 전기재해의 종류 및 특성 ·· 175
2. 전격현상의 메커니즘 및 위험도 결정조건 ·· 175
3. 통전전류에 의한 인체의 영향 ·· 176
4. 인체의 전기저항 및 안전전압 ·· 177
5. 감전사고 발생 후의 처리 및 응급조치 ·· 179
6. 감전사고 방지 ·· 180
7. 전자파의 종류 및 전자파 장해의 방지대책 ·· 181

02 전기안전관리 업무 수행
1. 전기설비 및 기기 ·· 182
2. 전기작업안전 ·· 187
3. 전기설비안전 ·· 193
4. 교류 아크용접작업의 안전 ·· 197

03 전기화재 예방 대책
1. 전기화재의 분류 ·· 199
2. 발화단계 및 착화에너지 ·· 200
3. 전기화재의 방지대책 ·· 200
4. 발화원의 관리 ·· 201

5. 전기누전 화재경보기 ·· 202
6. 전기화재에 적합한 소화기(전기화재: C급화재, 청색) ················· 202

04 정전기 장·재해 관리
1. 정전기 이론 ·· 203
2. 정전기 재해 방지대책 ·· 206

05 전기 방폭 관리
1. 폭발성가스의 위험특성 ·· 209
2. 방폭대책의 기본사항 ·· 210
3. 폭발성가스 및 분진 ·· 210
4. 위험장소 ··· 212
5. 방폭구조 ··· 213

chapter 5 화학설비 안전관리

01 화학물질 안전관리 실행
1. 위험물의 기초 화학 ·· 219
2. 화학반응 ··· 219
3. 연소 이론 ··· 220
4. 위험물의 종류 및 성상 ·· 223
5. 위험물질의 기준량(안전보건규칙) ··· 227
6. 위험물질의 특성 등 ·· 228
7. 고압가스 ··· 229
8. 유해물질관리 ··· 230
9. 소화이론 및 소화약제 ·· 234

02 화재·폭발 검토
1. 화재 ·· 238
2. 폭발 및 폭굉 ··· 239
3. 폭발의 분류 ··· 240
4. 가연성가스의 폭발한계 ·· 241
5. 발화원 ·· 242
6. 폭발압력 ··· 244
7. 화재 및 폭발 방호 ·· 245

03 화학설비 등의 안전
1. 반응기 ·· 247
2. 보일러 ·· 248
3. 증류탑 ·· 249
4. 열교환기 ··· 250

    5. 건조 설비 ········· 251
    6. 화학설비 및 특수화학설비 ········· 252
    7. 제어장치 ········· 253
    8. 안전장치 ········· 254
    9. 배관부속품 ········· 256
    10. 압력계 및 유량계 ········· 256

chapter 6   건설공사 안전관리

01 건설공사 안전의 개요
    1. 지반의 안전성 ········· 259
    2. 유해·위험 방지 계획 ········· 261
    3. 표준 안전 관리비 ········· 262

02 건설기계 안전
    1. 굴착기계 ········· 264
    2. 토공기계 ········· 264
    3. 운반기계 ········· 265
    4. 법상 차량계 건설기계 및 하역 운반기계 ········· 266
    5. 건설용 양중기 ········· 269

03 건설현장 안전시설 관리
    1. 추락재해 ········· 273
    2. 낙하·비래재해 ········· 275
    3. 붕괴재해 ········· 276
    4. 감전안전 ········· 281

04 비계·거푸집·가시설 위험 방지
    1. 비계 설치기준 ········· 285
    2. 가설통로 설치기준 ········· 288
    3. 거푸집 설치 기준 ········· 290

05 운반·하역작업 안전 및 기타 작업안전
    1. 운반작업 ········· 296
    2. 하역작업 ········· 297
    3. 해체작업 ········· 298

CONTENTS

chapter 7 과년도기출문제 [산업안전기사]

01 2021년 시행
- 제1회 기출문제 [3월 7일 시행] ··· 301
- 제2회 기출문제 [5월 15일 시행] ··· 329
- 제3회 기출문제 [8월 14일 시행] ··· 358

02 2022년 시행
- 제1회 기출문제 [3월 5일 시행] ··· 386
- 제2회 기출문제 [4월 24일 시행] ··· 414
- 제3회 CBT 복원 기출문제 ·· 444

03 2023년 시행
- 제1회 CBT 복원 기출문제 ·· 472
- 제2회 CBT 복원 기출문제 ·· 500
- 제3회 CBT 복원 기출문제 ·· 529

04 2024년 시행
- 제1회 CBT 복원 기출문제 ·· 558
- 제2회 CBT 복원 기출문제 ·· 586
- 제3회 CBT 복원 기출문제 ·· 612

05 2025년 시행
- 제1회 CBT 복원 기출문제 ·· 640
- 제2회 CBT 복원 기출문제 ·· 668
- 제3회 CBT 복원 기출문제 ·· 696

chapter 1

산업재해예방 및 안전보건교육

제1장 산업재해예방 계획 수립
제2장 안전보건관리 체제 및 운용
제3장 재해조사 및 통계분석
제4장 안전점검 및 작업분석
제5장 안전보호구 관리
제6장 산업안전심리
제7장 안전보건교육의 내용 및 방법

1. 산업재해예방 계획수립

❶ 안전제일의 유래 및 이념

(1) 안전제일의 유래
1) U. S. Steel Co.의 게리(E. H. Gary) 사장이 주장
2) 경영방침 : 안전 제1, 품질 제2, 생산 제3으로 정함

(2) 산업안전의 이념(안전관리의 효과)
1) 인간존중 : 안전제일 이념
2) 생산성 향상 및 품질향상 : 안전태도 개선 및 손실예방
3) 기업의 경제적 손실예방 : 재해로 인한 인적·재산손실예방
4) 대외여론 개선으로 신뢰성 향상 : 노사협력의 경영태세 완성
5) 사회복지증진 : 경제성 향상

❷ 사고(accident)의 정의

(1) 원하지 않는 사상(undesired event) : 예측할 수 없는 사상

(2) 비효율적인 사상(inefficient) : 뉴욕대학의 Cutter 교수가 주장

(3) 변형된 사상(Strained event) : stress의 한계를 넘어선 변형된 사상은 모두 사고다.

❸ 안전사고와 재해

(1) 무상해 무사고(Near Accident) : 인명이나 물적 등 일체의 피해가 없는 사고를 말한다.(앗차사고, 위험순간 등)

(2) 중대재해(시행규칙 제2조)

1) 사망자가 1명 이상 발생한 재해
2) 3개월 이상의 요양이 필요한 부상자가 동시에 2명 이상 발생한 재해
3) 부상자 또는 직업성질병자가 동시에 10명 이상 발생한 재해

(3) 안전사고의 본질적 특성

1) 사고발생의 시간성
2) 우연성 중의 법칙성
3) 필연성 중의 우연성
4) 사고의 재현 불가능성

(4) 상해정도별 분류(ILO에 의한 구분)

1) 사망
2) 영구전노동불능(1~3급)
3) 영구일부노동불능(4~14급)
4) 일시전노동불능
5) 일시일부노동불능
6) 구급처치상해(응급조치상해)

④ 재해발생의 연쇄성 이론

(1) 하인리히(Heinrich)의 사고연쇄성 이론[도미노(domino)현상]

1) 1단계 : 사회적 환경 및 유전적 요소
2) 2단계 : 개인적 결함
3) 3단계 : 불안전한 행동 및 불안전한 상태(물리적, 기계적 위험)
4) 4단계 : 사고
5) 5단계 : 재해

(2) 버드(Bird)의 최신사고 연쇄성 이론

1) 1단계 : 통제의 부족 – 관리소홀(경영)
2) 2단계 : 기본원인 – 기원(원인론)
3) 3단계 : 직접원인 – 징후
4) 4단계 : 사고 – 접촉
5) 5단계 : 상해 – 손해 – 손실

(3) 아담스(Adams)의 사고연쇄성 이론

1) 1단계 : 관리구조 – 목적, 조직, 운영 등
2) 2단계 : 작전적(전략적) 에러 – 관리자 및 감독자의 행동에러
3) 3단계 : 전술적 에러
4) 4단계 : 사고 – 사고의 발생
5) 5단계 : 상해 또는 손실 – 대인, 대물

5 재해 원인의 연쇄 관계

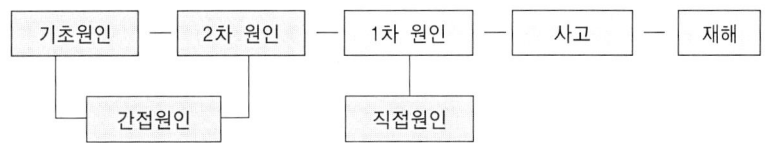

(1) 간접원인 : 재해의 가장 깊은 곳에 존재하는 재해원인이다.

① 기초원인 : 학교 교육적 원인, 관리적 원인
② 2차원인 : 신체적 원인, 정신적 원인, 안전 교육적 원인, 기술적원인

(2) 직접원인(1차원인) : 시간적으로 사고 발생에 가까운 원인이다.

① 물적원인 : 불안전한 상태 (설비 및 환경 등의 불량)
② 인적원인 : 불안전한 행동

(3) 직접원인 및 관리적 원인

① 직접원인

1. 불안전한 행동	2. 불안전한 상태
① 위험장소 접근 ② 안전장치의 기능 제거 ③ 복장 보호구의 잘못사용 ④ 기계 기구 잘못 사용 ⑤ 운전 중인 기계장치의 손질 ⑥ 불안전한 속도 조작 ⑦ 위험물 취급 부주의 ⑧ 불안전한 상태 방치 ⑨ 불안전한 자세 동작 ⑩ 감독 및 연락 불충분	① 물 자체 결함 ② 안전 방호장치 결함 ③ 복장 보호구의 결함 ④ 물의 배치 및 작업장소 결함 ⑤ 작업환경의 결함 ⑥ 생산 공정의 결함 ⑦ 경계 표시, 설비의 결함

② 간접원인(관리적원인)

항 목	세 부 항 목
1. 기술적 원인	① 건물, 기계장치 설계 불량 ② 구조, 재료의 부적합 ③ 생산 공정의 부적당 ④ 점검, 정비보존 불량
2. 교육적 원인	① 안전의식의 부족 ② 안전수칙의 오해 ③ 경험훈련의 미숙 ④ 작업방법의 교육 불충분 ⑤ 유해위험 작업의 교육 불충분
3. 작업관리상의 원인	① 안전관리 조직 결함 ② 안전수칙 미제정 ③ 작업준비 불충분 ④ 인원배치 부적당 ⑤ 작업지시 부적당

6 재해발생의 메커니즘 (3가지의 구조적 요소)

(1) 단순자극형(집중형) : 상호자극에 의해 순간적으로 재해가 발생하는 유형.

(2) 연쇄형 : 하나의 사고요인이 또 다른 요인을 발생시키며 재해를 발생하는 유형.

(3) 복합형 : 연쇄형과 단순자극형의 복합적인 발생유형.

① 단순자극형(집중형)　　② -2 복합 연쇄형　　③ 복합형

▲ 재해발생의 메커니즘

7 재해발생 비율

(1) 하인리히의 재해구성 비율

(1 : 29 : 300의 법칙) : 중상 또는 사망 1회, 경상 29회, 무상해 사고 300회의 비율로 발생한다는 것을 나타낸다.

∴ 중상 또는 사망 : 경상 : 무상해 사고=1 : 29 : 300

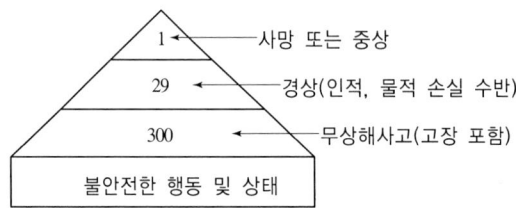

(2) 버드의 재해구성 비율 : 중상 또는 폐질 1, 경상(물적 또는 인적상해) 10, 무상해사고(물적손실) 30, 무상해 무사고 고장(위험순간) 600의 비율로 사고가 발생한다는 이론이다.

∴ 중상 또는 폐질 : 경상 : 무상해 사고 : 무상해 무사고 고장=1 : 10 : 30 : 600

⑧ 재해예방의 원칙 및 위험관리 기법

(1) 재해예방의 4원칙

1) 손실 우연의 원칙
2) 원인 계기의 원칙
3) 예방 가능의 원칙
4) 대책 선정의 원칙

(2) 위험관리(risk management)의 기법

1) 위험의 제거(remove)
2) 위험의 회피(avoid)
3) 위험의 전가(transfer)
4) 위험의 경감 및 감축(reduction)
5) 위험의 보류(retention)

⑨ 사고 예방대책의 기본원리 (사고방지원리의 단계)

단계별과정		내용
1단계	조직	① 경영층의 참여 ② 안전관리자의 임명 ③ 안전의 라인 및 참모 조직 구성 ④ 안전활동 방침 및 계획 수립 ⑤ 조직을 통한 안전활동
2단계	사실의 발견	① 사고 및 안전활동 기록 검토 ② 작업분석 ③ 안전점검 및 안전진단 ④ 사고조사 ⑤ 안전회의 및 토의 ⑥ 근로자의 제안 및 여론조사 ⑦ 관찰 및 보고서의 연구 등을 통하여 불안전요소 발견
3단계	분석평가	① 사고보고서 및 현장조사 ② 사고기록 및 인적 물적 조건의 분석 ③ 작업공정 분석 ④ 교육 훈련 분석 등을 통하여 사고의 직접원인 및 간접원인을 규명
4단계	시정방법의 선정	① 기술적 개선 ② 인사조정(배치조정) ③ 교육 훈련의 개선 ④ 안전행정의 개선 ⑤ 규정 및 수칙 작업표준 제도의 개선 ⑥ 확인 및 통제체제 개선
5단계	시정책의 적용 (3E 적용)	① 기술적(engineering) 대책 ② 교육적(education) 대책 ③ 단속적(enforcement) 대책

> 주 3S : ① 표준화(Standardization) ② 전문화(Specification) ③ 단순화(Simplification)
> 4S에는 종합화 Synthesization 추가

❿ 무재해운동 이론

(1) 무재해운동의 이념 3원칙

1) 무의 원칙
2) 참가의 원칙
3) 선취 해결의 원칙

(2) 무재해운동 추진의 3기둥(무재해운동의 3요소)

1) 최고 경영자의 경영자세
2) 라인화의 철저(관리감독자에 의한 안전보건의 추진)
3) 직장(소집단)의 자주 활동의 활발화

(3) 브레인 스토밍(B.S. : Brain storming)의 4원칙

1) 비평금지 : 좋다, 나쁘다고 비평하지 않는다.
2) 자유분방 : 마음대로 편안히 발언한다.
3) 대량발언 : 무엇이건 좋으니 많이 발언한다.
4) 수정발언 : 타인의 아이디어에 수정하거나 덧붙여 말하여도 좋다.

(4) 운동 실천의 3원칙

1) 팀 미팅 기법
2) 선취기법
3) 문제 해결기법

⓫ 위험예지 훈련

(1) 위험예지 훈련의 안전 선취를 위한 방법

1) 감수성 훈련
2) 단시간 미팅 훈련
3) 문제 해결 훈련

(2) 위험 예지 훈련의 기존 4라운드 진행방법

1) 1R(현상파악) : 어떤 위험이 잠재하고 있는지 사실을 파악하는 라운드 (BS적용)
2) 2R(본질추구) : 가장 위험한 요인(위험 포인트)을 합의로 결정하는 라운드(요약)
3) 3R(대책수립) : 구체적인 대책을 수립하는 라운드 (BS적용)
4) 4R(목표달성-설정) : 수립한 대책 가운데 질이 높은 항목에 합의하는 라운드 (요약)

(3) 단시간 미팅 즉시 적응훈련 진행 요령(TBM 5단계)

1) 제1단계 - 도입(정렬, 인사, 건강 확인, 직장 체조, 목표 제창, 안전 연설)
2) 제2단계 - 점검정비(복장, 보호구, 공구, 사용기기, 재료 등의 점검 정비)
3) 제3단계 - 작업 지시(전달연락 사항, 금일의 작업 지시 5W1H+위험예지, 지적확인 [중점 실시 사항 2point], 복창
4) 제4단계 - 위험예지(설정해 놓은 도해로 one point위험 예지 훈련 실시)
5) 제5단계 - 확인(one point 지적 확인 연습, touch & call, 끝맺음)

(4) 지적확인 : 작업을 안전하게 오조작 없이 하기 위해 작업공정의 요소요소에서 자신의 행동을(○○ 좋아!) 라고 대상을 지적하여 큰소리로 확인하는 것을 말하는 것으로 대뇌의 긴장도를 높이고 의식수준을 제고하여 작업행동상의 과오를 최소화하려고 하는 기법이다.

(5) Touch & call : 팀의 전원이 각자의 왼손을 서로 맞잡아 둥근원을 만들어 팀의 행동목표나 무재해운동의 구호를 지적확인하는 것을 말한다.

⑫ 실수 및 과오의 3대 원인

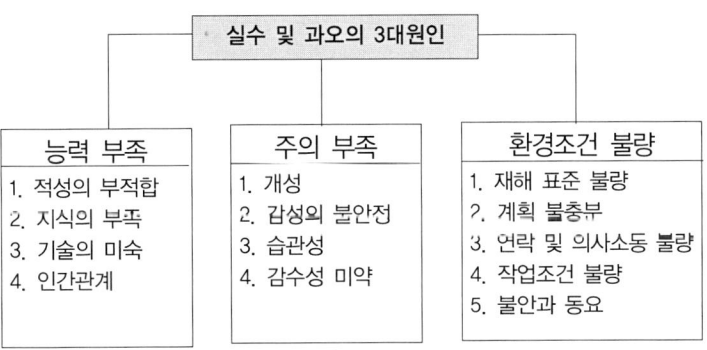

⑬ STOP (safety training observation program)

(1) STOP : 감독자를 대상으로 한 안전관찰훈련 과정으로 각 계층의 감독자들이 숙련된 안전관찰(safety observation)을 행할 수 있도록 훈련을 실시함으로서 사고의 발생을 미연에 방지하기 위한 것이다.

(2) 안전 감독 실시법 : 관찰사이클(observation cycle)

결심(Decide) - 정지(Stop) - 관찰(Observe) - 조치(Act) - 보고(Report)

2. 안전보건관리 체제 및 운용

> 산업재해예방 및 안전보건교육

❶ 안전관리 조직의 형태

(1) 라인(Line)조직 형(직계식 조직)

1) 안전관리에 관한 계획에서 실시에 이르기까지 모든 권한이 포괄적이고 직선적으로 행사되며, 안전을 전문으로 분담하는 부분이 없다(생산조직 전체에 안전관리 기능을 부여한다.).
2) 라인형의 장점
    ① 안전지시나 개선조치가 각 부분의 직제를 통하여 생산업무와 같이 흘러가므로 지시나 조치가 철저할 뿐만 아니라 그 실시도 빠르다.
    ② 명령과 보고가 상하관계 뿐이므로 간단명료하다.
3) 라인형의 단점
    ① 안전에 대한 정보가 불충분하며, 안전전문 입안이 되어 있지 않아 내용이 빈약하다.
    ② 생산업무와 같이 안전대책이 실시되므로 불충분하다.
    ③ 라인에 과중한 책임을 지우기가 쉽다.

(2) 스탭(staff)형 (참모식 조직)

1) 안전관리를 담당하는 스탭(참모진)을 두고 안전관리에 관한 계획, 조사, 검토, 권고, 보고 등을 행하는 관리방식이다.
2) 스탭형의 장점
    ① 사업장의 특수성에 적합한 기술연구를 전문적으로 할 수 있다(안전지식 및 기술 축적이 용이).
    ② 경영자의 조언과 자문 역할을 한다.
3) 스탭형의 단점
    ① 생산 부분에 협력하여 안전 명령을 전달 실시하므로 안전 지시가 용이하지 않으며, 안전과 생산을 별개로 취급하기 쉽다.
    ② 생산부분은 안전에 대한 책임과 권한이 없다.
    ③ 권한 다툼이나 조정 때문에 통제 수속이 복잡해지며, 시간과 노력이 소모된다.

(3) 라인(line) · 스탭(staff)형의 복합형(직계, 참모식 조직)

1) 라인형과 스탭형의 장점을 취한 절충식 조직 형태로 안전업무를 전문으로 담당하는 스탭 부분을 두고 생산 라인의 각층에도 겸임 또는 전임의 안전 담당자를 두어서 안전대책은 스탭 부분에서 기획하고, 이것을 라인을 통하여 실시하도록 한 조직 방식이다.
2) 라인·스탭형의 장점
    ① 스탭에 의해 입안된 것을 경영자의 지침으로 명령 실시하도록 하므로 정확신속하게 실시된다.
    ② 안전입안 계획 평가 조사는 스탭에서, 생산기술의 안전대책은 라인에서 실시하므로 안전활동과 생산업무가 균형을 유지할 수 있다.
3) 라인·스탭형의 단점
    ① 명령계통과 조언 권고적 참여가 혼동되기 쉽다.
    ② 라인이 스탭에만 의존하거나 또는 활용치 않는 경우가 있다.
    ③ 스탭의 월권행위의 경우가 있다.

❷ 산업안전보건법상의 안전 보건관리 조직 업무내용

(1) 안전보건관리책임자의 업무내용

1) 산업재해 예방계획의 수립에 관한 사항
2) 안전보건관리규정의 작성 및 그 변경에 관한 사항
3) 근로자의 안전·보건교육에 관한 사항
4) 작업환경의 측정 등 작업환경의 점검 및 개선에 관한 사항
5) 근로자의 건강진단 등 건강관리에 관한 사항
6) 산업재해의 원인조사 및 재발방지대책의 수립에 관한 사항
7) 산업재해에 관한 통계의 기록, 유지에 관한 사항
8) 안전장치 및 보호구 구입시의 적격품 여부 확인에 관한 사항
9) 기타 근로자의 유해, 위험예방조치에 관한 사항으로 고용노동부령이 정하는 사항

(2) 안전관리자의 업무내용

1) 산업안전보건위원회 또는 안전·보건에 관한 노사협의체에서 심의·의결한 업무와 해당 사업장의 안전보건관리규정 및 취업규칙에서 정한 직무
2) 안전인증대상 기계·기구 등과 자율안전확인대상 기계·기구 등의 구입시 적격품의 선정에 관한 보좌 및 지도·조언
3) 위험성 평가에 관한 보좌 및 지도·조언
4) 해당 사업장 안전교육계획의 수립 및 안전교육 실시에 관한 보좌 및 지도·조언

5) 사업장 순회점검·지도 및 조치의 건의
6) 산업재해 발생의 원인 조사·분석 및 재발방지를 위한 기술적 보좌 및 지도·조언
7) 산업재해에 관한 통계의 유지·관리·분석을 위한 보좌 및 지도·조언
8) 업무 수행 내용의 기록·유지
9) 그 밖에 안전에 관한 사항으로서 고용노동부장관이 정하는 사항

(3) 안전보건총괄책임자의 직무 등(시행령 제53조)
1) 위험성평가의 실시에 관한 사항
2) 급박한 위험이 있을 때 또는 중대재해가 발생하였을 때 작업의 중지
3) 도급 시 산업재해 예방조치
4) 산업안전보건관리비의 관계수급인 간의 사용에 관한 협의·조정 및 그 집행의 감독
5) 안전인증대상기계등과 자율안전확인대상기계등의 사용 여부 확인

❸ 산업안전보건위원회

(1) 산업안전보건위원회를 설치·운영해야 할 사업의 종류 및 규모(시행령 별표 6의2)

사업의 종류	규 모
1. 토사석 광업 2. 목재 및 나무제품 제조업 : 가구 제외 3. 화학물질 및 화학제품 제조업 : 의약품 제외(세제, 화장품 및 광택제 제조업과 화학섬유·제조업은 제외) 4. 비금속 광물제품 제조업 5. 1차 금속 제조업 6. 금속가공제품 제조업 : 기계 및 기구는 제외 7. 자동차 및 트레일러 제조업 8. 기타 기계 및 장비 제조업(사무용 기계 및 장비 제조업은 제외) 9. 기타 운송장비 제조업(전투용 차량 제조업은 제외)	상시근로자 50명 이상
10. 농업 11. 어업 12. 소프트웨어 개발 및 공급업 13. 컴퓨터 프로그래밍, 시스템 통합 및 관리업 14. 정보서비스업 15. 금융 및 보험업 16. 임대업 : 부동산 제외 17. 전문 과학 및 기술 서비스업(연구개발업은 제외) 18. 사업지원 서비스업 19. 사회복지 서비스업	상시근로자 300명 이상
20. 건설업	공사금액 120억원 이상 (토목공사업에 해당하는 공사의 경우에는 150억원 이상)
21. 제1호부터 제20호까지의 사업을 제외한 사업	상시근로자 100명 이상

(2) 위원회의 구성

   1) 사용자위원
      ① 해당 사업의 대표자(사업장의 최고 책임자)
      ② 산업보건의(선임되어 있는 경우에 한함)
      ③ 안전관리자 1명, 보건관리자 1명
      ④ 해당 사업의 대표자가 지명하는 9명 이내의 해당 사업장 부서의 장
   2) 근로자위원
      ① 근로자대표(노동조합이 있는 경우에는 노동조합의 대표자)
      ② 근로자대표가 지명하는 근로자 9명 이내
      ③ 근로자대표가 지명하는 1명 이상의 명예산업안전감독관(감독관이 위촉되어 는 경우에 한함)

(3) 위원회의 심의·의결 사항

   1) 안전보건관리책임자의 업무에 관한 사항
   2) 중대재해의 원인조사 및 재발방지대책의 수립에 관한 사항
   3) 유해·위험기계·기구와 그밖에 설비를 도입한 경우 안전보건조치에 관한 사항

(4) 위원회의 운영

   1) 위원장은 위원 중에서 호선한다. 이 경우 근로자위원과 사용자위원 중 각 1명을 공동위원장으로 선출할 수 있다.
   2) 위원회는 3개월마다 정기적으로 개최하며 필요시 임시회를 개최할 수도 있다.

❹ 안전관리 규정

(1) 법상의 안전·보건관리규정에 포함시켜야 할 사항

   1) 안전보건관리조직과 그 직무에 관한 사항
   2) 안전보전교육에 관한 사항
   3) 작업장 안전관리에 관한 사항
   4) 작업장 보건관리에 관한 사항
   5) 사고조사 및 대책수립에 관한 사항
   6) 그밖에 안전보건에 관한 사항

(2) 안전관리규정 작성상의 유의 사항

   1) 규정된 기준은 법정기준을 상회하도록 할 것.
   2) 관리자층의 직무와 권한, 근로자에게 강제 또는 요청한 부분을 명확히 할 것.

3) 관계 법령의 제 개정에 따라 즉시 개정이 되도록 라인(Line) 활용에 쉬운 규정이 되도록 할 것.
4) 작성 또는 개정시에 현장의 의견을 충분히 반영시킬 것.
5) 규정내용은 정상 시는 물론 이상 시 사고 및 재해 발생시의 조치에 관하여도 규정할 것.

❺ 안전관리 계획

(1) 계획수립시의 유의 사항

1) 사업장의 실태에 맞도록 독자적으로 수립하되, 실현가능성이 있도록 한다.
2) 직장단위로 구체적 계획을 작성한다.
3) 계획상의 재해 감소 목표는 점진적으로 수준을 높이도록 한다.
4) 근본적인 안전대책을 강구한다.
5) 복수적인 계획안을 내어 그 중에서 선택한다.

(2) 계획내용의 구비조건

1) 구체적인 내용일 것.
2) 타관리 재계획과 균형이 맞을 것.
3) 장기적인 관점에서 일관성이 있을 것
4) 실시 가능한 것일 것
5) 이해 하기가 용이할 것

(3) 안전관리의 사이클(계획의 운용) : 관리의 사이클을 회전시킨다(P→D→C→A).

1) Plan(계획) : 목표를 정하고 달성하는 방법을 계획한다.
2) Do(실시) : 교육, 훈련을 하고 실행에 옮기는 것이다.
3) Check(검토) : 결과를 검토하는 것이다.
4) Action(조치) : 검토한 결과에 의해 조치를 취하는 것이다.

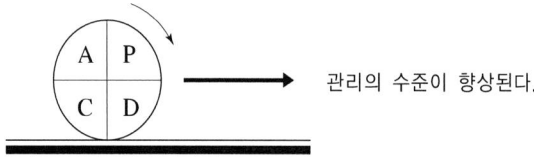

▲ 관리의 사이클

6 안전보건개선계획

(1) 안전보건개선계획 수립대상 사업장(법 규정)

1) 산업재해율이 같은 업종의 규모별 평균 산업재해율보다 높은 사업장
2) 사업주가 안전보건조치 의무를 이행하지 아니하여 중대재해가 발생한 사업장
3) 유해인자의 노출기준을 초과한 사업장
4) 대통령령으로 정하는 수 이상의 직업성질병자가 발생한 사업장

(2) 안전보건진단을 받아 개선계획을 수립, 제출해야 되는 사업장(법규정)

1) 사업자가 필요한 안전조치·보건조치를 이행하지 아니하여 중대재해가 발생한 사업장
2) 산업재해율이 같은 업종 평균 산업재해율의 2배 이상인 사업장
3) 직업병 질병자가 연간 2명 이상(상시 근로자 1,000명 이상 사업장의 경우 3명 이상)인 사업장
4) 작업환경불량, 화재·폭발 또는 누출사고 등으로 사업장 주변까지 피해가 확산된 사업장으로서 고용노동부령으로 정하는 사업장

(3) 안전·보건 개선계획서에 포함해야 되는 내용(시행규칙)

① 시설
② 안전·보건교육
③ 안전·보건관리체제
④ 산업재해예방 및 작업환경의 개선을 위하여 필요한 사항

3. 재해조사 및 통계분석

> 산업재해예방 및 안전보건교육

❶ 재해조사의 목적

동종재해 및 유사재해의 재발방지

❷ 재해발생시의 조치사항

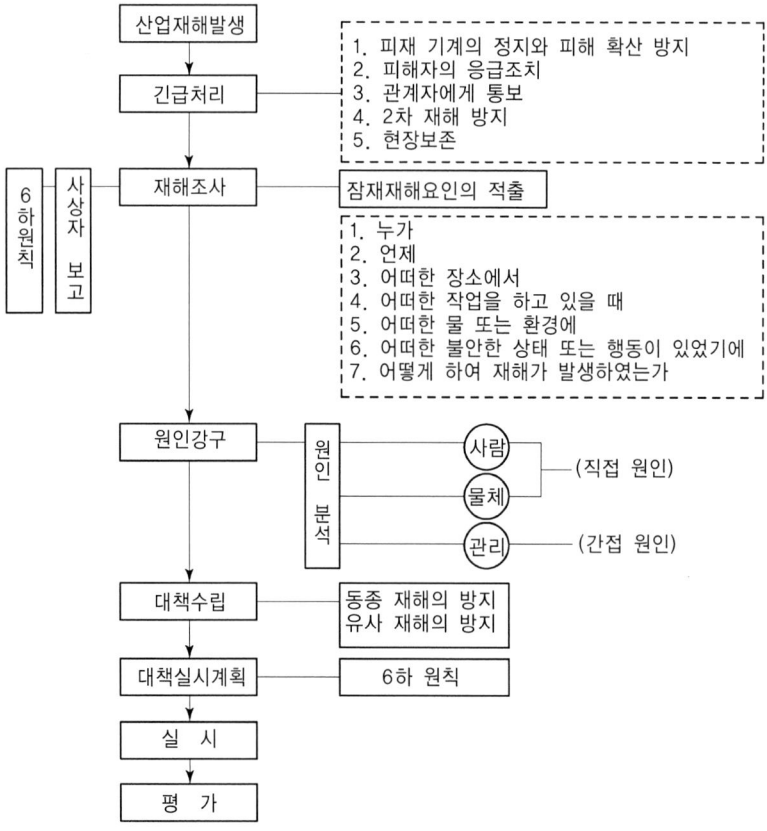

③ 재해발생의 메카니즘(mechanism)

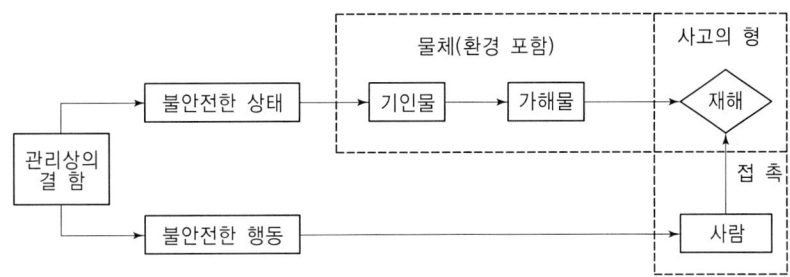

▲ 재해발생의 기본적 모델

(1) 사고의 형(型) : 물체와 사람과의 접촉의 현상을 말한다.

1) 물체가 사람에 직접 접촉한 현상
2) 사람이 유해 환경 하에 폭로된 현상

(2) 기인물과 가해물

1) 기인물 : 불안전한 상태에 있는 물체(환경포함)
2) 가해물 : 직접 사람에게 접촉되어 위해를 가한 물체

④ 통계적 원인 분석 방법

(1) 파렛토도 : 분류 항목을 큰 순서대로 도표화 한 분석법

(2) 특성 요인도 : 특성과 요인관계를 도표로하여 어골상으로 세분화 한분석법

(3) 크로스(Cross)분석 : 데이터(data)를 집계하고 표로 표시하여 요인별 결과 내역을 교차한 크로스 그림을 작성하여 분석하는 방법

(4) 관리도 : 재해발생 건수 등의 추이를 파악하여 목표관리를 행하는데 필요한 월별 재해발생수를 그래프화하여 관리선을 설정관리하는 방법

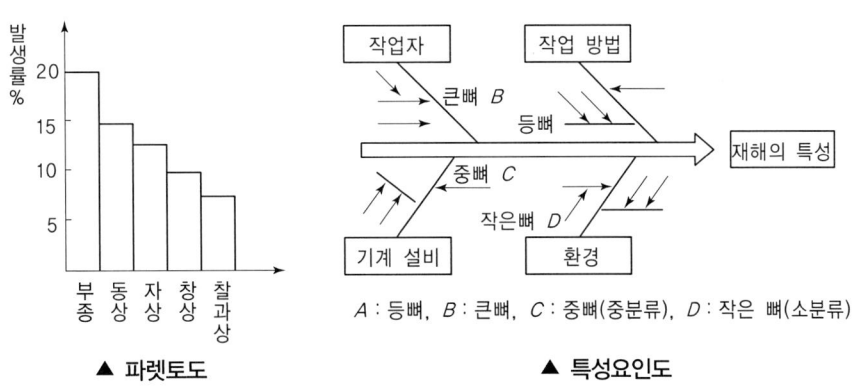

▲ 파렛토도   ▲ 특성요인도

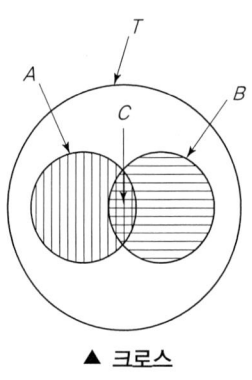
▲ 크로스

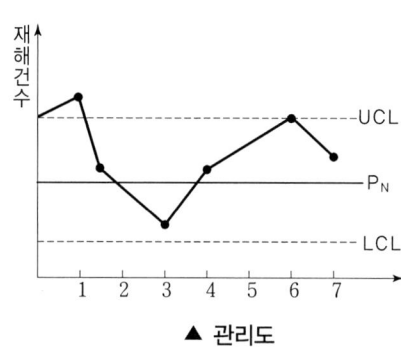
▲ 관리도

❺ 재해율

(1) 연천인율(年千人率) : 근로자 1,000인당 1년간에 발생하는 사상자수를 나타낸다.

$$연천인율 = \frac{사상자수}{연평균근로자수} \times 1,000$$

1) 사상자수 : 사망자, 부상자, 직업병의 환자수를 합한 것
2) 월천인율 $= \frac{월사상자수}{월평균근로자수} \times 1,000$

(2) 도수율(Frequency Rate of Injury : FR) : 산업재해의 발생빈도를 나타내는 것으로, 연 근로시간 합계 100만 시간당의 재해발생건수이다.

$$도수율 = \frac{재해발생건수}{연근로시간수} \times 10^6$$

1) 연근로시간수 : 1일 8시간, 1개월 25일, 연 300일을 시간으로 환산한 연 2,400시간
 연근로시간수 $= 2,400 \times$ 근로자수
2) 도수율(빈도율) : 재해의 양을 나타냄

(3) 연천인율과 도수율과의 관계

1) 연천인율 $=$ 도수율 $\times 2.4$
2) 도수율 $= \frac{연천인율}{2.4}$

(4) 강도율(Severity Rate of Injury : SR) : 재해의 경중, 즉 강도를 나타내는 척도로서 연 근로시간 1,000시간당 재해에 의해서 잃어버린 근로손실일수를 말한다.

$$강도율 = \frac{근로손실일수}{연근로시간수} \times 1,000$$

1) 근로손실일수의 산정기준(국제기준)
   ① 사망 및 영구전노동불능(신체장해등급 : 1-3) : 7500일
   ② 영구일부노동불능(신체장해등급 : 4-14) : 다음과 같다

신체장해등급	4	5	6	7	8	9	10	11	12	13	14
근로손실일수	5,500	4,000	3,000	2,200	1,500	1,000	600	400	200	100	50

2) 일시전노동불능 : 근로손실일수 = 휴업일수×300/365

(5) 환산 도수율 및 환산 강도율

1) 입사에서 퇴직할 때까지 평생 동안(40년)의 근로시간인 10만시간당 재해건수를 환산 도수율이라 한다.

$$환산\ 도수율(F) = \frac{도수율}{10}$$

2) 10만시간당 근로손실일수를 환산 강도율이라 한다.

$$환산\ 강도율(S) = 강도율 \times 100$$

(6) 종합재해지수(도수강도치 : F.S.I)

$$도수강도치(F.S.I) = \sqrt{도수율(F) \times 강도율(S)}$$

6 세이프 티 스코어(Safe T. score)

(1) 세이프 티 스코어
: 과거와 현재의 안전 성적을 비교 평가하는 방법으로 단위가 없으며 계산결과(+)이면 나쁜 기록, (−)이면 과거에 비해 좋은 기록으로 본다.

$$세이프\ 티\ 스코어 = \frac{빈도율(현재) - 빈도율(과거)}{\sqrt{\frac{빈도율(과거)}{근로총시간수(현재)} \times 10^6}}$$

(2) 판정기준

1) +2.0 이상인 경우 : 과거보다 심각하게 나빠짐
2) +2.0 ~ −2.0 : 심각한 차이 없음
3) −2.0 이하 : 과거보다 좋아짐

7 재해손실비

(1) 하인리히(Heinrich) 방식

총재해 cost = 직접비 + 간접비

1) 직접비 : 간접비 = 1 : 4
2) 직접비 : 법령으로 정한 피해자에게 지급되는 산재보상비를 말한다.
   ① 휴업보상비 : 평균임금의 100분의 70에 상당하는 금액
   ② 장해보상비 : 신체장해가 남는 경우에 장해등급에 의한 금액
   ③ 요양보상비 : 요양비의 전액
   ④ 장의비 : 평균임금의 120일 분에 상당하는 금액
   ⑤ 유족보상비 : 평균임금의 1,300일분에 상당하는 금액
   ⑥ 기타 유족특별보상비, 장해특별보상비, 상병보상연금 등
3) 간접비 : 재산손실, 생산중단 등으로 기업이 입은 손실로서 정확한 산출이 어려울 때에는 직접비의 4배로 산정하여 계산한다.
   ① 인적손실 : 본인 및 제3자에 관한 것을 포함한 시간손실
   ② 물적손실 : 기계, 공구, 재료, 시설의 복구에 소비된 시간손실 및 재산손실
   ③ 생산손실 : 생산 감소, 생산중단, 판매 감소 등에 의한 손실
   ④ 기타손실 : 병상위문금. 여비 및 통신비, 입원중의 잡비, 장의비용 등

(2) 시몬즈(R.H.Simonds)방식

총재해 cost = 산재보험 코스트 + 비 보험 코스트

1) 산재보험 코스트 : 산업재해보상보험법에 의해 보상된 금액과 보험회사의 보상에 관련된 제 경비 및 이익금을 합친 금액
2) 비 보험 코스트 = (휴업상해건수×A) + (통원상해건수×B) + (응급조치건수×C) + (무상해 사고 건수×D)
   여기서 A, B, C, D는 장해 정도별에 의한 비 보험 코스트의 평균치

8 재해사례 연구의 진행단계

(1) **전제조건** : 재해 상황의 파악(재해상황)
(2) **제1단계** : 사실의 확인
(3) **제2단계** : 문제점의 발견
(4) **제3단계** : 근본적 문제점 결정
(5) **제4단계** : 대책의 수립

4. 안전점검 및 작업분석

① 안전점검

(1) 안전점검의 종류

1) 수시점검 : 작업 전, 중, 후에 실시하는 점검
2) 정기점검 : 일정기간마다 정기적으로 실시하는 점검
3) 특별점검
   ① 기계·기구·설비의 신설시·변경 내지 고장수리시 실시하는 점검
   ② 천재지변발생 후 실시하는 점검
   ③ 안전강조 기간 내에 실시하는 점검
4) 임시점검 : 이상 발견시 임시로 실시하는 점검, 정기점검과 정기점검 사이에 실시하는 점검

(2) 안전점검의 목적(의미)

1) 설비의 안전 확보(결함이나 불안전 조건의 제거)
2) 설비의 안전상태 유지 및 본래의 성능유지
3) 인적인 안전행동상태의 유지
4) 합리적인 생산관리(생산성 향상)

(3) 체크리스트에 포함되어야 할 사항(체크리스트 작성 항목)

1) 점검대상
2) 점검부분(점검개소)
3) 점검항목(점검내용 : 마모, 균열, 부식, 파손, 변형 등)
4) 점검주기 또는 기간(점검시기)
5) 점검방법(육안점검, 기능점검, 기기점검, 정밀점검)
6) 판정기준(자체검사기준, 법령에 의한 기준, KS기준 등)
7) 조치사항(점검결과에 따른 결함의 시정사항)

(3) 안전점검의 순환과정 : 다음의 4가지 과정으로 구분되며, 이 4가지 과정을 되풀이함으로써 작업장의 안전성이 높아진다.

1) 현상의 파악
2) 결함의 발견
3) 시정대책의 선정
4) 대책의 실시

② 작업표준

(1) 작업표준의 목적

1) 작업의 효율화
2) 위험요인의 제거
3) 손실요인의 제거

(2) 작업표준의 구비조건

1) 작업의 실정에 적합할 것
2) 표현은 구체적으로 나타낼 것
3) 이상시의 조치기준에 대해 정해 둘 것
4) 생산성과 품질의 특성에 적합할 것
5) 좋은 작업의 표준일 것
6) 다른 규정 등에 위배되지 않을 것

③ 작업위험 분석

(1) 작업개선 단계

1) 1단계 : 작업분해
2) 2단계 : 세부내용 검토
3) 3단계 : 작업분석
4) 4단계 : 새로운 방법의 적용

(2) 작업분석 방법(E.C.R.S) : 새로운 작업방법의 개발원칙

1) 제거(eliminate)
2) 결합(combine)
3) 재조정(rearrange)
4) 단순화(simplify)

(3) 작업위험분석 방법(작업위험 색출방법)

1) 면접
2) 관찰
3) 설문방법
4) 혼합방식

(4) 동작분석의 목적

1) 표준 동작의 설정
2) 모션마인드(motion mind)의 체질화
3) 동작계열의 개선

❹ 동작 경제의 3원칙

(1) 동작능력의 활용의 원칙

1) 발 또는 왼손으로 할 수 있는 것은 오른손을 사용하지 않는다.
2) 양손으로 동시에 작업을 시작하고 동시에 끝낸다.
3) 양손이 동시에 쉬지 않도록 함이 좋다.

(2) 작업량 절약의 원칙

1) 적게 움직이게 한다.
2) 재료나 공구는 취급하는 부근에 정돈한다.
3) 동작의 수를 줄인다.
4) 동작의 량을 줄인다.
5) 물건을 장시간 취급할 경우에는 장구를 사용할 것

(3) 동작개선의 원칙

1) 동작이 자동적으로 이루어지는 순서로 한다.
2) 양손은 동시에 반대의 방향으로, 좌우 대칭적으로 운동한다.
3) 관성, 중력, 기계력 등을 이용한다.
4) 작업장의 높이를 적당히 하여 피로를 줄인다.

❺ 안전인증

(1) 안전인증대상 및 자율안전 확인 대상기계·기구(시행령 제28조, 제28조의 5)

구 분	안전인증대상 기계·기구	자율안전확인대상 기계·기구
기계기구 및 설비	① 프레스 ② 전단기 및 절곡기 ③ 크레인 ④ 리프트 ⑤ 압력용기 ⑥ 롤러기 ⑦ 사출성형기 ⑧ 고소작업대 ⑨ 곤돌라	① 연삭기 또는 연마기(휴대형은 제외) ② 산업용 로봇 ③ 혼합기 ④ 파쇄기 또는 분쇄기 ⑤ 식품가공용 기계(파쇄·절단·혼합·제면기만 해당) ⑥ 컨베이어 ⑦ 자동차정비용 리프트 ⑧ 공작기계(선반, 드릴기, 평삭·형삭기, 밀링만 해당) ⑨ 고정형 목재가공용기계(둥근톱, 대패, 루타기, 띠톱, 모떼기 기계만 해당) ⑩ 인쇄기
방호장치	① 프레스 및 전단기 방호장치 ② 양중기용 과부하방지장치 ③ 보일러 압력방출용 안전밸브 ④ 압력용기 압력방출용 안전밸브 ⑤ 압력용기 압력방출용 파열판 ⑥ 절연용 방호구 및 활선작업용 기구 ⑦ 방폭구조 전기기계·기구 및 부품 ⑧ 추락·낙하 및 붕괴 등의 위험방지 및 보호에 필요한 가설기자재로서 고용노동부장관이 정하여 고시하는 것	① 아세틸렌 용접장치용 또는 가스집합 용접장치용 안전기 ② 교류아크 용접기용 자동전격방지기 ③ 롤러기 급정지장치 ④ 연삭기 덮개 ⑤ 목재가공용 둥근 톱 반발예방장치와 날접촉 예방장치 ⑥ 동력식 수동 대패용 칼날접촉방지장치
보호구	① 추락 및 감전 위험방지용 안전모 ② 차광 및 비산물 위험방지용 보안경 ③ 방진마스크 ④ 방독마스크 ⑤ 송기마스크 ⑥ 전동식 호흡보호구 ⑦ 방음용 귀마개 또는 귀덮개 ⑧ 용접용 보안면 ⑨ 안전장갑 ⑩ 안전화 ⑪ 안전대 ⑫ 보호복	① 안전모(추락 및 감전위험방지용 제외) ② 보안경(차광 및 비산물 위험방지용 제외) ③ 보안면(용접용 제외)

(2) 안전인증심사의 종류 및 내용·심사기간(시행규칙 제58조의 4)

심사의 종류	심사의 내용	심사기간
1. 예비심사	안전인증대상 기계기구 등인지를 확인하는 심사(안전인증을 신청한 경우만 해당)	7일
2. 서면심사	종류별 또는 형식별로 설계도면 등 제품기술과 관련된 문서가 안전인증기준에 적합한지 여부에 대한 심사	15일(외국에서 제조한 경우는 30일)
3. 기술능력 및 생산체계심사	안전성능을 지속적으로 유지·보증하기 위하여 사업장에서 갖추어야 할 기술능력과 생산체계가 안전인증기준에 적합한지에 대한 심사(수입자가 안전인증을 받은 경우 생략)	30일(외국에서 제조한 경우는 45일)
4. 제품심사 (안전성능이 안전인증기준에 적합한지에 대한 심사)	(1) 개별제품심사 : 서면심사결과가 안전인증기준에 적합할 경우에 모두에 대하여 하는 심사	15일
	(2) 형식별제품검사 : 서면심사와 기술능력 및 생산체계 심사결과가 안전인증기준에 적합할 경우에 형식별로 표본을 추출하여 하는 심사	30일(단, 추락 및 감전위험방지용 안전화, 안전장갑, 방진마스크, 방독마스크, 송기마스크, 전동식 호흡보호구, 보호복은 60일)

6 안전검사

(1) 안전검사대상 유해·위험기계 등(시행령 제28조의 6)

1) 프레스
2) 전단기
3) 크레인(정격하중 2톤 미만인 것은 제외)
4) 리프트
5) 압력용기
6) 곤돌라
7) 국소배기장치(이동식은 제외)
8) 원심기(산업용에 한정)
9) 롤러기(밀폐형 구조는 제외)
10) 사출성형기(형 체결력 294킬로뉴튼(kN)미만은 제외)
11) 고소작업대(화물자동차 또는 특수자동차에 탑재한 고소작업대로 한정)
12) 컨베이어
13) 산업용 로봇

(2) 안전검사의 주기(시행규칙 제126조)

1) 크레인, 리프트 및 곤돌라 : 사업장에 설치가 끝난 날부터 3년 이내에 최초 안전검사를 실시하되, 그 이후부터 매 2년(건설현장에서 사용하는 것은 최초로 설치한 날부터 6개월 마다)
2) 그 밖의 유해·위험기계 등 : 사업장에 설치가 끝난 날부터 3년 이내에 최초 안전검사를 실시하되, 그 이후부터 매 2년마다(공정안전보고서를 제출하여 확인을 받은 압력용기는 4년마다)

(3) 재료에 대한 검사

1) 인장검사 : 비례한도, 탄성한도, 항복점, 내력, 인장강도, 신장률, 조임률, 응력 등을 측정할 수 있다.
2) 비파괴검사의 종류
   ① 육안검사　　　　　　② 누설검사
   ③ 침투검사　　　　　　④ 초음파검사
   ⑤ 자기탐상 검사(자분검사)　⑥ 음향검사
   ⑦ 방사선투과검사
3) 초음파검사의 종류 : 반사법, 공진법, 수적탐사법

5. 안전보호구 관리

❶ 보호구의 개요

(1) 보호구의 구비조건

1) 착용이 간편하고 작업에 방해가 되지 않을 것.
2) 대상물(유해위험물)에 대하여 방호가 완전할 것.
3) 재료의 품질이 우수할 것
4) 구조 및 표면가공이 우수할 것.
5) 외관이 보기 좋을 것.

(2) 안전인증대상 보호구

안전인증대상 보호구	자율안전확인대상
① 추락 및 감전 위험방지용 안전모 ② 차광 및 비산물 위험방지용 보안경 ③ 용접용 보안면　　④ 방진마스크 ⑤ 방독마스크　　　⑥ 송기마스크 ⑦ 전동식 호흡보호구　⑧ 안전장갑 ⑨ 인진대 ⑩ 안전화 ⑪ 보호복 ⑫ 방음용 귀마개 또는 귀덮개	① 안전모(추락 및 감전위험방지용 제외) ② 보안경(차광 및 비산물 위험방지용 제외) ③ 보안면(용접용 제외)

❷ 안전모

(1) 안전모의 종류

종류(기호)	사 용 구 분
AB	낙하 및 비래, 추락방지용
AE	낙하 및 비래, 감전 방지용(내전압성)
ABE	낙하 및 비래, 추락[1], 감전방지용(내전압성[2])

1) 추락 : 높이 2m 이상의 고소작업, 굴착작업 및 하역작업 등에 있어서의 추락을 의미한다.

2) 내전압성 : 7000볼트 이하의 전압에서 견디는 것을 말한다.

(2) 재료의 성질

1) 쉽게 부식하지 않는 것
2) 피부에 해로운 영향을 주지 않는 것
3) 사용목적에 따라 내열성, 내한성 및 내수성을 보유할 것
4) 충분한 강도를 가질 것
5) 모체의 표면을 밝고 선명한 색채로 할 것(백색이 가장 좋으나 황색이 많이 쓰임)

(3) 안전모의 일반구조

1) 안전모의 착용높이는 85mm 이상이고 외부수직거리는 80mm 미만일 것
2) 안전모의 내부수직거리는 25mm 이상 50mm 미만일 것
3) 안전모의 수평간격은 5mm 이상일 것
4) 턱끈의 폭은 10mm 이상일 것
5) 안전모의 모체, 착장체 및 충격흡수재를 포함한 질량은 440g을 초과하지 않을 것.

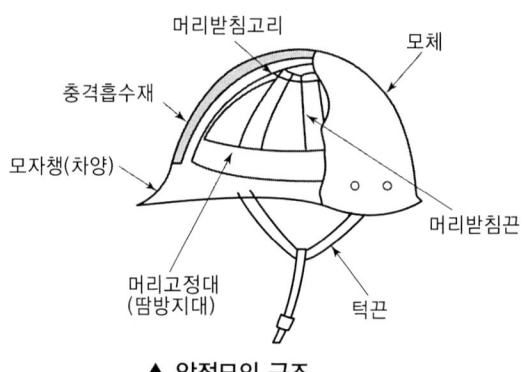

▲ 안전모의 구조

(4) 안전모의 성능 시험 항목

1) 내관통성 시험
   ① 450g의 철제추를 낙하점이 안전모 모체정부에서 76mm안이 되도록 하여 높이 3m에서 자유낙하 시켜 관통거리를 측정한다.
   ② 합격기준 : AE와 ABE는 관통거리가 9.5mm 이하, AB는 관통거리가 11.1mm 이하일 것.
2) 충격흡수성 시험
   ① 3.6kg(8파운드)의 철제 충격추를 모체정부 76mm 안에 높이 1.524m(5피트)에서 자유낙하 시켜 전달 충격력을 측정한다.
   ② 합격기준 : 최고전달충격력이 4,450N(1,000파운드)를 초과하지 않을 것

3) 내전압성 시험(AE와 ABE)
    ① 모체를 수중에 넣은 후 전극을 담그고 주파수 60Hz의 정현파에 가까운 20kV의 전압을 가하여 1분간 이에 견디는 가를 조사한 후 충전전류를 측정한다.
    ② 합격기준 : 20kV의 전압에 1분간 견디고 충격전류가 10mA 이하일 것.
4) 내수성 시험 (AE와 ABE)
    ① 모체를 20~25℃의 수중에 24시간 담가 놓은 후 대기 중에 꺼내어 무게 증가율을 산출한다.
    ② 합격기준 : 무게(질량)증가율이 1% 미만일 것.

$$무게\ 증가율(\%) = \frac{담근\ 후의\ 무게 - 담그기전의\ 무게}{담그기\ 전의\ 무게} \times 100$$

5) 난연성 시험
    ① 모체 정부로부터 50~100mm 사이로 불꽃 접촉면이 수평이 된 상태에서 10초간 연소시킨 후 모체의 재료가 불꽃을 내고 계속 연소되는 시간을 측정한다.
    ② 합격기준 : 불꽃을 내며 5초 이상 타지 않을 것
6) 턱끈 풀림시험 : 15N 이상 250N 이하에서 턱끈이 풀려야 한다.

❸ 눈의 보호구(보안경)

(1) 보안경의 종류 및 구비조건

1) 보안경의 종류(고용노동부 고시)

종류	사용구분	렌즈의 재질
차광안경	눈에 대하여 해로운 자외선 및 적외선 또 강렬한 가시광선(이하 유해광선이라 한다.)이 발생하는 장소에서 눈을 보호하기 위한 것.	유리 및 플라스틱
유리 보호안경	미분, 칩, 기타 비산물로부터 눈을 보호하기 위한 것.	유리
플라스틱 보호안경	미분, 칩, 기타 비산물로부터 눈을 보호하기 위한 것.	플라스틱
도수렌즈 보호안경	근시, 원시 혹은 난시인 근로자가 차광안경, 유리보호안경을 착용해야 하는 장소에서 작업하는 경우, 빛이나 비산물 및 기타 유해 물질로부터 눈을 보호함과 동시에 시력을 교정하기 위한 것.	유리 및 플라스틱

2) 안전인증대상 보안경의 구분

의무안전인증(차광보안경)	자율안전확인
1. 자외선용 2. 적외선용 3. 복합용(자외선 및 적외선) 4. 용접용(자외선, 적외선 및 강렬한 가시광선)	1. 유리보안경 2. 플라스틱 보안경 3. 도수렌즈보안경

(2) 차광안경

1) 차광보안경의 성능기준
   ① **시야범위** : 수평 22.0mm, 수직 20.0mm 이상일 것
   ② **표면** : 표면에 기포, 발포, 반점, 성형자국, 구멍, 침전물 등이 없을 것
   ③ **내노후성** : 고온안정성 시험 후 보안경의 변형이 없어야 하고, 자외선 조사 후 시감투과율 차이가 적합할 것
   ④ **내충격성** : 필터에 파손이나 변형이 없을 것
   ⑤ **내식성** : 부식이 없을 것
   ⑥ **내발화성** : 발화 또는 적열이 없을 것

2) 차광안경의 구비 조건(①, ②렌즈의 광학 특성)
   ① 커버렌즈. 커버플레이트는 가시광선을 적당히 투과하여야 한다.(89% 이상 통과)
   ② 자외선 및 적외선은 허용치 이하로 약화시켜야 한다.
   ③ 아이 캡(eye cap) 형에서는 시계 105° 이상으로 통기성의 구조를 갖추어야 한다.
   ④ 필터렌즈, 필터플레이트 색은 무채색 또는 황적색, 황색, 녹색, 청색 등의 색이어야 한다.

(3) 유리 보호안경 및 플라스틱 보호안경(방진안경)

1) 방진안경의 렌즈의 구비조건
   ① 렌즈가 신품인 경우 투과율은 투과광선의 약 90%를 투과하는 것으로 보통 70%를 내려서는 안된다.
   ② 광학적으로 질이 좋아 두통을 일으키지 않아야 한다.
   ③ 렌즈에는 줄이나 흠, 기포, 삐뚤어짐 등이 없어야 한다.
   ④ 렌즈의 강도가 요구될 때는 강화렌즈를 사용할 필요가 있다.
   ⑤ 렌즈의 양면은 매끄럽고 평행해야 한다.

2) 방진안경의 성능시험
   ① 겉모양 시험 : 충격으로 렌즈의 가장 자리가 깨지거나 테에서 탈락되어서는 안 된다.
   ② 금속부품의 내식성 시험 : 부식 흔적이 있어서는 안된다.

③ 렌즈의 성능시험 항목 : 겉모양시험, 평행도 시험, 굴절력시험, 투명도시험, 간섭무늬시험(유리), 내열성 시험(플라스틱), 강도시험, 파쇄면 시험(유리), 표면마모 저항시험(플라스틱)

④ 안면보호구(보안면)

(1) 보안면의 종류 : 비래물, 방사열, 유해광선으로부터 안면전체, 머리를 보호하기 위한 것으로 다음의 종류가 있다.

종류	사 용 구 분	렌즈의 재질
용접용 보안면 (안전인증)	아크 용접 및 가스 용접, 절단 작업시에 발생하는 유해한 자외선, 가시광선 및 적외선으로부터 눈을 보호하고, 용접광 및 열에 의한 화상의 위험에서 용접자의 안면, 머리부분 및 목부분을 보호하기 위한 것	발카나이즈드 파이버 및 유리섬유 강화 플라스틱(FRP)
일반보안면 (자율안전확인)	일반작업 및 용접 작업시 발생하는 각종비산물과 유해물과 유해한 액체로부터 얼굴(머리의 전면, 이마, 턱, 목앞부분, 코, 입)을 보호하고 눈부심을 방지하기 위해 적당한 보안경에 겹쳐 착용하는 것	플라스틱

(2) 보안면의 구비조건

1) 경도가 높고 충격에 견디며, 불에 잘 타지 않고 홈으로 인해 시계가 나빠지지 않아야 한다(플라스틱제).
2) 방사열을 효과적으로 차단할 수 있어야 한다(금강제).
3) 방호에 충분한 크기와 형, 내연성, 절기절연성, 방사선이 누출되지 않은 광창, 각종 플레이트의 교환이 용이하고 상해를 주는 각이나 요철이 없어야 한다.

⑤ 귀 보호구

(1) 방음 보호구의 종류

형식	종류	기호	적 요
귀마개	1종	E P - 1	저음부터 고음까지를 차단하는 것
	2종	E P - 2	고음만을 차음하는 것
귀덮개		E M	저음부터 고음까지를 차단하는 것

(2) 방음보호구의 구비조건

1) 귀마개(ear plug) : 귓구멍을 막는 것
① 귀에 잘 맞을 것.
② 사용 중에 현저한 불쾌감이 없을 것.
③ 사용 중에 쉽게 탈락되지 않을 것.

④ 분실하지 않도록 적당한 곳에 끈으로 연결 시킬 것.

2) 귀덮개(ear muff) : 귀 전체를 덮는 것
① 캡은 귀 전체를 덮어야 하며, 발포 플라스틱 등 흡음재로 감쌀 것
② 쿠션은 우레탄폼 또는 공기, 액체를 넣은 플라스틱튜브 등으로 귀 주위에 밀착시키는 구조일 것
③ 머리띠 또는 걸고리 등은 길이 조정이 가능하고 철제 스프링은 탄력성이 있어서 압박감 또는 불쾌감을 주지 않을 것

6 호흡용 보호구

[1] 방진마스크

(1) 방진마스크의 종류·구조·선정기준

1) 방진마스크의 종류

종류		형상
분리식	격리식	• 전면형 : 안면부가 안면전체를 덮는 것 • 직결형 : 안면부가 입, 코를 덮는 것
	직결식	• 전면형 : 안면부가 안면전체를 덮는 것 • 직결형 : 안면부가 입, 코를 덮는 것
안면부 여과식		• 반면형 : 안면부가 입, 코를 덮는 것
사용조건		산소농도 18% 이상인 장소에서 사용

2) 방진마스크의 선정기준(구비조건)
① 분진포집효율(여과효율)이 좋을 것.
② 흡기, 배기저항이 낮을 것.
③ 사용면적(유효 공간)이 적을 것
④ 중량이 가벼울 것.
⑤ 시야가 넓을 것(하방 시야 60° 이상)
⑥ 안면 밀착성이 좋을 것.
⑦ 피부 접촉부위의 고무질이 좋을 것.

(2) 방진마스크의 등급별 사용장소

등 급	사 용 장 소
특급	• 베릴륨 등과 같이 독성이 강한 물질을 함유한 분진 등 발생장소 • 석면 취급장소
1급	• 특급마스크 착용장소를 제외한 분진 등 발생장소 • 금속 흄 등과 같이 열적으로 생기는 분진 등 발생장소 • 기계적으로 생기는 분진 등 발생장소(규소 등과 같이 2급 마스크를 착용하여도 무방한 경우는 제외)
2급	• 특급 및 1급 마스크 착용장소를 제외한 분진 등 발생장소

단, 배기밸브가 없는 안면부 여과식 마스크는 특급 및 1급 마스크 착용장소에서 사용하여서는 아니된다.

(3) 방진마스크 여과재의 등급별 분진포집효율

종 류	등 급	염화나트륨(NaCl) 및 파라핀 오일(Paraffin oil) 시험(%)
분리식	특급 1급 2급	99.95(%) 이상 94.0(%) 이상 80.0(%) 이상
안면부 여과식	특급 1급 2급	99.0(%) 이상 94.0(%) 이상 80.0(%) 이상

[2] 방독마스크

(1) 방독마스크의 종류

1) 격리식 방독마스크(정화통, 연결관, 흡기밸브, 안면부, 배기밸브 및 머리끈으로 구성) : 가스 또는 증기의 농도가 2%(암모니아는 3%) 이하의 대기 중에서 사용하는 것
2) 직결식 방독마스크(정화통, 흡기밸브, 안면부, 배기밸브 및 머리끈으로 구성) : 가스 또는 증기의 농도가 1%(암모니아는 1.5%) 이하의 대기 중에서 사용하는 것
3) 직결식 소형 방독마스크(정화통, 흡기밸브, 안면부, 배기밸브 및 머리끈으로 구성) : 가스 또는 증기의 농도가 0.1% 이하의 대기 중에서 사용하는 것으로서 긴급용이 아닌 것.

(2) 방독마스크 종류별 시험가스

종 류	시험가스
유기화합물용	시클로헥산(C_6H_{12})
할로겐용	염소가스 또는 증기(Cl_2)
황화수소용	황화수소가스(H_2S)
시안화수소용	시안화수소가스(HCN)
아황산용	아황산가스(SO_2)
암모니아용	암모니아가스(NH_3)

(3) 방독마스크의 일반구조

1) 쉽게 깨어지지 않을 것.
2) 착용자의 시야가 충분할 것.
3) 착용자의 얼굴과 방독마스크 내면 사이의 공간이 너무 크지 않을 것.
4) 착용이 쉽고 착용하였을 때 공기가 새지 않고, 압박감이나 고통을 주지 않을 것.
5) 전면 형 방독마스크는 호기에 의해 눈 주위에 안개가 끼지 않을 것.
6) 정화통, 흡기밸브, 배기밸브 또는 머리끈을 바꿀 수 있는 것은 쉽게 바꿀 수 있는 구조일 것.

(4) 방독마스크의 흡수관(흡수통 또는 정화통)

1) 흡수관 속에 들어 있는 흡수제에 따라 그 종류별로 유효한 적응가스가 정해져 있다.
2) 흡수제 : 활성탄(가장 많이 쓰임), 실리카겔(sillca gel), 소다라임(soda lime), 호프카라이트(hopcalite), 큐프라마이트(kuperamite) 등

[표] 방독마스크의 흡수관

종 류	대응독물	주성분
보통가스용 (할로겐가스용)	염소 및 할로겐 류, 포스겐, 유기 및 산성가스	활성탄, 소다라임
산성가스용	염산, 할로겐화수소, 산, 탄산가스, 이산화질소, 산화질소	소다라임, 알카리제제
유기가스용	유기가스 및 증기, 이황화탄소	활성탄
일산화탄소용	TEL, 일산화탄소	호프카라이트. 방습제
암모니아용	암모니아	큐프라마이트
아황산용	아황산 및 황산 미스트	산화금속, 알카리제제
청산용	청산 및 청화물 증기	산화금속, 알카리제제
황화수소용	황화수소	금속염류, 알카리제제

3) 흡수관의 파과 : 흡수관의 제독 능력에는 한계가 있으며, 흡수관속의 흡수제가 포화되어 흡수능력을 상실하면 유해가스가 제거되지 않은 채 통과되고 마는데, 이런 상태를 흡수관의 파과라 한다.

4) 흡수관의 유효시간 : $\dfrac{표준유효시간 \times 시험가스농도}{사용한\ 환기중의\ 유해가스농도}$

5) 정화통의 외부 측면의 표시색

종 류	표시색
유기화합물용 정화통	갈색
할로겐용 정화통	회색
황화수소용 정화통	
시안화수소용 정화통	
아황산용 정화통	노란색
암모니아용 정화통	녹색
복합용 및 겸용의 정화통	• 복합용의 경우 : 해당가스 모두 표시(2층 분리) • 겸용의 경우 : 백색과 해당가스 모두 표시(2층 분리)

[3] 공기 공급식 마스크(송기마스크)

(1) 자급식 : 공기, 산소 또는 산소 발생물질을 착용자가 직접 운반하고 이를 흡수하는 식으로 SCBA(self-contained breathing apparatus)라고 불리운다.

(2) 호스 마스크(hose mask) : 전면형 마스크, 꼬이지 않는 호흡관, 착장대 및 직경이 크고 꼬이지 않는 공기공급용 호스로 구성되며, 송풍기형과 폐력 흡인식이 있다.

(3) 에어-라인 마스크(air-line mask) : 압축기가 가압 공기 실린더에서 직경이 작은 에어라인을 통하여 공기를 공급하는 것으로, 일정유량형, 디맨드(demand)형, 압력디맨드(pressure demand)형이 있다.

❼ 손의 보호구

(1) 절연장갑의 재료 및 외형

1) 재료의 성질 : 적당한 정도의 유연성 및 탄력성이 있는 양질의 고무를 사용하여야 한다.
2) 외형 : 장갑은 다듬질이 양호하여 흠, 기포, 안구멍, 기타 사용상 유해한 결점이 없고, 이은 자국이 없는 고른 것이어야 한다.

(2) 절연장갑의 등급별 최대사용전압 및 색상

등급	최대사용전압		색상
	교류(V, 실효값)	직류(V)	
00	500	750	갈 색
0	1,000	1,500	빨강색
1	7,500	11,250	흰 색
2	17,000	25,500	노랑색
3	26,500	39,750	녹 색
4	36,000	54,000	등 색

(3) 유기화합물용 안전장갑

1) 유기화합물용 안전장갑 : 액체상태의 유기화합물이 피부를 통하여 인체에 흡수되는 것을 방지하기 위하여 사용하는 보호장갑

2) 장갑의 재료 및 구조
   ① 장갑에 사용되는 재료와 부품은 착용자에게 해로운 영향을 주지 않을 것.
   ② 장갑은 착용 및 조작이 용이하고 착용상태에서 작업을 행하는 데 지장이 없도록 할 것.
   ③ 장갑은 이은 자국이 없고 육안을 통해 검사한 결과 찢어진 곳, 터진 곳, 구멍난 곳이 없도록 할 것.

8 발의 보호구

(1) 안전화의 종류

종 류	사 용 구 분
① 가죽제 안전화	물체의 낙하, 충격 및 날카로운 물체에 의한 바닥으로부터의 찔림에 의한 위험으로부터 발을 보호하기 위한 것
② 고무제 안전화	물체의 낙하, 충격 및 찔림에 의한 위험으로부터 발을 보호하고 아울러 방수 또는 내화학성을 겸한 것
③ 정전기 안전화(정전화)	정전기의 인체 대전을 방지하기 위한 것
④ 발등 안전화(방호 안전화)	물체의 낙하 및 충격으로부터 발 및 발등을 보호하기 위한 것
⑤ 절연화	저압의 전기에 의한 감전을 방지하기 위한 것
⑥ 절연장화	고압에 의한 감전을 방지하고 아울러 방수를 겸한 것

(2) 가죽제 발 보호 안전화

1) 가죽제 안전화의 구분

구 분	몸통높이(뒷굽높이 제외)
단 화	113mm 미만
중단화	113mm 이상
장 화	178mm 이상

2) 안전화의 일반적인 구조
   ① 제조하는 과정에서 발가락 끝 부분에 선심을 넣어 압박 및 충격에 대하여 착용자의 발가락을 보호할 수 있는 구조일 것.
   ② 선심의 내측은 헝겊, 가죽, 고무 또는 플라스틱 등으로 감싸고 특히 후단부의 내측은 보강되어 있을 것.

❾ 안전대

(1) 안전대의 종류

종 류	사 용 구 분
• 벨트(B)식 • 안전그네식(H식)	U자걸이 전용
	1개걸이 전용
	안전블록
	추락방지대

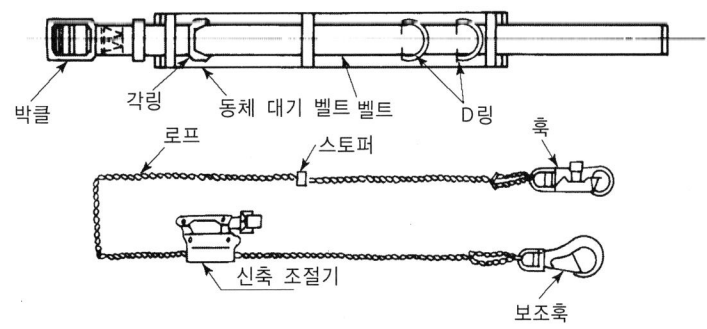

▲ U자걸이 전용 안전대

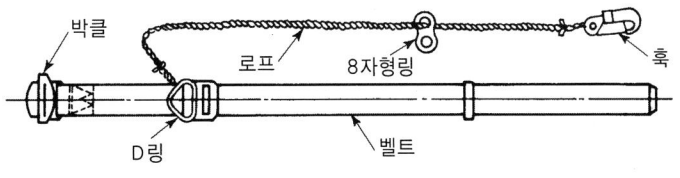

▲ 1개걸이 전용 안전대

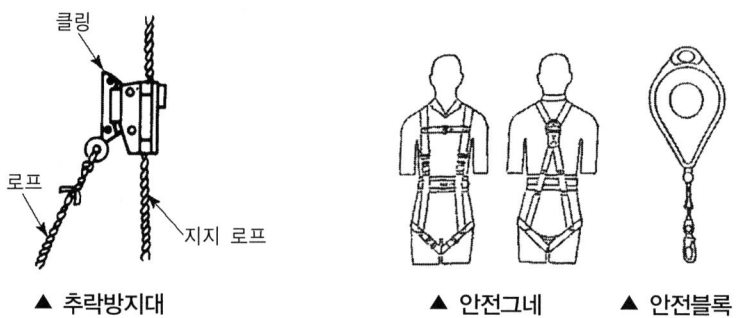

▲ 추락방지대　　　　▲ 안전그네　　▲ 안전블록

(2) 안전대 용어의 정의

1) 안전그네 : 신체지지의 목적으로 전신에 착용하는 띠모양의 부품
2) 추락방지대 : 벨트 또는 안전그네를 신체에 착용하기 위해 그 끝에 부착한 금속장치
3) 안전블록 : 안전그네와 연결하여 추락발생시 추락을 억제할 수 있는 자동잠금장치가 갖추어져 있고 죔줄이 자동적으로 수축되는 금속장치

(3) 안전대용 로프의 구비 조건

1) 충격, 인장강도에 강할 것.
2) 내마모성이 높을 것.
3) 내열성이 높을 것.
4) 완충성이 높을 것.
5) 습기나 약품류에 침범당하지 않을 것.
6) 부드럽고, 되도록 매끄럽지 않을 것.

❿ 산업안전 표지

(1) 산업안전표지의 크기 : 그림 또는 부호의 크기는 표지의 크기와 비례하여야 하며, 산업안전표지 전체규격의 30% 이상이 되어야 한다.

(2) 안전표찰 : 녹십자표지를 말하며 다음의 곳에 부착한다.

① 작업복 또는 보호의의 우측 어깨
② 안전모의 좌우면
③ 안전완장

(3) 안전표지의 종류 및 색채(시행규칙 별표 2)

분류	종류		색채
금지표지	① 출입금지 ③ 차량통행금지 ⑤ 탑승금지 ⑦ 화기금지	② 보행금지 ④ 사용금지 ⑥ 금연 ⑧ 물체이동금지	• 바탕은 흰색 • 기본모형은 빨간색 • 관련부호 및 그림은 검정색
경고표지	① 인화성물질경고 ③ 폭발성물질경고 ⑤ 부식성물질경고 ⑦ 고압전기경고 ⑨ 낙하물체경고 ⑪ 저온경고 ⑬ 레이저광선경고 ⑭ 발암성·변이원성·생식독성·전신독성· 호흡기과민성물질경고 ⑮ 위험장소경고	② 산화성물질경고 ④ 급성독성물질경고 ⑥ 방사성물질경고 ⑧ 매달린 물체경고 ⑩ 고온경고 ⑫ 몸균형상실경고	• 바탕은 노랑색 • 기본모형·관련부호 및 그림은 검정색 • 다만, 인화성물질경고, 산화성물질경고, 폭발성물질경고, 급성독성물질경고, 부식성물질경고 및 발암성변이원성생식독성전신독성호흡기과민성물질경고의 경우 바탕은 무색, 기본모형은 적색(흑색도 가능)
지시표지	① 보안경 착용 ③ 방진마스크 착용 ⑤ 안전모 착용 ⑦ 안전화 착용 ⑨ 안전복 착용	② 방독마스크 착용 ④ 보안면 착용 ⑥ 귀마개 착용 ⑧ 안전장갑 착용	• 바탕은 파란색 • 관련그림은 흰색
안내표지	① 녹십자표지 ③ 들것 ⑤ 비상구 ⑦ 우측비상구	② 응급구호표지 ④ 세안장치 ⑥ 좌측비상구	• 바탕은 흰색, 기본모형 및 관련부호는 녹색 • 바탕은 녹색, 관련부호 및 그림은 흰색
출입금지 표지	① 허가대상 유해물질 취급 ② 석면취급 및 해체·제거 ③ 금지유해물질 취급		• 글자는 흰색 바탕에 흑색 • 다음 글자는 적색 – ○○○제조/사용/보관 중 – 석면취급/해체 중 – 발암물질 취급 중

(4) 산업안전표지의 색채 종류, 색도기준 및 용도

색채	색도기준	용도	사용 예
빨간색	7.5R 4/14	금지	정지신호, 소화설비 및 그 장소, 유해행위의 금지
		경고	화학물질 취급장소에서의 유해·위험 경고
노란색	5Y 8.5/12	경고	화학물질 취급장소에서의 유해·위험 경고 이외의 위험경고, 주의 표지 또는 기계방호물
파란색	2.5PB 4/10	지시	특정행위의 지시 및 사실의 고지
녹색	2.5G 4/10	안내	비상구 및 피난소, 사람 또는 차량의 통행표지
흰색	N 9.5		파란색 또는 녹색에 대한 보조색
검은색	N 0.5		문자 및 빨간색 또는 노란색에 대한 보조색

주 ① 허용차 H=±2, V=±0.3, C=±1 (H는 색상, V는 명도, C는 채도를 말한다)
② 위의 색도기준은 한국산업규격 색의 3속성에 의한 표시방법(KSA 0062 기술표준원고시 제 2008-0759)에 따른다.

(4) 안전 보건 표지의 종류와 형태(시행규칙 제6조 관련·별표 1의 2)

	101 출입금지	102 보행금지	103 차량통행금지	104 사용금지	105 탑승금지	106 금연
① 금지표시						
	107 화기금지	108 물체이동금지	② 경고표지	201 인화성물질 경고	202 산화성물질 경고	203 폭발성물질 경고	204 급성독성물질 경고
	205 부식성물질 경고	206 방사성물질 경고	207 고압전기 경고	208 매달린물체 경고	209 낙하물경고	210 고온경고	211 저온경고
	212 몸균형상실 경고	213 레이저광선 경고	214 발암성·변이원 성·생식독성· 전신독성·호흡 기과민성물질 경고	215 위험장소 경고	③ 지시표지	301 보안경 착용	302 방독마스크 착용
	303 방진마스크 착용	304 보안면착용	305 안전모착용	306 귀마개착용	307 안전화착용	308 안전장갑 착용	309 안전복착용
④ 안내표지	401 녹십자표지	402 응급구호표지	403 들것	404 세안장치	406 비상구	407 좌측비상구
	408 우측비상구	⑤ 관계자외 출입금지	501 허가대상물질 작업장 관계자외 출입 금지 (허가물질 명칭) 제조/사용보관 중 보호구/보호복 착용 흡연 및 음식물 섭취 금지		502 석면취급/해체 작업장 관계자외 출입 금지 석면 취급/해체 중 보호구/보호복 착용 흡연 및 음식물 섭취 금지		503 금지대상물질의 취급 실험실 등 관계자의 출입 금지 발암물질 취급 중 보호구/보호복 착용 흡연 및 음식물 섭취 금지

6. 산업안전심리

❶ 산업심리학의 정의 및 목적

(1) 정의 : 산업심리학은 심리학의 방법과 식견을 가지고 인간의 산업에 있어서의 행동을 연구하는 실천과학이며 응용심리학의 한 분야이다.

(2) 목적
  1) 생산능률과 성과의 증대
  2) 인간의 복지 증진

❷ 호오도온(Hawthorne) 실험

(1) 실험연구자 : 메이오(Mayo)와 레슬리스버거(Roethlisberger)

(2) 실험결론 : 작업자의 작업능률(생산성향상)은 물리적인 작업조건보다는 인간의 심리적인 태도, 감정을 규제하고 있는 인간관계의 요인에 의해서 좌우된다.

❸ 욕구 및 사회행동의 기본형태

(1) 욕구(desire) : 생리적 욕구를 의식적 통제가 힘든 순서로 나열하면 다음과 같다.
  1) 호흡욕구   2) 안전욕구   3) 해갈욕구
  4) 배설욕구   5) 수면욕구   6) 식욕

(2) 사회행동의 기본형태
  1) 협력(cooperation) : 조력, 분업
  2) 대립(opposition) : 공격, 경쟁
  3) 도피(escape) : 고립, 정신병, 자살

④ 인간관계의 메커니즘 및 관리방식

(1) 인간관계의 메커니즘(mechanism)

1) 동일화(identification) : 다른 사람의 행동 양식이나 태도를 투입시키거나, 다른 사람 가운데서 자기와 비슷한 것을 발견하는 것을 말한다.
2) 투사(投射 : projection) : 자기 속의 억압된 것을 다른 사람의 것으로 생각하는 것을 투사(또는 투출)라고 한다.
3) 커뮤니케이션(communication) : 갖가지 행동 양식이나 기호를 매개로 하여 어떤 사람으로부터 다른 사람에게 전달되는 과정을 말한다.
4) 모방(imitation) : 남의 행동이나 판단을 표본으로 하여 그것과 같거나 또는 그것에 가까운 행동 또는 판단을 취하려는 것이다.
5) 암시(suggestion) : 다른 사람으로부터의 판단이나 행동을 무비판적으로 논리적, 사실적 근거 없이 받아들이는 것을 말한다.

(2) 테크니컬 스킬즈와 소시얼 스킬즈

1) 테크니컬 스킬즈(technical skills) : 사물을 인간의 목적에 유익하도록 처리하는 능력을 말함
2) 소시얼 스킬즈(social skills) : 사람과 사람사이의 커뮤니케이션을 양호하게 하고, 사람들의 요구를 충족케 하고 모랄을 양양시키는 능력을 말함.

⑤ 집단관리

(1) 집단의 기능

1) 응집력
2) 행동의 규범
3) 집단목표

(2) 집단의 효과

1) 동조효과(응집력)
2) synergy(system+energy : +α상승효과)
3) 견물(見物)효과(자랑스럽게 생각)

(3) 작업방법이나 규범(노움 ; norm) 변경 등에 대한 저항현상

사보타아지(sabotage)나 소울저링(soldiering ; 게으름 피우는 것)

(4) 집단내의 인간관계나 비공식 집단에서 집단의 구조 및 지도자를 알아내는 방법

1) 소시오메트리(sociometry) : 집단의 구조를 밝혀내어 집단 내에서 개인간의 인기의 정도, 지위, 좋아하고 싫어하는 정도, 하위집단의 구성여부와 형태, 집단에 충성도, 집단의 응집력을 연구조사하여 행동지도의 자료로 삼는 것을 말한다.
2) 소시오그램(sociogram) : 교우도식 또는 집단의 구조도를 말하며, 이 소시오그램에 의하면 시각적으로 집단의 구조나 구성원의 위치, 직위에 대한 이해가 쉽게 된다.

❻ 직장에서의 적응과 부적응

(1) 적응과 역할(super의 역할이론)

1) 역할연기(role playing) : 자아탐색(self-exploration)인 동시에 자아실현(self realization)의 수단이다.
2) 역할기대(role expectation) : 자기의 역할을 기대하고 감수하는 사람은 그 작업에 충실한 것이다.
3) 역할조성(role shaping) : 개인에게 여러 개의 역할기대가 있을 경우 그 중의 어떤 역할기대는 불응, 거부하는 수도 있으며, 혹은 다른 역할을 해내기 위해 다른 일을 구할 때도 있다.
4) 역할갈등(role conflict) : 작업 중에는 상반된 역할이 기대되는 경우가 있으며 그럴 때 갈등이 생기게 된다.

(2) 부적응의 유형(인격 이상자의 유형)

1) 망상인격(편집성 인격) : 자기주장이 강하고 빈약한 대인관계를 가지고 있는 성격의 소유자(냉혹성, 과민성, 완고, 질투, 시기심이 강함)
2) 순환인격 : 외적자극과는 관계없이 울적상태(우울한 시기)에서 조적상태(명랑한 시기)로 상당한 장기간에 걸쳐 기분이 변동하는 특징이 있다.
3) 분열인격 : 극단적으로 수줍어하고, 말이 없고, 자폐적이고, 사교를 싫어하고, 친밀한 인간관계를 피하려고 하는 특징이 있다.
4) 폭발인격 : 사소한 일로 갑자기 노여움을 폭발시키거나, 폭언 및 폭력적인 공격성을 나타내는 특징이 있다.
5) 강박인격 : 엄격하고 지나치게 양심적이고, 우유부단, 욕망을 제지하고, 기준에 적합하도록 지나치게 신경을 쓰는 특징이 있다(완전주의 지향)
6) 반사회적인격 : 정서 불안정, 윤리 도덕성의 규범 결여, 무감각, 쾌락주의, 자기애적임
7) 부적합인격 : 정상적인 정신적, 신체적 능력을 가지고 있으면서도 일상생활의 요구에 적응 못함.

8) 무력인격 : 활력이 결여되고, 감정이 둔하고, 만성적 비관론자임.
9) 소극적 공격적 인격 : 적의(敵意)를 처리하는데 온갖 음흉한 방법으로 교묘히 활용함.

❼ 모랄 서어베이(morale survey : 사기조사)의 주요방법

(1) 통계에 의한 방법 : 사고 상해율, 생산고, 결근, 지각, 조퇴, 이직 등을 분석하여 파악하는 방법

(2) 사례 연구법 : 경영 관리상의 여러 가지 제도에 나타나는 사례에 대해 케이스 스터디(case study)로서 현상을 파악하는 방법

(3) 관찰법 : 종업원의 근무 실태를 계속 관찰함으로써 문제점을 찾아내는 방법

(4) 실험연구법 : 실험 그룹과 통제 그룹으로 나누고 정황, 자극을 주어 태도 변화 여부를 조사하는 방법

(5) 태도조사법(의견조사) : 질문지법, 면접법, 집단토의법, 투사법(projective technique) 등에 의해 의견을 조사하는 방법(일반적인 사고조사방법 : 질문지법, 면접법)

❽ 카운셀링(counseling)

(1) 개인적인 카운셀링 방법

1) 직접충고 : 안전수칙 불이행시 적합, 지시적 방법
2) 설득적 방법 : 비지시적 방법
3) 설명적 방법 : 비지시적 방법

(2) 카운셀링의 순서

장면구성 → 내담자 대화 → 의견 재분석 → 감정표출 → 감정의 명확화

(3) Rogers. C·R의 카운셀링 방법 : 지시적 카운셀링과 비지식적 카셀슁 병용

❾ 리더십

(1) 리더십(leadership)의 유형

1) 선출방식에 따른 리더십의 분류
   ① head ship : 집단 구성원이 아닌 외부에 의해 선출(임명)된 지도자로 명목상의 리더십이라고도 한다.
   ② leadership : 집단 구성원에 의해 내부적으로 선출된 지도자로 사실상의 리더십을 말한다.

2) 업무추진 방법에 의한 리더십의 분류
   ① 권위형 : 지도자가 집단의 모든 권한 행사를 단독적으로 처리한다.
   ② 민주형 : 집단의 토론, 회의 등에 의해 정책을 결정한다.
   ③ 자유 방임형 : 집단에 대하여 전혀 리더십을 발휘하지 않고 명목상의 리더 자리만을 지키는 유형으로 지도자가 집단 구성원에게 완전히 자유를 주는 경우이다.

(2) 리더십의 권한

1) 조직이 지도자에게 부여한 권한
   ① 보상적 권한 : 지도자가 부하들에게 보상할 수 있는 능력으로 인해 부하직원들을 통제할 수 있으며 부하들의 행동에 대해 영향을 끼칠 수 있는 권한이다.
   ② 강압적 권한 : 부하직원들을 처벌할 수 있는 권한이다.
   ③ 합법적 권한 : 조직의 규정에 의해 지도자의 권한이 공식화된 것을 말한다.

2) 지도자 자신이 자신에게 부여한 권한 : 부하직원들이 지도자의 성격이나 능력을 인정하고 지도자를 존경하며 자진해서 따르는 것이다.
   ① 전문성의 권한 : 지도자가 목표수행에 필요한 전문적인 지식을 갖고 업무수행을 하므로 부하직원들이 자발적으로 지도자를 따르게 된다.
   ② 위임된 권한 : 집단의 목표를 성취하기 위해 부하직원들이 지도자가 정한 목표를 자진해서 자신의 것으로 받아들여 지도자와 함께 일하는 것이다.

(3) 성실한 지도자가 공통적으로 갖는 속성

1) 업무수행능력 및 판단능력
2) 강력한 조직능력 및 강한 출세욕구
3) 자신에 대한 긍정적 태도
4) 상사에 대한 긍정적 태도
5) 조직의 목표에 대한 충성심
6) 실패에 대한 두려움
7) 원만한 사교성

8) 매우 활동적이며 공격적인 도전
9) 자신의 건강과 체력 단련
10) 부모로부터의 정서적 독립

❿ 적성의 요인 및 적성발견의 방법

(1) 적성의 요인(적성의 분류)

1) 직업적성(기계적 적성과 사무적 적성)
2) 지능
3) 흥미
4) 인간성(personality)

※ 연령이나 개인차 등은 적성의 요인이 아니다.

(2) 기계적 적성

1) 손과 팔의 솜씨 : 빨리 그리고 정확히 잔일이나 큰일을 해내는 능력
2) 공간 시각화 : 형상이나 크기의 관계를 확실히 판단하여 각 부분을 뜯어서 다시 맞추어 통일된 형태가 되도록 손으로 조작하는 과정
3) 기계적 이해 : 공간 시각화, 지각 속도, 추리, 기술적 지식, 기술적 경험 등의 복합적 인자가 합쳐져서 만들어진 적성

(3) 사무적 적성

1) 지능
2) 손과 팔의 솜씨
3) 지각의 속도 및 정확성

(4) 적성 발견의 방법

1) 자기이해
2) 계발적 경험
3) 적성 검사

⓫ 성격검사의 종류 : 작용검사법, 목록법, 투영법에 의한 성격진단법 등

⑫ 심리검사

(1) 심리검사의 범위

1) 기초인간 능력
2) 기계적 능력
3) 정신운동 능력
4) 시각 기능적 능력
5) 특수직무 능력

(2) 심리검사의 구비조건 : 심리검사는 표준화되고 객관적이며 충분한 규준을 기초로 하여 신뢰성과 타당성이 있어야 한다.

1) 표준화 : 검사관리를 위한 조건과 검사절차의 일관성과 통일성을 표준화라 한다.
2) 객관성 : 검사결과의 채점에 관한 것으로, 채점하는 과정에서 채점자의 편견이나 주관성이 배제되어야 하며 어떤 사람이 채점하여도 동일한 결과를 얻어야 한다.
3) 규준(norms) : 검사의 결과를 해석하기 위해서는 비교할 수 있는 참조 또는 비교의 어떤 틀이 있어야 하는데, 이 틀은 검사 규준이 제공하는 것이다.
4) 신뢰성 : 검사응답의 일관성, 즉 반복성을 말하는 것이다.
5) 타당성 : 측정하고자 하는 것을 실제로 측정하는 것을 타당성이라 한다.

⑬ 적성배치와 인사관리

(1) 적재적소의 배치

1) 적성배치와 인사관리 : 적재적소의 배치라는 근본적 이념에서는 일치한다.
2) 다만, 관리적 개념에 한계가 있는 것으로 적성배치는 능력위주이고, 인사관리는 조직(기능)우선에 따라 부수적으로 적성배치를 고려하게 된다.

(2) 인사관리의 중요한 기능

1) 조직과 리더십(leadership)
2) 선발(적성검사 및 시험)
3) 배치
4) 작업분석
5) 업무평가
6) 상담 및 노사간의 이해

⓮ 안전사고의 요인

(1) 안전사고의 경향성 : Greenwood는 대부분의 사고는 소수의 근로자에 의해서 발생된다. 즉 사고를 자주 내는 사람이 항상 사고를 낸다고 지적하였다.

(2) 소질적인 사고 요인 : 지능, 성격, 감각운동기능(시각기능)

1) 지능 : Chislli와 Brown은 지능단계가 낮을수록 또는 높을수록 이직률 및 사고 발생률이 높다고 지적하고 있다.
2) 성격 : 결함 있는 성격은 사고를 발생시킨다.
3) 시각기능 : 재해와 시각관계를 조사한 결과 Tiffin. J는 시각기능에 결함이 있는 자에게 재해가 많았고, Fletdher. E. D는 두 눈의 시력이 불균형인 자에게 재해가 많음을 지적하였다.

⓯ 산업안전 심리의 요소

(1) 안전심리의 5요소

1) 습관
2) 동기
3) 기질
4) 감정
5) 습성

(2) 개성과 사고력 : 인간의 개성과 사고력은 안전심리에서 고려되는 중요한 요소이다.

(3) 사고 요인이 되는 정신적 요소(정신상태 불량으로 일어나는 안전사고 요인)

1) 안전의식의 부족
2) 판단력의 부족 또는 잘못된 판단
3) 주의력의 부족
4) 방심 및 공상
5) 개성적 결함요소
   ① 지나친 자존심과 자만심
   ② 다혈질 및 인내력의 부족
   ③ 약한 마음
   ④ 도전적 성격
   ⑤ 감정의 장기 지속성

⑥ 경솔성
⑦ 과도한 집착성 또는 고집
⑧ 배타성
⑨ 태만(나태)
⑩ 사치성과 허영심
6) 정신력과 관계되는 생리적 현상
① 시력 및 청각의 이상
② 신경계통의 이상
③ 육체적 능력의 초과
④ 근육운동의 부적합
⑤ 극도의 피로

(4) 안전사고를 유발하는 원인을 분석하는데 필요한 요건 : 인간의 발전, 성장, 성숙과정 및 연령 등

⓰ 재해 빈발설

(1) 암시설 : 재해의 경험으로 겁쟁이가 되거나 신경과민이 되어 그 사람이 갖는 대응능력이 열화되기 때문에 재해가 빈발하게 된다는 설이다.

(2) 재해빈발 경향자설 : 소질적인 결함을 가지고 있기 때문에 재해가 빈발하게 된다는 설이다.

(3) 기회설 : 개인의 영향 때문이 아니라 작업에 위험성이 많고, 위험한 작업을 담당하고 있기 때문에 재해가 빈발한다는 설이다(대책 : 작업환경개선, 교육훈련실시).

⓱ 사고경향성자 (재해 누발자, 재해 다발자)의 유형

(1) 상황성 누발자 : 작업의 어려움, 기계설비의 결함, 환경상 주의력의 집중 곤란, 심신의 근심 등 때문에 재해를 누발하는 자이다.

(2) 습관성 누발자 : 재해의 경험으로 겁쟁이가 되거나 신경과민이 되어 재해를 누발하는 자와 일종의 슬럼프(slump)상태에 빠져서 재해를 누발하는 자이다.

(3) 소질성 누발자 : 재해의 소질적 요인을 가지고 있기 때문에 재해를 누발하는 자이다.

(4) 미숙성 누발자 : 기능 미숙이나 환경에 익숙하지 못하기 때문에 재해를 누발하는 자이다.

18 Lewin. K의 법칙

Lewin은 인간의 행동(B)은 그 사람이 가진 자질 즉, 개체(P)와 심리학적 환경(E)과의 상호 함수 관계에 있다고 하였다.

$B = f(P \cdot E)$

여기서, B : Behavior(인간의 행동)
f : function(함수관계 : 적성 기타 P와 E에 영향을 미칠 수 있는 조건)
P : Person(개체 : 연령, 경험, 심신상태, 성격, 지능 등)
E : Environment(심리적 환경 : 인간관계, 작업환경 등)

19 인간변화의 4단계

(1) 1단계 : 지식의 변용

(2) 2단계 : 태도의 변용

(3) 3단계 : 행동의 변용

(4) 4단계 : 집단 또는 조직에 대한 성과 변용

20 동기부여이론

(1) Davis의 이론

인간의 성과×물적인 성과=경영의 성과

1) 지식(Knowledge)×기능(Skill)=능력(ability)
2) 상황(situation)×태도(attitude)=동기유발(motivation)
3) 능력×동기유발=인간의 성과(human performance)

(2) Maslow의 욕구 5단계

1) 1단계 : 생리적 욕구(기아, 갈증, 호흡, 배설, 성욕 등)
2) 2단계 : 안전의 욕구(안전을 기하려는 욕구)
3) 3단계 : 사회적 욕구(애정, 소속에 대한 욕구)
4) 4단계 : 인정받으려는 욕구(자존심, 명예, 성취, 지위에 대한 욕구 : 자기존경의 욕구)
5) 5단계 : 자아실현의 욕구(잠재적인 능력을 실현하고자 하는 욕구 : 성취욕구)

(3) Alderfer의 ERG이론

1) 생존(Existence)욕구 : 신체적 차원에서 유기체 생존과 유지에 관련된 욕구
2) 관계(Relatedness)욕구 : 타인과의 상호작용을 통해 만족되는 대인 욕구

3) 성장(Growth)욕구 : 개인적인 발전과 증진에 관한 욕구

(4) McGreger의 X이론과 Y이론

1) X 이론과 Y 이론의 비교

X 이론	Y 이론
① 인간 불신감 ② 성악설 ③ 인간은 본래 게으르고 태만하여 남의 지배받기를 즐긴다. ④ 물질욕구(저차적 욕구) ⑤ 명령통제에 의한 관리 ⑥ 저개발국형	① 상호신뢰감 ② 성선설 ③ 인간은 부지런하고 근면, 적극적이며 자주적이다. ④ 정신욕구(고차적 욕구) ⑤ 목표통합과 자기통제에 의한 자율관리 ⑥ 선진국형

2) X·Y 이론의 관리처방

X 이론의 관리처방	Y 이론의 관리처방
① 경제적 보상체계의 강화 ② 권위주의적 리더십의 확보 ③ 면밀한 감독과 엄격한 통제 ④ 상부책임제도의 강화 ⑤ 조직구조의 고충성	① 민주적 리더십의 확립 ② 분권화의 권한과 위임 ③ 목표에 의한 관리 ④ 직무확장 ⑤ 비공식적 조직의 활용 ⑥ 자체평가제도의 활성화

(5) Herzberg의 2요인(위생요인과 동기요인) 이론

1) 위생요인 : 인간의 동물적 욕구를 반영하는 것으로서 안전, 친교, 봉급, 감독형태, 기업의 정책, 작업조건 등이 해당되며 Maslow의 생리적, 안전, 사회적 욕구와 비슷하다.

2) 동기요인 : 자아실현을 하려는 인간의 독특한 경향(성취, 인정, 작업자체, 책임감 등)을 반영한 것으로 Maslow의 자아실현 욕구와 비슷한 개념이다.

(6) 동기요소의 상호관계

위생요인과 동기요인 (Herzberg)	욕구의 5단계 (Maslow)	X 이론과 Y 이론 (McGreger)
위생요인	1단계 : 생리적 욕구(종족보존) 2단계 : 안전욕구	X 이론
동기부여요인	3단계 : 사회적 욕구(친화욕구) 4단계 : 인정욕구(승인의 욕구) 5단계 : 자아실현욕구(성취욕구)	Y 이론

(7) 안전 동기의 유발방법

1) 안전의 기본이념(참 가치)을 인식시킬 것.
2) 안전 목표를 명확히 설정할 것
3) 결과를 알려줄 것(K.R법 : Knowledge Results).
4) 상과 벌을 줄 것.
5) 경쟁과 협동을 유도할 것.
6) 동기유발 수준을 유지할 것

21 착오의 메커니즘 및 착오요인

(1) 착오의 메커니즘(mechanism)

1) 위치의 착오
2) 패턴의 착오
3) 형(形)의 착오
4) 순서의 착오
5) 잘못 기억

(2) 착오요인(대뇌의 Human error)

1) 인지과정의 착오
   ① 생리, 심리적 능력의 한계
   ② 정보량 저장능력의 한계
   ③ 감각차단 현상 : 단조로운 업무, 반복 작업
   ④ 정서 불안정 : 공포, 불안, 불만
2) 판단과정 착오
   ① 능력부족
   ② 정보부족
   ③ 자기 합리화
   ④ 환경조건의 불비
3) 조치과정 착오

22 착시(Optical Illusion)

(1) 운동의 시지각(착각현상)

1) 자동운동 : 암실 내에서 정지된 소광점을 응시하고 있으면 그 광점이 움직이는 것을 볼 수 있는데 이것을 자동운동이라 한다. 자동운동이 생기기 쉬운 조건은 다음과 같다.

① 광점이 작을 것.
② 시야의 다른 부분이 어두울 것.
③ 광의 강도가 작을 것.
④ 대상이 단순할 것.

2) 유도운동 : 실제로는 움직이지 않는 것이 어느 기준의 이동에 유도되어 움직이는 것처럼 느껴지는 현상을 말한다.

3) 가현운동 : 객관적으로 정지하고 있는 대상물이 급속히 나타나든가 소멸하는 것으로 인하여 일어나는 운동으로 마치 대상물이 운동하는 것처럼 인식되는 현상을 말한다 (β운동 : 영화 영상의 방법).

(2) 착시현상(시각의 착각현상)

1) Müler·Lyer의 착시

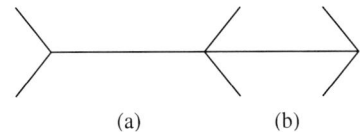

(a)가 (b)보다 길게 보인다(실제 a=b)

2) Helmholz의 착시

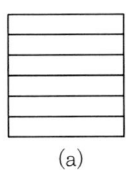 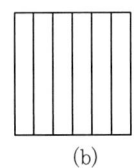

(a)는 세로 길어 보이고
(b)는 가로로 길어 보인다.

3) Herling의 착시

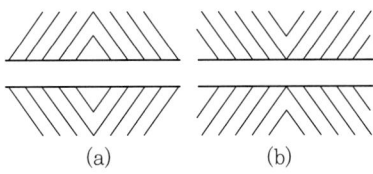

(a)는 양단이 벌어져 보이고
(b)는 중앙이 벌어져 보인다.

4) Poggendorf의 착시

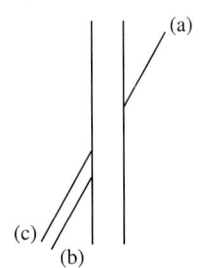

(a)와 (c)가 일직선으로 보인다.
(실제 a와 b가 일직선)

㉓ 인간의 동작 특성

(1) 외적 조건

1) 동적조건 : 대상물의 동적 성질 → 최대원인
2) 정적조건 : 높이, 크기, 깊이 등
3) 환경조건 : 기온, 습도, 소음 등

(2) 내적 조건

1) 경력(Career)
2) 개인차
3) 생리적 조건 : 피로, 긴장 등

㉔ 간결성의 원리

(1) 간결성의 원리

1) 물적 세계에 서두름이나 생략행위가 존재하고 있는 것처럼 심리활동에 있어서도 최고 에너지에 의해 어느 목적에 달성하도록 하려는 경향이 있는데, 이것을 간결성의 원리라 한다.
2) 간결성의 원리에 기인하여 착각, 착오, 생략, 단락 등의 사고에 관계되는 심리적 요인을 만들어 내게 된다.

(2) 군화의 법칙(물건의 정리)

구 분	내 용
근접의 요인	근접된 물건끼리 정리된다.
동류의 원인	매우 비슷한 물건끼리 정리한다.
폐합의 원인	밀폐형을 가지런히 정리한다.
연속의 요인	연속을 가지런히 정리한다.
좋은 형태의 요인	좋은 형체(규칙성, 상징성, 단순성)로 정리한다.

㉕ 주의력과 부주의

(1) 주의의 특징

1) 선택성 : 여러 종류의 자극을 자각할 때 소수의 특정한 것에 한하여 선택하는 기능(중복집중 곤란)
2) 방향성 : 주시점만 인지하는 기능(한 지점에 주의를 집중하면 다른데 주의는 약해짐)

3) 변동성 : 주의에는 주기적으로 부주의의 리듬이 존재(고도의 주의는 장시간 지속할 수 없음)

(2) 부주의 현상

1) 의식의 단절 : 지속적인 의식의 흐름에 단절이 생기고 공백의 상태가 나타나는 것으로서 특수한 질병이 있는 경우에 나타난다(의식수준 : phase 0 상태).
2) 의식의 우회 : 의식의 흐름이 옆으로 빗나가 발생하는 경우로서 작업도중의 걱정, 고뇌, 욕구 불만 등에 의해 다른 것을 주의하는 것이 이에 속한다(의식수준 : phase 0 상태).
3) 의식수준의 저하 : 혼미한 정신상태에서 심신이 피로할 경우나 단조로운 작업 등의 경우에 일어나기 쉽다(의식수준 : phase Ⅰ이하 상태).
4) 의식의 과잉 : 지나친 의욕에 의해서 생기는 부주의 현상으로서 돌발사태 및 긴급이상 사태 시 순간적으로 긴장되고 의식이 한 방향으로만 쏠리게 되는 경우가 이에 해당한다(의식수준 : phase Ⅳ 이하 상태).

(3) 부주의 발생원인 및 대책

1) 외적 원인 및 대책
   ① 작업, 환경조건 불량 : 환경 정비
   ② 작업 순서의 부적당 : 작업순서 변경
2) 내적 조건 및 대책
   ① 소질적 조건 : 적성 배치
   ② 의식의 우회 : 상담
   ③ 경험, 미경험 : 교육

❷⑥ 의식 수준의 단계

단계	의식의 상태	주 의 작 용	생리적 상태	신 뢰 성	뇌파형태
Phase 0	무의식, 실신	없음(zero)	수면, 뇌 발작	0	δ파
Phase Ⅰ	정상이하(subnormal) 의식 몽롱함	부주의(inactive)	피로, 단조, 졸음, 술 취함	0.9 이하	θ파
Phase Ⅱ	정상, 이완상태 (normal, relaxed)	수동적(passive) 마음이 안쪽으로 향함	안정기거, 휴식시, 정례작업시	0.99 ~0.99999	α파
Phase Ⅲ	정상, 상쾌한 상태 (normal, clear)	능동적(active) 앞으로 향하는 주의시 야도 넓다.	적극 활동시	0.999999 이상	β파
Phase Ⅳ	초정상, 과긴장 상태 (hypernormal, excited)	일점으로 응집, 판단정지	긴급 방위반응, 당황해서 panic	0.9 이하	β파 또는 전자파

27 피로

(1) 피로의 3표지(피로의 종류)

1) 주관적 피로 : 이것은 스스로 느끼는 「피곤하다」는 자각증상으로 대개의 경우 권태감이나 단조감 또는 포화감이 뒤따른다.
2) 객관적 피로 : 객관적 피로는 생산된 제품의 양과 질의 저하를 지표로 한다.
3) 생리적(기능적)피로 : 인체의 생리상태를 검사해 봄으로서 생체의 각 기능이나 물질의 변화 등에 의해 피로를 알 수 있는 방법

(2) 피로에 영향을 주는 기계측 인자 및 인간측의 인자

1) 기계측의 인자
   ① 기계의 종류
   ② 기계의 색채
   ③ 조작부분의 배치
   ④ 조작부분의 감촉
   ⑤ 기계의 이해 용이도
2) 인간측의 인자 : 정신상태, 신체적 상태, 생리적 리듬, 작업시간 및 작업내용, 사회환경, 작업환경 등

(3) 피로의 측정법

1) 생리학적 방법
   ① 근전도(EMG : electromyogram) : 근육활동 전위차의 기록
   ② 뇌전도(ENG : electroneurogram) : 신경활동 전의차의 기록
   ③ 심전도(ECG : electrocardiogram) : 심장근 활동 전위차의 기록
   ④ 안전도(EOG : electrooculogram) : 안구(眼球)운동 전위차의 기록
   ⑤ 산소소비량 및 에너지대사율(RMR : relative metabolic rate)
   $$\therefore RMR = \frac{작업대사량}{기초대사량} = \frac{작업시소비에너지 - 안정시소비에너지}{기초대사량}$$
   ⑥ 피부전기반사(GSR : galvanic skin reflex) : 작업부하의 정신적 부담이 피로와 함께 증대하는 양상을 손바닥 안쪽의 전기저항의 변화를 이용해 측정하는 것으로 피부전기저항 또는 정신전류현상이라고도 한다.
   ⑦ 프릿가 값(융합점멸주파수) : 정신적 부담이 대뇌피질의 피로수준에 미치고 있는 영향을 측정하는 방법이다.
2) 화학적 방법 : 혈색소농도, 혈액수준, 혈단백, 응혈시간, 혈액, 요전해질, 요단백, 요교질 배설량 등
3) 심리학적 방법 : 피부(전위)저장, 동작분석, 연속반응시간, 행동기록, 정신작업, 전신자각증상, 집중유지기능 등

(5) 휴식시간 산출

$$R = \frac{60(E-4)}{E-1.5}$$

여기서, R : 휴식시간(분),
E : 작업 시 평균 에너지 소비량(kcal/분)
총 작업시간 : 60분, 휴식시간 중의 에너지 소비량 : 1.5(kcal/분)

28 바이오리듬(biorhythm : 생체리듬)

(1) 바이오리듬의 종류

1) 육체적 리듬(physical cycle) : 주기 23일(식욕, 소화력, 활동력, 지구력), 청색표시
2) 지성적 리듬(intellectual cycle) : 주기 33일(상상력, 사고력, 기억력 인지, 판단), 녹색표시
3) 감성적 리듬(sensitivity cycle) : 주기 28일(감정, 주의심, 창조력, 예감 및 통찰력), 적색표시

(2) 위험일(critical day) : 한 달에 6일 정도 일어나며, 평소보다 뇌졸중이 5.4배, 심장질환 발작이 5.1배, 자살은 6.8배 정도 더 많이 발생된다.

(3) 생체리듬과 피로

1) 혈액의 수분, 염분량 : 주간은 감소하고, 야간에는 증가한다.
2) 체온, 혈압, 맥박 수 : 주간은 상승하고, 야간에는 저하한다.
3) 야간에는 소화분비액 불량, 체중이 감소한다.
4) 야간에는 말초운동 기능저하, 피로의 자각증상이 증대한다.

29 스트레스의 주요원인

(1) 외부로부터의 자극요인

1) 경제적인 어려움
2) 직장에서의 대인관계상의 갈등과 대립
3) 가정에서의 가족관계의 갈등
4) 가족의 죽음이나 질병
5) 자신의 건강 문제
6) 상대적인 박탈감 등

(2) 마음속에서 일어나는 내적자극 요인

1) 자존심의 손상과 공격방어 심리
2) 출세욕의 좌절감과 자만심의 상충
3) 지나친 과거에의 집착과 허탈
4) 업무상의 죄책감
5) 지나친 경쟁심과 재물에 대한 욕심
6) 남에게 의지하고자 하는 심리
7) 가족간의 대화단절 의견의 불일치

7. 안전보건교육의 내용 및 방법

❶ 교육의 3요소

(1) **교육의 주체** : 교도자, 강사, 교사

(2) **교육의 객체** : 학생, 수강자, 피교육자

(3) **교육의 매개체** : 교재

❷ 학습지도의 원리

(1) **자기활동의 원리(자발성의 원리)** : 학습자 자신이 스스로 자발적으로 학습에 참여하는데 중점을 둔 원리이다.

(2) **개별화의 원리** : 학습자가 지니고 있는 각자의 요구와 능력 등에 알맞은 학습활동의 기회를 마련해 주어야 한다는 원리이다.

(3) **사회화의 원리** : 학습내용을 현실사회의 사상과 문제를 기반으로 하여 학교에서 경험한 것과 사회에서 경험한 것을 교류시키고 공동학습을 통해서 협력적이고 우호적인 학습을 진행하는 원리이다.

(4) **통합의 원리** : 학습을 종합적인 전체로서 지도하자는 원리로, 동시학습 원리와 같다.

(5) **직관의 원리** : 구체적인 사물을 직접 제시하거나 경험시킴으로서 큰 효과를 볼 수 있다는 원리이다.

❸ 교육지도(학습지도)의 8원칙

(1) 피 교육자 중심교육(상대방 입장에서 교육)

(2) 동기부여

(3) 쉬운 부분에서 어려운 부분으로 진행

(4) 반복

(5) 한번에 하나씩 교육

(6) 인상의 강화(오래기억)

(7) 5관의 활용

   1) 5관의 효과치
      ① 시각효과 60%(미국 75%)
      ② 청각효과 20%(미국 13%)
      ③ 촉각효과 15%(미국 6%)
      ④ 미각효과 3%(미국 3%)
      ⑤ 후각효과 2%(미국 3%)

   2) 이해도 교육효과
      ① 귀 : 20%
      ② 눈 : 40%
      ③ 귀+눈 : 60%
      ④ 입 : 80%
      ⑤ 머리+손+발 : 90%

(8) 기능적인 이해

4 교육법 및 작업지도 기법의 4단계

(1) 교육법의 4단계

   1) 제1단계 - 도입(준비) : 배우고자 하는 마음가짐을 일으키도록 도입한다.
   2) 제2단계 - 제시(설명) : 상대의 능력에 따라 교육하고 내용을 확실하게 이해시키고 납득시켜 다시 기능으로서 습득시킨다.
   3) 제3단계 - 적용(응용) : 이해시킨 내용을 구체적인 문제 또는 실제 문제로 활용시키거나 응용시킨다.
   4) 제4단계 - 확인(총괄) : 교육내용을 정확하게 이해하고 습득하였는지의 여부를 확인한다.

(2) 작업지도 기법의 4단계

1) 제1단계 - 학습할 준비를 시킨다(학습준비).
   ① 마음을 안정시킨다.
   ② 무슨 작업을 할 것인가를 말해준다.
   ③ 작업에 대해 알고 있는 정도를 확인한다.
   ④ 작업을 배우고 싶은 의욕을 갖게 한다.
   ⑤ 정확한 위치에 자리 잡게 한다.
2) 제2단계 - 작업을 설명한다(작업설명).
   ① 주요단계를 하나씩 설명해주고 시범해 보이고 그려 보인다.
   ② 급소를 강조한다.
   ③ 확실하게, 빠짐없이, 끈기 있게 지도한다.
   ④ 이해할 수 있는 능력 이상으로 강요하지 않는다.
3) 제3단계 - 작업을 시켜본다(실습).
   4) 제4단계 - 가르친 뒤를 살펴본다(결과시찰).

5 학습의 이론

(1) S-R 이론 : 학습을 자극(Stimulus)에 의한 반응(Response)으로 보는 이론

1) 돈다이크(Thorndike)의 시행착오설
2) 파브로브(Pavlov)의 조건반사설
3) 스키너(Skinner)의 작동적(도구적) 조건화설
4) 구드리(Guthrie)의 접근적 조건화설

(2) 조건 반사설에 의한 학습이론의 원리

1) 시간의 원리 : 조건자극(종소리)이 무조건자극(음식물)보다 시간적으로 동시 또는 조금 앞서서 주어야만 조건화, 즉 강화가 잘 된다는 원리이다.
2) 강도의 원리 : 조건 반사적인 행동이 이루어지려면 먼저 준 자극의 정도에 비해 적어도 같거나 그보다 강한 자극을 주어야 바람직한 결과를 낳게 된다.
3) 일관성의 원리 : 조건자극은 일관된 자극물을 사용하여야 한다는 원리이다
4) 계속성의 원리 : 자극과 반응과의 관계를 반복하여 횟수를 거듭할수록 조건화가 잘 형성된다는 원리이다.

6 기억 및 망각

(1) 기억의 과정 : 기억은 기명(記銘), 파지(把持), 재생(再生), 재인(再認)의 단계를 거친다.

1) 기억 : 과거의 경험이 어떠한 형태로 미래의 행동에 영향을 주는 작용이라고 할 수 있다.
2) 기명 : 사물의 인상을 마음속에 간직하는 것을 말한다.
3) 파지 : 간직, 인상이 보존되는 것을 말한다.
4) 재생 : 보존된 인상을 다시 의식으로 떠오르는 것을 말한다.
5) 재인 : 과거에 경험했던 것과 같은 비슷한 상태에 부딪쳤을 때 떠오르는 것을 말한다.

(2) 망각

1) 망각 : 기억의 단계 중 재생이나 재인이 안될 경우에는 곧 망각이 되었다는 것을 의미한다.
2) 파지 및 망각 : 파지란 획득된 행동이나 내용이 지속되는 것이며, 망각은 지속되지 않고 소실되는 현상을 말한다.

7 연습의 방법 : 전습법과 분습법

(1) 전습법(whole method) : 학습재료를 하나의 전체로 묶어서 학습하는 방법이다.

(2) 분습법(part method) : 학습재료를 작게 나누어서 조금씩 학습하는 방법으로 순수분습법, 점진적 분습법, 반복적 분습법이 있다.

[표] 전습법 및 분습법의 장점

전습법의 이점	분습법의 이점
1. 망각이 적다. 2. 학습에 필요한 반복이 적다. 3. 연합이 생긴다. 4. 시간과 노력이 적다.	1. 어린이는 분습법을 좋아한다. 2. 학습효과가 빨리 나타난다. 3. 주의와 집중력의 범위를 좁히는데 적합하고 유리하다. 4. 길고 복잡한 학습에 적당하다.

8 학습의 전이

(1) 전이(transference) : 학습의 전이란 어떤 내용을 학습한 결과가 다른 학습이나 반응에 영향을 주는 현상을 말한다.

(2) 학습전이의 조건

1) 학습정도의 요인 : 선행학습의 정도에 따라 전이의 가능정도가 다르다.
2) 유사성의 요인 : 선행학습과 후행학습에 유사성이 있어야 한다는 것으로 자극의 유사성, 반응의 유사성, 원리의 유사성이 있다.
3) 시간적 간격의 요인 : 선행학습과 후행학습의 시간간격에 따라 전이의 효과가 다르다.
4) 학습자의 지능요인 : 학습자의 지능정도에 따라 전이 효과가 달라진다.
5) 학습자의 태도요인 : 학습자의 주의력 및 능력, 특히 태도에 따라 전이의 정도가 다르다.

9 적응기제(適應機制)

(1) 방어적 기제 : 자신의 약점이나 무능력, 열등감을 위장하여 유리하게 보호함으로써 안정감을 찾으려는 기제

1) 보상 : 자신의 무능에 의해서 생긴 열등감이나 긴장을 해소시키기 위해 자신의 장점 같은 것으로 그 결함을 보충하려는 행동기제
2) 합리화 : 자신의 실패나 약점을 그럴듯한 이유를 들어 남의 비난을 받지 않도록 하여 자위도 하는 행동기제
3) 동일시 : 자신의 것이 아님에도 불구하고 자기의 것이나 된 듯이 행동을 하여 승인을 얻고자 하는 기제
4) 승화 : 정신적인 역량의 전환을 의미하는 기제

(2) 도피적 기제 : 욕구불만에 의한 긴장이나 압박감으로부터 벗어나기 위해서 비합리적인 행동으로 공상에 도피하고, 현실세계에서 벗어나 마음의 안정을 얻으려는 기제

1) 고립 : 현실을 피하고 자신의 내부로 도피하려는 행동기제
2) 퇴행 : 발전 단계를 역행함으로써 욕구를 충족하려는 행동기제
3) 억압 : 현실적인 필요(욕망, 감정등)를 묵살함으로써 오히려 자신의 안정을 유지하려는 기제
4) 백일몽 : 현실적으로 도저히 만족시킬 수 없는 욕구나 소원을 공상의 세계에서 이룩하려고 하는 도피의 한 형식

(3) 공격적 기제

1) 직접적 공격기제 : 폭행, 싸움, 기물 파손 등
2) 간접적 공격기제 : 조소, 비난, 중상모략, 폭언, 욕설 등

❿ 안전교육의 기본방향 및 목적

(1) 안전교육의 기본방향
1) 사고사례 중심의 안전교육
2) 안전작업(표준작업)을 위한 안전교육
3) 안전의식 향상을 위한 안전교육

(2) 안전교육의 목적
1) 안전정신의 안전화
2) 행동의 안전화
3) 환경의 안전화
4) 설비와 물자의 안전화

⓫ 안전교육의 3단계 및 단계별 교육과정

(1) 안전교육의 3단계
1) 지식교육(제1단계) : 강의, 시청각교육을 통한 지식의 전달과 이해
2) 기능교육(제2단계) : 시범, 견학, 실습, 현장실습교육을 통한 경험체득과 이해
3) 태도교육(제3단계) : 작업동작지도, 생활지도 등을 통한 안전의 습관화

(2) 안전교육의 단계별 교육과정
1) 지식교육의 특성 : 주로 강의식 전달교육으로서 다음과 같은 특성이 있다.
   ① 이해도 측정 곤란
   ② 단편적인 교육 치중 우려
   ③ 교사 학습방법에 따라 차이
   ④ 광범한 지식의 전달 가능
   ⑤ 많은 인원에 대한 교육가능
   ⑥ 안전의식 제고가 용이하다.
2) 기능교육의 3원칙
   ① readiness(준비)
   ② 위험작업의 규제(수칙)
   ③ 안전작업 표준화(방법)
3) 안전태도 교육의 원칙(기본과정)
   ① 청취(hearing)한다.
   ② 이해(understand)하고 납득한다.

③ 항상모범(example)을 보여준다.
④ 권장한다.
⑤ 처벌한다.
⑥ 좋은 지도자를 얻도록 힘쓴다.
⑦ 적정배치한다.
⑧ 평가(evaluation)한다.

⑫ 안전교육 계획

(1) 안전교육 계획에 포함할 사항

1) 교육목표(첫째 과제)
   ① 교육 및 훈련의 범위
   ② 교육 보조자료의 준비 및 사용지침
   ③ 교육훈련의 의무와 책임관계 명시
2) 교육의 종류 및 교육대상
3) 교육의 과목 및 교육내용
4) 교육기간 및 시간
5) 교육장소
6) 교육방법
7) 교육담당자 및 강사

(2) 준비계획에 포함되어야 할 사항

1) 교육목표의 설정
2) 교육대상자 범위 결정
3) 교육과정의 결정
4) 교육방법의 결정(교육방법과 형태)
5) 교육보조재료 및 강사 조교의 편성
6) 교육의 진행사항
7) 소요예산의 산정

⑬ 기능(기술)교육의 진행방법

(1) 하버드 학파의 5단계 교수법

1) 1단계 : 준비시킨다(preparation).
2) 2단계 : 교시한다(presentation).
3) 3단계 : 연합한다(association).
4) 4단계 : 총괄시킨다(generalization).
5) 5단계 : 응용시킨다(application).

(2) 듀이(J.Dewey)의 사고과정의 5단계

1) 시사를 받는다.
2) 머리로 생각한다.
3) 가설을 설정한다.
4) 추론한다.
5) 행동에 의하여 가설을 검토한다.

⑭ 안전교육 방법

(1) 강의 방식 : 강의법, 문답식, 문답제기식

(2) 토의(회의)방식 : 쌍방적 의사전달에 의한 교육방식(최적인원 10~20명).

1) forum(공개토론회) : 새로운 자료나 교재를 제시하고 거기서의 문제점을 피교육자로 하여금 제기케 하거나 의견을 여러 가지 방법으로 발표하게 하여 다시 깊이 파고들어 토의를 행하는 방법
2) symposium : 몇 사람의 전문가에 의하여 과제에 관한 견해를 발표한 뒤 참가자로 하여금 의견이나 질문을 하게 하여 토의하는 방법.
3) panel discussion : 패널멤버(교육과제에 정통한 전문가 4~5명)가 피교육자 앞에서 자유로이 토의를 하고 뒤에 피교육자 전원이 참가하여 사회자의 사회에 따라 토의하는 방법.
4) colloquy(대화) : panel discussion의 변형으로 패널멤버 외에 참석자의 대표를 선출하여 질의응답의 형태로 실시되는 것이다.
5) 버즈 세션(buzz session) : 6-6회의라고도 하며, 먼저 사회자와 기록계를 선출한 후 나머지 사람은 6명씩의 소집단으로 구분하고, 소집단별로 각각 사회자를 선발하여 6분간씩 자유토의를 행하여 의견을 종합하는 방법.

(3) 구안법(project method) : 학생이 마음속에 생각하고 있는 것을 외부에 구체적으로 실현하고 형상화하기 위해서 자기 스스로가 계획을 세워서 수행하는 학습활동으로 이루어지는 형태다.

   1) Collings는 구안법을 탐험(exploration), 구성(construction), 의사소통(communication), 유희(play), 기술(skill)의 5가지로 지적하고 산업시찰견학, 현장실습 등도 이에 해당된다고 하였다.
   2) 구안법의 단계는 목적, 계획, 수행, 평가의 4단계를 거친다.

(4) 문제해결법 : 학생 앞에 현실적인 문제를 제시하여 해결해 나가는 과정에서 지식, 기능, 태도, 기술 등을 종합적으로 획득하는 학습과정으로 다음의 5단계 과정을 거친다.

   1) 1단계 : 문제의 제시(인식)
   2) 2단계 : 문제의 해결계획의 수립
   3) 3단계 : 자료수집 및 검토
   4) 4단계 : 해결방법의 실시(학습활동의 전개)
   5) 5단계 : 정리와 결과의 검토

(5) 사례연구법(case study) : 먼저 사례를 제시하고 문제가 되는 사실들과 그의 상호관계에 대해서 검토하며, 대책을 토의하는 방식으로 토의법을 응용한 교육기법

   1) 장 점
     ① 흥미가 있고 학습동기를 유발할 수 있다.
     ② 현실적인 문제의 학습이 가능하다.
     ③ 관찰, 분석력을 높이고 판단력, 응용력의 향상이 가능하나.
     ④ 토의과정에서 각자가 자기의 사고 방향에 대하여 태도의 변형이 생긴다.
   2) 단 점
     ① 적절한 사례의 확보가 곤란하다.
     ② 원칙과 규정(rule)의 체계적 습득이 곤란하다.
     ③ 학습의 진보를 측정하기가 어렵다.

(6) 역할연기법(role playing) : 참석자에게 어떤 역할을 주어서 실제로 시켜 봄으로써 훈련이나 평가에 사용하는 교육기법으로, 절충능력이나 협조성을 높여서 태도의 변용에도 도움을 준다.

   1) 장점
     ① 흥미를 갖고 문제에 적극적으로 참가한다.
     ② 자기태도의 반성과 창조성이 생기고 발표력이 향상된다.

③ 문제의 배경에 대하여 통찰하는 능력을 높임으로써 감수성이 향상된다.
④ 각자의 장점과 약점을 알 수 있다.
2) 단점
① 높은 수준의 의사 결정에 대한 훈련에는 효과를 기대할 수 없다.
② 목적이 명확하지 않고 다른 방법과 병용하지 않으면 의미가 없다.
③ 훈련 장소의 확보가 어렵다.

⑮ 기업 내 정형교육

(1) TWI (training within industry)

1) 교육대상 : 감독자
2) 교육내용
① JI(job instruction) : 작업지도 기법
② JM(job method) : 작업개선 기법
③ JR(job relation) : 인간관계 관리기법(부하통솔기법)
④ JS(job safety) : 작업안전 기법
3) 한 클래스는 10명 정도, 교육방법은 토의법, 1일 2시간씩 5일에 걸쳐 10시간 정도 행한다.

(2) MTP(management training program) : FEAF(far east air force)라고도 함

1) 교육대상 : TWI 보다 약간 높은 관리자 계층
2) 교육내용 : 관리의 기능, 조직원 원칙, 조직의 운영, 시간관리 학습의 원칙과 부하 지도법, 훈련의 관리, 신인을 맞이하는 방법과 대행자를 육성하는 요령, 회의의 주관, 직업의 개선 안전한 작업, 과업관리, 사기양양 등
3) 한 클래스는 10~15명, 2시간 씩 20회에 걸쳐 40시간 훈련하도록 되어 있다.

(3) ATT(american telephone & telegram co.)

1) 교육대상 : 대상계층이 한정되어 있지 않고, 또 한번 훈련을 받은 관리자는 그 부하인 감독자에 대해 지도원이 될 수 있다.
2) 교육내용 : 계획적 감독, 작업의 계획 및 인원배치, 작업의 감독, 공구와 자료보고 및 기록, 개인작업의 개선, 종업원의 향상, 인사 관계, 훈련, 고객관계, 안전부대 군인의 복무조정 등
3) 코스는 1차 훈련(1일 8시간씩 2주간), 2차 과정에서는 문제가 발생할 때마다 하도록 되어 있으며, 진행방법은 통상 토의식에 의하여 지도자의 유도로 과제에 대한 의견을 제시하게 하여 결론을 내려가는 방식을 취한다.

(4) CCS(civil communication section) : ATP(administration training program)라고도 함

1) 교육대상 : 당초에는 일부회사의 톱 매니지먼트에 대해서만 행하여졌던 것이 널리 보급된 것이라고 한다.
2) 교육내용 : 정책의 수립, 조직(경영부분, 조직형태, 구조 등), 통제(조직통제의 적용, 품질관리, 원가통제의 적용 등) 및 운영(운영조직, 협조에 의한 회사운영) 등
3) 교육방법은 주로 강의법에 토의법이 가미된 것으로 매주 4일, 4시간씩으로 8주간(합계 128시간)에 걸쳐 실시하도록 되어있다.

16 O·J·T와 off·J·T

(1) O·J·T(on the Job training : 현장중심 교육) : 직속 상사가 현장에서 업무상의 개별교육이나 지도훈련을 하는 교육형태.

(2) off·J·T(off the Job training : 현장외 중심교육) : 계층별 또는 직능별 등과 같이 공통된 교육대상자를 현장 외의 한 장소에 모아 집체 교육 훈련을 실시하는 교육 형태

[표] O·J·T와 off·J·T의 특징

O·J·T	off·J·T
① 개개인에게 적합한 지도훈련이 가능	① 다수의 근로자에게 조직적 훈련이 가능
② 직장의 실정에 맞는 실체적 훈련을 할 수 있다.	② 훈련에만 전념하게 된다.
③ 훈련에 필요한 업무의 계속성이 끊어지지 않음	③ 특별 설비 기구를 이용할 수 있음
④ 즉시 업무에 연결되는 관계로 신체와 관련 있음	④ 전문가를 강사로 초청할 수 있음
⑤ 효과가 곧 업무에 나타나며 훈련의 좋고 나쁨에 따라 개선이 용이함	⑤ 각 직장의 근로자가 많은 지식이나 경험을 교류할 수 있음
⑥ 교육을 통한 훈련 효과에 의해 상호 신뢰 이해도가 높아짐	⑥ 교육훈련 목표에 대해서 집단적 노력이 흐트러질 수도 있음

17 교육방법의 선택

(1) 수업단계별 최적의 수업방법

수업단계	적합한 수업방법
도 입	강의법, 시범
전 개	반복법, 토의법, 실연법
정 리	반복법, 토의법, 실연법, 자율학습법

(2) 수업의 모든 단계(도입·전개·정리)에 적합한 수업방법 : 프로그램 학습법, 학생상호 학습법, 모의 학습법

1) 프로그램 학습법 : 수업 프로그램이 프로그램 학습의 원리에 의해서 만들어지고 학생의 자기 학습 속도에 따른 학습이 허용되어 있는 상태에서, 학습자가 프로그램 자료를 가지고 단독으로 학습토록 하는 교육방법이다.

[표] 프로그램 학습법의 특징

적용의 경우	제약 조건(단점)
① 수업의 모든 단계 ② 학교수업, 방송수업, 직업훈련의 경우 ③ 학생들의 개인차가 최대한으로 조절되어야 할 경우 ④ 학생들이 자기에게 허용된 어느 시간에나 학습이 가능할 경우 ⑤ 보충학습의 경우	① 한번 개발한 프로그램 자료를 개조하기가 어렵다. ② 학생들의 사회성이 결여되기 쉽다. ③ 개발비가 높다.

2) 모의법 : 실제의 장면이나 상태와 극히 유사한 사태를 인위적으로 만들어 그 속에서 학습토록 하는 교육방법이다.

[표] 모의법의 특징

적용의 경우	제약 조건(단점)
① 수업의 모든 단계 ② 학교 수업 및 직업훈련 등 ③ 실제사태는 위험성이 따를 경우 ④ 직접조작을 중요시 하는 경우	① 단위 교육비가 비싸고 시간의 소비가 많다. ② 시설의 유지비가 높다. ③ 학생 대 교사의 비율이 높다.

⓲ 시청각 교육의 필요성

(1) 교수의 효율성을 높여 줄 수 있다.

(2) 지식 팽창에 따른 교재의 구조화를 기할 수 있다.

(3) 인구 증가에 따른 대량 수업체제가 확립될 수 있다.

(4) 교수의 개인차에서 오는 교수의 평준화를 기할 수 있다.

(5) 피 교육자가 어떤 사물에 대하여 완전히 이해하려면 현실적이고 구체적인 지각 경험을 기초로 해야 한다.

(6) 사물의 정확한 이해는 건전한 사고력을 유발하고 태도에 영향을 주어 바람직한 인격 형성을 시킬 수 있다.

19 강의 계획

(1) 강의 계획의 4단계

1) 1단계 : 학습목적과 학습성과의 설정
2) 2단계 : 학습자료 수집 및 체계화
3) 3단계 : 교수방법의 선정
4) 4단계 : 강의안 작성

(2) 학습목적의 3요소

1) 목표(goal) : 학습을 통하여 달성하려는 지표
2) 주제(subject) : 목표 달성을 위한 테마(thema)
3) 학습정도(level of learning) : 학습범위와 내용의 정도를 말하며 다음단계에 의해 이루어진다.
   ① 인지 : ~을 인지하여야 한다.
   ② 지각 : ~을 알아야 한다.
   ③ 이해 : ~을 이해하여야 한다.
   ④ 적용 : ~을 ~에 적용할 줄 알아야 한다.

20 교육훈련 평가의 기준

(1) 요더(D. Yoder)의 기준

1) 훈련 전후의 비교 (before and after comparisons) : 이는 경영자보다 감독자 훈련에서 더욱 유효하다.
2) 통제 그룹 (control groups) : 피 훈련자, 또한 비 훈련자도 포함하여 그룹으로서 비교 평가한다.
3) 평가기준의 설정 (yardsticks and criteria) : 작업훈련의 평가에서는 생산량 및 속도가 중요한 기준이 된다.

(2) 로쉬(C. H. Lawshe)의 기준

1) 생산량
2) 단위 생산 소요시간
3) 훈련 실시기간
4) 불량 및 파손자재 소모
5) 품질
6) 사기
7) 결근, 고정, 퇴직, 재해율
8) 일반관리 및 관리자 부담

㉑ 교육훈련 평가

(1) 교육훈련 평가의 4단계

1) 반응 단계(1단계) : 훈련을 어떻게 생각하고 있는가?
2) 학습 단계(2단계) : 어떠한 원칙과 사실 및 기술 등을 배웠는가?
3) 행동 단계(3단계) : 직무수행상 어떠한 행동의 변화를 가져왔는가?
4) 결과 단계(4단계) : 코스트절감, 품질개선, 안전관리, 생산증대 등에 어떠한 결과를 가져왔는가?

(2) 교육과목에 따른 학습평가 방법

1) 지식교육 : 평가시험, 테스트
2) 기능교육 : 노트, 테스트
3) 태도교육 : 관찰, 면접

㉒ 산업안전보건법관련 교육과정별 교육대상 및 교육내용

(1) 안전보건교육 교육과정별 교육시간 (2023.11.개정)

교육과정	교육대상	교육시간
1. 정기교육	1) 사무직·판매직 근로자	매반기 6시간 이상
	2) 사무직·판매직 근로자 외의 근로자	매반기 12시간 이상
2. 채용시 교육	1) 일용직 근로자 및 근로계약기간이 1주일 이하인 기간제 근로자	1시간 이상
	2) 근로계약기간이 1주일 초과 1개월 이하인 기간제 근로자	4시간 이상
	3) 그 밖에 근로자	8시간 이상
3. 작업내용 변경시 교육	1) 일용근로자 및 근로계약기간에 1주일 이하인 기간제 근로자	1시간 이상
	2) 그 밖에 근로자	2시간 이상
4. 특별교육	1) 특별교육대상 작업에 종사하는 일용근로자 및 근로계약기간이 1주일 이하인 기간제 근로자	2시간 이상
	2) 특별교육대상 작업중 타워크레인 신호작업에 종사하는 일용근로자 및 근로계약기간이 1주일 이하인 기간제 근로자	8시간 이상
	3) 특별교육대상 작업에 종사하는 일용근로자 및 근로계약기간이 1주일 이하인 기간제 근로자를 제외한 근로자	• 16시간 이상(최초 작업에 종사하기 전 4시간 이상 실시하고 12시간은 3개월 이내에서 분할하여 실시 가능) • 단기간 작업, 간헐적 작업인 경우 2시간 이상
5. 건설업 기초 안전·보건 교육	건설일용근로자	4시간 이상

(2) 근로자 안전·보건교육내용(시행규칙 별표 8의 2)

1) 근로자 정기안전·보건교육

교육내용
① 산업안전 및 사고예방에 관한 사항 ② 산업보건 및 직업병 예방에 관한 사항 ③ 건강증진 및 질병 예방에 관한 사항 ④ 유해·위험 작업환경 관리에 관한 사항 ⑤ 산업안전보건법령 및 산업재해보상보험 제도에 관한 사항 ⑥ 직무스트레스 예방 및 관리에 관한 사항 ⑦ 직장 내 괴롭힘, 고객의 폭언 등으로 인한 건강장해 예방 및 관리에 관한 사항

2) 관리감독자 정기안전·보건교육

교육내용
① 산업안전 및 사고 예방에 관한 사항 ② 산업보건 및 직업병 예방에 관한 사항 ③ 유해·위험 작업환경 관리에 관한 사항 ④ 산업안전보건법령 및 산업재해보상보험 제도에 관한 사항 ⑤ 직무스트레스 예방 및 관리에 관한 사항 ⑥ 직장 내 괴롭힘, 고객의 폭언 등으로 인한 건강장해 예방 및 관리에 관한 사항 ⑦ 작업공정의 유해·위험과 재해예방대책에 관한 사항 ⑧ 표준안전 작업방법 및 지도 요령에 관한 사항 ⑨ 관리감독자의 역할과 임무에 과한 사항 ⑩ 안전보건교육 능력 배양에 관한 사항 ⑪ 현장근로자와의 의사소통능력 향상, 강의능력 향상 및 그 밖에 안전보건교육 능력 배양 등에 관한 사항. 이 경우 안전보건교육 능력 배양 교육은 별표 4에 따라 관리감독자가 받아야 하는 전체 교육시간의 3분의 1 범위에서 할 수 있다.

3) 채용시 및 작업내용 변경시 교육

교육내용
① 기계·기구의 위험성과 작업의 순서 및 동선에 관한 사항 ② 작업 개시 전 점검에 관한 사항 ③ 정리정돈 및 청소에 관한 사항 ④ 사고 발생 시 긴급조치에 관한 사항 ⑤ 산업안전 및 사고예방에 관한 사항 ⑥ 산업보건 및 직업병 예방에 관한 사항 ⑦ 물질안전보건자료에 관한 사항 ⑧ 산업안전보건법령 및 산업재해보상보험제도에 관한 사항 ⑨ 직무스트레스 예방 및 관리에 관한 사항 ⑩ 직장 내 괴롭힘, 고객의 폭언 등으로 인한 건강장해 예방 및 관리에 관한 사항

(3) 특별안전보건교육 대상작업(제1호~제40호까지의 작업)별 교육내용
(시행규칙 별표 5)

1) 아세틸렌 용접장치 또는 가스집합용접장치를 사용하는 금속의 용접·용단 또는 가열 작업(발생기·도관 등에 의하여 구성되는 용접장치만 해당)

① 용접 흄, 분진 및 유해광선 등의 유해성에 관한 사항
② 가스용접기, 압력조정기, 호스 및 취관두 등의 기기점검에 관한 사항
③ 작업방법·순서 및 응급처치에 관한 사항
④ 안전기 및 보호구 취급에 관한 사항
⑤ 화재예방 및 초기대응에 관한 사항
⑥ 그 밖에 안전·보건관리에 필요한 사항

2) 밀폐공간에서의 작업
① 산소농도 측정 및 작업환경에 관한 사항
② 사고 시의 응급처치 및 비상 시 구출에 관한 사항
③ 보호구 착용 및 사용방법에 관한 사항
④ 밀폐공간작업의 안전작업방법에 관한 사항
⑤ 그 밖에 안전·보건관리에 필요한 사항

3) 굴착면의 높이가 2m 이상이 되는 지반굴착작업(터널 및 수직갱 외의 갱굴착은 제외)
① 지반의 형태구조 및 굴착요령에 관한 사항
② 지반의 붕괴재해 예방에 관한 사항
③ 붕괴방지용 구조물 설치 및 작업방법에 관한 사항
④ 보호구의 종류 및 사용에 관한 사항

4) 굴착면의 높이가 2m 이상이 되는 암석의 굴착작업
① 폭발물 취급요령과 대피요령에 관한 사항
② 안전거리 및 안전기준에 관한 사항
③ 방호물의 설치 및 기준에 관한 사항
④ 보호구 및 신호방법 등에 관한 사항

5) 거푸집 동바리의 조립 또는 해체작업
① 동바리의 조립작업 및 작업절차에 관한 사항
② 조립재료의 취급방법 및 설치기준에 관한 사항
③ 조립해체 시의 사고방지에 관한 사항
④ 보호구 착용 및 점검에 관한 사항

6) 비계의 조립·해체 또는 변경 작업
① 비계의 조립순서 및 방법에 관한 사항
② 비계작업의 재료취급 및 설치에 관한 사항
③ 추락재해방지에 관한 사항
④ 보호구 착용에 관한 사항
⑤ 비계상부 작업 시 최대적재하중에 관한 사항

chapter 2

인간공학 및 위험성 평가 관리

제1장 안전과 인간공학
제2장 근골격계 질환 예방 관리
제3장 유해요인 조사
제4장 인간공학적 유해요인 평가(작업 부하 평가)
제5장 위험성 파악·결정
제6장 위험성 감소 대책 수립·실행

1. 안전과 인간공학

❶ 안전과 인간공학

(1) 인간공학의 목표(차피니스)

1) 첫째 목표 : 안전성 향상과 사고 방지
2) 둘째 목표 : 기계조작의 능률성과 생산성 향상
3) 셋째 목표 : 쾌적성

(2) 인간공학 용어의 분류

1) human engineering : 인간공학
2) human-factors engineering : 인간요소공학
3) man machine system engineering : 인간 기계체계공학
4) ergonomics : 작업경제학

❷ 인간기계 체계

(1) 인간 - 기계 체계와 기능(임무 및 기본기능)

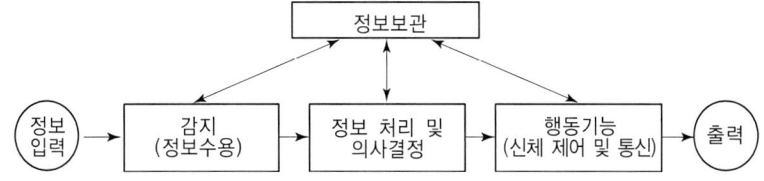

▲ 인간 또는 기계에 의해서 수행되는 기본기능

1) 감지(sensing)
   ① 인체의 감지 기능 : 시각, 청각, 후각 등의 감각기관
   ② 기계적인 감지 기능 : 전자, 사진, 기계적인 감지장치

2) 정보 보관(information storage)
   ① 인간의 정보 보관 : 기억된 학습 내용
   ② 기계적 정보 보관 : 펀치 카드(punch card), 자기 테이프, 형판(template), 기록, 자료표 등과 같은 물리적 기구에 보관
3) 정보처리 및 의사 결정(information processing and decision)
   ① 심리적 정보처리 단계 : 회상(recall), 인식(recognition), 정리(retention : 집적)
   ② 인간의 정보처리 시간 : 0.5초(인간의 정보처리능력 한계)
4) 행동기능(acting function)
   ① 물리적인 조종 행위나 과정 : 조종장치 작동, 물체나 물건을 취급, 이동, 변경, 개조하는 것 등이 있다.
   ② 통신행위 : 음성(사람의 경우) 신호, 기록 등의 방법이 사용된다.

(2) 인간 기계 통합체계의 유형

1) 수동 체계(인간의 신체적인 힘을 동력원으로 사용)
2) 기계화 체계(반 자동 체계)
3) 자동 체계(인간의 역할 : 감시, 프로그램, 정비유지)

(3) 인간과 기계의 상대적 재능

인간이 우수한 기능	기계가 우수한 기능
① 저 에너지 자극(시각, 청각, 후각 등) 감지 ② 복잡 다양한 자극 형태 식별 ③ 예기치 못한 사건 감지(예감, 느낌) ④ 다량 정보를 오래 보관 ⑤ 귀납적 추리 ⑥ 과부하 상황에서는 중요한 일에만 전념 ⑦ 임기응변, 융통성, 원칙 적용, 주관적 추산, 독창력 발휘 등의 기능	① 인간 감지 범위 밖의 자극(X선, 초음파 등)도 감지 ② 인간 및 기계에 대한 모니터 기능 ③ 드물게 발생하는 사상감지 ④ 암호화된 정보를 신속하게 대량 보관 ⑤ 연역적 추리 ⑥ 과부하 시 효율적으로 작동 ⑦ 정량적 정보처리, 장시간 중량작업, 반복작업, 동시에 여러 가지 작업수행

❸ 작업설계에 있어서의 인간의 가치기준

(1) 작업 설계시 철학적으로 고려할 사항 : 작업 확대, 작업 윤택화, 작업 만족도, 작업 순환

(2) 인간요소적 접근 방법 : 작업 능률이나 생산성 강조

(3) 작업 설계시 딜레마(Dilemma) : 작업 능률과 작업 만족도의 관계

(4) 작업 만족도(job satisfaction)를 가져오는 방법

1) 수행되어야 할 활동의 수를 증가시킨다.
2) 작업자 자신의 작업물에 대한 검사 책임을 준다.
3) 어떤 특정한 부품보다는 완전한 한단위에 대한 책임을 부여한다.
4) 작업자 자신이 사용할 작업 방법을 선택할 수 있는 기회를 준다.
5) 작업 순환 또는 생산 공정의 작업조들에게 더 큰 책임을 지운다.

4 인간공학의 연구 방법 및 인간공학의 기여도

(1) 인간공학의 연구방법(인간 - 기계 체계 측정법)

1) 순간 조작 분석
2) 지각 운동 정보 분석
3) 연속 컨트롤(control) 부담 분석
4) 사용 빈도 분석
5) 전 작업 부담 분석
6) 기계의 사고 연관성 분석

(2) 체계 설계과정에서의 인간공학의 기여도

1) 성능의 향상
2) 인력의 이용률의 향상
3) 사용자의 수용도 향상
4) 생산 및 정비유지의 경제성 증대
5) 훈련 비용의 절감
6) 사고 및 오용(誤用)으로부터의 손실감소

5 인간 기준 및 기준의 요건

(1) 인간기준(human criteria)

1) 인간 성능 척도 : 여러 가지 감각활동, 정신활동, 근육활동 등에 의해서 판단된다.
2) 생리학적 지표 : 혈압, 맥박수, 분당 호흡수, 뇌파, 혈당량, 혈액의 성분, 피부온도, 전기피부반응(galvanic skin response) 등의 척도가 있다.
3) 주관적인 반응 : 개인성능의 평점(rating), 체계 설계면에 대한 대안들의 평점, 체계에 사용되는 여러 가지 다른 유형에 정보의 판단된 중요도 평점, 의자의 안락도 평점 등이 있다.

4) 사고 빈도 : 어떤 목적을 위해서는 사고나 상해 발생 빈도가 적절한 기준이 될 수가 있다.

(2) 기준의 요건

1) 적절성(relevance) : 기준이 의도된 목적에 적당하다고 판단되는 정도를 말한다.
2) 무오염성 : 기준 척도는 측정하고자 하는 변수 외의 다른 변수들의 영향을 받아서는 안된다는 것을 무오염성이라고 한다.
3) 기준 척도의 신뢰성 : 척도의 신뢰성은 반복성(repeatability)을 의미한다.

6 휴먼에러(human error)

(1) 시스템 성능(S·P)과 인간과오(H·E)관계

$$S \cdot P = f(H \cdot E) = K(H \cdot E)$$

여기서, S·P : 시스템의 성능(system performance)
H·E : 인간과오(human error)
f : 함수
K : 상수

1) $K \fallingdotseq 1$: H·E 가 S·P에 중대한 영향을 끼친다.
2) $0 < K < 1$: H·E 가 S·P에 리스크(risk)를 준다.
3) $K \fallingdotseq 0$: H·E 가 S·P에 아무런 영향을 주지 않는다.

(2) 심리적인 분류(Swain) : Error의 원인을 불확정, 시간지연, 순서착오의 세 가지로 나누어 분류한다.

1) Omission error : 필요한 task 또는 절차를 수행하지 않는데 기인한 error
2) Time error : 필요한 task 또는 절차의 수행지연으로 인한 error
3) Commission error : 필요한 task 또는 절차의 불확실한 수행으로 인한 error
4) Sequential error : 필요한 task 또는 절차의 순서 착오로 인한 error
5) Extraneous error : 불필요한 task 또는 절차를 수행함으로써 기인한 error

(3) 원인의 Level적 분류

1) primary error : 작업자 자신으로부터의 error
2) secondary error : 작업형태나 작업조건 중에서 다른 문제가 생겨 그 때문에 필요한 사항을 실행할 수 없는 error. 어떤 결함으로부터 파생하여 발생하는 error
3) command error : 요구된 것을 실행하고자 하여도 필요한 물건, 정보, 에너지 등의 공급이 없는 것처럼 작업자가 움직이려 해도 움직일 수 없으므로 발생하는 error

(4) 인간의 행동 과정을 통한 분류

1) In put error : 감지 결함
2) Information processing error : 정보처리 절차과오(착각)
3) Decison making error : 의사 결정 과오
4) Out put error : 출력과오
5) Feed back error : 제어과오

(5) 인간 과오의 배후요인 4요소(4M)

1) 맨(man) : 본인 이외의 사람
2) 머신(machine) : 장치나 기기 등의 물적 요인
3) 메디어(media) : 인간과 기계를 잇는 매체란 뜻으로 작업이 방법이나 순서, 작업정보의 실태나 환경과의 관계, 정리정돈 등이 포함된다.
4) 매니지먼트(management) : 안전법규의 준수 방법, 단속, 점검 관리 외에 지휘감독, 교육훈련 등이 여기에 속한다.

❼ 인간 및 기계의 신뢰성 요인

(1) 인간의 신뢰성 요인

1) 주의력
2) 긴장수준
3) 의식수준(경험연수, 지식수준, 기술수준)

(2) 기계의 신뢰성 요인

1) 재질
2) 기능
3) 작동방법

❽ 신뢰도

(1) 인간 - 기계체계의 신뢰도(r_1 : 인간, r_2 : 기계)

1) 직렬(Series system) ∴ R_s(신뢰도)= $r_1 \times r_2$ ($r_1 < r_2$로 보면 $R_s \leq r_1$)
2) 병렬(Parallel system) ∴ R_p(신뢰도)= $r_1 + r_2(1-r_1)$ ($r_1 < r_2$로 보면 $R_p \geq r_2$)

(2) 설비의 신뢰도

1) 직렬연결 : 자동차 운전

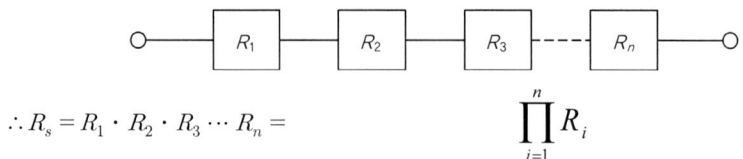

$$\therefore R_s = R_1 \cdot R_2 \cdot R_3 \cdots R_n = \prod_{i=1}^{n} R_i$$

2) 병렬연결 : 열차나 항공기의 제어장치

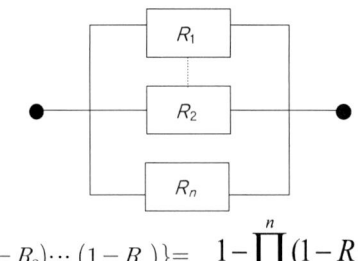

$$\therefore R_p = 1 - \{(1-R_1)(1-R_2)\cdots(1-R_n)\} = 1 - \prod_{i=1}^{n}(1-R_i)$$

(3) 리던던시(Redundancy)

1) 병렬 리던던시
2) 대기 리던던시
3) M out of N 리던던시(N개 중 M개 동작시 계는 정상)
4) 스페어에 의한 교환
5) 페일 세이프(fail safe)

❾ 고장 및 System의 수명

(1) 고장률의 유형

1) 초기고장 : 점검작업이나 시운전 등에 의해 사전에 방지할 수 있는 고장
   ① 디버깅(debugging)기간 : 결함을 찾아내 고장률을 안정시키는 기간
   ② 번인(burn in)기간 : 실제로 장시간 움직여 보고 그동안 고장난 것을 제거하는 공정기간
2) 우발고장 : 예측할 수 없을 때 생기는 고장으로 시운전이나 점검작업으로는 방지할 수 없는 고장
3) 마모고장 : 수명이 다해 생기는 고장으로, 안전진단 및 적당한 보수(정비)에 의해서 방지할 수 있는 고장

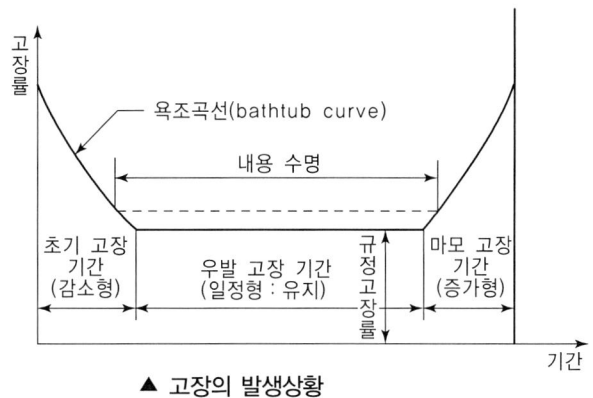

▲ 고장의 발생상황

(2) MTTF와 MTBF 및 가용도

① MTTF(mean time to failure) : 평균 수명 또는 고장발생까지의 동작시간 평균이라고도 하며, 하나의 고장에서부터 다음 고장까지의 평균동작시간을 말한다.

$$\therefore \text{MTTF} = \frac{1}{\lambda(\text{고장률})}$$

② MTTR(mean time to repair) : 평균수리시간(총수리시간을 그 기간의 수리회수로 나눈시간)

③ MTBF(mean time between failure) : 평균고장간격

$$\therefore \text{MTBF} = \text{MTTF} + \text{MTTR}$$

❿ 인간에 대한 monitoring 방식

(1) **self monitoring 방법** : 자기 감지법

(2) **생리학적 monitoring 방법** : 맥박수, 체온, 호흡속도, 혈압, 뇌파 등에 의한 생리학적 감지법

(3) **visual monitoring 방법** : 작업자의 태도를 보고 상태를 파악하는 방법

(4) **반응에 의한 monitoring 방법** : 자극(시각 또는 청각)에 의한 반응을 보고 판단하는 방법

(5) **환경의 monitoring 방법** : 간접적 monitoring 방법

⓫ fail-safety 및 lock system

(1) **fail - safety** : 인간 또는 기계에 과오나 동작상의 실수가 있어도 안전사고를 발생시키지 않도록 2중 또는 3중으로 통제를 가하도록 한 체제를 말한다.

(2) lock system

① 인간과 기계 사이에 두는 lock system : interlock system
② interlock system과 intralock system 사이에는 translock system을 둔다.

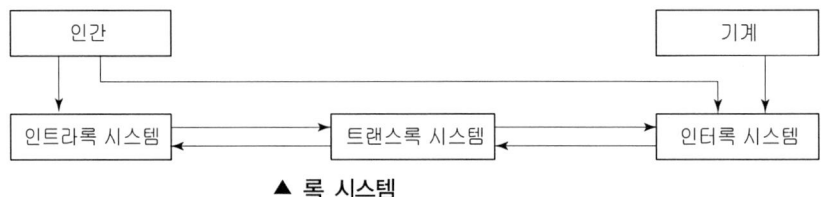

▲ 록 시스템

⓬ 체계의 제어

(1) 시퀀스 제어(sequence control : 순차제어) : 미리 정하여진 순서에 따라 제어의 각 단계를 차례로 진행시키는 제어를 말한다.

(2) 서보 기구(servo mechanism) : 물체의 위치, 방향, 힘, 속도 등의 역학적인 물리량을 제어하는 기구이다(레이더의 방향제어, 선박, 항공기 등의 속도조절기구, 공작기계의 제어 등).

(3) 공정제어(process control) : 제조공업에서 공정(process)의 상태량(온도, 압력, 유량, 정도 등)을 제어량으로 하는 제어이다.

(4) 자동조정(automatic regulation) : 자동조작으로 항상 일정한 값을 유지 하도록 해주는 방식이다. 전압, 전류, 전력, 주파수, 전동기나 공작기계의 속도 등의 제어에 사용된다.

(5) 개방루프 및 피드백 제어방식

1) 개방루프 제어(open loop control)방식 : 항공기의 방향 조정의 경우, 조정 방향을 시간적으로 프로그램 함으로써 항공기가 소정의 비행로를 따라 비행하게 되는데 이와 같은 제어 방식을 말한다.
2) 피드백 제어(feedback control)방식 : 제어결과를 측정하여 목표로 하는 동작이나 상태와 비교하여 잘못된 점을 수정해 나가는 제어방식이다. 일명 폐쇄루프제어(closed control)라고도 한다.

(6) 인간공학적 제어예방 프로그램의 4가지 주요 구성요소

1) 존재하거나 잠재적인 문제규정
2) 문제를 야기시키는 위험요소의 규명과 평가
3) 공학적이면서 경영적인 교정방법의 설계와 수행
4) 도입된 교정방법의 효율성 감시와 평가

⑬ 인체 계측

(1) 인체계측자료의 응용원칙

1) 최대치수와 최소치수 : 최대치수 또는 최소치수를 기준으로 하여 설계한다.
2) 조절범위(조절식) : 체격이 다른 여러 사람에 맞도록 만드는 것이다.
3) 평균치를 기준으로 한 설계 : 최대치수나 최소치수, 조절식으로 하기가 곤란할 때 평균치를 기준으로 하여 설계한다.

(2) 인체계측치 활용상의 유의사항

1) 최소표본수는 50~100명이 좋다
2) 인체계측치는 일반적으로 나체치수로서 나타내며 설계대상에 그대로 적용되지 않는 경우가 많다.

⑭ 생리학적 측정법

(1) 근전도(EMG : electromyogram)
근육활동의 전위차를 기록한 것으로, 심장근의 근전도를 특히 심전도(ECG : electrocardiogram)라고 하며, 신경활동전위차의 기록은 ENG(electroneurogram)라고 한다.

(2) 피부전기반사(GSR : galvanic skin reflex)
작업 부하의 정신적 부담도가 피로와 함께 증대하는 양상을 수장(手掌) 내측의 전기저항의 변화에서 측정하는 것으로, 피부전기저항 또는 정신전류현상이라고도 한다.

(3) 프릿가 값
정신적 부담이 대뇌피실의 활동수준에 미치고 있는 영향을 측정한 값이다.

⑮ 에너지 소모량의 산출

(1) 에너지 대사율(R. M. R : relative metabolic rate)
작업강도 단위로서 산소호흡량을 측정하여 에너지의 소모량을 결정하는 방식이다.

$$R.\ M.\ R = \frac{작업대사량}{기초대사량} = \frac{작업시소비에너지 - 안정시소비에너지}{기초대사량}$$

(2) 산소소비량 및 기초대사량

1) $1LO_2$ 소비 : 5kcal 열량 소비
2) 기초대사량 : 1,500~1,800(kcal/day)

3) 기초대사와 여가(leisure)에 필요한 대사량 : 2,300kcal/day

(3) 작업강도 구분

1) 0~2 RMR : (輕작업) (가벼운 작업)
2) 2~4 RMR : (中작업) (보통 작업)
3) 4~7 RMR : (重작업) (힘든 작업)
4) 7 RMR 이상 : (超重작업) (매우 힘든 작업)

16 작업공간 및 작업대

(1) 작업공간 포락면(envelope) : 한 장소에 앉아서 수행하는 작업 활동에서 사람이 작업하는 데 사용하는 공간을 말한다.

(2) 작업역

1) 정상작업역 : 34~45cm
2) 최대작업역 : 55~65cm

(3) 작업대

1) 어깨 중심선과 작업대 간격 : 19cm
2) 입식 작업대 높이 : 팔꿈치 높이보다 5~10cm 정도 낮으면 좋다.

(4) 의자 설계원칙

1) 체중분포 : 체중이 좌골 결절에 실려야 편안하다.
2) 의자 좌판의 높이 : 좌판 앞부분이 오금의 높이 보다 높지 않아야 한다.
3) 의자 좌판의 깊이와 폭 : 폭은 큰 사람에게, 깊이는 작은 사람에게 맞도록 해야 한다.
4) 몸통의 안정 : 의자의 좌판 각도는 3°, 좌판 등판 간의 등판 각도는 100°가 몸통 안정에 효과적이다.

(5) 부품 배치의 4원칙

1) 중요성의 원칙
2) 사용빈도의 원칙
3) 기능별 배치의 원칙
4) 사용순서의 원칙

(6) 작업장(표시장치와 조정장치를 포함하는) 설계시 배치 우선순위

1) 1순위 : 주된 시각적 임무
2) 2순위 : 주 시각 임무와 상호 교환하는 주조종장치
3) 3순위 : 조정장치와 표시장치 간의 관계
4) 4순위 : 사용 순서에 따른 부품의 배치
5) 5순위 : 자주 사용되는 부품은 편리한 위치에 배치
6) 6순위 : 체계 내 또는 다른 체계의 배치와 일관성 있게 배치

17 기계 통제장치의 유형

(1) 양의 조절에 의한 통제 : 연속 조절(knob, crank, handle, lever, pedall 등)

(2) 개폐에 의한 통제 : 불연속 조절(수동식 푸시버튼, 발 푸시버튼, 토글스위치, 로터리 스위치 등)

(3) 반응에 의한 통제 : 자동경보 시스템

18 통제 표시비(통제비)

(1) 통제표시비 : 통제기기와 표시장치의 관계를 나타낸 비율을 말하며, C/D비라고도 한다.

$$\therefore \frac{C}{D} = \frac{X}{Y}$$

- X : 통제기기의 변위량(cm)
- Y : 표시계기의 지침의 변위량(cm)

(2) 조종구(ball control)에서의 C/D

$$\therefore \frac{C}{D}비 = \frac{\frac{a}{360} \times 2\pi L}{표시계기의 이동거리}$$

- a : 조정장치가 움직인 각도,
- L : 반경(지레의 길이)

(3) 통제비 설계시에 고려해야 할 사항

1) 계기의 크기
2) 공차
3) 방향성
4) 조작시간
5) 목측거리

(4) 최적의 C/D비

1) 통제표시비(C/D)가 감소함에 따라 이동시간은 급격히 감소하다가 안정되며, 조정시간은 이와 반대의 형태를 갖는다.
2) 최적의 C/D비 : 1.18~2.42

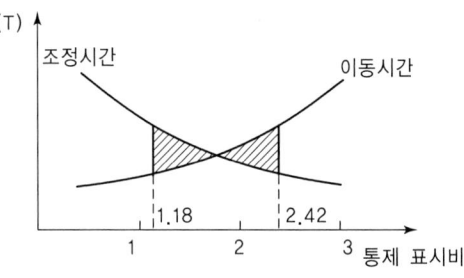

▲ 통제 표시비와 조작시간

❶⓽ 인간의 특정감각(sensory modality)을 통하여 환경으로부터 받아들이는 자극차원

(1) **시각적 식별** : 형태 구성, 크기, 위치, 색 등
(2) **청각적 식별** : 진동수나 강도

❷⓪ 정보와 측정단위 및 관계식

(1) **bit의 정의** : 실현가능성이 같은 2개의 대안 중 하나가 명시되었을 때 얻는 정보량을 나타낸다

(2) **대안의 수가 n일 때 총 정보량(H)**

$$H = \log_2 n$$

(3) **대안의 실현확률(n의 역수)이 P일 경우(대안의 출현 가능성이 동일하지 않을 때)**

$$H = \log_2 \left(\frac{1}{P}\right)$$

(4) **확률이 다른 일련의 사건이 가지는 평균 정보량(Hav)**

$$\text{Hav} = \sum_{i=1}^{n} P_i \log_2 \left(\frac{1}{P_i}\right)$$

여기서, P_i : 각 대안의 실현확률

㉑ 표시장치로 나타내는 정보의 유형 및 표시장치의 종류

(1) 표시장치에 의한 정보의 유형

1) 정량적(quantitative)정보 : 변수의 정량적인 값
2) 정성적(qualitative) 정보 : 가변 변수의 대략적인 값, 경향, 변화율 변화방향 등
3) 상태(status)정보 : 체계의 상황이나 상태
4) 묘사적(representational)정보 : 사물, 지역, 구성 등을 사진 및 그림 또는 그래프로 묘사
5) 경계 및 신호 정보 : 비상 또는 위험 상황 또는 물체나 상황의 존재 유무
6) 식별(identification)정보 : 어떤 정적 상태, 상황 또는 사물의 식별용
7) 시차적(time phased) : 펄스(pulse)화 되었거나 또는 시차적 신호, 즉 신호의 지속시간, 간격 및 이들의 조합에 의해 결정되는 신호
8) 문자나 숫자의 부호(symbolic) 정보 : 구두, 문자, 숫자 및 관련된 여러 형태의 암호화 정보

(2) 표시장치의 유형

1) 정적 표시장치 : 시간에 따라 변하지 않는 것(간판, 도표, 그래프, 인쇄물, 필기물 등)
2) 동적 표시장치 : 시간에 따라 끊임없이 변하는 것(기압계, 온도계, 레이다, 음파탐지기, TV, 영화, 온도조절기) 등

㉒ 청각장치와 시각장치의 선택(특정 감각의 선택)

청각장치 사용	시각장치 사용
① 전언이 간단하고 짧다. ② 전언이 후에 재 참조되지 않는다. ③ 전언이 즉각적인 사상(event)을 이룬다. ④ 전언이 즉각적인 행동을 요구한다. ⑤ 수신자의 시각계통이 과부하 상태일 때 ⑥ 수신 장소가 너무 밝거나 암조응 유지가 필요할 때 ⑦ 직무상 수신자가 자주 움직이는 경우	① 전언이 복잡하고 길다. ② 전언이 후에 재 참조된다. ③ 전언이 공간적인 위치를 다룬다. ④ 전언이 즉각적인 행동을 요구하지 않는다. ⑤ 수신자의 청각계통이 과부하 상태일 때 ⑥ 수신 장소가 너무 시끄러울 때 ⑦ 직무상 수신자가 한 곳에 머무르는 경우

㉓ 암호체계 사용상의 일반적인 지침

(1) 암호의 검출성 : 검출이 가능해야 한다.
(2) 암호의 변별성 : 다른 암호표시와 구별되어야 한다.

(3) 부호의 양립성 : 양립성이란 자극들 간의, 반응들 간의, 자극 – 반응 조합의 관계가 인간의 기대와 모순되지 않는다.

(4) 부호의 의미 : 사용자가 그 뜻을 분명히 알아야 한다.

(5) 암호의 표준화 : 암호를 표준화하여야 한다.

(6) 다차원 암호의 사용 : 2가지 이상의 암호차원을 조합해서 사용하면 정보전달이 촉진된다.

24 인간의 기술

(1) 전신적(gross bodily) 기술 : 보행, 균형유지 등

(2) 조작적(manipulative) 기술 : 연속적, 수차적(遂次的), 이산적(離散的) 형태를 포함

(3) 인식적(perceptual) 기술

(4) 언어(language) 기술 : 의사소통, 수학, 은유 또는 컴퓨터언어같이 사람들이 사고할 때나 문제해결에 사용하는 여러 가지 표현방식

25 양립성(compatibility)

(1) 양립성 : 정보입력 및 처리와 관련한 양립성은 인간의 기대와 모순되지 않는 자극들 간의, 반응들 간의 또는 자극반응 조합의 관계를 말하는 것이다.

(2) 양립성의 종류

1) 공간적 양립성 : 표시장치나 조종장치에서 물리적 형태나 공간적인 배치의 양립성
2) 운동 양립성 : 표시 및 조종장치, 체계반응에 대한 운동방향의 양립성
3) 개념적 양립성 : 사람들이 가지고 있는 개념적 연상(어떤 암호체계에서 청색이 정상을 나타내듯이)의 양립성

26 디스플레이(display)가 형성하는 목시각

(1) 수평 : 최적 조건(15°좌우), 제한조건(95°좌우)

(2) 수직 : 최적 조건(0~30°좌우), 제한조건(75°상한, 85°하한)

(3) 정상작업 위치에서 모든 디스플레이를 보기 위한 조업자 시계 : 60~90°

27 시각적 표시장치

(1) 정량적 동적 표시장치의 기본형

1) 정목동침(moving pointer)형 : 눈금이 고정되고 지침이 움직이는 형
2) 정침동목(moving scale)형 : 지침이 고정되고 눈금이 움직이는 형
3) 계수(digital)형 : 전력계나 택시요금 계기와 같이 기계, 전자적으로 숫자가 표시 되는 형

(2) 지침의 설계요령

1) 선각(先角)이 약 20° 정도가 되는 뾰족한 지침을 사용한다.
2) 지침의 끝은 작은 눈금과 맞닿되, 겹쳐지지 않게 한다.
3) 원형 눈금의 경우, 지침의 색은 선단에서 눈금의 중심까지 칠한다.
4) 시차(視差)를 없애기 위해 지침은 눈금 면과 밀착시킨다.

(3) 문자 - 숫자 및 관련 표시장치

1) 획폭비 : 문자나 숫자의 높이에 대한 획 굵기의 비로서 나타내며, 최적 독해성(최대 명시거리)을 주는 획폭비는 흰 숫자(검은 바탕)의 경우에 1 : 13.3이고, 검은 숫자(흰 바탕)의 경우는 1 : 8 정도이다.
2) 광삼(光渗 : irradiation)현상 : 흰 모양이 주위의 검은 배경으로 번지어 보이는 현상이다.
3) 종횡비(문자 숫자의 폭 : 높이) : 1 : 1의 비가 적당하며, 3 : 5까지는 독해성에 영향이 없고, 숫자의 경우는 3 : 5를 표준으로 한다.

(4) 시각적 암호, 부호 및 기호의 유형

1) 묘사적 부호 : 사물의 행동을 단순하고 정확하게 묘사한 것(예 : 위험표지판의 해골과 뼈, 도보 표지판의 걷는 사람)
2) 추상적 부호 : 전언(傳言)의 기본요소를 도시적으로 압축한 부호로써, 원 개념과는 약간의 유사성이 있을 뿐이다.
3) 임의적 부호 : 부호가 이미 고안되어 있으므로 이를 배워야 하는 부호(예 : 교통 표지 판의 삼각형 - 주의, 원형 - 규제, 사각형 - 안내표시)

28 청각적 표시장치

(1) 청각적 표시장치가 시각적인 것보다 효과가 있는 경우

1) 신호원 자체가 음일 때

2) 무선기의 신호, 항로 정보 등과 같이 연속적으로 변하는 정보를 제시할 때
3) 음성 통신 경로가 전부 사용되고 있을 때(청각적 신호는 음성과는 확실히 구별되어야 함)

(2) 경계 및 경보신호의 선택 또는 설계시의 설계지침

1) 500~3,000Hz(또는 2,000~5,000Hz)의 진동수 사용(귀는 중음역에 민감)
2) 장거리(300m 이상)용은 1,000Hz 이하의 진동수 사용
3) 장애물 및 칸막이 통과 시 500Hz 이하의 진동수 사용
4) 주의를 끌기 위해서는 변조된 신호(초당 1~8 번 나는 소리, 초당 1~3 번 오르내리는 소리 등)사용
5) 배경소음의 진동수와 구별되는 신호사용
6) 경보효과를 높이기 위해서 개시 시간이 짧은 고강도 신호를 사용
7) 수화기를 사용하는 경우에는 좌우로 교번하는 신호를 사용
8) 가능하면 확성기, 경적 등과 같은 별도의 통신계통을 사용

(3) 인간의 vigilance(주의하는 상태, 긴장상태, 경계상태)현상에 영향을 끼치는 조건

1) 검출능력은 작업시작 후 빠른 속도로 저하된다(30~40분 후, 검출능력은 50%로 저하).
2) 발생빈도가 높은 신호일수록 검출률이 높다.
3) 기계 자체 또는 관계되는 인간과 다른 물체에 미치는 영향을 최소한도로 감소시킬 수 있어야 한다.
4) 경고를 받고 나서부터 행동에 이르기까지 시간적인 여유가 있어야 한다.

㉙ 신체 활동 및 생리적 배경

(1) 지구력(endurance) : 사람은 자기의 최대근력을 잠시 동안만 낼 수 있으며, 근력의 15% 이하의 힘은 상당히 오래 유지할 수 있다.

(2) 사정효과(range effect) : 눈으로 보지 않고 손을 수평면 위에서 움직이는 경우에 짧은 거리는 지나치고 긴 거리는 못 미치는 경향을 말하며, 조작자가 작은 오차에는 과잉반응, 큰 오차에는 과소반응을 한다.

(3) 진전(tremor : 잔잔한 떨림)을 감소시키는 방법

1) 시각적 참조

2) 몸과 작업에 관계되는 부위를 잘 받친다.
3) 손이 심장 높이에 있을 때가 손떨림이 적다.
4) 작업 대상물에 기계적 마찰이 있을 때

③⓪ 조정장치의 저항력

(1) 탄성저항 : 조종장치의 변위에 따라 변한다.

(2) 점성저항 : 출력과 반대방향으로 그 속도에 비례해서 작용하는 힘 때문에 생기는 저항력이다.

(3) 관성(inertia) : 기계장치의 질량(중량)으로 인한 운동에 대한 저항으로 가속도에 따라 변한다.

(4) 정지 및 미끄럼마찰 : 처음의 움직임에 대한 저항력인 정지마찰은 급속히 감소하나, 미끄럼마찰은 계속하여 운동에 저항하여 변위나 속도와는 무관하다.

③① 이력현상 및 사공간

(1) 이력현상(또는 반발) : 제어동작이 멈추면 체계반응의 거꾸로 돌아오는 것을 말한다, C/D 비가 낮은(민감) 경우에 반발의 악영향이 커진다.

(2) 제어장치의 사공간(死空間) : 조종장치를 움직여도 피 제어요소에 변화가 없는 공간을 말한다.

③② 온도와 열 압박

(1) 열 교환

1) S(열축적)=M(대사열)−E(증발)−W(한일)±R(복사)±C(대류)
2) 증발에 의한 열 손실률 : 37℃ 물 1g의 증발열은 2,410joule/g(575.7cal/g)이다.

$$\therefore \text{열 손실률(Watt)} = \frac{2{,}410 J/g \times 증발량(g)}{증발시간(\sec)}$$

3) 열교환에 영향을 주는 요소 : 기온, 습도, 복사온도, 공기의 유동

(2) 환경요소의 복합지수

1) 실효온도(ET)
① 실효온도(체감온도 또는 감각온도)에 영향을 주는 요인 : 온도, 습도, 기류(공기유동)

② 허용한계 : 정신(사무작업)(60~64°F), 경작업(55~60°F), 중작업(50~55°F)

2) Oxford 지수 : WD(습건) 지수라고도 하며 습구, 건구 온도의 가중(加重) 평균치로서 다음과 같이 나타낸다.

∴ WD=0.85W(습구온도)+0.15D(건구온도)

(3) 온도의 영향

1) 안전활동에 알맞은 최적온도 : 18~21℃
2) 갱내 작업장의 기온상황 : 37℃ 이하
3) 체온의 안전한계와 최고한계온도 : 38℃와 41℃
4) 손가락에 영향을 주는 한계온도 : 13~15.5℃

(4) 불쾌지수

1) 불쾌지수 산정식
   ① 불쾌지수 = 섭씨(건구온도+습구온도)×0.72+40.6
   ② 불쾌지수 = 화씨(건구온도+습구온도)×0.45+15

2) 불쾌지수 구분
   ① 70 이하 : 모든 사람이 불쾌를 느끼지 않음
   ② 70~75 : 10명 중 2~3명이 불쾌감지
   ③ 76~80 : 10명 중 5명 이상이 불쾌감지
   ④ 80 이상 : 모든 사람이 불쾌를 느낌

㉝ 조 명

(1) 조도 : 물체의 표면에 도달하는 빛의 밀도

1) foot-candle(fc) : 1촉광의 점광원으로부터 1foot 떨어진 곡면에 비추는 광의 밀도 (1 lumen/ft^2)

$$1\,fc = 1\,lumen/ft^2 = 10\,lumen/m^2 = 10\,lux$$

2) lux(meter-candle) : 1촉광의 점광원으로부터 1m 떨어진 곡면에 비추는 광의 밀도 (1 lumen/m^2)

(2) 광속발산도(luminance) : 단위면적당 표면에서 반사 또는 방출되는 빛의 양을 말하며, 이 척도를 때로는 휘도(輝度, brightness)라고도 한다.

1) Lambert(L) : 완전발산 및 반사하는 표면이 표준촛불로 1cm 거리에서 조명될 때의 조도와 같은 광속발산도이다.

2) millilambert(mL) : 1L의 1/1,000로 거의 1foot-Lampert에 가깝다(0.929fL).
3) foot-Lambert(fL) : 완전발산 및 반사하는 표면이 1fc로 조명될 때의 조도와 같은 광속발산도이다.

(3) 반사율(reflectance)

1) 반사율(%) = $\dfrac{광속발산도(fL)}{조명(fc)} \times 100$

2) 옥내 최적 반사율
   ① 천정 : 80~90%
   ② 벽, 창문 발(blind) : 40~60%
   ③ 가구, 사무용기기, 책상 : 25~45%
   ④ 바닥 : 20~40%

(4) 광속 발산비
주어진 장소와 주위의 광속발산도의 비이며, 사무실 및 산업 상황에서의 추천광속발산비는 보통 3 : 1이다.

(5) 대비(對比)
표적의 광속발산도(Lt)와 배경의 광속발산도(Lb)의 차를 나타내는 척도

∴ 대비 = $\dfrac{L_b - L_t}{L_b} \times 100$

1) 표적이 배경보다 어두울 경우 : 대비는 +100%에서 0 사이
2) 표적이 배경보다 밝을 경우 : 대비는 0에서 $-\infty$ 사이

34 휘광(glare)의 처리

(1) 광원으로부터의 직사휘광 처리

1) 광원의 휘도를 줄이고 수를 증가시킨다.
2) 광원을 시선에서 멀리 위치시킨다.
3) 휘광원 주위를 밝게 하여 광속발산비(휘도)를 줄인다.
4) 가리개(shield), 갓(hood), 혹은 차양(visor)을 사용한다.

(2) 창문으로부터 직사휘광 처리

1) 창문을 높이 단다.
2) 창위(실외)에 드리우개(overhang)를 설치한다.
3) 창문(안쪽)에 수직날개(fin)들을 달아서 직시선을 제한한다.
4) 차양(shade) 혹은 발(blind)을 사용한다.

(3) 반사휘광의 처리

1) 발광체의 휘도를 줄인다.
2) 일반(간접)조명의 수준을 높인다.
3) 산란광, 간접광, 조절판(baffle), 창문에 차양(shade) 등을 사용한다.
4) 무광택도료, 빛을 산란시키는 표면색을 한 사무용 기기, 윤기를 없앤 종이 등을 사용한다.

35 시각 및 색각

(1) 시각 : 노화에 따라 가장 먼저 기능이 저하되는 감각기관이며, 진동의 영향도 가장먼저 받는다.

1) 시각의 최소감지 범위 : 10^{-6}mL
2) 시각의 최대허용강도 : 10^{-4}mL

(2) 시계의 범위

1) 정상적인 인간의 시계범위 : $200°$
2) 색채를 식별할 수 있는 시계의 범위 : $70°$

(3) 완전 암조응에 걸리는 시간 : 30~40분

(4) 색의 3속성 : 색상, 채도, 명도

(5) 색채심리

1) 색채의 생물학적 작용
   ① 적색은 신경에 대한 흥분작용을 가지고 조직호흡면에서 환원작용을 촉진한다.
   ② 청색은 진정작용을 가지고 있고 조직호흡면에서 산화작용을 촉진한다.
2) 색채의 속도 : 명도가 높은 색채는 빠르고 경쾌하게 느껴지고, 낮은 색채는 둔하고 느리게 느껴진다. 가볍고 경쾌한 색에서 느리고 둔한 색의 순서를 나타내면 다음과 같다.
   ∴ 백색 → 황색 → 녹색 → 등색 → 자색 → 적색 → 청색 → 흑색

36 소 음

(1) 음의 측정단위

1) dB 수준과 음의 강도와의 관계식

$$dB \ 수준 = 10\log\left(\frac{I_1}{I_0}\right)$$

여기서, I_1 : 측정음의 강도
I_0 : 기준음의 강도 (10^{-12} watt/m² 최소가청치)

2) dB 수준과 음압과의 관계식 : 음의 강도는 음압의 제곱에 비례하므로 dB 수준은 다음과 같다.

$$\text{dB 수준} = 20\log\left(\frac{P_1}{P_0}\right)$$

여기서, P_1 : 측정하려는 음압
P_0 : 기준음의 음압 ($2 \times 10^{-5} \text{N/m}^2$: 1,000Hz에서의 최소가청치)

3) P_1과 P_2의 음압을 갖는 두음의 강도차

$$\text{dB}_2 - \text{dB}_1 = 20\log\left(\frac{P_2}{P_1}\right)$$

4) 거리에 따른 음의 강도 변화

① 음의 강도와 거리 : 음의 강도(I)는 거리의 자승에 반비례한다.

$$I_2 = I_1 \times \left(\frac{d_1}{d_2}\right)^2$$

② 음압의 거리 : 음압(P)은 거리에 반비례한다.

$$P_2 = P_1 \times \left(\frac{d_1}{d_2}\right)$$

$$\therefore \text{dB2} = \text{dB1} + 20\log\left(\frac{d_1}{d_2}\right) = \text{dB1} - 20\log\left(\frac{d_2}{d_1}\right)$$

(2) 음의 크기의 수준

1) phon : 1,000Hz 순음의 음압수준(dB)을 나타낸다.
2) sone : 1,000Hz, 40dB의 음압수준을 가진 순음의 크기(=40phon)를 1sone이라 한다.
3) sone와 phon의 관계식

   sone치 $= 2^{(\text{Phon}-40)/10}$

4) 인식소음 수준

   ① PNdB(perceived noise level) : 910~1,090Hz대의 소음 음압수준
   ② PLdB(perceived level of noise) : 3,150Hz에 중심을 둔 1/3 옥타브(octave)대음을 기준으로 사용한다.

(3) 은폐와 복합소음

① masking(은폐)현상 : dB이 높은 음과 낮은 음이 공존할 때, 낮은 음이 강한 음에 가로막혀 숨겨져 들리지 않게 되는 현상을 말한다.(90dB+80dB → 90dB)
② 복합소음 : 소음수준이 같은 2대 기계의 음이 합쳐지면 3dB이 증가한다.
   (90dB+90dB → 93dB)

③ 합성소음도(L)

$$L = 10 \log(10^{\frac{L_1}{10}} + 10^{\frac{L_2}{10}} + \cdots + 10^{\frac{L_n}{10}})$$

여기서, $L_1 \sim L_n$: 각각 소음원의 소음(dB)

(4) 소음의 허용한계

1) 가청주파수 : 20~2,0000Hz(CPS)

   ① 20~50Hz : 저진동범위

   ② 500~2,000Hz : 회화범위

   ③ 2,000~20,000Hz : 가청범위(audible range)

   ④ 20,000Hz 이상 : 불가청범위

2) 가청한계 : $2 \times 10^{-4} dyne/cm^2 \sim 10^3 dyne/cm^2$(134dB)

3) 심리적 불쾌감 : 40dB 이상

4) 생리적 현상 : 60dB(안락한계 45~65dB, 불쾌한계 65~120dB)

5) 난청(C5 dip) : 90dB(8시간)

6) 유해주파수(공장소음) : 4,000Hz(난청현상이 오는 주파수)

7) 음압과 허용노출한계

dB	90	95	100	105	110	115	120
허용노출시간	8시간	4시간	2시간	1시간	30분	15분	5~8분

∴ 120dB 이상 : 격리 또는 격벽설치

(5) 소음대책

1) 소음원의 통제 : 기계의 적절한 설계, 적절한 정비 및 주유, 기계에 고무 받침대 부착, 차량에는 소음기 사용

2) 소음의 격리 : 씌우개 방, 장벽을 사용(집의 창문을 닫으면 약 10dB 감음 됨)

3) 차폐장치 및 흡음재료 사용

4) 음향처리재 사용

5) 적절한 배치(layout)

6) 방음보호구 사용 : 귀마개(이전) (2,000Hz에서 20dB, 4,000Hz에서 25dB 차음효과)

7) BGM(back ground music) : 배경음악(60±3dB)

37 진동 및 coriolis 현상

(1) 전신 진동이 인간성능에 끼치는 영향

1) 진동은 진폭에 비례하여 시력을 손상하며, 10~25Hz의 경우에 가장 심하다.
2) 진동은 진폭에 비례하여 추적능력을 손상하며, 5Hz 이하의 낮은 진동수에서 가장 심하다.
3) 안정되고 정확한 근육조절을 요하는 작업은, 진동에 의해서 저하된다.
4) 반응시간, 감시, 형태식별 등 주로 중앙신경처리에 달린 임무는 진동의 영향을 덜 받는다.

(2) coriolis 현상 : 비행기와 함께 선회하던 조종사가 머리를 선회면 밖으로 움직일 때에 평형감각을 상실하는 현상

2. 근골격계 질환 예방관리

❶ 근골격계 질환의 정의·종류

(1) 근골격계 질환

반복적인 동작, 부적절한 작업자세, 무리한 힘의 사용, 날카로운 면과의 신체접촉, 진동 및 온도 등의 요인에 의하여 발생하는 건강장해로서 목, 어깨, 허리, 팔, 다리의 신경·근육 및 그 주변 신체조직 등에 나타나는 질환을 말한다.

(2) 근골격계 질환의 종류

① 수근관 증후군(기용 터널 증후군) : 손의 손목 뼈 부분의 압박이나 과도한 힘을 준 상태에서 발생한다(손목이 꺽인 상태나 과도한 힘을 준 상태에서 반복적 손운동을 할 때 발생).
② 결절종 : 얇은 섬유성 피막내에 약간 노랗고 끈적이는 액체를 함유하고 있는 낭포(물 혹) 종양으로 손목의 등 쪽에 발생한다.
③ 외상과염(테니스 엘보) : 손목을 굽히거나 펴는 근육이 시작되는 팔꿈치 부위의 일대에 염증이 생김으로서 발생하는 증상이다.
④ 백색수지증 : 손가락의 혈액순환장애로 발생하는 증상이다.
⑤ 건염 : 반복하여 움직이거나, 구부리거나, 딱딱한 표면에 부딪히거나, 진동 등에 의하여 힘줄(건)의 섬유질이 손상되거나 찢어지는 등의 건에 염증이 생기는 질환이다.
⑥ 건초염(건막염) : 손가락의 활액성 건초 안쪽의 건에 발생한다.

❷ 근골격계 질환의 발생원인

구 분	내 용
1. 작업관련 요인	1) 부자연스런 자세 및 취하기 어려운 자세 2) 과도한 힘 3) 동작의 반복성 4) 접촉 스트레스 5) 진동, 온도 6) 정적부하, 휴식시간 부족 등
2. 개인적 요인	1) 작업경력 2) 성별, 연령 3) 작업습관 4) 신체조건 5) 생활습관 및 취미 6) 과거병력 등
3. 사회 심리적 요인	1) 작업 만족도 2) 업무 스트레스 3) 근무조건 만족도 4) 인간관계 5) 정신·심리상태

(1) 근골격계질환 발생의 작업요인 중 직접적 위험요인

① 부자연스러운 작업자세
② 과도한 힘의 사용
③ 높은 빈도의 반복성
④ 부적절한 작업/휴식 비율

(2) 신체부위별 위험 요인

① 팔, 손, 손목부위 : 동작반복, 힘, 작업자세 등
② 목, 어깨부위 : 작업자세 등
③ 요추부 : 돌기작업/중량물 취급, 힘든 육체작업, 정신질환 등

❸ 근골격계 부담작업

(1) 근골격계 부담작업의 범위(단기간작업 또는 간헐적인 작업은 제외)

① 하루에 4시간 이상 집중적으로 자료입력 등을 위해 키보드 또는 마우스를 조작하는 작업
② 하루에 총 2시간 이상 목, 어깨, 팔꿈치, 손목 또는 손을 사용하여 같은 동작을 반복하는 작업
③ 하루에 총 2시간 이상 머리 위에 손이 있거나, 팔꿈치가 어깨위에 있거나, 팔꿈치를 몸통으로 들거나, 팔꿈치를 몸통뒤쪽에 위치하도록 하는 상태에서 이루어지는 작업
④ 지지되지 않은 상태이거나 임의로 자세를 바꿀 수 없는 조건에서, 하루에 총 2시간 이상 목이나 허리를 구부리거나 트는 상태에서 이루어지는 작업

⑤ 하루에 총 2시간 이상 쪼그리고 앉거나 무릎을 굽힌 자세에서 이루어지는 작업
⑥ 하루에 총2시간 이상 지지되지 않은 상태에서 1kg 이상의 물건을 한 손의 손가락으로 집어 올리거나, 2kg 이상에 상응하는 힘을 가하여 한손의 손가락으로 물건을 쥐는 작업
⑦ 하루에 총 2시간 이상 지지되지 않은 상태에서 4.5kg 이상의 물체를 드는 작업
⑧ 하루에 10회 이상 25kg 이상의 물체를 드는 작업
⑨ 하루에 25회 이상 10kg 이상의 물체를 무릎 아래에서 들거나, 어깨 위에서 들거나, 팔을 뻗은 상태에서 드는 작업
⑩ 하루에 총 2시간 이상, 분당 2회 이상 4.5kg 이상의 물체를 드는 작업
⑪ 하루에 총 2시간 이상 시간당 10회 이상 손 또는 무릎을 사용하여 반복적으로 충격을 가하는 작업

(2) 근골격계부담 작업을 하는 경우 근로자에게 알려주어야 할 사항
(안전보건규칙 제 661조)

① 근골격계 부담작업의 유해요인
② 근골격계질환의 징후와 증상
③ 근골격계질환 발생 시의 대처요령
④ 올바른 작업자세와 작업도구, 작업시설의 올바른 사용방법
⑤ 그 밖에 근골격계질환 예방에 필요한 사항

4 근골격계 질환의 관리방안

(1) 근골격계질환의 공학적, 관리적 개선 방법

공학적 개선	관리적 개선
1. 작업공구의 개선 2. 작업대 높이의 조절 3. 자재운반시 동력기계장치의 사용 4. 작업장 개선	1. 작업속도 조절 2. 작업자 순환 3. 안전의식 교육(작업자 교육·훈련) 4. 작업자 선발

(2) 근골격계질환의 예방원리 및 대책

1) 근골격계질환의 예방원리
① 작업자의 신체적 특징 등을 고려하여 작업장을 설계한다.
② 예방이 최선의 정책이다
2) 근골격계질환의 예방대책
① 단순 반복 작업의 기계화

② 작업방법과 작업공간 재설계
③ 작업순환 실시
④ 작업속도와 작업강도의 적성화

5 근골격계질환 예방관리 프로그램

(1) 근골격계질환 예방관리 프로그램 : 유해요인의 조사, 작업환경 개선, 의학적 관리, 교육·훈련 평가에 관한 사항 등이 포함된 근골격계질환을 예방하기 위한 종합적인 계획을 말한다.

(2) 적용대상

다음 각호의 경우는 근골격계질환 예방관리 프로그램을 수립하여 시행하여야 한다.
① 근골격계질환으로 「산업재해보상보험법 시행령」에 따라 업무상 질병으로 인정받은 근로자가 연간 10명 이상 발생한 사업장 또는 5명 이상 발생한 사업장으로서 발생비율이 그 사업장 근로자 수의 10% 이상인 경우
② 근골격계질환 예방과 관련하여 노사간 이견(異見)이 지속되는 사업장으로서 고용노동부장관이 필요하다고 인정하여 근골격계질환 예방관리 프로그램을 수립하여 시행할 것을 명령한 경우

6 근골격계질환 예방관리 프로그램의 기본 진행순서, 기본원칙, 기본방향 등

(1) 기본진행순서(주요 구성요소)

① 예방관리 정책수립 → ② 교육·훈련실시(근로자 교육, 예방관리 추진 팀 교육) → ③ 초기증상자 및 유해요인 관리 → ④ 의학적 관리 및 작업환경 개선 → ⑤ 프로그램 평가

(2) 근골격계 질환 예방관리프로그램의 기본원칙

① 인식의 원칙
② 시스템 접근의 원칙
③ 사업장내 자율적 해결원칙
④ 지속성 및 사후평가의 원칙
⑤ 전사적 지원원칙
⑥ 노·사 공동 참여의 원칙
⑦ 문서화의 원칙

(

(3) 기본방향

① 사업주와 근로자는 근골격계질환의 조기 발견과 조기 치료 및 조속한 직장 복귀를 위하여 가능한 한 사업장 내에서 재활프로그램 등의 의학적 관리를 받을 수 있도록 한다.
② 사업주와 근로자는 초기 관리가 늦어지게 되면 영구적인 장애를 초래하고 이에 대한 치료 등 관리비용이 더 커짐을 인식한다.

❼ 근골격계질환 예방·관리추진팀 및 보건관리자의 역할

(1) 근골격계질환 예방·관리추진팀의 역할

① 예방·관리프로그램의 수립 및 수정에 관한 사항을 결정한다.
② 예방·관리프로그램의 실행 및 운영에 관한 사항을 결정한다.
③ 교육 및 훈련에 관한 사항을 결정하고 실행한다.
④ 유해요인 평가 및 개선계획의 수립과 시행에 관한 사항을 결정하고 실행한다.
⑤ 근골격계질환자에 대한 사후조치 및 작업자 건강보호에 관한 사항 등을 결정하고 실행한다.

(2) 보건관리자의 역할

① 주기적으로 작업장을 순회하여 근골격계질환을 유발하는 작업공정 및 작업유해 요인을 파악한다.
② 주기적인 작업자 면담 등을 통하여 근골격계질환 증상호소자를 조기에 발견하는 일을 한다.
③ 7일 이상 지속되는 증상을 가진 작업자가 있을 경우 지속적인 관찰, 전문의 진단의뢰 등의 필요한 조치를 한다.
④ 근골격계질환자를 주기적으로 면담하여 가능한 한 조기에 작업장에 복귀할 수 있도록 도움을 준다.
⑤ 예방·관리프로그램 운영을 위한 정책결정에 참여한다.

3. 유해요인 조사

> 인간공학 및
> 위험성 평가 관리

❶ 근골격계부담작업 유해요인조사 지침(한국 산업안전보건공단 기술지침)

(1) 유해요인조사 목적 : 근골격계질환 발생을 예방하기 위해 근골격계 부담 작업이 있는 부서의 유해요인을 제거하거나 감소시키는데 있다.

(2) 유해요인조사 시기

① 정기적 유해요인조사 실시 : 유해요인조사가 완료된 날로부터 매 3년마다
② 수시로 유해요인을 실시해야 하는 경우
　㉠ 법에 따른 임시건강진단 등에서 근골격계 질환자가 발생하였거나 산업재해보상법에 따라 업무상 질병으로 인정받는 경우
　㉡ 근골격계부담작업에 해댕하는 새로운 작업·설비를 도입한 경우
　㉢ 근골격계부담작업에 해당하는 업무의 양과 작업공정 작업환경을 변경한 경우

(3) 유해요인조사 내용

① 유해요인 기본조사의 내용: 작업장 상황 및 작업조건 조사로 구성된다.

작업장 상황, 조사항목	작업조건 조사항목(직접적 유해요인)
1. 작업공정 2. 작업설비 3. 작업량 4. 작업속도 및 최근 업무의 변화 등	1. 반복성 2. 부자연스로운 자세 또는 취하기 어려운 자세 3. 과도한 힘 4. 접촉스트레스 5. 진동 등

② 근골격계질환 증상 조사항목
　㉠ 장상과 징후　　　　　　　㉡ 직업력(근무력)
　㉢ 근무형태(교대제 여부 등)　㉣ 취미생활
　㉤ 과거질병력 등

❷ 유해요인조사도구 중 JSI(jop strain index)의 평가항목

1) 힘을 발휘하는 강도(힘의 강도)
2) 힘을 발휘하는 지속시간(힘의 지속정도)
3) 분당 힘의 빈도
4) 손/손목의 자세
5) 작업속도
6) 1일 작업시간

❸ 유해요인의 개선방법

1. 공학적 개선	다음의 재배열, 수정, 재설계, 교체 1) 공구, 장비 2) 작업장 3) 부품, 제품 4) 포장
2. 관리적 개선	1) 작업일정 및 작업속도조절 2) 작업습관 변화 3) 작업의 다양성 제공 4) 작업자 적정배치 5) 작업공간, 공구 및 장비의 유지, 보수, 청소 6) 회복시간 제공, 직장체조 강화 등

❹ 유해요인의 공학적, 관리적 개선사례

(1) 유해요인의 공학적 개선사례

① 중량물 작업개선을 위하여 호이스트 도입
② 작업 피로 감소를 위하여 바닥을 부드러운 재질로 교체
③ 로봇을 도입하여 수작업의 자동화
④ 작업자의 신체에 맞는 작업장 개선

(2) 유해요인의 관리적 개선사례

① 작업량 조정을 위하여 컨베이어의 속도 재설정
② 적절한 작업자의 선발과 교육 및 훈련

4. 인간공학적 유해요인 평가
(작업부하 평가)

1 들기작업공식(NLE; NIOSH Lifting Equation)

(1) 들기작업공식: 들기작업의 위험성을 정량적으로 평가할 수 있는 평가기법으로 들기작업에 대한 권장무게한계(RWL)를 산출하여 작업의 위험성을 예측한다.

(2) 권장중량한계(RWL; recommended weight limit)

① RWL의 정의: 건강한 작업자가 요통의 위험없이 최대 8시간 작업시간동안 들기 작업을 할 수 있는 취급물 중량의 한계값을 말한다(RWL은 신체의 비틀림 정도, 손잡이 상태, 취급중량과 중량물의 취급위치 등 여러 요인을 반영함)

② RWL의 공식

   RWL(kg)=LC×HM×VM×DM×AM×FM×CM

[표] 공식의 계수

계수 기호	계수 내용	계수 구하는 법[상수범위]
LC	중량상수(부하상수)	23kg: 최적작업상태 권장최대무게
HM	수평계수	25/H, H<63cm [25~63cm]
VM	수직계수	1−(0.003×|V−75|)[0~175cm]
DM	(물체이동)거리계수	0.82+(4.5/D)[25~175cm]
AM	비대칭각도계수	1−(0.0032A)[0°~135°]
FM	(작업)빈도계수	표 이용
CM	커플링계수(결합계수)	표 이용

(3) 들기지수(LI): 실제 작업물의 무게(물체무게; L)와 권장중량한계(RWL)의 비이다(들기지수는 요추의 디스크 압력에 대한 기준치이다) $LI = \dfrac{L}{RWL}$

① LI가 1이하: 들기 작업이 안전한 것으로 판정
② LI가 1초과: 요통발생이 위험수준이 증가함(추천무게를 넘는 것으로 간주)
③ LI가 3 초과: 요통발생의 위험수준이 매우 높음

2 OWAS(ovako working-posture analysing system)

(1) OWAS 정의 등

① 육체작업을 할 경우에 부적절한 작업자세를 구별해낼 목적으로 개발한 평가기법이다 (필란드 Karhu개발).
② 현장에서 기록 및 해석의 용이함 때문에 많은 작업자세를 평가한다.
③ 관찰에 의해서 작업자세를 평가한다.
④ 작업대상물의 무게를 분석요인에 포함하며 상지와 하지의 작업분석을 할 수 있다.
⑤ 작업자세를 허리, 팔, 다리, 외부부하(하중)로 나누어 구분하여 각 부위의 자세를 코드로 표현한다.

(2) 장점·단점

장점	작업자들의 작업자세를 쉽고 빠르게 평가할 수 있다(현장성 강함)
단점	① 작업자세를 단순화하여 세밀한 분석에 어려움이 있다 ② 신체일부(상자하지등)의 움직임이 적고 반복하여 사용하는 작업 등에서는 차이를 파악하기가 어렵다 ③ 지속시간을 검토할 수 없기 때문에 유지자세의 평가는 곤란하다

(3) OWAS 자세평가에 의한 조치수준(행동범주; action category)

① 행동범주1: 특별한 경우를 제외하고는 개선이 불필요한 정상적 자세
② 행동범주2: 가까운 시기에 자세의 고정이 필요
③ 행동범주3: 가능한 빠른 시일내에 개선이 요구되는 부하가 큰 자세
④ 행동범주4: 즉시 자세의 교정이 필요한 부하가 매우 큰 자세

3 RULA(rapid upper limb assessment)

(1) RULA : 어깨, 팔목, 손목, 목등 상지에 초점을 맞추어 작업자세로 인한 작업부하를 빠르고 상세하게 분석할 수 있는 근골격계질환의 평가기법이다

(2) 신체부위별 평가대상

① A그룹 평가대상: 윗팔(상완), 아래팔(전완), 손목, 손목 비틀림 등
② B그룹 평가대상: 목, 몸통(상체), 다리 등

(3) 평가되는 유해요인(작업부하인자)

① 반복성(동작의 횟수)
② 과도한 힘

③ 불편한 자세(부자연스럽고 취하기 어려운 자세)
④ 정적의 근육작업

(4) 작업에 대한 평가: 1점에서 7점 사이의 총점으로 나타내며 점수에 따라 4개의 조치 단계로 분류한다.

조치단계	최종점수	결과에 대한 해석
조치수준1	1~2점	수용가능한 안전한 작업으로 평가된다.
조치수준2	3~4점	계속적 추적관찰을 요하는 작업으로 평가된다.
조치수준3	5~6점	빠른 작업개선과 작업위험요인의 분석이 요구된다.
조치수준4	7점 이상	즉각적인 개선과 작업위험요인의 정밀조사가 요구된다.

4 REBA(rapid entire body assessment)

(1) REBA: 다양한 작업자세의 신체전반에 대한 부담정도를 분석하는데 적합한 기법이다.

(2) 평가되는 유해요인

① 반복성 힘
② 과도한 힘
③ 불편한 자세(부자연스러운 자세 취하기 어려운 자세)

(3) 관련된 신체부위: 손목, 팔, 어깨, 목, 상체, 허리, 다리 등

(4) 적용대상 작업종류

① 간호사 또는 간호조무사
② 수의사
③ 청소부
④ 주부
⑤ 기타 작업이 비고정적인 형태의 서비스업 계통

5. 위험성 파악 결정

❶ 시스템 안전관리

(1) 시스템 안전관리

1) 시스템 안전에 필요한 사항의 동일성의 식별(identification)
2) 안전활동의 계획, 조직과 관리
3) 다른 시스템 프로그램 영역과 조정
4) 시스템 안전에 대한 목표를 유효하게 적시에 실현시키기 위한 프로그램의 해석, 검토 및 평가 등의 시스템 안전업무

(2) 시스템 안전공학
시스템 안전공학은 과학적, 공학적 원리를 적용해서 시스템내의 위험성을 적시에 식별하고 그 예방 또는 제어에 필요한 조치를 도모하기 위한 시스템 공학의 한 분야이다.

❷ 시스템 안전의 달성

(1) 시스템 안전을 달성하기 위한 시스템 안전설계 원칙

1) 1 순위 : 위험상태 존재의 최소화(페일 세이프나 용장성 등 도입)
2) 2 순위 : 안전장치의 채용
3) 3 순위 : 경보장치의 채용
4) 4 순위 : 특수한 수단 개발

(2) 시스템 안전을 달성하기 위한 안전수단

재해의 예방	피해의 최소화 및 억제
1. 위험의 소멸 2. 위험 레벨의 제한 3. 잠금, 조임, 인터록 4. 페일 세이프 설계 5. 고장의 최소화 6. 중지 및 회복	1. 격리 2. 개인설비 보호구 3. 적은 손실의 용인 4. 탈출 및 생존 5. 구조

❸ 위험성의 분류 및 FAFR

(1) 위험성의 분류

1) Category(범주)Ⅰ—파국적(Catastrophic) : 인원의 사망 또는 중상 또는 시스템의 손상을 일으킨다.
2) Category(범주)Ⅱ—위험(Critical) : 인원의 상해 또는 주요 시스템의 손해가 생겼을 때, 또는 인원이나 시스템 생존을 위해 즉시 시정조치를 필요로 한다.
3) Category(범주)Ⅲ—한계적(mariginal) : 인원의 상해 또는 주요시스템의 손해가 생기는 일이 없이 배제 또는 제어할 수 있다.
4) Category(범주)Ⅳ—무시(negligible) : 인원의 상해 또는 시스템의 손상에는 이르지 않는다.

(2) FAFR(fatality accdient frequency rate) : 위험도를 표시하는 단위로서 10^8(1억)근로시간당 사망자수를 니디낸다.

1) Kletz는 FAFR이 0.35~0.4를 넘지 않을 것을 권고함.
2) Gibson은 위험이 동정되어 있는 경우에는 2FAFR, 그 이외의 경우에는 0.4FAFR를 위험성 수준으로 정할 것을 권장함.

❹ 설비도입 및 제품 개발 단계의 안전성 평가

(1) 구상단계

1) 시스템안전계획(SSP : system safety plan)의 작성
2) 예비위험분석(PHA : preliminary hazard analysis)의 작성
3) 안전성에 관한 정보 및 문서 파일의 작성
4) 구상단계 정식화 회의에의 참가

(2) 설계단계

1) 구상 단계에서 작성된 시스템 안전 프로그램계획을 실시할 것.
2) 시스템의 설계에 반영할 안전성 설계기준을 결정하여 발표할 것.
3) 예비위험분석(PHA)을 시스템안전 위험분석(SSHA : system safety hazard analysis)으로 바꾸어 완료시킬 것.

(3) 제조, 조립 및 시험단계

1) 사고를 최소화하고, 제어하기 위해 시스템안전 위험분석(SSHA)에서 지정된 전 조치의 실시를 보증하는 계통적인 감시 및 확인 프로그램을 확립하여 실시할 것.
2) 운영 안전성 분석(OSA : operational safety analysis)을 실시할 것.
3) 요소 및 서브시스템(sub system)의 설계에 있어서 달성된 안전성이 손상되는 일이 없도록 제조, 조립 및 시험방법과 과정을 검토하고 평가할 것.

(4) 운용단계 : 시스템 안전성 공학의 실증과 감시의 단계

5 PHA(예비사고분석)

(1) PHA(preliminary hazards analysis) : 대부분 시스템 안전 프로그램에 있어서 최초 단계의 분석으로, 시스템 내의 위험한 요소가 얼마나 위험한 상태에 있는가를 정성적으로 평가하는 것이다.

(2) PHA의 4가지 주요목표

1) 시스템에 대한 모든 주요한 사고를 식별하고, 대충의 말로 표시할 것(사고 발생 확률은 식별 초기에는 고려되지 않음).
2) 사고를 유발하는 요인을 식별할 것.
3) 사고가 발생한다고 가정하고, 시스템에 생기는 결과를 식별하고 평가할 것.
4) 식별된 사고를 다음의 범주(category)로 분류할 것.
   ① 파국적(catastrophic)   ② 중대(critical)
   ③ 한계적(marginal)   ④ 무시가능(negligible)

6 FHA(결함사고분석) : 서브 시스템(sub system)해석 등에 사용

7 FMEA(고장형태와 영향분석)

(1) FMEA(failure modes and effects analysis) : 시스템 안전 분석에 이용되는 전형적인 정성적 및 귀납적 분석방법으로 시스템에 영향을 미치는 전체요소의 고

장을 형별로 분석하여 그 영향을 검토하는 것이다.

(2) FMEA의 장점 및 단점
1) 장점 : 서식이 간단하고 비교적 적은 노력으로 특별한 훈련 없이 분석을 할 수 있다.
2) 단점 : 논리성이 부족하고, 특히 각 요소 간의 영향을 분석하기 어렵기 때문에 동시에 두 가지 이상의 요소가 고장날 경우에 분석이 곤란하며, 또한 요소가 물체로 한정되어 있기 때문에 인적 원인을 분석하는 데는 곤란하다.

(2) 고장의 영향

영 향	발생확률 (β)
① 실제의 손실	$\beta = 1.00$
② 예상되는 손실	$0.10 \leq \beta < 1.00$
③ 가능한 손실	$0 \leq \beta < 0.10$
④ 영향 없음	$\beta = 0$

(3) 위험성 분류의 표시
1) category 1 : 생명 또는 가옥의 상실
2) category 2 : 사명(작업) 수행의 실패
3) category 3 : 활동의 지연
4) category 4 : 영향 없음

(4) FMEA의 표준적 실시절차
1) 대상 시스템의 분석
   ① 기기, 시스템의 구성 및 기능의 전반적 파악
   ② FMEA 실시를 위한 기본방침의 결정
   ③ 기능 Block과 신뢰성 Block도의 작성
2) 고장형과 그 영향의 분석(FMEA)
   ① 고장 mode의 예측과 설정
   ② 고장 원인의 상정
   ③ 상위 item에 대한 고장 영향의 검토
   ④ 고장 검지법의 검토
   ⑤ 고장에 대한 보상법이나 대응법의 검토
   ⑥ FMEA work sheet에 관한 기입
   ⑦ 고장등급의 평가
3) 치명도 해석과 개선책의 검토
   ① 치명도 해석
   ② 해석결과의 정리와 설계 개선의 제언

❽ CA(위험도 분석)

(1) CA(criticality analysis) : 고장이 직접 시스템의 손실과 사상에 연결되는 높은 위험도(criticality)를 가진 요소나 고장의 형태에 따른 분석법을 말한다.

(2) 고장형의 위험도의 분류(SEA : 미국자동차협회)

category Ⅰ	생명의 상실로 이어질 염려가 있는 고장
category Ⅱ	작업의 실패로 이어질 염려가 있는 고장
category Ⅲ	운용의 지연 또는 손실로 이어질 고장
category Ⅳ	극단적인 계획 외의 관리로 이어질 고장

❾ DT(디시젼 트리)와 ETA(사상수분석법)

(1) 디시젼 트리(decision tree) : 요소의 신뢰도를 이용하여 시스템의 신뢰도를 나타내는 시스템 모델의 하나로, 귀납적이고 정량적인 분석 방법이다.

(2) ETA(event tree analysis) : 사상(事象)의 안전도를 사용한 시스템의 안전도를 나타내는 시스템 모델의 하나로서 귀납적이고, 정량적인 분석방법으로 재해의 확대요인을 분석하는 데 적합한 방법이다. 디시젼 트리를 재해사고의 분석에 이용할 경우의 분석법을 ETA라 한다.

(3) ETA의 작성방법

   1) 통상 좌로부터 우로 진행되며

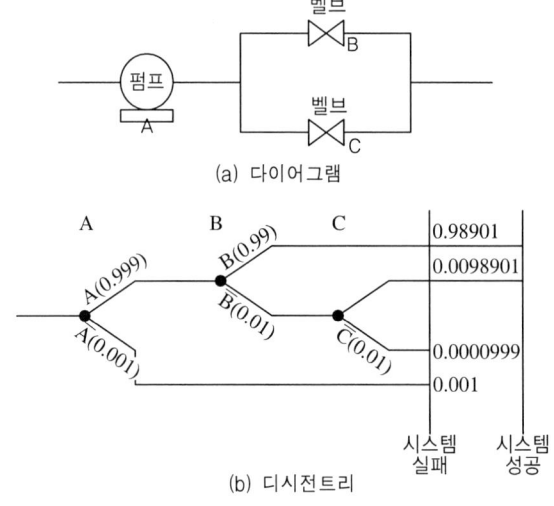

▲ 펌프와 밸브시스템의 디시전트리 (DT)

2) 각 요소를 나타내는 시점에서 통상 성공사상은 윗쪽에 실패사상은 아래쪽으로 분기된다.
3) 분기마다 안전도와 불안전도의 발생확률이 표시되고,(분기된 각 사상의 확률의 합은 항상
4) 최후의 각각의 곱의 합으로서 시스템의 안전도가 계산된다.

❿ THERP(인간과오율예측기법) : THERP(technique of human error rate prediction)는 인간의 과오(human error)를 정량적으로 평가하기 위하여 개발된 기법이다.

⓫ MORT(경영소홀과 위험수분석) : MORT(management oversight and risk tree) 프로그램은 tree를 중심으로 FTA와 같은 논리기법을 이용하여 관리, 설계, 생산, 보존 등으로 광범위하게 안전을 도모하는 것으로서, 고도의 안전을 달성하는 것을 목적으로 한다(원자력 산업에 이용).

⓬ O & SHA(operating and support hazard analysis) : 지정된 시스템의 모든 사용단계에서 생산, 보전, 시험, 운반, 저장, 운전, 비상탈출, 구조, 훈련 및 폐기 등에 사용되는 인원, 순서, 설비에 관하여 위험을 동정하고 제어하며, 그것들의 안전 요건을 결정하기 위해 실시하는 분석법을 말한다.

⓭ HAZOP(위험 및 운전성 검토)

(1) 위험 및 운전성 검토(hazard and operability study) : 각각의 장비에 대해 잠재된 위험이나 기능저하, 운전 잘못 등과 전체로서의 시설에 결과적으로 미칠 수 있는 영향 등을 평가하기 위해서 공정이나 설계도 등에 체계적이고 비판적인 검토를 행하는 것을 말한다.

(2) 용어의 정의

1) 의도(intention) : 어떤 부분이 어떻게 작동되리라고 기대된 것을 의미하는 것으로 서술적일 수도 있고 도면화될 수도 있다.
2) 이상(deviations) : 의도에서 벗어난 것을 말하며, 유인어를 체계적으로 적용하여 얻어진다.
3) 원인(causes) : 이상이 발생한 원인을 의미한다.
4) 결과(consequences) : 이상이 발생할 경우 그것에 대한 결과이다
5) 위험(hazard) : 손실, 손상, 부상 등을 초래할 수 있는 결과를 의미한다.

6) 유인어(guidewords) : 간단한 용어(말)로서 창조적 사고를 유도하고 자극하여 이상을 발견하고, 의도를 한정하기 위해 사용된다. 즉, 다음과 같은 의미를 나타낸다.
① No 또는 Not : 설계의도의 완전한 부정
② More 또는 Less : 양(압력, 반응, flow rate, 온도 등)의 증가 또는 감소
③ As well as : 성질상의 증가(설계의도와 운전조건이 어떤 부가적인 행위와 함께 일어남)
④ Part of : 일부변경, 성질상의 감소(어떤 의도는 성취되나 어떤 의도는 성취되지 않음)
⑤ Reverse : 설계의도의 논리적인 역
⑥ Other than : 완전한 대체(통상 운전과 다르게 되는 상태)

(3) 검토 절차
1) 1단계 : 목적과 범위 결정
2) 2단계 : 검토 팀의 선정
3) 3단계 : 검토 준비
4) 4단계 : 검토 실시
5) 5단계 : 후속 조치 후의 결과기록

(4) 위험을 억제하기 위한 일반적인 조치사항
1) 공정의 변경(원료, 방법 등)
2) 공정 조건의 변경(압력, 온도 등)
3) 설계 외형의 변경
4) 작업방법의 변경

(5) 위험 및 운전성 검토를 수행하기에 가장 좋은 시점 : 설계완료(design freeze) 단계로서 설계가 상당히 구체화된 시점이다.

⑭ 위험(risk) 처리(조정)기술

(1) 회피(avoidance)
(2) 경감, 감축(reduction)
(3) 보류(retention)
(4) 전가(transfer)

⑮ F.T.A(결함수 분석법)

(1) FTA의 특징 : 연역적, 정량적 해석이 가능한 기법이다.
(2) FTA 도표에 사용하는 논리 기호

명 칭	기 호	해 설
① 결함사상		FT도표의 정상에 선정되는 사상, 즉 이제부터 해석하고자 하는 사상인 정상사상(top 사상)과 중간사상에 사용한다.
② 기본 사상		「원」기호로 표시하며, 더 이상 해석을 할 필요가 없는 기본적인 기계의 결함 또는 작업자의 오동작을 나타낸다(말단 사상).
③ 이하 생략의 결함사상(추적 불가능한 최후 사상)		사상과 원인과의 관계를 충분히 알 수 없거나 또는 필요한 정보를 얻을 수 없기 때문에 이것 이상 전개할 수 없는 최후적 사상을 나타낼 때 사용한다(말단사상).
④ 통상사상(家形事象)		결함사상이 아닌 발생이 예상되는 사상을 나타낸다(말단사상).
⑤ 전이기호(이행기호)	(in) (out)	FT 도상에서 다른 부분에의 이행 또는 연결을 나타내는 기호로 사용한다. 좌측은 전입, 우측은 전출을 뜻한다.
⑥ AND gate	출력 / 입력	출력 X의 사상이 일어나기 위해서는 모든 입력 A, B, C의 사상이 일어나지 않으면 안된다는 논리 조작을 나타낸다. 즉, 모든 입력 사상이 공존할 때만이 출력 사상이 발생한다.
⑦ OR gate	출력	입력 사상 A, B 중 어느 하나가 일어나도 출력 X의 사상이 일어난다고 하는 논리 조작을 나타낸다. 즉, 입력사상 중 어느 것이나 하나가 존재할 때 출력사상이 발생한다.
⑧ 수정기호	출력 / 조건 / 입력	제약 gate 또는 제지 gate라고도 하며, 이 gate는 입력 사상이 생김과 동시에 어떤 조건을 나타내는 사상이 발생할 때만이 출력 사상이 생기는 것을 나타내고 또한 AND gate와 OR gate에 여러 가지 조건부 gate를 나타낼 경우이 수정기호를 사용한다.

(3) D.R Cherition의 FTA에 의한 재해사례 연구순서

1) 1단계 : 톱(TOP) 사상의 선정
2) 2단계 : 사상의 재해 원인의 규명
3) 3단계 : FT의 작성
4) 4단계 : 개선 계획의 작성

(4) 확률사상의 곱과 합(n개의 독립사상에 관해서)

1) 논리곱의 확률

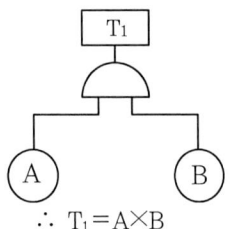

∴ $T_1 = A \times B$

2) 논리합의 확률

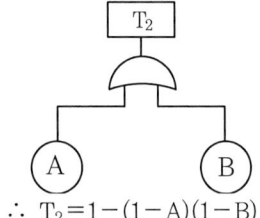

∴ $T_2 = 1 - (1-A)(1-B)$

(5) 컷과 패스

1) 컷과 미니멀 컷

① 컷(cut) : 컷이란 그 속에 포함되어 있는 모든 기본사상(여기서는 통상사상, 생략결함사상 등을 포함한 기본사상)이 일어났을 때, 정상사상을 일으키는 기본사상의 집합을 말한다.

② 미니멀 컷(minimal cut sets) : 컷 중 그 부분 집합만으로는 정상사상을 일으키는 일이 없는 것, 특히 정상사상을 일으키기 위한 필요 최소한의 컷을 미니멀 컷이라 한다.

2) 패스(path)와 미니멀 패스(minimal path sets) : 패스란 그 속에 포함되는 기본사상이 일어나지 않을 때, 처음으로 정상사상이 일어나지 않는 기본사상의 집합으로서, 미니컬 패스는 그 필요 최소한의 것이다.

3) 컷(또는 미니멀 컷)과 패스(또는 미니멀 패스)를 구하는 법

① 컷과 미니멀 컷 : AND 게이트는 가로로 나열시키고 OR게이트는 세로로 나열시켜서 말단사상까지 진행시켜 나간다.

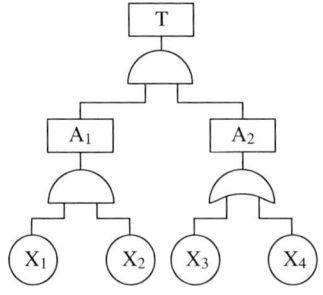

∴ $T \rightarrow A_1 A_2 \rightarrow X_1 X_2 A_2 \rightarrow \begin{matrix} X_1 X_2 X_3 \\ X_1 X_2 X_4 \end{matrix}$ (미니멀 컷=2개)

② 패스와 미니멀 패스 : 쌍대 FT(AND게이트를 OR게이트, OR게이트를 AND 게이트로 치환시킨 FT도)를 구하여 쌍대 FT의 미니멀 컷을 구하면 원하는 FT의

미니멀 패스가 되는 것이다.

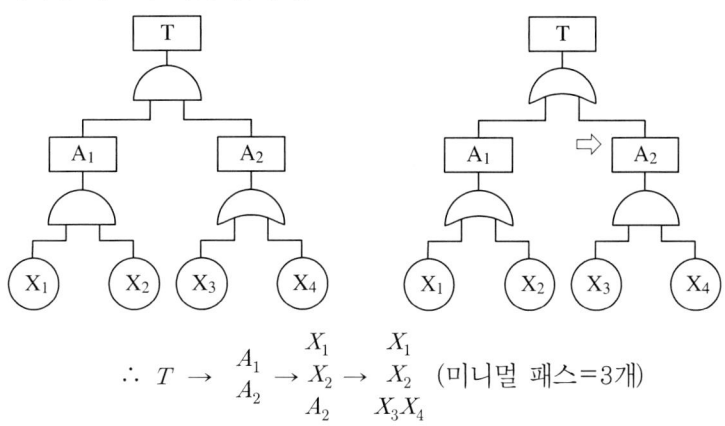

$$\therefore T \to \begin{matrix} A_1 \\ A_2 \end{matrix} \to \begin{matrix} X_1 \\ X_2 \\ A_2 \end{matrix} \to \begin{matrix} X_1 \\ X_2 \\ X_3 X_4 \end{matrix} \quad \text{(미니멀 패스=3개)}$$

(4) 억제게이트와 부정게이트

1) 억제게이트(inhibit gate) : 수정기호(modifier)의 일종으로서 억제 모디파이어(inhibit modifier)라고 하며, 실질적으로 수정 기호를 병용해서 게이트의 역할을 한다.
① 입력사상이 일어난 조건이 만족되어야 출력사상이 생긴다(조건이 만족되지 않으면 출력은 생기지 않는다)
② 조건은 수정기호 안에 쓴다.
2) 부정게이트(not gate) : 부정 모디파이어(not modifier)라고 하며, 입력사상의 반대사상이 출력된다.

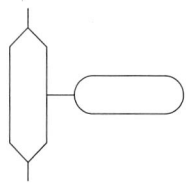

▲ 억제 게이트

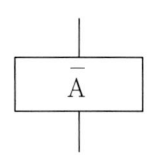

▲ 부정게이트

⑯ 공장설비의 안전성 평가

(1) 안전성 평가의 기본원칙(6단계)

1) 제1단계 : 관계자료의 정비검토
2) 제2단계 : 정성적 평가
3) 제3단계 : 정량적 평가
4) 제4단계 : 안전대책
5) 제5단계 : 재해정보에 의한 재평가
6) 제6단계 : F.T.A에 의한 재평가

(2) 안전성 평가의 4가지 기법

1) 체크리스트에 의한 평가(check list)
2) 위험의 예측평가 (lay out의 검토)

3) 고장형 영향분석(FMEA 법)
4) 결함수 분석법(FTA 법)

⑰ 화학설비의 안전성 평가

[1] 안전성 평가의 5단계
(1) 제1단계 : 관계자료의 작성준비
(2) 제2단계 : 정성적 평가
(3) 제3단계 : 정량적 평가
(4) 제4단계 : 안전대책
(5) 제5단계 : 재평가(재해정보 및 FTA에 의한 재평가)

[2] 평가의 진행방법
(1) 제1단계 : 관계자료의 작성준비
1) 안전성의 사전평가를 위해 필요한 자료의 작성준비를 실시한다.
2) 관계자료의 조사항목
① 입지조건과 관련된 지질도, 풍배도(風配圖) 등의 입지에 관한 도표
② 화학설비 배치도
③ 건조물의 평면도, 입면도 및 단면도
④ 기계실 및 전기실의 평면도, 단면도 및 입면도
⑤ 원재료, 중간체, 제품 등의 물리적, 화학적 성질 및 인체에 미치는 영향
⑥ 제조공정의 개요
⑦ 제조공정상 일어나는 화학반응
⑧ 공정계통도
⑨ 공정기기목록
⑩ 배관, 계장계통도
⑪ 안전설비의 종류와 설치장소
⑫ 운전요령, 요원배치계획, 안전보건교육 훈련계획

(2) 제2단계 : 정성적 평가

1. 설계 관계	2. 운전 관계
① 입지 조건 ② 공장 내 배치 ③ 건 조 물 ④ 소방 설비	① 원재료, 중간체제품 ② 공 정 ③ 수송, 저장 ④ 공정기기

(3) 제3단계 : 정량적 평가

1) 해당 화학설비의 취급물질, 용량, 온도, 압력 및 조작의 5항목에 대해 A, B, C, D 급으로 분류하고, A급은 10점, B급은 5점, C급은 2점, D급은 0점으로 점수를 부여한 후, 5항목에 관한 점수들의 합을 구한다.
2) 합산 결과에 의한 위험도의 등급은 다음과 같다.

등 급	점 수	내 용
등 급 Ⅰ	16점 이상	위험도가 높다.
등 급 Ⅱ	11~15점 이하	주위상황, 다른 설비와 관련해서 평가
등 급 Ⅲ	10점 이하	위험도가 낮다.

(4) 제4단계 : 안전 대책

1) 설비 대책 : 안전장치 및 방재장치에 관해서 배려한다.
2) 관리적 대책 : 인원 배치, 교육훈련 및 보전에 관해서 배려한다.

(5) 제5단계 : 재평가(재해정보를 적용하여 안전대책의 재평가)

6. 위험성 감소 대책 수립·실행

인간공학 및 위험성 평가 관리

❶ 위험성 평가의 개요

(1) 위험성 평가의 목적 및 정의

1) 위험성 평가의 목적 : 사업주가 스스로 사업장의 유해·위험요인에 대한 실태를 파악하고 이를 평가하여 관리·개선하는 등 필요한 조치를 통해 산업재해를 예방할 수 있도록 지원하기 위하여 위험성 평가 방법, 절차, 시기 등에 대한 기준을 제시하고, 위험성 평가 활성화를 위한 시책의 운영 및 지원사업 등 그밖에 필요한 사항을 규정함을 목적으로 한다.

2) 위험성 평가의 정의 등
   ① 유해 위험요인 : 유해·위험을 일으킬 잠재적 가능성이 있는 것의 고유한 특징이나 속성을 말한다.
   ② 위험성 : 유해·위험요인이 사망, 부상 또는 질병으로 이어질 수 있는 가능성과 중대성 등을 고려한 위험의 정도를 말한다.
   ③ 위험성 평가 : 사업주가 스스로 유해·위험요인을 파악하고 해당 유해·위험요인의 위험성 수준을 결정하여, 위험성 수준을 낮추기 위한 적절한 조치를 마련하고 실행하는 과정을 말한다.

(2) 위험성 평가의 대상

1) 위험성 평가의 대상이 되는 유해·위험요인
   ① 업무중 근로자에게 노출된 것이 확인되었거나 노출될 것이 합리적으로 예견 가능한 모든 유해·위험 요인이다.
   ② 다만, 경미한 부상 및 질병만을 초래할 것이 명백히 예상되는 유해·위험요인은 평가 대상에서 제외할 수 있다.
2) 사업장 내 부상 또는 질병으로 이어질 가능성이 있었던 상황(이하 "아차사고"라 함)을 확인한 경우에는 해당 사고를 일으킨 유해·위험요인을 위험성 평가의 대상에 포함시켜야 한다.

3) 사업주는 사업장내에서 중대재해가 발생한 때에는 지체 없이 중대재해의 원인이 되는 유해위험·요인에 대해 위험성 평가를 실시하고, 그 밖의 사업장 내 유해·위험요인에 대해서는 위험성 평가 재검토를 실시하여야 한다.

(3) 근로자의 참여 : 위험성평가를 실시할 때 다음 각호에 해당되는 경우 해당 작업에 종사하는 근로자를 참여 시켜야 한다.

1) 유해·위험요인의 위험성 수준을 판단하는 기준을 마련하고, 유해·위험요인별로 허용 가능한 위험성 수준을 정하거나 변경하는 경우
2) 해당 사업장의 유해·위험요인을 파악하는 경우
3) 유해·위험요인의 위험성이 허용 가능한 수준인지 여부를 결정하는 경우
4) 위험성 감소 대책을 수립하여 실행하는 경우
5) 위험성 감소대책 실행 여부를 확인하는 경우

❷ 위험성 평가의 방법

(1) 위험성 평가의 실시 방법

1) 안전보건관리책임자 등 해당 사업장에서 사업의 실시를 총괄 관리하는 사람에게 위험성 평가의 실시를 총괄 관리하게 할 것
2) 사업장의 안전관리자, 보건관리자 등이 위험성 평가의 실시에 관하여 안전·보건관리자를 보좌하고 지도·조언하게 할 것
3) 유해·위험요인을 파악하고 그 결과에 따른 개선조치를 시행할 것
4) 기계·기구, 설비 등과 관련된 위험성 평가에는 해당 기계·기구, 설비 등에 전문 지식을 갖춘 사람을 참여하게 할 것
5) 안전·보건관리자의 선임의무가 없는 경우에는 제2호에 따른 업무를 수행할 사람을 지정하는 등 그 밖에 위험성 평가를 위한 체제를 구축할 것

(2) 위험성 평가를 실시한 것으로 보는 제도 : 다음 각 호에 해당하는 제도를 이행한 경우에는 위험성 평가를 실시한 것으로 본다.

1) 위험성 평가 방법을 적용한 안전·보건진단
2) 공정안전보고서, 다만, 공정안전보고서의 내용중 공정성 위험 평가서가 최대 4년 범위 이내에서 정기적으로 작성된 경우에 한한다.
3) 근골격계부담작업 유해요인 조사
4) 그 밖에 법과 이 법에 따른 명령에서 정하는 위험성 평가 관련 제도

(3) 위험성 평가 방법

1) 위험 가능성과 중대성을 조합한 빈도·강도법
2) 체크리스트(checklist) 법
3) 위험성 수준 3단계(저·중·고) 판단법
4) 핵심요인 기술(One point sheet)
5) 그 외 규칙(제50조제1항제2호) 각 목의 방법

❸ 위험성 평가의 절차

(1) 위험성 평가의 실시 절차 : 다음의 절차에 따라 실시한다. 다만, 상시근로자수 5인 미만 사업장(건설공사 1억원 미만) 의 경우 제1호의 절차를 생략할 수 있다.

1) 사전준비
2) 유해·위험요인의 파악
3) 위험성 결정
4) 위험성 감소대책 수립 및 실행
5) 위험성 평가 실시내용 및 결과에 관한 기록 및 보존

(2) 사전준비

1) 위험성 평가 실시 규정에 포함되는 사항 : 최초 위험성 평가시 다음 각 호의 사항에 포함된 위험성 평가 실시 규정을 작성하여 지속적으로 관리하여야 한다.
   ① 평가의 목적 및 방법
   ② 평가 담당자 및 책임자의 역할
   ③ 평가시기 및 절차
   ④ 근로자에 대한 참여·공유방법 및 유의사항
   ⑤ 결과의 기록·보존

2) 위험성평가 실시 전 확정사항
   ① 위험성 수준과 그 수준을 판단하는 기준
   ② 위험 가능한 위험성의 수준(이 경우 법에서 정한 기준 이상으로 위험성의 수준을 정하여야 한다)

3) 위험성 평가 시 활용할 수 있는 사전에 조사해야 할 안전 · 보건정보
   ① 작업표준, 작업절차 등에 관한 정보
   ② 기계·기구, 설비 등의 사양서, 물질안전보건자료(MSDS) 등의 유해·위험요인에 관한 정보
   ③ 기계·기구, 설비 등의 공정 흐름과 작업 주변의 환경에 대한 정보

④ 같은 장소에서 사업의 일부 또는 전부를 도급을 주어 행하는 작업이 있는 경우 혼재 작업의 위험성 및 작업 상황 등에 관한 정보
⑤ 재해사례, 재해통계 등에 관한 정보
⑥ 작업환경 측정 결과, 근로자건강진단에 관한 정보
⑦ 그 밖에 위험성 평가에 참고가 되는 자료 등

(3) 유해·위험요인의 파악 : 다음 각 호의 방법 중 어느 하나 이상의 방법을 사용하되 특별한 사정이 없으면 제1)호의 방법을 포함 시켜야 한다.

1) 사업장 순회점검에 의한 방법
2) 근로자들의 상시적 제안에 의한 방법
3) 설문조사·인터뷰 등 청취조사에 의한 방법
4) 물질안전보건자료, 작업환경측정결과, 특수건강진단결과 등 안전보건자료에 의한 방법
5) 안전보건 체크리스트에 의한 방법
6) 그 밖에 사업장의 특성에 적합한 방법

(4) 위험성의 결정

1) 위험성의 판단 : 파악된 유해·위험요인이 근로자에게 노출되었을 때의 위험성을 위험성의 수준과 그 수준을 판단하는 기준에 의해 판단되어야 한다.
2) 위험성 결정 : 판단된 위험성의 수준이 허용 가능한 위험성의 수준인지 결정하여야 한다.

(5) 위험성 감소대책 수립 및 실행 : 허용 가능한 위험성이 아닌 경우 위험성 감소를 위한 대책을 수립하여 실행하여야 한다.

1) 위험한 작업의 폐지, 변경, 유해·위험물질 대체 등의 조치 또는 설계나 계획 단계에서 위험성을 제거 또는 저감하는 조치
2) 연동장치, 환기장치 설치 등의 공학적 대책
3) 사업장 작업절차서 정비 등의 관리적 대책
4) 개인용 보호구의 사용

(6) 위험성평가 실시 결과 중 근로자에게 게시주지 하여야 할 사항

1) 근로자가 종사하는 작업과 관련된 유해·위험요인
2) 유해·위험요인의 위험성 결정 결과
3) 유해·위험요인의 위험성 감소대책과 그 실행 계획 및 실행 여부
4) 위험성 감소대책에 따라 근로자가 준수하거나 주의하여야 할 사항

(7) 위험성평가 실시 내용 및 결과의 기록 보존

1) 위험성평가 시 기록 보존해야 할 사항(시행 규칙 제37조①항)
   ① 위험성평가 대상의 유해·위험요인
   ② 위험성 결정의 내용
   ③ 위험성 결정에 따른 조치의 내용
   ④ 그 밖에 고용노동부장관이 정하여 고시하는 사항
      ㉠ 위험성 평가를 위해 사전 조사한 안전보건정보
      ㉡ 그 밖에 사업장에서 필요하다고 정한 사항
2) 기록 보존기간 : 3년간

❹ 위험성평가의 실시시기

(1) 최초 위험성평가 : 사업장 성립된 날(사업 개시일, 건설업은 실착공일)로부터 1개월 이내에 실시(다만, 1개월 미안의 기간동안 이루어지는 작업 또는 공사의 경우에는 특별한 사정이 없는 한 지체없이 최초 위험성평가 실시)

(2) 수시 위험성 평가 실시 : 다음 각호에 해당되는 추가적인 유해·위험요인이 생기는 경우 수시 위험성평가를 실시하여야 한다(다만, 제⑤호는 재해발생 작업을 대상으로 작업재개전에 실시 할 것)

1) 사업장 건설물의 설치·이전·변경 또는 해체
2) 기계·기구, 설비, 원재료 등의 신규 도입 또는 변경
3) 건설물, 기계·기구, 설비 등의 정비 또는 보수(주기적반복적 작업으로서 이미 위험성평가를 실시한 경우에는 제외)
4) 작업방법 또는 작업절차의 신규 도입 또는 변경
5) 중대산업사고 또는 산업재해(휴업 이상의 요양을 요하는 경우에 한정한다) 발생
6) 그 밖에 사업주가 필요하다고 판단한 경우

(3) 정기적 재검토 : 다음 각호의 사항을 고려하여 위험성평가의 결과에 대한 적정성을 1년마다 정기적으로 재검토하여야 한다. 재검토 결과 허용 가능한 위험성수준이 아닌 유해·위험요인에 대해서는 위험성 감소대책을 수립·실행하여야 한다.

1) 기계·기구, 설비 등의 기간 경과에 의한 성능저하
2) 근로자의 교체등에 수반하는 안전보건과 관련되는 지식 또는 경험의 변화
3) 안전·보건과 관련되는 새로운 지식의 습득
4) 현재 수립되어 있는 위험성 감소대책의 유효성 등

(4) 수시평가와 정기평가 실시 : 다음 각호의 사항을 이해하는 경우 수시평가와 정기평가를 실시한 것으로 본다.

1) 매월 1회 이상 근로자 제안제도 활용, 아차사고 확인, 작업과 관련된 근로자를 포함한 사업장 순회점검 등을 통해 사업장 내 유해·위험요인을 발굴하여 위험성결정 및 위험성 감소대책 수립실행을 할 것
2) 매주 안전보건관리책임자, 안전관리자, 보건관리자, 관리감독자 등(도급사업주의 경우 수급사업장의 안전보건 관련 관리자 등을 포함한다)을 중심으로 제1호의 결과 등을 논의 공유하고 이행 상황을 점검할 것
3) 매 작업일마다 제1호와 제2호의 실시 결과에 따라 근로자가 준수하여야 할 사항 및 주의할 것

chapter 3
기계·기구 및 설비 안전관리

제1장 기계안전의 개념
제2장 기계공정의 안전
제3장 산업용 기계안전기술

1. 기계안전의 개념

❶ 기계의 위험 및 안전조건

[1] 기계설비의 안전조건

    (1) 외형의 안전화
    (2) 작업의 안전화
    (3) 작업점의 안전화
    (4) 기능의 안전화
    (5) 구조의 안전화
    (6) 보전작업의 안전화
    (7) 표준화를 통한 안전화
    (8) 법 규제를 통한 안전화

[2] 외형(외관)의 안전화

(1) 덮개 및 방호 장치(guard)설치

    1) 기계의 회전 부(회전체 돌출부분) : 덮개 설치
    2) 기계 외형 부분 : 덮개 및 방호장치 설치

(2) 별실 또는 구획된 장소에 격리 : 원동기 및 동력전도장치(벨트, 기어, 샤프트, 체인 등)

(3) 안전색채조절

    1) 스위치
        ① 시동 단추식 스위치 : 녹색
        ② 급정지 단추식 스위치 : 적색

2) 배관
    ① 공기 배관 : 백색
    ② 가스배관 : 황색
    ③ 물 배관 : 청색

[3] 작업의 안전화 (기본이념 : 인간공학에 바탕을 두고 실천)

1) 작업의 표준화
2) 안전한 기동장치(동력 차단 장치, 시건장치)의 배치
3) 급정지장치, 급정지 버튼 등의 배치
4) 조작 장치의 적당한 위치 고려
5) 작업에 필요한 적당한 공구 사용
6) 인칭(inching : 촌동), 기능의 활용

[4] 작업점의 안전화

(1) 기계 설비의 작업점(위험점)의 분류

1) 협착점(Squeeze point) : 고정부와 왕복운동을 하는 운동부 사이에 형성되는 위험점으로 덮개, 울 등의 방호조치가 필요하다.
   (예) 프레스, 성형기, 절곡기 등
2) 끼임점(Shear point) : 고정부와 회전 또는 직선운동과 함께 형성하는 부분 사이에 형성되는 위험점
   (예) 연삭숫돌과 작업대, 반복 동작되는 링크기구, 교반기의 교반날개와 몸체사이
3) 절단점(Cutting point) : 회전하는 운동부분 자체와 운동하는 기계자체와의 위험이 형성되는 점.
   (예) 둥근톱날, 띠톱기계의 날, 밀링커터 등
4) 물림점(Nip point) : 회전하는 두 개의 회전체에 물려들어갈 위험성이 형성되는 점 (중심점+회전운동)
   (예) 롤러, 기어와 피니언 등
5) 접선물림점(Tangential nip point) : 회전하는 부분이 접선방향에서 만들어지는 점,(접선점+회전운동)
   (예) 벨트와 풀리, 체인과 스프라켓, 랙과 피니언 등
6) 회전말림점(Trapping point) : 크기, 길이, 속도가 다른 회전운동에 의한 위험점으로 회전하는 부분에 돌기 등이 돌출되어 작업복 등이 말리는 위험점.
   (예) 회전축, 드릴축, 커플링 등

(2) 작업점의 방호 방법

1) 작업점에는 작업자가 절대로 가까이 가지 않도록 할 것.
2) 기계를 조작할 때는 작업점에서 떨어지도록 할 것.
3) 작업점에서 작업자가 떨어지지 않는 한 기계를 작동하지 못하도록 할 것.
4) 손을 작업점에 넣지 않도록 할 것.

[5] 기능의 안전화

(1) 소극적 대책 : 이상 시 기계 설비의 급정지로 안전화 도모

(2) 적극적 대책 : 페일 세이프, 회로의 개선으로 오동작 방지

1) 페일 세이프(fail safe) : 인간이나 기계 등에 과오나 동작상의 실수가 있더라도 사고·재해를 발생시키지 않도록 철저하게 2중, 3중으로 통제를 가하는 것
2) 페일 세이프 구조의 기능면에서의 분류
   ① fail passive : 일반적인 산업기계방식의 구조이며, 성분의 고장 시 기계·장치는 정지상태로 옮겨간다.
   ② fail operational : 병렬 여분계의 성분을 구성한 경우이며, 성분의 고장이 있어도 다음 정기 점검 시까지는 운전이 가능하다.
   ③ fail active : 성분의 고장 시 기계·장치는 경보를 나타내며 단시간에 역전이 된다.
3) 구조적 페일 세이프(항공기의 엔진, 압력용기의 안전밸브)
   ① 저균열속도 구조
   ② 조합 구조
   ③ 디경로히중 구조
   ④ 하중해방 구조

[6] 구조의 안전화

(1) 설계상 결함

1) 기계설계상 가장 큰 과오의 요인은 강도 계산상의 잘못이다.
2) 최대하중 예측의 부정확성과 강도저하를 생각하여 안전율을 충분히 고려해 주어야 한다.
3) 안전율(안전계수)

$$안전율 = \frac{파괴하중}{최대사용하중} = \frac{극한강도(파단하중)}{최대설계하중(안전하중)}$$

   ① unwin의 안전율 : 강철은 3, 나무는 7, 흙 및 벽돌은 20

② cardullo의 안전율

$F = a \times b \times c \times d$

여기서, a : $\dfrac{\text{극한강도}}{\text{사용재료의 탄성강도}}$
b : 하중의 종류(정하중에서 b=1, 조반하중에서는 b=극한강도/피로한도)
c : 하중속도(정하중에서 c=1, 충격하중에서는 c=2)
d : 재료의 조건

③ 안전여유 산정식

안전여유=극한강도 - 허용응력(정격하중)

④ 안전율을 크게 취하여야 할 힘의 순서

충격하중 > 교번하중 > 반복하중 > 정하중

4) 하중의 종류

① 정하중 : 시간이 경과하여도 크기와 방향이 변화하지 않는 하중
② 동하중 : 시간의 경과와 더불어 크기와 방향이 변화하는 하중

5) 동하중의 종류

① 반복하중 : 일정한 방향으로 연속하여 반복하는 하중
② 교번하중 : 크기와 방향이 동시에 변화하면서 인장과 압축이 교대로 반복하여 작용하는 하중
③ 충격하중 : 순간적인 짧은 시간에 갑자기 작용하는 하중

- **허용응력 결정시 기초강도로서 고려되어야 할 경우**
  1) 반복응력을 받는 경우 : 피로한도
  2) 고온에서 정하중을 받는 경우 : 크리이프 강도
  3) 상온에서 취성재료가 정하중을 받는 경우 : 극한강도
  4) 상온에서 연성재료가 정하중을 받는 경우 : 극한강도 또는 항복점

(2) 재료의 결함 및 가공 결함

1) 재료의 결함 : 균열, 부식, 강도 저하 등
2) 가공 결함 : 가공 도중에 생기는 가공경화

(3) 재료 시험

1) 기계적 시험(파괴시험)

① 정적시험 : 인장, 굽힘, 경도, 비틀림, 압축, 크리이프 시험 등
② 동적 시험 : 충격, 피로 시험
③ 특수재료시험 : 연성, 마멸, 스프링시험

2) 비파괴시험(Non-Destructive Test) : 육안검사, 음향검사, 방사선 투과 검사, 초음파 검사, 자분탐상검사, 형광탐상검사 등
3) 인장시험 : 재료의 기계적 성질인 비례한도, 탄성한도, 항복점, 인장강도, 파단점, 연신율 등을 측정

[7] 보전작업의 안전화

(1) 고장예방을 위한 정기점검
(2) 부품교환의 철저화
(3) 주유방법의 개선
(4) 보전용 통로나 작업장 확보
(5) 구성부품의 신뢰도 향상

[8] 기계설비의 본질 안전화

(1) 기계설비 안전화의 기본이념 : 기계설비에 이상이 생겨도 안전성이 확보되어 사고나 재해가 발생하지 않도록 설계하는 것.

(2) 기계설비의 본질 안전화

1) 안전 기능이 기계설비에 내장되어 있을 것.
2) 조작상 위험이 없도록 설계할 것.
3) 페일 세이프(fail safe)의 기능을 가질 것(safety valve, interlock 등)
4) 풀푸르프(fool proof) : 기계 장치 설계 단계에서 안전화를 도모하는 것으로 근로자가 기계 등의 취급을 잘못해도 사고로 연결되는 일이 없도록 하는 안전기구를 풀푸르프라 한다. 즉, 인간과오(human error)를 방지하기 위한 것이다.

❷ 기계의 방호

[1] 기계설비의 방호장치 설치 시 고려할 사항

1) 적용의 범위
2) 방호의 정도
3) 신뢰도
4) 보수의 난이도
5) 작업성
6) 경제성

[2] 기계의 방호장치

(1) 방호장치(안전장치)의 기본목적

1) 작업자의 보호(부상 및 사상 방지)
2) 기계위험 부위의 접촉방지
3) 인적·물적 손실 방지

(2) 방호장치의 종류

1) 격리형 방호장치
2) 위치제한형 방호장치
3) 접근거부형 방호장치
4) 접근반응형 방호장치
5) 포집형 방호장치

(3) 격리형 방호장치 : 작업자가 작업점에 접촉되지 않도록 기계설비 외부에 차단벽이나 방호망을 설치하는 것.

1) 격리형 방호장치의 종류
   ① 완전차단형 : 어떤 방향에서도 작업점까지 신체가 접근할 수 없도록 하는 것.
   ② 덮개형 : 작업자가 말려들거나 끼일 위험이 있는 곳을 덮어씌우는 것.
   ③ 안전방책(방호망) : 울타리를 설치하는 것.
2) 동력 전도 장치(기계장치 중 재해가 가장 많이 발생)의 위험 방지 조치사항
   ① 기계의 원동기, 회전축, 기어, 풀리, 플라이휠 및 벨트 등 근로자에게 위험을 미칠 우려가 있는 부위에는 덮개, 울, 슬리브 및 건널다리 등을 설치 할 것.
   ② 회전축, 기어, 풀리 및 플라이휠 등에 부속하는 키이 및 핀 등의 고정구는 문힘형으로 하거나 해당 부위에 덮개를 설치할 것.
   ③ 벨트의 이음부분에는 돌출된 고정구를 사용하지 않을 것.
   ④ 건널다리에는 안전난간 및 미끄러지지 않는 구조의 발판을 설치할 것
3) 기계의 동력차단장치
   ① 동력으로 작동되는 기계에는 스위치·클러치 및 벨트이동장치 등 동력차단장치를 설치할 것.
   ② 동력으로 작동되는 기계 중 절단·인발·압축·꼬임·타발 또는 굽힘 등의 가공을 하는 기계를 설치할 때에는 그 동력차단장치를 근로자가 작업위치를 이동하지 않고 조작할 수 있는 위치에 설치할 것.
   ③ 동력차단장치는 조작이 쉽고 접촉, 또는 진동 등에 의하여 불시에 기계가 움직일 우려가 없는 것일 것.

(4) 위치 제한형 방호장치 : 작업자의 신체부위가 위험한계 밖에 있도록 기계의 조작장치를 위험한 작업점에서 안전거리 이상 떨어지게 하거나 조작장치를 양손으로 동시 조작하게 함으로써 위험한계에 접근하는 것을 제한하는 것.

  [예] 프레스기의 양수 조작식 방호장치

(5) 접근거부형 및 접근반응형 방호장치

  1) 접근거부형 방호장치 : 작업자의 신체부위가 위험한계로 접근하였을 때 기계적인 작용에 의하여 접근을 못하도록 제지하는 것.
  [예] 수인식, 손쳐내기식 방호장치 등
  2) 접근반응형 방호장치 : 작업자의 신체부위가 위험한계 또는 그 인접한 거리 내로 들어오면 이를 감지하여 그 즉시 기계의 동작을 정지시키고 경보 등을 발하는 것
  [예] 프레스기의 감응식 방호장치 등

(6) 포집형 방호장치 : 위험장소에 설치하여 위험원이 비산하거나 튀는 것을 포집하여 작업자로부터 위험원을 차단하는 것

  [예] 연삭기의 덮개나 발발예방장치 등

[4] 인터록 및 리미트 스위치

(1) 인터록 장치(interlock system) : 일종의 연동 기구로 걸림 장치라고도 한다.

(2) 리미트 스위치(limit switch)

  1) 기계장치 등에서 동작이 일정한 한계를 벗어나지 않도록 제한하는 장치를 말한다.
  2) 리미트 스위치를 활용한 방호장치 : 권과방지장지, 과부하방지장지, 과전류 차단장지, 압력제한장치, 이동식 덮개, 게이트 가드(gate guard) 등

[5] 방호조치

(1) 방호조치에 대한 근로자의 준수사항

  1) 방호조치 해체 시는 사업주의 허가를 받을 것.
  2) 방호조치 해체 후 그 사유가 소멸 시에는 지체 없이 원상으로 회복시킬 것.
  3) 방호조치의 기능이 상실된 것을 발견한 때에는 지체 없이 사업주에게 신고할 것.

(2) 방호장치의 해체금지 : 방호장치의 수리, 조정 및 교체 등의 작업을 하는 경우 이외에는 방호장치를 해체하거나 사용을 정지하지 않을 것.

기계·기구 및
설비 안전관리

2. 기계공정의 안전

❶ 기계설비의 안전조건

[1] 선반(lathe)

(1) 선반의 크기(선반의 규격표시 방법)

1) 최대 가공물의 크기
2) 양센터 사이의 거리(심압대를 주축에서 가장 멀리했을 때 양센터에 설치할 수 있는 공작물의 길이)
3) 본체 위의 스윙(가공할 수 있는 공작물의 최대지름)의 크기

(2) 선반의 안전장치

1) 칩 브레이크 : 바이트에 설치된 칩을 짧게 끊어내는 장치
2) 쉴드(Shield) : 칩 비산 방지 투명판
3) 덮개 또는 울 : 돌출가공물에 설치한 안전장치
4) 브레이크 : 급정지장치
5) 기타 척의 인터록 덮개, 고정브리지(bridge) 등

(3) 선반 작업 시 안전작업수칙

1) 공작물의 길이가 직경의 12배 이상으로 가늘고 길 때는 방진구(공작물의 고정에 사용)를 사용하여 진동을 막을 것
2) 보링작업 중 구멍 속에 손가락을 넣지 않을 것
3) 칩이나 부스러기를 제거할 때는 반드시 브러시를 사용할 것
4) 작업 중 장갑을 끼지 않을 것
5) 시동 전에 심압대가 잘 죄어져 있는가를 확인할 것
6) 선반기계를 정지시켜야 할 경우
   ① 치수를 측정할 경우

② 백기어(back gear)를 넣거나 풀 경우
③ 주축을 변속할 경우
④ 기계에 주유 및 청소를 할 경우
⑤ 기계 점검을 할 경우
7) 바이트는 가급적 짧게 설치하여 진동이나 휨을 막을 것
8) 회전부분에 손을 대지 말 것
9) 선반의 베드 위에 공구를 놓지 말 것
10) 일감의 센터구멍과 센터는 반드시 일치시킬 것
11) 공작물의 설치가 끝나면 척에서 렌치류는 제거시킬 것

[2] 드릴링 머신(drilling machine)

(1) 드릴링머신의 작업

1) 일반작업에 사용되는 표준형 드릴 날의 각도 : 118°
2) 공작물의 고정
   ① 바이스에 의한 고정 : 작은 일감(공작물)을 가공하는 경우
   ② 클램프(clamp)나 조임 볼트에 의한 고정 : 일감이 크고 복잡할 경우
   ③ 지그(jig)사용 : 대량생산과 정밀도를 요구할 경우
3) 얇은 금속판(철판, 동판 등)에 구멍을 뚫을 경우 : 나무판(각목 등)을 밑에 깔고 기구로 고정할 것
4) 드릴 작업 시 칩의 안전한 제거방법 : 회전을 중지시킨 후 솔로 제거

(2) 드릴링머신의 안전작업수칙

1) 장갑을 끼고 작업하지 말 것
2) 쇳가루가 날리기 쉬운 작업은 보안경을 착용할 것
3) 드릴을 끼운 뒤 척 핸들은 반드시 빼놓을 것
4) 뚫린 것을 확인하기 위해 손을 집어넣지 말 것
5) 공작물을 견고하게 고정하고, 손으로 잡고 구멍을 뚫지 말 것
6) 작은 구멍을 먼저 뚫은 뒤 큰 구멍을 뚫을 것
7) 가공중에 구멍이 관통되면 기계를 멈추고 손으로 돌려서 드릴을 뺄 것

[3] 밀링머신(milling machine)

(1) 밀링커터의 절삭 방향

1) 상향 절삭(올려 깎기) : 밀링커터의 회전방향과 공작물의 이송 방향이 서로반대인 때의

절삭 방식

2) 하향 절삭(내려 깎기) : 밀링커터의 회전방향과 같은 방향으로 공작물에 이송을 주는 절삭 방식

[표] 상향 절삭과 하향 절삭의 비교

	상 향 절 삭		하 향 절 삭
장점	• 칩이 커터에 의해 가공된 면에 떨어지므로 절삭을 방해하지 않는다. • 이송기구의 백래시(back lash)가 자연히 제거된다.	장점	• 공작물의 고정이 간편하다. • 날의 마멸이 적고 수명이 길다. • 동력 낭비가 적다. • 가공 면이 깨끗하다.
단점	• 공작물을 고정하여야 한다. • 날의 마멸이 심하고 수명이 짧다. • 동력낭비가 많다 • 가공 면이 깨끗하지 못하다.	단점	• 칩이 커터와 공작물 사이에 끼어 절삭을 방해한다. • 백래시가 커지고 공작물이 이송 방향으로 당겨지게 되어 진동을 일으켜 절삭 불능이 된다(백래시 제거장치가 필요).

(2) 밀링의 안전 작업 수칙

1) 테이블 위에 공구나 기타 물건 등을 올려놓지 않을 것.
2) 상하 좌우 이송 장치의 핸들(손잡이)은 사용 후 반드시 풀어 둘 것.
3) 장갑의 사용을 금할 것.
4) 칩의 제거는 반드시 브러시를 사용할 것(걸레 사용 금지).
5) 일감을 풀거나 고정할 때와 측정 시에는 반드시 운전을 정지시킬 것.
6) 가공중에 손으로 가공면을 점검하지 않을 것
7) 강력 절삭을 할 때는 일감을 바이스에 깊게 물릴 것
8) 가동중에 기계를 변속시키지 않을 것
9) 밀링 칩은 공작기계 중 가장 가늘고 예리하므로 비산에 의한 부상을 방지하기 위해 보안경을 착용할 것.
10) 아버 너트(arber nut : 고정 너트의 압력으로 축심에 정확히 직각으로 고정해주는 역할을 함)는 너무 힘껏 조이지 않도록 할 것.

[4] 평삭가공

(1) 세이퍼(shaper)

1) 세이퍼는 일명 형삭기라 하며 소형공작물의 평면이나 홈 등을 가공하는 기계
2) 세이퍼의 안전장치 : 칩 받이, 방책, 칸막이
3) 세이퍼 작업시 위험요인 : 공작물 이탈, 가공칩의 비산, 램(ram)말단부 충돌
4) 세이퍼의 안전작업 수칙
   ① 시동 전에 행정 조절용 핸들을 빼놓을 것.

② 바이트는 잘 갈아서 사용할 것이며, 가급적 짧게 물릴 것
③ 반드시 재질에 따라서 절삭 속도를 정할 것.
④ 램은 필요이상 긴 행정으로 하지 말고 일감에 알맞은 행정으로 조정할 것.
⑤ 일감을 견고하게 물릴 것.
⑥ 시동 전에 기계의 점검 및 주유를 할 것(운전 중 급유 금지).
⑦ 작업 중에는 바이트의 운동 방향에 서지 말 것.

(2) 플레이너(planer)

1) 플레이너는 일명 평삭기라 하며 공작물의 수평면, 수직면, 경사면, 홈 곡면 등을 절삭하는 기계로 대형 공작물을 가공하는데 이용한다.
2) 탑승의 금지 : 운전 중인 평삭기 테이블 또는 수직선반 등의 테이블에는 근로자를 탑승시키지 않을 것. 다만 탑승한 근로자 또는 배치된 근로자가 즉시 기계를 정지시킬 수 있을 경우는 제외
3) 플레이너의 안전 작업수칙
   ① 바이트는 되도록 짧게 설치할 것.
   ② 이동 테이블에는 방호울을 설치할 것.
   ③ 프레임 내의 피트(pit)에는 뚜껑을 설치할 것.
   ④ 반드시 스위치를 끄고 일감의 고정작업을 할 것
   ⑤ 압판이 수평이 되도록 고정시킬 것
   ⑥ 압판은 죄는 힘에 의해 휘어지지 않도록 충분히 두꺼운 것을 사용할 것

[5] 연삭기(grinder)

(1) 연삭숫돌의 원주 속도(회전속도)

$$V = \pi DN (\text{mm/min}) = \frac{\pi DN}{1,000} (\text{m/min})$$

여기서, V : 회전속도(m/min)
D : 숫돌의 지름(mm)
N : 회전수(rpm)

(2) 연삭기숫돌의 파괴원인

1) 숫돌의 회전 속도가 너무 빠를 때
2) 숫돌 자체에 균열이 있을 때
3) 숫돌의 측면을 사용하여 작업을 할 때
4) 숫돌에 과대한 충격을 가할 때
5) 숫돌의 불균형이나 베어링 마모에 의한 진동이 있을 때
6) 숫돌의 치수가 부적당할 때

7) 숫돌 반경 방향의 온도변화가 심할 때
8) 작업에 부적당한 숫돌을 사용할 때
9) 플랜지가 숫돌에 비해 현저히 작을 때(플랜지 직경＝숫돌직경×1/3 이상)

(3) 연삭기 구조면에 있어서의 안전대책

1) **연삭숫돌의 덮개** : 회전중인 연삭숫돌(직경 5cm 이상일 것)에는 덮개를 설치할 것.
2) 칩 비산 방지 투명판(shield), 국소배기장치를 설치할 것
3) 탁상용 연삭기는 작업받침대와 조정편을 설치할 것
   ① 작업받침대와 숫돌과의 간격 : 3mm 이내
   ② 덮개의 조정편과 숫돌과의 간격 : 5~10mm 이내
   ③ 작업받침대의 높이 : 숫돌의 중심과 거의 같은 높이로 고정
4) 숫돌의 구멍지름은 연삭기 주축의 지름보다 0.05~0.15mm 정도 큰 것을 사용할 것

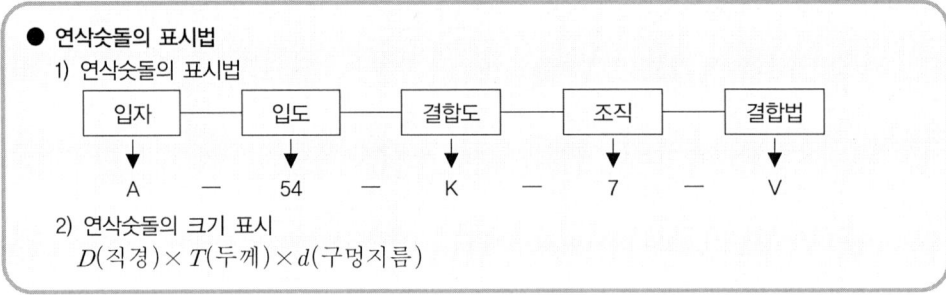

● **연삭숫돌의 표시법**
1) 연삭숫돌의 표시법

입자	입도	결합도	조직	결합법
A	54	K	7	V

2) 연삭숫돌의 크기 표시
   $D(직경) \times T(두께) \times d(구멍지름)$

(4) 연삭기 덮개방호장치의 설치방법

1) 탁상용 연삭기의 덮개
   ① 덮개의 최대노출각도 : 90° 이내(원주의 1/4 이내)

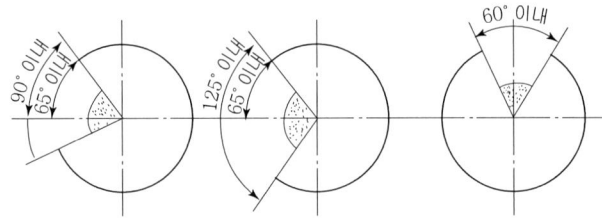

그림 탁상용 연삭기의 덮개노출각도

   ② 숫돌 주축에서 수평면 위로 이루는 원주각도 : 65° 이내
   ③ 수평면 이하의 부문에서 연삭할 경우 : 125°까지 증가
   ④ 숫돌의 상부사용을 목적으로 할 경우 : 60° 이내

2) 원통 연삭기, 만능 연삭기의 덮개 : 덮개의 노출 각은 180°이내
3) 휴대용 연삭기, 스윙 연삭기의 덮개 : 덮개의 노출 각은 180°이내
4) 평면 연삭기, 절단 연삭기의 덮개 : 덮개의 노출 각은 150°이내

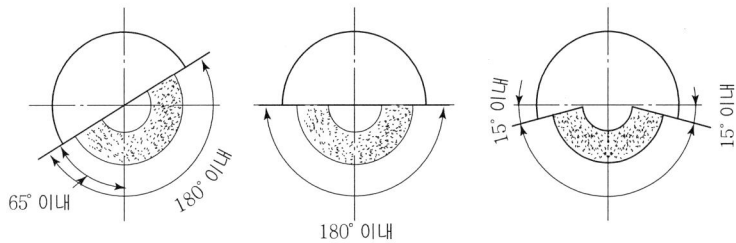

그림 연삭기 종류에 따른 덮개의 노출 각도

(5) 연삭기 작업시의 안전작업수칙

1) 작업시작 전에 1분 이상 시운전하고, 숫돌 교체 시는 3분 이상 시운전할 것
2) 연삭숫돌의 최고사용 원주 속도(회전속도)를 초과하여 사용하지 말 것
3) 숫돌차의 정면에 서지 말고 측면으로 비켜서 작업할 것
4) 연삭숫돌은 제조 후 사용속도의 1.5배로 안전시험을 할 것
5) 손으로 쥘 수 있는 부분이 30mm 이하인 것은 연삭기로 작업하기가 위험하므로 주의할 것
6) 연삭기의 숫돌차가 가장 많이 파열되는 순간은 스위치를 넣는 순간이므로 주의를 요할 것
7) 숫돌차의 파열은 과대한 회전수가 주요원인이므로 월 1회 정도 정기점검을 할 것

(6) 연삭기의 진동원인

1) 전동기 베어링이 마모되어 있을 경우
2) 숫돌차의 구멍이 축 지름보다 너무 클 경우
3) 숫돌차의 외주와 구멍이 동심이 아닐 경우

(7) 글레이징 현상

1) 글레이징(glazing, 무딤) : 탁상용 연삭숫돌에 결합도가 높아 무디어진 입자가 탈락하지 않아 절삭이 어렵고 일감을 상하게 하고 표면이 변질되는 현상(숫돌의 입자가 탈락하지 않고 마멸에 의해서 납작하게 된 상태)
2) 결합도가 높거나 원주속도(연삭속도)가 클 경우에 또는 연삭 깊이가 클 때 글레이징을 일으키기 쉽다.

[6] 목재가공용 둥근톱기계

(1) 둥근톱기계의 방호장치

1) 톱날접촉예방장치(보호덮개)
2) 반발예방장치 : 분할날, 반발방지기구(finger), 반발방지롤(roll) 등

(2) 톱날접촉예방장치

1) 고정식 접촉예방장치(접촉예방장치는 박판으로 동일폭 다량 절삭용으로 적합)
   ① 덮개 하단과 테이블 사이의 높이 : 25mm 이내로 할 것
   ② 덮개 하단과 가공재 상면의 간격 : 조절나사를 통하여 항상 8mm 이하로 해둘 것.
2) 가동식 접촉 예방장치(후판으로 소량 다품종 생산용에 적합) : 가공재의 절단에 필요한 날 부분 이외의 날은 항상 자동적으로 덮을 수 있는 구조

(3) 반발예방장치

1) 분할날
   ① 분할날은 표준 테이블 상의 톱날 후면 날(톱날 전체 길이의 1/4)의 2/3 이상을 덮고, 톱날과의 간격은 12mm 이내가 되도록 설치할 것.

   $$\text{분할날의 최소길이}(l) = \pi D \times \frac{1}{4} \times \frac{2}{3}$$

   ② 분할날의 두께 : 톱날 두께의 1.1배 이상이고 톱날의 치진폭 이하로 할 것.
   $$1.1\, t_1 \leq t_2 < b$$
   여기서, t_1 : 톱의 두께
   t_2 : 분할날의 두께
   b : 치진폭

2) 반발방지기구(finger) : 일명 반발방지 발톱이라고도 하며, 목재 송급 쪽에 설치하여 가공재의 반발을 방지하는 방호장치.
3) 반발방지 롤러 : 가공재가 톱의 후면 날 쪽에서 떠오르는 것을 방지하는 방호장치
4) 반발방지기구 및 반발방지 롤러는 항상 가공재의 상면에 밀착시 효과가 있으며 톱의 직경이 405mm를 넘는 둥근 톱에는 사용하지 않음

(4) 둥근톱기계의 안전작업수칙

1) 공회전을 시켜 이상 유무를 확인할 것.
2) 작업 중에 톱날 회전 방향의 정면에 서지 말 것.
3) 보안경, 안전모, 안전화를 착용할 것.
4) 장갑을 끼지 않을 것.

5) 두께가 얇은 물건의 가공은 압목이나 기타 적당한 도구를 사용할 것.

[7] 동력식 수동 대패기계 및 기타 목재가공용 기계의 안전

(1) 동력식 수동 대패기계의 방호장치 : 날접촉예방장치(덮개)

(2) 목재 가공용기계의 안전

1) 목공 작업시 목공 날의 방향 : 작업자와 반대 방향이 안전
2) 기계대패 작업시 가장 위험한 경우 : 작업이 거의 끝날 때
3) 띠톱기계의 방호장치
   ① 목재가공용 띠톱기계 : 스파이크가 부착되어 있는 이송 롤러기 또는 요철형 이송롤러기에는 날접촉예방장치 또는 덮개를 설치할 것(급정지장치 설치 시 제외).
   ② 목재가공용 이외의 띠톱기계 : 톱날 부의에 덮개 또는 울을 설치할 것.
4) 모떼기 기계의 방호장치 : 날접촉예방장치
5) 금속절단용 원형 톱 기계의 방호장치 : 톱날접촉예방장치

[8] 수공구의 안전작업수칙

(1) 해머(hammer)의 안전작업수칙

1) 장갑을 끼지 않을 것
2) 작업 중 해머 상태를 확인할 것.
3) 해머는 처음부터 힘을 주어 치지 말 것.
4) 보안경을 착용할 것.
5) 공동 작업 시는 호흡을 맞출 것.

(2) 정의 안전작업수칙

1) 보안경을 착용할 것
2) 정으로 담금질 된 재료를 가공하지 말 것
3) 자르기 시작할 때와 끝날 무렵에는 세게 치지 말 것.
4) 철강재를 정으로 절단할 때에는 철편이 날아 튀는 것에 주의할 것.

❷ 소성 가공기계의 안전

[1] 소성가공

(1) 소성변형 및 소성가공

1) 소성변형 : 재료에 외력을 가하면 변형을 일으키게 되고 힘을 제거하여도 원형으로 완전히 복귀하지 않고 변형이 남게 되는데 이런 상태의 변형을 소성변형이라 한다.
2) 소성가공 : 재료에 소성변형을 발생시켜 목적하는 형상치수로 성형 또는 절단하는 것을 소성가공이라 한다.

(2) 소성가공의 종류

1) 단조가공 : 보통 가열시킨 상태에서 재료를 단조기계나 해머로 두들겨 성형하는 가공 (자유단조와 형단조)
2) 압연가공 : 열간 또는 냉간으로 재료를 회전하는 두개의 롤러 사이에 통과시키면서 소정의 제품을 만드는 가공
3) 인발가공 : 봉이나 파이프(관)을 다이(die)에 넣고 축 방향으로 통과시켜 일감을 잡아 당겨 바깥지름을 줄이고 길이 방향으로 늘리는 가공
4) 기타 압축가공, 판금가공, 제관가공, 전조가공 등이 있다.

[2] 프레스 및 전단기 안전

(1) 동력프레스기에 대한 안전대책

1) no-hand in die 방식 : 작업자의 손을 금형 사이에 집어넣을 필요가 없는 방식(본질 안전화 대책)
    ① 안전울을 부착한 프레스 : 작업을 위한 개구부를 제외하고 다른 틈새는 8mm 이하
    ② 안전금형을 부착한 프레스 : 상형과 하형의 틈새 및 가이드 포스트와 부시와의 틈새는 8mm 이하
    ③ 전용 프레스의 도입 : 작업자의 손을 금형 사이에 넣을 필요가 없도록 한 프레스
    ④ 자동 프레스의 도입 : 자동 송급장치 및 배출장치를 부착한 프레스
2) hand-in die 방식 : 작업자의 손이 금형사이로 들어가야만 되는 방식으로 방호장치를 설치하여야 한다.
    ① 프레스기의 종류, 압력능력, 매분 행정수, 행정의 길이 및 작업 방법에 상응하는 방호장치 : 가드식 방호장치, 손쳐내기식 방호장치, 수인식 방호장치
    ② 프레스기의 정지 성능에 상응하는 방호장치 : 양수조작식 방호장치, 감응식 방호장치

(2) 프레스 기의 방호장치

1) 프레스기의 행정길이에 따른 방호장치

구 분	방 호 장 치
• 1행정1정지식(크랭크 프레스)	양수조작식, 게이트 가드식,
• 행정길이(stroke)가 40mm 이상인 프레스	손쳐내기, 수인식
• 슬라이드 작동 중 정지 가능한 구조(마찰 프레스)	감응식(광전자식)

2) 급정지기구에 따른 방호장치
   ① 급정지기구가 부착되어 있어야만 유효한 방호장치(마찰식 클러치 부착 프레스)
      ㉠ 양수조작식 방호장치
      ㉡ 감응식 방호장치
   ② 급정지기구가 부착되어 있지 않아도 유효한 방호장치(확동식 클러치 부착 프레스)
      ㉠ 양수기동식 방호장치
      ㉡ 게이트 가드식 방호장치
      ㉢ 수인식 방호장치
      ㉣ 손쳐내기식 방호장치

(3) 양수조작식 방호장치

1) 작동 개요 : 누름단추를 양손으로 동시에 조작하지 않으면 슬라이드가 작동하지 않는 구조의 방호장치(기동 스위치를 활용한 안전장치)

2) 설치방법
   ① 반드시 양손을 사용하여 작동하도록 설치할 것
   ② 누름 버튼 또는 조작레버의 간격을 300mm 이상으로 할 것.
   ③ 안전거리(설치거리 : cm)
      ㉠ 안전거리(cm) = 160×프레스 작동 후 작업점까지의 도달 시간(S)
      ㉡ $D = 1.6(T_L + T_S)$

      여기서, D : 안전거리(mm)
      T_L : 누름단추에서 손이 떨어질 때부터 급정지기구가 작동을 개시할 때까지의 시간(ms)
      T_S : 급정지기구의 작동개시 후부터 슬라이드가 정지할 때까지의 시간(ms)
      $(T_L + T_S)$: 최대정지시간

④ 양수기동식의 안전거리

㉠ $Dm = 1.6Tm$

여기서, Dm : 안전거리(mm)
Tm : 누름단추를 누르기 시작할 때부터 슬라이드가 하사점에 도달할 때까지의 소요시간(ms)

㉡ $Tm = \left(\dfrac{1}{\text{클러치물림개소수}} + \dfrac{1}{2}\right) \times \dfrac{60,000}{\text{매분행정수}}$ (ms)

3) 장점 및 단점

장 점	단 점
1. 행정수가 빠른 기계에 사용할 수 있다 2. 다른 안전장치와 병행하는 것이 좋다. 3. 반드시 양손을 사용하므로 완전 방호가 가능하다.	1. 행정수가 느린 기계에는 사용이 불가능하다 (90spm). 2. 일행정일정지 기구에만 사용할 수 있다. 3. 기계적 고장에 의한 2차 낙하에는 효과가 없다.

(4) 게이트 가드식 방호장치

1) 작동 개요 : 슬라이드의 작동 중에 열 수 없는 구조의 방호장치로 핸드인 다이(hand in die)방식 중 가장 안전한 방호장치

2) 설치 방법
  ① 게이트가 위험 부위를 차단하지 않으면 작동되지 않도록 확실하게 인터록 (interlock : 연동) 되어 있을 것
  ② 게이트는 5mm 이상의 두께를 갖는 투명 플라스틱판을 사용할 것

3) 장점 및 단점

장 점	단 점
1. 완전방호가 가능하다. 2. 금형파손에 의한 파편으로부터 작업자를 보호한다.	1. 금형의 크기에 따라 가드를 선택하여야 한다. 2. 금형교환 빈도수가 적은 기계에 사용이 가능하다.

(5) 수인식 방호장치

1) 작동 개요 : 작업자의 손과 수인기구가 슬라이드와 직결되어 프레스기의 작동에 따라 작업자의 손을 위험 구역 밖으로 끌어내는 작용을 하는 방호장치(확동식 클러치 방식에 적합)

2) 설치 방법
  ① 손을 당겨내는 수인줄을 작업자에 따라 조정할 것.
  ② 행정수를 보통 120spm 이하, 행정 길이는 40mm 이상일 경우에 사용할 것
  ③ 수인줄의 재질은 합성 섬유로 하고 절단 하중 150kg에 견디는 직경 4mm 이상의

로프를 사용할 것.
④ 수인줄의 끄는 양은 정반 안 길이의 1/2 이상일 것
⑤ 수인줄과 연결부는 50kg 이상의 정하중에 견딜 것.

3) 장점 및 단점

장 점	단 점
1. 슬라이드의 2차 낙하에도 재해방지가 가능하다. 2. 끈의 길이를 적절히 조절하게 되면 수공구를 사용할 필요가 없다. 3. 설치가 용이 하다. 4. 경제적이다.	1. 작업 반경 제한으로 행동의 제약을 받는다. 2. 작업자를 구속하여 사용을 기피한다. 3. 작업의 변경시 마다 조정이 필요하다. 4. 스트로크가 짧은 프레스는 되돌리기가 불충분하다(40mm 미만).

(6) 손쳐내기식(제수형)방호장치

1) 작동 개요 : 손쳐내는 기구(제수봉)가 슬라이드와 직결되어 슬라이드 하강에 의해 위험 구역 내에 있는 작업자의 손을 우에서 좌로 또는 좌에서 우로 쳐내어 방호하는 장치(소형 프레스기에 적합)

2) 설치 방법
① 손쳐내기 판의 폭은 금형 크기의 1/2 이상일 것(단, 행정이 300mm 이상의 프레스는 손쳐내기 판의 폭을 300mm로 할 것).
② 슬라이드 하행정거리의 3/4 위치에서 손을 완전히 밀어낼 것.

3) 장점 및 단점

장 점	단 점
1. 기계적인 고상에 의한 슬라이드의 2차 낙하에도 재해방지가 가능하다. 2. 설치 및 수리·보수가 용이하다. 3. 경제적이다	1. 측면 방호기 불가능하고, 스트로크의 끝에서 방호가 불충분하다. 2. 작업자의 정신 집중에 혼란이 생긴다. 3. 행정수가 빠른 기계에 사용이 곤란하다(120spm).

(7) 감응식 방호장치

1) 작동 개요 : 검출 기구(센서)에 의해 작업자의 손이나 신체의 접촉을 검출하여 제어회로를 통해서 안전 작동하는 방호장치
① 광선식, 초음파식, 용량식이 있다.
② 슬라이드가 작동중 정지 가능한 구조의 마찰 프레스 등에 적합
③ 광선식은 확동식 클러치(positive clutch) 부착의 크랭크 프레스에는 부적합

2) 설치 방법
    ① 광축의 설치거리
        설치거리(mm) = 1.6 $(T_L + T_S)$
            여기서, $T_L + T_S$: 최대정지시간(급정지시간)

    ② 광축의 수는 2개 이상으로 하고, 광축 간의 간격은 50mm 이하일 것
    ③ 투·수광기의 사이에 연속차광을 할 수 있는 차광폭은 30mm 이하일 것.
    ④ 지동 시간(차광상태를 검출하여 슬라이드에 정지 신호를 발할 때까지의 전기적 동작시간)은 30ms 이하, 급정지시간은 300ms 이하일 것.

3) 장점 및 단점

장 점	단 점
1. 시계를 차단하지 않아서 작업에 지장을 주지 않는다. 2. 연속 운전작업에 사용할 수 있다.	1. 작업 중에 진동에 의해 위치 변동이 생길 우려가 있다. 2. 기계적 고장에 의한 2차 낙하에는 효과가 없다 3. 설치가 어렵고, 핀 클러치 방식에는 사용할 수 없다.

(8) 프레스 및 전단기의 안전 대책

1) 프레스 및 전단기의 작업 시작 전 점검사항
    ① 클러치 및 브레이크의 기능
    ② 크랭크축, 플라이휠, 슬라이드, 연결봉 및 연결 나사의 볼트의 풀림 유무
    ③ 1행정 1정지 기구·급정지 장치 및 비상정지 장치의 기능
    ④ 슬라이드 또는 칼날에 의한 위험방지기구의 기능
    ⑤ 프레스의 금형 및 고정 볼트 상태
    ⑥ 해당 방호장치의 기능점검
    ⑦ 전단기의 칼날 및 테이블의 상태

2) 프레스기의 안전작업수칙
    ① 장갑을 끼고 작업하지 말 것.
    ② 금형(金型)의 설치나 조정을 할 때는 반드시 동력을 끊고 페달의 방호장치를 해 놓은 다음 설치할 것.
    ③ 정지시에는 스위치를 반드시 끌것
    ④ 손질 및 급유를 할 때는 반드시 기계를 멈출 것.
    ⑤ 작업 시작 전에 한번 공회전시켜 클러치의 상태, 스프링 및 브레이크의 안전도를 점검할 것.
    ⑥ 형틀 주위의 방책망이나 페달에 씌워진 안전장치를 함부로 제거하지 말 것

⑦ 공동작업을 할 때는 페달을 밟는 사람을 정해 놓고 서로 신호를 정확하게 지킬 것.

⑧ 페달은 U자형의 이중상자로 덮고 연속작업 외에는 1회전마다 페달을 빼서 상자위에 놓을 것

3) 프레스기와 관련된 기타 안전 사항

① 100ton 이하의 프레스 재해 다발 요인 : 클러치(clutch) 이상
② 프레스기에서 가장 중요한 점검 부분 : 클러치의 이상유무
③ 슬라이드 불시 하강방지 조치 사항 : 안전블록 설치
④ 크랭크축 등의 회전수가 300rpm 이하의 크랭크 프레스 : 오버런 감시장치를 부착할 것.
⑤ 가공물과 스크랩(scrap)이 금형에 부착되는 것을 방지하기 위한 기구 : 스트리퍼, 노크아웃(Knock out)
⑥ 프레스기 페달에 U자형 덮개를 씌우는 이유 : 페달의 불시 작동으로 인한 사고 예방
⑦ 프레스 본체에 가드식, 양수조작식, 광선식 방호장치를 내장한 프레스 : 안전 프레스

[3] 금형의 안전화

(1) 금형의 위험방지 조치사항

1) 금형 사이에 신체 일부가 들어가지 않도록 할 것
   ① 금형에 안전울 설치
   ② 상하간의 틈새를 8mm 이하로 하여 손가락이 들어가지 않도록 할 것(펀치아 다이틈새, 스트리퍼와 다이틈새, 가이드 포스트와 가이드 부시틈새)
2) 금형사이에 손을 집어넣을 필요가 없도록 할 것
   ① 슬라이드 다이 사용
   ② 자동 송급·배출장치 사용

(2) 금형파손에 의한 위험방지 조치사항

1) 맞춤 핀 등은 낙하 방지 대책을 세울 것
2) 인서트 부품은 이탈방지대책을 세울 것
3) 캠 기타 충격이 반복해서 가해지는 부분에는 완충장치를 할 것.
4) 볼트 및 너트는 풀리지 않도록 록 너트, 키이, 용접 등의 방법으로 조치할 것.

[4] 롤러기(roller)

(1) 방호장치의 종류

1) 맞물림점에 가드 설치
2) 급정지장치 설치
3) 합판, 종이, 천 및 금속박 등을 통과시키는 롤러기의 위험부위에는 울 또는 안내 롤러 설치

(2) 급정지 장치의 종류 및 성능

1) 급정지 장치의 종류

급정지 장치 조작부의 종류	설치 위치
손조작 로프식	밑면에서 1.8m 이내
복부 조작식	밑면에서 0.8m 이상 1.1m 이내
무릎 조작식	밑면에서 0.6m 이내

2) 급정지 장치 설치

앞면 롤러의 표면속도(m/min)	급정지 거리
30 미만	앞면 롤러 원주의 1/3 이내
30 이상	앞면 롤러 원주의 1/2.5 이내

3) 롤러기의 표면속도(V)

$$V = \frac{\pi DN}{1,000} \text{ (m/min)}$$

여기서, V : 표면속도(m/min)
D : 롤러 원통직경(mm)
N : 회전수(rpm)

(3) 가드의 개구부 간격

1) 롤러 가드의 개구부 간격($X < 160$mm. 단, $X \geq 160$mm이면 $Y=30$)

① $Y = 6 + 0.15X$

여기서, X : 가드와 위험점 간의 거리(mm : 안전거리)
Y : 가드 개구부의 간격(mm : 안전간극)

② 위험점이 전동체인 경우 개구부 간격

$$Y = 6 + 1/10X \text{ (단, } X < 760\text{mm에서 유효)}$$

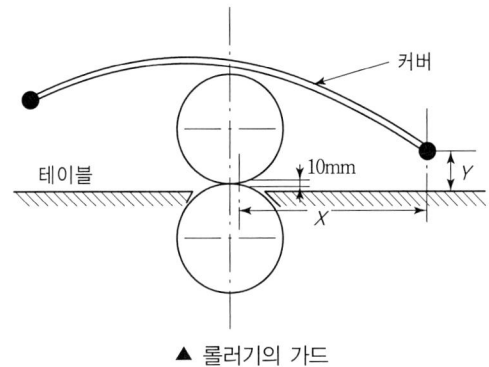

▲ 롤러기의 가드

2) 절단기 가드의 개구부 간격
$Y = 6 + 1/8X$

3) 방적기 및 제면기 가드의 개구부 간격
$Y = 6 + 1/10X$

(46) 롤러기의 안전작업 수칙

1) 청소, 주유, 수리 시는 정지 후 작업할 것
2) 가공물이 유해물인 경우 덮개를 설치할 것
3) 작업 시 장갑을 끼지 않을 것
4) 바닥에는 기름 등으로 인한 미끄럼이 없도록 할 것.

[5] 원심기와 방적기 및 제면기

(1) 원심기의 방호장치 등

1) 원심기의 방호장치 : 덮개설치
2) 운전의 정지 : 원심기로부터 내용물을 꺼내거나 원심기의 정비·청소·검사·수리 그 밖에 유사한 작업을 할 때는 그 기계의 운전을 정지하도록 할 것.

(2) 방적기 및 제면기의 방호장치 : 시건장치, 연동장치, 덮개 등.

❸ 용접장치의 안전

[1] 아세틸렌 용접장치 및 가스집합 용접장치의 방호장치

(1) 방호장치종류 : 안전기(가스의 역류 및 역화 방지 장치)

(2) 방호장치의 설치 기준 및 설치 방법

1) 저압용 수봉식 안전기
   ① 안전기의 주요 부분은 두께 2mm 이상의 강판 또는 강관을 사용할 것
   ② 유효수주는 25mm 이상으로 할 것
   ③ 아세틸렌과 접촉할 염려가 있는 부분(주요 부분은 제외)은 동(또는 동을 70%이상 함유한 합금)을 사용하지 않을 것.

> 아세틸렌은 동(Cu), 수은(Hg), 은(Ag)과 화학반응을 하여 아세틸리드의 폭발성 물질을 생성한다.

2) 중압용 수봉식 안전기
   ① 유효수주는 50mm 이상으로 할 것
   ② $5.5kg/cm^2$의 압력에 견디는 강도를 가지는 수면계, 들여다보는 창, 시험용 코크를 비치하고 있을 것.

3) 건식 안전기
   ① 우 회로식 건식 안전기 : 가스 역화시 연소파가 우회로를 통과 하고 있는 사이에 가스 통로를 폐쇄시켜 역화를 방지하는 방식
   ② 소결 금속식 안전기 : 소결 금속에 의해 역화 된 불꽃을 소화시키고, 역화 압력에 의해 폐쇄밸브가 스스로 가스 통로를 폐쇄시키는 방식

4) 안전기 설치방법(안전기 설치장소 : 흡입관)
   ① 아세틸렌 용접 장치 : 취관마다 안전기 설치(단, 주관 및 취관에 근접한 분기관마다 안전기 부착 시는 제외)
   ② 가스용기가 발생기와 분리되어 있는 아세틸렌 용접 장치 : 발생기와 가스 용기 사이에 안전기 설치
   ③ 가스집합 용접 장치 : 주관 및 분기관에 안전기 설치(이 경우 하나의 취관에는 2개 이상의 안전기 설치)

[2] 용접장치의 안전

(1) 아세틸렌 용접장치의 발생기 실 설치기준

1) 발생기실 설치장소
   ① 발생기는 전용의 발생기실에 설치할 것.
   ② 발생기실은 건물 최상층에 위치하여야 하며 화기사용 설비로부터 3m를 초과하는 장소에 설치할 것
   ③ 발생기실의 옥외 설치시는 개구부를 다른 건축물로부터 1.5m 이상 떨어지도록 할 것.

2) 발생기실의 구조
　① 벽은 불연성의 재료로 하고 철근콘크리트 또는 그 밖에 이와 동등 이상의 강도를 가진 구조로 할 것
　② 지붕 천정에는 얇은 철판이나 가벼운 불연성 재료를 사용할 것
　③ 바닥면적의 1/16 이상의 단면적을 가진 배기통을 옥상으로 돌출시키고 그 개구부를 창 또는 출입구로부터 1.5m 이상 떨어지도록 할 것
　④ 출입구의 문은 불연성 재료로 하고 두께 1.5mm 이상의 철판 기타 이와 동등 이상의 강도를 가진 구조로 할 것
　⑤ 벽과 발생기 사이에는 발생기의 조정 또는 카바이트 공급 등의 작업을 방해하지 아니하도록 간격을 확보할 것.

(2) 용접장치의 안전조치사항

1) 아세틸렌 용접장치 관리기준 : 금속의 용접, 용단, 가열 작업을 하는 경우 다음 사항을 준수할 것
　① 발생기의 종류, 형식, 제작업체명, 매시 평균가스 발생량 및 1회의 카바이트 송급량을 발생기실 내의 보기 쉬운 장소에 게시할 것
　② 발생기실에는 관계근로자 외에 자가 출입하는 것을 금지할 것.
　③ 발생기에서 5m 이내 또는 발생기실에서 3m 이내의 장소에서 흡연, 화기의 사용 또는 불꽃이 발생할 위험한 행위를 금지시킬 것.
　④ 도관에는 산소용과 아세틸렌용과의 혼동을 방지하기 위한 조치를 할 것.
　⑤ 아세틸렌 용접장치의 설치장소에는 적당한 소화설비를 갖출 것
　⑥ 이동시 아세틸렌 용접장치의 발생기는 고온의 장소, 통풍이나 환기가 불충분한 장소 또는 진동이 많은 장소 등에 설치하지 아니하도록 할 것.

2) 가스집합 용접장치의 관리기준 : 다음 사항을 준수 할 것
　① 사용하는 가스의 명칭 및 최대가스 저장량을 가스 장치실의 보기 쉬운 장소에 게시할 것.
　② 가스용기를 교환하는 때에는 관리감독자의 참여하에 할 것.
　③ 밸브·코크 등의 조작 및 점검요령을 가스장치실의 보기 쉬운 장소에 게시할 것.
　④ 가스장치실에는 관계근로자외의 자의 출입을 금지시킬 것.
　⑤ 가스집합장치로부터 5m이내의 장소에서는 흡연, 화기의 사용 또는 불꽃의 발할 우려가 있는 행위를 금지시킬 것.
　⑥ 도관에는 산소용과의 혼동을 방지하기 위한 조치를 할 것
　⑦ 가스집합장치의 설치장소에는 적당한 소화설비를 설치할 것
　⑧ 이동식 가스집합 용접장치의 가스집합장치는 고온의 장소, 통풍이나 환기가 불충

분한 장소 또는 진동이 많은 장소에 설치하지 아니하도록 할 것
⑨ 당해 작업을 행하는 근로자에게 보안경 및 안전장갑을 착용시킬 것

3) 가스집합장치의 위험방지조치사항
① 가스집합장치에 대하여는 화기를 사용하는 설비로부터 5m 떨어진 장소에 설치할 것.
② 가스집합장치를 설치할 때에는 전용의 방(가스 장치실)에 설치할 것.
③ 가스장치실의 벽과 가스집합장치 사이에는 당해장치의 취급가스 용기의 교환작업에 필요한 충분한 간격을 확보하도록 할 것.

4) 가스장치실의 구조
① 가스가 누출된 경우에는 그 가스가 정체되지 않도록 할 것
② 지붕과 천장에는 가벼운 불연성 재료를 사용할 것
③ 벽에는 불연성 재료를 사용할 것

(3) 용접 작업시 안전작업수칙

1) 작업전에 안전기와 산소조정기의 상태를 점검할 것.
2) 토오치의 점화는 조정기의 압력을 조정하고, 먼저 아세틸렌 밸브를 연 다음 산소밸브를 열어 점화 시키고, 작업 후에는 산소밸브를 먼저 닫고 아세틸렌 밸브를 닫을 것.
3) 산소용 호스는 흑색, 아세틸렌용 호스는 적색 등, 색으로 구별된 것을 사용할 것(용기 색깔 : 아세틸린용은 황색, 산소용은 녹색).
4) 용접시 사용되는 가스용기와 가연성 가스 탱크와의 거리는 30m 이상, 가스용기와 화기와의 거리는 5m 이상을 유지할 것.
5) 용기 저장소의 온도는 40℃ 이하를 유지할 것.
6) 아세틸렌은 127kPa(1.3kg/cm^2) 이상의 압력으로 사용하지 말 것.
   주 $1\,kg/cm^2 = 9.8 \times 10^4\,Pa$(파스칼), $1\,kPa$(킬로파스칼)$=1,000\,Pa$
7) 아세틸렌용 배관은 상용압력 1.5배의 수압 테스트와 1.1배의 압력에서 기밀시험을 할 것.
8) 토오치 팁의 청소용구는 줄이나 팁 클리이너를 사용할 것.

(4) 용접 장치의 역화원인 및 역화시 조치사항

1) 아세틸렌 용접장치의 역화원인
   ① 과열 되었을 경우
   ② 산소공급이 과다할 경우
   ③ 입력조정기 고장
   ④ 토오치의 성능이 좋지 않을 경우
   ⑤ 토오치 팁에 이물질이 묻었을 경우

2) 아세틸렌 용접장치의 역화 시 조치사항 : 산소밸브를 먼저 잠그고 아세틸렌 밸브를 나중에 잠글 것.

(5) 금속의 용접, 용단 또는 가열에 사용되는 가스 등의 용기 취급 시 준수사항

1) 다음 장소에서 사용하거나 당해 장소에 설치·저장 또는 방치하지 아니하도록 할 것
   ① 통풍 또는 환기가 불충분한 장소
   ② 화기를 사용하는 장소 및 그 부근
   ③ 위험물, 화약류 또는 가연성 물질을 취급하는 장소 및 그 부근
2) 용기의 온도를 40℃ 이하로 유지할 것
3) 전도의 위험이 없도록 할 것
4) 충격을 가하지 아니하도록 할 것
5) 운반할 때에는 캡을 씌울 것
6) 사용할 때에는 용기와 마개에 부착되어 있는 유류 및 먼지를 제거할 것
7) 밸브의 개폐는 서서히 할 것
8) 사용 전 또는 사용 중인 용기와 그 외의 용기를 명확히 구별하여 보관할 것
9) 용해 아세틸렌의 용기를 세워 둘 것
10) 용기의 부식·마모 또는 변형 상태를 점검한 후 사용할 것.

3. 산업용 기계안전기술

❶ 보일러 안전

[1] 보일러 취급시 이상현상

(1) 이상 연소

1) 이상연소의 발생원인
   ① 연료와 공기의 혼합비가 부적합할 때
   ② 수분이 많이 함유된 연료를 사용할 때
   ③ 연료에 굴곡부와 같은 포켓이 있을 때
   ④ 통풍량이 불량할 때

2) 이상 연소 시 조치사항
   ① 수분이 적은 연료 사용
   ② 연소실과 연도의 개선
   ③ 연소실내의 급격연소
   ④ 2차 공기량 및 통풍량 조절

(2) 프라이밍(priming) 및 포오밍(foaming)

1) 프라이밍(비수공발) : 보일러의 급격한 부하, 급격한 압력강하, 고수위 등에 의해 물방울 혹은 물거품이 수면위로 튀어 올라 관 밖으로 운반되는 현상
2) 포오밍(거품의 발생) : 보일러 관수 중의 용존 고형물, 유지분에 의하여 수면위에 거품이 발생하고 심하면 보일러 밖으로 흘러넘치는 현상
3) 프라이밍과 포오밍의 발생원인
   ① 고수위인 경우
   ② 부유물, 유지분이 많이 함유되었을 경우나 보일러 수가 농축된 경우
   ③ 증기 부하가 과대한 경우
   ④ 증기 밸브를 급격히 개방한 경우

⑤ 증기부보다 수부가 큰 경우
⑥ 기수 분리 장치가 불완전한 경우

(3) 캐리오버(carry over; 기수공발) : 물 속에 용해되어 있는 고형분이나 수분이 증기의 흐름에 따라서 발생증기 속으로 운반되어 나오게 되는 현상.

(4) 수격작용

1) 수격작용(water hammering) : 관내의 유동, 밸브의 급격한 개폐 등에 의해 압력파가 생겨 불규칙한 유체 흐름이 생성되어 관벽을 치는 현상
2) 수격작용의 방지법
① 관내의 유속을 낮출 것(관의 직경을 크게 할 것)
② 펌프에 플라이휠(fly wheel)을 설치하여 정전시에 속도가 급격히 변화하는 것을 막을 것
③ 완폐 체크 밸브를 토출구에 설치할 것.
④ 자동 수압 조정밸브를 설치할 것

[2] 보일러의 사고원인 및 대책

(1) 보일러의 부식 원인

1) 급수에 유해한 불순물이 혼입되었을 경우
2) 급수처리를 하지 않은 물을 사용하였을 경우
3) 불순물을 사용하여 수관이 부식되었을 경우

(2) 보일러의 과열 원인

1) 과열원인
  ① 수관 및 몸체의 청소 불량
  ② 관수를 감소시키고 빈 통에 불을 땔 때
  ③ 수면계의 고장으로 드럼내의 물의 감소
2) 보일러에 스케일 및 슬러지 부착시 악영향 : 국부과열 현상 발생

(3) 보일러의 파열 및 폭발 원인

1) 규정 압력 이상 상승에 의한 파열원인
  ① 안전장치의 미부착
  ② 안전장치의 불확실한 작동(안전장치의 능력 부족)
2) 최고 사용 압력 이하에서 파열하는 원인
  ① 구조상의 결함(설계착오, 능력부족)

② 보일러 부품의 부식
③ 과열

3) 보일러의 압력 상승원인
① 압력계의 고장(압력계의 기능 불완전)
② 안전밸브 기능의 부정확
③ 압력계의 눈금을 잘못 읽거나 감시 소홀

4) 보일러 폭발
① 보일러 폭발의 주요원인 : 급수 불량에 의한 저수위
② 과잉 증기압력에 의한 보일러 폭발의 주원인 : 안전장치 결함
③ 저수위 보일러 속에 급속하게 급수할 경우의 폭발 원인 : 급격 수축 때문
④ 보일러 수의 저수위 방지 대책 : 자동 급수 제어장치 점검철저

(4) 보일러의 이상감수의 발생원인

1) 급수 장치 및 수면계 (액면계)의 고장
2) 급수관의 스케일 및 이물질 축적
3) 분출 밸브 등에 의한 누수

[3] 보일러의 방호장치 및 안전작업수칙

(1) 방호장치의 종류

1) 압력방출장치
2) 압력제한스위치
3) 고저수위 조절장치
4) 기타 도피밸브, 가용전, 방폭문, 화염 검출기 등

(2) 압력방출장치(안전밸브)

1) 압력방출장치 : 최고사용압력(증기압력) 이하에서 자동적으로 밸브가 열려서 증기를 외부로 분출시켜 증기 상승압력을 방지하는 장치

2) 압력방출장치의 설치기준(안전보건규칙 제116조)
① 보일러의 안전한 가동을 위하여 보일러 규격에 적합한 압력방출장치를 1개 또는 2개 이상 설치하고 최고사용압력(설계압력 또는 최고허용압력) 이하에서 작동되도록 할 것. 다만, 압력 방출장치가 2개 이상 설치된 경우에는 최고사용압력 이하에서 1개가 작동되고, 다른 압력방출장치는 최고사용압력 1.05배 이하에서 작동되도록 부착할 것
② 압력방출장치는 1년에 1회 이상 국가교정기관에서 교정을 받은 압력계를 이용하여 설정압력에서 압력방출장치가 적정하게 작동하는지를 검사한 후 납으로 봉인하여

사용하도록 할 것(단, 공정안전보고서 이행상태 평가결과가 우수한 사업장은 4년에 1회 이상 검사)

(3) 압력제한스위치

1) 압력제한스위치 : 상용압력 이상으로 압력 상승 시 보일러의 과열 방지를 위해 버너의 연소차단 등 열원을 제거하여 정상 압력으로 유도하는 장치
2) 고압용은 브르돈관식, 저압용은 벨로우즈식 사용

(4) 고저수위 조절장치
보일러 내의 수위가 최저 또는 최고한계에 도달하였을 경우, 자동적으로 경보를 발하는 동시에 단수 또는 급수에 의해 수위를 조절하는 장치

❷ 압력용기 및 공기압축기 안전

[1] 압력용기안전

(1) 압력용기의 정의 및 종류(안전검사고시 : 고용노동부고시 제2019-16호)

1) 압력용기(pressure vessel) : 용기의 내면 또는 외면에서 일정한 유체의 압력을 받는 밀폐된 용기를 말한다.
2) 압력용기의 종류

갑종 압력용기	① 설계압력이 게이지 압력으로 0.2MPa(2kgf/cm²)을 초과하는 화학공정 유체취급 용기 ② 설계압력이 게이지 압력으로 1MPa(10kgf/cm²)을 초과하는 공기 및 질소 취급 용기
을종 압력용기	• 갑종 압력용기 이외의 용기

(2) 압력용기의 방호장치

1) 회전부위에 덮개 또는 울 설치
2) 압력방출장치 설치

(3) 압력용기에 설치하는 압력방출장치의 설치기준

1) 압력용기 등에 과압으로 인한 폭발을 방지하기 위하여 압력방출장치를 설치할 것.
2) 다단형 압축기 또는 직렬로 접속된 공기압축기에는 과압방지 압력방출장치를 각단마다 설치하도록 할 것.
3) 압력방출장치는 압력용기의 최고사용압력 이전에 작동되도록 설정할 것
4) 압력방출장치 등을 설치한 후에는 1일 1회 이상 작동시험을 하는 등 성능이 유지될 수 있도록 항상 점검·보수하도록 할 것.
5) 압력방출장치는 1년에 1회 이상 표준 압력계를 이용하여 토출압력을 시험한 후 납으

로 봉인하여 사용하도록 할 것
6) 운전자가 토출압력을 임의로 조정하기 위하여 납으로 봉인된 압력방출장치를 해체하거나 조정할 수 없도록 조치할 것.

[2] 공기압축기의 안전

(1) 공기압축기의 일반적 주의사항

1) 무 급유 밸브를 사용할 것
2) 실린더의 급유에는 양질의 광유를 사용하도록 할 것
3) 시동시에는 무부하 기동을 위하여 토출지변을 연 후 흡인지변을 약간 열었다 닫고 기동한 다음 정상회전 속도에 달하면 흡입지변을 서서히 열 것.
4) 에어탱크 최저부에는 배유장치를 할 것

(2) 공기압축기의 방호장치

1) 안전밸브 : 공기탱크의 파손, 전동기의 과부하 방지를 위한 방호장치
2) 역지밸브 : 공기탱크 내의 압축공기의 역류를 방지하는 방호장치
3) 언로우드 밸브 : 일정한 조건하에서 공기 압축기를 무부하로 하여 압력 상승을 방지하기 위해 사용되는 밸브
4) 릴리프 밸브(relief valve) : 공기탱크 내의 압력이 최고사용압력에 달하면 압송을 정지하고 소정의 압력까지 강하하면 다시 압송을 하여 공기탱크 내의 압력을 설정값 이하로 유지하는 압력제어밸브

(3) 공기압축기의 작업 시작 전 점검사항

1) 공기저장 압력용기의 외관상태
2) 드레인밸브의 조작 및 배수
3) 압력방출장치의 기능
4) 언로드밸브의 기능
5) 윤활유의 상태
6) 회전부의 덮개 또는 울
7) 그 밖의 연결부위의 이상 유무

❸ 산업용 로봇의 안전

[1] 산업용 로봇

(1) 산업용 로봇 : 인간의 팔에 해당하는 암(arm)인 매니플레이터(manipulator)에 의해 제조과정의 조립, 용접, 검사 기능 등을 수행하는 자동기계장치

1) 작동범위(가동범위) : 매니플레이터가 움직이는 영역
2) 위험범위 : 매니플레이터가 동작하여 사람과 접촉할 수 있는 범위

(2) 동작 형태에 의한 분류

1) 극좌표 : 팔의 자유도가 극좌표 형식인 매니플레이터
2) 직각좌표 : 팔의 자유도가 직각좌표 형식인 매니플레이터
3) 다관절 : 팔의 자유도가 주로 다관절인 매니플레이터(운동 방향이 넓고 용접, 도장, 조립 등 용도범위도 매우 넓다.)
4) 원통좌표 : 팔의 자유도가 주로 원통좌표 형식인 매니플레이터

(3) 입력 정보교시의 의한 분류

종 류	기 능
1. 매뉴얼 매니퓰레이션	인간이 조작하는 매니퓰레이터
2. 지능 로봇	감각기능 및 인식기능에 의해 행동결정을 할 수 있는 로봇
3. 감각제어 로봇	감각 정보를 가지고 동작의 제어를 행하는 로봇
4. 플레이백 로봇	인간이 매니퓰레이터를 움직여서 미리 작업을 실시함으로써 그 작업의 순서, 위치 및 기타의 정보를 기억시켜 이를 재생함으로써 그 작업을 되풀이할 수 있는 매니퓰레이터
5. 수치제어 로봇	순서, 위치 기타의 정보를 수치에 의해 지령받은 작업을 할 수 있는 매니퓰레이터
6. 적응제어 로봇	환경의 변화 등에 따라 제어 등의 특성을 필요로 하는 조건을 충족시키기 위하여 변화되는 적응 제어기능을 가지는 로봇
7. 학습제어 로봇	학습제어기능을 갖는 로봇으로 작업경험 등을 반영시켜 적절한 작업할 수 있는 로봇
8. 고정시퀀스 로봇	미리 설정된 순서와 조건 및 위치에 따라 동작의 각 단계를 차례로 거쳐나가는 매니퓰레이터이며 설정정보의 변경을 쉽게 할 수 없는 로봇
9. 가변 시퀀스 로봇	미리 설정된 순서와 조건 및 위치에 다라 동작의 각 단계를 차례로 거쳐나가는 매니퓰레이터로서 설정정보의 변경을 쉽게 할 수 있는 로봇

[2] 로봇의 운전 중 수리 등 작업 시의 위험방지 조치와 작업 시작전 점검사항

(1) 로봇의 운전 중 위험방지 조치사항 : 로봇의 접촉 우려가 있을 때는 안전매트 및 높이 1.8m 이상의 방책을 설치할 것

(2) 수리 등 작업 시의 위험방지 조치사항

1) 로봇의 작동 범위 내에서 로봇의 수리, 검사, 조정(교시 등에 해당하는 것 제외), 청소, 급유(이하 수리 등) 등의 작업 시에는 로봇의 운전을 정지할 것
2) 기동 스위치를 열쇠로 잠그고 열쇠를 별도로 관리할 것
3) 기동 스위치에 작업 중이라는 표지판을 부착할 것

(3) 로봇의 교시 등의 작업을 하는 경우 작업 시작 전 점검사항

1) 외부 전선의 피복 또는 외장 손상의 유무
2) 매니플레이터 작동의 이상유무
3) 제동장치 및 비상정지 장치의 기능

> 로봇의 교시 등 : 매니플레이터의 작동순서, 위치 및 속도의 설정·변경 또는 그 결과를 확인하는 것

4 운반기계 및 양중기의 안전

[1] 지게차(fork lift)의 안전

(1) 지게차가 갖추어야 할 사항

1) 전조등 및 후미등(안전 작업 수행을 위해 필요한 조명이 확보되어 있는 장소에서는 제외)
2) 헤드가드(지게차의 방호장치)
3) 백 레스트(후방에서 화물의 낙하함으로서 위험의 우려가 없을 때는 제외)

(2) 지게차의 안전성 : 지게차가 안정하려면 다음의 관계식을 유지하여야 한다.

$$W \cdot a < G \cdot b$$

여기서, W : 화물중량(kg)
G : 차량의 중량(kg)
a : 전차륜에서 화물의 중심까지의 최단거리(m)
b : 전차륜에서 차량의 중심까지의 최단거리(m)

M_1 : $W \times a$ … 화물의 모멘트
M_2 : $G \times b$ … 차의 모멘트

▲ 지게차의 안전성

(3) 지게차의 헤드가드

1) 강도는 지게차의 최대하중의 2배의 값(그 값이 4톤을 넘는 것에 대하여서는 4톤으로 함)의 등분포정하중에 견딜 수 있는 것일 것
2) 상부틀의 각 개구의 폭 또는 길이가 16cm 미만일 것
3) 운전자가 앉아서 조작하거나 서서 조작하는 지게차의 헤드 가드의 「산업표준화법」에 따른 한국산업표준에서 정하는 높이기준(입식 : 1.88m, 좌식 : 0.903m)이상일 것

(4) 지게차의 안정도

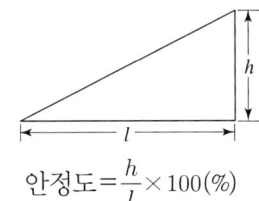

안정도 $= \dfrac{h}{l} \times 100(\%)$

1) 하역 작업 시
   ① 전후 안정도 : 4%(5톤 이상의 것은 3.5%)
   ② 좌우 안정도 : 6%
2) 주행시
   ① 전후 안정도 : 18%
   ② 좌우 안정도 : (15+1.1 V)%, V는 최고속도(km/hr)

(5) 지게차에 의한 운반안전작업수칙

1) 숙련된 담당자만 운전할 것
2) 급격한 후퇴, 전진은 피할 것
3) 정해진 하중이나 높이를 초과하는 적재를 하지 말 것
4) 견인 시는 반드시 견인봉을 사용할 것

[2] 컨베이어(conveyer)의 안전

(1) 컨베이어의 종류

1) 벨트 컨베이어 : 프레임의 양끝에 설치한 풀리에 벨트를 엔드리스(endless)로 감아 걸고 그 위에 화물을 싣고 운반하는 컨베이어로 특징은 다음과 같다
   ① 컨베이어 중 가장 널리 쓰인다.
   ② 연속적으로 물건을 운반할 수 있다.
   ③ 운반과 동시에 물건을 올리기도 내리기도 할 수 있다.

④ 무인화 작업이 가능하다.
⑤ 대용량의 운반수단에 이용된다.
⑥ 경사 각도가 30°이하인 경우에 이용된다.

2) 체인 컨베이어 : 엔드리스로 감아 걸은 체인에 의하거나 체인에 슬래트(slat), 버킷(bucket) 등을 부착하여 화물을 운반하는 컨베이어

3) 나사(스크류 : screw) 컨베이어 : 도랑 속에 화물을 스크류에 의하여 운반하는 컨베이어

4) 기타 롤러 컨베이어, 버킷 컨베이어 등이 있다.

(2) 컨베이어의 방호장치

1) 이탈 및 역주행 방지장치 : 컨베이어·이송용 롤러 등(이하 "컨베이어 등"이라 한다.)을 사용하는 경우에는 정전·전압강하 등에 따른 화물 또는 운반구의 이탈 및 역주행을 방지하는 장치를 갖출 것. 단, 무동력 상태 또는 수평상태로만 사용하여 근로자에게 위험을 미칠 우려가 없는 경우에는 제외

2) 비상정지장치 : 근로자의 신체가 말려드는 등 근로자가 위험해질 우려가 있는 경우 및 비상시에는 즉시 컨베이어 등의 운전을 정지시킬 수 있는 장치를 설치할 것.

3) 덮개 또는 울 : 컨베이어 등으로부터 화물이 떨어져 근로자가 위험해질 우려가 있는 경우에는 해당 컨베이어 등에 덮개 또는 울을 설치하는 등 낙하방지를 위한 조치를 할 것.

(3) 컨베이어의 작업 시작 전 점검사항

1) 원동기 및 풀리기능의 이상 유무
2) 이탈 등의 방지장치 기능의 이상 유무
3) 비상정지장치 기능의 이상 유무
4) 원동기·회전축치차 및 풀리 등의 덮개 또는 울 등의 이상 유무

[3] 양중기의 안전

(1) 양중기의 종류

1) 크레인 : 동력을 사용하여 중량물을 매달아 상하 및 좌우(수평 또는 선회)로 운반하는 기계장치

2) 이동식 크레인 : 원동기를 내장하고 있는 것으로서 불특정장소에 스스로 이동할 수 있는 크레인

3) 리프트 : 동력을 사용하여 사람이나 화물을 운반하는 기계설비
① 건설용 리프트 : 건설 현장에서 사용하는 리프트
② 산업용 리프트 : 건설 현장 외의 장소에서 사용하는 리프트

③ 자동차정비용 : 자동차 정비에 사용하는 것
④ 이삿짐운반용 리프트 : 연장 및 축소가 가능하고 끝단을 건축물 등에 지지하는 구조의 사다리형 붐에 따라 동력을 사용하여 움직이는 운반구를 매달아 화물을 운반하는 설비로서 화물자동차 등 차량 위에 탑재하여 이삿짐 운반 등에 사용하는 리프트

4) 곤돌라 : 와이어로프 또는 달기강선에 의하여 달기발판 또는 운반구가 전용의 승강장치에 의하여 상승 또는 하강하는 설비
5) 승강기(최대하중이 0.25ton 이상인 것) : 가이드레일을 따라 승강하는 운반구 또는 카에 사람이나 화물을 상하 또는 좌우로 이동, 운반하기 위한 기계설비
① 승객용 엘리베이터 : 사람의 수직수송
② 승객화물용 엘리베이터 : 사람과 화물이 수직수송
③ 화물용 엘리베이터 : 화물의 수송(인원탑승금지)
④ 소형화물용 엘리베이터
⑤ 에스컬레이터 : 사람을 운반하는 연속계단이나 보도상태의 승강기

(2) 양중기의 방호장치

1) 과부하방지장치
2) 권과방지장치
3) 비상정지장치
4) 제동장치(브레이크 등)

(3) 승강기의 방호장치

1) 과부하방지장치
2) 비상정지장치
3) 파이널 리미트 스위치(final limit switch)
4) 속도조절기
5) 출입문 인터록(interlock)

[4] 크레인 안전

(1) 크레인의 종류

1) 크레인(기중기) : 동력을 이용하여 화물을 올리거나 내리고 주행, 선회, 부양 운동을 하는 단거리 운반기계(화물의 상하수평으로 운반하는 기계)
2) 크레인의 종류
① 육상운송이 가능한 크레인 : 휠크레인, 크롤러 크레인, 트럭크레인 등
② 공장내부에 설치한 크레인 : 천장크레인

③ 건축공사에 많이 사용되는 크레인 : 탑형 크레인, 지브 크레인
④ 기타, 교형크레인, 해머형 크레인 등

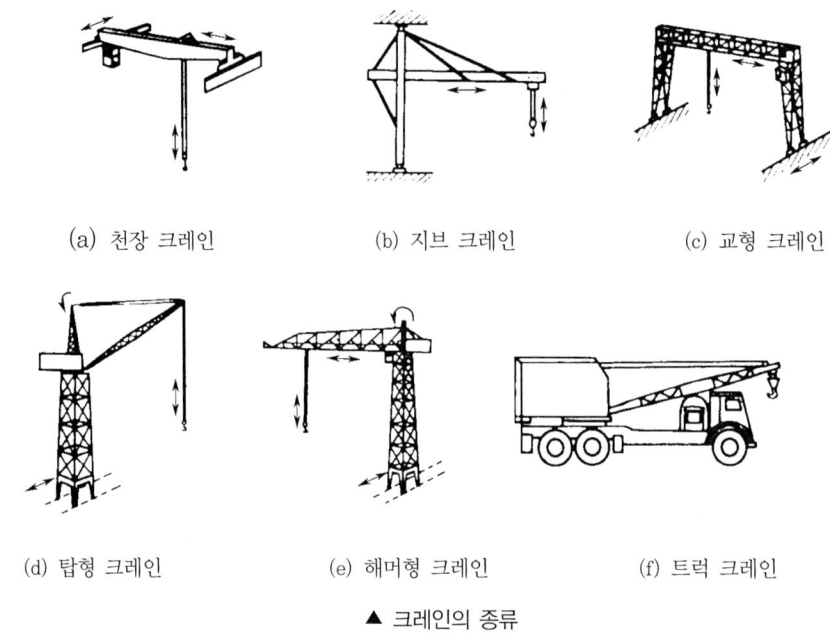

▲ 크레인의 종류

(2) 크레인의 제작기준에서 사용되는 용어의 정의

1) **크레인** : 원동기 및 달기기구를 사용하여 화물을 권상, 횡행 및 주행(또는 선회)동작을 행하는 것.
2) **호이스트** : 원동기 및 달기기구를 사용하여 화물을 권상 및 횡행 또는 권상 동작만을 행하는 것.
3) **정격하중** : 크레인의 권상(호이스팅) 하중에서 훅크, 그래브 또는 버켓 등 달기기구의 중량에 상당하는 하중을 뺀 하중. 단, 지브가 있는 크레인 등으로서 경사각의 위치에 따라 권상능력이 달라지는 것은 그 위치에서의 권상하중으로부터 달기기구의 중량을 뺀 하중.
4) **권상하중** : 크레인의 구조 및 재료에 따라 들어 올릴 수 있는 최대의 하중
5) **정격속도** : 크레인에 정격하중에 상당하는 하중을 매달고 권상, 주행, 선회 또는 트롤리의 수평 이동시의 최고속도

(3) 크레인의 안전기준

1) **폭풍에 의한 이탈방지** : 순간 풍속이 30(m/sec)를 초과하는 바람이 불어올 우려가 있을 때는 옥외 설치 주행 크레인에 대하여 이탈 방지장치의 작동 등 이탈 방지 조치를 할 것.

2) 크레인의 조립 또는 해체 작업 시 조치사항
  ① 작업순서에 의하여 작업을 실시할 것
  ② 관계 근로자 외의 출입금지 및 보기 쉬운 곳에 표시할 것
  ③ 비, 눈, 그 밖에 기상상태 불안정으로 날씨가 몹시 나쁜 경우에는 작업을 중지시킬 것
  ④ 작업장소는 충분한 공간 확보 및 장애물이 없도록 할 것.
  ⑤ 들어 올리거나 내리는 기자재는 균형을 유지하면서 작업을 실시하도록 할 것.
  ⑥ 크레인의 성능, 사용조건 등에 따라 충분한 응력을 갖는 구조로 기초를 설치하고 침하 등이 일어나지 않도록 할 것.
  ⑦ 규격품인 조립용 볼트를 사용하고 대칭되는 곳을 순차적으로 결합하고 분해할 것.

3) 크레인의 작업시작 전 점검사항
  ① 권과방지장치·브레이크·클러치 및 운전장치의 기능
  ② 주행로의 상측 및 트롤리가 횡행하는 레일의 상태
  ③ 와이어로프가 통하고 있는 곳의 상태

(4) 이동식 크레인의 안전기준

1) 해지장치의 사용 : 이동식 크레인을 사용하여 화물을 달아 올릴 때는 해지장치를 사용할 것
2) 이동식 크레인의 작업시작 전 점검사항
  ① 권과방지장치나 그 밖의 경보장치의 기능
  ② 브레이크·클러치 및 조정장치의 기능
  ③ 와이어로프가 통하고 있는 곳 및 작업상소의 지반상대

[5] 리프트 및 곤돌라 안전

(1) 리프트의 안전기준

1) 붕괴 등의 방지
  ① 지반 침하, 불량 자재사용, 헐거운 결선 등으로 리프트가 붕괴되거나 넘어지지 않도록 필요한 조치를 할 것.
  ② 순간 풍속이 35(m/sec) 초과 시는 건설용 리프트에 대하여 받침수를 증가시키는 등 붕괴 등의 방지를 위한 조치를 할 것.
2) 이상유무 점검 : 순간풍속이 30(m/sec) 바람이 불어온 후, 중진 이상의 진도의 지진 후에는 리프트의 각 부위에 대하여 이상유무를 점검할 것.
3) 리프트의 작업 시작 전 점검사항
  ① 방호장치·브레이크 및 클러치의 기능
  ② 와이어로프가 통하고 있는 곳의 상태

(2) 곤돌라의 안전기준

1) 운전방법 등의 주지 : 곤돌라의 운전방법 또는 고장시 처치방법을 곤돌라를 사용하는 근로자에게 주지시킬 것
2) 곤돌라의 작업 시작 전 점검사항
   ① 방호장치·브레이크의 기능
   ② 와이어로프·슬링와이어(sling wire) 등의 상태

[6] 양중기의 와이어로프의 안전기준

(1) 와이어로프의 구성 및 명명법

1) 와이어로프의 구성 : 여러 개의 와이어(소선)로, 가닥(꼬임 : strand)을 만들어서, 이것을 보통 6개 이상 꼬아서 만든 것으로 심에는 기름을 칠한 대와 심선을 삽입시킨다.
2) 와이어로프의 명명법 : 꼬임(가닥)의 수량×소선의 수량
   [예] 6×9 (6 : 꼬임의 수량, 9 : 소선의 수량)

(2) 와이어로프에 걸리는 하중

1) 화물을 달아 올릴 때, 로프에 걸리는 하중은 슬링와이어의 각도가 작을수록 작게 걸린다.

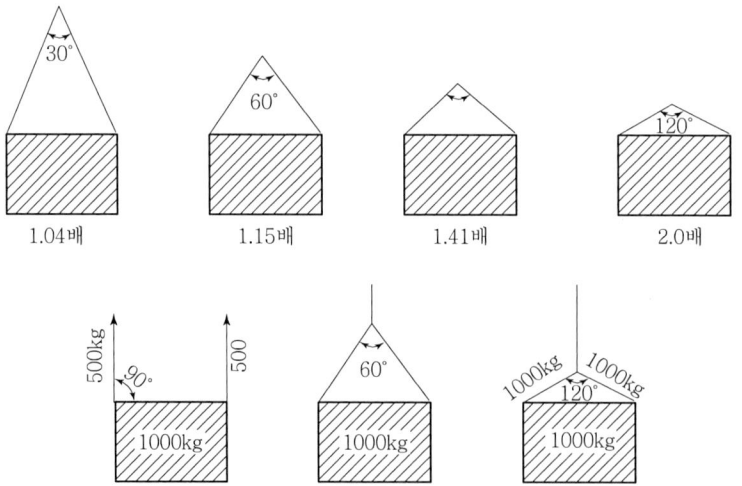

2) 와이어로프에 걸리는 총 하중
   총 하중(W) = 정하중 (W_1) + 동하중 (W_2)

   $$동하중(W_2) = \frac{W_1}{g} \times \alpha$$

   여기서, g : 중력가속도(9.8 m/sec^2)
   α : 가속도(m/sec^2)

3) 줄 걸이 로프에 걸리는 장력(하중)

$$\text{로프에 작용하는 장력} = \frac{\text{짐의무게}}{\text{로프의수}} \div \cos\left(\frac{\text{로프의 각도}}{2}\right)$$

4) 줄 걸이 로프에 발생하는 압축력

$$\text{짐에 발생하는 압축력} = \text{로프에 작용하는 장력} \times \cos\left(\frac{\text{로프의 각도}}{2}\right)$$

(3) 와이어로프의 안전계수

1) 와이어로프 또는 달기체인의 안전계수 $= \dfrac{\text{절단하중}}{\text{최대사용하중}}$

2) S(와이어로프의 안전율) $= \dfrac{NP}{Q}$

여기서, N : 로프가닥수
P : 로프의 파단강도(kg)
Q : 안전하중(kg)

(4) 와이어로프의 사용금지사항

1) 이음매가 있는 것
2) 와이어로프의 한 꼬임[(스트랜드(strand)를 말함)]에서 끊어진 소선(素線)[필러(pillar)선은 제외]의 수가 10% 이상(비자전로프의 경우에는 끊어진 소선의 수가 와이어로프 호칭지름의 6배 길이 이내에서 4개 이상이거나 호칭지름 30배 길이 이내에서 8개 이상)인 것.
3) 지름의 감소가 공칭지름의 7%를 초과한 것.
4) 꼬인 것.
5) 심하게 변형되거나 부식된 것.
6) 열과 전기충격에 의해 손상된 것.

(5) 달기체인의 사용금지사항

1) 달기체인의 길이가 달기체인이 제조된 때의 길이의 5%를 초과한 것.
2) 링의 단면지름이 달기체인이 제조된 때의 해당 링의 지름의 10%를 초과하여 감소한 것.
3) 균열이 있거나 심하게 변형된 것.

chapter 4

전기설비 안전관리

제 1 장 감전재해 및 방지대책
제 2 장 전기안전관리 업무수행
제 3 장 전기화재 예방 대책
제 4 장 정전기 장·재해 관리
제 5 장 전기 방폭 관리

1. 감전재해 및 방지대책

❶ 전기재해의 종류 및 특성

(1) 전기재해의 종류 : 전격(감전), 과열, 전기스파크, 정전기사고, 화재, 폭발, 화상 등

(2) 전기재해의 특성

　1) 전기재해는 보통 저압일 때 발생하는 경우가 많다.
　2) 사망률이 매우 높아 전체 평균 사망률이 약 10배에 이르나 발생빈도는 낮다.

❷ 전격현상의 메커니즘 및 위험도 결정조건

(1) 전격현상의 메커니즘

　1) 심실세동에 의한 혈액순환기능의 상실
　2) 뇌의 호흡중추신경 마비에 따른 호흡중지
　3) 흉부수축에 의한 질식

(2) 전격 위험도 결정조건

　1) 1차적 감전위험요소
　　① 통전전류의 크기(감전에 의한 사망위험성은 통전전류의 크기에 의해서 결정됨)
　　② 전원의 종류(교류, 직류별)
　　③ 통전경로
　　④ 통전시간
　2) 2차적 감전위험요소
　　① 인체의 조건(저항)
　　② 전압
　　③ 주파수
　　④ 계절

❸ 통전전류에 의한 인체의 영향

(1) 통전전류의 크기와 인체에 미치는 영향(상용주파수 60Hz의 교류에서 건강한 성인 남자의 경우)

1) 최소감지전류(1mA 정도) : 통전되는 전류를 느낄 수 있는 정도의 전류치
2) 고통한계전류(7~8mA 정도) : 고통을 참을 수 있는 한계의 전류치
3) 마비한계전류(10~15mA 정도) : 인체 각부의 근육이 수축현상을 일으키고 신경이 마비되어 신체를 자유로이 움직일 수 없게 되는 경우의 전류치
4) 심실세동전류(치사전류) : 전류의 일부가 심장부분을 흐르게 되면 심장은 정상적인 맥동을 하지 못하고 불규칙한 세동을 일으키며 혈액순환이 곤란하게 되고 심장이 마비되는 현상을 초래하는데 이러한 경우를 심실세동이라 한다.

① 심실세동전류와 통전시간과의 관계

$$I = \frac{165}{\sqrt{T}} \text{ (mA)}$$

여기서, I : 심실세동전류(mA)
T : 통전시간(sec)

② 심실세동을 일으키는 전기에너지 값

㉠ $W = I^2RT$

여기서, W : 전기에너지
R : 전기저항(Ω)
T : 통전시간(sec)

㉡ $W = I^2RT = \left(\frac{165}{\sqrt{T}} \times 10^{-3}\right)^2 \times 500 \times T$

$= 13.6\text{W} \cdot \text{sec} = 13.6\text{Joule} = 3.3\text{cal}$

(2) 저압전기기기의 전류의 크기에 따른 감전의 영향

① 1mA : 전기를 느낄 정도
② 5mA : 상당한 고통을 느낌
③ 10mA : 견디기 어려운 정도의 고통
④ 20mA : 근육의 수축이 심해 의사대로 행동불능
⑤ 50mA : 상당히 위험한 상태
⑥ 100mA : 치명적인 결과 초래

(3) 통전 경로별 위험도

통전경로	위험도	통전경로	위험도
왼손 – 가슴	1.5	왼손 – 등	0.7
오른손 – 가슴	1.3	한손 또는 양손 – 앉아있는 자리	0.7
왼손 – 한발 또는 양발	1.0	왼손 – 오른손	0.4
양손 – 양발	1.0	오른손 – 등	0.3
오른손 – 한발 또는 양발	0.8		

(4) 가수전류 및 불수전류

1) 가수전류(let-go current) : 인체가 자력으로 이탈할 수 있는 전류를 말하며 전원이 교류인 경우는 이탈전류, 직류인 경우는 해방전류라고도 한다.
   ① 60Hz 정현파 교류에 의한 가수전류(이탈전류 또는 마비한계전류) : 10~15mA
   ② 직류에 의한 가수전류 : 남자는 73.7mA, 여자의 경우는 50mA
2) 불수전류(freezing current) : 자력으로 이탈할 수 없는 전류로서 교착전류라고도 한다.

(5) 전류, 전압, 저항의 관계식

1) 전류값 산정식

$$I = \frac{V}{R}$$

여기서, I : 전류(A)
V : 전압(V)
R : 저항(Ω)

2) 인체통전전류 (I_m)

$$I_m = \frac{V}{R_m(1 + R_2/R_3)}$$

여기서, I_m : 인체에 흐르는 전류
V : 대지 전압
R_2 : 제2종 접지 저항식
R_3 : 제3종 접지 저항식
R_m : 인체저항

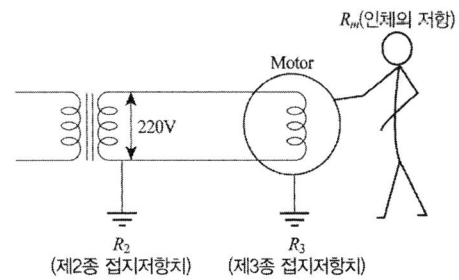

❹ 인체의 전기저항 및 안전전압

(1) 인체 각부의 전기저항

1) 건조한 피부의 전기저항 : 약 2,500Ω
   ① 피부에 땀이 났을 경우 : 1/12~1/20 정도로 감소

② 피부가 물에 젖어 있을 경우 : 1/25 정도로 감소

2) 내부조직저항 : 300Ω

3) 발과 신발, 신발과 대지사이의 저항
   ㉠ 발과 신발사이의 저항 : 1,500Ω
   ㉡ 신발과 대지사이의 저항 : 700Ω

4) 전체 저항 값 : 5,000Ω

(2) 인체피부의 전기저항에 영향을 주는 요인

1) 인가전압의 크기와 전류의 세기
2) 접촉 면적
3) 인가 시간

(3) 안전전압 및 허용 접촉전압

1) 안전전압 : 30V(한국)
2) 허용 접촉전압

종 별	접 촉 상 태	허용접촉전압
제 1종	· 인체의 대부분이 수중에 있는 상태	2.5V
제 2종	· 인체가 현저히 젖어있는 상태 · 금속성의 전기기계장치나 구조물에 인체의 일부가 상시 접촉되어 있는 상태	25V 이하
제 3종	· 제1종 및 제2종 이외의 경우로써 통상의 인체상태에 있어서 접촉전압이 가해지면 위험성이 높은 상태	50V 이하
제 4종	· 제3종의 경우로써 위험성이 낮은 상태 · 접촉전압이 가해질 위험이 없는 경우	제한 없음

3) 허용접촉전압 산정식

$$E = \left(R_b + \frac{3R_S}{2}\right) \times I_k$$

여기서, E : 허용접촉전압(V)
R_b : 인체의 저항률(Ω)
R_S : 지표상층저항(Ωm)
I_K : 심실세동전류($0.165/\sqrt{T}$ [A])

5 감전사고 발생 후의 처리 및 응급조치

(1) 감전사고 발생 후의 처리 순서
1) 스위치를 끄고 구출자 본인의 방호조치 후 신속하게 상해자를 구출할 것
2) 즉시 인공호흡을 실시할 것
3) 생명 소생 후 병원에 후송할 것

(2) 전격시 응급조치
1) 감전재해자의 관찰사항
   ① 호흡, 맥박, 의식의 상태
   ② 출혈, 골절유무(고소 추락시)
   ③ 입술과 피부의 색깔, 체온의 상태

2) 감전에 의한 국소증상
   ① 피부의 광성변화 : 감전사고시 전선로의 선간단락 및 지락사고로 전선이나 단자 등의 금속분자가 가열용융되어 피부 속으로 녹아들어가는 현상
   ② 표피박탈 : 전선로나 기계·기구에서 선간단락, 고전압에 의한 아크 등으로 폭발적인 고열이 발생하여 인체의 표피가 벗겨져 떨어지는 현상
   ③ 전문(電紋) : 감전전류의 유출입 부분에 회백색 또는 붉은색의 수지상선이 나타나는 현상
   ④ 전류반점 : 감전시 특유의 피부손상이며 푸르스름하게 또는 회백색의 반점이 생기는 현상
   ⑤ 기타 감전성궤양 등이 있다.

3) 인공호흡
   ① 인공호흡은 분당 12~15회(4초 간격)의 속도로 30분 이상 반복 실시한다.
   ② 인체의 호흡이 멎고 심장이 정지되었다 하더라도 인공호흡을 계속 실시하는 것이 좋다.
   ③ 인공호흡에 의한 소생률

호흡정지에서 인공호흡개시까지의 경과시간	소생률(%)
1분	95
2분	90
3분	75
4분	50
5분	25
6분	10

6 감전사고 방지

(1) 감전사고의 방지대책

1) 전기기기 및 설비의 위험부에 위험표시
2) 보호접지의 실시
3) 전기설비의 점검철저
4) 전기기기 및 설비의 정비 철저
5) 고전압 선로 및 충전부에 근접하여 작업하는 경우 보호구 착용
6) 충전부가 노출된 부분에는 절연 방호구 사용
7) 유자격자이외는 전기기계 및 기구에 접촉금지
8) 안전관리자는 작업에 대한 안전교육 실시
9) 사고발생시의 처리순서를 미리 작성하여 둘 것

(2) 전기기계·기구에 의한 감전방지대책

1) 직접 접촉에 의한 감전방지
   ① 충전부 전체를 절연할 것
   ② 노출형 배전설비 등은 폐쇄 배전반형으로 하고 전동기 등은 적절한 방호구조의 형식을 사용할 것
   ③ 설치장소의 제한, 별도의 실내 또는 울타리 등을 설치하고 시건장치를 할 것
2) 보호접지
3) 누전에 의한 감전방지
   ① 전기적 절연
   ② 누전차단기의 설치
   ③ 이중 절연기기의 사용
4) 비접지식 전로 및 절연 변압기의 사용
5) 안전전압 전원의 사용

7 전자파의 종류 및 전자파 장해의 방지대책

(1) 전자파의 종류

1) 자외선 및 적외선·가시광선 등
2) 감마(gamma)선 및 X선
3) 마이크로파, 라디오파, 극저주파
4) 레이저광선 등

(2) 전자파 장해(EMI)의 방지대책

1) 전자경로의 차폐·흡수, 대책 실시
2) 저지필터 설치
3) 접지 실시

2. 전기안전관리업무 수행

> 전기설비 안전관리

❶ 전기설비 및 기기

[1] 배전반 및 분전반

(1) 배전반(switch board) : 송배전계통과 전력기기의 상태를 상시 감시하고 차단기 등의 개폐상태를 한눈에 볼 수 있으며 변전소내의 기기를 원격제어할 수 있도록 계기, 계전기, 제어스위치 등을 한곳에 집중시켜 놓은 것을 말한다.

(2) 분전반(캐비넷 : cabinet)

① 분기회로용의 배전반으로 과전류차단기, 주개폐기, 분기개폐기 등을 수납한 것이다.
② 건물 등에서 배전반으로부터 각층으로 분기한 분기간선에서 부하로 분기하는 곳에 설치하는 것으로 과전류, 단락사고 등을 최소범위로 방지한다.

[2] 개폐기(switch)

(1) 개폐기 : 전기회로의 개폐 혹은 접속의 전환을 하는 장치

(2) 개폐기의 분류

1) 주상유입개폐기(POS) : 고압개폐기로서 반드시 「개폐」의 표시를 하여야 한다.
2) 부하개폐기 : 부하상태에서 개폐할 수 있는 것으로 리클로우저, 차단기 등이 있다.
3) 단로기(DS) : 무부하 회로에서 개폐하는 것이다.
4) 자동 개폐기 : 시한 개폐기, 전자 개폐기, 스냅 개폐기, 압력 개폐기 등이 있다.
5) 저압 개폐기(스위치 내부에 퓨즈를 삽입한 개폐기) : 안전 개폐기, 박스 개폐기, 칼날형 개폐기, 커버 개폐기 등이 있다.

[3] 과전류 보호기

(1) 퓨즈(fuse) : 전기회로가 단락되었을 때 순간적으로 전원을 차단시켜 전기기계기구나 배선을 보호하는 역할을 한다.

1) 퓨즈의 재료 : 납, 주석, 아연, 알루미늄 및 이들의 합금
2) 퓨즈의 정격용량
① 저압용 포장 퓨즈 : 정격전류의 1.1배
② 고압용 포장 퓨즈 : 정격전류의 1.3배
③ 고압용 비포장 퓨즈 : 정격전류의 1.25배

(2) 과전류 차단기

1) 차단기 : 평상시의 전류 및 고장시의 전류를 보호계전기와의 조합에 의하여 안전하게 차단하고 전로 및 기구를 보호하는 것
2) 차단기의 종류
① 공기차단기(ABB)
② 애자형차단기(PCB)
③ 가스차단기
④ 진공차단기(VCB)
⑤ 자기차단기(MBB)
⑥ 배선용차단기(NFB ; no fuse breaker)
⑦ 유입차단기(OCB)
3) 배선용차단기의 특성
① 정격전류의 1배에 견디어야 한다.
② 정격전류에 따른 자동작동시간

정격전류의 구분	자 동 작 동 시 간	
	정격전류의 1.25배의 전류가 흐를 때(분)	정격전류의 2배의 전류가 흐를 때(분)
30A 이하	60	2
30~50A 이하	60	4
50~100A 이하	120	6
100~225A 이하	120	8

4) 유입차단기의 작동 순서
① 절연유 온도는 90℃ 이하, 자연소호식이며, 절연유 속에서 과전류를 차단
② 유입차단기의 작동순서

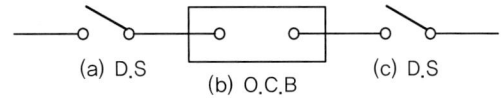
(a) D.S   (b) O.C.B   (c) D.S

- 투입순서 : (c)-(a)-(b)
- 차단순서 : (b)-(c)-(a)

③ 바이패스 회로 설치시 유입차단기의 작동순서

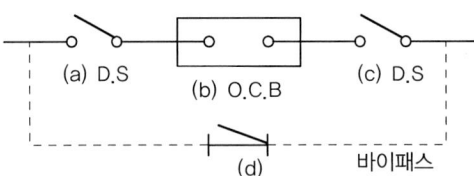

- 작동순서 : (d)투입, (b), (c), (a) 차단

(3) 누전차단기(earth leakage breaker)

1) 누전차단기의 종류에 따른 동작시간

종 류	동 작 시 간	비 고
고속형	정격감도전류에서 0.1초 이내	전압동작형
보통형	정격감도전류에서 0.2초 이내	전류동작형
시연형(지연형)	정격감도전류에서 0.1초 초과 2초 이내	대계통의 모선보호용

2) 누전차단기를 접속하는 경우 준수사항

① 전기기계·기구에 설치되어 있는 누전차단기는 「정격감도전류가 30mA 이하」이고 「작동시간은 0.03초 이내」일 것. 다만, 정격전부하전류가 50A 이상인 전기기계·기구에 접속되는 누전차단기는 오작동을 방지하기 위하여 정격감도전류는 200mA 이하로, 작동시간은 0.1초 이내로 할 수 있다.

② 분기회로 또는 전기기계·기구마다 누전차단기를 접속할 것. 다만, 평상시 누설전류가 매우 적은 소용량부하의 전로에는 분기회로에 일괄하여 접속할 수 있다.

③ 누전차단기는 배전반 또는 분전반 내에 접속하거나 꽂음접속기형 누전차단기를 콘센트에 접속하는 등 파손이나 감전사고를 방지할 수 있는 장소에 접속할 것.

④ 지락보호전용 기능만 있는 누전차단기는 과전류를 차단하는 퓨즈나 차단기 등과 조합하여 접속할 것.

3) 누전차단기를 설치해야할 전기 기계·기구

① 대지전압이 150볼트를 초과하는 이동형 또는 휴대형 전기기계·기구

② 물 등 도전성이 높은 액체가 있는 습윤장소에서 사용하는 저압(1.5kV 이하 직류전압이나 1kV 이하의 교류전압)용 전기기계·기구

③ 철판·철골 위 등 도전성이 높은 장소에서 사용하는 이동형 또는 휴대형 전기기계·기구

④ 임시배선의 전로가 설치되는 장소에서 사용하는 이동형 또는 휴대형 전기기

계·기구

4) 누전차단기의 설치 및 접지의 적용 제외대상
    ① 이중절연구조일 것
    ② 비접지방식의 전로
    ③ 절연대 위에서 사용하는 것

5) 누전차단기 설치 제외대상
    ① 기계·기구를 취급자 이외의 사람이 출입할 수 없도록 시설하는 경우
    ② 기계·기구를 건조한 곳에 시설하는 경우
    ③ 대지전압 300[V] 이하인 기계·기구를 건조한 곳에 시설하는 경우
    ④ 기계·기구에 설치한 접지 저항 값이 3[Ω] 이하인 경우

6) 누전차단기의 설치시 환경 조건
    ① 주위온도(-10~-40℃ 범위 내에서 성능이 발휘할 수 있도록 구조 및 기능의 설계)에 유의할 것
    ② 표고 1,000m 이하의 장소에 설치할 것
    ③ 습도가 적은 장소(상대습도 45~80% 사이에서 사용)에 설치할 것
    ④ 전원전압의 변동(전원전압이 정격전압의 85~110% 사이에서 성능을 만족)에 유의할 것

(4) 보호계전기

1) 보호계전기 : 전로에 이상현상이 발생하면 곧 이것을 검출하여 고장구간을 신속하게 차단하는 등 확실한 조치를 취하는 기구

2) 구비조건
    ① 고장상태를 식별하여 정도를 판단할 수 있을 것
    ② 고장개소를 정확히 선택할 수 있을 것
    ③ 동작이 예민하고 오동작을 하지 않을 것

3) 사용조건
    ① 주위온도가 -10℃~40℃ 이하일 것
    ② 주파수의 변동은 ±5% 이내일 것
    ③ 이상진동의 위험이 없는 상태일 것

4) 용도에 의한 분류
    ① 과전류계전기(OCR)
    ② 과전압계전기(OVR)
    ③ 차동계전기(DFR)
    ④ 선택단락계전기(SSR)

⑤ 비율차동계전기(RDFR)
⑥ 방향단락계전기(DSR)
⑦ 거리계전기(ZR)
⑧ 온도계전기(TR)
⑨ 접지계전기(GR)

(5) 변압기

1) 변압기의 보호계전방식
   ① 과전류계전방식 : 지속적 과부하에 의한 과열
   ② 차동계전방식 : 부싱사고, 내부고장
   ③ 부흐홈쯔계전기 및 압력계전기 : 내부고장

2) 변압기 절연유의 구비조건
   ① 절연내력이 클 것(120[kV/cm])
   ② 점도가 낮고 냉각효과가 클 것
   ③ 인화점이 높고, 응고점이 낮을 것
   ④ 고온에서도 산화하지 않을 것
   ⑤ 절연재료와 화학작용을 일으키지 않을 것

[4] 피뢰장치

(1) 피뢰기의 설치장소

1) 고압 또는 특별고압의 전로 중에서 다음의 장소에 설치할 것
   ① 발전소, 변전소의 가공 전선의 인입구 및 인출구
   ② 가공 전선로에 접속하는 특고압 옥외배전용 변압기의 고압측 및 특고압측
   ③ 고압가공 전선로에서 수전하는 500[kW] 이상의 수용장소의 인입구
   ④ 특고압 가공 전선로에서 수전하는 수용장소의 인입구
2) 배전선로 차단기, 개폐기의 전원측 및 부하측
3) 콘덴서의 전원측

(2) 피뢰기의 성능

1) 반복동작이 가능할 것
2) 구조가 견고하며 특성이 변화하지 않을 것
3) 점검, 보수가 간단할 것
4) 충격방전 개시전압과 제한전압이 낮을 것
   (피뢰기의 충격방전개시전압=공칭전압×4.5배)
5) 뇌전류의 방전능력이 크고, 속류의 차단이 확실하게 될 것

(3) 피뢰기 설치시 안전조치사항

1) 화약류 또는 위험물을 저장하거나 취급하는 시설물에는 피뢰침을 설치할 것
2) 피뢰침 설치시 준수할 사항
   ① 피뢰침의 보호각은 45°이하로 할 것
   ② 피뢰침을 접지하기 위한 접지극과 대지간의 접지저항은 10[Ω] 이하로 할 것
   ③ 피뢰침의 접지극을 연결하는 피뢰도선은 단면적이 30[mm^2] 이상인 동선을 사용하여 확실하게 접속할 것
   ④ 피뢰침은 가연성 가스등이 누설될 우려가 있는 밸브 게이지 및 배기구 등은 시설물로부터 1.5[m] 이상 떨어진 장소에 설치할 것

   주 피뢰설비의 설치 : 「산업표준화법」에 따른 한국산업표준에 적합한 피뢰설비를 사용할 것

(4) 피뢰기의 종류

1) 방출형 피뢰기 : 배전선로에 주로 많이 설치한다.
2) 저항형 피뢰기 : 밴드만피뢰기, 멀티캡피뢰기 등이 있다.
3) 밸브형 피뢰기 : 벨트형산화막피뢰기(구조가 간단하고 가격이 저렴하여 배전선로용으로 사용), 알루미늄셀피뢰기, 오토밸브피뢰기 등이 있다.
4) 밸브저항형 피뢰기 : 드라이밸브피뢰기, 래지스트밸브피뢰기, 사이라이트피뢰기 등이 있다.
5) 종이 피뢰기 : P-밸브피뢰기로 비밀폐형이다.

(5) 피뢰침의 보호범위 및 보호여유도

1) 피뢰침의 보호범위(보호각도)
   ① 위험물, 폭발물 등의 저장소 : 45°이하
   ② 일반건축물 : 60°이하
   ③ 폭이 큰 건축물에 두개 설치시 : 외각 45°이하, 내각 60°이하
2) 피뢰침의 보호여유도

$$여유도(\%) = \frac{충격절연강도 - 제한전압}{제한전압} \times 100$$

❷ 전기작업안전

[1] 전기작업안전대책의 3가지 기본적 조건

(1) 전기설비의 품질향상 : 전기설비의 품질이 기술기준에 적합하고 신뢰성 및 안전성이 높을 것

(2) 전기시설의 안전관리확립 : 시설의 운용 및 보수의 적정화를 꾀한다.

(3) 취급자의 자세 : 취급자의 관심도를 높이고 안전작업을 위한 작업지침을 확립한다.

[2] 정전작업

(1) 전로차단의 절차(정전작업시의 안전조치사항)

1) 전기기기 등에 공급되는 모든 전원을 관련 도면, 배선도 등으로 확인할 것.
2) 전원을 차단한 후 각 단로기 등을 개방하고 확인할 것.
3) 차단장치나 단로기 등에 잠금장치 및 꼬리표를 부착할 것.
4) 개로된 전로에서 유도전압 또는 전기에너지가 축적되어 근로자에게 전기위험을 끼칠 수 있는 전기기기 등은 접촉하기 전에 잔류전하를 완전히 방전시킬 것.
5) 검전기를 이용하여 작업 대상 기기가 충전되었는지를 확인할 것.(검전기를 이용하여 충전여부확인)
6) 전기기기 등이 다른 노출 충전부와의 접촉, 유도 또는 예비동력원의 역송전 등으로 전압이 발생할 우려가 있는 경우에는 충분한 용량을 가진 단락 접지기구를 이용하여 접지할 것.

(2) 정전작업 후 재통전시 안전조치사항

1) 작업기구, 단락 접지기구 등을 제거하고 전기기기 등이 안전하게 통전될 수 있는지를 확인할 것.
2) 모든 작업자가 작업이 완료된 전기기기 등에서 떨어져 있는지를 확인할 것.
3) 잠금장치와 꼬리표는 설치한 근로자가 직접 철거할 것.
4) 모든 이상 유무를 확인한 후 전기기기 등의 전원을 투입할 것.

- 정전작업시 안전조치사항

단계조치	실무사항(조치사항)
작업전	1. 작업지휘자에 의한 작업내용의 주지 철저 2. 개로개폐기의 시건 또는 표시(잠금장치 및 꼬리표 부착) 3. 잔류전하의 방전 4. 검전기에 의한 정전확인 5. 단락접지6. 일부 정전작업시 정전선로 및 활선선로의 표시 7. 근접활선에 대한 방호
작업중	1. 작업지휘자에 의한 지휘 2. 개폐기의 관리 3. 단락접지의 수시확인 4. 근접활선에 대한 방호상태의 관리
작업종료시	1. 단락접지기구의 철거 2. 표지의 철거 3. 작업자에 대한 위험이 없는 것을 확인 4. 개폐기를 투입해서 송전재개

- 정전작업의 순서
  1) 정전작업시의 작업순서
     개폐기시건장치 - 잔류전하방전 - 전로검진 - 단락접지설치 - 작업
  2) 정전작업종료시 통전을 위한 순서
     단락접지기구철거 - 위험표시철거 - 작업자에 대한 위험성여부 확인 - 개폐기 투입

[3] 전기의 압력분류 및 방호조치

(1) 전기의 압력분류

압력분류	직류	교류
저압	1.5kV 이하	1kV 이하
고압	1.5kV~7,000V 이하	1kV~7,000V 이하
특별고압	7,000V 초과	7,000V 초과

(2) 방호조치

1) 고압 충전로 작업시 이격거리

전로의 전압	이격거리
특별고압 (7,000V 초과)	2m
고압 (1000~7,000V 이하)	1.2m
저압 (1000V 이하)	1m

2) 특고압 가공전선과의 이격거리

구 분	전압의 범위	이격 거리
건조물, 도로등과 접촉, 교차	35[kV] 이하	3[m]
	35[kV] 초과	3[m]+A*
삭도 및 식물과의 이격거리	35[kV] 이하	2[m]
	35[kV] 초과 60[kV] 이하	2[m]
	60[kV] 초과	2[m]+B**
가공약전선 및 특고압 상호간	60[kV] 이하	2[m]
	60[kV] 초과	2[m]+C***

* A : 35[kV]를 초과하는 매 10[kV]마다 또는 그 단수마다 15[cm]씩 가산한 값
** B : 60[kV]를 초과하는 매 10[kV]마다 또는 그 단수마다 12[cm]씩 가산한 값
*** C : 60[kV]를 초과하는 매 10[kV]마다 또는 그 단수마다 12[cm]씩 가산한 값

[4] 충전전로에서의 전기작업(활선작업 및 활선근접작업)

(1) 충전전로를 취급하거나 그 인근에서 작업시 조치사항

1) 충전전로의 정전 : 충전전로를 정전시키는 경우에는 정전전로에서의 전기작업(전로 차단 절차 및 정전작업후 조치사항 등)에 따른 조치를 할 것.
2) 충전전로의 방호·차폐 및 절연 등의 조치를 하는 경우 : 근로자의 신체가 전로와 직접 접촉하거나 도전재료, 공구 또는 기기를 통하여 간접접촉되지 않도록 할 것.
3) 충전전로 취급작업 : 작업에 적합한 절연용 보호구를 착용시킬 것.
4) 충전전로에 근접한 장소에서 전기작업
   ① 해당 전압에 적합한 절연용 방호구를 설치할 것.
   ② 다만, 저압인 경우 절연용 보호구를 착용하되, 충전전로에 접촉할 우려가 없는 경우에는 절연용 방호구 설치제외
5) 고압 및 특별고압의 전로에서 전기작업 : 활선작업용 기구 및 장치를 사용하도록 할 것.
6) 절연용 방호구의 설치·해체작업 : 절연용 보호구를 착용하거나 활선작업용 기구 및 장치를 사용하도록 할 것.
7) 유자격자가 아닌 근로자가 충전전로 인근의 높은 곳에서 작업할 때에 조치사항 : 근로자의 몸 또는 긴 도전성 물체가 방호되지 않은 충전전로에서,
   ① 대지전압이 50kV 이하인 경우 : 300cm 이내로, 접근할 수 없도록 할 것.
   ② 대지전압이 50kV를 넘는 경우 : 10kV당 10cm씩 더한 거리 이내로 접근할 수 없도록 할 것.
8) 유자격자가 충전전로 인근에서 작업하는 경우 : 다음 항목의 경우를 제외하고는 노출 충전부에 다음 표에 제시된 접근한계거리 이내로 접근하거나 절연 손잡이가 없는 도전체에 접근할 수 없도록 할 것.
   ① 근로자가 노출 충전부로부터 절연된 경우 또는 해당 전압에 적합한 절연장갑을 착용한 경우
   ② 노출 충전부가 다른 전위를 갖는 도전체 또는 근로자와 절연된 경우
   ③ 근로자가 다른 전위를 갖는 모든 도전체로부터 절연된 경우

(2) 절연되지 않은 충전부나 그 인근에 근로자가 접근하는 것을 막거나 제한할 필요가 있는 경우

1) 방책을 설치하고 근로자가 쉽게 알아볼 수 있도록 할 것.
2) 다만, 전기와 접촉할 위험이 있는 경우에는 도전성이 있는 금속제 방책을 사용하거나, 접근 한계거리 이내에 설치하지 않을 것.

[표] 접근 한계거리

충전전로의 선간전압(단위 : kV)	충전전로에 대한 접근 한계거리(단위 : cm)
0.3 이하	접촉금지
0.3 초과 0.75 이하	30
0.75 초과 2 이하	45
2 초과 15 이하	60
15 초과 37 이하	90
37 초과 88 이하	110
88 초과 121 이하	130
121 초과 145 이하	150
145 초과 169 이하	170
169 초과 242 이하	230
242 초과 362 이하	380
362 초과 550 이하	550
550 초과 800 이하	790

(3) 방책 설치가 곤란한 경우 : 근로자를 감전위험에서 보호하기 위하여 사전에 위험을 경고하는 감시인을 배치할 것.

[5] 충전전로 인근에서의 차량·기계장치 작업

(1) 충전전로 인근에서 차량, 기계장치 등의 작업이 있는 경우

1) 차량 등을 충전전로의 충전부로부터 300cm 이상 이격시켜 유지시키되, 대지전압이 50kV를 넘는 경우는 10kV 증가할 때마다 10cm씩 증가시켜 이격시키도록 할 것.
2) 차량 등의 높이를 낮춘 상태에서 이동하는 경우 : 이격거리를 120cm 이상(대지전압이 50kV를 넘는 경우에는 10kV 증가할 때마다 이격거리를 10cm씩 증가)으로 할 수 있음.

(2) 충전전로의 전압에 적합한 절연용 방호구 등을 설치한 경우

1) 이격거리를 절연용 방호구 앞면까지로 할 수 있으며,
2) 차량 등의 가공 붐대의 버킷이나 끝부분 등이 충전전로의 전압에 적합하게 절연되어 있고 유자격자가 작업을 수행하는 경우에는 붐대의 절연되지 않은 부분과 충전전로 간의 이격거리는 접근 한계거리까지로 할 수 있음.

(3) 방책 설치 및 감시인 배치 : 다음 각 호의 경우를 제외하고는 근로자가 차량 등의 그 어느 부분과도 접촉하지 않도록 방책을 설치하거나 감시인 배치 등의 조치를 할 것.

1) 근로자가 해당 전압에 적합한 절연용 보호구 등을 착용하거나 사용하는 경우
2) 차량 등의 절연되지 않은 부분이 접근 한계거리 이내로 접근하지 않도록 하는 경우

(4) 충전전로 인근에서 접지된 차량 등이 충전전로와 접촉할 우려가 있을 경우 : 지상의 근로자가 접지점에 접촉하지 않도록 조치할 것.

> • 시설물 건설 등의 작업시의 감전방지 조치사항
> ① 차량, 기계장치 등을 고압선으로부터 300cm 이상 이격시킬 것(50kV 초과시 10kV 증가할 때보다 이격거리를 10cm씩 증가시킬 것)
> ② 감전의 위험을 방지하기위한 방책을 설치할 것
> ③ 충전전로에 절연용 방호구를 설치할 것
> ④ 감시인을 배치할 것

[6] 안전작업공간

(1) 한쪽에만 통전부분이 있을 경우 : 75cm 이상의 작업공간 유지

(2) 양쪽에 모두 충전부분이 있을 경우 : 135cm 이상의 작업공간 유지

[7] 전기 작업용 안전장구

(1) 절연용 보호구

1) 절연안전모
   ① 안전모의 종류 : AB(낙하 및 비래, 추락방지용), AE(낙하 및 비래, 감전방지용), ABE(낙하 및 비래, 추락, 감전방지용)
   ② 감전방지용 안전모(AE, ABE)의 내전압성 : 7,000V 이하의 전압에 견딜 것
2) 절연고무장갑
   ① 전기용 고무장갑 : 300V 초과~7,000V 이하의 작업에 사용
   ② 전기용 고무장갑은 유연성 및 탄력성이 있는 양질의 고무를 사용할 것
   ③ 전기용 고무장갑은 다듬질이 양호하며 흠, 기포, 안구멍, 기타 사용상 유해한 결점이 없고 이은 자국이 없는 고른 것일 것
   ④ 3,000~6,000V 정도의 고압충전전로에 사용시는 고무장갑의 바깥쪽에 가죽장갑을 착용할 것
3) 절연고무장화
   ① 절연화 : 저압(교류 600V, 직류 750V 이하의 전압)의 전기에 의한 감전을 방지하기 위한 것
   ② 절연장화 : 저압 및 고압(7,000V 이하의 전압)의 전기에 의한 감전을 방지하기 위한 것
4) 절연복 : 상반신의 감전방지용으로 사용되는 것으로 내전압은 1,500V, 1분이다.

(2) 절연용 방호용구

① 완금 커버 ② 방호관
③ 고무블랭킷 ④ 점퍼호스
⑤ 애자후드 ⑥ 커트아웃스위치 커버
⑦ 건축 지장용 방호판

(3) 활선 작업용 장구(공구)

1) 활선 시메라 : 충전중인 고·저압전선을 장선하는 작업에 사용
2) 활선카터 : 충전된 고전전선을 절단하는데 사용
3) 커트아웃스위치 조작봉(배전용 후크봉) : 충전중인 고압 커트아웃스위치를 개폐할 때에 섬광에 의한 화상 등의 재해 방지를 위해 사용
4) 디스콘 스위치 조작봉 : 충전부와의 절연거리를 유지하기 위하여 사용
5) 점퍼선 : 부하전류를 일시적으로 측로로 통과시키기 위해 사용
6) 기타 활선 스틱공구, 가완목, 활선작업대, 주상작업대, 활선애자청소기, 활선사다리 등이 있다.

❸ 전기설비안전

[1] 전 압

(1) 전압의 종류

[표] 전압의 종별

전압종류	직류	교류
저 압	1.5kV 이하	1kV 이하
고 압	1.5kV 초과 7,000V 이하	1kV 초과 7,000V 이하
특고압	7,000V 초과	7,000V 초과

(2) 전압강하

1) 저압 배선중의 전압강하는 간선 및 분기회로에서 각각 표준전압의 2% 이하로 할 것. 단, 변압기에 의하여 공급되는 경우 간선의 전압강하는 3% 이하로 할 수 있다.
2) 전압강하율 : 전압강하와 송전단 전압의 비

$$전압강하율 = \frac{V_s - V_r}{V_s} \times 100(\%)$$

여기서, V_s : 송전단 전압
V_r : 수전단 전압

[2] 전선 및 케이블

(1) 전선 종류
1) 절연전선 : 고무절연전선, 비닐절연전선, 면절연전선 등
2) 나전선 : 특별고압가공전선, 전차선 등으로 사용되는 절연 피복이 없는 전선

(2) 전선의 구비조건 및 전선굵기의 결정시 고려사항
1) 전선의 구비조건
   ① 도전율이 클 것
   ② 인장강도가 클 것
   ③ 내식성이 클 것
   ④ 접속이 쉬울 것
   ⑤ 가요성이 풍부할 것
2) 전선 굵기 결정시 고려사항
   ① 허용전류치
   ② 선로의 전압강하
   ③ 기계적 강도(인장강도)

(3) 케이블의 종류
1) 전력 케이블 : 폴리에틸렌 절연 비닐시드케이블, 비닐절연시드케이블 등
2) 제어 케이블 : 일반 빌딩, 공장, 발수변전소, 기타 600V 이하인 제어회로에 사용되는 케이블
3) 캡타이어 케이블 : 이동용 전기기구 또는 배선 등에 사용되는 케이블
4) 코드 : 옥내에서 적하식 전등 및 기타 소형전기기구에 사용

(4) 케이블 공사
1) 매설 깊이 : 차도 및 중량물의 압력을 받을 우려가 있는 장소의 매설깊이는 1.2m 이상, 그 밖의 장소는 0.6m 이상
2) 매입할 때는 케이블 외경의 1.5배 정도의 관에 넣어서 시공
3) 바닥이나 벽을 관통할 때는 두께 4mm 이상의 절연관 사용
4) 지지점과의 거리는 최고 2m이다.

[3] 전로의 절연저항 및 절연내력

(1) 저압전로의 절연저항치(절연전선의 전기저항)

[표] 저압전로의 절연성능 [KEC(전기설비규정) 2021.1 개정]

전로의 사용전압 [V]	DC 시험전압[V]	절연저항[MΩ]
1) SELV 및 PELV	250	0.5
2) FELV, 500(V) 이하	500	1.0
3) 500(V) 초과	1,000	10

[주] 특별저압(extra low voltage : 2차 전압이 AC 50V, DC 120V 이하)으로 SELV(비접지회로구성) 및 PELV(접지회로구성)은 1차와 2차가 전기적으로 절연된 회로, FELV는 1차와 2차가 전기적으로 절연되지 않은 회로

(2) 저압의 전선로의 누설전류는 최대공급전류의 1/2,000을 넘지 않도록 한다.

(3) 누설 전류 및 절연저항

1) 저압전선로의 누설전류 = 최대공급전류 $\times \dfrac{1}{2,000}$ 이하

2) 절연저항(Ω) = $\dfrac{전압}{누설전류}$ = $\dfrac{전압}{최대공급전류 \times 1/2,000}$

3) 3상변압기의 절연저항(Ω) = $\sqrt{3} \times$ 절연저항

[4] 접지설비

(1) 접지목적 및 접지목적에 따른 종류

1) 접지의 목적
   ① 전기설비의 절연물이 열화 또는 손상되었을 대 누전전류에 의한 감전방지
   ② 고압선과 저압선이 혼촉되면 위험하므로 대지로 전류를 흘려 보내기 위해서 접지를 함
   ③ 낙뢰에 의한 피해방지
   ④ 송·배전선, 고전압모선 등에서 지락사고 발생시에 보호계전기를 신속하게 동작시키기 위해서임.
   ⑤ 송·배전선로의 지락사고시 대전전위의 상승을 억제하고 절연강도를 경감시킴

2) 접지목적에 따른 종류
   ① **계통접지** : 고압전류와 저압전로가 혼촉되었을 때의 감전이나 화재방지
   ② **기기접지** : 누전되고 있는 기기에 접촉되었을 때이 간전방지
   ③ **피뢰기접시** : 낙뢰로부터 전기기기의 손상을 방지
   ④ **정전기접지** : 정전기의 축적에 의한 폭발재해방지
   ⑤ **지락검출용접지** : 누전차단기의 동작을 확실하게 하기 위한 접지
   ⑥ **등전위접지** : 병원에 있어서의 의료기기 사용시의 안전도모

(2) 접지방식의 종류별 특징

1) **비접지방식** : 중성점을 접지하지 않는 방법으로 1선지락 사고시 건전한 두선의 대지전압은 성형전압에서 선간전압으로 상승하고 대지 충전전류는 사고점을 흐른다.
2) **직접접지방식** : Y결선 변압기의 중성점을 도선으로 직접 접지하는 방식
3) **저항접지방식** : 변압기의 중성점을 저항을 통하여 접지하는 방식으로 접지전류는 100~300[A] 정도이다.
4) **소호 리액터접지** : 중성점을 소호 리액터를 통하여 접지하는 방식으로 1선 지락 전류가 0이 되도록 하는 접지방식

(3) 접지공사시 사람이 접지선에 닿을 우려가 있는 장소에서의 유의사항

1) 접지극(접지판, 접지관)의 지중 매설깊이는 75cm 이상으로 할 것
2) 접지선을 철주 등의 금속체에 연하여 시공할 때에는 접지극 부근의 전위상승 억제를 위하여 접지극을 철주 등에서 1m 이상 떼어서 매설할 것
3) 지중에 매설된 금속제 수도관로와 대지간의 전기저항치가 3Ω 이하인 값을 유지시는 금속제 수도관을 접지극으로 대용
4) 접지선의 외상방지를 위해 지하 75cm에서 지상 2m까지의 부분에는 합성수지관이나 모울드로 덮을 것

(4) 접지저항 저감법

1) 접지극의 매설깊이를 깊게 할 것
2) 접지극의 수를 증가하여 이들을 병렬로 연결시킬 것
3) 접지극의 크기를 크게 할 것
4) 토양이 불량한 경우는 토질에 적합한 시공법을 택하거나, 접지저항저감제를 사용 토양을 개선할 것

(5) 접지공사가 생략되는 장소

1) 건조한 장소에 설치한 직류 300V 또는 교류 대지전압이 150V 이하인 전기기계기구
2) 목재 마루 등 건조한 장소에서 전기기기를 취급하는 곳
3) 철대와 외함주위에 절연대를 설치한 전기기계기구
4) 사람이 쉽게 접촉되지 않게 목주 등에 높이 설치한 저압, 고압용 전기기계기구(단, 절연성이 없는 철주상 등에 설치시는 접지공사를 해야 함)
5) 전기용품 안전관리법의 적용을 받는 이중절연의 전기기계기구
6) 누전차단기(정격감도전류 30mA 이하, 동작시간 0.03sec 이하의 전류동작형의 것에 한함)로 보호된 저압전로의 기계기구

● 접지대상 제외 전기 기계·기구
1) 이중절연구조의 전기 기계·기구
2) 절연대 위에서 사용하는 전기 기계·기구
3) 비접지방식의 전로에 접속·사용하는 전기 기계·기구

❹ 교류 아크용접작업의 안전

[1] 아크용접시의 광선에 의한 장해 및 전격위험도

(1) 아크광선에 의한 장해

1) 자외선 : 아크용접시 가장 많이 발생하여 전기성 안염을 일으킨다(응급조치 : 냉찜질 후 전문의의 치료)
2) 적외선 : 백내장을 일으킨다(응급조치 : 2%의 붕산수용액으로 씻음).

(2) 아크용접시의 전격위험 : 작업자가 홀더(holder)의 충전부분이나 용접봉 등에 접촉되어 감전된 경우 통전전류는 다음 식에 의해서 구해진다.

$$I = \frac{E}{R_1 + R_2 + R_3} \; [A]$$

여기서, I : 인체의 통전전류[A]
E : 용접기의 출력측 무부하 전압 [V]
R_1 : 손, 홀더 용접봉 등의 접촉저항 [Ω]
R_2 : 인체의 내부저항 [Ω]
R_3 : 발과 대지의 접촉저항 [Ω]

(3) 아크전압과 전류

1) 일반적으로 아크전압은 낮으며 전류는 대전류이다.
2) 아크전압전류의 특성 : 수하특성이라고 하며 이는 부하전류가 증가하면 단자전압이 저하하는 특성으로 아크를 안정시키는데 필요하다.
3) 무부하전압 : 용접기에 전원이 들어와 있으나 용접봉에서 아직 아크를 발생시키지 않은 상태의 전압으로 교류아크용접기는 70~100V(400A 이하는 85V, 500A이상은 95V 이하로 규정), 직류아크용접기는 50~60V 정도이다.
4) 정격사용률 및 허용사용률
   ① 정격사용률 : 아크용접기는 연속적으로 아크를 발생시켜 사용하는 것이 아니므로 정격사용률이 규정되어 있다.

$$정격사용률 = \frac{아크발생시간}{아크발생시간 + 무부하시간}$$

   ② 허용사용률 산정식

$$허용사용률(\%) = 정격사용률 \times \frac{(정격2차전류)^2}{(실제용접전류)^2}$$

[2] 교류아크용접기의 방호장치 및 감전방지대책

(1) 방호장치 : 자동전격방지장치

(2) 방호장치의 성능

1) 아크발생을 정지시킬 때 주접점이 개로될 때까지의 시간(지동시간)은 1초 이내 일 것
2) 2차 무부하전압은 25V 이내일 것

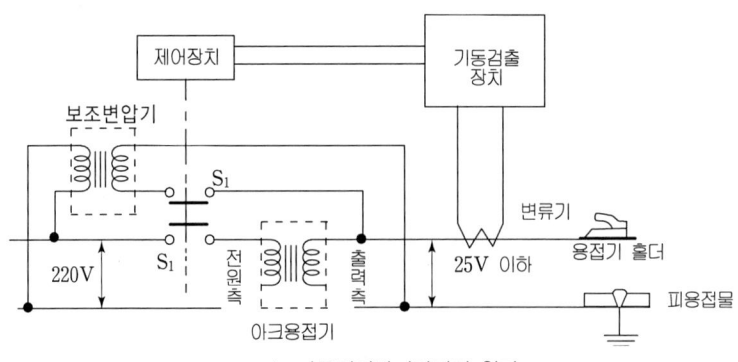

▲ 자동전격방지장치의 원리

(3) 시동시간 및 지동시간

1) 시동시간 : 용접봉을 피용접물에 접촉시켜 전격방지기의 주접점이 폐로될 때까지의 시간 (시동시간은 0.06초 이내, 용접봉의 접촉소요시간은 0.03초 이내일 것)
2) 지동시간 : 용접봉 홀더에 용접기 출력측의 무부하전압이 발생한 후 주접점이 개방될 때까지의 시간

(4) 전격방지기의 기능 : 용접작업중단 직후부터 다음 아크 발생시까지 유지할 것

(5) 아크용접작업시 감전방지대책

1) 자동전격방지장치를 사용할 것
2) 절연 용접봉 홀더를 사용할 것
3) 적정한 케이블(용접봉 케이블 또는 캡타이어케이블)을 사용할 것
4) 절연장갑을 사용할 것
5) 용접기 외함 및 피용접 모재에는 제3종 접지공사를 실시할 것

3. 전기화재예방 대책

1 전기화재의 분류

(1) 출화의 경과(발화형태)에 의한 분류

1) 단락(25%) : 2개 이상의 전선이 어떤 원인에 의해 서로 접촉되어, 즉 합선에 의하여 발화하는 것 (단락된 순간의 단락전류는 정격전류보다 크다)
2) 스파크(24%) : 개폐기나 콘센트를 조작할 때 발생하는 전기불꽃
3) 누전 및 지락
   ① 누전(15%) : 전류가 설계된 부분 이외의 곳으로 흐르는 현상으로 발화에 이를 수 있는 누전전류의 최소치는 300~500mA이다
   ② 지락 : 누전전류의 일부가 대지로 흐르는 것
4) 접촉부의 과열(12%) : 전선과 전선, 전선과 단자 또는 접촉편 등의 접속부에서 특별한 접촉저항을 나타내어 발열하는 것
5) 절연열화, 절연파괴(11%) : 전기적으로 절연된 물질 상호간에 전기저항이 감소하여 많은 전류가 흐르게 되는 현상
6) 과전류(8%) : 전기기기, 배선 등이 설계된 정상동작상태의 온도 이상으로 온도상승을 일으키는 것으로 과전류에 의해서 발생되는 열은 줄(Joule)의 법칙에 의하여 구한다.

$Q = I^2 RT$

여기서, Q : 발생열량 (J), I : 전류 (A)
R : 전기저항 (Ω), T : 통전시간 (sec)

(2) 발생원에 의한 분류

1) 이동 가능한 전열기(35%)
2) 전등, 전화 등의 배선(27%)
3) 전기기기 및 전기장치(23%)
4) 배선기구(5%)
5) 고정된 전열기(5%)

❷ 발화단계 및 착화에너지

(1) 과전류에 의한 전선의 발화단계

1) 인화단계(허용전류의 3배 정도 흐를 경우) : 전류밀도 $40\sim43\text{A/mm}^2$
2) 착화단계(허용전류의 3배 정도 흐를 경우) : 전류밀도 $43\sim60\text{A/mm}^2$
3) 발화단계 : 전류밀도 $60\sim120\text{A/mm}^2$
   ① 발화 후 용융되는 단계 : 전류밀도 $60\sim75\text{A/mm}^2$
   ② 용융되면서 스스로 발화하는 단계 : 전류밀도 $75\sim120\text{A/mm}^2$
4) 용단단계(전선이 용단되며 폭발하는 단계) : 전류밀도 120A/mm^2 이상

(2) 착화에너지 산정식

$$E = \frac{1}{2}CV^2$$

$$V = \sqrt{\frac{2E}{C}}$$

여기서, E : 착화에너지(J : 줄)
C : 정전용량(F : 패럿, $1\text{F}=10^6\mu\text{F}=10^{12}\text{pF}$)
V : 착화한계전압(V : 볼트)

❸ 전기화재의 방지대책

(1) 단락 및 혼촉 방지책

1) 단락방지 : 퓨즈(fuse) 및 누전차단기 설치
2) 혼촉방지 : 제2종 접지공사

(2) 누전방지책

1) 누전전류는 최대공급전류의 1/2,000을 넘지 않도록 할 것
2) 접지 및 누전차단기를 설치할 것
3) 누전화재라는 것을 입증하기 위한 요건
   ① 누전점 : 전류의 유입점
   ② 발화점 : 발화된 장소
   ③ 접지점 : 확실한 접지점의 소재 및 적당한 접지저항치
4) 발화까지에 이르는 누전전류의 최소한계 : 300~500mA
5) 전기화재방지기(누전경보기) : 50mA 정도의 누전에서 경보를 발할 수 있을 것

(3) 스파크(전기불꽃) 화재의 방지책

1) 개폐기를 불연성의 외함 내에 내장시키거나 통형퓨즈를 사용할 것
2) 가연성 증기, 분진 등의 위험성 물질이 있는 곳은 방폭형 개폐기를 사용할 것
3) 유입개폐기는 절연유의 열화정도, 유량에 유의하고 주위에는 내화벽을 설치할 것
4) 접촉부분의 산화, 변형, 퓨즈의 나사풀림 등으로 인하여 접촉저항이 증가되는 것을 방지할 것

(4) 출화의 경과 및 발화원에 대한 화재예방대책

1) 출화의 경과에 대한 화재예방대책
   ① 단락 및 혼촉을 방지한다.
   ② 누전사고의 요인을 제거한다.
   ③ 접촉불량방지와 안전점검을 철저히 한다.
2) 발화원에 대한 화재예방대책
   ① 배선기구는 전력전압, 전류범위에서 사용
   ② 전기기기 및 장치의 올바른 사용
   ③ 전기배선(코드)의 올바른 사용

4 발화원의 관리

(1) 전기기기 및 전기장치

1) 변압기의 발화방지상 유의할 사항
   ① 변압기는 독립된 내화구조의 변전실 또는 다른 건물에서 충분히 떨어진 장소에 설치할 것
   ② 방화적인 격리를 할 것
   ③ 대용량의 변압기 상호간의 사이 및 차단기, 배전판 등의 사이에는 콘크리트 칸막이 벽을 설치할 것
   ④ 불연성 절연유를 사용한 변압기나 건식 변압기를 사용할 것
   ⑤ 바닥을 경사지게 하고 배유구 설치 및 변압기 주위에 방유재를 설치할 것
2) 전동기
   ① 전동기는 운전중 슬립링이나 정류자와 브러시 사이에서 스파크 발생
   ② **전동기로 인한 사고 방지** : 설비장소에 맞는 전동기를 선정하거나 과부하가 되지 않도록 할 것

(2) 이동 가능한 전열기의 화재방지책

1) 열판의 밑에는 차열판을 설치할 것
2) 인조석, 석면, 벽돌 등의 단열성 불연재의 깔판(받침대)을 사용할 것
3) 주위 30~50cm, 위쪽 1~1.5m 내에는 가연물을 두지 않을 것
4) 배선, 코드의 과열방지를 위해 충분한 용량의 굵기를 사용할 것
5) 점멸을 확실히 할 것(통전유무를 표시하는 파일럿램프 사용)

❺ 전기누전 화재경보기

(1) 화재경보기의 구성

1) 변류기 : 누설전류의 검출
2) 수신기 : 누설전류의 증폭
3) 차단릴레이 : 주전원에 누설전류가 흐르는 경우 전원 차단
4) 음향장치 및 표시등 : 경보음 발생 및 점등

(2) 화재경보기의 검출누설 전류치 : 최소 200mA 이하에서 최대 1A 이하

(3) 전기화재경보기의 수신기의 설치방법

1) 수신기는 옥내의 점검에 편리한 장소에 설치할 것(단, 가연성의 증기·먼지 등이 체류할 우려가 있는 장소의 전기회로에는 해당 부분의 전기회로를 차단할 수 있는 차단 기구를 가진 수신기를 설치할 것)
2) 수신기는 다음 장소 외의 곳에 설치할 것
   ① 가연성의 증기·먼지·가스 등이나 부식성의 증기·가스 등이 다량으로 체류하는 장소
   ② 화약류를 제조·저장 또는 취급하는 장소
   ③ 습도가 높은 장소
   ④ 온도의 변화가 급격한 장소
   ⑤ 대전류회로·고주파발생회로 등에 의한 영향을 받을 우려가 있는 장소

❻ 전기화재에 적합한 소화기(전기화재: C급화재, 청색)

(1) 분말소화기
(2) 유기성소화기
(3) CO_2 소화기
(4) 증발성 액체소화기(사염화탄소 등)

4. 정전기 장·재해 관리

전기설비 안전관리

❶ 정전기 이론

[1] 정전기의 발생

(1) 정전기 : 부도체상의 전하와 같이 거의 이동하지 않는 전하 즉, 공간의 모든 장소에서 전하의 이동이 전혀 없는 전기를 말한다.

(2) 정전기 발생에 영향을 주는 요인

1) 물체의 특성 : 대전량은 접촉이나 분리하는 두 가지 물체가 대전서열 내에서 가까운 위치에 있으면 대전량이 적고 먼 위치에 있을수록 대전량이 커진다.(불순물 포함시 정전기 발생량 커짐)

2) 물체의 표면상태
   ① 물체의 표면이 원활하면 정전기 발생량이 적어진다.
   ② 물체표면이 수분이나 기름 등에 오염되었을 때에는 산화, 부식에 의해 정전기가 크게 발생된다.

3) 물체의 분리력 : 처음접촉, 분리가 일어날 때 정전기 발생은 최대가 되며 이후 접촉, 분리가 반복됨에 따라 발생량은 점차 감소한다.

4) 접촉면적 및 압력
   ① 접촉면적이 클수록 발생량은 커진다.
   ② 접촉압력이 증가하면 접촉면적이 커지므로 발생량도 증가하게 된다.

5) 분리속도
   ① 전하완화시간이 길면 전원분리에 주는 에너지가 커져서 발생량이 증가한다.
   ② 물체의 분리속도가 빠를수록 정전기 발생량은 커진다.

[2] 정전기 대전 및 방전에너지

(1) 정전기 대전 : 물체에 발생한 전하를 일부는 소멸하지 않고 물체에 축적되는데 이 축적된 전하를 대전전하(정전기)라 한다.

$$Q = Q_1 - Q_2$$

여기서, Q : 대전전하(정전기)
Q_1 : 발생된 전하량(발생전하량)
Q_2 : 소실된 전하량(완화량)

(2) 방전에너지 : 정전기가 방전될 때의 방전에너지는 다음식에 의해서 구한다.

$$E = \frac{1}{2}(CV^2) = \frac{1}{2}(QV)$$

여기서, E : 정전에너지(J)
C : 도체의 정전용량(F)
V : 대전전위(전압 ; V)
Q : 대전 전하량(C)

[3] 정전기 발생의 종류

(1) 마찰대전 : 물체가 마찰을 일으킬 때 마찰에 의해서 접촉위치가 이동하며 전하 분리 및 재배열이 일어나서 정전기가 발생하는 현상이다.

(2) 유동대전 : 액체류가 파이프 등을 통해서 유동할 때 관벽과 액체사이에서 정전기가 발생하는 현상이다.

(3) 박리대전 : 서로 밀착해 있던 물체가 박리되었을 때 전하분리가 일어나서 정전기가 발생하는 현상이다.

(4) 분출대전 : 기체, 액체, 분체류 등이 단면적이 작은 분출구를 통과할 때 마찰에 의해서 정전기가 발생하는 현상이다.

(5) 충돌대전 : 분체류와 같은 입자끼리 또는 입자와 고체와의 충돌에 의해서 급속한 분리, 접촉이 행해지기 때문에 정전기가 발생하는 현상이다.

(6) 파괴대전 : 물체가 파괴될 때 정전기가 발생하는 현상이다.

(7) 비말대전 : 공간에 분출한 액체류가 가늘게 비산해서 분리되는 과정에 정전기가 발생하는 현상이다.

(8) 진동대전(교반대전) : 액체를 교반할 때 정전기가 발생하는 현상이다.

[4] 방전의 종류

(1) 스파크(spark) 방전(불꽃방전) : 전위차가 있는 2개의 대전체가 특정거리에 근접하게 되면 등전위가 되기 위하여 전하가 절연공간을 깨고 순간적으로 흘러가면서 빛과 열을 발생하는 현상이다.(스파크 방전시 O_3 발생)

(2) 코로나(corona) 방전 : 스파크 방전을 억제시킨 접지 돌기상 도체 표면(뾰족한 부분)에서 발생하여 공기 중으로 방전하거나 고체 유도체 표면을 흐르는 경우가 있다. (방전에너지 적음)

(3) 연면방전 : 정전기가 대전되어 있는 부도체에 접지체가 접근한 경우 대전물체와 접지체 사이에서 발생하는 것으로 나뭇가지 형태(별표마크)의 발광을 수반하는 방전을 말한다.(착화 및 전격의 위험성이 큼)

(4) 스트리머(streamer) 방전 : 대전량이 큰 부도체와 평편한 형상을 갖는 금속과의 기상공간에서 발생하기 쉬운 방전이다.

(5) 뇌상방전 : 공기 중에 뇌상으로 부유하는 대전입자가 커졌을 때 대전운에서 번개형의 발광을 수반하는 방전이다.

[5] 정전기 유도 및 대책

(1) 정전기의 유도 : 절연된 물체에 대전체가 접근하면 절연체에도 정전기가 유도되며, 대전체와 가까운 곳에 대전체와 반대극성의 전하가 유도되고 먼 곳에는 동일 극성의 전하가 유도된다.

(2) 정전기의 축적 : 생성된 정전기는 지면이나 다른 물체로부터 절연되어 있을 경우 축적된다.

(3) 정전기의 완화

1) 완화시간 : 절연체에 발생한 정전기는 축적, 소멸과정에 의해 처음값의 36.8% 감소하는 시간을 시정수 또는 완화시간이라 한다.
2) 완화시간은 영전위 소요시간의 1/4~1/5 정도이다.

❷ 정전기 재해 방지대책

[1] 정전기에 의한 재해형태

(1) 재해형태의 종류

1) 정전기가 착화원이 된 화재폭발
2) 전격
3) 분체의 부착, 필름 등의 벗겨짐으로 인한 생산 장해
4) 정전기 쇼크(컴퓨터 오작동, 전자부품파손 등)

(2) 정전기에 의한 재해 : 물리적 현상(역학적 현상, 방전현상, 유도현상 등)에 기인한다.

1) 역학적 현상 : 대전된 물체의 정전기는 대전 전하간의 전기력(쿨롱 힘 : Coulomb's force)에 의해 부근에 있는 다른 물체를 흡수하거나 반발하며, 이러한 현상은 물체의 무게에 비해 표면이 크거나 가볍고 작은 물체에 많이 나타난다.
2) 방전현상
   ① 절연내력의 세기 : 3MV/m
   ② 표면전하밀도 : 2.7×10^{-2} C/m^2
   ③ 정전기 방전의 대전체 표면의 전하밀도 : 10^{-6} C/m^2
3) 정전유도현상 : 정전기 유도현상에 의한 재해형태는 전격, 폭발 등이 있다.

[2] 정전기 재해 방지대책

(1) 정전기 발생 방지책

1) 접지(부도체물질은 부적합)
2) 가습
3) 보호구 착용
4) 대전방지제 사용
5) 배관내 액체의 유속제한 및 정치시간의 확보
6) 도전성 재료 사용
7) 제전장치 사용

(2) 정전기로 인한 화재·폭발 방지 대책(안전보건규칙)

1) 정전기로 인한 화재·폭발 등의 위험이 발생할 우려가 있는 설비 사용시 정전기의 제거
   ① 확실한 방법으로 접지   ② 도전성재료를 사용
   ③ 가습(상대습도 70% 이상)   ④ 제전장치 사용

2) 인체에 대전된 정전기의 제거
　① 정전기 대전방지용 안전화 및 제전복의 착용(그 밖에 제전용 손목띠, 장갑, 토시 등도 활용되고 있음)
　② 정전기 제전용구의 사용
　③ 작업장 바닥에 도전성을 갖추도록 하는 방법
3) 기타 정전기로 인한 화재·폭발방지 대책
　① 정전기 발생방지 도장을 하는 방법
　② 배관 내의 유속을 조절하는 방법
　③ 정전기의 발생을 억제하는 방법(대전방지)
　④ 대전방지제에 의한 방법
　⑤ 도전성 향상에 의한 방법

(3) 도체의 대전방지대책

1) 접지에 의한 대전방지 : 정전기 대책만을 목적으로 하는 접지저항은 $1 \times 10^{-6} \Omega$ 이하인 고체의 표면은 금속도체를 밀착시켜서 간접접지에 의해 대전을 방지한다.
2) 화학설비에 접지를 실시하는 1차적 목적 : 정전기 대전방지
3) 배관 내 액체의 유속제한
　① 저항율이 $10^{10} \Omega cm$ 미만의 도전성 위험물 : 7m/sec 이하
　② 유동대전이 심하고 폭발위험성이 높은 물질(에테르, 이황화탄소 등) : 1m/sec 이하
　③ 물이나 기체를 포함한 비수용성 위험물 : 1m/sec 이하

(4) 부도체의 대전방지대책

1) 습기를 가하거나 주위환경의 습도를 높일 것
2) 대전방지제를 사용할 것　　　3) 제전기를 사용할 것

[3] 제전기

(1) 제전의 목적 : 부도체의 정전기 대전 방지

(2) 제전기의 종류

1) 전압인가식 제전기(코로나 방전식 제전기)
　① 제전전극에 7,000V 정도의 고전압이 인가되어 코로나 방전발생, 인가된 고전압의 에너지에 의해 제전에 필요한 이온이 생성된다.
　② 제전능력이 뛰어나며(거의 0에 가까운 효과를 봄) 단시간에 제전이 가능하다.
2) 자기방전식 제전기
　① 코로나 방전을 일으켜 공기를 이온화하는 방식이다.

② 50kV 내외의 높은 대전을 제거하는 장점이 있으나 2kV 내외의 대전이 남는 결점이 있다.
③ 인화위험이 거의 없으며 제전기 중 설치비가 가장 경제적이다.

3) 방사선식 제전기
① 방사선의 공기전리작용을 이용하여 제전에 필요한 이온을 만드는 방식이다.
② 방사선물질은 반감기가 길고 전리능력이 큰 α선, β선 등이 사용된다.
③ 제전능력이 작으며 제전에 시간을 필요로 하므로 이동하는 대전물체의 제전에는 효과가 적다.

4) 이온식 제전기(라디오-아이소토프 : radio-isotope식 제전기)
① 방사선의 전리작용으로 공기를 이온화하는 방식이다.
② 제전효율이 낮으나 폭발위험이 있는 곳에 적당하다.

[4] 대전방지제의 종류

(1) 외부용 일시성 대전방지제

1) 음이온계 활성계
① 값이 싸고 무독성이다.
② 섬유의 균일 부착성과 열안전성이 양호하다.
③ 섬유의 원사 등에 사용된다.

2) 양이온계 활성계
① 대전방지 성능이 뛰어나다.
② 비교적 고가이고 피부에 장해를 주며, 섬유에 사용할 때에는 염색이 곤란한 경우가 발생한다.
③ 내열성은 떨어지나 유연성이 뛰어나며 아크릴(Acryl)섬유용으로 널리 쓰인다.

4) 비이온계 활성계 :
① 단독사용으로는 효과가 적지만 열안전성이 우수하다.
② 음이온계나 양이온계 또는 무기염과 병용해서 사용할 때에는 대전방지 효과가 뛰어나다.

5) 양성이온계 활성제 : 대전방지성능은 양이온계와 비슷한 것으로 매우 우수한 성능을 보유하고 있다.

(2) 외부용 내구성 대전방지제

1) 일시성 대전방지제의 단점을 보완한 대전방지제이다.
2) 아크릴(acryl)산 유도체, 폴리알킬렌(poly alkylene), 폴리아민(polyamin)유도체, 폴리에틸렌글리콜(ployethylenglycol) 등이 있다.

5. 전기 방폭 관리

❶ 폭발성가스의 위험특성

(1) 방폭구조와 관계있는 위험특성

1) 발화온도(발화점) : 가연성물질이 공기중에서 점화원이 없이 스스로 연소를 개시할 수 있는 최저온도

2) 화염일주한계 : 폭발성 분위기내에 방치된 표준용기의 접합면 틈새를 통하여 화염이 내부에서 외부로 전파되는 것을 저지할 수 있는 틈새의 최대간격치를 말한다(내압 방폭구조와 관련).

3) 최소점화전류 : 폭발성 분위기가 전기불꽃에 의하여 폭발을 일으킬 수 있는 최소의 회로를 말한다(본질안전 방폭구조와 관련).

(2) 폭발성 분위기의 생성조건에 관계되는 위험특성

1) 폭발한계(폭발범위) : 점화원에 의하여 폭발을 일으킬 수 있는 폭발성가스와 공기와의 혼합가스 농도범위를 말한다.

2) 인화점 : 가연성물질을 가열할 때 가연성 증기가 연소범위 하한에 달하는 최저온도 즉, 가연성 증기에 점화원을 주었을 때 연소가 시작되는 최저온도로 인화점이 낮을수록 폭발성 분위기가 생성되기 쉽다.

3) 증기밀도 : 표준상태(0℃, 1기압) 또는 15℃, 1기압에서 증기 $1m^3$의 질량의 비를 말하며, 공기의 밀도를 1로 하는 경우 기체비중을 증기밀도로 사용한다.

❷ 방폭대책의 기본사항

(1) 위험분위기 생성방지

1) 폭발성 가스의 누설 및 방출방지
2) 폭발성 가스의 체류방지
3) 폭발성 분진의 생성방지

(2) 전기기기의 방폭

1) 점화원의 방폭적 격리 : 압력방폭구조, 유입방폭구조, 내압방폭구조
2) 전기기기의 안전도 증강 : 안전증 방폭구조
3) 점화능력의 본질적 억제 : 본질 안전 방폭구조

❸ 폭발성가스 및 분진

(1) 폭발성가스

1) 폭발의 성립조건
   ① 가연성 가스(증기 또는 분진)가 폭발범위 내에 있어야 한다.
   ② 밀폐된 공간이 존재하여야 한다.
   ③ 점화원(에너지)이 있어야 한다.

2) 발화도 : 폭발성 가스의 폭발위험성은 발화점에 따라서 다르기 때문에 발화도에 따라 구분하고 있다.

[표] 발화도의 구분(KS C 0906)

발 화 도	발화점의 범위
G_1	450℃ 초과
G_2	300℃ 초과~450℃ 이하
G_3	200℃ 초과~300℃ 이하
G_4	135℃ 초과~200℃ 이하
G_5	100℃ 초과~135℃ 이하

3) 폭발등급 : 표준용기(내용적 8L, 틈의 안 길이 25mm)의 내부에서 폭발이 발생했을 때 외부에 화염이 미치지 않는 틈의 치수에 따라 등급을 정한 것이다.

[표] 폭발등급

폭 발 등 급	틈새의 폭 치수(안전간격)
1등급	0.6mm 초과
2등급	0.4mm 초과 0.6m 이하
3등급	0.4mm 이하

4) 폭발성가스의 분류

발화도 폭발등급	G1 (450℃ 초과)	G2 (300~450℃)	G3 (200~300℃)	G4 (135~200℃)	G5 (100~135℃)
1등급	아세톤 암모니아 일산화탄소 에탄 초산 초산에틸 톨루엔 프로판 벤젠 메타놀 메탄	에타놀 초산인펜틸 l-부타놀 부탄 무수초산	가솔린 핵산	아세트알데히드 에틸에테르	
2등급	석탄가스	에틸렌 에틸렌옥시드			
3등급	수성가스 수소	아세틸렌			이황화탄소

5) 화재폭발의 예민성

① 화재폭발의 예민성 : 폭발등급이 클수록(안전간격이 작을수록), 발화도가 높을수록(발화온도가 낮을수록) 화재폭발의 예민성이 커진다.

② 화재폭발의 예민성이 가장 높은 물질 : 이황화탄소(폭발등급 : 3등급, 발화도 : G_5)

(2) 폭발성 분진

1) 분진의 정의

① 분체 및 분진 : 지름이 1,000μm보다 작은 고체입자를 분체라 하며 그 중 75μm 이하의 고체입자로서 공기 중에 떠 있는 분체를 분진이라 한다.

② 폭발에 관계되는 분체의 직경은 대체로 500μm 이하이다.

2) 분진의 종류

① 가연성분진 : 공기 중 산소와 발열반응을 일으키며 폭발하는 분진 (소맥분, 전분, 합성수지, 코크스, 철 등)

② 폭연성 분진 : 공기 중 산소가 희박하거나 이산화탄소(CO_2) 중에서도 심한 폭발을 발생하는 금속분진(마그네슘, 알루미늄 등)

[표] 분진의 분류

발화도 \ 종류	폭연성 분진	가연성 분진	
		도전성	비도전성
I1(270℃ 초과)	마그네슘, 알루미늄, 알루미늄 브론즈	티탄, 아연, 코크스, 카본블랙	소맥, 고무, 염료, 페놀수지, 폴리에틸렌
I2(200℃~270℃)	알루미늄	철, 석탄	리그닌, 쌀겨, 코코아
I3(150℃~200℃)	-	-	유황

4 위험장소

(1) 가스위험장소의 분류

1) 0종 장소 : 폭발성 분위기가 연속적 또는 장시간 발생할 염려가 있는 장소로서 다음의 장소를 말한다.
   ① 폭발성 농도가 연속적 또는 장시간 계속해서 폭발하한치 이상이 되는 인화성 액체의 용기
   ② 탱크내 액면 상부의 공간부
   ③ 가연성 가스의 용기, 탱크의 내부
   ④ 가연성 액체내의 액중펌프

2) 1종 장소 : 폭발성 분위기가 주기적 또는 간헐적으로 발생할 염려가 있는 장소(보통상태에서 위험분위기를 발생할 염려가 있는 장소)로서 다음의 장소를 말한다.
   ① 탱크로리, 드럼관 등 인화성 액체를 충전하는 경우 개구부의 부근
   ② 릴리프 밸브가 가끔 작동하여 가연성 가스, 증기를 방출하는 경우
   ③ 탱크류의 벤트의 개구부 부근
   ④ 점검, 수리작업시 가연성가스가 증기를 방출하는 장소
   ⑤ 플로팅 루프탱크(floating roof tank)상의 셀(shell) 내의 부근
   ⑥ 실내(환기가 방해되는 장소)에서 가연성 가스나 증기를 방출할 염려가 있는 장소
   ⑦ 위험한 가스가 누출할 염려가 있는 장소로서 핏트류처럼 가스가 축적되는 장소

3) 2종 장소 : 이상상태에서 위험분위기를 발생할 염려가 있는 장소

(2) 분진위험장소의 분류

1) 가연성 분진 위험장소
2) 폭연성 분진 위험장소

(3) 위험장소의 판정기준

1) 위험증기의 양
2) 위험가스의 현존 가능성
3) 가스의 특성(공기와의 비중차)
4) 통풍의 정도
5) 작업자에 의한 영향

(4) IEC기준에 의한 위험장소 및 발화도 구분

1) 위험장소
   ① Zone 0 : 지속적인 위험분위기
   ② Zone 1 : 통상상태 하에서의 간헐적 위험분위기
   ③ Zone 2 : 이상상태 하에서의 위험분위기

2) 전기기기의 최대 표면온도의 분류(KSCIEC)

온도등급(class)	T_1	T_2	T_3	T_4	T_5	T_6
최고표면온도의 범위(℃)	300초과 450이하	200초과 300이하	135초과 200이하	1000초과 135이하	85초과 1000이하	85이하

주 「최대표면온도」라 함은 방폭기기가 사양 범위 내의 최악의 조건에서 사용된 경우에 주위의 폭발성분위기에 점화될 우려가 있는 해당 전기기기의 구성부품이 도달하는 표면온도 중 가장 높은 온도

5 방폭구조

(1) 방폭구조의 구비조건 및 방폭기기 선정요건

1) 방폭구조의 구비조건
   ① 시건장치를 할 것
   ② 접지를 할 것
   ③ 퓨즈를 사용할 것
   ④ 도선의 인입방식을 정확히 채택할 것

2) 방폭기기 선징요건
   ① 위험장소의 종류
   ② 폭발성가스의 폭발등급
   ③ 발화도

3) 방폭전기기기의 선정시 고려사항
   ① 가스 등의 발화온도

② 설치될 지역의 방폭지역 등급 구분
③ 압력, 유입, 안전증방폭구조의 경우 최고 표면온도

4) 위험장소의 방폭구조선정

위험장소	해당방폭구조 선정
0종장소	본질안전 방폭구조(ia)
1종장소	본질안전(ia 또는 ib), 내압, 압력, 유입, 충전, 몰드, 안전증 방폭구조
2종장소	0종장소 및 1종장소에서 사용가능한 방폭구조, 비점화방폭구조

(2) 방폭구조의 종류 및 특징

1) 압력(내부압)방폭구조
   ① 용기내부에 보호기체(공기 또는 불활성기체)를 주입하여 용기의 내부압력을 외기압보다 높게 유지함으로써 폭발성 가스증기가 침입하는 것을 방지하는 구조(전폐형 구조)
   ② 내부압력 유지방식 : 통풍식, 봉입식, 밀폐식
   ③ 용기내부압력 : 외기압보다 5mm 수주 이상

2) 유입방폭구조
   ① 전기기기의 불꽃, 아크 또는 고온이 발생하는 부분을 기름 속(유중)에 담궈 주위의 폭발성 가스로부터 격리해서 인화를 방지하려는 구조(전폐형구조)
   ② 유입방폭구조의 유면에서 위험부분까지는 10mm 이상으로 유지하고, 온도가 60℃ 이상일 때는 사용을 금지한다.

3) 내압방폭구조
   ① 용기내부에서 가스가 폭발하였을 때 용기가 그 압력에 견디고 또한 용기내에 폭발성 가스가 침입할 수 없도록 되어 있는 구조(전폐형구조)
   ② 내압방폭구조의 내압한도는 $10kg/cm^2$ 이상이어야 한다.
   ③ 내압방폭구조의 조건
      ㉠ 내부에서 폭발할 경우 그 압력에 견딜 것
      ㉡ 외함 표면온도가 주위의 가연성 가스에 점화되지 않을 것
      ㉢ 폭발화염이 외부로 유출되지 않을 것

4) 안전증방폭구조
   ① 폭발성가스·증기의 점화원이 될 전기불꽃, 아크 또는 고온이 되어서는 안되는 부분에 기계적, 전기적 구조상 또는 온도상승을 억제할 수 있도록 안전도를 증가시킬 구조
   ② 연면거리(절연된 두 도체간에 절연물의 표면을 따라 측정한 최단거리)를 크게

한다.
③ 과부하 및 과열로 인한 소손 및 절연 열화를 주의하여야 한다.

5) 본질 안전 방폭구조 : 정상시 및 사고시(단선, 단락, 지락 등)에 발생하는 전기불꽃 아크 또는 고온에 의하여 폭발성 가스 또는 증기에 점화되지 않는 것이 점화시험, 기타에 의해서 확인된 구조

6) 특수 방폭구조 : 폭발성가스 또는 증기에 점화 또는 위험분위기로 인화를 방지할 수 있는 것이 시험, 기타에 의하여 확인된 구조

7) 비점화 방폭구조 : 전기기기가 정상작동과 규정된 특정한 비정상상태에서 주위의 폭발성 가스 분위기를 점화시키지 못하도록 만든 방폭구조

8) 몰드 방폭구조 : 전기기기의 스파크 또는 열로 인해 폭발성 위험분위기에 점화되지 않도록 컴파운드를 충전해서 보호한 방폭구조(전기 불꽃, 고온발생 부분을 컴파운드로 밀폐한 구조)

9) 충전 방폭구조 : 폭발성 가스 분위기를 점화시킬 수 있는 부품을 고정하여 설치하고, 그 주위를 충전재로 완전히 둘러쌈으로서 외부의 폭발성 가스 분위기를 점화시키지 않도록 하는 방폭 구조

(3) 분진방폭구조의 종류

1) 특수 방진 방폭구조
2) 보통 방진 방폭구조
3) 방진 특수 방폭구조

(4) 방폭구조의 기호 및 표시

1) 방폭구조의 기호

표시항목	기 호	기호의 의미
방폭구조	Ex	방폭구조의 상징(심벌)
방폭구조의 종류	d p e ia 또는 ib o s q m n	내압 방폭구조 압력 방폭구조 안전증 방폭구조 본질 안전 방폭구조 유입 방폭구조 특수 방폭구조 충전 방폭구조 몰드 방폭구조 비점화 방폭구조

2) 분진방폭구조 및 발화도의 기호

구 분		기 호
방폭구조의 종류	특수방진 방폭구조	SDR
	보통방진 방폭구조	DP
	방진특수 방폭구조	XDP
발화도	발화도 11(270℃ 초과)	11
	발화도 12(200℃ 초과 270℃ 이하)	12
	발화도 13(150℃ 초과 200℃ 이하)	13

3) 방폭구조의 표시
① 방폭구조의 종류를 나타내는 「기호 - 폭발등급 - 발화도」의 기호순으로 표시한다.
② 안전증, 내압, 유입, 특수방진 방폭구조는 폭발등급을 표시하지 않는다.
예 d2G3 : d - 내압 방폭구조, 2 - 폭발등급, G3 - 발화도

(5) 방폭전기설비의 전기적 보호

1) 지락보호
① 접지식 저압전로 : 지락차단장치설치(감도전류는 30mA 이하)
② 비접지식 저압전로 : 지락자동경보장치, 지락차단장치 설치
③ 고압전로 : 지락자동차단장치 설치

2) 과전류보호
① 단락전류보호
② 과부하전류보호

3) 노출도전성 부분의 보호접지
① **보호접지의 대상** : 전기기기 및 배선의 노출도전성 부분(전기기기의 금속외함, 전선관, 전선관용부속품, 케이블의 금속재 sheath 등)
② **접지저항치** : 최고치 10Ω, 300V 이하의 저압전로에 접지된 노출도전성 부분은 최고치 100Ω
③ **접지선** : 600V이상의 비닐절연전선 이상의 성능을 갖는 전선 사용

chapter 5

화학설비 안전관리

제1장 화학물질 안전관리 실행
제2장 화재·폭발 검토
제3장 화학설비 등의 안전

1. 화학물질 안전관리 실행

❶ 위험물의 기초 화학

(1) 물질의 정의 및 분류

1) 물질 : 물체를 이루는 기본성분을 말한다.
2) 물질의 분류

구분	내 용
순물질	단체 : 한가지 원소로 된 순물질. 수소(H), 산소(O), 철(Fe) 등
	화합물 : 두가지 이상의 원소로 된 순물질. 물(H_2O), 소금(NaCl) 등
혼합물	두가지 이상의 단체 또는 화합물이 혼합하여 이루어진 물질. (소금물, 공기, 합금 등)

(2) 원자와 분자 및 몰(mol)의 개념

1) 원자 : 물질을 구성하고 있는 가상 작은 입자이다.
2) 분자 : 순물질(단체, 화합물)의 성질을 띠고 있는 가장 작은 입자이다(Avogadro 제창).
3) 몰(mol)과 부피 및 분자수의 관계

$$\text{기체 1mol} = 22.4\,l = \text{분자 } 6.02 \times 10^{23}\text{개 : 표준상태(0℃, 1기압)}$$

❷ 화학반응

(1) 물질의 변화 및 반응열

1) 물질의 변화
   ① 화학적 변화 : 물질의 본질 자체가 변하여 성분물질과 전혀 다른 물질로 변화되는 현상으로 화합, 분해, 치환, 복분해 등이 있다.
   ② 물리적 변화 : 물질의 본질은 변하지 않고 상태만이 변화되는 현상으로 기화,

액화, 융해, 응고, 승화 등이 있다.
2) 반응열
① 화학반응시 반드시 발생하는 출입열을 반응열이라 하며 발열반응과 흡열반응이 있다.
② 종류에는 생성열, 분해열, 연소열, 중화열 용해열 등이 있다.

(2) 화학반응

1) 산화반응 및 산화성 물질
   ① 산화반응 : 물질이 산소와 화합하는 반응을 말한다.
   ② 산화성 물질 : 다른 물질을 산화시켜 주는 물질을 말하며 산화성 물질은 산소를 함유하고 있는 위험 물질에 속한다.
2) 할로겐화 반응 : 할로겐원소($F_2 \cdot Cl_2 \cdot Br_2 \cdot I_2$)를 반응시키는 것을 말하며 다음과 같은 특징이 있다.
   ① 발열반응을 한다.
   ② 폭발의 위험성이 있다.
   ③ 부식을 일으킨다.
3) 니트로화 반응 : 유기화합물에 질산(HNO_3)을 반응시켜 니트로기($-NO_2$)를 도입 시키는 반응으로 다음과 같은 특징이 있다.
   ① 발열반응을 한다.
   ② 니트로 화합물을 폭발성이 있다.
4) 부가반응 : 에틸렌(C_2H_4)은 부가반응성이 큰 가연성 기체로 염소(Cl_2)와 부가반응을 한다.

$$CH_2 = CH_2 + Cl_2 \xrightarrow{\text{부가반응}} CH_2Cl - CH_2Cl$$

❸ 연소 이론

(1) 연소의 정의 및 3요소 등

1) 연소의 정의 : 빛과 열의 발생을 동반하는 급격한 산화 현상
2) 연소의 3요소
   ① 가연물(연소되는 물질)
   ② 산소공급원(공기)
   ③ 점화원(열원)

3) 가연물이 될 수 있는 조건
    ① 산소와 화합시 연소열(발열량)이 클 것.
    ② 산소와 화합시 열전도율이 작을 것.(열축적이 많아야 잘 연소함)
    ③ 산소와 화합시 필요한 활성화 에너지가 작을 것.
4) 산소공급원 : 산화성 물질 또는 조연성 물질(연소를 계속 시키는 물질)
    ① 공기 중의 산소(최적 배분율로 약 21% 존재)
    ② 산화제로부터 부생되는 산소(염소산염류, 과산화물, 질산염류 등의 강산화제)
    ③ 자기연소성 물질 : 가연물인 동시에 자체 내부에 산소를 함유하고 있기 때문에 공기 중에 산소를 필요로 하지 않고 점화원만으로 연소를 하는 물질 (니트로셀룰로즈, 피크린산, 니트로글린세린, 니트로톨루엔 등)
5) 점화원
    ① 전기불꽃   ② 정전기 불꽃   ③ 마찰 및 충격의 불꽃
    ④ 고열물   ⑤ 단열압축   ⑥ 산화열 등
6) 연소의 조건(연소되기 쉬운 조건)
    ① 산화되기 쉽고, 산소와 접촉면이 클수록
    ② 발열량이 큰 것일수록
    ③ 열전도율이 작고, 건조도가 좋은 것일수록

(2) 연소형태

1) 확산연소 : 가연성가스와 공기가 확산에 의해 혼합되면서 연소하는 것(수소, 아세틸렌 등의 기체 연소)
2) 증발연소 : 액제표면에서 발생된 증기가 연소하는 것(알코올, 에테르, 등유, 경유 등의 액체연소)
3) 분해연소 : 열분해에 의해 가연성가스를 방출시켜서 연소하는 것(중유, 석탄, 목재, 고체파라핀 등의 고체연소)
4) 표면연소 : 고체표면에서 연소가 일어나는 것(숯, 알루미늄박, 마그네슘 리본 등의 고체연소)

(3) 기체, 액체, 고체의 연소형태

1) 기체의 연소 : 확산연소(발염연소, 불꽃연소)
2) 액체의 연소 : 증발연소
3) 고체의 연소 : 분해연소(목재, 종이, 석탄, 플라스틱 등), 표면연소(코크스 목탄, 금속분 등), 증발연소(황, 나프탈렌, 파라핀 등), 자기연소(질산에스테르류, 셀룰로이드류, 니트로화합물 등의 폭발성물질)

(4) 연소의 특성 및 위험성

1) 연소의 특성
    ① 인화점 : 가연성 증기에 점화원을 주었을 때 연소가 시작되는 최저온도
    ② 발화점 : 가연물을 가열할 때 점화원이 없이 스스로 연소가 시작되는 최저온도.
    ③ 연소범위(폭발범위) : 가연성가스(또는 증기)와 공기(또는 산소)와의 혼합가스에 점화원을 주었을 때 연소(폭발)가 일어나는 혼합가스의 농도범위(부피%)
        ㉠ 낮은 쪽을 폭발 하한계, 높은 쪽을 폭발 상한계라 한다.
        ㉡ 온도와 압력이 높을수록 폭발범위는 넓어진다.

2) 연소의 위험성
    ① 착화온도가 낮을수록 연소위험이 크다.
    ② 인화점이 낮을수록 연소위험이 크다.
    ③ 연소범위가 넓을수록 연소위험이 크다.
    ④ 인화점이 낮은 물질이라도 반드시 착화점이 낮지는 않다.

(4) 폭발의 종류

1) 화학적 폭발
    ① 폭발성 물질의 폭발 : 화약의 폭발 등
    ② 산화 폭발 : 가연성가스나 인화성 액체 증기의 연소 폭발
2) 분진 폭발 : 석탄, 플라스틱, 알루미늄 등의 금속분, 소맥분 등의 분말이나 가연성 미스트의 폭발
3) 분해 폭발 : 아세틸렌, 에틸렌, 산화에틸렌, 히드라진 등의 분해물질의 폭발
4) 증기 폭발(물리적 폭발) : 수증기를 많이 발생하여 일어나는 폭발

(5) 취급상 유의해야 할 물성

1) 증기 및 가스 밀도 : 표준 상태 (0℃, 1기압)에서 단위 부피당 질량의 비
    ① 표준상태에서의 가스의 밀도 $= \dfrac{M(분자량)}{22.4}$ (g/l)
    ② 가스비중 $= \dfrac{가스의 밀도}{공기의 밀도} = \dfrac{M/22.4}{29/22.4} = \dfrac{M}{29}$
2) 비점(끓는 점) : 액체의 증기압이 대기압과 같아질 때의 온도를 말하며, 비점이 낮은 물질은 증기발생이 쉽기 때문에 위험성이 크다.
3) 최소 발화 에너지 : 물질을 발화시키는데 필요한 최저 에너지(단위 : mJ)
4) 최소 발화 에너지가 낮은 물질
    ① 에틸렌(C_2H_4) : 0.096×10^{-3} J(줄)
    ② 메탄(CH_4) : 0.28×10^{-3}

③ 프로판(C_3H_8) : 0.31×10^{-3} J
④ 벤젠(C_6H_6) : 0.55×10^{-3} J

> ● 용어의 정의
> 1) 발화 : 주위의 열에 의하여 스스로 불이 붙는 것
> 2) 인화 : 액체가 그 표면에 폭발하한계의 증기를 내어 화염이 전파되는 것
> 3) 착화 : 기체, 액체, 고체 어느 것이든 불이 붙는 현상
> 4) 점화 : 불이 붙어서 연소하는 현상

④ 위험물의 종류 및 성상

[1] 폭발성물질 및 유기과산화물

(1) 폭발성물질 및 유기과산화물 : 가열, 마찰, 충격 또는 다른 화학물질과의 접촉에 의해 산소나 산화제의 공급이 없더라도 폭발 등 격렬한 반응을 일으킬 수 있는 고체나 액체

(2) 종 류

1) 질산에스테르류 : 니트로셀룰로오스, 니트로글리세린, 질산메틸, 질산에틸 등
2) 니트로화합물 : 피크린산(트리니트로페놀), 트리니트로톨루엔(TNT) 등
3) 니트로소화합물 : 파라니트로소벤젠, 디니트로소레조르
4) 아조화합물 및 디아조 화합물
5) 하이드라진 및 그 유도체
6) 유기과산화물 : 메틸에틸케톤 과산화물, 과산화벤조일, 과산화아세틸 등

(3) 성질 및 위험성

1) 자연연소를 일으키기 쉽다.
2) 연소속도가 대단히 빨라서 폭발적이다.
3) 자연발화를 일으킨다.

[2] 물반응성 물질 및 인화성 고체(발화성 물질)

(1) 물반응성 물질 및 인화성 고체 : 스스로 발화하거나 발화가 용이하거나, 물과 접촉하여 발화하고 가연성가스를 발생할 수 있는 물질

(2) 인화성 고체의 종류

1) 황화인
2) 황
3) 적린
4) 철분
5) 금속분
6) 마그네슘
7) 인화성 고체

(3) 자연발화성 및 물반응성 물질(금수성 물질)의 종류

1) 칼륨
2) 나트륨
3) 알킬알미늄
4) 알킬리튬
5) 황인(P_4) : 자연발화성물질
6) 알카리금속(칼륨 및 나트륨 제외)
7) 유기 금속화합물(알킬알미늄 및 알킬리튬 제외)
8) 금속의 수소화물
9) 금속의 인화물
10) 칼슘 또는 알미늄의 탄화물

(4) 성질 및 위험성

1) 인화성 고체
   ① 비교적 저온에서 발화하기 쉬운 가연성 물질이다.
   ② 연소속도가 빠르고, 연소시 유독가스를 발생한다.
2) 물반응성 물질
   ① 물과 접촉시 발열반응을 일으키고 가연성가스와 유독가스를 발생시킨다.
   ② 불연성이다(칼륨, 나트륨 등은 공기중에서 산화).

[3] 산화성 액체 및 산화성 고체(산화성 물질)

(1) 산화성 물질 : 산화력이 강하고 가열, 충격 및 다른 화학물질과의 접촉 등으로 인해 격렬히 분해되거나 반응하는 고체 및 액체

(2) 종 류

1) 염소산 및 그 염류 : 염소산칼륨, 염소산나트륨, 염소산암모늄, 기타 중금속 염소산염

(염소산은, 염소산납, 염소산바륨, 염소산아연 등)

2) 과염소산 및 그 염류 : 과염소산나트륨, 과염소산암모늄, 기타 과염소산 염류(과염소산마그네슘, 과염소산리튬, 과염소산바륨, 과염소산루비듐 등)
3) 과산화수소 및 무기과산화물 : 과산화수소, 과산화칼륨, 과산화나트륨, 과산화마그네슘, 과산화칼슘, 과산화바륨 등
4) 아염소산 및 그 염류 : 아염소산나트륨
5) 불소산 염류
6) 질산 및 그 염류 : 질산칼륨, 질산나트륨, 질산암모늄, 기타 질산 염류(질산바륨, 질산마그네슘 등)
7) 요오드산염류 : 요오드산칼륨, 요오드산칼슘
8) 과망간산염류 : 과망간산칼륨, 과망간산나트륨, 과망간산칼슘, 기타 과망간산암모늄 등
9) 중크롬산 및 그 염류 : 중크롬산칼륨, 중크롬산나트륨, 중크롬산암모늄, 기타 중크롬산 염류(중크롬산아연, 중크롬산칼슘, 중크롬산제이철 등)

(3) 성질 및 위험성

1) 불연성이며 산소를 많이 함유하고 있는 강 산화제이다.
2) 가열, 타격, 충격, 마찰 등에 의해 분해해서 산소를 방출하기 쉽다.

[4] 인화성 액체

(1) 인화성 액체 : 표준압력(101.3kPa) 하에서 인화점이 60℃ 이하이거나 고온·고압의 공정운진조건으로 인하여 화재·폭발위험이 있는 상태에서 취급되는 가연성 물질

(2) 종류

1) 에틸에테르, 가솔린, 아세트알데히드, 산화프로필렌, 그 밖에 인화점이 23℃ 미만이고 초기끓는점이 35℃ 이하인 물질
2) 노르말헥산, 아세톤, 메틸에틸케톤, 메틸알코올, 에틸알코올, 이황화탄소, 그 밖에 인화점이 23℃ 미만이고 초기 끓는점이 35℃를 초과하는 물질
3) 크실렌, 아세트산아밀, 등유, 경유, 테레핀유, 이소아밀알코올, 아세트산, 하이드라진, 그 밖에 인화점이 23℃ 이상 60℃ 이하인 물질

(3) 성질 및 위험성

1) 상온에서 액체이며, 대단히 인화되기 쉽다.
2) 대부분 물보다 가볍고, 물에 녹기 어렵다(알코올, 아세톤 등은 예외)
3) 증기는 공기보다 무겁고, 공기와 혼합시 연소의 우려가 있다.

[5] 인화성 가스

(1) 인화성 가스 : 인화한계 농도의 최저한도가 13% 이하 또는 최고한도와 최저한도의 차가 12% 이상인 것으로 표준압력(101.3kPa) 하의 20℃에서 가스상태인 물질
  1) 가연성 가스 : 폭발 하한치가 10% 이하
       폭발 상한치와 하한치의 차이가 20% 이상
  2) 인화성 가스 : 인화한계 최저한도가 13% 이하
       최고한도와 최저한도 차가 12% 이상

(2) 종류
  1) 수소
  2) 아세틸렌
  3) 에틸렌
  4) 메탄
  5) 에탄
  6) 프로판
  7) 부탄

(3) 성질 및 위험성
  1) 대부분의 가스가 무색, 무취이다.
  2) 공기보다 가벼운 가스는 확산하기 쉽고, 공기보다 무거운 가스는 체류하기 쉽다.

[6] 독성물질

(1) 독성물질 : 사람의 건강 또는 환경에 위해를 미칠 독성이 있는 화학물질

(2) 종류
  1) 쥐에 대한 경구투입실험 : 실험동물의 50%를 사망시킬 수 있는 물질의 양, 즉 LD_{50}(경구, 쥐)이 (체중)kg당 300mg 이하인 화학물질
  2) 쥐 또는 토끼에 대한 경피흡수실험 : 실험동물의 50%를 사망시킬 수 있는 물질의 양, 즉 LD_{50}(경피, 쥐 또는 토끼)이 (체중)kg당 1,000mg 이하인 화학물질
  3) 쥐에 대한 4시간 동안의 흡입실험 : 실험동물의 50%를 사망시킬 수 있는 물질의 농도, 즉 가스 LC_{50}(쥐, 4시간 흡입)이 2,500ppm 이하인 화학물질, 증기 LC_{50}(쥐, 4시간 흡입)이 10mg/l 이하인 화학물질, 분진 또는 미스트 1mg/l 이하인 화학물질

[7] 부식성물질

(1) 부식성물질 : 금속 등을 쉽게 부식시키고 인체에 접촉하면 심한 상해(화상)을 입히는 물질

(2) 종류

1) 부식성 산류
   ① 농도가 20% 이상인 염산, 황산, 질산, 기타 이와 동등 이상의 부식성을 지니는 물질
   ② 농도가 60% 이상인 인산, 아세트산, 불산, 기타 이와 동등 이상의 부식성을 가지는 물질
2) 부식성 염기류 : 농도가 40% 이상인 수산화나트륨, 수산화칼륨, 이와 동등 이상의 부식성을 가지는 염기류

(1) 산업안전보건법과 소방법에서의 위험물의 비교

산업안전보건법	소방법	
1. 폭발성물질 및 유기과산화물	제5류	자기반응성 물질
2. 물반응성물질 및 인화성고체	제2류	가연성 고체
	제3류	자기발화성 물질 및 금수성 물질
3. 산화성 액체, 산화성 고체	제1류	산화성 고체
	제6류	산화성 액체
4. 인화성 액체	제4류	인화성 액체
5. 인화성 가스		
6. 부식성 물질		
7. 급성독성물질		

(2) 산업안전보건법과 소방법의 위험물의 분류에서 공통으로 포함되지 않는 것
  ① 인화성 가스
  ② 부식성 물질
  ③ 급성독성물질

❺ 위험물질의 기준량(안전보건규칙)

(1) 위험물질의 기준량 : 제조 또는 취급하는 설비에서 하루동안 최대로 제조 또는 취급할 수 있는 수량

① 과염소산, 염소산, 아염소산, 차아염소산 등 산화성물질 : 300kg
② 에틸에테르, 가솔린, 아세트알데히드, 산화프로필렌, 이황화탄소 등 인화점이 30℃ 미만인 인화성 물질 : 50l
③ 부식성 염기류 및 부식성 산류 : 300kg
④ 시안화수소, 플루오르아세트산 및 소디움염, 디옥신 등 LD_{50}(경구, 쥐)이 kg당 5mg 이하인 독성물질 : 5kg

(2) 2종 이상의 위험물질을 제조 또는 취급하는 경우 : 다음 공식에 의하여 산출한 R값이 1인 이상의 경우 기준량을 초과한 것으로 함

$$R = \frac{C_1}{T_1} + \frac{C_2}{T_2} + \cdots + \frac{C_n}{T_n}$$

여기서, C_n : 위험물질 각각의 제조 또는 취급량
T_n : 위험물질 각각의 기준량

6 위험물질의 특성 등

(1) 위험물질의 위험분석에 필요한 물리적, 화학적 특성

1) 물리적 특성 : 광도, 중량, 어는점 및 끓는점(빙점 및 비점), 저항도, 연성 및 전성 등

2) 화학적 특성 : 연소성, 부식성, 반응 및 폭발특성, 내약품성

(2) 위험물질의 성상

1) 자연발화의 형태별 분류
   ① 산화열에 의한 발열
   ② 분해열에 의한 발열
   ③ 흡착열에 의한 발열
   ④ 미생물에 의한 발열 (발효열)
   ⑤ 중합열에 의한 발열

2) 자연발화에 영향을 주는 인자 : 열의 축적, 발열량, 열전도율, 퇴적방법, 공기의 유동, 수분, 온도

3) 자연발화 방지법
   ① 통풍을 잘 시킬 것
   ② 습기가 높은 것을 피할 것
   ③ 연소성 가스의 발생에 주의할 것
   ④ 저장실의 온도 상승을 피할 것

❼ 고압가스

(1) 고압가스의 분류

1) 상태에 따른 분류
   ① 압축가스 : 수소, 산소, 질소, 메탄 등과 같이 비점이 낮은 가스로서 상온에서 압축하여도 액화하지 않는 가스를 그대로 압축하여 용기에 충전한 가스
   ② 액화가스 : 프로판, 부탄, 염소, 탄산가스, 시안화수소, 암모니아, 프레온 등과 같이 상온에서 비교적 낮은 압력으로 쉽게 액화할 수 있는 가스.
   ③ 용해가스 : 용제에 용해시켜 취급되는 가스(아세틸렌)

2) 고압가스의 성질(연소성)에 의한 분류
   ① 가연성 가스 : 연소할 수 있는 가스(프로판, 부탄, 메탄, 수소 등)
   ② 조연성 가스 : 연소를 도와주는 가스(공기, 산소, 오존, 염소, 불소, 질소산화물 등)
   ③ 불연성 가스 : 연소하지 않는 가스(질소, 탄산가스, 프레온 등)

(2) 고압가스 용기의 파열 및 분출 또는 누설사고의 원인

1) 고압가스 용기의 파열사고 원고
   ① 용기의 내압력(耐壓力)부족
   ② 용기 내압(內壓)의 이상 상승
   ③ 용기 내에서의 폭발성 혼합가스의 발화

2) 용기의 분출 또는 누설사고의 원인
   ① 용기 밸브의 용기에서의 이탈
   ② 용기밸브에서의 가스의 누설
   ③ 안전밸브의 작동
   ④ 용기에 부속된 압력계의 파열

(3) 고압가스 용기의 도색

1) 액화탄산가스 : 청색
2) 산소 : 녹색
3) 수소 : 주황색
4) 아세틸렌 : 황색
5) 액화 암모니아 : 백색
6) 액화염소 : 갈색
7) 액화 석유 가스(LPG) 및 기타 가스 : 회색

(4) 기체에 관한 법칙

1) 보일의 법칙(Boyle's law) : 일정한 온도에서 기체의 부피는 압력에 반비례한다.
   $P_1V_1 = P_2V_2 = C$ (일정)

2) 샤를의 법칙(Charles's law) : 일정한 압력에서 기체 부피는 온도가 1℃ 상승할 때마다 0℃일 때 부피의 약 1/273만큼씩 증가한다. 즉 기체의 부피는 절대온도에 비례한다. (절대온도 $T = t℃ + 273$)
   $\dfrac{V_1}{T_1} = \dfrac{V_2}{T_2} = C$ (일정)

3) 보일-샤를의 법칙(Boyle's Charles's law) : 일정량의 기체의 부피는 압력에 반비례하고, 절대온도에 비례한다.
   $\dfrac{P_1V_1}{T_1} = \dfrac{P_2V_2}{T_2} = C$ (일정)

4) 기체상태 방정식 : 보일-샤를법칙에다 아보가드로의 법칙을 대입시킨 것이다.
   ① 기체 1mol의 상태 방정식 : 표준상태에서 1mol은 22.4l 이므로
   $\dfrac{PV}{T} = \dfrac{1 \times 22.4}{273} = 0.082(\dfrac{l \cdot 기압}{몰 \cdot °K}) = R$
   ② 기체 n 몰의 상태 방정식
   $PV = nRT$

8 유해물질관리

[1] 유해물질의 유해요인 및 허용농도

(1) 유해물질의 유해 요인

1) 유해물질의 농도와 접촉시간(Haber의 법칙)
   유해지수 (K) = 유해물질의 농도 × 노출시간
2) 근로자의 감수성
3) 작업강도
4) 기상조건

(2) 유해물질의 허용 농도

1) 시간가중 평균 농도(TWA) : 1일 8시간 작업을 기준으로 하여 유해요인의 측정농도에 발생 시간을 곱하여 8시간으로 나눈 농도

$$\text{TWA} = \frac{C_1 T_1 + C_2 T_2 + C_3 T_3 + \ldots + C_n T_n}{8}$$

여기서, C : 유해요인의 측정농도(단위 : ppm 또는 mg/m³)
T : 유해요인의 발생시간(단위 : 시간)

2) 단시간 노출한계(STEL) : 근로자의 1회 15분간 유해요인에 노출되는 경우의 허용농도

3) 최고 허용농도 (Ceilling농도) : 근로자가 1일 작업시간동안 잠시라도 노출되어서는 아니 되는 최고 허용온도 (허용온도 앞에 "C"를 붙여 표시)

4) 혼합물질의 허용농도 : 화학물질이 2종 이상 혼재하는 경우 혼합물의 허용농도

$$\text{혼합물의 허용농도} = \frac{C_1}{T_1} + \frac{C_2}{T_2} + \cdots + \frac{C_n}{T_n}$$

여기서, C : 화학물질 각각의 측정농도
T : 화학물질 각각의 허용농도

5) TLV(threshold limit value) : 미국정부 산업위생전문가협의회(ACGIH)에서 채택한 허용농도기준

6) ppm을 mg/m³으로 바꾸는 공식

$$\text{mg/m}^3 = \frac{\text{ppm} \times \text{분자량(g)}}{24.45(25°C \cdot 1기압)}$$

[2] 독성물질의 작용 및 침입경로

(1) 독작용의 구분

1) 혈액의 산소공급 방해 및 차단 : 혈액소를 용해하며 헤모글로빈 결합체를 형성하는 것으로 시안화합물, 염소산염류, 니트로벤젠 등이 있다.

2) 세포의 응고 및 붕괴현상 : 피부접촉에 의하여 부식성 산류(염산, 황산, 석탄산 등), 부식성 알칼리(수산화나트륨, 수산화칼륨, 암모니아수 등), 중금속염류(수은, 은, 구리, 아연 등) 등이 있다.

3) 중추신경마비 세포원형질 파괴 심장 및 대사작용 장애

(2) 독물의 침입경로

1) 호흡기 : 즉시 혈액 속으로 옮겨가므로 유해성이 강하다.

2) 소화기(손에 묻어 들어오는 경우, 침에 녹아 장관에서 흡수되는 경우) : 간장에서 해독되어 줄어든다.

3) 피부점막

[3] 분진의 유해조건 및 대책

(1) 분진의 침착률과 유해조건

1) 분진의 침착률 : 분진의 크기가 0.3~0.4㎛부터 5㎛까지의 분진이 침착률이 높아서 유해하며, 1.2㎛ 정도의 분진이 가장 유해한 것으로 침착률 60%를 상회한다.
2) 분진의 유해성을 결정하는 조건 : 작업강도가 클수록 호흡량이 많아져서 분진의 흡입량이 많아진다.

(2) 분진대책

1) 작업공정에서 분진발생 억제 및 감소화
2) 분진 비상 방지 조치
3) 개인 보호구 착용으로 분진 흡입방지
4) 환기
5) 기타 공정을 습식으로 하거나 밀폐 등의 조치

[4] 방사선의 단위 및 위험성

(1) 방사선 단위 : R(Röntgen), Ci(Curie), Rad, Rem, count, Dose

(2) 방사선 위험성

1) 외부 위험 방사능 물질 : X선, γ선, 중성자
2) 내부 위험 방사능 물질 : α선 β선 (가장 심각한 내적 위험 물질 : α선)
3) 방사선 조사량 : 거리의 자승에 반비례한다.
4) 200~300rem 조사시 : 탈모증상
5) 450~500rem 이상 조사시 : 사망
6) 투과력 : α선 < β선 < X선 < γ선
7) 방사선 오염의 가장 실제적인 제거 방법 : 물로 씻어 낸다.

[5] 배기 및 환기

(1) 국소배기장치의 후드 형식

1) 리시버형 후드(receiver hood)
2) 밀폐형 후드(포위식 후드)
3) 부스형 후드(booth hood)
4) 부착형 후드(외부식 후드)

(2) 후드의 설치 요령(후드에 의한 흡인 요령)

1) 후드의 개구면적을 작게 할 것.
2) 에어 커텐(air curtain)을 이용할 것.
3) 충분한 포집속도를 유지할 것.
4) 배풍기 혹은 송풍기 소요동력에는 충분한 여유를 둘 것
5) 후드를 되도록 발생원에 접근시킬 것.
6) 국부적인 흡인방식을 선택할 것.
7) 후드로부터 연결된 덕트는 직선화할 것.

(3) 전체환기장치의 성능
: 단일성분의 유기화합물이 발생되는 작업장에 전체환기장치를 설치하고자 할 때는 다음 식에 따라 계산한 환기량 이상으로 설치하여야 한다.

$$\text{작업시간 1시간당 필요환기량} = \frac{24.1 \times \text{비중} \times \text{유해물질의 시간당 사용량} \times K}{\text{분자량} \times \text{유해물질의 노출기준}} \times 10^6$$

여기서, 시간당 필요환기량 단위 : m^3/hr
유해물질의 시간당 사용량 단위 : l/hr
K : 안전계수로서 $K=1$: 작업장 내의 공기혼합이 원활한 경우
$K=2$: 작업장 내의 공기혼합이 보통인 경우
$K=3$: 작업장 내의 공기혼합이 불완전한 경우

[6] 유해물질에 대한 대책 등

(1) 유해물질에 대한 대책

1) 유해물질의 제조 및 사용의 중지, 유해성이 적은 물질로의 전환
2) 생산 공정 및 작업방법의 개선
3) 설비의 밀폐화와 자동화
4) 유해한 생산 공정의 격리와 원격조작의 채용
5) 국소배기에 의한 오염물질의 확산 방지
6) 전체 환기에 의한 오염물질의 희석배출

(2) 유독성 물질관리와 관련된 중요사항

1) 과산화수소가 분해되어 생성되는 물질 : 물과 산소

$$2H_2O_2 \rightarrow 2H_2 + O_2$$

2) 붉은 인+염소산칼륨 : 혼합 폭발 우려가 있다.
3) N_2O(아산화질소) : 가연성 마취제

4) 황린은 공기나 산소와 접촉 : 발화하는 위험이 있다.
5) 유리를 부식시킬 때 발생하는 유독성 기체 : 불화수소(HF)
6) 고기압 작업 시에 발생하기 쉬운 잠수병, 잠함병의 원인이 되는 물질 : 질소(N_2)
7) 액체의 비점 : 액체의 증기압이 대기압과 같아지는 점
8) 어떤 물질의 잠재 위험도 결정요인 : 독성과 사용조건
9) 발화성 물질의 저장법
   ① 나트륨, 칼륨 : 석유 속에 저장
   ② 황인 : 물 속에 저장
   ③ 적린, 마그네슘 : 격리 저장
   ④ 질산은($AgNO_3$) 용액 : 햇빛을 피하여 저장
10) 환원성 물질 : 황린, 적린, 황화린, 황, 금속
11) 금수성(禁水性)물질 : 탄화칼슘(카바이드), 금속나트륨, 금속칼륨
12) 피부에 침투하면 암을 유발하는 발암성 물질 : 베타나프틸아민, 타르, 크롬 등
13) 아스베스트(석면)분진 흡입으로 인한 직업병 : 진폐증을 유발
14) 진동이 심한 작업장에서 발생하는 직업병 : 레이노씨병을 유발
15) 안티몬 화합물 : 인체내 혈색소를 용해하여 결합력이 강한 헤모글로브린 결합체를 만들어 산소의 공급을 방해하는 중금속

❾ 소화이론 및 소화약제

(1) 소화 방법

1) 냉각소화(화점의 냉각)
   ① 액체의 증발잠열을 이용하는 방법, 열용량이 큰 고체를 이용하는 방법이다.
   ② 냉각소화는 증발열이 크고 값이 싼 물을 가장 많이 사용한다.
2) 희석소화 : 연소반응의 계 내의 가연물이나 산화제의 농도를 낮추어서 반응을 억제시키는 것을 이용하는 방법이다.
3) 화염의 불안정화에 의한 소화 : 혼합기체(가연물+산소 공급원)의 유속을 증가하면 연소속도가 일정하게 되고 화염의 길이는 점차 길어지면서 불이 꺼지게 되는 것을 이용한 방법이다.
4) 연소의 억제소화 : 연소억제제를 사용하여 소화하는 방법이다.
   ① 연소억제제 : 할로겐, 알칼리금속 등
   ② 할로겐원소의 억제 효과 : $I_2 > Br_2 > Cl_2 > F_2$

③ 알칼리금속의 억제 효과

Ce(세시움) 〉 Lu(루비디움) 〉 K(칼륨) 〉 Na(나트륨) 〉 Li(리튬)

5) 제거소화법 : 가연물을 제거하는 소화법이다.
6) 질식소화법 : 산소의 공급을 차단하는 소화법이다.

(2) 포말 소화제 : 질식 및 냉각 효과

1) 기계포 : 공기포(에어졸)라고도 하며 포제의 수용액을 공기와 혼합하여 포를 만든 것.

구 분	기계포의 소화약제
원액	가수분해단백질, 계면활성제, 일정량의 물
포핵(거품속의 가스)	공기

2) 화학포 : 포제는 중조(A제)와 황산알루미늄(B제)의 반응에 의하여 만들어지고, 여기에 기포안정제인 가수분해 단백질, 사포닝, 계면활성제를 포함시킨다.
3) 포 소화제의 구비조건
   ① 부착성이 있을 것.
   ② 열에 대한 센 막을 가지고 유동성이 있을 것.
   ③ 바람 등에 견디고 응집성과 안전성이 있을 것.
   ④ 가연물 표면을 짧은 시간 내에 덮을 것.
   ⑤ 기름 또는 물보다 가벼운 것일 것.

(3) 분말소화기(드라이 케미컬) : 질식 및 냉각 효과

1) 소회약제
   ① 제1종분말소화약제 : 중탄산나트륨(중조 : $NaHCO_3$),
   ② 제2종분말소화약제 : 중탄산칼륨($KHCO_3$),
   ③ 제3종분말소화약제 : 인산암모늄($NH_4H_2PO_4$)
   ④ 제4종분말소화약제 : 중탄산칼륨+요소[$kHCO_3+(NH_2)_2CO$]
2) 특징 : 전기화재와 유류화재에 효력이 뛰어나다.

(4) 증발성액체 소화기(할로겐화물 소화기) : 희석효과, 억제작용, 기화열에 의한 냉각효과

1) 사염화탄소(CCl_4)
   ① CTC소화기라고 하며 포스겐 가스($COCl_2$)를 발생하는 경우가 있기 때문에 밀폐된 장소에서는 사용이 곤란하다.
   ② 사염화탄소는 건조한 공기 중, 습도가 높은 곳, 산화철(Fe_2O_3)이 있는 곳, 탄산가스(CO_2)가 있는 곳에서 포스겐 가스를 발생할 수 있다.

2) 일염화일취화메탄(CH_2ClBr) : C·B 소화기
   ① 부식성이 크다.
   ② 사염화탄소보다 소화 효과가 크다.
3) 이취화사불화에탄($CBrF_2CBrF_2$) : F·B 소화기
   ① 증발성 액체 중 소화 효과가 가장 크다.
   ② 독성 및 부식성이 적어 보관 중 안전성도 좋다.
4) 증발성 액체 소화기의 구비 조건
   ① 비점이 낮을 것.
   ② 증기(기화)가 되기 쉬울 것.
   ③ 공기 보다 무겁고 불연성일 것.

[표] Halon(할론) 명명법

명명법	보기
Halon 0 0 0 0 ↑ ↑ ↑ ↑ C F Cl Br 의 의 의 의 수 수 수 수	㉠ CH_2ClBr : Halon 1011 ㉡ $CBrF_2CBrF_2$: Halon 2402 ㉢ CF_3Br : Halon 1301 ㉣ $CBrClF_2$: Halon 1211

(5) 탄산가스 소화기 : 질식 및 냉각효과로 유류화재에 많이 사용

(6) 강화액소화기 : 물에 탄산칼륨(K_2CO_3) 등을 녹인 수용액

1) 빙점이 0℃인 물을 탄산칼륨으로 강화하여 빙점을 $-17 \sim -30$℃까지 낮추어 한냉지역이나 겨울철의 소화에 많이 이용
2) 일반화재, 전기화재에 이용

(7) 산 알칼리 소화기

1) 황산과 중탄산나트륨(중조)의 화학반응으로 생긴 탄산가스(CO_2)의 압력으로 물을 방출시키는 소화기
2) 일반화재, 분무노즐의 경우에는 전기화재에도 적합

(8) 간이 소화제

1) 건조사
2) 중조톱밥
3) 수증기
4) 소화탄
5) 팽창질석, 팽창진주암(알킬알루미늄 소화에 효과)

(9) 소화이론과 관련된 중요사항

1) 물을 소화제로 사용하는 이유
   ① 공기차단(질식 효과)
   ② 기화 잠열이 크다(냉각 효과)
2) 소화기 사용 최적온도
   ① 분말 소화기 : 0~40℃
   ② 포말 소화기 : 5~40℃
3) 포말 소화기가 발생시킬 수 있는 거품의 양 : 소화기 용량의 7~8배
4) 소화제로 사염화탄소(CCl_4)를 사용시 : 포스겐($COCl_2$) 가스발생 우려가 있다.
5) 금속 나트륨 화재 시 쓰이는 소화제 : 마른 모래 및 소다회
6) 가연용 가스 소화 시 가장 많이 쓰이는 것 : 분말(중탄산소다) 소화기

(10) 자동화재 탐지설비

1) 자동화재 탐지 설비의 구성요소
   ① 감지기 : 화원에서 상승하는 열 또는 연기에 의해서 작동한다.
   ② 발신기 : 감지기에 의해 주어지는 신호를 수신기에 보내는 역할을 한다.
   ③ 수신기 : 화재의 발생을 알린다.
2) 감지기의 종류 : 정온식, 차동식, 보상식, 기타 복사검지기 및 연기검지기
3) 정온식 검지기 : 주위의 온도가 일정하게 정해둔 온도에 도달하였을 때에 작동되는 감지기
4) 차동식 검지기 : 외계와의 변화가 일정치를 넘었을 때(주위의 온도가 정해진 비율 이상으로 크게 되었을 경우) 작동되는 검지기
5) 보상식 검지기 : 차동식의 단점인 온도의 완만한 상승에 의한 작동 불능을 해소하기 위해 정온식과 차동식을 조합한 형식의 검지기
6) 복사 검지기 : 일정량의 복사열량을 받았을 때나 화염의 불꽃을 포착하였을 때 작동되는 검지기(터널화재, 항공기 엔진의 감시용으로 사용).
7) 연기 검지기
   ① 화재에 의해서 생성되는 연기 입자에 의해 빛의 흡수에 산란을 일으키는 것을 이용하여 검출하는 광전식과 α선에 의해 이온화되어 있는 공기 중에 연기가 들어가면 이온전류가 감소하는 성질을 이용한 이온화식이다.
   ② 연기 검지기의 방사원 : 라듐(Ra), 아메리듐(Am)

2. 화재·폭발 검토

❶ 화 재

(1) 화재의 종류(소방청 고시)

1) 일반화재(A급 화재) : 나무, 섬유 종이, 고무, 플라스틱류와 같은 일반가연물이라고 해서 재가 남는 화재를 말한다.
2) 유류화재(B급 화재) : 인화성 액체, 가연성 액체, 석유 그리스, 파일, 오일, 유성도료, 솔벤트, 래커, 알코올 및 인화성 가스와 같은 유류라고 해서 재가 남지 않는 화재를 말한다.
3) 전기화재(C급 화재) : 전류가 흐르고 있는 전기기기, 배설과 관련된 화재를 말한다.
4) 금속화재(D급 화재) : Mg, Al 등 금속에 의한 화재를 말한다.
5) 주방화재(K급 화재) : 주방에서 음식물유를 취급하는 조리기구에서 일어나는 화재를 말한다.

(2) 적응 소화기

구분	A급 화재(백색) 일반화재	B급 화재(황색) 유류화재	C급 화재(청색) 전기화재	K급 화재 주방화재
소화 효과	냉각	질식	질식, 냉각	질식
적응 소화기	① 물소화기 ② 강화액 소화기 ③ 산알칼리소화기	① 포말소화기 ② 분말소화기 ③ 증발성액체 소화기 ④ CO_2 소화기	① 분말소화기 ② 유기성 소화기 ③ CO_2 소화기	① 분말소화기 ② 증발성액체소화기 (헬론소화기)

(3) 화재에 관련된 중요사항

1) 플래쉬 오버(flash over) : 플라스틱 가구가 많은 실내와 가연재에 화재가 발생할 경우, 실내 전체가 단숨에 타오르고 온도가 급격히 상승하는 현상으로 연기에 의한 위험 상태가 증가해 진다.

2) 화재 사망의 주요 원인 : 일산화탄소(CO)
3) 공기 중 탄산가스 농도에 따른 현상 : 3~4%(호흡 곤란), 15% 이상(심한 두통), 30% 이상(질식 사망)
4) 갱내 작업장 CO_2 농도 : 1.5% 이하 유지
5) 피부에 화상을 입었을 때의 화상정도 분류
   ㉠ 1도 : 피부가 빨갛다.
   ㉡ 2도 : 물집이 생긴다.
   ㉢ 3도 : 검게 탄다.

❷ 폭발 및 폭굉

(1) 폭발

1) 폭발의 본질 : 급격한 압력의 상승
2) 폭발의 원인
   ① 폭발의 원인이 되는 화학반응 : 연소반응, 분해반응, 중합반응, 폭굉반응, 폭연반응 등
   ② 물리화학적 변화 : 고체 또는 액체의 응상체(凝相體)에서 기상체(氣相體)로의 이상 변화(가스폭발, 분진폭발, 액적폭발)

(2) 폭굉

1) 폭발 중에서도 특히, 격렬한 경우를 폭굉이라 하며, 폭굉이라 함은 가스 중의 음속보다도 화염전파 속도가 큰 경우로 이때는 파면선단에 충격파라 하는 솟구치는 압력파가 발생하여 격렬한 파괴작용을 일으키는 원인이 된다.
2) 폭굉속도(폭속) 및 정상연소속도
   ① 폭굉시 : 1,000~3,500m/sec(폭굉파)
   ② 정상연소시 : 0.03~10m/sec(연소파)
3) 폭굉유도거리가 짧은 경우 : 최초의 완만한 연소가 격렬한 폭굉으로 발전할 때까지의 거리를 폭굉거리라 하며, 그 거리가 짧은 경우는 다음과 같다.
   ① 정상 연소속도가 큰 혼합가스일수록
   ② 관속에 방해물이 있거나 관경이 가늘수록
   ③ 압력이 높을수록
   ④ 점화원의 에너지가 강할수록

③ 폭발의 분류

(1) 기상폭발

1) 혼합가스의 폭발 : 가연성가스의 연소에 의한 폭발(산화 폭발)
2) 가스의 분해폭발 : 아세틸렌, 산화에틸렌, 에틸렌, 히드라진 등의 폭발
3) 분진 폭발 : 가연성 고체의 미분이나 가연성 액체의 무적(mist)에 의한 폭발

(2) 액상폭발

1) 혼합 위험성에 의한 폭발 : 산화성 물질과 환원성 물질을 혼합하였을 때 폭발
2) 폭발성 화합물의 폭발 : 반응성 물질의 분자내 연소에 의한 폭발과 흡열화합물의 분해반응에 의한 폭발(유기과산화물, 니트로화합물, 질산에스테르 등)
3) 증기 폭발 : 물, 유기액체 또는 액화가스 등의 과열시 순간적인 급속한 증발기에 의한 폭발

(3) 응상폭발(액상 및 고상폭발)

1) 수증기폭발 또는 증기폭발
2) 고상간의 전이에 의한 폭발
3) 전선 폭발
4) 화학류 및 유기과산화물 등의 폭발

(4) 증기운폭발 : 대량의 가연성가스 및 기화하기 쉬운 액체가 사고에 의해 누출, 누설하여 발화원에 의해 폭발, 화재가 발생하는 경우

※ BLEVE(브레비) : 비등상태의 액화가스가 기화하여 팽창하면서 폭발하는 현상

(5) 분진폭발

1) 분진폭발의 특성
   ① 연소속도나 폭발압력은 가스폭발보다는 작지만 가해지는 힘(파괴력)은 매우 크다.
   ② 2차 폭발을 한다.
   ③ CO(일산화탄소)의 중독피해의 우려가 있다.

2) 분진폭발을 일으키는 조건
   ① 가연성이고
   ③ 분진상태이고
   ③ 조연성가스(공기)중에서 잘 교반되고
   ④ 발화원이 존재하여야 한다.

3) 분진의 폭발성에 영향을 주는 요인
   ① 분진입도 및 입도분포 : 입도가 작을수록 비표면적이 커지고, 표면적이 크면 반응

속도가 커져서 폭발성을 크게 한다.
② 입자의 형상과 표면 상태 : 구형이 될수록 폭발성이 약하며, 입자표면이 산소에 대해 활성일수록 폭발성이 높다.
③ 분진의 부유성 : 부유성이 큰 것일수록 공기 중에 체류하는 시간이 길고 위험성도 커진다.
④ 분진의 화학적 성질과 조성 : 산화반응에 의해서 발생되는 기체량이나 연소열의 대소, 반응 전후에 용적의 변화가 큰 것 등이 분진폭발의 격렬도에 영향을 준다.

❹ 가연성가스의 폭발한계

(1) 폭발의 성립 조건

1) 가연성가스(증기 또는 분진)가 폭발범위 내에 있어야 한다.
2) 밀폐된 공간이 존재하여야 한다.
3) 점화원(에너지)이 있어야 한다.

(2) 폭발범위(폭발한계) 정의 및 영향요인

1) 폭발범위 : 폭발에 필요한 혼합가스(가연성가스와 공기 또는 산소) 중의 가연성가스의 농도범위를 폭발범위(폭발한계 또는 연소범위라고도 함)라 하며, 낮은 쪽을 폭발하한계, 높은 쪽을 폭발상한계라 한다.
2) 폭발한계에 영향을 주는 요인
   ① 온도 : 폭발하한은 100℃ 증가할 때마다 25℃에서의 값이 8%가 감소하며, 폭발상한은 8%가 증가한다.
   ② 압력 : 가스압력이 높아질수록 폭발범위는 넓어진다.(상한값이 증가함)
   ③ 산소 : 공기 중에서보다 산소 중에서 폭발범위가 넓어진다.(상한값이 증가함)

(3) 양론농도(C_{st}) : 가연성 물질 1몰이 완전연소할 수 있는 공기와의 혼합기체 중 가연성 물질의 부피[%]

1) 양론농도(C_{st})구하는 식 : $C_n H_m O_\lambda Cl_f$ 분자식에서 다음과 같은 식으로도 계산된다.

$$C_{st} = \frac{100}{1 + 4.773\left(n + \frac{m - f - 2\lambda}{4}\right)} (\%)$$

여기서, n : 탄소
m : 수소
f : 할로겐 원소
λ : 산소의 원자수

2) 양론농도와 폭발한계의 관계
　① 유기화합물의 폭발하한 값(L)은 양론농도(C_{st})의 약 55%로 추정한다.
　② 폭발상한값(u)은 양론농도의 약 3.5배 정도가 된다.

(4) 르-샤틀리에(Le-chatelier)의 법칙 : 혼합가스의 폭발한계를 구하는 식

$$\frac{100}{L} = \frac{V_1}{L_1} + \frac{V_2}{L_2} + \frac{V_3}{L_3} + \cdots + \frac{V_n}{L_n} \ (\text{vol\%})$$

여기서, L : 혼합가스의 폭발한계(%)
　　　　$L_1, L_2, L_3 \cdots L_n$: 성분가스의 폭발한계(%)
　　　　$V_1, V_2, V_3 \cdots V_n$: 성분가스의 용량(%)

(5) 위험도 : 폭발범위를 하한계로 제(除)한 값을 말하며, H로 표시한다.

$$H = \frac{U - L}{L}$$

여기서, H : 위험도
　　　　U : 폭발상한
　　　　L : 폭발하한

(6) 안전간격에 따른 폭발등급

폭발등급	안전간격(mm)	해 당 물 질
1등급	0.6 초과	메탄, 에탄, 프로판, n-부탄, 가솔린, 일산화탄소, 암모니아, 아세톤, 벤젠, 에틸에테르
2등급	0.4mm 초과 0.6mm 이하	에틸렌, 석탄가스
3등급	0.4 이하	수소, 아세틸렌, 이황화탄소, 수성가스

❺ 발화원

[1] 인화점(flash point)

(1) 인화점 : 공기 중에서 가연성 액체가 그 표면에서 인화하는 데 충분한 농도의 증기(폭발하한계)를 발생하는 최저온도를 말한다.

　1) 가연성 증기에 점화원(불꽃)을 주었을 때 연소가 시작되는 최저온도이다.
　2) 인화점은 가연성 물질의 위험성을 나타내는 척도이다.

(2) 인화점에 영향을 주는 요인

1) 압력이 증가하면 인화점은 높아지고 압력이 낮아지면 인화점도 낮아진다.
2) 유기물의 수용액은 증기압이 낮아지는 관계로 인화점은 높아진다.

[2] 발화온도

(1) 발화온도(발화점 또는 착화점)
가연성 물질이 공기 중에서 점화원이 없이 스스로 연소를 개시할 수 있는 최저온도이다.

(2) 발화온도에 영향을 주는 요인

1) 발화 지연시간 : 어느 온도에서 가열하기 시작하여 발화에 이르기까지의 시간을 말하려, 발화지연시간이 짧아지는 경우는 다음과 같다.
   ① 고온, 고압일수록
   ② 가연성가스와 산소의 혼합비가 완전 산화에 가까울수록
2) 증기의 농도와 발화온도의 관계
   ① 동족열(유기화합물)에서 분자량이 증가할수록 발화온도가 감소한다.
   ② 가지 달린 화합물이 직쇄상 화합물보다 높은 발화온도를 갖는다.
3) 환경적 영향에 의해 발화온도가 낮아지는 경우
   ① 용기가 클수록
   ② 압력이 증가할수록
   ③ 산소농도가 증가할수록
   ④ 접촉금속의 열전도율이 좋을수록
   ⑤ 화학적 활성도가 클수록
4) 촉매 : 산화철 파우더는 모든 물질의 발화온도를 낮게 한다.

(3) 발화점에 영향을 주는 인자

1) 가연성가스와 혼합비
2) 발화가 생기는 공간의 형태와 크기
3) 가열속도와 지속시간
4) 기벽의 재질과 촉매 효과
5) 점화원의 종류와 에너지 투여법

(4) 발화원(점화원)의 종류

1) 화기 및 고열물 : 담배불, 난방기구, 굴뚝, 증기배관 등
2) 충격 및 마찰 : 철제공구의 낙하, 그라인더의 불꽃 등

3) 자연 산화(자동 발화) : 중합열 등
4) 기타 단열 압축, 광선 및 방사선, 전기적 발화원(전기 기구), 정전기 방전 불꽃 및 벼락 등

(5) 자연발화현상

1) 자연발화가 일어나는 계에 대한 에너지수식
   열의 축적 = 열의 발생 − 열의 방열
2) 자연발화성물질의 자연발화를 촉진시키는데 영향을 주는 경우
   ① 표면적이 넓고 발열량이 클 것
   ② 주위온도가 높을 것
   ③ 열전도율이 낮을 것

6 폭발압력

(1) 밀폐된 용기 내에서 최대 폭발압력

1) 기체 몰수 및 온도와의 관계 : 최대 폭발압력(P_m)은 처음 압력(P_1), 기체 몰수의 변화량($n_1 \rightarrow n_2$), 온도변화 ($T_1 \rightarrow T_2$)에 비례하여 높아진다.

$$P_m = P_1 \times \frac{n_2}{n_1} \times \frac{T_2}{T_1}$$

2) 폭발압력과 가연성가스의 농도와의 관계
   ① 가연성가스의 농도가 너무 희박하거나 진하여도 폭발압력(P_m)은 낮아진다.
   ② 폭발압력은 양론농도보다 약간 높은 농도에서 가장 높아져 최대폭발이 된다.
   ③ 최대 폭발압력의 크기는 공기보다 산소의 농도가 큰 혼합기체에서 더 높아 진다.
3) 폭발압력 상승속도(r_m)
   ① r_m은 폭발의 종점 가까이에서 존재한다.
   ② 가연성 물질의 농도는 양론농도보다 약간 높은 농도에서 r_m이 된다.

(2) 밀폐된 용기 내에서 폭발압력에 영향을 주는 요인

1) 온도
   ① 온도의 증가에 따라 P_m(최대 폭발압력)은 감소하는데, 이유는 높은 온도에서는 같은 조건에서 물질의 양이 감소하기 때문이다.
   ② 처음 온도 상승에 따라 r_m(최대폭발압력 상승속도)은 증가한다.
2) 최초압력(초기압력)
   ① P_m은 최초압력에 영향을 받으며, 피크폭발압력은 최초 압력의 8배가 된다.

② 최초압력이 증가하면 r_m 도 증가한다.
3) 용기의 형태
① 용기의 지름에 대한 길이의 비가 큰 용기는 P_m 이 낮아진다(용기 부피나 모양에는 영향을 받지 않음).
② r_m 은 용기의 부피(V)에 큰 영향을 받으며, 그 관계식은 다음과 같다.
$$r_m V^{1/3} = \text{const}$$
4) 발화원의 강도
① 발화원의 강도가 클수록 P_m 은 약간 증가된다.
② 발화원의 강도가 클수록 r_m 은 크게 높아진다.
5) 난류현상
① 연소하한에 있는 혼합가스(가연성+공기)에 초기난류가 가해진 경우 P_m 은 약 30% 정도 높아진다.
② 난류현상이 있을 때 r_m 은 크게 증가한다.

❼ 화재 및 폭발 방호

(1) 화재의 예방대책

1) 예방대책 : 화재가 발생하기 전에 발화자체를 방지하는 대책
2) 국한대책 : 화재가 확대되지 않도록 하는 대책
   ① 가연성 물질의 집적방지
   ② 건물 및 설비의 불연성화
   ③ 위험물 시설 등의 지하매설
   ④ 방화벽 및 물, 방유제, 방액제 등의 정비
   ⑤ 일정한 공지의 확보
3) 소화대책 : 초기소화, 본격적인 소화활동
4) 피난대책 : 비상구 등을 통하여 대피하는 대책

(2) 폭발 재해의 대책

1) 예방대책 : 페일 세이프(fail safe)의 원칙을 적용하여 대책수립
2) 국한대책 : 안전장치 설치, 방폭벽설치 등 피해를 최소화하는 대책

(3) 폭발의 방호

1) 폭발봉쇄 : 유독성물질이나 공기 중에서 방출되어서는 안되는 물질의 폭발시 안전밸브나 파열판을 통하여 다른 탱크나 저장소 등으로 보내어 압력을 완화시켜서 파열을

방지하는 방법

2) 폭발억제 : 압력이 상승하였을 때 폭발억제장치가 작동하여 고압불활성가스가 담겨 있는 소화기가 터져서 증기, 가스, 분진폭발 등의 폭발을 진압하여 큰 파괴적인 폭발압력이 되지 않도록 하는 방법

3) 폭발방산 : 안전밸브나 파열판 등에 의해 탱크 내의 기체를 밖으로 방출시켜 압력을 정상화시키는 방법

4) 대기방출 : 가연성가스를 대기 중으로 방출시키는 방법

(4) 분진폭발의 방호

1) 분진물의 생성 방지
2) 발화원의 제거
3) 불활성물질의 첨가

(5) 불활성가스 첨가에 의한 가스폭발의 예방

1) 폭발예방의 원리 : 가연성 혼합가스(가연성 가스+공기) 중의 가연성 성분의 농도를 폭발 하한계 이하로 하는 방법과 폭발상한계 이상으로 하는 2가지 방법이 있다.
   ① 가연성 혼합가스에 불활성 가스를 첨가하면 가연성 가스의 농도가 폭발하한계(연소를 유지할 수 있는 가연성 성분의 최저농도) 이하로 되어 폭발이 일어나지 않는다.
   ② 폭발상한계는 연소를 지속할 수 있는 산소의 최저농도(또는 가연성 성분의 최대농도)이므로 가연성 혼합가스 중의 산소농도를 이 값 이하로 하여 폭발을 예방할 수 있다.

2) 폭발한계산소농도(임계산소농도) : 폭발상한계에 있어서의 연소를 지속할 수 있는 산소의 최저농도를 말하며, 폭발성을 유지하기 위한 최소의 산소농도로서 일반적으로 3성분(가연성 가스+공기+불활성 가스)중의 산소농도로 나타낸다.

3. 화학설비 등의 안전

❶ 반응기

(1) 반응기 : 화학반응을 최적조건에서 효율이 좋도록 행하는 기구

(2) 반응기의 구비조건

1) 고온, 고압에 견딜 것
2) 원료물질의 균일한 혼합이 가능할 것
3) 촉매의 활성에 영향을 주지 않을 것
4) 적당한 체류시간이 있을 것
5) 냉각장치(발열반응인 경우 발생열 제거) 및 가열장치(흡열반응에서 반응 온도 유지)를 가질 것

(3) 반응기의 분류

1) 조작방식에 의한 분류
   ① 회분식 반응기(batch reactor)
   ② 반회분식 반응기(semi batch reactor)
   ③ 연속기 반응기(plug flow reactor)

2) 구조방식에 의한 분류
   ① 교반조형 반응기
   ② 관형 반응기
   ③ 탑형 반응기
   ④ 유동층형 반응기

② 보일러

(1) 보일러의 시동전 점검사항

1) 급수탱크의 수위
2) 연료의 상태
3) 급수펌프의 운전상태

(2) 보일러의 압력상승 원인

1) 압력계의 눈금을 잘못 읽거나 감시가 소홀했을 때
2) 압력계의 고장으로 기능이 불완전할 때
3) 안전밸브의 기능이 부정확할 때

(3) 보일러의 파열 원인

1) 규정 압력 이상으로 상승하는 원인
   ① 안전장치를 부착하지 않았을 때
   ② 안전장치가 불확실하거나 작용을 하지 않을 때
2) 증기압력이 최고사용압력 이하이더라도 파열하는 원인
   ① 구조상의 결함으로 상용압력에서도 견디지 못할 때
   ② 보일러 부품의 부식
   ③ 과열

(4) 보일러의 과열 원인

1) 수관 및 몸체의 청소 불량
2) 관수를 감소시키고 빈 통에 불을 땔 때
3) 수면계의 고장으로 드럼 내의 물의 감소

(5) 보일러의 부식 원인

1) 불순물을 사용하여 수관이 부식되었을 때
2) 급수처리를 하지 않은 물을 사용할 때
3) 급수에 해로운 불순물이 혼입되었을 때

(6) 보일러 안전에 관련된 중요사항

1) 보일러 폭발의 주요원인 : 급수불량(저수위)
2) 보일러 저수위 사고 방지 : 자동 급수제어장치 점검 철저
3) 과잉증기압력에 의한 보일러 폭발의 주원인 : 안전장치의 결함
4) 보일러 속에 물이 부족하여 급속하게 급수할 때 폭발하는 원인 : 급격수축 때문

❸ 증류탑

(1) 증류탑 : 증발하기 쉬운 차이(비점의 차이)를 이용하여 액체혼합물의 성분을 분리하기 위한 장치이다.

(2) 특수 증류 방법

1) 감압증류(진공증류) : 다음 물질을 취급하는 경우에는 비점을 낮추어 처리하기 위해 감압 또는 진공으로 할 필요가 있다.
   ① 취급물질의 비점이 높아 적당한 가열매체가 없는 경우
   ② 가열에 의해 분해를 일으키기 쉬운 물질을 취급하는 경우
2) 추출증류 : 분리하려고 하는 물질의 비점이 거의 다르지 않는 경우에는 용매라고 하는 제3성분을 넣어서 추출증류를 한다.
3) 공비증류 : 비점차이가 상당히 큰 (10℃ 이상) 물질의 혼합물 증류 시 단수를 증가하거나 환류를 증가하여도 어느 한도 이상으로는 분리할 수 없는 경우가 있는데 이와 같은 혼합물을 공비혼합물이라 한다.
   ① 2성분계가 공비혼합물인 경우 분리방법은 추출증류와 같이 제3의 성분을 첨가하는 방법을 사용한다.
   ② 공비증류는 알코올-물계와 같이 상호 용해하고 있는 혼합물에서 물을 제거하는데 사용되는 경우가 많으며 첨가물로 벤젠을 사용한다.
4) 수증기 증류 : 물에 거의 용해되지 않는 휘발성 액체에 직접 수증기를 불어 넣으면서 가열하면 그 액체는 본래의 비점보다는 상당히 낮은 온도에서 유출하는데, 이것이 수증기 증류의 원리이며 다음과 같은 경우에 사용된다.
   ① 물질의 비점이 높고 상압에서 증류하면 분해할 가능성이 있는 경우.
   ② 열원의 온도가 낮기 때문에 원액이 증류온도에 도달하는 것이 곤란한 경우.

(3) 증류탑의 점검사항

1) 일상점검 항목(운전 중에 점검 가능한 항목)
   ① 보온재 및 보냉재의 파손 상황
   ② 도장의 열화상황
   ③ 플랜지(flange)부, 맨홀(manhole)부, 용접부에서 외부누출 여부
   ④ 기초 볼트의 헐거움 여부
   ⑤ 증기배관에 열팽창에 의한 무리한 힘이 가해지고 있는지의 여부와 부식 등
2) 개방시 점검해야 할 항목
   ① 트레이(Tray)의 부식상태, 정도, 범위
   ② 폴리머(polymer) 등의 생성물, 녹 등으로 인하여 포종(泡鐘)의 막힘 여부와 다공판

의 loading 유무
③ 넘쳐흐르는 둑의 높이가 설계와 같은 지의 여부
④ 용접선의 상황과 포종이 단(선반)에 고정되어 있는지의 여부
⑤ 누출이 원인이 되는 균열, 손상여부
⑥ 라이닝(lining), 코팅(coating) 상황

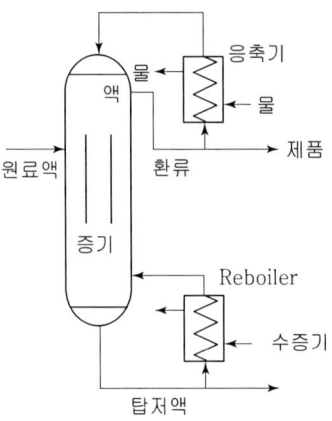

▲ 증류탑의 구조

❹ 열교환기

(1) 열교환기의 원리 및 목적 : 고온유체와 저온유체의 사이에서 열을 이동시키는 장치로서, 목적은 온도차를 이용하여 가열, 냉각, 증발 및 응축시키는 것이다.

(2) 사용목적에 따른 열교환기의 분류

  1) 열교환기 : 폐열의 회수
  2) 냉각기 : 고온측 유체의 냉각
  3) 가열기 : 저온측 유체의 가열
  4) 응축기 : 증기의 응축
  5) 증발기 : 저온측 유체의 증발

(3) 열교환기의 효율저하 원인

  1) 냉각수를 사용하는 열교환기의 경우
   ① 유체오염에 의한 scale이 관내벽에 부착
   ② 관측 또는 몸통측에 비응축 가스의 축적

2) 증기를 사용하는 열교환기의 경우
   ① 배관이 폐쇄된 경우 증기의 유량이 급격히 감소해서 증기 측의 압이 올라간 경우
   ② 피 가열물의 유량이 중지된 상태나 극단으로 유량이 적은 경우

5 건조 설비

(1) 건조설비
1) 습기가 있는 재료를 처리하여 수분을 제거하고 조작하는 기구를 건조설비라 한다.
2) 건조설비의 구성 : 본체, 가열장치, 부속장치

(2) 형태, 구조에 의한 건조장치의 분류
1) 용액이나 슬러리 건조기
   ① 드럼건조기 : roller사이에서 용액인 슬러리를 증발시킨다.
   ② 교반건조기 : 접착성이 큰 것에 사용된다.
   ③ 분무건조기 : 슬러리나 용액의 미세한 입자 형태를 가열하여 기체 중에 분산해 건조시킨다.
2) 고체건조기
   ① 상자건조기 : 괴상, 입상의 고체를 회분식으로 건조하여 곡물, 점토제품, 비누, 양모 등에 사용된다.
   ② 터널건조기 : 다량을 연속적으로 건조한다.
   ③ 회전건조기 : 다량의 입상 또는 결정상 물질을 건조한다.
3) 특수건조기 : 적외선 복사 건조기, 고주파기열건조기(합판건조사용)

(3) 위험물 건조설비를 설치하는 건축물의 구조
1) 위험물 건조설비(위험물 또는 위험물이 발생하는 물질을 가열·건조하는 건조실 및 건조기)
   ① 건조실을 설치하는 건축물의 구조는 독립된 단층건물로 하여야 한다.
   ② 다만, 건조실을 건축물의 최상층에 설치하거나 건축물이 내화구조일 때는 제외한다.
2) 독립된 단층 건물로 해야 하는 건조설비
   ① 위험물을 가열·건조하는 경우 내용적이 $1m^3$ 이상인 건조설비
   ② 위험물이 아닌 물질을 가열·건조하는 경우로서 다음 각 목의 어느 하나의 용량에 해당하는 건조설비
      ㉠ 고체 또는 액체연료의 최대사용량이 시간당 10kg(10kg/hr)이상
      ㉡ 기체연료의 최대사용량이 $1m^3$/hr이상

ⓒ 전기사용 전격용량이 10kW 이상

❻ 화학설비 및 특수화학설비

(1) 화학설비 및 그 부속설비

1) 화학설비
   ① 화학물질의 반응 또는 혼합장치·분리장치·저장 또는 계량설비
   ② 열교환기류
   ③ 화학제품 가공설비
   ④ 분체화학물질 취급장치·분리장치
   ⑤ 화학물질 이송 또는 압축설비

2) 화학설비의 부속설비
   ① 화학물질이송 관련설비   ② 자동제어 관련설비
   ③ 비상조치 관련설비   ④ 가스누출감지 및 경보관련설비
   ⑤ 폐가스처리설비   ⑥ 분진처리설비
   ⑦ 전기관련설비   ⑧ 안전관련설비

(2) 특수화학설비

1) 특수화학설비의 종류 : 위험물질의 기준량 이상으로 제조 또는 취급되는 다음 각호의 화학설비
   ① 발열반응이 일어나는 반응장치
   ② 증류·정류·증발·추출 등 분리를 행하는 장치
   ③ 가열시켜주는 물질의 온도가 가열되는 위험물질의 분해온도 또는 발화점보다 높은 상태에서 운전되는 설비
   ④ 반응폭주 등 이상 화학반응에 의하여 위험물질이 발생할 우려가 있는 설비
   ⑤ 온도가 섭씨 350℃ 이상이거나 게이지압력이 980kPa 이상인 상태에서 운전되는 설비
   ⑥ 가열로 또는 가열기

2) 2종 이상의 위험물질을 제조 또는 취급하는 경우 : 다음 공식에 의해 산출한 값(R)이 1 이상인 경우는 기준량 초과로 특수화학설비에 해당됨

$$R = \frac{C_1}{T_1} + \frac{C_2}{T_2} + \cdots + \frac{C_n}{T_n}$$

여기서, C_n : 위험물질 각각의 제조 또는 취급량
T_n : 위험물질 각각의 기준량

3) 특수화학설비 설치시 내부의 이상상태를 조기에 파악하기 위해 설치하는 장치
   ① 계측장치 : 온도계, 유량계, 압력계 등 설치
   ② 자동경보장치설치(자동경보장치설치 곤란시는 감시인 배치)

4) 특수화학설비 설치시 이상상태의 발생에 따른 폭발, 화재 또는 위험물의 누출방지를 위해 설치하는 장치
   ① 원재료 공급의 긴급차단장치
   ② 제품 등의 긴급방출장치
   ③ 불활성 가스의 주입 또는 냉각용수 등의 공급을 위한 장치 등 설치

7 제어장치

(1) 폐회로방식 제어계 및 작동순서

1) 폐회로방식 제어계 : 외관의 변동에 관계가 없이 제어량이 설정값을 지니도록 제어량과 설정값과를 비교해서 조작량을 변화시켜 조정될 수 있도록 제어대상과 제어장치로서 폐밸브(valver)를 구성하는 제어계이다.
2) 폐회로 방식 제어계의 작동순서 : 공정설비 – 검출부 – 조절계 – 조작부 – 공정설비

(2) 제어동작(조절계에 의한 제어에 필요한 동작)

1) 위치동작 : 2위치동작과 다위치 동작이 있다.
2) 비례동작 : 설정치로부터의 차이에 비례한 조작신호를 내보내는 동작이다.
3) 적분동작 : 제어치와 목표치를 일치시키기 위해 설정치로부터 차이가 발생하면 이 사이에 비례한 속노에서 조작신호가 변화하는 동작이다.
4) 미분동작 : 설정치에서 검출치가 벗어나는 속도에 비례하여 조작신호를 송출하는 동작

> ● 조절부
> 화학공정의 되먹임(피드백, feed back)제어에서 제어알고리즘(동작신호를 작업량으로 바꾸는 제어요소의 부분)을 이용하여 제어할 값을 결정하는 곳

8 안전장치

(1) 안전밸브

1) 안전밸브의 종류
   ① 스프링식(가장 많이 사용)
   ② 가용전식
   ③ 중추식
   ④ 파열판식

2) 안전밸브의 작동압력
   안전밸브 작동압력 = 상용압력 × 1.5 × 8/10
                   = 내압시험압력 × 8/10

3) 가용전식 용융온도
   ① 암모니아(NH_3) : 60℃
   ② 염소(Cl_2)용 : 65~68℃
   ③ 아세틸렌(C_2H_2)용 : 105±5℃
   ④ 긴급차단밸브용 : 110℃

(2) 파열판

1) 파열판은 취급물질의 고화 및 부식성 등에 의해 안전밸브의 작동이 곤란한 경우나 방출량이 많은 경우 또는 순간방출을 필요로 하는 경우에 사용되는 안전장치이다.

2) 파열판의 특징
   ① 구조가 간단하여 취급 및 점검이 용이하다.
   ② 압력 상승속도가 급격한 중합, 분해 등의 반응장치에 사용된다.
   ③ 밸브시트 누설이 없다.
   ④ 부식성 유체, 괴상물질을 함유한 유체에도 적합하다.
   ⑤ 작동 후 새로운 파열판과 교체해야 한다.

(3) 안전밸브 또는 파열판의 설치

1) 안전밸브 또는 파열판을 설치해야 할 설비
   ① 압력용기 : 관형 열교환기는 관의 파열로 인한 압력상승이 압력용기의 최고사용압력을 초과할 우려가 있는 경우에 한하며, 내경이 150mm 이하인 압력용기는 제외
   ② 정변위압축기 : 다단압축기인 경우에는 압축기의 각단
   ③ 정변위펌프 : 토출츠에 차단밸브가 설치된 것에 한함
   ④ 배관 : 2개 이상의 밸브에 의하여 차단되어 대기온도에서 액체의 열팽창에 의하여 파열이 우려되는 것이 한함

⑤ 그 밖에 화학설비 및 그 부속설비 : 이상 화학반응, 밸브의 막힘 등 이상상태로 인한 압력상으로 해당 설비의 최고사용압력을 초과할 우려가 있는 곳

2) 파열판을 설치해야 할 경우
① 반응 폭주 등 급격한 압력상승의 우려가 있는 경우
② 독성물질의 누출로 인하여 주위의 작업환경을 오염시킬 우려가 있는 경우
③ 운전 중 안전밸브에 이상 물질이 누적되어 안전밸브가 작동되지 아니할 우려가 있는 경우

(4) 체크밸브, 블로우 밸브, 대기밸브

1) 체크밸브 : 유체의 역류를 방지하는 밸브
2) 블로우밸브 : 과잉 압력을 방출하는 밸브
3) 대기밸브(breather valve) : 통기밸브라고도 하며 항상 탱크 내의 압력을 대기압과 평형한 압력으로 해서 탱크를 보호하는 밸브

(5) Flame arrestor와 Vent stack

1) flame arrestor : 화염의 차단을 목적으로 한 장치
2) vent stack : 탱크 내의 압력을 정상의 상태로 유지하기 위한 가스 방출장치

(6) 긴급차단장치 및 긴급방출장치

1) 긴급차단장치
① 긴급차단장치 : 가스누출, 화재 등의 이상사태발생시 그 피해확대를 방지하기 위해 해당 기기에의 원재료 송입을 긴급히 정지하는 안전장치
② 종류(작동 동력원에 의한 분류) : 공기압식, 유압식, 전기식

2) 긴급방출장치 : 가스누출, 화재 등이 이상사태 발생시 재해 확대를 방지하기 위해 내용물을 신속하게 외부에 방출하여 안전하게 처리하기 위한 안전장치로 flare stack 과 blow down이 있다.
① flare stack : 가스나 고휘발성 액체의 증기를 연소해서 대기 중으로 방출하는 장치(가연성, 독성, 냄새를 거의 없앤 후 대기 중에 방산)
② blow down : 응축성증기, 열유(熱油), 열액(熱液) 등 공정 액체를 빼내고 이것을 안전하게 유지 또는 처리하기 위한 설비

(7) steam draft : 증기배관 내에 생기는 응축수를 자동적으로 배출하기 위한 장치

❾ 배관부속품

(1) 배관을 연결할 때 사용하는 관속부품 : 1) 플랜지 2) 유니온 3) 커플링 등

(2) 유로를 차단할 때 사용하는 관속부품 : 1) 플러그 2) 캡 등

(3) 유체의 온도변화로 인해 일어나는 배관의 변형을 방지하기 위해 설치하는 관부속품

   1) 팽창곡관
   2) 플렉시블조인트
   3) 루프형 신축이음쇠

(4) 가스켓 : 압력용기나 관플랜지의 고정접합면을 고정접합면에 끼워서 볼트 및 기타 방법으로 죄어 유체의 누설을 방지하는 작용을 하는 것을 말한다.

(5) 부싱(bushing) : 구멍 내면에 끼워 넣는 두께가 얇은 원통(축받이통)

❿ 압력계 및 유량계

(1) 압력계의 종류

   1) 1차 압력계 : 액주식 압력계, 자유피스톤식 압력계
   2) 2차 압력계 : 브로돈관 식, 벨로우즈 식, 다이아프램 식, 전기저항 식, 피에조 전기압력계

(2) 유량계의 종류

   1) 직접식 유량계 : 습식 가스미터
   2) 간접식 유량계
      ① pitot(피토)관(관내 유체의 국부속도 측정에 이용), 오리피스미터, 벤츄리관
      ② 면적식 유량계 : 로터미터

chapter 6

건설공사 안전관리

제1장 건설공사 안전의 개요
제2장 건설기계 안전
제3장 건설현장 안전시설 관리
제4장 비계·거푸집 가시설 위험 방지
제5장 운반·하역작업 안전 및 기타 작업안전

1. 건설공사 안전의 개요

❶ 지반의 안전성

[1] 지반의 조사방법

(1) 시험파기(터파보기) : 지반을 직경 60~90cm, 깊이 2~3m 정도로 우물 파듯이 파 보아 지층 및 용수량 등을 측정하는 것

(2) 탐사관 짚어보기 : 철봉에 의한 검사방법으로 끝이 뾰족한 직경 25~32mm 정도의 철봉을 꽂아 내리고 그 때의 손의 촉감으로 지반의 경·연질 상태, 지내력 등을 측정하는 것

(3) 보오링(boring)

   1) 지하에 깊게 작은 구멍을 뚫어 깊이에 따른 토질의 시료를 채취하여 그에 따라 지층의 상태를 판단하는 방법이다.
   2) 종 류
      ① 기계식 보오링 : 수세식 보오링, 충격식 보오링, 회전식 보오링(가장 정확)
      ② 오우거 보오링(Auger boring) : 인력으로 간단하게 실시하는 방법

[2] 토질 시험

(1) 흙의 분류를 위한 시험

   1) 함수량시험

$$\therefore 함수비 = \frac{물의\ 중량}{흙의\ 건조중량} \times 100\%$$

   2) 입도시험 : 흙 입자 크기의 분포상태를 중량 백분율로 표시한 것
   3) 액성한계시험 : 흙을 가볍게 충동시켰을 때 처음으로 흐르기 시작하는 함수비
   4) 소성한계시험 : 흙을 국수모양으로 만들 때 부슬부슬해지는 한계의 함수비
   5) 수축한계시험 : 흙이 반고체상태에서 고체상태로 옮겨지는 경계의 함수비

6) 비중시험 : 흙 입자의 비중을 결정하는 시험

(2) 흙의 공학적 성질을 구하기 위한 시험

1) **투수시험** : 흙의 투수계수를 결정하는 시험
2) **다지기시험** : 흙의 최적함수비와 최대건조밀도를 구하는 시험
3) **전단시험** : 흙의 전단강도 및 흙의 내부마찰각과 점토력을 결정하기 위한 시험
   ① 흙의 전단강도 : Coulomb 식 사용
   $$S = c + \sigma \tan\phi$$
   여기서, S : 흙의 전단강도 (kg/cm^2)
   c : 점착력 (kg/cm^2)
   σ : 전단면에 작용하는 수직응력 (kg/cm^2)
   ϕ : 내부 마찰각

   ② 흙의 역학적 성질 중 전단강도가 가장 중요하다
4) **압밀시험** : 흙의 표면을 구속하고 축 방향으로 배수를 허용하면서 재하할 때의 압축량과 압축속도를 구하는 시험
5) **압축시험**
   ① 일축압축시험 : 흙의 일축압축(토질시험) 강도 및 예민비를 결정하는 시험
   ② 삼축압축시험 : 간접 전단시험이라고도 하며 흙의 강도 및 변형계수를 결정하는 시험

(3) 현장의 토질시험방법

1) **표준관입시험** : 흙(사질토 지반)의 경·연질(consistency)과 상대밀도 등을 알기위한 시험
2) **베인시험(Vane test)** : 흙(점성토 지반)의 점착력을 판별하는 시험
3) **지내력시험(평판재하시험)** : 지반면의 허용지내력을 구하는 시험

[3] 지반의 이상현상 및 대책

(1) 보일링(boiling)현상

1) **보일링** : 사질토 지반 굴착시 굴착부와 지하수위차가 있을 경우 수두차에 의해 삼투압이 생겨 흙막이 벽 근입 부분을 침수하는 동시에 모래가 액상화 되어 솟아오르는 현상
2) **대책**
   ① 주변수위를 저하시킨다(웰 포인트 공법에 의하여 물의 압력 감소).
   ② 널말뚝 저면의 타설 깊이를 깊게 한다.
   ③ 널말뚝을 불투수성 점토질 지층까지 깊게 박는다.

④ 굴착토의 원상매립 및 작업중지

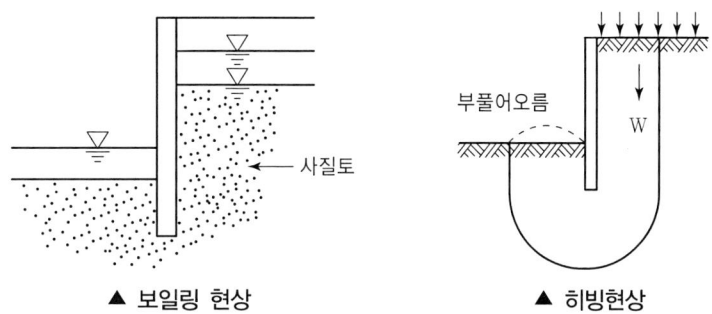

▲ 보일링 현상　　　　▲ 히빙현상

(2) 히빙(Heaving)현상

1) 히빙 : 굴착이 진행됨에 따라 흙막이 벽 뒤쪽 흙의 중량이 굴착부 바닥의 지지력 이상이 되면 흙막이 벽 근입 부분의 지반이동이 발생하여 굴착부 저면이 솟아오르는 현상

2) 대책
   ① 굴착주변의 상재하중 제거
   ② 강성이 높고 강력한 흙막이 벽의 밑을 양질의 지반 속까지 깊게 박음(가장 좋은 방법)
   ③ 트랜치공법 및 부분굴착, 케이슨공법이나 아일랜드공법 고려
   ④ 1.3m 이하 굴착시 버팀대설치 및 버팀대, 브라켓, 흙막이 등 점검

❷ 유해·위험 방지 계획

(1) 유해·위험 방지 계획서 제출 : 사업주는 유해·위험 방지 계획서를 공사 착공전날까지 공단에 2부를 제출하여야 한다.

(2) 유해·위험 방지 계획서 제출 대상 공사(건설업)

1) 지상 높이가 31m 이상인 건축물 또는 인공구조물, 연면적 3만m² 이상인 건축물 또는 연면적 5천m² 이상의 문화 및 집회시설(전시장·동물원·식물원은 제외), 판매시설, 운수시설(고속철도의 역사 및 집배송시설은 제외), 종교시설, 의료시설 중 종합병원, 숙박시설 중 관광숙박시설, 지하도상가 또는 냉동·냉장창고시설의 건설·개조 또는 해체
2) 연면적 5천m² 이상의 냉동·냉장창고시설의 설비공사 및 단열공사
3) 최대 지간길이가 50m 이상인 교량 건설 등 공사
4) 터널 건설 등의 공사

5) 다목적댐, 발전용댐 및 저수용량 2천만톤 이상의 용수전용댐, 지방상수도 전용댐 건설 등의 공사
6) 깊이 10m 이상인 굴착공사

❸ 표준 안전 관리비

(1) 안전관리비 산정

안전관리비=기본비용+별도계상비용

1) 기본비용 : 건설공사현장에서 법에 규정된 사항의 이행을 위해 공통적으로 필요한 비용
2) 별도계상비용 : 건설공사 현장의 특성에 따라 적정한 방법으로 적산하는 안전관리비

(2) 적용범위 : 산업재해보상보험법의 적용을 받는 공사 중 총 공사금액이 2천만원 이상인 건설공사

(3) 안전관리비 계상기준

1) 대상액(재료비+직접노무비)이 5억원 미만 또는 50억원 이상일 때 : 대상액에 별표1에서 정한 비율을 곱한 금액

$$안전관리비 = 대상액 \times \frac{비율(\%)}{100}$$

2) 대상액이 5억원 이상 50억 미만 : 대상액에 별표1에서 정한 비율(X)을 곱한 금액에 기초액(C)을 합한 금액

$$안전관리비 = 대상액 \times \frac{X(\%)}{100} + C(기초액)$$

(4) 공사종류별 규모 및 안전관리비 계상 기준표(별표1)

공사종류 \ 대상액	5억 원 미만	5억 원 이상 50억 원 미만		50억 원 이상
		비율(x)	기초액(c)	
건설공사	2.93(%)	1.86(%)	5,349,000원	1.97(%)
토목공사	3.09(%)	1.99(%)	5,499,000원	2.10(%)
중건설공사	3.43(%)	2.35(%)	5,400,000원	2.44(%)
특수 건설공사	1.85(%)	1.20(%)	3,250,000원	1.27(%)

(5) 안전관리비 항목별 사용 내역

1) 안전관리자 등의 인건비 및 각종 업무수당 등
2) 안전시설비 등
3) 개인보호구 및 안전장구 구입비 등
4) 사업장의 안전진단비 등
5) 안전보건교육비 및 행사비 등
6) 근로자의 건강관리비 등
7) 건설재해예방 기술지도비
8) 본사사용비

(6) 안전관리비의 사용내역에서 제외되는 항목

1) 관리감독자의 업무수당 외의 인건비
2) 경비원, 청소원, 폐자재처리원, 사무보조원의 인건비
3) 외부비계, 작업발판, 가설계단 등의 시설비
4) 도로 확장·포장공사 등에서 공사용 외의 차량의 원활한 흐름 및 경계표시를 위한 교통안전시설물
5) 기성제품에 부착된 안전장치 비용
6) 가설전기설비, 분전반, 전신주 이설비용
7) 타법적용사항(대기환경보전법에 의한 대기오염 방지시설 등)
8) 일반근로자 작업복의 구입비
9) 순시선·구명정 등의 구명조끼, 튜브 등 구입비
10) 면장갑, 코팅장갑 구입비
11) 건설기술관리법에 의한 안전점검비, 전기안전대행수수료 등
12) 매설물 탐지, 계측, 지하수개발, 지질조사, 구조안전검토 비용
13) 안전관계자(안전보건관리책임자, 안전보건총괄책임자, 안전관리자, 관리감독자, 명예산업안전감독관, 본사 안전전담부서 안전전담직원) 외의 해외견학·연수비
14) 안전교육장 대지구입비
15) 안전교육장 외의 냉난방 설비비 및 유지비
16) 기공식, 준공식 등 무재해 기원과 관계없는 행사
17) 안전보건의식 고취 명목의 회식비
18) 국민건강보험에 의해 실시되는 비용
19) 숙사 또는 현장사무소 내의 휴게시설비
20) 이동 화장실, 급수, 세면, 샤워시설, 병·의원 등에 지불되는 진료비

2. 건설기계 안전

> 건설공사 안전관리

❶ 굴착기계

(1) 쇼벨계 굴착기계

1) 파워쇼벨(power shovel) : 중기가 위치한 지면보다 높은 장소 굴착시 적합
2) 백호우(drag shovel ; 드래그쇼벨) : 중기가 위치한 지면보다 낮은 장소 굴착 시 적합(앞쪽으로 끌어당기면서 작업)
3) 드래그 라인(drag line)
   ① 중기가 높은 위치에서 깊은 곳을 굴착할 때 적합
   ② 연약한 지반굴착, 수중굴착 등 작업범위 광범위
4) 클램 셸(clamshell)
   ① 붐의 선단에서 버킷을 와이어로프로 매달아 바로 아래로 떨어뜨려 흙을 떠 올리는 중기
   ② 수직굴착, 수중굴착, 연약지반에 사용

(2) 굴착기의 전부장치 : 붐, 암, 버킷으로 구성되어 있으며 모두 유압실린더에 의해 작동을 한다.

❷ 토공기계

(1) 도 저

1) 도저 : 트랙터에 블레이드 (blade ; 배토판, 토공판)를 장착하여 송토, 절토, 성토작업을 하는 중기
2) 도저의 종류 : 불도저, 앵글도저, 틸드도저

(2) 스크레이퍼 : 굴착기와 운반기를 조합한 토공만능기로 굴착, 싣기, 운반, 하역 등의 작업을 연속적으로 행할 수 있는 중기

(3) 모터그레이더

1) 지면을 절삭하여 평활하게 다듬는 것이 목적인 토공기계의 대패
2) 모터 그레이더이 종류 : 기계식 모터 그레이더, 유압식 모터 그레이더

(4) 롤 러

1) 2개 이상의 매끈한 드럼 롤러를 바퀴로 하는 다짐기계
2) 종류
   ① 마케덤 롤러(macadam roller) : 앞쪽에 1개의 조향륜 롤러와 뒤축에 2개의 롤러가 배치된 것으로(2축 3륜), 전륜구동식과 후륜구동식이 있다.(3륜 롤러, 3-wheel roller)
   ② 탠덤 롤러(tandem roller) : 앞뒤 2개의 차륜이 있으며(2축 2륜), 각각의 차축이 평행으로 배치된 것이다.
   ③ 탬핑 롤러(tamping roller) : 롤러의 표면에 돌기를 만들어 부착한 것으로 돌기가 전압층에 매입되어 풍화암을 파쇄하고 흙 속의 간극수압을 제거하는 롤러이다.

❸ 운반기계

(1) 지게차(fork lift)

1) 지게차 : 차체 앞에 화물적재용 포크와 포크승강용 마스트를 갖춘 특수자동차로 운반 및 하역에 이용된다.
2) 안정도

상대	상태	구배(%)
전후안정도	기준 부하 상태에서 포크를 최고로 올린 상태 (하역 작업 시)	최대하중 5톤 미만 : 4 최대하중 5톤 이상 : 3.5
	주행시 기준 무부하 상태	18
좌우안정도	기준 부하 상태에서 포크를 최고로 올리고 마스트를 최대로 기울인 상태(하역 작업 시)	6
	주행시의 기준 무부하 상태	15+1.1×최고 속도

∴ 안정도 $= \dfrac{h}{l} \times 100(\%)$

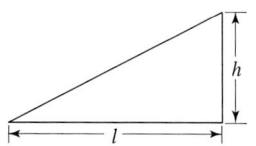

3) 지게차 헤드가드의 구비조건
   ① 상부틀의 각개구부의 폭 또는 길이 : 16cm 미만
   ② 강도 : 지게차 최대하중의 2배 값(4t 초과 시는 4t)의 등분포정하중에 견딜 수 있을 것
   ③ 헤드가드 높이 : 입식 1.88m 이상, 좌식 0.903m 이상
4) 지게차 작업 시작 전 점검사항
   ① 제동장치 및 조종장치 기능의 이상 유무
   ② 하역장치 및 유압장치 기능의 이상 유무
   ③ 바퀴의 이상 유무
   ④ 전조등, 후조등, 방향지시기 및 경보장치기능의 이상 유무

(2) 로더

1) 로더 : 셔블도저, 트랙터 셔블이라고도 하며 트랙터의 앞 작업장치에 버킷을 붙인 기계로 굴착 및 상차를 주작업으로 한다.
2) 로더의 작업
   ① 굴착 작업   ② 송토 작업
   ③ 지면고르기 작업   ④ 깎아내기 작업

❹ 법상 차량계 건설기계 및 하역 운반기계

[1] 법상 차량계 건설기계

(1) 법상 차량계 건설기계의 종류

1) 도저형 건설기계(불도저, 스트레이트도저, 틸트도저, 앵글도저, 버킷도저 등)
2) 모터그레이더
3) 로더(포크 등 부착물 종류에 따른 용도 변경 형식을 포함한다)
4) 스크레이퍼
5) 크레인형 굴착기계(크램쉘, 드래그라인 등)
6) 굴삭기(브레이커, 크러셔, 드릴 등 부착물 종류에 따른 용도 변경 형식을 포함한다)
7) 항타기 및 항발기
8) 천공용 건설기계(어스드릴, 어스오거, 크롤러드릴, 점보드릴 등)
9) 지반 압밀침하용 건설기계(샌드드레인머신, 페이퍼드레인머신, 팩드레인머신 등)
10) 지반 다짐용 건설기계(타이어롤러, 매커덤롤러, 탠덤롤러 등)
11) 준설용 건설기계(버킷준설선, 그래브준설선, 펌프준설선 등)
12) 콘크리트 펌프카

13) 덤프트럭
14) 콘크리트 믹서 트럭
15) 도로포장용 건설기계(아스팔트 살포기, 콘크리트 살포기, 아스팔트 피니셔, 콘크리트 피니셔 등)
16) 제1)호부터 제15)까지와 유사한 구조 또는 기능을 갖는 건설기계로서 건설작업에 사용하는 것

(2) 차량계 건설기계를 사용하여 작업을 할 때 작업계획에 포함되는 내용

1) 사용하는 차량계 건설기계의 종류 및 능력
2) 차량계 건설기계의 운행경로
3) 차량계 건설기계에 의한 작업방법

(3) 차량계 건설기계의 전도 등의 방지(차량계 건설기계의 전도 또는 전락 등에 의한 근로자의 위험방지 조치사항)

1) 갓길(노견)의 붕괴방지
2) 지반의 부동침하방지
3) 도록폭의 유지
4) 유도자 배치

(4) 차량계 건설기계 작업시 근로자의 접촉방지 안전기준

1) 근로자의 출입금지
2) 유도자 배치

(5) 차량계 건설기계·차량계 하역 운반기계 등 운전자 운선위치 이탈시 준수사항

1) 포크, 버킷, 디퍼 등 장치를 가장 낮은 위치 또는 지면에 내려둘 것
2) 원동기를 정지시키고 브레이크를 확실히 거는 등 갑작스러운 주행이나 이탈을 방지하기 위한 조치를 할 것
3) 운전석을 이탈하는 경우에는 시동키를 운전대에서 분리시킬 것. 다만, 운전석에 잠금장치를 하는 등 운전자가 아닌 사람이 운전하지 못하도록 조치한 경우에는 제외

(6) 차량계 건설기계의 붐, 아암 등의 불시 하강에 의한 위험방지를 위해 근로자가 준수해야 할 사항

1) 안전지주 사용
2) 안전블록 사용

(7) 차량계 건설기계의 작업시작 전 점검사항 : 브레이크 및 클러치 등의 기능

(8) 항타기·항발기의 안전기준

1) 항타기 또는 항발기의 부적격한 권상용 와이어로프의 사용금지 사항
   ① 이음매가 있는 것
   ② 와이어로프 한 꼬임에서 소선(필러선 제외)의 수가 10% 이상 절단된 것
   ③ 지름의 감소가 호칭지름의 7%를 초과하는 것
   ④ 심하게 변형 또는 부식된 것
   ⑤ 꼬인 것
   ⑥ 열과 전기충격에 의해 손상된 것
2) 항타기, 항발기의 권상용 와이어로프의 안전계수 : 5이상
3) 항타기, 항발기조립시 사용 전 점검사항
   ① 본체의 연결부의 풀림 또는 손상의 유무
   ② 권상용 와이어로프, 드럼 및 도르래의 부착상태의 이상유무
   ③ 권상장치의 브레이크 및 쐐기장치 기능의 이상유무
   ④ 권상기의 설치상태의 이상유무
   ⑤ 버팀의 방법 및 고정상태의 이상유무

[2] 법상 차량계 하역 운반기계

(1) 법상 차량계 하역운반기계의 종류

1) 지게차   2) 구내운반차   3) 화물자동차

(2) 차량계 하역운반기계에 의한 작업시 작업계획의 작성 내용

1) 작업에 따른 추락·낙하·전도·협착 및 붕괴 등의 위험을 예방할 수 있는 안전대책
2) 차량계 하역운반기계의 운행경로 및 작업방법

(3) 차량계 하역운반기계의 포오크, 셔블, 아암 또는 이들에 의하여 지지되어 있는 화물의 밑에 근로자를 출입시킬 경우 조치할 사항

1) 안전지주 사용 2) 안전블록 사용

(4) 차량계 하역운반기계의 전도, 전락 등에 의한 근로자의 위험방지 조치사항

1) 유도자 배치
2) 지반의 부동침하 방지
3) 갓길(노견)의 붕괴 방지

(5) 차량계 하역운반기계에 화물적재시 준수사항

1) 편하중이 생기지 아니하도록 적재할 것
2) 구내운반차 또는 화물자동차에 있어서 화물의 붕괴 또는 낙하로 인한 근로자의 위험을 방지하기 위하여 화물에 로프를 거는 등 필요한 조치를 할 것
3) 운전자의 시야를 가리지 아니하도록 화물을 적재할 것

(6) 차량계 하역운반기계 등의 수리 또는 부속장치의 장착 및 해체작업시 작업지휘자의 준수사항

1) 작업순서를 결정하고 작업을 지휘할 것
2) 안전지주 또는 안전블록 등의 사용상황 등을 점검할 것

❺ 건설용 양중기

[1] 양중기

(1) 양중기의 종류

1) 크레인(호이스트 포함)
2) 이동식 크레인
3) 리프트(이삿짐운반용 리프트의 경우 적재하중이 0.1ton 이상인 것)
4) 곤돌라
5) 승강기

(2) 양중기의 방호장치

1) 과부하방지장치   2) 권과방지장치
3) 비상정지장치   4) 제동장치 등

[2] 크레인

(1) 크레인의 작업 시작 전 점검사항

1) 권과방지장치, 브레이크, 클러치 및 운전 장치의 기능
2) 주행로의 상측 및 트롤리가 횡행하는 레일의 상태
3) 와이어로프가 통하고 있는 곳의 상태

(2) 크레인의 설치 · 조립 · 수리 · 점검 또는 해체작업시 조치사항

1) 작업순서를 정하고 그 순서에 의하여 작업을 실시할 것
2) 작업을 할 구역에 관계근로자 외의 자의 출입을 금지시키고 그 취지를 보기 쉬운

곳에 표시할 것
3) 비·눈 그 밖의 기상상태의 불안정으로 인하여 날씨가 몹시 나쁠 때에는 그 작업을 중지시킬 것
4) 작업장소는 안전한 작업이 이루어질 수 있도록 충분한 공간을 확보하고 장애물이 없도록 할 것
5) 들어올리거나 내리는 기자재는 균형을 유지하면서 작업을 실시하도록 할 것
6) 크레인의 능력, 사용조건 등에 따라 충분한 응력을 갖는 구조로 기초를 설치하고 침하 등이 일어나지 아니하도록 할 것

(3) 폭풍에 의한 이탈방지조치 및 이상유무 점검

1) 이탈방지조치 : 순간 풍속이 30m/sec를 초과하는 바람이 불어올 우려가 있을 때는 옥외 설치 주행 크레인에 대하여 이탈방지 장치를 작동 시킬 것
2) 이상유무점검 : 순간 풍속이 30m/sec를 초과하는 바람이 불어온 후 또는 중진이상 진도의 지진 후에는 크레인의 각 부위의 이상유무를 점검할 것

[3] 이동식 크레인

(1) 추락방지 조치사항(전용탑승설비를 설치한 경우)

1) 탑승설비가 뒤집히거나 떨어지지 아니하도록 필요한 조치를 할 것
2) 안전대 및 구명줄을 설치하고, 안전난간의 설치가 가능한 구조인 경우에는 안전난간을 설치할 것

(2) 이동식 크레인의 작업시작 전 점검사항

1) 권과방지장치나 그 밖의 경보장치의 기능
2) 브레이크, 클러치 및 조정장치의 기능
3) 와이어로프가 통하고 있는 곳 및 작업장소의 지반상태

[4] 타워크레인

(1) 타워크레인의 설치·조립·해체작업시 작업계획서의 작성내용

1) 타워크레인의 종류 및 형식
2) 설치·조립 및 해체순서
3) 작업도구·장비·가설설비 및 방호설비
4) 작업인원의 구성 및 작업근로자의 역할 범위
5) 타워크레인의 지지방법

(2) 강풍시 타워크레인의 작업제한

1) 순간풍속이 매초당 10m를 초과하는 경우 : 타워크레인의 설치·수리·점검 또는 해체작업을 중지할 것
2) 순간풍속이 매초당 15m를 초과하는 경우 : 타워크레인의 운전작업을 중지할 것

[5] 리프트

(1) 종류 : 건설용 리프트, 산업용 리프트, 자동차정비용 리프트, 이삿짐운반용 리프트

(2) 건설용 리프트의 붕괴방지조치 : 순간 풍속이 35m/sec를 초과하는 바람이 불어올 우려가 있을 때는 받침수를 증가하는 등 붕괴를 방지하기 위한 조치를 할 것

(3) 리프트의 작업시작 전 점검사항

1) 방호장치·브레이크 및 클러치의 기능
2) 와이어로프가 통하고 있는 곳의 상태

[6] 곤돌라

(1) 운전방법 등의 주지 : 곤돌라의 운전방법 또는 고장이 났을 때의 처치방법을 그 곤돌라를 사용하는 근로자에게 주지시켜야 한다.

(2) 곤도라의 작업 시작전 점검사항

1) 방호장치, 브레이크 기능
2) 와이어로프 및 슬링 와이어 등의 상태

[7] 승강기

(1) 승강기의 방호장치

1) 과부하방지장치
2) 파이널리미트 스위치
3) 비상정지장치
4) 속도조절기
5) 출입문 인터록

(2) 승강기의 설치·조립·수리·점검 또는 해체작업시 조치사항

1) 작업을 지휘하는 자를 선임하여 그 자의 지휘하에 작업을 실시할 것.
2) 작업을 할 구역에 관계근로자 외의 자의 출입을 금지시키고 그 취지를 보기 쉬운 장소에 표시할 것.

3) 비·눈 그 밖의 기상상태의 불안정으로 인하여 날씨가 몹시 나쁠 때에는 그 작업을 중지시킬 것.

[8] 양중기의 와이어로프·달기체인

(1) 양중기의 와이어로프(고리걸이용 포함) 또는 달기체인의 안전계수

1) 근로자가 탑승하는 운반구를 지지하는 경우 : 10 이상
2) 화물의 하중을 직접 지지하는 경우 : 5 이상
3) 훅, 샤클, 클램프, 리프팅 빔 등의 경우 : 3 이상
4) 기타 : 4 이상

(2) 부적격한 와이어로프의 사용금지사항

1) 이음매가 있는 것
2) 와이어로프의 한 꼬임에서 끊어진 소선(필러선 제외)의 수가 10% 이상(비전자로프의 경우에는 끊어진 소선의 수가 와이어로프 호칭지름의 6배 길이 이내에서 4개 이상이거나 호칭지름 30배 길이 이내에서 8개 이상)인 것
3) 지름의 감소가 공칭지름의 7%를 초과하는 것
4) 꼬인 것
5) 심하게 변형 또는 부식된 것
6) 열과 전기충격에 의해 손상된 것

(3) 부적격한 달기체인의 사용금지사항

1) 달기체인의 길이의 증가가 그 달기체인이 제조된 때의 길이의 5%를 초과한 것
2) 링의 단면지름 감소가 그 달기체인이 제조된 때의 당해 링의 지름의 10%를 초과한 것
3) 균열이 있거나 심하게 변형된 것

(4) 부적격한 섬유로프의 사용금지사항

1) 꼬임이 끊어진 것
2) 심하게 손상 또는 부식된 것

3. 건설현장 안전시설 관리

❶ 추락재해

[1] 추락재해의 위험성 및 안전조치

  (1) 높이 2m 이상의 장소(고소장소)에서의 추락재해 방지 조치사항

  1) 작업발판 설치
  1) 방망 설치
  3) 안전대 착용

  (2) 높이 2m 이상의 작업발판 끝이나 개구부 등의 추락재해 방지 조치사항

  1) 안전난간, 울타리 및 수직형 추락방망 등 설치
  2) 충분한 강도를 가진 구조의 덮개 설치 및 개구부 표시
  3) 난간 설치 곤란 시 방망을 치거나 안전대 착용

  (3) 슬레이트 등 지붕위에서의 위험방지 조치사항

  1) 폭 30cm 이상의 발판 설치
  2) 방망설치

  (4) 안전난간의 구조 및 설치요건(안전보건규칙)

  1) 상부난간대, 중간난간대, 발끝막이판 및 난간기둥으로 구성할 것(중간난간대, 발끝막이판 및 난간기둥은 이와 비슷한 구조 및 성능를 가진 것으로 대체할 수 있다.)
  2) 상부난간대는 바닥면, 발판 또는 경사로의 표면(이하 "바닥면 등"이라 한다)으로부터 90cm 이상 지점에 설치하고, 상부난간내를 120cm 이하에 설치하는 경우 중간난간대는 상부난간대와 바닥면 등의 중간에 설치하여야 하며, 120cm 이상 지점에 설치하는 경우에는 중간난간대를 2단 이상으로 균등하게 설치하고 난간의 상하간격은 60cm 이하가 되도록 할 것
  3) 발끝막이판은 바닥면 등으로부터 10cm 이상의 높이를 유지할 것(물체가 떨어지거나

날아올 위험이 없거나 그 위험을 방지할 수 있는 망을 설치하는 등 필요한 예방조치를 한 장소를 제외한다.)
4) 난간기둥은 상부난간대와 중간난간대를 견고하게 떠받칠 수 있도록 적정 간격을 유지할 것
5) 상부난간대와 중간난간대는 난간길이 전체에 걸쳐 바닥면 등과 평행을 유지할 것
6) 난간대는 지름 2.7cm 이상의 금속제 파이프나 그 이상의 강도를 가진 재료일 것
7) 안전난간은 구조적으로 가장 취약한 지점에서 가장 취약한 방향으로 작용하는 100kg 이상의 하중에 견딜 수 있는 튼튼한 구조일 것

[2] 추락방지용 방망의 구조등 안전기준

(1) 구조

1) 구성 : 방망, 망테두리, 재봉사, 매다는 망 등
2) 재료 : 합성섬유 또는 그 이상의 재질을 보유한 것
3) 그물코 : 가로, 세로 10cm이하
4) 그물바닥 : 뒤틀리거나 어긋나지 않는 구조

(2) 강도

1) 테두리 및 매다는 망의 강도 : $1500kg/cm^2$
2) 방망사의 신품에 대한 인장강도

그물코의 종류	매듭없는 방망의 강도	매듭방망의 강도
10cm	240kg	200kg
5cm		110kg

3) 방망사의 폐기시 인장강도

그물코의 크기 (단위 : cm)	방망의 종류 (단위 : kg)	
	매듭 없는 방망	매듭방망
10	150	135
5		60

(3) 추락방지망(안전방망)의 설치기준

1) 설치위치 : 가능하면 작업면으로부터 가까운 지점에 설치하여야 하며, 작업면에서 방망설치지점까지의 수직거리는 10m를 초과하지 아니할 것
2) 방망은 수평으로 설치할 것
3) 방망의 처짐 : 짧은 변 길이의 12% 이상
4) 방망의 내민 길이 : 벽면으로부터 3m 이상
   주 다만, 그물코가 20mm 이하인 망을 사용한 경우에는 낙하물방지망을 설치한

것으로 봄.

(4) 방망지지점 강도

1) 600kg의 외력에 견딜 수 있을 것
2) 연속적인 구조물이 방망지지점인 경우의 외력
   $F = 200B$
   여기서, F : 외력(kg)
   B : 지지점 간격(m)

(5) 방망의 정기시험 : 방망은 사용 개시 후 1년 이내, 그 후 6개월마다 1회 정기적으로 시험용사에 대하여 인장시험을 하여야 한다.

(6) 방망의 표시사항

1) 제조자명
2) 제조연월
3) 재봉치수
4) 그물코
5) 신품 때의 방망의 강도

❷ 낙하·비래재해

[1] 낙하·비래의 위험방지 조치사항 및 방호설비

(1) 물체가 낙하·비래할 위험이 있을 경우 위험방지 조치사항

1) 낙하물 방지망(방망)·수직 보호망 또는 방호선반의 설치
2) 출입금지 구역의 실징
3) 보호구 착용

(2) 낙하물 방지망 또는 방호선반의 설치기준

1) 높이 10m 이내마다 설치하고, 내민 길이는 벽면으로부터 2m 이상으로 할 것
2) 수평면과의 각도는 20° 이상 30° 이하를 유지할 것

(3) 물체를 투하할 경우 위험방지 조치사항

1) 투하설비 설치 2) 감시인 배치

(4) 낙하·비래재해의 방호설비 : 방호철망, 방호울타리, 방호시트, 방호선반, 안전망 등

③ 붕괴재해

[1] 붕괴재해의 위험방지 조치사항

(1) 갱내에서의 낙반 또는 측벽의 붕괴에 의한 위험방지 조치사항

1) 지보공 설치　　　2) 부석제거

(2) 지반의 붕괴, 구축물의 붕괴 또는 토석의 낙하 등에 의한 위험방지 조치사항

1) 지반을 안전한 경사로 할 것
2) 낙하의 위험이 있는 토석을 제거할 것
3) 옹벽, 흙막이 지보공을 설치할 것
4) 지반의 붕괴, 토석의 낙하원인이 되는 빗물이나 지하수 등을 배제할 것

(3) 굴착작업 시 지반의 붕괴 또는 토석의 낙하 등에 의한 위험방지 조치사항

1) 흙막이 지보공의 설치
2) 방호망의 설치
3) 근로자의 출입금지
4) 비올 경우 대비 측구설치 및 굴착사면에 비닐을 덮음

(4) 지반의 굴착작업 시 조사사항

1) 형상, 지질 및 지층의 상태　　2) 균열·함수용수 및 동결의 유무 또는 상태
3) 매설물의 유무 또는 상태　　　4) 지반의 지하수위 상태

(5) 굴착면의 기울기(구배) 기준

구 분	지반의 종류	구 배
보통 흙	모 래 그 밖에 흙	1 : 1.8 1 : 1.2
암 반	풍화암 연 암 경 암	1 : 1.0 1 : 1.0 1 : 0.5

(6) 흙막이지보공(흙막이판, 말뚝, 버팀대 및 띠장 등) 조립시 조립도에 포함되는 내용

1) 부재의 배치　　　2) 부재의 치수
3) 부재의 재질　　　4) 부재의 설치방법과 순서

(7) 흙막이지보공 설치시 붕괴 등의 위험방지를 위한 정기점검사항

1) 부재의 손상·변형·부식·변위 및 탈락의 유무와 상태
2) 버팀대의 긴압의 정도
3) 부재의 접속부·부착부 및 교차부의 상태
4) 침하의 정도

[2] 터널작업 등의 위험방지

(1) 사전조사 및 작업계획서 내용

1) 터널굴착작업시 낙반·출수 및 가스폭발 등의 위험방지를 위해 미리 조사할 사항 : 지형·지질 및 지층상태
2) 터널굴착작업시 작업계획의 작성내용
   ① 굴착의 방법
   ② 터널지보공 및 복공의 시공방법과 용수의 처리방법
   ③ 환기 또는 조명시설을 하는 때에는 그 방법

(2) 자동경보장치의 설치 등

1) 터널공사 등 건설작업시에는 인화성 가스의 농도를 측정할 담당자를 지명하고, 인화성 가스의 농도를 측정할 것
2) 자동경보장치의 설치 : 터널공사 등 건설작업시에는 인화성 가스 농도의 이상상승을 조기에 파악하기 위해 자동경보장치를 설치할 것
3) 자동경보장치에 대한 당일의 작업시작 전 점검사항
   ① 계기의 이상 유무
   ② 검지부의 이상 유무
   ③ 경보장치의 작동상태

(3) 터널건설작업시 낙반 등에 의한 위험방지 조치사항

1) 터널지보공 설치
2) 록볼트의 설치
3) 부석의 제거

(4) 터널 등의 출입구 부근의 지반 붕괴 및 토석 낙하에 의한 위험방지 조치사항

1) 흙막이지보공 설치
2) 방호망 설치

(5) 터널작업시 터널 내부의 시계를 유지하기 위한 조치사항

1) 환기를 시킬 것
2) 물을 뿌릴 것

(6) 터널지보공 설치시 수시점검사항

1) 부재의 손상·변형·부식·변위 탈락의 유무 및 상태
2) 부재의 긴압의 정도
3) 부재의 접속부 및 교차부의 상태
4) 기둥침하의 유무 및 상태

(7) 깊이 10.5m 이상의 굴착시 설치해야 할 계측기기

1) 수위계
2) 경사계
3) 하중 및 침하계
4) 응력계

(8) 파이럿터널(pilot tunnel)
: 본 터널(main tunnel)을 시공하기 전에 터널에서 약간 떨어진 곳에 지질조사, 환기, 배수, 운반 등의 상태를 알아보기 위하여 설치하는 터널

[3] 채석작업 및 잠함내 작업 등 안전기준

(1) 채석작업시 작업계획의 작성내용

1) 노천굴착과 갱내굴착의 구별 및 채석방법
2) 굴착면의 높이와 기울기
3) 굴착면의 소단(小段)의 위치와 넓이
4) 갱내에서의 낙반 및 붕괴방지의 방법
5) 발파방법
6) 암석의 분할방법
7) 암석의 가공장소
8) 사용하는 굴착기계·분할기계·적재기계 또는 운반기계(이하 "굴착기계 등"이라 함)의 종류 및 능력
9) 토석 또는 암석의 적재 및 운반방법과 운반경로
10) 표토 또는 용수의 처리방법

(2) 잠함·우물통·수직갱 그 밖에 이와 유사한 건설물 또는 설비의 내부에서 굴착작업시 준수사항

1) 산소결핍의 우려가 있는 때에는 산소의 농도를 측정하는 자를 지명하여 측정하도록

할 것
2) 근로자가 안전하게 승강하기 위한 설비(승강설비)를 설치할 것
3) 굴착깊이가 20m를 초과하는 때에는 해당 작업장소와 외부와의 연락을 위한 통신설비 등을 설치할 것
4) 산소결핍이 인정되거나 굴착깊이가 20m를 초과할 때에는 송기설비를 설치하여 필요한 양의 공기를 공급할 것

[4] 토석붕괴

(1) 토석붕괴의 원인(고용노동부 고시)

1) 외적요인
   ① 사면, 법면의 경사 및 구배의 증가
   ② 절토 및 성토 높이의 증가
   ③ 지표수 및 지하수의 침투에 의한 토사중량의 증가
   ④ 공사에 의한 진동 및 반복하중의 증가
   ⑤ 지진, 차량, 구조물의 하중
2) 내적요인
   ① 절토사면의 토질, 암석   ② 토석의 강도저하
   ③ 성토사면의 토질

(2) 토석 붕괴의 형태

1) 미끄러져 내림   2) 절토면의 붕괴
3) 얕은 표층의 붕괴   4) 성토법면의 붕괴
5) 깊은 절토 법면의 붕괴

(3) 토석 붕괴 시 조치사항

1) 동시작업의 금지   2) 대피 통로 및 공간의 확보
3) 2차재해 방지

(4) 토사붕괴예방을 위한 조치사항(고용노동부 고시)

1) 적절한 경사면의 기울기를 계획하여야 한다.
2) 경사면의 기울기가 당초 계획과 차이가 발생되면 즉시 재검토하여 계획을 변경시켜야 한다.
3) 활동할 가능성이 있는 토석은 제거하여야 한다.
4) 경사면의 하단부에 압성토 등 보강공법으로 활동에 대한 저항대책을 강구하여야 한다.

5) 말뚝(강관, H형강, 철근콘크리트)을 타입하여 지반을 강화시킨다.
6) 비탈면 또는 법면의 「하단」을 다져서 활동이 안 되도록 저항을 만들어야 한다.
7) 지표수가 침투되지 않도록 배수를 시키고 지하수위를 낮추기 위하여 수평보링을 하여 배수시켜야 한다.

(5) 토사붕괴의 발생을 예방하기 위하여 점검할 사항(고용노동부 고시)

1) 전 지표면의 답사
2) 경사면의 지층 변화부 상황 확인
3) 부석의 상황 변화의 확인
4) 용수의 발생 유무 또는 용수량의 변화 확인
5) 결빙과 해빙에 대한 상황의 확인
6) 각종 경사면 보호공의 변위, 탈락 유무
7) 점검시기는 작업 전·중·후, 비온 후, 인적 작업구역에서 발파한 경우에 실시

[5] 지반개량공법

(1) 연약지반 개량공법

1) **치환공법** : 굴착치환공법, 성토자중에 의한 치환공법, 폭파치환공법, 폭파다짐공법
2) 압성토 및 여성토 공법
3) 샌드드레인공법 및 페이퍼드레인공법
4) 샌드콤펙션 말뚝공법(다짐모래말뚝공법 : 압축법)
5) 바이브로플로테이션공법(진동법)
6) 약액주입공법과 생석회 파일공법

(2) 점토지반의 개량공법

1) 샌드드레인(sand drain)공법
2) 페이퍼드레인(paper drain)공법
3) 프리로딩(pre loading)공법
4) 치환공법

(3) 사질토지반을 강화하는 개량공법 : 다짐기계 등을 이용하는 다짐공법 사용

1) 바이브로플로테이션 공법 : 진동법
2) 샌드콤펙션말뚝 공법 : 압축법

(4) 지반개량을 위한 재하공법

1) 여성토(pre-loading)공법
2) 서차지(sur-charge)공법

3) 사면선단 재하공법

(5) 지반개량을 위한 탈수공법

1) 샌드드레인 공법(점성토에 적합)
2) 페이퍼드레인 공법(점성토에 적합)
3) 웰포인트 공법(사질토에 적합)
4) 생석회 공법

(6) 언더피닝 공법 : 기존건물의 인접된 장소에서 새로운 깊은 기초를 시공하고자 할 때 기존건물의 기초를 보강하거나 새로이 기초를 삽입하는 공법

④ 감전안전

[1] 정전 작업시 및 정전작업 후 조치사항

(1) 정전작업시의 조치사항 : 전로차단의 절차

1) 전기기기 등에 공급되는 모든 전원을 관련 도면, 배선도 등으로 확인할 것.
2) 전원을 차단한 후 각 단로기 등을 개방하고 확인할 것.
3) 차단장치나 단로기 등에 잠금장치 및 꼬리표를 부착할 것.
4) 개로된 전로에서 유도전압 또는 전기에너지가 축적되어 근로자에게 전기위험을 끼칠 수 있는 전기기기 등은 접촉하기 전에 잔류전하를 완전히 방전시킬 것.
5) 검전기를 이용하여 작업 대상 기기가 충전되었는지를 확인할 것.
6) 전기기기 등이 다른 노출 충전부와의 접촉, 유도 또는 예비동력원의 역송전 등으로 전압이 발생할 우려가 있는 경우에는 충분한 용량을 가진 단락 접지기구를 이용하여 접지할 것.

(2) 정전작업 후 조치사항

1) 작업기구, 단락 접지기구 등을 제거하고 전기기기 등이 안전하게 통전될 수 있는지를 확인할 것.
2) 모든 작업자가 작업이 완료된 전기기기 등에서 떨어져 있는지를 확인할 것.
3) 잠금장치와 꼬리표는 설치한 근로자가 직접 철거할 것.
4) 모든 이상 유무를 확인한 후 전기기기 등의 전원을 투입할 것.

[2] 충전전로에서의 전기작업(활선작업시의 안전조치)

(1) 충전전로 취급 및 인근작업시 안전조치 : 근로자가 충전전로를 취급하거나 그 인근에서 작업하는 경우에는 다음 각 호의 조치를 하여야 한다.

1) 충전전로를 정전시키는 경우에는 제319조에 따른 조치를 할 것.
2) 충전전로를 방호, 차폐하거나 절연 등의 조치를 하는 경우에는 근로자의 신체가 전로와 직접 접촉하거나 도전재료, 공구 또는 기기를 통하여 간접 접촉되지 않도록 할 것.
3) 충전전로를 취급하는 근로자에게 그 작업에 적합한 **절연용 보호구를** 착용시킬 것.
4) 충전전로에 근접한 장소에서 전기작업을 하는 경우에는 해당 전압에 적합한 **절연용 방호구를** 설치할 것. 다만, 저압인 경우에는 해당 전기작업자가 절연용 보호구를 착용하되, 충전전로에 접촉할 우려가 없는 경우에는 절연용 방호구를 설치하지 아니할 수 있다.
5) 고압 및 특별고압의 전로에서 전기작업을 하는 근로자에게 **활선작업용 기구 및 장치를** 사용하도록 할 것.
6) 근로자가 절연용 방호구의 설치·해체작업을 하는 경우에는 절연용 **보호구를 착용하거나 활선작업용 기구 및 장치를** 사용하도록 할 것.
7) 유자격자가 아닌 근로자가 충전전로 인근의 높은 곳에서 작업할 때에 근로자의 몸 또는 긴 도전성 물체가 방호되지 않은 충전전로에서 대지전압이 50kV 이하인 경우에는 300cm 이내로, 대지전압이 50kV를 넘는 경우에는 10kV당 10cm씩 더한 거리 이내로 각각 접근할 수 없도록 할 것.
8) 유자격자가 충전전로 인근에서 작업하는 경우에는 다음 각 목의 경우를 제외하고는 노출 충전부에 다음 표에 제시된 **접근한계거리** 이내로 접근하거나 절연 손잡이가 없는 도전체에 접근할 수 없도록 할 것.
    ① 근로자가 노출 충전부로부터 절연된 경우 또는 해당 전압에 적합한 절연장갑을 착용한 경우
    ② 노출 충전부가 다른 전위를 갖는 도전체 또는 근로자와 절연된 경우
    ③ 근로자가 다른 전위를 갖는 모든 도전체로부터 절연된 경우

[표] 특별고압에 대한 접근한계거리

충전전로의 선간전압 (단위 : KV)	충전전로에 대한 접근한계거리 (단위 : cm)
0.3 이하	접근금지
0.3 초과 0.75 이하	30
0.75 초과 2 이하	45
2 초과 15 이하	60
15 초과 37 이하	90
37 초과 88 이하	110
88 초과 121 이하	130
121 초과 145 이하	150
145 초과 169 이하	170
169 초과 242 이하	230
242 초과 362 이하	380
362 초과 550 이하	550
550 초과 800 이하	790

(2) 절연이 되지 않은 충전부 및 인근에 접근방지 및 제한조치

1) 방책을 설치하고 근로자가 쉽게 알아볼 수 있도록 할 것.
2) 전기와 접촉할 위험이 있는 경우에는 도전성 금속제 방책을 사용하거나, 접근 한계거리 이내에 설치하지 않을 것.
3) 방책설치가 곤란한 경우에는 사전에 위험을 경고하는 감시인을 배치할 것.

[3] 충전전로 인근에서의 차량·기계장치 작업

(1) 충전전로 인근에서 차량, 기계장치 작업이 있는 경우

1) 차량 등을 충전전로의 충전부로부터 300cm 이상 이격시켜 유지시킨다.
2) 대지전압이 50kV(킬로볼트)를 넘는 경우 이격거리는 10kV 증가할 때마다 10cm씩 증가시켜야 한다.
3) 다만, 차량 등의 높이를 낮춘 상태에서 이동하는 경우에는 이격거리를 120cm 이상(대지전압이 50kV를 넘는 경우에는 10kV 증가할 때마다 이격거리를 10cm씩 증가)으로 할 수 있다.

(2) 충전전로의 전압에 적합한 절연용 방호구 등을 설치한 경우 : 이격거리를 절연용 방호구 앞면까지로 할 수 있으며, 차량 등의 가공 붐대의 버킷이나 끝부분 등이 충전전로의 전압에 적합하게 절연되어 있고 유자격자가 작업을 수행하는 경우에는 붐대의 절연되지 않은 부분과 충전전로 간의 이격거리는 접근 한계거리까지로 할 수 있다.

(3) 방책 등 설치 : 차량 등의 그 어느 부분과도 접촉하지 않도록 방책을 설치하거나 감시인 배치 등의 조치를 하여야 한다.

(4) 방책·설치 및 감시인 배치 제외되는 경우

1) 근로자가 해당 전압에 적합한 절연용 보호구 등을 착용하거나 사용하는 경우
2) 차량 등의 절연되지 않은 부분이 접근 한계거리 이내로 접근하지 않도록 하는 경우

(5) 충전전로 인근에서 접지된 차량 등이 충전전로와 접촉할 우려가 있을 경우 :
지상의 근로자가 접지점에 접촉하지 않도록 조치하여야 한다.

[4] 전기작업용 안전장구

(1) 절연용 보호구 : 절연안전모(절연모), 절연 고무장갑, 절연복, 절연고무장화 등

(2) 절연용 방호구 : 방호관, 점퍼 호스, 건축지장용 방호관, 커트아웃스위치커버, 고무불랭킷, 애자후드, 완금커버

(3) 활선장구 : 활선시메라, 활선커터, 커트아웃스위치조작봉, 디스콘스위치 조작봉, 점퍼선, 주상작업대, 활선애자 청소기, 활선사다리, 기타 활선공구

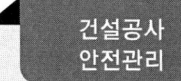

4. 비계·거푸집 가시설 위험 방지

❶ 비계 설치기준

[1] 비 계

(1) 비계 : 건축공사시 고소에서 작업 발판과 작업 통로 확보를 주목적으로 하는 가설 구조물

(2) 비계의 종류

1) 통나무비계
2) 강관비계
3) 강관틀비계
4) 달비계
5) 달대비계
6) 이동식비계
7) 말비계(안장비계, 각주비계)
8) 시스템비계

(3) 비계가 갖추어야 할 3요소

1) 안전성
2) 작업성
3) 경제성

[2] 비계 조립 시 안전조치

(1) 통나무 비계(지상높이 4층 이하 또는 12m 이하 건축물에 사용)

1) 비계기둥의 간격 : 2.5m 이하(표준안전 작업지침에서는 1.8m 이하로 규정), 첫 번째 띠 장은 지상으로부터 3m 이하에 설치할 것
2) 침하 방지 조치 : 호박돌, 잡석, 깔판 등으로 보강, 지반이 연약할 경우는 매입고정 할 것.
3) 비계기둥의 이음
   ① 겹침 이음 : 1m 이상 서로 겹쳐서 2개소 이상을 묶을 것
   ② 맞댐이음 : 1.8m 이상의 덧 댐목을 사용하여 4개소 이상 묶을 것
4) 벽이음 : 수직방향 5.5m 이하, 수평 방향 7.5m 이하

5) 인장재와 압축재로 구성되어 있는 경우 인장재와 압축재의 간격 : 1m 이내

(2) 강관비계

1) 비계기둥의 미끄러짐, 침하방지조치 : 밑받침철물, 깔판, 깔목 등을 사용하여 밑둥 잡이 설치
2) 강관의 접속부 또는 교차부 : 부속 철물을 사용하여 접속하고 단단히 묶을 것.
3) 교차가새 : 기둥간격 10m마다 45° 방향으로 설치
4) 벽 이음 및 버팀대 설치
    ① 강관비계 조립 간격

강관비계종류	조립간격(단위 : m)	
	수직방향	수평방향
단관비계	5	5
틀비계(높이 5m 미만 제외)	6	8

    ② 인장재와 압축재로 구성 시는 인장재와 압축재의 간격을 1m 이내로 할 것
5) 비계기둥의 간격 : 보 방향(띠장방향)에서는 1.85m, 간 사이 방향(장선방향)에서는 1.5m 이하
6) 띠장간격 : 2m 이하의 위치에 설치할 것
7) 비계 기둥간의 적재하중 : 400kg을 초과하지 않을 것
8) 31m 되는 비계기둥 밑 부분 : 비계기둥 2본을 강관으로 묶어세울 것.

(3) 강관틀비계

1) 비계기둥의 밑둥에는 밑받침 철물을 사용하여야 하며 밑받침에 고저차(高低差)가 있는 경우에는 조절형 밑받침철물을 사용하여 각각의 강관틀비계가 항상 수평 및 수직을 유지하도록 할 것
2) 높이가 20m를 초과하거나 중량물의 적재를 수반하는 작업을 할 경우에는 주틀 간의 간격을 1.8m 이하로 할 것
3) 주틀 간에 교차 가새를 설치하고 최상층 및 5층 이내마다 수평재를 설치할 것
4) 수직방향으로 6m, 수평방향으로 8m 이내마다 벽이음을 할 것
5) 길이가 띠장 방향으로 4m 이하이고 높이가 10m를 초과하는 경우에는 10m 이내마다 띠장 방향으로 버팀기둥을 설치할 것

(4) 달비계

1) 달비계에 사용하는 와이어로프의 사용금지사항
    ① 이음매가 있는 것
    ② 와이어로프의 한 꼬임[스트랜드(strand)를 말함]에서 끊어진 소선의 수가 10(%)이

상(비자전로프의 경우에는 끊어진 소선의 수가 와이어로프 호칭 지름의 6배 길이 이내에서 4개 이상이거나 호칭지름 30배 길이 이내에서 8개 이상) 인 것
③ 지름의 감소가 공칭지름의 7(%)를 초과하는 것
④ 꼬인 것
⑤ 심하게 변형 또는 부식된 것
⑥ 열과 전기충격에 의한 손상된 것

2) 달비계에 사용하는 달기체인의 사용금지사항
① 달기체인의 길이의 증가가 그 달기체인이 제조된 때의 길이의 5%를 초과한 것
② 링의 단면지름의 감소가 그 달기체인이 제조된 때의 해당 링의 지름의 10%를 초과하여 감소한 것
③ 균열이 있거나 심하게 변형된 것

3) 달비계(곤돌라의 달비계는 제외)의 안전계수
① 달기와이어로프 및 달기강선의 안전계수 : 10이상
② 달기체인 및 달기훅의 안전계수 : 5이상
③ 달기강대와 달비계 하부 및 상부지점의 안전계수 : 강재의 경우 2.5이상 목재의 경우 5이상

(5) 달대비계 : 철골공사의 리벳치기, 볼트 작업시에 주로 이용되는 것으로 주체인 철골에 매달아서 작업발판을 만드는 비계로서 상하이동을 시킬 수 없는 것이다.

(6) 말비계를 조립하여 사용하는 경우 준수사항

1) 지주부재(支柱部材)의 하단에는 미끄럼 방지장치를 하고, 근로자가 양측 끝부분에 올라서서 작업하지 않도록 함 것
2) 지주부새와 수병면의 기울기를 75도 이하로 하고, 지주부재와 지주부재 사이를 고정시키는 보조부재를 설치할 것
3) 말비계의 높이가 2미터를 초과하는 경우에는 작업발판의 폭을 40cm 이상으로 할 것

(7) 이동식 비계를 조립하여 작업을 하는 경우 준수사항

1) 이동식 비계의 바퀴에는 뜻밖의 갑작스러운 이동 또는 전도를 방지하기 위하여 브레이크.쐐기 등으로 바퀴를 고정시킨 다음 비계의 일부를 견고한 시설물에 고정하거나 아웃트리거(outrigger)를 설치하는 등 필요한 조치를 할 것
2) 승강용 사다리는 견고하게 설치할 것
3) 비계의 최상부에서 작업을 할 경우에는 안전난간을 설치할 것
4) 작업발판은 항상 수평을 유지하고 작업발판 위에서 안전난간을 딛고 작업을 하거나

받침대 또는 사다리를 사용하여 작업하지 않도록 할 것

5) 작업발판의 최대 적재하중은 250(kg)을 초과하지 않도록 할 것

(8) 걸침비계의 구조 : 선박 및 보트 건조작업에서 걸침비계를 설치하는 경우에는 다음 각 호의 사항을 준수하도록 할 것

1) 지지점이 되는 매달림부재의 고정부는 구조물로부터 이탈되지 않도록 견고히 고정할 것
2) 비계재료 간에는 서로 움직임, 뒤집힘 등이 없어야 하고, 재료가 분리되지 않도록 철물 또는 철선으로 충분히 결속할 것. 다만, 작업발판 밑 부분에 띠장 및 장선으로 사용되는 수평부재 간의 결속은 철선을 사용하지 않을 것
3) 매달림부재의 안전율은 4 이상일 것
4) 작업발판에는 구조검토에 따라 설계한 최대적재하중을 초과하여 적재하여서는 아니되며, 그 작업에 종사하는 근로자에게 최대적재하중을 충분히 알릴 것

❷ 가설통로 설치기준

[1] 통로의 설치 및 구조

(1) 통로의 설치

1) 통로의 주요 부분에는 통로표시를 하고, 근로자가 안전하게 통행할 수 있도록 하여야 한다.
3) 통로면으로부터 높이 2m 이내에는 장애물이 없도록 하여야 한다.
4) 통로의 조명 : 75Lux 이상의 채광 또는 조명시설을 할 것

(2) 가설통로의 구조(가설통로 설치시 준수사항)

1) 견고한 구조로 할 것
2) 경사는 30도 이하로 할 것. 다만, 계단을 설치하거나 높이 2미터 미만의 가설통로로서 튼튼한 손잡이를 설치한 경우에는 그러하지 아니하다.
3) 경사가 15도를 초과하는 경우에는 미끄러지지 아니하는 구조로 할 것
4) 추락할 위험이 있는 장소에는 안전난간을 설치할 것. 다만, 작업상 부득이한 경우에는 필요한 부분만 임시로 해체할 수 있다.
5) 수직갱에 가설된 통로의 길이가 15m 이상인 경우에는 10m 이내마다 계단참을 설치할 것
6) 건설공사에 사용하는 높이 8m 이상인 비계다리에는 7m 이내마다 계단참을 설치할 것

(3) 가설계단

1) 계단의 강도 : 계단 및 계단참은 500kg/m²(매 m²당 500kg) 이상의 하중에 견딜 수 있는 강도를 가진 구조로 설치하여야 하며, 안전율(파괴응력도 / 허용응력도)은 4 이상으로 하여야 한다.
2) 계단의 폭 : 계단은 그 폭을 1m 이상으로 하여야 한다.(단, 급유용·보수용·비상용 계단 및 나선형 계단은 제외)
3) 계단참의 높이 : 높이가 3m를 초과하는 계단에 높이 3m 이내마다 너비 1.2m 이상의 계단참을 설치하여야 한다.
4) 천장의 높이 : 계단 설치시는 바닥면으로부터 높이 2m 이내의 공간에 장애물이 없도록 한다.(단, 급유용·보수용·비상용 계단 및 나선형 계단은 제외)
5) 계단의 난간 : 높이 1m 이상인 계단의 개방된 측면에 안전난간을 설치하여야 한다.

[2] 사다리 및 사다리식 통로

(1) 사다리의 구조

1) 옥외용 사다리 : 철재를 원칙으로 하며, 길이가 10m 이상인 때에는 5m 이내의 간격으로 계단참을 두어야 하고 사다리 전면의 사방 75cm 이내에는 장애물이 없을 것
2) 목재 사다리 : 발 받침대의 간격은 25~35cm로 하고 벽면과의 이격거리는 20cm이상으로 할 것
3) 철재 사다리 : 발 받침대는 미끄럼 방지장치를 하여야 하며 받침대의 간격은 25~35cm로 할 것

(2) 사다리식 통로의 설치기준

1) 견고한 구조로 할 것
2) 심한 손상·부식 등이 없는 재료를 사용할 것
3) 발판의 간격은 일정하게 할 것
4) 발판과 벽과의 사이는 15센티미터 이상의 간격을 유지할 것
5) 폭은 30cm 이상으로 할 것
6) 사다리가 넘어지거나 미끄러지는 것을 방지하기 위한 조치를 할 것
7) 사다리의 상단은 걸쳐놓은 지점으로부터 60cm 이상 올라가도록 할 것
8) 사다리식 통로의 길이가 10m 이상인 경우에는 5m 이내마다 계단참을 설치할 것
9) 사다리식 통로의 기울기는 75° 이하로 할 것. 다만, 고정식 사다리식 통로의 기울기는 90° 이하로 하고, 그 높이가 7m 이상인 경우에는 바닥으로부터 높이가 2.5m 되는 지점부터 등받이울을 설치할 것
10) 접이식 사다리 기둥은 사용 시 접혀지거나 펼쳐지지 않도록 철물 등을 사용하여 견고하게 조치할 것

❸ 거푸집 설치 기준

[1] 거푸집에 작용하는 하중

(1) 거푸집 및 지보공(동바리) 설계시 고려해야 할 하중(콘크리트공사 표준작업지침)

1) 연직방향 하중 : 거푸집, 지보공(동바리), 콘크리트, 철근, 작업원, 타설용 기계 기구, 가설설비 등의 중량 및 충격하중
2) 횡방향 하중 : 작업할 때의 진동, 충격, 시공오차 등에 기인되는 횡방향 하중 이외에 필요에 따라 풍압, 유수압, 지진 등
3) 콘크리트의 측압 : 굳지 않은 콘크리트의 측압
4) 특수하중 : 시공중에 예상되는 특수한 하중
5) 상기 1~4호의 하중에 안전율을 고려한 하중

(2) 거푸집의 연직방향 하중(W) 산정식

$$W = 고정하중 + 충격하중 + 작업하중 = (r \cdot t) + (1/2 r \cdot t) + 150 \mathrm{kg/m^2}$$

여기서, r : 철근콘크리트 비중($\mathrm{kg/m^3}$)
t : 슬래브 두께(m)

1) 고정하중 : 콘크리트 자중(＝철근콘크리트 비중×슬래브 두께)
2) 충격하중 : 고정하중×1/2
3) 작업하중 : 작업원 중량＋장비 및 가설설비의 등의 중량＝$150\mathrm{kg/m^2}$

[2] 거푸집 재료 및 조립시 안전조치사항

(1) 거푸집 및 거푸집 동바리의 재료 : 변형, 부식, 심하게 손상된 것을 사용하지 않을 것

(2) 거푸집 동바리 조립 시 안전조치 사항

1) 깔목의 사용, 콘크리트 타설, 말뚝 박기 등 동바리의 침하를 방지하기 위한 조치를 할 것
2) 개구부 상부에 동바리 설치 시 상부하중을 견딜 수 있는 견고한 받침대를 설치할 것
3) 동바리의 상하고정 및 미끄러짐 방지 조치를 하고, 하중의 지지 상태를 유지할 것
4) 동바리의 이음 : 동질 재료를 사용하여 맞댐 이음, 장부 이음을 할 것
5) 강재와 강재의 접속부 및 교차부는 볼트, 클램프 등 전용철물을 사용하여 단단히 연결할 것
6) 곡면인 거푸집은 버팀대의 부착 등 거푸집 부상방지 조치를 할 것

(3) 깔판 및 깔목 등을 끼워서 단상으로 조립하는 거푸집 동바리에 대하여 준수할

사항

1) 거푸집의 형상에 따른 부득이한 경우를 제외하고는 깔판깔목 등을 2단 이상 끼우지 않도록 할 것
2) 깔판·깔목 등을 이어서 사용할 때에는 당해 깔판깔목 등을 단단히 연결할 것
3) 동바리는 깔판·깔목 등에 고정시킬 것

[3] 거푸집 동바리의 설치기준

(1) 거푸집의 동바리로 사용하는 강관의 설치기준(파이프 서포트 제외)

1) 높이 2m 이내마다 수평연결재를 2개 방향으로 만들고 수평연결재의 변위를 방지할 것
2) 멍에 등을 상단에 올릴 때에는 해당 상단에 강재의 단판을 붙여 멍에 등을 고정시킬 것

(2) 거푸집의 동바리로 사용하는 파이프 서포트에 대한 설치기준

1) 파이프 서포트를 3개 이상이어서 사용하지 안하도록 할 것
2) 파이프 서포트를 이어서 사용할 때에는 4개 이상의 볼트 또는 전용철물을 사용하여 이을 것
3) 높이가 3.5m를 초과할 때에는 높이가 2m 이내마다 수평연결재를 2개 방향으로 만들고 수평연결재의 변위를 방지할 것

(3) 거푸집의 동바리로 사용하는 강관틀에 대한 설치기준

1) 강관틀과 강관틀과의 사이에 교차가새를 설치할 것
2) 최상층 및 5층 이내마다 거푸집 동바리의 측면과 틀면의 방향 및 교차가새의 방향에서 5개 이내마다 수평 연결재를 설치하고 수평 연결재의 변위를 방지할 것
3) 최상층 및 5층 이내마다 거푸집 동바리의 틀면의 방향에서 양단 및 5개 틀이내마다의 장소에 교차가새의 방향으로 띠장틀을 설치할 것
4) 멍에를 상단에 올릴 때에는 당해 상단에 강재의 단판을 부착하여 멍에 등을 고정시킬 것

(4) 거푸집의 동바리로 사용하는 조립강주에 대한 설치기준

1) 멍에 등을 상단에 올릴 때에는 당해 상단에 강재의 단판을 부착하여 멍에 등을 고정시킬 것
2) 높이가 4m를 초과할 때에는 높이 4m이내마다 수평 연결재를 2개 방향으로 설치하고 수평연결재의 변위를 방지할 것

(5) 거푸집의 동바리로 사용하는 목재에 대한 설치기준

1) 높이 2m 이내마다 수평 연결재를 2개 방향으로 만들고 수평연결재의 변위를 방지할 것
2) 목재를 이어서 사용할 때에는 2개 이상의 덧 댐목을 대고 4군데 이상 견고하게 묶은 후 상단을 보 또는 멍에에 고정시킬 것

(6) 시스템 동바리(규격화·부품화된 수직재, 수평재 및 가새재 등의 부재를 현장에서 조립하여 거푸집으로 지지하는 동바리 형식을 말함) **설치기준**

1) 수평재는 수직재와 직각으로 설치하여야 하며, 흔들리지 않도록 견고하게 설치할 것
2) 연결철물을 사용하여 수직재를 견고하게 연결하고, 연결 부위가 탈락 또는 꺾어지지 않도록 할 것
3) 수직 및 수평하중에 의한 동바리 본체의 변위가 발생하지 않도록 각각의 단위 수직재 및 수평재에는 가새재를 견고하게 설치하도록 할 것
4) 동바리 최상단과 최하단의 수직재와 받침철물은 서로 밀착되도록 설치하고 수직재와 받침철물의 연결부의 겹침길이는 받침철물 전체길이의 3분의 1 이상 되도록 할 것

[4] 거푸집 동바리의 조립 또는 해체작업

(1) 거푸집 동바리를 고정하거나 조립 또는 해체작업을 할 때 관리감독자의 직무

1) 안전한 작업방법을 결정하고 작업을 지휘하는 일
2) 재료·기구의 결함유무를 점검하고 불량품을 제거하는 일
3) 작업중 안전대 및 안전모등 보호구 착용상황을 감시하는 일

(2) 기둥·보·벽체·슬리브 등의 거푸집 동바리 등의 조립 또는 해체작업을 하는 때 준수 할 사항

1) 해당 작업을 하는 구역에는 관계근로자 외의 자의 출입을 금지시킬 것
2) 비, 눈 그 밖의 기상상태의 불안정으로 인하여 날씨가 몹시 나쁠 때에는 그 작업을 중지시킬 것
3) 재료, 기구 또는 공구 등을 올리거나 내릴 때에는 근로자로 하여금 달줄·달포대 등을 사용하도록 할 것
4) 낙하충격에 의한 돌발적 재해를 방지하기 위하여 버팀목을 설치하고 거푸집 동바리 등을 인양장비에 매단 후에 작업을 하도록 하는 등 필요한 조치를 할 것

[5] 철근조립 및 콘크리트 타설 작업 시 준수할 사항

(1) 철근 조립 등의 작업을 하는 때에 준수하여야 할 사항

1) 크레인 등 양중기로 철근을 운반할 경우에는 2개소 이상 묶어서 수평으로 운반할 것
2) 작업위치의 높이가 2m 이상일 경우에는 작업발판을 설치하거나 안전대를 착용하게 하는 등 위험방지를 위하여 필요한 조치를 할 것

(2) 콘크리트의 타설 작업을 하는 때에 준수할 사항

1) 당일의 작업을 시작하기 전에 해당 작업에 관한 거푸집 동바리 등의 변형·변위 및 지반의 침하유무 등을 점검하고 이상이 있으면 이를 보수할 것
2) 작업 중에는 거푸집 동바리 등의 변형·변위 및 침하유무 등을 감시할 수 있는 감시자를 배치하여 이상이 있으면 작업을 중지하고 근로자를 대피시킬 것
3) 콘크리트의 타설 작업 시 거푸집 붕괴의 위험이 발생할 우려가 있으면 충분한 보강조치를 할 것
4) 설계 도서상의 콘크리트 양생기간을 준수하여 거푸집 동바리 등을 해체할 것
5) 콘크리트를 타설하는 경우에는 편심이 발생하지 않도록 골고루 분산하여 타설할 것

(3) 콘크리트의 타설작업을 하기 위하여 콘크리트 펌프카를 사용할 때에 준수할 사항

1) 작업을 시작하기 전에 콘크리트 펌프카용 비계를 점검하고 이상을 발견한 때에는 즉시 보수할 것
2) 건축물의 난간 등에서 작업하는 근로자가 호스의 요동·선회로 인하여 추락하는 위험을 방지하기 위하여 안전난간의 설치 등 필요한 조치를 할 것
3) 콘크리트 펌프카의 붐을 조정할 때에는 주변전선 등에 의한 위험을 예방하기 위한 적절한 조치를 할 것
4) 작업 중에 지반의 침하, 아웃트리거의 손상 등으로 인하여 콘크리트 펌프카의 전도 우려가 있는 때에는 이를 방지하기 위한 적절한 조치를 할 것

[6] 콘크리트 타설 및 다지기 및 타설시 거푸집 측압에 미치는 영향

(1) 콘크리트 타설시의 유의사항

1) 타설속도는 하계 1.5m/h, 동계 1.0m/h를 표준으로 한다.
2) 비비기로부터 타설시까지 시간은 25℃ 이상에서는 1.5시간을 넘어서는 안 된다.
3) 최상부의 슬래브는 이어붓기를 되도록 피하고 일시에 전체를 타설하도록 한다.
4) 휠발로우(wheel barrow)로 콘크리트를 운반할 때에는 적당한 간격으로 한다.
5) 타설시 콘크리트의 재료분리는 가능한 적게 일어나도록 해야 한다.
6) 운반통로에는 장애물 등이 없는가 확인하고, 있으면 즉시 제거하도록 한다.
7) 타설한 콘크리트를 거푸집 안에서 횡방향으로 이동시켜서는 안 된다.
8) 높은 곳으로부터 콘크리트를 세게 거푸집 내에 부어넣지 않는다.
9) 타설시 공동이 발생되지 않도록 밀실하게 부어 넣는다.

(2) 콘크리트 타설시 내부진동기를 사용하여 다지기를 할 때 유의사항

1) 진동기는 슬럼프값 15cm 이하에만 사용한다.
2) 퍼붓기 1회의 깊이는 60cm 미만으로 하고, 진동기 사용간격은 60cm 이내로 한다.
3) 내부진동기는 수직으로 사용한다.
4) 진동기를 넣고 나서 뺄 때까지의 시간은 보통 5~15초가 적당하다.
5) 진동기를 가지고 거푸집 속의 콘크리트를 옆 방향으로 이동시켜서는 안 된다.
6) 진동기는 거푸집, 철근 또는 철골에 접촉되지 않도록 하고, 뽑을 때에는 천천히 뽑아내어 콘크리트에 구멍이 남지 않도록 한다.

(3) 콘크리트 타설을 할 때 거푸집의 측압에 미치는 영향

1) 슬럼프가 클수록 크다(물·시멘트 비가 클수록 크다).
2) 기온이 낮을수록 크다(대기 중에 습도가 높을수록 크다).
3) 콘크리트의 치어붓기 속도가 클수록 크다.
4) 거푸집의 수밀성이 높을수록 크다.
5) 콘크리트의 다지기가 강할수록 크다(진동시 사용시 측압은 30% 정도 증가).
6) 거푸집의 수평단면이 클수록 크다(벽 두께가 클수록 크다).
7) 거푸집의 강성이 클수록 크다.
8) 거푸집 표면이 매끄러울수록 크다.
9) 콘크리트의 비중이 클수록 크다(단위중량이 클수록 크다).
10) 묽은 콘크리트일수록 크다.
11) 철근량이 적을수록 크다.
12) 측압은 생콘크리트의 높이가 높을수록 커지는 것이나, 일정한 높이에 이르면 측압의

증대는 없게 된다.

[7] 철골공사 안전기준

(1) 철골구조물이 외압에 대한 내력이 설계에 고려되었는지 확인할 사항

1) 높이 20m 이상의 구조물
2) 구조물의 폭과 높이의 비가 1 : 4 이상인 구조물
3) 단면구조에 현저한 차이가 있는 구조물
4) 연면적당 철골량이 50kg/m² 이하인 구조물
5) 기둥이 타이 플레이트(tie plate)형인 구조물
6) 이음부가 현장용접인 구조물

(2) 승강로 및 작업발판의 설치

1) 근로자가 수직방향으로 이동하는 철골부재에는 답단 간격이 30cm 이내인 고정된 승강로를 설치할 것
2) 수평방향 철골과 수직방향 철골이 연결되는 부분에는 연결작업을 위하여 작업발판 등을 설치할 것

(3) 철골작업을 중지해야 하는 기상조건

1) 풍속이 10m/sec 이상인 경우
2) 강우량이 1mm/hr 이상인 경우
3) 강설량이 1cm/hr 이상인 경우

5. 운반·하역작업 안전 및 기타 작업안전

> 건설공사 안전관리

❶ 운반작업

[1] 취급·운반 작업의 원칙

(1) 취급·운반의 3조건

1) 운반을 기계화 할 것
2) 운반거리를 단축시킬 것
3) 손이 닿지 않는 운반 방식으로 할 것

(2) 취급·운반의 5원칙

1) 직선운반을 할 것
2) 연속운반을 할 것
3) 운반 작업을 집중화 시킬 것
4) 생산을 최고로 하는 운반을 생각할 것
5) 시간과 경비를 절약할 수 있는 운반 방법을 고려할 것

[2] 인력운반

(1) 인력운반의 하중기준 및 안전하중기준

1) 인력운반 하중기준 : 체중의 40% 정도의 운반물을 60~80(m/min)의 속도로 운반할 것
2) 안전하중기준
   ① 성인남자 : 25kg정도
   ② 성인여자 : 15kg 정도

(2) 인력운반 작업 시 안전수칙

1) 물건을 들어 올릴 때는 팔과 무릎을 사용하며, 척추는 곧은 자세로 할 것
2) 무거운 물건은 공동작업으로 실시하고 보조기구를 사용할 것
3) 길이가 긴 물건은 앞쪽을 높여 운반할 것
4) 화물에 최대한 접근하여 중심을 낮게 할 것
5) 어깨보다 높이 들어 올리지 않을 것

[3] 중량물 취급·운반 및 운반기계에 의한 운반

(1) 중량물 취급 작업시 작업계획의 작성내용

1) 추락위험을 예방할 수 있는 안전대책
2) 낙하위험을 예방할 수 있는 안전대책
3) 전도위험을 예방할 수 있는 안전대책
4) 협착위험을 예방할 수 있는 안전대책
5) 붕괴위험을 예방할 수 있는 안전대책

(2) 반복에 의한 중량물 취급 작업 시 작업 시작 전 점검사항

1) 중량물 취급의 올바른 자세 및 복장
2) 위험물 비산에 따른 보호구 착용
3) 카바이드, 생석회 등과 같이 온도 상승이나 습기에 의하여 위험성이 존재하는 중량물의 취급방법
4) 하역운반 기계 등의 적절한 사용방법

❷ 하역작업

[1] 차량 계 하역 운반기계 및 통로 폭

(1) 차량의 구내속도 : 8km/hr 이내의 속도유지

(2) 물자 운반용 차량의 통로 폭

1) 일방통행용 : W=B+60(cm)
2) 양방통행용 : W=2B+90(cm)
   여기서, B=운반차량의 폭

(3) 운반 통로에서 우선 통과 순서

1) 기중기

2) 짐차
3) 빈차
4) 사람

[2] 항만 하역작업

(1) 부두, 안벽 등 하역작업을 하는 장소에 대하여 조치할 사항

1) 작업장, 통로의 위험한 부분 : 안전작업을 할 수 있는 조명을 유지할 것
2) 부두 또는 안벽의 선을 따라 통로를 설치할 경우 : 폭을 90cm 이상으로 할 것
3) 육상에서의 통로 및 작업장소에 다리 또는 갑문을 넘는 보도 등의 위험한 부분 : 울 등을 설치할 것

(2) 300 t 급 이상의 선박에서 하역작업을 할 경우 조치사항

1) 안전하게 승강할 수 있는 현문 사다리를 설치할 것
2) 현문 사다리 밑에는 안전망을 설치할 것
3) 현문 사다리의 바닥의 넓이는 55cm 이상이어야 하고, 양쪽에 82cm 이상 높이로 방책을 설치할 것

(3) 통행설비의 설치 등
: 갑판의 윗면에서 선창 밑바닥까지의 깊이가 1.5m를 초과하는 선창의 내부에서 화물취급작업을 하는 때에는 당해 작업에 종사하는 근로자가 안전하게 통행할 수 있는 설비를 설치할 것(다만, 안전하게 통행할 수 있는 설비가 선박에 설치되어 있는 때에는 제외)

❸ 해체작업

(1) 해체작업시 작업계획의 작성내용

1) 해체의 방법 및 해체순서도면
2) 가설설비, 방호설비, 환기설비 및 살수, 방화 설비 등의 방법
3) 사업장내 연락방법
4) 해체물의 처분계획
5) 해체 작업용 기계, 기구 등의 작업계획서
6) 해체 작업용 화약류 등의 사용계획서

(2) 해체 작업 시 조치할 사항

1) 작업구역 내는 관계자 외의 자의 출입을 금지시킬 것
2) 악천후(폭풍, 폭우 및 폭설 등)시는 작업을 중지시킬 것

chapter 7

과년도기출문제

산업안전기사

2021년 1회 기출문제
[3월 7일 시행]

산업안전기사

제1과목 / 안전관리론

01 참가자에게 일정한 역할을 주어 실제적으로 연기를 시켜봄으로써 자기의 역할을 보다 확실히 인식할 수 있도록 체험학습을 시키는 교육방법은?

① Symposium
② Brain Storming
③ Role Playing
④ Fish Bowl Playing

해설 역할연기법(Role playing)
1) 참석자에게 어떤 역할을 주어서 실제로 시켜봄으로써 훈련이나 평가에 사용하는 교육기법이다.
2) 절충능력이나 협조성을 높여서 태도의 변형에도 도움을 준다.

02 일반적으로 시간의 변화에 따라 야간에 상승하는 생체리듬은?

① 혈압
② 맥박수
③ 체중
④ 혈액의 수분

해설 생체리듬과 피로
1) **혈액의 수분, 염분량** : 주간에는 감소하고 야간에는 증가한다.
2) **체온, 혈압, 맥박수** : 주간에는 상승하고 야간에는 저하한다.
3) **야간** : 소화분비액 불량, 체중 감소, 말초운동기능 저하, 피로의 자각증상이 증대한다.

03 하인리히의 재해구성비율 "1:29:300"에서 "29"에 해당되는 사고발생비율은?

① 8.8%
② 9.8%
③ 10.8%
④ 11.8%

해설 하인리히의 재해구성비율
1) 중상 또는 사망 : 경상 : 무상해사고
   = 1 : 29 : 300
   총 사고발생건수 = 1+29+300=330건
2) $\frac{29}{330} \times 100 = 8.8\%$

04 무재해 운동의 3원칙에 해당되지 않는 것은?

① 무의 원칙
② 참가의 원칙
③ 선취의 원칙
④ 대책선정의 원칙

해설 무재해운동이념 3원칙
1) **무의 원칙** : 사망, 휴업 및 불휴재해는 물론 일체의 장래위험요인을 사전에 발견, 파악, 해결함으로써 근원적인 산업재해를 없애는 것을 말한다.
2) **참가의 원칙** : 재해 및 일체의 위험요인을 발견, 해결하기 위해 전원이 무재해운동에 참가하여 문제 해결 등을 실천하는 것을 말한다.
3) **선취해결의 원칙** : 선취란 궁극의 목표로서 무재해, 무질병의 직장을 실현하기 위해 일체의 위험요인을 행동하기 전에 발견, 파악, 해결하여 재해를 예방하거나 방지하는 것을 말한다.

■ 정답 ■ 01.③ 02.④ 03.① 04.④

05 안전보건관리조직의 형태 중 라인-스태프(Line-Staff)형에 관한 설명으로 틀린 것은?

① 조직원 전원을 자율적으로 안전 활동에 참여시킬 수 있다.
② 라인의 관리, 감독자에게도 안전에 관한 책임과 권한이 부여된다.
③ 중규모 사업장(100명 이상 ~ 500명 미만)에 적합하다.
④ 안전 활동과 생산업무가 유리될 우려가 없기 때문에 균형을 유지할 수 있어 이상적인 조직형태이다.

해설 라인 · 스태프 (line-staff)혼합형 (직계 · 참모 조직)
1) 라인형과 스탭형의 장점을 취한 절충식 조직 형태로 안전업무를 전문으로 담당하는 스탭 부분을 두고 생산라인의 각층에도 겸임 또는 전임의 안전담당자를 두어서 안전대책은 스탭 부분에서 기획하고, 이것을 라인을 통하여 실시하도록 할 조직방식이다.
2) 대규모의 사업장(1,000명 이상)에 효율적이다.
3) 라인 · 스탭형의 특징(단점)
 ① 명령계통과 조언 권고적 참여가 혼동되기 쉽다.
 ② 라인이 스탭에만 의존하거나 또는 활용치 않는 경우가 있다.
 ③ 스탭의 월권행위의 경우가 있다.

06 브레인스토밍 기법에 관한 설명으로 옳은 것은?

① 타인의 의견을 수정하지 않는다.
② 지정된 표현방식에서 벗어나 자유롭게 의견을 제시한다.
③ 참여자에게는 동일한 횟수의 의견제시 기회가 부여된다.
④ 주제와 내용이 다르거나 잘못된 의견은 지적하여 조정한다.

해설 브레인스토밍(BS, brain storming)의 4원칙
1) **비평금지** : 좋다, 나쁘다고 비평하지 않는다.
2) **자유분방** : 마음대로 편안히 발언한다.
3) **대량발언** : 무엇이건 좋으니 많이 발언한다.
4) **수정발언** : 타인의 아이디어에 수정하거나 덧붙여 말하여도 좋다.

07 산업안전보건법령상 안전인증대상기계등에 포함되는 기계, 설비, 방호장치에 해당하지 않는 것은?

① 롤러기
② 크레인
③ 동력식 수동대패용 칼날 접촉 방지장치
④ 방폭구조(防爆構造) 전기기계·기구 및 부품

해설 안전인증대상 기계 · 기구 · 설비 및 방호장치

구분	1) 안전인증대상 기계·기구	2) 자율 안전확인 대상기계·기구
기계·기구 및 설비	① 프레스 ② 전단기 및 절곡기(折曲機) ③ 크레인 ④ 리프트 ⑤ 압력용기 ⑥ 롤러기 ⑦ 사출성형기 ⑧ 고소작업대 ⑨ 곤돌라	① 연삭기 또는 연마기(휴대형은 제외) ② 산업용 로봇 ③ 혼합기 ④ 파쇄기 또는 분쇄기 ⑤ 식품가공용 기계(파쇄·절단·혼합·제면기만 해당) ⑥ 컨베이어 ⑦ 자동차정비용 리프트 ⑧ 공작기계(선반, 드릴기, 평삭·형삭기, 밀링만 해당) ⑨ 고정형 목재가공용 기계(둥근톱, 대패, 루타기, 띠톱, 모떼기 기계만 해당) ⑩ 인쇄기

■ 정답 ■ 05.③ 06.② 07.③

구분	1) 안전인증대상 기계·기구	2) 자율 안전확인 대상기계·기구
방호 장치	① 프레스 및 전단기 방호 장치 ② 양중기용 과부하 방지 장치 ③ 보일러 압력방출용 안전밸브 ④ 압력용기 압력방출용 안전밸브 ⑤ 압력용기 압력방출용 파열판 ⑥ 절연용 방호구 및 활선 작업용 기구 ⑦ 방폭구조 전기기계·기구 및 부품 ⑧ 추락·낙하 및 붕괴 등의 위험방호에 필요한 가설기자재로서 고용노동부장관이 정하여 고시하는 것 ⑨ 충돌·협착 등의 위험 방지에 필요한 산업용 로봇 방호장치로서 고용노동부장관이 정하여 고시하는 것	① 아세틸렌 용접장치용 또는 가스집합용접 장치용 안전기 ② 교류아크 용접기용 자동전격방지기 ③ 롤러기 : 급정지장치 ④ 연삭기 덮개 ⑤ 목재가공용 둥근톱 반발예방장치 및 날접촉예방장치 ⑥ 동력식 수동 대패용 칼날접촉방지 장치

08 안전교육 중 같은 것을 반복하여 개인의 시행착오에 의해서만 점차 그 사람에게 형성되는 것은?

① 안전기술의 교육
② 안전지식의 교육
③ 안전기능의 교육
④ 안전태도의 교육

해설 안전교육의 3단계
1) **지식교육 (제 1단계)** : 강의, 시청각 교육을 통한 지식의 전달과 이해
2) **기능교육 (제 2단계)** : 시범, 실습, 현장실습교육, 견학을 통한 경험 체득과 이해
3) **태도교육 (제 3단계)** : 작업동작지도, 생활지도 등을 통한 안전의 습관화

09 상황성 누발자의 재해 유발원인과 가장 거리가 먼 것은?

① 작업이 어렵기 때문이다.
② 심신에 근심이 있기 때문이다.
③ 기계설비의 결함이 있기 때문이다.
④ 도덕성이 결여되어 있기 때문이다.

해설 사고경향성자(재해누발자)의 유형
1) **상황성 누발자** : 작업의 어려움, 기계설비의 결함, 환경상 주의력의 집중곤란, 심신의 근심 등 때문에 재해를 누발하는 자이다.
2) **습관성 누발자** : 재해의 경험으로 겁쟁이가 되거나 신경과민이 되어 재해를 누발하는 자와 일종의 슬럼프 상태에 빠져서 재해를 누발하는 자이다.
3) **소질성 누발자** : 재해의 소질적 요인가지고 있기 때문에 재해를 누발하는 자이다.
4) **미숙성 누발자** : 기능 미숙이나 환경에 익숙하지 못하기 때문에 재해를 누발하는 자이다.

10 작업자 적성의 요인이 아닌 것은?

① 지능   ② 인간성
③ 흥미   ④ 연령

해설 적성의 요인
1) 직업적성(기계적 적성, 사무적 적성)
2) 지능
3) 흥미
4) 인간성(성격)

11 재해로 인한 직접비용으로 8000만원의 산재보상비가 지급되었을 때, 하인리히 방식에 따른 총 손실비용은?

① 16000만원   ② 24000만원
③ 32000만원   ④ 40000만원

해설 하인리히 방식에 의한 재해손실비
총재해 cost = 직접비 + 간접비
　　(직접비 : 간접비 = 1 : 4)
　= 8,000만 + 8,000만 × 4
　= 40,000만원(4억원)

■ 정답 ■ 08.③   09.④   10.④   11.④

12 재해조사의 목적과 가장 거리가 먼 것은?

① 재해예방 자료수집
② 재해관련 책임자 문책
③ 동종 및 유사재해 재발방지
④ 재해발생 원인 및 결함 규명

해설 재해조사의 목적
1) 재해발생 원인 및 결함 규명
2) 재해예방 자료수집
3) 동종재해 및 유사재해의 재발방지

13 교육훈련기법 중 Off.J.T(Off the Job Training)의 장점이 아닌 것은?

① 업무의 계속성이 유지된다.
② 외부의 전문가를 강사로 활용할 수 있다.
③ 특별교재, 시설을 유효하게 사용할 수 있다.
④ 다수의 대상자에게 조직적 훈련이 가능하다.

해설
1) OJT(현장중심교육) : 현장에서 개인에 대한 직속 상사의 개별교육 및 지도
2) off JT(현장외중심교육) : 공통교육대상자에 대한 집합 교육
3) 특징

O·J·T (현장중심교육)	off J·T (현장 외 중심교육)
① 개인에게 적합한 지도 훈련을 할 수 있다.	① 다수의 근로자에 조직적 훈련이 가능하다.
② 직장의 실정에 맞는 실체적 훈련을 할 수 있다.	② 훈련에만 전념하게 된다.
③ 훈련 필요한 업무의 계속성이 끊어지지 않는다.	③ 특별설비기구를 이용할 수 있다.
④ 즉시 업무에 연결되는 관계로 신체와 관련이 있다.	④ 전문가를 강사로 초청할 수 있다.
⑤ 효과가 곧 업무에 나타나며 훈련의 좋고 나쁨에 따라 개선이 용이하다.	⑤ 각 직장의 근로자가 많은 지식이나 경험을 교류할 수 있다.
⑥ 교육을 통한 훈련 효과에 의해 상호 신뢰 이해도가 높아진다.	⑥ 교육훈련 목표에 대해서 집단적 노력이 흐트러질 수도 있다.

14 산업안전보건법령상 중대재해의 범위에 해당하지 않는 것은?

① 1명의 사망자가 발생한 재해
② 1개월의 요양을 요하는 부상자가 동시에 5명 발생한 재해
③ 3개월의 요양을 요하는 부상자가 동시에 3명 발생한 재해
④ 10명의 직업성 질병자가 동시에 발생한 재해

해설 중대재해의 정의 (시행규칙 제 2조 제1항)
1) 사망자가 1명 이상 발생한 재해
2) 3개월 이상의 요양이 필요한 부상자가 2명 이상 발생한 재해
3) 부상자 또는 직업성질병자가 동시에 10명 이상 발생한 재해

15 Thorndike의 시행착오설에 의한 학습의 원칙이 아닌 것은?

① 연습의 원칙
② 효과의 원칙
③ 동일성의 원칙
④ 준비성의 원칙

해설 돈다이크(Thorndike)시행착오설에 의한 학습법칙
1) **연습의 법칙**(law or exercise) : 모든 학습과정은 많은 연습과 반복을 통해서 바람직한 행동의 변화를 가져오게 된다는 법칙으로, 빈도의 법칙(law or frequency)이라고도 한다.
2) **효과의 법칙**(law or frequency) : 학습의 결과가 학습자에게 쾌감을 주면 줄수록 반응은 강화되고 반대로 고통이나 불쾌감을 주면 약화된다는 법칙으로 결과의 법칙이라고도 한다.
3) **준비성의 법칙**(law of readiness) : 특정한 학습을 행하는데 필요한 기초적인 능력을 충분히 갖춘 뒤에 학습을 행함으로서 효과적인 학습을 이룩할 수 있다는 법칙이다.

■ 정답 ■ 12.② 13.① 14.② 15.③

16 산업안전보건법령상 보안경 착용을 포함하는 안전보건표지의 종류는?

① 지시표지 ② 안내표지
③ 금지표지 ④ 경고표지

해설 지시표지 : 보호구 착용 등 특정행위의 지시 및 사실의 고지에 관한 안전표지

17 보호구에 관한 설명으로 옳은 것은?

① 유해물질이 발생하는 산소결핍지역에서는 필히 방독마스크를 착용하여야 한다.
② 차광용보안경의 사용구분에 따른 종류에는 자외선용, 적외선용, 복합용, 용접용이 있다.
③ 선반작업과 같이 손에 재해가 많이 발생하는 작업장에서는 장갑 착용을 의무화한다.
④ 귀마개는 처음에는 저음만을 차단하는 제품부터 사용하며, 일정 기간이 지난 후 고음까지 모두 차단할 수 있는 제품을 사용한다.

해설 ①항, 산소결핍지역에서는 송기마스크(또는 공기호흡기)를 착용하여야 한다.
③항, 선반 등 공작기계 작업시에는 장갑착용을 금지하여야 한다.
④항, 귀마개는 작업장 상황에 적합한 것을 착용하여야 한다.

18 산업안전보건법령상 사업 내 안전보건교육의 교육시간에 관한 설명으로 옳은 것은?

① 일용근로자의 작업내용 변경 시의 교육은 2시간 이상이다.
② 사무직에 종사하는 근로자의 정기교육은 매 분기 3시간 이상이다.
③ 일용근로자를 제외한 근로자의 채용 시 교육은 4시간 이상이다.
④ 관리감독자의 지위에 있는 사람의 정기교육은 연간 8시간 이상이다.

해설 ①항, 일용근로자의 작업내용 변경시의 교육 : 1시간 이상
③항, 일용근로자를 제외한 근로자의 채용시 교육 : 8시간 이상
④항, 관리감독자 정기교육 : 연간 16시간 이상

19 집단에서의 인간관계 메커니즘(Mechanism)과 가장 거리가 먼 것은?

① 분열, 강박
② 모방, 암시
③ 동일화, 일체화
④ 커뮤니케이션, 공감

해설 인간관계의 메커니즘
1) 모방 : 남의 행동이나 판단을 표본으로 하여 그것과 같거나 또는 그것에 가까운 행동 판단을 취하는 것
2) 암시 : 다른 사람으로부터의 판단이나 행동을 무비판적으로 논리적, 사실적 근거 없이 받아들이는 것
3) 투사 : 자기 속의 억압된 것을 다른 사람의 것으로 생각하는 것
4) 동일화 : 다른 사람의 행동양식이나 태도를 투입하거나 다른 사람 가운데서 자기와 비슷한 것을 발견하는 것
5) 커뮤니케이션 : 갖가지 행동양식이나 기호를 매개로 하여 어떤 사람으로부터 다른 사람에게 전달되는 과정

20 재해의 빈도와 상해의 강약도를 혼합하여 집계하는 지표로 옳은 것은?

① 강도율 ② 종합재해지수
③ 안전활동율 ④ Safe-T-Score

해설 종합재해지수 : 재해빈도의 다수와 상해 정도의 강약을 종합하여 나타내는 지수로 도수강도치라고도 한다.
종합재해지수(FSI) = $\sqrt{도수율 \times 강도율}$

■ 정답 ■ 16.① 17.② 18.② 19.① 20.②

제2과목 / 안전공학 및 시스템안전공학

21 인체측정 자료를 장비, 설비 등의 설계에 적용하기 위한 응용원칙에 해당하지 않는 것은?

① 조절식 설계
② 극단치를 이용한 설계
③ 구조적 치수 기준의 설계
④ 평균치를 기준으로 한 설계

해설 인간계측자료의 응용원칙
1) **최대치수와 최소 치수** : 최대치수 또는 최소치수를 기준으로 하여 설계한다.
(극단에 속하는 사람을 위한 설계)
2) **조절범위(조절식)** : 체격이 다른 여러 사람에게 맞도록 만드는 것이다. (조절할 수 있도록 범위를 두는 설계)
3) **평균치를 기준으로 한 설계** : 최대치수나 최소치수, 조절식으로 하기가 곤란할 때 평균치를 기준으로 하여 설계한다.(평균적인 사람을 위한 설계)

22 컷셋(Cut Sets)과 최소 패스셋(Minimal Path Sets)의 정의로 옳은 것은?

① 컷셋은 시스템 고장을 유발시키는 필요 최소한의 고장들의 집합이며, 최소 패스셋은 시스템의 신뢰성을 표시한다.
② 컷셋은 시스템 고장을 유발시키는 기본고장들의 집합이며, 최소 패스셋은 시스템의 불신뢰도를 표시한다.
③ 컷셋은 그 속에 포함되어 있는 모든 기본사상이 일어났을 때 정상사상을 일으키는 기본사상의 집합이며, 최소 패스셋은 시스템의 신뢰성을 표시한다.
④ 컷셋은 그 속에 포함되어 있는 모든 기본사상이 일어났을 때 정상사상을 일으키는 기본사상의 집합이며, 최소 패스셋은 시스템의 성공을 유발하는 기본사상의 집합이다.

해설 1) 컷셋과 미니멀 컷
① **컷셋**(Cut sets) : 정상사상을 일으키는 기본사상(통상사상, 생략사상 포함)의 집합을 컷이라 한다.
② **미니멀 컷**(minimal cut sets) : 정상사상을 일으키기 위한 필요 최소한의 컷을 말한다.(시스템의 위험성을 나타냄)
2) 패스셋과 미니멀 패스
① **패스셋** : 정상사상이 일어나지 않는 기본사상의 집합을 말한다.
② **미니멀 패스** : 필요 최소한의 패스를 말한다. (시스템의 신뢰성을 나타냄)

23 작업공간의 배치에 있어 구성요소 배치의 원칙에 해당하지 않는 것은?

① 기능성의 원칙   ② 사용빈도의 원칙
③ 사용순서의 원칙   ④ 사용방법의 원칙

해설 부품배치의 4원칙
1) 사용빈도의 원칙   2) 중요성의 원칙
3) 기능별 배치의 원칙   4) 사용순서의 원칙

24 시스템의 수명 및 신뢰성에 관한 설명으로 틀린 것은?

① 병렬설계 및 디레이팅 기술로 시스템의 신뢰성을 증가시킬 수 있다.
② 직렬시스템에서는 부품들 중 최소 수명을 갖는 부품에 의해 시스템 수명이 정해진다.
③ 수리가 가능한 시스템의 평균 수명(MTBF)은 평균 고장률(λ)과 정비례 관계가 성립한다.
④ 수리가 불가능한 구성요소로 병렬구조를 갖는 설비는 중복도가 늘어날수록 시스템 수명이 길어진다.

해설 시스템의 평균수명(MTBF) : 평균고장율(λ)과

■ 정답 ■ 21.③ 22.③ 23.④ 24.③

반비례가 성립한다.

$$MTBF = \frac{1}{\lambda} = \frac{고장건수}{시간}$$

25 자동차를 생산하는 공장의 어떤 근로자가 95dB(A)의 소음수준에서 하루 8시간 작업하며 매 시간 조용한 휴게실에서 20분씩 휴식을 취한다고 가정하였을 때, 8시간 시간가중평균(TWA)은? (단, 소음은 누적소음노출량측정기로 측정하였으며, OSHA에서 정한 95dB(A)의 허용시간은 4시간이라 가정한다.)

① 약 91dB(A) ② 약 92dB(A)
③ 약 93dB(A) ④ 약 94dB(A)

해설 1) 누적소음 폭로량(D)

$$D = \left(\frac{C_1}{T_1} + \frac{C_2}{T_2} + \cdots + \frac{C_n}{T_n}\right) \times 100$$

$$= \left(\frac{40/60}{4} \times 8\right) \times 100 = 133.33\%$$

여기서, C : 각 소음에 노출되는 시간(min, hr)
T : 각 노출허용시간(TLV)(min, hr)

2) 시간가중평균소음수준(TWA)

$$TWA = 16.61 \log\left[\frac{D}{100}\right] + 90$$

$$= 16.61 \times \log\left(\frac{133.33}{100}\right) + 90$$

$$= 92.05 dB(A)$$

26 화학설비에 대한 안정성 평가 중 정성적 평가방법의 주요 진단 항목으로 볼 수 없는 것은?

① 건조물 ② 취급물질
③ 입지 조건 ④ 공장 내 배치

해설 정성적 평가의 주요진단항목

설계관계	2. 운전관계
① 입지조건 ② 공장 내 배치 ③ 건조물 ④ 소방설비	① 원재료, 중간체제품 ② 공정 ③ 수송, 저장 등 ④ 공정기기

27 작업면상의 필요한 장소만 높은 조도를 취하는 조명은?

① 완화조명 ② 전반조명
③ 투명조명 ④ 국소조명

해설 국부조명(국소조명)
1) 필요한 곳만을 강하게 조명하는 조명법으로 정밀한 작업 또는 시력을 집중시켜 줄 수 있는 일에 사용하는 조명방식이다.
2) 밝고 어둠의 차이가 많아 눈부심을 일으켜 눈을 피로하게 한다.
3) 조명도를 고르게 하기 위해 전체조명의 조도는 국부조명의 1/5~1/10 정도가 되도록 조절한다.

28 동작경제의 원칙에 해당하지 않는 것은?

① 공구의 기능을 각각 분리하여 사용하도록 한다.
② 두 팔의 동작은 동시에 서로 반대방향으로 대칭적으로 움직이도록 한다.
③ 공구나 재료는 작업동작이 원활하게 수행되도록 그 위치를 정해준다.
④ 가능하다면 쉽고도 자연스러운 리듬이 작업 동작에 생기도록 작업을 배치한다.

해설 ①항, 공구의 기능을 결합하여서 사용하도록 한다.

29 인간이 기계보다 우수한 기능이라 할 수 있는 것은? (단, 인공지능은 제외한다.)

① 일반화 및 귀납적 추리
② 신뢰성 있는 반복 작업
③ 신속하고 일관성 있는 반응
④ 대량의 암호화된 정보의 신속한 보관

해설 인간과 기계의 상대적 재능

인간이 우수한 기능	기계가 우수한 기능
① 저 에너지 자극(시각, 청각, 후각 등) 감지	① 인간 감지 범위 밖의 자극(X선, 초음파 등) 감지
② 복잡 다양한 자극 형태 식별	② 인간 및 기계에 대한 모니터 기능

■ 정답 ■ 25.② 26.② 27.④ 28.① 29.①

인간이 우수한 기능	기계가 우수한 기능
③ 예기치 못한 사건 감지(예감, 느낌)	③ 드물게 발생하는 사상 감지
④ 다량정보를 오래 보관	④ 암호화된 정보를 신속하게 대량보관
⑤ 귀납적 추리	⑤ 연역적 추리
⑥ 과부하 상황에서는 중요한 일에만 전념	⑥ 과부하시 효율적으로 작동
⑦ 임기응변, 융통성 원칙 적용, 주관적 추산 독창력 발휘 등의 기능	⑦ 정량적 정보처리, 장시간 중량작업, 반복작업, 동시에 여러 가지 작업수행

30 시각적 표시장치보다 청각적 표시장치를 사용하는 것이 더 유리한 경우는?

① 정보의 내용이 복잡하고 긴 경우
② 정보가 공간적인 위치를 다룬 경우
③ 직무상 수신자가 한 곳에 머무르는 경우
④ 수신 장소가 너무 밝거나 암순응이 요구될 경우

해설 표시장치의 선택(청각장치와 시각장치의 선택)

청각장치 사용	시각장치 사용
1) 전언이 간단하고 짧다.	1) 적언이 복잡하고 길다.
2) 전언이 후에 재참조되지 않는다.	2) 전언이 후에 재참조된다.
3) 전언이 즉각적인 사상(event)을 이룬다.	3) 전언이 공간적인 위치를 다룬다.
4) 전언이 즉각적인 행동을 요구한다.	4) 전언이 즉각적인 행동을 요구하지 않는다.
5) 수신자가 시각계통이 과부하 상태일 때	5) 수신자의 청각계통이 과부하 상태일 때
6) 수신장소가 너무 밝거나 암조의 유지가 필요할 때	6) 수신장소가 너무 시끄러울 때
7) 직무상 수신자가 자주 움직이는 경우	7) 직무상 수신자가 한 곳에 머무르는 경우

31 다음 시스템의 신뢰도 값은?

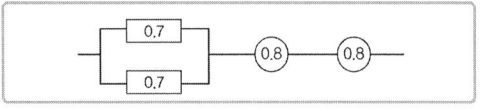

① 0.5824
② 0.6682
③ 0.7855
④ 0.8642

해설 시스템의 신뢰도(R)
$R = [1-(1-0.7)(1-0.7)] \times 0.8 \times 0.8$
$= 0.5824$

32 다음 현상을 설명한 이론은?

> 인간이 감지할 수 있는 외부의 물리적 자극 변화의 최소범위는 표준 자극의 크기에 비례한다.

① 피츠(Fitts) 법칙
② 웨버(Weber) 법칙
③ 신호검출이론(SDT)
④ 힉-하이만(Hick - Hyman) 법칙

해설 Weber의 법칙 : 특정감각기관의 변화감지역($\triangle L$)은 사용되는 표준자극(I)에 비례한다는 관계를 Weber의 법칙이라 한다.(Weber비가 작을수록 분별력이 좋아진다.)
$\dfrac{\triangle L}{I} = \text{const}$ (일정)

33 그림과 같은 FT도에서 정상사상 T의 발생 확률은? (단, X_1, X_2, X_3의 발생 확률은 각각 0.1, 0.15, 0.1 이다.)

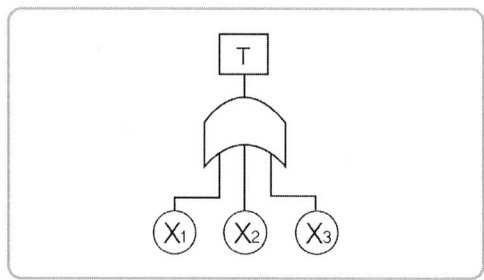

① 0.3115
② 0.35
③ 0.496
④ 0.9985

해설 $T = 1-(1-X_1)(1-X_2)(1-X_3)$
$= 1-(1-0.1)(1-0.15)(1-0.1)$
$= 0.3115$

■ 정답 ■ 30.④ 31.① 32.② 33.①

34 산업안전보건법령상 해당 사업주가 유해위험방지계획서를 작성하여 제출해야하는 대상은?

① 시·도지사
② 관할 구청장
③ 고용노동부장관
④ 행정안전부장관

해설 유해위험방지계획서의 작성·제출(법 제 42조) : 사업주는 유해위험방지계획서를 작성하여 고용노동부령으로 정하는 바에 따라 고용노동부장관에게 제출하고 심사를 받아야 한다.

35 인간의 위치 동작에 있어 눈으로 보지 않고 손을 수평면상에서 움직이는 경우 짧은 거리는 지나치고, 긴 거리는 못 미치는 경향이 있는데 이를 무엇이라고 하는가?

① 사정효과(range effect)
② 반응효과(reaction effect)
③ 간격효과(distance effect)
④ 손동작효과(hand action effect)

해설 사정효과(range effect)
1) 눈으로 보지 않고 손을 수평면 위에서 움직이는 경우에 짧은 거리는 지나치고 긴 거리는 못 미치는 경향을 말한다.
2) 조작자가 작은 오차에는 과잉반응, 큰 오차에는 과소반응을 한다.

36 정신작업 부하를 측정하는 척도를 크게 4가지로 분류할 때 심박수의 변동, 뇌 전위, 동공 반응 등 정보처리에 중추신경계 활동이 관여하고 그 활동이나 징후를 측정하는 것은?

① 주관적(subjective) 척도
② 생리적(physiological) 척도
③ 주 임무(primary task) 척도
④ 부 임무(secondary task) 척도

해설 생리적(physiological)척도 : 심박수의 변동, 뇌 전위, 동공반응 등 정보처리에 중추신경계 활동이 관여하고 그 활동이나 징후를 측정하는 것이다.

37 서브시스템, 구성요소, 기능 등의 잠재적 고장 형태에 따른 시스템의 위험을 파악하는 위험 분석 기법으로 옳은 것은?

① ETA(Event Tree Analysis)
② HEA(Human Error Analysis)
③ PHA(Preliminary Hazard Analysis)
④ FMEA(Failure Mode and Effect Analysis)

해설 FMEA(고장의 형태와 영향분석)
1) FMEA : 시스템 안전 분석에 이용되는 전형적인 정성적 및 귀납적 분석방법으로 시스템에 영향을 미치는 전체요소의 고장을 형별로 분석하여 그 영향을 검토하는 것이다
2) FMEA의 장점 · 단점
  ① 장점 : 서식간단, 특별한 훈련없이 분석가능
  ② 단점 : 논리성 부족, 2가지 이상 고장은 분석곤란, 인적원인 분석 곤란

38 불필요한 작업을 수행함으로써 발생하는 오류로 옳은 것은?

① Command error
② Extraneous error
③ Secondary error
④ Commission error

해설 인간과오의 심리적인 분류
1) omission error : 필요한 task또는 절차를 수행하지 않는 데 기인한 과오
2) time error : 필요한 task 또는 절차의 수행지연으로 인한 과오
3) commission error : 필요한 task 또는 절차의 불확실한 수행으로 인한 과오
4) sequential error : 필요한 task 또는 절차의 순서착오로 인한 과오
5) extraneous error : 불필요한 task 또는 절차를 수행함으로써 기인한 과오

■ 정답 ■ 34.③ 35.① 36.② 37.④ 38.②

39 불(Boole) 대수의 정리를 나타낸 관계식으로 틀린 것은?

① $A \cdot A = A$
② $A + \overline{A} = 0$
③ $A + AB = A$
④ $A + A = A$

해설 $A + \overline{A} = 1$

40 Chapanis가 정의한 위험의 확률수준과 그에 따른 위험발생률로 옳은 것은?

① 전혀 발생하지 않는(impossible) 발생빈도 : 10^{-8}/day
② 극히 발생할 것 같지 않는(extremely unlikely) 발생빈도 : 10^{-7}/day
③ 거의 발생하지 않은(remote) 발생빈도 : 10^{-6}/day
④ 가끔 발생하는(occasional) 발생빈도 : 10^{-5}/day

해설 확률수준과 그에 따른 위험발생률
1) frequent(자주 발생하는) : 발생빈도 $\rangle 10^{-2}$/day
2) reasonably probable(보통 발생하는) : 발생빈도 $\rangle 10^{-3}$/day
3) occasional(가끔 발생하는) : 발생빈도 $\rangle 10^{-4}$/day
4) remote(거의 발생하지 않는) : 발생빈도 $\rangle 10^{-5}$/day
5) extremely unlikely(극히 발생하지 않을 것 같은) : 발생빈도 $\rangle 10^{-6}$/day
6) impossible(발생이 불가능한) : 발생빈도 $\rangle 10^{-8}$/day

제3과목 / 기계위험방지기술

41 휴대형 연삭기 사용 시 안전사항에 대한 설명으로 가장 적절하지 않은 것은?

① 잘 안 맞는 장갑이나 옷은 착용하지 말 것
② 긴 머리는 묶고 모자를 착용하고 작업할 것
③ 연삭숫돌을 설치하거나 교체하기 전에 전선과 압축공기 호스를 설치할 것
④ 연삭작업 시 클램핑 장치를 사용하여 공작물을 확실히 고정할 것

해설 ③항, 연삭숫돌을 설치하거나 교체한 후에 전선과 압축공기호스를 설치할 것

42 선반 작업에 대한 안전수칙으로 가장 적절하지 않은 것은?

① 선반의 바이트는 끝을 짧게 장치한다.
② 작업 중에는 면장갑을 착용하지 않도록 한다.
③ 작업이 끝난 후 절삭 칩의 제거는 반드시 브러시 등의 도구를 사용한다.
④ 작업 중 일감의 치수 측정 시 기계 운전 상태를 저속으로 하고 측정한다.

해설 선반작업 시 안전수칙
1) 칩은 기계를 정지시킨 다음에 브러시 등으로 제거한다.
2) 일감 또는 부속장치 등을 설치하거나 제거할 때는 반드시 기계를 정지시키고 작업한다.
3) 가공중에 손으로 가공면을 점검하지 않을 것
4) 밀링칩(공작기계 중 가장 가늘고 예리함)의 비산에 의한 부상방지를 위해 보안경을 착용할 것
5) 면장갑 착용을 금지한다.
6) 선반기계를 정지시켜야 할 경우
   ① 치수를 측정할 경우
   ② 백기어(back6.3 gear)를 넣거나 풀 경우
   ③ 주축을 변속할 경우
   ④ 기계에 주유 및 청소를 할 경우
   ⑤ 기계 점검을 할 경우

■ 정답 ■ 39.② 40.① 41.③ 42.④

43 다음 중 금형을 설치 및 조정할 때 안전수칙으로 가장 적절하지 않은 것은?

① 금형을 체결할 때에는 적합한 공구를 사용한다.
② 금형의 설치 및 조정은 전원을 끄고 실시한다.
③ 금형을 부착하기 전에 하사점을 확인하고 설치한다.
④ 금형을 체결할 때에는 안전블럭을 잠시 제거하고 실시한다.

해설 ④항, 금형을 체결할 때에는 안전블럭을 설치하고 실시한다.

44 지게차의 방호장치에 해당하는 것은?

① 버킷　② 포크
③ 마스트　④ 헤드가드

해설 지게차의 방호장치
1) 전조등 및 후미등(안전 작업 수행을 위해 필요한 조명이 확보되어 있는 장소에서는 제외)
2) 헤드가드(지게차의 방호장치)
3) 백 레스트(후방에서 화물의 낙하함으로서 위험의 우려가 없을 때는 제외)

45 다음 중 절삭가공으로 틀린 것은?

① 선반　② 밀링
③ 프레스　④ 보링

해설 1) 프레스 : 소성가공
2) 소성가공 : 물체의 소성(물체에 힘을 가해 변형시킬 때 영구적으로 변화하는 성질을 이용하여 변형시켜 갖가지 모양을 만드는 가공법이다.

46 산업안전보건법령상 롤러기의 방호장치 설치시 유의해야 할 사항으로 가장 적절하지 않은 것은?

① 손으로 조작하는 급정지장치의 조작부는 롤러기의 전면 및 후면에 각각 1개씩 수평으로 설치하여야 한다.
② 앞면 롤러의 표면속도가 30m/min 미만인 경우 급정지 거리는 앞면 롤러 원주의 1/2.5 이하로 한다.
③ 급정지장치의 조작부에 사용하는 줄은 사용 중 늘어져서는 안 된다.
④ 급정지장치의 조작부에 사용하는 줄은 충분한 인장강도를 가져야 한다.

해설 급정지장치의 성능

앞면 롤러의 표면속도(m/min)	급정지거리
30 미만	앞면 롤러 원주 ×1/3
30 이상	앞면 롤러 원주×1/2.5

47 보일러 부하의 급변, 수위의 과상승 등에 의해 수분이 증기와 분리되지 않아 보일러 수면이 심하게 솟아올라 올바른 수위를 판단하지 못하는 현상은?

① 프라이밍　② 모세관
③ 워터해머　④ 역화

해설 프라이밍(비수공발) : 보일러의 급격한 부하, 급격한 압력강하, 고수위 등에 의해 물방울 또는 물거품이 수면위로 튀어 올라 관 밖으로 운반되는 현상

48 자동화 설비를 사용하고자 할 때 기능의 안전화를 위하여 검토할 사항으로 거리가 가장 먼 것은?

① 재료 및 가공 결함에 의한 오동작
② 사용압력 변동 시의 오동작
③ 전압강하 및 정전에 따른 오동작
④ 단락 또는 스위치 고장 시의 오동작

해설 자동화설비 사용시 기능의 안전화를 위하여 적절한 조치가 필요한 이상상태

■ 정답 ■　43.④　44.④　45.③　46.②　47.①　48.①

1) 전압의 강하
2) 정전시 오동작
3) 단락스위치나 릴레이 고장시 오동작
4) 사용압력 고장시 오동작
5) 밸브계통의 고장에 의한 오동작 등

49 산업안전보건법령상 금속의 용접, 용단에 사용하는 가스 용기를 취급할 때 유의사항으로 틀린 것은?

① 밸브의 개폐는 서서히 할 것
② 운반하는 경우에는 캡을 벗길 것
③ 용기의 온도는 40℃ 이하로 유지할 것
④ 통풍이나 환기가 불충분한 장소에는 설치하지 말 것

해설 금속의 용접·용단 또는 가열에 사용되는 가스 등의 용기 취급 시 준수사항
1) 다음 항목에 해당하는 장소에서 사용하거나 해당 장소에 설치·저장 또는 방치하지 않도록 할 것
  ① 통풍이나 환기가 불충분한 장소
  ② 화기를 사용하는 장소 및 그 부근
  ③ 위험물 또는 인화성 액체를 취급하는 장소 및 그 부근
2) 용기의 온도를 섭씨 40도 이하로 유지할 것
3) 전도의 위험이 없도록 할 것
4) 충격을 가하지 않도록 할 것
5) 운반하는 경우에는 캡을 씌울 것
6) 사용하는 경우에는 용기의 마개에 부착되어 있는 유류 및 먼지를 제거할 것
7) 밸브의 개폐는 서서히 할 것
8) 사용 전 또는 사용 중인 용기와 그 밖의 용기를 명확히 구별하여 보관할 것
9) 용해아세틸렌의 용기는 세워 둘 것
10) 용기의 부식·마모 또는 변형상태를 점검한 후 사용할 것

50 크레인 로프에 질량 2000kg의 물건을 $10m/s^2$의 가속도로 감아올릴 때, 로프에 걸리는 총 하중(kN)은? (단, 중력가속도는 $9.8m/s^2$)

① 9.6 ② 19.6
③ 29.6 ④ 39.6

해설 총하중(W)
$= W_1(정하중) + W_2(동하중)$
$= W_1 + \left(W_1 \times \dfrac{a}{g}\right)$
$= 2,000kg + \left(2,000kg \times \dfrac{10m/\sec^2}{9.8m/\sec^2}\right)$
$= 4040.85kg \times \dfrac{9.8 \times 10^{-3}kN}{1kg} = 39.6kN$

여기서, a : 일반가속도($m/\sec^2$)
g : 중력가속도($9.8m/\sec^2$)
$1kg = 9.8N(뉴턴)$
$= 9.8 \times 10^{-3}kN$

51 산업안전보건법령상 보일러에 설치해야 하는 안전장치로 거리가 가장 먼 것은?

① 해지장치
② 압력방출장치
③ 압력제한스위치
④ 고·저수위조절장치

해설 1) 보일러의 방호장치의 종류(안전보건규칙)
  ① 압력방출장치
  ② 압력제한스위치
  ③ 고저수위조절장치
  ④ 기타 도피밸브, 가용전, 방폭문, 화염 검출기 등
2) **보일러의 폭발위험의 방지** : 보일러는 폭발사고 예방을 위하여 압력방출장치, 압력제한스위치, 고저수위조절장치, 화염검출기 등을 설치하고 그 기능이 정상적으로 작동될 수 있도록 유지 관리하여야 한다.
3) **압력방출장치**
  ① 보일러의 안전한 가동을 위하여 압력방출장치를 1개 또는 2개 이상 설치하고 최고사용압력(설계 압력 또는 최고 허용압력) 이하에서 작동되도록 하여야 한다.
  ② 압력방출장치를 2개 이상 설치할 경우에는 최고 사용압력 이하에서 1개가 작동되고 다른 1개는 최고사용압력의 1.05배 이하에서 작동되도록 부착하여야 한다.
  ③ 압력방출장치는 1년에 1회 이상 교정을 받은 압력계를 이용하여 설정압력에서 압력방출장

■ 정답 ■ 49.② 50.④ 51.①

차가 적정하게 작동하는지를 검사한 후 납(Pb)으로 봉인하여 사용하여야 한다.

4) **입력제한스위치**: 보일러의 과열방지를 위하여 최고사용압력과 상용압력 사이에서 보일러의 버너연소를 차단할 수 있도록 압력제한 스위치를 부착하여 사용하여야 한다.

5) **고저수위조절장치**: 고저수위조절장치는 작업자가 동작상태를 쉽게 감시할 수 있도록 고저수위지점을 알리는 경보등, 경보음장치 등을 설치하여야 하며, 자동적으로 급수 또는 단수되도록 설치하여야 한다.

52 프레스 작동 후 작업점까지의 도달시간이 0.3초인 경우 위험한계로부터 양수조작식 방호장치의 최단 설치거리는?

① 48cm 이상
② 58cm 이상
③ 68cm 이상
④ 78cm 이상

해설 양수가동식 방호장치의 안전거리(Dm)
Dm = 160×0.3=48cm

53 산업안전보건법령상 고속회전체의 회전시험을 하는 경우 미리 회전축의 재질 및 형상 등에 상응하는 종류의 비파괴검사를 해서 결함유무를 확인해야 한다. 이때 검사 대상이 되는 고속회전체의 기준은?

① 회전축의 중량이 0.5톤을 초과하고, 원주속도가 100m/s이내인 것
② 회전축의 중량이 0.5톤을 초과하고, 원주속도가 120m/s이상인 것
③ 회전축의 중량이 1톤을 초과하고, 원주속도가 100m/s이내인 것
④ 회전축의 중량이 1톤을 초과하고, 원주속도가 120m/s이상인 것

해설 1) 비파괴 검사의 실시(안전보건규칙 제 115조): 고속회전체(회전축의 중량이 1톤을 초과하고 원주속도가 120m/sec 이상인 것에 한함)의 회전시험을 하는 경우 미리 회전축의 재질 및 형상 등에 상응하는 종류의 비파괴검사를 해서 결함유무를 확인하여야 한다.

2) 고속회전체의 회전시험 중의 위험방지(안전보건규칙 제 114조): 고속회전체로서 원주속도 25m/sec 를 초과하는 것에 한함)의 회전시험을 할 때에는 고속회전체의 파괴로 인한 위험을 방지하기 위한 전용의 견고한 시설물을 내부 또는 견고한 장벽 등으로 격리된 장소에서 실시하여야 한다.

54 프레스의 손쳐내기식 방호장치 설치기준으로 틀린 것은?

① 방호판의 폭이 금형 폭의 1/2 이상이어야 한다.
② 슬라이드 행정수가 300SPM 이상의 것에 사용한다.
③ 손쳐내기봉의 행정(Stroke) 길이를 금형의 높이에 따라 조정할 수 있고 진동폭은 금형 폭 이상이어야 한다.
④ 슬라이드 하행정거리의 3/4 위치에서 손을 완전히 밀어내야 한다.

해설 ②항, 슬라이드 행정수가 120SPM 이하의 것에 사용한다.

55 산업안전보건법령상 컨베이어에 설치하는 방호장치로 거리가 가장 먼 것은?

① 건널다리
② 반발예방장치
③ 비상정지장치
④ 역주행방지장치

해설 컨베이어의 방호장치
1) **이탈 및 역주행 방지장치**: 컨베이어·이송용 롤러 등 (이하 "컨베이어 등"이라 한다.)을 사용하는 경우에는 정전·전압 강하 등에 따른 화물 또는 운반구의 이탈 및 역주행을 방지하는 장치를 갖출 것 단, 무동력 상태 또는 수평상태로만 사용하여 근로자에게 위험을 미칠 우려가 없는 경우에는 제외
2) **비상정지장치**: 근로자의 신체가 말려드는 등 근로자가 위험해질 우려가 있는 경우 및 비상시에

■ 정답 ■ 52.① 53.④ 54.② 55.②

는 즉시 컨베이어 등의 운전을 정지시킬 수 있는 장치를 설치할 것.
3) 덮개 또는 울 : 컨베이어 등으로부터 화물이 떨어져 근로자가 위험해질 우려가 있는 경우에는 해당 컨베이어 등에 덮개 또는 울을 설치하는 등 낙하방지를 위한 조치를 할 것.

56 산업안전보건법령상 숫돌 지름이 60cm인 경우 숫돌 고정 장치인 평형 플랜지의 지름은 최소 몇 cm 이상인가?

① 10 ② 20
③ 30 ④ 60

해설 플랜지의 직경은 숫돌 직경의 1/3 이상 되어야 한다.
플랜지 지름 $= 60 \times \dfrac{1}{3} = 20\,\text{cm}$

57 기계설비의 위험점 중 연삭숫돌과 작업받침대, 교반기의 날개와 하우스 등 고정부분과 회전하는 동작 부분 사이에서 형성되는 위험점은?

① 끼임점 ② 물림점
③ 협착점 ④ 절단점

해설 끼임점 : 기계의 고정부분과 회전하는 동작(운동)부분이 함께 만드는 위험점(교반기의 날개와 하우스)
길잡이) 기계설비의 위험점 분류
1) **협착점**(Squeeze point) : 고정부와 왕복운동을 하는 운동부 사이에 형성되는 위험점(예 : 프레스, 성형기, 절곡기 등)
2) **끼임점**(Shear point) : 고정부와 회전 또는 직선운동과 함께 형성하는 부분 사이에 형성되는 위험점(예 : 연삭숫돌과 작업대, 반복 동작되는 링크기구, 교반기의 구반날개와 몸체사이)
3) **절단점**(Cutting point) : 회전하는 운동부분 자체와 운동하는 기계자체에 위험이 형성되는 점(예 : 둥근톱날, 띠톱기계의 날 밀링커터 등)
4) **물림점**(Nip point) : 회전하는 두 개의 회전체에 물려 들어갈 위험성이 형성되는 점(중심점+회전운동)(예 : 롤러, 기어와 피니언 등)

58 500rpm으로 회전하는 연삭숫돌의 지름이 300mm일 때 회전속도(m/min)는?

① 471 ② 551
③ 751 ④ 1025

해설 원주속도 $(V) = \dfrac{\pi DN}{1000}$
$= \dfrac{3.14 \times 300 \times 500}{1000}$
$= 471\,\text{m/min}$

여기서, D : 숫돌의 지름(mm)
N : 회전수(rpm)

59 산업안전보건법령상 정상적으로 작동될 수 있도록 미리 조정해 두어야할 이동식 크레인의 방호장치로 가장 적절하지 않은 것은?

① 제동장치
② 권과방지장치
③ 과부하방지장치
④ 파이널 리밋 스위치

해설 크레인의 방호장치
1) **해지장치** : 훅걸이용 와이어로프 등이 훅으로부터 벗겨지는 것을 방지하기 위한 장치
2) **비상정지장치** : 비상시에 즉시 정지할 수 있는 장치
3) **권과방지장치** : 운반구의 이탈 등의 위험방지를 위해 권상용와이어로프 등의 권과를 방지하는 장치
4) **과부하방지장치** : 정격하중 이상의 하중부하시 자동으로 상승정지되면서 경보음 · 경보 등을 발생하는 장치

60 비파괴 검사 방법으로 틀린 것은?

① 인장 시험 ② 음향 탐상 시험
③ 와류 탐상 시험 ④ 초음파 탐상 시험

해설 비파괴 검사
1) **비파괴 검사** : 재료 또는 제품의 재질이나 형상치수에 아무런 변화를 주지 않고 그 재료의 결함, 재질, 상태를 검사하는 방법을 말한다.

■ 정답 ■ 56.② 57.① 58.① 59.④ 60.①

2) 비파괴 검사의 종류
   ① 육안검사
   ② 초음파탐상검사
   ③ 방사선투과검사
   ④ 자기탐상검사(자분검사)
   ⑤ 누설검사
   ⑥ 음향검사
   ⑦ 침투검사

제4과목 / 전기위험방지기술

61 속류를 차단할 수 있는 최고의 교류전압을 피뢰기의 정격전압이라고 하는데 이 값은 통상적으로 어떤 값으로 나타내고 있는가?

① 최대값　　② 평균값
③ 실효값　　④ 파고값

해설 피뢰기의 정격전압 : 속류를 차단할 수 있는 최대 교류전압(실효값으로 나타냄)

62 전로에 시설하는 기계기구의 철대 및 금속제 외함에 접지공사를 생략할 수 없는 경우는?

① 30V 이하의 기계기구를 건조한 곳에 시설하는 경우
② 물기 없는 장소에 설치하는 저압용 기계기구를 위한 전로에 정격감도전류 40mA이하, 동작시간 2초 이하의 전류동작형 누전차단기를 시설하는 경우
③ 철대 또는 외함의 주위에 적당한 절연대를 설치하는 경우
④ 「전기용품 및 생활용품 안전관리법」의 적용을 받는 이중절연구조로 되어 있는 기계기구를 시설하는 경우

해설 ②항, 물기 없는 장소에 설치하는 저압용 기계기구를 위한 전로에 정격감도전류 30mA이하, 동작시간 0.03초 이하의 전류 동작형 누전차단기를 시설하는 경우

63 인체의 전기저항을 500Ω으로 하는 경우 심실세동을 일으킬 수 있는 에너지는 약 얼마인가? (단, 심실세동전류 $I = \dfrac{165}{\sqrt{T}}\text{mA}$로 한다.)

① 13.6J　　② 19.0J
③ 13.6mJ　　④ 19.0mJ

해설 $W = I^2RT$
$= \left(\dfrac{165}{\sqrt{T}} \times 10^{-3}\right)^2 \times 500 \times T = 13.6\text{J}$

64 전기설비에 접지를 하는 목적으로 틀린 것은?

① 누설전류에 의한 감전방지
② 낙뢰에 의한 피해방지
③ 지락사고 시 대지전위 상승유도 및 절연강도 증가
④ 지락사고 시 보호계전기 신속동작

해설 ③항, 지락사고 시 대전전위의 상승을 억제하고 절연강도를 경감시킴

65 한국전기설비규정에 따라 과전류차단기로 저압전로에 사용하는 범용 퓨즈(gG)의 용단전류는 정격전류의 몇 배인가? (단, 정격전류가 4A 이하인 경우이다.)

① 1.5배　　② 1.6배
③ 1.9배　　④ 2.1배

해설 범용퓨즈(gG)의 용단전류 : 정격전류×2.1배(정격전류가 4A 이하인 경우 적용)

66 정전기가 대전된 물체를 제전시키려고 한다. 다음 중 대전된 물체의 절연저항이 증가되어 제전의 효과를 감소시키는 것은?

① 접지한다.
② 건조시킨다.
③ 도전성 재료를 첨가한다.
④ 주위를 가습한다.

해설 대전된 물체를 건조시킬 경우 : 절연저항이 증가되어 제전효과를 감소시킨다.

> **길잡이** 정전기 제거방법
> 1) 접지
> 2) 가습(상대습도 70% 이상)
> 3) 도전성재료 사용
> 4) 제전장치 사용

67 감전 등의 재해를 예방하기 위하여 특고압용 기계·기구 주위에 관계자 외 출입을 금하도록 울타리를 설치할 때, 울타리의 높이와 울타리로부터 충전부분까지의 거리의 합이 최소 몇 m 이상이 되어야 하는가? (단, 사용전압이 35kV 이하인 특고압용 기계기구이다.)

① 5m   ② 6m
③ 7m   ④ 9m

해설 감전재해 방지를 위해 고압기계·기구 등의 주위에 출입금지를 위한 울타리를 설치할 경우 : 울타리 높이와 울타리로부터 충전부분까지의 거리의 합이 5m 이상이 되도록 할 것

68 개폐기로 인한 발화는 스파크에 의한 가연물의 착화화재가 많이 발생한다. 이를 방지하기 위한 대책으로 틀린 것은?

① 가연성증기, 분진 등이 있는 곳은 방폭형을 사용한다.
② 개폐기를 불연성 상자 안에 수납한다.
③ 비포장 퓨즈를 사용한다.
④ 접속부분의 나사풀림이 없도록 한다.

해설 스파크(전기불꽃) 화재의 방지책
1) 개폐기를 불연성의 외함 내에 내장시키거나 통형 퓨즈를 사용할 것
2) 가연성 증가, 분진 등의 위험성 물질이 있는 곳은 방폭형 개폐기를 사용할 것
3) 유입개폐기는 절연유의 열화 정도, 유량에 유의하고 주위에는 내화벽을 설치할 것
4) 접촉부분의 산화, 변형, 퓨즈의 나사풀림 등으로 인하여 접촉저항이 증가되는 것을 방지할 것

69 극간 정전용량이 1000pF이고, 착화에너지가 0.019mJ인 가스에서 폭발한계 전압(V)은 약 얼마인가? (단, 소수점 이하는 반올림한다.)

① 3900   ② 1950
③ 390   ④ 195

해설 1) $E = \frac{1}{2}CV^2$

2) 폭발한계전압(V)

$$V = \sqrt{\frac{2E}{C}} = \sqrt{\frac{2 \times 0.019 \times 10^{-3}}{1000 \times 10^{-12}}} = 194.94V$$

70 개폐기, 차단기, 유도 전압조정기의 최대 사용 전압이 7kV 이하인 전로의 경우 절연 내력 시험은 최대 사용 전압의 1.5배의 전압을 몇 분간 가하는가?

① 10   ② 15
③ 20   ④ 25

해설 절연내력시험

최대사용전압	시험압력
7kV 이하	1.5배
7kV 초과	1.25배

[비고] 최대사용전압에 의해서 결정되는 시험전압을 지속하여 10분간 가하여 견뎌야 함

■ 정답 ■   66.②   67.①   68.③   69.④   70.①

71 한국전기설비규정에 따라 욕조나 샤워시설이 있는 욕실 등 인체가 물에 젖어있는 상태에서 전기를 사용하는 장소에 인체감전보호용 누전차단기가 부착된 콘센트를 시설하는 경우 누전차단기의 정격감도전류 및 동작시간은?

① 15mA 이하, 0.01초 이하
② 15mA 이하, 0.03초 이하
③ 30mA 이하, 0.01초 이하
④ 30mA 이하, 0.03초 이하

해설
1) 욕실 등 물을 사용하는 장소 또는 습기 장소 콘센트를 시설하는 경우 : 콘센트 회로에 정격감도전류 15mA 이하, 동작전류 시간 0.03초 이하의 전류동작형 인체감전보호용차단기(ELB)에 접속하여 누전 시 해당 전로를 신속하게 차단하여 전위상승을 억제할 수 있어야 한다.
2) 전기기계·기구에 설치되어 있는 누전차단기(안전보건규칙 제304조)
   ① 정격감도전류 30mA 이하, 작동시간 0.03초 이내일 것
   ② 다만, 정격전부하전류가 50A 이상인 전기기계·기구에 접속되는 누전차단기는 오작동을 방지하기 위하여 정격감도전류 200mA 이하, 작동시간은 0.1초 이내로 할 것

72 불활성화할 수 없는 탱크, 탱크롤리 등에 위험물을 주입하는 배관은 정전기 재해방지를 위하여 배관 내 액체의 유속제한을 한다. 배관 내 유속제한에 대한 설명으로 틀린 것은?

① 물이나 기체를 혼합하는 비수용성 위험물의 배관 내 유속은 1m/s 이하로 할 것
② 저항률이 $10^{10}\Omega\cdot cm$ 미만의 도전성 위험물의 배관 내 유속은 7m/s 이하로 할 것
③ 저항률이 $10^{10}\Omega\cdot cm$ 이상인 위험물의 배관 내 유속은 관내경이 0.05m이면 3.5m/s이하로 할 것
④ 이황화탄소 등과 같이 유동대전이 심하고 폭발 위험성이 높은 것은 배관 내 유속을 3m/s 이하로 할 것

해설 이황화탄소, 에테르 등과 같이 유동대전이 심하고 폭발위험성이 높은 물질의 배관 내 유속 : 1m/sec 이하

73 절연물의 절연계급을 최고허용온도가 낮은 온도에서 높은 온도 순으로 배치한 것은?

① Y종 → A종 → E종 → B종
② A종 → B종 → E종 → Y종
③ Y종 → E종 → B종 → A종
④ B종 → Y종 → A종 → E종

해설 절연물의 절연계급(종별 허용최고온도)

종별	허용최고 온도[°C]	절연물의 종류	용도별
Y종	90	유리화수지, 메타아크릴지, 폴리에틸렌, 폴리염화비닐, 폴리스틸렌	저압의 기기
A종	105	폴리에스테르수지, 셀룰오스, 유도체, 폴리아미드, 폴리비닐포르말	보통의 회전기, 변압기
E종	120	멜라닌수지, 페놀수지의 유기질 기재의 성형, 폴리에스테르수지	대용량 및 보통의 기기
B종	130	무기질재료의 각종 성형, 적층품	고전압의 기기
F종	155	에폭시수지, 폴리우레탄수지, 변성실리콘수지	고전압의 기기
H종	180	유리, 실리콘고무	건식변압기
C종	180	실리콘, 폴리4 플루오루화에틸렌	특수한기기

74 다른 두 물체가 접촉할 때 접촉 전위차가 발생하는 원인으로 옳은 것은?

① 두 물체의 온도 차
② 두 물체의 습도 차
③ 두 물체의 밀도 차
④ 두 물체의 일함수 차

해설 물체 접촉시 전위차가 발생하는 원인 : 두 물체의 일함수의 차

■ 정답 ■ 71.② 72.④ 73.① 74.④

75 방폭인증서에서 방폭부품을 나타내는 데 사용되는 인증번호의 접미사는?

① "G" ② "X"
③ "D" ④ "U"

해설 방폭부품에 최소 표시사항
1) 제조자의 이름 또는 등록상표
2) 형식
3) 기호 Ex 및 방폭구조의 기호
4) 인증서 발급기관의 이름 또는 마크, 합격 번호
5) X 또는 U기호

76 고압 및 특고압 전로에 시설하는 피뢰기의 설치장소로 잘못된 곳은?

① 가공전선로와 지중전선로가 접속되는 곳
② 발전소, 변전소의 가공전선 인입구 및 인출구
③ 고압 가공전선로에 접속하는 배전용 변압기의 저압측
④ 고압 가공전선로로부터 공급을 받는 수용장소의 인입구

해설 피뢰기의 설치장소
1) 고압 또는 특별고압의 전로중에서 다음의 장소에 설치할 것.
   ① 발전소, 변전소의 가공전선의 안입구 및 인출구
   ② 가공 전선로에 접속하는 특고압 옥외 배전용 변압기의 고압 및 특고압측
   ③ 고압가공 전선로에서 수전하는 500kW 이상의 수용장소의 안입구
   ④ 특고압 가공 전선로에서 수전하는 수용장소의 안입구
2) 배전선로의 차단기, 개폐기의 전원측 및 부하측
3) 콘덴서의 전원측

77 산업안전보건기준에 관한 규칙 제319조에 의한 정전전로에서의 정전 작업을 마친 후 전원을 공급하는 경우에 사업주가 작업에 종사하는 근로자 및 전기기기와 접촉할 우려가 있는 근로자에게 감전의 위험이 없도록 준수해야할 사항이 아닌 것은?

① 단락 접지기구 및 작업기구를 제거하고 전기기기 등이 안전하게 통전될 수 있는지 확인한다.
② 모든 작업자가 작업이 완료된 전기기기에서 떨어져 있는지 확인한다.
③ 잠금장치와 꼬리표를 근로자가 직접 설치한다.
④ 모든 이상 유무를 확인한 후 전기기기 등의 전원을 투입한다.

해설 정전작업 후 재통전시 안전조치사항
1) 작업기구, 단락 접지기구 등을 제거하고 전기기기 등이 안전하게 통전될 수 있는 지를 확인할 것.
2) 모든 작업자가 작업이 완료된 전기기기 등에서 떨어져 있는 지를 확인 할 것
3) 잠금장치와 꼬리표는 설치한 근로자가 직접 철거 할 것
4) 모든 이상 유무를 확인한 후 전기기기 등의 전원을 투입할 것

78 변압기의 최소 IP 등급은? (단, 유입 방폭구조의 변압기이다.)

① IP55 ② IP56
③ IP65 ④ IP66

해설 유입방폭구조의 변압기 최소 IP등급 : 전기기기 성능기준에 따라 기기의 보호등급은 최소 IP66에 적합하여야 한다.

■ 정답 ■ 75.④ 76.③ 77.③ 78.④

79 가스그룹이 ⅡB인 지역에 내압방폭구조 "d"의 방폭기기가 설치되어 있다. 기기의 플랜지 개구부에서 장애물까지의 최소 거리(mm)는?

① 10
② 20
③ 30
④ 40

해설 방폭기기(내압방폭구조 d)의 플랜지 개구부에 장애물까지의 최소거리 : 30mm

80 방폭전기설비의 용기내부에서 폭발성가스 또는 증기가 폭발하였을 때 용기가 그 압력에 견디고 접합면이나 개구부를 통해서 외부의 폭발성가스나 증기에 인화되지 않도록 한 방폭구조는?

① 내압 방폭구조
② 압력 방폭구조
③ 유입 방폭구조
④ 본질안전 방폭구조

해설 내압방폭구조 : 용기 내부에서 가스가 폭발하였을 때 용기가 그 압력에 견디고 또한 용기 내에 폭발성 가스가 침입할 수 없도록 되어 있는 구조 (전폐형 구조)
　1) 내압방폭구조의 내입한도 : 10kg/㎠ 이상
　2) 내압방폭구조에서 안전간극(safe gap)을 적게 하는 이유 : 폭발압력이 외부로 유출되지 않도록 하기 위해

제5과목 / 화학설비위험방지기술

81 포스겐가스 누설검지의 시험지로 사용되는 것은?

① 연당지
② 염화파라듐지
③ 하리슨시험지
④ 초산벤젠지

해설 가스검지 시험지법

검지가스	시험지	반응(변색)
1) 암모니아(NH_3)	적색 리트머스지	청색
2) 염소(Cl_2)	KI-전분지	청갈색
3) 포스겐($COCl_2$)	하리슨 시험지	유자색
4) 시안화수소(HCN)	초산 벤젠지	청색
5) 일산화탄소(CO)	염화팔라듐지	흑색
6) 황화수소(H_2S)	초산납시험지(연당지)	회흑색
7) 아세틸렌(C_2H_2)	염화제1동착염지	적갈색

82 안전밸브 전단·후단에 자물쇠형 또는 이에 준하는 형식의 차단밸브 설치를 할 수 있는 경우에 해당하지 않는 것은?

① 자동압력조절밸브와 안전밸브 등이 직렬로 연결된 경우
② 화학설비 및 그 부속설비에 안전밸브 등이 복수방식으로 설치되어 있는 경우
③ 열팽창에 의하여 상승된 압력을 낮추기 위한 목적으로 안전밸브가 설치된 경우
④ 인접한 화학설비 및 그 부속설비에 안전밸브 등이 각각 설치되어 있고, 해당 화학설비 및 그 부속설비의 연결배관에 차단밸브가 없는 경우

해설 차단밸브의 설치 금지(안전보건규칙 제266조) : 안전밸브 등의 전단·후단에 차단밸브를 설치해서는 아니 된다. 다만, 다음 각 호에 해당하는 경우에는 자물쇠형 또는 이에 준하는 형식의 차단밸브를 설치할 수 있다.
　1) 인접한 화학설비 및 그 부속설비에 안전밸브 등이 이중으로 설치되어 있고, 해당 화학설비 및 그 부속설비의 연결배관에 차단밸브가 없는 경우
　2) 안전밸브 등의 배출용량의 2분의 1 이상에 해당하는 용량의 자동압력제어밸브(구동용 동력원의 공급을 차단하는 경우 열리는 구조인 것으로 한정)와 안전밸브 등이 병렬로 연결된 경우
　3) 화학설비 및 그 부속설비에 안전밸브 등이 복수방식으로 설치되어 있는 경우
　4) 예비용 설비를 설치하고 각각의 설비에 안전밸브 등이 설치되어 있는 경우
　5) 열팽창에 의하여 상승된 압력을 낮추기 위한 목

■ 정답 ■ 79.③　80.①　81.③　82.①

적으로 안전밸브가 설치된 경우
6) 하나의 플레어 스택(flare stack)에 둘 이상의 단위공정의 플레어 헤더(flare header)를 연결하여 사용하는 경우로서 각각의 단위공정의 플레어헤더에 설치된 차단밸브의 열림·닫힘 상태를 중앙제어실에서 알 수 있도록 조치한 경우

다 1회 이상
3) 공정안전보고서 제출 대상으로서 고용노동부장관이 실시하는 공정안전보고서 이행상태 평가결과가 우수한 사업장의 안전밸브의 경우 : 4년마다 1회 이상

83 압축하면 폭발할 위험성이 높아 아세톤 등에 용해시켜 다공성 물질과 함께 저장하는 물질은?

① 염소 ② 아세틸렌
③ 에탄 ④ 수소

해설 아세틸렌(C_2H_2)
1) 아세틸렌의 폭발성
 ① 화합폭발 : C_2H_2는 Ag(은), Hg(수은), Cu(구리)와 반응하여 폭발성의 금속 아세틸리드를 생성한다.
 ② 분해폭발 : C_2H_2는 1기압 이상으로 가압하면 분해폭발을 일으킨다.
 ③ 산화폭발 : C_2H_2는 공기 중에서 산소와 반응하여 연소폭발을 일으킨다.
2) 아세틸렌의 충전 : C_2H_2는 가압하면 분해폭발을 하므로 아세톤 등에 침윤시켜 다공성물질이 들어있는 용기에 충전시킨다.

84 산업안전보건법령상 대상 설비에 설치된 안전밸브에 대해서는 경우에 따라 구분된 검사주기마다 안전밸브가 적정하게 작동하는지 검사하여야 한다. 화학공정 유체와 안전밸브의 디스크 또는 시트가 직접 접촉될 수 있도록 설치된 경우의 검사주기로 옳은 것은?

① 매년 1회 이상   ② 2년마다 1회 이상
③ 3년마다 1회 이상 ④ 4년마다 1회 이상

해설 안전밸브의 검사주기(안전보건규칙 제 216조)
1) 화학공정 유체와 안전밸브의 디스크 또는 시트가 직접 접촉될 수 있도록 설치된 경우 : 매년 1회 이상
2) 안전밸브 전단에 파열판이 설치된 경우 : 2년마다 1회 이상

85 위험물을 산업안전보건법령에서 정한 기준량 이상으로 제조하거나 취급하는 설비로서 특수화학설비에 해당되는 것은?

① 가열시켜 주는 물질의 온도가 가열되는 위험물질의 분해온도보다 높은 상태에서 운전되는 설비
② 상온에서 게이지 압력으로 200kPa의 압력으로 운전되는 설비
③ 대기압 하에서 300℃로 운전되는 설비
④ 흡열반응이 행하여지는 반응설비

해설 특수화학설비의 종류(안전보건규칙) : 위험물질의 기준량 이상으로 제조 또는 취급되는 다음 각 호의 화학설비
1) 발열반응이 일어나는 반응장치
2) 증류·정류·증발·추출 등 분리를 행하는 장치
3) 가열시켜주는 물질의 온도가 가열되는 위험물질의 분해온도 또는 발화점 보다 높은 상태에서 운전되는 설비
4) 반응폭주 등 이상화학반응에 의하여 위험물질이 발생할 우려가 있는 설비
5) 온도가 350℃ 이상이거나 980kPa 이상인 상태에서 운전되는 설비
6) 가열로 또는 가열기

86 산업안전보건법령상 다음 내용에 해당하는 폭발위험장소는?

> 20종 장소 밖으로서 분진운 형태의 가연성 분진이 폭발농도를 형성할 정도의 충분한 양이 정상 작동 중에 존재할 수 있는 장소를 말한다.

① 21종 장소   ② 22종 장소

■ 정답 ■ 83.② 84.① 85.① 86.①

③ 0종 장소   ④ 1종 장소

해설 분진폭발위험장소의 분류

분류	적요	예
20종 장소	분진운 형태의 가연성 분진이 폭발농도를 형성할 정도로 충분한 양이 정상 작동 중에 연속적으로 또는 자주 존재하거나, 제어할 수 없을 정도의 양 및 두께의 분진층이 형성될 수 있는 장소	호퍼·분진저장소·집진장치·피터 등의 내부
21종 장소	20종 장소외의 장소로서, 분진운 형태의 가연성 분진이 폭발농도를 형성할 정도의 충분한 양이 정상 작동중에 존재할 수 있는 장소	집진장치·백필터·배기구 등의 주위 이송벨트 샘플링 지역 등
22종 장소	21종 장소외의 장소로서, 가연성 분진운 형태가 드물게 발생 또는 단기간 존재할 우려가 있거나, 이상 작동 상태하에서 가연성 분진층이 형성될 수 있는 장소	21종 장소에서 예방조치가 취하여진 지역, 환기설비 등과 같은 안전장치 배출구 주위 등

87 Li과 Na에 관한 설명으로 틀린 것은?

① 두 금속 모두 실온에서 자연발화의 위험성이 있으므로 알코올 속에 저장해야 한다.
② 두 금속은 물과 반응하여 수소기체를 발생한다.
③ Li은 비중 값이 물보다 작다.
④ Na는 은백색의 무른 금속이다.

해설 Li(리튬), Na(나트륨)저장법
1) 물과의 접촉을 절대 피한다.
2) 석유 등의 보호액을 넣은 내통에 밀봉하여 저장한다.

88 다음 중 누설 발화형 폭발재해의 예방 대책으로 가장 거리가 먼 것은?

① 발화원 관리
② 밸브의 오동작 방지
③ 가연성 가스의 연소
④ 누설물질의 검지 경보

해설 누설 발화형(착화형)폭발재해의 예방대책
1) ①, ②, ④항
2) 누설방지를 위한 안전설계, 재료선택, 보전검사의 실시
3) 밸브 조작 등의 안전조업에 대한 교육 훈련

89 수분을 함유하는 에탄올에서 순수한 에탄올을 얻기 위해 벤젠과 같은 물질은 첨가하여 수분을 제거하는 증류 방법은?

① 공비증류   ② 추출증류
③ 가압증류   ④ 감압증류

해설 공비증류 : 비점 차이가 상당히 큰 (100℃ 이상) 물질의 혼합물 증류 시 단수를 증가하거나 환류를 증가하여도 어느 한도 이상으로는 분리할 수 없는 경우가 있는데 이와 같은 혼합물을 공비혼합물이라 한다.
1) 2성분계가 공비혼합물인 경우 분리방법은 추출증류와 같이 제 3의 성분을 첨가하는 방법을 사용한다.
2) 공비증류는 알코올-물계와 같이 상호 용해하고 있는 혼합물에서 물을 제거하는데 사용되는 경우가 많으며 첨가물로 벤젠을 사용한다.

90 다음 중 인화점에 관한 설명으로 옳은 것은?

① 액체의 표면에서 발생한 증기농도가 공기중에서 연소하한 농도가 될 수 있는 가장 높은 액체온도
② 액체의 표면에서 발생한 증기농도가 공기중에서 연소상한 농도가 될 수 있는 가장 낮은 액체온도
③ 액체의 표면에 발생한 증기농도가 공기 중에서 연소하한 농도가 될 수 있는 가장 낮은 액체온도
④ 액체의 표면에서 발생한 증기농도가 공기 중에서 연소상한 농도가 될 수 있는 가장

■ 정답 ■   87.①   88.③   89.①   90.③

높은 액체온도

[해설] 연소의 특성
1) **인화점** : 가연성 증기에 점화원을 주었을 때 연소가 시작되는 최저온도
2) **발화점** : 가연물을 가열할 때 점화원이 없이 스스로 연소가 시작되는 최저온도
3) **연소범위(폭발범위)** : 가연성가스(또는 증기)와 공기(또는 산소)와의 혼합가스에 점화원을 주었을 때 연소(폭발)가 일어나는 혼합가스의 농도범위(부피%)
   ① 낮은 쪽을 폭발 하한계, 높은 쪽을 폭발 상한계라 한다.
   ② 온도와 압력이 높을수록 폭발범위는 넓어진다.

91 분진폭발의 특징에 관한 설명으로 옳은 것은?

① 가스폭발보다 발생에너지가 작다.
② 폭발압력과 연소속도는 가스폭발보다 크다.
③ 입자의 크기, 부유성 등이 분진폭발에 영향을 준다.
④ 불완전연소로 인한 가스중독의 위험성은 작다.

[해설] 분진폭발의 특징
1) 가스폭발보다 발생에너지가 크다.
2) 연소속도나 폭발압력은 가스폭발보다 작지만 가해지는 힘(파괴력)은 매우 크다.
3) 불완전연소로 인한 가스중독의 위험성이 크다.

92 위험물안전관리법령상 제1류 위험물에 해당하는 것은?

① 과염소산나트륨   ② 과염소산
③ 과산화수소   ④ 과산화벤조일

[해설] 제 1류 위험물 산화성고체의 품명 및 종류
1) **아염소산염류** : 아염소산나트륨, 아염소산칼륨 등
2) **염소산염류** : 염소산나트륨, 염소산칼륨, 염소산암모늄, 염소산칼슘 등
3) **과염소산염류** : 과염소산나트륨, 과염소산칼륨, 과염소산암모늄 등
4) **무기과산화물** : 과산화나트륨, 과산화 칼륨 등

5) **기타** 브롬산염류, 질산염류, 요오드산염류, 과망간산염류, 중크롬산염류 등

93 다음 중 질식소화에 해당하는 것은?

① 가연성 기체의 분출화재시 주 밸브를 닫는다.
② 가연성 기체의 연쇄반응을 차단하여 소화한다.
③ 연료 탱크를 냉각하여 가연성 가스의 발생속도를 작게 한다.
④ 연소하고 있는 가연물이 존재하는 장소를 기계적으로 폐쇄하여 공기의 공급을 차단한다.

[해설] 질식소화 : 산소공급을 차단하여 소화하는 방법

94 산업안전보건기준에 관한 규칙에서 정한 위험물질의 종류에서 "물반응성 물질 및 인화성 고체"에 해당하는 것은?

① 질산에스테르류
② 니트로화합물
③ 칼륨·나트륨
④ 니트로소화합물

[해설] 물반응성물질 및 인화성고체(안전보건규칙)
1) 리튬
2) 칼륨 · 나트륨
3) 황
4) 황린
5) 황화인 · 적린
6) 셀룰로이드류
7) 알킬알루미늄 · 알킬리튬
8) 마그네슘분말
9) 금속분말(마그네슘분말은 제외)
10) 알칼리금속(리튬 · 칼륨 및 나트륨은 제외)
11) 유기금속화합물(알킬알루미늄 및 알킬리튬은 제외)
12) 금속의 수소화물
13) 금속의 인화물
14) 칼슘탄화물 · 알루미늄탄화물

■ 정답 ■ 91.③ 92.① 93.④ 94.③

95 공기 중 아세톤의 농도가 200ppm(TLV 500ppm), 메틸에틸케톤(MEK)의 농도가 100 ppm(TLV 200ppm)일 때 혼합물질의 허용농도(ppm)는? (단, 두 물질은 서로 상가작용을 하는 것으로 가정한다.)

① 150
② 200
③ 270
④ 333

해설 혼합물의 허용농도(C)

$$C = \frac{C_1 + C_2 + \cdots + C_n}{\frac{C_1}{TLV_1} + \frac{C_2}{TLV_2} + \cdots + \frac{C_n}{TLV_n}}$$

$$= \frac{200 + 100}{\frac{200}{500} + \frac{100}{200}} = 333.33 ppm$$

96 다음 중 분진이 발화 폭발하기 위한 조건으로 거리가 먼 것은?

① 불연성질
② 미분상태
③ 점화원의 존재
④ 산소 공급

해설 1) 분진폭발의 발생순서
① 퇴적분진 → ② 비산 → ③ 분산 → ④ 발화원발생 → ⑤ 전면폭발 → ⑥ 2차 폭발
2) 분진이 발화폭발하기 위한 조건
① 가연성
② 미분상태
③ 지연성가스(공기) 중에서의 교반과 유동
④ 점화원의 존재

97 다음 중 폭발한계(vol%)의 범위가 가장 넓은 것은?

① 메탄
② 부탄
③ 톨루엔
④ 아세틸렌

해설 각 가스의 폭발한계의 범위

메탄 (CH_4)	부탄 (C_4H_{10})	톨루엔 ($C_6H_5CH_3$)	아세틸렌 (C_2H_2)
5~15 vol%	1.8~8.4 vol%	1.4~6.7 vol%	2.5~81 vol%

98 다음 중 최소발화에너지(E[J])를 구하는 식으로 옳은 것은? (단, I는 전류[A], R은 저항[Ω], V는 전압[V], C는 콘덴서용량[F], T는 시간[초]이라 한다.)

① $E = I^2RT$
② $E = 0.24I^2\sqrt{R}$
③ $E = \frac{1}{2}CV^2$
④ $E = \frac{1}{2}\sqrt{C^2V}$

해설 최소발화 에너지(E : J)

$$E = \frac{1}{2}CV^2$$

여기서, C : 정전용량 (F ; 패럿)
V : 대전전위 (전압, V)

$$V = \sqrt{\frac{2E}{C}}$$

99 공기 중에서 A 물질의 폭발하한계가 4vol%, 상한계가 75vol%라면 이 물질의 위험도는?

① 16.75
② 17.75
③ 18.75
④ 19.75

해설 A물질 위험도(H)

$$H = \frac{U-L}{L} = \frac{75-4}{4} = 17.75$$

100 다음 중 관의 지름을 변경하고자 할 때 필요한 관 부속품은?

① elbow
② reducer
③ plug
④ valve

해설 1) elbow : 서로 어떤 각을 이루는 관의 접속에 이용되는 관이음
2) reducer : 지름이 서로 다른 관을 접속하는 데 사용하는 관 이음쇠
3) plug : 관 끝 또는 구멍을 막는데 사용하는 나사 붙이 마개
4) valve : 관 속을 흐르는 기체 또는 액체의 유입, 유출 및 이를 조절하는 장치 또는 부품의 총칭

■ 정답 ■ 95.④ 96.① 97.④ 98.③ 99.② 100.②

제6과목 / 건설안전기술

101 다음 중 지하수위 측정에 사용되는 계측기는? (문제 오류로 가답안 발표시 4번으로 발표되었지만 확정 답안 발표시 모두 정답처리 되었습니다. 여기서는 가답안인 4번을 누르면 정답 처리 됩니다.)

① Load Cell ② Inclinometer
③ Extensometer ④ Piezometer

해설 토공사에 사용되는 계측기기
 1) 간극수압계 : 피에조 미터(piezo meter)
 2) 경사계 : 인클리노 미터(inclino meter)
 3) 인접구조물 기울기 측정 : 틸트 미터(tilt meter)
 4) 버팀대 변형 측정계 : 스트레인게이지(strain gauge)
 5) 인접구조물의 균열측정 : 크랙 게이지(crack gauge)
 6) 지중침하계 : 익스텐션 미터(extension meter)
 7) 하중계 : 로드 셀(load cell)
 8) 토압측정계 : soil pressure gauge

102 이동식비계를 조립하여 작업을 하는 경우에 준수하여야 할 기준으로 옳지 않은 것은?

① 승강용사다리는 견고하게 설치할 것
② 비계의 최상부에서 작업을 하는 경우에는 안전난간을 설치할 것
③ 작업발판의 최대적재하중은 400kg을 초과하지 않도록 할 것
④ 작업발판은 항상 수평을 유지하고 작업발판 위에서 안전난간을 딛고 작업을 하거나 받침대 또는 사다리를 사용하여 작업하지 않도록 할 것

해설 이동식비계를 조립하여 작업을 할 때 준수사항
 1) 이동식 비계의 바퀴에는 뜻밖의 갑작스러운 이동을 방지하기 위하여 브레이크·쐐기 등으로 바퀴를 고정시킨 다음 비계의 일부를 견고한 시설물에 잡아매는 등의 조치를 할 것
 2) 승강용사다리는 견고하게 설치할 것
 3) 비계의 최상부에서 작업을 할 때에는 안전난간을 설치할 것
 4) 작업발판은 항상 수평으로 유지하고 작업발판 위에서 안전난간을 딛고 작업을 하거나 받침대 또는 사다리를 사용하여 작업하지 않도록 할 것
 5) 작업발판의 최대적재하중은 250kg을 초과하지 않도록 할 것

103 터널 지보공을 조립하거나 변경하는 경우에 조치하여야 하는 사항으로 옳지 않은 것은?

① 목재의 터널 지보공은 그 터널 지보공의 각 부재에 작용하는 긴압 정도를 체크하여 그 정도가 최대한 차이나도록 할 것
② 강(鋼)아치 지보공의 조립은 연결볼트 및 띠장 등을 사용하여 주재 상호간을 튼튼하게 연결할 것
③ 기둥에는 침하를 방지하기 위하여 받침목을 사용하는 등의 조치를 할 것
④ 주재(主材)를 구성하는 1세트의 부재는 동일 평면 내에 배치할 것

해설 ①항, 목재의 터널지보공은 그 터널지보공의 각 부재의 긴압정도가 균등하게 되도록 할 것

104 거푸집동바리 등을 조립하는 경우에 준수하여야 하는 기준으로 옳지 않은 것은?

① 동바리로 사용하는 파이프 서포트를 이어서 사용하는 경우에는 3개 이상의 볼트 또는 전용철물을 사용하여 이을 것
② 동바리로 사용하는 강관은 높이 2m이내마다 수평연결재를 2개 방향으로 만들 것
③ 깔목의 사용, 콘크리트 타설, 말뚝박기 등 동바리의 침하를 방지하기 위한 조치를 할 것
④ 동바리로 사용하는 파이프 서포트를 3개 이

■ 정답 ■ 101.전항 정답 102.③ 103.① 104.①

상 이어서 사용하지 않도록 할 것

해설 거푸집의 동바리로 사용하는 파이프 서포트에 대한 설치 기준
1) 파이프 서포트를 3본 이상 이어서 사용하지 아니하도록 할 것
2) 파이프 서포트를 이어서 사용할 때에는 4개 이상의 볼트 또는 전용철물을 사용하여 이을 것
3) 높이가 3.5m를 초과할 때에는 높이 2m 이내마다 수평연결재를 2개 방향으로 만들고 수평연결재의 변위를 방지할 것

> **길잡이** 거푸집동바리 조립시 준수사항(거푸집 동바리 등의 안전조치)
> 1) 깔목의 사용, 콘크리트 타설(打設), 말뚝박기 등 동바리의 침하를 방지하기 위한 조치를 할 것
> 2) 개구부 상부에 동바리를 설치하는 때에는 상부하중을 견딜 수 있는 견고한 받침대를 설치할 것
> 3) 동바리의 상하고정 및 미끄러짐 방지조치를 하고, 하중의 지지상태를 유지할 것
> 4) 동바리의 이음은 맞댄이음 또는 장부이음으로 하고 같은 품질의 재료를 사용할 것
> 5) 강재와 강재와의 접속부 및 교차부는 볼트·클램프 등 전용철물을 사용하여 단단히 연결할 것
> 6) 거푸집이 곡면인 때에는 버팀대의 부착 등 그 거푸집의 부상(浮上)을 방지하기 위한 조치를 할 것

105 가설통로를 설치하는 경우 준수하여야 할 기준으로 옳지 않은 것은?

① 경사는 30° 이하로 할 것
② 경사가 15°를 초과하는 경우에는 미끄러지지 아니하는 구조로 할 것
③ 추락할 위험이 있는 장소에는 안전난간을 설치할 것
④ 수직갱에 가설된 통로의 길이가 15m 이상인 경우에는 7m 이내마다 계단참을 설치할 것

해설 가설통로 설치 시 준수사항
1) 견고한 구조로 할 것
2) 경사는 30°이하로 할 것 (계단을 설치하거나 높이 2m 미만의 가설통로로서 튼튼한 손잡이를 설치한 때에는 그러하지 아니하다)
3) 경사가 15를 초과하는 때에는 미끄러지지 아니하는 구조로 할 것
4) 추락의 위험이 있는 장소에는 안전난간을 설치할 것(작업상 부득이 한 때에는 필요한 부분에 한하여 임시로 이를 해체할 수 있다)
5) 수직갱에 가설된 통로의 길이가 15m 이상인 때에는 10m 이내마다 계단참을 설치할 것
6) 건설공사에서 사용하는 높이 8m 이상인 비계다리에는 7m 이내마다 계단을 설치할 것

106 사면 보호 공법 중 구조물에 의한 보호 공법에 해당되지 않는 것은?

① 블록공
② 식생구멍공
③ 돌쌓기공
④ 현장타설 콘크리트 격자공

해설 1) 구조물에 의한 사면 보호공법
① 현장타설 콘크리트 공법(콘크리트 틀에 의한 공법)
② 콘크리트 블록과 돌쌓기 공법(표면 돌붙임 공법)
2) 식생에 의한 사면보호공법
3) 떼입공법 등

107 안전계수가 4이고 2000MPa의 인장강도를 갖는 강선의 최대허용응력은?

① 500MPa
② 1000MPa
③ 1500MPa
④ 2000MPa

해설 안전계수 $= \dfrac{\text{파괴하중(인장강도)}}{\text{허용응력}}$

허용응력 $= \dfrac{\text{인장강도}}{\text{안전계수}} = \dfrac{2000\text{MPa}}{4} = 500\text{MPa}$

■ 정답 ■ 105.④ 106.② 107.①

108 터널공사의 전기발파작업에 관한 설명으로 옳지 않은 것은?

① 전선은 점화하기 전에 화약류를 충진한 장소로부터 30m이상 떨어진 안전한 장소에서 도통시험 및 저항시험을 하여야 한다.
② 점화는 충분한 허용량을 갖는 발파기를 사용하고 규정된 스위치를 반드시 사용하여야 한다.
③ 발파 후 발파기와 발파모선의 연결을 유지한 채 그 단부를 절연시킨 후 재점화가 되지 않도록 한다.
④ 점화는 선임된 발파책임자가 행하고 발파기의 핸들을 점화할 때 이외는 시건장치를 하거나 모선을 분리하여야 하며 발파책임자의 엄중한 관리 하에 두어야 한다.

해설 ③항, 발파 후 즉시 발파모선을 발파기로부터 분리하고 그 단부를 절연시킨 후 재점화가 되지 않도록 하여야 한다.

109 화물을 적재하는 경우의 준수사항으로 옳지 않은 것은?

① 침하 우려가 없는 튼튼한 기반 위에 적재할 것
② 건물의 칸막이나 벽 등이 화물의 압력에 견딜 만큼의 강도를 지니지 아니한 경우에는 칸막이나 벽에 기대어 적재하지 않도록 할 것
③ 불안정한 정도로 높이 쌓아 올리지 말 것
④ 하중을 한쪽으로 치우치더라도 화물을 최대한 효율적으로 적재할 것

해설 ④항, 하중이 한쪽으로 치우치지 않도록 적재할 것

110 발파구간 인접구조물에 대한 피해 및 손상을 예방하기 위한 건물기초에서의 허용진동치(cm/sec) 기준으로 옳지 않은 것은? (단, 기존 구조물에 금이 가 있거나 노후구조물 대상일 경우 등은 고려하지 않는다.)

① 문화재 : 0.2cm/sec
② 주택, 아파트 : 0.5cm/sec
③ 상가 : 1.0cm/sec
④ 철골콘크리트 빌딩 : 0.8 ~ 1.0cm/sec

해설 발파구간 인접 구조물에 대한 피해 및 손상을 예방하기 위한 허용진동치 기준

건물분류	건물 기초에서의 허용진동치(cm/초)
문화재	0.2
주택, 아파트	0.5
상가(금이 없는 상태)	1.0
철골콘크리트 빌딩 및 상가	1.0~4.0

111 거푸집동바리동을 조립 또는 해체하는 작업을 하는 경우의 준수사항으로 옳지 않은 것은?

① 재료, 기구 또는 공구 등을 올리거나 내리는 경우에는 근로자로 하여금 달줄·달포대 등의 사용을 금하도록 할 것
② 낙하·충격에 의한 돌발적 재해를 방지하기 위하여 버팀목을 설치하고 거푸집동바리 등을 인양장비에 매단 후에 작업을 하도록 하는 등 필요한 조치를 할 것
③ 비, 눈, 그 밖의 기상상태의 불안정으로 날씨가 몹시 나쁜 경우에는 그 작업을 중지할 것
④ 해당 작업을 하는 구역에는 관계 근로자가 아닌 사람의 출입을 금지할 것

해설 ①항, 재료 기구 또는 공구 등을 올리거나 내리는 경우에는 근로자로 하여금 달줄 또는 달포대 등을 사용하도록 할 것

■ 정답 ■ 108.③ 109.④ 110.④ 111.①

112 강관을 사용하여 비계를 구성하는 경우 준수하여야 할 기준으로 옳지 않은 것은?

① 비계기둥의 간격은 띠장 방향에서는 1.85m 이하, 장선(長線) 방향에서는 1.5m 이하로 할 것
② 띠장 간격은 2.0m 이하로 할 것
③ 비계기둥의 제일 윗부분으로부터 31m 되는 지점 밑부분의 비계기둥은 3개의 강관으로 묶어 세울 것
④ 비계기둥 간의 적재하중은 400kg을 초과하지 않도록 할 것

해설 강관비계의 구조 : 강관을 사용하여 비계를 구성할 때의 준수사항
1) 비계기둥의 간격은 띠장방향에서는 1.85m이하, 장선방향에서는 1.5m 이하로 할 것
2) 띠장간격은 2.0m 이하로 할 것
3) 비계기둥의 최고부로부터 31m 되는 지점 밑부분의 비계기둥은 2개의 강관으로 묶어 세울 것 (브라켓 등으로 보강하여 그 이상의 강도가 유지되는 경우에는 그러하지 아니하다)
4) 비계기둥 간의 적재하중은 400kg을 초과하지 아니하도록 할 것

113 지하수위 상승으로 포화된 사질토 지반의 액상화 현상을 방지하기 위한 가장 직접적이고 효과적인 대책은?

① well point 공법 적용
② 동다짐 공법 적용
③ 입도가 불량한 재료를 입도가 양호한 재료로 치환
④ 밀도를 증가시켜 한계간극비 이하로 상대밀도를 유지하는 방법 강구

해설 well point 공법
1) 출 수가 많고 깊은 터 파기에서 진공펌프와 원심펌프를 병용하는 지하수 배수에 의해 지하수위를 낮추는 공법이다.
2) 사질토, 실트층 등 투수성이 좋은 지반에는 효율이 좋으나 점토질 등 투수성이 나쁜 지반에는 효율이 나쁘다.
3) 흙막이 토질 악화를 예방하고, 흙막이 토압을 낮추며 기초 파기 공사를 용이하게 하고 지내력을 증가시킨다.

114 크레인 등 건설장비의 가공전선로 접근 시 안전대책으로 옳지 않은 것은?

① 안전 이격거리를 유지하고 작업한다.
② 장비를 가공전선로 밑에 보관한다.
③ 장비의 조립, 준비 시부터 가공전선로에 대한 감전 방지 수단을 강구한다.
④ 장비 사용 현장의 장애물, 위험물 등을 점검 후 작업계획을 수립한다.

해설 장비는 가공전선로 밑을 피하여 보관한다.

115 흙의 투수계수에 영향을 주는 인자에 관한 설명으로 옳지 않은 것은?

① 포화도 : 포화도가 클수록 투수계수도 크다.
② 공극비 : 공극비가 클수록 투수계수는 작다.
③ 유체의 점성계수 : 점성계수가 클수록 투수계수는 작다.
④ 유체의 밀도 : 유체의 밀도가 클수록 투수계수는 크다.

해설 공극비 : 공극비가 클수록 투수계수는 크다.

116 산업안전보건법령에서 규정하는 철골작업을 중지하여야 하는 기후조건에 해당하지 않는 것은?

① 풍속이 초당 10m 이상인 경우
② 강우량이 시간당 1mm 이상인 경우
③ 강설량이 시간당 1cm 이상인 경우
④ 기온이 영하 5℃ 이하인 경우

해설 철골작업을 중지해야 할 기상조건
1) 풍속 : 10m/sec 이상

■ 정답 ■ 112.③ 113.① 114.② 115.② 116.④

2) 강우량 : 1mm/hr 이상
3) 강설량 : 1cm/hr 이상

117 차량계 건설기계를 사용하여 작업을 하는 경우 작업계획서 내용에 포함되지 않는 사항은?

① 사용하는 차량계 건설기계의 종류 및 성능
② 차량계 건설기계의 운행경로
③ 차량계 건설기계에 의한 작업방법
④ 차량계 건설기계 사용 시 유도자 배치 위치

해설 차량계 건설기계 작업 시 작업계획서에 포함되어야 할 사항
1) 사용되는 차량계 건설기계의 종류 및 성능
2) 차량계 건설기계의 운행경로
3) 차량계 건설기계에 의한 작업방법

118 유해위험방지계획서를 고용노동부장관에게 제출하고 심사를 받아야 하는 대상 건설공사 기준으로 옳지 않은 것은?

① 최대 지간길이가 50m 이상인 다리의 건설 등 공사
② 지상높이 25m 이상인 건축물 또는 인공구조물의 건설등 공사
③ 깊이 10m 이상인 굴착공사
④ 다목적댐, 발전용댐, 저수용량 2천만톤 이상의 용수 전용 댐 및 지방상수도 전용 댐의 건설등 공사

해설 건설업 중 유해위험방지계획서 제출대상 사업장
(시행규칙 제 120조 제 4항)
1) 지상높이가 31m 이상인 건축물 또는 인공 구조물, 연면적 3만㎡ 이상인 건축물 또는 연면적 5천㎡ 이상의 문화 및 집회시설(전시장 및 동물원·식물원은 제외), 판매시설, 운수시설(고속철도의 역사 및 집·배송시설은 제외), 종교시설, 의료시설 중 종합병원, 숙박시설 중 관광숙박시설, 지하도 상가 또는 냉동·냉장 창고시설의 건설·개조 또는 해체(이하"건설등"이라 한다.)

2) 연면적 5천㎡ 이상의 냉동·냉장 창고시설의 설비공사 및 단열공사
3) 최대 지간길이가 50m 이상인 교량건설 등 공사
4) 터널 건설 등의 공사
5) 다목적댐, 발전용댐 및 저수용량 2천만 톤 이상의 용수 전용 댐, 지방상수도 전용댐건설 등의 공사
6) 깊이 10m 이상인 굴착공사

119 공사진척에 따른 공정율이 다음과 같을 때 안전관리비 사용기준으로 옳은 것은? (단, 공정율은 기성공정율을 기준으로 함)

공정율 : 70퍼센트 이상, 90퍼센트 미만

① 50퍼센트 이상   ② 60퍼센트 이상
③ 70퍼센트 이상   ④ 80퍼센트 이상

해설 공사진척에 따른 안전관리비 사용 기준

공정률	50% 이상 70% 미만	70% 이상 90% 미만	90% 이상
사용기준	50% 이상	70% 이상	90% 이상

120 미리 작업장소의 지형 및 지반상태 등에 적합한 제한속도를 정하지 않아도 되는 차량계 건설기계의 속도 기준은?

① 최대 제한 속도가 10km/h 이하
② 최대 제한 속도가 20km/h 이하
③ 최대 제한 속도가 30km/h 이하
④ 최대 제한 속도가 40km/h 이하

해설 차량계건설기계의 속도기준 : 최대 제한속도가 10km/hr 이하

2021년 2회 기출문제
[5월 15일 시행]

산업안전기사

제1과목 / 안전관리론

01 학습자가 자신의 학습속도에 적합하도록 프로그램 자료를 가지고 단독으로 학습하도록 하는 안전교육 방법은?

① 실연법
② 모의법
③ 토의법
④ 프로그램 학습법

해설 프로그램 학습법 : 수업프로그램이 프로그램 학습의 원리에 의해서 만들어지고 자기 학습 속도에 따른 학습이 허용되어 있는 상태에서 학습자가 프로그램 자료를 가지고 단독으로 학습하도록 하는 교육방법이다.

02 헤드십의 특성이 아닌 것은?

① 지휘형태는 권위주의적이다.
② 권한행사는 임명된 헤드이다.
③ 구성원과의 사회적 간격은 넓다
④ 상관과 부하와의 관계는 개인적인 영향이다

해설 헤드십의 특성
1) ①, ②, ③항
2) 상사와 부하와의 관계는 종속적이다.

03 산업안전보건법령상 특정행위의 지시 및 사실의 고지에 사용되는 안전·보건표지의 색도기준으로 옳은 것은?

① 2.5G 4/10
② 5Y 8.5/12
③ 2.5PB 4/10
④ 7.5R 4/14

해설 산업안전표지의 색채종류, 색도 기준 및 용도

색채	색도기준	용도	사용예
빨간색	7.5R 4/14	금지	정지신호, 소화설비 및 그 장소, 유해행위 금지
		경고	화학물질 취급장소에서의 유해·위험경고
노란색	5Y 8.5/12	경고	화학물질 취급장소에서의 유해·위험 경고, 이외의 위험 경고, 주의표지 또는 기계방호물
파란색	2.5PB 4/10	지시	특정 행위의 지시 및 사실의 고지
녹색	2.5G 4/10	안내	비상구 및 피난소, 사람 또는 차량의 통행표지
흰색	N 9.5		파란색 또는 녹색에 대한 보조색
검은색	N 0.5		문자 및 빨간색 또는 노란색에 대한 보조색

04 인간관계의 메커니즘 중 다른 사람의 행동 양식이나 태도를 투입시키거나 다른 사람 가운데서 자기와 비슷한 것을 발견하는 것은?

① 공감
② 모방
③ 동일화
④ 일체화

해설 인간관계의 메커니즘(mechanism)
1) 동일화(identification) : 다른 사람의 행동양식이나 태도를 투입하거나 다른 사람 가운데서 자기와 비슷한 것을 발견하는 것을 말한다.
2) 투사(投射, projection) : 자기 속의 억압된 것을 다른 사람의 것으로 생각하는 것을 투사(또는 투출)라고 한다.
3) 커뮤니케이션(communication) : 갖가지 행동양식이나 기호를 매개로 하여 어떤 사람으로부터 다른 사람에게 전달되는 과정을 말한다.
4) 모방(imitation) : 남의 행동이나 판단을 표본으

■ 정답 ■ 01.④ 02.④ 03.③ 04.③

로 하여 그것과 같거나 또는 그것에 가까운 행동 판단을 취하는 것이다.
5) 암시(suggestion) : 다른 사람으로부터의 판단이나 행동을 무비판적으로 논리적, 사실적 근거 없이 받아들이는 것을 말한다.

05 다음의 교육내용과 관련 있는 교육은?

- 작업 동작 및 표준작업방법의 습관화
- 공구·보호구 등의 관리 및 취급태도의 확립
- 작업 전후의 점검, 검사요령의 정확화 및 습관화

① 지식교육 ② 기능교육
③ 태도교육 ④ 문제해결교육

해설 안전교육의 3단계
1) 제1단계 - 지식교육 : 안전의식향상, 안전규정숙지, 기능교육 및 태도교육에 필요한 기초지식 주입
2) 제2단계 - 기능교육 : 전문적 기술 및 안전기술 기능, 점검·검사·정비 등에 관한 기능 습득
3) 제3단계 - 태도교육 : 작업동작 및 표준작업 방법 습관화, 점검·검사요령의 정확화 및 습관화

06 데이비스(K.Davis)의 동기부여 이론에 관한 등식에서 그 관계가 틀린 것은?

① 지식 × 기능 = 능력
② 상황 × 능력 = 동기유발
③ 능력 × 동기유발 = 인간의 성과
④ 인간의 성과 × 물질의 성과 = 경영의 성과

해설 데이비스(Davis)의 동기부여이론
1) 인간의 성과 × 물리적인 성과 = 경영의 성과
2) 인간의 성과 = 능력 × 동기유발
3) 능력 = 지식 × 기능
4) 동기유발 = 상황(situation) × 태도(attitude)

07 산업안전보건법령상 보호구 안전인증 대상 방독마스크의 유기화합물용 정화통 외부 측면 표시 색으로 옳은 것은?

① 갈색 ② 녹색
③ 회색 ④ 노랑색

해설 방독마스크의 종류별 시험가스

종류	표시색
유기화합물용 정화통	갈색
할로겐용 정화통	회색
황하수소용 정화통	회색
시안화수소용 정화통	회색
아황산용 정화통	노란색
암모니아용 정화통	녹색
복합용 및 겸용의 정화통	· 복합용의 경우 : 해당가스 모두 표시(2층 분리) · 겸용의 경우 : 백색과 해당 가스 모두 표시(2층 분리)

08 재해원인 분석기법의 하나인 특성요인도의 작성 방법에 대한 설명으로 틀린 것은?

① 큰뼈는 특성이 일어나는 요인이라고 생각되는 것을 크게 분류하여 기입한다.
② 등뼈는 원칙정에서 우측에서 좌측으로 향하여 가는 화살표를 기입한다.
③ 특성의 결정은 무엇에 대한 특성요인도를 작성할 것인가를 결정하고 기입한다.
④ 중뼈는 특성이 일어나는 큰뼈의 요인마다 다시 미세하게 원인을 결정하여 기입한다.

해설 ②항, 등뼈는 원칙적으로 좌측에서 우측으로 향하여 가는 화살표를 기입한다.

■정답■ 05.③ 06.② 07.① 08.②

09 TWI의 교육 내용 중 인간관계 관리방법 즉 부하 통솔법을 주로 다루는 것은?

① JST(Job Safety Training)
② JMT(Job Method Training)
③ JRT(Job Relation Training)
④ JIT(Job Instruction Training)

해설 TWI(Traning Within Industry)
1) 교육대상 : 감독자
2) 교육내용
   ① JI(Job Instruction) : 작업지도 기법
   ② JM(Job Method) : 작업개선 기법
   ③ JR(Job Relation) : 인간관계관리 기법(부하통솔 기법)
   ④ JS(Job Safety) : 작업안전 기법
3) 교육방법 : 한 클래스는 10명 정도, 토의법, 1일 2시간씩 5일(10시간)

10 산업안전보건법령상 안전보건관리규정에 반드시 포함되어야 할 사항이 아닌 것은? (단, 그 밖에 안전 및 보건에 관한 사항은 제외한다.)

① 재해코스트 분석 방법
② 사고 조사 및 대책 수립
③ 작업장 안전 및 보건관리
④ 안전 및 보건 관리조직과 그 직무

해설 법상 안전보건관리규정에 포함되어야 할 사항 (법 제25조)
1) 안전 및 보건에 관한 관리조직과 그 직무에 관한 사항)
2) 안전보건교육에 관한 사항
3) 작업장의 안전 및 보건관리에 관한 사항
4) 사고 조사 및 대책 수립에 관한 사항
5) 그 밖에 안전 및 보건에 관한 사항

11 재해조사에 관한 설명으로 틀린 것은?

① 조사목적에 무관한 조사는 피한다.
② 조사는 현장을 정리한 후에 실시한다.
③ 목격자나 현장 책임자의 진술을 듣는다.
④ 조사자는 객관적이고 공정한 입장을 취해야 한다.

해설 재해조사
1) 재해조사의 목적 : 동종재해 및 유사재해의 재발 방지
2) 재해조사시 유의사항
   ① 사실을 수집한다. 이유는 뒤에 확인한다.
   ② 목격자 등이 증언하는 사실 이외의 추측의 말은 참고로만 한다.
   ③ 조사는 신속히 행하고 긴급 조치하여 2차 재해의 방지를 도모한다.
   ④ 사람, 기계설비, 양면의 재해요인을 모두 도출한다.
   ⑤ 객관적인 입장에서 공정하게 조사하며, 조사는 2인 이상이 한다.
   ⑥ 책임 추궁보다 재발 방지를 우선하는 기본 태도를 갖는다.
   ⑦ 피해자에 대한 구급조치를 우선한다.
   ⑧ 2차 재해의 예방과 위험성에 대한 보호구를 착용한다.

12 산업안전보건법령상 안전보건표지의 종류 중 경고표지의 기본모형(형태)이 다른 것은?

① 고압전기 경고
② 방사성물질 경고
③ 폭발성물질 경고
④ 매달린 물체 경고

해설 경고표시 : 바탕은 노란색, 기본모형(삼각형), 관련부호 및 그림은 검정색 [다만, 인화성물질 경고, 산화성물질 경고, 폭발성물질 경고, 급성독성물질 경고, 부식성물질 경고 및 발암성·변이원성·생식독성·전신독성·호흡기과민성물질 경고의 경우 바탕은 무색, 기본모형(다이아몬드형)은 빨간색(흑색도 가능)]

■ 정답 ■ 09.③ 10.① 11.② 12.③

13 무재해운동 추진의 3요소에 관한 설명이 아닌 것은?

① 안전보건은 최고경영자의 무재해 및 무질병에 대한 확고한 경영자세로 시작된다.
② 안전보건을 추진하는 데에는 관리감독자들의 생산 활동 속에 안전보건을 실천하는 것이 중요하다.
③ 모든 재해는 잠재요인을 사전에 발견·파악·해결함으로써 근원적으로 산업재해를 없애야한다.
④ 안전보건은 각자 자신의 문제이며, 동시에 동료의 문제로서 직장의 팀 멤버와 협동 노력하여 자주적으로 추진하는 것이 필요하다.

해설 무재해운동 추진 3기둥(무재해운동의 3요소)
1) 최고경영자의 엄격한 안전경영자세 : ①항
2) 관리감독자에 의한 안전보건의 추진(라인화의 철저) : ②항
3) 직장 소집단의 자주활동의 활발화 : ④항

14 헤링(Hering)의 착시현상에 해당하는 것은?

① 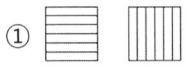   ②
③ 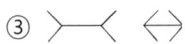   ④

해설 ① : 헬므홀즈(Helmholz)착시
② : 코흘러(Köhler)착시(윤곽착시)
③ : 뮬러·라이러(Müler·Lyer)착시
④ : 헤링(Hering)착시

15 도수율이 24.5이고, 강도율이 1.15인 사업장에서 한 근로자가 입사하여 퇴직할 때까지의 근로손실일수는?

① 2.45일   ② 115일
③ 215일   ④ 245일

해설 환산강도율 : 평생(40년, 10만 시간)동안의 근로손실일수
환산강도율 = 강도율 ×100
= 1.15×100 = 115일

16 학습을 자극(Stimulus)에 의한 반응(Response)으로 보는 이론에 해당하는 것은?

① 장설(Field Theory)
② 통찰설(Insight Theory)
③ 기호형태설(Sign-gestalt Theory)
④ 시행착오설(Trial and Error Theory)

해설 S-R이론 : 학습을 자극(stimulus)에 의한 반응(response)으로 보는 이론으로 시행착오설과 조건반사설이 있다.
1) 시행착오설 : Thorndike
2) 조건반사설 : Pavlov
3) 접근적조건화설 : Guthrie
4) 도구적(조작적) 조건화설 : Skinner

17 하인리히의 사고방지 기본원리 5단계 중 시정방법의 선정 단계에 있어서 필요한 조치가 아닌 것은?

① 인사조정
② 안전행정의 개선
③ 교육 및 훈련의 개선
④ 안전점검 및 사고조사

해설 사고 예방대책의 기본원리(사고방지원리의 5단계)

단계	과정	내용
1단계	조직	① 경영자의 안전목표 ② 안전관리자의 임명 ③ 안전의 라인 및 참모 조직구성 ④ 안전활동 방침 및 계획수립 ⑤ 조직을 통한 안전활동

■ 정답 ■ 13.③ 14.④ 15.② 16.④ 17.④

단계	과정	내용
2단계	사실의 발견	① 사고 및 안전활동 기록 검토 ② 작업 분석 ③ 안전점검 및 안전진단 ④ 사고조사 ⑤ 안전회의 및 통의 ⑥ 근로자의 제안 및 여론조사 ⑦ 관찰 및 보고서의 연구 등을 통하여 불안전 요소 발견
3단계	분석 평가	① 사고보고서 및 현장조사 ② 사고기록 및 인적 물적 조건의 분석 ③ 작업공정 분석 ④ 교육훈련 분석 등을 통하여 사고의 직접원인 및 간접원인 규명
4단계	시정책 선정	① 기술적 개선 ② 인사조정(배치조정) ③ 교육훈련의 개선 ④ 안전행정의 개선 ⑤ 규정 및 수칙 작업표준 제도의 개선 ⑥ 확인 및 통제체제 개선
5단계	시정책 적용	① 기술적(engineering) 대책 ② 교육적(education) 대책 ③ 단속적(enforcement) 대책

18 산업안전보건법령상 안전보건교육 교육대상별 교육내용 중 관리감독자 정기교육의 내용으로 틀린 것은?

① 정리정돈 및 청소에 관한 사항
② 유해·위험 작업환경 관리에 관한 사항
③ 표준안전작업방법 및 지도 요령에 관한 사항
④ 작업공정의 유해·위험과 재해 예방대책에 관한 사항

해설 관리감독자 정기안전보건교육내용
1) 작업공정의 유해·위험과 재해 예방대책에 관한 사항
2) 표준안전작업방법 및 지도 요령에 관한 사항
3) 관리감독자의 역할과 임무에 관한 사항
4) 산업보건 및 직업병 예방에 관한 사항
5) 유해·위험 작업환경 관리에 관한 사항
6) 산업안전보건법 및 산업재해보상보험 제도에 관한 사항
7) 안전보건교육능력배양에 관한 사항
8) 직무스트레스 예방 및 관리에 관한 사항
9) 직장 내 괴롭힘, 고객의 폭언 등으로 인한 건강장해 예방 및 관리에 관한 사항

19 산업안전보건법령상 협의체 구성 및 운영에 관한 사항으로 (   )에 알맞은 내용은?

> – 도급인은 관계수급인 근로자가 도급인의 사업장에서 작업을 하는 경우 도급인과 수급인을 구성원으로 하는 안전 및 보건에 관한 협의체를 구성 및 운영하여야 한다. 이 협의체는 (   ) 정기적으로 회의를 개최하고 그 결과를 기록·보존해야 한다.

① 매월 1회 이상 ② 2개월마다 1회
③ 3개월마다 1회 ④ 6개월마다 1회

해설 법상 안전·보건협의체의 정기회의 주기 : 매월 1회 이상

20 산업안전보건법령상 프레스를 사용하여 작업을 할 때 작업시작 전 점검사항으로 틀린 것은?

① 방호장치의 기능
② 언로드밸브의 기능
③ 금형 및 고정볼트 상태
④ 클러치 및 브레이크의 기능

해설 프레스 및 전단기의 작업시작 전 점검사항
1) 클러치 및 브레이크의 기능
2) 크랭크축·플라이 휠·슬라이드·연결봉 및 연결나사의 볼트의 풀림 유무
3) 1행정 1정지기구·급정지장치·비상정지장치의 기능
4) 슬라이드 또는 칼날에 의한 위험 방지기구의 기능
5) 프레스의 금형 및 고정 볼트 상태
6) 당해 방호장치의 기능 점검
7) 전단기의 칼날 및 테이블 상태

■ 정답 ■ 18.① 19.① 20.②

제2과목 / 안전공학 및 시스템안전공학

21 일반적으로 은행의 접수대 높이나 공원의 벤치를 설계할 때 가장 적합한 인체 측정 자료의 응용원칙은?

① 조절식 설계
② 평균치를 이용한 설계
③ 최대치수를 이용한 설계
④ 최소치수를 이용한 설계

해설 인간계측자료의 응용원칙
  1) **최대치수와 최소 치수** : 최대치수 또는 최소치수를 기준으로 하여 설계한다.
     (극단에 속하는 사람을 위한 설계)
  2) **조절범위(조절식)** : 체격이 다른 여러 사람에게 맞도록 만드는 것이다. (조절할 수 있도록 범위를 두는 설계)
  3) **평균치를 기준으로 한 설계** : 최대치수나 최소치수, 조절식으로 하기가 곤란할 때 평균치를 기준으로 하여 설계한다.(평균적인 사람을 위한 설계)

22 위험분석기법 중 고장이 시스템의 손실과 인명의 사상에 연결되는 높은 위험도를 가진 요소나 고장의 형태에 따른 분석법은?

① CA   ② ETA
③ FHA   ④ FTA

해설 CA(치명도 분석 또는 위험도 분석, criticality analysis)
  1) 고장이 직접 시스템의 손실과 사상에 연결되는 높은 위험도(또는 치명도)를 가진 요소나 고장의 형태에 따른 분석법이다.
  2) 고장형의 위험도 분류
     ① category Ⅰ : 생명의 상실로 이어질 염려가 있는 고장
     ② category Ⅱ : 작업의 실패로 이어질 염려가 있는 고장
     ③ category Ⅲ : 운용의 지연 또는 손실로 이어질 고장
     ④ category Ⅳ : 극단적인 계획외의 관리로 이어질 고장

23 작업장의 설비 3대에서 각각 80 dB, 86 dB, 78 dB의 소음이 발생되고 있을 때 작업장의 음압 수준은?

① 약 81.3 dB   ② 약 85.5 dB
③ 약 87.5 dB   ④ 약 90.3 dB

해설 합성소음도(L)
$$L = 10\log\left(10^{\frac{L_1}{10}} + 10^{\frac{L_2}{10}} + 10^{\frac{L_3}{10}}\right)$$
$$= 10\log\left(10^{80/10} + 10^{86/10} + 10^{78/10}\right)$$
$$= 87.49 \, dB$$

24 일반적인 화학설비에 대한 안전성 평가 (safety assessment) 절차에 있어 안전대책 단계에 해당되지 않는 것은?

① 보전   ② 위험도 평가
③ 설비적 대책   ④ 관리적 대책

해설 (1) 안전성 평가의 기본원칙 6단계
  1) 1단계 : 관계 자료의 정비검토
  2) 2단계 : 정성적 평가
  3) 3단계 : 정량적 평가
  4) 4단계 : 안전대책
  5) 5단계 : 재해정보에 의한 재평가
  6) 6단계 : FTA에 의한 재평가
(2) 제4단계 : 안전대책
  1) 설비대책 : 안전장치 및 방재장치에 대한 대책
  2) 관리적 대책 : 인원배치, 교육훈련 및 보전에 관한 대책

25 욕조곡선에서의 고장 형태에서 일정한 형태의 고장률이 나타나는 구간은?

① 초기 고장구간   ② 마모 고장구간
③ 피로 고장구간   ④ 우발 고장구간

■ 정답 ■ 21.② 22.① 23.③ 24.② 25.④

해설 고장율의 유형(욕조곡선에서의 고장형태)
1) 초기고장구간 : 감소형
2) 우발고장구간 : 일정형
3) 마모고장구간 : 증가형

26 음량수준을 평가하는 척도와 관계없는 것은?

① dB ② HSI
③ phon ④ sone

해설 음량수준의 평가척도
1) dB(decibel) : 음압수준을 표시하는 단위로 사용한다. (dB은 소리의 세기에 대한 물리적 측정 단위)
2) phon : 1000Hz, 40dB의 음압수준(dB)을 나타낸다.
3) sone : 1000Hz, 40dB의 음압수준을 가진 순음의 크기(=40phon)를 1sone이라 한다.
4) sone과 phon의 관계식
$sone 차 = 2^{(phon-40)/10}$

27 실효 온도(effective temperature)에 영향을 주는 요인이 아닌 것은?

① 온도 ② 습도
③ 복사열 ④ 공기 유동

해설 실효온노(체감온도 또는 감각온도)에 영향을 주는 요인
1) 온도 2) 습도 3) 공기유동(기류)

28 FT도에서 시스템의 신뢰도는 얼마인가? (단, 모든 부품의 발생확률은 0.1 이다.)

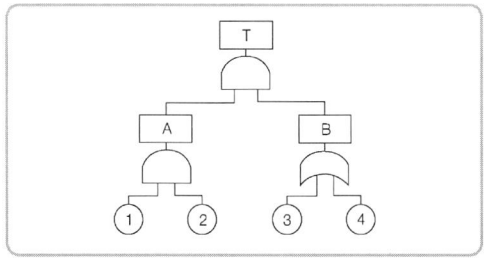

① 0.0033 ② 0.0062
③ 0.9981 ④ 0.9936

해설 1) 시스템 고장발생확률(T)
$T = A \times B$
$= ① \times ② \times [1-(1-③)(1-④)]$
$= 0.1 \times 0.1 \times [1-(1-0.1)(1-0.1)]$
$= 1.9 \times 10^{-3} = 0.0019$
2) 시스템 신뢰도(R)
$R = 1 - T$
$= 1 - 0.0019 = 0.9981$

29 인간공학 연구방법 중 실제의 제품이나 시스템이 추구하는 특성 및 수준이 달성되는지를 비교하고 분석하는 연구는?

① 조사연구 ② 실험연구
③ 분석연구 ④ 평가연구

해설 인간공학 연구방법
1) 조사연구 : 집단(사람)의 속성에 관한 특성을 탐구한다.
2) 실험연구 : 어떤 변수가 행동에 미치는 영향을 시험하는 것이 목적이다.
3) 평가연구 : 본문 설명

30 어떤 설비의 시간당 고장률이 일정하다고 할 때 이 설비의 고장간격은 다음 중 어떤 확률분포를 따르는가?

① t분포
② 와이블분포
③ 지수분포
④ 아이링(Eyring)분포

해설 지수분포(exponential distributioin)
1) 평균수명(MTTF, Mean Time To Failure) : 고장이 나면 수명이 없어지는 제품에서는 지수분포를 하는 확률변수 T의 기댓값이 다음과 같이 되며 이를 고장까지의 평균시간 또는 평균수명(MTTF)이라 부른다.
$E(T) = MTTF = \dfrac{1}{\lambda}$

■ 정답 ■ 26.② 27.③ 28.③ 29.④ 30.③

2) **평균고장간격**(MTBF, Mean Time Bet-ween Failure) : 고장이 나도 수리해서 사용할 수 있는 제품에서 1/λ은 평균고장간격이 된다.

31 시스템 수명주기에 있어서 예비위험분석 (PHA)이 이루어지는 단계에 해당하는 것은?

① 구상단계   ② 점검단계
③ 운전단계   ④ 생산단계

해설 시스템 수명주기의 단계
1) **구상단계** : 시작단계
  ① PHA(예비사고분석) : 이용
  ② 리스크(위험)분석 시행
  ③ SSPP(시스템 안전프로그램계획)
2) **정의단계** : 예비설계와 생산기술을 확인하는 단계
3) **개발단계** : 정의단계에 환경적 충격, 생산 기술, 운용연구 등을 포함시키는 단계
  ① OHA(운용위험분석)이용
  ② FMEA(고장의 형태 및 영향분석)과 관련된 신뢰 성공학 적용
4) **생산단계** : 생산이 시작되면 품질관리부서는 생산물을 검사하고 조사하는 역할을 함
5) **운전단계** : 시스템을 운전하는 단계

32 FTA에서 사용하는 다음 사상기호에 대한 설명으로 맞는 것은?

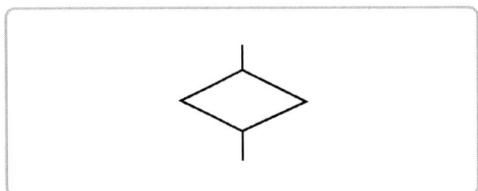

① 시스템 분석에서 좀 더 발전시켜야 하는 사상
② 시스템의 정상적인 가동상태에서 일어날 것이 기대되는 사상
③ 불충분한 자료로 결론을 내릴 수 없어 더 이상 전개 할 수 없는 사상
④ 주어진 시스템의 기본사상으로 고장원인이 분석되었기 때문에 더 이상 분석할 필요가 없는 사상

해설 생략사상(추적가능한 최후사상) : 사상과 원인과의 관계를 충분히 알 수 없거나 또는 필요한 정보를 얻을 수 없기 때문에 이것 이상 전개할 수 없는 최후적 사상을 나타낼 때 사용한다(말단사상).

33 감각저장으로부터 정보를 작업기억으로 전달하기 위한 코드화 분류에 해당되지 않는 것은?

① 시각코드   ② 촉각코드
③ 음성코드   ④ 의미코드

해설 1) **인간기억체계** : 감각보관, 작업기억(단기기억), 장기기억의 3가지 형태로 되어 있다.

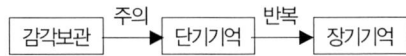

2) **작업기억의 정보** : 시각(視覺 : visual), 표음(表音 : phonetic), 의미(意味 : semantic)의 3가지 코드로 코드화 된다.
  ① **시각 및 표음(음성)코드** : 자극의 시각적 또는 청각적 표현이다.
  ② **의미코드** : 자극에 의해서 발생되는 상이나 음이 아닌 자극, 의미의 추상적 표현이다.

34 정보를 전송하기 위해 청각적 표시장치보다 시각적 표시장치를 사용하는 것이 더 효과적인 경우는?

① 정보의 내용이 간단한 경우
② 정보가 후에 재참조되는 경우
③ 정보가 즉각적인 행동을 요구하는 경우
④ 정보의 내용이 시간적인 사건을 다루는 경우

■ 정답 ■ 31.① 32.③ 33.② 34.②

해설 표시장치의 선택(청각장치와 시각장치의 선택)

청각장치 사용	시각장치 사용
1) 전언이 간단하고 짧다.	1) 적언이 복잡하고 길다.
2) 전언이 후에 재참조되지 않는다.	2) 전언이 후에 재참조된다.
3) 전언이 즉각적인 사상(event)을 이룬다.	3) 전언이 공간적인 위치를 다룬다.
4) 전언이 즉각적인 행동을 요구한다.	4) 전언이 즉각적인 행동을 요구하지 않는다.
5) 수신자가 시각계통이 과부하 상태일 때	5) 수신자의 청각계통이 과부하 상태일 때
6) 수신장소가 너무 밝거나 암조의 유지가 필요할 때	6) 수신장소가 너무 시끄러울 때
7) 직무상 수신자가 자주 움직이는 경우	7) 직무상 수신자가 한 곳에 머무르는 경우

35 인간-기계시스템 설계과정 중 직무분석을 하는 단계는?

① 제1단계 : 시스템의 목표와 성능명세 결정
② 제2단계 : 시스템의 정의
③ 제3단계 : 기본 설계
④ 제4단계 : 인터페이스 설계

해설 기본설계(제3단계)
1) 인간, 하드웨어 및 소프트웨어에 대한 기능 할당
2) 작업설계(직무설계)
3) 과업분석(직무분석)
4) 인간 퍼포먼스(performance)요건

36 중량물 들기 작업 시 5분간의 산소소비량을 측정한 결과 90L의 배기량 중에 산소가 16%, 이산화탄소가 4%로 분석되었다. 해당 작업에 대한 산소소비량(L/min)은 약 얼마인가? (단, 공기 중 질소는 79vol%, 산소는 21vol%이다.)

① 0.948
② 1.948
③ 4.74
④ 5.74

해설 1) 배기량(L/min) = $\dfrac{\text{배기량}(L)}{\text{시간}(\min)}$

$= \dfrac{90L}{5\min} = 18L/\min$

2) 흡기량 $\times \dfrac{79\%}{100}$ = 배기량 $\times \dfrac{N_2\%}{100}$

흡기량 = $\dfrac{\text{배기량} \times N_2\%}{79}$

$= \dfrac{\text{배기량} \times (100 - O_2\% - CO_2\%)}{79}$

$= \dfrac{18 \times (100 - 16 - 4)}{79}$

$= 18.23 L/\min$

3) 산소소비량

= 흡기량 $\times \dfrac{21}{100}$ - 배기량 $\times \dfrac{O_2\%}{100}$

= $18.23 \times 0.21 - 18 \times 0.16$

= $0.948 L/\min$

37 의도는 올바른 것이었지만, 행동이 의도한 것과는 다르게 나타나는 오류는?

① Slip
② Mistake
③ Lapse
④ Violation

해설 인간의 오류모형
1) 실수(slip)
① 의도는 올바른 것이었지만 반응의 실행이 올바른 것이 아닌 경우를 실수라 한다.
② 실수는 주의력이 부족한 상태에서 발생하는 에러이다.
2) 착오(mistake)
① 부적합한 의도를 가지고 행동으로 옮긴 경우를 착오라 한다.
② 착오는 주관적인 인식과 객관적 실재가 일치하지 않는 것을 의미한다.
3) 건망증(lapse) : 단기기억의 한계로 이해 기억을 잊어서 해야 할 일을 못해 발생하는 에러이다.
4) 위반(고의사고 : violation) : 작업수행 과정 중에 일부러 나쁜 의도를 가지고 발생시키는 에러를 말한다.

■ 정답 ■ 35.③ 36.① 37.①

38 동작경제의 원칙과 가장 거리가 먼 것은?

① 급작스런 방향의 전환은 피하도록 할 것
② 가능한 관성을 이용하여 작업하도록 할 것
③ 두 손의 동작은 같이 시작하고 같이 끝나도록 할 것
④ 두 팔의 동작은 동시에 같은 방향으로 움직일 것

해설 ④항, 두팔(양팔)은 동시에 서로 반대방향에서 대칭적으로 움직이도록 할 것

> **길잡이** 동작경제의 3원칙(Barnes)
> 1) 신체의 사용에 관한 원칙
> 2) 작업장 배치에 관한 원칙
> 3) 공구 및 설비의 설계에 관한 원칙

39 두 가지 상태 중 하나가 고장 또는 결함으로 나타나는 비정상적인 사건은?

① 톱사상   ② 결함사상
③ 정상적인 사상   ④ 기본적인 사상

해설 결함사상 : 두 가지 상태 중 하나가 고장 또는 결함으로 나타나는 비정상적인 사건

40 설비보전 방법 중 설비의 열화를 방지하고 그 진행을 지연시켜 수명을 연장하기 위한 점검, 청소, 주유 및 교체 등의 활동은?

① 사후 보전   ② 개량 보전
③ 일상 보전   ④ 보전 예방

해설 설비보전방식의 유형
1) **예방보전** : 설비를 항상 정상, 양호한 상태로 유지하기 위한 정기검사와 초기단계에서 성능의 저하나 고장을 제거하거나 조정 또는 수복(修復)하기 위한 설비의 보수활동을 의미한다.
2) **일상보전** : 설비의 열화를 방지하고 그 진행을 지연시켜 수명을 연장하기 위한 설비의 점검, 청소, 주유, 교체 등의 활동을 의미한다.
3) **개량보전** : 고장을 미연에 방지하기 위해 설비를 개조하거나 설계에서부터 시정조치를 취하고 설비의 체질개선을 도모하는 설비보전 방법을 의미한다.
4) **보전예방** : 설비보전 정보와 신기술을 기초로 신뢰성, 조작성, 보전성, 안전성, 경제성 등이 우수한 설비의 선정, 조달 또는 설계를 통하여 궁극적으로 설비의 설계, 제작 단계에서 보전활동이 불필요한 체제를 목표로 한 설비보전 방법을 말한다.
5) **사후보전** : 수리를 행하는 설비보전방법을 의미한다.
6) **예지보전** : 설비의 이상 상태를 검출, 측정 또는 감시하여 열화의 정도가 사용한도에 이른 시점에서 분해, 검사, 부품교환, 수리하는 설비보전방법을 의미한다.

제3과목 / 기계위험방지기술

41 산업안전보건법령상 보일러 수위가 이상현상으로 인해 위험수위로 변하면 작업자가 쉽게 감지할 수 있도록 경보등, 경보음을 발하고 자동적으로 급수 또는 단수되어 수위를 조절하는 방호장치는?

① 압력방출장치   ② 고저수위 조절장치
③ 압력제한 스위치 ④ 과부하방지장치

해설 고저수위조절장치 : 고저수위조절장치는 작업자가 동작상태를 쉽게 감시할 수 있도록 고저수위 지점을 알리는 경보등, 경보음장치 등을 설치하여야 하며, 자동적으로 급수 또는 단수되도록 설치하여야 한다.

42 프레스 작업에서 제품 및 스크랩을 자동적으로 위험한계 밖으로 배출하기 위한 장치로 틀린것은?

① 피더   ② 키커
③ 이젝터   ④ 공기 분사 장치

■ 정답 ■ 38.④ 39.② 40.③ 41.② 42.①

해설 1) 피더(feeder)
① 공급장치로 종류에는 테이블, 스크루, 에이프런 로터리, 벨트, 셰이킹 드래그(drag) 등이 있다.
② 전기에서 사용되는 급전선 또는 궤전선 등을 말한다.
2) 자동배출장치 : 키커(kicker), 이젝터(ejector), 공기분사장치 등

43 산업안전보건법령상 로봇의 작동범위 내에서 그 로봇에 관하여 교시 등 작업을 행하는 때 작업시작 전 점검 사항으로 옳은 것은? (단, 로봇의 동력원을 차단하고 행하는 것은 제외)

① 과부하방지장치의 이상 유무
② 압력제한스위치의 이상 유무
③ 외부 전선의 피복 또는 외장의 손상 유무
④ 권과방지장치의 이상 유무

해설 산업용 로봇의 교시 등의 작업시작 전 점검사항
1) 외부전선의 피복 또는 외장의 손상유무
2) 매니퓰레이터(Manipulator)작동의 이상 유무
3) 제동장치 및 비상정지장치의 기능

44 산업안전보건법령상 지게차 작업시작 전 점검사항으로 거리가 가장 먼 것은?

① 제동장치 및 조종장치 기능의 이상 유무
② 압력방출장치의 작동 이상 유무
③ 바퀴의 이상 유무
④ 전조등·후미등·방향지시기 및 경보장치 기능의 이상 유무

해설 지게차 작업시작 전 점검사항
1) 제동장치 및 조종 장치 기능의 이상 유무
2) 하역장치 및 유압장치 기능의 이상 유무
3) 바퀴의 이상 유무
4) 전조등, 후미등, 방향지시기 및 경보장치 기능의 이상 유무

45 다음 중 가공재료의 칩이나 절삭유 등이 비산되어 나오는 위험으로부터 보호하기 위한 선반의 방호장치는?

① 바이트
② 권과방지장치
③ 압력제한스위치
④ 쉴드(shield)

해설 선반의 방호장치
1) 칩 브레이크 : 바이트에 설치된 칩을 짧게 끊어내는 장치
2) 쉴드(Shield) : 칩 비 산방지 투명판
3) 덮개 또는 울 : 돌출가공물에 설치한 안전장치
4) 브레이크 : 급정지장치
5) 기타 척의 인터록 덮개, 고정브리지(bridge) 등

46 산업안전보건법령상 보일러의 압력방출장치가 2개 설치된 경우 그 중 1개는 최고사용압력이하에서 작동된다고 할 때 다른 압력방출장치는 최고사용압력의 최대 몇 배 이하에서 작동되도록 하여야 하는가?

① 0.5　　② 1
③ 1.05　④ 2

해설 보일러의 압력방출장치 설치기준
1) 보일러의 안전한 가동을 위하여 보일러 규격에 적합한 압력방출장치를 1개 또는 2개 이상 설치하고 최고사용압력 이하에서 작동되도록 할 것, 다만 압력방출장치를 2개 이상 설치된 경우에는 최고사용압력 이하에서 1개가 작동되고 다른 압력방출장치는 최고사용압력의 1.05배 이하에서 작동되도록 할 것
2) 압력방출장치는 1년에 1회 이상 표준압력계를 이용하여 토출압력을 시험한 후 납으로 봉인하여 사용하도록 할 것

■ 정답 ■　43.③　44.②　45.④　46.③

47 상용운전압력 이상으로 압력이 상승할 경우 보일러의 파열을 방지하기 위하여 버너의 연소를 차단하여 정상압력으로 유도하는 장치는?

① 압력방출장치
② 고저수위 조절장치
③ 압력제한 스위치
④ 통풍제어 스위치

해설 압력제한스위치 : 보일러의 과열방지를 위하여 최고사용압력과 상용압력 사이에서 보일러의 버너연소를 차단할 수 있도록 압력제한 스위치를 부착하여 사용하여야 한다.

48 용접부 결함에서 전류가 과대하고, 용접속도가 너무 빨라 용접부의 일부가 홈 또는 오목하게 생기는 결함은?

① 언더컷
② 기공
③ 균열
④ 융합불량

해설 용접결함
1) 균열(crack) : 공기구멍 또는 선상조직, 용접의 구속, 살 붙임 불량 등으로 생기는 결함
2) 슬래그 섞임(slag inclusion, 슬래그 감싸돌기) : 용접에서 용융금속이 급속하게 냉각되면 슬래그의 일부분이 달아나지 못하고 용착 금속 내에 혼입되는 결함
3) 피드(pit) : 공기의 구멍이 발생함으로서 용접부의 표면에 생기는 작은 구멍
4) 공기구멍(blow hole = gas pocket) : 용접 금속의 내부에 생기는 구멍으로 주로 용융금속이 응고할 때 방출되어야 할 가스가 남아서 생기는 결함
5) 언더 컷(under cut) : 용접상부(모재표면과 용접표면이 교차되는 점)에 따라 모재가 녹아 용착금속이 채워지지 않고 홈으로 남게 되는 부분
6) 오버 랩(over lap, 겹치기) : 용접금속과 모재가 융합되지 않고 겹쳐지는 결함
7) 기타 결함 : 외관 비틀림 결함, 불용착(녹아 붙기 불량)변형, 용접치수의 불규칙, 용입부족 등

49 물체의 표면에 침투력이 강한 적색 또는 형광성의 침투액을 표면 개구 결함에 침투시켜 직접 또는 자외선 등으로 관찰하여 결함장소와 크기를 판별하는 비파괴시험은?

① 피로시험
② 음향탐상시험
③ 와류탐상시험
④ 침투탐상시험

해설 침투탐상시험 : 본문설명

50 연삭숫돌의 파괴원인으로 거리가 가장 먼 것은?

① 숫돌이 외부의 큰 충격을 받았을 때
② 숫돌의 회전속도가 너무 빠를 때
③ 숫돌 자체에 이미 균열이 있을 때
④ 플랜지 직경이 숫돌 직경의 1/3 이상일 때

해설 연삭기 숫돌의 파괴원인
1) 숫돌의 회전속도가 빠를 때
2) 숫돌자체에 균열이 있을 때
3) 숫돌에 과대한 충격을 가할 때
4) 숫돌의 측면을 사용하여 작업할 때
5) 숫돌의 불균형이나 베어링 마모에 의한 진동이 있을 때
6) 숫돌 반경방향의 온도변화가 심할 때
7) 작업에 부적당한 숫돌을 사용할 때
8) 숫돌의 치수가 부적당할 때
9) 플랜지가 현저히 작을 때(플랜지 직경=숫돌직경×1/3)

51 산업안전보건법령상 프레스 등 금형을 부착·해체 또는 조정하는 작업을 할 때, 슬라이드가 갑자기 작동함으로써 근로자에게 발생할 우려가 있는 위험을 방지하기 위해 사용해야 하는 것은? (단, 해당 작업에 종사하는 근로자의 신체가 위험한계 내에 있는 경우)

① 방진구
② 안전블록
③ 시건장치
④ 날접촉예방장치

■ 정답 ■ 47.③ 48.① 49.④ 50.④ 51.②

해설 금형조정작업의 위험방지(안전보건규칙) : 프레스 등의 금형을 부착·해체 또는 조정작업을 할 때에 근로자의 신체가 위험한계 내에 있는 경우 슬라이드가 갑자기 작동함으로써 발생할 수 있는 위험을 방지하기 위하여 안전블록을 사용하는 등 필요한 조치를 하여야 한다.

52 페일 세이프(fail safe)의 기능적인 면에서 분류할 때 거리가 가장 먼 것은?

① Fool proof
② Fail passive
③ Fail active
④ Fail operational

해설 (1) fail safe와 fool proof
  1) 페일 세이프(fail safe) : 인간이나 기계 등에 과오(error)나 동작상의 실수가 있더라도 사고방지를 위해서 2중, 3중으로 통제를 가하도록 한 체계를 말함
  2) 풀프루프(fool proof) : 인간의 실수가 있어도 안전장치가 설치되어 사고나 재해로 연결되지 않는 구조를 말함
(2) 페일 세이프 구조의 기능면에서의 분류
  1) fail passive : 일반적인 산업기계방식의 구조이며, 성분의 고장 시 기계·장치는 정지상태로 옮겨간다.
  2) fail operational : 병렬 여분계의 성분을 구성한 경우이며, 성분의 고장이 있어도 다음 정기점검 시까지는 운전이 가능하다.
  3) fail active : 성분의 고장 시 기계·장치는 경보를 나타내며 단시간에 역전이 된다.

53 산업안전보건법령상 크레인에서 정격하중에 대한 정의는? (단, 지브가 있는 크레인은 제외)

① 부하할 수 있는 최대하중
② 부하할 수 있는 최대하중에서 달기기구의 중량에 상당하는 하중을 뺀 하중
③ 짐을 싣고 상승할 수 있는 최대하중
④ 가장 위험한 상태에서 부하할 수 있는 최대하중

해설 크레인
1) 크레인 및 호이스트 정의
  ① **크레인** : 동력을 사용하여 중량물을 매달아 상하 또는 좌우(수평 또는 선회)로 운반하는 것을 목적으로 하는 기계 또는 기계장치를 말함
  ② **호이스트** : 훅이나 그 밖의 달기구 등을 사용하여 화물을 권상 및 횡행 또는 권상동작만을 양중하는 것을 말함
2) 크레인의 **정격하중** : 부하할 수 있는 최대하중에서 달기구의 중량에 상당하는 하중을 뺀 하중

54 기계설비의 안전조건인 구조의 안전화와 거리가 가장 먼 것은?

① 전압 강하에 따른 오동작 방지
② 재료의 결함 방지
③ 설계상의 결함 방지
④ 가공 결함 방지

해설 기계설비의 구조의 안전화
  1) 설계상 결함방지 : 최대하중 예측의 부정확성과 강도저하를 생각하여 안전율을 충분히 고려하여야 한다.
  2) 재료의 결함방지 : 균열, 부식, 강도저하 등 재료의 결함을 방지하여야 한다.
  3) 가공결함 방지 : 가공 도중에 생기는 가공경화방지에 유의하여야 한다.

55 공기압축기의 작업안전수칙으로 가장 적절하지 않은 것은?

① 공기압축기의 점검 및 청소는 반드시 전원을 차단한 후에 실시한다.
② 운전 중에 어떠한 부품도 건드려서는 안 된다.
③ 공기압축기 분해 시 내부의 압축공기를 이용하여 분해한다.
④ 최대공기압력을 초과한 공기압력으로는 절대로 운전하여서는 안 된다.

해설 공기압축기(압력용기) 취급 시 안전대책
  1) 공기압축기 운전 시 최대 공기압력을 초과하여

■ 정답 ■ 52.① 53.② 54.① 55.③

사용하지 않을 것
2) 공기압축기를 정지시킬 때는 언로드밸브를 조작한 후 정지시킬 것.
3) 공기압축기 분해 시는 압축공기를 완전히 제거한 후 실시할 것
4) 공기압축기의 점검, 청소 시는 반드시 전원 스위치를 끌 것

56 산업안전보건법령상 컨베이어, 이송용 롤러 등을 사용하는 경우 정전·전압강하 등에 의한 위험을 방지하기 위하여 설치하는 안전장치는?

① 권과방지장치
② 동력전달장치
③ 과부하방지장치
④ 화물의 이탈 및 역주행 방지장치

해설 이탈 및 역주행 방지장치 : 컨베이어, 이송용 롤러 등 (이하 "컨베이어 등"이라 함)을 사용하는 경우에는 정전, 전압강하 등에 의한 화물 또는 운반구의 이탈 및 역주행을 방지하는 장치를 갖출 것(단, 무동력 상태 또는 수평상태로만 사용하여 근로자에게 위험을 미칠 우려가 없는 경우에는 제외)

57 회전하는 동작부분과 고정부분이 함께 만드는 위험점으로 주로 연삭숫돌과 작업대, 교반기의 교반날개와 몸체사이에서 형성되는 위험점은?

① 협착점 ② 절단점
③ 물림점 ④ 끼임점

해설 기계설비의 위험점의 예

위험점	보기(예)
협착점	프레스, 성형기, 절곡기 등
끼임점	연삭숫돌과 작업대, 반복동작되는 링크기구, 교반기의 교반날개와 몸체사이 등
절단점	밀링커터, 둥근톱날, 띠톱기계의 날 등
물림점	롤러, 기어와 피니언 등

58 다음 중 드릴 작업의 안전사항으로 틀린 것은?

① 옷소매가 길거나 찢어진 옷은 입지 않는다.
② 작고, 길이가 긴 물건은 손으로 잡고 뚫는다.
③ 회전하는 드릴에 걸레 등을 가까이 하지 않는다.
④ 스핀들에서 드릴을 뽑아낼 때에는 드릴 아래에 손을 내밀지 않는다.

해설 ②항, 작고 길이가 긴 물건은 바이스로 고정한다.

59 산업안전보건법령상 양중기의 과부하방지장치에서 요구하는 일반적인 성능기준으로 가장 적절하지 않은 것은?

① 과부하방지장치 작동 시 경보음과 경보램프가 작동되어야 하며 양중기는 작동이 되지 않아야 한다.
② 외함의 전선 접촉부분은 고무 등으로 밀폐되어 물과 먼지 등이 들어가지 않도록 한다.
③ 과부하방지장치와 타 방호장치는 기능에 서로 장애를 주지 않도록 부착할 수 있는 구조이어야 한다.
④ 방호장치의 기능을 정지 및 제거할 때 양중기의 기능이 동시에 원활하게 작동하는 구조이며 정지해서는 안 된다.

해설 ④항, 방호장치의 기능을 제거 또는 정지할 때 양중기의 기능도 동시에 정지할 수 있는 구조이어야 한다.

60 프레스기의 SPM(stroke per minute)이 200이고, 클러치의 맞물림 개소수가 6인 경우 양수기동식 방호장치의 안전거리는?

① 120 mm ② 200 mm
③ 320 mm ④ 400 mm

■ 정답 ■ 56.④ 57.④ 58.② 59.④ 60.③

해설 양수가동식 방호장치의 안전거리(Dm)

$$Dm = 1.6T_m$$
$$= 1.6 \times \left(\frac{1}{클러치물림개소수} + \frac{1}{2}\right) \times \frac{60000}{매분행정수}$$
$$= 1.6 \times \left(\frac{1}{6} + \frac{1}{2}\right) \times \frac{60000}{200} = 320mm$$

제4과목 / 전기위험방지기술

61 폭발한계에 도달한 메탄가스가 공기에 혼합되었을 경우 착화한계전압(V)은 약 얼마인가? (단, 메탄의 착화최소에너지는 0.2mJ, 극간용량은 10pF으로 한다.)

① 6325 ② 5225
③ 4135 ④ 3035

해설 착화한계전압(V)

$$V = \sqrt{\frac{2E}{C}}$$
$$= \sqrt{\frac{2 \times 0.2 \times 10^{-3}}{10 \times 10^{-12}}} = 6324.56V$$

62 Q = 2×10⁻⁷ C 으로 대전하고 있는 반경 25 cm 도체구의 전위(kV)는 약 얼마인가?

① 7.2 ② 12.5
③ 14.4 ④ 25

해설 1) 반지름(반경) r(m)인 고립도구체의 전위 및 정전용량

① 전위(V) $= \frac{Q}{4\pi\epsilon_0 r}$ (V)

② 정전용량(C) $= \frac{Q}{V} = (4\pi\epsilon_0 r)r$
(F : 패럿)

2) $V = \frac{Q}{4\pi\epsilon_0 r}$

$$= \frac{2 \times 10^{-7}}{\left(\frac{1}{9 \times 10^9}\right) \times 0.25} = 7200V = 7.2kV$$

여기서, Q : 전하(C : 콜롬)
$4\pi\epsilon_0 : \frac{1}{9 \times 10^9}$
r : 반경 (m)

63 다음 중 누전차단기를 시설하지 않아도 되는 전로가 아닌 것은? (단, 전로는 금속제 외함을 가지는 사용전압이 50V를 초과하는 저압의 기계기구에 전기를 공급하는 전로이며, 기계기구에는 사람이 쉽게 접촉할 우려가 있다.)

① 기계기구를 건조한 장소에 시설하는 경우
② 기계기구가 고무, 합성수지, 기타 절연물로 피복된 경우
③ 대지전압 200V 이하인 기계기구를 물기가 있는 곳 이외의 곳에 시설하는 경우
④ 「전기용품 및 생활용품 안전관리법」의 적용을 받는 이중절연구조의 기계기구를 시설하는 경우

해설 누전차단기를 설치해야할 전기기계·기구
1) 대지전압이 150V를 초과하는 이동형 또는 휴대형 전기기계·기구
2) 물 등 도전성이 높은 액체가 있는 습윤장소에서 사용하는 저압(1500V 이하 직류전압이나 1000V 이하 교류 전압)용 전기기계·기구
3) 철판·철골 위 등 도전성이 높은 장소에서 사용하는 이동형 휴대형 전기기계·기구
4) 임시배선의 전로가 설치되는 장소에서 사용하는 이동형 또는 휴대형 전기기계·기구

64 고압전로에 설치된 전동기용 고압전류 제한퓨즈의 불용단전류의 조건은?

① 정격전류 1.3배의 전류로 1시간 이내에 용단되지 않을 것
② 정격전류 1.3배의 전류로 2시간 이내에 용단되지 않을 것
③ 정격전류 2배의 전류로 1시간 이내에 용단되지 않을 것

■ 정답 ■ 61.① 62.① 63.③ 64.②

④ 정격전류 2배의 전류로 2시간 이내에 용단 되지 않을 것

해설 전동기용 고압전류 제한퓨즈의 불용단전류의 조건 : 정격전류×1.3배의 전류로 2시간 이내에 용단되지 않을 것

65 누전차단기의 시설방법 중 옳지 않은 것은?

① 시설장소는 배전반 또는 분전반 내에 설치한다.
② 정격전류용량은 해당 전로의 부하전류 값 이상이어야 한다.
③ 정격감도전류는 정상의 사용상태에서 불필요하게 동작하지 않도록 한다.
④ 인체감전보호형은 0.05초 이내에 동작하는 고감도고속형이어야 한다.

해설 인체감전보호용 누전차단기 : 정격감도전류가 30 mA이하이고 작동시간은 0.03초 이내 일 것

66 정전기 방지대책 중 적합하지 않는 것은?

① 대전서열이 가급적 먼 것으로 구성한다.
② 카본 블랙을 도포하여 도전성을 부여한다.
③ 유속을 저감 시킨다.
④ 도전성 재료를 도포하여 대전을 감소시킨다.

해설 정전기 발생 방지책
1) 접지(부도체물질은 부적합)
2) 가습(상대습도 70% 이상)
3) 정전기 방지용 보호구 착용
4) 대전방지제 사용
5) 제전장치 사용
6) 도전성 재료 사용
7) 배관 내 액체의 유속제한 및 정치시간의 확보

67 다음 중 방폭전기기기의 구조별 표시방법으로 틀린 것은?

① 내압방폭구조 : p
② 본질안전방폭구조 : ia, ib
③ 유입방폭구조 : o
④ 안전증방폭구조 : e

해설 방폭구조의 기호(방폭구조의 상징[심벌] : ex)
1) 내입방폭구조 : d
2) 압력방폭구조 : p
3) 안전증방폭구조 : e
4) 본질안전방폭구조 : ia 또는 ib
5) 유입방폭구조 : o
6) 특수방폭구조 : s
7) 충전방폭구조 : q
8) 몰드방폭구조 : m
9) 비점화방폭구조 : n

68 내접압용절연장갑의 등급에 따른 최대사용전압이 틀린 것은? (단, 교류 전압은 실효값이다.)

① 등급 00 :교류 500 V
② 등급 1 :교류 7500 V
③ 등급 2 :직류 17000 V
④ 등급 3 :직류 39750 V

해설 절연장갑의 등급별 최대사용전압 및 색상

등급	최대사용전압 교류 (V, 실효값)	최대사용전압 직류 (V)	색상
00	500	750	갈색
0	1000	1500	빨강색
1	750	11250	흰색
2	17000	25500	노랑색
3	26500	39750	녹색
4	36000	54000	등색

■ 정답 ■ 65.④ 66.① 67.① 68.③

69 저압전로의 절연성능에 관한 설명으로 적합하지 않는 것은?

① 전로의 사용전압이 SELV 및 PELV 일 때 절연저항은 0.5MΩ 이상이어야 한다.
② 전로의 사용전압이 FELV 일 때 절연저항은 1MΩ 이상이어야 한다.
③ 전로의 사용전압이 FELV 일 때 DC 시험전압은 500 V이다
④ 전로의 사용전압이 600 V 일 때 절연저항은 1.5MΩ 이상이어야 한다.

해설 저압전로의 절연성능

전로의 사용전압(V)	DC 시험전압(V)	절연저항 (MΩ)
1) SELV 및 PELV	250	0.5
2) FELV, 500(V) 이하	500	1.0
3) 500(V) 초과	1,000	1.0

[주] 특별저압(extra low voltage : 2차 전압이 AC 50V, DC 120V 이하)으로 SELV(비접지회로구성) 및 PELV(접지회로구성)은 1차와 2차가 전기적으로 절연된 회로, FELV는 1차와 2차가 전기적으로 절연되지 않은 회로

70 다음 중 0종 장소에 사용될 수 있는 방폭구조의 기호는?

① Ex ia   ② Ex ib
③ Ex d   ④ Ex e

해설 위험장소의 방폭구조선정

위험장소	해당방폭구조 선정
0종장소	본질안전 방폭구조(ia)
1종장소	본질안전(ia 또는 ib), 내압, 압력, 유입, 충전, 몰드, 안전증 방폭구조
2종장소	0종장소 및 1종장소에서 사용가능한 방폭구조, 비점화방폭구조

71 다음 중 전기화재의 주요 원인이라고 할 수 없는 것은?

① 절연전선의 열화   ② 정전기 발생
③ 과전류 발생   ④ 절연저항값의 증가

해설 전기화재의 원인
1) 단락(전선의 접촉, 합선 등)
2) 스파크(전기불꽃)
3) 누전 및 지락
4) 접촉부의 과열
5) 절연열화 및 절연파괴
6) 과전류 발생
7) 정전기 발생

72 배전선로에 정전작업 중 단락 접지기구를 사용하는 목적으로 가장 적합한 것은?

① 통신선 유도 장해 방지
② 배전용 기계 기구의 보호
③ 배전선 통전 시 전위경도 저감
④ 혼촉 또는 오동작에 의한 감전방지

해설 단락 접지기구
1) 사용 목적 : 혼촉 또는 오동작에 의한 감전 방지
2) 전기기기 등이 다른 노출 충전부와의 접촉, 유도 또는 예비동력원의 역송전 등으로 전압이 발생할 우려가 있는 경우에는 충분한 용량을 가진 단락 접지기구를 이용하여 접지할 것

73 어느 변전소에서 고장전류가 유입되었을 때 도전성 구조물과 그 부근 지표상의 점과의 사이(약 1m)의 허용접촉전압은 약 몇 V 인가? (단, 심실세동전류: $I_k = \dfrac{0.165}{\sqrt{t}} A$, 인체의 저항 : 1000Ω, 지표면의 저항률 : 150Ω·m, 통전시간을 1초로 한다.)

① 164   ② 186
③ 202   ④ 228

■ 정답 ■ 69.④ 70.① 71.④ 72.④ 73.③

해설 허용접촉전압(E)

$$E = \left(R_b + \frac{3R_S}{2}\right) \times I_K$$
$$= \left(1000 + \frac{3 \times 150}{2}\right) \times \frac{0.165}{\sqrt{1}}$$
$$= 202.13V$$

여기서, R_b : 인체의 저항률(Ω)
R_s : 지표의 저항률(Ωm)
t : 통전시간

74 방폭기기 그룹에 관한 설명으로 틀린 것은?

① 그룹 I, 그룹 II, 그룹 III가 있다.
② 그룹 I 의 기기는 폭발성 갱내 가스에 취약한 광산에서의 사용을 목적으로 한다.
③ 그룹 II의 세부 분류로 IIA, IIB, IIC가 있다.
④ IIA로 표시된 기기는 그룹 IIB기기를 필요로 하는 지역에 사용할 수 있다.

해설 ④항, IIB로 표시된 전기기기는 IIA전기기기를 필요로 하는 지역에 사용할 수 있다.

길잡이 1) 방폭기기의 분류
① 그룹 I : 폭발성 메탄가스 위험분위기에서 사용되는 광산용 전기기기
② 그룹 II : ①이외의 잠재적 폭발성 위험분위기에서 사용되는 전기기기
2) 그룹 II의 세부분류 : IIA, IIB, IIC
① 방폭기기 중 내압방폭구조, 본질안전방폭구조 및 비점화방폭구조(nC, nL)는 전기기기 대상 가스 또는 증기의 분류에 따라 IIA, IIB, IIC로 세부 분류한다.
② 가스 및 증기그룹은 내압방폭구조에 대한 최대실험안전틈새 및 본질안전방폭구조에 대한 최소 점화전류비에 따라 분류한다.
③ IIB로 표시된 전기기기는 IIA 전기기기를 필요로 하는 지역에 사용할 수 있으며, IIC로 표시된 전기기기는 IIA 또는 IIB 전기기기를 필요로 하는 지역에 사용할 수 있다.
④ 그룹II에 해당하는 방폭기기는 최고표면온도로 표시하여야 한다.

75 한국전기설비규정에 따라 피뢰설비에서 외부피뢰시스템의 수뢰부시스템으로 적합하지 않는 것은?

① 돌침 ② 수평도체
③ 메시도체 ④ 환상도체

해설 수뢰부시스템의 구성요소
1) **돌침** : 피뢰침(프랭클린 피뢰침, 쌍극자 피뢰침, 광역피뢰침 포함)
2) **수평도체** : 건축물 테두리에 설치하는 수평으로 설치되는 도체
3) **메시형도체** : 메시법에 의한 격자모양으로 설치되는 도체

76 정전기 재해의 방지를 위하여 배관 내 액체의 유속 제한이 필요하다. 배관의 내경과 유속 제한 값으로 적절하지 않은 것은?

① 관내경(mm) : 25, 제한유속(m/s) : 6.5
② 관내경(mm) : 50, 제한유속(m/s) : 3.5
③ 관내경(mm) : 100, 제한유속(m/s) : 2.5
④ 관내경(mm) : 200, 제한유속(m/s) : 1.8

해설 관내경과 유속제한 값

관내경 D(mm)	제한유속 (m/s)
10	8
25	4.9
50	3.5
100	2.5
200	1.8
400	1.3
600	1.0

■ 정답 ■ 74.④ 75.④ 76.①

77 지락이 생긴 경우 접촉상태에 따라 접촉전압을 제한할 필요가 있다. 인체의 접촉상태에 따른 허용접촉전압을 나타낸 것으로 다음 중 옳지 않은 것은?

① 제1종 : 2.5V 이하 ② 제2종 : 25V 이하
③ 제3종 : 35V 이하 ④ 제4종 : 제한 없음

해설 허용접촉전압

종별	접촉상태	허용접촉전압
제1종	・인체의 대부분이 수중에 있는 상태	2.5V 이하
제2종	・인체가 현저히 젖어 있는 상태 ・금속성의 전기기계장치나 구조물에 인체의 일부가 상시 접촉되어 있는 상태	25V 이하
제3종	・제1종 및 제2종 이외의 경우로서 통상의 인체상태에 있어서 접촉전압이 가해지면 위험성이 높은 상태	50V 이하
제4종	・제3종의 경우로써 위험성이 낮은 상태 ・접촉전압이 가해질 위험이 없는 경우	제한없음

78 계통접지로 적합하지 않는 것은?

① TN계통 ② TT계통
③ IN계통 ④ IT계통

해설 계통접지 : TN계통, TT계통, IT계통

79 정전기 발생에 영향을 주는 요인이 아닌 것은?

① 물체의 분리속도 ② 물체의 특성
③ 물체의 접촉시간 ④ 물체의 표면상태

해설 정전기 발생에 영향을 주는 요인
1) 물체의 특성
   ① 대전량은 접촉이나 분리하는 두 가지 물체가 대전서열 내에서 가까운 위치에 있으면 대전량이 적고 먼 위치에 있을수록 대전량이 커진다.
   ② 물체가 불순물을 포함하고 있으면 정전기 발생량은 커진다.
2) 물체의 표면상태
   ① 물체의 표면이 원활하면 정전기 발생량이 적어진다.
   ② 물체표면이 수분이나 기름 등에 오염되었을 때에는 산화, 부식에 의해 정전기가 크게 발생한다.
3) 물체의 분리력 : 처음접촉, 분리가 일어날 때 정전기 발생은 최대가 되며 이후 접촉, 분리가 반복됨에 따라 발생량은 점차 감소한다.
4) 접촉면적 및 압력
   ① 접촉면적이 클수록 발생량은 커진다.
   ② 접촉압력이 증가하면 접촉면적이 커지므로 발생량도 증가하게 된다.
5) 분리속도
   ① 전하완화시간이 길면 전하분리에 주는 에너지가 커져서 발생량이 증가한다.
   ② 물체의 분리속도가 빠를수록 정전기 발생량은 커진다.

80 정전기재해의 방지대책에 대한 설명으로 적합하지 않는 것은?

① 접지의 접속은 납땜, 용접 또는 멈춤나사로 실시한다.
② 회전부품의 유막저항이 높으면 도전성의 윤활제를 사용한다.
③ 이동식의 용기는 절연성 고무제 바퀴를 달아서 폭발위험을 제거한다.
④ 폭발의 위험이 있는 구역은 도전성 고무류로 바닥 처리를 한다.

해설 이동식 용기에 절연성 고무제 바퀴를 사용하면 폭발위험이 높아지므로 이동식 용기 바퀴는 도체인 금속제를 사용하여야 한다.

제5과목 / 화학설비위험방지기술

81 산업안전보건법령상 특수화학설비를 설치할 때 내부의 이상상태를 조기에 파악하기 위하여 필요한 계측장치를 설치하여야 한다. 이러한 계측장치로 거리가 먼 것은?

① 압력계　　② 유량계
③ 온도계　　④ 비중계

해설 특수화학설비 설치시 내부의 이상상태를 조기에 파악하기 위해 설치하는 장치
1) 계측장치 : 온도계, 유량계, 압력계 등
2) 자동경보장치 설치(자동경보장치 설치 곤란시는 감시인 배치)

82 불연성이지만 다른 물질의 연소를 돕는 산화성 액체 물질에 해당하는 것은?

① 히드라진　　② 과염소산
③ 벤젠　　　　④ 암모니아

해설 과염소산칼륨($KClO_4$)
1) 자신은 불연성이지만 강력한 산화제이다.
2) 400℃ 이상으로 가열하면 분해하여 산소(O_2)를 방출한다.
　$KClO_4 \rightarrow KCl + 2O_2 \uparrow$

83 아세톤에 대한 설명으로 틀린 것은?

① 증기는 유독하므로 흡입하지 않도록 주의해야 한다.
② 무색이고 휘발성이 강한 액체이다.
③ 비중이 0.79 이므로 물보다 가볍다.
④ 인화점이 20℃이므로 여름철에 인화 위험이 더 높다.

해설 아세톤(CH_3COCH_3, 디메틸케톤)
1) 물에 잘 용해되는 수용성 인화성 물질 (인화점 : −18℃)
2) 일광이나 공기 중에 노출되면 폭발성의 과산화물을 생성
3) 피부에 닿으면 탈지작용을 일으킴
4) 저장용기는 밀봉하여 냉암소에 보관

84 화학물질 및 물리적 인자의 노출기준에서 정한 유해인자에 대한 노출기준의 표시단위가 잘못 연결된 것은?

① 에어로졸 : ppm
② 증기 : ppm
③ 가스 : ppm
④ 고온 : 습구흑구온도지수(WBGT)

해설 유해인자에 대한 노출기준의 표시단위
1) 화학적 인자의 가스, 증기, 분진, 흄(fume), 미스트(mist)등의 농도 : 피피엠(ppm)또는 세제곱미터 당 밀리그램(mg/m^3)으로 표시한다. 다만, 석면의 농도표시는 세제곱센티미터 당 섬유개수(개/cm^3)로 표시한다.
2) 피피엠(ppm)과 세제곱미터 당 밀리그램(mg/m^3)간의 상호 농도변환 공식
　① 노출기준(mg/m^3)
　$= \dfrac{노출기준(ppm) \times 그램분자량(MW)}{24.45(25℃, 1기압)}$
　② 노출기준(ppm)
　$= \dfrac{노출기준(mg/m^3) \times 24.45}{그램분자량(MW)}$
3) 소음수준의 측정단위 : 데시벨[dB(A)]로 표시한다.
4) 고열(복사열 포함)의 측정단위 : 습구흑구 온도지수(WBGT)를 구하여 섭씨 온도(℃)로 표시한다.

■ 정답 ■　81.④　82.②　83.④　84.①

85 산업안전보건법령상 위험물질의 종류를 구분할 때 다음 물질들이 해당하는 것은?

> 리튬, 칼륨, 나트륨, 황, 황린, 황화인·적린

① 폭발성 물질 및 유기과산화물
② 산화성 액체 및 산화성 고체
③ 물반응성 물질 및 인화성 고체
④ 급성 독성 물질

해설 물반응성물질 및 인화성고체(안전보건규칙)
1) 리튬
2) 칼륨·나트륨
3) 황
4) 황린
5) 황화인·적린
6) 셀룰로이드류
7) 알킬알루미늄·알킬리튬
8) 마그네슘분말
9) 금속분말(마그네슘분말은 제외)
10) 알칼리금속(리튬·칼륨 및 나트륨은 제외)
11) 유기금속화합물(알킬알루미늄 및 알킬리튬은 제외)
12) 금속의 수소화물
13) 금속의 인화물
14) 칼슘탄화물·알루미늄탄화물

86 다음 [표]를 참조하여 메탄 70vol%, 프로판 21vol%, 부탄 9vol%인 혼합가스의 폭발범위를 구하면 약 몇 vol%인가?

가스	폭발하한계 (vol%)	폭발상한계 (vol%)
C_4H_{10}	1.8	8.4
C_3H_8	2.1	9.5
C_2H_6	3.0	12.4
CH_4	5.0	15.0

① 3.45~9.11
② 3.45~12.58
③ 3.85~9.11
④ 3.85~12.58

해설 1) 혼합가스 폭발하한계(L_a)

$$L_a = \frac{V_1+V_2+V_3}{\frac{V_1}{L_1}+\frac{V_2}{L_2}+\frac{V_3}{L_3}}$$

$$= \frac{70+21+9}{\frac{70}{5.0}+\frac{21}{2.1}+\frac{9}{1.8}} = 3.45 \text{vol}\%$$

2) 혼합가스 폭발상한계(L_b)

$$L_b = \frac{70+21+9}{\frac{70}{15.0}+\frac{21}{9.5}+\frac{9}{8.4}} = 12.58 \text{vol}\%$$

87 제1종 분말소화약제의 주성분에 해당하는 것은?

① 사염화탄소
② 브롬화메탄
③ 수산화암모늄
④ 탄산수소나트륨

해설 분말소화약제
1) 제1종 분말소화약제 : 중탄산나트륨($NaHCO_3$)
2) 제2종 분말소화약제 : 중탄산칼륨($KHCO_3$)
3) 제3종 분말소화약제 : 인산암모늄($NH_4H_2PO_4$)
4) 제4종 분말소화약제 : 중탄산칼륨($KHCO_3$) + 요소[$(NH_2)_2CO$]

88 탄화칼슘이 물과 반응하였을 때 생성물을 옳게 나타낸 것은?

① 수산화칼슘 + 아세틸렌
② 수산화칼슘 + 수소
③ 염화칼슘 + 아세틸렌
④ 염화칼슘 + 수소

해설 물(H_2O)과 탄화칼슘(CaC_2)이 반응하면 수산화칼슘[$Ca(OH)_2$]과 아세틸렌(C_2H_2)을 발생시킨다.
$CaC_2 + 2H_2O \rightarrow Ca(OH)_2 + C_2H_2$

■ 정답 ■ 85.③ 86.② 87.④ 88.①

89 다음 중 분진 폭발의 특징으로 옳은 것은?

① 가스폭발보다 연소시간이 짧고, 발생에너지가 작다.
② 압력의 파급속도보다 화염의 파급속도가 빠르다.
③ 가스폭발에 비하여 불완전 연소의 발생이 없다.
④ 주위의 분진에 의해 2차, 3차의 폭발로 파급될 수 있다.

해설 분진폭발의 특징
1) 가스폭발보다 연소시간은 길고 가해지는 힘(발생에너지)은 매우 크다.
2) 연소속도나 폭발압력은 가스폭발보다 작다(화염의 파급속도보다 압력의 파급속도가 빠르다.)
3) 가스폭발에 비하여 불완전 연소가 크게 발생하여 CO의 중독피해가 우려된다.
4) 2차, 3차 폭발을 한다.

90 가연성 가스 A의 연소범위를 2.2~9.5 vol% 라 할 때 가스 A의 위험도는 얼마인가?

① 2.52   ② 3.32
③ 4.91   ④ 5.64

해설 가스 A의 위험도
$$= \frac{폭발상한계 - 폭발하한계}{폭발하한계}$$
$$= \frac{9.5 - 2.2}{2.2} = 3.32$$

91 다음 중 증기배관내에 생성된 증기의 누설을 막고 응축수를 자동적으로 배출하기 위한 안전장치는?

① Steam trap   ② Vent stack
③ Blow down   ④ Flame arrester

해설 스팀트랩(steam trap) : 스팀 배관내에 생성하는 응축수를 자동적으로 배출하는 장치

92 CF_3Br 소화약제의 하론 번호를 옳게 나타낸 것은?

① 하론 1031   ② 하론 1311
③ 하론 1301   ④ 하론 1310

해설 CF_3Br : 하론 1301

93 산업안전보건법령에 따라 공정안전보고서에 포함해야 할 세부내용 중 공정안전자료에 해당하지 않는 것은?

① 안전운전지침서
② 각종 건물·설비의 배치도
③ 유해하거나 위험한 설비의 목록 및 사양
④ 위험설비의 안전설계·제작 및 설치관련 지침서

해설 공정안전보고서 중 공정안전자료의 세부내용
1) 취급·저장하고 있거나 취급·저장하고자 하는 유해·위험물질의 종류 및 수량
2) 유해·위험 물질에 대한 물질안전보건자료
3) 유해·위험설비의 목록 및 사양
4) 유해·위험설비의 운전방법을 알 수 있는 공정도면
5) 각종 건물설비의 배치도
6) 방폭지역 구분도 및 전기단선도
7) 위험설비의 안전설계·제작 및 설치 관련 지침서

94 산업안전보건법령상 단위공정시설 및 설비로부터 다른 단위공정 시설 및 설비사이의 안전거리는 설비의 바깥 면부터 얼마 이상이 되어야 하는가?

① 5m   ② 10m
③ 15m   ④ 20m

해설 화학설비 및 시설의 안전거리(안전보건규칙 별표 8)

■ 정답 ■ 89.④ 90.② 91.① 92.③ 93.① 94.②

구분	안전거리
1. 단위공정시설 및 설비로부터 다른 단위공정시설 및 설비의 사이	설비의 바깥면으로부터 10m 이상
2. 플레어스택으로부터 단위공정 시설 및 설비, 위험물질 저장탱크 또는 위험물질 하역설비의 사이	플레어스택으로부터 반경 20m 이상. 다만, 단위 공정 시설 등이 불연재로 시공된 지붕아래 설치된 경우에는 그러하지 아니한다.
3. 위험물질 저장탱크로부터 단위공정 시설 및 설비, 보일러 또는 가열로의 사이	저장탱크의 바깥으로부터 20m 이상. 다만, 저장탱크의 방호벽, 원격조정 소화설비 또는 살수설비를 설치한 경우에는 그러하지 아니한다.
4. 사무실·연구실·실험실·정비실 또는 식당으로부터 단위공정시설 및 설비, 위험물질저장탱크, 위험물질 하역설비, 보일러 또는 가열로의 사이	사무실 등의 바깥면으로부터 20m 이상 다만 난방용 보일러인 경우 또는 사무실 등의 벽을 방호구조로 설치한 경우에는 그러하지 아니하다.

95 자연발화 성질을 갖는 물질이 아닌 것은?

① 질화면 ② 목탄분말
③ 아마인유 ④ 과염소산

해설 과염소산($HCIO_4$) : 산화성물질

96 다음 중 왕복펌프에 속하지 않는 것은?

① 피스톤 펌프 ② 플런저 펌프
③ 기어 펌프 ④ 격막 펌프

해설 1) 왕복펌프 : 피스톤펌프, 플런저펌프, 격막펌프 등
2) 회전펌프 : 기어펌프, 베인펌프 등
3) 원심펌프 : 볼류트펌프, 터어빈펌프 등

97 두 물질을 혼합하면 위험성이 커지는 경우가 아닌 것은?

① 이황화탄소+물
② 나트륨+물
③ 과산화나트륨+염산
④ 염소산칼륨+적린

해설 이황화탄소(CS_2) : 물속에 보관

98 5% NaOH 수용액과 10% NaOH 수용액을 반응기에 혼합하여 6% 100kg의 NaOH 수용액을 만들려면 각각 몇 kg의 NaOH 수용액이 필요한가?

① 5% NaOH 수용액 : 33.3, 10% NaOH 수용액 : 66.7
② 5% NaOH 수용액 : 50, 10% NaOH 수용액 : 50
③ 5% NaOH 수용액 : 66.7, 10% NaOH 수용액 : 33.3
④ 5% NaOH 수용액 : 80, 10% NaOH 수용액 : 20

해설 1) 5% NaOH 수용액 질량 : W_1(kg)
10% NaOH 수용액 질량 : W_2(kg)
$W_1 + W_2 = 100$ ················ ①
$0.05W_1 + 0.1W_2 = 0.06 \times 100$ ··· ②
2) ①식에서 $W_2 = 100 - W_1$ 을 ②식에 대입
$0.05W_1 + 0.1(100 - W_1) = 6$
$0.05W_1 + 10 - 0.1W_1 = 6$
$0.1W_1 - 0.05W_1 = 10 - 6$
$0.05W_1 = 4$
$W_1 = \dfrac{4}{0.05} = 80 Kg$
$W_2 = 100 - 80 = 20 Kg$

99 다음 중 노출기준(TWA, ppm) 값이 가장 작은 물질은?

① 염소 ② 암모니아
③ 에탄올 ④ 메탄올

해설 노출기준(TWA)

물질명	TWA
염소(Cl_2)	0.5ppm
암모니아(NH_3)	25ppm
에탄올(C_2H_5OH)	1000ppm
메탄올(CH_3OH)	200ppm

■ 정답 ■ 95.④ 96.③ 97.① 98.④ 99.①

100 산업안전보건법령에 따라 위험물 건조설비 중 건조실을 설치하는 건축물의 구조를 독립된 단층 건물로 하여야 하는 건조설비가 아닌 것은?

① 위험물 또는 위험물이 발생하는 물질을 가열·건조하는 경우 내용적이 2m³ 인 건조설비
② 위험물이 아닌 물질을 가열·건조하는 경우 액체연료의 최대사용량이 5kg/h 인 건조설비
③ 위험물이 아닌 물질을 가열·건조하는 경우 기체연료의 최대사용량이 2m³/h 인 건조설비
④ 위험물이 아닌 물질을 가열·건조하는 경우 전기사용 정격용량이 20kW 인 건조설비

해설 (1) 위험물 건조설비(위험물 또는 위험물이 발생하는 물질을 가열·건조하는 건조실 및 건조기)중 건조실을 설치하는 건축물의 구조 : 독립된 단층 건물로 할 것(단, 건조실을 건축물의 최상층에 설치하거나 건축물이 내화구조일 때는 제외)
(2) 독립된 단층건물로 해야 하는 건조설비
 1) 위험물을 가열·건조하는 경우 내용적이 1m³ 이상인 건조설비
 2) 위험물이 아닌 물질을 가열·건조하는 경우로서 다음 각 목의 어느 하나의 용량에 해당하는 건조설비
  ① 고체 또는 액체연료의 최대사용량이 시간당 10kg 이상
  ② 기체연료의 최대사용량이 1m³/hr 이상
  ③ 전기사용 정격용량이 10kW 이상

제6과목 / 건설안전기술

101 부두·안벽 등 하역작업을 하는 장소에서 부두 또는 안벽의 선을 따라 통로를 설치하는 경우에는 폭을 최소 얼마 이상으로 하여야 하는가?

① 85 cm ② 90 cm
③ 100 cm ④ 120 cm

해설 부두·안벽 등 하역작업을 하는 장소에 대한 조치사항(하역작업장의 조치기준)
 1) 작업장 및 통로의 위험한 부분에는 안전하게 작업할 수 있는 조명을 유지할 것
 2) 부두 또는 안벽의 선을 따라 통로를 설치하는 때에는 폭을 90cm 이상으로 할 것
 3) 육상에서의 통로 및 작업장소로서 다리 또는 선거의 갑문을 넘는 보도 등의 위험한 부분에는 안전난간 또는 울 등을 설치 할 것

102 다음은 산업안전보건법령에 따른 산업안전보건관리비의 사용에 관한 규정이다. ( )안에 들어갈 내용을 순서대로 옳게 작성한 것은?

> 건설공사도급인은 고용노동부장관이 정하는 바에 따라 해당 건설공사를 위하여 계상된 산업안전보건관리비를 그가 사용하는 근로자와 그의 관계수급인이 사용하는 근로자의 산업재해 및 건강장해 예방에 사용하고, 그 사용명세서를 ( )작성하고 건설공사 종료 후 ( )간 보존해야 한다.

① 매월, 6개월
② 매월, 1년
③ 2개월 마다, 6개월
④ 2개월 마다, 1년

해설 사용명세서 작성 및 보존 : 산업안전 보건관리비 사용명세서는 매월(공사가 1개월 이내에 종료되는 사업의 경우에는 해당 공사종료 시) 작성하고 공사종료 후 1년간 보존하여야 한다.

103 지반의 굴착 작업에 있어서 비가 올 경우를 대비한 직접적인 대책으로 옳은 것은?

① 측구 설치
② 낙하물 방지망 설치
③ 추락 방호망 설치
④ 매설물 등의 유무 또는 상태 확인

해설 지반의 굴착작업 시 비가 올 경우를 대비한 빗물 등의 침투에 의한 붕괴재해를 예방하기 위한 조치사항
1) 측구설치
2) 굴착경사면에 비닐을 덮음

> **길잡이** 굴착작업 시 지반의 붕괴 또는 토석낙하 등에 의한 위험방지 조치사항
> 1) 흙막이 지보공의 설치
> 2) 방호망이 설치
> 3) 근로자의 출입금지

104 강관틀비계(높이 5m 이상)의 넘어짐을 방지하기 위하여 사용하는 벽이음 및 버팀의 설치간격 기준으로 옳은 것은?

① 수직방향 5m, 수평방향 5m
② 수직방향 6m, 수평방향 7m
③ 수직방향 6m, 수평방향 8m
④ 수직방향 7m, 수평방향 8m

해설 강관비틀계를 조립하여 사용할 때의 준수할 사항
1) 비계기둥의 밑둥에는 밑받침철물을 사용하여야 하며 밑받침에 고저차가 있는 경우에는 조절형 밑받침철물을 사용하여 각각의 강관틀비계가 항상 수평 및 수직을 유지하도록 할 것
2) 높이가 20m를 초과하거나 중량물의 적재를 수반하는 작업을 할 경우에는 주틀 간의 간격이 1.8m 이하로 할 것
3) 주틀 간의 교차가새를 설치하고 최상층 및 5층 이내마다 수평재를 설치할 것
4) 수직방향으로 6m, 수평방향으로 8m 이내마다 벽이음을 할 것
5) 길이가 띠장방향으로 4m 이하이고 높이가 10m를 초과하는 경우에는 10m 이내마다 띠장방향으로 버팀기둥을 설치할 것

105 굴착공사에 있어서 비탈면붕괴를 방지하기 위하여 실시하는 대책으로 옳지 않은 것은?

① 지표수의 침투를 막기 위해 표면배수공을 한다.
② 지하수위를 내리기 위해 수평배수공을 설치한다.
③ 비탈면 하단을 성토한다.
④ 비탈면 상부에 토사를 적재한다.

해설 토사붕괴예방을 위한 조치사항(고용노동부고시)
1) 적절한 경사면의 기울기를 계획하여야 한다.
2) 경사면의 기울기가 당초 계획과 차이가 발생되면 즉시 재검토하여 계획을 변경시켜야 한다.
3) 활동할 가능성이 있는 토석은 제거하여야한다.
4) 경사면의 하단부에 압성토 등 보강공법으로 활동에 대한 저항대책을 강구하여야 한다.
5) 말뚝(강관, H형강, 철근콘크리트)을 타입하여 지반을 강화시킨다.
6) 비탈면 또는 법면의 「하단」을 다져서 활동이 안되도록 저항을 만들어야 한다.
7) 지표수가 침투되지 않도록 배수를 시키고 지하수위를 낮추기 위하여 수평보링을 하여 배수시켜야 한다.

106 강관을 사용하여 비계를 구성하는 경우 준수해야할 사항으로 옳지 않은 것은?

① 비계기둥의 간격은 띠장 방향에서는 1.85m 이하, 장선(長線) 방향에서는 1.5m 이하로 할 것
② 띠장 간격은 2.0m이하로 할 것
③ 비계기둥의 제일 윗부분으로부터 31m되는 지점 밑부분의 비계기둥은 3개의 강관으로 묶어 세울 것
④ 비계기둥 간의 적재하중은 400kg을 초과하지 않도록 할 것

해설 강관비계의 구조 : 강관을 사용하여 비계를 구성할 때의 준수사항
1) 비계기둥의 간격은 띠장방향에서는 1.85m이하,

■ 정답 ■ 103.① 104.③ 105.④ 106.③

장선방향에서는 1.5m 이하로 할 것
2) 띠장간격은 2.0m 이하로 할 것
3) 비계기둥의 최고부로부터 31m 되는 지점 밑부분의 비계기둥은 2개의 강관으로 묶어 세울 것
4) 비계기둥 간의 적재하중은 400kg을 초과하지 아니하도록 할 것

107 다음은 산업안전보건법령에 따른 시스템 비계의 구조에 관한 사항이다. ( )안에 들어갈 내용으로 옳은 것은?

> 비계 밑단의 수직재와 받침철물은 밀착되도록 설치하고, 수직재와 받침철물의 연결부의 겹침길이는 받침철물 전체 길이의 ( )이상이 되도록 할 것

① 2분의 1
② 3분의 1
③ 4분의 1
④ 5분의 1

해설 시스템비계의 구조
1) 수직재·수평재·가새재를 견고하게 연결하는 구조가 되도록 할 것
2) 비계 밑단의 수직재와 받침철물은 밀착되도록 설치하고, 수직재와 받침철물의 연결부의 겹침길이는 받침철물 전체길이의 3분의 1이상이 되도록 할 것
3) 수평재는 수직재와 직각으로 설치하여야 하며, 체결 후 흔들림이 없도록 견고하게 설치할 것
4) 수직재와 수직재의 연결철물은 이탈되지 않도록 견고한 구조로 할 것
5) 벽 연결재의 설치간격은 제조사가 정한 기준에 따라 설치할 것

108 건설현장에서 작업으로 인하여 물체가 떨어지거나 날아올 위험이 있는 경우에 대한 안전조치에 해당하지 않는 것은?

① 수직보호망 설치
② 방호선반 설치
③ 울타리설치
④ 낙하물 방지망 설치

해설 물체가 떨어지거나 날아올 위험이 있는 경우 위험방지 조치사항(안전보건규칙 제14조)
1) 낙하물방지망·수직보호망 또는 방호선반의 설치
2) 출입금지구역의 설정
3) 보호구의 착용

109 흙막이 가시설 공사 중 발생할 수 있는 보일링(Boiling) 현상에 관한 설명으로 옳지 않은 것은?

① 이 현상이 발생하면 흙막이 벽의 지지력이 상실된다.
② 지하수위가 높은 지반을 굴착할 때 주로 발생된다.
③ 흙막이벽의 근입장 깊이가 부족할 경우 발생한다.
④ 연약한 점토지반에서 굴착면의 융기로 발생한다.

해설 보일링(boiling) 현상
1) **보일링(boiling)** : 보일링이란 사질토 지반을 굴착시, 굴착부와 지하수위차가 있을 경우, 수두차(水頭差)에 의하여 삼투압이 생겨 흙막이벽 근입부분을 침식하는 동시에 모래가 액상화(液狀化)되어 솟아오르는 현상으로 흙막이 벽의 근입부가 지지력을 상실하여 흙막이공의 붕괴를 초래한다.
2) **지반조건** : 지하수위가 높은 사질토
3) **대책**
   ① 굴착배면의 지하수위를 낮춘다.
   ② 흙막이벽(토류벽)의 근입깊이를 깊게 한다.
   ③ 흙막이벽 하단부에 버팀대를 보강한다.
   ④ 흙막이벽 선단에 코어 및 필터 층을 설치한다.

■ 정답 ■ 107.② 108.③ 109.④

110 거푸집동바리 등을 조립하는 경우에 준수해야 할 기준으로 옳지 않은 것은?

① 동바리의 상하 고정 및 미끄러짐 방지조치를 하고, 하중의 지지상태를 유지한다.
② 강재와 강재의 접속부 및 교차부는 볼트·클램프 등 전용철물을 사용하여 단단히 연결한다.
③ 파이프서포트를 제외한 동바리로 사용하는 강관은 높이 2m마다 수평연결재를 2개 방향으로 만들고 수평연결재의 변위를 방지할 것
④ 동바리로 사용하는 파이프서포트는 4개 이상 이어서 사용하지 않도록 할 것

해설 거푸집동바리 조립시 준수사항(거푸집동바리 등의 안전조치)
1) 깔목의 사용, 콘크리트 타설(打設), 말뚝박기 등 동바리의 침하를 방지하기 위한 조치를 할 것
2) 개구부 상부에 동바리를 설치하는 때에는 상부하중을 견딜 수 있는 견고한 받침대를 설치할 것
3) 동바리의 상하고정 및 미끄러짐 방지조치를 하고, 하중의 지지상태를 유지할 것
4) 동바리의 이음은 맞댄이음 또는 장부이음으로 하고 같은 품질의 재료를 사용할 것
5) 강재와 강재와의 접속부 및 교차부는 볼트·클램프 등 전용철물을 사용하여 단단히 연결할 것
6) 거푸집이 곡면인 때에는 버팀대의 부착 등 그 거푸집의 부상(浮上)을 방지하기 위한 조치를 할 것
7) 동바리로 사용하는 파이프서포트를 이어서 사용하는 경우에는 4개 이상의 볼트 또는 전용철물을 사용하여 이을 것

111 장비가 위치한 지면보다 낮은 장소를 굴착하는 데 적합한 장비는?

① 트럭크레인 ② 파워셔블
③ 백호   ④ 신폴

해설 Back hoe(백호우)
1) 중기가 위치한 지면보다 낮은 곳의 땅을 파는 데 적합하다.
2) 경질지반 기초굴착, 지하층굴착, 도랑파기굴착, 수중굴착 등에 쓰인다.

112 건설공사도급인은 건설공사 중에 가설구조물의 붕괴 등 산업재해가 발생할 위험이 있다고 판단되면 건축·토목 분야의 전문가의 의견을 들어 건설공사 발주자에게 해당 건설공사의 설계변경을 요청할 수 있는데, 이러한 가설구조물의 기준으로 옳지 않은 것은?

① 높이 20m 이상인 비계
② 작업발판 일체형 거푸집 또는 높이 6m 이상인 거푸집 동바리
③ 터널의 지보공 또는 높이 2m 이상인 흙막이 지보공
④ 동력을 이용하여 움직이는 가설구조물

해설 ①항, 높이 31m 이상인 비계

113 콘크리트 타설 시 안전수칙으로 옳지 않은 것은?

① 타설순서는 계획에 의하여 실시하여야 한다.
② 진동기는 최대한 많이 사용하여야 한다.
③ 콘크리트를 치는 도중에는 거푸집, 지보공 등의 이상유무를 확인하여야 한다.
④ 손수레로 콘크리트를 운반할 때에는 손수레를 타설하는 위치까지 천천히 운반하여 거푸집에 충격을 주지 아니하도록 타설하여야 한다.

해설 콘크리트 타설 시 내부진동기를 사용하여 다지기를 할 때 유의사항
1) 진동기는 슬럼프 값 15cm 이하에만 사용한다.
2) 퍼붓기 1회의 깊이는 60cm 미만으로 하고 진동기 사용간격은 60cm 이내로 한다.
3) 내부진동기는 수직으로 사용한다.
4) 진동기를 넣고 나서 뺄 때까지의 시간은 보통 5~15초가 적당하다.

■ 정답 ■ 110.④ 111.③ 112.① 113.②

5) 진동기를 가지고 거푸집 속의 콘크리트를 옆 방향으로 이동시켜서는 안 된다.
6) 진동기는 거푸집, 철근 또는 철골에 접촉되지 않도록 하고 뽑을 때에는 천천히 뽑아내어 콘크리트에 구멍이 남지 않도록 한다.

114 산업안전보건법령에 따른 작업발판 일체형 거푸집에 해당되지 않는 것은?

① 갱 폼(Gang Form)
② 슬립 폼(Slip Form)
③ 유로 폼(Euro Form)
④ 클라이밍 폼(Climbing Form)

해설 1) 작업발판 일체형 거푸집 : 거푸집의 설치·해체, 철근 조립, 콘크리트 타설, 콘크리트 면처리 작업 등을 위하여 거푸집을 작업발판과 일체로 제작하여 사용하는 거푸집을 말한다.
2) 작업발판 일체형 거푸집의 종류
① 갱폼 (gang form)
② 슬립폼(slip form)
③ 클라이밍 폼(climbing form)
④ 터널 라이닝 폼(tunnel lining form)
⑤ 그 밖에 거푸집과 작업발판이 일체로 제작된 거푸집 등

115 터널 지보공을 조립하는 경우에는 미리 그 구조를 검토한 후 조립도를 작성하고, 그 조립도에 따라 조립하도록 하여야 하는데 이 조립도에 명시하여야할 사항과 가장 거리가 먼 것은?

① 이음방법   ② 단면규격
③ 재료의 재질   ④ 재료의 구입처

해설 터널지보공 조립 시 조립도에 명시하여야 할 사항
1) 재료의 재질
2) 단면규격
3) 설치간격
4) 이음간격

116 산업안전보건법령에 따른 건설공사 중 다리건설공사의 경우 유해위험방지계획서를 제출하여야 하는 기준으로 옳은 것은?

① 최대 지간길이가 40m 이상인 다리의 건설 등 공사
② 최대 지간길이가 50m 이상인 다리의 건설 등 공사
③ 최대 지간길이가 60m 이상인 다리의 건설 등 공사
④ 최대 지간길이가 70m 이상인 다리의 건설 등 공사

해설 건설업 중 유해위험방지계획서 제출대상 사업장 (시행규칙 제 120조 제 4항)
1) 지상높이가 31m 이상인 건축물 또는 인공 구조물, 연면적 3만 제곱미터 이상인 건축물 또는 연면적 5천 제곱미터 이상의 문화 및 집회시설(전시장 및 동물원·식물원은 제외), 판매시설, 운수시설(고속철도의 역사 및 집·배송시설은 제외), 종교시설, 의료시설 중 종합병원, 숙박시설 중 관광숙박시설, 지하도 상가 또는 냉동·냉장 창고시설의 건설·개조 또는 해체(이하 "건설등"이라 함)
2) 연면적 5천 제곱미터 이상의 냉동·냉장 창고시설의 설비공사 및 단열공사
3) 최대 지간길이가 50미터 이상인 교량건설 등 공사
4) 터널 건설 등의 공사
5) 다목적댐, 발전용댐 및 저수용량 2천만 톤 이상의 용수 전용 댐, 지방상수도 전용댐건설 등의 공사
6) 깊이 10미터 이상인 굴착공사

117 가설통로 설치에 있어 경사가 최소 얼마를 초과하는 경우에는 미끄러지지 아니하는 구조로 하여야 하는가?

① 15도   ② 20도
③ 30도   ④ 40도

해설 가설통로 설치 시 준수사항
1) 견고한 구조로 할 것

■ 정답 ■ 114.③ 115.④ 116.② 117.①

2) 경사는 30°이하로 할 것 (계단을 설치하거나 높이 2m 미만의 가설통로로서 튼튼한 손잡이를 설치한 때에는 그러하지 아니하다)
3) 경사가 15°를 초과하는 때에는 미끄러지지 않는 구조로 할 것
4) 추락의 위험이 있는 장소에는 안전난간을 설치할 것(작업상 부득이한 때에는 필요한 부분에 한하여 임시로 해체할 수 있다)
5) 수직갱에 가설된 통로의 길이가 15m 이상인 때에는 10m 이내마다 계단참을 설치할 것
6) 건설공사에서 사용하는 높이 8m 이상인 비계다리에는 7m 이내마다 계단을 설치할 것

118 굴착과 싣기를 동시에 할 수 있는 토공기계가 아닌 것은?

① 트랙터 셔블(tractor shovel)
② 백호(back hoe)
③ 파워 셔블(power shovel)
④ 모터 그레이더(motor grader)

해설 모터그레이더(motor grader) : 토공기계의 대패 · 지면을 절삭하여 평활하게 다듬는 것이 목적인 토공 기계

119 강관틀 비계를 조립하여 사용하는 경우 준수하여야 할 사항으로 옳지 않은 것은?

① 비계기둥의 밑둥에는 밑받침 철물을 사용할 것
② 높이가 20m를 초과하거나 중량물의 적재를 수반하는 작업을 할 경우에는 주틀 간의 간격을 1.8m 이하로 할 것
③ 주틀 간에 교차 가새를 설치하고 최하층 및 3층 이내마다 수평재를 설치할 것
④ 길이가 띠장 방향으로 4m 이하이고 높이가 10m를 초과하는 경우에는 10m 이내마다 띠장 방향으로 버팀기둥을 설치할 것

해설 강관비틀계를 조립하여 사용할 때의 준수할 사항
1) 비계기둥의 밑둥에는 밑받침철물을 사용하여야 하며 밑받침에 고저차가 있는 경우에는 조절형 밑받침철물을 사용하여 각각의 강관틀비계가 항상 수평 및 수직을 유지하도록 할 것
2) 높이가 20m를 초과하거나 중량물의 적재를 수반하는 작업을 할 경우에는 주틀 간의 간격이 1.8m 이하로 할 것
3) 주틀 간의 교차가새를 설치하고 최상층 및 5층 이내마다 수평재를 설치할 것
4) 수직방향으로 6m, 수평방향으로 8m 이내마다 벽이음을 할 것
5) 길이가 띠장방향으로 4m 이하이고 높이가 10m를 초과하는 경우에는 10m 이내마다 띠장방향으로 버팀기둥을 설치할 것

120 산업안전보건법령에 따른 양중기의 종류에 해당하지 않는 것은?

① 고소작업차
② 이동식 크레인
③ 승강기
④ 리프트(Lift)

해설 양중기의 종류
1) 크레인(호이스트 포함)
2) 이동식 크레인
3) 리프트(이삿짐운반용 리프트의 경우 적재하중이 0.1ton 이상인 것)
4) 곤돌라
5) 승강기

■ 정답 ■ 118.④ 119.③ 120.①

2021년 3회 기출문제
[8월 14일 시행]

산업안전기사

제1과목 / 안전관리론

01 안전점검표(체크리스트) 항목 작성 시 유의사항으로 틀린 것은?

① 정기적으로 검토하여 설비나 작업방법이 타당성 있게 개조된 내용일 것
② 사업장에 적합한 독자적 내용을 가지고 작성할 것
③ 위험성이 낮은 순서 또는 긴급을 요하는 순서대로 작성할 것
④ 점검항목을 이해하기 쉽게 구체적으로 표현할 것

해설 안전점검표(체크리스트)작성 시 유의사항
1) 사업장에 적합한 독자적인 내용일 것
2) 중점도가 높은 것부터 순서대로 작성할 것 (위험성이 높은 순이나 긴급을 요하는 순으로 작성)
3) 정기적으로 검토하여 재해방지에 실효성있게 개조된 내용일 것
4) 일정양식을 정하여 점검대상을 정할 것
5) 점검표의 내용을 이해하기 쉽도록 표현하고 구체적일 것

길잡이 체크리스트에 포함되어야 할 사항 (체크리스트 작성 항목)
1) 점검대상
2) 점검부분(점검개소)
3) 점검항목(점검내용 : 마모, 균열, 부식, 파손, 변형 등)
4) 점검주기 또는 기간(점검시기)
5) 점검방법(육안점검, 기능점검, 기기점검, 정밀점검)
6) 판정기준(법령에 의한 기준, KS기준 등)
7) 조치사항(점검결과에 다른 결함의 시정사항)

02 안전교육에 있어서 동기부여방법으로 가장 거리가 먼 것은?

① 책임감을 느끼게 한다.
② 관리감독을 철저히 한다.
③ 자기 보존본능을 자극한다.
④ 물질적 이해관계에 관심을 두도록 한다.

해설 안전교육 시 동기부여 방법
1) 책임감 주입
2) 자기 보존본능 자극
3) 물질적 이해관계에 관심을 갖도록 함

03 교육과정 중 학습경험조직의 원리에 해당하지 않는 것은?

① 기회의 원리   ② 계속성의 원리
③ 계열성의 원리 ④ 통합성의 원리

해설 학습경험조직의 원리
1) 계속성의 원리
2) 계열성의 원리
3) 통합성의 원리
4) 균형성의 원리
5) 다양성의 원리
6) 건전성의 원리(보편성의 원리)

길잡이 학습경험선정의 원리
1) 동기유발의 원리
2) 기회의 원리
3) 가능성의 원리
4) 다목적 달성의 원리
5) 전이가능성의 원리

■ 정답 ■ 01.③　02.②　03.①

04 근로자 1000명 이상의 대규모 사업장에 적합한 안전관리 조직의 유형은?

① 직계식 조직
② 참모식 조직
③ 병렬식 조직
④ 직계참모식 조직

해설 직계 · 참모식 혼합형(라인 · 스탭 혼합형)
1) 안전업무를 전담하는 스탭 부분을 두고 생산라인에도 안전을 전담하는 관리감독자로 두어서 안전계획 및 안전대책은 스탭진에서 기획하고, 이것을 생산라인을 통하여 실시하도록 할 조직 형태이다.
2) 1,000명 이상의 대규모 사업장에 적합한 조직이다.

05 산업안전보건법령상 안전보건표지의 종류와 형태 중 관계자 외 출입금지에 해당하지 않는 것은?

① 관리대상물질 작업장
② 허가대상물질 작업장
③ 석면취급 · 해체 작업장
④ 금지대상물질의 취급 실험실

해설 관계자외 출입금지표지의 종류
1) 허가대상 유해물질 취급
2) 석면취급 및 해체 · 제거
3) 금지유해물질 취급

06 산업안전보건법령상 명시된 타워크레인을 사용하는 작업에서 신호업무를 하는 작업 시 특별교육 대상 작업별 교육 내용이 아닌 것은? (단, 그 밖에 안전 · 보건관리에 필요한 사항은 제외한다.)

① 신호방법 및 요령에 관한 사항
② 걸고리 · 와이어로프 점검에 관한 사항
③ 화물의 취급 및 안전작업방법에 관한 사항
④ 인양물이 적재될 지반의 조건, 인양하중, 풍압 등이 인양물과 타워크레인에 미치는 영향

해설 타워크레인을 사용하는 작업에서 신호업무를 하는 작업시 특별교육 대상 작업별 교육내용(시행규칙 별표5)
1) 타워크레인의 기계적 특성 및 방호장치등에 관한 사항
2) 화물의 취급 및 안전작업방법에 관한 사항
3) 신호방법 및 요령에 관한 사항
4) 인양 물건의 위험성 및 낙하 · 비래 · 충돌재해 예방에 관한 사항
5) 인양물이 적재될 지반의 조건, 인양하중, 풍압 등이 인양물과 타워크레인에 미치는 영향
6) 그 밖에 안전 · 보건관리에 필요한 사항

07 보호구 안전인증 고시상 추락방지대가 부착된 안전대 일반구조에 관한 내용 중 틀린 것은?

① 죔줄은 합성섬유로프를 사용해서는 안된다.
② 고정된 추락방지대의 수직구명줄은 와이어로프 등으로 하며 최소지름이 8mm이상이어야 한다.
③ 수직구명줄에서 걸이설비와의 연결부위는 훅 또는 카라비너 등이 장착되어 걸이설비와 확실히 연결되어야 한다.
④ 추락방지대를 부착하여 사용하는 안전대는 신체지지의 방법으로 안전그네만을 사용하여야 하며 수직구명줄이 포함되어야 한다.

해설 ①항, 죔줄은 합성섬유로프를 사용한다.

08 하인리히 재해 구성 비율 중 무상해사고가 600건이라면 사망 또는 중상 발생 건수는?

① 1
② 2
③ 29
④ 58

해설 1) 하인리히의 재해구성비율
중상 또는 사망 : 경상 : 무상해사고
= 1 : 29 : 300
2) 무상해사고건수 600건 일 때 사망 또는 중상 발생건수

사망 또는 중상발생건수 $= 600 \times \dfrac{1}{300} = 2$건

■ 정답 ■ 04.④ 05.① 06.② 07.① 08.②

09 재해사례연구 순서로 옳은 것은?

재해 상황의 파악 → (㉠) → (㉡) → 근본적 문제점 결정 → (㉢)

① ㉠문제점의 발견, ㉡대책수립, ㉢사실의 확인
② ㉠문제점의 발견, ㉡사실의 확인, ㉢대책수립
③ ㉠사실의 확인, ㉡대책수립, ㉢문제점의 발견
④ ㉠사실의 확인, ㉡문제점의 발견, ㉢대책수립

해설 재해사례연구의 진행단계
1) 전제조건 : 재해 상황의 파악
2) 1단계 : 사실의 확인
3) 2단계 : 문제점의 발견
4) 3단계 : 근본적 문제점의 결정
5) 4단계 : 대책의 수립

10 강의식 교육지도에서 가장 많은 시간을 소비하는 단계는?

① 도입　　② 제시
③ 적용　　④ 확인

해설 단계별 교육시간 : 1시간(60분)

교육법의 4단계	강의식	토의식
1단계 - 도입(준비)	5분	5분
2단계 - 제시(설명)	40분	10분
3단계 - 적용(응용)	10분	40분
4단계 - 확인(총괄)	5분	5분

11 위험예지훈련 4단계의 진행 순서를 바르게 나열한 것은?

① 목표설정 → 현상파악 → 대책수립 → 본질추구
② 목표설정 → 현상파악 → 본질추구 → 대책수립
③ 현상파악 → 본질추구 → 대책수립 → 목표설정
④ 현상파악 → 본질추구 → 목표설정 → 대책수립

해설 위험예지훈련의 4단계(4R)
1) 1R : 현상파악
2) 2R : 본질추구
3) 3R : 대책수립
4) 4R : 목표설정

12 레윈(Lewin.K)에 의하여 제시된 인간의 행동에 관한 식을 올바르게 표현한 것은? (단, B는 인간의 행동, P는 개체, E는 환경, f는 함수관계를 의미한다.)

① $B=f(P \cdot E)$　　② $B=f(P+1)E$
③ $P=E \cdot f(B)$　　④ $E=f(P \cdot B)$

해설 레윈(Lewin. K)의 법칙 : Lewin은 인간의 행동(B)은 그 사람이 가진 자질 즉, 개체(P)와 심리학적 환경(E)과의 상호 함수관계에 있다고 하였다.
$B = f(P \cdot E)$
여기서,
1) B : Behavior (인간의 행동)
2) f : function (함수관계)
3) P : Person (개체 : 연령, 경험, 심신상태, 성격, 지능 등)
4) E : Environment (심리적 환경 : 인간관계, 작업환경 등)

13 산업안전보건법령상 근로자에 대한 일반건강진단의 실시 시기 기준으로 옳은 것은?

① 사무직에 종사하는 근로자 : 1년에 1회 이상
② 사무직에 종사하는 근로자 : 2년에 1회 이상
③ 사무직외의 업무에 종사하는 근로자 : 6월에 1회 이상
④ 사무직외의 업무에 종사하는 근로자 : 2년에 1회 이상

■ 정답 ■　09.④　10.②　11.③　12.①　13.②

해설 일반건강진단의 실시시기
1) 사무직에 종사하는 근로자(공장 또는 공사현장과 같은 구역에 있지 아니한 사무실에서 사무·인사·경리·판매·설계 등의 사무업무에 종사하는 근로자를 말하며, 판매업무 등에 직접 종사하는 근로자는 제외) : 2년에 1회 이상
2) 그 밖의 근로자 : 1년에 1회 이상

14 매슬로우(Maslow)의 욕구 5단계 이론 중 안전욕구의 단계는?

① 제1단계 ② 제2단계
③ 제3단계 ④ 제4단계

해설 Maslow의 욕구 5단계
1) 1단계 : 생리적 욕구(기아, 갈등, 호흡, 배설, 성욕 등)
2) 2단계 : 안전의 욕구 (안전을 가하려는 욕구)
3) 3단계 : 사회적 욕구(애정, 소속에 대한 욕구)
4) 4단계 : 인정받으려는 욕구(자존심, 명예, 성취, 지위 등에 대한 욕구 : 자기존경의 욕구)
5) 5단계 : 자아실현의 욕구(잠재적인 능력을 실현하고자 하는 욕구 : 성취욕구)

15 교육계획 수립 시 가장 먼저 실시하여야 하는 것은?

① 교육내용의 결정
② 실행교육계획서 작성
③ 교육의 요구사항 파악
④ 교육실행을 위한 순서, 방법, 자료의 검토

해설 (1) 교육계획수립시 가장 먼저 실시할 사항 : 교육의 요구사항 파악
(2) 안전교육계획에 포함하여야 할 사항(안전교육계획의 내용)
1) 교육목표(첫째 과제)
  ① 교육 및 훈련의 범위
  ② 교육 보조자료의 준비 및 사용지침
  ③ 교육 훈련이 의무와 책임관계 명시
2) 교육의 종류 및 교육대상(교육계획 수립시 최우선적으로 고려해야 할 사항)
3) 교육의 과목 및 교육의 내용

4) 교육기간 및 시간
5) 교육장소
6) 교육방법
7) 교육담당자 및 강사

16 상황성 누발자의 재해유발원인이 아닌 것은?

① 심신의 근심 ② 작업의 어려움
③ 도덕성의 결여 ④ 기계설비의 결함

해설 사고경향성자(재해누발자)의 유형
1) 상황성 누발자 : 작업의 어려움, 기계설비의 결함, 환경상 주의력의 집중곤란, 심신의 근심 등 때문에 재해를 누발하는 자이다.
2) 습관성 누발자 : 재해의 경험으로 겁쟁이가 되거나 신경과민이 되어 재해를 누발하는 자와 일종의 슬럼프 상태에 빠져서 재해를 누발하는 자이다.
3) 소질성 누발자 : 재해의 소질적 요인가지고 있기 때문에 재해를 누발하는 자이다.
4) 미숙성 누발자 : 기능 미숙이나 환경에 익숙하지 못하기 때문에 재해를 누발하는 자이다.

17 산업안전보건법령상 사업장에서 산업재해 발생 시 사업주가 기록·보존하여야 하는 사항을 모두 고른 것은? (단, 산업재해조사표와 요양신청서의 사본은 보존하지 않았다.)

> ㄱ. 사업장의 개요 및 근로자의 인적사항
> ㄴ. 재해 발생의 일시 및 장소
> ㄷ. 재해 발생의 원인 및 과정
> ㄹ. 재해 재발방지 계획

① ㄱ, ㄹ ② ㄴ, ㄷ, ㄹ
③ ㄱ, ㄴ, ㄷ ④ ㄱ, ㄴ, ㄷ, ㄹ

해설 산업재해발생시 기록·보존하여야 할 사항(시행규칙 제72조) : 산업재해조사표 사본이나 요양신청서 사본에 재해방지계획을 첨부하여 보존할 경우는 제외
1) 사업장의 개요 및 근로자의 인적사항

■ 정답 ■ 14.② 15.③ 16.③ 17.④

2) 재해발생의 일시 및 장소
3) 재해발생의 원인 및 과정
4) 재해 재발방지계획

18 인간의 의식 수준을 5단계로 구분할 때 의식이 몽롱한 상태의 단계는?

① Phase Ⅰ ② Phase Ⅱ
③ Phase Ⅲ ④ Phase Ⅳ

해설 의식수준의 상태

단계	의식의 상태	주의작용	생리적 상태	신뢰성
Phase 0	무의식, 실신	없음 (zero)	수면, 뇌발작	0
Phase Ⅰ	정상이하 (subnormal) 의식 몽롱함	부주의 (inactive)	피로, 단조, 졸음, 술취함	0.9이하
Phase Ⅱ	정상, 이완상태 (normal, relaxed)	수동적 (passive)마음이 안쪽으로 향함	안정 기거, 휴식시, 장례 작업시	0.99 ~0.99999
Phase Ⅲ	정상, 상쾌한 상태 (normal, clear)	능동적 (active) 앞으로 향하는 주의 시야도 넓다.	적극 활동시	0.999999 이상
Phase Ⅳ	초정상, 과긴장 상태 (hypernormal, excited)	일점으로 응집, 판단지	긴급 방위반응 당황해서 panic	0.9 이하

19 A사업장의 조건이 다음과 같을 때 A사업장에서 연간재해발생으로 인한 근로손실일수는?

- 강도율 : 0.4
- 근로자 수 : 1000명
- 연근로시간수 : 2400시간

① 480 ② 720
③ 960 ④ 1440

해설 강도율 $= \dfrac{\text{근로손실일수}}{\text{연근로시간수}} \times 1000$

근로손실일수
$= \text{강도율} \times \text{연근로시간수} \times \dfrac{1}{1000}$
$= 0.4 \times 1000 \times 2400 \times \dfrac{1}{1000}$
$= 960$

20 무재해운동의 이념 중 선취의 원칙에 대한 설명으로 옳은 것은?

① 사고의 잠재요인을 사후에 파악하는 것
② 근로자 전원이 일체감을 조성하여 참여하는 것
③ 위험요소를 사전에 발견, 파악하여 재해를 예방 또는 방지하는 것
④ 관리감독자 또는 경영층에서의 자발적 참여로 안전 활동을 촉진하는 것

해설 무재해운동이념 3원칙
1) **무의 원칙** : 사망, 휴업 및 불휴재해는 물론 일체의 장래위험요인을 사전에 발견, 파악, 해결함으로써 근원적인 산업재해를 없애는 것을 말한다.
2) **참가의 원칙** : 재해 및 일체의 위험요인을 발견, 해결하기 위해 전원이 무재해운동에 참가하여 문제 해결 등을 실천하는 것을 말한다.
3) **선취해결의 원칙** : 선취란 궁극의 목표로서 무재해, 무질병의 직장을 실현하기 위해 일체의 위험요인을 행동하기 전에 발견, 파악, 해결하여 재해를 예방하거나 방지하는 것을 말한다.

■ 정답 ■ 18.① 19.③ 20.③

제2과목 / 안전공학 및 시스템안전공학

21 다음 상황은 인간실수의 분류 중 어느 것에 해당하는가?

> 전가기기 수리공이 어떤 제품의 분해조립 과정을 거쳐서 수리를 마친 후 부품하나가 남았다.

① time error
② omission error
③ command error
④ extraneous error

해설 휴먼에러의 심리적인 분류(Swain) : Error의 원인을 불확정, 시간지연, 순서착오의 세가지로 나뉘어 분류한다.
1) 부작위 실수, 생략과오(Omission error) : 필요한 task 또는 절차를 수행하지 않는 데 기인한 error
2) 시간적 과오, 지연오류(Time error) : 필요한 task 또는 절차의 수행지연으로 인한 error
3) 작위 실수, 수행적 과오(Commission error) : 필요한 task 또는 절차의 불확실한 수행으로 인한 error
4) 순서적 과오(Sequential error) : 필요한 task 또는 절차의 순서착오로 인한 error
5) 불필요한 과오(Extraneous error) : 불필요한 task 또는 절차를 수행함으로써 기인한 error

22 스트레스의 영향으로 발생된 신체 반응의 결과인 스트레인(strain)을 측정하는 척도가 잘못 연결된 것은?

① 인지적 활동 – EEG
② 육체적 동적 활동 - GSR
③ 정신 운동적 활동 – EOG
④ 국부적 근육 활동 – EMG

해설 피부전기반사(GSR : galvanic skin reflex) : 작업 부하의 정신적 부담도가 피로와 함께 중대하는 양상을 수장(手掌) 내측의 전기저항의 변화에서 측정하는 것으로, 피부전기저항 또는 정신전류현상이라고도 한다.

> **길잡이** 1) EEG(뇌전도) : 뇌활동전위차 기록
> 2) EOG(안전도) : 안구운동활동전위차의 기록
> 3) EMG(근전도) : 근육활동 전위차 기록

23 일반적인 시스템의 수명곡선(욕조곡선)에서 고장형태 중 증가형 고장률을 나타내는 기간으로 옳은 것은?

① 우발 고장기간
② 마모 고장기간
③ 초기 고장기간
④ Burn-in 고장기간

해설 고장율의 유형(욕조곡선에서의 고장형태)
1) 초기고장구간 : 감소형
2) 우발고장구간 : 일정형
3) 마모고장구간 : 증가형

24 청각적 표시장치의 설계 시 적용하는 일반 원리에 대한 설명으로 틀린 것은?

① 양립성이란 긴급용 신호일 때는 낮은 주파수를 사용하는 것을 의미한다.
② 검약성이란 조작자에 대한 입력신호는 꼭 필요한 정보만을 제공하는 것이다.
③ 근사성이란 복잡한 정보를 나타내고자 할 때 2단계의 신호를 고려하는 것이다.
④ 분리성이란 두 가지 이상의 채널을 듣고 있다면 각 채널의 주파수가 분리되어 있어야 한다는 의미이다.

해설 ①항, 양립성이란 긴급용 신호일 때는 높은 주파수를 사용하는 것을 의미한다.

■ 정답 ■ 21.② 22.② 23.② 24.①

25 FTA에 대한 설명으로 가장 거리가 먼 것은?

① 정성적 분석만 가능
② 하향식(top-down) 방법
③ 복잡하고 대형화된 시스템에 활용
④ 논리게이트를 이용하여 도해적으로 표현하여 분석하는 방법

해설 FTA(결함수분석법)의 특징
1) **연역적** 해석
2) **정량적** 해석 : 정량적 해석은 정성적 해석을 한 후에 실시하는 것이다.

26 발생 확률이 동일한 64가지의 대안이 있을 때 얻을 수 잇는 총 정보량은?

① 6bit   ② 16bit
③ 32bit   ④ 64bit

해설 총정보량(H) $= \log_2 n$
$= \log_2 64 = 6bit$

27 인간-기계 시스템의 설계 과정을 [보기]와 같이 분류할 때 다음 중 인간, 기계의 기능을 할당하는 단계는?

```
1단계 : 시스템의 목표와 성능 명세 결정
2단계 : 시스템의 정의
3단계 : 기본 설계
4단계 : 인터페이스 설계
5단계 : 보조물 설계 혹은 편의수단 설계
6단계 : 평가
```

① 기본 설계
② 인터페이스 설계
③ 시스템의 목표와 성능명세 결정
④ 보조물 설계 혹은 편의수단 설계

해설 기본설계(제 3단계)
1) 인간, 하드웨어 및 소프트웨어에 대한 기능할당
2) 작업설계(직무설계)
3) 과업분석(직무분석)
4) 인간 퍼포먼스(performance)요건

28 FT도에서 최소 컷셋을 올바르게 구한 것은?

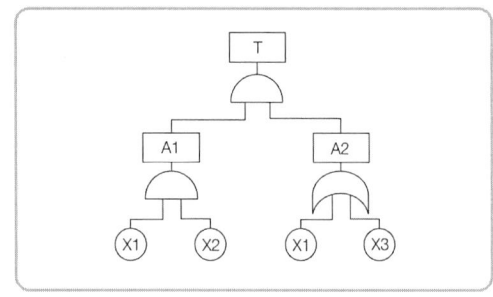

① (X_1, X_2) ② (X_1, X_3)
③ (X_2, X_3) ④ (X_1, X_2, X_3)

해설 T $\to A_1 \cdot A_2 \to X_1 \cdot X_2 \cdot A_2 \to \begin{matrix} X_1 \cdot X_2 \cdot X_1 \\ X_1 \cdot X_2 \cdot X_3 \end{matrix}$

$\to \begin{matrix} X_1 \cdot X_2 \\ X_1 \cdot X_2 \cdot X_3 \end{matrix} \to \begin{matrix} X_1 \cdot X_2 \\ (최소컷셋) \end{matrix}$
(컷셋)

29 일반적으로 인체측정치의 최대집단치를 기준으로 설계하는 것은?

① 선반의 높이
② 공구의 크기
③ 출입문의 크기
④ 안내 데스크의 높이

해설 인체 계측자료의 응용원칙 예
1) 극단치 설계
  ① **최대집단치** : 출입문, 통로, 의자사이의 간격 등
  ② **최소집단치** : 선반의 높이, 조종장치까지의 거리, 버스나 전철의 손잡이 등
2) **조절식 단계** : 사무실 의자의 높낮이 조절, 자동차 좌석의 전후조절 등
3) **평균치 설계** : 가게나 은행의 계산대 등

30 인간공학의 궁극적인 목적과 가장 관계가 깊은 것은?

① 경제성 향상
② 인간 능력의 극대화
③ 설비의 가동률 향상
④ 안전성 및 효율성 향상

해설 인간공학의 주목적 : 안전의 최대화와 능률의 극대화

31 '화재 발생'이라는 시작(초기)사상에 대하여, 화재감지기, 화재 경보, 스프링클러 등의 성공 또는 실패 작동여부와 그 확률에 따른 피해 결과를 분석하는데 가장 적합한 위험 분석 기법은?

① FTA   ② ETA
③ FHA   ④ THERP

해설 ETA(사상수분석법)
1) ETA(event tree analysis) : 사상(事象)의 안전도를 사용한 시스템의 안전도를 나타내는 시스템 모델의 하나로서 귀납적이고, 정량적인 분석방법으로 재해의 확대요인을 분석하는 데 적합한 방법이다.
2) ETA의 작성방법
 ① 통상 좌로부터 우로 진행되며
 ② 각 요소를 나타내는 시점에서 통상 성공 사상은 위쪽에 실패사상은 아래쪽으로 분기된다.
 ③ 분기마다 안전도와 불안전도의 발생확률이 표시되고, (분기된 각 사상의 확률의 합은 항상 1)
 ④ 최후의 각각의 곱의 합으로서 시스템의 안전도가 계산된다.

32 여러 사람이 사용하는 의자의 좌판 높이 설계 기준으로 옳은 것은?

① 5% 오금높이   ② 50% 오금높이
③ 75% 오금높이   ④ 95% 오금높이

해설 조절식의 적용
1) 조절식은 자동차 좌석의 전후조절, 사무실 의자의 상하조절 등에 응용된다.
2) 조절식을 설계할 때에는 통상 5%치에서 95%까지 90%범위를 수용대상으로 설계하는 것이 관례이다.

> **길잡이** 인간계측자료의 응용원칙
> 1) **최대치수와 최소치수** : 최대치수 또는 최소치수를 기준으로 하여 설계한다.
>   (극단에 속하는 사람을 위한 설계)
> 2) **조절범위(조절식)** : 체격이 다른 여러 사람에게 맞도록 만드는 것이다. (조절할 수 있도록 범위를 두는 설계)
> 3) **평균치를 기준으로 한 설계** : 최대치수나 최소치수, 조절식으로 하기가 곤란할 때 평균치를 기준으로 하여 설계한다.(평균적인 사람을 위한 설계)

33 FTA에서 사용되는 사상기호 중 결함사상을 나타낸 기호로 옳은 것은?

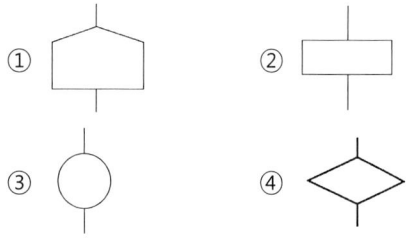

해설 ① 통상사상   ② 결함사상
     ③ 기본사상   ④ 생략사상

34 기술개발과정에서 효율성과 위험성을 종합적으로 분석·판단할 수 있는 평가방법으로 가장 적절한 것은?

① Risk Assessment
② Risk Management
③ Safety Assessment
④ Technology Assessment

해설 1) 테크놀로지 어세스먼트
(technology assessment)
① 「기술개발의 종합평가」라고 한다.

■ 정답 ■ 30.④ 31.② 32.① 33.② 34.④

② 기술개발과정에서 효율성과 비합리성(위험성)을 종합적으로 분석판단하고 대체수단의 이해 득실을 평가하여 의사결정에 필요한 종합적인 자료를 체계화한 조직적인 계획과 예측의 프로세스(process)를 말한다.
  2) 테크놀러지 어세스먼트의 5단계
    ① 1단계 – 사회적 복리기여도
    ② 2단계 – 실현가능성
    ③ 3단계 – 안전성과 위험성
    ④ 4단계 – 경제성
    ⑤ 5단계 – 종합평가(조정)

35 자동차를 타이어가 4개인 하나의 시스템으로 볼 때, 타이어 1개가 파열될 확률이 0.01이라면, 이 자동차의 신뢰도는 약 얼마인가?

① 0.91　　　② 0.93
③ 0.96　　　④ 0.99

해설 자동차 신뢰도(R)
$$R = R_1 \times R_2 \times R_3 \times R_4$$
$$= (1-0.01) \times (1-0.01) \times (1-0.01) \times (1-0.01)$$
$$= 0.96$$

36 다음 그림에서 명료도 지수는?

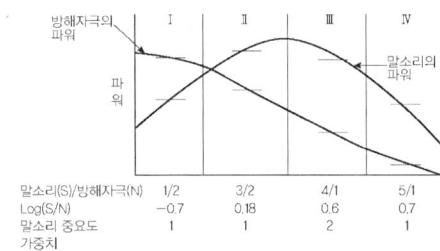

① 0.38　　　② 0.68
③ 1.38　　　④ 5.68

해설 명료도 지수
  1) 송화음의 통화이해도를 추정할 수 있는 지수이다.
  2) 각 옥타브대의 음성과 잡음의 dB값에 가중치를 곱하여 합계를 구한다.
  명료도 지수
  = (-0.7×1) + (0.18×1) + (0.6×2) + (0.7×1)
  = 1.38

37 정보수용을 위한 작업자의 시각 영역에 대한 설명으로 옳은 것은?

① 판별시야 – 안구운동만으로 정보를 주시하고 순간적으로 특정정보를 수용할 수 있는 범위
② 유효시야 – 시력, 색판별 등의 시각 기능이 뛰어나며 정밀도가 높은 정보를 수용할 수 있는 범위
③ 보조시야 – 머리부분의 운동이 안구운동을 돕는 형태로 발생하며 무리 없이 주시가 가능한 범위
④ 유도시야 – 제시된 정보의 존재를 판별할 수 있는 정도의 식별능력 밖에 없지만 인간의 공간좌표 감각에 영향을 미치는 범위

해설 유도시야
  1) 제시된 정보의 존재를 판별할 수 있는 정도의 식별능력 밖에 없지만,
  2) 인간의 공간좌표 감각에 영향을 미치는 범위

38 FMEA 분석 시 고장평점법의 5가지 평가요소에 해당하지 않는 것은?

① 고장발생의 빈도
② 신규설계의 가능성
③ 기능적 고장 영향의 중요도
④ 영향을 미치는 시스템의 범위

해설 FMEA의 고장평점을 결정하는 5가지 평가요소
  1) C_1 : 기능적 고장 영향의 중요도
  2) C_2 : 영향을 미치는 시스템의 범위
  3) C_3 : 고장발생의 빈도
  4) C_4 : 고장방지의 가능성
  5) C_5 : 신규설계의 정도

> **길잡이** 고장평점법 : 5가지 평가요소의 전부 또는 2~3개를 사용하여 고장평점 C_S를 계산하고 이에 대응하는 고장등급을 결정하는 방법이다.

■ 정답 ■　35.③　36.③　37.④　38.②

39 건구온도 30℃, 습구온도 35℃일 때의 옥스퍼드(Oxford) 지수는?

① 20.75 ② 24.58
③ 30.75 ④ 34.25

해설 Oxford 지수 = 0.85W + 0.15D
= 0.85 × 35 + 0.15 × 30 = 34.25℃

40 설비보전에서 평균수리시간을 나타내는 것은?

① MTBF ② MTTR
③ MTTF ④ MTBP

해설 1) MTTR(mean trime to repair : 평균수리시간) : 총 수리시간을 그 기간의 수리회수로 나눈 시간을 말한다.

$$MTTR = \frac{총 수리시간}{수리회수}$$

제3과목 / 기계위험방지기술

41 산업안전보건법령상 사업장내 근로자 작업환경 중 '강렬한 소음작업'에 해당하지 않는 것은?

① 85데시벨 이상의 소음이 1일 10시간 이상 발생하는 작업
② 90데시벨 이상의 소음이 1일 8시간 이상 발생하는 작업
③ 95데시벨 이상의 소음이 1일 4시간 이상 발생하는 작업
④ 100데시벨 이상의 소음이 1일 2시간 이상 발생하는 작업

해설 강렬한 소음작업(안전보건규칙 제512조)
1) 90dB 이상의 소음이 1일 8시간 이상 발생하는 작업
2) 95dB 이상의 소음이 1일 4시간 이상 발생하는 작업
3) 100dB 이상의 소음이 1일 2시간 이상 발생하는 작업
4) 105dB 이상의 소음이 1일 1시간 이상 발생하는 작업
5) 110dB 이상의 소음이 1일 30분 이상 발생하는 작업
6) 115dB 이상의 소음이 1일 15분 이상 발생하는 작업

42 산업안전보건법령상 프레스의 작업 시작 전 점검 사항이 아닌 것은?

① 슬라이드 또는 칼날에 의한 위험방지 기구의 기능
② 프레스의 금형 및 고정볼트 상태
③ 전단기의 칼날 및 테이블의 상태
④ 권과방지장치 및 그 밖의 경보장치의 기능

해설 프레스 및 전단기의 작업시작 전 점검사항
1) 클러치 및 브레이크의 기능
2) 크랭크축·플라이 휠·슬라이드·연결봉 및 연결나사의 볼트의 풀림 유무
3) 1행정 1정지기구·급정지장치·비상정지장치의 기능
4) 슬라이드 또는 칼날에 의한 위험 방지기구의 기능
5) 프레스의 금형 및 고정볼트 상태
6) 당해 방호장치의 기능 점검
7) 전단기의 칼날 및 테이블 상태

43 동력전달부분의 전방 35cm 위치에 일반 평형보호망을 설치하고자 한다. 보호망의 최대 구멍의 크기는 몇 mm인가?

① 41 ② 45
③ 51 ④ 55

■ 정답 ■ 39.④ 40.② 41.① 42.④ 43.①

[해설] 보호망의 최대 구멍크기(Y)
$$Y = 6 + \frac{1}{10}X$$
$$= 6 + \frac{1}{10} \times 350 = 41\text{mm}$$

44 다음 연삭숫돌의 파괴원인 중 가장 적절하지 않은 것은?

① 숫돌의 회전속도가 너무 빠른 경우
② 플랜지의 직경이 숫돌 직경의 1/3이상으로 고정된 경우
③ 숫돌 자체에 균열 및 파손이 있는 경우
④ 숫돌에 과대한 충격을 준 경우

[해설] 연삭기 숫돌의 파괴원인
1) 숫돌의 회전속도가 빠를 때
2) 숫돌자체에 균열이 있을 때
3) 숫돌에 과대한 충격을 가할 때
4) 숫돌의 측면을 사용하여 작업할 때
5) 숫돌의 불균형이나 베어링 마모에 의한 진동이 있을 때
6) 숫돌 반경방향의 온도변화가 심할 때
7) 작업에 부적당한 숫돌을 사용할 때
8) 숫돌의 치수가 부적당할 때
9) 플랜지가 현저히 작을 때(플랜지 직경=숫돌직경 ×1/3)

45 화물중량이 200kgf, 지게차의 중량이 400kgf, 앞바퀴에서 화물의 무게중심까지의 최단거리가 1m일 때 지게차가 안정되기 위하여 앞바퀴에서 지게차의 무게중심까지 최단거리는 최소 몇 m를 초과해야 하는가?

① 0.2m
② 0.5m
③ 1m
④ 2m

[해설] $W \times a < G \times b$
$$b > \frac{W \times a}{G} = \frac{200 \times 1}{400} = 0.5\text{m}$$

여기서, W : 화물중량(kg)
G : 지게차의 중량(kg)
a : 앞바퀴에서 화물의 무게 중심까지의 최단거리(m)
b : 앞바퀴에서 지게차의 무게중심까지의 최단거리(m)

46 산업안전보건법령상 압력용기에서 안전 인증된 파열판에 안전인증 표시 외에 추가로 나타내어야 하는 사항이 아닌 것은?

① 분출차(%)
② 호칭지름
③ 용도(요구성능)
④ 유체의 흐름방향 지시

[해설] 파열판 추가 표시사항
1) ②항, ③항, ④항
2) 설정 파열 압력 및 설정 온도
3) 파열판의 재질

47 선반에서 일감의 길이가 지름에 비하여 상당히 길 때 사용하는 부속품으로 절삭 시 절삭저항에 의한 일감의 진동을 방지하는 장치는?

① 칩 브레이커
② 척 커버
③ 방진구
④ 실드

[해설] 선반 작업 시 안전작업수칙
1) 공작물의 길이가 직경의 12배 이상으로 가늘고 길 때는 방진구(공작물의 고정에 사용)를 사용하여 진동을 막을 것
2) 보링작업 중 구멍 속에 손가락을 넣지 않을 것
3) 칩이나 부스러기를 제거할 때는 반드시 브러시를 사용할 것
4) 작업 중 장갑을 끼지 않을 것
5) 시동 전에 심압대가 잘 죄어져 있는 가를 확인할 것
6) **선반기계를 정지시켜야 할 경우**
   ① 치수를 측정할 경우
   ② 백기어(back gear)를 넣거나 풀 경우
   ③ 주축을 변속할 경우
   ④ 기계에 주유 및 청소를 할 경우
7) 바이트는 가급적 짧게 설치하여 진동이나 휨을

■ 정답 ■ 44.② 45.② 46.① 47.③

막을 것
8) 회전부분에 손을 대지 말 것
9) 선반의 베드위에 공구를 놓지 말 것
10) 일감의 센터구멍과 센터는 반드시 일치시킬 것

48 산업안전보건법령상 프레스를 제외한 사출성형기·주형조형기 및 형단조기 등에 관한 안전조치 사항으로 틀린 것은?

① 근로자의 신체 일부가 말려들어갈 우려가 있는 경우에는 양수조작식 방호장치를 설치하여 사용한다.
② 게이트 가드식 방호장치를 설치할 경우에는 연동구조를 적용하여 문을 닫지 않아도 동작할 수 있도록 한다.
③ 사출성형기의 전면에 작업용 발판을 설치할 경우 근로자가 쉽게 미끄러지지 않는 구조여야 한다.
④ 기계의 히터 등의 가열 부위, 감전 우려가 있는 부위에는 방호덮개를 설치하여 사용한다.

해설 사출성형기 등의 방호장치
1) 사출성형기(射出成形機)·주형조형기(鑄型造形機) 및 형단조기(프레스동은 제외) 등에 근로자의 신체 일부가 말려들어갈 우려가 있는 경우 게이트가드(gate guard) 또는 양수조작식 등에 의한 방호장치, 그 밖에 필요한 방호 조치를 하여야 한다.
2) 게이트가드는 닫지 아니하면 기계가 작동되지 아니하는 연동구조(連動構造)여야 한다.
3) 기계의 히터 등의 가열 부위 또는 감전 우려가 있는 부위에는 방호덮개를 설치하는 등 필요한 안전 조치를 하여야 한다.

49 연강의 인장강도가 420MPa이고, 허용응력이 140MPa이라면 안전율은?

① 1
② 2
③ 3
④ 4

해설 안전계수(안전율)
$$= \frac{극한강도}{허용응력}\left(= \frac{절단하중}{최대사용하중}\right)$$
$$= \frac{420}{140} = 3$$

50 밀링 작업 시 안전 수칙에 관한 설명으로 틀린 것은?

① 칩은 기계를 정지시킨 다음에 브러시 등으로 제거한다.
② 일감 또는 부속장치 등을 설치하거나 제거할 때는 반드시 기계를 정지시키고 작업한다.
③ 면장갑을 반드시 끼고 작업한다.
④ 강력 절삭을 할 때는 일감을 바이스에 깊게 물린다.

해설 밀링작업시 안전수칙
1) ①항, ②항, ④항
2) 가공중에 손으로 가공면을 점검하지 않을 것
3) 밀링칩(공작기계 중 가장 가늘고 예리함)의 비산에 의한 부상방지를 위해 보안경을 착용할 것
4) 면장갑 착용을 금지한다.

51 다음 중 프레스기에 사용되는 방호장치에 있어 원칙적으로 급정지 기구가 부착되어야만 사용할 수 있는 방식은?

① 양수조작식
② 손쳐내기식
③ 가드식
④ 수인식

해설 1) 급정지기구에 따른 방호장치 : 급정지기구가 부착되어 있어야만 유효한 방호장치(마찰식 클러치 프레스)
① 양수조작식 방호장치
② 감응식 방호장치
2) 급정지기구가 부착되어 있지 않아도 유효한 방호장치(확동식 클러치 프레스)
① 양수기동식 방호장치
② 게이트 가드식 방호장치
③ 수인식 방호장치
④ 손쳐내기식 방호장치

■ 정답 ■ 48.② 49.③ 50.③ 51.①

52 산업안전보건법령상 지게차의 최대하중의 2배 값이 6톤일 경우 헤드가드의 강도는 몇 톤의 등분포정하중에 견딜 수 있어야 하는가?

① 4 ② 6
③ 8 ④ 10

해설 지게차 헤드가드(안전보건규칙)
1) 강도는 지게차의 최대하중의 2배 값(그 값이 4톤을 넘는 것에 대해서는 4톤으로 한다.)의 등분포정하중에 견딜 수 있는 것일 것
2) 상부틀의 각 개구의 폭 또는 길이가 16cm미만일 것
3) 운전자가 앉아서 조작하거나 서서 조작하는 지게차의 헤드가드는 「산업표준화법」에 따른 한국산업표준에서 정하는 높이 기준(입식 : 1.88m, 좌식 : 0.903m)이상일 것

53 강자성체를 자화하여 표면의 누설자속을 검출하는 비파괴 검사 방법은?

① 방사선 투과 시험 ② 인장시험
③ 초음파 탐상 시험 ④ 자분 탐상 시험

해설 지분탐상시험
1) 철강재표면에 자분을 산포하여 자화시키고 자분 모양에 의해 육안으로 결함의 유무를 조사하는 방법이다.
2) 용접부의 블로홀, 슬래그의 끼임, 균열 등의 유무를 조사한다.

54 산업안전보건법령상 보일러 방호장치로 거리가 가장 먼 것은?

① 고저수위 조절장치 ② 아우트리거
③ 압력방출장치 ④ 압력제한스위치

해설 보일러의 폭발위험의 방지를 위한 방호장치
1) 압력방출장치
2) 압력제한스위치
3) 고저수위 조절 장치
4) 화염검출기 등

55 산업안전보건법령상 아세틸렌 용접장치에 관한 설명이다. ( )안에 공통으로 들어갈 내용으로 옳은 것은?

- 사업주는 아세틸렌 용접장치의 취관마다 ( )를 설치하여야 한다.
- 사업주는 가스용기가 발생기와 분리되어 있는 아세틸렌 용접장치에 대하여 발생기와 가스용기 사이에 ( )를 설치하여야 한다.

① 분기장치 ② 자동발생 확인장치
③ 유수 분리장치 ④ 안전기

해설 아세틸렌 용접장치에 안전기의 설치(안전보건규칙 제 289조)
1) 아세틸렌 용접장치의 취관마다 안전기를 설치할 것, 다만, 주관 및 취관에 가장 가까운 분기관마다 안전기를 부착한 경우에는 제외
2) 가스용기가 발생기와 분리되어 있는 아세틸렌 용접장치에 대하여 발생기와 가스용기 사이에 안전기를 설치할 것

56 프레스기의 안전대책 중 손을 금형 사이에 집어넣을 수 없도록 하는 본질적 안전화를 위한 방식(no-hand in die)에 해당하는 것은?

① 수인식 ② 광전자식
③ 방호울식 ④ 손쳐내기식

해설 (1) No-hand in die 방식
1) 안전율(방호율)을 부착한 프레스
2) 안전금형을 부착한 프레스
3) 전용 프레스의 도입
4) 자동 프레스의 도입
(2) hand in die 방식
1) 가드식
2) 손쳐내기식
3) 수인식
4) 양수조작식
5) 감응식(광전자식)

■ 정답 ■ 52.① 53.④ 54.② 55.④ 56.③

57 회전하는 부분의 접선방향으로 물려 들어갈 위험이 존재하는 점으로 주로 체인, 풀리, 벨트, 기어와 랙 등에서 형성되는 위험점은?

① 끼임점　　② 협착점
③ 절단점　　④ 접선물림점

해설 기계설비의 위험점의 예

위험점	보기(예)
협착점	프레스, 성형기, 절곡기 등
끼임점	연삭숫돌과 작업대, 반복동작되는 링크기구, 교반기의 교반날개와 몸체사이 등
절단점	밀링커터, 둥근톱날, 띠톱기계의 날 등
물림점	롤러, 기어와 피니언 등

58 산업안전보건법령상 양중기에 해당하지 않는 것은?

① 곤돌라
② 이동식 크레인
③ 적재하중 0.05톤의 이삿짐운반용 리프트 화물용 엘리베이터
④ 화물용 엘리베이터

해설 양중기의 종류
1) 크레인[호이스트(hoist) 포함]
2) 이동식 크레인
3) 리프트(이삿짐운반용 리프트는 적재하중이 0.1톤 이상인 것)
4) 곤돌라
5) 승강기

59 다음 설명 중 ( )안에 알맞은 내용은?

산업안전보건법령상 롤러기의 급정지장치는 롤러를 무부하로 회전시킨 상태에서 앞면롤러의 표면속도가 30m/min 미만일 때에는 급정지거리가 앞면 롤러 원주의 ( )이내에서 롤러를 정지시킬 수 있는 성능을 보유해야 한다.

① 1/4　　② 1/3
③ 1/2.5　④ 1/2

해설 급정지장치의 성능

앞면 롤러의 표면속도(m/min)	급정지거리
30 미만	앞면 롤러 원주 ×1/3
30 이상	앞면 롤러 원주 ×1/2.5

60 산업안전보건법령상 지게차에서 통상적으로 갖추고 있어야 하나, 마스트의 후방에서 화물이 낙하함으로써 근로자에게 위험을 미칠 우려가 없는 때에는 반드시 갖추지 않아도 되는 것은?

① 전조등　　② 헤드가드
③ 백레스트　④ 포크

해설 백레스트(back rest)
1) 지게차 포크의 화물, 뒤쪽을 받쳐주는 장치
2) 포크에 적재된 화물이 마스트 후방으로 낙하하는 위험을 방지하기 위해 설치하는 장치

■ 정답 ■　57.④　58.③　59.②　60.③

제4과목 / 전기위험방지기술

61 피뢰시스템의 등급에 따른 회전구체의 반지름으로 틀린 것은?

① Ⅰ등급 : 20m　② Ⅱ등급 : 30m
③ Ⅲ등급 : 40m　④ Ⅳ등급 : 60m

해설 피뢰시스템의 등급에 따른 회전구체의 반지름 및 최소피크전류

피뢰레벨(LPL)	회전구체 반지름(r)	최소피로 전류(I)
Ⅰ	20m	3kA
Ⅱ	30m	5kA
Ⅲ	35m	10kA

62 전류가 흐르는 상태에서 단로기를 끊었을 때 여러 가지 파괴작용을 일으킨다. 다음 그림에서 유입차단기의 차단순서와 투입순서가 안전수칙에 가장 적합한 것은?

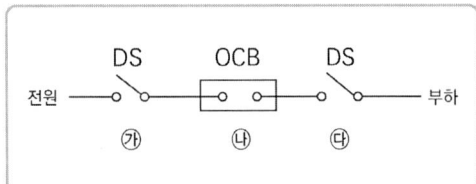

① 차단 : ㉮→㉯→㉰, 투입 : ㉮→㉯→㉰
② 차단 : ㉯→㉰→㉮, 투입 : ㉯→㉰→㉮
③ 차단 : ㉰→㉯→㉮, 투입 : ㉰→㉮→㉯
④ 차단 : ㉯→㉰→㉮, 투입 : ㉰→㉮→㉯

해설 유입차단기의 작동순서
1) 유입차단기의 작동순서

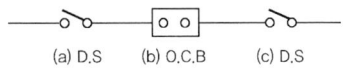

· 투입순서 : (c)-(a)-(b)
· 차단순서 : (b)-(c)-(a)

2) 바이패스 회로 설치시 유입차단기의 작동순서

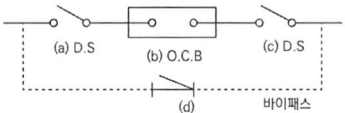

· 작동순서 : (d)투입, (b), (c), (a)차단

63 다음은 무슨 현상을 설명한 것인가?

> 전위차가 있는 2개의 대전체가 특정거리에 접근하게 되면 등전위가 되기 위하여 전하가 절연공간을 깨고 순간적으로 빛과 열을 발생하며 이동하는 현상

① 대전　② 충전
③ 방전　④ 열전

해설 방전(discharge) : 본문설명

64 정전기 재해를 예방하기 위해 설치하는 제전기의 제전효율은 설치 시에 얼마 이상이 되어야 하는가?

① 40%이상　② 50%이상
③ 70%이상　④ 90%이상

해설 제전기 제전효율 : 제전기 설치 시에 90% 이상이 되어야 한다.

65 정전기 화재폭발 원인으로 인체대전에 대한 예방대책으로 옳지 않은 것은?

① Wrist Strap을 사용하여 접지선과 연결한다.
② 대전방지제를 넣은 제전복을 착용한다.
③ 대전방지 성능이 있는 안전화를 착용한다.
④ 바닥 재료는 고유저항이 큰 물질로 사용한다.

해설 바닥재료는 고유저항이 적은 물질을 사용하여 도전성을 갖추도록 하여야 한다.

66 정격사용률이 30%, 정격2차전류가 300A인 교류아크 용접기를 200A로 사용하는 경우의 허용사용률(%)은?

① 13.3
② 67.5
③ 110.3
④ 157.5

해설 허용사용률(%)
$= 정격사용률 \times \left(\dfrac{정격2차전류}{실제용접전류}\right)^2$
$= 30 \times \left(\dfrac{300}{200}\right)^2 = 67.5$

67 피뢰기의 제한 전압이 752kV이고 변압기의 기준충격 절연강도가 1050kV이라면, 보호 여유도(%)는 약 얼마인가?

① 18
② 28
③ 40
④ 43

해설 여유도
$= \dfrac{충격절연강도 - 제한전압}{제한전압} \times 100$
$= \dfrac{1,050 - 752}{752} \times 100 = 39.6\%$

68 절연물의 절연불량 주요원인으로 거리가 먼 것은?

① 진동, 충격 등에 의한 기계적 요인
② 산화 등에 의한 화학적 용인
③ 온도상승에 의한 열적 요인
④ 정격전압에 의한 전기적 요인

해설 절연물의 절연불량 원인
1) 진동, 충격 등에 의한 기계적 요인
2) 산화등에 대한 화학적 요인
3) 온도상승에 의한 열적요인

69 고장전류를 차단할 수 있는 것은?

① 차단기(CB)
② 유입 개폐기(OS)
③ 단로기(DS)
④ 선로 개폐기(LS)

해설
1) **차단기**(CB, circuit breaker) : 이상상태, 특히 단락상태에서 전로를 개폐할 수 있는 장치 (고장전류와 같은 대전류 차단)
2) **유입개폐기**(OS, oil switch) : 차단부분이 오일(oil) 속에 있는 차단기
3) **단로기**(DS, disconnecting switch) : 무부하 회로에서 개폐하는 개폐기

70 주택용 배선차단기 B타입의 경우 순시동작범위는? (단, In는 차단기 정격전류이다.)

① 3In 초과 ~ 5In 이하
② 5In 초과 ~ 10In 이하
③ 10In 초과 ~ 15In 이하
④ 10In 초과 ~ 20In 이하

해설 배선차단기의 순시타입별 순시동작범위

순시타입	순시동작 전류범위 (I_n : 차단기 정격전류)
B형	$3I_n$ 초과 ~ $5I_n$ 이하
C형	$6I_n$ 초과 ~ $10I_n$ 이하
D형	$10I_n$ 초과 ~ $20I_n$ 이하

71 다음 중 방폭 구조의 종류가 아닌 것은?

① 유압 방폭구조(k)
② 내압 방폭구조(d)
③ 본질안전 방폭구조(i)
④ 압력 방폭구조(p)

해설 방폭구조의 종류별 특징
1) **내압 방폭구조** : 아크 또는 고열이 발생하여 폭발성가스에 점화할 우려가 있는 부분을 전폐된 용기에 넣어 폭발에 견디도록 한 구조
2) **유입 방폭구조** : 전폐용기에 기름을 채워서 외부의 폭발성가스와 점화원이 접촉하여 인화될 위험이 없도록 한 구조
3) **안전증 방폭구조** : 안전성을 더욱 보강하기 위하여 코일의 절연보강, 공극을 크게 하여 구조상 또는 온도상승에 대하여 금속망 같은 물질로 차

■ 정답 ■ 66.② 67.③ 68.④ 69.① 70.① 71.①

폐시킨 구조로 전기불꽃이나 과열에 대하여 회로특성상 폭발의 위험을 방지할 수 있는 구조
4) **압력 방폭구조** : 용기내부에 불연성 가스인 공기나 질소 등을 압입시켜 외부의 폭발성 가스가 용기내부로 침투하지 못하도록 한 구조
5) **본질안전 방폭구조** : 정상시 및 사고시(단선, 단락, 지락 등)에 발생하는 전기불꽃·아크 또는 고온에 의하여 폭발성가스 또는 증기에 점화되지 않는 것이 점화시험, 기타에 의해서 확인된 구조

72 동작 시 아크가 발생하는 고압 및 특고압용 개폐기 · 차단기의 이격거리(목재의 벽 또는 천장, 기타 가연성 물체로부터의 거리)의 기준으로 옳은 것은? (단, 사용전압이 35kV 이하의 특고압용의 기구 등으로서 동작할 때에 생기는 아크의 방향과 길이를 화재가 발생할 우려가 없도록 제한하는 경우가 아니다.)

① 고압용 : 0.8m 이상, 특고압용 : 1.0m 이상
② 고압용 : 1.0m 이상, 특고압용 : 2.0m 이상
③ 고압용 : 2.0m 이상, 특고압용 : 3.0m 이상
④ 고압용 : 3.5m 이상, 특고압용 : 4.0m 이상

해설 아크가 발생하는 고압 및 특고압용 개폐기 · 차단기와 목재의 벽 또는 가연성물질과의 이격거리
1) **고압용** : 1.0m 이상
2) **특고압용** : 2.0m 이상

73 3300/220V, 20kVA인 3상 변압기로부터 공급받고 있는 저압 전선로의 절연 부분의 전선과 대지 간의 절연저항의 최소값은 약 몇 Ω인가? (단, 변압기의 저압 측 중성점에 접지가 되어 있다.)

① 1240
② 2794
③ 4840
④ 8383

해설 1) 저압전선로의 누설전류

$$= 최대공급전류 \times \frac{1}{2000}$$

$$= \frac{20\text{kVA} \times \frac{1000\text{V}}{1\text{kV}}}{220\text{V}} \times \frac{1}{2000}$$

$$= 0.04545\text{A}$$

2) 절연저항 $= \dfrac{전압}{누설전류}$

$$= \frac{220}{0.04545} = 4840.48\,\Omega$$

3) 3상변압기 절연저항
$= \sqrt{3} \times 절연저항$
$= \sqrt{3} \times 4840.48 = 8383.96\,\Omega$

74 감전사고로 인한 전격사의 메커니즘으로 가장 거리가 먼 것은?

① 흉부수축에 의한 질식
② 심실세동에 의한 혈액순환기능의 상실
③ 내장파열에 의한 소화기계통의 기능상실
④ 호흡중추신경 마비에 따른 호흡기능 상실

해설 전격현상의 메커니즘
1) 심장의 심실세동에 의한 혈액순환 기능의 상실
2) 뇌의 호흡중추신경 마비에 따른 호흡기능 정지
3) 흉부수축에 의한 질식

75 욕조나 샤워시설이 있는 욕실 또는 화장실에 콘센트가 시설되어 있다. 해당 전로에 설치된 누전차단기의 정격감도전류와 동작시간은?

① 정격감도전류 15mA 이하, 동작시간 0.01초 이하
② 정격감도전류 15mA 이하, 동작시간 0.03초 이하
③ 정격감도전류 30mA 이하, 동작시간 0.01초 이하
④ 정격감도전류 30mA 이하, 동작시간 0.03초 이하

■ 정답 ■ 72.② 73.④ 74.③ 75.②

해설 1) 욕실 등 물을 사용하는 장소 또는 습기 장소 콘센트를 시설하는 경우 : 콘센트 회로에 정격감도전류 15mA 이하, 동작전류 시간 0.03초 이하의 전류동작형 인체감도보호용누전차단기(ELB)에 접속하여 누전 시 해당 전로를 신속하게 차단하여 전위상승을 억제할 수 있어야 한다.
2) 전기기계·기구에 설치되어 있는 누전차단기(안전보건규칙 제 304조)
① 정격감도전류 30mA 이하, 작동시간 0.03초 이내일 것
② 다만, 정격전부하전류가 50A 이상인 전기기계·기구에 접속되는 누전차단기는 오작동을 방지하기 위하여 정격감도전류 200mA 이하, 작동시간은 0.1초 이내로 할 것

76 50kW, 60Hz 3상 유도전동기가 380V 전원에 접속된 경우 흐르는 전류(A)는 약 얼마인가? (단, 역률은 80%이다.)

① 82.24   ② 94.96
③ 116.30 ④ 164.47

해설 1) 전력(P) $= \sqrt{3} \times V \times 1 \times \cos\theta$(역률 80%)
$= \sqrt{3} \times 380 \times 0.8 = 526.54$
2) 전류(A) $= \frac{50 \times 1000}{526.54} = 94.96 A$

77 인체저항을 500Ω이라 한다면, 심실세동을 일으키는 위험 한계 에너지는 약 몇 J 인가? (단, 심실세동전류값 $I = \frac{165}{\sqrt{T}} mA$ 의 Dalziel의 식을 이용하며, 통전시간은 1초로 한다.)

① 11.5   ② 13.6
③ 15.3   ④ 16.2

해설 심실세동을 일으키는 전기에너지(W)
$W = I^2 RT$
$= \left(\frac{165}{\sqrt{T}} \times 10^{-3}\right)^2 \times 500 \times T$
$= 13.6 J$

78 내압방폭용기 "d"에 대한 설명으로 틀린 것은?

① 원통형 나사 접합부의 체결 나사산 수는 5산 이상이어야 한다.
② 가스/증기 그룹이 ⅡB일 때 내압 접합면과 장애물과의 최소 이격거리는 20mm이다.
③ 용기 내부의 폭발이 용기 주위의 폭발성 가스 분위기로 화염이 전파되지 않도록 방지하는 부분은 내압방폭 접합부이다.
④ 가스/증기 그룹이 ⅡC일 때 내압 접합면과 장애물과의 최소 이격거리는 40mm이다.

해설 가스/증기 그룹이 ⅡB일 때 내압접합면과 장애물과의 최소이격거리 : 30mm

길잡이 내압방폭구조(d) 플랜지 접합부와 장해물간의 최소이격거리

가스그룹	최소 이격거리
ⅡA	10mm
ⅡB	30mm
ⅡC	40mm

79 KS C IEC 60079-0의 정의에 따라 '두 도전부 사이의 고체 절연물 표면을 따른 최단거리'를 나타내는 명칭은?

① 전기적 간격
② 절연공간거리
③ 연면거리
④ 충전물 통과거리

해설 연면거리(surface discharge) : 두 도전부 사이의 고체절연물 표면을 따른 최단거리

■ 정답 ■ 76.② 77.② 78.② 79.③

80 접지 목적에 따른 분류에서 병원설비의 의료용 전기전자(M · E)기기와 모든 금속부분 또는 도전바닥에도 접지하여 전위를 동일하게 하기 위한 접지를 무엇이라 하는가?

① 계통 접지
② 등전위 접지
③ 노이즈방지용 접지
④ 정전기 장해밪이 이용 접지

해설 접지 목적에 따른 종류
1) **계통접지** : 고압전류와 저압전로가 혼촉되었을 때의 감전이나 화재방지
2) **기기접지** : 누전되고 있는 기기에 접촉되었을 때의 감전방지
3) **피뢰기접지** : 낙뢰로부터 전기기의 손상을 방지
4) **정전기접지** : 정전기의 축적에 의한 폭발재해방지
5) **지락검출용접지** : 누전차단기의 동작을 확실하게 하기 위한 접지
6) **등전위접지** : 병원에 있어서의 의료기기 사용시의 안전도모

제5과목 / 화학설비위험방지기술

81 다음 중 고체연소의 종류에 해당하지 않는 것은?

① 표면연소   ② 증발연소
③ 분해연소   ④ 예혼합연소

해설 고체의 연소형태
1) **분해연소** : 목재, 종이, 석탄, 플라스틱 등
2) **표면연소** : 코크스, 목탄, 금속분 등
3) **증발연소** : 황, 나프탈렌, 파라핀 등
4) **자기연소** : 질산에스테르류, 셀룰로이드류, 니트로화합물 등 폭발성 물질

82 가연성물질을 취급하는 장치를 퍼지하고자 할 때 잘못된 것은?

① 대상물질의 물성을 파악한다.
② 사용하는 불활성가스의 물성을 파악한다.
③ 퍼지용 가스를 가능한 한 빠른 속도로 단시간에 다량 송입한다.
④ 장치내부를 세정한 후 퍼지용 가스를 송입한다.

해설 ③항, 퍼지용 가스의 송입속도는 가능한 한 느리게 한다.

83 위험물질에 대한 설명 중 틀린 것은?

① 과산화나트륨에 물이 접촉하는 것은 위험하다.
② 황린은 물속에 저장한다.
③ 염소산나트륨은 물과 반응하여 폭발성의 수소기체를 발생한다.
④ 아세트알데히드는 0℃이하의 온도에서도 인화할 수 있다.

해설 염소산나트륨($NaClO_3$)은 물과 반응하지 않고 물에 녹는다.

84 공정안전보고서 중 공정안전자료에 포함하여야 할 세부내용에 해당하는 것은?

① 비상조치계획에 따른 교육계획
② 안전운전지침서
③ 각종 건물·설비의 배치도
④ 도급업체 안전관리계획

해설 공정안전보고서 중 공정안전자료의 세부내용
1) 취급, 저장하고 있거나 취급저장하려는 유해, 위험물질의 종류 및 수량
2) 유해, 위험설비의 목록 및 사양
3) 유해, 위험물질에 대한 물질안전보건자료
4) 유해, 위험설비의 운전방법을 알 수 있는 공정도면
5) 각종 건물, 설비의 배치도

■ 정답 ■ 80.② 81.④ 82.③ 83.③ 84.③

6) 폭발위험장소 구분도 및 전기단선도
7) 위험설비의 안전설계, 제작 및 설치 관련 지침서

> **길잡이** 공정안전보고서 중 안전운전계획의 세부내용
> 1) 안전운전 지침서
> 2) 설비점검·검사 및 보수계획, 유지계획 및 지침서
> 3) 안전작업 허가
> 4) 도급업체 안전관리계획
> 5) 근로자 등 교육계획
> 6) 가동 전 점검지침
> 7) 변경요소 관리계획
> 8) 자체검사 및 사고조사계획
> 9) 그 밖의 안전운전에 필요한 사항

85 디에틸에테르의 연소범위에 가장 가까운 값은?

① 2~10.4%
② 1.9~48%
③ 2.5~15%
④ 1.5~7.8%

해설 디엘틸에테르($C_2H_5OC_2H_5$)의 연소범위 : 1.9~48vol%

86 공기 중에서 A 가스의 폭발하한계는 2.2 vol%이다. 이 폭발하한계 값을 기준으로 하여 표준 상태에서 A 가스와 공기의 혼합기체 1m³에 함유되어 있는 A 가스의 질량을 구하면 약 몇 g 인가? (단, A 가스의 분자량은 26이다.)

① 19.02
② 25.54
③ 29.02
④ 35.54

해설 1) A가스와 공기의 혼합기체 1 m^3(1000L) 중 A가스의 부피
$1000L \times \frac{2.2}{100} = 22L$
2) 1mol = 22.4L(0℃, 1기압) = 분자량 g
A가스질량 $= 22L \times \frac{26g}{22.4L} = 25.54g$

87 다음 물질 중 물에 가장 잘 융해되는 것은?

① 아세톤
② 벤젠
③ 톨루엔
④ 휘발유

해설 아세톤(CH_3COCH_3)
1) 향기가 있는 무색의 액체이다.
2) 물에 잘 녹으며 유기물질을 녹이는 유용매이다.

88 가스누출감지경보기 설치에 관한 기술상의 지침으로 틀린 것은?

① 암모니아를 제외한 가연성가스 누출감지경보기는 방폭성능을 갖는 것이어야 한다.
② 독성가스 누출감지경보기는 해당 독성가스 허용농도의 25% 이하에서 경보가 울리도록 설정하여야 한다.
③ 하나의 감지대상가스가 가연성이면서 독성인 경우에는 독성가스를 기준하여 가스누출감지경보기를 선정하여야 한다.
④ 건축물 안에 설치되는 경우, 감지대상가스의 비중이 공기보다 무거운 경우에는 건축물 내의 하부에 설치하여야 한다.

해설 가스누출감지경보기 경보 설정치
1) 경보 설정치 : 가연성가스 누출감지경보기는 감지대상가스의 폭발하한계 25% 이하, 독성가스 누출감지경보기는 해당 독성가스의 허용농도 이하에서 경보가 울리도록 설정할 것
2) 가스누출감지경보의 정밀도 : 경보 설정치에 대하여 가연성가스 누출감지경보기는 ±25% 이하, 독성가스누출감지경보기는 ±30%이하일 것

■ 정답 ■ 85.② 86.② 87.① 88.②

89 폭발을 기상폭발과 응상폭발로 분류할 때 기상폭발에 해당되지 않는 것은?

① 분진 폭발　　② 혼합가스폭발
③ 분무폭발　　④ 수증기폭발

해설 1) 기상폭발
　① 혼합가스의 폭발(가스폭발)
　② 분해폭발
　③ 분진폭발 및 분무폭발
2) 응상폭발(액상 및 고상폭발)
　① 수증기폭발 또는 증기폭발
　② 고상간의 전이에 의한 폭발
　③ 전선폭발
　④ 화약류 및 유기과산화물 등의 폭발

90 다음 가스 중 가장 독성이 큰 것은?

① CO　　② $COCl_2$
③ NH_3　　④ H_2

해설 독성가스의 허용농도
1) $COCl_2$(포스겐) : 0.1ppm
2) NH_3(암모니아) : 25ppm
3) CO(일산화탄소) : 50ppm
4) H_2(수소) : 가연성가스

91 처음 온도가 20℃인 공기를 절대압력 1기압에서 3기압으로 단열압축하면 최종온도는 약 몇 도인가? (단, 공기의 비열비 1.4이다.)

① 68℃　　② 75℃
③ 128℃　　④ 164℃

해설 $T_2 = T_1 \times \left(\dfrac{P_2}{P_1}\right)^{\frac{K-1}{K}}$
$= (273+20) \times \left(\dfrac{3}{1}\right)^{\frac{1.4-1}{1.4}}$
$= 401.04K = 128℃$

92 물질의 누출방지용으로써 접합면을 상호 밀착시키기 위하여 사용하는 것은?

① 개스킷　　② 체크밸브
③ 플러그　　④ 콕크

해설 개스킷(gasket) : 두 개의 고정된 부품사이에 있는 접촉면에서 가스나 물이 새지 않도록 하기 위해 끼워 넣는 패킹(packing)이다.

93 건조설비의 구조를 구조부분, 가열장치, 부속설비로 구분할 때 다음 중 "부속설비"에 속하는 것은?

① 보온판　　② 열원장치
③ 소화장치　　④ 철골부

해설 건조설비의 구조
1) 구조부분 : 철골부
2) 가열장치 : 보온판, 열원장치
3) 부속설비 : 소화장치

94 에틸렌(C_2H_4)이 완전연소하는 경우 다음의 Jones식을 이용하여 계산할 경우 연소하한계는 약 몇 vol%인가?

Jones식 : LFL = 0.55 × Cst

① 0.55　　② 3.6
③ 6.3　　④ 8.5

해설 1) 에틸렌(C_2H_4)의 양론농도(C_{st})
$C_{st} = \dfrac{1}{1+4.773\left(n+\dfrac{m}{4}\right)} \times 100$
$= \dfrac{1}{1+4.773\left(2+\dfrac{4}{4}\right)} \times 100$
$= 6.53$
2) 연소하한계(LEL)
LEL = $0.55 \times C_{st}$
$= 0.55 \times 6.53 = 3.59$vol%

■ 정답 ■ 89.④　90.②　91.③　92.①　93.③　94.②

95 [보기]의 물질을 폭발 범위가 넓은 것부터 좁은 순서로 옳게 배열한 것은?

$$H_2 \quad C_3H_8 \quad CH_4 \quad CO$$

① $CO > H_2 > C_3H_8 > CH_4$
② $H_2 > CO > CH_4 > C_3H_8$
③ $C_3H_8 > CO > CH_4 > H_2$
④ $CH_4 > H_2 > CO > C_3H_8$

해설 폭발범위(폭발한계)
1) H_2(수소) : 4.0~75vol%
2) C_3H_8(프로판) : 2.2~9.5vol%
3) CH_4(메탄) : 5.3~14vol%
4) CO(일산화탄소) : 12.5~75vol%

96 산업안전보건법령상 위험물질의 종류에서 "폭발성 물질 및 유기과산화물"에 해당하는 것은?

① 디아조화합물
② 황린
③ 알킬알루미늄
④ 마그네슘 분말

해설 폭발성 물질 및 유기과산화물 : 가열·마찰·충격 또는 다른 화학물질과의 접촉 등으로 인하여 산소나 산화제의 공급이 없더라도 폭발 등 격렬한 반응을 일으킬 수 있는 고체나 액체로서 다음 항목에 해당하는 물질
1) 질산에스테르류
2) 니트로 화합물
3) 니트로소 화합물
4) 아조 화합물
5) 다이조 화합물
6) 하이드라진 및 그 유도체
7) 유기과산화물 등

97 화염방지기의 설치에 관한 사항으로 ( )에 알맞은 것은?

사업주는 인화성 액체 및 인화성 가스를 저장 취급하는 화학설비에서 증기나 가스를 대기로 방출하는 경우에는 외부로부터의 화염을 방지하기 위하여 화염방지기를 그 설비( )에 설치하여야 한다.

① 상단
② 하단
③ 중앙
④ 무게중심

해설 화염방지기 설치(안전보건규칙) : 인화성 액체 및 인화성 가스를 저장·취급하는 화학설비로부터 증기 또는 가스를 방출하는 때에는 외부로부터 화염을 방지하기 위하여 화염 방지기를 그 설비상단에 설치하여야한다. 다만, 인화점이 38℃ 이상 60℃ 이하인 인화성 액체를 저장·취급하는 경우로서 화염방지 기능을 가지는 인화방지망을 설치할 때는 그러하지 아니하다.

98 다음 중 인화성 가스가 아닌 것은?

① 부탄
② 메탄
③ 수소
④ 산소

해설 산소(O_2) : 조연성 가스

99 반응기를 조작방식에 따라 분류할 때 해당되지 않는 것은?

① 회분식 반응기
② 반회분식 반응기
③ 연속식 반응기
④ 관형식 반응기

해설 반응기의 분류
1) 조직방식에 의한 분류
① 회분기 반응기(batch reactor)
② 반회분식 반응기(semi batch reactor)
③ 연속기 반응기(plug flow reactor)
2) 구조방식에 의한 분류
① 교반조형 반응기
② 관형 반응기
③ 탑형 반응기
④ 유동층형 반응기

■ 정답 ■ 95.② 96.① 97.① 98.④ 99.④

100 다음 중 가연성 물질과 산화성 고체가 혼합하고 있을 때 연소에 미치는 현상으로 옳은 것은?

① 착화온도(발화점)가 높아진다.
② 최소점화에너지가 감소하며, 폭발의 위험성이 증가한다.
③ 가스나 가연성 증기의 경우 공기혼합보다 연소범위가 축소된다.
④ 공기 중에서보다 산화작용이 약하게 발생하여 화염온도가 감소하며 연소속도가 늦어진다.

해설 가연성물질과 산화성고체 혼합시 연소성
1) 착화온도(발화점)가 낮아진다.
2) 최소점화에너지가 감소하며 폭발의 위험성이 증가한다.
3) 연소범위가 넓어진다.
4) 화염온도가 증가하며 연소속도가 빨라진다.

제6과목 / 건설안전기술

101 건설현장에서 사용되는 작업발판 일체형 거푸집의 종류에 해당되지 않는 것은?

① 갱폼(gang form)
② 슬립폼(slip form)
③ 클라이밍 폼(climbing form)
④ 유로폼(euro form)

해설 1) 작업발판 일체형 거푸집 : 거푸집의 설치·해체, 철근 조립, 콘크리트 타설, 콘크리트 면처리 작업 등을 위하여 거푸집을 작업발판과 일체로 제작하여 사용하는 거푸집을 말한다.
  2) 작업발판 일체형 거푸집의 종류
    ① 갱 폼 (gang form)
    ② 슬립 폼(slip form)
    ③ 클라이밍 폼(climbing form)
    ④ 터널 라이닝 폼(tunnel lining form)
    ⑤ 그 밖에 거푸집과 작업발판이 일체로 제작된 거푸집 등

102 콘크리트 타설작업을 하는 경우 준수하여야 할 사항으로 옳지 않은 것은?

① 당일의 작업을 시작하기 전에 해당 작업에 관한 거푸집동바리등의 변형·변위 및 지반의 침하 유무 등을 점검하고 이상이 있으면 보수할 것
② 콘크리트를 타설하는 경우에는 편심이 발생하지 않도록 골고루 분산하여 타설할 것
③ 설계도서상의 콘크리트 양생기간을 준수하여 거푸집동바리등을 해체할 것
④ 작업 중에는 거푸집동바리등의 변형·변위 및 침하 유무 등을 감시할 수 있는 감시자를 배치하여 이상이 있으면 작업을 중지하지 아니하고, 즉시 충분한 보강조치를 실시할 것

해설 콘크리트의 타설작업시 준수해야 할 사항
1) ①, ②, ③항
2) 작업 중에는 거푸집 동바리 등의 변형·변위 및 침하유무 등을 감시할 수 있는 감시자를 배치하여 이상을 발견한 때에는 작업을 중지시키고 근로자를 대피시킬 것
3) 설계 도서상의 콘크리트 양생기간을 준수하여 거푸집 동바리 등을 해체할 것콘크리트의 타설 작업시 거푸집 붕괴의 위험이 발생할 우려가 있는 때에는 충분한 보강 조치를 할 것
4) 콘크리트의 타설 작업시 거푸집 붕괴의 위험이 발생할 우려가 있으면 충분한 보강조치를 할 것

103 버팀보, 앵커 등의 축하중 변화상태를 측정하여 이들 부재의 지지효과 및 그 변화 추이를 파악하는데 사용되는 계측기기는?

① water level meter ② load cell
③ piezo meter   ④ strain gauge

■ 정답 ■ 100.②   101.④   102.④   103.②

해설 계측기의 설치목적
1) 간극수압계(piezo meter) : 지하수의 수압을 측정
2) 수위계(water level meter) : 지반 내 지하수위 변화를 측정
3) 경사계(inclino meter) : 흙막이벽의 수평 변위(변형) 측정
3) 인접구조물 기울기 측정 : 틸트 미터(tilt meter)
4) 하중계(load cell) : 버팀보(지주) 또는 어스앵커(earth anchor)등의 실제 축하중변화상태를 측정(부재의 안전상태를 파악하는 기기)
5) 변형계(strain gauge) : 흙막이벽의 변형과 응력을 측정

104 차량계 건설기계를 사용하여 작업을 하는 경우 작업계획서 내용에 포함되지 않는 것은?

① 사용하는 차량계 건설기계의 종류 및 성능
② 차량계 건설기계의 운행경로
③ 차량계 건설기계에 의한 작업방법
④ 차량계 건설기계의 유지보수방법

해설 차량계 건설기계 작업 시 작업계획서에 포함되어야 할 사항
1) 사용되는 차량계 건설기계의 종류 및 성능
2) 차량계 건설기계의 운행경로
3) 차량계 건설기계에 의한 작업방법

105 근로자의 추락 등의 위험을 방지하기 위한 안전난간의 설치기준으로 옳지 않은 것은?

① 상부 난간대와 중간 난간대는 난간 길이 전체에 걸쳐 바닥면등과 평행을 유지할 것
② 발끝막이판은 바닥면등으로부터 20cm이상의 높이를 유지할 것
③ 난간대는 지름 2.7cm 이상의 금속제 파이프나 그 이상의 강도가 있는 재료일 것
④ 안전난간은 구조적으로 가장 취약한 지점에서 가장 취약한 방향으로 작용하는 100kg 이상의 하중에 견딜 수 있는 튼튼한 구조일 것

해설 발끝막이판은 바닥면 등으로부터 10cm 이상의 높이를 유지할 것

106 흙 속의 전단응력을 증대시키는 원인에 해당하지 않는 것은?

① 자연 또는 인공에 의한 지하공동의 형성
② 함수비의 감소에 따른 흙의 단위체적 중량의 감소
③ 지진, 폭파에 의한 진동 발생
④ 균열내에 작용하는 수압증가

해설 ②항, 함수비 증가에 따른 흙의 단위체적중량의 증가

107 다음은 산업안전보건법령에 따른 항타기 또는 항발기에 권상용 와이어로프를 사용하는 경우에 준수하여야 할 사항이다. ( )안에 알맞은 내용으로 옳은 것은?

> 권상용 와이어로프는 추 또는 해머가 최저의 위치에 있을 때 또는 널말뚝을 빼내기 시작할 때를 기준으로 권상장치의 드럼에 적어도 ( ) 감기고 남을 수 있는 충분한 길이일 것

① 1회   ② 2회
③ 4회   ④ 6회

해설 항타기 또는 항발기에 권상용 와이어로프를 사용하는 경우 준수사항(안전보건규칙 제 212조)
1) 권상용 와이어로프는 추 또는 해머가 최저의 위치에 있을 때 또는 널말뚝을 빼내기 시작할 때를 기준으로 권상장치의 드럼에 적어도 2회 감기고 남을 수 있는 충분한 길이일 것
2) 권상용 와이어로프는 권상장치의 드럼에 클램프·클립 등을 사용하여 견고하게 고정할 것
3) 항타기의 권상용 와이어로프에서 추·해머 등과의 연결은 클램프·클립 등을 사용하여 견고하게 할 것

■ 정답 ■ 104.④ 105.② 106.② 107.②

108 산업안전보건법령에 따른 유해위험방지계획서 제출 대상 공사로 볼 수 없는 것은?

① 지상 높이가 31m 이상인 건축물의 건설공사
② 터널 건설공사
③ 깊이 10m 이상인 굴착공사
④ 다리의 전체길이가 40m 이상인 건설공사

해설 건설업 중 유해위험방지계획서 제출대상 사업장 (시행규칙 제 120조 제 4항)
1) 지상높이가 31미터 이상인 건축물 또는 인공 구조물, 연면적 3만 제곱미터 이상인 건축물 또는 연면적 5천 제곱미터 이상의 문화 및 집회시설 (전시장 및 동물원·식물원은 제외), 판매시설, 운수시설(고속철도의 역사 및 집·배송시설은 제외), 종교시설, 의료시설 중 종합병원, 숙박시설 중 관광숙박시설, 지하도 상가 또는 냉동·냉장 창고시설의 건설·개조 또는 해체(이하 "건설등"이라함)
2) 연면적 5천 제곱미터 이상의 냉동·냉장 창고시설의 설비공사 및 단열공사
3) 최대 지간길이가 50미터 이상인 교량건설 등 공사
4) 터널 건설 등의 공사
5) 다목적댐, 발전용댐 및 저수용량 2천만 톤 이상의 용수 전용 댐, 지방상수도 전용댐건설 등의 공사
6) 깊이 10미터 이상인 굴착공사

109 사다리식 통로 등을 설치하는 경우 고정식 사다리식 통로의 기울기는 최대 몇 도 이하로 하여야 하는가?

① 60도
② 75도
③ 80도
④ 90도

해설 사다리식 통로의 구조(안전보건규칙 제 24조)
1) 견고한 구조로 할 것
2) 심한 손상·부식 등이 없는 재료를 사용할 것
3) 발판의 간격은 일정하게 할 것
4) 발판과 벽과의 사이는 15cm 이상의 간격을 유지할 것
5) 폭은 30cm 이상으로 할 것
6) 사다리가 넘어지거나 미끄러지는 것을 방지하기 위한 조치를 할 것
7) 사다리의 상단은 걸쳐놓은 지점으로부터 60cm 이상 올라가도록 할 것
8) 사다리식 통로의 길이가 10m 이상인 때에는 5m 이내마다 계단참을 설치할 것
9) 이동식 사다리식 통로의 기울기는 75°이하로 할 것(다만, 고정식 사다리식 통로의 기울기는 90° 이하로 하고, 그 높이가 7m 이상인 경우 바닥으로부터 높이가 2.5m 되는 지점부터 등받이 울을 설치할 것)
10) 접이식 사다리기둥은 사용 시 접혀지거나 펼쳐지지 않도록 철물 등을 사용하여 견고하게 조치할 것

110 거푸집동바리 구조에서 높이가 l=3.5m인 파이프서포트의 좌굴하중은? (단, 상부받이판과 하부받이판은 힌지로 가정하고, 단면2차모멘트 I=8.31cm⁴, 탄성계수 E=2.1×10⁵MPa)

① 14060N
② 15060N
③ 16060N
④ 17060N

해설 좌굴하중(P_1)

$$P_1 = \frac{\eta_1 \cdot \pi^2 \cdot E \cdot I}{La^2} \times 0.5 = \eta_2 \frac{d_1^2}{La^2} \times 10^4$$

여기서, η_1, η_2 : 장착방법에 따른 계수

고정-자유	η_1 = 0.25	η_2 =1.3
고정-지지	η_1 = 2	η_2 =10
고정-고정	η_1 = 4	η_2 =20

E : 영률($2.06 \times 10^5 \text{N/mm}^2$)
I : 축의 최소단면 2차모멘트 (mm^4)
[I = $\pi \cdot d_1^4 / 67$, d_1
 : 나사축곡경(mm)]
La : 장착간 거리(mm)

■ 정답 ■ 108.④ 109.④ 110.①

111 하역작업 등에 의한 위험을 방지하기 위하여 준수하여야 할 사항으로 옳지 않은 것은?

① 꼬임이 끊어진 섬유로프를 화물운반용으로 사용해서는 안 된다.
② 심하게 부식된 섬유로프를 고정용으로 사용해서는 안 된다.
③ 차량 등에서 화물을 내리는 작업 시 해당 작업에 종사하는 근로자에게 쌓여 있는 화물 중간에서 화물을 빼내도록 할 경우에는 사전 교육을 철저히 한다.
④ 부두 또는 안벽의 선을 따라 통로를 설치하는 경우에는 폭을 90cm 이상으로 한다.

해설 화물 중간에서 빼내기 금지 : 화물자동차에서 화물을 내리는 작업을 하는 경우에는 그 작업을 하는 근로자에게 쌓여있는 화물의 중간에서 화물을 빼내도록 해서는 아니된다.

112 추락방지용 방망 중 그물코의 크기가 5cm인 매듭방망 신품의 인장강도는 최소 몇 kg이상이어야 하는가?

① 60
② 110
③ 150
④ 200

해설 방망사의 강도

1) 방망사의 신품에 대한 인장강도

그물코의 크기 (단위 : cm)	방망의 종류 (단위 : kg)	
	매듭 없는 방망	매듭 방망
10	240	200
5		110

2) 방망사의 폐기 시 인장강도

그물코의 크기 (단위 : cm)	방망의 종류 (단위 : kg)	
	매듭 없는 방망	매듭 방망
10	150	135
5		60

113 단관비계의 도괴 또는 전도를 방지하기 위하여 사용하는 벽이음의 간격기준으로 옳은 것은?

① 수직방향 5m 이하, 수평방향 5m 이하
② 수직방향 6m 이하, 수평방향 6m 이하
③ 수직방향 7m 이하, 수평방향 7m 이하
④ 수직방향 8m 이하, 수평방향 8m 이하

해설 비계의 조립간격(벽이음 간격기준)

강관비계의 종류	조립간격(단위 : m)	
	수직방향	수평방향
단관비계	5	5
틀비계(높이가 5m미만의 것은 제외)	6	8
통나무비계	5.5	7.5

114 인력으로 하물을 인양할 때의 몸의 자세와 관련하여 준수하여야 할 사항으로 옳지 않은 것은?

① 한쪽 발은 들어올리는 물체를 향하여 안전하게 고정시키고 다른 발은 그 뒤에 안전하게 고정시킬 것
② 등은 항상 직립한 상태와 90도 각도를 유지하여 가능한 한 지면과 수평이 되도록 할 것
③ 팔은 몸에 밀착시키고 끌어당기는 자세를 취하며 가능한 한 수평거리를 짧게 할 것
④ 손가락으로만 인양물을 잡아서는 아니 되며 손바닥으로 인양물 전체를 잡을 것

해설 ②항, 등은 항상 직립한 상태와 90도 각도를 유지하여 가능한 한 지면과 수직이 되도록 할 것

■ 정답 ■ 111.③ 112.② 113.① 114.②

115 산업안전보건관리비 항목 중 안전시설비로 사용가능한 것은?

① 원활한 공사수행을 위한 가설시설 중 비계 설치 비용
② 소음관련 민원예방을 위한 건설현장 소음방지용 방음시설 설치 비용
③ 근로자의 재해예방을 위한 목적으로만 사용하는 CCTV에 사용되는 비용
④ 기계·기구 등과 일체형 안전장치의 구입비용

해설 재해예방을 목적으로만 사용하는 CCTV사용비용 : 안전시설비로 사용가능

116 유한사면에서 원형활동면에 의해 발생하는 일반적인 사면 파괴의 종류에 해당하지 않는 것은?

① 사면내파괴(Slope failure)
② 사면선단파괴(Toe failure)
③ 사면인장파괴(Tension failure)
④ 사면저부파괴(Base failure)

해설 사면파괴의 종류
1) 사면내 파괴(사면 중심부 붕괴)
2) 사면선단파괴(사면 천단부 붕괴)
3) 사면저부파괴(사면 하단부 붕괴)

117 강관비계를 사용하여 비계를 구성하는 경우 준수해야할 기준으로 옳지 않은 것은?

① 비계기둥의 간격은 띠장 방향에서는 1.85m 이하, 장선(長線) 방향에서는 1.5m 이하로 할 것
② 띠장 간격은 2.0m 이하로 할 것
③ 비계기둥의 제일 윗부분으로부터 31m 되는 지점 밑부분의 비계기둥은 2개의 강관으로 묶어 세울 것
④ 비계기둥 간의 적재하중은 600kg을 초과하지 않도록 할 것

해설 강관비계의 구조 : 강관을 사용하여 비계를 구성할 때의 준수사항
1) 비계기둥의 간격은 띠장방향에서는 1.85m 이하, 장선방향에서는 1.5m 이하로 할 것
2) 띠장간격은 2.0m 이하로 할 것
3) 비계기둥의 최고부로부터 31m 되는 지점 밑부분의 비계기둥은 2개의 강관으로 묶어 세울 것
4) 비계기둥 간의 적재하중은 400kg을 초과하지 아니하도록 할 것

118 다음은 산업안전보건법령에 따른 화물자동차의 승강설비에 관한 사항이다. ( )안에 알맞은 내용으로 옳은 것은?

> 사업주는 바닥으로부터 짐 윗면까지의 높이가 ( )미터 이상인 화물자동차에 짐을 싣는 작업 또는 내리는 작업을 하는 경우에는 근로자의 추가 위험을 방지하기 위하여 해당 작업에 종사하는 근로자가 바닥과 적재함의 짐 윗면 간을 안전하게 오르내리기 위한 설비를 설치하여야 한다.

① 2m   ② 4m
③ 6m   ④ 8m

해설 승강설비설치 : 바닥으로부터 짐 윗면까지의 높이가 2m 이상인 화물자동차에 짐을 싣는 작업 또는 내리는 작업을 하는 경우에는 근로자의 추가 위험을 방지하기 위하여 해당 작업에 종사하는 근로자가 바닥과 적재함의 짐 윗면 간을 안전하게 오르내리기 위한 설비를 설치하여야 한다.

■ 정답 ■ 115.③   116.③   117.④   118.①

119 달비계의 최대 적재하중을 정함에 있어서 활용하는 안전계수의 기준으로 옳은 것은? (단, 곤돌라의 달비계를 제외한다.)

① 달기 훅 : 5 이상
② 달기 강선 : 5 이상
③ 달기 체인 : 3 이상
④ 달기 와이어로프 : 5 이상

해설 달비계(곤돌라의 달비계는 제외)의 안전계수 (안전보건규칙)
1) 달기와이어로프 및 달기강선의 안전계수 : 10 이상
2) 달기체인 및 달기훅의 안전계수 : 5 이상
3) 달기강대와 달비계의 하부 및 상부지점의 안전계수 : 강재의 경우 2.5 이상, 목재의 경우 5 이상

120 발파작업 시 암질변화 구간 및 이상암질의 출현 시 반드시 암질판별을 실시하여야 하는데, 이와 관련된 암질판별기준과 가장 거리가 먼 것은?

① R.Q.D(%)
② 탄성파속도(m/sec)
③ 전단강도(kg/cm^2)
④ R.M.R

해설 암질판별방식
1) RQD(%)
2) 탄성파속도(m/sec)
3) RMR(%)
4) 일축압축강도(kg/cm^2)
5) 진동치 속도(cm/sec=kine)

■ 정답 ■ 119.① 120.③

2022년 1회 기출문제
[3월 5일 시행]

산업안전기사

제1과목 / 안전관리론

01 산업안전보건법령상 산업안전보건위원회의 구성·운영에 관한 설명 중 틀린 것은?

① 정기회의는 분기마다 소집한다.
② 위원장은 위원 중에서 호선(互選)한다.
③ 근로자대표가 지명하는 명예산업안전감독관은 근로자 위원에 속한다.
④ 공사금액 100억원 이상의 건설업의 경우 산업안전보건위원회를 구성·운영해야 한다.

해설

사업의 종류	규모
1. 토사석 광업 2. 목재 및 나무제품 제조업(가구 제외) 3. 화학물질 및 화학제품 제조업 : 의약품 제외(세제, 화장품 및 광택제 제조업과 화학섬유 제조업은 제외) 4. 비금속 광물제품 제조업 5. 1차금속 제조업 6. 금속가공제품 제조업 (기계 및 기구는 제외) 7. 자동차 및 트레일러 제조업 8. 기타 기계 및 장비 제조업(사무용 기계 및 장비 제조업은 제외) 9. 기타 운송장비 제조업(전투용 차량 제조업은 제외)	상시근로자 50명 이상
10. 농업 11. 어업 12. 소프트웨어 개발 및 공급업 13. 컴퓨터 프로그래밍 시스템 통합 및 관리업 14. 정보서비스업 15. 금융 및 보험업 16. 임대업(부동산 제외) 17. 전문 과학 및 기술 서비스업 (연구개발업은 제외) 18. 사업지원 서비스업 19. 사회복지 서비스업	상시근로자 300명 이상
20. 건설업	공사금액 120억원 이상 (토목공사업에 해당하는 공사의 경우에는 150억원 이상)
21. 제1호부터 제20호까지의 사업을 제외한 사업장	상시근로자 100명 이상

02 산업안전보건법령상 잠함(潛函) 또는 잠수 작업 등 높은 기압에서 작업하는 근로자의 근로시간 기준은?

① 1일 6시간, 1주 32시간 초과금지
② 1일 6시간, 1주 34시간 초과금지
③ 1일 8시간, 1주 32시간 초과금지
④ 1일 8시간, 1주 34시간 초과금지

해설 잠함 또는 잠수작업 등 높은 기압에서 작업하는 근로자의 근로시간 기준
1) 1일 6시간
2) 1주 34시간 초과금지

■정답■ 01. ④ 02. ②

03 산업현장에서 재해 발생 시 조치 순서로 옳은 것은?

① 긴급처리 → 재해조사 → 원인분석 → 대책 수립
② 긴급처리 → 원인분석 → 대책수립 → 재해 조사
③ 재해조사 → 원인분석 → 대책수립 → 긴급 처리
④ 재해조사 → 대책수립 → 원인분석 → 긴급 처리

해설 산업재해발생시 조치사항
1. 긴급처리 → 2. 재해조사 → 3. 원인강구 → 4. 대책수립 → 5. 대책실시계획 → 6. 실시 → 7. 평가

04 산업재해보험적용근로자 1,000명인 플라스틱 제조 사업장에서 작업 중 재해 5건이 발생하였고, 1명이 사망하였을 때 이 사업장의 사망만인율은?

① 2 ② 5
③ 10 ④ 20

해설 사망만인율 $= \dfrac{\text{사망자수}}{\text{상시근로자수}} \times 10{,}000$

$= \dfrac{1}{1{,}000} \times 10{,}000 = 10$

길잡이 상시근로자 수

$= \dfrac{\text{연간국내공사실적액} \times \text{노무비율}}{\text{건설업월평균임금} \times 12}$

05 안전·보건 교육계획 수립 시 고려사항 중 틀린 것은?

① 필요한 정보를 수집한다.
② 현장의 의견을 고려하지 않는다.
③ 지도안은 교육대상을 고려하여 작성한다.
④ 법령에 의한 교육에만 그치지 않아야 한다.

해설 ②항, 현장의 의견을 충분히 고려한다.

06 학습지도의 형태 중 몇 사람의 전문가가 주제에 대한 견해를 발표하고 참가자로 하여금 의견을 내거나 질문을 하게 하는 토의방식은?

① 포럼(Forum)
② 심포지엄(Symposium)
③ 버즈세션(Buzz session)
④ 자유토의법(Free discussion method)

해설 토의식의 종류
1) forum(공개토론회) : 새로운 자료나 교재를 제시하고 거기서의 문제점을 피교육자로 하여금 제기케 하거나 의견을 여러 가지 방법으로 발표하게 하여 다시 깊이 파고들어 토의를 행하는 방법
2) symposium : 몇 사람의 전문가에 의하여 과제에 관한 견해를 발표한 뒤 참가자로 하여금 의견이나 질문을 하게 하여 토의하는 방법
3) panel discussion : 패널맴버(교육과제에 정통한 전문가 4~5명)가 피교육자 앞에서 자유로이 토의하고 뒤에 피교육자 전원이 참가하여 사회자의 사회에 따라 토의하는 방법
4) 버즈세션(buzz session) : 6-6회의라고도 하며, 먼저 사회자의 기록계를 선출한 후 나머지 사람은 6명씩의 소집단으로 구분하고, 소집단별로 각각 사회자를 선발하여 6분간씩 자유토의를 행하여 의견을 종합하는 방법

07 산업안전보건법령상 근로자 안전보건교육 대상에 따른 교육시간 기준 중 틀린 것은? (단, 상시작업이며, 일용근로자는 제외한다.)

① 특별교육 – 16시간 이상
② 채용 시 교육 – 8시간 이상
③ 작업내용 변경 시 교육 – 2시간 이상
④ 사무직 종사 근로자 정기교육 – 매반기 3시간 이상

■ 정답 ■ 03. ① 04. ③ 05. ② 06. ② 07. ④

해설

교육과정	교육대상		교육시간
1. 정기교육	1) 사무직·판매직 근로자		매반기 6시간 이상
	2) 그 밖의 근로자	가) 판매업무에 직접 종사하는 근로자	매반기 6시간 이상
		나) 판매업무에 직접 종사하는 근로자 외의 근로자	매반기 12시간 이상
2. 채용시 교육	1) 일용직 근로자 및 근로계약기간이 1주일 이하인 기간제 근로자		1시간 이상
	2) 근로계약기간이 1주일 초과 1개월 이하인 기간제 근로자		4시간 이상
	3) 그 밖에 근로자		8시간 이상
3. 작업내용 변경시 교육	1) 일용근로자 및 근로계약기간에 1주일 이하인 기간제 근로자		1시간 이상
	2) 그 밖에 근로자		2시간 이상
4. 특별교육	1) 일용근로자 및 근로계약기간이 1주일 이하인 기간제 근로자 : 특별교육대상 작업에 종사하는 근로자에 한정		2시간 이상
	2) 일용근로자 및 근로계약기간이 1주일 이하인 기간제 근로자 : 타워크레인을 사용하는 작업에 종사하는 근로자에 한정		8시간 이상
	3) 일용근로자 및 근로계약기간이 1주일 이하인 기간제 근로자를 제외한 근로자 : 특별교육대상 작업에 종사하는 근로자에 한정		• 16시간 이상(최초 작업에 종사하기 전 4시간 이상 실시하고 12시간은 3개월 이내에서 분할하여 실시 가능) • 단기간 작업, 간헐적 작업인 경우 2시간 이상
5. 건설업 기초 안전·보건 교육	건설일용근로자		4시간 이상

08 버드(Bird)의 신 도미노이론 5단계에 해당하지 않는 것은?

① 제어부족(관리) ② 직접원인(징후)
③ 간접원인(평가) ④ 기본원인(기원)

해설 버드(Bird)의 최신사고 연쇄성 이론
1) 1단계 : 통제의 부족-관리의 소홀(경영)
2) 2단계 : 기본원인-기원(원인론)
3) 3단계 : 직접원인-징후
4) 4단계 : 사고-접촉
5) 5단계 : 상해-손해-손실

09 재해예방의 4원칙에 해당하지 않는 것은?

① 예방가능의 원칙
② 손실우연의 원칙
③ 원인연계의 원칙
④ 재해 연쇄성의 원칙

해설 재해예방의 4원칙
1) **손실우연의 원칙** : 사고에 의해 생기는 손실의 종류와 정도는 우연적이다.
2) **원인계기의 원칙** : 모든 재해는 필연적인 원인에 의해서 발생되며 재해발생은 직접원인만이 아니고 많은 간접원인의 연쇄로 발생되는 것이다.
3) **예방가능의 원칙** : 재해는 원칙적으로 모든 방지가 가능하다.
4) **대책선정의 원칙** : 가장 효과적인 재해방지 대책의 선정은 사고원인의 정확한 분석에 의해서 얻어진다.

10 안전점검을 점검시기에 따라 구분할 때 다음에서 설명하는 안전점검은?

> 작업담당자 또는 해당 관리감독자가 맡고 있는 공정의 설비, 기계, 공구 등을 매일 작업 전 또는 작업 중에 일상적으로 실시하는 안전점검

① 정기점검   ② 수시점검
③ 특별점검   ④ 임시점검

해설 안전점검의 종류 중 점검주기에 의한 구분
1) 수시점검(일상점검)
2) 정기점검 및 계획점검
3) 특별점검

길잡이
1) 점검대상에 의한 분류
  ① 기능점검(성능검사)
  ② 형식점검   ③ 규격점검
2) 점검방법에 의한 분류
  ① 육안점검   ② 타진에 의한 점검
  ③ 검사기기에 의한 점검
  ④ 시험에 의한 점검

■ 정답 ■ 08. ③ 09. ④ 10. ②

11 타일러(Tyler)의 교육과정 중 학습경험선정의 원리에 해당하는 것은?

① 기회의 원리 ② 계속성의 원리
③ 계열성의 원리 ④ 통합성의 원리

해설 학습경험조직의 원리
1) 계속성의 원리   2) 계열성의 원리
3) 통합성의 원리   4) 균형성의 원리
5) 다양성의 원리
6) 건전성의 원리(보편성의 원리)

> **길잡이** 학습경험선정의 원리
> 1) 동기유발의 원리
> 2) 기회의 원리
> 3) 가능성의 원리
> 4) 다목적 달성의 원리
> 5) 전이가능성의 원리

12 주의(Attention)의 특성에 관한 설명 중 틀린 것은?

① 고도의 주의는 장시간 지속하기 어렵다.
② 한 지점에 주의를 집중하면 다른 곳의 주의는 약해진다.
③ 최고의 주의 집중은 의식의 과잉 상태에서 가능하다.
④ 여러 자극을 지각할 때 소수의 현란한 자극에 선택적 주의를 기울이는 경향이 있다.

해설 주의의 특징
1) **선택성** : 여러 종류의 자극을 자각할 때 소수의 특정한 것에 한하여 선택하는 기능
2) **방향성** : 주시점만 인지하는 기능
3) **변동성** : 주의에는 주기적으로 부주의의 리듬이 존재

13 산업재해보상보험법령상 보험급여의 종류가 아닌 것은?

① 장례비 ② 간병급여
③ 직업재활급여 ④ 생산손실비용

해설 산업재해보상보험법령상 보험급여의 종류
1) 요양급여
2) 휴업급여
3) 장해보상일시금 또는 장해보상연금 (장해급여)
4) 간병급여
5) 유족보상일시금 또는 유족보상연금 (유족급여)
6) 상병보상연금
7) 장례비
8) 직업재활급여
9) 진폐보상연금
10) 진폐유족연금

14 산업안전보건법령상 그림과 같은 기본 모형이 나타내는 안전·보건표시의 표시사항으로 옳은 것은? (단, L은 안전·보건표시를 인식할 수 있거나 인식해야 할 안전거리를 말한다.)

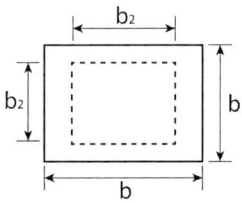

$b \geq 0.0224L$
$b_2 = 0.8b$

① 금지 ② 경고
③ 지시 ④ 안내

해설 산업안전표지의 기본모형

번호	기본모형	규격비율
1 금지		$d \geq 0.25L$ $d_1 = 0.08d$ $0.7d < d_2 < 0.8d$ $d_3 = 0.1d$
2 경고		$a \geq 0.034L$ $a_1 = 0.8a$ $0.7a < a_2 < 0.8a$

■ 정답 ■ 11. ① 12. ③ 13. ④ 14. ④

번호	기본모형	규격비율
3 지시	(원형, d_2, d)	$d \geq 0.25L$ $d = 0.08d$
4 안내	(직사각형, b_1, b, b_2, b)	$b \geq 0.0224L$ $b_2 = 0.8b$
5 안내	(직사각형, e_2, e, h_2, h, l_2, l)	$h < l$ $h_2 = 0.8h$ $l \times h \geq 0.0005L_2$ $h - h_2 = l - l_2 = 2e_1$ $l/h = 1, 4, 2, 4, 8$(4종류)

15 기업 내의 계층별 교육훈련 중 주로 관리감독자를 교육대상자로 하며 작업을 가르치는 능력, 작업방법을 개선하는 기능 등을 교육 내용으로 하는 기업 내 정형교육은?

① TWI(Training Within Industry)
② ATT(American Telephone Telegram)
③ MTP(Management Training Program)
④ ATP(Administration Training Program)

해설 TWI(Training Within Industry)
1) 교육대상자 : 감독자
2) 교육내용
  ① JI(Job Instruction) : 작업지도 기법
  ② JM(Job Method) : 작업개선 기법
  ③ JR(Job Relation) : 인간관계관리 기법 (부하통솔 기법)
  ④ JS(Job Safety) : 작업안전 기법
3) 교육방법 : 한 클래스는 10명 정도, 교육방법은 토의법, 1일 2시간씩 5일에 걸쳐 10시간 정도 한다.

16 사회행동의 기본 형태가 아닌 것은?

① 모방 ② 대립
③ 도피 ④ 협력

해설 사회행동의 기본형태

1) 협력(cooperation) : 조력, 분업
2) 대립(opposition) : 공격, 경쟁
3) 도피(escape) : 고립, 정신병, 자살

17 위험예지훈련의 문제해결 4라운드에 해당하지 않는 것은?

① 현상파악 ② 본질추구
③ 대책수립 ④ 원인결정

해설 위험예지훈련의 4Round(4단계)
1) 1R-현상파악 : 잠재위험요인을 발견하는 단계(BS적용)
2) 2R-본질추구 : 가장 위험한 요인(위험 포인트)을 합의로 결정하는 단계(요약)
3) 3R-대책수립 : 구체적인 대책을 수립하는 단계(BS적용)
4) 4R-행동목표 설정 : 행동계획을 정하고 수립한 대책 가운데서 질이 높은 항목에 합의하는 단계(요약)

18 바이오리듬(생체리듬)에 관한 설명 중 틀린 것은?

① 안정기(+)와 불안정기(-)의 교차점을 위험일이라 한다.
② 감성적 리듬은 33일을 주기로 반복하며, 주의력, 예감 등과 관련되어 있다.
③ 지성적 리듬은 "I"로 표시하며 사고력과 관련이 있다.
④ 육체적 리듬은 신체적 컨디션의 율동적 발현, 즉 식욕·활동력 등과 밀접한 관계를 갖는다.

해설 바이오리듬의 종류
1) **육체적 리듬**(physical cycle) : 주기 23일 (식욕, 소화력, 활동력, 지구력), 청색표시
2) **지성적 리듬**(intellectual cycle) : 주기 33일(상상력, 사고력, 기억력, 인지, 판단), 녹색표시
3) **감성적 리듬**(sensitivity cycle) : 주기 28일(감정, 주의심, 창조력, 예감 및 통찰력) 적색표시

■ 정답 ■ 15. ① 16. ① 17. ④ 18. ②

19 운동의 시지각(착각현상) 중 자동운동이 발생하기 쉬운 조건에 해당하지 않는 것은?

① 광점이 작은 것
② 대상이 단순한 것
③ 광의 강도가 큰 것
④ 시야의 다른 부분이 어두운 것

해설 ③항, 광의 강도가 작은 것

20 보호구 안전인증 고시상 안전인증 방독마스크의 정화통 종류와 외부 측면의 표시 색이 잘못 연결된 것은?

① 할로겐용 – 회색
② 황화수소용 – 회색
③ 암모니아용 – 회색
④ 시안화수소용 – 회색

해설 방독마스크의 종류별 시험가스

종류	표시색
유기화합물용 정화통	갈색
할로겐용 정화통	회색
황화수소용 정화통	회색
시안화수소용 정화통	회색
아황산용 정화통	노란색
암모니아용 정화통	녹색
복합용 및 겸용의 정화통	· 복합용의 경우 : 해당가스 모두 표시(2층 분리) · 겸용의 경우 : 백색과 해당 가스 모두 표시(2층 분리)

제2과목 / 인간공학 및 시스템안전공학

21 인간공학적 연구에 사용되는 기준 척도의 요건 중 다음 설명에 해당하는 것은?

> 기준 척도는 측정하고자 하는 변수 외의 다른 변수들의 영향을 받아서는 안된다.

① 신뢰성   ② 적절성
③ 검출성   ④ 무오염성

해설 기준의 요건
1) **적절성**(relevance) : 기준이 의도된 목적에 적당하다고 판단되는 정도를 말한다.
2) **무오염성** : 기준 척도는 측정하고자 하는 변수 외의 다른 변수들의 영향을 받아서는 안된다는 것을 무오염성이라고 한다.
3) **기준척도의 신뢰성** : 척도의 신뢰성은 반복성(repeatability)을 의미한다.

22 그림과 같은 시스템에서 부품 A, B, C, D의 신뢰도가 모두 r로 동일할 때 이 시스템의 신뢰도는?

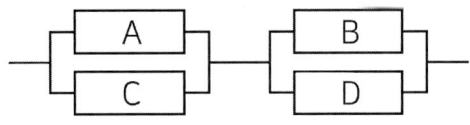

① $r(2-r^2)$ ② $r^2(2-r)^2$
③ $r^2(2-r^2)$ ④ $r^2(2-r)$

해설 시스템 신뢰도(R)
R = [1−(1−A)(1−C)]×[1−(1−B)(1−D)]
　 = [1−(1−r)(1−r)]×[1−(1−r)(1−r)]
　 = $r^2(2-r)^2$

■ 정답 ■ 19. ③   20. ③   21. ④   22. ②

23 서브시스템 분석에 사용되는 분석방법으로 시스템 수명주기에서 ㉠에 들어갈 위험분석 기법은?

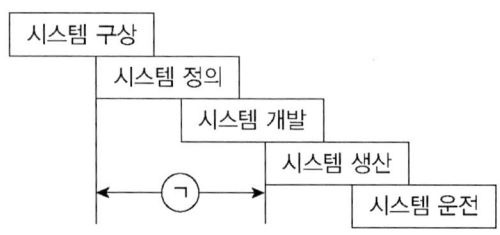

① PHA ② FHA
③ FTA ④ ETA

해설 FHA(결함위험분석) : PHA(예비사고분석)가 제일 먼저 실행되고 FHA는 시스템의 정의와 개발단계에서 실행된다.

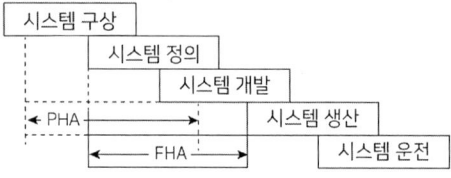

[그림] 시스템 수명주기에서의 FHA

24 정신적 작업 부하에 관한 생리적 척도에 해당하지 않는 것은?

① 근전도 ② 뇌파도
③ 부정맥 지수 ④ 점멸융합주파수

해설 근전도(EMG) : 국소적 근육활동의 척도(근육활동 전위차의 기록)

25 A사의 안전관리자는 자사 화학 설비의 안전성 평가를 실시하고 있다. 그 중 제2단계인 정성적 평가를 진행하기 위하여 평가 항목을 설계단계 대상과 운전관계 대상으로 분류하였을 때 설계관계 항목이 아닌 것은?

① 건조물 ② 공장 내 배치
③ 입지조건 ④ 원재료, 중간제품

해설 화학설비에 대한 안전성평가의 5단계
1) 1단계 : 관계자료의 작성준비
2) 2단계 : 정성적 평가

설계 관계	운전 관계
㉠ 입지조건	㉠ 원재료, 중간체제품
㉡ 공장 내 배치	㉡ 공정
㉢ 건조물	㉢ 수송, 저장 등
㉣ 소방설비	㉣ 공정기기

3) 3단계 : 정량적 평가
㉠ 당해 화학설비의 취급물질, 용량, 온도, 압력 및 조작의 5항목에 대해 A,B,C,D급으로 분류하고, A급은 10점, B급은 5점, C급은 2점, D급은 0점으로 점수를 부여한 후, 5항목에 관한 점수들의 합을 구한다.
㉡ 합산결과에 의한 위험도의 등급은 다음과 같다.

등급	점수	내용
등급 I	16점 이상	·위험도가 높다.
등급 II	11~15점 이하	·주위사항, 다른 설비와 관련해서 평가
등급 III	10점 이하	·위험도가 낮다.

4) 4단계 : 안전대책
㉠ 설비대책 : 안전장치 및 방재장치에 관해서 배려한다.
㉡ 관리적 대책 : 인원배치, 교육훈련 및 보전에 관해서 배려한다.
5) 5단계 : 재평가
㉠ 재해정보에 의한 재평가
㉡ FTA에 의한 재평가

26 불(Boole) 대수의 관계식으로 틀린 것은?

① $A + \overline{A} = 1$
② $A + AB = A$
③ $A(A+B) = A+B$
④ $A + \overline{A}B = A+B$

해설 ③항, A(A+B)=A

27 인간공학의 목표와 거리가 가장 먼 것은?

① 사고 감소 ② 생산성 증대
③ 안전성 향상 ④ 근골격계질환 증가

해설 인간공학의 목표
1) 첫째목표 : 안전성 향상과 사고방지
2) 둘째목표 : 기계 조작의 능률성과 생산성 향상
3) 셋째목표 : 쾌적성

28 통화이해도 척도로서 통화 이해도에 영향을 주는 잡음의 영향을 추정하는 지수는?

① 명료도 지수 ② 통화 간섭 수준
③ 이해도 점수 ④ 통화 공진 수준

해설 통화간접수준 : 본문설명

29 예비위험분석(PHA)에서 식별된 사고의 범주가 아닌 것은?

① 중대(critical)
② 한계적(marginal)
③ 파국적(catastrophic)
④ 수용가능(acceptable)

해설 PHA(예비위험분식)의 4가지 주요 목표
1) 시스템에 대한 모든 주요한 사고를 식별하고, 대충의 말로 표시할 것(사고 발생확률은 식별 초기에는 고려되지 않음)
2) 사고를 유발하는 요인을 식별할 것
3) 사고가 발생한다고 가정하고, 시스템에 생기는 결과를 식별하고 평가할 것
4) 식별된 사고를 다음의 범주(category)로 분류할 것
① 파국적(catastrophic)
② 중대(critical)
③ 한계적(marginal)
④ 무시가능(negligible)

30 어떤 결함수를 분석하여 minimal cut set을 구한 결과 다음과 같았다. 각 기본사상의 발생확률은 qi, i = 1, 2, 3라 할 때, 정상사상의 발생확률함수로 맞는 것은?

$$k_1 = [1,2], k_2 = [1,3], k_3 = [2,3]$$

① $q_1q_2 + q_1q_2 - q_2q_3$
② $q_1q_2 + q_1q_3 - q_2q_3$
③ $q_1q_2 + q_1q_3 + q_2q_3 - q_1q_2q_3$
④ $q_1q_2 + q_1q_3 + q_2q_3 - 2q_1q_2q_3$

31 반사경 없이 모든 방향으로 빛을 발하는 점광원에서 3m 떨어진 곳의 조도가 300lix라면 2m 떨어진 곳에서 조도(lux)는?

① 375 ② 675
③ 875 ④ 975

해설 조도 = $300(\text{lux}) \times \frac{3^2}{2^2} = 675\text{lux}$

32 근골격계부담작업의 범위 및 유해요인조사 방법에 관한 고시상 근골격계부담작업에 해당하지 않는 것은? (단, 상시작업을 기준으로 한다.)

① 하루에 10회 이상 25kg 이상의 물체를 드는 작업
② 하루에 총 2시간 이상 쪼그리고 앉거나 무릎을 굽힌 자세에서 이루어지는 작업
③ 하루에 총 2시간 이상 시간당 5회 이상 손 또는 무릎을 사용하여 반복적으로 충격을 가하는 작업
④ 하루에 4시간 이상 집중적으로 자료입력 등을 위해 키보드 또는 마우스를 조작하는 작업

■ 정답 ■ 27. ④ 28. ② 29. ④ 30. ④ 31. ② 32. ③

해설 **근골격계부담작업의 범위**
1) 하루에 4시간 이상 집중적으로 자료입력 등을 위해 키보드 또는 마우스를 조작하는 작업
2) 하루에 총 2시간 이상 목, 어깨, 팔꿈치, 손목 또는 손을 사용하여 같은 동작을 반복하는 작업
3) 하루에 총 2시간 이상 머리 위에 손이 있거나, 팔꿈치가 어깨위에 있거나, 팔꿈치를 몸통으로 들거나, 팔꿈치를 몸통뒤쪽에 위치하도록 하는 상태에서 이루어지는 작업
4) 지지되지 않은 상태이거나 임의로 자세를 바꿀 수 없는 조건에서, 하루에 총 2시간이상 목이나 허리를 구부리거나 트는 상태에서 이루어지는 작업
5) 하루에 총 2시간 이상 쪼그리고 앉거나 무릎을 굽힌 자세에서 이루어지는 작업
6) 하루에 총 2시간 이상 지지되지 않은 상태에서 1kg이상의 물건을 한손의 손가락으로 집어 올리거나, 2kg이상에 상응하는 힘을 가하여 한손의 손가락으로 물건을 쥐는 작업
7) 하루에 총 2시간 이상 지지되지 않은 상태에서 4.5kg 이상의 물체를 드는 작업
8) 하루에 10회 이상 25kg 이상의 물체를 드는 작업
9) 하루에 25회 이상 10kg 이상의 물체를 무릎 아래에서 들거나, 어깨 위에서 들거나, 팔을 뻗은 상태에서 드는 작업
10) 하루에 총 2시간 이상, 분당 2회 이상 4.5kg이상의 물체를 드는 작업
11) 하루에 총 2시간 이상 시간당 10회 이상 손 또는 무릎을 사용하여 반복적으로 충격을 가하는 작업

33 시각적 식별에 영향을 주는 각 요소에 대한 설명 중 틀린 것은?

① 조도는 광원의 세기를 말한다.
② 휘도는 단위 면적당 표면에 반사 또는 방출되는 광량을 말한다.
③ 반사율은 물체의 표면에 도달하는 조도와 광도의 비를 말한다.
④ 광도 대비란 표적의 광도와 배경의 광도의 차이를 배경 광도로 나눈 값을 말한다.

해설 조도는 물체의 표면에 도달하는 빛의 밀도를 말한다.

34 부품 배치의 원칙 중 기능적으로 관련된 부품들을 모아서 배치한다는 원칙은?

① 중요성의 원칙
② 사용 빈도의 원칙
③ 사용 순서의 원칙
④ 기능별 배치의 원칙

해설 **부품배치의 4원칙**
① 사용빈도의 원칙
② 중요성의 원칙
③ 기능별 배치의 원칙
④ 사용순서의 원칙

35 HAZOP 분석기법의 장점이 아닌 것은?

① 학습 및 적용이 쉽다.
② 기법 적용에 큰 전문성을 요구하지 않는다.
③ 짧은 시간에 저렴한 비용으로 분석이 가능하다.
④ 다양한 관점을 가진 팀 단위 수행이 가능하다.

해설 **HAZOP(위험 및 운전성 검토)의 장점 및 단점**

1. 장점	1) 학습 및 적용이 쉽다. 2) 기법적용에 큰 전문성을 요구하지 않는다. 3) 다양한 관점을 가진 팀 단위 수행이 가능하다. 4) 공정의 운행정지 시간을 줄여 생산품의 품질 향상이 가능하다. 5) 근로자에게 공정안전에 대한 신뢰성을 제공한다.
2. 단점	1) 팀의 구성 및 구성원의 참여 소요기간이 과다 소모된다. 2) 접근방법이 어려우며 위험과는 무관한 잠재적인 요소들까지도 함께 도출된다.

■ 정답 ■ 33. ① 34. ④ 35. ③

36 태양광이 내리쬐지 않는 옥내의 습구흑구온도지수(WBGT) 산출 식은?

① 0.6 × 자연습구온도 + 0.3 × 흑구온도
② 0.7 × 자연습구온도 + 0.3 × 흑구온도
③ 0.6 × 자연습구온도 + 0.4 × 흑구온도
④ 0.7 × 자연습구온도 + 0.4 × 흑구온도

해설 습구흑구온도지수(WBGT) 산정식
1) 옥외(태양광선이 내리쬐는 장소)
   WBGT(℃) = (0.7 × 자연습구온도) + (0.2 × 흑구온도) + (0.1 × 건구온도)
2) 옥내 또는 옥외(태양광선이 내리쬐지 않은 장소)
   WBGT(℃) = (0.7 × 자연습구온도) + (0.3 × 흑구온도)

37 FTA에서 사용되는 논리게이트 중 입력과 반대되는 현상으로 출력되는 것은?

① 부정 게이트
② 억제 게이트
③ 배타적 OR 게이트
④ 우선적 AND 게이트

해설 수정기호의 종류
1) **우선적 AND Gate** : 입력사상 가운데 어느 사상이 다른 사상보다 먼저 일어났을 때에 출력사상이 생긴다. 예를 들면 「A는 B보다 먼저」와 같이 기입
2) **짜맞춤 AND Gate** : 3개 이상의 입력사상 가운데 어느 것이든 2개가 일어나면 출력사상이 생긴다. 예를 들면 「어느 것이든 2개」라고 기입
3) **위험지속기호** : 입력사상이 생겨서 어느 일정시간 지속하였을 때에 출력사상이 생긴다. 예를 들면 「위험지속시간」과 같이 기입
4) **배타적 OR Gate** : OR Gate로 2개 이상의 입력이 동시에 존재할 때에는 출력사상이 생기지 않는다. 예를 들면 「동시에 발생하지 않는다」라고 기입

▲ 부정게이트

38 부품고장이 발생하여도 기계가 추후 보수될 때까지 안전한 기능을 유지할 수 있도록 하는 기능은?

① fail – soft
② fail – active
③ fail – operational
④ fail – passive

해설
1) 페일 세이프(fail safe) : 인간이나 기계 등에 과오나 동작상의 실수가 있더라도 사고, 재해를 발생시키지 않도록 철저하게 2중 3중으로 통제를 가하는 것
2) 페일 세이프 구조의 기능면에서의 분류
   ① fail pass : 일반적인 산업기계방식의 구조이며, 성분의 고장시 기계, 장치는 정지상태로 옮겨간다.
   ② fail operational : 병렬 여분계의 성분을 구성한 경우이며, 성분의 고장이 있어도 정기 점검시까지는 운전이 가능하다.
   ③ fail active : 성분의 고장시 기계, 장치는 경보를 나타내며 단시간에 역전이 된다.

39 양립성의 종류가 아닌 것은?

① 개념의 양립성
② 감성의 양립성
③ 운동의 양립성
④ 공간의 양립성

해설 양립성의 분류
1) **공간적 양립성** : 어떤 사물들, 특히 묘사장치나 조종 장치에서 물리적 형태나 공간적인 배치의 양립성
2) **운동 양립성** : 표시 및 조정장치, 체계반응의 운동방향의 양립성
3) **개념적 양립성** : 어떤 암호 체계에서 청색이 정상을 나타내듯이, 사람이 가지고 있는 개념적 연상(association)의 양립성
4) **양식 양립성** : 청각적 자극제시와 이에 대한 음성응답 과업에서 갖은 양립성

■ 정답 ■ 36. ② 37. ① 38. ③ 39. ②

40 James Reason의 원인적 휴먼에러 종류 중 다음 설명의 휴먼에러 종류는?

> 자동차가 우측 운행하는 한국의 도로에 익숙해진 운전자가 좌측 운행을 해야 하는 일본에서 우측 운행을 하다가 교통사고를 냈다.

① 고의 사고(Violation)
② 숙련 기반 에러(Skill based error)
③ 규칙 기반 착오(Rule based mistake)
④ 지식 기반 착오(Knowledge based mistake)

해설 에러의 원인적 분류
(James Reason, Rasmussen의 모델)
1) 규칙기반 에러 : 잘못된 규칙을 기억하거나 상황에 맞지 않게 적용하는 것
2) 지식기반 에러 : 관련지식이 없는 경우 추론이나 유추로 처리중 실패
3) 숙련기반 에러 : 실수, 망각으로 구분

제3과목 / 기계위험방지기술

41 산업안전보건법령상 사업주가 진동 작업을 하는 근로자에게 충분히 알려야 할 사항과 거리가 가장 먼 것은?

① 인체에 미치는 영향과 증상
② 진동기계·기구 관리방법
③ 보호구 선정과 착용방법
④ 진동재해 시 비상연락체계

해설 진동작업을 하는 근로자에게 충분히 알려야 할 사항(진동작업 종사자에게 유해성 등의 주지사항)
1) 인체에 미치는 영향과 증상
2) 보호구의 선정과 착용방법
3) 진동 기계 · 기구 관리방법
4) 진동 장해 예방방법

42 산업안전보건법령상 크레인에 전용탑승설비를 설치하고 근로자를 달아 올린 상태에서 작업에 종사시킬 경우 근로자의 추락 위험을 방지하기 위하여 실시해야 할 조치 사항으로 적합하지 않은 것은?

① 승차석 외의 탑승 제한
② 안전대나 구명줄의 설치
③ 탑승설비의 하강시 동력하강방법을 사용
④ 탑승설비가 뒤집히거나 떨어지지 않도록 필요한 조치

해설 크레인에 전용탑승설비를 설치할 경우 추락위험 방지 조치사항(안전보건규칙 제86조)
1) 탑승설비가 뒤집히거나 떨어지지 않도록 필요한 조치를 할 것
2) 안전대나 구명줄을 설치하고, 안전난간을 설치할 수 있는 구조인 경우에는 안전난간을 설치할 것
3) 탑승설비를 하강시킬 때에는 동력하강방법으로 할 것

43 연삭기에서 숫돌의 바깥지름이 150mm일 경우 평형플랜지 지름은 몇 mm 이상이어야 하는가?

① 30   ② 50
③ 60   ④ 90

해설 플랜지 지름 = 숫돌지름 $\times \frac{1}{3}$
$= 150mm \times \frac{1}{3} = 50mm$ 이상

44 플레이너 작업시의 안전대책이 아닌 것은?

① 베드 위에 다른 물건을 올려놓지 않는다.
② 바이트는 되도록 짧게 나오도록 설치한다.
③ 프레임 내의 피트(pit)에는 뚜껑을 설치한다.
④ 칩 브레이커를 사용하여 칩이 길게 되도록 한다.

■ 정답 ■ 40. ③ 41. ④ 42. ① 43. ② 44. ④

해설 플레이너의 안전작업수칙
1) 공작물(일감)의 고정시에는 반드시 전원을 차단시킬 것
2) 이동테이블에 방호울을 설치할 것
3) 프레임(frame)중앙부에 있는 피트(pit)에는 덮개(뚜껑)를 설치할 것
4) 바이트는 되도록 짧게 설치할 것
5) 베드 위에는 다른 물건을 올려놓지 않을 것
6) 압판은 죄는 힘에 의해 휘어지지 않도록 충분히 두꺼운 것을 사용하고 수평이 되도록 고정시킬 것

45 양중기 과부하방지장치의 일반적인 공통사항에 대한 설명 중 부적합한 것은?

① 과부하방지장치와 타 방호장치는 기능에 서로 장애를 주지 않도록 부착할 수 있는 구조이어야 한다.
② 방호장치의 기능을 변형 또는 보수할 때 양중기의 기능도 동시에 정지할 수 있는 구조이어야 한다.
③ 과부하방지장치에는 정상동작상태의 녹색램프와 과부하 시 경고 표시를 할 수 있는 붉은색램프와 경보음을 발하는 장치 등을 갖추어야 하며, 양중기 운전자가 확인할 수 있는 위치에 설치해야 한다.
④ 과부하방지장치 작동 시 경보음과 경보램프가 작동되어야 하며 양중기는 작동이 되지 않아야 한다. 다만, 크레인은 과부하 상태 해지를 위하여 권상된 만큼 권하시킬 수 있다.

해설 양중기 과부하방지장치의 일반적 공통사항
1) 과부하방지장치와 타 방호장치는 기능에 서로 장애를 주지 않도록 부착할 수 있는 구조이어야 한다.
2) 방호장치의 기능을 제거 또는 정지할 때 양중기의 기능도 동시에 정지할 수 있는 구조이어야 한다.
3) 과부하방지장치에는 정상동작상태의 녹색램프와 과부하 시 경고 표시를 할 수 있는 붉은색 램프와 경보음을 발하는 장치 등을 갖추어야 하며, 양중기 운전자가 확인할 수 있는 위치에 설치해야 한다.
4) 과부하방지장치 작동시 경보음과 경보램프가 작동되어야 하며 양중기는 작동이 되지 않아야 한다. 다만 크레인은 과부하상태 해지를 위하여 권상된 만큼 권하시킬 수 있다.
5) 외함은 납봉인 또는 시건할 수 있는 구조이어야 한다.
6) 외함의 전선 접촉부분은 고무 등으로 밀폐되어 물과 먼지 등이 들어가지 않도록 한다.
7) 과부하방지장치는 정격하중의 1.1배 권상시 경보와 함께 권상동작이 정지되고 횡행과 주행동작이 불가능한 구조이어야 한다. 다만, 타워크레인은 정격하중의 1.05배 이내로 한다.

46 산업안전보건법령상 프레스 작업시작 전 점검해야 할 사항에 해당하는 것은?

① 와이어로프가 통하고 있는 곳 및 작업장소의 지반상태
② 하역장치 및 유압장치 기능
③ 권과방지장치 및 그 밖의 경보장치의 기능
④ 1행정 1정지기구·급정지장치 및 비상정지장치의 기능

해설 프레스 및 전단기의 작업시작 전 점검사항
① 클러치 및 브레이크의 기능
② 크랭크축, 플라이휠, 슬라이드, 연결봉 및 연결나사의 볼트 풀림 유무
③ 1행정 1정지 기구, 급정지장치, 비상정지장치의 기능
④ 슬라이드 또는 칼날에 의한 위험방지기구의 기능
⑤ 프레스의 금형 및 고정 볼트 상태
⑥ 당해 방호장치의 기능 점검

■ 정답 ■ 45. ② 46. ④

47 방호장치를 분류할 때는 크게 위험장소에 대한 방호장치와 위험원에 대한 방호장치로 구분할 수 있는데, 다음 중 위험장소에 대한 방호장치가 아닌 것은?

① 격리형 방호장치
② 접근거부형 방호장치
③ 접근반응형 방호장치
④ 포집형 방호장치

해설 방호장치의 종류
1) **격리형 방호장치** : 작업자가 작업전에 접촉되지 않도록 기계설비 외부에 차단벽이나 방호망을 설치하는 것
2) **위치 제한형 방호장치** : 작업자의 신체부위가 위험한계 밖에 있도록 기계의 조작장치를 위험한 작업점에서 안전거리 이상 떨어지게 하거나 조작장치를 양손으로 동시 조작하게 함으로써 위험한계에 접근하는 것을 제한하는 것
   [예] 프레스기의 양수 조작식 방호장치
3) **접근거부형 방호장치** : 작업자의 신체부위가 위험한계로 접근하였을 때 기계적인 작용에 의하여 접근을 못하도록 제지하는 것
   [예] 수인식, 손쳐내기식 방호장치 등
4) **접근반응형 방호장치** : 작업자의 신체부위가 위험한계 또는 그 인접한 거리 내로 들어오면 이를 감지하여 그 즉시 기계의 동작을 정지시키고 경보 등을 발하는 것
   [예] 프레스기의 감응식 방호장치 등
5) **포집형 방호장치** : 위험장소에 설치하여 위험원이 비산하거나 튀는 것을 포집하여 작업자로부터 위험원을 차단하는 것
   [예] 연삭기의 덮개나 반발예방장치 등

48 산업안전보건법령상 목재가공용 기계에 사용되는 방호장치의 연결이 옳지 않은 것은?

① 둥근톱기계 : 톱날접촉예방장치
② 띠톱기계 : 날접촉예방장치
③ 모떼기기계 : 날접촉예방장치
④ 동력식 수동대패기계 : 반발예방장치

해설 ④ 항, 동력식 수동대패기계 : 날접촉예방장치

49 다음 중 금속 등의 도체에 교류를 통한 코일을 접근시켰을 때, 결함이 존재하면 코일에 유기되는 전압이나 전류가 변하는 것을 이용한 검사방법은?

① 자분탐상검사
② 초음파탐상검사
③ 와류탐상검사
④ 침투형광탐상검사

해설 본 문제는 비파괴검사 중 「와류탐상검사」에 대해 설명한 것이다.

50 산업안전보건법령상에서 정한 양중기의 종류에 해당하지 않는 것은?

① 크레인[호이스트(hoist)를 포함한다]
② 도르래
③ 곤돌라
④ 승강기

해설 양중기의 종류
1) 크레인[호이스트(hoist) 포함]
2) 이동식 크레인
3) 리프트(이삿짐운반용 리프트는 적재하중이 0.1톤 이상인 것)
4) 곤돌라
5) 승강기

51 롤러의 급정지를 위한 방호장치를 설치하고자 한다. 앞면 롤러 직경이 36cm 이고, 분당 회전속도가 50rpm이라면 급정지거리는 약 얼마 이내이어야 하는가? (단, 무부하동작에 해당한다.)

① 45cm
② 50cm
③ 55cm
④ 60cm

해설 1) 롤러기의 표면속도(V)
$$V = \frac{\pi DN}{1000}$$

■ 정답 ■ 47. ④ 48. ④ 49. ③ 50. ② 51. ①

$$= \frac{\pi \times 360mm \times 50rpm}{1000}$$
$$= 56.52 m/min$$

2) 급정지거리 = 롤러원주길이 × $\frac{1}{2.5}$

$$= \pi D \times \frac{1}{2.5}$$
$$= 3.14 \times 360 \times \frac{1}{2.5} = 452.16mm$$
$$= 45.21 cm$$

52 다음 중 금형 설치·해체작업의 일반적인 안전사항으로 틀린 것은?

① 고정볼트는 고정 후 가능하면 나사산이 3~4개 정도 짧게 남겨 슬라이드 면과의 사이에 협착이 발생하지 않도록 해야 한다.
② 금형 고정용 브래킷(물림판)을 고정시킬 때 고정용 브래킷은 수평이 되게 하고, 고정볼트는 수직이 되게 고정하여야 한다.
③ 금형을 설치하는 프레스의 T홈 안길이는 설치 볼트 직경 이하로 한다.
④ 금형의 설치용구는 프레스의 구조에 적합한 형태로 한다.

해설 금형에 설치하는 홈
1) 설치하는 프레스기의 T홈에 적합한 형상의 것일 것
2) T홈 안길이는 설치볼트 직경의 2배 이상일 것

53 산업안전보건법령상 보일러에 설치하는 압력방출장치에 대하여 검사 후 봉인에 사용되는 재료에 가장 적합한 것은?

① 납   ② 주석
③ 구리   ④ 알루미늄

해설 봉인재료: 납(Pb)

54 슬라이드가 내려옴에 따라 손을 쳐내는 막대가 좌우로 왕복하면서 위험점으로부터 손을 보호하여 주는 프레스의 안전장치는?

① 수인식 방호장치
② 양손조작식 방호장치
③ 손쳐내기식 방호장치
④ 게이트 가드식 방호장치

해설 손쳐내기식 방호장치 설치기준
1) 슬라이드의 행정길이가 40mm 이상일 경우에 사용할 것
2) 손쳐내기식 막대는 그 길이 및 진폭을 조정할 수 있는 구조일 것
3) 손쳐내기판의 폭은 금형 크기의 1/2 이상으로 할 것(단, 행정이 300mm 이상은 폭을 300mm로 할 것)
4) 슬라이드 하행정 거리의 3/4 위치에서 손을 완전히 밀어낼 것

55 산업안전보건법령에 따라 사업주는 근로자가 안전하게 통행할 수 있도록 통로에 얼마 이상의 채광 또는 조명시설을 하여야 하는가?

① 50럭스   ② 75럭스
③ 90럭스   ④ 100럭스

해설 통로의 조명 : 75럭스(lux) 이상의 채광 또는 조명시설을 할 것

56 산업안전보건법령상 다음 중 보일러의 방호장치와 가장 거리가 먼 것은?

① 언로드밸브
② 압력방출장치
③ 압력제한스위치
④ 고저수위 조절장치

해설 1) 보일러의 방호장치
① 압력방출장치
② 압력제한스위치
③ 고저수위조절장치

■ 정답 ■ 52. ③ 53. ① 54. ③ 55. ② 56. ①

ⓔ 기타 도피밸브, 가용전, 방폭문, 화염검출기 등
(2) **언로드 밸브**(unloading valve) : 공기압축기의 방호장치

57 다음 중 롤러기 급정지장치의 종류가 아닌 것은?

① 어깨조작식   ② 손조작식
③ 복부조작식   ④ 무릎조작식

해설 롤러기급정지장치의 종류 및 설치위치

급정지장치의 종류	설치위치
1. 손조작 로프식	밑면에서 1.8m 이내
2. 복부 조작식	밑면에서 0.8m 이상 1.1m 이내
3. 무릎 조작식	밑면에서 0.6m 이내

58 산업안전보건법령에 따라 레버풀러(lever puller) 또는 체인블록(chain block)을 사용하는 경우 훅의 입구(hook mouth) 간격이 제조자가 제공하는 제품사양서 기준으로 몇 % 이상 벌어진 것은 폐기하여야 하는가?

① 3   ② 5
③ 7   ④ 10

해설 훅의 입구간격이 10% 이상 벌어진 것은 폐기시켜야 한다.

59 컨베이어(conveyor) 역전방지장치의 형식을 기계식과 전기식으로 구분할 때 기계식에 해당하지 않는 것은?

① 라쳇식   ② 밴드식
③ 슬러스트식   ④ 롤러식

해설 컨베이어의 기계식 역전방지장치 : 라쳇식, 밴드식, 롤러식

60 다음 중 연삭숫돌의 3요소가 아닌 것은?

① 결합제   ② 입자
③ 저항   ④ 기공

해설 연삭기 숫돌의 3요소 및 5인자
1) 3요소
① 입자(절삭날)
② 결합제(절삭날의 지지)
③ 기공(칩의 저장)
2) 구성 5인자
① 숫돌입자의 종류 : 절삭날의 종류
② 조직 : 숫돌입률
③ 입도 : 절삭날의 크기
④ 결합제의 종별 : 결합제 종류
⑤ 결합도 : 발인속도의 조정

제4과목 / 전기위험방지기술

61 다음 ( ) 안의 알맞은 내용을 나타낸 것은?

> 폭발성 가스의 폭발등급 측정에 사용되는 표준용기는 내용적이 (㉮) cm³, 반구상의 플렌지 접합면의 안길이 (㉯)mm의 구상용기의 틈새를 통과시켜 화염일주 한계를 측정하는 장치이다.

① ㉮ 600, ㉯ 0.4   ② ㉮ 1800, ㉯ 0.6
③ ㉮ 4500, ㉯ 8   ④ ㉮ 8000, ㉯ 25

해설 1) 화염일주한계 : 폭발성 분위기 내에 방치된 표준용기의 접합면 틈새를 통하여 내부에서 외부로 전파되는 것을 저지할 수 있는 틈새의 최대간격치를 의미한다.
2) 표준용기
① 표준용기의 내용적 : 8,000cm³ (8L)
② 반구상의 플랜지 접합면의 안길이 : 25mm

■ 정답 ■ 57. ① 58. ④ 59. ③ 60. ③ 61. ④

62 다음 차단기는 개폐기구가 절연물의 용기 내에 일체로 조립한 것으로 과부하 및 단락사고 시에 자동적으로 전로를 차단하는 장치는?

① OS ② VCB
③ MCCB ④ ACB

해설 MCCB(Molded Case Circuit Breaker) : 과부하 및 단락사고시에 전로를 자동적으로 차단하는 배선용 차단기이다.

63 한국전기설비규정에 따라 보호등전위본딩 도체로서 주접지단자에 접속하기 위한 등전위본딩 도체(구리도체)의 단면적은 몇 mm² 이상이어야 하는가? (단, 등전위본딩 도체는 설비 내에 있는 가장 큰 보호접지 도체 단면적의 1/2 이상의 단면적을 가지고 있다.)

① 2.5 ② 6
③ 16 ④ 50

해설 등전위본딩 도체(구리)의 단면적 : 6mm² 이상

64 저압전로의 절연성능 시험에서 전로의 사용전압이 380v인 경우 전로의 전선 상호간 및 전로와 대지 사이의 절연저항은 최소 몇 MΩ 이상이어야 하는가?

① 0.1 ② 0.3
③ 0.5 ④ 1

해설 전로의 절연저항치

전로의 사용전압	DC시험전압 (V)	절연저항 (MΩ)
1) SELV 및 PELV	250	0.5
2) FELV, 500(V)이하	500	1.0
3) 500(V)초과	1,000	1.0

[주] 특별저압(extra low voltage) : 2차전압이 AC 50V, DC 120V이하으로 SELV(비접지회로 구성) 및 PELV(접지회로구성)은 1차와 2차가 전기적으로 절연된 회로, FELV는 1차와 2차가 전기적으로 절연되지 않은 회로

[참고] 법 개정: 학습에서 제외

65 전격의 위험을 결정하는 주된 인자로 가장 거리가 먼 것은?

① 통전전류 ② 통전시간
③ 통전경로 ④ 접촉전압

해설
1) 1차적 감전위험 요소 : 통전전류의 크기, 전원(직류, 교류)의 종류, 통전경로, 통전시간
2) 2차적 감전위험 요소 : 인체 저항(인체의 조건), 전압, 주파수 및 계절

66 교류 아크용접기의 허용사용률(%)은? (단, 정격사용률은 10%, 2차 정력전류는 500A, 교류 아크용접기의 사용전류는 250A이다.)

① 30 ② 40
③ 50 ④ 60

해설 허용사용률(%)
$$= 정격사용률 \times \left(\frac{정격2차전류}{실제용접전류}\right)^2$$
$$= 10 \times \left(\frac{500}{250}\right)^2 = 40\%$$

67 내압방폭구조의 필요충분조건에 대한 사항으로 틀린 것은?

① 폭발화염이 외부로 유출되지 않을 것
② 습기침투에 대한 보호를 충분히 할 것
③ 내부에서 폭발한 경우 그 압력에 견딜 것
④ 외함의 표면온도가 외부의 폭발성가스를 점화되지 않을 것

해설 내압방폭구조의 필요조건
1) 내부에서 폭발할 경우 그 압력에 견딜 것
2) 외함 표면온도가 주위의 가연성 가스에 점화되지 않을 것
3) 폭발화염이 외부로 유출되지 않을 것

■ 정답 ■ 62. ③ 63. ② 64. ④ 65. ④ 66. ② 67. ②

68 다음 중 전동기를 운전하고자 할 때 개폐기의 조작순서로 옳은 것은?

① 메인 스위치 → 분전반 스위치 → 전동기용 개폐기
② 분전반 스위치 → 메인 스위치 → 전동기용 개폐기
③ 전동기용 개폐기 → 분전반 스위치 → 메인 스위치
④ 분전반 스위치 → 전동기용 스위치 → 메인 스위치

해설 전동기 운전시 개폐기 조작순서
메인 스위치→분전반 스위치→전동기용 개폐기

69 다음 빈칸에 들어갈 내용으로 알맞은 것은?

> 교류 특고압 가공전선로에서 발생하는 극저주파 전자계는 지표상 1m에서 전계가 (ⓐ), 자계가 (ⓑ)가 되도록 시설하는 등 상시 정전유도 및 전자유도 작용에 의하여 사람에게 위험을 줄 우려가 없도록 시설하여야 한다.

① ⓐ 0.35 kV/m 이하, ⓑ 0.833 μT 이하
② ⓐ 3.5 kV/m 이하, ⓑ 8.33 μT 이하
③ ⓐ 3.5 kV/m 이하, ⓑ 83.3 μT 이하
④ ⓐ 35 kV/m 이하, ⓑ 833 μT 이하

해설 유도장해방지
1) 교류특고압 가공전선로에서 발생하는 극저주파 전자계는 지표상 1m에서 전계가 3.5 kV/m이하, 자계가 83.3μT 이하가 되도록 시설하고,
2) 직류 특고압 가공전선로에서 발생하는 직류 전계는 지표면에서 25kV/m이하, 직류 자계는 1m에서 400,000μT이하가 되도록 시설하는 등,
3) 상시정전유도 및 전자유도작용에 의하여 사람에게 위험을 줄 우려가 없도록 시설하여야 한다.

70 감전사고를 방지하기 위한 방법으로 틀린 것은?

① 전기기기 및 설비의 위험부에 위험표지
② 전기설비에 대한 누전차단기 설치
③ 전기기에 대한 정격표시
④ 무자격자는 전기계 및 기구에 전기적인 접촉 금지

해설 감전사고의 방지대책
1) 전기기기 및 설비의 위험부에 위험표시
2) 보호접지의 실시
3) 전기설비의 점검철저
4) 전기기기 및 설비의 정비 철저
5) 고전압 선로 및 충전부에 근접하여 작업하는 경우 보호구 착용
6) 충전부가 노출된 부분에는 절연 보호구 사용
7) 유자격자 외에는 전기기계 및 기구에 접촉금지
8) 안전관리자는 작업에 대한 안전교육 실시
9) 사고발생시의 처리순서를 미리 작성하여 둘 것

71 외부피뢰시스템에서 접지극은 지표면에서 몇 m 이상 깊이로 매설하여야 하는가? (단, 동결심도는 고려하지 않는 경우이다.)

① 0.5   ② 0.75
③ 1   ④ 1.25

해설 외부피뢰시스템에서 접지극의 매설 깊이 : 지표면에서 75cm(0.75m) 이상

72 정전기의 재해방지 대책이 아닌 것은?

① 부도체에는 도전성을 향상 또는 제전기를 설치 운영한다.
② 접촉 및 분리를 일으키는 기계적 작용으로 인한 정전기 발생을 적게 하기 위해서는 가능한 접촉 면적을 크게 하여야 한다.
③ 저항률이 1010Ω·cm 미만의 도전성 위험물의 배관유속은 7m/s 이하로 한다.

■ 정답 ■ 68. ① 69. ③ 70. ③ 71. ② 72. ②

④ 생산공정에 별다른 문제가 없다면, 습도를 70%정도 유지하는 것도 무방하다.

해설 정전기 발생 방지책
1) 접지(부도체물질은 부적합)
2) 가습(상대습도 70% 이상)
3) 보호구착용
4) 대전방지제 사용
5) 배관내 액체의 유속제한 및 정치시간의 확보
6) 도전성 재료 사용
7) 제전장치 사용

73 어떤 부도체에서 정전용량이 10pF이고, 전압이 5kV 일 때 전하량(C)은?

① 9×10^{-12}
② 6×10^{-10}
③ 5×10^{-8}
④ 2×10^{-6}

해설 대전전하량(Q)
$$Q = C(정전용량, F) \times V(전압, V)$$
$$= 10PF \times \frac{1F}{10^{12}pF} \times 5000\,V$$
$$= 5 \times 10^{-8} C(coulomb\,;\,쿨롱)$$

길잡이 정전에너지 산정식
1) $E = \frac{1}{2}CV^2 = \frac{1}{2}QV$
2) $Q = CV$
여기서, E : 정전에너지(J)
C : 정전용량(F)
V : 대전전위(전압 ; V)
Q : 대전전하량(C)

74 KS C IEC 60079-0에 따른 방폭에 대한 설명으로 틀린 것은?

① 기호 "X"는 방폭기기의 특정사용조건을 나타내는 데 사용되는 인증번호의 접미사이다.
② 인화하한(LFL)과 인화상한(UFL) 사이의 범위가 클수록 폭발성 가스 분위기 형성 가능성이 크다.
③ 기기그룹에 따라 폭발성가스를 분류할 때 ⅡA의 대표 가스로 에틸렌이 있다.
④ 연면거리는 두 도전부 사이의 고체 절연물 표면을 따른 최단거리를 말한다.

해설 Group Ⅱ의 세부분류
1) ⅡA 대표가스 : 프로판
2) ⅡB 대표가스 : 에틸렌
3) ⅡC 대표가스 : 수소 및 아세틸렌

75 다음 중 활선근접 작업시의 안전조치로 적절하지 않은 것은?

① 근로자가 절연용 방호구의 설치·해체작업을 하는 경우에는 절연용 보호구를 착용하거나 활선작업용 기구 및 장치를 사용하도록 하여야 한다.
② 저압인 경우에는 해당 전기작업자가 절연용 보호구를 착용하되, 충전전로에 접촉할 우려가 없는 경우에는 절연용 방호구를 설치하지 아니할 수 있다.
③ 유자격자가 아닌 근로자가 근로자의 몸 또는 긴 도전성 물체가 방호되지 않은 충전전로에서 대지전압이 50kV 이하인 경우에는 400cm 이내로 접근할 수 없도록 하여야 한다.
④ 고압 및 특별고압의 전로에서 전기작업을 하는 근로자에게 활선작업용 기구 및 장치를 사용하여야 한다.

해설 유자격자가 아닌 근로자가 충전전로 인근의 높은 곳에서 작업할 때에 조치사항 : 근로자의 몸 또는 긴 도전성 물체가 방호되지 않은 충전전로에서,
1) **대지전압 50kV 이하인 경우** : 300cm 이내로, 접근할 수 없도록 할 것.
2) **대지전압이 50kV를 넘는 경우** : 10kV당 10cm씩 더한 거리 이내로 접근할 수 없도록 할 것.

■ 정답 ■ 73. ③ 74. ③ 75. ③

76 밸브 저항형 피뢰기의 구성요소로 옳은 것은?

① 직렬갭, 특성요소
② 병렬갭, 특성요소
③ 직렬갭, 충격요소
④ 병렬갭, 충격요소

해설 밸브 저항형 피뢰기의 구성요소
　1) 직렬갭
　2) 특성요소

77 정전기 제거 방법으로 가장 거리가 먼 것은?

① 작업장 바닥을 도전처리한다.
② 설비의 도체 부분은 접지시킨다.
③ 작업자는 대전방지화를 신는다.
④ 작업장을 항온으로 유지한다.

해설 정전기 제거방법
　1) 접지
　2) 보호구(대전방지화, 제전복 등) 착용
　3) 도전성 재료사용(작업장바닥 도전처리)
　4) 가습
　5) 대전방지제, 제전장치 사용

78 인체의 전기저항을 0.5kΩ이라고 하면 심실세동을 일으키는 위험한계 에너지는 몇 J 인가? (단, 심실세동전류값 $I=\dfrac{165}{\sqrt{T}}mA$ 의 Dalziel의 식을 이용하며, 통전시간은 1초로 한다.)

① 13.6　　② 12.6
③ 11.6　　④ 10.6

해설 1) 인체저항 0.5kΩ : 500Ω, 통전시간 : 1초
　2) $W = I^2RT$
　　$= \left(\dfrac{165}{\sqrt{T}} \times 10^{-3}\right)^2 \times 500 \times T = 13.6 J$

79 다음 중 전기설비기술기준에 따른 전압의 구분으로 틀린 것은?

① 저압 : 직류 1kV 이하
② 고압 : 교류 1kV를 초과, 7kV 이하
③ 특고압 : 직류 7kV 초과
④ 특고압 : 교류 7kV 초과

해설 전압의 구분

압력분류	직류	교류
저압	1.5kV 이하	1kV 이하
고압	1.5kV~7kV 이하	1kV~7kV 이하
특별고압	7kV 초과	7kV 초과

80 가스 그룹 ⅡB 지역에 설치된 내압방폭구조 "d" 장비의 플랜지 개구부에서 장애물까지의 최소 거리(mm)는?

① 10　　② 20
③ 30　　④ 40

해설 방폭기기(내압방폭구조 d)의 플랜지 개구부에 장애물까지의 최소거리 : 30mm

■ 정답 ■ 76. ①　77. ④　78. ①　79. ①　80. ③

제5과목 / 화학설비위험방지기술

81 다음 설명이 의미하는 것은?

> 온도, 압력 등 제어상태가 규정의 조건을 벗어나는 것에 의해 반응속도가 지수함수적으로 증대되고, 반응용기 내의 온도, 압력이 급격히 이상 상승되어 규정 조건을 벗어나고, 반응이 과격화되는 현상

① 비등 ② 과열·과압
③ 폭발 ④ 반응폭주

해설 본 문제는 "반응폭주"에 대해서 설명한 것이다.

82 다음 중 전기화재의 종류에 해당하는 것은?

① A급 ② B급
③ C급 ④ D급

해설 화재의 종류 및 적응소화기
1) A급화재(일반화재)
   ① 일반가연물(연소 후 재를 남김)의 화재를 말한다.
   ② 소화방법 · 물에 의한 냉각소화로 주수, 산, 알칼리 등에 의한다.
2) B급 화재(유류화재)
   ① 에테르, 알코올, 석유, 가연성 액체 등의 유류화재가 이에 속한다.
   ② 소화방법 : 공기차단으로 인한 피복소화로 화학포, 증발성 액체(할로겐화물), 소화분말(드라이케미칼), 탄산가스 등을 사용한다.
3) C급 화재(전기화재)
   ① 전기기구 및 전기장치 등에서 누전 또는 부하 등에 의하여 발생하는 화재를 말한다.
   ② 소화방법 : 증발성 액체, 소화분말, 탄산가스 소화기 등에 의하여 질식·냉각시킨다.
4) D급 화재(금속화재)
   ① 리튬, 칼륨, 나트륨, 마그네슘, 알루미늄 등의 화재를 말한다.
   ② 소화방법 : 건조사, 팽창질석 등에 의하여 질식·소화시킨다.
5) K급 화재(주방화재)
   ① 동식물유에 의한 화재를 말한다.
   ② 소화방법 : 건조사를 사용하여 질식·소화시킨다.

83 다음 중 폭발범위에 관한 설명으로 틀린 것은?

① 상한값과 하한값이 존재한다.
② 온도에는 비례하지만 압력과는 무관하다.
③ 가연성 가스의 종류에 따라 각각 다른 값을 갖는다.
④ 공기와 혼합된 가연성 가스의 체적 농도로 나타낸다.

해설 폭발범위(폭발한계·연소범위 및 연소한계) : 가연성 가스 또는 증기와 공기 또는 산소와의 혼합가스에 점화원을 주었을 때 연소(폭발)가 일어나는 가연성 가스의 농도 범위(부피 %)로 낮은 쪽을 폭발하한계, 높은 쪽을 폭발상한계라 한다.

84 다음 표와 같은 혼합가스의 폭발범위(vol%)로 옳은 것은?

종류	용적비율 (vol%)	폭발하한계 (vol%)	폭발상한계 (vol%)
CH_4	70	5	15
C_2H_6	15	3	12.5
C_3H_8	5	2.1	9.5
C_4H_{10}	10	1.9	8.5

① 3.75~13.21 ② 4.33~13.21
③ 4.33~15.22 ④ 3.75~15.22

해설 1) 혼합가스의 폭발하한값(L_1)

$$L_1 = \frac{V_1 + V_2 + V_3 + V_4}{\frac{V_1}{L_1} + \frac{V_2}{L_2} + \frac{V_3}{L_3} + \frac{V_4}{L_4}}$$

■ 정답 ■ 81. ④ 82. ③ 83. ② 84. ①

$$= \frac{70+15+5+10}{\frac{70}{5}+\frac{15}{3}+\frac{5}{2.1}+\frac{10}{1.9}}$$
$$= 13.21 vol\%$$

2) 혼합가스의 폭발상한값(L_2)
$$L_2 = \frac{70+15+5+10}{\frac{70}{15}+\frac{15}{12.5}+\frac{5}{9.5}+\frac{10}{8.5}}$$
$$= 13.21 vol\%$$

3) 혼합가스의 폭발범위 : 3.75~13.21vol%

85 위험물을 저장·취급하는 화학설비 및 그 부속설비를 설치할 때 '단위공정시설 및 설비로부터 다른 단위공정시설 및 설비의 사이'의 안전거리는 설비의 바깥 면으로부터 몇 m 이상이 되어야 하는가?

① 5
② 10
③ 15
④ 20

해설 화학설비 및 시설의 안전거리(안전보건규칙 별표8)

구분	안전거리
1. 단위공정시설 및 설비로부터 다른 단위공정시설 및 설비의 사이	설비의 바깥면으로부터 10m 이상
2. 플레어스택으로부터 단위공정 시설 및 설비, 위험물 저장탱크 또는 위험물 하역설비의 사이	플레어스택으로부터 반경 20m이상. 다만, 단위 공정 시설 등이 불연재로 시공된 지붕아래 설치된 경우에는 그리하지 아니하다.
3. 위험물 저장탱크로부터 단위공정 시설 및 설비, 보일러 또는 가열로의 사이	저장탱크의 바깥으로부터 20m 이상. 다만, 저장탱크의 방호벽, 원격조정 소화설비 또는 살수설비를 설치한 경우에는 그러하지 아니하다.
4. 사무실·연구실·실험실·정비실 또는 식당으로부터 단위공정시설 및 설비, 위험물저장탱크, 위험물 하역설비, 보일러 또는 가열로의 사이	사무실 등의 바깥면으로부터 20m 이상. 다만, 난방용 보일러인 경우 또는 사무실 등의 벽을 방호구조로 설치한 경우에는 그러하지 아니하다.

86 열교환기의 열교환 능력을 향상시키기 위한 방법으로 거리가 먼 것은?

① 유체의 유속을 적절하게 조절한다.
② 유체의 흐르는 방향을 병류로 한다.
③ 열교환기 입구와 출구의 온도차를 크게 한다.
④ 열전도율이 좋은 재료를 사용한다.

해설 열교환 능력을 향상시키기 위해서는 고온유체와 저온유체의 흐름방향을 반대로 하여야 한다.

87 다음 중 인화성 물질이 아닌 것은?

① 디에틸에테르 ② 아세톤
③ 에틸알코올   ④ 과염소산칼륨

해설 1) 인화성 물질 : 에테르($C_2H_5OC_2H_5$), 아세톤(CH_3COCH_3), 에틸알코올(C_2H_5OH)
2) 산화성물질 : 과염소산칼륨($KClO_4$)

88 산업안전보건법령상 위험물질의 종류에서 "폭발성 물질 및 유기과산화물"에 해당하는 것은?

① 리튬   ② 아조화합물
③ 아세틸렌   ④ 셀룰로이드류

해설 폭발성물질 및 유기과산화물(자기반응성물질)
1) 폭발성물질 및 유기과산화물 : 가열, 마찰, 충격 또는 다른 화학물질과의 접촉에 의해 산소나 산화제의 공급이 없더라도 폭발 등 격렬한 반응을 일으킬 수 있는 고체나 액체
2) 종류
① 질산에스테르류 : 니트로셀룰로오스, 니트로글리세린, 질산메틸, 질산에틸 등
② 니트로 화합물 : 피크린산(트리니트로페놀), 트리니트로톨루엔(TNT) 등
③ 니트로소 화합물 : 파라니트로소벤젠, 디니트로소레조르
④ 아조 화합물 및 디아조 화합물
⑤ 하이드라진 및 그 유도체

■ 정답 ■ 85. ② 86. ② 87. ④ 88. ②

⑥ 유기과산화물 : 메틸에틸케톤 과산화물, 과산화벤조일, 과산화아세틸 등

89. 건축물 공사에 사용되고 있으나, 불에 타는 성질이 있어서 화재 시 유독한 시안화수소 가스가 발생되는 물질은?

① 염화비닐
② 염화에틸렌
③ 메타크릴산메틸
④ 우레탄

해설 우레탄(urethane) : 카르바민산의 에스테르 (H_2NCOOR, R은 알칼리)
1) 가연성이다.
2) 연소시 시안화수소(HCN)를 발생시킨다.

90. 반응기를 설계할 때 고려하여야 할 요인으로 가장 거리가 먼 것은?

① 부식성
② 상의 형태
③ 온도 범위
④ 중간생성물의 유무

해설 반응기 설계시 고려해야 할 요인(반응기 안전설계시 주요인자)
1) 상(phase)의 형태
2) 온도범위
3) 부식성
4) 체류시간 또는 공간속도
5) 열전달
6) 온도조절
7) 조작방법
8) 운전압력
9) 수율

91. 에틸알코올 1몰이 완전 연소 시 생성되는 CO_2와 H_2O의 몰수로 옳은 것은?

① CO_2 : 1, H_2O : 4
② CO_2 : 2, H_2O : 3
③ CO_2 : 3, H_2O : 2
④ CO_2 : 4, H_2O : 1

해설 에틸알코올(C_2H_5OH)의 연소반응식
$C_2H_5OH + 3O_2 \rightarrow 2CO_2 + 3H_2O$

92. 산업안전보건법령상 각 물질이 해당하는 위험물질의 종류를 옳게 연결한 것은?

① 아세트산(농도 90%) – 부식성 산류
② 아세톤(농도 90%) – 부식성 염기류
③ 이황화탄소 – 인화성 가스
④ 수산화칼륨 – 인화성 가스

해설 부식성 물질의 종류
1) 부식성 산류(산성)
   ① 농도가 20% 이상인 염산, 황산, 질산 등
   ② 농도가 60% 이상인 인산, 아세트산, 불산 등
2) 부식성 염기류(알칼리성) : 농도가 40% 이상인 수산화나트륨, 수산화칼륨 등

93. 물과의 반응으로 유독한 포스핀가스를 발생하는 것은?

① HCl
② NaCl
③ Ca_3P_2
④ $Al(OH)_3$

해설 인화칼슘(Ca_3P_2 ; 인화석회)
1) 적갈색의 미상고체로 건조한 공기중에서 안정하나 300℃ 이상에서 산화한다.
2) 물과 심하게 반응하여 유독성·가연성의 PH_3(포스핀)을 발생한다.
$Ca_3P_2 + 6H_2O \rightarrow 3Ca(OH)_2 + 2PH_3 \uparrow$
3) 금수성물질(물반응성물질)로 벤젠, 에테르, 이황화탄소와 습기하에서 접촉하면 발화한다.

94. 분진폭발의 요인을 물리적 인자와 화학적 인자로 분류할 때 화학적 인자에 해당하는 것은?

① 연소열
② 입도분포
③ 열전도율
④ 입자의 형성

해설 분진폭발의 요인
1) 화학적인자 : 연소열(발열량)
2) 물리적 인자 : 분진입도 및 입도분포, 입자의 형상과 표면상태, 열전도율 등

■ 정답 ■ 89. ④ 90. ④ 91. ② 92. ① 93. ③ 94. ①

95 메탄올에 관한 설명으로 틀린 것은?

① 무색투명한 액체이다.
② 비중은 1보다 크고, 증기는 공기보다 가볍다.
③ 금속나트륨과 반응하여 수소를 발생한다.
④ 물에 잘 녹는다.

해설 ②항, 메탄올(CH_3OH)의 비중은 0.79로 1보다 작고 증기비중은 1.1로 공기보다 무겁다.

96 다음 중 자연발화가 쉽게 일어나는 조건으로 틀린 것은?

① 주위온도가 높을수록
② 열 축적이 클수록
③ 적당량의 수분이 존재할 때
④ 표면적이 작을수록

해설 자연발화가 쉽게 일어나는 조건
 1) 주위온도가 높을 것
 2) 열축적이 클 것
 3) 적당량의 수분이 존재할 것
 4) 표면적이 넓고 발열량이 클 것
 5) 열전도율이 낮을 것

> **길잡이** 자연발화방지법
> 1) 통풍을 잘 시킬 것(열의 축적방지)
> 2) 습기가 많은 곳을 피할 것
> 3) 저장실의 온도상승을 피할 것(통풍이나 저장법을 고려하여 열의 축적을 방지할 것)
> 4) 연소성가스의 발생에 주의할 것

97 다음 중 인화점이 가장 낮은 것은?

① 벤젠   ② 메탄올
③ 이황화탄소   ④ 경유

해설 인화점

명칭	벤젠 (CH_3OH)	메탄올 (CH_3OH)	이황화탄소 (CS_2)	경유 (diesel oil)
인화점	-11℃	11.1℃	-30℃	50~70℃

98 자연발화성을 가진 물질이 자연발화를 일으키는 원인으로 거리가 먼 것은?

① 분해열   ② 증발열
③ 산화열   ④ 중합열

해설 자연발열을 일으키는 반응열 : 분해열, 산화열, 중합열

99 비점이 낮은 가연성 액체 저장탱크 주위에 화재가 발생했을 때 저장탱크 내부의 비등현상으로 인한 압력 상승으로 탱크가 파열되어 그 내용물이 증발, 팽창하면서 발생되는 폭발현상은?

① Back Draft   ② BLEVE
③ Flash Over   ④ UVCE

해설 BLEVE(브레비) : 비등가스의 액화가스가 기화하여 팽창하고 폭발하는 현상이다.

100 사업주는 산업안전보건법령에서 정한 설비에 대해서는 과압에 따른 폭발을 방지하기 위하여 안전밸브 등을 설치하여야 한다. 다음 중 이에 해당하는 설비가 아닌 것은?

① 원심펌프
② 정변위 압축기
③ 정변위 펌프(토출축에 차단밸브가 설치된 것만 해당한다)
④ 배관(2개 이상의 밸브에 의하여 차단되어 대기온도에서 액체의 열팽창에 의하여 파열될 우려가 있는 것으로 한정한다)

해설 과압에 따른 폭발방지를 위하여 폭발방지 성능과 규격을 갖춘 안전밸브 등을 설치하여야 할 설비
 1) 압력용기(안지름이 150mm 이하인 압력용기는 제외하며, 압력용기 중 관형열교환기의 경우에는 관의 파열로 인하여 상승한 압력이 압력용기의 최고사용압력을 초과할 우려가

■ 정답 ■ 95. ② 96. ④ 97. ③ 98. ② 99. ② 100. ①

있는 경우만 해당한다)
2) 정변위 압축기
3) 정변위 펌프(토출축에 차단밸브가 설치된 것만 해당한다)
4) 배관(2개 이상의 밸브에 의하여 차단되어 대기온도에서 액체의 열팽창에 의하여 파열될 우려가 있는 것으로 한정한다)
5) 그 밖의 화학설비 및 그 부속설비로서 해당 설비의 최고사용압력을 초과할 우려가 있는 것

제6과목 / 건설안전기술

101 유해·위험방지계획서 제출 시 첨부서류로 옳지 않은 것은?

① 공사현장의 주변 현황 및 주변과의 관계를 나타내는 도면
② 공사개요서
③ 전체공정표
④ 작업인부의 배치를 나타내는 도면 및 서류

해설 유해·위험방지계획서 첨부서류(공사개요 및 안전보건관리계획)
1) 공사개요서
2) 공사현장의 주변현황 및 주변과의 관계를 나타내는 도면(매설물 현황 포함)
3) 전체 공정표
4) 산업안전보건관리비 사용계획서
5) 안전관리 조직표
6) 재해발생 위험시 연락 및 대피방법

102 거푸집 해체작업 시 유의사항으로 옳지 않은 것은?

① 일반적으로 수평부재의 거푸집은 연직부재의 거푸집보다 빨리 떼어낸다.
② 해체된 거푸집이나 각목 등에 박혀있는 못 또는 날카로운 돌출물은 즉시 제거하여야 한다.
③ 상하 동시 작업은 원칙적으로 금지하여 부득이한 경우에는 긴밀히 연락을 위하며 작업을 하여야 한다.
④ 거푸집 해체작업장 주위에는 관계자를 제외하고는 출입을 금지시켜야 한다.

해설 거푸집 해체작업 시 유의사항
1) ②,③,④항
2) 해체작업시는 안전모 등 안전보호장구를 착용하여야 한다.
3) 거푸집 해체시 구조체에 무리한 충격이나 큰 힘에 의한 지렛대 사용은 금지한다.
4) 해체거푸집, 각목은 재사용 가능한 것과 보수하여야 할 것을 선별하여 분리, 적치하고 정리정돈한다.

103 사다리식 통로 등을 설치하는 경우 통로 구조로서 옳지 않은 것은?

① 밑판의 간격은 일정하게 한다.
② 발판과 벽과의 사이는 15 cm 이상의 간격을 유지한다.
③ 사다리의 상단은 걸쳐놓은 지점으로부터 60cm 이상 올라가도록 한다.
④ 폭은 40cm 이상으로 한다.

해설 사다리식 통로의 구조(사다리식통로 설치시 준수사항)
1) 견고한 구조로 할 것
2) 심한 손상, 부식 등이 없는 재료를 사용할 것
3) 발판의 간격은 동일하게 할 것
4) 발판과 벽면의 사이는 15cm 이상의 간격을 유지할 것
5) 폭은 30cm 이상으로 할 것

■ 정답 ■ 101. ④ 102. ① 103. ④

6) 사다리가 넘어지거나 미끄러지는 것을 방지하기 위한 조치를 할 것
7) 사다리의 상단은 걸쳐놓은 지점으로부터 60cm 이상 올라가도록 할 것
8) 사다리식 통로의 길이가 10m 이상인 경우에는 5m이내마다 계단참을 설치할 것
9) 이동식 사다리식 통로의 기울기는 75° 이하로 할 것(다만, 고정식 사다리식 통로의 기울기는 90° 이하로 하고 높이가 7m 이상인 경우 바닥으로부터 높이가 2.5m되는 지점부터 등받이 울을 설치할 것)
10) 접이식 사다리기둥은 사용시 접혀지거나 펼쳐지지 않도록 철물 등을 사용하여 견고하게 조치할 것

104 추락 재해방지 설비 중 근로자의 추락재해를 방지 할 수 있는 설비로 작업발판 설치가 곤란한 경우에 필요한 설비는?

① 경사로
② 추락방호망
③ 고장사다리
④ 달비계

해설 추락하거나 넘어질 위험이 있는 장소(작업발판의 끝, 개구부 등 제외) 또는 기계, 설비, 선박블록 등에서 작업시 추락방지 조치사항
1) (비례조립 등의 방법)작업발판 설치
2) (작업발판 설치 곤란시)추락방호망 설치
3) (추락방호망 설치 곤란시)안전대 착용

105 콘크리트 타설작업을 하는 경우에 준수해야할 사항으로 옳지 않은 것은?

① 당일의 작업을 시작하기 전에 해당 작업에 관한 거푸집동바리 등의 변형·변위 및 지반의 침하 유무 등을 점검하고 이상이 있으면 보수한다.
② 작업 중에는 거푸집동바리 등의 변형·변위 및 침하 유무 등을 감시할 수 있는 감시자를 배치하여 이상이 있으면 작업을 빠른 시간 내 우선 완료하고 근로자를 대피시킨다.
③ 콘크리트 타설작업 시 거푸집붕괴의 위험이 발생할 우려가 있으면 충분한 보강조치를 한다.
④ 콘크리트를 타설하는 경우에는 편심이 발생하지 않도록 골고루 분산하여 타설한다.

해설 콘크리트의 타설작업시 준수해야 할 사항
1) 당일의 작업을 시작하기 전에 당해 작업에 관한 거푸집동바리 등의 변형·변위 및 지반의 침하유무 등을 점검하고 이상을 발견한 때에는 이를 보수할 것
2) 작업 중에는 거푸집 동바리 등의 변형·변위 및 침하유무 등을 감시할 수 있는 감시자를 배치하여 이상을 발견한 때에는 작업을 중지시키고 근로자를 대피시킬 것
3) 콘크리트의 타설 작업시 거푸집 붕괴의 위험이 발생할 우려가 있는 때에는 충분한 보강조치를 할 것
4) 설계 도서상의 콘크리트 양생기간을 준수하여 거푸집동바리 등을 해체할 것
5) 콘크리트를 타설하는 경우에는 편심이 발생하지 않도록 골고루 분산하여 타설할 것

106 작업장 출입구 설치 시 준수해야 할 사항으로 옳지 않은 것은?

① 출입구의 위치·수 및 크기가 작업장의 용도와 특성에 맞도록 한다.
② 출입구에 문을 설치하는 경우에는 근로자가 쉽게 열고 닫을 수 있도록 한다.
③ 주된 목적이 하역운반기계용인 출입구에는 보행자용 출입구를 따로 설치하지 않는다.
④ 계단이 출입구와 바로 연결된 경우에는 작업자의 안전한 통행을 위하여 그 사이에 1.2m 이상 거리를 두거나 안내표지 또는 비상벨 등을 설치한다.

해설 ③항, 주된 목적이 하역운반기계용인 출입구에는 인접하여 보행자용 출입구를 따로 설치할 것

■ 정답 ■ 104. ② 105. ② 106. ③

107 건설작업장에서 근로자가 상시 작업하는 장소의 작업면 조도기준으로 옳지 않은 것은? (단, 갱내 작업장과 감광재료를 취급하는 작업장의 경우는 제외)

① 초정밀작업 : 600럭스(lux) 이상
② 정밀작업 : 300럭스(lux) 이상
③ 보통작업 : 150럭스(lux) 이상
④ 초정밀, 정밀, 보통작업을 제외한 기타 작업 : 75럭스(lux) 이상

해설 ①항, 초정밀작업 : 750럭스(lux) 이상

108 건설업 산업안전보건관리비 계상 및 사용기준에 따른 안전관리비의 개인보호구 및 안전장구 구입비 항목에서 안전관리비로 사용이 가능한 경우는?

① 안전·보건관리자가 선임되지 않은 현장에서 안전·보건업무를 담당하는 현장관계자용 무전기, 카메라, 컴퓨터, 프린터 등 업무용 기기
② 혹한·혹서에 장기간 노출로 인해 건강장해를 일으킬 우려가 있는 경우 특정 근로자에게 지급되는 기능성 보호 장구
③ 근로자에게 일률적으로 지급하는 보냉·보온장구
④ 감리원이나 외부에서 방문하는 인사에게 지급하는 보호구

해설 안전관리비로 사용할 수 없는 개인보호구 및 안전장구 구입비 항목
1) 안전, 보건관리자가 선임되지 않은 현장에서 안전, 보건업무를 담당하는 현장관계자용 무전기, 카메라, 컴퓨터, 프린터 등 업무용 기기
2) 근로자에게 일률적으로 지급하는 보냉, 보온장구
3) 감리원이나 외부에서 방문하는 인사에게 지급하는 보호구
4) 작업복, 방한복, 방한장갑, 면장갑, 코팅장갑 등

109 옥외에 설치되어 있는 주행크레인에 대하여 이탈방지장치를 작동시키는 등 그 이탈을 방지하기 위한 조치를 하여야 하는 순간풍속에 대한 기준으로 옳은 것은?

① 순간풍속이 초당 10m를 초과하는 바람이 불어올 우려가 있는 경우
② 순간풍속이 초당 20m를 초과하는 바람이 불어올 우려가 있는 경우
③ 순간풍속이 초당 30m를 초과하는 바람이 불어올 우려가 있는 경우
④ 순간풍속이 초당 40m를 초과하는 바람이 불어올 우려가 있는 경우

해설 폭풍에 의한 이탈방지조치 및 이상유무 점검
1) 이탈방지 조치 : 순간 풍속이 30m/sec를 초과하는 바람이 불어올 우려가 있을 때는 옥외 설치 주행 크레인에 대하여 이탈방지장치를 작동시킬 것
2) 이상유무 점검 : 순간 풍속이 30m/sec를 초과하는 바람이 불어온 후 또는 중진이상 진도의 지진 후에는 크레인의 각 부위의 이상 유무를 점검할 것

110 지반 등의 굴착작업 시 연암의 굴착면 기울기로 옳은 것은?

① 1 : 0.3
② 1 : 0.5
③ 1 : 0.8
④ 1 : 1.0

해설 굴착면의 기울기 기준

구분	지반의 종류	구배
보통 흙	모래	1 : 1.8
	그 밖에 흙	1 : 1.2
암반	풍화암	1 : 1.0
	연암	1 : 1.0
	경암	1 : 0.5

■ 정답 ■ 107. ① 108. ② 109. ③ 110. ④

111 철골작업 시 철골부재에서 근로자가 수직방향으로 이동하는 경우엔 설치하여야 하는 고정된 승강로의 최대 답단 간격은 얼마 이내인가?

① 20cm
② 25cm
③ 30cm
④ 40cm

해설 철골작업시 설치하는 고정된 승강로의 최대 답단단격 : 30cm이내

112 흙막이벽 근입깊이를 깊게하고, 전면의 굴착부분을 남겨두어 흙의 중량으로 대항하게 하거나, 굴착예정부분의 일부를 미리 굴착하여 기초콘크리트를 타설하는 등의 대책과 가장 관계가 깊은 것은?

① 파이핑현상이 있을 때
② 히빙현상이 있을 때
③ 지하수위가 높을 때
④ 굴착깊이가 깊을 때

해설 히빙현상이 있을 때 굴착공법 : 본문 설명

113 재해사고를 방지하기 위하여 크레인에 설치된 방호장치로 옳지 않은 것은?

① 공기정화장치
② 비상정지장치
③ 제동장치
④ 권과방지장치

해설 크레인의 방호장치
1) 과부하방지장치 2) 권과방지장치
3) 비상정지장치 4) 제동장치

114 가설구조물의 문제점으로 옳지 않은 것은?

① 도괴재해의 가능성이 크다.
② 추락재해 가능성이 크다.
③ 부재의 결합이 간단하나 연결부가 견고하다.
④ 구조물이라는 통상의 개념이 확고하지 않으며 조립의 정밀도가 낮다.

해설 가설구조물의 문제점
1) ①,②,④항
2) 부재의 결합이 간단하여 불완전한 결합이 많다.
3) 연결재가 적은 구조로 되기 쉽다.
4) 부재가 과소단면이거나 결함재가 되기 쉽다.
5) 전체 구조에 대한 구조계산 기준이 부족하다.

115 강관틀비계를 조립하여 사용하는 경우 준수해야할 기준으로 옳지 않은 것은?

① 수직방향으로 6m, 수평방향으로 8m 이내마다 벽이음을 할 것
② 높이가 20m를 초과하거나 중량물의 적재를 수반하는 작업을 할 경우에는 주틀 간의 간격을 2.4m 이하로 할 것
③ 길이가 띠장 방향으로 4m 이하이고 높이가 10m를 초과하는 경우에는 10m 이내마다 띠장 방향으로 버팀기둥을 설치할 것
④ 주틀 간에 교차 가새를 설치하고 최상층 및 5층 이내마다 수평재를 설치할 것

해설 강관틀비계를 조립하여 사용할 때의 준수할 사항
1) 비계기둥의 밑둥에는 밑받침철물을 사용하여야 하며 밑받침에 고저차가 있는 경우에는 조절형 밑받침철물을 사용하여 각각의 강관틀비계가 항상 수평 및 수직을 유지하도록 할 것
2) 높이가 20m를 초과하거나 중량물의 적재를 수반하는 작업을 할 경우에는 주틀 간의 간격이 1.8m 이하로 할 것
3) 주틀 간의 교차가새를 설치하고 최상층 및 5층 이내마다 수평재를 설치할 것
4) 수직방향으로 6m, 수평방향으로 8m 이내마다 벽이음을 할 것
5) 길이가 띠장방향으로 4m 이하이고 높이가 10m를 초과하는 경우에는 10m 이내마다 띠장방향으로 버팀기둥을 설치할 것

■ 정답 ■ 111. ③ 112. ② 113. ① 114. ③ 115. ②

116 비계의 높이가 2m 이상인 작업장소에 작업발판을 설치할 경우 준수하여야 할 기준으로 옳지 않은 것은?

① 작업발판의 폭은 30cm 이상으로 한다.
② 발판재료간의 틈은 3cm 이하로 한다.
③ 추락의 위험성이 있는 장소에는 안전난간을 설치한다.
④ 발판재료는 뒤집히거나 떨어지지 않도록 2개 이상의 지지물에 연결하거나 고정시킨다.

해설 ①항, 작업발판의 폭 : 40cm 이상

117 사면지반 개량공법으로 옳지 않은 것은?

① 전기 화학적 공법　② 석회 안정처리 공법
③ 이온 교환 방법　　④ 옹벽 공법

해설 지반개량공법

지반구분	종 류
1. 사질토	1) 진동다짐공법　2) 다짐모래말뚝공법 3) 약액주입법　　4) 전지충격공법
2. 점성토	1) 치환공법(굴착치환, 폭파치환) 2) 압밀공법(선행재하공법, 압성토공법) 3) 탈수공법(샌드드레인, 페이퍼드레인) 4) 배수공법(Deep well, well point) 5) 고결공법(생석회공법, 동결공법) 6) 전기침투공법 7) 표면처리공법

118 법면 붕괴에 의한 재해 예방조치로서 옳은 것은?

① 지표수와 지하수의 침투를 방지한다.
② 법면의 경사를 증가한다.
③ 절토 및 성토높이를 증가한다.
④ 토질의 상태에 관계없이 구배조건을 일정하게 한다.

해설 법면 붕괴에 의한 재해예방조치
　1) 지표수와 지하수의 침투를 방지한다.
　2) 법면의 경사를 감소시킨다.
　3) 절토 및 성토 높이를 줄인다.
　4) 토질의 상태를 고려하여 구배조건을 결정한다.

119 취급·운반의 원칙으로 옳지 않은 것은?

① 운반 작업을 집중하여 시킬 것
② 생산을 최고로 하는 운반을 생각할 것
③ 곡선 운반을 할 것
④ 연속 운반을 할 것

해설 취급·운반의 5원칙
　1) 직선운반을 할 것
　2) 연속운반을 할 것
　3) 운반작업을 집중화시킬 것
　4) 생산을 최고로 하는 운반을 생각할 것
　5) 최대한 시간과 경비를 절약할 수 있는 운반방법을 고려할 것

120 가설통로의 설치기준으로 옳지 않은 것은?

① 경사가 15°를 초과하는 때에는 미끄러지지 않는 구조로 한다.
② 건설공사에 사용하는 높이 8m 이상인 비계다리에는 7m 이내마다 계단참을 설치한다.
③ 수직갱에 가설된 통로의 길이가 15m 이상일 경우에는 15m 이내 마다 계단참을 설치한다.
④ 추락의 위험이 있는 장소에는 안전난간을 설치한다.

해설 가설통로의 구조(가설통로 설치시 준수사항)
　1) 견고한 구조로 할 것
　2) 경사는 30° 이하로 할 것(다만, 계단을 설치하거나 높이 2m 미만의 가설통로로서 튼튼한 손잡이를 설치한 때에는 그러하지 아니하다)
　3) 경사가 15°를 초과하는 때에는 미끄러지지 않는 구조로 할 것
　4) 추락의 위험이 있는 장소에는 안전난간을 설치할 것(작업상 부득이한 때에는 필요한 부분에 한하여 임시로 이를 해체할 수 있다)
　5) 수직갱에 가설된 통로의 길이가 15m 이상인 때에는 10m 이내마다 계단참을 설치할 것
　6) 건설공사에서 사용하는 높이 8m이상인 비계다리에는 7m 이내마다 계단을 설치할 것

■ 정답 ■　116. ①　117. ④　118. ①　119. ③　120. ③

2022년 2회 기출문제
[4월 24일 시행]

산업안전기사

제1과목 / 안전관리론

01 매슬로우(Maslow)의 인간의 욕구단계 중 5번째 단계에 속하는 것은?

① 안전 욕구　　② 존경의 욕구
③ 사회적 욕구　④ 자아실현의 욕구

해설 매슬로우의 욕구 5단계
① 1단계 : 생리적 욕구
② 2단계 : 안전욕구
③ 3단계 : 사회적 욕구(친화욕구)
④ 4단계 : 인정받으려는 욕구(자기존경의 욕구)
⑤ 5단계 : 자아실현의 욕구

02 A사업장의 현황이 다음과 같을 때 이 사업장의 강도율은?

- 근로자 수 : 500명
- 연근로시간수 : 2400시간
- 신체장해등급
  · 2급 : 3명　　· 10급 : 5명
- 의사 진단에 의한 휴업일수 : 1500일

① 0.22　　　　② 2.22
③ 22.28　　　④ 222.88

해설 강도율 = $\dfrac{\text{근로손실일수}}{\text{연근로시간수}} \times 1000$

$= \dfrac{(7500 \times 3) + (600 \times 5) + (1500 \times \frac{300}{365})}{500 \times 2400} \times 1000$

$= 22.28$

03 보호구 자율안전확인 고시상 자율안전확인 보호구에 표시하여야 하는 사항을 모두 고른 것은?

ㄱ. 모델명　　　ㄴ. 제조 번호
ㄷ. 사용 기한　 ㄹ. 자율안전확인 번호

① ㄱ, ㄴ, ㄷ　　② ㄱ, ㄴ, ㄹ
③ ㄱ, ㄷ, ㄹ　　④ ㄴ, ㄷ, ㄹ

해설 자율안전확인 보호구의 표시사항
1) 형식 또는 모델명
2) 규격 또는 등급 등
3) 제조자명
4) 제조번호 및 제조연월
5) 자율안전확인 번호

04 학습지도의 형태 중 참가자에게 일정한 역할을 주어 실제적으로 연기를 시켜봄으로서 자기의 역할을 보다 확실히 인식시키는 방법은?

① 포럼(Forum)
② 심포지엄(Symposium)
③ 롤 플레잉(Role playing)
④ 사례연구법(Case study method)

해설 역할연기법(Role playing)
1) 참석자에게 어떤 역할을 주어서 실제로 시켜 봄으로써 훈련이나 평가에 사용되는 교육기법이다.
2) 절충능력이나 협조성을 높여서 태도의 변형에도 도움을 준다.

■ 정답 ■　01. ④　02. ③　03. ②　04. ③

05 보호구 안전인증 고시상 전로 또는 평로 등의 작업 시 사용하는 방열두건의 차광도 번호는?

① #2 ~ #3
② #3 ~ #5
③ #6 ~ #8
④ #9 ~ #11

해설 방열두건의 사용구분

사용구분	차광도 번호
1. 고로강판가열로, 조괴 등의 작업	#2~#3
2. 전로 또는 평로 등의 작업	#3~#5
3. 전기로의 작업	#6~#8

06 산업재해의 분석 및 평가를 위하여 재해 발생 건수 등의 추이에 대해 한계선을 설정하여 목표 관리를 수행하는 재해통계 분석기법은?

① 관리도
② 안전 T점수
③ 파레토도
④ 특성 요인도

해설 통계적 원인분석방법
  1) **파레이토도** : 사고의 유형, 기인물 등 분류항목을 큰 순서대로 도표화하여 분석하는 방법이다.
  2) **특성요인도** : 특성과 요인을 도표로 하여 어골상(漁骨狀)으로 세분화한다.
  3) **크로스 분석** : 데이터를 집계하고 표로 표시하여 요인별 결과내역을 교차한 크로스 그림을 작성하여 분석한다.
    (2개 이상의 문제 관계를 분석하는데 이용)
  4) **관리도** : 재해 발생 건수 등의 추이를 파악하고 목표관리를 행하는데 필요한 월별 재해발생수를 그래프화하여 관리선을 설정·관리하는 방법이다.

07 산업안전보건법령상 안전보건관리규정 작성 시 포함되어야 하는 사항을 모두 고른 것은? (단, 그 밖에 안전 및 보건에 관한 사항은 제외한다.)

ㄱ. 안전보건교육에 관한 사항
ㄴ. 재해사례 연구·토의 결과에 관한 사항
ㄷ. 사고 조사 및 대책 수립에 관한 사항
ㄹ. 작업장의 안전 및 보건 관리에 관한 사항
ㅁ. 안전 및 보건에 관한 관리조직과 그 직무에 관한 사항

① ㄱ, ㄴ, ㄷ, ㄹ
② ㄱ, ㄴ, ㄹ, ㅁ
③ ㄱ, ㄷ, ㄹ, ㅁ
④ ㄴ, ㄷ, ㄹ, ㅁ

해설 법상 안전보건관리규정에 포함되어야 할 사항 (법 제25조)
  1) 안전 및 보건에 관한 관리조직과 그 직무에 관한 사항
  2) 안전보건교육에 관한 사항
  3) 작업장의 안전 및 보건관리에 관한 사항
  4) 사고조사 및 대책수립에 관한 사항
  5) 그 밖의 안전 및 보건에 관한 사항

08 억측판단이 발생하는 배경으로 볼 수 없는 것은?

① 정보가 불확실할 때
② 타인의 의견에 동조할 때
③ 희망적인 관측이 있을 때
④ 과거에 성공한 경험이 있을 때

해설 억측판단이 발생하는 배경
  1) 정보가 불확실할 때
  2) 희망적인 관측이 있을 때
  3) 과거의 성공한 경험이 있을 때

09 하인리히의 사고예방원리 5단계 중 교육 및 훈련의 개선, 인사조정, 안전관리규정 및 수칙의 개선 등을 행하는 단계는?

① 사실의 발견
② 분석 평가
③ 시정방법의 선정
④ 시정책의 적용

■ 정답 ■ 05. ② 06. ① 07. ③ 08. ② 09. ③

해설 사고예방대책의 기본원리(사고방지원리의 5단계)

단계별과정		내 용
1단계	조직	① 경영층의 참여 ② 안전관리자의 임명 ③ 안전의 라인 및 참모조직구성 ④ 안전활동 방침 및 계획수립 ⑤ 조직을 통한 안전활동
2단계	사실의 발견	① 사고 및 안전활동 기록 검토 ② 작업분석 ③ 안전점검 및 안전진단 ④ 사고조사 ⑤ 안전회의 및 토의 ⑥ 근로자의 제안 및 여론조사 ⑦ 관찰 및 보고서의 연구 등을 통하여 불안전요소 발견
3단계	분석 평가	① 사고보고서 및 현장조사 ② 사고기록 및 인적, 물적조건의 분석 ③ 작업공정 분석 ④ 교육훈련분석 등을 통하여 사고의 직접원인 및 간접원인을 규명
4단계	시정방법의 선정	① 기술적 개선 ② 인사조정(배치조정) ③ 교육훈련의 개선 ④ 안전행정의 개선 ⑤ 규정 및 수칙 작업표준 제도의 개선 ⑥ 확인 및 통제체제 개선
5단계	시정책의 적용(3E 적용)	① 기술적(engineering)대책 ② 교육적(education)대책 ③ 단속적(enforcement)대책

10 재해예방의 4원칙에 대한 설명으로 틀린 것은?

① 재해발생은 반드시 원인이 있다.
② 손실과 사고와의 관계는 필연적이다.
③ 재해는 원인을 제거하면 예방이 가능하다.
④ 재해를 예방하기 위한 대책은 반드시 존재한다.

해설 재해예방의 4원칙
1) 손실우연의 원칙 : 재해손실은 사고 대상의 조건에 따라 달라지므로 사고의 결과로서 생긴 재해손실은 우연성에 의해 결정된다.
2) 원인계기의 원칙 : 사고와 원인관계는 필연적으로, 재해발생은 반드시 원인이 있다.
3) 예방가능의 원칙 : 재해는 원칙적으로 원인만 제거되면 예방이 가능하다.
4) 대책선정의 원칙 : 재해예방을 위한 안전대책은 반드시 존재한다.

11 산업안전보건법령상 안전보건진단을 받아 안전보건개선계획의 수립 및 명령을 할 수 있는 대상이 아닌 것은?

① 유해인자의 노출기준을 초과한 사업장
② 산업재해율이 같은 업종 평균 산업재해율의 2배 이상인 사업장
③ 사업주가 필요한 안전조치 또는 보건조치를 이행하지 아니하여 중대재해가 발생한 사업장
④ 상시근로자 1천명 이상인 사업장에서 직업성 질병자가 연간 2명 이상 발생한 사업장

해설 ④항, 직업성 질병자가 연간 2명 이상(상시근로자 1천명 이상 사업장의 경우 3명 이상) 발생한 사업장

12 버드(Bird)의 재해분포에 따르면 20건의 경상(물적, 인적상해)사고가 발생했을 때 무상해·무사고(위험순간) 고장 발생 건수는?

① 200 ② 600
③ 1200 ④ 12000

해설 1) 버드의 재해구성비율
중상, 폐질 : 경상 : 무상해사고 : 무상해무사고
= 1 : 10 : 30 : 600
2) 경상 : 무상해무사고
10 : 600 = 20 : X
$X = \dfrac{20 \times 600}{10} = 1200$건

■ 정답 ■ 10. ② 11. ④ 12. ③

13 산업안전보건법령상 거푸집 동바리의 조립 또는 해체작업 시 특별교육 내용이 아닌 것은? (단, 그 밖에 안전·보건관리에 필요한 사항은 제외한다.)

① 비계의 조립순서 및 방법에 관한 사항
② 조립 해체 시의 사고 예방에 관한 사항
③ 동바리의 조립방법 및 작업 절차에 관한 사항
④ 조립재료의 취급방법 및 설치기준에 관한 사항

해설 거푸집동바리의 조립 또는 해체작업시 특별교육 내용
1) 동바리의 조립작업 및 작업절차에 관한 사항
2) 조립재료의 취급방법 및 설치기준에 관한 사항
3) 조립해체시의 사고방지에 관한 사항
4) 보호구 착용 및 점검에 관한 사항

14 산업안전보건법령상 다음의 안전보건표지 중 기본모형이 다른 것은?

① 위험장소 경고
② 레이저 광선 경고
③ 방사성 물질 경고
④ 부식성 물질 경고

해설 경고표지의 기본모형의 색채

기본모형	색채	종류
· 삼각형 · 예) 그림삽입	· 바탕은 노랑색 · 기본형 · 관련부호 및 그림은 검은색	1. 방사성물질 경고 2. 고압전기 경고 3. 매달린 물체 경고 4. 고온 경고 5. 저온 경고 6. 몸균형상실 경고 7. 레어저광선 경고 8. 위험장소 경고
· 다이아몬드형 · 예) 그림삽입	· 바탕은 무색 · 기본모형은 빨간색 (검은색도 가능)	1. 인화성물질 경고 2. 산화성물질 경고 3. 폭발성물질 경고 4. 급성독성물질 경고 5. 부식성물질 경고 6. 발암성·변이원성·생식독성·전신독성·호흡기과민성물질 경고

15 학습정도(Level of learning)의 4단계를 순서대로 나열한 것은?

① 인지 → 이해 → 지각 → 적용
② 인지 → 지각 → 이해 → 적용
③ 지각 → 이해 → 인지 → 적용
④ 지각 → 인지 → 이해 → 적용

해설 학습목적의 3요소
1) 목표(Goal) : 학습을 통하여 달성하려는 지표
2) 주제(Subject) : 목표 달성을 위한 테마(Thema)
3) 학습정도(Level of Learning) : 학습범위 내용의 정도를 말하며, 다음 단계에 의해 이루어진다.
  ① 인지 : ~을 인지하여야 한다.
  ② 지각 : ~을 알아야 한다.
  ③ 이해 : ~을 이해하여야 한다.
  ④ 적용 : ~을 ~에 적용할 줄 알아야 한다.

16 기업 내 정형교육 중 TWI(Training Within Industry)의 교육내용이 아닌 것은?

① Job Method Training
② Job Relation Training
③ Job Instruction Training
④ Job Standardization Training

해설 TWI(Training Within Industry)
1) 교육대상자 : 감독자
2) 교육내용
  ① JI(Job Instruction) : 작업지도 기법
  ② JM(Job Method) : 작업개선 기법
  ③ JR(Job Relation) : 인간관계관리 기법(부하통솔 기법)
  ④ JS(Job Safety) : 작업안전 기법
3) 한 클래스는 10명 정도, 교육방법은 토의법, 1일 2시간씩 5일에 걸쳐 10시간 정도 한다.

■ 정답 ■ 13. ① 14. ④ 15. ② 16. ④

17 레빈(Lewin)의 법칙 B = f(P · E) 중 B가 의미하는 것은?

① 행동
② 경험
③ 환경
④ 인간관계

해설 레빈(K. Lewin)의 법칙 : Lewin은 인간의 행동(B)은 그 사람이 가진 자질 즉, 개체(P)와 심리학적 환경(E)과의 상호 함수관계에 있다고 하였다.
∴ $B = f(P \cdot E)$
여기서,
1) B(Behavior) : 인간의 행동
2) f(function, 함수관계) : 적성 기타 P와 E에 영향을 미칠 수 있는 조건
3) P(Person, 개체) : 연령, 경험, 심신상태, 성격, 지능 등 인간의 조건
4) E(Environment, 심리적 환경) : 인간관계, 작업환경 등 환경조건

18 재해원인을 직접원인과 간접원인으로 분류할 때 직접원인에 해당하는 것은?

① 물적 원인
② 교육적 원인
③ 정신적 원인
④ 관리적 원인

해설 직접원인
1) 인적 원인(불안전한 행동)
2) 물적 원인(불안전한 상태)

19 산업안전보건법령상 안전관리자의 업무가 아닌 것은? (단, 그 밖에 고용노동부장관이 정하는 사항은 제외한다.)

① 업무 수행 내용의 기록
② 산업재해에 관한 통계의 유지·관리·분석을 위한 보좌 및 지도·조언
③ 안전교육계획의 수립 및 안전교육 실시에 관한 보좌 및 지도·조언
④ 작업장 내에서 사용되는 전체 환기장치 및 국소 배기장치 등에 관한 설비의 점검

해설 안전관리자의 업무(시행령 제3조)
① 산업안전보건위원회 또는 안전보건에 관한 노사협의체에서 심의·의결한 직무와 해당 사업장의 안전보건 관리규정 및 취업규칙에 정한 직무
② 안전인증대상 기계·기구등과 자율안전확인대상 기계·기구 등 구입시 적격품의 선정에 관한 보좌 및 조언·지도
③ 위험성 평가에 관한 보좌 및 조언·지도
④ 해당 사업장 안전교육계획의 수립 및 안전교육 실시에 관한 보좌 및 조언·지도
⑤ 사업장 순회점검·지도 및 조치의 건의
⑥ 산업재해발생의 원인조사분석 및 재발방지를 위한 기술적 보좌 및 조언·지도
⑦ 산업재해에 관한 통계의 유지·관리·분석을 위한 보좌 및 조언·지도(안전분야에 한함)
⑧ 법 또는 법에 따른 명령으로 정한 안전에 관한 사항의 이행에 관한 보좌 및 조언·지도
⑨ 업무수행 내용의 기록·유지
⑩ 그 밖에 안전에 관한 사항으로서 고용노동부장관이 정하는 사항

20 헤드십(headship)의 특성에 관한 설명으로 틀린 것은?

① 지휘형태는 권위주의적이다.
② 상사의 권한 근거는 비공식적이다.
③ 상사와 부하의 관계는 지배적이다.
④ 상사와 부하의 사회적 간격은 넓다.

해설 헤드십과 리더십의 구분

구분	헤드십	리더십
1. 권한부여 및 행사	·위에서 위임하여 임명	·아래에서 동의에 의해 선출
2. 권한근거	·법적 또는 공식적	·개인능력
3. 상관과 부하와의 관계 및 책임 귀속	·지배적 상사	·개인적인 경향 상사와 부하
4. 부하와의 사회적 간격	·넓다	·좁다
5. 지휘형태	·권위주의적	·민주주의적

■정답■ 17. ① 18. ① 19. ④ 20. ②

제2과목 / 인간공학 및 시스템안전공학

21 위험분석 기법 중 시스템 수명주기 관점에서 적용 시점이 가장 빠른 것은?

① PHA ② FHA
③ OHA ④ SHA

해설 PHA(예비위험분석)
1) 시스템안전 프로그램에 있어서 최초단계(개발단계, 구상단계)의 분석법이다.
2) PHA는 시스템내의 위험요소가 얼마나 위험 상태에 있는가를 정상적으로 평가하는 안전 해석기법이다.

22 상황해석을 잘못하거나 목표를 잘못 설정하여 발생하는 인간의 오류 유형은?

① 실수(Slip)
② 착오(Mistake)
③ 위반(Violation)
④ 건망증(Lapse)

해설 인간오류의 모형
1) 실수(Slips)
   ① 상황이나 목표의 해석은 정확하나 의도와는 다른 행동을 한 경우이다.
   ② 올바른 의도를 잘못 실행하는 것이다.
2) 과실(lapses) : 필요한 행동의 수행으로 무심코 놓치는 것이다.
3) 상황착각 : 엉뚱한 장면 혹은 상황에서의 행동을 하는 것이다(다른 상황에서는 올바른 행동을 함)
4) 규칙위반 : 규칙을 잘못 적용하는 것이다.
5) 건망증 : 단기기억의 한계로 인해 기억을 잊어서 해야 할 일을 못해서 발생하는 에러이다.

23 A작업의 평균에너지소비량이 다음과 같을 때, 60분간의 총 작업시간 내에 포함되어야 하는 휴식시간(분)은?

- 휴식중 에너지소비량 : 1.5kcal/min
- A작업 시 평균 에너지소비량 : 6kcal/min
- 기초대사를 포함한 작업에 대한 평균 에너지소비량 상한 : 5kcal/min

① 10.3 ② 11.3
③ 12.3 ④ 13.3

해설 휴식시간(R)
$$R = \frac{60(E-5)}{E-1.5} = \frac{60 \times (6-5)}{6-1.5} = 13.3$$

24 시스템의 수명곡선(욕조곡선)에 있어서 디버깅(Debugging)에 관한 설명으로 옳은 것은?

① 초기 고장의 결함을 찾아 고장률을 안정시키는 과정이다.
② 우발 고장의 결함을 찾아 고장률을 안정시키는 과정이다.
③ 마모 고장의 결함을 찾아 고장률을 안정시키는 과정이다.
④ 기계 결함을 발견하기 위해 동작시험을 하는 기간이다.

해설 고장률의 유형
1) 초기고장 : 불량제조나 생산과정에서의 품질관리 미비로 생기는 고장으로 점검작업이나 시운전 등에 의해 사전에 방지할 수 있는 고장
   ① 디버깅(debugging)기간 : 결함을 찾아내 고장률을 안정시키는 기간
   ② 번인(burn in)기간 : 실제로 장시간 움직여보고 그동안 고장난 것을 제거하는 고정기간
2) 우발고장 : 예측할 수 없을 때 생기는 고장으로 시운전이나 점검작업으로는 방지할 수 없는 고장

■ 정답 ■ 21. ① 22. ② 23. ④ 24. ①

3) 마모고장 : 수명이 다해서 생기는 고장으로 안전진단 및 적당한 보수(정비)에 의해서 방지할 수 있는 고장

25 밝은 곳에서 어두운 곳으로 갈 때 망막에 시홍이 형성되는 생리적 과정인 암조응이 발생하는데 완전 암조응(Dark adaptation)이 발생하는데 소요되는 시간은?

① 약 3 ~ 5분
② 약 10 ~ 15분
③ 약 30 ~ 40분
④ 약 60 ~ 90분

해설 완전 암조응에 소요되는 시간 : 30~40분

26 인간공학에 대한 설명으로 틀린 것은?

① 인간-기계 시스템의 안전성, 편리성, 효율성을 높인다.
② 인간을 작업과 기계에 맞추는 설계 철학이 바탕이 된다.
③ 인간이 사용하는 물건, 설비, 환경의 설계에 적용된다.
④ 인간의 생리적, 심리적인 면에서의 특성이나 한계점을 고려한다.

해설 ②항, 작업과 기계를 인간에 맞추는 설계철학이 바탕이 된다.

27 HAZOP 기법에서 사용하는 가이드워드와 그 의미가 잘못 연결된 것은?

① Part of : 성질상의 감소
② As well as : 성질상의 증가
③ Other than : 기타 환경적인 요인
④ More/Less : 정량적인 증가 또는 감소

해설 위험 및 운전성 검토(HAZOP)에서 사용되는 유인어(guidewords) : 간단한 용어(말)로서 창조적 사고를 유도하고 자극하여 이상을 발견하고, 의도를 한정하기 위해 사용된다. 즉, 다음과 같은 의미를 나타낸다.

1) NO 또는 NOT : 설계의도의 완전한 부정
2) More 또는 Less : 양(압력, 반응, flow, rate, 온도 등)의 증가 또는 감소
3) As well As : 성질상의 증가(설계의도와 운전조건이 어떤 부가적인 행위와 함께 일어남)
4) Part of : 일부변경, 성질상의 감소(어떤 의도는 성취되나 어떤 의도는 성취되지 않음)
5) Reverse : 설계의도의 논리적인 역
6) Other than : 완전한 대체(통상 운전과 다르게 되는 상태)

28 그림과 같은 FT도에 대한 최소 컷셋(minmal cut sets)으로 옳은 것은? (단, Fussell의 알고리즘을 따른다.)

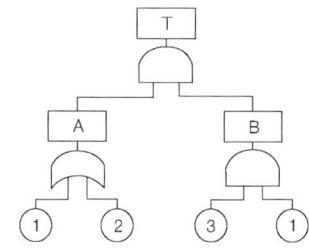

① {1, 2}
② {1, 3}
③ {2, 3}
④ {1, 2, 3}

해설 $T \to AB \to \begin{matrix} ①B \\ ②B \end{matrix} \to \begin{matrix} ①③① \\ ②③① \end{matrix} \to \begin{matrix} ①③ \end{matrix}$
 　　　　　　　　　　[컷셋]　　[최소컷셋]

29 경계 및 경보신호의 설계지침으로 틀린 것은?

① 주의를 환기시키기 위하여 변조된 신호를 사용한다.
② 배경소음의 진동수와 다른 진동수의 신호를 사용한다.
③ 귀는 중음역에 민감하므로 500~3000Hz의 진동수를 사용한다.
④ 300m 이상의 장거리용으로는 1000Hz를 초과하는 진동수를 사용한다.

■ 정답 ■ 25. ③ 26. ② 27. ③ 28. ② 29. ④

해설 ④항, 300m 이상의 장거리용으로는 1000Hz 이하의 진동수를 사용한다.

30 FTA(Fault Tree Analysis)에서 사용되는 사상 기호 중 통상의 작업이나 기계의 상태에서 재해의 발생 원인이 되는 요소가 있는 것은?

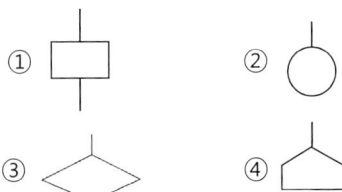

해설 ① ▭ : 결함사상
② ○ : 기본사상
③ ◇ : 생략사상

31 불(Bool) 대수의 정리를 나타낸 관계식 중 틀린 것은?

① $A \cdot 0 = 0$ ② $A + 1 = 1$
③ $A \cdot \overline{A} = 1$ ④ $A(A + B) = A$

해설 ③항, $A \cdot A = 0$

32 근골격계질환 작업분석 및 평가 방법인 OWAS의 평가요소를 모두 고른 것은?

| ㄱ. 상지 | ㄴ. 무게(하중) |
| ㄷ. 하지 | ㄹ. 허리 |

① ㄱ, ㄴ   ② ㄱ, ㄷ, ㄹ
③ ㄴ, ㄷ, ㄹ   ④ ㄱ, ㄴ, ㄷ, ㄹ

해설 OWAS(Ovako working-posture analysing system)
1) OWAS 평가요소
① 상지(팔)
② 하중(외부부하)
③ 하지(다리)
④ 허리
2) 정의·특성 등
① 육체직업을 할 경우에 부적절한 작업자세를 구별해낼 목적으로 개발한 평가기법이다(핀란드 karhu 개발)
② 현장에서 기록 및 해석의 용이함 때문에 많은 작업장에서 작업자세를 평가한다.
③ 관찰에 의해서 작업자세를 평가한다.
④ 작업대상물의 무게를 분석요인에 포함하며 상지와 하지의 작업분석을 살 수 있다.

33 다음 중 좌식작업이 가장 적합한 작업은?

① 정밀 조립 작업
② 4.5kg 이상의 중량물을 다루는 작업
③ 작업장이 서로 떨어져 있으며 작업장 간 이동이 작은 작업
④ 작업자의 정면에서 매우 높거나 낮은 곳으로 손을 자주 뻗어야 하는 작업

해설 ① 정밀조립작업 : 좌식작업

34 n개의 요소를 가진 병렬 시스템에 있어 요소의 수명(MTTF)이 지수 분포를 따를 경우, 이 시스템의 수명으로 옳은 것은?

① $MTTF \times n$
② $MTTF \times \dfrac{1}{n}$
③ $MTTF(1 + \dfrac{1}{2} + \cdots + \dfrac{1}{n})$
④ $MTTF(1 \times \dfrac{1}{2} \times \cdots \times \dfrac{1}{n})$

해설 계의 수명(MTTF : mean time to failure)
1) 병렬계 : 구성요소가 모두 고장난 시점. 즉, 가장 긴 수명이고 가장 늦게 고장난 요소가 계의 수명을 결정하는 최대수명계로 되어 있다. 요소가 지수분포에 따를 경우 계의 수명 MTTF는 $\left(1 + \dfrac{1}{2} + \cdots + \dfrac{1}{n}\right)$ 배로 늘어난다.

■ 정답 ■ 30. ④   31. ③   32. ④   33. ①   34. ③

2) **직렬계** : 직렬계를 구성하는 요소 중에서 어느 하나가 맨 먼저 고장나는 것이 계의 수명을 결정한다. 특히 구성요소의 수명이 모두 같은 MTTF=1/λ을 갖는 지수분포에 따를 경우 계의 고장율은 요소의 고장율의 n배, 즉 고장의 찬스는 n배로 늘고 따라서 계의 수명 MTTF는 요소 MTTF의 $\frac{1}{n}$이 된다.

직렬계의 수명 = $\frac{MTTF}{n}$

35 인간 - 기계 시스템에 관한 설명으로 틀린 것은?

① 자동 시스템에서는 인간요소를 고려하여야 한다.
② 자동차 운전이나 전기 드릴 작업은 반자동 시스템의 예시이다.
③ 자동 시스템에서 인간은 감시, 정비유지, 프로그램 등의 작업을 담당한다.
④ 수동 시스템에서 기계는 동력원을 제공하고 인간의 통제 하에서 제품을 생산한다.

해설 인간-기계체계의 유형
1) **수동체계** : 인간과 공구가 직접 연결된 체계로 인간의 신체적인 힘을 동력원으로 사용한다.
2) **기계화체계** : 인간이 기계의 표시장치를 보고 조종장치를 통하여 통제하는 체계이다.
3) **자동체계**
 ㉠ 기계 자체가 모든 임무(감지 → 정보처리 및 의사결정 → 행동 등)를 수행하는 체계이다.
 ㉡ 인간은 감시(monitor), 프로그램, 정비유지 등의 기능을 수행한다.

36 양식 양립성의 예시로 가장 적절한 것은?

① 자동차 설계 시 고도계 높낮이 표시
② 방사능 사업장에 방사능 폐기물 표시
③ 청각적 자극 제시와 이에 대한 음성 응답
④ 자동차 설계 시 제어장치와 표시장치의 배열

해설 양식양립성
1) 직무에 알맞은 자극과 응답방식(양식)에 대한 것을 말한다.
2) "예" 청각적 자극제시와 이에 대한 음성 응답

길잡이 양립성의 종류
1) 개념양립성　　2) 운동양립성
3) 공간양립성　　4) 양식양립성

37 다음에서 설명하는 용어는?

유해·위험요인을 파악하고 해당 유해·위험요인에 의한 부상 또는 질병의 발생 가능성(빈도)이 중대성(강도)을 추정·결정하고 감소대책을 수립하여 실행하는 일련의 과정을 말한다.

① 위험성 결정
② 위험성 평가
③ 위험빈도 추정
④ 유해·위험요인 파악

해설 위험성 평가 : 본문설명

38 태양광선이 내리쬐는 옥외장소의 자연습구온도 20℃, 흑구온도 18℃, 건구온도 30℃일 때 습구흑구온도지수(WBGT)는?

① 20.6℃
② 22.5℃
③ 25.0℃
④ 28.5℃

해설 태양이 내리쬐는 옥외장소의 습구흑구온도지수(WBGT)
WBGT=(0.7×자연습구온도)+(0.2×흑구온도)+(0.1×건구온도)
=(0.7×20)+(0.2×18)+(0.1×30)=20.6℃

길잡이 옥내 또는 옥외(태양광선이 내리쬐지 않는 장소)에서의 WBGT
WBGT=(0.7×자연습구온도)+(0.3×흑구온도)

■ 정답 ■　35. ④　36. ③　37. ②　38. ①

39 FTA(Fault Tree Analysis)에 관한 설명으로 옳은 것은?

① 정성적 분석만 가능하다.
② 복잡하고 대형화된 시스템의 신뢰성 분석 및 안정성 분석에 이용되는 기법이다.
③ FT에 동일한 사건이 중복되어 나타나는 경우 상향식(Bottom-up)으로 정상 사건 T의 발생 확률을 계산할 수 있다.
④ 기초사건과 생략사건의 확률 값이 주어지게 되더라도 정상 사건의 최종적인 발생확률을 계산할 수 없다.

해설 FTA(결함수분석법)
1) 고장원인이 무엇인가 하는 연역적 사고방식으로 톱 다운(top-down)접근방법이다
2) 시스템의 고장을 결함수 차트(chart)로 탐색해 나감으로서 어떤 부품들이 고장의 원인이었는가를 찾아내는 해석기법이다.
3) FTA는 복잡하고 대형화된 시스템의 신뢰성 분석 및 안전성분석에 많이 이용되는 기법이다.

40 1 sone에 관한 설명으로 ( )에 알맞은 수치는?

> 1 sone : (ㄱ)Hz, (ㄴ)dB의 음압수준을 가진 순음의 크기

① ㄱ : 1000, ㄴ : 1
② ㄱ : 4000, ㄴ : 1
③ ㄱ : 1000, ㄴ : 40
④ ㄱ : 4000, ㄴ : 40

해설 1 sone에 의한 음량 : 40phon (1,000Hz, 40dB의 음압수준을 가진 순음의 크기)을 1sone이라 한다.

제3과목 / 기계위험방지기술

41 다음 중 와이어 로프의 구성요소가 아닌 것은?

① 클립 ② 소선
③ 스트랜드 ④ 심강

해설
1) 와이어로프의 구성 : 여러 개의 와이어(wire, 소선)로 1개의 가닥 또는 꼬임(자승, strand)을 만든 다음에 이것을 보통 6개 이상 꼬아서 만든 것으로 심에는 기름을 칠한 대마심선을 삽입시킨다.
2) 와이어로프의 명명법
자승(가닥, strand)의 수×소선(wire)의 수
[보기] 6(자승의 수)×19(소선의 수)

42 산업안전보건법령상 산업용 로봇에 의한 작업 시 안전조치 사항으로 적절하지 않은 것은?

① 로봇의 운전으로 인해 근로자가 로봇에 부딪칠 위험이 있을 때에는 높이 1.8m 이상의 울타리를 설치하여야 한다.
② 작업을 하고 있는 동안 로봇의 기동스위치 등은 작업에 종사하고 있는 근로자가 아닌 사람이 그 스위치 등을 조작할 수 없도록 필요한 조치를 한다.
③ 로봇의 조작방법 및 순서, 작업 중의 매니퓰레이터의 속도 등에 관한 지침에 따라 작업을 하여야 한다.
④ 작업에 종사하는 근로자가 이상을 발견하면, 관리 감독자에게 우선 보고하고, 지시가 나올 때 까지 작업을 진행한다.

해설 교시 등의 작업을 하는 경우 조치사항 : 산업용 로봇의 작동범위에서 해당 로봇에 대하여 교시 등의 작업을 하는 경우 해당 로봇의 예기치 못한 작동 또는 오조작에 의한 위험방지 조치사항

■ 정답 ■ 39. ② 40. ③ 41. ① 42. ④

1) 다음 각 목의 사항에 관한 지침을 정하고 그 지침에 따라 작업을 시킬 것
   ① 로봇의 조작방법 및 순서
   ② 작업중의 매니퓰레이터의 속도
   ③ 2명 이상의 근로자에게 작업을 시킬 경우의 조치
   ④ 이상을 발견한 경우의 조치
   ⑤ 이상을 발견하여 로봇의 운전을 정지시킨 후 이를 재가동시킬 경우의 조
   ⑥ 그밖에 로봇의 예기치 못한 작동 또는 오조작에 의한 위험을 방지하기 위하여 필요한 조치
2) 작업에 종사하고 있는 근로자 또는 그 근로자를 감시하는 사람은 이상을 발견하면 즉시 로봇의 운전을 정지시키기 위한 조치를 할 것
3) 작업을 하고 있는 동안 로봇의 가동스위치 등에 작업 중이라는 표시를 하는 등 작업에 종사하고 있는 근로자가 아닌 사람이 그 스위치 등을 조작할 수 없도록 필요한 조치를 할 것
[주] 교시 등 : 매니퓰레이트(manipulator)의 작동순서, 위치·속도의 설정·변경 또는 그 결과를 확인하는 것

43 밀링 작업 시 안전수칙으로 옳지 않은 것은?

① 테이블 위에 공구나 기타 물건 등을 올려놓지 않는다.
② 제품 치수를 측정할 때는 절삭 공구의 회전을 정지한다.
③ 강력 절삭을 할 때는 일감을 바이스에 짧게 물린다.
④ 상·하, 좌·우 이송장치의 핸들은 사용 후 풀어 둔다.

해설 밀링작업시 안전수칙
1) ①항, ②항, ④항
2) 가공중에 손으로 가공면을 점검하지 않을 것
3) 밀링칩(공작기계 중 가장 가늘고 예리함)의 비산에 의한 부상방지를 위해 보안경을 착용할 것
4) 면장갑 착용을 금지한다.

44 다음 중 지게차의 작업 상태별 안정도에 관한 설명으로 틀린 것은? (단, V는 최고속도 (km/h) 이다.)

① 기준 부하상태의 하역작업 시의 전후 안정도는 20% 이내이다.
② 기준 부하상태의 하역작업 시의 좌우 안정도는 6% 이내이다.
③ 기준 무부하상태에서 주행 시의 전후 안정도는 18% 이내이다.
④ 기준 무부하상태의 주행 시의 좌우 안정도는 (15 + 1.1V)% 이내이다.

해설 ①항, 기준부하상태에서 하역작업시의 전후안정도는 4%(5톤 이상의 것은 3.5%)이다.

길잡이 지게차의 안정도

구분	하역작업시	주행시
전후 안정도	4% (5톤 이상은 3.5%)	18%
좌우 안정도	6%	(15+1.1V)% V : 최고속도 (km/hr)

45 산업안전보건법령상 보일러의 안전한 가동을 위하여 보일러 규격에 맞는 압력방출장치가 2개 이상 설치된 경우에 최고사용압력 이하에서 1개가 작동되고, 다른 압력방출장치는 최고사용압력의 몇 배 이하에서 작동되도록 부착하여야 하는가?

① 1.03배
② 1.05배
③ 1.2배
④ 1.5배

해설 보일러의 압력방출장치의 설치기준
① 보일러의 안전한 가동을 위하여 보일러 규격에 적합한 압력방출장치를 1개 또는 2개 이상 설치하고 최고사용압력 이하에서 작동되도록 할 것. 다만 압력방출장치가 2개 이상 설치된 경우에는 최고사용압력 이하에서 1개가 작동되고, 다른 압력 방출장치는 최고사

■ 정답 ■ 43. ③ 44. ① 45. ②

용압력 1.05배 이하에서 작동되도록 할 것
② 압력방출장치는 1년에 1회 이상 표준압력계를 이용하여 토출압력을 시험한 후 납으로 봉인하여 사용하도록 할 것

46 금형의 설치, 해체, 운반 시 안전사항에 관한 설명으로 틀린 것은?

① 운반을 통하여 관통 아이볼트가 사용될 때는 구멍 틈새가 최소화되도록 한다.
② 금형을 설치하는 프레스의 T홈 안길이는 설치 볼트 지름의 1/2 이하로 한다.
③ 고정볼트는 고정 후 가능하면 나사산을 3~4개 정도 짧게 남겨 설치 또는 해체 시 슬라이드 면과의 사이에 협착이 발생하지 않도록 해야 한다.
④ 운반 시 상부금형과 하부금형이 닿을 위험이 있을 때는 고정 패드를 이용한 스트랩, 금속재질이나 우레탄 고무의 블록 등을 사용한다.

해설 금형에 설치하는 홈
1) 설치하는 프레스기의 T홈에 적합한 형상의 것일 것
2) T홈 안길이는 설치볼트 직경의 2배 이상일 것

47 선반에서 절삭 가공 시 발생하는 칩을 짧게 끊어지도록 공구에 설치되어 있는 방호장치의 일종인 칩 제거 기구를 무엇이라 하는가?

① 칩 브레이커
② 칩 받침
③ 칩 쉴드
④ 칩 커터

해설 칩 브레이크 : 바이트에 설치된 칩을 짧게 끊어내는 장치

48 다음 중 산업안전보건법령상 안전인증대상 방호장치에 해당하지 않는 것은?

① 연삭기 덮개
② 압력용기 압력방출용 파열판
③ 압력용기 압력방출용 안전밸브
④ 방폭구조(防爆構造) 전기기계·기구 및 부품

해설 안전인증대상 기계·기구

구분	1. 안전인증대상 기계·기구	2. 자율안전확인대상 기계·기구
방호장치	① 프레스 및 전단기 방호장치 ② 양중기용 과부하 방지장치 ③ 보일러 압력방출용 안전밸브 ④ 압력용기 압력방출용 안전밸브 ⑤ 압력용기 압력방출용 파열판 ⑥ 절연용 방호구 및 활선작업용 기구 ⑦ 방폭구조 전기기계, 기구 및 부품 ⑧ 추락, 낙하 및 붕괴 등의 위험방호에 필요한 기설기자재로서 고용노동부장관이 정하여 고시하는 것	① 아세틸렌 용접장치용 또는 가스집합용접 장치용 안전기 ② 교류아크 용접기용 자동전격방지기 ③ 롤러기 : 급정지장치 ④ 연삭기 덮개 ⑤ 목재가공용 둥근 톱반발예방장치 및 날접촉예방장치 ⑥ 동력식 수동 대패용 칼날접촉방지장치 ⑦ 산업용 로봇 안전매트

49 인장강도가 250 N/mm²인 강판에서 안전율이 4라면 이 강판의 허용응력(N/mm²)은 얼마인가?

① 42.5
② 62.5
③ 82.5
④ 102.5

해설 1) 안전율 = $\dfrac{\text{인장강도}}{\text{허용응력}}$

2) 허용응력 = $\dfrac{\text{인장강도}}{\text{안전율}}$
= $\dfrac{250 \text{N/mm}^2}{4}$
= 62.5N/mm^2

■ 정답 ■ 46. ② 47. ① 48. ① 49. ②

50 산업안전보건법령상 강렬한 소음작업에서 데시벨에 따른 노출시간으로 적합하지 않은 것은?

① 100데시벨 이상의 소음이 1일 2시간 이상 발생하는 직업
② 110데시벨 이상의 소음이 1일 30분 이상 발생하는 직업
③ 115데시벨 이상의 소음이 1일 15분 이상 발생하는 직업
④ 120데시벨 이상의 소음이 1일 7분 이상 발생하는 직업

해설 강렬한 소음작업(안전보건규칙 제512조)
1) 90데시벨 이상의 소음이 1일 8시간 이상 발생하는 작업
2) 95데시벨 이상의 소음이 1일 4시간 이상 발생하는 작업
3) 100데시벨 이상의 소음이 1일 2시간 이상 발생하는 작업
4) 105데시벨 이상의 소음이 1일 1시간 이상 발생하는 작업
5) 110데시벨 이상의 소음이 1일 30분 이상 발생하는 작업
6) 115데시벨 이상의 소음이 1일 15분 이상 발생하는 작업

> **길잡이** 소음작업 및 충격소음작업(안전보건규칙 제512조)
> 1) 소음작업 : 1일 8시간 작업을 기준으로 85데시벨 이상의 소음이 발생하는 작업
> 2) 충격소음작업 : 소음이 1초 이상의 간격으로 발생하는 작업으로서 다음의 각 목의 어느 하나에 해당하는 작업
>   ① 120데시벨을 초과하는 소음이 1일 1만회 이상 발생하는 작업
>   ② 130데시벨을 초과하는 소음이 1일 1천회 이상 발생하는 작업
>   ③ 140데시벨을 초과하는 소음이 1일 1백회 이상 발생하는 작업

51 방호장치 안전인증 고시에 따라 프레스 및 전단기에 사용되는 광전자식 방호장치의 일반구조에 대한 설명으로 가장 적절하지 않은 것은?

① 정상동작표시램프는 녹색, 위험표시램프는 붉은색으로 하며, 근로자가 쉽게 볼 수 있는 곳에 설치해야 한다.
② 슬라이드 하강 중 정전 또는 방호장치의 이상 시에 정지할 수 있는 구조이어야 한다.
③ 방호장치는 릴레이, 리미트 스위치 등의 전기부품의 고장, 전원전압의 변동 및 정전에 의해 슬라이드가 불시에 동작하지 않아야 하며, 사용전원전압의 ±(100분의 10)의 변동에 대하여 정상으로 작동되어야 한다.
④ 방호장치의 감지기능은 규정한 검출영역 전체에 걸쳐 유효하여야 한다.(다만, 블랭킹 기능이 있는 경우 그렇지 않다.)

해설 ③항, 방호장치는 릴레이, 리미트 스위치 등의 전기부품의 고장, 전원전압의 변동 및 정전의 의해 슬라이드가 불시에 동작하지 않아야 하며, 사용전원 전압이 ±(100분의 20)의 변동에 의하여 정상으로 작동되어야 한다.

52 산업안전보건법령상 연삭기 작업 시 작업자가 안심하고 작업을 할 수 있는 상태는?

① 탁상용 연삭기에서 숫돌과 작업 받침대의 간격이 5mm 이다.
② 덮개 재료의 인장강도는 224MPa 이다.
③ 숫돌 교체 후 2분 정도 시험운전을 실시하여 해당 기계의 이상 여부를 확인하였다.
④ 작업 시작 전 1분 정도 시험운전을 실시하여 해당 기계의 이상여부를 확인하였다.

해설 1) 탁상용연삭기에서 작업받침대와 숫돌과의 간격 : 3mm이내
2) 연삭기 덮개재료 성능기준
 ① 인장강도 : 294.5Mpa 이상
 ② 신장도 : 14% 이상
3) 숫돌교체 시운전 : 3분 이상 시운전할 것

■ 정답 ■ 50. ④ 51. ③ 52. ④

53 보기와 같은 기계요소가 단독으로 발생시키는 위험점은?

[보기]
밀링커터, 둥근톱날

① 협착점 ② 끼임점
③ 절단점 ④ 물림점

해설 기계설비의 위험점의 예

위험점	보기(예)
협착점	프레스, 성형기, 절곡기 등
끼임점	연삭숫돌과 작업대, 반복동작되는 링크기구, 교반기의 교반날개와 몸체사이 등
절단점	밀링커터, 둥근톱날, 띠톱기계의 날 등
물림점	롤러, 기어와 피니언 등

54 다음 중 크레인의 방호장치로 가장 거리가 먼 것은?

① 권과방지장치   ② 과부하방지장치
③ 비상정지장치   ④ 자동보수장치

해설 크레인의 방호장치
1) 과부하방지장치
2) 권과방지장치
3) 비상정지장치
4) 제동장치

55 산업안전보건법령상 프레스기를 사용하여 작업을 할 때 작업시작 전 점검사항으로 틀린 것은?

① 클러치 및 브레이크의 기능
② 압력방출장치의 기능
③ 크랭크축·플라이휠·슬라이드·연결봉 및 연결나사의 풀림 유무
④ 프레스의 금형 및 고정 볼트의 상태

해설 프레스 및 전단기의 작업시작 전 점검사항
1) 클러치 및 브레이크의 기능
2) 크랭크축, 플라이 휠, 슬라이드, 연결봉 및 연결나사의 볼트 풀림 유무
3) 1행정 1정지기구, 급정지장치, 비상정지장치의 기능
4) 슬라이드 또는 칼날에 의한 위험방지기구의 기능
5) 프레스의 금형 및 고정볼트 상태
6) 당해 방호장치의 기능 점검
7) 전단기의 칼날 및 테이블 상태

56 설비보전은 예방보전과 사후보전으로 대별된다. 다음 중 예방보전의 종류가 아닌 것은?

① 시간계획보전   ② 개량보전
③ 상태기준보전   ④ 적응보전

해설 설비보전방식의 유형
1) 예방보존 : 설비를 항상 정상, 양호한 상태로 유지하기 위한 정기검사와 초기단계에서 성능의 저하나 고장을 제거하거나 조정 또는 수복(修復)하기 위한 설비의 보수활동을 의미한다.
2) 일상보존 : 설비의 열화를 방지하고 그 진행을 지연시켜 수명을 연장하기 위한 설비의 점검, 청소, 주유, 교체 등의 활동을 의미한다.
3) 개량보존 : 고장을 미연에 방지하기 위해 설비를 개조하거나 설계에서부터 시정조치를 취하고 설비의 체질개선을 도모하는 설비보전 방법을 의미한다.
4) 보전예방 : 설계단계에서 보존활동 하는 것을 예방하는 것이다.
5) 사후보전 : 수리를 행하는 설비보전방법을 의미한다.
6) 예지보전 : 설비의 이상 상태를 검출, 측정 또는 감시하여 열화의 정도가 사용한도에 이른 시점에서 분해, 검사, 부품교환, 수리하는 설비보전방법을 의미한다.

■ 정답 ■ 53. ③ 54. ④ 55. ② 56. ②

57 천장크레인에 중량 3kN의 화물을 2줄로 매달았을 때 매달기용 와이어(sling wire)에 걸리는 장력은 약 몇 kN 인가? (단, 매달기용 와이어(sling wire) 2줄 사이의 각도는 55° 이다.)

① 1.3
② 1.7
③ 2.0
④ 2.3

해설 와이어에 걸리는 장력(F)

$$F = \frac{짐의무게}{로프의수} \div \cos\left(\frac{로프각도}{2}\right)$$
$$= \frac{3kN}{2} \div \cos\left(\frac{55}{2}\right) = 1.69kN$$

58 다음 중 롤러의 급정지 성능으로 적합하지 않은 것은?

① 앞면 롤러 표면 원주속도가 25m/min, 앞면 롤러의 원주가 5m 일 때 급정지거리 1.6m 이내
② 앞면 롤러 표면 원주속도가 35m/min, 앞면 롤러의 원주가 7m 일 때 급정지거리 2.8m 이내
③ 앞면 롤러 표면 원주속도가 30m/min, 앞면 롤러의 원주가 6m 일 때 급정지거리 2.6m 이내
④ 앞면 롤러 표면 원주속도가 20m/min, 앞면 롤러의 원주가 8m 일 때 급정지거리 2.6m 이내

해설 1) 급정지장치의 성능

앞면 롤러의 표면속도(m/min)	급정지거리
30 미만	앞면 롤러 원주 × 1/3
30 이상	앞면 롤러 원주 × 1/2.5

2) 급정지거리

① 급정지거리 = 원주길이 × $\frac{1}{3}$

$= 5 \times \frac{1}{3} = 1.67m$ 이내

② 급정지거리 = 원주길이 × $\frac{1}{2.5}$

$= 7 \times \frac{1}{2.5} = 2.8m$ 이내

③ 급정지거리 = 원주길이 × $\frac{1}{2.5}$

$= 6 \times \frac{1}{2.5} = 2.4m$ 이내

④ 급정지거리 = 원주길이 × $\frac{1}{3}$

$= 8 \times \frac{1}{3} = 2.67m$ 이내

59 조작자의 신체부위가 위험한계 밖에 위치하도록 기계의 조작 장치를 위험구역에서 일정 거리 이상 떨어지게 하는 방호장치는?

① 덮개형 방호장치
② 차단형 방호장치
③ 위치제한형 방호장치
④ 접근반응형 방호장치

해설 위치제한형 방호장치 : 작업자의 신체부위가 위험한계 밖에 있도록 기계의 조작장치를 위험한 작업점에서 안전거리 이상 떨어지게 하거나 조작장치를 양손으로 동시 조작하게 함으로써 위험한계에 접근하는 것을 제한하는 것
[예] 프레스의 양수 조작시 방호장치

60 산업안전보건법령상 아세틸렌 용접장치의 아세틸렌 발생기실을 설치하는 경우 준수하여야 하는 사항으로 옳은 것은?

① 벽은 가연성 재료로 하고 철근 콘크리트 또는 그 밖에 이와 동등하거나 그 이상의 강도를 가진 구조로 할 것
② 바닥면적의 16분의 1 이상의 단면적을 가진 배기통을 옥상으로 돌출시키고 그 개구부를 창이나 출입구로부터 1.5미터 이상 떨어지도록 할 것
③ 출입구의 문은 불연성 재료로 하고 두께 1.0 밀리미터 이하의 철판이나 그 밖에 그 이상의 강도를 가진 구조로 할 것

■ 정답 ■ 57. ② 58. ③ 59. ③ 60. ②

④ 발생기실을 옥외에 설치한 경우에는 그 개구부를 다른 건축물로부터 1.0미터 이내 떨어지도록 할 것

해설 아세틸렌 용접장치 발생기실의 구조
1) 벽은 불연성 재료로 하고 철근 콘크리트 그 밖에 이와 동등하거나 동등 이상의 강도를 가진 구조로 할 것
2) 지붕 천장에는 얇은 철판이나 가벼운 불연성 재료를 사용할 것
3) 바닥면의 1/16 이상의 단면적을 가진 배기통을 옥상으로 돌출시키고 그 개구부를 창이나 출입구로부터 1.5m 이상 떨어지도록 할 것
4) 출입구의 문은 불연성 재료로 하고 두께 1.5mm 이상의 철판이나 그 이상 강도를 가진 구조로 할 것
5) 발생기실을 옥외에 설치한 경우에는 그 개구부를 다른 건축물로부터 1.5m 이상 떨어지도록 할 것

제4과목 / 전기위험방지기술

61 대지에서 용접작업을 하고 있는 작업자가 용접봉에 접촉한 경우 통전전류는? (단, 용접기의 출력 측 무부하전압 : 90v, 접촉저항(손, 용접봉 등 포함) : 10kΩ, 인체의 내부저항 : 1kΩ, 발과 대지의 접촉저항 : 20kΩ 이다.)

① 약 0.19 mA   ② 약 0.29 mA
③ 약 1.96 mA   ④ 약 2.90 mA

해설 $I = \dfrac{E}{R_1 + R_2 + R_3}$
$= \dfrac{90}{10+1+20} = 2.9\text{mA}$

62 KS C IEC 60079-10-2에 따라 공기 중에 분진운의 형태로 폭발성 분진 분위기가 지속적으로 또는 장기간 또는 빈번히 존재하는 장소는?

① 0종 장소   ② 1종 장소
③ 20종 장소   ④ 21종 장소

해설 분진폭발위험장소의 분류

분류	적요	예
20종 장소	분진운 형태의 가연성 분진이 폭발농도를 형성할 정도로 충분한 양이 정상작동 중에 연속적으로 또는 자주 존재하거나, 제어할 수 없을 정도의 양 및 두께의 분진층이 형성될 수 있는 장소	호퍼·분진저장소·집진장치·피터 등의 내부
21종 장소	20종 장소외의 장소로서, 분진운 형태의 가연성 분진이 폭발농도를 형성할 정도의 충분한 양이 정상작동중에 존재할 수 있는 장소	집진장치·백필터·배기구 등의 주위, 이송벨트 샘플링 지역 등
22종 장소	21종 장소외의 장소로서, 가연성 분진운 형태가 드물게 발생 또는 단기간 존재할 우려가 있거나, 이상작동 상태재하에서 가연성 분진층이 형성될 수 있는 장소	21종 장소에서 예방조치가 취하여진 지역, 환기설비 등과 같은 안전장치 배출구 주위 등

63 설비의 이상현상에 나타나는 아크(Arc)의 종류가 아닌 것은?

① 단락에 의한 아크
② 지락에 의한 아크
③ 차단기에서의 아크
④ 전선저항에 의한 아크

해설 아크의 종류
1) 단락에 의한 아크
2) 지락에 의한 아크
3) 차단기에 의한 아크
4) 섬락(플래시 오버)의 아크
5) 교류아크 용접기의 아크
6) 전선 절단에 의한 아크

■ 정답 ■ 61. ④ 62. ③ 63. ④

64 정전기 재해방지에 관한 설명 중 틀린 것은?

① 이황화탄소의 수송 과정에서 배관 내의 유속을 2.5m/s 이상으로 한다.
② 포장 과정에서 용기를 도전성 재료에 접지한다.
③ 인쇄 과정에서 도포량을 소량으로 하고 접지한다.
④ 작업장의 습도를 높여 전하가 제거되기 쉽게 한다.

해설 ①항, 이황화탄소(CS_2)의 수송과정에서 배관 내의 유속을 1m/s 이하로 한다.

65 한국전기설비규정에 따라 사람이 쉽게 접촉할 우려가 있는 곳에 금속제 외함을 가지는 저압의 기계기구가 시설되어 있다. 이 기계기구의 사용전압이 몇 V를 초과할 때 전기를 공급하는 전로에 누전차단기를 시설해야 하는가? (단, 누전차단기를 시설하지 않아도 되는 조건은 제외한다.)

① 30V   ② 40V
③ 50V   ④ 60V

해설 지락차단장치 설치기준
1) 금속제 외함을 가지는 사용전압이 50V를 초과하는 저압의 기계기구로서 사람이 쉽게 접촉할 우려가 있는 곳에 시설하는 것에 전기를 공급하는 전로에는 전로에 지락이 생겼을 때 자동적으로 전로를 차단하는 장치를 설치하여야 한다.
2) 대지전압이 150V를 넘는 저압의 기계기구를 사람이 쉽게 접촉할 우려가 있는 건조한 곳 이외의 곳에 시설하는 경우 그 전로에 누전차단기 등과 같은 지락차단장치를 설치하여야 한다.

66 다음 중 방폭설비의 보호등급(IP)에 대한 설명으로 옳은 것은?

① 제1 특성 숫자가 "1"인 경우 지름 50mm 이상의 외부 분진에 대한 보호
② 제1 특성 숫자가 "2"인 경우 지름 10mm 이상의 외부 분진에 대한 보호
③ 제2 특성 숫자가 "1"인 경우 지름 50mm 이상의 외부 분진에 대한 보호
④ 제2 특성 숫자가 "2"인 경우 지름 10mm 이상의 외부 분진에 대한 보호

해설 IP(보호등급)코드 표기조합
1) 제1특성숫자 : 외래고형물(분진)에 대한 보호등급을 나타낸다.
2) 제2특성숫자 : 침입(침수)에 대한 보호등급을 나타낸다.

67 정전기 발생에 영향을 주는 요인에 대한 설명으로 틀린 것은?

① 물체의 분리속도가 빠를수록 발생량은 적어진다.
② 접촉면적이 크고 접촉압력이 높을수록 발생량이 많아진다.
③ 물체 표면이 수분이나 기름으로 오염되면 산화 및 부식에 의해 발생량이 많아진다.
④ 정전기의 발생은 처음 접촉, 분리할 때가 최대로 되고 접촉, 분리가 반복됨에 따라 발생량은 감소한다.

해설 정전기 발생에 영향을 주는 요인
1) 물체의 특성
① 대전량은 접촉이나 분리하는 두 가지 물체가 대전서열 내에서 가까운 위치에 있으면 대전량이 적고 먼 위치에 있을수록 대전량이 커진다.
② 물체가 불순물을 포함하고 있으면 정전기 발생량은 커진다.
2) 물체의 표면상태
① 물체의 표면이 원활하면 정전기 발생량이 적어진다.

■ 정답 ■ 64. ① 65. ③ 66. ① 67. ①

② 물체표면이 수분이나 기름 등에 오염되었을 때에는 산화, 부식에 의해 정전기가 크게 발생한다.
3) 물체의 분리력 : 처음접촉, 분리가 일어날 때 정전기 발생은 최대가 되며 이후 접촉, 분리가 반복됨에 따라 발생량은 점차 감소한다.
4) 접촉면적 및 압력
    ① 접촉면적이 클수록 발생량은 커진다.
    ② 접촉압력이 증가하면 접촉면적이 커지므로 발생량도 증가하게 된다.
5) 분리속도
    ① 전하완화시간이 길면 전하분리에 주는 에너지가 커져서 발생량이 증가한다.
    ② 물체의 분리속도가 빠를수록 정전기 발생량은 커진다.

68 전기기기, 설비 및 전선로 등의 충전 유무 등을 확인하기 위한 장비는?

① 위상검출기
② 디스콘 스위치
③ COS
④ 저압 및 고압용 검전기

해설 저압 및 고압용 점검기 : 전지기기, 설비 및 전선로 등의 충전유무를 확인하기 위한 장치

69 피뢰기로서 갖주어야 할 성능 중 틀린 것은?

① 충격 방전 개시전압이 낮을 것
② 뇌전류 방전 능력이 클 것
③ 제한전압이 높을 것
④ 속류 차단을 확실하게 할 수 있을 것

해설 피뢰기의 성능
1) 반복동작이 가능할 것
2) 점검보수가 간단할 것
3) 충격반전개시전압과 제한전압이 낮을 것 피뢰기의 충격방전개시전압=공창전압×4.5배
4) 구조가 견고하며 특성이 변화하지 않을 것
5) 뇌전류의 방전능력이 크고 속류의 차단이 확실하게 될 것

70 접지저항 저감 방법으로 틀린 것은?

① 접지극의 병렬 접지를 실시한다.
② 접지극의 매설 깊이를 증가시킨다.
③ 접지극의 크기를 최대한 작게 한다.
④ 접지극 주변의 토양을 개량하여 대지 저항률을 떨어뜨린다.

해설 접지저항 저감법
1) 접지극의 매설깊이(지중매설깊이는 75cm 이상)를 깊게 할 것
2) 접지극의 수를 증가하여 이들을 병렬로 연결시킬 것
3) 접지극의 크기를 크게 할 것
4) 토양이 불량할 경우에는 토질에 적합한 시공법을 택하거나, 접지저항 저감체를 사용하는 토양을 개선할 것

71 교류 아크용접기의 사용에서 무부하 전압이 80V, 아크 전압 25V, 아크 전류 300A 일 경우 효율은 약 몇 % 인가? (단, 내부손실은 4kW 이다.)

① 65.2
② 70.5
③ 75.3
④ 80.6

해설
1) 용접사용전압 = 아크전압 × 아크전류
   = 25V×300A = 7500W
2) 총사용전압 = 용접사용전압 + 내부손실전압
   = $7,500W + 4,000W$
   = $11,500W$
3) 효율
   = $\dfrac{용접사용전압}{총사용전압} \times 100\%$
   = $\dfrac{7,500}{11,500} \times 100 = 65.22\%$

■ 정답 ■ 68. ④ 69. ③ 70. ③ 71. ①

72 아크방전의 전압전류 특성으로 가장 옳은 것은?

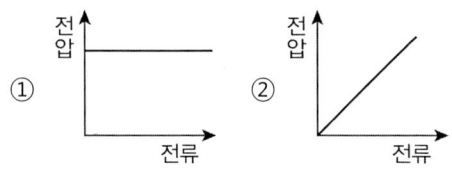

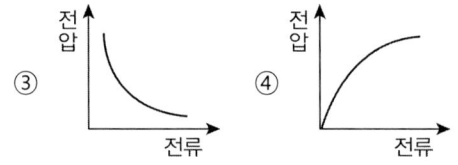

해설 아크방전의 주요특성
1) 아크방전 : 방전현상 중에 가장 높은 전류 밀도 하에서 발생한다.
2) 두 전극 사이의 전류가 증가할 때 아크방전은 외광방전에 의해 시작되며, 아크방전에 필요한 전압은 미광방전보다 낮지만 전류밀도와 온도는 높다.

73 다음 중 기기보호등급(EPL)에 해당하지 않는 것은?

① EPL Ga   ② EPL Ma
③ EPL Dc   ④ EPL Mc

해설 1) 기기보호등급(EPL) : 점화원이 될 수 있는 가능성에 기초하여 기기에 부여된 보호등급이다.
2) EPL의 종류
① EPL Ma
② EPL Mb
③ EPL Ga
④ EPL Gb
⑤ EPL Gc
⑥ EPL Da
⑦ EPL Db
⑧ EPL Dc

74 다음 중 산업안전보건기준에 관한 규칙에 따라 누전차단기를 설치하지 않아도 되는 곳은?

① 철판·철골 위 등 도전성이 높은 장소에서 사용하는 이동형 전기기계·기구
② 대지전아이 220V인 휴대형 전기기계·기구
③ 임시배선이 전로가 설치되는 장소에서 사용하는 이동형 전기기계·기구
④ 절연대 위에서 사용하는 전기기계·기구

해설 누전차단기를 설치해야 할 전기기계, 기구(안전보건규칙 제304조)
1) 대지전압이 150V를 초과하는 이동형 또는 휴대형 전기기계, 기구
2) 물 등 전도성이 높은 액체가 있는 습윤 장소에서 사용하는 저압 1.5kV 이하 직류전압이나 1kV 이하 교류전압용 전기기계, 기구
3) 철판, 철골 위 등 도전성이 높은 장소에서 사용하는 이동형 휴대형 전기기계, 기구
4) 임시배선의 전로가 설치되는 장소에서 사용하는 이동형 또는 휴대형 전기기계, 기구

75 다음 설명이 나타내는 현상은?

> 전압이 인가된 이극 도체간의 고체 절연물 표면에 이물질이 부착되면 미소방전이 일어난다. 이 미소방전이 반복되면서 절연물 표면에 도전성 통로가 형성되는 현상이다.

① 흑연화현상   ② 트래킹현상
③ 반단선현상   ④ 절연이동현상

해설 트래킹 현상 : 본문 설명

76 다음 중 방폭구조의 종류가 아닌 것은?

① 본질안전 방폭구조
② 고압 방폭구조
③ 압력 방폭구조
④ 내압 방폭구조

■ 정답 ■ 72. ③ 73. ④ 74. ④ 75. ② 76. ②

해설 **방폭구조의 종류**
1) **압력(내부압)방폭구조** : 용기 내부에 보호기체(공기 또는 불활성기체)를 주입하여 용기 내부압을 외기압보다 높게 유지함으로써 폭발성 가스의 침입을 방지하는 구조(전폐형)
2) **내압방폭구조** : 용기 내부의 폭발성 가스가 폭발하였 때 용기가 그 압력에 견디게 하는 방폭구조(전폐형)
3) **유입방폭구조** : 전기불꽃, 아크 또는 고온이 발생하는 부분은 기름 속에 담가 주위의 폭발성 가스로부터 격리하여 인화를 방지하는 구조(전폐형)
4) **안전증방폭구조** : 가스, 증기의 점화원이 될 전기불꽃, 고온이 되어서는 안 되는 부분에 기계적, 전기적 구조상 또는 온도상승을 억제할 수 있도록 안전도를 증가시킨 방폭구조
5) **본질안전방폭구조** : 정상시 또는 사고시(단선, 단락, 지락 등)에 발생하는 전기불꽃 등에 의하여 가스, 증기에 점화되지 않는 것이 점화시험 등에 의해 확인된 방폭구조
6) **특수방폭구조** : 폭발성 가스 또는 증기에 점화 또는 위험분위기로 인화를 방지할 수 있는 것이 시험, 기타에 의하여 확인된 구조
7) **몰드방폭구조** : 전기기기의 스파크 또는 열로 인해 폭발성 위험분위기에 점화되지 않도록 컴파운드를 충전하여 보호한 방폭구조

77 심실세동 전류 $I=\frac{165}{\sqrt{T}}(mA)$ 라면 심실세동 시 인체에 직접 받는 전기에너지(cal)는 약 얼마인가? (단, t는 통전시간으로 1초이며, 인체의 저항은 500Ω으로 한다.)

① 0.52   ② 1.35
③ 2.14   ④ 3.27

해설 $W = I^2RT$
$= \left(\frac{165}{\sqrt{T}} \times 10^{-3}\right)^2 \times 500 \times T$
$= 13.6J = 3.25cal$
주 1cal=4.186J

78 산업안전보건기준에 관한 규칙에 따른 전기기계·기구에 설치 시 고려할 사항으로 거리가 먼 것은?
① 전기기계·기구의 충분한 전기적 용량 및 기계적 강도
② 전기기계·기구의 안전효율을 높이기 위한 시간 가동율
③ 습기·분진 등 사용장소의 주위 환경
④ 전기적·기계적 방호수단의 적정성

해설 **위험방지를 위한 전기기계 · 기구 설치시 고려할 사항**
1) 충분한 전기적 용량 및 기계적 강도
2) 습기, 분진 등 사용장소의 주위환경
3) 전기적, 기계적 방호수단의 적정성

79 정전작업 시 조치사항으로 틀린 것은?
① 작업 전 전기설비의 잔류 전하를 확실히 방전한다.
② 개로 된 전로의 충전여부를 검전기구에 의하여 확인한다.
③ 개폐기에 잠금장치를 하고 통전금지에 관한 표지판은 제거한다.
④ 예비 동력원의 역송전에 의한 감전의 위험을 방지하기 위해 단락접지 기구를 사용하여 단락 접지를 한다.

해설 ③항, 개폐기에 시건장치를 하고 통전금지에 관한 표지판을 설치한다.

길잡이 **정전작업시 조치사항(전로차단 절차)**
1) 차단장치나 단로기 등에 잠금장치 및 꼬리표를 부착할 것
2) 개로된 전로에서 유도전압 또는 전기에너지가 축적되어 근로자에게 전기위험을 끼칠 수 있는 전기기기 등은 접촉하기 전에 잔류전하를 완전히 방전시킬 것
3) 검진기를 이용하여 작업 대상 기기가 충전되었는지를 확인할 것(검전기를 이용하여 충전여부확인)

■ 정답 ■ 77. ④   78. ②   79. ③

4) 전기기기 등이 다른 노출 충전부와의 접촉, 유도 또는 예비동력원의 역송전 등으로 전압이 발생할 우려가 있는 경우에는 충분한 용량을 단락 접지기구를 이용하여 접지할 것

제5과목 / 화학설비위험방지기술

80 정전기로 인한 화재 폭발의 위험이 가장 높은 것은?

① 드라이클리닝설비
② 농작물 건조기
③ 가습기
④ 전동기

해설 정전기로 인한 화재, 폭발을 방지하기 위하여 조치가 필요한 설비(안전보건규칙 제325조)
1) 위험물을 탱크로리, 탱크차, 및 드럼 등에 주입하는 설비
2) 탱크로리, 탱크자 및 드럼 등 위험물 저장 설비
3) 인화성 액체를 함유하는 도료 및 접착제 등을 제조, 저장, 취급 또는 도포하는 설비
4) 위험물 건조설비 또는 그 부속설비
5) 인화성 고체를 저장하거나 취급하는 설비
6) 드라이클리닝설비, 염색가공설비 또는 모피류 등을 씻는 설비 등 인화성유기용제를 사용하는 설비
7) 유압, 압축공기 또는 고전위정전기 등을 이용하여 인화성 액체나 인화성 고체를 분무하거나 이송하는 설비
8) 고압가스를 이송하거나 저장, 취급하는 설비
9) 화학류 제조 설비
10) 발파공에 장전된 화약류를 점화시키는 경우에 사용하는 발파기(발파공을 막는 재료로 물을 사용하거나 갱도발파를 하는 경우는 제외한다)

81 산업안전보건법에서 정한 위험물질을 기준량 이상 제조하거나 취급하는 화학설비로서 내부의 이상상태를 조기에 파악하기 위하여 필요한 온도계·유량계·압력계 등의 계측장치를 설치하여야 하는 대상이 아닌 것은?

① 가열로 또는 가열기
② 증류·정류·증발·추출 등 분리를 하는 장치
③ 반응폭주 등 이상 화학반응에 의하여 위험물질이 발생할 우려가 있는 설비
④ 흡열반응이 일어나는 반응장치

해설 특수화학설비의 종류(안전보건규칙) : 위험물질의 기준량 이상으로 제조 또는 취급되는 다음 각 호의 화학설비
1) 발열반응이 일어나는 반응장치
2) 증류, 정류, 증발, 추출 등 분리를 행하는 장치
3) 가열시켜주는 물질의 온도가 가열되는 위험물질의 분해온도 또는 발화점보다 높은 상태에서 운전되는 설비
4) 반응폭주 등 이상 화학반응에 의하여 위험물질이 발생할 우려가 있는 설비
5) 온도가 섭씨 350℃ 이상이거나 게이지 압력이 980kPa 이상인 상태에서 운전되는 설비
6) 가열로 또는 가열기

82 다음 중 퍼지(purge)의 종류에 해당하지 않는 것은?

① 압력퍼지   ② 진공퍼지
③ 스위프퍼지 ④ 가열퍼지

해설 퍼지의 종류(불활성화 방법)
① 진공퍼지(저압퍼지) : 용기에 대한 가장 일반적인 불활성화 방법으로 큰 용기는 보통 진공이 되도록 설계되지 않아서 큰 저장용기에는 사용할 수 없다.

■ 정답 ■ 80. ① 81. ④ 82. ④

② **압력퍼지**: 가압하에서 불활성 가스를 주입 함으로써 퍼지시킬 수 있는 방법이다.
③ **스위프퍼지**: 용기의 한 개구부로 퍼지가스를 가하고 다른 개구부로부터 대기로 혼합가스를 축출시키는 방법으로 용기나 장치에 압력을 가하거나 진공으로 할 수 없을 때에 사용된다.
④ **사이폰퍼지**: 대상기기에 물 또는 적합한 액체를 채운 뒤 액체를 배출시키면서 치환가스를 주입하는 방법이다.

83 폭발한계와 완전 연소 조정 관계인 Jones식을 이용하여 부탄(C_4H_{10})의 폭발하한계를 구하면 몇 vol% 인가?

① 1.4 ② 1.7
③ 2.0 ④ 2.3

해설 1) C_4H_{10}(부탄) 화학양론농도(C_{st})

$$C_{ST} = \frac{1}{1+4.773(n+\frac{m}{4})} \times 100$$

$$= \frac{1}{1+4.773\times(4+\frac{10}{4})} \times 100 = 3.12\%$$

2) ① C_4H_{10}의 폭발하한치
$= C_{ST} \times 0.55$
$= 3.12 \times 0.55 = 1.72 vol\%$
② C_4H_{10}의 폭발상한치
$= C_{ST} \times 3.5 = 10.92 vol\%$

84 가스를 분류할 때 독성가스에 해당하지 않는 것은?

① 황화수소 ② 시안화수소
③ 이산화탄소 ④ 산화에틸렌

해설 ③항, 이산화탄소: 불연성, 비독성 가스

85 다음 중 폭발 방호 대책과 가장 거리가 먼 것은?

① 불활성화 ② 억제
③ 방산 ④ 봉쇄

해설 폭발방호대책
1) 폭발봉쇄 2) 폭발억제
3) 폭발방산 4) 대기방출

86 질화면(Nitrocellulose)은 저장·취급 중에는 에틸알코올 등으로 습면상태를 유지해야 한다. 그 이유를 옳게 설명한 것은?

① 질화면은 건조 상태에서는 자연적으로 분해하면서 발화할 위험이 있기 때문이다.
② 질화면은 알코올과 반응하여 안정한 물질을 만들기 때문이다.
③ 질화면은 건조 상태에서 공기 중의 산소와 환원반응을 하기 때문이다.
④ 질화면은 건조 상태에서 유독한 중합물을 형성하기 때문이다.

해설 질화면(니트로셀룰로오스;
$[C_6H_7O_2(ONO_2)_3]_n$)
1) 질화면은 건조한 상태에서 충격, 마찰에 의해 위험성이 증대되고 자연발화에 의해 분해폭발할 수 있다.
2) 질화면은 물과 혼합할수록 위험성이 감소되므로 저장, 취급시는 물(20%), 용제 또는 알코올(30%)을 첨가하여 습면상태를 유지한다.

87 분진폭발의 특징으로 옳은 것은?

① 연소속도가 가스폭발보다 크다.
② 완전연소로 가스중독의 위험이 작다.
③ 화염의 파급속도보다 압력의 파급속도가 빠르다.
④ 가스폭발보다 연소시간은 짧고 발생에너지는 작다.

해설 분진폭발의 특징
1) 연소속도나 폭발압력은 가스폭발보다 작지만 가해지는 파괴력(힘)은 매우 크다.
2) 불안전연소로 발생되는 CO의 중독피해가 우려된다.
3) 화염의 파급속도보다 압력의 파급속도가 크다.
4) 가스폭발보다 연소시간이 길고 발생에너지는 크다.

■ 정답 ■ 83. ② 84. ③ 85. ① 86. ① 87. ③

88 크롬에 대한 설명으로 옳은 것은?

① 은백색 광택이 있는 금속이다.
② 중독 시 미나마타병이 발병한다.
③ 비중이 물보다 작은 값을 나타낸다.
④ 3가 크롬이 인체에 가장 유해하다.

해설 크롬(Cr)의 성상 등
1) 경도(hardness)가 큰 은백색의 금속으로 부식에 대한 저항성이 크다.
2) 중독시 심한 과뇨증(혈뇨증)이 오며 비중격천공증 및 비강염을 유발한다.
3) 2가크롬(Cr^{2+}), 3가크롬(Cr^{3+}), 6가크롬(Cr^{6+}) 중에서 6가크롬이 인체에 가장 유해하며 발암성이 크다.

89 사업주는 인화성 액체 및 인화성 가스를 저장 취급하는 화학설비에서 증기나 가스를 대기로 방출하는 경우에는 외부로부터의 화염을 방지하기 위하여 화염방지기를 설치하여야 한다. 다음 중 화염방지기의 설치 위치로 옳은 것은?

① 설비의 상단   ② 설비의 하단
③ 설비의 측면   ④ 설비의 조작부

해설 화염방지기 설치(안전보건규칙) : 인화성 액체 및 인화성 가스를 저장 · 취급하는 화학설비로부터 증기 또는 가스를 방출하는 때에는 외부로부터의 화염을 방지하기 위하여 화염방지기를 그 설비상단에 설치하여야 한다. 다만, 인화점이 38℃ 이상 60℃ 이하인 인화성 액체를 저장 · 취급하는 경우로서 화염방지 기능을 가지는 인화방지망을 설치할 때는 그러하지 아니하다.

90 열교환탱크 외부를 두께 0.2m의 단열재(열전도율 k=0.037 kcal/m·h·℃)로 보온하였더니 단열재 내면은 40℃, 외면은 20℃ 이었다. 면적 1m² 당 1시간에 손실되는 열량(kcal)은?

① 0.0037   ② 0.037
③ 1.37   ④ 3.7

해설 손실열량(Q)
$Q = 0.037 kcal/m \cdot h \cdot ℃$
$\times \dfrac{1}{0.2m} \times (40-20)℃$
$= 3.7 kcal/m^2 \cdot h$

91 산업안전보건법령상 다음 인화성 가스의 정의에서 ( ) 안에 알맞은 값은?

'인화성 가스'란 인화한계 농도의 최저한도가 (㉠)% 이하 또는 최고한도와 최저한도의 차가 (㉡)% 이상인 것으로서 표준압력(101.3kPa), 20℃에서 가스 상태인 물질을 말한다.

① ㉠ 13, ㉡ 12
② ㉠ 13, ㉡ 15
③ ㉠ 12, ㉡ 13
④ ㉠ 12, ㉡ 15

해설 인화성가스의 정의
1) 인화성가스란 인화한계 농도의 최저한도가 13% 이하 또는 최고한도와 최저한도의 차가 12% 이상인 것으로서,
2) 표준압력(101.3kPa), 20℃에서 가스상태인 물질을 말한다.

92 액체 표면에서 발생한 증기농도가 공기 중에서 연소하한농도가 될 수 있는 가장 낮은 액체온도를 무엇이라 하는가?

① 인화점   ② 비등점
③ 연소점   ④ 발화온도

해설 인화점(인화온도) : 본문설명

■ 정답 ■ 88. ① 89. ① 90. ④ 91. ① 92. ①

93 위험물의 저장방법으로 적절하지 않은 것은?

① 탄화칼슘은 물 속에 저장한다.
② 벤젠은 산화성 물질과 격리시킨다.
③ 금속나트륨은 석유 속에 저장한다.
④ 질산은 갈색병에 넣어 냉암소에 보관한다.

해설 탄화칼슘(CaC_2, 카바이트)
1) 물과 심하게 반응하여 수산화칼슘 [$Ca(OH)_2$: 소석회]와 아세틸렌 (C_2H_2)을 생성한다.
$CaC_2 + 2H_2O \rightarrow Ca(OH)_2 + C_2H_2$
2) 저장 및 취급 : 밀폐된 저장용기 중에 저장하며 물 또는 습기 등이 침투되지 않도록 한다.

94 다음 중 열교환기의 보수에 있어 일상점검항목과 정기적 개방점검항목으로 구분할 때 일상점검항목으로 거리가 먼 것은?

① 도장의 노후상황
② 부착물에 의한 오염의 상황
③ 보온재, 보냉재의 파손여부
④ 기초볼트의 체결정도

해설 열교환기의 점검사항
1) 일상점검 항목(운전 중에도 점검 가능한 항목)
① 보온재 및 보냉재의 파손상황
② 도장의 열화 상황
③ flange부, 용접부 등에서 외부로 누출 여부
④ 기초 볼트의 헐거움 여부
⑤ 기초(특히 concrete 기초)에 파손이 없는지 여부
2) 정기적 개방점검항목
① 부식 및 폴리머 등의 생성물 상황 혹은 부착물에 오염상황 여부
② 부식의 형태, 정도, 범위
③ 누출의 원인이 되는 균열, 흠집의 유무
④ tube의 두께가 감소되지 않았는지의 여부
⑤ 라이닝(lining), 코팅(coating) 상태

95 다음 중 반응기의 구조 방식에 의한 분류에 해당하는 것은?

① 탑형 반응기
② 연속식 반응기
③ 반회분식 반응기
④ 회분식 균일상반응기

해설 반응기의 분류
1) 조작방식에 의한 분류
① 회분식 반응기(batch reactor)
② 반회분식 반응기(semi batch reactor)
③ 연속기 반응기(plug flow reactor)
2) 구조방식에 의한 분류
① 교반조형 반응기
② 관형 반응기
③ 탑형 반응기
④ 유동층형 반응기

96 다음 중 공기 중 최소 발화에너지 값이 가장 작은 물질은?

① 에틸렌
② 아세트알데히드
③ 메탄
④ 에탄

해설 최소발화에너지(MIE)

가연성가스	최소발화에너지(공기중)
이황화탄소(CB_2)	0.015×10^{-3} J
수소(H_2)	0.019×10^{-3} J
아세틸렌(C_2H_2)	0.020×10^{-3} J
에틸렌(C_2H_4)	0.096×10^{-3} J
산화에틸렌(C_2H_4O)	0.105×10^{-3} J
메탄(CH_4)	0.28×10^{-3} J
에탄(C_2H_6)	0.31×10^{-3} J
프로판(C_4H_{10})	0.31×10^{-3} J

■ 정답 ■ 93. ① 94. ② 95. ① 96. ①

97 다음 표의 가스(A~D)를 위험도가 큰 것부터 작은 순으로 나열한 것은?

	폭발하한값	폭발상한값
A	4.0vol%	75.0vol%
B	3.0vol%	80.0vol%
C	1.25vol%	44.0vol%
D	2.5vol%	81.0vol%

① D − B − C − A
② D − B − A − C
③ C − D − A − B
④ C − D − B − A

해설 1) 수소위험도 : $\dfrac{75-4}{4}=17.75$

2) 산화에틸렌 위험도 : $\dfrac{80-3}{3}=25.67$

3) 이황화탄소 위험도 : $\dfrac{44-1.25}{1.25}=34.2$

4) 아세틸렌 위험도 : $\dfrac{81-2.5}{2.5}=31.4$

∴ 위험도 크기 : 이황화탄소 〉 아세틸렌 〉 산화에틸렌 〉 수소

98 알루미늄분이 고온의 물과 반응하였을 때 생성되는 가스는?

① 이산화탄소
② 수소
③ 메탄
④ 에탄

해설 알루미늄분(Al) : 뜨거운 물(H_2O)과 격렬하게 반응하여 수소(H_2)를 발생한다.
$2Al + 6H_2O \rightarrow 2Al(OH)_3 + 3H_2$

99 메탄, 에탄, 프로판의 폭발하한계가 각각 5vol%, 2vol%, 2.1vol%일 때 다음 중 폭발하한계가 가장 낮은 것은? (단, Le Chatelier의 법칙을 이용한다.)

① 메탄 20vol%, 에탄 30vol%, 프로판 50vol%의 혼합가스
② 메탄 30vol%, 에탄 30vol%, 프로판 40vol%의 혼합가스
③ 메탄 40vol%, 에탄 30vol%, 프로판 30vol%의 혼합가스
④ 메탄 50vol%, 에탄 30vol%, 프로판 20vol%의 혼합가스

해설 $L = \dfrac{V_1 + V_2 + V_3}{\dfrac{V_1}{L_1} + \dfrac{V_2}{L_2} + \dfrac{V_3}{L_3}}$

$= \dfrac{20+30+50}{\dfrac{20}{5}+\dfrac{30}{2}+\dfrac{50}{2.1}} = 2.28 vol\%$

100 고압가스 용기 파열사고의 주요 원인 중 하나는 용기의 내압력(耐壓力, capacity to resist pressure)부족이다. 다음 중 내압력 부족의 원인으로 거리가 먼 것은?

① 용기 내벽의 부식
② 강재의 피로
③ 과잉 충전
④ 용접 불량

해설 용기 파열사고 원인 중 내압력 부족의 원인
1) 용기내벽의 부식
2) 강재의 피로
3) 용접불량

■ 정답 ■ 97. ④ 98. ② 99. ① 100. ③

제6과목 / 건설안전기술

101 건설현장에 거푸집동바리 설치 시 준수사항으로 옳지 않은 것은?

① 파이프서포트 높이가 4.5m를 초과하는 경우에는 높이 2m 이내마다 2개 방향으로 수평 연결재를 설치한다.
② 동바리의 침하 방지를 위해 깔목의 사용, 콘크리트 타설, 말뚝박기 등을 실시한다.
③ 강재와 강재의 접속부는 볼트 또는 클램프 등 전용철물을 사용한다.
④ 강관틀 동바리는 강관틀과 강관틀 사이에 교차가새를 설치한다.

해설 ①항, 파이프서포트 높이가 3.5m를 초과하는 경우에는 높이 2m이내마다 2개 방향으로 수평 연결재를 설치한다.

102 고소작업대를 설치 및 이동하는 경우에 준수하여야 할 사항으로 옳지 않은 것은?

① 와이어로프 또는 체인의 안전율은 3 이상일 것
② 붐의 최대 지면경사각을 초과 운전하여 전도되지 않도록 할 것
③ 고소작업대를 이동하는 경우 작업대를 가장 낮게 내릴 것
④ 작업대에 끼임·충돌 등 재해를 예방하기 위한 가드 또는 과상승방지장치를 설치할 것

해설 ①항, 와이어로프 또는 체인의 안전율은 5 이상일 것

103 건설공사의 유해위험방지계획서 제출기준일로 옳은 것은?

① 당해공사 착공 1개월 전까지
② 당해공사 착공 15일 전까지
③ 당해공사 착공 전날까지
④ 당해공사 착공 15일 후까지

해설 건설공사의 유해위험방지계획서 제출기준일 : 당해공사 착공전날까지

104 철골건립준비를 할 때 준수하여야 할 사항으로 옳지 않은 것은?

① 지상 작업장에서 건립준비 및 기계기구를 배치할 경우에는 낙하물의 위험이 없는 평탄한 장소를 선정하여 정비하여야 한다.
② 건립작업에 다소 지장이 있다하더라도 수목은 제거하거나 이설하여서는 안된다.
③ 사용전에 기계기구에 대한 정비 및 보수를 철저히 실시하여야 한다.
④ 기계에 부착된 앵카 등 고정장치와 기초구조 등을 확인하여야 한다.

해설 ②항, 건립작업에 다소 지장이 있을 경우 수목을 제거하거나 이설하여야 한다.

105 가설공사 표준안전 작업지침에 따른 통로발판을 설치하여 사용함에 있어 준수사항으로 옳지 않은 것은?

① 추락의 위험이 있는 곳에는 안전난간이나 철책을 설치하여야 한다.
② 작업발판의 최대폭은 1.6m 이내이어야 한다.
③ 비계발판의 구조에 따라 최대 적재하중을 정하고 이를 초과하지 않도록 하여야 한다.
④ 발판을 겹쳐 이음하는 경우 장선 위에서 이음을 하고 겹침길이는 10cm 이상으로 하여야 한다.

■ 정답 ■ 101. ① 102. ① 103. ③ 104. ② 105. ④

해설 ④항, 발판을 겹쳐이음하는 경우 장선 위에서 이음을 하고 겹침길이는 20cm 이상으로 하여야 한다.

106 항타기 또는 항발기의 사용 시 준수사항으로 옳지 않은 것은?

① 증기나 공기를 차단하는 장치를 작업관리자가 쉽게 조작할 수 있는 위치에 설치한다.
② 해머의 운동에 의하여 증기호스 또는 공기호스와 해머의 접속부가 파손되거나 벗겨지는 것을 방지하기 위하여 그 접속부가 아닌 부위를 선정하여 증기호스 또는 공기호스를 해머에 고정시킨다.
③ 항타기나 항발기의 권상장치의 드럼에 권상용 와이어로프가 꼬인 경우에는 와이어로프에 하중을 걸어서는 안된다.
④ 항타기나 항발기의 권상장치에 하중을 건 상태로 정지하여 두는 경우에는 쐐기장치 또는 역회전방지용 브레이크를 사용하여 제동하는 등 확실하게 정지시켜 두어야 한다.

해설 증기 또는 압축공기를 동력원으로 사용하는 항타기, 항발기의 사용시 준수사항
1) 해머의 운동에 의하여 증기호스 또는 공기호스와 해머와의 접속부가 파손되거나 벗겨지는 것을 방지하기 위하여 당해 접속부 외의 부위를 선정하여 증기호스 또는 공기호스를 해머에 고정시킬 것
2) 증기 또는 공기를 차단하는 장치를 해머의 운전자가 쉽게 조작할 수 있는 위치에 설치할 것

107 건설업 중 유해위험방지계획서 제출 대상 사업장으로 옳지 않은 것은?

① 지상높이가 31m 이상인 건축물 또는 인공구조물, 연면적 30000m² 이상인 건축물 또는 연면적 5000m² 이상의 문화 및 집회시설의 건설공사
② 연면적 3000m² 이상의 냉동·냉장 창고시설의 설비공사 및 단열공사
③ 깊이 10m 이상인 굴착공사
④ 최대 지간길이가 50m 이상인 다리의 건설공사

해설 유해위험방지계획서 제출대상 사업장(시행규칙 제120조 제2항)
1) 지상높이가 31m 이상인 건축물 또는 인공구조물, 연면적 3만m² 이상인 건축물 또는 연면적 5천m² 이상의 문화 및 집회시설(전시장 및 동물원, 식물원은 제외), 판매시설, 운수시설(고속철도의 역사 및 집, 배송시설은 제외), 종교시설, 의료시설 중 관광숙박시설, 지하도상가 또는 냉동, 냉장창고시설의 건설, 개조 또는 해체(이하 '건설등'이라함)
2) 연면적 5천m² 이상의 냉동, 냉장창고시설의 설비공사 및 단열공사
3) 최대 지간길이가 50m 이상인 교량건설 등 공사
4) 터널 건설 등의 공사
5) 다목적댐, 발전용댐, 저수용량 2천만톤 이상의 용수 전용댐, 지방상수도 전용댐 건설 등의 공사
6) 깊이 10m 이상인 굴착공사

108 건설작업용 타워크레인의 안전장치로 옳지 않은 것은?

① 권과 방지장치
② 과부하 방지장치
③ 비상정지 장치
④ 호이스트 스위치

해설 건설작업용 타워크레인의 안전장치(방호장치)
1) 과부하방지장치
2) 권과방지장치
3) 비상정지장치
4) 제동장치

■ 정답 ■ 106. ① 107. ② 108. ④

109 이동식 비계를 조립하여 작업을 하는 경우의 준수기준으로 옳지 않은 것은?

① 비계의 최상부에서 작업을 할 때에는 안전난간을 설치하여야 한다.
② 작업발판의 최대적재하중은 400kg을 초과하지 않도록 한다.
③ 승강용 사다리는 견고하게 설치하여야 한다.
④ 작업발판은 항상 수평을 유지하고 작업발판 위에서 안전난간을 딛고 작업을 하거나 받침대 또는 사다리를 사용하여 작업하지 않도록 한다.

해설 이동식 비계를 조립하여 작업시 작업발판의 최대적재하중은 250kg은 초과하지 않도록 할 것

110 토사붕괴 원인으로 옳지 않은 것은?

① 경사 및 기울기 증가
② 성토높이의 증가
③ 건설기계 등 하중작용
④ 토사중량의 감소

해설 토사붕괴의 원인(고용노동부고시)
　1) 외적요인
　　① 사면, 법면의 경사 및 구배의 증가
　　② 절토 및 성토의 높이가 증가
　　③ 공사에 의한 진동 및 반복하중의 증가
　　④ 지표수 및 지하수의 침투에 의한 토사중량 증가
　2) 내적요인
　　① 절토사면의 토질, 암석
　　② 성토사면의 토질
　　③ 토석의 강도저하

111 건설용 리프트의 붕괴 등을 방지하기 위해 받침의 수를 증가 시키는 등 안전조치를 하여야 하는 순간풍속 기준은?

① 초당 15미터 초과
② 초당 25미터 초과
③ 초당 35미터 초과
④ 초당 45미터 초과

해설 건설작업용 리프트의 붕괴방지 : 순간풍속이 초동 35m를 초과하는 바람이 불어올 우려가 있는 경우 건설작업용 리프트에 대하여 받침의 수를 증가시키는 등 그 붕괴 등을 방지하기 위한 조치를 할 것

112 토사붕괴에 따른 재해를 방지하기 위한 흙막이 지보공 부재로 옳지 않은 것은?

① 흙막이판　　② 말뚝
③ 턴버클　　　④ 띠장

해설 턴버클(turn buckle) : 인장재(줄)를 팽팽히 당겨 조이는 나사 있는 탕개쇠로 거푸집 연결시 철선을 조이는데 사용하는 긴장기

113 가설구조물의 특징으로 옳지 않은 것은?

① 연결재가 적은 구조로 되기 쉽다.
② 부재 결합이 간략하여 불안전 결합이다.
③ 구조물이라는 개념이 확고하여 조립의 정밀도가 높다.
④ 사용부재는 과소단면이거나 결함재가 되기 쉽다.

해설 ③항, 구조설계의 개념이 확실하지 잃고 조립의 정밀도가 낮다.

114 사다리식 통로 등의 구조에 대한 설치 기준으로 옳지 않은 것은?

① 발판의 간격은 일정하게 할 것
② 발판과 벽과의 사이는 15cm 이상의 간격을 유지할 것
③ 사다리식 통로의 길이가 10m 이상인 때에는 7m 이내마다 계단참을 설치할 것
④ 사다리의 상단은 걸쳐놓은 지점으로부터 60m 이상 올라가도록 할 것

■ 정답 ■　109. ②　110. ④　111. ③　112. ③　113. ③　114. ③

해설 사다리식 통로의 구조(안전보건규칙 제24조)
① 견고한 구조로 할 것
② 심한 손상·부식 등이 없는 재료를 사용할 것
③ 발판의 간격은 동일하게 할 것
④ 발판과 벽과의 사이는 15cm 이상의 간격을 유지할 것
⑤ 폭은 30cm 이상으로 할 것
⑥ 사다리가 넘어지거나 미끄러지는 것을 방지하기 위한 조치를 할 것
⑦ 사다리의 상단은 걸쳐놓은 지점으로부터 60cm 이상 올라가도록 할 것
⑧ 사다리식 통로의 길이가 10m 이상인 때에는 5m 이내마다 계단참을 설치할 것
⑨ 이동식 사다리식 통로의 기울기는 75° 이하로 할 것(다만, 고정식 사다리식 통로의 기울기는 90° 이하로 하고 높이 7m 이상인 경우 바닥으로부터 2.5m 되는 지점부터 등받이울을 설치할 것)
⑩ 접이식 사다리기둥은 사용시 접혀지거나 펼쳐지지 않도록 철물 등을 사용하여 견고하게 조치할 것

115 가설통로를 설치하는 경우 준수해야할 기준으로 옳지 않은 것은?

① 경사는 30° 이하로 할 것
② 경사가 25°를 초과하는 경우에는 미끄러지지 아니하는 구조로 할 것
③ 건설공사에 사용하는 높이 8m 이상인 비계다리에는 7m 이내마다 계단참을 설치할 것
④ 수직갱에 가설된 통로의 길이가 15m 이상인 때에는 10m 이내마다 계단참을 설치할 것

해설 가설통로의 구조(안전보건규칙) : 가설통로 설치시 준수사항
1) 견고한 구조로 할 것
2) 경사는 30° 이하로 할 것(다만, 계단을 설치하거나 높이 2m 미만의 가설통로로서 튼튼한 손잡이를 설치한 경우에는 그러하지 아니하다)
3) 경사가 15°를 초과하는 경우에는 미끄러지지 아니하는 구조로 할 것
4) 추락할 위험이 있는 장소에는 안전난간을 설치할 것(작업상 부득이한 경우에는 필요한 부분만 임시로 이를 해체할 수 있다)
5) 수직갱에 가설된 통로의 길이가 15m 이상인 경우에는 10m 이내마다 계단참을 설치할 것
6) 건설공사에서 사용하는 높이 8m이상인 비계다리에는 7m 이내마다 계단을 설치할 것

116 터널공사에서 발파작업 시 안전대책으로 옳지 않은 것은?

① 발파전 도화선 연결상태, 저항치 조사 등의 목적으로 도통시험 실시 및 발파기의 작동상태에 대한 사전점검 실시
② 모든 동력선은 발원점으로부터 최소한 15m 이상 후방으로 옮길 것
③ 지질, 암의 절리 등에 따라 화약량에 대한 검토 및 시방기준과 대비하여 안전조치 실시
④ 발파용 점화회선은 타동력선 및 조명회선과 한곳으로 통합하여 관리

해설 ④항, 발파용 점화회선은 타동력선 및 조명회선과 분리하여 관리

117 건설업 산업안전보건관리비 계상 및 사용기준은 산업재해보상 보험법의 적용을 받는 공사 중 총 공사금액이 얼마 이상인 공사에 적용하는가? (단, 전기공사업법, 정보통신공사업법에 의한 공사는 제외)

① 4천만원 ② 3천만원
③ 2천만원 ④ 1천만원

해설 안전관리비 적용범위 : 산업재해보상보험법의 적용을 받는 공사중 총공사금액이 2천만원 이상인 건설공사

■ 정답 ■ 115. ② 116. ④ 117. ③

118 건설업의 공사금액이 850억 원일 경우 산업안전보건법령에 따른 안전관리자의 수로 옳은 것은? (단, 전체 공사기간을 100으로 할 때 공사 전·후 15에 해당하는 경우는 고려하지 않는다.)

① 1명 이상
② 2명 이상
③ 3명 이상
④ 4명 이상

해설 건설업의 공사금액에 따른 안전관리자의 수

공사금액	안전관리자의 수
공사금액 50억원 이상(관계수급인은 100억원 이상) 120억원 미만(토목공사업은 150억원 미만)	1명 이상
공사금액 120억원 이상(토목공사업은 150억원 이상) 800억원 미만	
공사금액 800억원 이상 1500억원 미만	2명 이상(다만, 전체공사기간중 전·후 15에 해당하는 기간은 1명 이상)
공사금액 1500억원 이상 2200억원 미만	3명 이상(다만, 전체공사기간중 전·후 15에 해당하는 기간은 2명 이상)
⋮ 공사금액 1조원 이상	11명 이상[매 2천억원(2조원 이상부터는 매 3천억원)마다 1명씩 추가](다만, 전체공사기간중 전·후 15에 해당하는 기간은 선임대상 안전관리자수의 2분의 1 이상)

119 거푸집 동바리의 침하를 방지하기 위한 직접적인 조치로 옳지 않은 것은?

① 수평연결재 사용
② 깔목의 사용
③ 콘크리트의 타설
④ 말뚝박기

해설 거푸집동바리 조립시 준수사항(거푸집동바리 등의 안전조치)
1) 깔목의 사용, 콘크리트 타설, 말뚝박기 등 동바리의 침하를 방지하기 위한 조치를 할 것
2) 개구부 상부에 동바리를 설치하는 때에는 상부하중을 견딜 수 있는 견고한 받침대를 설치할 것
3) 동바리의 상하고정 및 미끄러짐 방지조치를 하고 하중의지지 상태를 유지할 것
4) 동바리의 이음은 맞댄이음 또는 장부이음으로 하고 같은 품질의 재료를 사용할 것
5) 강재와 강재와의 접속부 및 교차부는 볼트, 클램프 등 전용철물을 사용하여 단단히 연결할 것
6) 거푸집이 곡면인 때에는 버팀대의 부착 등 그 거푸집의 부상을 방지하기 위한 조치를 할 것

120 달비계에 사용하는 와이어로프의 사용금지 기준으로 옳지 않은 것은?

① 이음매가 있는 것
② 열과 전기 충격에 의해 손상된 것
③ 지름의 감소가 공칭지름의 7%를 초과하는 것
④ 와이어로프의 한 꼬임에서 끊어진 소선의 수가 7% 이상인 것

해설 달비계 설치시 주의사항
1) 이음매가 있는 와이어로프 등의 사용금지사항
① 이음매가 있는 것
② 와이로프의 한 꼬임에서 끊어진 소선(필러선 제외)의 수가 10%이상(비전로프의 경우에는 끊어진 소선의 수가 와이어로프 호칭지름의 6배 길이 이내에서 4개 이상이거나 호칭지름의 30배 길이 이내에서 8개 이상)인 것
③ 지름의 감소가 공칭지름의 7%를 초과하는 것
④ 꼬인 것
⑤ 심하게 변형 또는 부식된 것
⑥ 열과 전기충격에 의해 손상된 것

■ 정답 ■ 118. ② 119. ① 120. ④

2022년 3회 CBT 복원 기출문제

산업안전기사

제1과목 / 안전관리론

01 기업 내 정형교육 중 TWI(Training Within Industry)의 교육내용이 아닌 것은?

① Job Method Training
② Job Relation Training
③ Job Instruction Training
④ Job Standardization Training

해설 1. TWI(Training Within Industry)
 1) 교육대상 : 감독자
 2) 교육내용
  ① JI(Job Instruction) : 작업지도 기법
  ② JM(Job Method) : 작업개선 기법
  ③ JR(Job Relation) : 인간관계관리 기법 (부하통솔 기법)
  ④ JS(Job Safety) : 작업안전 기법
 3) 교육방법 : 한 클래스 10명 정도, 토의법, 1일 2시간씩 5일(10시간)

02 자율검사프로그램을 인정받기 위해 보유하여야 할 검사장비의 이력카드 작성, 교정주기와 방법 설정 및 관리 등의 관리주체는?

① 사업주
② 제조자
③ 안전관리전문기관
④ 안전보건관리책임자

해설 자율검사프로그램을 인정받아야 할 관리주체 : 사업주

03 다음의 방진마스크 형태로 옳은 것은?

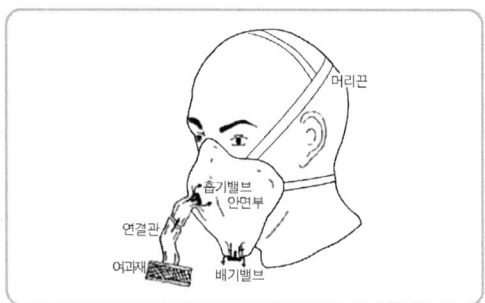

① 직결식 전면형   ② 직결식 반면형
③ 격리식 전면형   ④ 격리식 반면형

해설 방진마스크의 종류

종류		형상
분리식	격리식	• 전면형 : 안면부가 안면전체를 덮는 것 • 반면형 : 안면부가 입, 코를 덮는 것
	직결식	• 전면형 : 안면부가 안면전체를 덮는 것 • 반면형 : 안면부가 입, 코를 덮는 것
안면부 여과식		• 반면형 : 안면부가 입, 코를 덮는 것
사용 조건		• 산소농도 18%이상인 장소에서 사용

04 작업자 적성의 요인이 아닌 것은?

① 성격(인간성)   ② 지능
③ 인간의 연령   ④ 흥미

해설 적성의 요인
 ① 직업적성(기계적 적성, 사무적 적성)
 ② 지능
 ③ 흥미
 ④ 인간성(성격)

■ 정답 ■ 01.④ 02.① 03.④ 04.③

05 산업안전보건법령상 근로자 안전·보건 교육 기준 중 관리감독자 정기안전·보건교육의 교육내용으로 옳은 것은? (단, 산업안전보건법 및 일반관리에 관한 사항은 제외한다.)

① 작업개시 전 점검에 관한 사항
② 사고 발생 시 긴급조치에 관한 사항
③ 건강증진 및 질병 예방에 관한 사항
④ 산업보건 및 직업병 예방에 관한 사항

해설 관리감독자의 정기안전·보건교육의 내용
① 작업공정의 유해·위험과 재해예방대책에 관한 사항
② 표준안전작업방법 및 지도요령에 관한 사항
③ 관리감독자의 역할과 임무에 관한 사항
④ 산업보건 및 직업병 예방에 관한 사항(공통)
⑤ 유해·위험 작업환경 관리에 관한 사항(공통)
⑥ 산업안전보건법 및 산업재해보상보험제도에 관한 사항
⑦ 산업안전 및 사고예방에 관한 사항
⑧ 직무 스트레스 예방 및 관리에 관한 사항
⑨ 직장 내 괴롭힘, 고객의 폭언 등으로 인한 건강장해예방 및 관리에 관한 사항
⑩ 안전보건교육 능력 배양에 관한 사항

06 학습지도의 형태 중 몇 사람의 전문가에 의해 과정에 관한 견해를 발표하고 참가자로 하여금 의견이나 질문을 하게 하는 토의빙식은?

① 포럼(Forum)
② 심포지엄(Symposium)
③ 버즈세션(Buzz session)
④ 자유토의법(Free discussion method)

해설 토의식의 종류
① forum(공개토론회) : 새로운 자료나 교재를 제시하고 거기서의 문제점을 피교육자로 하여금 제기케 하거나 의견을 여러가지 방법으로 발표하게 하여 다시 깊이 파고들어 토의를 행하는 방법
② symposium : 몇 사람의 전문가에 의하여 과제에 관한 견해를 발표한 뒤 참가자로 하여금 의견이나 질문을 하게 하여 토의하는 방법
③ panel discussion : 패널맴버(교육과제에 정통한 전문가 4~5명)가 피교육자 앞에서 자유로이 토의하고 뒤에 피교육자 전원이 참가하여 사회자의 사회에 따라 토의하는 방법
④ 버즈세션(buzz session) : 6-6회의라고도 하며, 먼저 사회자와 기록계를 선출한 후 나머지 사람은 6명씩의 소집단으로 구분하고, 소집단별로 각각 사회자를 선발 하여 6분간씩 자유토의를 행하여 의견을 종합하는 방법

07 생체 리듬(Bio Rhythm) 중 일반적으로 33일을 주기로 반복되며, 상상력, 사고력, 기억력 또는 의지, 판단 및 비판력 등과 깊은 관련성을 갖는 리듬은?

① 육체적 리듬
② 지성적 리듬
③ 감성적 리듬
④ 생활 리듬

해설 바이오리듬의 종류
① **육체적 리듬**(physical cycle) : 주기23일 (식욕, 소화력, 활동력, 지구력), 청색표시
② **지성적 리듬**(intellectual cycle) : 주기 33일(상상력, 사고력, 기억력, 인지, 판단), 녹색표시
③ **감성적 리듬**(sensitivity cycle) : 주기 28일(감정, 주의심, 창조력, 예감 및 통찰력)적색표시

08 레빈(Lewin)의 법칙 B=f(P·E)중 B가 의미하는 것은?

① 인간관계
② 행동
③ 환경
④ 함수

해설 레빈(Lewin)의 법칙
  B = f(P·E)
1) B (Behavior) : 인간의 행동
2) f (function, 함수관계) : 적성, 기타 P와 E에 영향을 미칠 수 있는 조건
3) P (Person, 개체) : 연령, 경험, 심신상태, 성격, 지능 등 인간의 조건
4) E(Environment, 심리적 환경) : 인간관계, 작업환경 등 환경조건

■ 정답 ■ 05.④ 06.② 07.② 08.②

09 산업안전보건법령상 안전·보건표지의 색채와 색도기준의 연결이 틀린 것은? (단, 색도기준은 한국산업표준(KS)에 따른 색의 3속성에 의한 표시방법에 따른다.)

① 빨간색 – 7.5R 4/14
② 노란색 – 5Y 8.5/12
③ 파란색 – 2.5PB 4/10
④ 흰색 – N0.5

해설 안전보건표지의 색채·색도기준 및 용도

색채	색도기준	용도	사용예
빨간색	7.5R 4/14	금지	정지신호, 소화설비 및 그 장소, 유해행위 금지
		경고	화학물질 취급장소에서의 유해·위험경고
노란색	5Y 8.5/12	경고	화학물질 취급장소에서의 유해·위험 경고, 그 밖의 위험 경고, 주의표지 또는 기계방호물
파란색	2.5PB 4/10	지시	특정 행위의 지시 및 사실의 고지
녹색	2.5G 4/10	안내	비상구 및 피난소, 사람 또는 차량의 통행표지
흰색	N 9.5		파란색 또는 녹색에 대한 보조색
검은색	N 0.5		문자 및 빨간색 또는 노란색에 대한 보조색

10 재해사례연구의 진행단계 중 다음 ( )안에 알맞은 것은?

재해상황의 파악 → (㉠) → (㉡) → 근본적 문제점의 결정 → (㉢)

① ㉠ 사실의 확인, ㉡ 문제점의 발견, ㉢ 대책수립
② ㉠ 문제점의 발견, ㉡ 사실의 확인, ㉢ 대책수립
③ ㉠ 사실의 확인, ㉡ 대책수립, ㉢ 문제점의 발견
④ ㉠ 문제의 발견, ㉡ 대책수립, ㉢ 사실의 확인

해설 재해사례연구의 진행단계
 ① 전제조건 : 재해 황의 파악
 ② 1단계 : 사실의 확인
 ③ 2단계 : 문제점의 발견
 ④ 3단계 : 근본적 문제점의 결정
 ⑤ 4단계 : 대책의 수립

11 데이비스(Davis)의 동기부여이론 중 동기유발의 식으로 옳은 것은?

① 지식×기능
② 지식×태도
③ 상황×기능
④ 상황×태도

해설 데이비스(Davis)의 경영성과이론
 ∴ 인간성과 × 물리적성과 = 경영성과
 ① 인간성과 = 능력×동기유발
 ② 능력 = 지식×기능
 ③ 동기유발 = 상황×태도

12 교육심리학의 학습이론에 관한 설명 중 옳은 것은?

① 파블로프(Pavlov)의 조건반사설의 맹목적 시행을 반복하는 가운데 자극과 반응이 결합하여 행동하는 것이다.
② 레빈(Lewin)의 장설은 후천적으로 얻게 되는 반사작용으로 행동을 발생시킨다는 것이다.
③ 톨만(Tolman)의 기호형태설은 학습자의 머리 속에 인지적 지도 같은 인지구조를 바탕으로 학습하려는 것이다.
④ 손다이크(Thorndike)의 시행착오설은 내적, 외적의 전체구조를 새로운 시점에서 파악하여 행동하는 것이다.

해설 ① 파블로프 조건반사설 : 시간의 원리, 강도의 원리, 일관성의 원리, 계속성의 원리
 ② 레빈의 설 : 인간의 행복(Behavior)은 개인

■ 정답 ■ 09.④ 10.① 11.④ 12.③

(person)과 그 개인이 처해있는 환경 (Environment)과의 상호작용에 의해서 이루어진다는 설이다.
③ 톨만의 기호형태설 : 학습자의 머릿속에 인지적 지도 같은 인지구조를 바탕으로 학습하려는 것이다.
④ 손다이크의 시행착오설 : 맹목적이 시행을 반복하는 가운데 자극(S)과 반응(R)이 결합하여 행동하는 것이다.

13 산업안전보건법령상 지방고용노동관서의 장이 사업주에게 안전관리자·보건관리자 또는 안전보건관리담당자를 정수 이상으로 증원하게 하거나 교체하여 임명할 것을 명할 수 있는 경우의 기준 중 다음 (   )안에 알맞은 것은?

- 중대재해가 연간 (㉠)건 이상 발생한 경우
- 해당 사업장의 연간재해율이 같은 업종의 평균재해율의 (㉡)배 이상인 경우

① ㉠ 2, ㉡ 2   ② ㉠ 2, ㉡ 3
③ ㉠ 2, ㉡ 2   ④ ㉠ 3, ㉡ 3

해설 안전관리자 등의 증원·교체임명 명령을 할 수 있는 경우(시행규칙 제15조)
① 해당 사업장의 연간재해율이 같은 업종의 평균재해율의 2배 이상인 경우
② 중대재해가 연간 2건 이상 발생한 경우
③ 관리자가 질병이나 그 밖의 사유로 3개월 이상 직무를 수행할 수 없게 된 경우
④ 화학적 인자로 인한 직업성질병자가 연간 3명 이상 발생한 경우

14 하인리히(Heinrich)의 재해구성비율에 따른 58건의 경상이 발생한 경우 무상해 사고는 몇 건이 발생하겠는가?

① 58건   ② 116건
③ 600건   ④ 900건

해설 ① 하인리히의 재해구성비율
중상 또는 사망 : 경상 : 무상해사고
= 1 : 29 : 300
② 무상해사고
= 경상 $\times \frac{300}{29} = 58 \times \frac{300}{29} = 600$건

15 강도율에 관한 설명 중 틀린 것은?

① 사망 및 영구 전노동불능(신체장해등급 1~3급)의 근로손실일수는 7500일로 환산한다.
② 신체장해 등급 중 제14급은 근로손실일수를 50일로 환산한다.
③ 영구 일부 노동불능은 신체 장해등급에 따른 근로손실일수에 $\frac{300}{365}$을 곱하여 환산한다.
④ 일시 전노동 불능은 휴업일수에 $\frac{300}{365}$을 곱하여 근로손실일수를 환산한다.

해설 강도율에서 근로손실일수의 산정기준
① 사망 및 영구전노동불능(신체장해등급 : 1~3급) : 7500일
② 영구일부노동불능(신체장해등급 : 4~14급) : 다음과 같다.

신체장애등급	근로손실일수
4	5500
5	4000
6	3000
7	2200
8	1500
9	1000
10	600
11	400
12	200
13	100
14	50

③ 일시전노동불능(휴업일수)
∴ 근로손실일수 = 휴업일수 $\times \frac{300}{365}$

■ 정답   13.①   14.③   15.③

16 상해 정도별 분류 중 의사의 진단으로 일정기간 정규 노동에 종사할 수 없는 상해에 해당하는 것은?

① 영구 일부노동 불능상해
② 일시 전노동 불능상해
③ 영구 전노동 불능상해
④ 구급처치 상해

해설 상해정도별 분류(ILO규정)
1) **사망** : 안전사고로 사망하거나 또는 부상의 결과로 사망한 것
2) **영구전노동불능** : 부상결과 근로기능을 영구적으로(완전히) 잃은 부상 (1급~3급)
3) **영구일부노동불능** : 부상결과 신체의 일부가 영구적으로 노동기능을 상실한 부상(4급~14급)
4) **일시전노동불능** : 의사의 진단으로 일정기간 정규노동에 종사할 수 없는 상해
5) **일시일부노동불능** : 근로시간 중에 일시 업무를 떠나 치료를 받는 정도의 상해
6) **구급처치상해** : 응급처치 또는 의료조치를 받은 후에 정상으로 작업을 할 수 있는 정도의 상해

17 안전보건관리조직의 유형 중 스탭형(Staff) 조직의 특징이 아닌 것은?

① 생산부문은 안전에 대한 책임과 권한이 없다.
② 권한 다툼이나 조정 때문에 통제수속이 복잡해지며 시간과 노력이 소모된다.
③ 생산부분에 협력하여 안전명령을 전달, 실시하므로 안전지시가 용이하지 않으며 안전과 생산을 별개로 취급하기 쉽다.
④ 명령 계통과 조언 권고적 참여가 혼동되기 쉽다.

해설 ④항 : 라인·스탭형의 단점

18 산업안전보건법령상 안전·보건표지의 종류 중 경고표지의 기본모형(형태)이 다른 것은?

① 폭발성물질 경고
② 방사성물질 경고
③ 매달린 물체 경고
④ 고압전기 경고

해설 경고표시 : 바탕은 노란색, 기본모형(삼각형), 관련부호 및 그림은 검정색[다만, 인화성물질 경고, 산화성물질 경고, 폭발성물질 경고, 급성독성물질 경고, 부식성물질 경고 및 발암성·변이원성·생식독성·전신독성·호흡기과민성물질 경고의 경우 바탕은 무색, 기본모형(다이아몬드형)은 빨간색(흑색도 가능)]

19 석면 취급장소에서 사용하는 방진마스크의 등급으로 옳은 것은?

① 특급   ② 1급
③ 2급   ④ 3급

해설 방진 마스크 사용장소

등급	사용장소
특급	① 베릴륨(Be)등과 같이 독성이 강한 물질을 함유한 분진 등의 발생장소 ② 석면 취급장소
1급	① 특급마스크 착용장소를 제외한 분진 등 발생장소 ② 금속 흄(fume)등과 같이 열적으로 생기는 분진 등 발생장소 ③ 기계적으로 생기는 분진 등 발생장소 (규소 등과 같이 2급 마스크를 착용하여도 무방한 경우는 제외)
2급	·특급 및 1급 마스크 착용장소를 제외한 분진 등 발생장소
단, 대기밸브가 없는 안면부여과식 마스크는 특급 및 1급 마스크 착용장소에서 사용하여서는 안 된다.	

■ 정답 ■ 16.② 17.④ 18.① 19.①

20 적응기제 중 도피기제의 유형이 아닌 것은?

① 합리화 ② 고립
③ 퇴행   ④ 억압

해설 적응기제
1) 방어적기제 : 보상, 합리화, 동일시, 승화
2) 도피적기제 : 고립, 퇴행, 억압, 백일몽

제2과목 / 인간공학 및 시스템안전공학

---

21 에너지 대사율(RMR)에 대한 설명으로 틀린 것은?

① $RMR = \dfrac{\text{운동대사량}}{\text{기초대사량}}$

② 보통 작업시 RMR은 4~7임

③ 가벼운 작업시 RMR은 0~2임

④ $RMR = \dfrac{\text{운동시산소소모량} - \text{안정시산소소모량}}{\text{기초대사량(산소소비량)}}$

해설 작업강도에 따른 에너지대사율
① 가벼운작업(輕작업) : 0~2RMR
② 보통작업(中작업) : 2~4RMR
③ 힘든작업(重작업) : 4~7RMR
④ 매우 힘든작업(超重작업) : 7RMR이상

22 신뢰성과 보전성 개선을 목적으로 한 효과적인 보전기록자료에 해당하는 것은?

① 자재관리표 ② 주유지시서
③ 재고관리표 ④ MTBF 분석표

해설 신뢰성과 보전성 개선을 목적으로 한 가장 효과적인 보전기록자료
① MTBF 분석표
② 설비이력카드
③ 고장원인 대책표

23 다음 시스템에 대하여 톱사상(top event)에 도달할 수 있는 최소 컷셋(minimal cut sets)을 구할 때 올바른 집합은? (단, X_1, X_2, X_3, X_4는 각 부품의 고장 확률을 의미하며 집합$\{X_1, X_2\}$는 X_1부품과 X_2부품이 동시에 고장 나는 경우를 의미한다.)

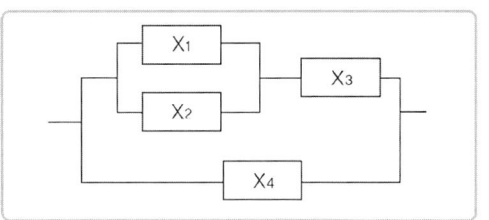

① $\{X_1, X_2\}, \{X_3, X_4\}$
② $\{X_1, X_3\}, \{X_2, X_4\}$
③ $\{X_1, X_2, X_4\}, \{X_3, X_4\}$
④ $\{X_1, X_3, X_4\}, \{X_2, X_3, X_4\}$

해설 1) 회로도를 FT로 변경시켜 그린다.
① 회로도에서 $X_1 \cdot X_2 \cdot X_3$의 조합을 A로 하고 $X_1 \cdot X_2$의 조합을 B로 한다.
② 회로도에서 병렬은 FT도에서는 AND로 그리고, 직렬은 OR로 그린다.

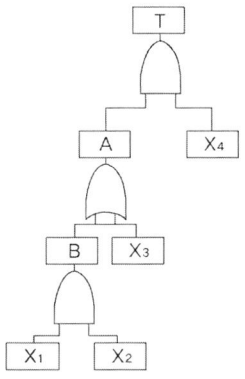

2) 상기 FT에 대한 최소컷셋을 구한다.

$T \to A \cdot X_4 \to \begin{matrix} B \cdot X_4 \\ X_3 \cdot X_4 \end{matrix} \to \begin{matrix} X_1 \cdot X_2 \cdot X_4 \\ X_3 \cdot X_4 \end{matrix}$ (최소컷셋)

■ 정답 ■ 20.① 21.② 22.④ 23.③

24 운동관계의 양립성을 고려하여 동목(moving scale)형 표시장치를 바람직하게 설계한 것은?

① 눈금과 손잡이가 같은 방향으로 회전하도록 설계한다.
② 눈금의 숫자는 우측으로 감소하도록 설계한다.
③ 꼭지의 시계 방향 회전이 지시치를 감소시키도록 설계한다.
④ 위의 세 가지 요건을 동시에 만족시키도록 설계한다.

해설 동목형 표시장치 : 눈금이 움직이는 방향과 손잡이의 회전방향이 같을 때 오차가 적어진다.

25 A사의 안전관리자는 자사 화학 설비의 안전성 평가를 위해 제2단계인 정성적 평가를 진행하기 위하여 평가 항목 대상을 분류하였다. 주요 평가 항목 중에서 설계관계항목이 아닌 것은?

① 건조물   ② 공장 내 배치
③ 입지조건 ④ 원재료, 중간제품

해설 정성적 평가 항목

1. 설계관계	2. 운전관계
① 입지조건	① 원재료, 중간체제품
② 공장 내 배치	② 공정
③ 건조물	③ 수송, 저장 등
④ 소방설비	④ 공정기기

26 FMEA의 특징에 대한 설명으로 틀린 것은?

① 서브시스템 분석 시 FTA보다 효과적이다.
② 시스템 해석기법은 정성적·귀납적 분석법 등에 사용된다.
③ 각 요소간 영향 해석이 어려워 2가지 이상 동시 고장은 해석이 곤란하다.
④ 양식이 비교적 간단하고 적은 노력으로 특별한 훈련 없이 해석이 가능하다.

해설 FMEA(고장의 형태와 영향분석)
 (1) 시스템 해석기법 : 정석적·귀납적 분석
 (2) 장점 및 단점

장점	① 서식 간단 ② 쉽게 분석할 수 있음
단점	① 논리성 부족 ② 2가지 이상 고장은 분석곤란 ③ 인적원인 분석 곤란

27 동작경제의 원칙에 해당하지 않는 것은?

① 공구의 기능을 각각 분리하여 사용하도록 한다.
② 두 팔의 동작은 동시에 서로 반대방향으로 대칭적으로 움직이도록 한다.
③ 공구나 재료는 작업동작이 원활하게 수행되도록 그 위치를 정해준다.
④ 가능하다면 쉽고도 자연스러운 리듬이 작업동작에 생기도록 작업을 배치한다.

해설 ① 항, 공구의 기능을 결합하여서 사용하도록 한다.

28 들기 작업 시 요통재해예방을 위하여 고려할 요소와 가장 거리가 먼 것은?

① 들기 빈도
② 작업자 신장
③ 손잡이 형상
④ 허리 비대칭 각도

해설 들기 작업시 요통재해예방을 위하여 고려할 요소
 ① 들기빈도(들어올리는 횟수)
 ② 손잡이 형상
 ③ 허리비대칭 각도

29 정량적 표시장치에 관한 설명으로 맞는 것은?

① 정확한 값을 읽어야 하는 경우 일반적으로 디지털보다 아날로그 표시장치가 유리하다.
② 동목(moving scale)형 아날로그 표시장치는 표시장치의 면적을 최소화할 수 있는 장점이 있다.
③ 연속적으로 변화하는 양을 나타내는 데에는 일반적으로 아날로그보다 디지털 표시장치가 유리하다.
④ 동침(moving pointer)형 아날로그 표시장치는 바늘의 진행 방향과 증감 속도에 대한 인식적인 암시 신호를 얻는 것이 불가능한 단점이 있다.

해설 정량적 표시장치
①항, 정확한 값을 읽어야 할 경우에는 아날로그보다 디지털표시장치가 유리하다.
③항, 연속적으로 변화하는 양을 나타내는 데에는 디지털보다 아날로그가 유리하다.
④항, 동침형 아날로그 표시장치는 바늘의 움직이는 속도나 방향으로 진행방향과 증감속도에 대한 인식적인 암시신호를 얻을 수 있는 장점이 있다.

30 기계설비 고장 유형 중 기계의 초기결함을 찾아내 고장률을 안정시키는 기간은?

① 마모고장 기간
② 우발고장 기간
③ 에이징(aging) 기간
④ 디버깅(debugging) 기간

해설 고장률의 유형
1) 초기고장 : 불량제조나 생산과정에서의 품질관리 미비로 생기는 고장으로 점검 작업이나 시운전 등에 의해 사전에 방지할 수 있는 고장
  ① 디버깅(debugging)기간 : 결함을 찾아내 고장률을 안정시키는 기간
  ② 번인(burn in) 기간 : 실제로 장시간 움직여보고 그동안 고장 난 것을 제거하는 고정기간
2) 우발고장 : 예측할 수 없을 때 생기는 고장으로 시운전이나 점검작업으로는 방지할 수 없는 고장
3) 마모고장 : 수명이 다해서 생기는 고장으로 안전진단 및 적당한 보수(정비)에 의해서 방지할 수 있는 고장

31 일반적으로 작업장에서 구성요소를 배치할 때, 공간의 배치 원칙에 속하지 않는 것은?

① 사용빈도의 원칙
② 중요도의 원칙
③ 공정개선의 원칙
④ 기능성의 원칙

해설 부품배치의 4원칙
① 사용빈도의 원칙
② 중요성의 원칙
③ 기능별 배치의 원칙
④ 사용순서의 원칙

32 산업안전보건법령상 유해하거나 위험한 장소에서 사용하는 기계·기구 및 설비를 설치·이전하는 경우 유해·위험방지계획서를 작성, 제출하여야 하는 대상이 아닌 것은?

① 화학설비
② 금속 용해로
③ 건조설비
④ 전기용접장치

해설 유해·위험방지계획서 작성 대상 기계기구 및 설비
① 금속이나 그 밖의 광물의 용해로
② 화학설비
③ 건조설비
④ 가스집합용접장치
⑤ 허가대상·관리대상 유해물질 및 분진작업 관련 설비

■ 정답 ■ 29.② 30.④ 31.③ 32.④

33 반사율이 60%인 작업 대상물에 대하여 근로자가 검사작업을 수행할 때 휘도(luminance)가 90fL이라면 이 작업에서의 소요조명(fc)은 얼마인가?

① 75 ② 150
③ 300 ④ 300

해설 소요명(fc) = $\dfrac{광속발산도}{반사율} \times 100$
= $\dfrac{90}{60} \times 100$
= 150 fc

34 휴먼 에러 예방 대책 중 인적 요인에 대한 대책이 아닌 것은?

① 설비 및 환경 개선
② 소집단 활동의 활성화
③ 작업에 대한 교육 및 훈련
④ 전문인력의 적재적소 배치

해설 휴먼에러의 인적요인에 대한 대책
① 소집단 활동의 활성화
② 작업에 대한 교육 및 훈련
③ 전문인력의 적재적소 배치
④ 안전행동을 위한 동기부여

35 보기의 실내면에서 빛의 반사율이 낮은 곳에서부터 높은 순서대로 나열한 것은?

보기
A : 바닥 B : 천정 C : 가구 D : 벽

① A < B < C < D
② A < C < B < D
③ A < C < D < B
④ A < D < C < B

해설 옥내 최적 반사율
① 천장 : 80~90%
② 벽, 창문 발(blind) : 40~60%
③ 가구, 사무기기, 책상 : 25~45%
④ 바닥 : 20~40%

36 다음 시스템의 신뢰도는 얼마인가? (단, 각 요소의 신뢰도는 a, b가 각각 0.8, c, d가 각각 0.6이다.)

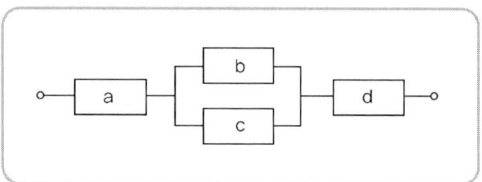

① 0.2245 ② 0.3754
③ 0.4416 ④ 0.5756

해설 R = a × [1−(1−b)(1−c)] × d
= 0.8 × [1−(1−0.8)(1−0.6)] × 0.6
= 0.4416

37 FTA(Fault Tree Analysis)에 사용되는 논리 기호와 명칭이 올바르게 연결된 것은?

① ◇ : 전이기호
② ▭ : 기본사상
③ △ : 통상사상
④ ○ : 결함사상

해설 ① ◇ : 생략사상
② ▭ : 결함사상
④ ○ : 기본사상

38 HAZOP 기법에서 사용하는 가이드워드와 그 의미가 잘못 연결된 것은?

① Other than : 기타 환경적인 요인
② No/Not : 디자인 의도의 완전한 부정
③ Reverse : 디자인 의도의 논리적 반대
④ More/Less : 정량적인 증가 또는 감소

해설 ① 항, Other than : 완전한 대체(통상 운전과 다르게 되는 상태)

39 경계 및 경보신호의 설계지침으로 틀린 것은?

① 주의를 환기시키기 위하여 변조된 신호를 사용한다.
② 배경소음의 진동수와 다른 진동수의 신호를 사용한다.
③ 귀는 중음역에 민감하므로 500 ~ 3000Hz의 진동수를 사용한다.
④ 300m이상의 장거리용으로는 1000Hz를 초과하는 진동수를 사용한다.

해설 ④ 항, 300m 이상의 장거리용으로는 1000 Hz이하의 진동수를 사용한다.

40 동작의 합리화를 위한 물리적 조건으로 적절하지 않은 것은?

① 고유 진동을 이용한다.
② 접촉 면적을 크게 한다.
③ 대체로 마찰력을 감소시킨다.
④ 인체표면에 가해지는 힘을 적게 한다.

해설 ②항, 접촉면적을 작게 한다.

제3과목 / 기계위험방지기술

41 다음 중 산업안전보건법령상 아세틸렌 가스용접장치에 관한 기준으로 틀린 것은?

① 전용의 발생기실은 건물의 최상층에 위치하여야 하며, 화기를 사용하는 설비로부터 1m를 초과하는 장소에 설치하여야 한다.
② 전용의 발생기실을 옥외에 설치한 경우에는 그 개구부를 다른 건축물로부터 1.5m 이상 떨어지도록 하여야 한다.
③ 아세틸렌 용접장치를 사용하여 금속의 용접・용단 또는 가열작업을 하는 경우에는 게이지 압력이 127kPa을 초과하는 압력의 아세틸렌을 발생시켜 사용해서는 아니 된다.
④ 전용의 발생기실을 설치하는 경우 벽은 불연성 재료로 하고 철근 콘크리트 또는 그 밖에 이와 동등 하거나 그 이상의 강도를 가진 구조로 하여야 한다.

해설 전용의 발생기실 : 건물의 최상층에 위치하여야 하며, 화기를 사용하는 설비로부터 3m를 초과하는 장소에 설치하여야 한다.

42 연삭숫돌의 상부를 사용하는 것을 목적으로 하는 탁상용 연삭기에서 안전덮개의 노출 부위 각도는 몇 ° 이내이어야 하는가?

① 90° 이내   ② 75° 이내
③ 60° 이내   ④ 105° 이내

해설 연삭숫돌의 상부를 사용하는 것을 목적으로 하는 탁상용 연삭기의 덮개의 노출각도는 60°이내로 제한하고 있다.

■ 정답 ■ 38.① 39.④ 40.② 41.① 42.③

43 프레스 작업에서 제품 및 스크랩을 자동적으로 위험한계 밖으로 배출하기 위한 장치로 볼 수 없는 것은?

① 피더
② 키커
③ 이젝터
④ 공기 분사 장치

해설 1) 피더(feeder)
　① 공급장치로 종류에는 테이블, 스크루, 에어프런, 로터리, 벨트, 세이킹 드래그(drag)등이 있다.
　② 전기에서 사용되는 급전선 또는 궤전선 등을 말한다.
2) **자동배출장치** : 키커(kicker), 이젝터(ejector), 공기분사장치 등

44 산업안전보건법령에 따라 프레스 등을 사용하여 작업을 하는 경우 작업시작 전 점검사항과 거리가 먼 것은?

① 전단기의 칼날 및 테이블의 상태
② 프레스의 금형 및 고정 볼트 상태
③ 슬라이드 또는 칼날에 의한 위험방지 기구의 기능
④ 전자밸브, 압력조정밸브 기타 공압 계통의 이상 유무

해설 프레스 및 전단기의 작업시작 전 점검사항
1) 클러치 및 브레이크의 기능
2) 크랭크축, 플라이휠, 슬라이드, 연결봉 및 연결나사의 볼의 풀림유무
3) 1행정 1정지기구, 급정지장치 및 비상정지장치의 기능
4) 슬라이드 또는 칼날에 의한 위험방지기구의 기능
5) 프레스의 금형 및 고정볼트 상태
6) 해당 방호장치의 기능점검
7) 전단기의 칼날 및 테이블의 상태

45 다음 중 포터블 벨트 컨베이어(potable belt conveyor)의 안전 사항과 관련한 설명으로 옳지 않은 것은?

① 포터블 벨트 컨베이어의 차륜간의 거리는 전도 위험이 최소가 되도록 하여야 한다.
② 기복장치는 포터블 벨트 컨베이어의 옆면에서만 조작하도록 한다.
③ 포터블 벨트 컨베이어를 사용하는 경우는 차륜을 고정하여야 한다.
④ 전동식 포터블 벨트 컨베이어를 이동하는 경우는 먼저 전원을 내린 후 컨베이어를 이동시킨 다음 컨베이어를 최저의 위치로 내린다.

해설 포터블 벨트 컨베이어를 이동하는 경우
1) 먼저 컨베이어를 최저의 위치로 내리고 전동식의 경우 전원을 차단하여야 한다.
2) 제조자에 의하여 제시된 최대 견인속도를 초과하지 말아야 한다.

46 사람이 작업하는 기계장치에서 작업자가 실수를 하거나 오조작을 하여도 안전하게 유지되게 하는 안전설계방법은?

① Fail Safe
② 다중계화
③ Fool proof
④ Back up

해설 1) fail safe : 인간이나 기계에 과오나 동작상의 실수가 있더라도 사고방지를 위해 2중, 3중으로 통제를 가하는 것
2) **다중계화** : 중요한 장치의 기능을 다중으로 설비하여 신뢰성과 안전성을 향상시키는 방법
3) fool proof : 제어계 시스템이나 제어장치에 대하여 인간이 실수나 오동작을 방지하기 위한 안전설계를 하는 방법
4) back up : 원본의 손상, 손실의 경우를 대비하여 원본을 미리 복사해 두는 것

■ 정답 ■　43.①　44.④　45.④　46.③

47 와이어로프 호칭이 '6×19'라고 할 때 숫자 '6'이 의미하는 것은?

① 소선의 지름(mm)
② 소선의 수량(wire수)
③ 꼬임의 수량(strand수)
④ 로프의 최대인장강도(MPa)

해설 와이어로프 명명법
「6×19」
1) 6 : 꼬임, 자승, 가닥, strand 등의 수
2) 19 : 소선의 수

48 숫돌 바깥지름이 150mm일 경우 평형 플랜지의 지름은 최소 몇 mm이상이어야 하는가?

① 25mm   ② 50mm
③ 75mm   ④ 100mm

해설 플랜지 지름 = 숫돌지름 $\times \frac{1}{3}$ 이상
= 150mm $\times \frac{1}{3}$ = 50mm 이상

49 사업주가 보일러의 폭발사고예방을 위하여 기능이 정상적으로 작동될 수 있도록 유지, 관리할 대상이 아닌 것은?

① 과부하방지장치   ② 압력방출장치
③ 압력제한스위치   ④ 고저수위조절장치

해설 보일러의 방호장치(안전장치)
1) 압력방출장치 : 최고사용압력 이하에서 자동적으로 밸브가 열려서 증기를 외부로 분출시켜 증기 상승압력을 방지하는 장치
2) 압력제한스위치 : 상용압력 이상으로 압력 상승시 보일러의 과열방지를 위해 버너의 연소차단 등 열원을 제거하여 정상압력으로 유도하는 장치
3) 고·저수위 조절장치 : 보일러 내의 수위가 최저 또는 최고한계에 도달하였을 경우 자동적으로 경보를 발하는 동시에 단수 또는 급수에 의해 수위를 조절하는 장치

50 광전자식 방호장치의 광선에 신체의 일부가 감지된 후로부터 급정지기구가 작동개시 하기까지의 시간이 40ms이고, 광축의 최소 설치거리(안전거리)가 200mm일 때 급정지기구가 작동개시한 때로부터 프레스기의 슬라이드가 정지될 때까지의 시간은 약 몇 ms인가?

① 60ms   ② 85ms
③ 105ms   ④ 130ms

해설 광전자식 방호장치의 광축의 설치거리(D)

$$D = 1.6(T_L + T_S)$$
$$\therefore T_S = \frac{D}{1.6} - T_L$$
$$= \frac{200}{1.6} - 40 = 85 \text{ms}$$

> **길잡이** 광축의 설치거리(위험부위에서 안전거리)
> $D(mm) = 1.6(T_L + T_S)$
> 여기서, T_L : 손이 광선차단 직후부터 급정지기구가 작동을 개시할 때까지의 시간(ms)
> T_S : 급정지기구 작동개시 시간부터 슬라이드가 정지할 때까지의 시간(ms)

51 산업안전보건법상 보일러의 안전한 가동을 위하여 보일러 규격에 맞는 압력방출장치가 2개 이상 설치된 경우에 최고사용압력 이하에서 1개가 작동되고 다른 압력방출장치는 최고사용압력의 몇 배 이하에서 작동되도록 부착하여야 하는가?

① 1.03배   ② 1.05배
③ 1.2배   ④ 1.5배

해설 보일러의 압력방출장치의 설치기준
1) 보일러의 안전한 가동을 위하여 보일러 규격에 적합한 압력방출장치를 1개 또는 2개 이상 설치하고 최고사용압력 이하에서 작동되

■ 정답 ■ 47.③ 48.② 49.① 50.② 51.②

도록 할 것. 다만 압력방출장치가 2개 이상 설치된 경우에는 최고사용압력 이하에서 1개가 작동되고, 다른 압력 방출장치는 최고사용압력 1.05배 이하에서 작동되도록 할 것
2) 압력방출장치는 1년에 1회 이상 표준압력계를 이용하여 토출압력을 시험한 후 납으로 봉인하여 사용하도록 할 것

52 방사선 투과검사에서 투과사진의 상질을 점검할 때 확인해야 할 항목으로 거리가 먼 것은?

① 투과도계의 식별도
② 시험부의 사진농도 범위
③ 계조계의 값
④ 주파수의 크기

해설 투과사진의 상질 점검시 확인사항
① 투과도계의 식별도
② 시험부의 사진농도 범위
③ 계조계의 값
주 투과사진의 상질수준 : 방사선투과시험에서 어떤 일정한 투과도계 식별도를 나타내는 투과사진 절차의 능력

53 목재가공용 둥근톱에서 안전을 위해 요구되는 구조로 옳지 않은 것은?

① 톱날은 어떤 경우에도 외부에 노출되지 않고 덮개가 덮여 있어야 한다.
② 작업 중 근로자의 부주의에도 신체의 일부가 날에 접촉할 염려가 없도록 설계되어야 한다.
③ 덮개 및 지지부는 경량이면서 충분한 강도를 가져야 하며, 외부에서 힘을 가했을 때 쉽게 회전될 수 있는 구조로 설계되어야 한다.
④ 덮개의 가동부는 원활하게 상하로 움직일 수 있고 좌우로 움직일 수 없는 구조로 설계되어야 한다.

해설 목재가공용둥근톱기계 : 강철원판의 둘레에 톱니를 만들어 이것을 회전치에 부착, 회전시키면서 목재를 가공하는 기계를 말한다.

54 양중기의 과부하장치에서 요구하는 일반적인 성능기준으로 틀린 것은?

① 과부하방지장치 작동 시 경보음과 경보램프가 작동되어야 하며 양중기는 작동이 되지 않아야 한다.
② 외함의 전선 접촉부분은 고무 등으로 밀폐되어 물과 먼지 등이 들어가지 않도록 한다.
③ 과부하방지장치와 타 방호장치는 기능에 서로 장애를 주지 않도록 부착할 수 있는 구조이어야 한다.
④ 방호장치의 기능을 제거하더라도 양중기는 원활하게 작동시킬 수 있는 구조이어야 한다.

해설 ④항, 방호장치의 기능을 제거 또는 정지할 때 양중기의 기능도 동시에 정지할 수 있는 구조이어야 한다.

55 작업자의 신체부위가 위험한계 내로 접근하였을 때 기계적인 작용에 의하여 접근을 못하도록 하는 방호장치는?

① 위치제한형 방호장치
② 접근거부형 방호장치
③ 접근반응형 방호장치
④ 감지형 방호장치

해설 1) **접근거부형 방호장치** : 작업자의 신체부위가 위험한계로 접근하였을 때 기계적인 작용에 의하여 접근을 못하도록 제지하는 것
[예] 수인식, 손쳐내기식 방호장치 등
2) **접근반응형 방호장치** : 작업자의 신체부위가 위험한계 또는 그 인접한 거리 내로 들어오면 이를 감지하여 그 즉시 기계의 동작을 정지시키고 경보 등을 발하는 것
[예] 프레스기의 감응식 방호장치 등

■ 정답 ■ 52.④ 53.③ 54.④ 55.②

3) 위치제한형 방호장치 : 작업자의 신체부위가 위험한계 밖에 있도록 기계의 조작장치를 위험한 작업점에서 안전거리 이상 떨어지게 하거나 조작장치를 양손으로 동시조작하게 함으로써 위험한계에 접근하는 것을 제한하는 것
[예] 양수조작식

4) 감지형 방호장치 : 이상온도, 이상기압, 과부하 등 기계의 부하가 안전한계치를 초과하는 경우에 이를 감지하여 자동으로 안전상태가 되도록 조정하거나 기계의 작동을 중지시키는 방호장치

56 다음 중 아세틸렌 용접장치에서 역화의 원인으로 가장 거리가 먼 것은?

① 아세틸렌의 공급 과다
② 토치 성능의 부실
③ 압력조정기의 고장
④ 토치 팁에 이물질이 묻은 경우

해설 아세틸렌 용접장치의 역화 원인
1) 과열되었을 경우
2) 산소공급이 과다할 경우
3) 입력조정기 고장
4) 토치의 성능이 좋지 않을 경우
5) 토치 팁에 이물질이 묻었을 경우

57 질량 100kg의 화물이 와이어로프에 매달려 2m/s²의 가속도로 권상되고 있다. 이때 와이어로프에 작용하는 장력의 크기는 몇 N인가? (단, 여기서 중력가속도는 10m/s²로 한다.)

① 200N
② 300N
③ 1200N
④ 2000N

해설 1) 총하중(장력)=정하중+동하중
$$= 100\text{kg} + 100\text{kg} \times \frac{2\text{m/s}^2}{10\text{m/s}^2} = 120\text{kg}$$
2) $120\text{kg} \times \frac{9.8\text{N}}{1\text{kg}} = 1176\text{N} ≒ 1200\text{N}$

58 설비의 고장형태를 크게 초기고장, 우발고장, 마모고장으로 구분할 때 다음 중 마모고장과 가장 거리가 먼 것은?

① 부품, 부재의 마모
② 열화에 생기는 고장
③ 부품, 부재의 반복피로
④ 순간적 외력에 의한 파손

해설 ④항, 순간적 외력에 의한 파손 : 우발고장

59 용접장치에서 안전기의 설치 기준에 관한 설명으로 옳지 않은 것은?

① 아세틸렌 용접장치에 대하여는 일반적으로 각 취관마다 안전기를 설치하여야 한다.
② 아세틸렌 용접장치의 안전기는 가스용기와 발생기가 분리되어 있는 경우 발생기와 가스용기 사이에 설치한다.
③ 가스집합 용접장치에서는 주관 및 분기관에 안전기를 설치하며, 이 경우 하나의 취관에 2개 이상의 안전기를 설치한다.
④ 가스집합 용접장치의 안전기 설치는 화기사용설비로부터 3m 이상 떨어진 곳에 설치한다.

해설 가스집합장치에 대해서는 화기를 사용하는 설비로부터 5m이상 떨어진 장소에 설치하여야 한다.

60 밀링작업에서 주의해야 할 사항으로 옳지 않은 것은?

① 보안경을 쓴다.
② 일감 절삭 중 치수를 측정한다.
③ 커터에 옷이 감기지 않게 한다.
④ 커터는 될 수 있는 한 컬럼에 가깝게 설치한다.

해설 ②항, 운전을 정지한 후 치수를 측정한다.

■ 정답 ■ 56.① 57.③ 58.④ 59.④ 60.②

제4과목 / 전기위험방지기술

61 인입개폐기를 개방하지 않고 전등용 변압기 1차측 COS만 개방 후 전등용 변압기 접속용 볼트 작업 중 동력용 COS에 접촉, 사망한 사고에 대한 원인으로 가장 거리가 먼 것은?

① 안전장구 미사용
② 동력용 변압기 COS 미개방
③ 전등용 변압기 2차측 COS 미개방
④ 인입구 개폐기 미개방한 상태에서 작업

해설 사고원인
1) 인입구 개폐기 미개방
2) 동력용 변압기 COS 미개방
3) 안전장구 및 보호구 등 미사용
주 COS : 인입구개폐기

62 정전작업 시 정전시킨 전로에 잔류전하를 방전할 필요가 있다. 전원차단 이후에도 잔류전하가 남아 있을 가능성이 가장 낮은 것은?

① 방전 코일
② 전력 케이블
③ 전력용 콘덴서
④ 용량이 큰 부하기기

해설 정전전로에 잔류전하를 방전할 필요가 있는 전기기기
① 전력케이블
② 전력용 콘덴서
③ 용량이 큰 부하기기

63 이동식 전기기기의 감전사고를 방지하기 위한 가장 적정한 시설은?

① 접지설비 ② 폭발방지설비
③ 시건장치 ④ 피뢰기설비

해설 대지전압이 150V를 초과하는 이동식 또는 휴대형 전기기계·기구 : 누전차단기·접지설비 등을 설치하여야 한다.

64 인체의 전기저항을 0.5kΩ이라고 하면 심실 세동을 일으키는 위험한계 에너지는 몇 J 인가? (단, 심실세동전류값 $I = \dfrac{165}{\sqrt{T}}$ mA의 Dalziel의 식을 이용하며, 통전시간은 1초로 한다.)

① 13.6 ② 12.6
③ 11.6 ④ 10.6

해설 1) 인체저항 0.5kΩ : 500Ω,
통전시간 : 1초
2) $W = I^2 R T$
$= \left(\dfrac{165}{\sqrt{T}} \times 10^{-3}\right)^2 \times 500 \times T$
$= 13.6 J$

65 인체의 피부 전기저항은 여러 가지의 제반조건에 의해서 변화를 일으키는데 제반조건으로써 가장 가까운 것은?

① 피부의 청결 ② 피부의 노화
③ 인가전압의 크기 ④ 통전경로

해설 인체피부의 전기저항에 영향을 주는 요인
1) 인가전압의 크기와 전류의 세기
2) 접촉면적
3) 인가시간

66 고장전류와 같은 대전류를 차단할 수 있는 것은?

① 차단기(CB) ② 유입 개폐기(OS)
③ 단로기(DS) ④ 선로 개폐기(LS)

해설 1) 차단기(CB, circuit breaker) : 이상상태, 특히 단락상태에서 전로를 개폐할 수 있는 장

■ 정답 ■ 61.③ 62.① 63.① 64.① 65.③ 66.①

치(고장전류와 같은 대전류 차단)
2) 유입개폐기(OS, oil switch) : 차단부분이 오일(oil)속에 있는 차단기
3) 단로기(DS, disconnecting switch) : 무부하 회로에서 개폐하는 개폐기

67 1[C]을 갖는 2개의 전하가 공기 중에서 1[m]의 거리에 있을 때 이들 사이에 작용하는 정전력은?

① 8.854×10^{-12}[N]
② 1.0[N]
③ 3×10^3[N]
④ 9×10^9[N]

해설 1) 정전력 : 정지한 상태에 있는 전하사이에 작용하는 힘으로 쿨롱의 법칙에 따른다.
2) 쿨롱의 법칙 : 정전력(F)은 2개의 전하 Q_1과 Q_2의 곱에 비례하고 Q_1과 Q_2의 거리(r)의 제곱에 반비례한다.

$$F = 9 \times 10^9 \times \frac{Q_1 Q_2}{r^2}$$

여기서, F : 정전력(N ; 뉴톤)
Q_1, Q_2 : 전하량 (C ; 쿨롱)
r ; 거리(m)

3) $F = 9 \times 10^9 \times \frac{Q_1 \cdot Q_2}{r^2}$
$= 9 \times 10^9 \times \frac{1 \times 1}{1^2} = 9 \times 10^9 N$

68 금속제 외함을 가지는 기계기구에 전기를 공급하는 전로에 지락이 발생했을 때에 자동적으로 전로를 차단하는 누전차단기 등을 설치하여야 한다. 누전차단기를 설치해야 되는 경우로 옳은 것은?

① 기계기구가 고무, 합성수지 기타 절연물로 피복된 것일 경우
② 기계기구가 유도전동기의 2차측 전로에 접속된 저항기일 경우
③ 대지전압이 150V를 초과하는 전동 기계·기구를 시설하는 경우
④ 전기용품안전관리법의 적용을 받는 2중절연 구조의 기계기구를 시설하는 경우

해설 누전차단기를 설치해야 할 전기기계·기구
1) 대지전압이 150V를 초과하는 이동형 또는 휴대형 전기기계·기구
2) 물 등 도전성이 높은 액체가 있는 습윤장소에서 사용하는 저압(1500V 이하 직류전압이나 1000V 이하 교류 전압)용 전기기계·기구
3) 철판·철골 위 등 도전성이 높은 장소에서 사용하는 이동형 휴대형 전기기계·기구
4) 임시배선의 전로가 설치되는 장소에서 사용하는 이동형 또는 휴대형 전기기계·기구

69 전기기기의 충격 전압시험 시 사용하는 표준 충격파형(T_f, T_t)은?

① $1.2 \times 50 \mu s$
② $1.2 \times 100 \mu s$
③ $2.4 \times 50 \mu s$
④ $2.4 \times 100 \mu s$

해설 충격전압시험시의 표준충격파형 :
$1.2 \times 50 \mu s$

주 $1 \mu s$(마이크로세크) $= \frac{1}{10^6}$ s(초)

70 인체 통전으로 인한 전격(electric shock)의 정도를 징함에 있어 그 인지로서 가장 거리가 먼 것은?

① 전압의 크기
② 통전시간
③ 전류의 크기
④ 통전경로

해설 전격위험도 결정조건(감전의 위험요소)
1) 1차적 감전 위험요소
① 통전전류의 크기(감전에 의한 사망 위험성을 결정하는 요인)
② 전원(직류, 교류)의 종류
③ 통전경로
④ 통전시간
2) 2차적 감전 위험요소
① 인체의 조건(저항)
② 전압
③ 주파수 및 계절

■ 정답 ■ 67.④ 68.③ 69.① 70.①

71 심실세동 전류란?

① 최소 감지전류　② 치사적 전류
③ 고통 한계전류　④ 마비 한계전류

해설 충전전류의 크기와 인체에 미치는 영향(60Hz의 교류에서 건강한 성인남자의 경우)
① **최소감지전류**(1mA 정도) : 통전되는 전류를 느낄 수 있는 정도의 전류치
② **고통한계전류**(7~8mA) : 고통을 참을 수 있는 한계의 전류치
③ **마비한계전류**(10~15mA) : 인체 각 부의 근육이 수축현상을 일으키고 신경이 마비되어 신체를 자유로이 움직일 수 없게 되는 경우의 전류치
④ **심실세동전류**(치사전류) : 심장이 불규칙한 세동을 일으키며 혈액순환이 곤란하게 되고 심장이 마비되는 현상을 일으키는 전류치

72 누전차단기의 구성요소가 아닌 것은?

① 누전검출부　② 영상변류기
③ 차단장치　　④ 전력퓨즈

해설 전류동작형 누전차단기의 구성요소
① 누전검출부
② 영상변류기
③ 차단기구

73 자동차가 통행하는 도로에서 고압의 지중전선로를 직접 매설식으로 시설할 때 사용되는 전선으로 가장 적합한 것은?

① 비닐 외장 케이블
② 폴리에틸렌 외장 케이블
③ 클로로프렌 외장 케이블
④ 콤바인 덕트 케이블(combine duct cable)

해설 케이블의 종류
1) **전력케이블** : 폴리에틸렌, 절연 비닐시드케이블 등
2) **제어케이블** : 일반 빌딩, 공장, 발수변전소, 기타 600V 이하인 제어회로에 사용되는 케이블
3) **캡타이어 케이블** : 이동용 전기기구 또는 배선 등에 사용되는 케이블
4) **콤바인덕트 케이블** : 자동차가 통행하는 도로에 지중전선로를 직접 매설식으로 시설할 수 있는 전선
5) **고무캡타이어 코드** : 습기가 많은 작업장, 욕실 등에서 누전에 의한 감전을 예방하기 위한 이동용 전선
6) **코드** : 옥내에서 적하식 전등 및 기타 소형전기기구에 사용
7) **클로로프렌 외장케이블** : 전력용의 저압 및 고압케이블

74 감전사고로 인한 전격사의 메커니즘으로 가장 거리가 먼 것은?

① 흉부수축에 의한 질식
② 심실세동에 의한 혈액순환기능의 상실
③ 내장파열에 의한 소화기계통의 기능상실
④ 호흡중추신경 마비에 따른 호흡기능 상실

해설 전격현상의 메커니즘
① 심장의 심실세동에 의한 혈액순환 기능의 상실
② 뇌의 호흡 중추신경 마비에 따른 호흡중지
③ 흉부수축에 의한 질식

75 조명기구를 사용함에 따라 작업면의 조도가 점차적으로 감소되어가는 원인으로 가장 거리가 먼 것은?

① 점등 광원의 노화로 인한 광속의 감소
② 조명기구에 붙은 먼지, 오물, 반사면의 변질에 의한 광속 흡수율 감소
③ 실내 반사면에 붙은 먼지, 오물, 반사면의 화학적 변질에 의한 광속 반사율 감소
④ 공급전압과 광원의 정격전압의 차이에서 오는 광속의 감소

해설 ②항, 광속흡수율이 감소되는 경우는 작업면의 조도가 증가된다.

■ 정답 ■　71.②　72.④　73.④　74.③　75.②

76 지구를 고립한 지구도체라 생각하고 1[C]의 전하가 대전되었다면 지구 표면의 전위는 대략 몇 [V]인가? (단, 지구의 반경은 6367km이다.)

① 1414 V
② 2828 V
③ 9×10^4 V
④ 9×10^9 V

해설 지구표면의 전위(V)

$$V = \frac{Q}{4\pi\epsilon_0 r} = 9 \times 10^9 \times \frac{Q}{r}$$
$$= 9 \times 10^9 \times \frac{1}{6367 \times 1000} = 1414V$$

여기서, Q : 전하량 (C ; 쿨롱)
$4\pi\epsilon_0$: $1/9 \times 10^9$ (ϵ_o : 유전율)
$\left(\frac{1}{4\pi\epsilon_0} = 9 \times 10^9\right)$
r : 반경(m)

77 감전사고로 인한 호흡 정지 시 구강대 구강법에 의한 인공호흡의 매분 회수와 시간은 어느 정도 하는 것이 가장 바람직한가?

① 매분 5~10회, 30분 이하
② 매분 12~15회, 30분 이상
③ 매분 20~30회, 30분 이상
④ 매분 30회 이상, 20분~30분 정도

해설 인공호흡 : 분당 12~15회(4초 간격)의 속도로 30분 이상 반복 실시한다.

78 산업안전보건법에는 보호구를 사용 시 안전인증을 받은 제품을 사용토록 하고 있다. 다음 중 안전인증 대상이 아닌 것은?

① 안전화
② 고무장화
③ 안전장갑
④ 감전위험방지용 안전모

해설 안전인증대상 보호구 및 자율안전확인대상보호구

안전인증대상보호구	자율안전확인대상보호구
1. 추락 및 감전위험방지용 안전모 2. 안전화 3. 안전장갑 4. 방진마스크 5. 방독마스크 6. 송기마스크 7. 전동식 호흡용 보호구 8. 보호복 9. 안전대 10. 차광 및 비산물 위험방지용 보안경 11. 용접용 보안면 12. 방음용 귀마개 및 귀덮개	1. 안전모(추락 및 감전 위험방지용은 제외) 2. 보안경(차광 및 비산물 위험방지용은 제외) 3. 보안면(용접용 보안면은 제외)

79 전기화재의 경로별 원인으로 거리가 먼 것은?

① 단락
② 누전
③ 저전압
④ 접촉부의 과열

해설 전기화재의 출화의 경과에 의한 분류(전기화재의 경로별 원인)
① 단락 ② 스파크
③ 누전 및 지락 ④ 접촉부의 과열
⑤ 절연열화 및 절연파괴
⑥ 과전류

80 내압 방폭구조는 다음 중 어느 경우에 가장 가까운가?

① 점화 능력의 본질적 억제
② 점화원의 방폭적 격리
③ 전기설비의 안전도 증강
④ 전기 설비의 밀폐화

해설 전기설비의 방폭화 방법
1) 점화원의 방폭적 격리 : 내압 방폭구조, 압력 방폭구조, 유입방폭구조의 전기설비
2) 전기설비의 안전도 증강 : 안전증방폭구조
3) 점화능력의 본질적 억제 : 본질안전방폭구조의 전기설비

■ 정답 ■ 76.① 77.② 78.② 79.③ 80.②

제5과목 / 화학설비위험방지시설

81 다음 중 분말 소화약제로 가장 적절한 것은?

① 사염화탄소 ② 브롬화메탄
③ 수산화암모늄 ④ 제1인산암모늄

해설 분말소화약제
1) 제1종 분말소화약제 : 중탄산나트륨 ($NaHCO_3$)
2) 제2종 분말소화약제 : 중탄산칼륨 ($KHCO_3$)
3) 제3종 분말소화약제 : 인산암모늄 ($NH_4H_2PO_3$)
4) 제4종 분말소화약제 : 중탄산칼륨 ($KHCO_3$)+요소[$(NH_2)_2CO$]

82 사업주는 산업안전보건법령에서 정한 설비에 대해서는 과압에 따른 폭발을 방지하기 위하여 안전밸브 등을 설치하여야 한다. 다음 중 이에 해당하는 설비가 아닌 것은?

① 원심펌프
② 정변위 압축기
③ 정변위 펌프(토출측에 차단밸브가 설치된 것만 해당한다.)
④ 배관(2개 이상의 밸브에 의하여 차단되어 대기온도에서 액체의 열팽창에 의하여 파열될 우려가 있는 것으로 한정한다.)

해설 안전밸브 또는 파열판의 설치 : 다음 각 호에 해당하는 설비에 대해서는 과압에 따른 폭발을 방지하기 위하여 폭발방지 성능과 규격을 갖춘 안전밸브 또는 파열판을 설치하여야 한다.
1) 압력용기 : 관형 열교환기는 관의 파열로 인한 압력상승이 압력용기의 최고사용압력을 초과할 우려가 있는 경우에 한하며, 내경이 150mm 이하인 압력용기는 제외

2) 정변위압축기 : 다단압축기인 경우에는 압축기의 각단
3) 정변위펌프 : 토출측에 차단밸브가 설치된 것에 한함
4) 배관 : 2개 이상의 밸브에 의하여 차단되어 대기온도에서 액체의 열팽창에 의하여 파열이 우려되는 것에 한함
5) 그 밖에 화학설비 및 그 부속설비 : 이상 화학반응, 밸브의 막힘 등 이상상태로 인한 압력상승으로 해당설비의 최고사용압력을 초과할 우려가 있는 곳

83 메탄 50vol%, 에탄 30vol%, 프로판 20vol% 혼합가스의 공기 중 폭발 하한계는? (단, 메탄, 에탄, 프로판의 폭발 하한계는 각각 5.0vol%, 3.0vol%, 2.1vol%이다.)

① 1.6vol% ② 2.1vol%
③ 3.4vol% ④ 4.8vol%

해설
$$L = \frac{V_1+V_2+V_3}{\frac{V_1}{L_1}+\frac{V_2}{L_2}+\frac{V_3}{L_3}}$$
$$= \frac{50+30+20}{\frac{50}{5.0}+\frac{30}{3.0}+\frac{20}{2.1}} = 3.4\text{vol}\%$$

84 공업용 용기의 몸체 도색으로 가스명과 도색명의 연결이 옳은 것은?

① 산소 - 청색 ② 질소 - 백색
③ 수소 - 주황색 ④ 아세틸렌 - 회색

해설 공업용 고압가스 용기의 도색
1) 액화탄산가스 : 청색
2) 산소 : 녹색
3) 수소 : 주황색
4) 아세틸렌 : 황색
5) 액화암모니아 : 백색
6) 액화염소 : 갈색
7) 액화석유가스(LPG) 및 기타 가스 : 회색

■ 정답 ■ 81.④ 82.① 83.③ 84.③

85 폭발에 관한 용어 중 "BLEVE"가 의미하는 것은?

① 고농도의 분진폭발
② 저농도의 분해폭발
③ 개방계 증기운 폭발
④ 비등액 팽창증기폭발

해설 BLEVE(Boiling Liquid Expanding Vapor Explosion) 비등상태의 액화가스가 기화하여 팽창하고 폭발하는 현상이다.(블레비, 비등액 팽창 증기폭발)

86 다음 중 분진폭발이 발생하기 쉬운 조건으로 적절하지 않은 것은?

① 발열량이 클 때
② 입자의 표면적이 작을 때
③ 입자의 형상이 복잡할 때
④ 분진의 초기 온도가 높을 때

해설 분진폭발이 발생하기 쉬운 조건
① 발열량이 클 때
② 입자의 표면적이 클 때
③ 입자의 형상이 복잡할 때
④ 분진의 초기온도가 높을 때

87 다음 중 가연성 물질과 산화성 고체가 혼합하고 있을 때 연소에 미치는 현상으로 옳은 것은?

① 착화온도(발화점)가 높아진다.
② 최소점화에너지가 감소하며, 폭발의 위험성이 증가한다.
③ 가스나 가연성 증기의 경우 공기혼합보다 연소범위가 축소된다.
④ 공기 중에서보다 산화작용이 약하게 발생하여 화염온도가 감소하며 연소속도가 늦어진다.

해설 가연성물질과 산화성고체 혼합시 연소성
① 착화온도(발화점)가 낮아진다.
② 최소점화에너지가 감소하며 폭발의 위험성이 증가한다.
③ 연소범위가 넓어진다.
④ 화염온도가 증가하며 연소속도가 빨라진다.

88 다음 중 인화점이 가장 낮은 물질은?

① CS_2
② C_2H_5OH
③ CH_3COCH_3
④ $CH_3COOC_2H_5$

해설 인화점
① CS_2(이황화탄소) : $-30℃$
② C_2H_5OH(에틸알코올) : $13℃$
③ CH_3COCH_3(아세톤) : $-18℃$
④ $CH_3COOC_2H_5$(에틸아세테이트) : $-4.4℃$

89 다음 중 폭발 또는 화재가 발생할 우려가 있는 건조설비의 구조로 적절하지 않은 것은?

① 건조설비의 바깥 면은 불연성 재료로 만들 것
② 위험물 건조설비의 열원으로서 직화를 사용하지 아니할 것
③ 위험물 건조설비의 측벽이나 바닥은 견고한 구조로 할 것
④ 위험물 건조설비는 상부를 무거운 재료로 만들고 폭발구를 설치할 것

해설 건조설비의 구조 등
① 건조설비의 바깥 면은 불연성 재료로 만들 것
② 건조설비(유기과산화물을 가열 건조하는 것은 제외한다)의 내면과 내부의 선반이나 틀은 불연성 재료로 만들 것
③ 위험물 건조설비의 측벽이나 바닥은 견고한 구조로 할 것
④ 위험물 건조설비는 그 상부를 가벼운 재료로 만들고 주위상황을 고려하여 폭발구를 설치할 것
⑤ 위험물 건조설비는 건조하는 경우에 발생하는 가스·증기 또는 분진을 안전한 장소로 배출시킬 수 있는 구조로 할 것

■ 정답 ■ 85.④ 86.② 87.② 88.① 89.④

⑥ 액체연료 또는 인화성 가스를 열원의 연료로 사용하는 건조설비는 점화하는 경우에는 폭발이나 화재를 예방하기 위하여 연소실이나 그 밖에 점화하는 부분을 환기시킬 수 있는 구조로 할 것
⑦ 건조설비의 내부는 청소하기 쉬운 구조로 할 것
⑧ 건조설비의 감시창·출입구 및 배기구 등과 같은 개구부는 발화 시에 불이 다른 곳으로 번지지 아니하는 위치에 설치하고 필요한 경우에는 즉시 밀폐할 수 있는 구조로 할 것
⑨ 건조설비는 내부의 온도가 국부적으로 상승하지 아니하는 구조로 설치할 것
⑩ 위험물 건조설비의 열원으로서 직화를 사용하지 아니할 것
⑪ 위험물 건조설비가 아닌 건조설비의 열원으로서 직화를 사용하는 경우에는 불꽃 등에 의한 화재를 예방하기 위하여 덮개를 설치하거나 격벽으로 설치할 것

90 니트로셀룰로오스의 취급 및 저장방법에 관한 설명으로 틀린 것은?

① 저장 중 충격과 마찰 등을 방지하여야 한다.
② 물과 격렬히 반응하여 폭발함으로 습기를 제거하고, 건조 상태를 유지한다.
③ 자연발화 방지를 위하여 안전용제를 사용한다.
④ 화재 시 질식소화는 적응성이 없으므로 냉각소화를 한다.

해설 니트로 셀룰로오스(질화면)
① 물과 혼합할수록 위험성이 감소되므로 운반 시는 물(20%), 용제 또는 알코올(30%)을 첨가 습윤시킨다.
② 건조상태에 이르면 즉시 습윤상태를 유지시킨다.

91 아세틸렌 압축 시 사용되는 희석제로 적당하지 않은 것은?

① 메탄
② 질소
③ 산소
④ 에틸렌

해설 아세틸렌(C_2H_2) 희석제 : 메탄(CH_4), 질소(N_2), 에틸렌(C_2H_4), 일산화탄소(CO), 수소(H_2), 프로판(C_3H_8), 탄산가스(CO_2) 등

92 수분을 함유하는 에탄올에서 순수한 에탄올을 얻기 위해 벤젠과 같은 물질은 첨가하여 수분을 제거하는 증류 방법은?

① 공비증류
② 추출증류
③ 가압증류
④ 감압증류

해설 공비증류 : 비점 차이가 상당히 큰(100℃ 이상) 물질의 혼합물 증류 시 단수를 증가하거나 환류를 증가하여도 어느 한도 이상으로는 분리할 수 없는 경우가 있는데 이와 같은 혼합물을 공비혼합물이라 한다.
① 2성분계가 공비혼합물인 경우 분리방법은 추출증류와 같이 제3의 성분을 첨가하는 방법을 사용한다.
② 공비증류는 알코올-물계와 같이 상호 용해하고 있는 혼합물에서 물을 제거하는데 사용되는 경우가 많으며 첨가물로 벤젠을 사용한다.

93 다음 중 퍼지의 종류에 해당하지 않는 것은?

① 압력퍼지
② 진공퍼지
③ 스위프퍼지
④ 가열퍼지

해설 퍼지의 종류(불활성화 방법)
① 진공퍼지(저압퍼지) : 용기에 대한 가장 일반적인 불활성화 방법으로 큰 용기는 보통 진공이 되도록 설계되지 않아서 큰 저장용기에는 사용할 수 없다.
② 압력퍼지 : 가압하에서 불활성 가스를 주입함으로써 퍼지시킬 수 있는 방법이다.
③ 스위프퍼지 : 용기의 한 개구부로 퍼지가스를 가하고 다른 개구부로부터 대기로 혼합가스를 축출시키는 방법으로 용기나 장치에 압력을 가하거나 진공으로 할 수 없을 때에 사용된다.
④ 사이폰퍼지 : 대상기기에 물 또는 적합한 액체를 채운 뒤 액체를 배출시키면서 치환가스를 주입하는 방법이다.

■ 정답 ■ 90.② 91.③ 92.① 93.④

94 비중이 1.5이고, 직경이 $74\mu m$인 분체가 종말 속도 0.2m/s로 직경 6m의 사일로(silo)에서 질량유속 400kg/h로 흐를 때 평균 농도는 약 얼마인가?

① 10.8mg/L ② 14.8mg/L
③ 19.8mg/L ④ 25.8mg/L

해설 1) $Q = AV$
$= \left(\dfrac{\pi}{4} \times 6^2 \mathrm{m}^2\right) \times 0.2\mathrm{m/sec} \times \dfrac{3600\mathrm{sec}}{1\mathrm{hr}}$
$= 20347.2 \mathrm{m}^3/\mathrm{hr}$

2) 농도 $= \dfrac{\text{무게}(\mathrm{mg})}{\text{부피}(\mathrm{L})}$

$= \dfrac{400\mathrm{kg/hr} \times \dfrac{10^6 \mathrm{mg}}{1\mathrm{kg}}}{20347.2\mathrm{m}^3/\mathrm{hr} \times \dfrac{1000\mathrm{L}}{1\mathrm{m}^3}} = 19.66\mathrm{mg/L}$

95 위험물안전관리법령에 의한 위험물의 분류 중 제1류 위험물에 속하는 것은?

① 염소산염류 ② 황린
③ 금속칼륨   ④ 질산에스테르

해설 제1류 위험물 산화성고체의 품명 및 종류
1) **아염소산염류** : 아염소산나트륨, 아염소산칼륨 등
2) **염소산염류** : 염소산나트륨, 염소산칼륨, 염소산암모늄, 염소산칼슘 등
3) **과염소산염류** : 과염소산나트륨, 과염소산칼륨, 과염소산암모늄 등
4) **무기과산화물** : 과산화나트륨, 과산화 칼륨 등
5) 기타 브롬산염류, 질산염류, 요오드산염류, 과망간산염류, 중크롬산염류 등

96 다음 중 벤젠(C_6H_6)의 공기 중 폭발하한 계값(vol%)에 가장 가까운 것은?

① 1.0 ② 1.5
③ 2.0 ④ 2.5

해설 벤젠(C_6H_6)의 폭발범위 : 1.3~7.8vol%

97 다음 중 전기화재의 종류에 해당하는 것은?

① A급 ② B급
③ C급 ④ K급

해설 화재의 종류 및 적응소화기
1) A급화재(일반화재)
   ① 일반가연물(연소 후 재를 남김)의 화재를 말한다.
   ② 소화방법 : 물에 의한 냉각소화로 주수, 산, 알칼리 등에 의한다.
2) B급 화재(유류화재)
   ① 에테르, 알코올, 석유, 가연성 액체 등의 유류화재가 이에 속한다.
   ② 소화방법 : 공기차단으로 인한 피복소화로 화학포, 증발성 액체(할로겐화물), 소화분말(드라이케미칼), 탄산가스 등을 사용한다.
3) C급 화재(전기화재)
   ① 전기기구 및 전기장치 등에서 누전 또는 부하 등에 의하여 발생하는 화재를 말한다.
   ② 소화방법 : 증발성 액체, 소화분말, 탄산가스 소화기 등에 의하여 질식·냉각시킨다.
4) D급 화재(금속화재)
   ① 리튬, 칼륨, 나트륨, 마그네슘, 알루미늄 등의 화재를 말한다.
   ② 소화방법 : 건조사, 팽창질석 등에 의하여 질식·소화시킨다.
5) K급 화재(주방화재)
   ① 동식물유에 의한 화재를 말한다.
   ② 소화방법 : 건조사를 사용하여 질식·소화시킨다.

98 위험물을 산업안전보건법령에서 정한 기준량 이상으로 제조하거나 취급하는 설비로서 특수화학설비에 해당되는 것은?

① 가열시켜 주는 물질의 온도가 가열되는 위험물질의 분해온도보다 높은 상태에서 운전되는 설비
② 상온에서 게이지 압력으로 200kPa의 압력으로 운전되는 설비
③ 대기압 하에서 섭씨 300°C로 운전되는 설비
④ 흡열반응이 행하여지는 반응설비

■ 정답 ■ 94.④ 95.① 96.② 97.③ 98.①

해설 특수화학설비의 종류(안전보건규칙) : 위험물질의 기준량 이상으로 제조 또는 취급되는 다음 각 호의 화학설비
① 발열반응이 일어나는 반응장치
② 증류·정류·증발·추출 등 분리를 행하는 장치
③ 가열시켜주는 물질의 온도가 가열되는 위험물질의 분해온도 또는 발화점보다 높은 상태에서 운전되는 설비
④ 반응폭주 등 이상 화학반응에 의하여 위험물질이 발생할 우려가 있는 설비
⑤ 온도가 섭씨 350℃이상이거나 게이지압력이 980kPa 이상인 상태에서 운전되는 설비
⑥ 가열로 또는 가열기

99 다음 중 축류식 압축기에 대한 설명으로 옳은 것은?

① Casing 내에 1개 또는 수 개의 회전체를 설치하여 이것을 회전시킬 때 Casing과 피스톤 사이의 체적이 감소해서 기체를 압축하는 방식이다.
② 실린더 내에서 피스톤을 왕복시켜 이것에 따라 개폐하는 흡입밸브 및 배기밸브의 작용에 의해 기체를 압축하는 방식이다.
③ Casing 내에 넣어진 날개바퀴를 회전시켜 기체에 작용하는 원심력에 의해서 기체를 압송하는 방식이다.
④ 프로펠러의 회전에 의한 추진력에 의해 기체를 압송하는 방식이다.

해설 송풍기 및 압축기의 종류
① 회전식 송풍기 또는 압축기 : 케이싱(casing)내에 1개 또는 여러 개의 피스톤(piston)을 설치하고 이것을 회전시킬 때 케이싱과 피스톤 사이의 체적이 감소해서 기체를 압축시킨다.
② 왕복식 송풍기 : 실린더 내에서 피스톤을 왕복시켜 이것에 따라 개폐하는 흡입밸브 및 토출밸브의 작용에 의해 기체를 압축시킨다.
③ 원심식 송풍기 또는 압축기 : 케이싱 내에 넣어진 임펠러(impeller, 날개바퀴)를 회전시켜 기체에 작용하는 원심력에 의해서 기체를 압축시킨다.
④ 축류식 송풍기 또는 압축기 : 프로펠러(propeller)의 회전에 의한 추진력에 의해서 기체를 압송한다.

100 산업안전보건법령상 위험물질의 종류에서 "폭발성 물질 및 유기과산화물"에 해당하는 것은?

① 리튬
② 아조화합물
③ 아세틸렌
④ 셀룰로이드류

해설 폭발성 물질 및 유기과산화물 : 가열·마찰·충격 또는 다른 화학물질과의 접촉 등으로 인하여 산소나 산화제의 공급이 없더라도 폭발 등 격렬한 반응을 일으킬 수 있는 고체나 액체로서 다음 항목에 해당하는 물질
1) 질산에트레르류 2) 니트로 화합물
3) 니트로소 화합물 4) 아조 화합물
5) 디아조 화합물 6) 하이드라진 및 그 유도체
7) 유기과산화물 등

제6과목 / 건설안전기술

101 철골기둥, 빔 및 트러스 등의 철골구조물을 일체화 또는 지상에서 조립하는 이유로 가장 타당한 것은?

① 고소작업의 감소
② 화기사용의 감소
③ 구조체 강성 증가
④ 운반물량의 감소

해설 철골구조물을 일체화 또는 지상에서 조립하는 이유 : 고소작업의 감소

■ 정답 ■ 99.④ 100.② 101.①

102 터널 지보공을 조립하거나 변경하는 경우에 조치하여야 하는 사항으로 옳지 않은 것은?

① 목재의 터널 지보공은 그 터널 지보공의 각 부재에 작용하는 긴압정도를 체크하여 그 정도가 최대한 차이나도록 한다.
② 강(鋼)아치 지보공의 조립은 연결볼트 및 띠장 등을 사용하여 주재 상호간을 튼튼하게 연결할 것
③ 기둥에는 침하를 방지하기 위하여 받침목을 사용하는 등의 조치를 할 것
④ 주재(主材)를 구성하는 1세트의 부재는 동일 평면 내에 배치할 것

해설 ①항, 목재의 터널지보공은 그 터널지보공의 각 부재의 긴압정도가 균등하게 되도록 할 것

103 콘크리트 타설작업 시 안전에 대한 유의사항으로 옳지 않은 것은?

① 콘크리트를 치는 도중에는 지보공·거푸집 등의 이상유무를 확인한다.
② 높은 곳으로부터 콘크리트를 타설할 때는 호퍼로 받아 거푸집내에 꽂아 넣는 슈트를 통해서 부어 넣어야 한다.
③ 진동기를 가능한 한 많이 사용할수록 거푸집에 작용하는 측압상 안전하다.
④ 콘크리트를 한 곳에만 치우쳐서 타설하지 않도록 주의한다.

해설 콘크리트 타설시 내부진동기를 사용하여 다지기를 할 때 유의사항
① 진동기는 슬럼프값 15cm 이하에만 사용한다.
② 퍼붓기 1회의 깊이는 60cm 미만으로 하고 진동기 사용간격은 60cm 이내로 한다.
③ 내부진동기는 수직으로 사용한다.
④ 진동기를 넣고 나서 뺄 때까지의 시간은 보통 5~15초가 적당하다.
⑤ 진동기를 가지고 거푸집 속의 콘크리트를 옆 방향으로 이동시켜서는 안 된다.
⑥ 진동기는 거푸집, 철근 또는 철골에 접촉되지 않도록 하고 뽑을 때에는 천천히 뽑아내어 콘크리트에 구멍이 남지 않도록 한다.

104 건설업 산업안전보건관리비 계상 및 사용기준에 따른 안전관리비의 개인보호구 및 안전장구 구입비 항목에서 안전관리비로 사용이 가능한 경우는?

① 안전·보건관리자가 선임되지 않은 현장에서 안전·보건업무를 담당하는 현장관계자용 무전기, 카메라, 컴퓨터, 프린터 등 업무용 기기
② 혹한·혹서에 장기간 노출로 인해 건강장해를 일으킬 우려가 있는 경우 특정 근로자에게 지급되는 기능성 보호 장구
③ 근로자에게 일률적으로 지급하는 보냉·보온장구
④ 감리원이나 외부에서 방문하는 인사에게 지급하는 보호구

해설 개인보호구 및 안전장구 구입비 항목에서 안전관리비로 사용이 불가능한 경우
1) ①, ③, ④항
2) 근로자 보호목적으로 보기 어려운 피복, 장구, 용품 등
① 작업복, 방한복, 면장갑, 코팅장갑 등
② 근로자에게 일률적으로 지급하는 보냉, 보온장구,(핫팩, 장갑, 아이스조끼, 아이스팩 등)

105 개착식 흙막이벽의 계측 내용에 해당되지 않는 것은?

① 경사측정   ② 지하수위 측정
③ 변형률 측정   ④ 내공변위 측정

해설 개착식 흙막이벽의 계측내용
① 경사(기울기) 측정
② 지하수위 및 간극수압측정

■ 정답 ■ 102.① 103.③ 104.② 105.④

③ 변형률 측정
④ 흙막이 부재응력 측정
⑤ 인접구조물 균열측정

106 로프길이 2m의 안전대를 착용한 근로자가 추락으로 인한 부상을 당하지 않기 위한 지면으로부터 안전대 고정점까지의 높이(H)의 기준점으로 옳은 것은? (단, 로프의 신율 30%, 근로자의 신장 180cm)

① H > 1.5m　　② H > 2.5m
③ H > 3.5m　　④ H > 4.5m

해설 1) 추락시 로프의 지지점에서 신체의 최하단까지의 거리(h)
h = 로프길이 + (로프길이 × 신장률) + (작업자신장 × 1/2)
= 2m + (2m × 0.3) + (0.18m × 1/2)
= 2.69m
2) 바닥면(지면)으로부터 안전대 고정점까지의 최소높이(H)
H 〉 h = H 〉 3.5m

107 강관틀 비계를 조립하여 사용하는 경우 준수해야하는 사항으로 옳지 않은 것은?

① 길이가 띠장 방향으로 4m 이하이고 높이가 10m를 초과하는 경우에는 10m 이내마다 띠장 방향으로 버팀기둥을 설치할 것
② 높이가 20m를 초과하거나 중량물의 적재를 수반하는 작업을 할 경우에는 주틀 간의 간격을 1.8m 이하로 할 것
③ 주틀 간에 교차가새를 설치하고 최상층 및 10층 이내마다 수평재를 설치할 것
④ 수직방향으로 6m, 수평방향으로 8m,이내마다 벽이음을 할 것

해설 강관틀비계를 조립하여 사용할 때의 준수할 사항
1) 비계기둥의 밑둥에는 밑받침철물을 사용하여야 하며 밑받침에 고저차가 있는 경우에는 조절형 밑받침철물을 사용하여 각각의 강관틀비계가 항상 수평 및 수직을 유지하도록 할 것
2) 높이가 20m를 초과하거나 중량물의 적재를 수반하는 작업을 할 경우에는 주틀 간의 간격이 1.8m 이하로 할 것
3) 주틀 간의 교차가새를 설치하고 최상층 및 5층 이내마다 수평재를 설치할 것
4) 수직방향으로 6m, 수평방향으로 8m 이내마다 벽 이음을 할 것
5) 길이가 띠장방향으로 4m 이하이고 높이가 10m를 초과하는 경우에는 10m 이내마다 띠장방향으로 버팀기둥을 설치할 것

108 압쇄기를 사용하여 건물해체 시 그 순서로 가장 타당한 것은?

보기
A : 보,　B : 기둥,　C : 슬래브,　D : 벽체

① A→B→C→D
② A→C→B→D
③ C→A→D→B
④ D→C→B→A

해설 압쇄기로 건물해체시 순서
1) 슬래브(slab) → 2) 보 → 3) 벽체 → 4) 기둥

109 부두·안벽 등 하역작업을 하는 장소에서 부두 또는 안벽의 선을 따라 통로를 설치하는 경우에는 그 폭을 최소 얼마 이상으로 하여야 하는가?

① 80cm　　② 90cm
③ 100cm　　④ 120cm

해설 부두 또는 안벽의 선을 따라 통로를 설치하는 경우에는 폭을 90cm 이상으로 할 것

■ 정답 ■　106.③　107.③　108.③　109.②

110 가설통로의 설치 기준으로 옳지 않은 것은?

① 추락할 위험이 있는 장소에는 안전난간을 설치할 것
② 경사가 10°를 초과하는 경우에는 미끄러지지 아니하는 구조로 할 것
③ 경사는 30°이하로 할 것
④ 건설공사에 사용하는 높이 8m 이상인 비계다리에는 7m 이내마다 계단참을 설치할 것

해설 **가설통로의 구조** : 가설통로 설치시 준수사항
1) 견고한 구조로 할 것
2) 경사는 30°이하로 할 것(다만, 계단을 설치하거나 높이 2m 미만의 가설통로로서 튼튼한 손잡이를 설치한 때에는 그러하지 아니하다)
3) 경사가 15°를 초과하는 때에는 미끄러지지 않는 구조로 할 것
4) 추락의 위험이 있는 장소에는 안전난간을 설치할 것(작업상 부득이한 때에는 필요한 부분에 한하여 임시로 이를 해체할 수 있다)
5) 수직갱에 가설된 통로의 길이가 15m 이상인 때에는 10m 이내마다 계단참을 설치할 것
6) 건설공사에서 사용하는 높이 8m이상인 비계다리에는 7m 이내마다 계단을 설치할 것

111 취급·운반의 원칙으로 옳지 않은 것은?

① 곡선 운반을 할 것
② 운반 작업을 집중하여 시킬 것
③ 생산을 최고로 하는 운반을 생각할 것
④ 연속 운반을 할 것

해설 **취급·운반의 5원칙**
① 직선운반을 할 것
② 연속운반을 할 것
③ 운반작업을 집중시킬 것
④ 생산을 최고로 하는 운반을 생각할 것
⑤ 최대한 시간과 경비를 절약할 수 있는 운반방법을 고려할 것

112 강풍이 불어올 때 타워크레인의 운전작업을 중지하여야 하는 순간풍속의 기준으로 옳은 것은?

① 순간풍속이 초당 10m 초과
② 순간풍속이 초당 15m 초과
③ 순간풍속이 초당 25m 초과
④ 순간풍속이 초당 30m 초과

해설 **강풍시 타워크레인의 작업제한**
① 순간풍속이 매초 10m를 초과하는 경우에는 타워크레인의 설치·수리·점검 또는 해체작업을 중지할 것
② 순간풍속이 매초 15m를 초과하는 경우에는 타워크레인의 운전 작업을 중지할 것

113 지반에서 나타나는 보일링(boiling)현상의 직접적인 원인으로 볼 수 있는 것은?

① 굴착부와 배면부의 지하수위의 수두차
② 굴착부와 배면부의 흙의 중량차
③ 굴착부와 배면부의 흙의 함수비차
④ 굴착부와 배면부의 흙의 토압차

해설 1) 보일링현상의 직접적인 원인 : 굴착부와 배면부(주변부)의 지하수위의 수두차
2) 보일링 현상 방지대책
① 주변부의 지하수위를 감소시킬 것
② 널말뚝을 깊게 박을 것

114 추락의 위험이 있는 개구부에 대한 방호조치와 거리가 먼 것은?

① 안전난간, 울타리, 수직형 추락방망 등으로 방호조치를 한다.
② 충분한 강도를 가진 구조의 덮개를 뒤집히거나 떨어지지 않도록 설치한다.
③ 어두운 장소에서도 식별이 가능한 개구부 주의 표지를 부착한다.
④ 폭 30cm 이상의 발판을 설치한다.

■ 정답 ■ 110.② 111.① 112.② 113.① 114.④

해설 작업발판 및 통로의 끝이나 개구부 등에서의 추락재해방지 조치사항
① 안전난간, 울타리, 수직형 추락방망 등 설치
② 덮개설치
③ 개구부 표시
④ 안전방망 설치
⑤ 안전대 착용시

115 흙의 간극비를 나타낸 식으로 옳은 것은?

① $\dfrac{공기 + 물의 체적}{흙 + 물의 체적}$

② $\dfrac{공기 + 물의 체적}{흙의 체적}$

③ $\dfrac{물의 체적}{물 + 흙의 체적}$

④ $\dfrac{공기 + 물의 체적}{공기 + 흙 + 물의 체적}$

해설 1) 흙 = 토립자 + 공극(간극 : 물, 공기)
2) 공극비 및 공극률
① 공극비(간극비) = $\dfrac{공극의 용적}{토립자(흙)의 용적}$
② 공극률 = $\dfrac{공극의 용적}{토립자(흙)의 용적} \times 100[\%]$

116 다음은 산업안전보건법령에 따른 말비계를 설치하는 경우에 준수해야 할 사항이다. ( )에 들어갈 내용으로 옳은 것은?

> 작업발판은 폭을 ( ) 이상으로 하고 틈새가 없도록 할 것

① 15cm   ② 20cm
③ 40cm   ④ 60cm

해설 말비계의 구조
① 작업발판은 폭을 40cm 이상으로 하고 틈새가 없도록 할 것
② 작업발판의 재료는 뒤집히거나 떨어지지 않도록 비계의 보 등에 연결하거나 고정시킬 것
③ 비계가 흔들리거나 뒤집히는 것을 방지하기 위하여 비계의 보·작업발판 등에 버팀을 설치하는 등 필요한 조치를 할 것

117 차량계 건설기계를 사용하여 작업할 때에 그 기계가 넘어지거나 굴러떨어짐으로써 근로자가 위험해질 우려가 있는 경우에 조치하여야 할 사항과 거리가 먼 것은?

① 갓길의 붕괴 방지
② 작업반경 유지
③ 지반의 부동침하 방지
④ 도로 폭의 유지

해설 차량계 건설기계의 전도 또는 전락 등에 의한 근로자의 위험방지 조치사항
1) ①, ③, ④항
2) 유도자 배치

118 말비계를 조립하여 사용하는 경우에 지주부재와 수평면의 기울기는 최대 몇 도 이하로 하여야 하는가?

① 30°   ② 45°
③ 60°   ④ 75°

해설 말비계를 조립하여 사용시 준수사항
① 지주부재의 하단에는 미끄럼 방지장치를 하고, 양측 끝부분에 올라서서 작업하지 아니하도록 할 것
② 지주부재와 수평면과의 기울기를 75° 이하로 하고, 지주부재와 지주부재 사이를 고정시키는 보조부재를 설치할 것
③ 말비계의 높이가 2m를 초과할 경우에는 작업발판의 폭을 40cm 이상으로 할 것

■ 정답 ■ 115.② 116.③ 117.② 118.④

119 유해위험방지계획서 제출 대상 공사로 볼 수 없는 것은?

① 지상 높이가 31m 이상인 건축물의 건설공사
② 터널건설공사
③ 깊이 10m이상인 굴착공사
④ 교량의 전체길이가 40m 이상인 교량공사

해설 건설업 중 유해위험방지계획서 제출대상 사업장 (시행규칙 제120조제4항)
① 지상높이가 31미터 이상인 건축물 또는 인공구조물, 연면적 3만 제곱미터 이상인 건축물 또는 연면적 5천 제곱미터 이상의 문화 및 집회시설(전시장 및 동물원·식물원은 제외), 판매시설, 운수시설(고속철도의 역사 및 집·배송시설은 제외), 종교시설, 의료시설 중 종합병원, 숙박시설 중 관광숙박시설, 지하도상가 또는 냉동·냉장 창고시설의 건설·개조 또는 해체(이하 "건설등"이라 함)
② 연면적 5천 제곱미터 이상의 냉동·냉장 창고시설의 설비공사 및 단열공사
③ 최대 지간길이가 50미터 이상인 교량건설 등 공사
④ 터널 건설 등의 공사
⑤ 다목적댐, 발전용댐 및 저수용량 2천만 톤 이상의 용수 전용 댐, 지방상수도 전용댐 건설 등의 공사
⑥ 깊이 10미터 이상인 굴착공사

120 사면 보호 공법 중 구조물에 의한 보호 공법에 해당되지 않는 것은?

① 식생구멍공
② 블록공
③ 돌쌓기공
④ 현장타설 콘크리트 격자공

해설 1) 구조물에 의한 사면 보호공법
① 현장타설 콘크리트 공법(콘크리트 틀에 의한 공법)
② 콘크리트 블록과 돌쌓기 공법(표면 돌 붙임 공법)
③ 소일시멘트공법
2) 식생에 의한 사면보호공법
3) 떼입공법 등

■ 정답 ■ 119.④ 120.①

2023년 1회 CBT 복원 기출문제

산업안전기사

제1과목 / 안전관리론

01 다음 중 안전·보건교육계획을 수립할 때 고려할 사항으로 가장 거리가 먼 것은?

① 현장의 의견을 충분히 반영한다.
② 대상자의 필요한 정보를 수집한다.
③ 안전교육시행체계와의 연관성을 고려한다.
④ 정부 규정에 의한 교육에 한정하여 실시한다.

해설 안전교육계획 수립시에 고려할 사항
  1) 필요한 정보를 수집한다.
  2) 현장의 의견을 충분히 반영한다.
  3) 안전교육시행 체계와의 관련을 고려한다.
  4) 법규정에 의한 교육에만 그치지 않는다.

02 하인리히의 재해 코스트 평가방식 중 직접비에 해당하지 않는 것은?

① 산재보상비   ② 치료비
③ 간호비   ④ 생산손실

해설 하인리히의 재해 코스트 평가방식에서 직접비와 간접비
  1) **직접비** : 산재보상비(휴업보상비, 장해보상비, 요양보상비, 유족보상비 등) 장의비, 최료비, 간호비
  2) **간접비** : 인적손실, 물적손실, 생산손실, 기타손실(병상위문금, 예비 및 통신비, 입원중의 잡비, 장의비 등)

03 사고의 원인분석방법에 해당하지 않는 것은?

① 통계적 원인분석   ② 종합적 원인분석
③ 클로즈(close)분석 ④ 관리도

해설 통계적 원인 분석 방법
  1) **파렛토도** : 분류항목을 큰 순서대로 도표화한 분석법
  2) **특성 요인도** : 특성과 요인관계를 도표로하여 어골상으로 세분화 한 분석법
  3) **클로즈(Close)분석** : 데이터(data)를 집계하고 표로 표시하여 요인별 결과 내역을 교차한 클로즈 그림을 작성하여 분석하는 방법
  4) **관리도** : 재해발생 건수 등의 추이를 파악하여 목표관리를 행하는데 필요한 월별 재해발생수를 그래프화하여 관리선을 설정관리하는 방법

04 제일선의 감독자를 교육대상으로 하고, 작업을 지도하는 방법, 작업개선방법 등의 주요 내용을 다루는 기업 내 교육방법은?

① TWI   ② MTP
③ ATT   ④ CCS

해설 TWI(training within industry)
  1) **교육대상** : 감독자
  2) **교육내용**
    ① JI(job instruction) : 작업지도 기법
    ② JM(job method) : 작업개선 기법
    ③ JR(job relation) : 인간관계 관리기법(부하통솔기법)
    ④ JS(job safety) : 작업안전기법
  3) **교육방법** : 한 클래스는 10명 정도, 교육방법은 토의법, 1일 2시간씩 5일에 걸쳐 10시간 정도 행한다.

■ 정답 ■ 01. ④   02. ④   03. ②   04. ①

05 안전검사기관 및 자율검사프로그램 인정기관은 고용노동부장관에게 그 실적을 보고하도록 관련법에 명시되어 있는데 그 주기로 옳은 것은?

① 매월 ② 격월
③ 분기 ④ 반기

해설 안전검사 실적보고(제4장보칙 제9조) : 안전검사기관은 분기마다 다음달 10일까지 분기별실적과 매년 1월 20일까지 전년도 실적을 고용노동부장관에게 제출하여야 하며, 공단은 분기마다 다음달 10일까지 분기별실적과 매년 1월 20일까지 전년도 실적을 고용노동부 장관에게 제출하여야 한다.
[주] 안전검사절차에 관한 고용노동부고시 : 제2019-54호

06 다음 재해사례에서 기인물에 해당하는 것은?

> 기계작업에 배치된 작업자가 반장의 지시를 받기 전에 정지된 선반을 운전시키면서 변속치차의 덮개를 벗겨내고 치차를 저속으로 운전하면서 급유하려고 할 때 오른손이 변속치차에 맞물려 손가락이 절단되었다.

① 덮개 ② 급유
③ 선반 ④ 변속치차

해설 새해원인분석
1) 기인물 : 선반
2) 가해물 : (변속)치차
3) 재해형태(사고유형) : 협착(상해종류 : 절단)

07 주의의 수준이 Phase 0 인 상태에서의 의식상태는?

① 무의식상태
② 의식의 이완상태
③ 명료한상태
④ 과긴장상태

해설 의식수준 단계별 의식의 상태
1) P-1 : 무의식, 실신
2) P-I : 의식몽롱
3) P-II : 의식이완상태, 정상
4) P-III : 상쾌한(명료한) 상태, 정상
5) P-IV : 과긴장, 초정상

08 한 사람, 한 사람의 위험에 대한 감수성 향상을 도모하기 위하여 삼각 및 원 포인트 위험예지훈련을 통합한 활용기법은?

① 1인 위험예지훈련
② TBM 위험예지훈련
③ 자문자답 위험예지훈련
④ 시나리오 역할연기훈련

해설 1인 위험예지훈련 : 본문설명

09 적응기제(適應機制, Adjustment Mechanism)의 종류 중 도피적 기제(행동)에 해당하지 않는 것은?

① 고립 ② 퇴행
③ 억압 ④ 합리화

해설 도피적 기제 : 욕구불만에 의한 긴장이나 압박감으로부터 벗어나기 위해서 비합리적인 행동으로 공상에 도피하고, 현실세계에서 벗어나 마음의 안정을 얻으려는 기제
1) **고립** : 현실을 피하고 자신의 내부로 도피하려는 행동기제
2) **퇴행** : 발전 단계를 역행함으로서 욕구를 충족하려는 행동기제
3) **억압** : 현실적인 필요(욕망, 감정등)를 묵살함으로서 오히려 자신의 안정을 유지하려는 기제
4) **백일몽** : 현실적으로 도저히 만족시킬 수 없는 욕구나 소원을 공상의 세계에서 이룩하려고 하는 도피의 한 형식

길잡이 방어적 기제 : 합리화, 동일시, 승화, 보상

■ 정답 ■ 05. ③ 06. ③ 07. ① 08. ① 09. ④

10 인간오류에 관한 분류 중 독립행동에 의한 분류가 아닌 것은?

① 생략오류   ② 실행오류
③ 명령오류   ④ 시간오류

해설 휴먼에러의 심리적 분류(Swain)
1) omission error(생략오류) : 필요한 task또는 절차를 수행하지 않는 데 기인한 error
2) time error(시간오류) : 필요한 task 또는 절차의 수행지연으로 인한 error
3) comission error(수행적 오류) : 필요한 task 또는 절차의 불확실한 수행으로 인한 error
4) sequential error(순서적 오류) : 필요한 task 또는 절차의 순서착오로 인한 error
5) extraneous error(불필요한 오류) : 불필요한 task 또는 절차를 수행함으로써 기인한 error

길잡이 원인의 Level 적 분류
1) primary error(주과오) : 작업자 자신으로부터의 error
2) secondary error(2차과오) : 작업형태나 작업조건 중에서 다른 문제가 생겨 그 때문에 필요한 사항을 실행할 수 없는 error. 어떤 결함으로부터 파생하여 발생하는 error
3) command error(명령과오) : 요구된 것을 실행하고자 하여도 필요한 물건, 정보, 에너지 등의 공급이 없는 것처럼 작업자가 움직이려 해도 움직일 수 없으므로 발생하는 error

11 재해예방의 4원칙에 관한 설명으로 틀린 것은?

① 재해의 발생에는 반드시 원인이 존재한다.
② 재해의 발생과 손실의 발생은 우연적이다.
③ 재해를 예방할 수 있는 안전대책은 반드시 존재한다.
④ 재해는 원인 제거가 불가능하므로 예방만이 최선이다.

해설 재해예방의 4원칙
1) 손실우연의 원칙 : 재해손실은 사고발생시 사고 대상의 조건에 따라 달라지므로 사고의 결과로서 생긴 재해손실은 우연성에 의해 결정된다.
2) 원인계기의 원칙 : 사고와 원인관계는 필연적으로, 재해발생은 반드시 원인이 있다.
3) 예방가능의 원칙 : 재해는 원칙적으로 원인만 제거되면 예방이 가능하다.
4) 대책선정의 원칙 : 재해예방을 위한 안전대책은 반드시 존재한다.

12 보호구 안전인증 고시에 따른 분리식 방진마스크의 성능기준에서 포집효율이 특급인 경우, 염화나트륨(NaCl) 및 파라핀 오일(Paraffin oil)시험에서의 포집효율은?

① 99.95% 이상   ② 99.9% 이상
③ 99.5% 이상   ④ 99.0% 이상

해설 여과재의 등급별 분진포집효율

종별	등급	염화나트륨(NaCl) 및 파라핀 오일(Paraffin oil)시험(%)
분리식	특급	99.95(%) 이상
	1급	94.0(%) 이상
	2급	80.0(%) 이상
안면부 여과식	특급	99.0(%) 이상
	1급	94.0(%) 이상
	2급	80.0(%) 이상

13 산업안전보건법상의 안전·보건표지 종류 중 관계자외출입금지표지에 해당되는 것은?

① 안전모 착용
② 폭발성물질 경고
③ 방사성물질 경고
④ 석면취급 및 해체·제거

해설 관계자 외 출입금지표지
1) 허가대상 유해물질 취급
2) 석면취급 및 해체·제거
3) 금지유해물질 취급

■ 정답 ■ 10. ③ 11. ④ 12. ① 13. ④

14 산업안전보건법상 특별안전보건교육에서 방사선 업무에 관계되는 작업을 할 때 교육내용으로 거리가 먼 것은?

① 방사선의 유해·위험 및 인체에 미치는 영향
② 방사선 측정기기 기능의 점검에 관한 사항
③ 비상 시 응급처리 및 보호구 착용에 관한 사항
④ 산소농도측정 및 작업환경에 관한 사항

해설 방사선 업무에 관계되는 작업시 특별안전보건 교육내용
1) 방사선의 유해·위험 및 인체에 미치는 영향
2) 방사선의 측정기기 기능의 점검에 관한 사항
3) 방호거리·방호벽 및 방사선 물질의 취급 요령에 관한 사항
4) 응급처치 및 보호구 착용에 관한 사항
5) 그 밖에 안전·보건관리에 필요한 사항

15 안전관리조직의 참모식(staff형)에 대한 장점이 아닌 것은?

① 경영자의 조언과 자문역할을 한다.
② 안전정보 수집이 용이하고 빠르다.
③ 안전에 관한 명령과 지시는 생산라인을 통해 신속하게 전달한다.
④ 안전전문가가 안전계획을 세워 문제해결 방안을 모색하고 조치된다.

해설 참모식(staff형) 조직의 장점·단점
1) 장점
 ① 안전전문가가 안전계획을 세워 안전에 관한 전문적인 문제해결 방안을 모색하고 조치한다.
 ② 경영자에게 조언과 자문역할을 할 수 있다.
 ③ 안전 정보수집이 빠르다.
2) 단점
 ① 안전지시나 명령이 작업자에게까지 신속·정확하게 하달되지 못한다.
 ② 생산부분은 안전에 대한 책임과 권한이 없다.
 ③ 권한다툼이나 조정 때문에 시간과 노력이 소모된다.

16 산업안전보건법령상 의무안전인증대상 기계·기구 및 설비가 아닌 것은?

① 연삭기 ② 롤러기
③ 압력용기 ④ 고소(高所) 작업대

해설 안전인증대상 및 자율안전확인대상 기계·기구 및 설비

안전인증대상 기계·기구	자율 안전확인 대상기계·기구
① 프레스 ② 전단기 및 절곡기(折曲機) ③ 크레인 ④ 리프트 ⑤ 압력용기 ⑥ 롤러기 ⑦ 사출성형기 ⑧ 고소작업대 ⑨ 곤돌라	① 연삭기 또는 연마기(휴대형은 제외) ② 산업용 로봇 ③ 혼합기 ④ 파쇄기 또는 분쇄기 ⑤ 식품가공용 기계(파쇄·절단·혼합·제면기만 해당) ⑥ 컨베이어 ⑦ 자동차정비용 리프트 ⑧ 공작기계(선반, 드릴기, 평삭·형삭기, 밀링 만 해당) ⑨ 고정형 목재가공용 기계(둥근톱, 대패, 루타기, 띠톱, 모떼기 기계만 해당)

17 사고예방대책의 기본원리 5단계 중 틀린 것은?

① 1단계 : 안전관계획
② 2단계 : 현상파악
③ 3단계 : 분석평가
④ 4단계 : 대책의 선정

해설 사고예방대책의 기본원리 5단계
1) 1단계 : 조직
2) 2단계 : 사실의 발견
3) 3단계 : 분석평가
4) 4단계 : 시정책 선정
5) 5단계 : 시정책 적용

■ 정답 ■ 14. ④ 15. ③ 16. ① 17. ①

18 국제노동기구(ILO)의 산업재해 정도구분에서 부상 결과 근로자가 신체장해등급 제12급 판정을 받았다면 이는 어느 정도의 부상을 의미하는가?

① 영구 전노동불능
② 영구 일부노동불능
③ 일시 전노동불능
④ 일시 일부노동불능

해설 상해정도별 분류(ILO 규정)
1) **사망** : 안전사고로 사망하거나 또는 부상의 결과로 사망한 것
2) **영구전노동불능** : 부상결과 근로기능을 완전히 잃은 부상(장애등급 1급~3급)
3) **영구일부노동불능** : 부상결과 신체의 일부가 영구적으로 노동기능을 상실한 부상(장애등급 4급~14급)
4) **일시전노동불능** : 의사의 진단 일정기간 정규노동에 종사할 수 없는 상해
5) **일시일부노동불능** : 근로시간 중에 일시 업무를 떠나 치료를 받는 정도의 상해
6) **구급처치상해** : 응급처치 또는 의료조치를 받은 후에 정상으로 작업을 할 수 있는 정도의 상해

19 안전교육방법 중 학습자가 이미 설명을 듣거나 시범을 보고 알게 된 지식이나 기능을 강사의 감독 아래 직접적으로 연습하여 적용할 수 있도록 하는 교육방법은?

① 모의법
② 토의법
③ 실연법
④ 반복법

해설 1) 실연법
① 실연법 : 학습자가 이미 설명을 듣거나 시범을 보고 알게 된 지식이나 기능을 강사의 감독아래 직접적으로 연습하여 적용할 수 있도록 하는 교육방법이다.
② 실연법은 수업의 중간(전개)이나 마지막 단계(정리)에 행하는 것으로서 언어학습, 문제해결학습 등에 효과적인 수업방법이다.

2) **모의법** : 실제의 장면이나 상해와 극히 유사한 사태를 인위적으로 만들어 그 속에서 학습하도록 하는 방법
3) **토의법** : 쌍방적 의사전달방법에 의한 교육 (포럼, 심포지움, 패널디시커션, 버즈세션, 6-6회의)
4) **반복법** : 이미 학습한 내용이나 기능을 반복해서 말하거나 실연하도록 하는 방법

20 특정과업에서 에너지 소비수준에 영향을 미치는 인자가 아닌 것은?

① 작업방법
② 작업속도
③ 작업관리
④ 도구

해설 특정과업에서 에너지 소비수준에 영향을 미치는 인자
1) 작업방법   2) 작업속도   3) 도구

제2과목 / 인간공학 및 시스템안전공학

21 음량수준을 측정할 수 있는 3가지 척도에 해당되지 않는 것은?

① sone
② 럭스
③ phon
④ 인식소음 수준

해설 음의 크기의 수준
1) phon : 1000Hz 순음의 음압수준(dB)을 나타낸다.
2) sone : 1000Hz, 40dB의 음압수준을 가진 순음의 크기(=40phon)를 1sone이라 한다.
3) 인식소음 수준
① PNdB(perceived noise level) : 910~1090Hz대의 소음 음압수준
② PLdB(perceived level of noise) : 3150Hz에 중심을 둔 1/3옥타브(octave) 대음을 기준으로 한다.

■ 정답 ■   18. ②   19. ③   20. ③   21. ②

22 의도는 올바른 것이었지만, 행동이 의도한 것과는 다르게 나타나는 오류를 무엇이라 하는가?

① Slip ② Mistake
③ Lapse ④ Violation

해설 인간의 오류모형
1) 실수(slip)
   ① 의도는 올바른 것이었지만 반응의 실행이 올바른 것이 아닌 경우를 실수라 한다.
   ② 실수는 주의력이 부족한 상태에서 발생하는 에러이다.
2) 착오(mistake)
   ① 부적합한 의도를 가지고 행동으로 옮긴 경우를 착오라 한다.
   ② 착오는 주관적인 인식과 객관적 실재가 일치하지 않는 것을 의미한다.
3) 건망증(lapse) : 단기기억의 한계로 인해 기억을 잊어서 해야 할 일을 못해 발생하는 에러이다.
4) 위반(고의사고 ; violation) : 작업수행 과정 중에 일부러 나쁜 의도를 가지고 발생시키는 에러를 말한다.

23 FT도에 사용되는 다음 게이트의 명칭은?

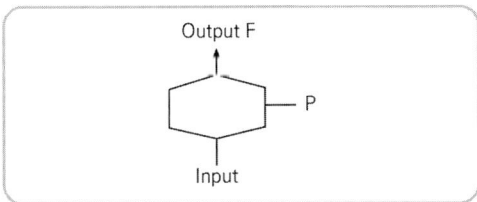

① 부정 게이트
② 억제 게이트
③ 배타적 OR 게이트
④ 우선적 AND 게이트

해설 억제게이트(inhibit gate) : 수정기호(modifier)의 일정으로서 억제 모디파이어(imgibit modifier)라고 하며, 실질적으로 수정기호를 병용해서 게이트의 역할을 한다.
1) 입력사상이 일어난 조건이 만족되어야 출력사상이 생긴다.(조건이 만적되지 않으면 출력은 생기지 않는다.)
2) 조건은 수정기호안에 쓴다.

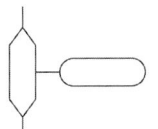

24 FTA에서 시스템의 기능을 살리는데 필요한 최소 요인의 집합을 무엇이라 하는가?

① critical set
② minimal gate
③ minimal path
④ Boolean indicated cut set

해설 1) 컷세과 미니멀 컷
   ① 컷셋(Cut sets) : 정상사상을 일으키는 기본사상(통상사상, 생략사상 포함)의 집합을 컷이라 한다.
   ② 미니멀 컷(minimal cut sets) : 정상사상을 일으키기 위한 필요 최소한의 컷을 말한다.(시스템의 위험성을 나타냄)
2) 패스 셋과 미니멀 패스
   ① 패스 셋 : 정상사상이 일어나지 않는 기본사상의 집합을 말한다.
   ② 미니멀 패스 : 필요 최소한의 패스를 말한다.(시스템이 신뢰성을 나타냄)

25 생명유지에 필요한 단위시간당 에너지량을 무엇이라 하는가?

① 기초 대사량 ② 산소 소비율
③ 작업 대사량 ④ 에너지 소비율

해설 기초대사율(BMR)
1) 기초대사율 : 생명을 유지하는데 필요한 최소한의 에너지소비량을 말한다.
2) 기초대사율에 영향을 주는 요인 : 나이, 체중, 성별 등
   ① 일반적으로 체격이 크고 젊은 남자가 BMR이 크다.
   ② 성인의 1일 기초대사량 : 1500~1800Kcal /day(1.0~1.25 Kcal/min)
   ③ 기초대사량+여가대사량 : 2300Kcal/day

■ 정답 ■ 22. ① 23. ② 24. ③ 25. ①

26 시스템 수명주기 단계 중 마지막 단계인 것은?

① 구상단계　　② 개발단계
③ 운전단계　　④ 생산단계

해설 시스템의 수명주기 단계
1) 1단계 : 구상단계
2) 2단계 : 정의단계
3) 3단계 : 개발단계
4) 4단계 : 생산단계
5) 5단계 : 운전단계

27 쾌적환경에서 추운환경으로 변화 시 신체의 조절작용이 아닌 것은?

① 피부온도가 내려간다.
② 직장온도가 약간 내려간다.
③ 몸이 떨리고 소름이 돋는다.
④ 피부를 경유하는 혈액 순환량이 감소한다.

해설 온도변화에 대한 신체의 조절 작용(인체 적응)

적온에서 고온환경으로 변할 때	적온에서 한냉환경으로 변할 때
① 많은 양의 혈액이 피부를 경유하여 피부온도가 올라간다 ② 직장온도가 내려간다 ③ 발한이 시작된다	① 많은 양의 혈액이 몸의 중심부를 순환하며 피부온도는 내려간다 ② 직장온도가 약간 올라간다 ③ 소름이 돋고 몸이 떨린다

28 점광원으로부터 0.3m 떨어진 구면에 비추는 광량이 5Lumen일 때, 조도는 약 몇 럭스인가?

① 0.06　　② 16.7
③ 55.6　　④ 83.4

해설 $E = \dfrac{I}{r^2} = \dfrac{5}{0.3^2} = 55.6 \text{Lux}$
여기서, E : 조도　I : 광도　r : 거리

29 실린더 블록에 사용하는 가스켓의 수명은 평균 10000시간이며, 표준편차는 200시간으로 정규분포를 따른다. 사용시간이 9600시간일 경우에 신뢰도는 약 얼마인가?(단, 표준정규분포표에서 $u_{0.8413}=1$, $u_{0.9772}=2$이다.)

① 84.13%　　② 88.73%
③ 92.72%　　④ 97.72%

해설 1) 정규분포 표준화공식(Z)
$$Z = \dfrac{\text{변수}(X) - \text{평균}(\mu)}{\text{표준편차}(\sigma)}$$
2) $P(X \geq 9600)$
$= P(Z \geq \dfrac{9600-10000}{200})$
$= P(Z \geq -2)$
$= P(Z \leq 2) = 0.9772 = 97.72\%$

30 음압수준이 70dB인 경우, 1000Hz에서 순음의 phon치는?

① 50phon　　② 70phon
③ 90phon　　④ 100phon

해설 70dB, 1000Hz에서 순음의 phon치 : 70phon

31 수리가 가능한 어떤 기계의 가용도(availability)는 0.9이고, 평균수리시간(MTTR)이 2시간일 때, 이 기계의 평균수명(MTBF)은?

① 15시간　　② 16시간
③ 17시간　　④ 18시간

해설 1) 가동률 $= \dfrac{MTBF}{MTBF - MTTR}$
2) $MTBF = \dfrac{\text{가동률} \times MTTR}{1 - \text{가동률}}$
$= \dfrac{0.9 \times 2}{1 - 0.9} = 18$

■ 정답 ■　26. ③　27. ②　28. ③　29. ④　30. ②　31. ④

32 FMEA의 장점이라 할 수 있는 것은?

① 분석방법에 대한 논리적 배경이 강하다.
② 물적, 인적요소 모두가 분석대상이 된다.
③ 서식이 가능하고 비교적 적은 노력으로 분석이 가능하다.
④ 두 가지 이상의 요소가 동시에 고장 나는 경우에도 분석이 용이하다.

해설 FMEA의 장점 및 단점
1) 장점 : 서식이 간단하고 비교적 적은 노력으로 특별한 훈련 없이 분석을 할 수 있다.
2) 단점 : 논리성이 부족하고, 특히 각 요소 간의 영향을 분석하기 어렵기 때문에 동시에 두 가지 이상의 요소가 고장 날 경우에 분석이 곤란하며, 또한 요소가 물체로 한정되어 있기 때문에 인적 원인을 분석하는 데 곤란하다.

33 동작 경제 원칙에 해당하지 않는 것은?

① 신체사용에 관한 원칙
② 작업장 배치에 관한 원칙
③ 사용자 요구 조건에 관한 원칙
④ 공구 및 설비 디자인에 관한 원칙

해설 동작경제의 원칙
1) 신체사용에 관한 원칙
2) 작업장 배치에 관한 원칙
3) 공구 및 설비의 설계에 관한 원칙

34 정신적 작업 부하에 관한 생리적 척도에 해당하지 않는 것은?

① 부정맥 지수   ② 근전도
③ 점멸융합주파수 ④ 뇌파도

해설 정신적·육체적 작업부하 척도
1) 정신적 작업부하 척도
① 부정맥 지수 : 심장활동의 불규칙성을 평가하는 척도로 맥박간의 표준편차나 변동계수등과 같은 부정맥 지수를 사용한다.
② 점멸융합주파수 : 정신적 피로를 평가하는 척도로 사용한다.
③ 뇌전도(EEG) : 뇌의 활동에 따른 전위차를 기록한 것이다.
④ 주관적 척도 : 정신작업 부하를 청가척도를 이용하여 주관적으로 평가하는 것이다.
⑤ Cooper-Harper축적, 주임무(primary task) 및 부임무(secondary task) 수행에 소요된 시간 등
2) 육체적 작업부하 척도
① 심장활동의 측정 : 심전도(ECG)와 심박수를 측정한다.
② 산소소비량 측정 : 작업의 부하가 증가하면 산소소비량은 선형적으로 증가한다.
③ 근전도(EMG) : 근육활동의 정도를 측정한다.

35 염산을 취급하는 A업체에서는 신설 설비에 관한 안전성 평가를 실시해야 한다. 정성적 평가단계의 주요 진단 항목에 해당하는 것은?

① 공장 내의 배치
② 제조공정의 개요
③ 재평가 방법 및 계획
④ 안전·보건교육 훈련계획해설)

해설 정성적 평가(제2단계) 주요 진단항목

설계 관계	운전 관계
① 입지조건	① 원재료, 중간체 제품
② 공장 내 배치	② 공정
③ 건조물	③ 수송, 지장 등
④ 소방설비	④ 공정기기

36 인체계측자료의 응용원칙 중 조절 범위에서 수용하는 통상의 범위는 얼마인가?

① 5~95%tile   ② 20~80%tile
③ 30~70%tile ④ 40~60%tile

해설 인체계측자료의 응용원칙 중 조절식 설계
1) 조절식 설계(가변적 설계) : 신체치수가 다른 여러 사람에게 맞도록 조절식으로 설계하는 원칙이다.
2) 모집단 특성치의 5% 값에서 95%의 값(90% 범위)을 사용한다.

■ 정답 ■ 32. ③ 33. ③ 34. ② 35. ① 36. ①

37 인간 - 기계시스템의 설계를 6단계로 구분할 때, 첫 번째 단계에서 시행하는 것은?

① 기본설계
② 시스템의 정의
③ 인터페이스 설계
④ 시스템의 목표와 성능명세 결정

해설 인간·기계시스템의 설계과정(단계)
1) 1단계 : 목표 및 성능명세 결정
2) 2단계 : 시스템의 정의
3) 3단계 : 기본설계
4) 4단계 : 인터페이스(interface)설계
5) 5단계 : 촉진물 설계
6) 6단계 : 검사와 평가

38 산업안전보건법령에 따라 제조업 중 유해·위험방지계획서 제출대상 사업의 사업주가 유해·위험방지계획서를 제출하고자 할 때 첨부하여야 하는 서류에 해당하지 않는 것은?(단, 기타 고용노동부장관이 정하는 도면 및 서류 등은 제외한다.)

① 공사개요서
② 기계·설비의 배치도면
③ 기계·설비의 개요를 나타내는 서류
④ 원재료 및 제품의 취급, 제조 등의 작업방법의 개요

해설 제조업 등 유해위험방지계획서 제출시 첨부서류 (시행규칙 제121조)
1) 건축물 각 층의 평면도
2) 기계·설비의 개요를 나타내는 서류
3) 기계·설비의 배치도면
4) 원재료 및 제품의 취급, 제조 등의 작업방법의 개요
5) 그 밖에 고용노동부장관이 정하는 도면 및 서류

39 다음의 각 단계를 결함수분석법(FTA)에 의한 재해사례의 연구 순서대로 나열한 것은?

㉠ 정상사상의 선정
㉡ FT도 작성 및 분석
㉢ 개선 계획의 작성
㉣ 각 사상의 재해원인 규명

① ㉠ → ㉡ → ㉢ → ㉣
② ㉠ → ㉣ → ㉢ → ㉡
③ ㉠ → ㉢ → ㉡ → ㉣
④ ㉠ → ㉣ → ㉡ → ㉢

해설 D.R Cherition의 FTA에 의한 재해사례 연구순서
1) 1단계 : 톱(TOP) 사상의 선정
2) 2단계 : 사상의 재해 원인의 규명
3) 3단계 : FT의 작성
4) 4단계 : 개선 계획의 작성

40 인간 - 기계시스템의 연구 목적으로 가장 적절한 것은?

① 정보 저장의 극대화
② 운전시 피로의 평준화
③ 시스템의 신뢰성 극대화
④ 안전의 극대화 및 생산능률의 향상

해설 인간공학의 목표(차피니스)
1) 첫째 목표 : 안정성 향상과 사고 방지
2) 둘째 목표 : 기계조작의 능률성과 생산성 향상
3) 셋째 목표 : 쾌적성

■ 정답 ■ 37. ④ 38. ① 39. ④ 40. ④

제3과목 / 기계위험방지기술

41 공기압축기의 방호장치가 아닌 것은?

① 언로드 밸브 ② 압력방출장치
③ 수봉식 안전기 ④ 회전부의 덮개

해설 공기압축기의 방호장치
1) **안전밸브(압력방출장치)** : 공기탱크의 파손, 전동기의 과부하 방지를 위한 방호장치
2) **역지밸브** : 공기탱크 내의 압축공기의 역류를 방지하는 방호장치
3) **언로우드 밸브** : 일정한 조건하에서 공기 압축기를 무부하로 하여 압력 상승을 방지하기 위해 사용되는 밸브
4) **덮개 또는 울** : 회전부에 설치하는 방호장치

42 밀링작업의 안전조치에 대한 설명으로 적절하지 않은 것은?

① 절삭 중의 칩 제거는 칩 브레이커로 한다.
② 공작물을 고정할 때에는 기계를 정지시킨 후 작업한다.
③ 강력절삭을 할 경우에는 공작물을 바이스에 깊게 물려 작업한다.
④ 가공 중 공작물의 치수를 측정할 때에는 기계를 정지시킨 후 측정한다.

해설 밀링의 안전 작업 수칙
1) 테이블 위에 공구나 기타 물건 등을 올려놓지 않을 것
2) 상하 좌우 이송 장치의 핸들(손잡이)은 사용 후 반드시 풀어 둘 것
3) 장갑의 사용을 금할 것
4) 칩의 제거는 반드시 브러시를 사용할 것(걸레 사용 금지)
5) 일감을 풀거나 고정할 때와 측정 시에는 반드시 운전을 정지 시킬 것
6) 가공중에 손으로 가공면을 점검하지 않을 것
7) 강력 절삭을 할 때는 일감을 바이스에 깊게 물릴 것
8) 가동중에 기계를 변속시키지 않을 것
9) 밀링 칩은 공작 기계 중 가장 가늘고 예리하므로 비산에 의한 부상을 방지하기 위해 보안경을 착용할 것

43 산업안전보건법령에 따라 사다리식 통로를 설치하는 경우 준수해야 할 기준으로 틀린 것은?

① 사다리식 통로의 기울기는 60° 이하로 할 것
② 발판과 벽과의 사이는 15cm 이상의 간격을 유지할 것
③ 사다리의 상단은 걸쳐놓은 지점으로부터 60cm 이상 올라가도록 할 것
④ 사다리식 통로의 길이가 10m 이상인 경우에는 5m 이내마다 계단참을 설치할 것

해설 사다리식 통로의 구조
1) 견고한 구조로 할 것
2) 심한 손상·부식 등이 없는 재료를 사용할 것
3) 발판의 간격은 동일하게 할 것
4) 발판과 벽과의 사이는 15cm 이상의 간격을 유지할 것
5) 폭은 30cm 이상으로 할 것
6) 사다리가 넘어지거나 미끄러지는 것을 방지하기 위한 조치를 할 것
7) 사다리의 상단은 걸쳐놓은 지점으로부티 60cm 이상 올라가도록 할 것
8) 사다리식 통로의 길이가 10m 이상인 때에는 5m 이내마다 계단참을 설치할 것.
9) 사다리식 통로의 기울기는 75°이하로 할 것 (다만, 고정식 사다리식 통로의 기울기는 90°이하로 하고 그 높이가 7m 이상인 경우 바닥으로부터 높이가 2.5m 되는 지점부터 등받이 울을 설치할 것)
10) 접이식 사다리기둥은 사용시 접혀지거나 펼쳐지지 않도록 철물 등을 사용하여 견고하게 조치할 것

■ 정답 ■ 41. ③ 42. ① 43. ①

44 재료가 변형 시에 외부응력이나 내부의 변형과정에서 방출되는 낮은 응력파(stress wave)를 감지하여 측정하는 비파괴시험은?

① 와류탐상 시험   ② 침투탐상 시험
③ 음향탐상 시험   ④ 방사선투과 시험

해설 음향탐상시험 : 본문설명

45 프레스기의 방호장치 중 위치제한형 방호장치에 해당되는 것은?

① 수인식 방호장치
② 광전자식 방호장치
③ 손쳐내기식 방호장치
④ 양수조작식 방호장치

해설 위치 제한형 방호장치 : 작업자의 신체부위가 위험한계 밖에 있도록 기계의 조작장치를 위험한 작업점에서 안전거리 이상 떨어지게 하거나 조작장치를 양손으로 동시조작하게 함으로써 위험한계에 접근하는 것을 제한하는 것(예 : 양수조작식)

46 산업안전보건법령에 따라 다음 괄호 안에 들어갈 내용으로 옳은 것은?

> 사업주는 바닥으로부터 짐 윗면까지의 높이가 ( )미터 이상인 화물자동차에 짐을 싣는 작업 또는 내리는 작업을 하는 경우에는 근로자의 추가 위험을 방지하기 위하여 해당 작업에 종사하는 근로자가 바닥과 적재함의 짐 윗면 간을 안전하게 오르내리기 위한 설비를 설치하여야 한다.

① 1.5   ② 2
③ 2.5   ④ 3

해설 승강설비설치 : 바닥으로부터 짐 윗면까지의 높이가 2m 이상인 화물자동차에 짐을 싣는 작업 또는 내리는 작업을 하는 경우에는 근로자의 추가 위험을 방지하기 위하여 해당 작업에 종사하는 근로자가 바닥과 적재함의 짐 윗면 간을 안전하게 오르내리기 위한 설치를 설치하여야 한다.

47 진동에 의한 1차 설비진단법 중 정상, 비정상, 악화의 정도를 판단하기 위한 방법에 해당하지 않는 것은?

① 상호 판단   ② 비교 판단
③ 절대 판단   ④ 평균 판단

해설 진동에 의한 설비진단법의 판단(정상, 비정상, 악화의 정도) 방법
  1) 상호 판단 2) 비교 판단 3) 절대 판단

48 산업안전보건법령에 따라 레버풀러(lever puller) 또는 체인블록(chain block)을 사용하는 경우 훅의 입구(hook mouth) 간격이 제조자가 제공하는 제품사양서 기준으로 몇 % 이상 벌어진 것은 폐기하여야 하는가?

① 3   ② 5
③ 7   ④ 10

해설 레버풀러 또는 체인블록을 사용하는 경우 준수사항
  1) 정격하중을 초과하여 사용하지 말 것
  2) 레버풀러 작업 중 훅이 빠져 튕길 우려가 있을 경우에는 훅을 대상물에 직접 걸지 말고 피벗클램프(pivot clamp)나 러그(lug)를 연결하여 사용할 것
  3) 레버풀러의 레버에 파이프 등을 끼워서 사용하지 말 것
  4) 체인블록의 상부 훅(top hook)은 인양하중에 충분히 견디는 강도를 갖고, 정확히 지탱될 수 있는 곳에 걸어서 사용할 것
  5) 훅의 입구(hook mouth) 간격이 제조자가 제공하는 제품사양서 기준으로 10퍼센트 이상 벌어진 것은 폐기할 것
  6) 체인블록은 체인의 꼬임과 헝클어지지 않도록 할 것
  7) 체인과 훅은 변형, 파손, 부식, 마모(磨耗)되거나 균열된 것을 사용하지 않도록 조치할 것

■ 정답 ■ 44. ③   45. ④   46. ②   47. ④   48. ④

49 산업안전보건법령에 따라 원동기·회전축 등의 위험 방지를 위한 설명 중 괄호 안에 들어갈 내용은?

> 사업주는 회전축·기어·풀리 및 플라이휠 등에 부속되는 키·핀 등의 기계요소는 (   )으로 하거나 해당부위에 덮개를 설치하여야 한다.

① 개방형   ② 돌출형
③ 묻힘형   ④ 고정형

해설 동력 전도 장치(기계장치 중 재해가 가장 많이 발생)의 위험 방지 조치사항
1) 기계의 원동기, 회전축, 기어, 풀리, 플라이휠 및 벨트 등 근로자에게 위험을 미칠 우려가 있는 부위에는 덮개, 울, 슬리브 및 건널다리 등을 설치할 것
2) 회전축, 기어, 풀리 및 플라이휠 등에 부속하는 키이 및 핀 등의 고정구는 묻힘형으로 하거나 해당 부위에 덮개를 설치할 것
3) 벨트의 이음부분에는 돌출된 고정구를 사용하지 않을 것
4) 건널다리에는 안전난간 및 미끄러지지 않는 구조의 발판을 설치할 것

50 산업안전보건법령에 따라 사업주가 보일러의 폭발 사고를 예방하기 위하여 유지·관리하여야 할 안전장치가 아닌 것은?

① 압력방호판   ② 화염 검출기
③ 압력방출장치   ④ 고저수위 조절장치

해설 보일러의 폭발위험의 방지를 위한 방호장치
1) 압력방출 장치   2) 압력제한스위치
3) 고저수위 조절 장치 4) 화염검출기 등

51 산업안전보건법령에 따른 승강기의 종류에 해당하지 않는 것은?

① 리프트   ② 승용 승강기
③ 에스컬레이터 ④ 화물용 승강기

해설 승강기 : 가이드레일을 따라 승강하는 운반구 또는 카에 사람이나 화물을 상하 또는 좌우로 이동, 운반하기 위한 기계설비
1) 승객용 엘리베이터
2) 승객화물용 엘리베이터
3) 화물용 엘리베이터
4) 소형화물용 엘리베이터
5) 에스컬레이터

52 연삭기에서 숫돌의 바깥지름이 180mm일 경우 숫돌 고정용 평형플랜지의 지름으로 적합한 것은?

① 30mm 이상   ② 40mm 이상
③ 50mm 이상   ④ 60mm 이상

해설 플랜지 지름
$= 숫돌 바깥지름 \times \frac{1}{3} = 180 \times \frac{1}{3} = 60mm 이상$

53 금형의 설치, 해체, 운반 시 안전사항에 관한 설명으로 틀린 것은?

① 운반을 위하여 관통 아이볼트가 사용될 때는 구멍 틈새가 최소화되도록 한다.
② 금형을 설치하는 프레스의 T홈 안길이는 설치 볼트 지름의 1/2배 이하로 한다.
③ 고정볼트는 고정 후 가능하면 나사산이 3~4개 정도 짧게 남겨 설치 또는 해체 시 슬라이드 면과의 사이에 협착이 발생하지 않도록 해야 한다.
④ 운반 시 상부금형과 하부금형이 닿을 위험이 있을 때는 고정 패드를 이용한 스트랩, 금속재질이나 우레탄 고무의 블록 등을 사용한다.

해설 금형을 설치하는 프레스의 T홈 안길이 : 설치볼트 직경의 2배 이상일 것

■ 정답 ■ 49. ③   50. ①   51. ①   52. ④   53. ②

54 산업안전보건법령에 따라 아세틸렌 용접장치의 아세틸렌 발생기를 설치하는 경우, 발생기실의 설치장소에 대한 설명 중 A, B에 들어갈 내용으로 옳은 것은?

> · 발생기실은 건물의 최상층에 위치하여야 하며, 화기를 사용하는 설비로부터 (A)를 초과하는 장소에 설치하여야 한다.
> · 발생기실을 옥외에 설치한 경우에는 그 개구부를 다른 건축물로부터 (B) 이상 떨어지도록 하여야 한다.

① A : 1.5m, B : 3m
② A : 2m, B : 4m
③ A : 3m, B : 1.5m
④ A : 4m, B : 2m

해설 아세틸렌 방생기실의 설치장소 등
1) 아세틸렌 발생기는 전용의 발생기실에 설치할 것
2) 발생기실은 건물 최상층에 위치하여야 하며 화기사용 설비로부터 3m를 초과하는 장소에 설치할 것
3) 발생기실의 옥외 설치시는 개구부를 다른 건축물로부터 1.5m 이상 떨어지도록 할 것

55 산업안전보건법령에 따라 산업용 로봇의 작동범위에서 교시 등의 작업을 하는 경우에 로봇에 의한 위험을 방지하기 위한 조치사항으로 틀린 것은?

① 2명 이상의 근로자에게 작업을 시킬 경우의 신호장법을 정한다.
② 작업 중의 매니퓰레이터 속도에 관한 지침을 정하고 그 지침에 따라 작업한다.
③ 작업을 하는 동안 다른 작업자가 작동시킬 수 없도록 기동스위치에 작업 중 표시를 한다.
④ 작업에 종사하고 있는 근로자가 이상을 발견하면 즉시 안전담당자에게 보고하고 계속해서 로봇을 운전한다.

해설 산업용 로봇의 교시 등의 작업시 위험방지 조치사항(안전보건규칙 제222조)
1) 다음 각 목의 사항에 관한 지침을 정하고 그 지침에 따라 작업을 시킬 것
 ① 로봇의 조작방법 및 순서
 ② 작업 중의 매니퓰레이터의 속도
 ③ 2명 이상의 근로자에게 작업을 시킬 경우의 신호방법
 ④ 이상을 발견한 경우의 조치
 ⑤ 이상을 발견하여 로봇의 운전을 정지시킨 후 이를 재가동시킬 경우의 조치
 ⑥ 그 밖에 로봇의 예기치 못한 작동 또는 오조작에 의한 위험을 방지하기 위하여 필요한 조치
2) 작업에 종사하고 있는 근로자 또는 그 근로자를 감시하는 사람은 이상을 발견하면 즉시 로봇의 운전을 정지시키기 위한 조치를 할 것
3) 작업을 하고 있는 동안 로봇의 기동스위치 등에 작업 중이라는 표시를 하는 등 작업에 종사하고 있는 근로자가 아닌 사람이 그 스위치 등을 조작할 수 없도록 필요한 조치를 할 것

56 다음 중 드릴 작업의 안전수칙으로 가장 적합한 것은?

① 손을 보호하기 위하여 장갑을 착용한다.
② 작은 일감은 양 손으로 견고히 잡고 작업한다.
③ 정확한 작업을 위하여 구멍에 손을 넣어 확인한다.
④ 작업시작 전 척 렌치(chuck wrench)를 반드시 제거하고 작업한다.

해설 드릴링머신의 안전작업수칙
1) 장갑을 끼고 작업하지 말 것
2) 쇳가루가 날리게 쉬운 작업은 보안경을 착용할 것
3) 드릴을 끼운 뒤 척 핸들은 반드시 빼 놓을 것
4) 뚫린 것을 확인하기 위해 손을 집어넣지 말 것
5) 공작물을 견고하게 고정하고, 손으로 잡고 구멍을 뚫지 말 것

■ 정답 ■ 54. ③ 55. ④ 56. ④

6) 작은 구멍을 먼저 뚫은 뒤 큰 구멍을 뚫을 것
7) 가공중에 구멍이 관통되면 기계를 멈추고 손으로 돌려서 드릴을 뺄 것

57 둥근톱 기계의 방호장치에서 분할날과 톱날 원주면과의 거리는 몇 mm 이내로 조정, 유지할 수 있어야 하는가?

① 12 ② 14
③ 16 ④ 18

해설 둥근톱기계의 방호장치 분할날 기준
1) 분할날과 톱날원주면과의 거리(분할날과 톱날의 간격) : 12mm 이내
2) 분할날의 최소길이 $= \pi D \times \frac{1}{4} \times \frac{2}{3}$
3) 분할날의 두께(t_2) : $1.1t_1 \leq t_2 < b$
(t_1 : 톱의 두께, b : 치진폭)

58 질량이 100kg인 물체를 그림과 같이 길이가 같은 2개의 와이어로프로 매달아 옮기고자 할 때 와이어로프 Ta에 걸리는 장력은 약 몇 N인가?

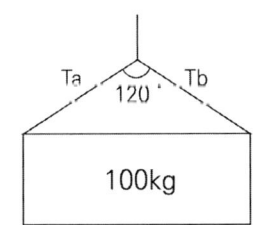

① 200 ② 400
③ 490 ④ 980

해설 $\text{Ta} = \frac{\text{짐의 무게}}{\text{로프의 수}} \div \cos\left(\frac{\text{로프각도}}{2}\right)$

$= \frac{100}{2} \div \cos\left(\frac{120}{2}\right)$

$= 100kg \times \frac{9.8N}{1kg} = 980N$

59 프레스 방호장치 중 수인식 방호장치의 일반 구조에 대한 사항으로 틀린 것은?

① 수인끈의 재료는 합성섬유로 지름이 4mm 이상이어야 한다.
② 수인끈의 길이는 작업자에 따라 임의로 조정할 수 없도록 해야 한다.
③ 수인끈의 안내통은 끈의 마모와 손상을 방지할 수 있는 조치를 해야 한다.
④ 손목밴드(wrist band)의 재료는 유연한 내유성 피혁 또는 이와 동등한 재료를 사용해야 한다.

해설 수인끈의 길이 : 작업자와 작업공정에 따라 그 길이를 조정할 수 있을 것

60 기준무부하 상태에서 지게차 주행 시의 좌우 안정도 기준은?(단, V는 구내최고속도(km/h)이다.)

① (15+1.1×V)% 이내
② (15+1.5×V)% 이내
③ (20+1.1×V)% 이내
④ (20+1.5×V)% 이내

해설 지게차의 안정도

구분	상태	구배(%)
전후 안정도	하역작업시	4 (최대하중 5톤 이상은 3.5)
	주행시	18
좌우 안정도	하역작업시	6
	주행시	15+1.1×최고 속도

■ 정답 ■ 57. ① 58. ④ 59. ② 60. ①

제4과목 / 전기위험방지기술

61 전기화재 발생 원인으로 틀린 것은?

① 발화원 ② 내화물
③ 착화물 ④ 출화의 경과

해설 1) 전기화재의 원인 : 발화원, 착화원, 출화의 경과(발화 형태)
2) 내화물 : 고온의 화학적 작용 등에도 견딜 수 있는 재료

62 피뢰기가 갖추어야 할 특성으로 알맞은 것은?

① 충격방전 개시전압이 높을 것
② 제한 전압이 높을 것
③ 뇌전류의 방전 능력이 클 것
④ 속류를 차단하지 않을 것

해설 피뢰기의 성능
1) 반복동작이 가능할 것
2) 구조가 견고하며 특성이 변화하지 않을 것
3) 점검, 보수가 간단할 것
4) 충격방전 개시전압과 제한전압이 낮을 것(피뢰기의 충격방전개시전압=공칭전압×4.5배)
5) 뇌전류의 방전능력이 크고, 속류의 차단이 확실하게 될 것

63 누전차단기의 설치가 필요한 것은?

① 이중절연 구조의 전기기계·기구
② 비접지식 전로의 전기기계·기구
③ 절연대 위에서 사용하는 전기기계·기구
④ 도전성이 높은 장소의 전기기계·기구

해설 1) 누전차단기를 설치해야할 전기 기계·기구
① 대지전압이 150볼트를 초과하는 이동형 또는 휴대형 전기기계·기구
② 물 등 도전성이 높은 액체가 있는 습윤장소에서 사용하는 전압(750볼트 이하 직류전압이나 600볼트 이하의 교류전압을 말한다.)용 전기기계·기구
③ 철판·철골 위 등 도전성이 높은 장소에서 사용하는 이동형 또는 휴대형 전기기계·기구
④ 임시배선의 전로가 설치되는 장소에서 사용하는 이동형 또는 휴대형 전기기계·기구

64 아래 그림과 같이 인체가 전기설비의 외함에 접촉하였을 때 누전사고가 발생하였다. 인체통과전류(mA)는 약 얼마인가?

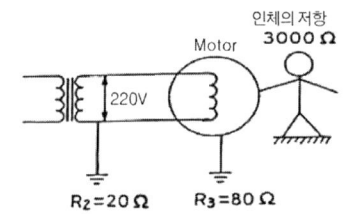

① 35 ② 47
③ 58 ④ 66

해설 인체통과전류(I_m)

$$I_m = \frac{E}{R_m(1+R_2/R_3)}$$
$$= \frac{220}{3000 \times (1+20/80)} A \times \frac{1000mA}{1A}$$
$$= 58.67 mA$$

여기서, E : 대지전압
R$_2$: 제2종 접지저항치
R$_3$: 제3종 접지저항치
R$_m$: 인체저항

65 방폭구조에 관계있는 위험 특성이 아닌 것은?

① 발화 온도 ② 증기 밀도
③ 화염 일주한계 ④ 최소 점화전류

해설 방폭구조와 관계있는 위험특성
1) 발화온도(발화점) : 가연성 물질이 공기중에

■ 정답 ■ 61. ② 62. ③ 63. ④ 64. ③ 65. ②

서 점화원이 없이 스스로 연소를 개시할 수 있는 최저온도
2) 화염일주한계 : 폭발성 분위기 내에 방치된 표준용기의 접합면 틈새를 통화여 화염이 내부에서 외부로 전파되는 것을 저지할 수 있는 틈새의 최대간격치를 말한다.(내압방폭구조와 관련)
3) 최소점화전류 : 폭발성 분위기가 전기불꽃에 의하여 폭발을 일으킬 수 있는 최소의 회로를 말한다.(본질안전방폭구조와 관련)

66 금속관의 방폭형 부속품에 대한 설명으로 틀린 것은?

① 재료는 아연도금을 하거나 녹이 스는 것을 방지하도록 한 강 또는 가단주철일 것
② 안쪽 면 및 끝부분은 전선의 피복을 손상하지 않도록 매끈한 것일 것
③ 전선관과의 접속부분의 나사는 5턱 이상 완전히 나사결합이 될 수 있는 길이일 것
④ 완성품은 유입방폭구조의 폭발압력시험에 적합할 것

해설 금속관의 방폭형 부속품
1) ①, ②, ③
2) 접합면 중 나사의 접합은 내압방폭구조(d)의 폭발압력시험에 적합할 것
3) 완성품은 내압방폭구조(d)의 폭발압력(기준압력) 측정 및 압력시험에 적합한 깃일 것

67 누전사고가 발생될 수 있는 취약개소가 아닌 것은?

① 나선으로 접속된 분기회로의 접속점
② 전선의 열화가 발생한 곳
③ 부도체를 사용하여 이중절연이 되어 있는 곳
④ 리드선과 단자와의 접속이 불량한 곳

해설 이중절연구조로 되어 있는 곳은 누전차단기 설치제외 대상이므로 누전사고가 발생되기가 어렵다.

68 이동하여 사용하는 전기기계기구의 금속제 외함 등에 제1종 접지공사를 하는 경우, 접지선 중 가요성을 요하는 부분의 접지선 종류와 단면적의 기준으로 옳은 것은?

① 다심코드, $0.75mm^2$ 이상
② 다심캡타이어 케이블, $2.5mm^2$ 이상
③ 3종 클로로프렌캡타이어 케이블, $4mm^2$ 이상
④ 3종 클로로프렌캡타이어 케이블, $10mm^2$ 이상

해설 이동용 전기계기구의 금속제 외함 등에 제1종 접지공사를 하는 경우
1) 접지선의 종류(접지선 중 가요성을 요하는 부분) : 3종 클로로프렌캡타이어 케이블
2) 접지선의 단면적 : $10mm^2$

69 접지의 목적과 효과로 볼 수 없는 것은?

① 낙뢰에 의한 피해방지
② 송배전선에서 지락사고의 발생 시 보호 계전기를 신속하게 작동시킴
③ 설비의 절연물이 손상되었을 때 흐르는 누설전류에 의한 감전방지
④ 송배전선로의 지락사고 시 대지전위의 상승을 억제하고 절연강도를 상승시킴

해설 접지의 목적
1) 전기설비의 절연물이 열화 또는 손상되었을 때 누전전류에 의한 감전방지
2) 고압선과 저압선이 혼촉되면 위험하므로 대지로 전류를 흘려 보내기 위해서 접지를 함
3) 낙뢰에 의한 피해방지
4) 송·배전선, 고전압모선 등에서 지락사고 발생시에 보호계전기를 신속하게 동작시키기 위해서임
5) 송·배전선로의 지락사고시 대전전위의 상승을 억제하고 절연강도를 경감시킴

■ 정답 ■ 66. ④ 67. ③ 68. ④ 69. ④

70 사용전압이 380V인 전동기 전로에서 절연저항은 몇 MΩ 이상이어야 하는가?

① 0.1
② 0.2
③ 0.3
④ 0.4

[참조] 절연저항치 : 법 개정(상기문제 학습에서 제외)

길잡이 저압전로의 절연저항치
(절연전선의 전기저항)

전로의 사용전압	DC시험전압 (V)	절연저항 (MΩ)
1) SELV 및 PELV	250	0.5
2) FELV, 500(V) 이하	500	1.0
3) 500(V)초과	1,000	1.0

[주] 특별저압(extra low voltage) : 2차전압이 AC 50V, DC 120V이하)으로 SELV(비접지 회로 구성) 및 PELV(접지회로구성)은 1차와 2차가 전기적으로 절연된 회로, FELV는 1차와 2차가 전기적으로 절연되지 않은 회로

71 정전에너지를 나타내는 식으로 알맞은 것은?(단, Q는 대전 전하량, C는 정전용량이다.)

① $\dfrac{Q}{2C}$

② $\dfrac{Q}{2C^2}$

③ $\dfrac{Q^2}{2C}$

④ $\dfrac{Q^2}{2C^2}$

해설 정전에너지(E)

$E = \dfrac{1}{2}CV^2 = \dfrac{1}{2}QV = \dfrac{1}{2}\dfrac{Q^2}{C}$

여기서, C : 도체의 정전용량(F), C=Q/V
V : 대전전위(전압, V), V=Q/C
Q : 대전전하량(C), Q=CV

72 동작 시 아크를 발생하는 고압용 개폐기·차단기·피뢰기 등은 목재의 벽 또는 천장 기타의 가연성 물체로부터 몇 m 이상 떼어놓아야 하는가?

① 0.3
② 0.5
③ 1.0
④ 1.5

해설 아크를 발생하는 고압용 전기기계·기구 등과 가연성물질의 목재벽 또는 천장과의 이격거리 : 1m 이상

73 기중 차단기의 기호로 옳은 것은?

① VCB
② MCCB
③ OCB
④ ACB

해설 기중차단기(ACB) : 대기중에서 아크를 길게하며 소호실에 의하여 냉각차단하는 차단기

74 6600/100V, 15kVA의 변압기에서 공급하는 저압 전선로의 허용 누설전류는 몇 A를 넘지 않아야 하는가?

① 0.025
② 0.045
③ 0.075
④ 0.085

해설 허용 누설전류 = 최대 공급전류 × $\dfrac{1}{2000}$

$= \dfrac{15KVA \times \dfrac{1000V}{1KV}}{100V} \times \dfrac{1}{2000} = 0.075A$

75 방폭전기설비의 용기내부에 보호가스를 압입하여 내부압력을 외부 대기 이상의 압력으로 유지함으로써 용기 내부에 폭발성가스 분위기가 형성되는 것을 방지하는 방폭구조는?

① 내압 방폭구조
② 압력 방폭구조
③ 안전증 방폭구조
④ 유입 방폭구조

해설 압력방폭구조 : 본문설명

■ 정답 ■ 70. ③ 71. ③ 72. ③ 73. ④ 74. ③ 75. ②

76 지락전류가 거의 0에 가까워서 안정도가 양호하고 무정전의 송전이 가능한 접지방식은?

① 직접접지방식
② 리액터접지방식
③ 저항접지방식
④ 소호리액터접지방식

해설 접지방식의 종류별 특징
1) 비접지방식 : 중성점을 접지하지 않는 방법으로 1선지락 사고시 건전한 두선의 대지
2) 직접접지방식 : Y결선 변압기의 중성점을 도선으로 직접 접지하는 방식
3) 저항접지방식 : 변압기의 중성점을 저항을 통하여 접지하는 방식으로 접지전류는 100~300[A] 정도이다.
4) 소호 리액터접지 : 중성점을 소호 리액터를 통하여 접지하는 방식으로 1선 지락전류가 0이 되도록 하는 접지방식

77 과전류에 의해 전선의 허용전류보다 큰 전류가 흐르는 경우 절연물이 화구가 없더라도 자연히 발화하고 심선이 용단되는 발화단계의 전선 전류밀도(A/mm²)는?

① 10~20   ② 30~50
③ 60~120   ④ 130~200

해설 과선류에 의한 전선의 발회단계
1) 인화단계(허용전류의 3배 정도 흐를 경우) : 전류밀도 40~43A/mm²
2) 착화단계(허용전류의 3배 정도 흐를 경우) : 전류미도 43~60A/mm²
3) 발화단계 : 전류밀도 60~120A/mm²
   ① 발화 후 용융되는 단계 : 전류밀도 60~75A/mm²
   ② 용융되면서 스스로 발화하는 단계 : 전류밀도 75~120A/mm²
4) 용단단계(전선이 용단되며 폭발하는 단계) : 전류밀도 120A/mm² 이상

78 정전기의 유동대전에 가장 크게 영향을 미치는 요인은?

① 액체의 밀도   ② 액체의 유동속도
③ 액체의 접촉면적   ④ 액체의 분출온도

해설 유동대전
1) 액체류가 파이프 등을 통해서 유동할 때 액체 사이에서 정전기가 발생하는 현상이다.
2) 액체유동에 의한 정전기발생은 액체의 유속에 큰 영향을 받는다.
   ① 배관 내 유체의 대전량(정전하량) : 유속의 1.5~2배에 비례
   ② 배관 내 유체의 제한유속 ; 1m/sec 이하

79 정전기 발생에 대한 방지대책의 설명으로 틀린 것은?

① 가스용기, 탱크 등의 도체부는 전부 접지한다.
② 배관 내 액체의 유속을 제한한다.
③ 화학섬유의 작업복을 착용한다.
④ 대전 방지제 또는 제전기를 사용한다.

해설 정전기 발생 방지책
1) 접지(부도체물질은 부적합)
2) 가습(상대습도 70% 이상)
3) 보후구(대전방지용 안전화 및 제전복 등) 착용
4) 대전방지제 사용
5) 배관내 액체의 유속제한 및 정치시간의 확보
6) 도진성 재료 시용
7) 제전장치 사용

80 1종 위험장소로 분류되지 않는 것은?

① 탱크류의 벤트(Vent) 개구부 부근
② 인화성 액체 탱크 내의 액면 상부의 공간부
③ 점검수리 작업에서 가연성 가스 또는 증기를 방출하는 경우의 밸브 부근
④ 탱크롤리, 드럼관 등이 인화성 액체를 충전하고 있는 경우의 개구부 부근

해설 위험장소의 분류
1) 0종 장소 : 폭발성 분위기가 연속적 또는 장

■ 정답 ■ 76. ④ 77. ③ 78. ② 79. ③ 80. ②

시간 발생할 염려가 있는 다음의 장소
① 폭발성 농도가 연속적 또는 장시간 계속해서 폭발하한치 이상이 되는 인화성 액체의 용기
② 탱크 내 액면 상부의 공간부
③ 가연성 가스의 용기, 탱크의 내부
④ 가연성 액체 내의 액중 펌프

2) 1종 장소 : 폭발성 분위기가 주기적 또는 간헐적으로 발생할 염려가 있는 장소
① 탱크류, 벨트의 개구부 부근
② 점검, 수리작업에서 가연성 가스나 증기를 방출하는 장소
③ 탱크롤리, 드럼관 등에 인화성 액체를 충전하고 있는 경우의 개구부 부근
④ 릴리프밸브가 가끔 작동하여 가연성 가스나 증기를 방출하는 곳의 부근
⑤ 플로팅 루프탱크(floating roof tank)상의 셀(shell) 내의 부근
⑥ 실내(환기가 방해되는 장소)에서 가연성 가스나 증기를 방출할 염려가 있는 장소
⑦ 위험한 가스가 누출할 염려가 있는 장소로서 핏트류처럼 가스가 축적되는 장소

3) 2종 장소 : 이상상태에서 위험분위기로 발생할 염려가 있는 장소

제5과목 / 화학설비위험방지시설

81 다음 중 연소속도에 영향을 주는 요인으로 가장 거리가 먼 것은?

① 가연물의 색상   ② 촉매
③ 산소와의 혼합비   ④ 반응계의 온도

해설 연소속도에 영향을 주는 요인
1) 반응계의 온도
2) 압력
3) 가스조성(산소와의 혼합비)
4) 촉매
5) 용기의 형태나 크기

82 산업안전보건법령상 건조설비를 사용하여 작업을 하는 경우 폭발 또는 화재를 예방하기 위하여 준수하여야 하는 사항으로 적절하지 않은 것은?

① 위험물 건조설비를 사용하는 때에는 미리 내부를 청소하거나 환기할 것
② 위험물 건조설비를 사용하는 때에는 건조로 인하여 발생하는 가스·증기 또는 분진에 의하여 폭발·화재의 위험이 있는 물질을 안전한 장소로 배출시킬 것
③ 위험물 건조설비를 사용하여 가열건조하는 건조물은 쉽게 이탈되도록 할 것
④ 고온으로 가열건조한 가연성 물질은 발화의 위험이 없는 온도로 냉각한 후에 격납시킬 것

해설 건조설비를 사용하여 작업 시 폭발·화재를 예방하기 위하여 준수하여야 할 사항
1) 위험물 건조설비를 사용하는 경우에는 미리 내부를 청소하거나 환기할 것
2) 위험물 건조설비를 사용하는 경우에는 건조로 인하여 발생하는 가스·증기 또는 분진에 의하여 폭발·화재의 위험이 있는 물질을 안전한 장소로 배출시킬 것
3) 위험물 건조설비를 사용하여 가열건조하는 건조물은 쉽게 이탈되지 않도록 할 것
4) 고온으로 가열건조한 인화성 액체는 발화의 위험이 없는 온도로 냉각한 후에 격납시킬 것
5) 건조설비(바깥 면이 현저히 고온이 되는 설비만 해당한다.)에 가까운 장소에는 인화성 액체를 두지 않도록 할 것

83 기체의 자연발화온도 측정법에 해당하는 것은?

① 중량법   ② 접촉법
③ 예열법   ④ 발열법

해설 기체의 자연발화온도 측정법 : 예열법

■ 정답 ■ 81. ① 82. ③ 83. ③

84 금속의 용접·용단 또는 가열에 사용되는 가스 등의 용기를 취급할 때의 준수사항으로 틀린 것은?

① 전도의 위험이 없도록 한다.
② 밸브를 서서히 개폐한다.
③ 용해아세틸렌의 용기는 세워서 보관한다.
④ 용기의 온도를 섭씨 65도 이하로 유지한다.

해설 금속의 용접·용단 또는 가열에 사용되는 가스 등의 용기 취급 시 준수사항
1) 다음 항목에 해당하는 장소에서 사용하거나 해당 장소에 설치·저장 또는 방치하지 않도록 할 것
   ① 통풍이나 환기가 불충분한 장소
   ② 화기를 사용하는 장소 및 그 부근
   ③ 위험물 또는 제236조에 따른 인화성 액체를 취급하는 장소 및 그 부근
2) 용기의 온도를 섭씨 40도 이하로 유지할 것
3) 전도의 위험이 없도록 할 것
4) 충격을 가하지 않도록 할 것
5) 운반하는 경우에는 캡을 씌울 것
6) 사용하는 경우에는 용기의 마개에 부착되어 있는 유류 및 먼지를 제거할 것
7) 밸브의 개폐는 서서히 할 것
8) 사용 전 또는 사용 중인 용기와 그 밖의 용기를 명확히 구별하여 보관할 것
9) 용해아세틸렌의 용기는 세워 둘 것
10) 용기의 부식·마모 또는 변형상태를 점검한 후 사용할 것

85 유류저장탱크에서 화염의 차단을 목적으로 외부에 증기를 방출하기도 하고 탱크 내 외기를 흡입하기도 하는 부분에 설치하는 안전장치는?

① vent stack   ② safety valve
③ gate valve   ④ flame arrester

해설 Flame arrestor와 Vent Stack
1) flame arrestor : 화염의 차단을 목적으로 한 장치
2) vent stack : 탱크 내의 압력을 정상의 상태로 유지하기 위한 가스 방출장치

86 분진폭발의 특징으로 옳은 것은?

① 연소속도가 가스폭발보다 크다.
② 완전연소로 가스중독의 위험이 작다.
③ 화염의 파급속도보다 압력의 파급속도가 크다.
④ 가스 폭발보다 연소시간은 짧고 발생에너지는 작다.

해설 분진폭발의 특성
1) 연소속도나 폭발압력은 가스폭발보다 작다.
2) 불완전연소로 CO(일산화탄소)의 중독피해가 우려된다.
3) 화염의 파괴속도보다 압력의 파괴속도가 크기 때문에 파괴력(가해지는 힘)이 매우 크다.
4) 가스폭발보다 연소시간이 길고 발생에너지는 크다.

87 독성가스에 속하지 않은 것은?

① 암모니아   ② 황화수소
③ 포스겐   ④ 질소

해설 1) 독성가스 : 암모니아(NH_3), 황화수소(H_2S), 포스겐($COCl_2$)
2) 불연성가스 : 질소(N_2)

88 위험물안전관리법령상 제3류 위험물 중 금수성 물질에 대하여 적응성이 있는 소화기는?

① 포소화기
② 이산화탄소소화기
③ 할로겐화합물소화기
④ 탄산수소염류분말소화기

해설 제3류위험물 중 금수성물질의 적응성 소화설비 (위험물안전관리법)
1) 탄산수소염류 등 분말소화설비
2) 탄산수소염류 분말소화기
3) 건조사
4) 팽창질석 또는 팽창진주암

■ 정답 ■ 84. ④ 85. ④ 86. ③ 87. ④ 88. ④

89 이상반응 또는 폭발로 인하여 발생되는 압력의 방출장치가 아닌 것은?

① 파열판
② 폭압방산구
③ 화염방지기
④ 가용합금안전밸브

해설 안전밸브(압력방출장치)의 종류
  1) 스프링식 안전밸브(가장 많이 사용)
  2) 파열판식
  3) 중추식 및 가용전식
  4) 폭압방산구 등

90 위험물의 취급에 관한 설명으로 틀린 것은?

① 모든 폭발성 물질은 석유류에 침지시켜 보관해야 한다.
② 산화성 물질의 경우 가연물과의 접촉을 피해야 한다.
③ 가스 누설의 우려가 있는 장소에서는 점화원의 철저한 관리가 필요하다.
④ 도전성이 나쁜 액체는 정전기 발생을 방지하기 위한 조치를 취한다.

해설 폭발성물질의 저장 및 취급방법
  1) 실온에 주의하고, 습기를 피한다.
  2) 통풍이 양호한 냉암소에 저장한다.
  3) 화기, 가열, 충격, 마찰 등을 피한다.
  4) 다른 약품과의 혼촉을 피하고 다른 가연물과 공존시키지 않는다.
  5) 용기의 파손, 균열에 주의하여 누설의 방지에 힘쓴다.

91 산업안전보건법령상 "부식성 산류"에 해당하지 않는 것은?

① 농도 20%인 염산
② 농도 40%인 인산
③ 농도 50%인 질산
④ 농도 60%인 아세트산

해설 부식성의 종류
  1) 부식성 산류
    ① 농도가 20% 이상인 염산, 황산, 질산, 기타 이와 동등 이상의 부식성을 지니는 물질
    ② 농도가 60% 이상인 인산, 아세트산, 불산, 기타 이와 동등 이상의 부식성을 가지는 물질
  2) 부식성 염기류 : 농도가 40% 이상인 수산화나트륨, 수산화칼륨, 이와 동등 이상의 부식성을 가지는 염기류

92 펌프의 사용 시 공동현상(cavitation)을 방지하고자 할 때의 조치사항으로 틀린 것은?

① 펌프의 회전수를 높인다.
② 흡입비 속도를 작게 한다.
③ 펌프의 흡입관의 두(head) 손실을 줄인다.
④ 펌프의 설치높이를 낮추어 흡입양정을 짧게 한다.

해설 공동현상의 방지법
  1) 펌프의 설치위치를 낮추고 흡입양정을 짧게 한다.
  2) 펌프의 회전수를 낮추고 흡입회전도를 적게 한다.
  3) 관경을 크게 하고 유속을 줄인다.
  4) 수직측 펌프를 사용하고 회전차를 수중에 완전히 잠기게 한다.

> **길잡이** 펌프의 공동현상(캐비테이션, cavitation)
> 1) 공동현상 : 유수 중에 그 수온의 증기압력보다 낮은 부분이 생기면 물이 증발을 일으키고, 또한 수중에 용해하고 있는 공기가 석출하여 적은 기포가 다수 발생하는데, 이러한 현상을 공동현상이라 한다.
> 2) 공동현상의 발생조건
>   ① 흡입양정이 지나치게 클 경우
>   ② 흡입관의 저항이 증대될 경우
>   ③ 흡입액의 과속으로 유량이 증대될 경우
>   ④ 관 내의 온도가 상승할 경우

■ 정답 ■ 89. ③ 90. ① 91. ② 92. ①

93 일산화탄소에 대한 설명으로 틀린 것은?

① 무색·무취의 기체이다.
② 염소와 촉매 존재 하에 반응하여 포스겐이 된다.
③ 인체 내의 헤모글로빈과 결합하여 산소운반 기능을 저하시킨다.
④ 불연성가스로서, 허용농도가 10ppm이다.

해설 일산화탄소(CO) : 가연성·독성가스, 허용농도 50ppm)

94 고체의 연소형태 중 증발연소에 속하는 것은?

① 나프탈렌   ② 목재
③ TNT   ④ 목탄

해설 기체, 액체, 고체의 연소 형태
1) 기체의 연소 : 확산연소(발염연소, 불꽃염소)
2) 액체의 연소 : 증발 연소
3) 고체의 연소 : 분해 연소(목재, 종이, 석탄, 플라스틱 등), 표면 연소(코크스 목탄, 금속분 등), 증발 연소(황, 나프탈렌, 파라핀 등), 자기 연소(질산에스테르류, 셀룰로이드류, 니트로화합물 등의 폭발성물질)

95 뜨거운 금속에 물이 닿으면 튀는 현싱과 같이 핵비등(nucleate boiling) 상태에서 막비등(film boiling)으로 이행하는 온도를 무엇이라 하는가?

① Burn-out point
② Leidenfrost point
③ Entrainment point
④ Sub-cooling boiling point

해설 라이덴프로스트 점(leidenfrost point) : 핵비등 상태에서 막비 등으로 이행하는 온도
1) 핵비등 : 액체가 끓을 때 전열면상의 특정한 점에서 연속적으로 중기포가 발생하는 점을 비등의 핵이라고 하고 이와 같은 비등상태를 핵비등이라 한다.
2) 막비등(film boiling) : 증발등 가열조작에서 전열면의 표면온도가 고온이 되어 전열면과 액 사이에 증기막이 생겨 양자가 격리되는 상태

96 프로판가스 $1m^3$를 완전 연소시키는데 필요한 이론 공기량은 몇 m^3인가?(단, 공기 중의 산소농도는 20vol%이다.)

① 20   ② 25
③ 30   ④ 35

해설 1) 프로판(C_3H_8)의 완전연소반응식
$C_3H_8 + 5O_2 \rightarrow 3CO_2 + 4H_2O$
2) 이론 공기량 = $5 \times \frac{100}{20} = 25m^3$

97 다음 중 공기와 혼합 시 최소착화에너지 값이 가장 작은 것은?

① CH_4 ② C_3H_8
③ C_6H_6 ④ H_2

해설 최소착화에너지
1) CH_4(메탄) : $0.28 \times 10^{-3}J$
2) C_3H_8(프로판) : $0.31 \times 10^{-3}J$
3) C_6H_6(벤젠) : $0.55 \times 10^{-3}J$
4) H_2(수소) : $0.019 \times 10^{-3}J$

길잡이 수소(H_2)의 성질
1) 상온(20℃)에서 무색·무미·무취의 기체이다.
2) 가스 중 가장 가벼운 기체로 확산속도가 빠르다.
3) 폭발범위가 넓은 가연성가스로 최소착화에너지가 매우 낮다.
4) 공기 중에서 폭발적으로 반응하며 물을 생성한다.
$2H_2 + O_2 \rightarrow 2H_2O$: 수소 폭명기
5) 할로겐원소(F_2, Cl_2, Br_2, I_2)와 격렬히 반응하여 할로겐화수소를 생성한다.
$H_2 + Cl_2 \rightarrow 2HCl$: 염소 폭명기

■ 정답 ■ 93. ④ 94. ① 95. ② 96. ② 97. ④

98 디에틸에테르와 에틸알코올이 3:1로 혼합증기의 몰비가 각각 0.75, 0.25이고, 디에틸에테르와 에틸알코올의 폭발하한값이 각각 1.9vol%, 4.3vol%일 때 혼합가스의 폭발하한값은 약 몇 vol%인가?

① 2.2
② 3.5
③ 22.0
④ 34.7

해설 $L = \dfrac{V_1 + V_2}{\dfrac{V_1}{L_1} + \dfrac{V_2}{L_2}} = \dfrac{0.75 + 0.25}{\dfrac{0.75}{1.9} + \dfrac{0.25}{4.3}}$

$= 2.21 vol\%$

99 공기 중에서 이황화탄소(CS_2)의 폭발한계는 하한값이 1.25vol%, 상한값이 44vol%이다. 이를 20℃ 대기압하에서 mg/L의 단위로 환산하며 하한값과 상한값은 각각 약 얼마인가?(단, 이황화탄소의 분자량은 76.1이다.)

① 하한값 : 61, 상한값 : 640
② 하한값 : 39.6, 상한값 : 1393
③ 하한값 : 146, 상한값 : 860
④ 하한값 : 55.4, 상한값 : 1642

해설 1) 하한치(mg/L)

$= \dfrac{ppm \times MW}{22.4 \times \left(\dfrac{273 + t℃}{273}\right)} mg/m^3 \times \dfrac{1m^3}{1000L}$

$= \dfrac{1.25\% \times \dfrac{1ppm}{10^{-4}\%} \times 76.1}{22.4 \times \left(\dfrac{273 + 20}{273}\right)} \times \dfrac{1}{1000}$

$= 39.6 mg/L$

2) 상한치(mg/L)

$= \dfrac{44\% \times \dfrac{1ppm}{10^{-4}\%} \times 76.1}{22.4 \times \left(\dfrac{293}{273}\right)} \times \dfrac{1}{1000}$

$= 1392.8 mg/L$

100 Burgess-Wheeler의 법칙에 따르면 서로 유사한 탄화수소계의 가스에서 폭발하한계의 농도(vol%)와 연소열(kcal/mol)의 곱의 값은 약 얼마 정도인가?

① 1100
② 2800
③ 3200
④ 3800

해설 포화탄산수소가스의 폭발하한치 산정식
1) Burgess-Wheeler의 법칙 : 활성화에너지(E)가 일정할 경우 포화탄수소계의 가연성 가스의 폭발하한치(X)는 연소열(Q)에 반비례한다.
$X \cdot Q = \text{const}$ (일정)
2) 폭발하한치 산정식
$X = \dfrac{11}{Q} \times 100 (\%)$
여기서, X : 폭발하한치(vol%)
Q : 연소열(kcal/mol)

제6과목 / 건설안전기술

101 터널지보공을 설치한 경우에 수시로 점검하고, 이상을 발견한 경우에는 즉시 보강하거나 보수해야 할 사항이 아닌 것은?

① 부재의 긴압 정도
② 기둥침하의 유무 및 상태
③ 부재의 접속부 및 교차부 상태
④ 부재를 구성하는 재질의 종류 확인

해설 터널지보공 설치시 수시점검사항
1) 부재의 손상·변형·부식·변위 탈락의 유무 및 상태
2) 부재의 긴압의 정도
3) 부재의 접속부 밑 교차부의 상태
4) 기둥침하의 유무 및 상태

■ 정답 ■ 98. ① 99. ② 100. ① 101. ④

102 강관틀비계를 조립하여 사용하는 경우 준수해야할 기준으로 옳지 않은 것은?

① 높이가 20m를 초과하거나 중량물의 적재를 수반하는 작업을 할 경우에는 주틀 간의 간격을 2.4m 이하로 할 것
② 수직방향으로 6m, 수평방향으로 8m 이내마다 벽이음을 할 것
③ 길이가 띠장 방향으로 4m 이하이고 높이가 10m를 초과하는 경우에는 10m 이내마다 띠장 방향으로 버팀기둥을 설치할 것
④ 주틀 간에 교차 가새를 설치하고 최상층 및 5층 이내마다 수평재를 설치할 것

해설 강관틀비계를 조립하여 사용하는 경우 준수사항
1) 비계기둥의 밑둥에는 밑받침 철물을 사용하여야 하며 밑받침에 고저차(高低差)가 있는 경우에는 조절형 밑받침철물을 사용하여 각각의 강관틀비계가 항상 수평 및 수직을 유지하도록 할 것
2) 높이가 20m를 초과하거나 중량물의 적재를 수반하는 작업을 할 경우에는 주틀간의 간격을 1.8m 이하로 할 것
3) 주틀 간에 교차 가새를 설치하고 최상층 및 5층 이내마다 수평재를 설치할 것
4) 수직방향으로 6m, 수평방향으로 8m 이내마다 벽이음을 할 것
5) 길이가 띠장 방향으로 4m 이하이고 높이가 10m를 초과하는 경우에는 10m 이내마다 띠장 방향으로 버팀기둥을 설치할 것

103 굴착기계의 운행 시 안전대책으로 옳지 않은 것은?

① 버킷에 사람의 탑승을 허용해서는 안 된다.
② 운전반경 내에 사람이 있을 때 회전은 10rpm 정도의 느린 속도로 하여야 한다.
③ 장비의 주차 시 경사지나 굴착작업장으로부터 충분히 이격시켜 주차한다.
④ 전선이나 구조물 등에 인접하여 붐을 선회해야 할 작업에는 사전에 회전반경, 높이제한 등 방호조치를 강구한다.

해설 굴착기계의 작업반경 내에는 근로자가 출입하지 않도록 방호설비를 하거나 감시인을 배치시킨다.

104 온도가 하강함에 따라 토중수가 얼어 부피가 약 9% 정도 증대하게 됨으로써 지표면이 부풀어오르는 현상은?

① 동상현상   ② 연화현상
③ 리칭현상   ④ 액상화현상

해설 동상현상 : 본문설명

105 가설통로를 설치하는 경우 준수하여야 할 기준으로 옳지 않은 것은?

① 경사는 30°이하로 할 것
② 경사가 15°를 초과하는 경우에는 미끄러지지 아니하는 구조로 할 것
③ 수직갱에 가설된 통로의 길이가 15m 이상인 때에는 15m 이내마다 계단참을 설치할 것
④ 건설공사에 사용하는 높이 8m 이상의 비계다리에는 7m 이내마다 계단참을 설치할 것

해설 가설통로의 구조(가설통로 설치시 준수사항)
1) 견고한 구조로 할 것
2) 경사는 30°이하로 할 것(다만, 계단을 설치하거나 높이 2m 미만의 가설통로로서 튼튼한 손잡이를 설치한 때에는 그러하지 아니하다.)
3) 경사가 15°를 초과하는 때에는 미끄러지지 않는 구조로 할 것
4) 추락의 위험이 있는 장소에는 안전난간을 설치할 것(작업상 부득이한 때에는 필요한 부분에 한하여 임시로 이를 해체할 수 있다.)
5) 수직갱에 가설된 통로의 길이가 15m 이상인 때에는 10m 이내마다 계단참을 설치할 것
6) 건설공사에서 사용하는 높이 8m 이상인 비계다리에는 7m 이내마다 계단을 설치할 것

■ 정답 ■ 102. ① 103. ② 104. ① 105. ③

106 다음은 동바리로 사용하는 파이프 서포트의 설치기준이다. ( )안에 들어갈 내용으로 옳은 것은?

> 파이프 서포트를 ( ) 이상 이어서 사용하지 않도록 할 것

① 2개 ② 3개
③ 4개 ④ 5개

해설 거푸집의 동바리로 사용하는 파이프서포트에 대한 설치기준
1) 파이프서포트를 3개 이상 이어서 사용하지 아니하도록 할 것
2) 파이프서포트를 이어서 사용할 때에는 4개 이상의 볼트 또는 전용철물을 사용하여 이을 것
3) 높이가 3.5m 초과할 때에는 높이가 2m 이내마다 수평 연결재를 2개 방향으로 만들고 수평연결재의 변위를 방지할 것

107 권상용 와이어로프의 절단하중이 200 ton일 때 와이어로프에 걸리는 최대하중은?(단, 안전계수는 5임)

① 1000ton ② 400ton
③ 100ton   ④ 40ton

해설 안전계수 = $\dfrac{\text{절단하중}}{\text{최대사용하중}}$

최대사용하중 = $\dfrac{\text{절단하중}}{\text{안전계수}} = \dfrac{200}{5} = 40\text{ton}$

108 근로자의 추락 등의 위험을 방지하기 위한 안전난간의 구조 및 설치요건에 관한 기준으로 옳지 않은 것은?

① 상부난간대는 바닥면·발판 또는 경사로의 표면으로부터 90cm 이상 지점에 설치할 것
② 발끝막이판은 바닥면 등으로부터 10cm 이상의 높이를 유지할 것
③ 난간대는 지름 1.5cm 이상의 금속제파이프나 그 이상의 강도를 가진 재료일 것
④ 안전난간은 구조적으로 가장 취약한 지점에서 가장 취약한 방향으로 작용하는 100kg 이상의 하중에 견딜 수 있는 튼튼한 구조일 것

해설 안전난간의 구조 및 설치요건
1) 상부난간대, 중간난간대, 발끝막이판 및 난간기둥으로 구성할 것(중간난간대, 발끝막이판 및 난간기둥은 이와 비슷한 구조 및 성능을 가진 것으로 대체할 수 있다.)
2) 상부난간대는 바닥면, 발판 또는 경사로의 표면(이하 "바닥면 등"이라 한다.)으로부터 90cm 이상 지점에 설치하고, 상부난간대를 120cm 이하에 설치하는 경우 중간난간대는 상부난간대와 바닥면 등의 중간에 설치하여야 하며, 120cm 이상 지점에 설치하는 경우에는 중간난간대를 2단 이상으로 균등하게 설치하고 난간의 상하간격은 60cm 이하가 되도록 할 것
3) 발끝막이판은 바닥면 등으로부터 10cm 이상의 높이를 유지할 것(물체가 떨어지거나 날아올 위험이 없거나 그 위험을 방지할 수 있는 망을 설치하는 등 필요한 예방조치를 한 장소를 제외한다.)
4) 난간기둥은 상부난간대와 중간난간대를 견고하게 떠받칠 수 있도록 적정 간격을 유지할 것
5) 상부난간대와 중간난간대는 난간길이 전체에 걸쳐 바닥면 등과 평행을 유지할 것
6) 난간대는 지름 2.7cm 이상의 금속제 파이프나 그 이상의 강도를 가진 재료일 것
7) 안전난간은 임의의 점에서 임의의 방향으로 움직이는 100kg 이상의 하중에 견딜 수 있는 튼튼한 구조일 것

109 토질시험(soil test)방법 중 전단시험에 해당하지 않는 것은?

① 1면 전단 시험 ② 베인 테스트
③ 일축 압축 시험 ④ 투수시험

해설 토질시험 방법 중 전단시험
1) 1면 전단시험

■ 정답 ■ 106. ② 107. ④ 108. ③ 109. ④

2) 베인 테스트
3) 일축 압축 시험
4) 삼축 압축 시험(간접 전담시험)

110 감전재해의 직접적인 요인으로 가장 거리가 먼 것은?

① 통전전압의 크기   ② 통전전류의 크기
③ 통전시간   ④ 통전경로

해설 전격 위험도 결정조건
1) 1차적 감전위험요소
   ① 통전전류의 크기(감전에 의한 사망위험성은 통전전류의 크기에 의해서 결정됨)
   ② 전원의 종류(교류, 직류별)
   ③ 통전경로
   ④ 통전시간
2) 2차적 감전위험요소
   ① 인체의 조건(저항)   ② 전압
   ③ 주파수   ④ 계절

111 건설업 산업안전보건관리비 계상 및 사용기준(고용노동부 고시)은 산업재해보상 보험법의 적용을 받는 공사 중 총 공사금액이 얼마 이상인 공사에 적용하는가?

① 4천만원   ② 3천만원
③ 2천만원   ④ 1천만원

해설 건설업 산업안전보건관리비 계상 및 사용기준 적용범위 : 산업재해보상보험법의 적용을 받는 공사 중 총 공사금액이 2천만원 이상인 건설공사

112 부두 등의 하역작업장에서 부두 또는 안벽의 선에 따라 통로를 설치하는 경우, 최소 폭 기준은?

① 90cm 이상   ② 75cm 이상
③ 60cm 이상   ④ 45cm 이상

해설 부두, 안벽 등 하역 작업을 하는 장소에 대하여 조치할 사항
1) 작업장, 통로의 위험한 부분 : 안전작업을 할 수 있는 조명을 유지할 것
2) 부두 또는 안벽의 선을 따라 통로를 설치할 경우 : 폭을 90cm 이상으로 할 것
3) 육상에서의 통로 및 작업장소에 다리 또는 갑문을 넘는 보도 등의 위험한 부분 : 울 등을 설치할 것

113 선창의 내부에서 화물취급작업을 하는 근로자가 안전하게 통행할 수 있는 설비를 설치하여야 하는 기준은 갑판의 윗면에서 선창(船倉) 밑바닥까지의 깊이가 최소 얼마를 초과할 때인가?

① 1.3m   ② 1.5m
③ 1.8m   ④ 2.0m

해설 통행설비의 설치 등 : 갑판의 윗면에서 선창 밑바닥까지의 깊이가 1.5m를 초과하는 선창의 내부에서 화물취급작업을 하는 때에는 당해 작업에 종사하는 근로자가 안전하게 통행할 수 있는 설비를 설치할 것(다만, 안전하게 통행할 수 있는 설비가 선박에 설치되어 있는 때에는 제외)

114 클램 쉘(Clam shell)의 용도로 옳지 않은 것은?

① 잠함안의 굴착에 사용된다.
② 수면아래의 자갈, 모래를 굴착하고 준설선에 많이 사용된다.
③ 건축구조물의 기초 등 정해진 범위의 깊이 굴착에 적합하다.
④ 단단한 지반의 작업도 가능하며 작업속도가 빠르고 특히 암반굴착에 적합하다.

해설 클램 쉘(clamshell)
1) 붐의 선단에서 버킷을 와이어로프로 매달아 아래로 떨어뜨려 흙을 떠 올리는 중기
2) 수직굴착, 수중굴착, 연약지반에 사용

■ 정답 ■ 110. ①   111. ③   112. ①   113. ②   114. ④

115 건설공사 유해·위험방지계획서를 제출해야할 대상공사에 해당하지 않는 것은?

① 깊이 10m인 굴착공사
② 다목적댐 건설공사
③ 최대 지간길이가 40m 교량건설 공사
④ 연면적 5000m²인 냉동·냉장창고시설의 설비공사

해설 유해·위험방지계획서제출대상 공사(건설업)
1) 지상 높이가 31m 이상인 건축물 또는 인공구조물, 연면적 3만m² 이상인 건축물 또는 연면적 5천m² 이상의 문화 및 집회시설(전시장·동물원·식물원은 제외)·판매·시설·운수시설(고속철도의 역사 및 집배송시설은 제외)·종교시설·의료시설 중 종합병원·숙박시설 중 관광숙박시설 또는 지하도상가 또는 냉동·냉장창고시설의 건설·개조 또는 해체 공사
2) 연면적 5천m² 이상의 냉동·냉장창고시설의 설비공사 및 단열공사
3) 최대지간 길이가 50m 이상인 교량건설 등 공사
4) 터널건설 등의 공사
5) 다목적댐·발전용댐 및 저수용량 2천만톤 이상의 용수전용댐·지방상수도 전용댐 건설 등의 공사
6) 깊이 10m 이상인 굴착공사

116 콘크리트 타설 시 거푸집 측압에 관한 설명으로 옳지 않은 것은?

① 타설속도가 빠를수록 측압이 커진다.
② 거푸집의 투수성이 낮을수록 측압은 커진다.
③ 타설높이가 높을수록 측압이 커진다.
④ 콘크리트의 온도가 높을수록 측압이 커진다.

해설 ④항, 콘크리트 온도가 낮을수록 측압이 커진다.

117 그물코의 크기가 5cm인 매듭방망일 경우 방망사의 인장강도는 최소 얼마 이상이어야 하는가?(단, 방망사는 신품인 경우이다.)

① 50kg   ② 100kg
③ 110kg   ④ 150kg

해설 방망사의 강도
1) 방망사의 신품에 대한 인장강도

그물코의 크기 (단위 : cm)	방망의 종류(단위 : kg)	
	매듭 없는 방망	매듭 방망
10	240	200
5		110

2) 방망사의 폐기시 인장강도

그물코의 크기 (단위 : cm)	방망의 종류(단위 : kg)	
	매듭 없는 방망	매듭 방망
10	150	135
5		60

118 폭우 시 옹벽배면의 배수시설이 취약하면 옹벽 저면을 통하여 침투수(seepage)의 수위가 올라간다. 이 침투수가 옹벽의 안정에 미치는 영향으로 옳지 않은 것은?

① 옹벽 배면토의 단위수량 감소로 인한 수직 저항력 증가
② 옹벽 바닥면에서의 양압력 증가
③ 수평 저항력(수동토압)의 감소
④ 포화 또는 부분 포화에 따른 뒷채움용 흙무게의 증가

해설 ①항, 옹벽 배면토의 단위수량 증가로 인한 수직 저항력 증가

119 건설현장에 달비계를 설치하여 작업 시 달비계에 사용가능한 와이어로프로 볼 수 있는 것은?

① 이음매가 있는 것
② 와이어로프의 한 꼬임에서 끊어진 소선의 수가 5%인 것
③ 지름의 감소가 공칭지름의 10%인 것
④ 열과 전기충격에 의해 손상된 것

해설 부적격한 와이어로프의 사용금지사항
 1) 이음매가 있는 것
 2) 와이어로프의 한 꼬임에서 끊어진 소선(필러선 제외)의 수가 10% 이상(비전자로프의 경우에는 끊어진 소선의 수가 와이어로프 호칭지름의 6배 길이 이내에서 4개 이상이거나 호칭지름 30배 길이 이내에서 8개 이상)인 것
 3) 지름의 감소가 공칭지름의 7%를 초과하는 것
 4) 꼬인 것
 5) 심하게 변형 또는 부식된 것
 6) 열과 전기충격에 의해 손상된 것

120 철골 건립기계 선정 시 사전 검토사항과 가장 거리가 먼 것은?

① 건립기계의 소음영향
② 건립기계의 인한 일조권 침해
③ 건물형태
④ 작업반경

해설 철골 건립기계 선정시 사전 검토사항
 1) 건립기계의 소음영향
 2) 건물형태
 3) 작업반경

■ 정답 ■ 119. ② 120. ②

2023년 2회 CBT 복원 기출문제

산업안전기사

제1과목 / 안전관리론

01 산업안전보건법령상 유기화합물용 방독마스크의 시험가스로 옳지 않은 것은?

① 이소부탄
② 시클로헥산
③ 디메틸에테르
④ 염소가스 또는 증기

해설 방독마스크의 종류별 시험가스

종류	시험가스
유기화합물용	시크로헥산(C_6H_{12})
할로겐용	염소가스 또는 증기(Cl_2)
황화수소용	황화수소가스(H_2S)
시안화수소용	시안화수소가스(HCN)
아황산용	아황산가스(SO_2)
암모니아용	암모니아가스(NH_3)

02 산업안전보건법상 환기가 극히 불량한 좁고 밀폐된 장소에서 용접작업을 하는 근로자 대상의 특별안전보건교육 교육내용에 해당하지 않는 것은?(단, 기타 안전·보건관리에 필요한 사항은 제외한다.)

① 환기설비에 관한 사항
② 작업환경 점검에 관한 사항
③ 질식 시 응급조치에 관한 사항
④ 화재예방 및 초기대응에 관한 사항

해설 밀폐된 장소(탱크내 또는 환기가 극히 불량한 좁은 장소)에서 하는 용접작업 또는 습한 장소에서 하는 전기용접작업 시 특별안전보건교육의 교육내용
1) 작업순서, 안전작업방법 및 수칙에 관한 사항
2) 환기설비에 관한 사항
3) 전격 방지 및 보호구 착용에 관한 사항
4) 질식 시 응급조치에 관한 사항
5) 작업환경 점검에 관한 사항
6) 그 밖에 안전·보건관리에 필요한 사항

03 허츠버그(Herzberg)의 일을 통한 동기부여 원칙으로 틀린 것은?

① 새롭고 어려운 업무의 부여
② 교육을 통한 간접적 정보제공
③ 자기과업을 위한 작업자의 책임과 증대
④ 작업자에게 불필요한 통제를 배제

해설 ②항, 교육을 통한 직접적 정보제공

길잡이 허즈버그의 직무확대방법
1) 규제를 제거하여 일에 대한 개인적 책임감이나 책무를 증가시킨다.
2) 완전하고 자연스러운 작업단위를 제공한다. (한 단위의 한 요소만을 만들게 하지 말고 단위전체를 생산 하도록 한다.)
3) 직무에 부가되는 자유와 권한을 주어야 한다.
4) 직접 상품 생산에 대한 보고를 정기적으로 하게 한다.
5) 더욱 새롭고 어려운 임무를 수행하도록 격려한다.
6) 특정한 직무에 대해 전문가가 될 수 있도록 전문화된 임무를 배당한다.

■ 정답 ■ 01. ④ 02. ④ 03. ②

04 재해통계에 있어 강도율이 2.0인 경우에 대한 설명으로 옳은 것은?

① 재해로 인해 전체 작업지용의 2.0%에 해당하는 손실이 발생하였다.
② 근로자 1000명당 2.0건의 재해가 발생하였다.
③ 근로시간 1000시간당 2.0건의 재해가 발생하였다.
④ 근로시간 1000시간당 2.0일의 근로손실일수가 발생하였다.

해설 1) 강도율 : 연 근로시간 1000시간당 재해에 잃어버린 근로손실일수를 말한다.
2) 강도율 2.0 : 연 근로시간 1000시간당 2.0일의 근로손실일수가 발생하였다.

05 다음 중 산업안전보건법상 안전인증 대상 기계·기구 등의 안전인증 표시로 옳은 것은?

①  ②
③  ④

해설 1) 안전인증대상 기계·기구 등의 안전인증 및 자율안전확인 표시

2) 안전인증대상 기계·기구 등이 아닌 유해·위험기계·기구·설비등의 안전인증표시

06 산업안전보건법령상 안전모의 시험성능기준 항목으로 옳지 않은 것은?

① 내열성 ② 턱끈풀림
③ 내관통성 ④ 충격흡수성

해설 안전모의 시험성능기준

항목	성능기준
1. 내관통성	AE, ABE종 안전모는 관통거리가 9.5mm이하, AB종 안전모는 관통거리가 11.1mm 이하여야 한다.
2. 충격흡수성	최고전달충격력이 4450N을 초과해서는 안되며, 모체와 착장체의 기능이 상실되지 않아야 한다.
3. 내전압성	AE, ABE종 안전모는 교류 20kV에서 1분간 절연파괴 없이 견뎌야 하고, 이때 누설되는 충전전류는 10mA 이하이어야 한다.
4. 내수성	AE, ABE종 안전모는 질량증가율이 1%미만이어야 한다.
5. 난연성	모체가 불꽃을 내며 5초 이상 연소되지 않아야 한다.
6. 턱끈풀림	150N 이상 250N 이하에서 턱끈이 풀려야 한다.

07 안전조직 중에서 라인-스탭(Line-Staff) 조직의 특징으로 옳지 않은 것은?

① 라인형과 스탭형의 장점을 취한 절충식 조직형태이다.
② 중규모 사업장(100명 이상 ~ 500명 미만)에 적합하다.
③ 라인의 관리, 감독자에게도 안전에 관한 책임과 권한이 부여된다.
④ 안전 활동과 생산업무가 분리될 가능성이 낮기 때문에 균형을 유지할 수 있다.

해설 1) line형(직계형) : 100명 미만
2) staff(참모형) : 100명이상 ~ 500명 미만
3) line-staff혼합형(직계-참모혼합형) : 1000명 이상

■ 정답 ■ 04. ④ 05. ① 06. ① 07. ②

08 매슬로우의 욕구단계이론 중 자기의 잠재력을 최대한 살리고 자기가 하고 싶었던 일을 실현하려는 인간의 욕구에 해당하는 것은?

① 생리적 욕구
② 사회적 욕구
③ 자아실현의 욕구
④ 안전에 대한 욕구

해설 Maslow의 욕구 5단계
1) 1단계 : 생리적 욕구(기아, 갈증, 호흡, 배설, 성욕 등)
2) 2단계 : 안전의 욕구(안전을 기하려는 욕구)
3) 3단계 : 사회적 욕구(애정, 소속에 대한 욕구)
4) 4단계 : 인정받으려는 욕구(자존심, 명예, 성취, 지위에 대한 욕구 : 자기존경의 욕구)
5) 5단계 : 자아실현의 욕구(잠재적인 능력을 실현하고자 하는 욕구 : 성취욕구)

09 산업안전보건법령상 근로자 안전보건교육 중 작업내용 변경시의 교육을 할 때 일용근로자를 제외한 근로자의 교육시간으로 옳은 것은?

① 1시간 이상 ② 2시간 이상
③ 4시간 이상 ④ 8시간 이상

해설 작업내용 변경시 교육시간
1) 일용근로자를 제외한 근로자 : 2시간 이상
2) 일용근로자 : 1시간 이상

10 다음 중 산업안전심리의 5대 요소에 포함되지 않는 것은?

① 습관   ② 동기
③ 감정   ④ 지능

해설 산업안전심리의 5대 요소
1) 습관   2) 습성
3) 동기   4) 기질
5) 감정

11 다음 중 브레인스토밍(Brain Storming)의 4원칙을 올바르게 나열한 것은?

① 자유분방, 비판금지, 대량발언, 수정발언
② 비판자유, 소량발언, 자유분방, 수정발언
③ 대량발언, 비판자유, 자유분방, 수정발언
④ 소량발언, 자유분방, 비판금지, 수정발언

해설 브레인 스토밍(B.S : Brain storming)의 4원칙
1) 비평금지 : 좋다, 나쁘다고 비평하지 않는다.
2) 자유분방 : 마음대로 편안히 발언한다.
3) 대량발언 : 무엇이건 좋으니 많이 발언한다.
4) 수정발언 : 타인의 아이디어에 수정하거나 덧붙여 말하여도 좋다.

12 다음의 무재해운동의 이념 중 "선취의 원칙"에 대한 설명으로 가장 적절한 것은?

① 사고의 잠재요인을 사후에 파악하는 것
② 근로자 전원이 일체감을 조성하여 참여하는 것
③ 위험요소를 사전에 발견, 파악하여 재해를 예방 또는 방지하는 것
④ 관리감독자 또는 경영층에서의 자발적 참여로 안전 활동을 촉진하는 것

해설 무재해운동이념 3원칙
1) **무의 원칙** : 사망, 휴업 및 불휴재해는 물론 일체의 장래위험요인을 사전에 발견, 파악, 해결함으로써 근원적인 산업재해를 없애는 것을 말한다.
2) **참가의 원칙** : 재해 및 일체의 위험요인을 발견, 해결하기 위해 전원이 무재해운동에 참가하여 문제 해결 등을 실천하는 것을 말한다.
3) **선취해결의 원칙** : 선취란 궁극의 목표로서 무재해, 무질병의 직장을 실현하기 위해 일체의 위험요인을 행동하기 전에 발견, 파악, 해결하여 재해를 예방하거나 방지하는 것을 말한다.

■ 정답 ■ 08. ③ 09. ② 10. ④ 11. ① 12. ③

13 교육훈련 방법 중 OJT(On the Job Training)의 특징으로 옳지 않은 것은?

① 동시에 다수의 근로자들을 조직적으로 훈련이 가능하다.
② 개개인에게 적절한 지도 훈련이 가능하다.
③ 훈련 효과에 의해 상호 신뢰 및 이해도가 높아진다.
④ 직장의 실정에 맞게 실제적 훈련이 가능하다.

해설 OJT(현장중심교육)와 offJT(현장 외 중심교육)의 특징

O·J·T (현장중심교육)	off J·T (현장외 중심교육)
① 개개인에게 적합한 지도훈련이 가능	① 다수의 근로자에게 조직적 훈련이 가능
② 직장의 실정에 맞는 실체적 훈련을 할 수 있다.	② 훈련에만 전념하게 된다.
③ 훈련 필요한 업무의 계속성이 끊어지지 않음	③ 특별설비기구를 이용할 수 있음
④ 즉시 업무에 연결되는 관계로 신체와 관련 있음	④ 전문가를 강사로 초청할 수 있음
⑤ 효과가 곧 업무에 나타나며 훈련의 좋고 나쁨에 따라 개선이 용이함	⑤ 각 직장의 근로자가 많은 지식이나 경험을 교류할 수 있음
⑥ 교육을 통한 훈련 효과에 의해 상호 신뢰 이해도가 높아짐	⑥ 교육훈련 목표에 대해서 집단적 노력이 흐트러질 수도 있음

14 기술교육의 형태 중 존 듀이(J.Dewey)의 사고과정 5단계에 해당하지 않는 것은?

① 추론한다.
② 시사를 받는다.
③ 가설을 설정한다.
④ 가슴으로 생각한다.

해설 듀이(J.Dewey)의 사고과정의 5단계
1) 시사를 받는다.
2) 머리로 생각한다.
3) 가설을 설정한다.
4) 추론한다.
5) 행동에 의하여 가설을 검토한다.

15 수업매체별 장·단점 중 '컴퓨터 수업(computer assisted instruction)'의 장점으로 옳지 않은 것은?

① 개인차를 최대한 고려할 수 있다.
② 학습자가 능동적으로 참여하고, 실패율이 낮다.
③ 교사와 학습자가 시간을 효과적으로 이용할 수 없다.
④ 학생의 학습과 과정의 평가를 과학적으로 할 수 있다.

해설 ③항, 교사와 학습자가 시간을 효과적으로 이용할 수 있다.

16 불안전 상태와 불안전 행동을 제거하는 안전관리의 시책에는 적극적인 대책과 소극적인 대책이 있다. 다음 중 소극적인 대책에 해당하는 것은?

① 보호구의 사용
② 위험공정의 배제
③ 위험물질의 격리 및 대체
④ 위험성평가를 통한 작업환경 개선

해설 보호구의 효과 및 한계
1) 보호구의 효과 : 보호구는 강도가 높은 재해 사고인 경우에 그것을 인시던트(incident), 즉 불휴재해로 그 피해를 최소화 되도록 만들어져 있다. 따라서 보호구는 재해 시 인시던트의 영역을 확대할 수 있는 역할을 담당하고 있는 것이다.
2) 보호구의 한계 : 소극적 안전대책

■ 정답 ■ 13. ① 14. ④ 15. ③ 16. ①

17 산업안전보건법령상 산업안전보건위원회의 구성에서 사용자위원 구성원이 아닌 것은? (단, 해당 위원이 사업장에서 선임이 되어 있는 경우에 한한다.)

① 안전관리자
② 보건관리자
③ 산업보건의
④ 명예산업안전감독관

해설 산업안전보건위원회의 구성
1) 사용자 위원
   ① 당해 사업의 대표자(사업장의 최고 책임자)
   ② 산업보건의(선임되어 있는 경우에 한함)
   ③ 안전관리자 1인, 보건관리자 1인
   ④ 당해 사업의 대표자가 지명하는 9인 이내의 당해 사업장 부서의 장
2) 근로자 위원
   ① 근로자 대표(노동조합이 있는 경우에는 노동조합의 대표자)
   ② 근로자 대표가 지명하는 근로자 9인 이내
   ③ 근로자 대표가 지명하는 1인 이상의 명예산업안전감독관(감독관이 위촉되어는 경우에 한함)

18 다음 중 안전·보건교육의 단계별 교육과정 순서로 옳은 것은?

① 안전 태도교육 → 안전 지식교육 → 안전 기능교육
② 안전 지식교육 → 안전 기능교육 → 안전 태도교육
③ 안전 기능교육 → 안전 지식교육 → 안전 태도교육
④ 안전 자세교육 → 안전 지식교육 → 안전 기능교육

해설 안전보건교육의 3단계
1) 1단계 : 지식교육
2) 2단계 : 기능교육
3) 3단계 : 태도교육

19 다음 중 상황성 누발자의 재해유발원인으로 옳지 않은 것은?

① 작업이 난이성
② 기계설비의 결함
③ 도덕성의 결여
④ 심신의 근심

해설 사고경향성자(재해누발자)의 유형
1) **상황성 누발자** : 작업의 어려움, 기계설비의 결함, 환경상 주의력의 집중곤란, 심신의 근심 등 때문에 재해를 누발하는 자이다.
2) **습관성 누발자** : 재해의 경험으로 겁쟁이가 되거나 신경과민이 되어 재해를 누발하는 자와 일종의 슬럼프상태에 빠져서 재해를 누발하는 자이다.
3) **소질성 누발자** : 재해의 소질적 요인을 가지고 있기 때문에 재해를 누발하는 자이다.
4) **미숙성 누발자** : 기능 미숙이나 환경에 익숙하지 못하기 때문에 재해를 누발하는 자이다.

20 연천인율 45인 사업장의 도수율은 얼마인가?

① 10.8   ② 18.75
③ 108   ④ 187.5

해설 도수율 $= \dfrac{연천인율}{2.4}$

$= \dfrac{45}{2.4} = 18.75$

■ 정답 ■ 17. ④ 18. ② 19. ③ 20. ②

제2과목 / 인간공학 및 시스템안전공학

21 결함수분석의 기대효과와 가장 관계가 먼 것은?

① 시스템의 결함 진단
② 시간에 따른 원인 분석
③ 사고원인 규명의 간편화
④ 사고원인 분석의 정량화

해설 FTA(결함수 분석법)의 활용 및 기대효과
1) 사고원인 규명의 간편화
2) 사고원인 분석의 일반화
3) 사고원인 분석의 정량화
4) 노력시간의 절감
5) 시스템의 결함진단
6) 안전점검표 작성

22 착석식 작업대의 높이 설계를 할 경우 고려해야 할 사항과 가장 관계가 먼 것은?

① 의자의 높이 ② 대퇴 여유
③ 작업의 성격 ④ 작업대의 형태

해설 착석식 작업대 높이 설계 시 고려사항
1) 의자 높이
2) 대퇴 여유
3) 작업의 성격

23 음량수준을 평가하는 척도와 관계없는 것은?

① HSI   ② phon
③ dB   ④ sone

해설 음량수준의 평가척도
1) dB(decibel) : 음압수준을 표시하는 단위로 사용한다 (dB은 소리의 세기에 대한 물리적 측정단위)
2) phon : 1000Hz 순음의 음압수준(dB)은 나타낸다.
3) sone : 1000Hz, 40dB은 음압수준을 가진 순음의 크기(=40phon)를 1sone이라한다.
4) sone과 phon의 관계식
∴ sone 치 $=2^{(Phon-40)/10}$

24 고장형태와 영향분석(FMEA)에서 평가요소로 틀린 것은?

① 고장발생의 빈도
② 고장의 영향 크기
③ 고장방지의 가능성
④ 기능적 고장 영향의 중요도

해설 FMEA의 5가지 평가요소
1) C_1 : 기능적 고장영향의 중요도
2) C_2 : 영향을 미치는 시스템의 범위
3) C_3 : 고장발생의 빈도
4) C_4 : 고장방지의 가능성
5) C_5 : 신규설계의 정도

25 n개의 요소를 가진 병렬 시스템에 있어 요소의 수명(MTTF)이 지수분포를 따를 경우 이 시스템의 수명을 구하는 식으로 맞는 것은?

① $MTTF \times n$
② $MTTF \times \dfrac{1}{n}$
③ $MTTF(1 + \dfrac{1}{2} + \cdots + \dfrac{1}{n})$
④ $MTTF(1 \times \dfrac{1}{2} \times \cdots \times \dfrac{1}{n})$

해설 계의 수명(MTTF : mean time to failure)
1) 병렬계 : 구성요소가 모두 고장난 시점. 즉, 가장 긴 수명이고 가장 늦게 고장난 요소가 계의 수명을 결정하는 최대수명계로 되어 있다. 요소가 지수분포에 따를 경우 계의 수명 MTTF는 $\left(1 + \dfrac{1}{2} + \cdots + \dfrac{1}{n}\right)$ 배로 늘어난다.
2) 직렬계 : 직렬계를 구성하는 요소 중에서 어

■ 정답 ■ 21. ② 22. ④ 23. ① 24. ② 25. ③

느 하나가 맨 먼저 고장나는 것이 계의 수명을 결정한다. 특히 구성요소의 수명이 모두 같은 MTTF=1/λ을 갖는 지수분포에 따를 경우 계의 고장율은 요소의 고장율의 n배, 즉 고장의 찬스는 n배로 늘고 따라서 계의 수명 MTTF는 요소 MTTF의 $\frac{1}{n}$이 된다.

직렬계의 수명 = $\frac{MTTF}{n}$

26 FT도에 사용하는 기호에서 3개의 입력현상 중 임의의 시간에 2개가 발생하면 출력이 생기는 기호의 명칭은?

① 억제 게이트
② 조합 AND 게이트
③ 배타적 OR 게이트
④ 우선적 AND 게이트

해설 수정 기호(──<조건>──)
1) 우선적 AND Gate : 입력사상 가운데 어느 사상이 다른 사상보다 먼저 일어났을 때에 출력사상이 생긴다. 예를 들면 「A는 B보다 먼저」와 같이 기입한다.
2) 짜 맞춤(조합) AND Gate : 3개 이상의 입력사상 가운데 어느 것이든 2개가 일어나면 출력사상이 생긴다. 예를 들면 「어느 것이든 2개」라고 기입한다.
3) 위험지속기호 : 입력사상이 생겨서 어느 일정시간 지속하였을 때에 출력사상이 생긴다. 예를 들면 「위험지속시간」과 같이 기입한다.
4) 배타적 OR Gate : OR Gate로 2개 이상의 입력이 동시에 존재할 때에는 출력사상이 생기지 않는다. 예를 들면 「동시에 발생하지 않는다.」라고 기입한다.

27 정성적 표시장치의 설명으로 틀린 것은?

① 정성적 표시장치의 근본 자료 자체는 정량적인 것이다.
② 전력계에서 같이 기계적 혹은 전자적으로 숫자가 표시된다.
③ 색채 부호가 부적합한 경우에는 계기판 표시 구간을 형상 부호화하여 나타낸다.
④ 연속적으로 변하는 변수의 대략적인 값이나 변화추세, 변화율 등을 알고자 할 때 사용된다.

해설 ②항, 전력계에서와 같이 기계적 · 전자적으로 숫자가 표시되는 장치 : 정량적 동적표시장치

28 그림과 같이 7개의 부품으로 구성된 시스템의 신뢰도는 약 얼마인가?(단, 네모안의 숫자는 각 부품의 신뢰도이다.)

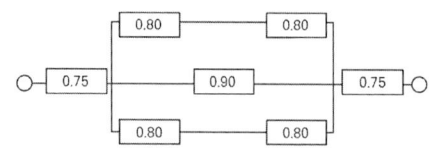

① 0.5552
② 0.5427
③ 0.6234
④ 0.9740

해설 R = 0.75×[1−(1−0.8×0.8)(1−0.9)(1−0.8 ×0.8)]×0.75 = 0.5552

29 다음과 같은 실내 표면에서 일반적으로 추천반사율의 크기를 맞게 나열한 것은?

[다음]
㉠ 바닥 ㉡ 천정 ㉢ 가구 ㉣ 벽

① ㉠ < ㉣ < ㉢ < ㉡
② ㉣ < ㉠ < ㉢ < ㉡
③ ㉠ < ㉢ < ㉣ < ㉡
④ ㉣ < ㉡ < ㉠ < ㉢

해설 반사율(reflectance)
1) 반사율(%) = $\frac{광속 발산도(fL)}{조명(fc)} \times 100$
2) 옥내 최적 반사율
 ① 천정 : 80~90%
 ② 벽, 창문 발(blind) : 40~60%
 ③ 가구, 사무용기기, 책상 : 25~45%
 ④ 바닥 : 20~40%

■ 정답 ■ 26. ② 27. ② 28. ① 29. ③

30 공정안전관리(process safety management : PSM)의 적용대상 사업장이 아닌 것은?

① 복합비료 제조업
② 농약 원제 제조업
③ 차량 등의 운송설비업
④ 합성수지 및 기타 플라스틱물질 제조업

해설 공정안전보고서 제출대상 사업(시행령 제33조의 6)
1) 원유 정제처리업
2) 기타 석유정제물 재처리업
3) 석유화학제 기초화학물질 제조업 또는 합성수지 및 기타 플라스틱물질 제조업.
4) 질소 화합물, 질소·인산 및 칼리질 화학비료 제조업 중 질소질 화학비료 제조업
5) 복합비료 및 기타 화학비료 제조업 중 복합비료 제조업(단순혼합 또는 배합에 의한 경우는 제외)
6) 화학 살균·살충제 및 농업용 약제 제조업 (농약 원제 제조만 해당)
7) 화약 및 불꽃제품 제조업

31 인간공학에 대한 설명으로 틀린 것은?

① 인간이 사용하는 물건, 설비, 환경의 설계에 적용된다.
② 인간을 작업과 기계에 맞추는 설계 철학이 바탕이 된다.
③ 인간-기계 시스템의 안정성과 편리성, 효율성을 높인다.
④ 인간의 생리적, 심리적인 면에서의 특성이나 한계점을 고려한다.

해설 인간공학은 작업과 기계를 인간에게 맞추는 설계철학이 바탕이 된다.

32 산업안전보건법령에 따라 유해위험방지계획서의 제출대상 사업은 해당 사업으로서 전기 계약용량이 얼마 이상인 사업인가?

① 150kW
② 200kW
③ 300kW
④ 500kW

해설 법상 유해위험방지계획서 제출대상 사업의 전기 계약용량 : 300kW 이상

33 아령을 사용하여 30분간 훈련한 후, 이두근의 근육 수축작용에 대한 전기적인 신호 데이터를 모았다. 이 데이터들을 이용하여 분석할 수 있는 것은 무엇인가?

① 근육의 질량과 밀도
② 근육의 활성도와 밀도
③ 근육의 피로도와 크기
④ 근육의 피로도와 활성도

해설 근육의 피로도와 활성도 : 이두근의 근육 수축작용에 대한 전기적 신호 데이터를 이용하여 분석한다.

34 빨강, 노랑, 파랑의 3가지 색으로 구성된 교통 신호등이 있다. 신호등은 항상 3가지 색 중 하나가 켜지도록 되어 있다. 1시간 동안 조사한 결과, 파란등은 총 30분 동안, 빨간등과 노란등은 각각 총 15분 동안 켜진 것으로 나타났다. 이 신호등의 총 정보량은 몇 bit인가?

① 0.5
② 0.75
③ 1.0
④ 1.5

해설 총정보량(H) $= \sum_{i=1}^{n} Pi\log_2\left(\frac{1}{Pi}\right)$

$= \frac{1}{2}\log_2\left(\frac{1}{1/2}\right) + \frac{1}{4}\log_2\left(\frac{1}{1/4}\right) + \frac{1}{4}\log_2\left(\frac{1}{1/4}\right) = 1.5$

여기서, P_1(파란등) $= \frac{30}{60} = \frac{1}{2}$
P_2(빨간등) $= \frac{15}{60} = \frac{1}{4}$
P_3(노란등) $= \frac{15}{60} = \frac{1}{4}$

35 인간 전달 함수(Human Transfer Function)의 결점이 아닌 것은?

① 입력의 협소성
② 시점적 제약성
③ 정신운동의 묘사성
④ 불충분한 직무 묘사

해설 1) 인간전달함수의 결점
  ① 입력의 협소성
  ② 시점의 제약성
  ③ 불충분한 직무묘사
2) 인간전달함수의 개입변수
  ① 감각과정
  ② 인식과정
  ③ 중재과정
  ④ 정신운동 통제

36 소음방지 대책에 있어 가장 효과적인 방법은?

① 음원에 대한 대책
② 수음자에 대한 대책
③ 전파경로에 대한 대책
④ 거리감쇠와 지향성에 대한 대책

해설 소음방지대책
1) 음원대책
  ① 소음원의 제거 : 가장 적극적(근본적)인 소음방지대책
  ② 소음원의 통제 : 기계의 적절한 설계, 적절한 정비 및 주유, 기계에 고무 받침대 부착 차량에는 소음기 사용
  ③ 소음의 격리(소음전달경로의 제어) : 씌우개 방, 장벽을 사용(집의 창문을 닫으면 약 10dB 감음됨)
2) 능동제어대책 : 감쇠대상의 음파와 동위상인 신호를 보내어 음파간에 간섭현상을 일으키면서 소음이 저감되도록 하는 기법
3) 수음자대책
  ① 1차적 방법 : 청각 보호장비의 사용
  ② 2차적 방법 : 청력검사에 의한 직무재배치와 작업자의 노출시간 감축
4) 전파경로대책
  ① 차폐장치 및 흡음재료 사용
  ② 소음기 사용
  ③ 소음원을 멀리 이동

37 화학설비에 대한 안정성 평가(safety assessment)에서 정량적 평가 항목이 아닌 것은?

① 습도   ② 온도
③ 압력   ④ 용량

해설 화학설비에 대한 안전성평가시 정량적 평가 항목
1) 취급물질   2) 용량
3) 온도   4) 압력
5) 조작

38 인간의 오류모형에서 "알고 있음에도 의도적으로 따르지 않거나 무시한 경우"를 무엇이라 하는가?

① 실수(Slip)   ② 착오(Mistake)
③ 건망증(Lapse)   ④ 위반(Violation)

해설 인간의 오류 모형

1) 실수(Slip)	상황이나 목표에 대한 해석은 제대로 하였으나 의도와는 다른 행동을 하는 경우(주의 산만이나 주의력 결핍에 의해 발생)
2) 착오(Mistake)	상황에 대한 해석을 잘못하거나 목표에 대한 잘못된 이해로 착각하여 행하는 경우(주어진 정보가 불완전하거나 오해하는 경우에 발생하며 틀린줄 모르고 행하는 오류)
3) 건망증(Lapse)	여러 과정이 연계적으로 계속하여 일어나는 행동 중에서 일부를 잊어버리고 하지 않거나 또는 기억의 실패에 의해 발생
4) 위반(Violation)	정해져 있는 규칙을 알고 있으면서 고의로 따르지 않거나 무시하는 행위

■ 정답 ■ 35. ③ 36. ① 37. ① 38. ④

39 신체 부위의 운동에 대한 설명으로 틀린 것은?

① 굴곡(flexion)은 부위간의 각도가 증가하는 신체의 움직임을 의미한다.
② 외전(abduction)은 신체 중심선으로부터 이동하는 신체의 움직임을 의미한다.
③ 내전(adduction)은 신체의 외부에서 중심선으로 이동하는 신체의 움직임을 의미한다.
④ 외선(lateral rotation)은 신체의 중심선으로부터 회전하는 신체의 움직임을 의미한다.

해설 신체동작의 유형
1) 굴곡(屈曲, flexion) : 관절의 각도를 감소시키는 동작
2) 신전(伸展, extension) : 굴곡과 반대방향으로 움직이는 동작으로 관절의 각도를 증가시키는 동작
3) 내전(內傳, adduction) : 신체의 중심선에 가까워지도록 움직이는 동작
4) 외전(外傳, abduction): 신체의 중심선으로부터 멀어지도록 움직이는 동작
5) 회전(回轉, rotation): 신체부위 자체의 길이 방향 축 둘레에서의 동작
   ① 내선(內旋, medial rotation): 신체의 중심선을 향하여 안쪽으로 회전하는 동작
   ② 외선(外旋, lateral rotation): 신체의 중심선 바깥으로 회전하는 동작

40 어떤 결함수를 분석하여 minimal cut set을 구한 결과 다음과 같았다. 각 기본사상의 발생확률을 q_i, i=1, 2, 3라 할 때 정상사상의 발생확률함수로 맞는 것은?

[다음]
k_1= [1, 2], k_2 = [1, 3], k_3= [2, 3]

① $q_1q_2 + q_1q_2 - q_2q_3$
② $q_1q_2 + q_1q_3 - q_2q_3$
③ $q_1q_2 + q_1q_3 + q_2q_3 - q_1q_2q_3$
④ $q_1q_2 + q_1q_3 + q_2q_3 - 2q_1q_2q_3$

제3과목 / 기계위험방지기술

41 와이어로프의 꼬임은 일반적으로 특수로프를 제외하고는 보통 꼬임(Ordinary Lay)과 랭꼬임(Lang's Lay)으로 분류할 수 있다. 다음 중 랭 꼬임 비교하여 보통 꼬임의 특징에 관한 설명으로 틀린 것은?

① 킹크가 잘 생기지 않는다.
② 내마모성, 유연성, 저항성이 우수하다.
③ 로프의 변형이나 하중을 걸었을 때 저항성이 크다.
④ 스트랜드의 꼬임 방향과 로프의 꼬임 방향이 반대이다.

해설 양중기의 와이어로프 꼬임
1) 보통꼬임(regular lay)
   ① 스트랜드의 꼬임 방향과 로프의 꼬임 방향이 반대로 된 것이다.
   ② 소선의 외부길이가 짧아서 비교적 마모가 되기 쉽다.
   ③ 킹크가 잘 생기지 않고 로프의 변형이나 하중을 걸었을 때 저항성이 크고 취급이 용이하다.
2) 랭꼬임(lang lay)
   ① 스트랜드의 꼬임 방향과 로프의 꼬임 방향이 동일한 것이다.
   ② 보통꼬임에 비하여 소선과 외부와의 접촉 길이가 길다.
   ③ 마모에 대한 저항성, 유연성, 내피로성이 우수하다.
   ④ 꼬임이 풀리기 쉬워 로프의 끝이 자유로이 회전하는 경우가 킹크가 생기기 쉬운 곳에는 적당하지 않다.

42 휴대용 연삭기 덮개의 개방부 각도는 몇 도(°)이내여야 하는가?

① 60° ② 90°
③ 125° ④ 180°

■ 정답 ■ 39. ① 40. ④ 41. ② 42. ④

해설 연삭기 덮개의 노출각도
1) 탁상용 연삭기의 덮개
    ① 덮개의 최대노출각도 : 90°이내(원주의 1/4이내)
    ② 숫돌 주착에서 수평면 위로 이루는 원주각도 : 65°이내
    ③ 수평면 이하의 부문에서 연삭할 경우 : 125°까지 증가
    ④ 숫돌의 상부사용을 목적으로 할 경우 : 60°이내
2) 원통 연삭기, 만능 연삭기의 덮개 : 덮개의 노출 각은 180°이내
3) 휴대용 연삭기, 스윙 연삭기의 덮개 : 덮개의 노출 각은 180°이내
4) 평면 연삭기, 절단 연삭기의 덮개 : 덮개의 노출각은 150°이내

43 다음 중 공장 소음에 대한 방지계획에 있어 소음원에 대한 대책에 해당하지 않는 것은?

① 해당 설비의 밀폐
② 설비실의 차음벽 시공
③ 작업자의 보호구 착용
④ 소음기 및 흡음장치 설치

해설 1) 소음원에 의한 소음대책
    ① 해당 설비의 밀폐 등 소음의 격리
    ② 차음벽, 차폐장치 및 흡음재료 사용
    ③ 소음기 및 흡음장치 설치
    ④ 소음원의 통제 및 소음원의 제거
2) 수용자에 대한 소음대책
    ① 1차적 방법 : 청각 보호장비의 사용
    ② 2차적 방법 : 청력검사에 의한 직무재배치와 작업자의 노출시간 감축

44 보일러 등에 사용하는 압력방출장치의 봉인은 무엇으로 실시해야 하는가?

① 구리 테이프   ② 납
③ 봉인용 철사   ④ 알루미늄 실(seal)

해설 보일러의 방호장치인 압력방출장치 설치 기준
1) 보일러의 안전한 가동을 위하여 보일러 규격에 적합한 압력방출장치를 1개 또는 2개 이상 설치하고 최고사용압력(설계압력 또는 최고허용압력) 이하에서 작동되도록 할 것. 다만, 압력 방출장치가 2개 이상 설치된 경우에는 최고 사용압력 이하에서 1개가 작동되고, 다른 압력방출장치는 최고 사용압력 1.05배 이하에서 작동 되도록 부착할 것
2) 압력방출장치는 1년에 1회 이상씩 국가교정기관에서 교정을 받은 압력계를 이용하여 설정압력에서 압력방출장치가 적정하게 작동하는지를 검사한 후 납으로 봉인하여 사용하도록 할 것(단, 공정안전보고서 이행상태 평가결과가 우수한 사업장은 4년에 1회 이상 검사)

45 다음 중 용접 결함의 종류에 해당하지 않는 것은?

① 비드(bead)
② 기공(blow hole)
③ 언더컷(under cut)
④ 용입 불량(incomplete penetration)

해설 비드(bead) : 용접작업에서 모재와 용접봉이 녹아서 생긴 가늘고 긴 파형의 띠

46 프레스 및 전단기에 사용되는 손쳐내기식 방호장치의 성능기준에 대한 설명 중 옳지 않은 것은?

① 진동각도·진폭시험 : 행정길이가 최소일 때 진동각도는 60°~90°이다.
② 진동각도·진폭시험 : 행정길이가 최대일 때 진동각도는 30°~60°이다.
③ 완충시험 : 손쳐내기봉에 의한 과도한 충격이 없어야 한다.
④ 무부하 동작시험 : 1회의 오동작도 없어야 한다.

해설 ②항, 진동각도·진폭시험 : 행정길이가 최대일 때는 45~90°정도로 하여야 한다.
[주] 방호장치 안정인증 고시 : 고용노동부고시 제 2018-53호

■ 정답 ■ 43. ③ 44. ② 45. ① 46. ②

47 다음 중 산업안전보건법령상 연삭숫돌을 사용하는 작업의 안전수칙으로 틀린 것은?

① 연삭숫돌을 사용하는 경우 작업시작 전과 연삭숫돌을 교체한 후에는 1분 정도 시운전을 통해 이상 유무를 확인한다.
② 회전 중인 연삭숫돌이 근로자에게 위험을 마칠 우려가 있는 경우에 그 부위에 덮개를 설치하여야 한다.
③ 연삭숫돌의 최고 사용회전속도를 초과하여 사용하여서는 안 된다.
④ 측면을 사용하는 목적으로 하는 연삭숫돌이외에는 측면을 사용해서는 안 된다.

해설 연삭숫돌을 사용하는 작업의 경우 : 작업을 시작하기 전에는 1분 이상, 연삭숫돌을 교체한 후에는 3분 이상 시험운전을 하고 해당기계에 이상이 있는지를 확인하여야 한다.

48 롤러기 급정지장치 조작부에 사용하는 로프의 성능 기준으로 적합한 것은?(단, 로프의 재질은 관련 규정에 적합한 것으로 본다.)

① 지름 1mm 이상의 와이어로프
② 지름 2mm 이상의 합성섬유로프
③ 지름 3mm 이상의 합성섬유로프
④ 지름 4mm 이상의 와이어로프

해설 롤러기 급정지장치 조작부에 사용하는 로프의 성능기준 : 지름 4mm 이상의 와이어 로프

49 다음 중 산업용 로봇에 의한 작업 시 안전조치 사항으로 적절하지 않은 것은?

① 로봇의 운전으로 인해 근로자가 로봇에 부딪칠 위험이 있을 때에는 1.8m 이상의 울타리를 설치하여야 한다.
② 작업을 하고 있는 동안 로봇의 기동스위치 등은 작업에 종사하고 있는 근로자가 아닌 사람이 그 스위치 등을 조작할 수 없도록 필요한 조치를 한다.
③ 로봇의 조작방법 및 순서, 작업 중의 매니퓰레이터의 속도 등에 관한 지침에 따라 작업을 하여야 한다.
④ 작업에 종사하는 근로자가 이상을 발견하면, 관리 감독자에게 우선 보고하고, 지시에 따라 운전을 정지시킨다.

해설 교시 등의 작업을 하는 경우 조치사항 : 산업용 로봇의 작동범위에서 해당 로봇에 대하여 교시 등의 작업을 하는 경우 해당로봇의 예기치 못한 작동 또는 오조작에 의한 위험 방지 조치사항
1) 다음 각 목의 사항에 관한 지침을 정하고 그 지침에 따라 작업을 시킬 것
   ① 로봇의 조작방법 및 순서
   ② 작업 중의 매니퓰레이터의 속도
   ③ 2명 이상의 근로자에게 작업을 시킬 경우의 신호방법
   ④ 이상을 발견한 경우의 조치
   ⑤ 이상을 발견하여 로봇의 운전을 정지시킨 후 이를 재가동시킬 경우의 조치
   ⑥ 그 밖에 로봇의 예기치 못한 작동 또는 오조작에 의한 위험을 방지하기 위하여 필요한 조치
2) 작업에 종사하고 있는 근로자 또는 그 근로자를 감시하는 사람은 이상을 발견하면 즉시 로봇의 운전을 정지시키기 위한 조치를 할 것
3) 작업을 하고 있는 동안 로봇의 기동스위치 등에 작업 중이라는 표시를 하는 등 작업에 종사하고 있는 근로자가 아닌 사람이 그 스위치 등을 조작할 수 없도록 필요한 조치를 할 것

[주] 교시 등 : 매니퓰레이트(manipulator)의 작동순서, 위치·속도의 설정·변경 또는 그 결과를 확인하는 것

50 프레스 작업 시작 전 점검해야 할 사항으로 거리가 먼 것은?

① 매니퓰레이터 작동의 이상 유무
② 클러치 및 브레이크 기능
③ 슬라이드, 연결봉 및 연결 나사의 풀림 여부
④ 프레스 금형 및 고정볼트 상태

■ 정답 ■ 47. ① 48. ④ 49. ④ 50. ①

[해설] 프레스 및 전단기의 작업 시작 전 점검사항
1) 클러치 및 브레이크의 기능
2) 크랭크축, 플라이휠, 슬라이드, 연결봉 및 연결 나사의 볼트의 풀림 유무
3) 1행정 1정지 기구·급정지 장치 및 비상정지 장치의 기구
4) 슬라이드 또는 칼날에 의한 위험방지기구의 기능
5) 프레스의 금형 및 고정 볼트 상태
6) 당해 방호장치의 기능점검
7) 전단기의 칼날 및 테이블의 상태

51 다음 중 소성가공을 열간가공과 냉간가공으로 분류하는 가공온도의 기준은?

① 융해점 온도
② 공석점 온도
③ 공정점 온도
④ 재결정 온도

[해설] 냉간가공 및 열간가공
1) **냉간가공** : 재결정온도 이하에서 작업하는 가공
2) **열간가공** : 재결정온도 이상의 높은 온도에서 작업하는 가공

52 기능의 안전화 방안을 소극적 대책과 적극적 대책으로 구분할 때 다음 중 적극적 대책에 해당하는 것은?

① 기계의 이상을 확인하고 급정지시켰다.
② 원활한 작동을 위해 급유를 하였다.
③ 회로를 개선하여 오동작을 방지하도록 하였다.
④ 기계의 볼트 및 너트가 이완되지 않도록 다시 조립하였다.

[해설] 기능의 안전화
1) **소극적 대책** : 이상 시 기계 설비의 급정지로 안전화 도모
2) **적극적 대책**
   ① 페일 세이프
   ② 회로의 개선으로 오동작 방지

53 압력용기 등에 설치하는 안전밸브에 관련한 설명으로 옳지 않은 것은?

① 안지름이 150mm를 초과하는 압력용기에 대해서는 과압에 따른 폭발을 방지하기 위하여 규정에 맞는 안전밸브를 설치해야 한다.
② 급성 독성물질이 지속적으로 외부에 유출될 수 있는 화학설비 및 그 부속설비에는 파열판과 안전밸브를 병렬로 설치한다.
③ 안전밸브는 보호하려는 설비의 최고사용압력 이하에서 작동되도록 하여야 한다.
④ 안전밸브의 배출용량은 그 작동원인에 따라 각각의 소요분출량을 계산하여 가장 큰 수치를 해당 안전밸브의 배출용량으로 하여야 한다.

[해설] **파열판 및 안전밸브의 직렬설치** : 급성 독성물질이 지속적으로 외부에 유출도리 수 있는 화학설비 및 그 부속설비에 파열판과 안전밸브를 직렬로 설치하고 그 사이에는 압력지시계 또는 자동경보장치를 설치하여야 한다.

54 다음 중 프레스를 제외한 사출성형기·주형조형기 및 형단조기 등에 관한 안전조치 사항으로 틀린 것은?

① 근로자의 신체 일부가 말려들어갈 우려가 있는 경우에는 양수조작식 방호장치를 설치하여 사용한다.
② 게이트가드식 방호장치를 설치할 경우에는 연동구조를 적용하여 문을 닫지 않아도 동작할 수 있도록 한다.
③ 사출성형기의 전면에 작업용 발판을 설치할 경우 근로자가 쉽게 미끄러지지 않는 구조여야 한다.
④ 기계의 히터 등의 가열부위, 감전우려가 있는 부위에는 방호덮개를 설치하여 사용한다.

■정답■ 51. ④ 52. ③ 53. ② 54. ②

해설 사출성형기 등의 방호장치
1) 사출성형기(射出成形機)·주형조형기(鑄型造形機) 및 형단조기(프레스등은 제외) 등에 근로자의 신체 일부가 말려들어갈 우려가 있는 경우 게이트가드(gate guard) 또는 양수조작식 등에 의한 방호장치, 그 밖에 필요한 방호 조치를 하여야 한다.
2) 게이트가드는 닫지 아니하면 기계가 작동되지 아니하는 연동구조(連動構造)여야 한다.
3) 기계의 히터 등의 가열 부위 또는 감전 우려가 있는 부위에는 방호덮개를 설치하는 등 필요한 안전 조치를 하여야 한다.

55 프레스기의 비상정지스위치 작동 후 슬라이드가 하사점까지 도달시간이 0.15초 걸렸다면 양수기동식 방호장치의 안전거리는 최소 몇 cm 이상이어야 하는가?

① 24
② 240
③ 15
④ 150

해설 양수기동식 방호장치의 안전거리(Dm)
Dm = 160 × 0.15 = 24cm

56 컨베이어 설치 시 주의사항에 관한 설명으로 옳지 않은 것은?

① 컨베이어에 설치된 보도 및 운전실 상면은 가능한 수평이어야 한다.
② 근로자가 컨베이어를 횡단하는 곳에는 바닥면 등으로부터 90cm 이상 120cm 이하에 상부난간대를 설치하고, 바닥면과의 중간에 중간난간대가 설치된 건널다리를 설치한다.
③ 폭발의 위험이 있는 가연성 분진 등을 운반하는 컨베이어 또는 폭발의 위험이 있는 장소에 사용되는 컨베이어의 전기기계 및 기구는 방폭구조이어야 한다.
④ 보도, 난간, 계단, 사다리의 설치 시 컨베이어를 가동시킨 후에 설치하면서 설치상황을 확인한다.

해설 ④항, 보도, 난간, 계단, 사다리의 설치시는 컨베이어를 중지시킨 후 설치한다.

57 컨베이어(conveyor) 역전방지장치의 형식을 기계식과 전기식으로 구분할 때 기계식에 해당하지 않는 것은?

① 라쳇식
② 밴드식
③ 스러스트식
④ 롤러식

해설 컨베이어의 역전방지장치의 형식

구분	형식
1) 기계식	① 라쳇 브레이크 ② 밴드 브레이크 ③ 롤러 브레이크
2) 전기식	① 전기 브레이크 ② 슬러스트 브레이크

58 재료의 강도시험 중 항복점을 알 수 있는 시험의 종류는?

① 비파괴시험
② 충격시험
③ 인장시험
④ 피로시험

해설 인장시험 : 인장시험기에 시험편을 끼워 인장하중을 작용시켜 절단될 때까지의 하중과 이에 대한 변형을 측정하여 응력·변형율 정도를 기록하여 재료의 기계적 성질인 비례한도, 탄성한도, 항복점, 인장강도, 파단점, 연신율 등을 측정한다.

59 유해·위험기계·기구 중에서 진동과 소음을 동시에 수반하는 기계설비로 가장 거리가 먼 것은?

① 컨베이어
② 사출 성형기
③ 가스 용접기
④ 공기 압축기

해설 진동과 소음을 동시에 수반하는 기계설비
1) 컨베이어
2) 사출성형기
3) 공기 압축기

■ 정답 ■ 55. ① 56. ④ 57. ③ 58. ③ 59. ③

60 자분탐상검사에서 사용하는 자화방법이 아닌 것은?

① 축통전법　　② 전류 관통법
③ 극간법　　　④ 임피던스법

해설 자기분말탐상검사법의 종류
　1) 축통전법　　2) 관통법
　3) 직각 통전법　4) 극간법
　5) 코일법

제4과목 / 전기위험방지기술

61 접지의 종류와 목적이 바르게 짝지어지지 않은 것은?

① 계통접지 - 고압전로와 저압전로가 혼촉되었을 때의 감전이나 화재 방지를 이하여
② 지락검출용 접지 - 차단기의 동작을 확실하게 하기 위하여
③ 기능용 접지 - 피뢰기 등의 기능손상을 방지하기 위하여
④ 등전위 접지 - 병원에 있어서 의료기기 사용 시 안전을 위하여

해설 접지 목적에 따른 종류
　1) **계통접지** : 고압전류와 저압전로가 혼촉되었을 때의 감전이나 화재방지
　2) **기기접지** : 누전되고 있는 기기에 접촉되었을 때의 감전방지
　3) **피뢰기접지** : 낙뢰로부터 전기기의 손상을 방지
　4) **정전기접지** : 정전기의 축적에 의한 폭발재해방지
　5) **지락검출용접지** : 누전차단기의 동작을 확실하게 하기 위한 접지
　6) **등전위접지** : 병원에 있어서의 의료기기 사용시의 안전도모

62 감전사고를 방지하기 위한 방법으로 틀린 것은?

① 전기기기 및 설비의 위험부에 위험표지
② 전기설비에 대한 누전차단기 설치
③ 전기기기에 대한 정격표시
④ 무자격자는 전기기계 및 기구에 전기적인 접촉 금지

해설 감전사고의 방지대책
　1) 전기기기 및 설비의 위험부에 위험표시
　2) 보호접지의 실시
　3) 전기설비의 점검철저
　4) 전기기기 및 설비의 정비 철저
　5) 고전압 선로 및 충전부에 근접하여 작업하는 경우 보호구 착용
　6) 충전부가 노출된 부분에는 절연 방호구 사용
　7) 유자격자이외는 전기기계 및 기구에 접촉금지
　8) 안전관리자는 작업에 대한 안전교육 실시
　9) 사고발생시의 처리순서를 미리 작성하여 둘 것

63 인체의 전기저항 R을 1000Ω이라고 할 때 위험 한계 에너지의 최저는 약 몇 J 인가? (단, 통전 시간은 1초이고, 심실세동전류 $I = \dfrac{165}{\sqrt{T}}\,mA$ 이다.)

① 17.23　　② 27.23
③ 37.23　　④ 47.23

해설 $W = I^2 R T$
$= \left(\dfrac{165}{\sqrt{T}} \times 10^{-3}\right)^2 \times 1000 \times T$
$= 27.23\,J$

여기서, W : 전기에너지(J ; 주울)
　　　　I : 심실세동전류(A ; 암페어)
　　　　R : 전기저항(Ω)
　　　　T : 통전시간(sec)

■ 정답 ■　60. ④　61. ③　62. ③　63. ②

64 정전작업 시 작업 중의 조치사항으로 옳은 것은?

① 검전기에 의한 정전확인
② 개폐기의 관리
③ 잔류전하의 방전
④ 단락접지 실시

해설 정전작업시 안전조치사항

단계 조치	실무사항(조치사항)
작업 전	1. 작업지휘자에 의한 작업내용의 주치 철저 2. 개로개폐기의 시건 또는 표시 3. 잔류전하의 방전 4. 검전기에 의한 정전확인 5. 단락접지 6. 일부정전작업시 정전선로 및 활선선로의 표시 7. 근접활선에 대한 방호
작업 중	1. 작업지휘자에 의한 지휘 2. 개폐기의 관리 3. 단락접지의 수시확인 4. 근접활선에 대한 방호상태의 관리
작업 종료 시	1. 단락접지기구의 철거 2. 표지의 철거 3. 작업자에 대한 위험이 없는 것을 확인 4. 개폐기를 투입해서 송전재개

65 전기기기 방폭의 기본 개념이 아닌 것은?

① 점화원의 방폭적 격리
② 전기기기의 안전도 증강
③ 점화능력의 본질적 억제
④ 전기설비 주위 공기의 절연능력 향상

해설 전기기기의 방폭
1) **점화원의 방폭적 격리** : 압력방폭구조, 유입방폭구조, 내압방폭구조
2) **전기기기의 안전도 증강** : 안전증 방폭구조
3) **점화능력의 본질적 억제** : 본질 안전 방폭구조

66 다음 그림과 같이 완전 누전되고 있는 전기기기의 외함에 사람이 접촉하였을 경우 인체에 흐르는 전류(I_m)는?(단, E(V)는 전원의 대지전압, $R_2(\Omega)$는 변압기 1선 접지, 제2종 접지저항, $R_3(\Omega)$은 전기기기 외함 접지, 제3종 접지저항, $R_m(\Omega)$은 인체저항이다.)

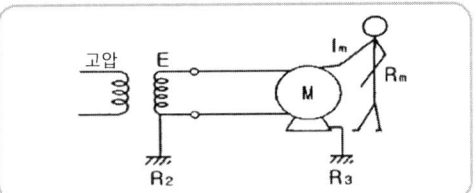

① $\dfrac{E}{R_2 + \left(\dfrac{R_3 \times R_m}{R_3 + R_m}\right)} \times \dfrac{R_3}{R_3 + R_m}$

② $\dfrac{E}{R_2 + \left(\dfrac{R_3 + R_m}{R_3 \times R_m}\right)} \times \dfrac{R_3}{R_3 + R_m}$

③ $\dfrac{E}{R_2 + \left(\dfrac{R_3 \times R_m}{R_3 + R_m}\right)} \times \dfrac{R_m}{R_3 + R_m}$

④ $\dfrac{E}{R_3 + \left(\dfrac{R_2 \times R_m}{R_2 + R_m}\right)} \times \dfrac{R_m}{R_3 + R_m}$

해설 인체통전전류(I_m)

$$I_m = \dfrac{E}{R_m(1 + R_2/R_3)}$$

여기서, I_m : 인체에 흐르는 전류
E : 대지 전압
R_2 : 제2종 접지 저항
R_3 : 제3종 접지 저항
R_m : 인체저항

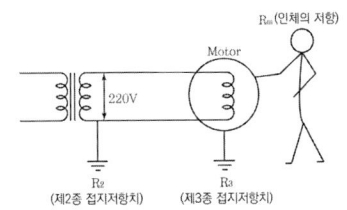

■ 정답 ■ 64. ② 65. ④ 66. ①

67 전기화재가 발생되는 비중이 가장 큰 발화원은?

① 주방기기
② 이동식 전열기
③ 회전체 전기기계 및 기구
④ 전기배선 및 배선기구

해설 비중이 가장 큰 전기화재 발화원 : 전기배선 및 배선기구

68 자동전격방지장치에 대한 설명으로 틀린 것은?

① 무부하시 전력손실을 줄인다.
② 무부하 전압을 안전전압 이하로 저하시킨다.
③ 용접을 할 때에만 용접기의 주회로를 개로(OFF)시킨다.
④ 교류 아크용접기의 안전장치로서 용접기의 1차 또는 2차측에 부착한다.

해설 자동전격방지장치
1) ①, ②, ④항
2) 자동전격방지장치의 성능
① 아크발생을 정지시킬 때 주접점이 개로될 때까지의 시간(지동시간)은 1초 이내일 것
② 2차 무부하전압은 25V 이내일 것

69 전기설비기술기준에서 정의하는 전압의 구분으로 틀린 것은?

① 교류 저압 : 1000V 이하
② 직류 저압 : 1500V 이하
③ 직류 고압 : 1500V 초과 7000V 이하
④ 특고압 : 7000V 이상

해설 전기의 압력분류(전압의 구분)

압력분류	직류	교류
저압	1.5kV 이하	1.0kV 이하
고압	1.5kV초과 7kV 이하	1.0kV 초과 7kV 이하
특별고압	7kV 초과	7kV 초과

70 역률개선용 커패시터(capacitor)가 접속되어있는 전로에서 정전작업을 할 경우 다른 정전작업과는 달리 주의 깊게 취해야 할 조치사항으로 옳은 것은?

① 안전표지 부착
② 개폐기 전원투입 금지
③ 잔류전하 방전
④ 활선 근접작업에 대한 방호

해설 잔류전하 방전 : 콘덴서(condenser ; 축전기) 등 커패시터(capacitor)가 접속되어 있는 전로에서 전로를 차단하고 정전작업을 할 경우 감전을 방지하기 위한 가장 중요한 조치사항은 잔류전하를 방전하는 것이다.

71 대전물체의 표면전위를 검출전극에 의한 용량 분할을 통해 측정할 수 있다. 대전물체의 표면전위 V_s는?(단, 대전물체와 검출전극간의 정전용량을 C_1, 검출전극과 대지간의 정전용량을 C_2, 검출전극의 전위를 V_e이다.)

① $V_s = \left(\dfrac{C_1 + C_2}{C_1} + 1\right)V_e$

② $V_s = \dfrac{C_1 + C_2}{C_1}V_e$

③ $V_s = \dfrac{C_2}{C_1 + C_2}V_e$

④ $V_s = \left(\dfrac{C_1}{C_1 + C_2} + 1\right)V_e$

해설 $V_s = V_e\left(\dfrac{C_1 + C_2}{C_1}\right)$

여기서, V_s : 대전물체의 표면전위
V_e : 검출전극의 전위
C_1 : 대전물체와 검축전극간의 정전용량
C_2 : 검출전극과 대지간의 정전용량

■ 정답 ■ 67. ④ 68. ③ 69. ④ 70. ③ 71. ②

72 다음 중 불꽃(spark)방전의 발생의 발생 시 공기 중에 생성되는 물질은?

① O_2 ② O_3
③ H_2 ④ C

해설 스파크(spark) 방전(불꽃방전)
1) 전위차가 있는 2개의 대전체가 특정거리에 근접하게 되면 등전위가 되기 위하여 전하가 절연공간을 깨고 순간적으로 흘러가면서 빛과 열을 발생하는 현상이다.
2) 스파크 방전시 공기 중에 오존(O_3)이 생성되어 인화성 물질에 인화되거나 분진폭발을 일으킬 수 있다.

73 인체의 저항을 500Ω이라 할 때 단상 440V의 회로에서 누전으로 인한 감전재해를 방지할 목적으로 설치하는 누전 차단기의 규격은?

① 30mA, 0.1초 ② 30mA, 0.03초
③ 50mA, 0.1초 ④ 50mA, 0.3초

해설 전기기계·기구에 설치되어 있는 누전차단기 : 「정격감도전류가 30mA 이하」이고「작동시간은 0.03초 이내」일 것. 다만, 정격전부하전류가 50A 이상인 전기기계·기구에 접속되는 누전차단기는 오작동을 방지하기 위하여 정격감도전류는 200mA 이하로, 작동시간은 0.1초 이내로 할 수 있다.

74 감전사고가 발생했을 때 피해자를 구출하는 방법으로 틀린 것은?

① 피해자가 계속하여 전기설비에 접촉되어 있다면 우선 그 설비의 전원을 신속히 차단한다.
② 감전 상황을 빠르게 판단하고 피해자의 몸과 충전부가 접촉되어 있는지를 확인한다.
③ 충전부에 감전되어 있으면 몸이나 손을 잡고 피해자를 곧바로 이탈시켜야 한다.
④ 절연 고무장갑, 고무장화 등을 착용한 후에 구원해 준다.

해설 ③항, 피해자가 충전부에 감전되어 있으면 먼저 충전부의 전원을 차단하는 조치를 한 후에 충전부에서 피해자를 이탈시킨다.

75 피뢰기의 구성요소로 옳은 것은?

① 직렬갭, 특성요소 ② 병렬갭, 특성요소
③ 직렬갭, 충격요소 ④ 병렬갭, 충격요소

해설 피뢰기의 구성요소
1) **직렬 캡**
   ① 정상상태에서는 방전하지 않고 절연상태를 유지한다.
   ② 이상 전압발생시에는 신속히 대지로 방전시켜 이상전압을 흡수함과 동시에 속류를 빠른 시간내에 차단하는 역할을 한다.
2) **특성요소**
   ① 피뢰기의 본체를 이루는 것으로 일종의 저항체(탄화규소주성분)이다.
   ② 대전류에 대해서는 작은 제한전압을 부여하고 낮은 전압에서 높은 저항값으로 속류를 차단하여 직열갭에 의한 속류차단을 용이하게 해준다.

76 내압방폭구조의 필요충분조건에 대한 사항으로 틀린 것은?

① 폭발화염이 외부로 유출되지 않을 것
② 습기침투에 대한 보호를 충분히 할 것
③ 내부에서 폭발한 경우 그 압력에 견딜 것
④ 외함의 표면온도가 외부의 폭발성가스를 점화하지 않을 것

해설 내압방폭구조의 필요충분조건(기본적 성능)
1) 폭발화염이 외부로 유출되지 않을 것
2) 내부에서 폭발한 경우 그 압력에 견딜 것
3) 외함의 표면온도가 외부의 폭발성가스를 점화하지 않을 것
4) 폭발후에는 협력을 통해서 고온의 가스를 서서히 방출시킴으로서 냉각되는 구조일 것

■ 정답 ■ 72. ② 73. ② 74. ③ 75. ① 76. ②

77 샤워시설이 있는 욕실에 콘센트를 시설하고자 한다. 이때 설치되는 인체감전보호용 누전차단기의 정격감도전류는 몇 mA이하인가?

① 5　　　　② 15
③ 30　　　④ 60

해설 욕실에 콘센트 시설시 설치되는 누전차단기의 정격감도전류 : 안전상 15mA 이하의 고감도 누전차단기 사용

78 정격감도전류에서 동작시간이 가장 짧은 누전 차단기는?

① 시연형 누전차단기
② 반한시형 누전차단기
③ 고속형 누전차단기
④ 감전보호용 누전차단기

해설 1) 누전차단기의 종류 따른 동작시간

종류	동작시간
고속형	정격감도전류에서 0.1초 이내
보통형	정격감도전류에서 0.2초 이내
시연형 (지연형)	정격감도전류에서 0.1초 초과 2초 이내

2) 감전보호용 누전차단기 동작시간 : 0.03초 이내

79 방폭 기기-일반요구사항(KS C IEC 60079-0)규정에서 제시하고 있는 방폭기기 설치 시 표준환경조건이 아닌 것은?

① 압력 : 80 ~ 110kpa
② 상대습도 : 40 ~ 80%
③ 주위온도 : -20 ~ 40℃
④ 산소 함유율 21%v/v의 공기

해설 방폭기기 설치시 표준환경 조건
1) 압력 : 80~110kPa
2) 주변온도 : -20℃~40℃
3) 표고 : 1,000m 이하
4) 상대습도 : 45~85%
5) 공기중 산소함유율 : 21V%
6) 공해, 부식성 가스 등 : 공해, 부식성가스, 진동 등이 존재하지 않는 환경

80 방폭지역 구분 중 폭발성 가스 분위기가 정상상태에서 조성되지 않거나 조성된다하더라도 짧은 기간에만 존재할 수 있는 장소는?

① 0종 장소　　② 1종 장소
③ 2종 장소　　④ 비방폭지역

해설 가스폭발 위험장소의 분류

분류	적요	예
0종 장소	인화성 액체의 증기 또는 가연성 가스에 의한 폭발위험이 지속적으로 또는 장기간 존재하는 장소	용기·장치·배관 등의 내부
1종 장소	정상작동상태에서 인화성 액체의 증기 또는 가연성 가스에 의한 폭발 위험분위기가 존재하기 쉬운 장소	맨홀·벤트·피트 등의 주위
2종 장소	정상작동상태에서 인화성 액체의 증기 또는 가연성가스에 의한 폭발위험분위기가 존재할 우려가 없으나, 존재할 경우 그 빈도가 아주 적고 단기간만 존재할 수 있는 장소	개스킷·패킹 등의 주위

■ 정답　77. ②　78. ④　79. ②　80. ③

제5과목 / 화학설비위험방지시설

81 다음 중 반응기를 조작방식에 따라 분류할 때 이에 해당하지 않는 것은?

① 회분식 반응기　② 반회분식 반응기
③ 연속식 반응기　④ 관형식 반응기

해설 반응기의 분류
1) 조작방식에 의한 분류
　① 회분식 반응기(batch reactor)
　② 반회분식 반응기(semi batch reactor)
　③ 연속기 반응기(plug flow reactor)
2) 구조방식에 의한 분류
　① 교반조형 반응기
　② 관형 반응기
　③ 탑형 반응기
　④ 유동충형 반응기

82 위험물 또는 가스에 의한 화재를 경보하는 기구에 필요한 설비가 아닌 것은?

① 간이완강기
② 자동화재감지기
③ 축전지설비
④ 자동화재수신기

해설 간이완강기 : 피난자의 체중에 의해 자동으로 내려올 수 있는 피난기구(1회용 사용가능)

83 다음 중 가연성 가스이며 독성 가스에 해당하는 것은?

① 수소　　　　② 프로판
③ 산소　　　　④ 일산화탄소

해설 1) 가연성가스 : 수소(H_2), 프로판(C_3H_8)
2) 조연성가스 : 산소(O_2)
3) 가연성·독성가스 : 일산화탄소(CO)

84 산업안전보건기준에 관한 규칙 중 급성독성 물질에 관한 기준 중 일부이다. (A)와 (B)에 알맞은 수치를 옳게 나타낸 것은?

- 쥐에 대한 경구투입실험에 의하여 실험동물의 50퍼센트를 사망시킬 수 있는 물질의 양, 즉 LD50(경구, 쥐)이 킬로그램당 (A)밀리그램 – (체중) 이하인 화학물질
- 쥐 또는 토끼에 대한 경피흡수실험에 의하여 실험동물의 50퍼센트를 사망시킬 수 있는 물질의 양, 즉 LD50(경피, 토끼 또는 쥐)이 킬로그램당(B)밀리그램 – (체중)이하인 화학물질

① A : 1000, B : 300
② A : 1000, B : 1000
③ A : 300, B : 300
④ A : 300, B : 1000

해설 급성독성물질의 종류
1) 쥐에 대한 경구투입실험 : 실험동물의 50%를 사망시킬 수 있는 물질의 양, 즉 LD_{50}(경구, 쥐)이 (체중)kg 당 300mg 이하인 화학물질
2) 쥐 또는 토끼에 대한 경피흡수실험 : 실험동물의 50%를 사망시킬 수 있는 물질의 양, 즉 LD_{50}(경피, 쥐 또는 토끼)이 (체중)kg 당 1,000mg 이하인 화학물질
3) 쥐에 대한 4시간 동안의 흡입실험 : 실험동물의 50%를 사망시킬 수 있는 물질의 농도, 즉 가스 LC_{50}(쥐, 4시간 흡입)이 2,500ppm 이하인 화학물질, 증기 LC_{50}(쥐, 4시간 흡입)이 10mg/l 이하인 화학물질, 분진 또는 미스트 1mg/l 아인 화학물질

85 분진폭발을 방지하기 위하여 첨가하는 불활성 첨가물로 적합하지 않은 것은?

① 탄산칼슘　　② 모래
③ 석분　　　　④ 마그네슘

해설 마그네슘(Mg)은 폭연성 분진이다.

■ 정답 ■　81. ④　82. ①　83. ④　84. ④　85. ④

86 산업안전보건기준에 관한 규칙에서 지정한 '화학설비 및 그 부속설비의 종류'중 화학설비의 부속설비에 해당하는 것은?

① 응축기・냉각기・가열기 등의 열교환기류
② 반응기・혼합조 등의 화학물질 반응 또는 혼합장치
③ 펌프류・압축기 등의 화학물질 이송 또는 압축설비
④ 온도・압력・유량 등을 지시・기록하는 자동제어 관련 설비

해설 화학설비 및 그 부속설비의 종류(안전보건규칙 별표 7)
1) 화학설비
 ① 반응기, 혼합조 등 화학물질 반응 또는 혼합장치
 ② 증류탑, 흡수탑, 추출탑, 감압탑 등 화학물질 분리장치
 ③ 저장탱크, 계량탱크, 호퍼, 사일로 등 화학물질 저장설비 또는 계량설비
 ④ 응축기, 냉각기, 가열기, 증발기 등 열교환기류
 ⑤ 고로 등 점화기를 직접 사용하는 열교환기류
 ⑥ 카렌더・혼합기・발포기・인쇄기・압축기 등 화학제품 가공설비
 ⑦ 분쇄기・분체분리기・용융기 등 분체화학물질 취급장치
 ⑧ 결정조・유동탑・탈습기・건조기 등 분체화학물질 분리장치
 ⑨ 펌프류・압축기・이젝터 등의 화학물질 이송 또는 압축설비
2) 화학설비의 부속설비
 ① 배관・밸브・관・부속류 등 화학물질이송 관련설비
 ② 온도・압력・유량 등을 지시・기록 등을 하는 자동제어 관련 설비
 ③ 안전밸브・안전판・긴급차단 또는 방출밸브 등 비상조치 관련 설비
 ④ 가스누출감지 및 경보 관련 설비
 ⑤ 세정기・응축기・벤트스택・플레어스택 등 폐가스처리설비
 ⑥ 사이클론, 백필터, 전기감진기 등 분진처리 설비
 ⑦ ①항 내지 ⑥항의 설비를 운전하기 위하여 부속된 전기관련설비
 ⑧ 정전기 제거장치, 긴급 샤워설비 등 안전관련 설비

87 다음 중 물과 반응하여 수소가스를 발생할 위험이 가장 낮은 물질은?

① Mg ② Zn
③ Cu ④ Na

해설 1) Cu(구리)는 수소(H)보다 이온화경향이 작기 때문에 물(H_2O)과 반응하여 수소가스(H_2)를 발생하기가 어렵다
2) Mg(마그네슘), Zn(아연), Na(나트륨)은 물(H_2O)과 반응하여 수소가스를 발생시킨다.
$Mg + 2H_2O \rightarrow Mg(OH)_2 + H_2$
$2Na + 2H_2O \rightarrow 2NaOH + H_2$

88 다음 중 열교환기의 보수에 있어 일상점검항목과 정기적 개방점검항목으로 구분할 때 일상점검항목으로 가장 거리가 먼 것은?

① 도장의 노후상황
② 부착물에 의한 오염의 상황
③ 보온재, 보냉재의 파손여부
④ 기초볼트의 체결정도

해설 열교환기의 점검사항
1) 일상점검 항목(운전중에도 점검가능한 항목)
 ① 보온재 및 보냉재의 파손 상황
 ② 도장의 열화 상황
 ③ flange 부, 용접부 등에서 외부로 누출여부
 ④ 기초 볼트의 헐거움 여부
 ⑤ 기초(특히 concrete 기초)에 파손이 없는지 여부
2) 정기적 개방점검항목
 ① 부식 및 폴리머(polymer)등의 생성물 상황, 혹은 부착물에 의한 오염상황 여부
 ② 부식의 형태, 정도, 범위
 ③ 누출의 원인이 되는 균열, 흠집의 유무
 ④ tube의 두께가 감소되지 않았는지의 여부
 ⑤ 라이닝(lining), 코팅(coating) 상태

■정답■ 86. ④ 87. ③ 88. ②

89 헥산 1vol%, 메탄 2vol%, 에틸렌 2vol%, 공기 95vol%로 된 혼합가스의 폭발하한계 값(vol%)은 약 얼마인가?(단, 헥산, 메탄, 에틸렌의 폭발하한계 값은 각각 1.1, 5.0, 2.7vol%이다.)

① 2.44
② 12.89
③ 21.78
④ 48.78

해설 $L = \dfrac{V_1 + V_2 + V_3}{\dfrac{V_1}{L_1} + \dfrac{V_2}{L_2} + \dfrac{V_3}{L_3}}$

$= \dfrac{1+2+2}{\dfrac{1}{1.1} + \dfrac{2}{5.0} + \dfrac{2}{2.7}} = 2.44 \text{vol}\%$

90 다음 중 가연성 물질이 연소하기 쉬운 조건으로 옳지 않은 것은?

① 연소 발열량이 클 것
② 점화에너지가 작을 것
③ 산소와 친화력이 클 것
④ 입자의 표면적이 작을 것

해설 ④항, 입자의 표면적이 클 것(산소와 접촉면이 클 것)

91 고압의 환경에서 장시간 작업하는 경우에 발생할 수 있는 잠수병(潛水病) 또는 잠수병(潛水病)은 다음 중 어떤 물질에 의하여 중독현상이 일어나는가?

① 질소
② 황화수소
③ 일산화탄소
④ 이산화탄소

해설 감압병(decompression ; 잠함병, 케이슨병)
1) 급격한 감압시 혈액 속의 질소가 혈액과 조직에 기포를 형성하여 혈액순환 장애와 조직 손상을 일으킨다.
2) 감압병의 직접적 원인 : 혈액과 조직에 질소기포의 증가이다.

92 이산화탄소소화약제의 특징으로 가장 거리가 먼 것은?

① 전기절연성이 우수하다.
② 액체로 저장할 경우 자체 압력으로 방사할 수 있다.
③ 기화상태에서 부식성이 매우 강하다.
④ 저장에 의한 변질이 없어 장기간 저장이 용이한 편이다.

해설 이산화탄소소화약제(CO_2)의 특징
1) 전기절연성 우수
2) 액체일 경우 자체압력으로 방사가능
3) 장기간 저장용이
4) 질식 및 냉각효과

93 다음 중 자연 발화의 방지법으로 가장 거리가 먼 것은?

① 직접 인화할 수 있는 불꽃과 같은 점화원만 제거하면 된다.
② 저장소 등의 주위 온도를 낮게 한다.
③ 습기가 많은 곳에는 저장하지 않는다.
④ 통풍이나 저장법을 고려하여 열의 축적을 방지한다.

해설 자연발화 방지법
1) 통풍을 잘 시킬 것(열의 축적 방지)
2) 습기가 높은 것을 피할 것
3) 연소성가스의 발생에 주의할 것
4) 저장실의 온도상승을 피할 것

94 다음 중 인화성 가스가 아닌 것은?

① 부탄
② 메탄
③ 수소
④ 산소

해설 산소(O_2) : 조연성 가스

■ 정답 ■ 89. ① 90. ④ 91. ① 92. ③ 93. ① 94. ④

95 물이 관 속을 흐를 때 유동하는 물 속의 어느 부분의 정압이 그 때 물의 증기압보다 낮을 경우 물이 증발하여 부분적으로 증기가 발생되어 배관의 부식을 초래하는 경우가 있다. 이러한 현상을 무엇이라 하는가?

① 서어징(surging)
② 공동현상(cavitation)
③ 비말동반(entrainment)
④ 수격작용(water hammering)

해설 공동현상 : 본문설명

96 위험물질을 저장하는 방법으로 틀린 것은?

① 황인은 물속에 저장
② 나트륨은 석유 속에 저장
③ 칼륨은 석유 속에 저장
④ 리튬은 물속에 저장

해설 리튬(Li)의 저장
 1) 건조하고 환기가 양호한 실내에 저장
 2) 경유가 들어있는 밀폐된 용기에 저장

97 인화성 가스가 발생할 우려가 있는 지하 작업장에서 작업을 할 경우 폭발이나 화재를 방지하기 위한 조치사항 중 가스의 농도를 측정하는 기준으로 적절하지 않은 것은?

① 매일 작업을 시작하기 전에 측정한다.
② 가스의 누출이 의심되는 경우 측정한다.
③ 장시간 작업할 때에는 매 8시간마다 측정한다.
④ 가스가 발생하거나 정체할 위험이 있는 장소에 대하여 측정한다.

해설 ③항, 장시가 작업할 때에는 매 4시간마다 가스 농도를 측정한다.

98 공기 중에서 A 가스의 폭발하한계는 2.2vol%이다. 이 폭발하한계 값을 기준으로 하여 표준 상태에서 A 가스와 공기의 혼합기체 1㎥에 함유되어 있는 A 가스의 질량을 구하면 약 몇 g인가?(단, A 가스의 분자량은 26이다.)

① 19.02
② 25.54
③ 29.02
④ 35.54

해설 1) A가스와 공기의 혼합기체 $1m^3$(1000L) 중 A 가스의 부피
$$1000L \times \frac{2.2}{100} = 22L$$
2) 1mol=22.4L(0℃, 1기압)= 분자량g
$$A가스질량 = 22L \times \frac{26g}{22.4L} = 25.54g$$

99 다음 중 가연성가스가 밀폐된 용기안에서 폭발할 때 최대폭발압력에 영향을 주는 인자로 가장 거리가 먼 것은?

① 가연성가스의 농도(몰수)
② 가연성가스의 초기온도
③ 가연성가스의 유속
④ 가연성가스의 초기압력

해설 밀폐된 용기 내에서 최대 폭발압력
 1) 기체 몰수 및 온도와의 관계 : 최대 폭발압력 (P_m)은 처음압력(P_1), 기체 몰수의 변화량 ($n_1 \to n_2$), 온도변화 ($T_1 \to T_2$)에 비례하여 높아진다.
$$\therefore P_m = P_1 \times \frac{n_2}{n_1} + \frac{T_2}{T_1}$$
 2) 폭발 압력과 가연성 가스의 농도와의 관계
  ① 가연성 가스의 농도가 너무 희박하거나 진하여도 폭발압력(P_m)은 낮아진다.
  ② 폭발압력은 양론농도보다 약간 높은 농도에서 가장 높아져 최대폭발이 된다.
  ③ 최대 폭발압력의 크기는 공기보다 산소의 농도가 큰 혼합기체에서 더 높아진다.

■ 정답 ■ 95. ② 96. ④ 97. ③ 98. ② 99. ③

100 메탄이 공기 중에서 연소될 때의 이론 혼합비(화학양론조성)는 약 몇 vol%인가?

① 2.21 ② 4.03
③ 5.76 ④ 9.50

해설 화학양론농도(C_{st})

$$C_{st} = \frac{1}{1+4.773(n+\frac{m}{4})} \times 100$$

$$= \frac{1}{1+4.773(n+\frac{m}{4})} \times 100$$

$$= \frac{1}{1+4.773 \times (1+\frac{4}{4})} \times 100 = 9.5 \text{vol}\%$$

여기서, n : 메탄 CH_4에서 C의 수 = 1
m : 메탄 CH_4에서 H의 수 = 4

제6과목 / 건설안전기술

101 건설현장에서 근로자의 추락재해를 예방하기 위한 안전난간을 설치하는 경우 그 구성요소와 거리가 먼 것은?

① 상부난간대 ② 중간난간대
③ 사다리   ④ 발끝막이판

해설 안전난간의 구조 및 설치요건
1) 상부난간대, 중간난간대, 발끝막이판 및 난간기둥으로 구성할 것(중간난대, 발끝막이판 및 난간기둥은 이와 비슷한 구조 및 성능을 가진 것으로 대체할 수 있다.)
2) 상부난간대는 바닥면, 발판 또는 경사로의 표면(이하 "바닥면 등"이라 한다.)으로부터 90cm 이상 지점에 설치하고, 상부난단대를 120cm 이하에 설치하는 경우 중간난대는 상부난간대와 바닥면 등의 중간에 설치하여야 하며, 120cm 이상 지점에 설치하는 경우에는 중간난대를 2단 이상으로 균등하게 설치하고 난간의 상하간격은 60cm 이하가 되도록 할 것
3) 발끝막이판은 바닥면 등으로부터 10cm 이상의 높이를 유지할 것(물체가 떨어지거나 날아올 위험이 없거나 그 위험을 방지할 수 있는 망을 설치하는 등 필요한 예방조치를 한 장소를 제외한다.)
4) 난간기둥은 상부난간대와 중간난대를 견고하게 떠받칠 수 있도록 적정 간격을 유지할 것
5) 상부난간대와 중간난간대는 난간길이 전체에 걸쳐 바닥면 등과 평행을 유지할 것
6) 난간대는 지름 2.7cm 이상의 금속제 파이프나 그 이상의 강도를 가진 재료일 것
7) 안전난간은 임의의 점에서 임의의 방향으로 움직이는 100kg 이상의 하중에 견딜 수 있는 튼튼한 구조일 것

102 건설현장에서 높이 5m 이상인 콘크리트 교량의 설치작업을 하는 경우 재해예방을 위해 준수해야 할 사항으로 옳지 않은 것은?

① 작업을 하는 구역에는 관계 근로자가 아닌 사람의 출입을 금지할 것
② 재료, 기구 또는 공구 등을 올리거나 내릴 경우에는 근로자로 하여금 크레인을 이용하도록 하고 달줄, 달포대 등의 사용을 금하도록 할 것
③ 중량물 부재를 크레인 등으로 인양하는 경우에는 부재에 인양용 고리를 견고하게 설치하고, 인양용 로프는 부재에 두 군데 이상 결속하여 인양하여야 하며, 중량물이 안전하게 거치되기 전까지는 걸이로프를 해제시키지 아니할 것
④ 자재나 부재의 낙하·전도 또는 붕괴 등에 의하여 근로자에게 위험을 미칠 우려가 있을 경우에는 출입금지구역의 설정, 자재 또는 가설시설의 좌굴(挫屈) 또는 변형 방지를 위한 보강재 보착 등의 조치를 할 것

해설 ②항, 재료, 기구 또는 공구 등을 올리거나 내릴 경우에는 달줄이나 달포대 등을 사용하도록 할 것

■ 정답 ■ 100. ④ 104. ③ 102. ②

103 산업안전보건법령에 따른 거푸집동바리를 조립하는 경우의 준수사항으로 옳지 않은 것은?

① 개구부 상부에 동바리를 설치하는 경우에는 상부하중을 견딜 수 있는 견고한 받침대를 설치할 것
② 동바리의 이음은 맞댄이음이나 장부이음으로 하고 같은 품질의 제품을 사용할 것
③ 강재와 강재의 접속부 및 교차부는 철선을 사용하여 단단히 연결할 것
④ 거푸집이 곡면이 경우에는 버팀대의 부착 등 그 거푸집의 부상(浮上)을 방지하기 위한 조치를 할 것

해설 거푸집 동바리 조립 시 안전조치 사항(준수사항)
1) 깔목의 사용, 콘크리트 타설, 말뚝 박기 등 동바리의 침하를 방지하기 위한 조치를 할 것
2) 개구부 상부에 동바리 설치 시 상부하중을 견딜 수 있는 견고한 받침대를 설치할 것
3) 동바리의 상하고정 및 미끄러짐 방지 조치를 하고, 하중의 지지 상태를 유지할 것
4) 동바리의 이음 : 동질 재료를 사용하여 맞댐이음, 장부 이음을 할 것
5) 강재와 강재의 접속부 및 교차부는 볼트, 클램프 등 전용철물을 사용하여 단단히 연결할 것
6) 곡면인 거푸집은 버팀대의 부착 등 거푸집 부상방지 조치를 할 것

104 승강기 강선의 과다감기를 방지하는 장치는?

① 비상정지장치 ② 권과방지장치
③ 해지장치   ④ 과부하방지장치

해설
1) **비상정지장치** : 운전중인 승강기의 작동을 정지시키는 장치
2) **권과방지장치** : 승강기 강선의 과다감기를 방지하는 장치
3) **해지장치** : 훅 걸이용 와이어로프 등이 훅으로부터, 벗겨지는 것을 방지하는 장치
4) **과부하방지장치** : 하중이 정격하중보다 커졌을 때 자동적으로 동력회로를 차단하거나 경보를 발하는 장치

105 타워 크레인(Tower Crane)을 선정하기 위한 사전 검토사항으로서 가장 거리가 먼 것은?

① 붐의 모양   ② 인양능력
③ 작업반경   ④ 붐의 높이

해설 타워크레인의 선정시 사전 검토사항
1) 인양능력   2) 작업반경
3) 붐의 높이

106 다음 중 방망에 표시해야할 사항이 아닌 것은?

① 방망의 신축성   ② 제조자명
③ 제조년월   ④ 재봉 치수

해설 방망의 표시사항
1) 제조자명   2) 제조연월
3) 재봉치수   4) 그물코
5) 신품 시 망사의 강도

107 달비계(곤돌라의 달비계는 제외)의 최대적재 하중을 정하는 경우에 사용하는 안전계수의 기준으로 옳은 것은?

① 달기체인의 안전계수 : 10 이상
② 달기강대와 달비계의 하부 및 상부지점의 안전계수(목재의 경우) : 2.5이상
③ 달기와이어로프의 안전계수 : 5 이상
④ 달기강선의 안전계수 : 10 이상

해설 달비계(곤돌라의 달비계는 제외)의 안전계수
1) 달기와이어로프 및 달기강선의 안전계수 : 10 이상
2) 달기체인 및 달기훅의 안전계수 : 5이상
3) 달기강대와 달비계 하부 및 상부지점의 안전계수 : 강재의 경우 2.5이상 목재의 경우 5 이상

■ 정답 ■ 103. ③ 104. ② 105. ① 106. ① 107. ④

108 달비계의 구조에서 달비계 작업발판의 폭은 최소 얼마 이상 이어야 하는가?

① 30cm ② 40cm
③ 50cm ④ 60cm

해설 달비계 작업발판의 폭 : 40cm 이상으로 하고 틈새가 없도록 할 것

109 건설업 중 교량건설 공사의 경우 유해위험방지계획서를 제출하여야 하는 기준으로 옳은 것은?

① 최대 지간길이가 40m 이상인 교량건설등 공사
② 최대 지간길이가 50m 이상인 교량건설등 공사
③ 최대 지간길이가 60m 이상인 교량건설등 공사
④ 최대 지간길이가 70m 이상인 교량건설등 공사

해설 건설업 중 유해위험방지계획서 제출대상 사업장 (시행규칙 제120조 제4항)
1) 지상높이가 31미터 이상인 건축물 또는 인공구조물, 연면적 3만제곱미터 이상인 건축물 또는 연면적 5천제곱미터 이상의 문화 및 집회시설(전시장 및 동물원·식물원은 제외), 판매시설, 운수시설(고속철도의 역사 및 집배송시설은 제외), 종교시설, 의료시설 중 종합병원, 숙박시설 중 관광숙박시설, 지하도상가 또는 냉동·냉장 창고시설의 건설·개조 또는 해체(이하 "건설등"이라 함)
2) 연면적 5천제곱미터 이상의 냉동·냉장 창고시설의 설비공사 및 단열공사
3) 최대 지간길이가 50미터 이상인 교량건설 등의 공사
4) 터널 건설 등의 공사
5) 다목적댐, 발전용댐 및 저수용량 2천만톤 이상의 용수 전용 댐, 지방상수도 전용댐 건설 등의 공사
6) 깊이 10미터 이상인 굴착공사

110 구축물이 풍압·지진 등에 의하여 붕괴 또는 전도하는 위험을 예방하기 위한 조치와 가장 거리가 먼 것은?

① 설계도서에 따라 시공했는지 확인
② 건설공사 시방서에 따라 시공했는지 확인
③ 「건축물의 구조기준 등에 관한 규칙」에 따른 구조기준을 준수했는지 확인
④ 보호구 및 방호장치의 성능검정 합격품을 사용했는지 확인

해설 ④항, 보호구 및 방호장치의 성능검정 합격률의 사용여부 확인사항은 구축물의 붕괴·전도위험을 예방하기 위한 조치사항과 관계가 없는 내용이다.

111 중량물을 운반할 때의 바른 자세로 옳은 것은?

① 허리를 구부리고 양손으로 들어올린다.
② 중량은 보통 체중의 60%가 적당하다.
③ 물건은 최대한 몸에서 멀리 떼어서 들어올린다.
④ 길이가 긴 물건은 앞쪽을 높게 하여 운반한다.

해설 인력운반 작업 시 안전수칙
1) 물건을 들어 올릴 때는 팔과 무릎을 사용하며, 척추는 곧은 자세로 할 것
2) 무거운 물건은 공동작업으로 실시하고 보조기구를 사용할 것
3) 길이가 긴 물건은 앞쪽을 높여 운반할 것
4) 화물에 최대한 접근하여 중심을 낮게 할 것
5) 어깨보다 높이 들어 올리지 않을 것
6) 무리한 자세를 장시간 지속하지 않을 것
7) 중량은 보통 체중의 40% 정도로 할 것

■ 정답 ■ 108. ② 109. ② 110. ④ 111. ④

112 철골건립준비를 할 때 준수하여야 할 사항과 가장 거리가 먼 것은?

① 지상 작업장에서 건립준비 및 기계기구를 배치할 경우에는 낙하물의 위험이 없는 평탄한 장소를 선정하여 정비하고 경사지에는 작업대나 임시발판 등을 설치하는 등 안전조치를 한 후 작업하여야 한다.
② 건립작업에 다소 지장이 있다하더라도 수목은 제거하여서는 안된다.
③ 사용전에 기계기구에 대한 정비 및 보수를 철저히 실시하여야 한다.
④ 기계에 부착된 앵커 등 고정장치와 기초구조 등을 확인하여야 한다.

해설 철골건립준비를 할 때 준수하여야 할 사항(고용노동부고시)
1) 지상 작업장에서 건립 준비 및 기계기구를 배치할 경우에는 낙하물의 위험이 없는 평탄한 장소를 선정하여 정비하고 경사지에서는 작업대나 임시발판 등을 설치하는 등 안전하게 한 후 작업하여야 한다.
2) 건립 작업에 지장이 되는 수목은 제거하거나 이설하여야 한다.
3) 인근에 건축물 또는 고압선 등이 있는 경우에는 이에 대한 방호 조치 및 안전조치를 하여야 한다.
4) 사용 전에 기계기구에 다한 정비 및 보수를 철저히 실시하여야 한다.
5) 기계가 계획대로 배치되어 있는가, 위치는 작업구역을 확인할 수 있는 곳에 위치하였는가, 기계에 부착된 앵커 등 고정장치와 기초구조 등을 확인하여야 한다.

113 건축공사로서 대상액이 5억원 이상 50억원 미만 인 경우에 산업안전보건관리비의 비율(가) 및 기초액(나)으로 옳은 것은?

① (가) 1.86%, (나) 5,349,000원
② (가) 1.99%, (나) 5,499,000원
③ (가) 2.35%, (나) 5,400,000원
④ (가) 1.57%, (나) 4,411,000원

해설 공사종류별 규모 및 안전관리비 계상 기준표 (별표1)

공사종류\대상액	5억원 미만	5억원 이상 50억원 미만 비율(X)	5억원 이상 50억원 미만 기초액(C)	50억원 이상
건축공사	2.93%	1.86%	5,349,000원	1.97%
토목공사	3.09%	1.99%	5,499,000원	2.10%
중건설공사	3.43%	2.35%	5,400,000원	2.44%
특수 건설공사	1.85%	1.20%	3,250,000원	1.27%

길잡이 안전관리비 계사기준
1) 대상액(재료비+직접노무비)이 5억 원 미만 또는 50억 원 이상일 때 : 대상액에 별표1에서 정한 비율을 곱한 금액

$$안전관리비 = 대상액 \times \frac{비율[\%]}{100}$$

2) 대상액이 5억 원 이상 50억 원 미만 : 대상액에 별표1에서 정한 비율(X)을 곱한 금액에 기초액(C)을 합한 금액

$$안전관리비 = 대상액 \times \frac{X[\%]}{100} + 기초액(C)$$

114 추락방지용 방망의 그물코의 크기가 10cm인 신품 매듭방망사의 인장강도는 몇 킬로그램 이상이어야 하는가?

① 80   ② 110
③ 150   ④ 200

해설 방망사의 신품에 대한 인장강도

그물코의 크기	매듭 없는 방망의 강도	매듭 방망의 강도
10cm	240kg	200kg
5cm		110kg

■ 정답 ■ 112. ② 113. ① 114. ④

115 강관비계 조립시의 준수사항으로 옳지 않은 것은?

① 비계기둥에는 미끄러지거나 침하하는 것을 방지하기 위하여 밑받침철물을 사용한다.
② 지상높이 4층 이하 또는 12m 이하인 건축물의 해체 및 조립등이 작업에서만 사용한다.
③ 교차가새로 보강한다.
④ 외줄비계·쌍줄비계 또는 돌출비계에 대해서는 벽이음 및 버팀을 설치한다.

해설 강관비계 조립시의 조립사항
1) 비계기둥에는 미끄러지거나 침하하는 것을 방지하기 위하여 밑받침철물을 사용하거나 깔판·깔목 등을 사용하여 밑둥잡이를 설치하는 등의 조치를 할 것
2) 강관의 접속부 또는 교차부는 적합한 부속철물을 사용하여 접속하거나 단단히 묶을 것
3) 교차가새로 보강할 것
4) 외줄비계, 쌍줄비계 또는 돌출비계에 대하여는 다음 각 목의 정하는 바에 따라 벽이음 및 버팀을 설치할 것
   ① 강관비계의 조립간격은 (별표 5)의 기준에 적합하도록 할 것
   ② 강관·통나무 등의 재료를 사용하여 견고한 것으로 할 것
   ③ 인장재와 압축재로 구성되어 있는 때에는 인장재와 압축재의 간격을 1m 이내로 할 것
5) 가공전로에 근접하여 비계를 설치하는 때에는 가공진로를 이설하거나 가공전로에 절연용 방호구를 장착하는 등 가공전로와의 접촉을 방지하기 위한 조치를 할 것

116 흙막이 지보공을 설치하였을 때 정기적으로 점검하여야할 사항과 거리가 먼 것은?

① 경보장치의 작동상태
② 부재의 손상·변형·부식·변위 및 탈락의 유무와 상태
③ 버팀대의 긴압(緊壓)의 정도
④ 부재의 접속부·부착부 및 교차부의 상태

해설 흙막이지보공 설치시 붕괴 등의 위험방지를 위한 정기점검사항
1) 부재의 손상·변형·부식·변위 및 탈락의 유무와 상태
2) 버팀대의 긴압의 정도
3) 부재의 접속부·부착부 및 교차부의 상태
4) 침하의 강도

117 사질지반 굴착 시, 굴착부와 지하수위 차가 있을 때 수두차에 의하여 삼투압이 생겨 흙막이벽 근입부분을 침식하는 동시에 모래가 액상화되어 솟아오르는 현상은?

① 동상현상   ② 연화현상
③ 보일링현상   ④ 히빙현상

해설 지반의 이상현상

구분	보일링현상	히빙현상
지반조건	·사질토 지반	·연약성 점토 지반
발생조건	·굴착부와 주변의 지하수위차에 의한 수두차	·흙막이벽 뒤쪽 흙의 중량 ·상부 지표면의 재하하중
현상	·굴착면과 배토면의 수두차에 의한 침투압 발생 ·굴착면의 모래가 액상화되어 솟아오름	·배면 토사붕괴 ·흙막이지보공 파괴 ·굴착저면이 솟아오름
대책	·흙막이벽 근입심도를 깊게 한다. ·주변 지하수위를 저하시킨다. ·굴착토를 즉시 원상 매립한다. ·작업을 중지시킨다.	·흙막이벽을 깊게 박는다. ·굴착주변의 상재하중을 제거한다. ·굴착방식을 개선한다.

정답 115. ② 116. ① 117. ③

118 부두·안벽 등 하역작업을 하는 장소에서 부두 또는 안벽의 선을 따라 통로를 설치하는 경우에는 폭을 최소 얼마 이상으로 해야 하는가?

① 70cm
② 80cm
③ 90cm
④ 100cm

해설 부두, 안벽 등 하역 작업을 하는 장소에 대하여 조치할 사항
1) 작업장, 통로의 위험한 부분 : 안전작업을 할 수 있는 조명을 유지할 것
2) 부두 또는 안벽의 선을 따라 통로를 설치할 경우 : 폭을 90cm 이상으로 할 것
3) 육상에서의 통로 및 작업장소에 다리 또는 갑문을 넘는 보도 등의 위험한 부분 : 울 등을 설치할 것

119 사다리식 통로 등을 설치하는 경우 고정식 사다리식 통로의 기울기는 최대 몇 도 이하로 하여야 하는가?

① 60도
② 75도
③ 80도
④ 90도

해설 사다리식 통로 설치시 고정식 사다리식 통로의 기울기 : 90°이하

120 건설작업장에서 근로자가 상시 작업하는 장소의 작업면 조도기준으로 옳지 않은 것은?(단, 갱내 작업장과 감광재료를 취급하는 작업장의 경우는 제외)

① 초정밀 작업 : 600럭스(lux) 이상
② 정밀 작업 : 300럭스(lux) 이상
③ 보통 작업 : 150럭스(lux) 이상
④ 초정밀, 정밀, 보통작업을 제외한 기타 작업 : 75럭스(lux) 이상

해설 초정밀작업 : 750럭스(lux) 이상

■ 정답 ■ 118. ③ 119. ④ 120. ①

2023년 3회 CBT 복원 기출문제

산업안전기사

제1과목 / 안전관리론

01 안전점검의 종류 중 태풍이나 폭우 등의 천재지변이 발생한 후에 실시하는 기계, 기구 및 설비 등에 대한 점검의 명칭은?

① 정기점검 ② 수시점검
③ 특별점검 ④ 임시점검

해설 안전점검의 종류
1) 수시점검 : 작업 전, 중, 후에 실시하는 점검
2) 정기점검 : 일정기간마다 정기적으로 실시하는 점검
3) 특별점검
   ① 기계·기구·설비의 신설비·변경 내지 고장수리시 실시하는 점검
   ② 천재지변발생 후 실시하는 점검
   ③ 안전강조 기간 내에 실시하는 점검
4) 임시점검 : 이상 발견시 임시로 실시하는 점검, 정기점검과 정기점검 사이에 실시하는 점검

02 1년간 80건의 재해가 발생한 A사업장은 1000명의 근로자가 1주일당 48시간, 1년간 52주를 근무하고 있다. A사업장의 도수율은? (단, 근로자들은 재해와 관련 없는 사유로 연간 노동시간의 3%를 결근하였다.)

① 31.06 ② 32.05
③ 33.04 ④ 34.03

해설 도수율 $= \dfrac{\text{재해건수}}{\text{연근로시간수}} \times 10^6$
$= \dfrac{80}{1000 \times 48 \times 52 \times 0.97} \times 10^6$
$= 33.04$

03 산업안전보건법령상 유해위험 방지계획서 제출 대상 공사에 해당하는 것은?

① 깊이가 5m 이상인 굴착공사
② 최대지간거리 30m 이상인 교량건설 공사
③ 지상높이 21m 이상인 건축물 공사
④ 터널 건설 공사

해설 유해위험방지계획서 제출대상 사업의 종류
1) 지상높이가 31m 이상인 건축물 또는 인공구조물, 연면적 3만m² 이상인 건축물 또는 연면적 5,000m² 이상의 문화 및 집회시설(전시장 및 동물원·식물원은 제외), 판매시설, 운수시설(고속철도의 역사 및 집배송시설은 제외), 종교시설, 의료시설 중 종합병원, 숙박시설 중 관광숙박시설, 지하도상가 또는 냉동·냉장창고시설이 건설·개조 또는 해체 (이하 "건설등")
2) 연면적 5,000m² 이상의 냉동·냉장창고시설의 설비공사 및 단열공사
3) 최대 지간길이가 50m 이상인 교량 건설등 공사
4) 터널 건설등의 공사
5) 다목적댐, 발전용댐 및 저수용량 2,000만톤 이상의 용수 전용 댐, 지방상수도 전용댐 건설등의 공사
6) 깊이 10m 이상인 굴착공사

■ 정답 ■ 01. ③ 02. ③ 03. ④

04 산업안전보건법령상 관리감독자 대상 정기안전보건 교육의 교육내용으로 옳은 것은?

① 작업 개시 전 점검에 관한 사항
② 정리정돈 및 청소에 관한 사항
③ 작업공정의 유해・위험과 재해 예방대책에 관한 사항
④ 기계・기구의 위험성과 작업의 순서 및 동선에 관한 사항

해설 관리감독자 정기안전보건교육의 교육 내용
  1) 작업공정의 유해・위험과 재해 예방대책에 관한 사항
  2) 표준안전작업방법 및 지도 요령에 관한 사항
  3) 관리감독자의 역할과 임무에 관한 사항
  4) 산업보건 및 직업병 예방에 관한 사항
  5) 산업안전 및 사고예방에 관한 사항
  6) 유해・위험 작업환경 관리에 관한 사항
  7) 산업안전보건법 및 산업재해보상보험제도에 관한 사항

05 서로 손을 잡고 팀의 행동구호를 외치는 무재해 운동 추진 기법의 하나로, 스킨십(Skinship)에 바탕을 두고 팀 전원의 일체감, 연대감을 느끼게 하며, 대뇌피질에 안전태도 형성에 좋은 이미지를 심어주는 기법은?

① Touch and call
② Brain Storming
③ Error cause removal
④ Safety training observation program

해설
  1) Touch and call : 팀의 전원이 각자의 왼손을 서로 맞잡아 둥근원을 만들어 팀의 행동목표나 무재해운동의 구호를 지적확인하는 것을 말한다.
  2) 지적확인 : 작업을 안전하게 오조작 없이 하기 위해 작업공정의 요소요소에서 자신의 행동을(○○좋아!)라고 대상을 지적하여 큰소리로 확인하는 것을 말하는 것으로 대뇌의 긴장도를 높이고 의식수준을 제고하여 작업행동상의 과오를 최소화하려고 하는 기법이다.

06 하인리히 안전론에서 (   )안에 들어갈 단어로 적합한 것은?

・안전은 사고예방
・사고예방은 (   )와(과) 인간 및 기계의 관계를 통제하는 과학이자 기술이다.

① 물리적 환경
② 화학적 요소
③ 위험요인
④ 사고 및 재해

해설 하인리히(H.W.Heinrich)의 안전론 : 「안전은 사고 예방(accident prevention)」이며, 과학과 기술의 체계를 안전에 도입하여, 「사고 예방은 물리적 환경과 인간 및 기계의 관계를 통제하는 과학인 동시에 기술(art)」이라고 하였다.

07 안전교육 훈련에 있어 동기부여 방법에 대한 설명으로 가장 거리가 먼 것은?

① 안전 목표를 명확히 설정한다.
② 안전활동의 결과를 평가, 검토하도록 한다.
③ 경쟁과 협동을 유발시킨다.
④ 동기유발 수준을 과도하게 높인다.

해설 ④항, 동기유발 수준을 적정하게 유지시킨다.

08 안전보건교육의 단계에 해당하지 않는 것은?

① 지식교육 ② 기초교육
③ 태도교육 ④ 기능교육

해설 안전보건교육의 3단계
  1) 지식교육(제1단계) : 강의, 시청각교육을 통한 지식의 전달과 이해
  2) 기능교육(제2단계) : 시범, 견학, 실습, 현장실습교육을 통한 경험체득과 이해
  3) 태도교육(제3단계) : 작업동작지도, 생활지도 등을 통한 안전의 습관화

■ 정답 ■ 04. ③ 05. ① 06. ① 07. ④ 08. ②

09 부주의의 발생 원인에 포함되지 않는 것은?

① 의식의 단절　② 의식의 우회
③ 의식수준의 저하　④ 의식의 지배

해설 부주의 현상
1) **의식의 단절** : 지속적인 의식의 흐름에 단절이 생기고 공백의 상태가 나타나는 것으로 특수한 질병이 있는 경우에 나타난다.(의식수준 : Phase 0)
2) **의식의 우회** : 의식의 흐름이 옆으로 빗나가 발생하는 경우로서 작업도중 걱정, 고뇌, 욕구 불만 등에 의해 다른 것에 정신을 빼앗기는 경우이다.(의식수준 : Phase 0)
3) **의식수준의 저하** : 혼미한 정신 상태에서 심신이 피로할 경우나 단조로운 반복작업시 일어나기 쉽다.(의식수준 : Phase Ⅰ 이하)
4) **의식의 과잉** : 지나친 의욕에 의해서 생기는 부주의 현상으로 긴급사태시 순간적으로 긴장이 한 방향으로만 쏠리게 되는 경우이다. (의식수준 : Phase Ⅳ)

10 라인(Line)형 안전관리조직에 대한 설명으로 옳은 것은?

① 명령계통과 조언이나 권고적 참여가 혼동되기 쉽다.
② 생산부서와의 마찰이 일어나기 쉽다.
③ 명령계통이 간단명료하다.
④ 생산부분에는 안전에 대한 책임과 권한이 없다.

해설 라인(Line)조직형(직계식 조직)
1) **라인형** : 생산 또는 현장라인(line)에서 생산 및 안전업무를 동시에 실시하는 형태이다.(100명 이하의 소규모 사업장에 적합)
2) 라인형의 장점
① 안전지시나 개선조치가 각 부분의 직제를 통하여 생산업무와 같이 흘러가므로 지시나 조치가 철저할 뿐만 아니라 그 실시도 빠르다.
② 명령과 보고가 상하관계 뿐이므로 간단명료이다.
3) 라인형의 단점
① 안전에 대한 정보가 불충분하며, 안전전문 입안이 되어 있지 않아 내용이 빈약하다.
② 생산업무와 같이 안전대책이 실시되므로 불충분하다.
③ 라인에 과중한 책임을 지우기가 쉽다.

11 산업안전보건법령상 주로 고음을 차음하고, 저음은 차음하지 않는 방음보호구의 기호로 옳은 것은?

① NRR　② EM
③ EP-1　④ EP-2

해설 방음 보호구의 종류

형식	종류	기호	적요
귀마개	1종	EP-1	저음부터 고음까지를 차단하는 것
	2종	EP-2	고음만을 차음하는 것
귀덮개		EM	저음부터 고음까지를 차단하는 것

12 안전교육방법 중 강의법에 대한 설명으로 옳지 않는 것은?

① 단기간의 교육 시간 내에 비교적 많은 내용을 전달할 수 있다.
② 다수의 수강자를 대상으로 동시에 교육할 수 있다.
③ 다른 교육방법에 비해 수강자의 참여가 제약된다.
④ 수강자 개개인의 학습진도를 조절할 수 있다.

해설 ④항, 수강자 개개인의 학습진도를 조절할 수 없다.

■정답■ 09. ④　10. ③　11. ④　12. ④

13 적응기제(適應機制)의 형태 중 방어적 기제에 해당하지 않는 것은?

① 고립   ② 보상
③ 승화   ④ 합리화

해설 적응기제
1) 방어적 기제 : 보상, 합리화, 동일시, 승화 등
2) 도피적 기제 : 고립, 퇴행, 억압, 백일몽 등

14 하인리히 방식의 재해코스트 산정에서 직접비에 해당되지 않는 것은?

① 휴업보상비   ② 병상위문금
③ 장해특별보상비   ④ 상병보상연금

해설 하인리히 방식의 재해코스트 산정에서 직접비와 간접비
1) **직접비** : 법령으로 정한 피해자에게 지급되는 산재보상비
 ① 휴업보상비
 ② 장해보상비
 ③ 장해특별보상비
 ④ 요양보상비
 ⑤ 장의비
 ⑥ 상병보상연금
 ⑦ 유족보상비
 ⑧ 유족특별보상비
2) **간접비** : 재산손실, 생산중단 등으로 기업이 입은 손실로서 정확한 산출이 어려울 때에는 직접비의 4배로 산정하여 계산한다.
 ① 인적손실 : 본인 및 제3자에 관한 것을 포함한 시간손실
 ② 물적손실 : 기계, 공구, 재료, 시설의 복구에 소비된 시간손실 및 재산손실
 ③ 생산손실 : 생산 감소, 생산중단, 판매 감소 등에 의한 손실
 ④ 기타손실 : 병상위문금, 여비 및 통신, 입원중의 잡비, 장의비용 등

15 위험예지훈련의 문제해결 4라운드에 속하지 않는 것은?

① 현상파악   ② 본질추구
③ 원인결정   ④ 대책수립

해설 위험 예지 훈련의 기존 4라운드 진행방법
1) 1R(현상파악) : 어떤 위험이 잠재하고 있는지 사실을 파악하는 라운드(BS적용)
2) 2R(본질추구) : 가장 위험한 요인(위험 포인트)을 합의로 결정하는 라운드(요약)
3) 3R(대책수립) : 구체적인 대책을 수립하는 라운드(BS적용)
4) 4R(목표달성-설정) : 수립한 대책 가운데 질이 높은 항목에 합의하는 라운드(요약)

16 산소결핍이 예상되는 맨홀 내에서 작업을 실시할 때의 사고 방지 대책으로 적절하지 않은 것은?

① 작업 시작 전 및 작업 중 충분한 환기 실시
② 작업 장소의 입장 및 퇴장 시 인원점검
③ 방진마스크의 보급과 착용 철저
④ 작업장과 외부와의 상시 연락을 위한 설비 설치

해설 산소결핍이 예상되는 장소에서 작업시는 송기마스크를 착용하여야 한다.

17 산업재해의 기본원인 중 "작업정보, 작업방법 및 작업환경" 등이 분류되는 항목은?

① Man   ② Machine
③ Media   ④ Management

해설 인간 과오의 배후요인 4요소(4M)
1) 맨(man) : 본인 이외의 사람
2) 머신(machine) : 장치나 기기 등의 물적 요인
3) 메디아(media) : 인간과 기계를 잇는 매체란 뜻으로 작업이 방법이나 순서, 작업정보의 실태나 환경고의 관계, 정리정돈 등이 포함된다.
4) 매니지먼트(management) : 안전법규의 준수 방법, 단속, 점검 관리 외에 지휘감독, 교육훈련 등이 여기에 속한다.

18 적성요인에 있어 직업적성을 검사하는 항목이 아닌 것은?

① 지능
② 촉각 적응력
③ 형태식별능력
④ 운동속도

해설 직업적성의 검사항목
1) 지능
2) 형태식별능력(공간판단력, 형태지각)
3) 운동속도

19 스트레스의 요인 중 외부적 자극 요인에 해당하지 않는 것은?

① 자존심의 손상
② 대인관계 갈등
③ 가족의 죽음, 질병
④ 경제적 어려움

해설 스트레스의 주요원인
1) 외부로부터의 자극요인
   ① 경제적인 어려움
   ② 직장에서의 대인관계상의 갈등과 대립
   ③ 가정에서의 가족관계의 갈등
   ④ 가족의 죽음이나 질병
   ⑤ 자신의 건강 문제
   ⑥ 상대적인 박탈감 등
2) 마음속에서 일어나는 내적자극 요인
   ① 자존심의 손상과 공격방어 심리
   ② 출세욕의 좌절감과 자만심의 상충
   ③ 지나친 과거에의 집착과 허탈
   ④ 업무상의 죄책감
   ⑤ 지나친 경쟁심과 재물에 대한 욕심
   ⑥ 남에게 의지하고자 하는 심리
   ⑦ 가족간의 대화단절 의견의 불일치

20 산업안전보건법령상 (   )에 알맞은 기준은?

안전·보건표지의 제작에 있어 안전·보건표지 속의 그림 또는 부호의 크기는 안전·보건표지의 크기와 비례하여야 하며, 안전·보건표지 전체 규격의 (   ) 이상이 되어야 한다.

① 20%
② 30%
③ 40%
④ 50%

해설 안전보건표지속의 그림 또는 부호의 크기 : 안전보건표지 전체규격의 30% 이상

제2과목 / 인간공학 및 시스템안전공학

21 다음 설명에 해당하는 설비보전방식의 유형은?

설비보전 정보와 신기술을 기초로 신뢰성, 조작성, 보전성, 안전성, 경제성 등이 우수한 설비의 선정, 조달 또는 설계를 통하여 궁극적으로 설비의 설계, 제작 단계에서 보전활동이 불필요한 체제를 목표로 한 설비보전 방법을 말한다.

① 개량보전
② 보전예방
③ 사후보전
④ 일상보전

해설 설비보전방식의 유형
1) **예방보전** : 설비를 항상 정상. 양호한 상태로 유지하기 위한 정기검사와 초기단계에서 성능의 저하나 고장을 제거하거나 조정 또는 수부(修復)하기 위한 섭리의 보수활동을 의미한다.
2) **일상보전** : 설비의 열화를 방지하고 그 신행을 지연시켜 수명을 연장하기 위한 설비의 점검, 청소, 주유, 교체 등의 활동을 의미한다.
3) **개량보전** : 고장을 미연에 방지하기 위해 설비를 개조하거나 설계에서부터 시정조치를 취하고 설비의 체질개선을 도모하는 설비보전 방법을 의미한다.
4) **보전예방** : 설계단계에서 보존활동 하는 것을 예방하는 것이다.
5) **사후보전** : 수리를 행하는 설비보전방법을 의미한다.
6) **예지보전** : 설비의 이상 상태를 검출, 측정 또는 감시하여 열화의 정도가 사용한도에 이른 시점에서 분해, 검사, 부품교환, 수리하는 설비 보전방법을 의미한다.

■ 정답 ■ 18. ② 19. ① 20. ② 21. ②

22 FTA에서 사용하는 수정게이트의 종류 중 3개의 입력현상 중 2개가 발생한 경우에 출력이 생기는 것은?

① 위험지속기호
② 조합 AND 게이트
③ 배타적 OR 게이트
④ 억제 게이트

해설 수정기호(—<조건>—)
1) 우선적 AND Gate : 입력사상 가운데 어느 사상이 다른 사상보다 먼저 일어났을 때에 출력사상이 생긴다. 예를 들면 「A는 B보다 먼저」와 같이 기입한다.
2) 짜 맞춤(조합) AND gate : 3개 이상의 입력사상 가운데 어느 것이든 2개가 일어나면 출력사상이 생긴다. 예를 들면 「어느 것이든 2개」라고 기입한다.
3) 위험지속기호 : 입력사상이 생겨서 어느 일정시간 지속하였을 때에 출력사상이 생긴다. 예를 들면 「위험지속시간」과 같이 기입한다.
4) 배타적 OR Gate : OR Gate로 2개 이상의 입력이 동시에 존재할 때에는 출력사상이 생기지 않는다. 예를 들면 「동시에 발생하지 않는다.」라고 기입한다.

23 조종-반응비(Control-Response Ratio, C/R비)에 대한 설명 중 틀린 것은?

① 조종장치와 표시장치의 이동 거리 비율을 의미한다.
② C/R비가 클수록 조종장치는 민감하다.
③ 최적 C/R비는 조정시간과 이동시간의 교점이다.
④ 이동시간과 조정시간을 감안하여 최적 C/R 비를 구할 수 있다.

해설 1) 조종반응비율(C/R)이 작을수록 조종장치는 민감하다.
2) 조종장치의 민감도를 높이기 위한 방안
① 조종장치의 움직이는 각도를 작게 한다.
② 표시장치의 이동거리를 크게 한다.

24 암호체계의 사용상에 있어서, 일반적인 지침에 포함되지 않는 것은?

① 암호의 검출성
② 부호의 양립성
③ 암호의 표준화
④ 암호의 단일 차원화

해설 암호체계 사용상의 일반적인 지침
1) 암호의 검출성 : 검출이 가능해야 한다.
2) 암호의 변별성 : 다른 암호표시와 구별되어야 한다.
3) 부호의 양립성 : 양립성이란 자극들 간의, 반응들 간의, 또는 자극-반응 조합의 관계를 말하는 것으로 인간의 기대와 모순되지 않는다.
4) 부호의 의미 : 사용자가 그 뜻을 분명히 알아야 한다.
5) 암호의 표준화 : 암호를 표준화하여야 한다.
6) 다차원 암호의 사용 : 2가지 이상의 암호차원을 조합해서 사용하면 정보전달이 촉진된다.

25 결함수분석(FTA)에 관한 설명으로 틀린 것은?

① 연역적 방법이다.
② 버텀-업(Bottom-Up) 방식이다.
③ 기능적 결함의 원인을 분석하는데 용이하다.
④ 정량적 분석이 가능하다.

해설 FTA의 특징
1) 간단한 FT도의 작성으로 정성적 해석 가능 (기능적 결함의 원인분석 용이)
2) 재해의 정량적 예측가능(정량적으로 재해발생확률 계산)
3) 연역적 해석가능(Top down 형식)
4) 컴퓨터 처리가능

■ 정답 ■ 22. ②   23. ②   24. ④   25. ②

26 다음 FT도에서 최소컷셋(Minimal cut set)으로만 올바르게 나열한 것은?

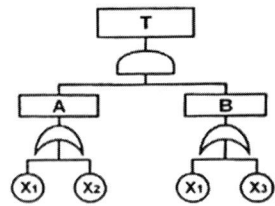

① [X_1]
② [X_1], [X_2]
③ [X_1, X_2, X_3]
④ [X_1, X_2], [X_1, X_3]

해설

$$T \to A \cdot B \to \begin{matrix} X_1 \cdot B \\ X_2 \cdot B \end{matrix} \to \begin{matrix} X_1 X_1 \\ X_1 X_3 \\ X_2 X_1 \\ X_2 X_3 \end{matrix} \to \begin{matrix} X_1 \\ X_1 X_3 \\ X_1 X_2 \\ X_2 X_3 \end{matrix} \to \begin{matrix} X_1 \\ (최소컷셋) \end{matrix}$$
(컷셋)

27 인간의 실수 중 수행해야 할 작업 및 단계를 생략하여 발생하는 오류는?

① omission error
② commission error
③ sequence error
④ timing error

해설 휴먼에러의 심리적인 분류(Swain) : Error의 원인을 불확정, 시간지연, 순서착오의 세 가지로 나누어 분류한다.
1) 부작위실수, 생략과오(Omission error) : 필요한 task 또는 절차를 수행하지 않는데 기인한 error
2) 시간적 과오, 지연오류(Time error) : 필요한 task 또는 절차의 수행지연으로 인한 error
3) 작위실수, 수행적 과오(Commission error) : 필요한 task 또는 절차의 불확실한 수행으로 인한 error
4) 순서적 과오(Sequential error) : 필요한 task 또는 절차의 순서착오로 인한 error
5) 불필요한 과오(Extraneous error) : 불필요한 task 또는 절차를 수행함으로써 기인한 error

28 시각 표시장치보다 청각 표시장치의 사용이 바람직한 경우는?

① 전언이 복잡한 경우
② 전언이 재참조되는 경우
③ 전언이 즉각적인 행동을 요구하는 경우
④ 직무상 수신자가 한 곳에 머무는 경우

해설 표시장치의 선택

청각장치 사용	시각장치 사용
1) 전언이 간단하고 짧다.	1) 전언이 복잡하고 길다.
2) 전언이 후에 재참조되지 않는다.	2) 전언이 후에 재참조된다.
3) 전언이 즉각적인 사상(event)을 이룬다.	3) 전언이 공간적인 위치를 다룬다.
4) 전언이 즉각적인 행동을 요구한다.	4) 전언이 즉각적인 행동을 요구하지 않는다.
5) 수신자가 시각계통이 과부하 상태일 때	5) 수신자의 청각계통이 과부하 상태일 때
6) 수신장소가 너무 밝거나 암조의 유지가 필요할 때	6) 수신장소가 너무 시끄러울 때
7) 직무상 수신자가 자주 움직이는 경우	7) 직무상 수신자가 한 곳에 머무르는 경우

29 온도와 습도 및 공기 유동이 인체에 미치는 열효과를 하나의 수치로 통합한 경험적 감각지수로, 상대습도 100%일 때의 건구온도에서 느끼는 것과 동일한 온감을 의미하는 온열조건의 용어는?

① Oxford 지수
② 발한율
③ 실효온도
④ 열압박지수

해설 1) 실효온도(체감온도 또는 감각온도) : 본문설명
2) 실효온도에 영향을 주는 요인 : 온도, 습도, 기류(공기유동)

■ 정답 ■ 26. ① 27. ① 28. ③ 29. ③

30 8시간 근무를 기준으로 남성작업자의 A의 대사량을 측정한 결과, 산소소비량이 1.3L/min으로 측정되었다. Murrell 방법으로 계산 시, 8시간의 총 근로시간에 포함되어야 할 휴식시간은?

① 124분
② 134분
③ 144분
④ 154분

해설 1) A의 작업중 평균에너지소비량(E)
E = 산소소비량(L/min)×5kcal/L
= 1.3L/min×5kcal/L = 6.5kcal/min

2) $R = \dfrac{T(E-S)}{E-1.5}$

$= \dfrac{480 \times (6.5-5)}{6.5-1.5} = 144\,\text{min}$

길잡이 휴식시간의 산정(Murrel 공식)

$R = \dfrac{T(E-S)}{E-1.5}$

여기서, R : 휴식시간(min)
T : 총작업시간(min)
E : 작업중 평균에너지 소비량 (Kcal/min)
  [E=산소소비량(L/min) × 5Kcal/L]
S : 권장 평균에너지소비량 (5Kcal/min)
1.5 : 휴식중 에너지 소비량

31 작업의 강도는 에너지대사율(RMR)에 따라 분류된다. 분류 기준 중, 중(中)작업(보통작업)의 에너지 대사율은?

① 0~1RMR
② 2~4RMR
③ 4~7RMR
④ 7~9RMR

해설 1) 에너지대사율(RMR, Relative Metabolic Rate) : 작업강도 단위로서 산소호흡량을 측정하여 에너지 소모량을 결정하는 방식이다.

$R = \dfrac{\text{작업대사량}}{\text{기초대사량}}$
$= \dfrac{\text{작업시 소비에너지} - \text{안정시 소비에너지}}{\text{기초대사량}}$

2) 작업강도 구분
① 0~2RMR : 輕(가벼운) 작업
② 2~4RMR : 中(보통) 작업
③ 4~7RMR : 重(힘든) 작업
④ 7RMR 이상 : 超重(아주 힘든) 작업

32 화학설비의 안전성 평가 5단계 중 4단계에 해당하는 것은?

① 안전대책
② 정성적 평가
③ 정량적 평가
④ 재평가

해설 화학설비의 안전성 평가의 5단계
1) 제1단계 : 관계자료의 작성준비
2) 제2단계 : 정성적 평가
3) 제3단계 : 정량적 평가
4) 제4단계 : 안전대책
5) 제5단계 : 재평가(재해정보 및 FRA에 의한 재평가)

33 초기고장과 마모고장 각각의 고장형태와 그 예방대책에 관한 연결로 틀린 것은?

① 초기고장 - 감소형 - 번인(Burn in)
② 마모고장 - 증가형 - 예방보전(PM)
③ 초기고장 - 감소형 - 디버깅 (debugging)
④ 마모고장 - 증가형 - 스크리닝 (screening)

해설 고장률의 유형
1) 초기고장 : 불량제조나 생산과정에서의 품질관리 미비로 생기는 고장으로 점검 작업이나 시운전 등에 의해 사전에 방지할 수 있는 고장
① 디버깅(debugging)기간 : 결함을 찾아내 고장률을 안정시키는 기간
② 번인(burn in) 기간 : 실제로 장시간 움직여보고 그동안 고장 난 것을 제거하는 고정기간
2) 우발고장 : 예측할 수 없을 때 생기는 고장으로 시운전이나 점검작업으로는 방지할 수 없는 고장
3) 마모고장 : 수명이 다해서 생기는 고장으로 안전진단 및 적당한 보수(정비)에 의해서 방지할 수 있는 고장

■ 정답 ■ 30. ③ 31. ② 32. ① 33. ④

34 원자력 산업과 같이 상당한 안전이 확보되어 있는 장소에서 추가적인 고도의 안전 달성을 목적으로 하고 있으며, 관리, 설계, 생산, 보전 등 광범위한 안전을 도모하기 위하여 개발된 분석기법은?

① DT
② FTA
③ THERP
④ MORT

해설 MORT(management oversight and risk tree ; 경영소홀과 위험수분석)
1) 미국에너지연구개발청(ERDA)의 Johnson에 의해 개발된 시스템안전 프로그램이다.
2) MORT 프로그램은 tree를 중심으로 FTA와 같은 논리기법을 이용하여 관리, 설계, 생산, 보존 등의 광범위하게 안전을 도모하는 것으로서 고도의 안전을 달상하는 것을 목적으로 한 것이다.(원자력산업에 이용)

35 국소진동에 지속적으로 노출된 근로자에게 발생할 수 있으며, 말초혈관 장해로 손가락이 창백해지고 동통을 느끼는 질환의 명칭은?

① 레이노 병(Raynaud's phenomenon)
② 파킨슨 병(Parkinson's disease)
③ 규폐증
④ C5-dip 현상

해설 레이노 병=본문설명

36 작업개선을 위하여 도입되는 원리인 ECRS에 포함되지 않는 것은?

① Combine
② Standard
③ Eliminate
④ Rearrange

해설 작업개선의 원칙(ECRS원칙)
1) E(eliminate) : 불필요한 작업 제거(문제작업에 대해 가장 우선적·근본적으로 고려해야 함)
2) C(combine) : 다른 작업과 결합
3) R(rearrange) : 작업순서의 변경
4) S(simplify) : 작업의 단순화

37 인간의 신뢰도가 0.6, 기계의 신뢰도가 0.9이다. 인간과 기계가 직렬체제로 작업할 때의 신뢰도는?

① 0.32
② 0.54
③ 0.75
④ 0.96

해설 $R=R_1 \times R_2 = 0.6 \times 0.9 = 0.54$

38 산업안전보건법령상 유해·위험방지계획서의 제출 시 첨부하는 서류에 포함되지 않는 것은?

① 설비 점검 및 유지계획
② 기계·설비의 배치도면
③ 건축물 각 층의 평면도
④ 원재료 및 제품의 취급, 제조 등의 작업방법의 개요

해설 제조업등 유해위험방지계획서에 첨부서류
1) 건축물 각 층의 평면도
2) 기계·설비의 개요를 나타내는 서류
3) 기계·설비의 배치도면
4) 원재료 및 제품의 취급, 제조 등의 작업 방법의 개요
5) 그 밖에 고용노동부장관이 정하는 도면 및 서류

39 인간의 정보처리 과정 3단계에 포함되지 않는 것은?

① 인지 및 정보처리단계
② 반응단계
③ 행동단계
④ 인식 및 감지단계

해설 인간의 정보처리 과정 3단계
1) 1단계 : 인식 및 감지단계
2) 2단계 : 인지 및 정보처리단계
3) 3단계 : 행동단계

■ 정답 ■ 34. ④ 35. ① 36. ② 37. ② 38. ① 39. ②

40 양립성의 종류에 포함되지 않는 것은?

① 공간 양립성　② 형태 양립성
③ 개념 양립성　④ 운동 양립성

해설 양립성의 종류
1) **개념 양립성** : 코드와 기호를 인간들의 사고에 일치시키는 것을 말한다.
   [예] 더운물 : 빨간색 수도꼭지, 차가운물 : 청색 수도꼭지, 비행장 : 비행기 모형 등
2) **운동 양립성** : 표시장치와 조종장치의 움직임과 사용시스템의 응답을 관련시키는 것이다.
   [예] 라디오 음량을 크게 할 때 : 조절장치를 시계방향으로 회전, 전원스위치 : 올리면 켜지고 내리면 꺼짐
3) **공간 양립성** : 조종장치와 표시장치의 물리적 배열(공간적 배열)이 사용자 기대와 일치되도록 하는 것을 말한다.
4) **양식 양립성** : 직무에 알맞은 자극과 응답방식(양식)에 대한 것을 말한다.

제3과목 / 기계위험방지기술

41 프레스기에 설치하는 방호장치에 관한 사항으로 틀린 것은?

① 수인식 방호장치의 수인끈 재료는 합성섬유로 직경이 4mm 이상이어야 한다.
② 양수조작식 방호장치는 1행정마다 누름버튼에서 양손을 떼지 않으면 다음 작업의 동작을 할 수 없는 구조이어야 한다.
③ 광전자식 방호장치는 정상동작표시램프는 적색, 위험표시램프는 녹색으로 하며, 쉽게 근로자가 볼 수 있는 곳에 설치해야 한다.
④ 손쳐내기식 방호장치는 슬라이드 하행정거리의 3/4위치에서 손을 완전히 밀어내야 한다.

해설 ③항, 정상동작표시램프는 녹색, 위험표시램프는 적색으로 할 것

42 지게차의 방호장치인 헤드가드에 대한 설명으로 맞는 것은?

① 상부틀의 각 개구의 폭 또는 길이는 16센티미터 미만일 것
② 운전자가 앉아서 조작하는 방식의 지게차의 경우에는 운전자의 좌석 윗면에서 헤드가드의 상부틀 아랫면까지의 높이는 1.5미터 이상일 것
③ 지게차에는 최대하중의 2배(5톤을 넘는 값에 대해서는 5톤으로 한다.)에 해당하는 등분포정하중에 견딜 수 있는 강도의 헤드가드를 설치하여야 한다.
④ 운전자가 서서 조작하는 방식의 지게차의 경우에는 운전석의 바닥면에서 헤드가드의 상부틀 하면까지의 높이는 1.8미터 이상일 것

해설 지게차 헤드가드
1) 강도는 지게차의 최대하중의 2배의 값(그 값이 4톤을 넘는 것에 대하여서는 4톤으로 함)의 등분포정하중에 견딜 수 있는 것일 것
2) 상부틀의 각 개구의 폭 또는 길이가 16cm 미만일 것
3) 운전자가 앉아서 조작하거나 서서 조작하는 지게차 헤드가드의 높이 : 「산업표준화법」에 따른 한국산업표준에서 정하는 높이 기준 이상일 것(입식 : 1.88m, 좌식 : 0.903m)

43 비파괴시험의 종류가 아닌 것은?

① 자분 탐상시험　② 침투 탐상시험
③ 와류 탐상시험　④ 샤르피 충격시험

해설 1) **비파괴시험의 종류** : 자분탐상시험, 침투탐상시험, 와류탐상시험, 방사선투과시험, 초음파탐상시험 등
2) **샤르피 충격시험**(charpy impact test) : 재료의 노치 취성 시험법으로 충격시험의 일종

■ 정답 ■　40. ②　41. ③　42. ①　43. ④

44 가스 용접에 이용되는 아세틸렌가스 용기의 색상으로 옳은 것은?

① 녹색 ② 회색
③ 황색 ④ 청색

해설 가스용기의 색상
1) 탄산가스(CO_2) : 청색
2) 산소(O_2) : 녹색
3) 수소(H_2) : 주황색
4) 아세틸렌(C_2H_2) : 황색
5) 암모니아(NH_3) : 백색
6) 염소(Cl_2) : 갈색
7) 기타 질소, LPG 등 : 회색

45 회전수가 300rpm, 연삭숫돌의 지름이 200mm일 때 숫돌의 원주 속도는 약 몇 m/min인가?

① 60.0 ② 94.2
③ 150.0 ④ 188.5

해설 원주속도$(V) = \dfrac{\pi DN}{1000}$

$= \dfrac{3.14 \times 200 \times 300}{1000}$

$= 188.4 \text{m/min}$

여기서, D : 숫돌의 지름(mm)
　　　　 N : 회전수(rpm)

46 프레스 금형부착, 수리 작업 등의 경우 슬라이드의 낙하를 방지하기 위하여 설치하는 것은?

① 슈트 ② 키이록
③ 안전블럭 ④ 스트리퍼

해설 안전블록 : 프레스 금형의 부착·해체·조정작업시 슬라이드 불시하강의 위험방지를 위하여 설치하는 것

47 와이어 로프의 꼬임에 관한 설명으로 틀린 것은?

① 보통꼬임에는 S꼬임이나 Z꼬임이 있다.
② 보통꼬임은 스트랜드의 꼬임방향과 로프의 꼬임방향이 반대로 된 것을 말한다.
③ 랭꼬임은 로프의 끝이 자유로이 회전하는 경우나 킹크가 생기기 쉬운 곳에 적당하다.
④ 랭꼬임은 보통꼬임에 비하여 마모에 대한 저항성이 우수하다.

해설 양중기의 와이어로프 꼬임
1) 보통꼬임(regular lay)
① 스트랜드의 꼬임 방향과 로프의 꼬임 방향이 반대로 된 것이다.
② 소선의 외부길이가 짧아서 비교적 마모가 되기 쉽다.
③ 킹크가 잘 생기지 않고 로프의 변형이나 하중을 걸었을 때 저항성이 크고 취급이 용이하다.
2) 랭꼬임(lang lay)
① 스트랜드의 꼬임 방향과 로프의 꼬임 방향이 동일한 것이다.
② 보통꼬임에 비하여 소선과 외부와의 접촉길이가 길다.
③ 마모에 대한 저항성, 유연성, 내피로성이 우수하다.
④ 꼬임이 풀리기 쉬워 로프의 끝이 자유로이 회전하는 경우나 킹크가 생기기 쉬운 곳에는 적당하지 않다.

48 다음 중 용접 중 불꽃 온도가 가장 높은 것은?

① 산소-메탄 용접
② 산소-수소 용접
③ 산소-프로판 용접
④ 산소-아세틸렌 용접

해설 산소-아세틸렌가스의 불꽃온도 : 3430℃

■ 정답 ■ 44. ③ 45. ④ 46. ③ 47. ③ 48. ④

49 로울러기 맞물림점의 전방에 개구부의 간격을 30mm로 하여 가드를 설치하고자 한다. 가드의 설치 위치는 맞물림점에서 적어도 얼마의 간격을 유지하여야 하는가?

① 154mm ② 160mm
③ 166mm ④ 172mm

해설 Y = 6 + 0.15X

$$X = \frac{Y-6}{0.15} = \frac{30-6}{0.15} = 160mm$$

여기서, Y : 가드 개구부의 간격(안전간극 ; mm)
X : 가드와 위험점(맞물림점)간의 거리 (안전거리 ; mm)

50 다음 중 기계설비의 정비·청소·급유·검사·수리 등의 작업 시 근로자가 위험해질 우려가 있는 경우 필요한 조치와 거리가 먼 것은?

① 근로자의 위험방지를 위하여 해당 기계를 정지시킨다.
② 작업지휘자를 배치하여 갑작스러운 기계 가동에 대비한다.
③ 기계내부에 압축된 기체나 액체가 불시에 방출될 수 있는 경우에는 사전에 방출조치를 실시한다.
④ 기계 운전을 정지한 경우에는 기동장치에 잠금장치를 하고 다른 작업자가 그 기계를 임의 조작할 수 있도록 열쇠를 찾기 쉬운 곳에 보관한다.

해설 ④항, 기계운전을 정지한 경우 : 기동장치에 잠금장치를 하고 다른 작업자가 그 기계를 임의 조작할 수 없도록 열쇠를 별도로 보관한다.

51 일반적으로 장갑을 착용해야 하는 작업은?

① 드릴작업 ② 밀링작업
③ 선반작업 ④ 전기용접작업

해설
1) **장갑착용 작업** : 전기용접작업
2) **장갑착용 금지작업** : 드릴작업, 밀링작업, 선반작업, 세이퍼 및 플레이너 작업, 연삭작업 등

52 다음 중 선반 작업 시 지켜야 할 안전수칙으로 거리가 먼 것은?

① 작업 중 절삭칩이 눈에 들어가지 않도록 보안경을 착용한다.
② 공작물 세팅에 필요한 공구는 세팅이 끝난 후 바로 제거한다.
③ 상의의 옷자락은 안으로 넣고, 끈을 이용하여 소맷자락을 묶어 작업을 준비한다.
④ 공작물은 전원스위치를 끄고 바이트를 충분히 멀리 위치시킨 후 고정한다.

해설 선반 작업 시 안전작업수칙
1) 공작물의 길이가 직경의 12배 이상으로 가늘고 길 때는 방진구(공작물의 고정에 사용)를 사용하여 진동을 막을 것
2) 보링작업 중 구멍 속에 손가락을 넣지 않을 것
3) 칩이나 부스러기를 제거할 때는 반드시 브러시를 사용할 것
4) 작업 중 장갑을 끼지 않을 것
5) 시동 전에 심압대가 잘 죄어져 있는가를 확인할 것
6) **선반기계를 정지시켜야 할 경우**
   ① 치수를 측정할 경우
   ② 백기어(back gear)를 넣거나 풀 경우
   ③ 주축을 변속할 경우
   ④ 기계에 주유 및 청소를 할 경우
7) 바이트는 가급적 짧게 설치하여 진동이나 힘을 막을 것
8) 회전부분에 손을 대지 말 것
9) 선반의 베드위에 공구를 놓지 말 것
10) 일감의 센터구멍과 센터는 반드시 일치시킬 것

■ 정답 ■ 49. ② 50. ④ 51. ④ 52. ③

53 회전 중인 연삭숫돌이 근로자에게 위험을 미칠 우려가 있을 시 덮개를 설치하여야 할 연삭숫돌의 최소 지름은?

① 지름이 5cm 이상인 것
② 지름이 10cm 이상인 것
③ 지름이 15cm 이상인 것
④ 지름이 20cm 이상인 것

해설 연삭숫돌의 덮개 등(안전보건규칙 제122조)
1) 회전 중인 연삭숫돌(지름이 5cm 이상인 것으로 한정)이 근로자에게 위험을 미칠 우려가 있는 경우에 그 부위에 덮개를 설치하여야 한다.
2) 연삭숫돌을 사용하는 작업의 경우 작업을 시작하기 전에는 1분 이상, 연삭숫돌을 교체한 후에는 3분 이상 시험운전을 하고 해당 기계에 이상이 있는지를 확인하여야 한다.
3) 시험운전에 사용하는 연삭숫돌은 작업시작 전에 결함이 있는지를 확인한 후 사용하여야 한다.
4) 연삭숫돌의 최고 사용회전속도를 초과하여 사용하도록 해서는 아니 된다.
5) 측면을 사용하는 것을 목적으로 하지 않는 연삭숫돌을 사용하는 경우 측면을 사용하도록 해서는 아니 된다.

54 아세틸렌 용접 시 역류를 방지하기 위하여 설치하여야 하는 것은?

① 안전기   ② 청정기
③ 발생기   ④ 유량기

해설 1) 아세틸렌 용접장치의 방호장치 : 안전기
2) 안전기 : 역류·역화방지장치

55 컨베이어 방호장치에 대한 설명으로 맞는 것은?

① 역전방지장치에 롤러식, 라쳇식, 권과방지식, 전기브레이크식 등이 있다.
② 작업자가 임의로 작업을 중단할 수 없도록 비상정지장치를 부착하지 않는다.
③ 구동부 측면에 로울러 안내가이드 등의 이탈방지장치를 설치한다.
④ 로울러컨베이어의 로울 사이에 방호판을 설치할 때 로울과의 최대간격은 8mm이다.

해설 컨베이어의 방호장치
1) **이탈 및 역주행 방지장치** : 컨베이어·이송용 롤러 등(이하 "컨베이어 등"이라 한다.)을 사용하는 때에는 정전·전압강하 등에 의한 화물 또는 운반구의 이탈 및 역주행을 방지하는 장치를 갖출 것. 단, 무동력 상태 또는 수평상태로만 사용하여 근로자에게 위험을 미칠 우려가 없는 때에는 제외
2) **비상정지장치** : 근로자의 신체가 말려드는 등 위험시와 비상시에는 즉시 운전을 정지시킬 수 있는 비상정지 장치를 설치할 것.
3) **덮개 또는 울** : 컨베이어 등으로부터 화물의 낙하로 인하여 근로자에게 위험을 미칠 우려가 있는 때에는 당해 컨베이어 등에 덮개 또는 울을 설치하는 등 낙하방지를 위한 조치를 할 것.

56 프레스의 방호장치 중 광전자식 방호장치에 관한 설명으로 틀린 것은?

① 연속 운전작업에 사용할 수 있다.
② 핀클러치 구조의 프레스에 사용할 수 있다.
③ 기계적 고장에 의한 2차 낙하에는 효과가 없다.
④ 시계를 차단하지 않기 때문에 작업에 지장을 주지 않는다.

해설 광전자식 방호장치의 장점 및 단점

장점	단점
1. 시계를 차단하지 않아서 작업에 지장을 주지 않는다. 2. 연속 운전 작업에 사용할 수 있다.	1. 작업 중에 진동에 의해 위치 변동이 생길 우려가 있다. 2. 기계적 고장에 의한 2차 낙하에는 효과가 없다 3. 설치가 어렵고, 핀 클러치 방식에는 사용할 수 없다.

■ 정답 ■ 53. ① 54. ① 55. ③ 56. ②

57 구내운반차의 제동장치 준수사항에 대한 설명으로 틀린 것은?

① 조명이 없는 장소에서 작업 시 전조등과 후미등을 갖출 것
② 운전석이 차 실내에 있는 것은 좌우에 한 개씩 방향지시기를 갖출 것
③ 핸들의 중심에서 차체 바깥 측까지의 거리가 70센티미터 이상일 것
④ 주행을 제동하거나 정지상태를 유지하기 위하여 유효한 제동장치를 갖출 것

해설 구내운반차(제동장치 등)를 사용하는 경우 준수사항(안전보건규칙 제184조)
1) 주행을 제동하거나 정지상태를 유지하기 위하여 유효한 제동장치를 갖출 것
2) 경음기를 갖출 것
3) 핸들의 중심에서 차체 바깥 측까지의 거리가 65cm 이상일 것
4) 운전석이 차 실내에 있는 것은 좌우에 한 개씩 방향지시기를 갖출 것
5) 전조등과 후미등을 갖출 것. 다만, 작업을 안전하게 하기 위하여 필요한 조명이 있는 장소에서 사용하는 구내운반차는 제외

58 소음에 관한 사항으로 틀린 것은?

① 소음에는 익숙해지기 쉽다.
② 소음계는 소음에 한하여 계측할 수 있다.
③ 소음의 피해는 정신적, 심리적인 것이 주가 된다.
④ 소음이란 귀에 불쾌한 음이나 생활을 방해하는 음을 통틀어 말한다.

해설 소음
1) 소음의 정의 : 귀에 불쾌한 음이나 생활을 방해하는 음을 통틀어 말한다.
2) 소음의 피해 : 정신적 심리적인 것이 주가 된다.

59 산업용 로봇에 사용되는 안전 매트의 종류 및 일반구조에 관한 설명으로 틀린 것은?

① 단선 경보장치가 부착되어 있어야 한다.
② 감응시간을 조절하는 장치가 부착되어 있어야 한다.
③ 감응도 조절장치가 있는 경우 봉인되어 있어야 한다.
④ 안전 매트의 종류는 연결사용 가능여부에 따라 단일 감지기와 복합 감지기가 있다.

해설 산업용 로봇에 사용되는 안전매트의 종류 및 일반구조
1) 안전매트의 종류 : 연결사용 가능여부에 따라 단일감지기와 복합감지기가 있다.
2) 안전매트의 일반구조
① 단선 경보장치가 부착되어 있을 것
② 감응도 조절장치가 있는 경우 봉인되어 있을 것

60 기계설비 구조의 안전화 중 가공결함 방지를 위해 고려할 사항이 아닌 것은?

① 안전율   ② 열처리
③ 가공경화 ④ 응력집중

해설 ①항, 안전율 : 구조의 안전화 중 설계상의 결함에 관한 사항이다.

■ 정답 ■ 57. ③ 58. ② 59. ② 60. ①

제4과목 / 전기위험방지기술

61 누전된 전동기에 인체가 접촉하여 500mA의 누전전류가 흘렀고 정격감도전류 500mA인 누전차단기가 동작하였다. 이때 인체전류를 약 10mA로 제한하기 위해서는 전동기 외함에 설치할 접지저항의 크기는 약 몇 Ω인가?(단, 인체저항은 500Ω이며, 다른 저항은 무시한다.)

① 5
② 10
③ 50
④ 100

62 방전전극에 약 7000V의 전압을 인가하면 공기가 전리되어 코로나 방전을 일으킴으로서 발생한 이온으로 대전체의 전하를 중화시키는 방법을 이용한 제전기는?

① 전압인가식 제전기
② 자기방전식 제전기
③ 이온스프레이식 제전기
④ 이온식 제전기

해설 전압인가식 제전기(코로나 방전식 제전기)
1) 제전극에 7000V 정도의 고전압이 인가되어 코로나 방전발생, 인가된 고전압의 에너지에 의해 제전에 필요한 이온이 생성된다.
2) 제전능력이 뛰어나며(거의 0에 가까운 효과를 봄)단시간에 제전이 가능하다.

63 정전기 발생현상의 분류에 해당되지 않는 것은?

① 유체대전
② 마찰대전
③ 박리대전
④ 교반대전

해설 정전기 발생현상(정전기 대전현상)
1) 마찰대전 : 물체가 마찰을 일으킬 때 마찰에 의해서 접촉위치가 이동하며 전하 분리 및 재배열이 일어나서 정전기가 발생하는 현상이다.
2) 유동대전 : 액체류가 파이프 등을 통해서 유동할 대 관벽과 액체사이에 정전기가 발생하는 현상이다.
3) 박리대전 : 서로 밀착해 있던 물체가 박리되었을 때 전하분리가 일어나서 정전기가 발생하는 현상이다.
4) 분출대전 : 기체, 액체, 분체류 등이 단면적이 작은 분출구를 통과할 대 마찰에 의해서 정전기가 발생하는 현상이다.
5) 충돌대전 : 분체류와 같은 입자끼리 또는 입자와 고체와의 충돌에 의해서 급속한 분리, 접촉이 행해지기 때문에 정전기가 발생하는 현상이다.
6) 파괴대전 : 물체가 파괴될 때 정전기가 발생하는 현상이다.
7) 비말대전 : 공간에 분출한 액체류가 가늘게 비산해서 분리되는 과정에 정전기가 발생하는 현상이다.
8) 진동대전(교반대전) : 액체를 교반할 때 정전기가 발생하는 현상이다.

64 피뢰기의 여유도가 33%이고, 충격절연강도가 1000kV라고 할 때 피뢰기의 제한전압은 약 몇 kV인가?

① 852
② 752
③ 652
④ 552

해설 1) 피뢰기의 여유도(%)
$$= \frac{충격절연강도 - 제한전압}{제한전압} \times 100$$

2) 제한전압
$$= \frac{충격절연강도}{\left(\frac{피뢰기여유도}{100}+1\right)} = \frac{1000}{\left(\frac{33}{100}+1\right)}$$
$$= 752 kV$$

■ 정답 ■ 61. ② 62. ① 63. ① 64. ②

65 정전작업 시 작업 전 조치하여야 할 실무사항으로 틀린 것은?

① 잔류전하의 방전
② 단락 접지기구의 철거
③ 검전기에 의한 정전확인
④ 개로개폐기의 잠금 또는 표시

해설 정전작업시 안전조치사항

단계 조치	실무사항(조치사항)
작업 전	1. 작업지휘자에 의한 작업내용의 주치 철저 2. 개로개폐기의 시건 또는 표시 3. 잔류전하의 방전 4. 검전기에 의한 정전확인 5. 단락접지 6. 일부정전작업시 정전선로 및 활선선로의 표시 7. 근접활선에 대한 방호
작업 중	1. 작업지휘자에 의한 지휘 2. 개폐기의 관리 3. 단락접지의 수시확인 4. 근접활선에 대한 방호상태의 관리
작업 종료 시	1. 단락접지기구의 철거 2. 표지의 철거 3. 작업자에 대한 위험이 없는 것을 확인 4. 개폐기를 투입해서 송전재개

66 전력용 피뢰기에서 직렬 갭의 주된 사용 목적은?

① 방전내량을 크게 하고 장시간 사용 시 열화를 적게 하기 위하여
② 충격방전 개시전압을 높게 하기 위하여
③ 이상전압 발생 시 신속히 대지로 방류함과 동시에 속류를 즉시 차단하기 위하여
④ 충격파 침입 시에 대지로 흐르는 방전전류를 크게 하여 제한전압을 낮게 하기 위하여

해설 전력용 피뢰기에서 직렬 갭의 사용 목적
 1) 뇌전류를 신속히 대지로 방전시킴
 2) 속류차단

67 다음 중 전동기를 운전하고자 할 때 개폐기의 조작순서로 옳은 것은?

① 메인 스위치→분전반 스위치→전동기용 개폐기
② 분전반 스위치→메인 스위치→전동기용 개폐기
③ 전동기용 개폐기→분전반 스위치→메인 스위치
④ 분전반 스위치→전동기용 스위치→메인 스위치

해설 전동기 운전 시 개폐기 조작순서 : 1) 메인스위치 → 2) 분전반 스위치 → 3) 전동기용 개폐기

68 전기기기, 설비 및 전선로 등의 충전유무 등을 확인하기 위한 장비는?

① 위상검출기
② 디스콘 스위치
③ COS
④ 저압 및 고압용 검전기

해설 저압 및 고압용 검전기 : 전기기기, 설비 및 전선로 등의 충전유무를 확인하기 위한 장치

69 교류 아크용접기의 허용사용률(%)은?(단, 정격사용률은 10%, 2차 정격전류는 500A, 교류 아크용접기의 사용전류는 250A이다.)

① 30 ② 40
③ 50 ④ 60

해설 허용사용률(%)

$= 정격사용률(\%) \times \left(\dfrac{정격2차\ 전류}{실제용접전류}\right)^2$

$= 10 \times \left(\dfrac{500}{250}\right)^2 = 40\%$

■ 정답 ■ 65. ② 66. ③ 67. ① 68. ④ 69. ②

70 감전사고를 방지하기 위한 대책으로 틀린 것은?

① 전기설비에 대한 보호 접지
② 전기기기에 대한 정격 표시
③ 전기설비에 대한 누전차단기 설치
④ 충전부가 노출된 부분에는 절연 방호구 사용

해설 감전사고의 방지대책
1) 전기기기 및 설비의 위험부에 위험표시
2) 보허접지의 실시
3) 전기설비의 점검철저
4) 전기기기 및 설비의 정비 철저
5) 고전압 선로 및 충전부에 근접하여 작업하는 경우 보호구 착용
6) 충전부가 노출된 부분에는 절연 방호구 사용
7) 유자격자이외는 전기기계 및 기구에 접촉금지
8) 안전관리자는 작업에 대한 안전교육 실시
9) 사고발생시의 처리순서를 미리 작성하여 둘 것

71 내압 방폭구조에서 안전간극(safe gap)을 적게 하는 이유로 옳은 것은?

① 최소점하에너지를 높게 하기 위해
② 폭발화염이 외부로 전파되지 않도록 하기 위해
③ 폭발압력에 견디고 파손되지 않도록 하기 위해
④ 설치류가 전선 등을 훼손하지 않도록 하기 위해

해설 내압방폭구조에서 안전간극을 적게하는 이유 : 폭발화염이 외부로 전파되지 않도록 하기 위해서이다.

72 방폭전기기기의 온도등급의 기호는?

① E   ② S
③ T   ④ N

해설 전기기기의 최고 표면온도의 분류(KSCIEC)

온도등급	최고표면온도의 범위(℃)
T_1	300 초과 450 이하
T_2	200 초과 300 이하
T_3	135 초과 200 이하
T_4	100 초과 135 이하
T_5	85 초과 100 이하
T_6	85 이하

최고표면온도 : 방폭기기가 사양 범위내의 최악의 조건에서 사용된 경우에 주위의 폭발성분위기에 점화될 우려가 있는 해당 전기기기의 구성부품이 도달하는 표면온도중 가장 높은 온도

73 인체 피부의 전기저항에 영향을 주는 주요 인자와 가장 거리가 먼 것은?

① 접촉면적   ② 인가전압의 크기
③ 통전경로   ④ 인가시간

해설 인체피부의 전기저항에 영향을 주는 요인
1) 인가전압의 크기와 전류의 세기
2) 접촉 면적
3) 인가 시간

74 내부에서 폭발하더라도 틈의 냉각 효과로 인하여 외부의 폭발성 가스에 착화될 우려가 없는 방폭구조는?

① 내압 방폭구조
② 유입 방폭구조
③ 안전증 방폭구조
④ 본질안전 방폭구조

해설 내압방폭구조 : 용기 내부에서 가스가 폭발하였을 때 용기가 그 압력에 견디고 또한 용기 내에 폭발성가스가 침입할 수 없도록 되어 있는 구조 (전폐형 구조)
1) 내압방폭구조의 내압한도 : $10kg/cm^2$ 이상
2) 내압방폭구조에서 안전간극(safe gap)을 적게 하는 이유 : 폭발압력이 외부로 유출되지 않도록 하기 위해

■ 정답 ■ 70. ② 71. ② 72. ③ 73. ③ 74. ①

75 인체감전보호용 누전차단기의 정격감도 전류(mA)와 동작시간(초)의 최대값은?

① 10mA, 0.03초 ② 20mA, 0.01초
③ 30mA, 0.03초 ④ 50mA, 0.1초

해설 누전차단기의 특징
1) 누전차단기의 최소동작전류 : 정격감도 전류의 50% 이상
2) 감전보호용 누전차단기의 작동 : 정격감도 전류 30mA 이하, 동작시간 0.03초 이내

76 폭발위험장소에서의 본질안전 방폭구조에 대한 설명으로 틀린 것은?

① 본질안전 방폭구조의 기본적 개념은 점화능력의 본질적 억제이다.
② 본질안전 방폭구조의 Exib는 fault에 대한 2중 안전보장으로 0종~2종 장소에 사용할 수 있다.
③ 이론적으로 모든 전기기기를 본질안전 방폭구조를 적용할 수 있으나, 동력을 직접 사용하는 기기는 실제적으로 적용이 곤란하다.
④ 온도, 압력, 액면유량 등의 검출용 측정기는 대표적인 본질안전 방폭구조의 예이다.

해설 위험장소 0종장소에는 본질안전방폭구조 중 ia만 사용할 수 있고 ib는 사용할 수 없다.

길잡이 위험장소의 방폭구조선정

위험장소	해당방폭구조 선정
0종 장소	본질안전 방폭구조(ia)
1종 장소	본질안전(ia 또는 ib), 내압, 압력, 유입, 충전, 몰드, 안전증 방폭구조
2종 장소	0종장소 및 1종장소에서 사용가능한 방폭구조, 비점화방폭구조

77 다음 ( )안에 들어갈 내용으로 알맞은 것은?

과전류차단장치는 반드시 접지선이 아닌 전로에 ( )로 연결하여 과전류 발생 시 전로를 자동으로 차단하도록 설치 할 것

① 직렬 ② 병렬
③ 임시 ④ 직병렬

해설
1) 과전류 차단기 : 평상시의 전류 및 고장시의 전류를 보호계전기와의 조합에 의하여 안전하게 차단하고 전로 및 기구를 보호하는 것
2) 과전류차단장치 설치 : 과전류차단장치는 반드시 접지선이 아닌 전로에 직렬로 연결하여 과전류 발생시 전로를 자동으로 차단하도록 설치할 것

78 일반 허용접촉 전압과 그 종별을 짝지은 것으로 틀린 것은?

① 제1종 : 0.5V 이하
② 제2종 : 25V 이하
③ 제3종 : 50V 이하
④ 제4종 : 제한없음

해설 허용접촉전압

종별	접촉상태	허용접촉 전압
제1종	・인체의 대부분이 수중에 있는 상태	2.5V
제2종	・인체가 현저히 젖어있는 상태 ・금속성의 전기기계장치나 구조물에 인체의 일부가 상시 접촉되어 있는 상태	25V이하
제3종	・제1종 및 제2종 이외의 경우로써 통상의 인체상태에 있어서 접촉전압이 가해지면 위험성이 높은 상태	50V이하
제4종	・제3종의 경우로써 위험성이 낮은 상태 ・접촉전압이 가해질 위험이 없는 경우	제한없음

■ 정답 ■ 75. ③ 76. ② 77. ① 78. ①

79 산업안전보건기준에 관한 규칙에서 일반 작업장에 전기위험 방지 조치를 취하지 않아도 되는 전압은 몇 V 이하인가?

① 24 ② 30
③ 50 ④ 100

해설 안전전압 : 30V이하

80 전류가 흐르는 상태에서 단로기를 끊었을 때 여러 가지 파괴작용을 일으킨다. 다음 그림에서 유입차단기의 차단순위와 투입순위가 안전수칙에 가장 적합한 것은?

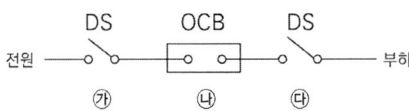

① 차단 : ㉮→㉯→㉰, 투입 : ㉮→㉯→㉰
② 차단 : ㉯→㉰→㉮, 투입 : ㉯→㉰→㉮
③ 차단 : ㉰→㉯→㉮, 투입 : ㉰→㉮→㉯
④ 차단 : ㉯→㉰→㉮, 투입 : ㉰→㉮→㉯

해설 유입차단기의 작동순서
1) 유입차단기의 작동순서

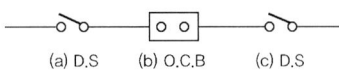

· 투입순서 : (c)-(a)-(b)
· 차단순서 : (b)-(c)-(a)

2) 바이패스 회로 설치시 유입차단기의 작동순서

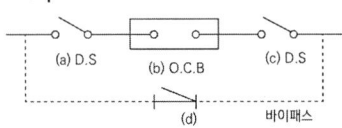

· 작동순서 : (d)투입, (b), (c), (a)차단

제5과목 / 화학설비위험방지시설

81 부탄(C_4H_{10})의 연소에 필요한 최소산소농도(MOC)를 추정하여 계산하면 약 몇 vol%인가?(단, 부탄의 폭발하한계는 공기 중에서 1.6vol%이다.)

① 5.6 ② 7.8
③ 10.4 ④ 14.1

해설 1) C_4H_{10}의 연소반응식

$$C_4H_{10} + \frac{13}{2}O_2 \rightarrow 4CO_2 + 5H_2O$$

2) C_4H_{10}의 MOC

$= C_4H_{10}$연소하한계 $\times \dfrac{O_2의\ 몰수}{C_4H_{10}의\ 몰수}$

$= 1.6 \times \dfrac{13/2}{1} = 10.4$vol%

82 공정안전보고서에 포함하여야 할 세부 내용 중 공정안전자료의 세부내용이 아닌 것은?

① 유해·위험설비의 목록 및 사양
② 폭발위험장소 구분도 및 전기단선도
③ 유해·위험물질에 대한 물질안전보건자료
④ 설비점검·검사 및 보수계획, 유지계획 및 지침서

해설 공정안전보고서 중 공정안전자료의 세부내용
1) 취급·저장하고 있거나 취급·저장하고자 하는 유해·위험물질의 종류와 수량
2) 유해·위험물질에 대한 물질안전보건자료
3) 유해·위험설비의 목록 및 사양
4) 유해·위험설비의 운전방법을 알 수 있는 공정도면
5) 각종 건물·설비의 배치도
6) 방폭지역 구분도 및 전기 단선도
7) 위험설비의 안전설계, 제작 및 설치 관련 지침서

■ 정답 ■ 79. ② 80. ④ 81. ③ 82. ④

83 다음 물질이 물과 접촉하였을 때 위험성이 가장 낮은 것은?

① 과산화칼륨   ② 나트륨
③ 메틸리튬   ④ 이황화탄소

해설 물반응성 및 인화성 고체의 종류
1) **인화성 고체** : 비교적 저온에서 발화하기 쉬운 가연성 물질
   ① 황(S)
   ② 황화인(삼황화인 : P_4S_3, 오황화인 : P_2S_5, 칠황화인 : P_4S_7)
   ③ 적린(P_4)
   ④ 마그네슘(Mg)분말 및 금속분말
2) **자연발화성 물질** : 황린(P_4)
3) **물반응성 물질(금수성 물질)** : 대부분 고체로서 물과 접촉하면 발열반응을 일으키고 가연성 가스와 유독가스를 발생시키는 물질이다.
   ① 칼륨(K), 나트륨(Na), 기타 알칼리 금속 등
   ② 알킬알미늄, 알킬리튬, 기타 유기금속화합물
   ③ 금속의 수소화물
   ④ 금속의 인화물 : Ca_3P_2(인화칼슘)
   ⑤ 칼슘 또는 알루미늄의 탄화물 : CaC_2(카바이트)

길잡이 이황화탄소(CS_2) : 인화성액체

84 건조설비를 사용하여 작업을 하는 경우에 폭발이나 화재를 예방하기 위하여 준수하여야 하는 사항으로 틀린 것은?

① 위험물 건조설비를 사용하는 경우에는 미리 내부를 청소하거나 환기할 것
② 위험물 건조설비를 사용하여 가열건조하는 건조물은 쉽게 이탈되도록 할 것
③ 고온으로 가열건조한 인화성 액체는 발화의 위험이 없는 온도로 냉각한 후에 격납시킬 것
④ 바깥 면이 현저히 고온이 되는 건조설비에 가까운 장소에는 인화성 액체를 두지 않도록 할 것

해설 건조설비를 사용하여 작업 시 폭발·화재를 예방하기 위하여 준수하여야 할 사항
1) 위험물 건조설비를 사용하는 경우에는 미리 내부를 청소하거나 환기할 것
2) 위험물 건조설비를 사용하는 경우에는 건조로 인하여 발생하는 가스·증기 또는 분진에 의하여 폭발·화재의 위험이 있는 물질을 안전한 장소로 배출시킬 것
3) 위험물 건조설비를 사용하여 가열건조하는 건조물은 쉽게 이탈되지 않도록 할 것
4) 고온으로 가열건조한 인화성 액체는 발화의 위험이 없는 온도로 냉각한 후에 격납시킬 것
5) 건조설비(바깥 면이 현저히 고온이 되는 설비만 해당한다)에 가까운 장소에는 인화성 액체를 두지 않도록 할 것

85 산업안전보건법령에 따라 사업주가 특수화학설비를 설치하는 때에 그 내부의 이상상태를 조기에 파악하기 위하여 설치하여야 하는 장치는?

① 자동경보장치   ② 긴급차단장치
③ 자동문개폐장치 ④ 스크러버개방장치

해설 특수화학설비 설치시 내부의 이상상태를 조기에 파악하기 위해 설치하는 장치
1) **계측장치** : 온도계, 유량계, 압력계 등 설치
2) **자동경보장치** : 자동경보장치설치 곤란시는 감시인 배치

86 알루미늄분이 고온의 물과 반응하였을 때 생성되는 가스는?

① 산소   ② 수소
③ 메탄   ④ 에탄

해설 알루미늄분(Al) : 뜨거운 물(H_2O)과 격렬하게 반응하여 수소(H_2)를 발생한다.
$2Al + 6H_2O \rightarrow 2Al(OH)_3 + 3H_2$

■ 정답 ■ 83. ④   84. ②   85. ①   86. ②

87 산업안전보건법령상 사업주가 인화성액체 위험물을 액체상태로 저장하는 저장탱크를 설치하는 경우에는 위험물질이 노출되어 확산되는 것을 방지하기 위하여 무엇을 설치하여야 하는가?

① Flame arrester
② Ventstack
③ 긴급방출장치
④ 방유제

해설 1) 방유제 : 인화성액체 저장탱크에 손상이 생겨 위험물질이 노출되는 경우 확산되는 것을 방지하기 위하여 설치하는 둑(또는 벽)을 말한다.
2) 방유제 설치(안전보건규칙 제272조) : 위험물(인화성액체, 인화성가스, 부식성물질, 급성독성물질 등)을 액체상태로 저장하는 저장탱크를 설치하는 경우에는 위험물질이 누출되어 확산되는 것을 방지하기 위하여 방유제(防油堤)를 설치하여야 한다.

88 가스 또는 분진 폭발 위험장소에 설치되는 건축물의 내화 구조를 설명한 것으로 틀린 것은?

① 건축물 기둥 및 보는 지상 1층까지 내화구조로 한다.
② 위험물 저장·취급용기의 지지대는 지상으로부터 지지대의 끝부분까지 내화구조로 한다.
③ 건축물 주변에 자동소화설비를 설치한 경우 건축물 화재 시 1시간 이상 그 안전성을 유지한 경우는 내화구조로 하지 아니할 수 있다.
④ 배관·전선관 등의 지지대는 지상으로부터 1단까지 내화구조로 한다.

해설 가스 또는 분진폭발 위험장소에 설치되는 건축물의 내화기준(안전보건규칙 제270조) : 다음 각 호에 해당하는 부분을 내화구조로 할 것. 다만 건축물 등의 주변에 화재에 대비하여 물 분무시설 또는 폼 헤드(foam head)설비 등의 자동소화설비를 설치하여 건축물 등이 화재시에 2시간 이상 그 안전성을 유지할 수 있도록 한 경우에는 내화구조로 하지 아니할 수 있다.
1) 건축물의 기둥 및 보 : 지상 1층(지상 1층의 높이가 6미터를 초과하는 경우에는 6미터)까지
2) 위험물 저장·취급용기의 지지대(높이가 30센티미터 이하인 것은 제외한다) : 지상으로부터 지지대의 끝부분까지
3) 배관·전선관 등의 지지대 : 지상으로부터 1단(1단의 높이가 6미터를 초과하는 경우에는 6미터)까지

89 가연성 가스 혼합물을 구성하는 각 성분의 조성과 연소범위가 다음 [표]와 같을 때 혼합가스의 연소하한값은 약 몇 vol%인가?

성분	조성 (vol%)	연소하한값 (vol%)	연소상한값 (vol%)
헥산	1	1.1	7.4
메탄	2.5	5.0	15.0
에틸렌	0.5	2.7	36.0
공기	96	–	–

① 2.51
② 7.51
③ 12.07
④ 15.01

해설 연소하한값(L)

$$L = \frac{V_1 + V_2 + V_3}{\frac{V_1}{L_1} + \frac{V_2}{L_2} + \frac{V_3}{L_3}} = \frac{1 + 2.5 + 0.5}{\frac{1}{1.1} + \frac{2.5}{5.0} + \frac{0.5}{2.7}}$$
$$= 2.51 \text{vol}\%$$

90 위험물안전관리법령상 제4류 위험물 중 제2석유류로 분류되는 물질은?

① 실린더유
② 휘발유
③ 등유
④ 중유

해설 ① 실린더유 : 제4석유류
② 휘발유 : 제1석유류
③ 등유·경유 : 제2석유류
④ 중유 : 제3석유류

■ 정답 ■ 87. ④ 88. ③ 89. ① 90. ③

91 산업안전보건법령상 화학설비와 화학설비의 부속설비를 구분할 때 화학설비에 해당하는 것은?

① 응축기·냉각기·가열기·증발기 등 열교환기류
② 사이클론·백필터·전기집진기 등 분진처리설비
③ 온도·압력·유량 등을 지시·기록 등을 하는 자동제어 관련설비
④ 안전밸브·안전판·긴급차단 또는 방출밸브 등 비상조치 관련설비

해설 화학설비 및 그 부속설비의 종류(안전보건규칙 별표7)
1) 화학설비
 ① 반응기, 혼합조 등 화학물질 반응 또는 혼합장치
 ② 증류탑, 흡수탑, 추출탑, 감압탑 등 화학물질 분리장치
 ③ 저장탱크, 계량탱크, 호퍼, 사일로 등 화학물질 분리장치
 ④ 응축기, 냉각기, 가열기, 증발기 등 열교환기류
 ⑤ 고로 등 점화기를 직접 사용하는 열교환기류
 ⑥ 카렌다, 혼합기, 발포기, 인쇄기, 압출기 등 화학제품 가공설비
 ⑦ 분쇄기, 분체분리기, 용융기 등 분체화학물질 취급 장치
 ⑧ 결정조, 유동탑, 탈습기, 건조기 등 분체화학물질 분리장치
 ⑨ 펌프류, 압축기, 이젝터 등의 화학물질 이송 또는 압축설비
2) 화학설비의 부속설비
 ① 배관, 밸브, 관, 부속류 등 화학물질이송 관련설비
 ② 온도, 압력, 유량 등을 지시·기록 등을 하는 자동제어 관련설비
 ③ 안전밸브, 안전판, 긴급차단 또는 방출밸브 등 비상조치 관련설비
 ④ 가스누출감지 및 경보관련 설비
 ⑤ 세정기, 응축기, 밴트스택, 플레어스택 등 폐가스처리설비
 ⑥ 사이클론, 백필터, 전기감진기 등 분진처리 설비
 ⑦ ①항 내지 ⑥항의 설비를 운전하기 위하여 부속된 전기관련설비
 ⑧ 정전기제거장치, 긴급샤워설비 등 안전관련설비

92 20℃, 1기압의 공기 5기압으로 단열압축하면 공기의 온도는 약 몇 ℃가 되겠는가?(단, 공기의 비열비는 1.4 이다.)

① 32   ② 191
③ 305   ④ 464

해설 단열압축시 가스의 온도(T_2)

$$T_2 = T_1 \times \left(\frac{P_2}{P_1}\right)^{\frac{r-1}{r}}$$

$$= (273+20) \times \left(\frac{5}{1}\right)^{\frac{1.4-1}{1.4}}$$

$$= 464.06k = 191.06℃$$

여기서, T : 온도(K)(T K=t℃+273)
P : 압력(기압)
r : 공기의 비열비

93 다음 중 위험물과 그 소화방법이 잘못 연결된 것은?

① 염소산칼륨 - 다량의 물로 냉각소화
② 마그네슘 - 건조사 등에 의한 질식소화
③ 칼륨 - 이산화탄소에 의한 질식소화
④ 아세트알데히드 - 다량의 물에 의한 희석소화

해설 칼륨(K)의 소화방법
1) 금속화재 소화약제, 건조사, 팽창질석, 탄산칼슘분말($CaCO_3$) 등으로 피복하여 질식소화시킨다.
2) 주수소화 절대엄금, 포, 건조분말, CO_2, 할론소화약제 등도 적응성 없음

■ 정답 ■ 91. ① 92. ② 93. ③

94 가연성물질을 취급하는 장치를 퍼지하고자 할 때 잘못된 것은?

① 대상물질을 물성을 파악한다.
② 사용하는 불활성가스의 물성을 파악한다.
③ 퍼지용 가스를 가능한 한 빠른 속도로 단시간 내에 다량 송입한다.
④ 장치 내부를 세정한 후 퍼지용 가스를 송입한다.

해설 ③항, 퍼지용 가스의 송입속도는 가능한 한 느리게 한다.

95 가솔린(휘발유)의 일반적인 연소범위에 가장 가까운 값은?

① 2.7~27.8vol%   ② 3.4~11.8vol%
③ 1.4~7.6vol%   ④ 5.1~18.2vol%

해설 가솔린(휘발유)의 성상
1) 연소범위 : 1.4~7.6vol%
2) 인화점 : -20~-43℃
3) 발화점 : 300℃
4) 비중 : 0.65~0.76, 증기비중 : 3~4

96 화염방지기의 설치에 관한 사항으로 ( )에 알맞은 것은?

사업주는 인화성 액체 및 인화성 가스를 저장 취급하는 화학설비에서 증기나 가스를 대기로 방출하는 경우에는 외부로부터의 화염을 방지하기 위하여 화염방지기를 그 설비( )에 설치하여야 한다.

① 상단   ② 하단
③ 중앙   ④ 무게중심

해설 화염방지기의 설치 등(안전보건규칙 제269조)
1) 사업주는 인화성 액체 및 인화성 가스를 저장 취급하는 화학설비에서 증기나 가스를 대기로 방출하는 경우에는 외부로부터의 화염을 방지하기 위하여 화염방지기를 그 설비 상단에 설치하여야 한다.

2) 다만, 대기로 연결된 통기관에 통기밸브가 설치되어 있거나, 인화점이 섭씨 38도 이상 60도 이하인 인화성 액체를 저장·취급할 때에 화염방지 기능을 가지는 인화방지망을 설치한 경우에는 그러하지 아니하다.

97 폭발원인물질의 물리적 상태에 따라 구분할 때 기상폭발(gas explosion)에 해당되지 않는 것은?

① 분진폭발   ② 응상폭발
③ 분무폭발   ④ 가스폭발

해설 폭발의 분류
1) 기상폭발
  ① 혼합가스의 폭발 : 가연성 가스의 연소에 의한 폭발(산화 폭발)
  ② 가스의 분해폭발 : 아세틸렌, 산화에틸렌, 에틸렌, 히드라진 등의 폭발
  ③ 분진 폭발 : 가연성 고체의 무적(mist)에 의한 폭발
2) 응상폭발(액상 및 고상폭발)
  ① 수증기폭발 또는 증기폭발
  ② 고상간의 전이에 의한 폭발
  ③ 전선 폭발
  ④ 화학류 및 유기과산화물 등의 폭발

98 다음 가스 중 가장 독성이 큰 것은?

① CO   ② $COCl_2$
③ NH_3 ④ H_2

해설 독성가스의 허용농도
1) $COCl_2$ (포스겐) : 0.1ppm
2) NH_3 (암모니아) : 25ppm
3) CO (일산화탄소) : 50ppm
4) H_2 (수소) : 가연성가스

99 다음 중 산화성 물질이 아닌 것은?

① KNO_3 ② NH_4ClO_3
③ HNO_3 ④ P_4S_3

해설 P_4S_3 (삼황화린) : 가연성고체(제2류 위험물)

■ 정답 ■ 94. ③ 95. ③ 96. ① 97. ② 98. ② 99. ④

100 다음 중 자연발화의 방지법으로 적절하지 않은 것은?

① 통풍을 잘 시킬 것
② 습도가 높은 곳에 저장할 것
③ 저장실의 온도 상승을 피할 것
④ 공기가 접촉되지 않도록 불활성물질 중에 저장할 것

해설 ②항, 습도가 높은 곳을 피할 것

제6과목 / 건설안전기술

101 안전대의 종류는 사용구분에 따라 벨트식과 안전그네식으로 구분되는데 이 중 안전그네식에만 적용하는 것은?

① 추락방지대, 안전블록
② 1개 걸이용, U자 걸이용
③ 1개 걸이용, 추락방지대
④ U자 걸이용, 안전블록

해설 안전대의 종류

종류	사용구분
·벨트(B)식 ·안전그네식(H식)	U자걸이 전용
	1개걸이 전용
	안전블록
	추락방지대

㊟ 추락방지대 및 안전블록은 안전그네식에만 적용함

102 흙막이 가시설 공사 시 사용되는 각 계측기 설치 목적으로 옳지 않은 것은?

① 지표침하계 – 지표면 침하량 측정
② 수위계 – 지반 내 지하수위의 변화 측정
③ 하중계 – 상부 적재하중 변화 측정
④ 지중경사계 – 지중의 수평 변위량 측정

해설 계측기의 설치목적
1) 간극수압계(piezometer) : 지하수의 수압을 측정
2) 수위계(water level meter) : 지반내 지하수위 변화를 측정
3) 경사계(inclinometer) : 흙막이벽의 수평변위(변형) 측정
4) 하중계(load cell) : 버팀보(지주)또는 어스앵커(earth anchor)등의 실제 축하중 변화 상태를 측정(부재의 안전상태를 파악하는 기기)
5) 변형계(strain gauge) : 흙막이벽의 변형과 응력을 측정

103 건설현장의 가설계단 및 계단참을 설치하는 경우 얼마 이상의 하중에 견딜 수 있는 강도를 가진 구조로 설치하여야 하는가?

① 200kg/m²
② 300kg/m²
③ 400kg/m²
④ 500kg/m²

해설 가설계단
1) **계단의 강도** : 계단 및 계단참은 500kg/m² (매 m²당 500kg)이상의 하중에 견딜 수 있는 강도를 가진 구조로 설치하여야 하며, 안전율(파괴응력도/허용응력도)은 4이상으로 하여야 한다.
2) **계단의 폭** : 계단은 그 폭을 1m 이상으로 하여야 한다. (단, 급유용·보수용·비상용 계단 및 나선형 계단은 제외)
3) **계단참의 높이** : 높이가 3m를 초과하는 계단에 높이 3m 이내마다 너비 1.2m 이상의 계단참을 설치하여야 한다.
4) **천장의 높이** : 계단 설치시는 바닥면으로부터 높이 2m 이내의 공간에 장애물이 없도록 한다. (단, 급유용·보수용·비상용 계단 및 나선형 계단은 제외)
5) **계단의 난간** : 높이 1m 이상인 계단의 개방된 측면에 안전난간을 설치하여야 한다.

■ 정답 ■ 100. ② 101. ① 102. ③ 103. ④

104 차량계 하역운반기계등에 화물을 적재하는 경우에 준수하여야 할 사항으로 옳지 않은 것은?

① 하중이 한쪽으로 치우쳐서 효율적으로 적재되도록 할 것
② 구내운반차 또는 화물자동차의 경우 화물의 붕괴 또는 낙하에 의한 위험을 방지하기 위하여 화물에 로프를 거는 등 필요한 조치를 할 것
③ 운전자의 시야를 가리지 않도록 화물을 적재할 것
④ 최대적재량을 초과하지 않도록 할 것

해설 차량계하역운반기계등에 화물적재 시 준수사항 (안전보건규칙 제173조)
1) 하중이 한쪽으로 치우치지 않도록 적재할 것
2) 구내운반차 또는 화물자동차의 경우 화물의 붕괴 또는 낙하에 의한 위험을 방지하기 위하여 화물에 로프를 거는 등 필요한 조치를 할 것
3) 운전자의 시야를 가리지 않도록 화물을 적재할 것
4) 화물을 적재하는 경우에는 최대적재량을 초과하지 않도록 할 것

105 비계(달비계, 달대비계 및 말비계는 지외한다.)의 높이가 2m 이상인 작업장소에 설치하여야 하는 작업발판의 기준으로 옳지 않은 것은?

① 작업발판의 폭은 40cm 이상으로 하고, 발판재료 간의 틈은 3cm 이하로 할 것
② 추락의 위험이 있는 장소에는 안전난간을 설치할 것
③ 작업발판의 지지물은 하중에 의하여 파괴될 우려가 없는 것을 사용할 것
④ 작업발판재료는 뒤집히거나 떨어지지 않도록 1개 이상의 지지물에 연결하거나 고정시킬 것

해설 작업발판의 구조(안전보건규칙 제56조) : 비계의 높이가 2m 이상인 작업장소에는 다음 각 호의 기준에 적합한 작업발판을 설치하여야 한다.
1) 발판재료는 작업시의 하중치를 견딜 수 있도록 견고한 것으로 할 것
2) 작업발판의 폭은 40cm 이상, 발판재료 간의 틈은 3cm 이하로 할 것
3) 선박 및 보트 건조작업의 경우 선박블록 또는 엔진실 등의 좁은 작업공간에 작업발판을 설치하기 위하여 필요하면 작업발판의 폭을 30cm이상으로 할 수 있고, 걸침비계의 경우 강관기둥 때문에 발판재료간의 틈을 3cm 이하로 유지하기 곤란하면 5cm 이하로 할 수 있다. 이 경우 그 틈 사이로 물체 등이 떨어질 우려가 있는 곳에는 출입금지 등의 조치를 하여야 한다.
4) 추락의 위험성이 있는 장소에는 안전난간을 설치할 것(작업의 성질상 안전난간을 설치하는 것이 곤란한 때 및 작업의 필요상 임시로 안전난간을 해체함에 있어서 방망을 치거나 근로자로 하여금 안전대를 사용하도록 하는 등 추락에 의한 위험방지조치를 한 때에는 그러하지 아니하다.)
5) 작업발판의 지지물은 하중에 의하여 파괴될 우려가 없는 것을 사용할 것
6) 작업발판재료는 뒤집히거나 떨어지지 아니하도록 2 이상의 지지물에 부착시킬 것
7) 작업발판을 작업에 따라 이동시킬 때에는 위험방지에 필요한 조치를 할 것

106 크레인 또는 데릭에서 붐길도 및 작업반경별로 작용시킬 수 있는 최대하중에서 후크(Hook), 와이어로프 등 달기구의 중량을 공제한 하중은?

① 작업하중 ② 정격하중
③ 이동하중 ④ 적재하중

해설 정격하중 : 본문설명

107 그물코의 크기가 5cm인 매듭 방망사의 폐기 시 인장강도 기준으로 옳은 것은?

① 200kg ② 100kg
③ 60kg ④ 30kg

해설 방망사의 강도
1) 방망사의 신품에 대한 인장강도

그물코의 크기 (단위 : cm)	방망의 종류(단위 : kg)	
	매듭 없는 방망	매듭 방망
10	240	200
5		110

2) 방망사의 폐기시 인장강도

그물코의 크기 (단위 : cm)	방망의 종류(단위 : kg)	
	매듭 없는 방망	매듭 방망
10	150	135
5		60

108 건설업 산업안전 보건관리비의 사용내역에 대하여 수급인 또는 자기공사자는 공사 시작 후 몇 개월마다 1회 이상 발주자 또는 감리원의 확인을 받아야 하는가?

① 3개월 ② 4개월
③ 5개월 ④ 6개월

해설 안전관리비 사용내역의 확인(고용노동부고시 제2018-72호 제9조)
1) 수급인 또는 자기공사자는 안전관리비 사용내역에 대하여 공사 시작 후 6개월마다 1회 이상 발주자 또는 감리원의 확인을 받아야 한다. 다만, 6개월 이내에 공사가 종료되는 경우에는 종료시 확인을 받아야 한다.
2) 제1항에도 불구하고 발주자 또는 고용노동부의 관계 공무원은 안전관리비 사용내역을 수시 확인할 수 있으며, 수급인 또는 자기공사자는 이에 따라야 한다.
3) 발주자 또는 감리원은 안전관리비 사용내역 확인 시 기술지도 계약 체결여부, 기술지도 실시 및 개선여부 등을 확인하여야 한다.

109 강관비계의 설치 기준으로 옳은 것은?

① 비계기둥의 간격은 띠장방향에서는 1.5m 이상 1.8m 이하로 하고, 장선방향에서는 2.0m 이하로 한다.
② 띠장 간격은 1.8m 이하로 설치하되, 첫 번째 띠장은 지상으로부터 2m 이하의 위치에 설치한다.
③ 비계기둥 간의 적재하중은 400kg을 초과하지 않도록 한다.
④ 비계기둥의 제일 윗부분으로부터 21m되는 지점 밑부분의 비계기둥은 2개의 강관으로 묶어 세운다.

해설 강관비계의 구조 (강관을 사용하여 비계를 구성할 때의 준수사항)
1) 비계기둥의 간격은 띠장방향에서는 1.85m, 장선방향에서는 1.5m 이하로 할 것
2) 띠장간격은 2m 이하로 설치할 것
3) 비계기둥의 최고부로부터 31m 되는 지점 밑부분의 비계기둥은 2본의 강관으로 묶어둘 것(브라켓 등으로 보강하여 그 이상의 강도가 유지되는 경우에는 그러하지 아니하다)
4) 비계기둥 간의 적재하중은 400kg을 초과하지 아니하도록 할 것

110 근로자에게 작업 중 또는 통행 시 전락(轉落)으로 인하여 근로자가 화상·질식 등의 위험에 처할 우려가 있는 케틀(kettle), 호퍼(hopper), 피트(pit)등이 있는 경우에 그 위험을 방지하기 위하여 최소 높이 얼마 이상의 울타리를 설치하여야 하는가?

① 80cm 이상 ② 85cm 이상
③ 90cm 이상 ④ 95cm 이상

해설 위험방지를 위한 울타리의 높이 : 90cm 이상

■ 정답 ■ 107. ③ 108. ④ 109. ③ 110. ③

111 거푸집 해체작업 시 유의사항으로 옳지 않은 것은?

① 일반적으로 수평부재의 거푸집은 연직부재의 거푸집보다 빨리 떼어낸다.
② 해체된 거푸집이나 각목 등에 박혀있는 못 또는 날카로운 돌출물은 즉시 제거하여야 한다.
③ 상하 동시 작업은 원칙적으로 금지하여 부득이한 경우에는 긴밀히 연락을 위하여 작업을 하여야 한다.
④ 거푸집 해체작업장 주위에는 관계자를 제외하고는 출입을 금지시켜야 한다.

해설 거푸집 해체작업 시 준수사항
1) 거푸집 및 지보공(동바리)의 해체는 순서에 의하여 실시하여야 하며 안전담당자를 배치하여야 한다.
2) 거푸집 및 지보공(동바리)은 콘크리트 자중 및 시공 중에 가해지는 기타 하중에 충분히 견딜만한 강도를 가질 때까지는 해체하지 아니하여야 한다.
3) 거푸집 해체 작업 시 유의사항
   ① 해체작업을 할 때에는 안전모 등 안전보호장구를 착용하도록 한다.
   ② 거푸집 해체작업장 주위에는 관계자를 제외하고는 출입을 금지시켜야 한다.
   ③ 상하 동시작업은 원칙적으로 금지하되, 부득이한 경우에는 긴밀히 연락을 취하며 작업을 하여야 한다.
   ④ 거푸집 해체 때 구조체에 무리한 충격이나 큰 힘에 의한 지렛대 사용은 금지하여야 한다.
   ⑤ 보 또는 슬래브 거푸집을 제거할 때에는 거푸집의 낙하 충격으로 인한 작업원의 돌발적 재해를 방지하여야 한다.
   ⑥ 해체된 거푸집이나 각목 등에 박혀 있는 못 또는 날카로운 돌출물은 즉시 제거하여야 한다.
   ⑦ 해체된 거푸집이나 각목의 재사용 가능한 것과 보수하여야 할 것을 선별·분리하여 적치하고 정리정돈을 하여야 한다.

112 보통흙의 건조된 지반을 흙막이지보공 없이 굴착하려 할 때 적합한 굴착면의 기울기 기준으로 옳은 것은?

① 1 : 1 ~ 1 : 1.5
② 1 : 0.5 ~ 1 : 1
③ 1 : 1.8
④ 1 : 2

해설 굴착면의 기울기(구배)기준

구분	지반의 종류	구배
보통 흙	모래	1 : 1.8
	그 밖에 흙	1 : 1.2
암반	풍화암	1 : 1.0
	연암	1 : 1.0
	경암	1 : 0.5

113 다음은 가설통로를 설치하는 경우의 준수사항이다. ( )안에 알맞은 숫자를 고르면?

건설공사에 사용하는 높이 8m 이상인 비계다리에는 ( )m 이내마다 계단참을 설치할 것

① 7
② 6
③ 5
④ 4

해설 가설통로 설치 시 준수사항
1) 견고한 구조로 할 것
2) 경사는 30° 이하로 할 것(계단을 설치하거나 높이 2m 미만의 가설통로로서 튼튼한 손잡이를 설치한 때에는 그러하지 아니하다)
3) 경사가 15°를 초과하는 때에는 미끄러지지 아니하는 구조로 할 것
4) 추락의 위험이 있는 장소에는 안전난간을 설치할 것(작업상 부득이한 때에는 필요한 부분에 한하여 임시로 해체할 수 있다)
5) 수직갱에 가설된 통로의 길이가 15m 이상인 때에는 10m 이내마다 계단참을 설치할 것
6) 건설공사에 사용하는 높이 8m 이상인 비계다리에는 7m 이내마다 계단참을 설치할 것

정답 111. ① 112. ② 113. ①

114 다음 중 유해·위험방지계획서를 작성 및 제출하여야 하는 공사에 해당되지 않는 것은?

① 지상높이가 31m인 건축물의 건설·개조 또는 해체
② 최대 지간길이가 50m인 교량건설등 공사
③ 깊이가 9m인 굴착공사
④ 터널 건설등의 공사

해설 건설업 중 유해위험방지계획서 제출대상 사업의 종류
1) 지상높이가 31미터 이상인 건축물 또는 인공구조물, 연면적 3만 제곱미터 이상인 건축물 또는 연면적 5천 제곱미터 이상의 문화 및 집회시설(전시장 및 동물원·식물원은 제외), 판매시설, 운수시설(고속철도의 역사 및 집·배송시설은 제외), 종교시설, 의료시설 중 종합병원, 숙박시설 중 관광숙박시설, 지하도상가 또는 냉동·냉장 창고시설의 건설·개조 또는 해체(이하 "건설등"이라 함)
2) 연면적 5천 제곱미터 이상의 냉동·냉장 창고시설의 설비공사 및 단열공사
3) 최대 지간길이가 50미터 이상인 교량건설 등 공사
4) 터널 건설 등의 공사
5) 다목적댐, 발전용댐 및 저수용량 2천만톤 이상의 용수 전용 댐, 지방상수도 전용댐 건설 등의 공사
6) 깊이 10미터 이상인 굴착공사

115 건립 중 강풍에 위한 풍압 등 외압에 대한 내력이 설계에 고려되었는지 확인하여야 하는 철골구조물의 기준으로 옳지 않은 것은?

① 높이 20m 이상의 구조물
② 구조물의 폭과 높이의 비가 1 : 4 이상인 구조물
③ 이음부가 공장 제작인 구조물
④ 연면적당 철골량이 50kg/m² 이하인 구조물

해설 철골공사 전 검토사항 중 설계도 및 공작도에 대한 확인 사항(노동부고시) : 구조안전의 위험이 큰 다음 각 목의 철골구조물은 건립 중 강풍에 의한 풍압 등 외압에 대한 내력이 설계에 고려되었는지 확인하여야 한다.
1) 높이 20m 이상의 구조물
2) 구조물의 폭과 높이의 비가 1 : 4 이상인 구조물
3) 단면구조에 현저한 차이가 있는 구조물
4) 연면적당 철골량이 50kg/m² 이하인 구조물
5) 기둥이 타이 플레이트(tie plate)형인 구조물
6) 이음부가 현장용접인 구조물

116 다음은 달비계 또는 높이 5m 이상의 비계를 조립·해체하거나 변경하는 작업을 하는 경우에 대한 내용이다. ( )에 알맞은 숫자는?

비계재료의 연결·해체작업을 하는 경우에는 폭 ( )cm 이상의 발판을 설치하고 근로자로 하여금 안전대를 사용하도록 하는 등 추락을 방지하기 위한 조치를 할 것

① 15   ② 20
③ 25   ④ 30

해설 달비계 또는 높이 5m 이상의 비계를 조립·해체하거나 변경하는 작업시 준수사항
1) 관리감독자의 지휘 하에 작업하도록 할 것
2) 조립·해체 또는 변경의 시기·범위 및 절차를 그 작업에 종사하는 근로자에게 교육할 것
3) 조립·해체 또는 변경작업 구역 내에는 당해 작업에 종사하는 근로자 외의 자의 출입을 금지시키고 그 내용을 보기 쉬운 장소에 게시할 것
4) 비, 눈, 그 밖의 기상상태의 불안정으로 날씨가 몹시 나쁠 때에는 그 작업을 중지시킬 것
5) 비계재료의 연결·해체작업을 하는 때에는 폭 20cm 이상의 발판을 설치하고 근로자로 하여금 안전대를 사용하도록 하는 등 근로자의 추락방지를 위한 조치를 할 것
6) 재료, 기구 또는 공구 등을 올리거나 내리는 때에는 근로자로 하여금 달줄 또는 달포대등을 사용하도록 할 것

■ 정답 ■ 114. ③   115. ③   116. ②

117 터널굴착작업을 하는 때 미리 작성하여야 하는 작업계획서에 포함되어야 할 사항이 아닌 것은?

① 굴착의 방법
② 암석의 분할방법
③ 환기 또는 조명시설을 설치할 때에는 그 방법
④ 터널지보공 및 복공의 시공방법과 용수의 처리방법

118 다음은 사다리식 통로 등을 설치하는 경우의 준수사항이다. ( )안에 들어갈 숫자로 옳은 것은?

> 사다리의 상단은 걸쳐놓은 지점으로부터 ( )cm 이상 올라가도록 할 것

① 30
② 40
③ 50
④ 60

해설 사다리식 통로 등의 설치 시 준수사항(안전보건규칙 제24조)
1) 견고한 구조로 할 것
2) 심한 손상·부식 등이 없는 재료를 사용할 것
3) 발판의 간격은 동일하게 할 것
4) 발판과 벽과의 사이는 15cm 이상의 간격을 유지할 것
5) 폭은 30cm 이상으로 할 것
6) 사다리가 넘어지거나 미끄러지는 것을 방지하기 위한 조치를 할 것
7) 사다리의 상단은 걸쳐놓은 지점으로부터 60cm 이상 올라가도록 할 것
8) 사다리식 통로의 길이가 10미터 이상인 경우에는 5미터 이내마다 계단참을 설치할 것
9) 사다리식 통로의 기울기는 75도 이하로 할 것 다만, 고정식 사다리식 통로의 기울기는 90도 이하로 하고 높이가 7미터 이상인 경우에는 바닥으로부터 높이가 2.5미터 되는 지점부터 등받이 울을 설치할 것
10) 접이식 사다리기둥은 사용 시 접혀지거나 펼쳐지지 않도록 철물 등을 사용하여 견고하게 조치할 것

119 차량계 하역운반기계를 사용하는 작업을 할 때 그 기계가 넘어지거나 굴러떨어짐으로써 근로자에게 위험을 미칠 우려가 있는 경우에 우선적으로 조사하여야 할 사항과 가장 거리가 먼 것은?

① 해당 기계에 대한 유도자 배치
② 지반의 부동침하 방지 조치
③ 갓길 붕괴 방지 조치
④ 경보 장치 설치

해설 차량계 하역운반기계의 전도, 전락 등에 의한 근로자의 위험방지 조치사항
1) 유도자 배치
2) 지반의 부동침하 방지
3) 갓길(노견)의 붕괴 방지

120 터널 지보공을 설치한 경우에 수시로 점검하여 이상을 발견 시 즉시 보강하거나 보수해야 할 사항이 아닌 것은?

① 부재의 손상·변형·부식·변위·탈락의 유무 및 상태
② 부재의 긴압의 정도
③ 부재의 접속부 및 교차부의 상태
④ 계측기 설치상태

해설 터널지보공 설치시 수시점검사항
1) 부재의 손상·변형·부식·변위 탈락의 유무 및 상태
2) 부재의 긴압의 정도
3) 부재의 접속부 및 교차부의 상태
4) 기둥침하의 유무 및 상태

■ 정답 ■ 117. ② 118. ④ 119. ④ 120. ④

2024년 1회 CBT 복원 기출문제

산업안전기사

제1과목 / 안전관리론

01 학습지도의 형태 중 몇 사람의 전문가가 주제에 대한 견해를 발표하고 참가자로 하여금 의견을 내거나 질문을 하게 하는 토의방식은?

① 포럼(Forum)
② 심포지엄(Symposium)
③ 버즈세션(Buzz session)
④ 자유토의법(Free discussion method)

해설 토의식의 종류
1) forum(공개토론회) : 새로운 자료나 교재를 제시하고 거기서의 문제점을 피교육자로 하여금 제기케 하거나 의견을 여러 가지 방법으로 발표하게 하여 다시 깊이 파고들어 토의를 행하는 방법
2) symposium : 몇 사람의 전문가에 의하여 과제에 관한 견해를 발표한 뒤 참가자로 하여금 의견이나 질문을 하게 하여 토의하는 방법
3) panel discussion : 패널맴버(교육과제에 정통한 전문가 4~5명)가 피교육자 앞에서 자유로이 토의하고 뒤에 피교육자 전원이 참가하여 사회자의 사회에 따라 토의하는 방법
4) 버즈세션(buzz session) : 6-6회의라고도 하며, 먼저 사회자와 기록계를 선출한 후 나머지 사람은 6명씩의 소집단으로 구분하고, 소집단별로 각각 사회자를 선발하여 6분간씩 자유토의를 행하여 의견을 종합하는 방법

02 버드(Bird)의 신 도미노이론 5단계에 해당하지 않는 것은?

① 제어부족(관리) ② 직접원인(징후)
③ 간접원인(평가) ④ 기본원인(기원)

해설 버드(Bird)의 최신사고 연쇄성 이론
1) 1단계 : 통제의 부족-관리의 소홀(경영)
2) 2단계 : 기본원인-기원(원인론)
3) 3단계 : 직접원인-징후
4) 4단계 : 사고-접촉
5) 5단계 : 상해-손해-손실

03 기업 내의 계층별 교육훈련 중 주로 관리감독자를 교육대상자로 하며 작업을 가르치는 능력, 작업방법을 개선하는 기능 등을 교육 내용으로 하는 기업 내 정형교육은?

① TWI(Training Within Industry)
② ATT(American Telephone Telegram)
③ MTP(Management Training Program)
④ ATP(Administration Training Program)

해설 TWI(Training Within Industry)
1) **교육대상자** : 감독자
2) **교육내용**
   ① JI(Job Instruction) : 작업지도 기법
   ② JM(Job Method) : 작업개선 기법
   ③ JR(Job Relation) : 인간관계관리 기법 (부하통솔 기법)
   ④ JS(Job Safety) : 작업안전 기법
3) **교육방법** : 한 클래스는 10명 정도, 교육방법은 토의법, 1일 2시간씩 5일에 걸쳐 10시간 정도 한다.

■ 정답 ■ 01.② 02.③ 03.①

04 산업재해보험적용근로자 1000명인 플라스틱 제조 사업장에서 작업 중 재해 5건이 발생하였고, 1명이 사망하였을 때 이 사업장의 사망만인율은?

① 2 ② 5
③ 10 ④ 20

해설 사망만인율 $= \dfrac{\text{사망자수}}{\text{상시근로자수}} \times 10{,}000$

$= \dfrac{1}{1{,}000} \times 10{,}000 = 10$

길잡이 상시근로자 수

$= \dfrac{\text{연간국내공사실적액} \times \text{노무비율}}{\text{건설업월평균임금} \times 12}$

---

05 안전점검을 점검시기에 따라 구분할 때 다음에서 설명하는 안전점검은?

> 작업담당자 또는 해당 관리감독자가 맡고 있는 공정의 설비, 기계, 공구 등을 매일 작업 전 또는 작업 중에 일상적으로 실시하는 안전점검

① 정기점검 ② 수시점검
③ 특별점검 ④ 임시점검

해설 안전점검의 종류 중 점검주기에 의한 구분
1) 수시점검(일상점검)
2) 정기점검 및 계획점검
3) 특별점검

길잡이
1) 점검대상에 의한 분류
  ① 기능점검(성능검사)
  ② 형식점검
  ③ 규격점검
2) 점검방법에 의한 분류
  ① 육안점검
  ② 타진에 의한 점검
  ③ 검사기기에 의한 점검
  ④ 시험에 의한 점검

---

06 산업안전보건법령상 산업안전보건위원회의 구성·운영에 관한 설명 중 틀린 것은?

① 정기회의는 분기마다 소집한다.
② 위원장은 위원 중에서 호선(互選)한다.
③ 근로자대표가 지명하는 명예산업안전감독관은 근로자 위원에 속한다.
④ 공사금액 100억원 이상의 건설업의 경우 산업안전보건위원회를 구성·운영해야 한다.

해설

사업의 종류	규모
1. 토사석 광업 2. 목재 및 나무제품 제조업(가구 제외) 3. 화학물질 및 화학제품 제조업: 의약품 제외(세제, 화장품 및 광택제 제조업과 화학섬유 제조업은 제외) 4. 비금속 광물제품 제조업 5. 1차금속 제조업 6. 금속가공제품 제조업 (기계 및 기구는 제외) 7. 자동차 및 트레일러 제조업 8. 기타 기계 및 장비 제조업(사무용 기계 및 장비 제조업은 제외) 9. 기타 운송장비 제조업(전투용 차량 제조업은 제외)	상시근로자 50명 이상
10. 농업 11. 어업 12. 소프트웨어 개발 및 공급업 13. 컴퓨터 프로그래밍 시스템 통합 및 관리업 14. 정보서비스업 15. 금융 및 보험업 16. 임대업(부동산 제외) 17. 전문 과학 및 기술 서비스업 (연구개발업은 제외) 18. 사업지원 서비스업 19. 사회복지 서비스업	상시근로자 300명 이상
20. 건설업	공사금액 120억원 이상 (토목공사업에 해당하는 공사의 경우에는 150억원 이상)
21. 제1호부터 제20호까지의 사업을 제외한 사업장	상시근로자 100명 이상

■ 정답 ■ 04.③ 05.② 06.④

07 산업안전보건법령상 잠함(潛函) 또는 잠수 작업 등 높은 기압에서 작업하는 근로자의 근로시간 기준은?

① 1일 6시간, 1주 32시간 초과금지
② 1일 6시간, 1주 34시간 초과금지
③ 1일 8시간, 1주 32시간 초과금지
④ 1일 8시간, 1주 34시간 초과금지

해설 잠함 또는 잠수작업 등 높은 기압에서 작업하는 근로자의 근로시간 기준
1) 1일 6시간
2) 1주 34시간 초과금지

08 산업현장에서 재해 발생 시 조치 순서로 옳은 것은?

① 긴급처리 → 재해조사 → 원인분석 → 대책수립
② 긴급처리 → 원인분석 → 대책수립 → 재해조사
③ 재해조사 → 원인분석 → 대책수립 → 긴급처리
④ 재해조사 → 대책수립 → 원인분석 → 긴급처리

해설 산업재해발생시 조치사항
1. 긴급처리 → 2. 재해조사 → 3. 원인강구 → 4. 대책수립 → 5. 대책실시계획 → 6. 실시 → 7. 평가

09 안전·보건 교육계획 수립 시 고려사항 중 틀린 것은?

① 필요한 정보를 수집한다.
② 현장의 의견을 고려하지 않는다.
③ 지도안은 교육대상을 고려하여 작성한다.
④ 법령에 의한 교육에만 그치지 않아야 한다.

해설 ②항, 현장의 의견을 충분히 고려한다.

10 산업안전보건법령상 근로자 안전보건교육 대상에 따른 교육시간 기준 중 틀린 것은? (단, 상시작업이며, 일용근로자는 제외한다.)

① 특별교육 – 16시간 이상
② 채용 시 교육 – 8시간 이상
③ 작업내용 변경 시 교육 – 2시간 이상
④ 사무직 종사 근로자 정기교육 – 매반기 3시간 이상

해설

교육과정	교육대상		교육시간
1. 정기교육	1) 사무직·판매직 근로자		매반기 6시간 이상
	2) 그 밖의 근로자	가) 판매업무에 직접 종사하는 근로자	매반기 6시간 이상
		나) 판매업무에 직접 종사하는 근로자 외의 근로자	매반기 12시간 이상
2. 채용시 교육	1) 일용직 근로자 및 근로계약기간이 1주일 이하인 기간제 근로자		1시간 이상
	2) 근로계약기간이 1주일 초과 1개월 이하인 기간제 근로자		4시간 이상
	3) 그 밖에 근로자		8시간 이상
3. 작업내용 변경시 교육	1) 일용근로자 및 근로계약기간이 1주일 이하인 기간제 근로자		1시간 이상
	2) 그 밖에 근로자		2시간 이상
4. 특별교육	1) 일용근로자 및 근로계약기간이 1주일 이하인 기간제 근로자 : 특별교육대상 작업에 종사하는 근로자에 한정		2시간 이상
	2) 일용근로자 및 근로계약기간이 1주일 이하인 기간제 근로자 : 타워크레인을 사용하는 작업에 종사하는 근로자에 한정		8시간 이상
	3) 일용근로자 및 근로계약기간이 1주일 이하인 기간제 근로자를 제외한 근로자 : 특별교육대상 작업에 종사하는 근로자에 한정		• 16시간 이상(최초 작업에 종사하기 전 4시간 이상 실시하고 12시간은 3개월 이내에서 분할하여 실시 가능) • 단기간 작업, 간헐적 작업인 경우 2시간 이상
5. 건설업 기초 안전·보건 교육	건설일용근로자		4시간 이상

■ 정답 ■ 07.② 08.① 09.② 10.④

11 운동의 시지각(착각현상) 중 자동운동이 발생하기 쉬운 조건에 해당하지 않는 것은?

① 광점이 작은 것
② 대상이 단순한 것
③ 광의 강도가 큰 것
④ 시야의 다른 부분이 어두운 것

해설 ③항, 광의 강도가 작은 것

12 재해예방의 4원칙에 해당하지 않는 것은?

① 예방가능의 원칙   ② 손실우연의 원칙
③ 원인연계의 원칙   ④ 재해 연쇄성의 원칙

해설 재해예방의 4원칙
1) 손실우연의 원칙 : 사고에 의해 생기는 손실의 종류와 정도는 우연적이다.
2) 원인계기의 원칙 : 모든 재해는 필연적인 원인에 의해서 발생되며 재해발생은 직접원인만이 아니고 많은 간접원인의 연쇄로 발생되는 것이다.
3) 예방가능의 원칙 : 재해는 원칙적으로 모든 방지가 가능하다.
4) 대책선정의 원칙 : 가장 효과적인 재해방지대책의 선정은 사고원인의 정확한 분석에 의해서 얻어진다.

13 타일러(Tyler)의 교육과정 중 학습경험선정의 원리에 해당하는 것은?

① 기회의 원리   ② 계속성의 원리
③ 계열성의 원리   ④ 통합성의 원리

해설 학습경험조직의 원리
1) 계속성의 원리   2) 계열성의 원리
3) 통합성의 원리   4) 균형성의 원리
5) 다양성의 원리
6) 건전성의 원리(보편성의 원리)

> **길잡이** 학습경험선정의 원리
> 1) 동기유발의 원리 2) 기회의 원리
> 3) 가능성의 원리   4) 다목적 달성의 원리
> 5) 전이가능성의 원리

14 산업안전보건법령상 그림과 같은 기본 모형이 나타내는 안전·보건표시의 표시사항으로 옳은 것은? (단, L은 안전·보건표시를 인식할 수 있거나 인식해야 할 안전거리를 말한다.)

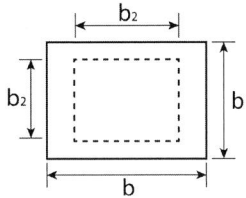

$b \geq 0.0224L$
$b_2 = 0.8b$

① 금지   ② 경고
③ 지시   ④ 안내

해설 산업안전표지의 기본모형

번호	기본모형	규격비율
1 금지		$d \geq 0.25L$ $d_1 = 0.08d$ $0.7d < d_2 < 0.8d$ $d_3 = 0.1d$
2 경고		$a \geq 0.034L$ $a_1 = 0.8a$ $0.7a < a_2 < 0.8a$
3 지시		$d \geq 0.25L$ $d = 0.08d$
4 안내		$b \geq 0.0224L$ $b_2 = 0.8b$
5 안내		$h < l$ $h_2 = 0.8h$ $l \times h \geq 0.0005L_2$ $h - h_2 = l - l_2 = 2e_1$ $l/h = 1, 4, 2, 4, 8 (4종류)$

■ 정답 ■ 11.③ 12.④ 13.① 14.④

15 사회행동의 기본 형태가 아닌 것은?

① 모방 ② 대립
③ 도피 ④ 협력

해설 사회행동의 기본형태
1) 협력(cooperation) : 조력, 분업
2) 대립(opposition) : 공격, 경쟁
3) 도피(escape) : 고립, 정신병, 자살

16 주의(Attention)의 특성에 관한 설명 중 틀린 것은?

① 고도의 주의는 장시간 지속하기 어렵다.
② 한 지점에 주의를 집중하면 다른 곳의 주의는 약해진다.
③ 최고의 주의 집중은 의식의 과잉 상태에서 가능하다.
④ 여러 자극을 지각할 때 소수의 현란한 자극에 선택적 주의를 기울이는 경향이 있다.

해설 주의의 특징
1) 선택성 : 여러 종류의 자극을 자각할 때 소수의 특정한 것에 한하여 선택하는 기능
2) 방향성 : 주시점만 인지하는 기능
3) 변동성 : 주의에는 주기적으로 부주의의 리듬이 존재

17 위험예지훈련의 문제해결 4라운드에 해당하지 않는 것은?

① 현상파악 ② 본질추구
③ 대책수립 ④ 원인결정

해설 위험예지훈련의 4Round(4단계)
1) 1R-현상파악 : 잠재위험요인을 발견하는 단계(BS적용)
2) 2R-본질추구 : 가장 위험한 요인(위험 포인트)을 합의로 결정하는 단계(요약)
3) 3R-대책수립 : 구체적인 대책을 수립하는 단계(BS적용)
4) 4R-행동목표 설정 : 행동계획을 정하고 수립한 대책 가운데서 질이 높은 항목에 합의하는 단계(요약)

18 바이오리듬(생체리듬)에 관한 설명 중 틀린 것은?

① 안정기(+)와 불안정기(-)의 교차점을 위험일이라 한다.
② 감성적 리듬은 33일을 주기로 반복하며, 주의력, 예감 등과 관련되어 있다.
③ 지성적 리듬은 "I"로 표시하며 사고력과 관련이 있다.
④ 육체적 리듬은 신체적 컨디션의 율동적 발현, 즉 식욕·활동력 등과 밀접한 관계를 갖는다.

해설 바이오리듬의 종류
1) **육체적 리듬**(physical cycle) : 주기 23일 (식욕, 소화력, 활동력, 지구력), 청색표시
2) **지성적 리듬**(intellectual cycle) : 주기 33일(상상력, 사고력, 기억력, 인지, 판단), 녹색표시
3) **감성적 리듬**(sensitivity cycle) : 주기 28일(감정, 주의심, 창조력, 예감 및 통찰력) 적색표시

19 산업재해보상보험법령상 보험급여의 종류가 아닌 것은?

① 장례비 ② 간병급여
③ 직업재활급여 ④ 생산손실비용

해설 산업재해보상보험법령상 보험급여의 종류
1) 요양급여
2) 휴업급여
3) 장해보상일시금 또는 장해보상연금 (장해급여)
4) 간병급여
5) 유족보상일시금 또는 유족보상연금 (유족급여)
6) 상병보상연금
7) 장례비
8) 직업재활급여
9) 진폐보상연금
10) 진폐유족연금

■ 정답 ■ 15.① 16.③ 17.④ 18.② 19.④

20 보호구 안전인증 고시상 안전인증 방독마스크의 정화통 종류와 외부 측면의 표시 색이 잘못 연결된 것은?

① 할로겐용 – 회색
② 황화수소용 – 회색
③ 암모니아용 – 회색
④ 시안화수소용 – 회색

해설 방독마스크의 종류별 시험가스

종류	표시색
유기화합물용 정화통	갈색
할로겐용 정화통	회색
황하수소용 정화통	회색
시안화수소용 정화통	회색
아황산용 정화통	노란색
암모니아용 정화통	녹색
복합용 및 겸용의 정화통	· 복합용의 경우 : 해당가스 모두 표시(2층 분리) · 겸용의 경우 : 백색과 해당 가스 모두 표시(2층 분리)

제2과목 / 인간공학 및 시스템안전공학

21 어떤 결함수를 분석히여 minimal cut set을 구한 결과 다음과 같았다. 각 기본사상의 발생확률은 qi, i = 1, 2, 3라 할 때, 정상사상의 발생확률함수로 맞는 것은?

$$k_1 = [1, 2], k_2 = [1, 3], k_3 = [2, 3]$$

① $q_1q_2 + q_1q_2 - q_2q_3$
② $q_1q_2 + q_1q_3 - q_2q_3$
③ $q_1q_2 + q_1q_3 + q_2q_3 - q_1q_2q_3$
④ $q_1q_2 + q_1q_3 + q_2q_3 - 2q_1q_2q_3$

22 반사경 없이 모든 방향으로 빛을 발하는 점광원에서 3m 떨어진 곳의 조도가 300lix라면 2m 떨어진 곳에서 조도(lux)는?

① 375   ② 675
③ 875   ④ 975

해설 조도 = $300(\text{lux}) \times \dfrac{3^2}{2^2} = 675 \text{lux}$

23 인간공학적 연구에 사용되는 기준 척도의 요건 중 다음 설명에 해당하는 것은?

> 기준 척도는 측정하고자 하는 변수 외의 다른 변수들의 영향을 받아서는 안된다.

① 신뢰성   ② 적절성
③ 검출성   ④ 무오염성

해설 기준의 요건
 1) **적절성**(relevance) : 기준이 의도된 목적에 적당하다고 판단되는 정도를 말한다.
 2) **무오염성** : 기준 척도는 측정하고자 하는 변수 외의 다른 변수들의 영향을 받아서는 안 된다는 것을 무오염성이라고 한다.
 3) **기준척도의 신뢰성** : 척도의 신뢰성은 반복성(repeatability)을 의미한다.

24 그림과 같은 시스템에서 부품 A, B, C, D의 신뢰도가 모두 r로 동일할 때 이 시스템의 신뢰도는?

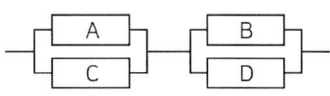

① $r(2-r^2)$ ② $r^2(2-r)^2$
③ $r^2(2-r^2)$ ④ $r^2(2-r)$

해설 시스템 신뢰도(R)
 R = [1−(1−A)(1−C)]×[1−(1−B)(1−D)]
  = [1−(1−r)(1−r)]×[1−(1−r)(1−r)]
  = r²(2−r)²

■ 정답 ■   20.③   21.④   22.②   23.④   24.②

25 부품고장이 발생하여도 기계가 추후 보수될 때까지 안전한 기능을 유지할 수 있도록 하는 기능은?

① fail – soft
② fail – active
③ fail – operational
④ fail – passive

해설 1) 페일 세이프(fail safe) : 인간이나 기계 등에 과오나 동작상의 실수가 있더라도 사고 · 재해를 발생시키지 않도록 철저하게 2중 3중으로 통제를 가하는 것
2) 페일 세이프 구조의 기능면에서의 분류
① fail pass : 일반적인 산업기계방식의 구조이며, 성분의 고장시 기계, 장치는 정지 상태로 옮겨간다.
② fail operational : 병렬 여분계의 성분을 구성한 경우이며, 성분의 고장이 있어도 정기 점검시까지는 운전이 가능하다.
③ fail active : 성분의 고장시 기계, 장치는 경보를 나타내며 단시간에 역전이 된다.

26 FTA에서 사용되는 논리게이트 중 입력과 반대되는 현상으로 출력되는 것은?

① 부정 게이트
② 억제 게이트
③ 배타적 OR 게이트
④ 우선적 AND 게이트

해설 수정기호의 종류
1) 우선적 AND Gate : 입력사상 가운데 어느 사상이 다른 사상보다 먼저 일어났을 때에 출력사상이 생긴다. 예를 들면 「A는 B보다 먼저」와 같이 기입
2) 짜맞춤 AND Gate : 3개 이상의 입력사상 가운데 어느 것이든 2개가 일어나면 출력사상이 생긴다. 예를 들면 「어느 것이든 2개」라고 기입
3) 위험지속기호 : 입력사상이 생겨서 어느 일정시간 지속하였을 때에 출력사상이 생긴다. 예를 들면 「위험지속시간」과 같이 기입

4) 배타적 OR Gate : OR Gate로 2개 이상의 입력이 동시에 존재할 때에는 출력사상이 생기지 않는다. 예를 들면 「동시에 발생하지 않는다」라고 기입

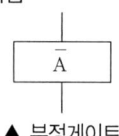

▲ 부정게이트

27 서브시스템 분석에 사용되는 분석방법으로 시스템 수명주기에서 ㉠에 들어갈 위험분석 기법은?

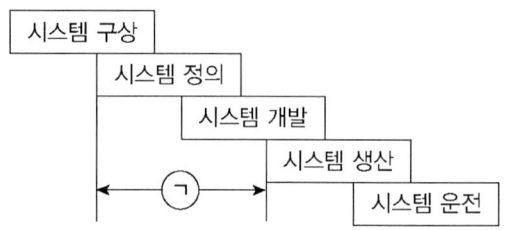

① PHA
② FHA
③ FTA
④ ETA

해설 FHA(결함위험분석) : PHA(예비사고분석)가 제일 먼저 실행되고 FHA는 시스템의 정의와 개발단계에서 실행된다.

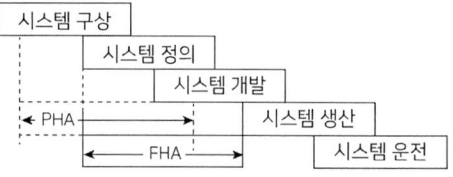

[그림] 시스템 수명주기에서의 FHA

28 정신적 작업 부하에 관한 생리적 척도에 해당하지 않는 것은?

① 근전도
② 뇌파도
③ 부정맥 지수
④ 점멸융합주파수

해설 근전도(EMG) : 국소적 근육활동의 척도(근육활동 전위차의 기록)

■ 정답 ■ 25.③ 26.① 27.② 28.①

29 A사의 안전관리자는 자사 화학 설비의 안전성 평가를 실시하고 있다. 그 중 제2단계인 정성적 평가를 진행하기 위하여 평가 항목을 설계단계 대상과 운전관계 대상으로 분류하였을 때 설계관계 항목이 아닌 것은?

① 건조물
② 공장 내 배치
③ 입지조건
④ 원재료, 중간제품

해설 화학설비에 대한 안전성평가의 5단계
1) 1단계 : 관계자료의 작성준비
2) 2단계 : 정성적 평가

설계 관계	운전 관계
㉠ 입지조건	㉠ 원재료, 중간체제품
㉡ 공장 내 배치	㉡ 공정
㉢ 건조물	㉢ 수송, 저장 등
㉣ 소방설비	㉣ 공정기기

3) 3단계 : 정량적 평가
  ㉠ 당해 화학설비의 취급물질, 용량, 온도, 압력 및 조작의 5항목에 대해 A,B,C,D급으로 분류하고, A급은 10점, B급은 5점, C급은 2점, D급은 0점으로 점수를 부여한 후, 5항목에 관한 점수들의 합을 구한다.
  ㉡ 합산결과에 의한 위험도의 등급은 다음과 같다.

등급	점수	내용
등급Ⅰ	16점 이상	·위험도가 높다.
등급Ⅱ	11~15점 이하	·주위사항, 다른 설비외 관련해서 평가
등급Ⅲ	10점 이하	·위험도가 낮다.

4) 4단계 : 안전대책
  ㉠ 설비대책 : 안전장치 및 방재장치에 관해서 배려한다.
  ㉡ 관리적 대책 : 인원배치, 교육훈련 및 보전에 관해서 배려한다.
5) 5단계 : 재평가
  ㉠ 재해정보에 의한 재평가
  ㉡ FTA에 의한 재평가

30 부품 배치의 원칙 중 기능적으로 관련된 부품들을 모아서 배치한다는 원칙은?

① 중요성의 원칙
② 사용 빈도의 원칙
③ 사용 순서의 원칙
④ 기능별 배치의 원칙

해설 부품배치의 4원칙
① 사용빈도의 원칙
② 중요성의 원칙
③ 기능별 배치의 원칙
④ 사용순서의 원칙

31 James Reason의 원인적 휴먼에러 종류 중 다음 설명의 휴먼에러 종류는?

> 자동차가 우측 운행하는 한국의 도로에 익숙해진 운전자가 좌측 운행을 해야 하는 일본에서 우측 운행을 하다가 교통사고를 냈다.

① 고의 사고(Violation)
② 숙련 기반 에러(Skill based error)
③ 규칙 기반 착오(Rule based mistake)
④ 지식 기반 착오(Knowledge based mistake)

해설 에러의 원인적 분류
(James Reason, Rasmussen의 모델)
1) 규칙기반 에러 : 잘못된 규칙을 기억하거나 상황에 맞지 않게 적용하는 것
2) 지식기반 에러 : 관련지식이 없는 경우 추론이나 유추로 처리중 실패
3) 숙련기반 에러 : 실수, 망각으로 구분

32 통화이해도 척도로서 통화 이해도에 영향을 주는 잡음의 영향을 추정하는 지수는?

① 명료도 지수
② 통화 간섭 수준
③ 이해도 점수
④ 통화 공진 수준

해설 통화간접수준 : 본문설명

■ 정답 ■ 29.④ 30.④ 31.③ 32.②

33 불(Boole) 대수의 관계식으로 틀린 것은?

① $A + \overline{A} = 1$
② $A + AB = A$
③ $A(A+B) = A + B$
④ $A + \overline{A}B = A + B$

해설 ③항, A(A+B)=A

34 인간공학의 목표와 거리가 가장 먼 것은?

① 사고 감소 ② 생산성 증대
③ 안전성 향상 ④ 근골격계질환 증가

해설 인간공학의 목표
1) 첫째목표 : 안전성 향상과 사고방지
2) 둘째목표 : 기계 조작의 능률성과 생산성 향상
3) 셋째목표 : 쾌적성

35 예비위험분석(PHA)에서 식별된 사고의 범주가 아닌 것은?

① 중대(critical)
② 한계적(marginal)
③ 파국적(catastrophic)
④ 수용가능(acceptable)

해설 PHA(예비위험분석)의 4가지 주요 목표
1) 시스템에 대한 모든 주요한 사고를 식별하고, 대충의 말로 표시할 것(사고 발생확률은 식별 초기에는 고려되지 않음)
2) 사고를 유발하는 요인을 식별할 것
3) 사고가 발생한다고 가정하고, 시스템에 생기는 결과를 식별하고 평가할 것
4) 식별된 사고를 다음의 범주(category)로 분류할 것
   ① 파국적(catastrophic)
   ② 중대(critical)
   ③ 한계적(marginal)
   ④ 무시가능(negligible)

36 근골격계부담작업의 범위 및 유해요인조사 방법에 관한 고시상 근골격계부담작업에 해당하지 않는 것은? (단, 상시작업을 기준으로 한다.)

① 하루에 10회 이상 25kg 이상의 물체를 드는 작업
② 하루에 총 2시간 이상 쪼그리고 앉거나 무릎을 굽힌 자세에서 이루어지는 작업
③ 하루에 총 2시간 이상 시간당 5회 이상 손 또는 무릎을 사용하여 반복적으로 충격을 가하는 작업
④ 하루에 4시간 이상 집중적으로 자료입력 등을 위해 키보드 또는 마우스를 조작하는 작업

해설 근골격계부담작업의 범위
1) 하루에 4시간 이상 집중적으로 자료입력 등을 위해 키보드 또는 마우스를 조작하는 작업
2) 하루에 총 2시간 이상 목, 어깨, 팔꿈치, 손목 또는 손을 사용하여 같은 동작을 반복하는 작업
3) 하루에 총 2시간 이상 머리 위에 손이 있거나, 팔꿈치가 어깨위에 있거나, 팔꿈치를 몸통으로 들거나, 팔꿈치를 몸통뒤쪽에 위치하도록 하는 상태에서 이루어지는 작업
4) 지지되지 않은 상태이거나 임의로 자세를 바꿀 수 없는 조건에서, 하루에 총 2시간이상 목이나 허리를 구부리거나 트는 상태에서 이루어지는 작업
5) 하루에 총 2시간 이상 쪼그리고 앉거나 무릎을 굽힌 자세에서 이루어지는 작업
6) 하루에 총 2시간 이상 지지되지 않은 상태에서 1kg이상의 물건을 한손의 손가락으로 집어 올리거나, 2kg이상에 상응하는 힘을 가하여 한손의 손가락으로 물건을 쥐는 작업
7) 하루에 총 2시간 이상 지지되지 않은 상태에서 4.5kg 이상의 물체를 드는 작업
8) 하루에 10회 이상 25kg 이상의 물체를 드는 작업
9) 하루에 25회 이상 10kg 이상의 물체를 무릎 아래에서 들거나, 어깨 위에서 들거나, 팔을 뻗은 상태에서 드는 작업

■ 정답 ■ 33.③ 34.④ 35.④ 36.③

10) 하루에 총 2시간 이상, 분당 2회 이상 4.5kg이상의 물체를 드는 작업
11) 하루에 총 2시간 이상 시간당 10회 이상 손 또는 무릎을 사용하여 반복적으로 충격을 가하는 작업

37 시각적 식별에 영향을 주는 각 요소에 대한 설명 중 틀린 것은?

① 조도는 광원의 세기를 말한다.
② 휘도는 단위 면적당 표면에 반사 또는 방출되는 광량을 말한다.
③ 반사율은 물체의 표면에 도달하는 조도와 광도의 비를 말한다.
④ 광도 대비란 표적의 광도와 배경의 광도의 차이를 배경 광도로 나눈 값을 말한다.

해설 조도는 물체의 표면에 도달하는 빛의 밀도를 말한다.

38 HAZOP 분석기법의 장점이 아닌 것은?

① 학습 및 적용이 쉽다.
② 기법 적용에 큰 전문성을 요구하지 않는다.
③ 짧은 시간에 저렴한 비용으로 분석이 가능하다.
④ 다양한 관점을 가진 팀 단위 수행이 가능하나.

해설 HAZOP(위험 및 운전성 검토)의 장점 및 단점

1. 장점	1) 학습 및 적용이 쉽다. 2) 기법적용에 큰 전문성을 요구하지 않는다. 3) 다양한 관점을 가진 팀 단위 수행이 가능하다. 4) 공정의 운행정지 시간을 줄여 생산품의 품질 향상이 가능하다. 5) 근로자에게 공정안전에 대한 신뢰성을 제공한다.
2. 단점	1) 팀의 구성 및 구성원의 참여 소요기간이 과다 소모된다. 2) 접근방법이 어려우며 위험과는 무관한 잠재적인 요소들까지도 함께 도출된다.

39 태양광이 내리쬐지 않는 옥내의 습구흑구 온도지수(WBGT) 산출 식은?

① 0.6 × 자연습구온도 + 0.3 × 흑구온도
② 0.7 × 자연습구온도 + 0.3 × 흑구온도
③ 0.6 × 자연습구온도 + 0.4 × 흑구온도
④ 0.7 × 자연습구온도 + 0.4 × 흑구온도

해설 습구흑구온도지수(WBGT) 산정식
1) 옥외(태양광선이 내리쬐는 장소)
   WBGT(℃) = (0.7 × 자연습구온도) + (0.2 × 흑구온도) + (0.1 × 건구온도)
2) 옥내 또는 옥외(태양광선이 내리쬐지 않은 장소)
   WBGT(℃) = (0.7 × 자연습구온도) + (0.3 × 흑구온도)

40 양립성의 종류가 아닌 것은?

① 개념의 양립성
② 감성의 양립성
③ 운동의 양립성
④ 공간의 양립성

해설 양립성의 분류
1) **공간적 양립성** : 어떤 사물들, 특히 묘사장치나 조종 장치에서 물리적 형태나 공간적인 배치의 양립성
2) **운동 양립성** : 표시 및 조정장치, 체계반응의 운동방향의 양립성
3) **개념적 양립성** : 어떤 암호 체계에서 청색이 정상을 나타내듯이, 사람이 가지고 있는 개념적 연상(association)의 양립성
4) **양식 양립성** : 직무에 알맞은 자극과 응답방식(양식)에 대한 양립성

■ 정답 ■ 37.① 38.③ 39.② 40.②

제3과목 / 기계위험방지기술

41 다음 중 연삭 숫돌의 파괴원인으로 거리가 먼 것은?

① 플랜지가 현저히 클 때
② 숫돌에 균열이 있을 때
③ 숫돌의 측면을 사용할 때
④ 숫돌의 치수 특히 내경의 크기가 적당하지 않을 때

해설 연삭기 숫돌의 파괴원인
1) 숫돌의 회전속도가 빠를 때
2) 숫돌자체에 균열이 있을 때
3) 숫돌에 과대한 충격을 가할 때
4) 숫돌의 측면을 사용하여 작업할 때
5) 숫돌의 불균형이나 베어링 마모에 의한 진동이 있을 때
6) 숫돌 반경방향의 온도변화가 심할 때
7) 작업에 부적당한 숫돌을 사용할 때
8) 숫돌의 치수가 부적당할 때
9) 플랜지가 현저히 작을 때(플랜지 직경=숫돌 직경×1/3)

42 다음 중 회전축, 커플링 등 회전하는 물체에 작업복 등이 말려드는 위험을 초래하는 위험점은?

① 협착점
② 접선물림점
③ 절단점
④ 회전말림점

해설 기계설비의 위험점(작업점)의 분류
1) 협착점(Squeeze point) : 고정부와 왕복운동을 하는 운동부 사이에 형성되는 위험점(예 : 프레스, 성형기, 절곡기 등)
2) 끼임점(Shear point) : 고정부와 회전 또는 직선운동과 함께 형성하는 부분 사이에 형성되는 위험점(예 : 연삭숫돌과 작업대, 반복 동작되는 링크기구, 교반기의 구반날개와 몸체사이)
3) 절단점(Cutting point) : 회전하는 운동부분 자체와 운동하는 기계자체에 위험이 형성되는 점(예 : 둥근톱날, 띠톱기계의 날 밀링커터 등)
4) 물림점(Nip point) : 회전하는 두 개의 회전체에 물려 들어갈 위험성이 형성되는 점(중심점+회전운동)(예 : 롤러, 기어와 피니언 등)
5) 접선물림점(Tangential nip point) : 회전하는 부분이 접선방향에서 만들어지는 위험점(접선점+회전운동)(예 : 벨트와 풀리, 체인과 스프라켓, 랙과 피니언 등)
6) 회전말림점(Trapping point) : 크기, 길이, 속도가 다른 회전운동에 의한 위험점으로 회전하는 부분에 돌기 등이 돌출되어 작업복 등이 말리는 위험점(예 : 회전축, 드릴축, 커플링 등)

43 산업안전보건법령상 로봇에 설치되는 제어장치의 조건에 적합하지 않은 것은?

① 누름버튼은 오작동 방지를 위한 가드를 설치하는 등 불시기동을 방지할 수 있는 구조로 제작·설치되어야 한다.
② 로봇에는 외부 보호 장치와 연결하기 위해 하나 이상의 보호정지회로를 구비해야 한다.
③ 전원공급램프, 자동운전, 결함검출 등 작동제어의 상태를 확인할 수 있는 표시장치를 설치해야 한다.
④ 조작버튼 및 선택스위치 등 제어장치에는 해당 기능을 명확하게 구분할 수 있도록 표시해야 한다.

해설 로봇에 설치되는 제어장치의 조건(산업용로봇 제작 및 안전기준) : 로봇에 설치되는 제어 장치는 다음 각 항의 요건에 적합하도록 설계·제작되어야 한다.
1) 누름버튼은 오작동 방지를 위한 가드를 설치하는 등 불시기동을 방지할 수 있는 구조로 제작 설치되어야 한다.
2) 전원공급램프, 자동운전, 결함검출 등 작동제어의 상태를 확인할 수 있는 표시장치를 설치해야 한다.
3) 조작버튼 및 선택스위치 등 제어장치에는 해당 기능을 명확하게 구분할 수 있도록 표시해야 한다.

■ 정답 ■ 41.① 42.④ 43.②

44 컨베이어의 제작 및 안전기준 상 작업구역 및 통행구역에 덮개, 울 등을 설치해야 하는 부위에 해당하지 않는 것은?

① 컨베이어의 동력전달 부분
② 컨베이어의 제동장치 부분
③ 호퍼, 슈트의 개구부 및 장력 유지장치
④ 컨베이어 벨트, 풀리, 롤러, 체인, 스프라켓, 스크류 등

해설 컨베이어의 작업구역 및 통행구역에 덮개, 울, 물림보호물 등을 설치해야하는 부위
1) 컨베이어의 동력전달 부분
2) 호퍼, 슈트의 개구부 및 장력 유지장치
3) 컨베이어 벨트, 풀리, 롤러, 체인, 스프라이켓, 스크류 등
4) 기타 가동부분과 정지부분 또는 다른 물건 사이 틈 등 작업자에게 위험을 미칠 우려가 있는 부분(다만, 그 틈이 5mm이내인 경우는 예외)
5) 운반되는 재료 또는 컨베이어가 화상 등을 일으킬 수 있는 구간(다만, 이 경우는 덮개나 울이 설치되어 있을 것)

45 가공기계에 쓰이는 주된 풀 푸르프(Fool Proof)에서 가드(Guard)의 형식으로 틀린 것은?

① 인터록 가드(Interlock Guard)
② 안내 가드(Guide Guard)
③ 조정 가드(Adjustable Guard)
④ 고정 가드(Fixed Guard)

해설 가드(Guard)의 형식 및 기능

형식	기능
고정가드 (Fixed Guard)	개구부로부터 가공물과 공구 등을 넣어도 손은 위험 영역에 머무르지 않는다.
조절가드 (Adjustable Guard)	가공물과 공구에 맞도록 형상과 크기를 조절한다.
경고가드 (Warning Guard)	손이 위험영역에 들어가기 전에 경고한다.
인터록가드 (Interlock Guard)	기계가 작동중에 개폐되는 경우 기계가 정지한다.

46 산업안전보건법령상 승강기의 종류에 해당하지 않는 것은?

① 리프트
② 에스컬레이터
③ 화물용 엘리베이터
④ 승객용 엘리베이터

해설 승강기의 종류
1) 승객용 엘리베이터 : 사람의 운송에 적합하게 제조·설치된 엘리베이터
2) 승객화물용 엘리베이터 : 사람의 운송과 화물 운반을 겸용하는데 적합하게 제조·설치된 엘리베이터
3) 화물용 엘리베이터 : 화물 운반에 적합하게 제조·설치된 엘리베이터로서 조작자 또는 화물취급자 1명은 탑승할 수 있는 것(적재용량이 300킬로그램 미만인 것은 제외)
4) 소형화물용 엘리베이터 : 음식물이나 서적 등 소형 화물의 운반에 적합하게 제조·설치된 엘리베이터로서 사람의 탑승이 금지된 것
5) 에스컬레이터 : 일정한 경사로 또는 수평로를 따라 위·아래 또는 옆으로 움직이는 디딤판을 통해 사람이나 화물을 승강장으로 운송시키는 설비

47 밀링작업 시 안전수칙으로 틀린 것은?

① 보안경을 착용한다.
② 칩은 기계를 정지시킨 다음에 브러시로 제거한다.
③ 가공 중에는 손으로 가공면을 점검하지 않는다.
④ 면장갑을 착용하여 작업한다.

해설 밀링작업시 안전수칙
1) 칩은 기계를 정지시킨 다음에 브러시 등으로 제거한다.
2) 일감 또는 부속장치 등을 설치하거나 제거할 때는 반드시 기계를 정지시키고 작업한다.
3) 가공중에 손으로 가공면을 점검하지 않을 것
4) 밀링칩(공작기계 중 가장 가늘고 예리함)의 비산에 의한 부상방지를 위해 보안경을 착용할 것
5) 면장갑 착용을 금지한다.

■ 정답 ■ 44.② 45.② 46.① 47.④

48 크레인의 방호장치에 해당되지 않은 것은?

① 권과방지장치   ② 과부하방지장치
③ 비상정지장치   ④ 자동보수장치

해설 크레인의 방호장치
1) 해지장치 : 훅걸이용 와이어로프 등이 훅으로부터 벗겨지는 것을 방지하기 위한 장치
2) 비상정지장치 : 비상시에 즉시 정지할 수 있는 장치
3) 권과방지장치 : 운반구의 이탈 등의 위험방지를 위해 권상용와이어로프 등의 권과를 방지하는 장치
4) 과부하방지장치 : 정격하중 이상의 하중부하 시 자동으로 상승정지되면서 경보음·경보등을 발생하는 장치

49 다음 중 설비의 진단방법에 있어 비파괴시험이나 검사에 해당하지 않는 것은?

① 피로시험   ② 음향탐상검사
③ 방사선투과시험   ④ 초음파탐상검사

해설 비파과시험의 종류
① 방사선투과시험 ② 지분탐상시험
③ 초음파탐상검사 ④ 와류탐상시험
⑤ 음향탐상검사 ⑥ 침투형광탐상시험 등
2) 파괴시험의 종류 : 피로시험, 인장시험, 굽힘시험 등

50 산업안전보건법령상 탁상용 연삭기의 덮개에는 작업 받침대와 연삭숫돌과의 간격을 몇 mm 이하로 조정할 수 있어야 하는가?

① 3   ② 4
③ 5   ④ 10

해설 탁상용 연삭기 작업받침대 조정
1) 작업받침대와 숫돌과의 간격 : 3mm 이내
2) 덮개의 조절편과 숫돌과의 간격 : 5~10mm 이내
3) 작업받침대의 높이 : 숫돌의 중심과 거의 같은 높이로 조정

51 무부하 상태에서 지게차로 20km/h의 속도로 주행할 때, 좌우 안정도는 몇 % 이내이어야 하는가?

① 37%   ② 39%
③ 41%   ④ 43%

해설 1) 지게차의 안정도

구분	상태	구배(%)
전후안정도	하역작업시	4(최대하중 5톤 이상은 3.5)
	주행시	18
좌우안정도	하역작업시	6
	주행시	15+1.1×최고속도

2) 지게차의 좌우 안정도 = 15+1.1×20=37(%)

52 선반가공 시 연속적으로 발생되는 칩으로 인해 작업자가 다치는 것을 방지하기 위하여 칩을 짧게 절단 시켜주는 안전장치는?

① 커버   ② 브레이크
③ 보안경   ④ 칩 브레이커

해설 칩 브레이커 : 바이트에 설치된 칩을 짧게 끊어내는 장치

53 프레스 금형의 파손에 의한 위험방지 방법이 아닌 것은?

① 금형에 사용하는 스프링은 반드시 인장형으로 할 것
② 작업 중 진동 및 충격에 의해 볼트 및 너트의 헐거워짐이 없도록 할 것
③ 금형의 하중 중심은 원칙적으로 프레스 기계의 하중 중심과 일치하도록 할 것
④ 캠, 기타 충격이 반복해서 가해지는 부분에는 완충장치를 설치할 것

해설 금형에 사용하는 스프링은 압축형으로 할 것

■ 정답 ■ 48.④ 49.① 50.① 51.① 52.④ 53.①

54 산업안전보건법령상 프레스의 작업시작 전 점검사항이 아닌 것은?

① 금형 및 고정볼트 상태
② 방호장치의 기능
③ 전단기의 칼날 및 테이블의 상태
④ 트롤리(trolley)가 횡행하는 레일의 상태

해설 프레스 및 전단기의 작업시작 전 점검사항
1) 클러치 및 브레이크의 기능
2) 크랭크축·플라이 휠·슬라이드·연결봉 및 연결나사의 볼트의 풀림 유무
3) 1행정 1정지기구·급정지장치·비상정지장치의 기능
4) 슬라이드 또는 칼날에 의한 위험 방지기구의 기능
5) 프레스의 금형 및 고정볼트 상태
6) 당해 방호장치의 기능 점검
7) 전단기의 칼날 및 테이블 상태

55 프레스 양수조작식 방호장치 누름버튼의 상호간 내측거리는 몇 mm 이상인가?

① 50   ② 100
③ 200   ④ 300

해설 양수조작식 방호장치의 누름버튼 또는 조작레버의 간격 : 300mm 이상

56 롤러기의 앞면 롤의 지름이 300mm, 분당 회전수가 30회일 경우 허용되는 급정지장치의 금정지거리는 약 몇 mm 이내이어야 하는가?

① 37.7   ② 31.4
③ 377   ④ 314

해설 1) 표면속도(V)
$$V = \frac{\pi DN}{1,000} = \frac{3.14 \times 300 \times 30}{1,000} = 28.26\,\text{m/min}$$
2) 급정지거리
$$= \pi D \times \frac{1}{3} = 3.14 \times 300 \times \frac{1}{3} = 314\,\text{mm}$$

길잡이 급정지장치의 성능

앞면 롤러의 표면속도(m/min)	급정지거리
30 미만	앞면 롤러 원주 × 1/3
30 이상	앞면 롤러 원주 × 1/2.5

57 어떤 로프의 최대하중이 700N이고, 정격하중은 100N이다. 이 때 안전계수는 얼마인가?

① 5   ② 6
③ 7   ④ 8

해설 안전계수 $= \dfrac{\text{극한강도}}{\text{정격하중}} = \dfrac{700}{100} = 7$

58 지름 5cm 이상을 갖는 회전중인 연삭숫돌이 근로자들에게 위험을 미칠 우려가 있는 경우에 필요한 방호장치는?

① 받침대   ② 과부하 방지장치
③ 덮개   ④ 프레임

해설 연삭기 숫돌의 덮개 : 회전중인 연삭숫돌(직경 5cm 이상)에는 덮개를 설치할 것

59 아세틸렌 용접장치에 관한 설명 중 틀린 것은?

① 아세틸렌발생기로부터 5m 이내, 발생기실로부터 3m 이내에는 흡연 및 화기사용을 금지한다.
② 발생기실에는 관계 근로자가 아닌 사람이 출입하는 것을 금지한다.
③ 아세틸렌 용기는 뉘어서 사용한다.
④ 건식안전기의 형식으로 소결금속식과 우회로식이 있다.

해설 아세틸렌 용기는 세워 놓고 사용할 것

■ 정답 ■ 54.④ 55.④ 56.④ 57.③ 58.③ 59.③

60 기계설비의 작업능률과 안전을 위해 공장의 설비 배치 3단계를 올바른 순서대로 나열한 것은?

① 지역배치→건물배치→기계배치
② 건물배치→지역배치→기계배치
③ 기계배치→건물배치→지역배치
④ 지역배치→기계배치→건물배치

해설 기계설비의 작업능률과 안전을 위한 배치 3단계
1) 1단계 : 지역배치
2) 2단계 : 건물배치
3) 3단계 : 기계배치

제4과목 / 전기위험방지기술

61 폭발위험장소의 분류 중 인화성 액체의 증기 또는 가연성 가스에 의한 폭발위험이 지속적으로 또는 장기간 존재하는 장소는 몇 종 장소로 분류되는가?

① 0종 장소 ② 1종 장소
③ 2종 장소 ④ 3종 장소

해설 가스폭발 위험장소의 분류

분류	적요	예
0종 장소	인화성 액체의 증기 또는 가연성 가스에 의한 폭발위험이 지속적으로 또는 장기간 존재하는 장소	용기·장치·배관 등의 내부
1종 장소	정상작동상태에서 인화성 액체의 증기 또는 가연성 가스에 의한 폭발 위험분위기가 존재하기 쉬운 장소	맨홀·벤트·피트 등의 주위
2종 장소	정상 작동상태에서는 폭발 위험분위기가 존재할 우려가 없으나, 존재할 경우 그 빈도가 아주 적고 단기간만 존재할 수 있는 장소	개스킷·패킹 등의 주위

62 화염일주한계에 대한 설명으로 옳은 것은?

① 폭발성 가스와 공기의 혼합기에 온도를 높인 경우 화염이 발생 할 때까지의 시간 한계치
② 폭발성 분위기에 있는 용기의 접합면 틈새를 통해 화염이 내부에서 외부로 전파되는 것을 저지할 수 있는 틈새의 최대간격치
③ 폭발성 분위기 속에서 전기불꽃에 의하여 폭발을 일으킬 수 있는 화염을 발생시키기에 충분한 교류파형의 1주기치
④ 방폭설비에서 이상이 발생하여 불꽃이 생성된 경우에 그것이 점화원으로 작용하지 않도록 화염의 에너지를 억제하여 폭발하한계로 되도록 화염 크기를 조정하는 한계치

해설 화염일주한계 : 폭발성 분위기 내에 방치된 표준용기의 접합면 틈새를 통하여 화염이 내부에서 외부로 전파되는 것을 저지할 수 있는 틈새의 최대 간격치를 말한다. (내압방폭구조와 관련)

> **길잡이** 방폭구조와 관계있는 위험특성
> 1) 발화온도(발화점)
> 2) 화염일주한계
> 3) 최소점화전류

63 내압방폭구조의 기본적 성능에 관한 사항으로 틀린 것은?

① 내부에서 폭발할 경우 그 압력에 견딜 것
② 폭발화염이 외부로 유출되지 않을 것
③ 습기침투에 대한 보호가 될 것
④ 외함 표면온도가 주위의 가연성 가스에 점화하지 않을 것

해설 내압방폭구조의 필요조건
1) 내부에서 폭발할 경우 그 압력에 견딜 것
2) 외함 표면온도가 주위의 가연성 가스에 점화되지 않을 것
3) 폭발화염이 외부로 유출되지 않을 것

■ 정답 ■ 60.① 61.① 62.② 63.③

64 피뢰침의 제한전압이 800kV, 충격절연강도가 1000kV라 할 때, 보호여유도는 몇 % 인가?

① 25   ② 33
③ 47   ④ 63

해설 여유도 = $\dfrac{충격절연강도 - 제한전압}{제한전압} \times 100$
= $\dfrac{1,000 - 800}{800} \times 100 = 25\%$

65 활선 작업 시 사용할 수 없는 전기작업용 안전장구는?

① 전기안전모   ② 절연장갑
③ 검전기   ④ 승주용 가제

해설 활선작업 시 사용하는 전기작업 안전장구
1) 절연용보호구 (전기안전모, 전기용고무장갑, 전기용고무장화, 절연용 상의)
2) 절연용방호구 (설비 또는 장치에 장착하여 작업자의 안전을 확보하기 위한 용구)
3) 검전기 (전로등의 충전유무 확인)
4) 활선작업용 기구 장치 (배전선용 후크봉, 활선시메라, 활선커터 등)
5) 단락접지용구 (작업전 전로에 부착해서 안전을 확보하는 용구)

66 인체의 전기저항을 500Ω이라 한다면 심실세동을 일으키는 위험에너지(J)는? (단, 심실세동전류 $I = \dfrac{165}{\sqrt{T}} mA$, 통전시간은 1초이다.)

① 13.61   ② 23.21
③ 33.42   ④ 44.63

해설 1) 인체저항 : 500Ω, 통전시간 : 1초
2) $W = I^2 RT$
$= \left(\dfrac{165}{\sqrt{T}} \times 10^{-3}\right)^2 \times 500 \times T$
$= 13.6 J$

67 감전사고를 일으키는 주된 형태가 아닌 것은?

① 충전전로에 인체가 접촉되는 경우
② 이중절연 구조로 된 전기 기계·기구를 사용하는 경우
③ 고전압의 전선로에 인체가 근접하여 섬락이 발생된 경우
④ 충전 전기회로에 인체가 단락회로의 일부를 형성하는 경우

해설 감전사고의 방지대책
1) 설비의 필요한 부분에 보호접지 시설을 할 것
2) 전기설비의 점검을 철저히 할 것
3) 충전부가 노출된 부분에는 절연방호구를 사용할 것
4) 전기기기 및 설비의 정비를 철저히 할 것
5) 안전전압 이하의 전기기기를 사용할 것
6) 안전관리자는 작업에 대한 안전교육을 실시할 것
7) 고전압선로 및 충전부에 근접하여 작업하는 경우 보호구를 착용할 것
8) 유자격자 이외는 전기기계 및 기구에 접촉을 금지할 것
9) 전기기기 및 설비의 위험부에 위험표시를 할 것
10) 사고발생시의 처리순서를 미리 작성하여 둘 것

길잡이 ②항은 감전사고방지대책에 해당된다.

68 교류아크 용접기에 전격 방지기를 설치하는 요령 중 틀린 것은?

① 이완 방지 조치를 한다.
② 직각으로만 부착해야 한다.
③ 동작 상태를 알기 쉬운 곳에 설치한다.
④ 테스트 스위치는 조작이 용이한 곳에 위치시킨다.

해설 전격방지장치의 부착편의 경사 : 연직 또는 수평에 대하여 20°를 넘지 않은 상태

■ 정답 ■ 64.① 65.④ 66.① 67.② 68.②

69 정전기에 관한 설명으로 옳은 것은?

① 정전기는 발생에서부터 억제-축적방지-안전한 방전이 재해를 방지할 수 있다.
② 정전기발생은 고체의 분쇄공정에서 가장 많이 발생한다.
③ 액체의 이송시는 그 속도(유속)를 7(m/s)이상 빠르게 하여 정전기의 발생을 억제한다.
④ 접지 값은 10(Ω)이하로 하되 플라스틱 같은 절연도가 높은 부도체를 사용한다.

해설 정전기 재해방지대책
1) 정전기 발생 억제
2) 정전지 축정 방지
3) 안전한 방전

70 온도조절용 바이메탈과 온도 퓨즈가 회로에 조합되어 있는 다리미를 사용한 가정에서 화재가 발생했다. 다리미에 부착되어 있던 바이메탈과 온도퓨즈를 대상으로 화재사고를 분석하려 하는데 논리기호를 사용하여 표현하고자 한다. 어느 기호가 적당한가? (단, 바이메탈의 작동과 온도 퓨즈가 끊어졌을 경우를 0, 그렇지 않을 경우를 1이라 한다.)

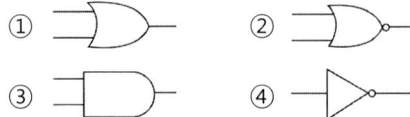

해설 1) 화재사고 : T, 온도조절용 바이메탈 : A, 온도퓨즈 : B일 때 FT도
2) 화재사고(T)가 발생되지 않기 위해서는 바이메탈 작동과 온도퓨즈가 모두 끊어졌을 때이므로 FT도 논리기호 중 AND게이트를 사용하여야 한다.

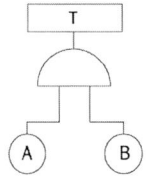

71 전기설비의 필요한 부분에 반드시 보호접지를 실시하여야 한다. 접지공사의 종류에 따른 접지저항과 접지선의 굵기가 틀린 것은?

① 제1종 : 10Ω이하, 공칭단면적 6mm² 이상의 연동선
② 제2종 : $\dfrac{150}{1선지락전류}$ Ω이하, 공칭단면적 2.5mm² 이상의 연동선
③ 제3종 : 100Ω이하, 공칭단면적 2.5mm² 이상의 연동선
④ 특별 제3종 : 10Ω이하, 공칭단면적 2.5mm² 이상의 연동선

해설 접지공사의 종류별 접지저형과 접지선의 굵기

접지 종별	접지저항	접지선의 굵기
제1종	10Ω 이하	공칭단면적 6mm² 이상의 연동성
제2종	$\dfrac{150}{1선지락전류}$ [Ω]이하	공칭단면적 6mm² 이상의 연동성
제3종	100Ω이하	공칭단면적 2.5mm² 이상의 연동성
특별 제3종	10Ω 이하	공칭단면적 2.5mm² 이상의 연동성

참고 상기 문제에서 접지저항과 접지선의 굴기는 법 규정에서 삭제되었으므로 본 문제는 학습에서 제외시키십시요.

72 폭발위험이 있는 장소의 설정 및 관리와 가장 관계가 먼 것은?

① 인화성 액체의 증기 사용
② 가연성 가스의 제조
③ 가연성 분진 제조
④ 종이 등 가연성 물질 취급

해설 종이 등 가연성물질 취급장소는 폭발위험장소와 관계가 적다.

■ 정답 ■ 69.① 70.③ 71.② 72.④

73 전기기기의 Y종 절연물의 최고 허용온도는?

① 80℃   ② 85℃
③ 90℃   ④ 105℃

해설 전기기기의 절연종별과 허용온도(KSC 4004)
1) Y종 절연물의 최고허용온도 : 90℃
2) A종 절연물의 최고허용온도 : 105℃

74 충격전압시험시의 표준충격파형을 1.2×50㎲로 나타내는 경우 1.2와 50이 뜻하는 것은?

① 파두장 - 파미장
② 최초섬락시간 - 최종섬락시간
③ 라이징타임 - 스테이블타임
④ 라이징타임 - 충격전압인가시간

해설 충격전압시험시 표준충격파형 : $1.2 \times 50\mu s$
1) T_f(파두장) : $1.2\mu s$
2) T_t(파미장) : $50\mu s$

> **길잡이** 파두장과 파미장
> 1) **파두장**(파두길이 : T_f) : 파고치에 달할 때까지의 시간(μs)
> 2) **파미장**(파미길이 : T_t) : 기준점으로부터 파미부분에서 파고치의 반으로 떨어지는 점까지의 시간(μs)

75 인체의 표면적이 0.5m²이고 정전용량은 0.02pF/cm²이다. 3300V의 전압이 인가되어 있는 전선에 접근하여 작업을 할 때 인체에 축적되는 정전기 에너지(J)는?

① 5.445×10^{-2} ② 5.445×10^{-4}
③ 2.723×10^{-2} ④ 2.723×10^{-4}

해설 정전기 에너지(E)

$$E = \frac{1}{2}CV^2$$
$$= \frac{1}{2} \times 0.02 \mathrm{PF/cm^2} \times \frac{1\mathrm{F}}{10^{12}\mathrm{PF}} \times \frac{100^2\mathrm{cm^2}}{1\mathrm{m^2}}$$
$$\times 0.5m^2 \times 3300^2$$
$$= 5.445 \times 10^{-4} \mathrm{J}$$

76 화재가 발생하였을 때 조사해야 하는 내용으로 가장 관계가 먼 것은?

① 발화원   ② 착화물
③ 출화의 경과   ④ 응고물

해설 전기화재 발생시 조치사항 : 발화원, 착화물, 출화의 경과(발화 형태)

77 제 3종 접지공사를 시설하여야 하는 장소가 아닌 것은?

① 금속몰드 배선에 사용하는 몰드
② 고압계기용 변압기의 2차측 전로
③ 고압용 금속제 케이블트레이 계통의 금속트이
④ 400V 미만의 저압용 기계기구의 철대 및 금속제 외함

해설 제 3종 접지시설을 하여야 할 장소
1) 철주, 철탑 등
2) 교류전차선과 교차하는 고압전선로의 완금
3) 주상에 시설하는 고압콘덴서, 고압전압조정기 및 고압개폐기 등 기기의 외함
4) 옥내 또는 지상에 시설하는 400V 이하의 저압 기계·기구의 철대, 외함
5) 고압계기용 변압기의 2차측전로
6) 보호망 및 보호선

[참고] 법규 개정 : 본 문제는 학습에서 제외시키십시오.

78 감전사고 방지대책으로 틀린 것은?

① 설비의 필요한 부분에 보호접지 실시
② 노출된 충전부에 통전망 설치
③ 안전전압 이하의 전기기기 사용
④ 전기기기 및 설비의 정비

해설 감전사고의 방지대책 : 전기설비에 대한 누전차단기 설치, 안전전압 이하의 전기기기 사용, 전기기기 및 설비의 정비, 설비의 필요한 부분에 보호접지 실시, 전기작업 시 안전보호구의 착용 및 안전 장비의 사용 등이 있다.

■ 정답 ■ 73.③ 74.① 75.② 76.④ 77.③ 78.②

79 전자파 중에서 광량자 에너지가 가장 큰 것은?

① 극저주파 ② 마이크로파
③ 가시광선 ④ 적외선

해설 전자파의 광량자에너지

구분	광량자에너지(eV)
가시광선	1.7 ~ 3.1
적외선	1.2×10^{-3} ~ 1.7
마이크로파	1.2×10^{-6} ~ 1.2×10^{-3}
라디오파	1.2×10^{-11} ~ 1.2×10^{-6}
극저주파	1.2×10^{-11} 이하

80 다음 중 폭발위험장소에 전기설비를 설치할 때 전기적인 방호조치로 적절하지 않은 것은?

① 다상 전기기기는 결상운전으로 인한 과열방지 조치를 한다.
② 배선은 단락·지락 사고시의 영향과 과부하로부터 보호한다.
③ 자동차단이 점화의 위험보다 클 때는 경보장치를 사용한다.
④ 단락보호장치는 고장상태에서 자동복구 되도록 한다.

해설 ④항, 단락보호 및 지락보호장치는 고장상태에서 자동개폐로 되지 않아야 한다.

제5과목 / 화학설비위험방지기술

81 위험물안전관리법령상 제1류 위험물에 해당하는 것은?

① 과염소산나트륨 ② 과염소산
③ 과산화수소 ④ 과산화벤조일

해설 제 1류 위험물 산화성고체의 품명 및 종류
1) **아염소산염류** : 아염소산나트륨, 아염소산칼륨 등
2) **염소산염류** : 염소산나트륨, 염소산칼륨, 염소산암모늄, 염소산칼슘 등
3) **과염소산염류** : 과염소산나트륨, 과염소산칼륨, 과염소산암모늄 등
4) **무기과산화물** : 과산화나트륨, 과산화 칼륨 등
5) 기타 브롬산염류, 질산염류, 요오드산염류, 과망간산염류, 중크롬산염류 등

82 수분을 함유하는 에탄올에서 순수한 에탄올을 얻기 위해 벤젠과 같은 물질은 첨가하여 수분을 제거하는 증류 방법은?

① 공비증류 ② 추출증류
③ 가압증류 ④ 감압증류

해설 공비증류 : 비점 차이가 상당히 큰 (100℃ 이상) 물질의 혼합물 증류 시 단수를 증가하거나 환류를 증가하여도 어느 한도 이상으로는 분리할 수 없는 경우가 있는데 이와 같은 혼합물을 공비혼합물이라 한다.
1) 2성분계가 공비혼합물인 경우 분리방법은 추출증류와 같이 제 3의 성분을 첨가하는 방법을 사용한다.
2) 공비증류는 알코올-물계와 같이 상호 용해하고 있는 혼합물에서 물을 제거하는데 사용되는 경우가 많으며 첨가물로 벤젠을 사용한다.

■ 정답 ■ 79.③ 80.④ 81.① 82.①

83 안전밸브 전단·후단에 자물쇠형 또는 이에 준하는 형식의 차단밸브 설치를 할 수 있는 경우에 해당하지 않는 것은?

① 자동압력조절밸브와 안전밸브 등이 직렬로 연결된 경우
② 화학설비 및 그 부속설비에 안전밸브 등이 복수방식으로 설치되어 있는 경우
③ 열팽창에 의하여 상승된 압력을 낮추기 위한 목적으로 안전밸브가 설치된 경우
④ 인접한 화학설비 및 그 부속설비에 안전밸브 등이 각각 설치되어 있고, 해당 화학설비 및 그 부속설비의 연결배관에 차단밸브가 없는 경우

해설 차단밸브의 설치 금지(안전보건규칙 제266조) : 안전밸브 등의 전단 · 후단에 차단밸브를 설치해서는 아니 된다. 다만, 다음 각 호에 해당하는 경우에는 자물쇠형 또는 이에 준하는 형식의 차단밸브를 설치할 수 있다.
  1) 인접한 화학설비 및 그 부속설비에 안전밸브 등이 이중으로 설치되어 있고, 해당 화학설비 및 그 부속설비의 연결배관에 차단밸브가 없는 경우
  2) 안전밸브 등의 배출용량의 2분의 1 이상에 해당하는 용량의 자동압력제어밸브(구동용 동력원의 공급을 차단하는 경우 열리는 구조인 것으로 한정)와 안전밸브 등이 병렬로 연결된 경우
  3) 화학설비 및 그 부속설비에 안전밸브 등이 복수방식으로 설치되어 있는 경우
  4) 예비용 설비를 설치하고 각각의 설비에 안전밸브 등이 설치되어 있는 경우
  5) 열팽창에 의하여 상승된 압력을 낮추기 위한 목적으로 안전밸브가 설치된 경우
  6) 하나의 플레어 스택(flare stack)에 둘 이상의 단위공정의 플레어 헤더(flare header)를 연결하여 사용하는 경우로서 각각의 단위공정의 플레어헤더에 설치된 차단밸브의 열림 · 닫힘 상태를 중앙제어실에서 알 수 있도록 조치한 경우

84 공기 중 아세톤의 농도가 200ppm(TLV 500ppm), 메틸에틸케톤(MEK)의 농도가 100ppm(TLV 200ppm)일 때 혼합물질의 허용농도(ppm)는? (단, 두 물질은 서로 상가작용을 하는 것으로 가정한다.)

① 150　　② 200
③ 270　　④ 333

해설 혼합물의 허용농도(C)

$$C = \frac{C_1 + C_2 + \cdots + C_n}{\frac{C_1}{TLV_1} + \frac{C_2}{TLV_2} + \cdots + \frac{C_n}{TLV_n}}$$

$$= \frac{200 + 100}{\frac{200}{500} + \frac{100}{200}} = 333.33 \text{ppm}$$

85 위험물을 산업안전보건법령에서 정한 기준량 이상으로 제조하거나 취급하는 설비로서 특수화학설비에 해당되는 것은?

① 가열시켜 주는 물질의 온도가 가열되는 위험물질의 분해온도보다 높은 상태에서 운전되는 설비
② 상온에서 게이지 압력으로 200kPa의 압력으로 운전되는 설비
③ 대기압 하에서 300℃로 운전되는 설비
④ 흡열반응이 행하여지는 반응설비

해설 특수화학설비의 종류(안전보건규칙) : 위험물질의 기준량 이상으로 제조 또는 취급되는 다음 각 호의 화학설비
  1) 발열반응이 일어나는 반응장치
  2) 증류 · 정류 · 증발 · 추출 등 분리를 행하는 장치
  3) 가열시켜주는 물질의 온도가 가열되는 위험물질의 분해온도 또는 발화점 보다 높은 상태에서 운전되는 설비
  4) 반응폭주 등 이상화학반응에 의하여 위험물질이 발생할 우려가 있는 설비
  5) 온도가 350℃ 이상이거나 980kPa 이상인 상태에서 운전되는 설비
  6) 가열로 또는 가열기

■ 정답 ■ 83.① 84.④ 85.①

86 포스겐가스 누설검지의 시험지로 사용되는 것은?

① 연당지   ② 염화파라듐지
③ 하리슨시험지   ④ 초산벤젠지

해설 가스검지 시험지법

검지가스	시험지	반응(변색)
1) 암모니아(NH_3)	적색 리트머스지	청색
2) 염소(Cl_2)	KI-전분지	청갈색
3) 포스겐($COCl_2$)	하리슨 시험지	유자색
4) 시안화수소(HCN)	초산 벤젠지	청색
5) 일산화탄소(CO)	염화팔라듐지	흑색
6) 황화수소(H_2S)	초산납시험지(연당지)	회흑색
7) 아세틸렌(C_2H_2)	염화제1동착염지	적갈색

87 다음 중 누설 발화형 폭발재해의 예방 대책으로 가장 거리가 먼 것은?

① 발화원 관리
② 밸브의 오동작 방지
③ 가연성 가스의 연소
④ 누설물질의 검지 경보

해설 누설 발화형(착화형)폭발재해의 예방대책
1) ①, ②, ④항
2) 누설방지를 위한 안전설계, 재료선택, 보전검사의 실시
3) 밸브 조작 등의 안전조업에 대한 교육 훈련

88 산업안전보건법령상 대상 설비에 설치된 안전밸브에 대해서는 경우에 따라 구분된 검사주기마다 안전밸브가 적정하게 작동하는지 검사하여야 한다. 화학공정 유체와 안전밸브의 디스크 또는 시트가 직접 접촉될 수 있도록 설치된 경우의 검사주기로 옳은 것은?

① 매년 1회 이상   ② 2년마다 1회 이상
③ 3년마다 1회 이상   ④ 4년마다 1회 이상

해설 안전밸브의 검사주기(안전보건규칙 제 216조)
1) 화학공정 유체와 안전밸브의 디스크 또는 시트가 직접 접촉될 수 있도록 설치된 경우 : 매년 1회 이상
2) 안전밸브 전단에 파열판이 설치된 경우 : 2년마다 1회 이상
3) 공정안전보고서 제출 대상으로서 고용노동부 장관이 실시하는 공정안전보고서 이행상태 평가결과가 우수한 사업장의 안전밸브의 경우 : 4년마다 1회 이상

89 산업안전보건법령상 다음 내용에 해당하는 폭발위험장소는?

20종 장소 밖으로서 분진운 형태의 가연성 분진이 폭발농도를 형성할 정도의 충분한 양이 정상 작동 중에 존재할 수 있는 장소를 말한다.

① 21종 장소   ② 22종 장소
③ 0종 장소   ④ 1종 장소

해설 분진폭발위험장소의 분류

분류	적요	예
20종 장소	분진운 형태의 가연성 분진이 폭발농도를 형성할 정도로 충분한 양이 정상 작동 중에 연속적으로 또는 자주 존재하거나, 제어할 수 없을 정도의 양 및 두께의 분진층이 형성될 수 있는 장소	호퍼·분진저장소·집진장치·피터 등의 내부
21종 장소	20종 장소외의 장소로서, 분진운 형태의 가연성 분진이 폭발농도를 형성할 정도의 충분한 양이 정상작동중에 존재할 수 있는 장소	집진장치·백필터·배기구 등의 주위, 이송밸트 샘플링 지역 등
22종 장소	21종 장소외의 장소로서, 가연성 분진운 형태가 드물게 발생 또는 단기간 존재할 우려가 있거나, 이상작동 상태재하에서 가연성 분진층이 형성될 수 있는 장소	21종 장소에서 예방조치가 취하여진 지역, 환기설비 등과 같은 안전장치 배출구 주위 등

■ 정답 ■ 86.③ 87.③ 88.① 89.①

90 Li과 Na에 관한 설명으로 틀린 것은?

① 두 금속 모두 실온에서 자연발화의 위험성이 있으므로 알코올 속에 저장해야 한다.
② 두 금속은 물과 반응하여 수소기체를 발생한다.
③ Li은 비중 값이 물보다 작다.
④ Na는 은백색의 무른 금속이다.

해설 Li(리튬), Na(나트륨)저장법
1) 물과의 접촉을 절대 피한다.
2) 석유 등의 보호액을 넣은 내통에 밀봉하여 저장한다.

91 압축하면 폭발할 위험성이 높아 아세톤 등에 용해시켜 다공성 물질과 함께 저장하는 물질은?

① 염소   ② 아세틸렌
③ 에탄   ④ 수소

해설 아세틸렌(C_2H_2)
1) 아세틸렌의 폭발성
① 화합폭발 : C_2H_2는 Ag(은), Hg(수은),Cu(구리)와 반응하여 폭발성의 금속아세틸리드를 생성한다.
② 분해폭발 : C_2H_2는 1기압 이상으로 가압하면 분해폭발을 일으킨다.
③ 산화폭발 : C_2H_2는 공기 중에서 산소와 반응하여 연소폭발을 일으킨다.
2) 아세틸렌의 충전 : C_2H_2는 가압하면 분해폭발을 하므로 아세톤 등에 침윤시켜 다공성물질이 들어있는 용기에 충전시킨다.

92 다음 중 인화점에 관한 설명으로 옳은 것은?

① 액체의 표면에서 발생한 증기농도가 공기중에서 연소하한 농도가 될 수 있는 가장 높은 액체온도
② 액체의 표면에서 발생한 증기농도가 공기중에서 연소상한 농도가 될 수 있는 가장 낮은 액체온도
③ 액체의 표면에 발생한 증기농도가 공기 중에서 연소하한 농도가 될 수 있는 가장 낮은 액체온도
④ 액체의 표면에서 발생한 증기농도가 공기 중에서 연소상한 농도가 될 수 있는 가장 높은 액체온도

해설 연소의 특성
1) 인화점 : 가연성 증기에 점화원을 주었을 때 연소가 시작되는 최저온도
2) 발화점 : 가연물을 가열할 때 점화원이 없이 스스로 연소가 시작되는 최저온도
3) 연소범위(폭발범위) : 가연성가스(또는 증기)와 공기(또는 산소)와의 혼합가스에 점화원을 주었을 때 연소(폭발)가 일어나는 혼합가스의 농도범위(부피%)
① 낮은 쪽을 폭발 하한계, 높은 쪽을 폭발 상한계라 한다.
② 온도와 압력이 높을수록 폭발범위는 넓어진다.

93 산업안전보건기준에 관한 규칙에서 정한 위험물질의 종류에서 "물반응성 물질 및 인화성 고체"에 해당하는 것은?

① 질산에스테르류   ② 니트로화합물
③ 칼륨·나트륨   ④ 니트로소화합물

해설 물반응성물질 및 인화성고체(안전보건규칙)
1) 리튬
2) 칼륨 · 나트륨
3) 황
4) 황린
5) 황화인 · 적린
6) 셀룰로이드류
7) 알킬알루미늄 · 알킬리튬
8) 마그네슘분말
9) 금속분말(마그네슘분말은 제외)
10) 알칼리금속(리튬 · 칼륨 및 나트륨은 제외)
11) 유기금속화합물(알킬알루미늄 및 알킬리튬은 제외)
12) 금속의 수소화물
13) 금속의 인화물
14) 칼슘탄화물 · 알루미늄탄화물

■ 정답 ■ 90.① 91.② 92.③ 93.③

94 분진폭발의 특징에 관한 설명으로 옳은 것은?

① 가스폭발보다 발생에너지가 작다.
② 폭발압력과 연소속도는 가스폭발보다 크다.
③ 입자의 크기, 부유성 등이 분진폭발에 영향을 준다.
④ 불완전연소로 인한 가스중독의 위험성은 작다.

해설 분진폭발의 특징
1) 가스폭발보다 발생에너지가 크다.
2) 연소속도나 폭발압력은 가스폭발보다 작지만 가해지는 힘(파괴력)은 매우 크다.
3) 불완전연소로 인한 가스중독의 위험성이 크다.

95 다음 중 질식소화에 해당하는 것은?

① 가연성 기체의 분출화재시 주 밸브를 닫는다.
② 가연성 기체의 연쇄반응을 차단하여 소화한다.
③ 연료 탱크를 냉각하여 가연성 가스의 발생 속도를 작게 한다.
④ 연소하고 있는 가연물이 존재하는 장소를 기계적으로 폐쇄하여 공기의 공급을 차단한다.

해설 질식소화 : 산소공급을 차단하여 소화하는 방법

96 공기 중에서 A 물질의 폭발하한계가 4vol%, 상한계가 75vol%라면 이 물질의 위험도는?

① 16.75
② 17.75
③ 18.75
④ 19.75

해설 A물질 위험도(H)

$$H = \frac{U-L}{L} = \frac{75-4}{4} = 17.75$$

97 다음 중 분진이 발화 폭발하기 위한 조건으로 거리가 먼 것은?

① 불연성질
② 미분상태
③ 점화원의 존재
④ 산소 공급

해설
1) 분진폭발의 발생순서
① 퇴적분진 → ② 비산 → ③ 분산 → ④ 발화원발생 → ⑤ 전면폭발 → ⑥ 2차 폭발
2) 분진이 발화폭발하기 위한 조건
① 가연성
② 미분상태
③ 지연성가스(공기) 중에서의 교반과 유동
④ 점화원의 존재

98 다음 중 폭발한계(vol%)의 범위가 가장 넓은 것은?

① 메탄
② 부탄
③ 톨루엔
④ 아세틸렌

해설 각 가스의 폭발한계의 범위

메탄 (CH_4)	부탄 (C_4H_{10})	톨루엔 ($C_6H_5CH_3$)	아세틸렌 (C_2H_2)
5~15 vol%	1.8~8.4 vol%	1.4~6.7 vol%	2.5~81 vol%

99 다음 중 최소발화에너지(E[J])를 구하는 식으로 옳은 것은? (단, I는 전류[A], R은 저항[Ω], V는 전압[V], C는 콘덴서용량[F], T는 시간[초]이라 한다.)

① $E = I^2RT$
② $E = 0.24I^2\sqrt{R}$
③ $E = \frac{1}{2}CV^2$
④ $E = \frac{1}{2}\sqrt{C^2V}$

해설 최소발화 에너지(E : J)

$$E = \frac{1}{2}CV^2$$

여기서, C : 정전용량 (F ; 패럿)
V : 대전전위 (전압, V)

$$V = \sqrt{\frac{2E}{C}}$$

■ 정답 ■ 94.③ 95.④ 96.② 97.① 98.④ 99.③

100 다음 중 관의 지름을 변경하고자 할 때 필요한 관 부속품은?

① elbow ② reducer
③ plug   ④ valve

해설
1) elbow : 서로 어떤 각을 이루는 관의 접속에 이용되는 관이음
2) reducer : 지름이 서로 다른 관을 접속하는 데 사용하는 관 이음쇠
3) plug : 관 끝 또는 구멍을 막는데 사용하는 나사붙이 마개
4) valve : 관 속을 흐르는 기체 또는 액체의 유입, 유출 및 이를 조절하는 장치 또는 부품의 총칭

제6과목 / 건설안전기술

101 다음 중 지하수위 측정에 사용되는 계측기는? (문제 오류로 가답안 발표시 4번으로 발표되었지만 확정 답안 발표시 모두 정답처리 되었습니다. 여기서는 가답안인 4번을 누르면 정답 처리 됩니다.)

① Load Cell   ② Inclinometer
③ Extensometer ④ Piezometer

해설 토공사에 사용되는 계측기기
1) 간극수압계 : 피에조 미터(piezo meter)
2) 경사계 : 인클리노 미터(inclino meter)
3) 인접구조물 기울기 측정 : 틸트 미터(tilt meter)
4) 버팀대 변형 측정계 : 스트레인게이지(strain gauge)
5) 인접구조물의 균열측정 : 크랙 게이지(crack gauge)
6) 지중침하계 : 익스텐션 미터(extension meter)
7) 하중계 : 로드 셀(load cell)
8) 토압측정계 : soil pressure gauge

102 이동식비계를 조립하여 작업을 하는 경우에 준수하여야 할 기준으로 옳지 않은 것은?

① 승강용사다리는 견고하게 설치할 것
② 비계의 최상부에서 작업을 하는 경우에는 안전난간을 설치할 것
③ 작업발판의 최대적재하중은 400kg을 초과하지 않도록 할 것
④ 작업발판은 항상 수평을 유지하고 작업발판 위에서 안전난간을 딛고 작업을 하거나 받침대 또는 사다리를 사용하여 작업하지 않도록 할 것

해설 이동식비계를 조립하여 작업을 할 때 준수사항
1) 이동식 비계의 바퀴에는 뜻밖의 갑작스러운 이동을 방지하기위하여 브레이크·쐐기 등으로 바퀴를 고정시킨 다음 비계의 일부를 견고한 시설물에 잡아매는 등의 조치를 할 것
2) 승강용사다리는 견고하게 설치할 것
3) 비계의 최상부에서 작업을 할 때에는 안전난간을 설치할 것
4) 작업발판은 항상 수평으로 유지하고 작업발판 위에서 안전난간을 딛고 작업을 하거나 받침대 또는 사다리를 사용하여 작업하지 않도록 할 것
5) 작업발판의 최대적재하중은 250kg을 초과하지 않도록 할 것

103 사면 보호 공법 중 구조물에 의한 보호공법에 해당되지 않는 것은?

① 블록공
② 식생구멍공
③ 돌쌓기공
④ 현장타설 콘크리트 격자공

해설
1) 구조물에 의한 사면 보호공법
   ① 현장타설 콘크리트 공법(콘크리트 틀에 의한 공법)
   ② 콘크리트 블록과 돌쌓기 공법(표면 돌붙임 공법)
2) 식생에 의한 사면보호공법
3) 떼입공법 등

■ 정답 ■ 100.② 101.전항 정답 102.③ 103.②

104 유해위험방지계획서를 고용노동부장관에게 제출하고 심사를 받아야 하는 대상 건설공사 기준으로 옳지 않은 것은?

① 최대 지간길이가 50m 이상인 다리의 건설 등 공사
② 지상높이 25m 이상인 건축물 또는 인공구조물의 건설등 공사
③ 깊이 10m 이상인 굴착공사
④ 다목적댐, 발전용댐, 저수용량 2천만톤 이상의 용수 전용 댐 및 지방상수도 전용 댐의 건설등 공사

해설 건설업 중 유해위험방지계획서 제출대상 사업장 (시행규칙 제 120조 제 4항)
1) 지상높이가 31m 이상인 건축물 또는 인공 구조물, 연면적 3만㎡ 이상인 건축물 또는 연면적 5천㎡ 이상의 문화 및 집회시설(전시장 및 동물원·식물원은 제외), 판매시설, 운수시설(고속철도의 역사 및 집·배송시설은 제외), 종교시설, 의료시설 중 종합병원, 숙박시설 중 관광숙박시설, 지하도 상가 또는 냉동·냉장 창고시설의 건설·개조 또는 해체(이하 "건설등"이라 한다.)
2) 연면적 5천㎡ 이상의 냉동·냉장 창고시설의 설비공사 및 단열공사
3) 최대 지간길이가 50m 이상인 교량건설 등 공사
4) 터널 건설 등의 공사
5) 다목적댐, 발전용댐 및 저수용량 2천만 톤 이상의 용수 전용 댐, 지방상수도 전용댐건설 등의 공사
6) 깊이 10m 이상인 굴착공사

105 거푸집동바리 등을 조립하는 경우에 준수하여야 하는 기준으로 옳지 않은 것은?

① 동바리로 사용하는 파이프 서포트를 이어서 사용하는 경우에는 3개 이상의 볼트 또는 전용철물을 사용하여 이을 것
② 동바리로 사용하는 강관은 높이 2m이내마다 수평연결재를 2개 방향으로 만들 것
③ 깔목의 사용, 콘크리트 타설, 말뚝박기 등 동바리의 침하를 방지하기 위한 조치를 할 것
④ 동바리로 사용하는 파이프 서포트를 3개 이상 이어서 사용하지 않도록 할 것

해설 거푸집의 동바리로 사용하는 파이프 서포트에 대한 설치 기준
1) 파이프 서포트를 3본 이상 이어서 사용하지 아니하도록 할 것
2) 파이프 서포트를 이어서 사용할 때에는 4개 이상의 볼트 또는 전용철물을 사용하여 이을 것
3) 높이가 3.5m를 초과할 때에는 높이가 2m 이내마다 수평연결재를 2개 방향으로 만들고 수평연결재의 변위를 방지할 것

길잡이 거푸집동바리 조립시 준수사항(거푸집 동바리 등의 안전조치)
1) 깔목의 사용, 콘크리트 타설(打設), 말뚝박기 등 동바리의 침하를 방지하기 위한 조치를 할 것
2) 개구부 상부에 동바리를 설치하는 때에는 상부하중을 견딜 수 있는 견고한 받침대를 설치할 것
3) 동바리의 상하고정 및 미끄러짐 방지조치를 하고, 하중의 지지상태를 유지할 것
4) 동바리의 이음은 맞댄이음 또는 장부이음으로 하고 같은 품질의 재료를 사용할 것
5) 강재와 강재와의 접속부 및 교차부는 볼트·클램프 등 전용철물을 사용하여 단단히 연결할 것
6) 거푸집이 곡면인 때에는 버팀대의 부착 등 그 거푸집의 부상(浮上)을 방지하기 위한 조치를 할 것

106 안전계수가 4이고 2000MPa의 인장강도를 갖는 강선의 최대허용응력은?

① 500MPa
② 1000MPa
③ 1500MPa
④ 2000MPa

해설 안전계수 = $\frac{파괴하중(인장강도)}{허용응력}$

허용응력 = $\frac{인장강도}{안전계수} = \frac{2000MPa}{4} = 500MPa$

■ 정답 ■ 104.② 105.① 106.①

107 가설통로를 설치하는 경우 준수하여야 할 기준으로 옳지 않은 것은?

① 경사는 30° 이하로 할 것
② 경사가 15°를 초과하는 경우에는 미끄러지지 아니하는 구조로 할 것
③ 추락할 위험이 있는 장소에는 안전난간을 설치할 것
④ 수직갱에 가설된 통로의 길이가 15m 이상인 경우에는 7m 이내마다 계단참을 설치할 것

해설 가설통로 설치 시 준수사항
1) 견고한 구조로 할 것
2) 경사는 30°이하로 할 것 (계단을 설치하거나 높이 2m 미만의 가설통로로서 튼튼한 손잡이를 설치한 때에는 그러하지 아니하다)
3) 경사가 15°를 초과하는 때에는 미끄러지지 아니하는 구조로 할 것
4) 추락의 위험이 있는 장소에는 안전난간을 설치할 것(작업상 부득이 한 때에는 필요한 부분에 한하여 임시로 이를 해체할 수 있다)
5) 수직갱에 가설된 통로의 길이가 15m 이상인 때에는 10m 이내마다 계단참을 설치할 것
6) 건설공사에서 사용하는 높이 8m 이상인 비계다리에는 7m 이내마다 계단을 설치할 것

108 터널공사의 전기발파작업에 관한 설명으로 옳지 않은 것은?

① 전선은 점화하기 전에 화약류를 충진한 장소로부터 30m이상 떨어진 안전한 장소에서 도통시험 및 저항시험을 하여야 한다.
② 점화는 충분한 허용량을 갖는 발파기를 사용하고 규정된 스위치를 반드시 사용하여야 한다.
③ 발파 후 발파기와 발파모선의 연결을 유지한 채 그 단부를 절연시킨 후 재점화가 되지 않도록 한다.
④ 점화는 선임된 발파책임자가 행하고 발파기의 핸들을 점화할 때 이외는 시건장치를 하거나 모선을 분리하여야 하며 발파책임자의 엄중한 관리 하에 두어야 한다.

해설 ③항, 발파 후 즉시 발파모선을 발파기로부터 분리하고 그 단부를 절연시킨 후 재점화가 되지 않도록 하여야 한다.

109 화물을 적재하는 경우의 준수사항으로 옳지 않은 것은?

① 침하 우려가 없는 튼튼한 기반 위에 적재할 것
② 건물의 칸막이나 벽 등이 화물의 압력에 견딜 만큼의 강도를 지니지 아니한 경우에는 칸막이나 벽에 기대어 적재하지 않도록 할 것
③ 불안정한 정도로 높이 쌓아 올리지 말 것
④ 하중을 한쪽으로 치우치더라도 화물을 최대한 효율적으로 적재할 것

해설 ④항, 하중이 한쪽으로 치우치지 않도록 적재할 것

110 터널 지보공을 조립하거나 변경하는 경우에 조치하여야 하는 사항으로 옳지 않은 것은?

① 목재의 터널 지보공은 그 터널 지보공의 각 부재에 작용하는 긴입 정도를 체크하여 그 정도가 최대한 차이나도록 할 것
② 강(鋼)아치 지보공의 조립은 연결볼트 및 띠장 등을 사용하여 주재 상호간을 튼튼하게 연결할 것
③ 기둥에는 침하를 방지하기 위하여 받침목을 사용하는 등의 조치를 할 것
④ 주재(主材)를 구성하는 1세트의 부재는 동일 평면 내에 배치할 것

해설 ①항, 목재의 터널지보공은 그 터널지보공의 각 부재의 긴압정도가 균등하게 되도록 할 것

111 발파구간 인접구조물에 대한 피해 및 손상을 예방하기 위한 건물기초에서의 허용진동치(cm/sec) 기준으로 옳지 않은 것은? (단, 기존 구조물에 금이 가 있거나 노후구조물 대상일 경우 등은 고려하지 않는다.)

① 문화재 : 0.2cm/sec
② 주택, 아파트 : 0.5cm/sec
③ 상가 : 1.0cm/sec
④ 철골콘크리트 빌딩 : 0.8 ~ 1.0cm/sec

해설 발파구간 인접 구조물에 대한 피해 및 손상을 예방하기 위한 허용진동치 기준

건물분류	건물 기초에서의 허용진동치(cm/초)
문화재	0.2
주택, 아파트	0.5
상가(금이 없는 상태)	1.0
철골콘크리트 빌딩 및 상가	1.0~4.0

112 거푸집동바리동을 조립 또는 해체하는 작업을 하는 경우의 준수사항으로 옳지 않은 것은?

① 재료, 기구 또는 공구 등을 올리거나 내리는 경우에는 근로자로 하여금 달줄·달포대 등의 사용을 금하도록 할 것
② 낙하·충격에 의한 돌발적 재해를 방지하기 위하여 버팀목을 설치하고 거푸집동바리 등을 인양장비에 매단 후에 작업을 하도록 하는 등 필요한 조치를 할 것
③ 비, 눈, 그 밖의 기상상태의 불안정으로 날씨가 몹시 나쁜 경우에는 그 작업을 중지할 것
④ 해당 작업을 하는 구역에는 관계 근로자가 아닌 사람의 출입을 금지할 것

해설 ①항, 재료 기구 또는 공구 등을 올리거나 내리는 경우에는 근로자로 하여금 달줄 또는 달포대 등을 사용하도록 할 것

113 강관을 사용하여 비계를 구성하는 경우 준수하여야 할 기준으로 옳지 않은 것은?

① 비계기둥의 간격은 띠장 방향에서는 1.85m 이하, 장선(長線) 방향에서는 1.5m 이하로 할 것
② 띠장 간격은 2.0m 이하로 할 것
③ 비계기둥의 제일 윗부분으로부터 31m 되는 지점 밑부분의 비계기둥은 3개의 강관으로 묶어 세울 것
④ 비계기둥 간의 적재하중은 400kg을 초과하지 않도록 할 것

해설 강관비계의 구조 : 강관을 사용하여 비계를 구성할 때의 준수사항
1) 비계기둥의 간격은 띠장방향에서는 1.85m 이하, 장선방향에서는 1.5m 이하로 할 것
2) 띠장간격은 2.0m 이하로 할 것
3) 비계기둥의 최고부로부터 31m 되는 지점 밑부분의 비계기둥은 2개의 강관으로 묶어 세울 것 (브라켓 등으로 보강하여 그 이상의 강도가 유지되는 경우에는 그러하지 아니하다)
4) 비계기둥 간의 적재하중은 400kg을 초과하지 아니하도록 할 것

114 공사진척에 따른 공정율이 다음과 같을 때 안전관리비 사용기준으로 옳은 것은? (단, 공정율은 기성공정율을 기준으로 함)

> 공정율 : 70퍼센트 이상, 90퍼센트 미만

① 50퍼센트 이상   ② 60퍼센트 이상
③ 70퍼센트 이상   ④ 80퍼센트 이상

해설 공사진척에 따른 안전관리비 사용 기준

공정률	50% 이상 70% 미만	70% 이상 90% 미만	90% 이상
사용기준	50% 이상	70% 이상	90% 이상

■ 정답 ■ 111.④ 112.① 113.③ 114.③

115 차량계 건설기계를 사용하여 작업을 하는 경우 작업계획서 내용에 포함되지 않는 사항은?

① 사용하는 차량계 건설기계의 종류 및 성능
② 차량계 건설기계의 운행경로
③ 차량계 건설기계에 의한 작업방법
④ 차량계 건설기계 사용 시 유도자 배치 위치

해설 차량계 건설기계 작업 시 작업계획서에 포함되어야 할 사항
1) 사용되는 차량계 건설기계의 종류 및 성능
2) 차량계 건설기계의 운행경로
3) 차량계 건설기계에 의한 작업방법

116 지하수위 상승으로 포화된 사질토 지반의 액상화 현상을 방지하기 위한 가장 직접적이고 효과적인 대책은?

① well point 공법 적용
② 동다짐 공법 적용
③ 입도가 불량한 재료를 입도가 양호한 재료로 치환
④ 밀도를 증가시켜 한계간극비 이하로 상대밀도를 유지하는 방법 강구

해설 well point 공법
1) 출 수가 많고 깊은 터 파기에서 진공펌프와 원심펌프를 병용하는 지하수 배수에 의해 지하수위를 낮추는 공법이다.
2) 사질토, 실트층 등 투수성이 좋은 지반에는 효율이 좋으나 점토질 등 투수성이 나쁜 지반에는 효율이 나쁘다.
3) 흙막이 토질 악화를 예방하고, 흙막이 토압을 낮추며 기초 파기 공사를 용이하게 하고 지내력을 증가시킨다.

117 크레인 등 건설장비의 가공전선로 접근 시 안전대책으로 옳지 않은 것은?

① 안전 이격거리를 유지하고 작업한다.
② 장비를 가공전선로 밑에 보관한다.
③ 장비의 조립, 준비 시부터 가공전선로에 대한 감전 방지 수단을 강구한다.
④ 장비 사용 현장의 장애물, 위험물 등을 점검 후 작업계획을 수립한다.

해설 장비는 가공전선로 밑을 피하여 보관한다.

118 흙의 투수계수에 영향을 주는 인자에 관한 설명으로 옳지 않은 것은?

① 포화도 : 포화도가 클수록 투수계수도 크다.
② 공극비 : 공극비가 클수록 투수계수는 작다.
③ 유체의 점성계수 : 점성계수가 클수록 투수계수는 작다.
④ 유체의 밀도 : 유체의 밀도가 클수록 투수계수는 크다.

해설 공극비 : 공극비가 클수록 투수계수는 크다.

119 산업안전보건법령에서 규정하는 철골작업을 중지하여야 하는 기후조건에 해당하지 않는 것은?

① 풍속이 초당 10m 이상인 경우
② 강우량이 시간당 1mm 이상인 경우
③ 강설량이 시간당 1cm 이상인 경우
④ 기온이 영하 5℃ 이하인 경우

해설 철골작업을 중지해야 할 기상조건
1) 풍속 : 10m/sec 이상
2) 강우량 : 1mm/hr 이상
3) 강설량 : 1cm/hr 이상

120 미리 작업장소의 지형 및 지반상태 등에 적합한 제한속도를 정하지 않아도 되는 차량계 건설기계의 속도 기준은?

① 최대 제한 속도가 10km/h 이하
② 최대 제한 속도가 20km/h 이하
③ 최대 제한 속도가 30km/h 이하
④ 최대 제한 속도가 40km/h 이하

해설 차량계건설기계의 속도기준 : 최대 제한속도가 10km/hr 이하

■ 정답 ■ 115.④ 116.① 117.② 118.② 119.④ 120.①

2024년 2회 CBT 복원 기출문제

산업안전기사

제1과목 / 안전관리론

01 한 사람, 한 사람의 위험에 대한 감수성 향상을 도모하기 위하여 삼각 및 원 포인트 위험예지훈련을 통합한 활용기법은?

① 1인 위험예지훈련
② TBM 위험예지훈련
③ 자문자답 위험예지훈련
④ 시나리오 역할연기훈련

해설 1인 위험예지훈련 : 본문설명

02 재해예방의 4원칙에 관한 설명으로 틀린 것은?

① 재해의 발생에는 반드시 원인이 존재한다.
② 재해의 발생과 손실의 발생은 우연적이다.
③ 재해를 예방할 수 있는 안전대책은 반드시 존재한다.
④ 재해는 원인 제거가 불가능하므로 예방만이 최선이다.

해설 재해예방의 4원칙
1) 손실우연의 원칙 : 재해손실은 사고발생시 사고 대상의 조건에 따라 달라지므로 사고의 결과로서 생긴 재해손실은 우연성에 의해 결정된다.
2) 원인계기의 원칙 : 사고와 원인관계는 필연적으로, 재해발생은 반드시 원인이 있다.
3) 예방가능의 원칙 : 재해는 원칙적으로 원인만 제거되면 예방이 가능하다.
4) 대책선정의 원칙 : 재해예방을 위한 안전대책은 반드시 존재한다.

03 제일선의 감독자를 교육대상으로 하고, 작업을 지도하는 방법, 작업개선방법 등의 주요 내용을 다루는 기업 내 교육방법은?

① TWI   ② MTP
③ ATT   ④ CCS

해설 TWI(training within industry)
1) 교육대상 : 감독자
2) 교육내용
   ① JI(job instruction) : 작업지도 기법
   ② JM(job method) : 작업개선 기법
   ③ JR(job relation) : 인간관계 관리기법(부하통솔기법)
   ④ JS(job safety) : 작업안전기법
3) 교육방법 : 한 클래스는 10명 정도, 교육방법은 토의법, 1일 2시간씩 5일에 걸쳐 10시간 정도 행한다.

04 사고의 원인분석방법에 해당하지 않는 것은?

① 통계적 원인분석   ② 종합적 원인분석
③ 클로즈(close)분석 ④ 관리도

해설 통계적 원인 분석 방법
1) 파렛토도 : 분류항목을 큰 순서대로 도표화한 분석법
2) 특성 요인도 : 특성과 요인관계를 도표로하여 어골상으로 세분화 한 분석법
3) 클로즈(Close)분석 : 데이터(data)를 집계하고 표로 표시하여 요인별 결과 내역을 교차한 클로즈 그림을 작성하여 분석하는 방법
4) 관리도 : 재해발생 건수 등의 추이를 파악하여 목표관리를 행하는데 필요한 월별 재해발생수를 그래프화하여 관리선을 설정관리하는 방법

■ 정답 ■   01.①   02.④   03.①   04.②

05 안전검사기관 및 자율검사프로그램 인정기관은 고용노동부장관에게 그 실적을 보고하도록 관련법에 명시되어 있는데 그 주기로 옳은 것은?

① 매월 ② 격월
③ 분기 ④ 반기

해설 안전검사 실적보고(제4장보칙 제9조) : 안전검사기관은 분기마다 다음달 10일까지 분기별실적과 매년 1월 20일까지 전년도 실적을 고용노동부장관에게 제출하여야 하며, 공단은 분기마다 다음달 10일까지 분기별실적과 매년 1월 20일까지 전년도 실적을 고용노동부 장관에게 제출하여야 한다.
[주] 안전검사절차에 관한 고용노동부고시 : 제2019-54호

06 다음 재해사례에서 기인물에 해당하는 것은?

> 기계작업에 배치된 작업자가 반장의 지시를 받기 전에 정지된 선반을 운전시키면서 변속치차의 덮개를 벗겨내고 치차를 저속으로 운전하면서 급유하려고 할 때 오른손이 변속치차에 맞물려 손가락이 절단되었다.

① 덮개 ② 급유
③ 선반 ④ 변속치차

해설 재해원인분석
1) 기인물 : 선반
2) 가해물 : (변속)치차
3) 재해형태(사고유형) : 협착(상해종류 : 절단)

07 주의의 수준이 Phase 0 인 상태에서의 의식상태는?

① 무의식상태 ② 의식의 이완상태
③ 명료한상태 ④ 과긴장상태

해설 의식수준 단계별 의식의 상태
1) P-0 : 무의식, 실신
2) P-Ⅰ : 의식몽롱
3) P-Ⅱ : 의식이완상태, 정상
4) P-Ⅲ : 상쾌한(명료한) 상태, 정상
5) P-Ⅳ : 과긴장, 초정상

08 보호구 안전인증 고시에 따른 분리식 방진마스크의 성능기준에서 포집효율이 특급인 경우, 염화나트륨(NaCl) 및 파라핀 오일(Paraffin oil)시험에서의 포집효율은?

① 99.95% 이상 ② 99.9% 이상
③ 99.5% 이상 ④ 99.0% 이상

해설 여과재의 등급별 분진포집효율

종별	등급	염화나트륨(NaCl) 및 파라핀 오일(Paraffin oil)시험(%)
분리식	특급	99.95(%) 이상
	1급	94.0(%) 이상
	2급	80.0(%) 이상
안면부 여과식	특급	99.0(%) 이상
	1급	94.0(%) 이상
	2급	80.0(%) 이상

09 산업안전보건법상 특별안전보건교육에서 방사선 업무에 관계되는 작업을 할 때 교육내용으로 거리가 먼 것은?

① 방사선의 유해·위험 및 인체에 미치는 영향
② 방사선 측정기기 기능의 점검에 관한 사항
③ 비상 시 응급처리 및 보호구 착용에 관한 사항
④ 산소농도측정 및 작업환경에 관한 사항

해설 방사선 업무에 관계되는 작업시 특별안전보건교육내용
1) 방사선의 유해·위험 및 인체에 미치는 영향
2) 방사선의 측정기기 기능의 점검에 관한 사항
3) 방호거리·방호벽 및 방사선 물질의 취급 요령에 관한 사항
4) 응급처치 및 보호구 착용에 관한 사항
5) 그 밖에 안전·보건관리에 필요한 사항

■ 정답 ■ 05.③ 06.③ 07.① 08.① 09.④

10 적응기제(適應機制, Adjustment Mechanism)의 종류 중 도피적 기제(행동)에 해당하지 않는 것은?

① 고립 ② 퇴행
③ 억압 ④ 합리화

해설 도피적 기제 : 욕구불만에 의한 긴장이나 압박감으로부터 벗어나기 위해서 비합리적인 행동으로 공상에 도피하고, 현실세계에서 벗어나 마음의 안정을 얻으려는 기제
1) 고립 : 현실을 피하고 자신의 내부로 도피하려는 행동기제
2) 퇴행 : 발전 단계를 역행함으로서 욕구를 충족하려는 행동기제
3) 억압 : 현실적인 필요(욕망, 감정등0를 묵살함으로서 오히려 자신의 안정을 유지하려는 기제
4) 백일몽 : 현실적으로 도저히 만족시킬 수 없는 욕구나 소원을 공상의 세계에서 이룩하려고 하는 도피의 한 형식

길잡이 방어적 기제 : 합리화, 동일시, 승화, 보상

11 인간오류에 관한 분류 중 독립행동에 의한 분류가 아닌 것은?

① 생략오류 ② 실행오류
③ 명령오류 ④ 시간오류

해설 휴먼에러의 심리적 분류(Swain)
1) omission error(생략오류) : 필요한 task또는 절차를 수행하지 않는 데 기인한 error
2) time error(시간오류) : 필요한 task 또는 절차의 수행지연으로 인한 error
3) comission error(수행적 오류) : 필요한 task 또는 절차의 불확실한 수행으로 인한 error
4) sequential error(순서적 오류) : 필요한 task 또는 절차의 순서착오로 인한 error
5) extraneous error(불필요한 오류) : 불필요한 task 또는 절차를 수행함으로써 기인한 error

길잡이 원인의 Level 적 분류
1) primary error(주과오) : 작업자 자신으로부터의 error
2) secondary error(2차과오) : 작업형태나 작업조건 중에서 다른 문제가 생겨 그 때문에 필요한 사항을 실행할 수 없는 error. 어떤 결함으로부터 파생하여 발생하는 error
3) command error(명령과오) : 요구된 것을 실행하고자 하여도 필요한 물건, 정보, 에너지 등의 공급이 없는 것처럼 작업자가 움직이려 해도 움직일 수 없으므로 발생하는 error

12 다음 중 안전·보건교육계획을 수립할 때 고려할 사항으로 가장 거리가 먼 것은?

① 현장의 의견을 충분히 반영한다.
② 대상자의 필요한 정보를 수집한다.
③ 안전교육시행체계와의 연관성을 고려한다.
④ 정부 규정에 의한 교육에 한정하여 실시한다.

해설 안전교육계획 수립시에 고려할 사항
1) 필요한 정보를 수집한다.
2) 현장의 의견을 충분히 반영한다.
3) 안전교육시행 체계와의 관련을 고려한다.
4) 법규정에 의한 교육에만 그치지 않는다.

13 하인리히의 재해 코스트 평가방식 중 직접비에 해당하지 않는 것은?

① 산재보상비 ② 치료비
③ 간호비 ④ 생산손실

해설 하인리히의 재해 코스트 평가방식에서 직접비와 간접비
1) 직접비 : 산재보상비(휴업보상비, 장해보상비, 요양보상비, 유족보상비 등) 장의비, 최료비, 간호비
2) 간접비 : 인적손실, 물적손실, 생산손실, 기타손실(병상위문금, 예비 및 통신비, 입원중의 잡비, 장의비 등)

■ 정답 ■ 10.④ 11.③ 12.④ 13.④

14 안전관리조직의 참모식(staff형)에 대한 장점이 아닌 것은?

① 경영자의 조언과 자문역할을 한다.
② 안전정보 수집이 용이하고 빠르다.
③ 안전에 관한 명령과 지시는 생산라인을 통해 신속하게 전달한다.
④ 안전전문가가 안전계획을 세워 문제해결 방안을 모색하고 조치한다.

해설 참모식(staff형) 조직의 장점·단점
1) 장점
   ① 안전전문가가 안전계획을 세워 안전에 관한 전문적인 문제해결 방안을 모색하고 조치한다.
   ② 경영자에게 조언과 자문역할을 할 수 있다.
   ③ 안전 정보수집이 빠르다.
2) 단점
   ① 안전지시나 명령이 작업자에게까지 신속·정확하게 하달되지 못한다.
   ② 생산부분은 안전에 대한 책임과 권한이 없다.
   ③ 권한다툼이나 조정 때문에 시간과 노력이 소모된다.

15 특정과업에서 에너지 소비수준에 영향을 미치는 인자가 아닌 것은?

① 작업방법   ② 작업속도
③ 작업관리   ④ 도구

해설 특정과업에서 에너지 소비수준에 영향을 미치는 인자
   1) 작업방법 2) 작업속도 3) 도구

16 산업안전보건법령상 의무안전인증대상 기계·기구 및 설비가 아닌 것은?

① 연삭기   ② 롤러기
③ 압력용기   ④ 고소(高所) 작업대

해설 안전인증대상 및 자율안전확인대상 기계·기구 및 설비

안전인증대상 기계·기구	자율 안전확인 대상기계·기구
① 프레스 ② 전단기 및 절곡기(折曲機) ③ 크레인 ④ 리프트 ⑤ 압력용기 ⑥ 롤러기 ⑦ 사출성형기 ⑧ 고소작업대 ⑨ 곤돌라	① 연삭기 또는 연마기(휴대형은 제외) ② 산업용 로봇 ③ 혼합기 ④ 파쇄기 또는 분쇄기 ⑤ 식품가공용 기계(파쇄·절단·혼합·제면기만 해당) ⑥ 컨베이어 ⑦ 자동차정비용 리프트 ⑧ 공작기계(선반, 드릴기, 평삭·형삭기, 밀링 만 해당) ⑨ 고정형 목재가공용 기계(둥근톱, 대패, 루타기, 띠톱, 모떼기 기계만 해당)

17 국제노동기구(ILO)의 산업재해 정도구분에서 부상 결과 근로자가 신체장해등급 제12급 판정을 받았다면 이는 어느 정도의 부상을 의미하는가?

① 영구 전노동불능   ② 영구 일부노동불능
③ 임시 전노동불능   ④ 임시 일부노동불능

해설 상해정도별 분류(ILO 규정)
1) **사망** : 안전사고로 사망하거나 또는 부상의 결과로 사망한 것
2) **영구전노동불능** : 부상결과 근로기능을 완전히 잃은 부상(장애등급 1급~3급)
3) **영구일부노동불능** : 부상결과 신체의 일부가 영구적으로 노동기능을 상실한 부상(장애등급 4급~14급)
4) **일시전노동불능** : 의사의 진단 일정기간 정규노동에 종사할 수 없는 상해
5) **일시일부노동불능** : 근로시간 중에 일시 업무를 떠나 치료를 받는 정도의 상해
6) **구급처치상해** : 응급처치 또는 의료조치를 받은 후에 정상으로 작업을 할 수 있는 정도의 상해

■ 정답 ■ 14.③ 15.③ 16.① 17.②

18 안전교육방법 중 학습자가 이미 설명을 듣거나 시범을 보고 알게 된 지식이나 기능을 강사의 감독 아래 직접적으로 연습하여 적용할 수 있도록 하는 교육방법은?

① 모의법 ② 토의법
③ 실연법 ④ 반복법

해설 1) 실연법
① 실연법 : 학습자가 이미 설명을 듣거나 시범을 보고 알게 된 지식이나 기능을 강사의 감독아래 직접적으로 연습하여 적용할 수 있도록 하는 교육방법이다.
② 실연법은 수업의 중간(전개)이나 마지막 단계(정리)에 행하는 것으로서 언어학습, 문제해결학습 등에 효과적인 수업방법이다.
2) 모의법 : 실제의 장면이나 상해와 극히 유사한 사태를 인위적으로 만들어 그 속에서 학습하도록 하는 방법
3) 토의법 : 쌍방적 의사전달방법에 의한 교육 (포럼, 심포지움, 패널디시커션, 버즈세션, 6-6회의)
4) 반복법 : 이미 학습한 내용이나 기능을 반복해서 말하거나 실연하도록 하는 방법

19 사고예방대책의 기본원리 5단계 중 틀린 것은?

① 1단계 : 안전관계획
② 2단계 : 현상파악
③ 3단계 : 분석평가
④ 4단계 : 대책의 선정

해설 사고예방대책의 기본원리 5단계
1) 1단계 : 조직
2) 2단계 : 사실의 발견
3) 3단계 : 분석평가
4) 4단계 : 시정책 선정
5) 5단계 : 시정책 적용

20 산업안전보건법상의 안전·보건표지 종류 중 관계자외출입금지표지에 해당되는 것은?

① 안전모 착용
② 폭발성물질 경고
③ 방사성물질 경고
④ 석면취급 및 해체·제거

해설 관계자 외 출입금지표지
1) 허가대상 유해물질 취급
2) 석면취급 및 해체·제거
3) 금지유해물질 취급

제2과목 / 인간공학 및 시스템안전공학

21 의도는 올바른 것이었지만, 행동이 의도한 것과는 다르게 나타나는 오류를 무엇이라 하는가?

① Slip   ② Mistake
③ Lapse   ④ Violation

해설 인간의 오류모형
1) 실수(slip)
① 의도는 올바른 것이었지만 반응의 실행이 올바른 것이 아닌 경우를 실수라 한다.
② 실수는 주의력이 부족한 상태에서 발생하는 에러이다.
2) 착오(mistake)
① 부적합한 의도를 가지고 행동으로 옮긴 경우를 착오라 한다.
② 착오는 주관적인 인식과 객관적 실재가 일치하지 않는 것을 의미한다.
3) 건망증(lapse) : 단기기억의 한계로 이해 기억을 잊어서 해야 할 일을 못해 발생하는 에러이다.
4) 위반(고의사고 ; violation) : 작업수행 과정 중에 일부러 나쁜 의도를 가지고 발생시키는 에러를 말한다.

■ 정답 ■ 18.③ 19.① 20.④ 21.①

22 정신적 작업 부하에 관한 생리적 척도에 해당하지 않는 것은?

① 부정맥 지수   ② 근전도
③ 점멸융합주파수   ④ 뇌파도

해설 정신적·육체적 작업부하 척도
1) 정신적 작업부하 척도
   ① 부정맥 지수 : 심장활동의 불규칙성을 평가하는 척도로 맥박간의 표준편차나 변동계수등과 같은 부정맥 지수를 사용한다.
   ② 점멸융합주파수 : 정신적 피로를 평가하는 척도로 사용한다.
   ③ 뇌전도(EEG) : 뇌의 활동에 따른 전위차를 기록한 것이다.
   ④ 주관적 척도 : 정신작업 부하를 청가척도를 이용하여 주관적으로 평가하는 것이다.
   ⑤ Cooper-Harper축적, 주임무(primary task) 및 부임무(secondary task) 수행에 소요된 시간 등
2) 육체적 작업부하 척도
   ① 심장활동의 측정 : 심전도(ECG)와 심박수를 측정한다.
   ② 산소소비량 측정 : 작업의 부하가 증가하면 산소소비량은 선형적으로 증가한다.
   ③ 근전도(EMG) : 근육활동의 정도를 측정한다.

23 음량수준을 측정할 수 있는 3가지 척도에 해당되지 않는 것은?

① sone   ② 럭스
③ phon   ④ 인식소음 수준

해설 음의 크기의 수준
1) phon : 1000Hz 순음의 음압수준(dB)을 나타낸다.
2) sone : 1000Hz, 40dB의 음압수준을 가진 순음의 크기(=40phon)를 1sone이라 한다.
3) 인식소음 수준
   ① PNdB(perceived noise level) : 910~1090Hz대의 소음 음압수준
   ② PLdB(perceived level of noise) : 3150Hz에 중심을 둔 1/3옥타브(octave) 대음을 기준으로 한다.

24 시스템 수명주기 단계 중 마지막 단계인 것은?

① 구상단계   ② 개발단계
③ 운전단계   ④ 생산단계

해설 시스템의 수명주기 단계
1) 1단계 : 구상단계
2) 2단계 : 정의단계
3) 3단계 : 개발단계
4) 4단계 : 생산단계
5) 5단계 : 운전단계

25 FT도에 사용되는 다음 게이트의 명칭은?

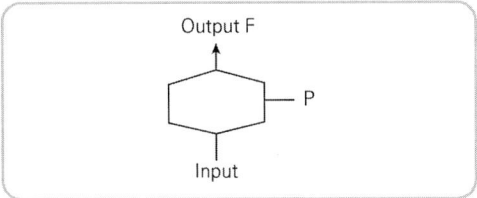

① 부정 게이트
② 억제 게이트
③ 배타적 OR 게이트
④ 우선적 AND 게이트

해설 억제게이트(inhibit gate) : 수정기호(modifier)의 일정으로서 억제 모디파이어(imgibit modifier)라고 하며, 실질적으로 수전기호를 병용해서 게이트의 역할을 한나.
1) 입력사상이 일어난 조건이 만족되어야 출력사상이 생긴다.(조건이 만적되지 않으면 출력은 생기지 않는다.)
2) 조건은 수정기호안에 쓴다.

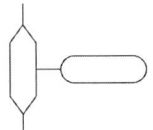

■ 정답 ■ 22.② 23.② 24.③ 25.②

26 다음의 각 단계를 결함수분석법(FTA)에 의한 재해사례의 연구 순서대로 나열한 것은?

> ㉠ 정상사상의 선정
> ㉡ FT도 작성 및 분석
> ㉢ 개선 계획의 작성
> ㉣ 각 사상의 재해원인 규명

① ㉠ → ㉡ → ㉢ → ㉣
② ㉠ → ㉣ → ㉢ → ㉡
③ ㉠ → ㉢ → ㉡ → ㉣
④ ㉠ → ㉣ → ㉡ → ㉢

해설 D.R Cherition의 FTA에 의한 재해사례 연구순서
1) 1단계 : 톱(TOP) 사상의 선정
2) 2단계 : 사상의 재해 원인의 규명
3) 3단계 : FT의 작성
4) 4단계 : 개선 계획의 작성

27 FTA에서 시스템의 기능을 살리는데 필요한 최소 요인의 집합을 무엇이라 하는가?

① critical set
② minimal gate
③ minimal path
④ Boolean indicated cut set

해설 1) 컷세과 미니멀 컷
① 컷셋(Cut sets) : 정상사상을 일으키는 기본사상(통상사상, 생략사상 포함)의 집합을 컷이라 한다.
② 미니멀 컷(minimal cut sets) : 정상사상을 일으키기 위한 필요 최소한의 컷을 말한다.(시스템의 위험성을 나타냄)
2) 패스 셋과 미니멀 패스
① 패스 셋 : 정상사상이 일어나지 않는 기본사상의 집합을 말한다.
② 미니멀 패스 : 필요 최소한의 패스를 말한다.(시스템이 신뢰성을 나타냄)

28 인간 - 기계시스템의 연구 목적으로 가장 적절한 것은?

① 정보 저장의 극대화
② 운전시 피로의 평준화
③ 시스템의 신뢰성 극대화
④ 안전의 극대화 및 생산능률의 향상

해설 인간공학의 목표(차피니스)
1) 첫째 목표 : 안정성 향상과 사고 방지
2) 둘째 목표 : 기계조작의 능률성과 생산성 향상
3) 셋째 목표 : 쾌적성

29 쾌적환경에서 추운환경으로 변화 시 신체의 조절작용이 아닌 것은?

① 피부온도가 내려간다.
② 직장온도가 약간 내려간다.
③ 몸이 떨리고 소름이 돋는다.
④ 피부를 경유하는 혈액 순환량이 감소한다.

해설 온도변화에 대한 신체의 조절 작용(인체 적응)

적온에서 고온환경으로 변할 때	적온에서 한냉환경으로 변할 때
① 많은 양의 혈액이 피부를 경유하여 피부온도가 올라간다 ② 직장온도가 내려간다 ③ 발한이 시작된다	① 많은 양의 혈액이 몸의 중심부를 순환하며 피부온도는 내려간다 ② 직장온도가 약간 올라간다 ③ 소름이 돋고 몸이 떨린다

30 점광원으로부터 0.3m 떨어진 구면에 비추는 광량이 5Lumen일 때, 조도는 약 몇 럭스인가?

① 0.06
② 16.7
③ 55.6
④ 83.4

해설 $E = \dfrac{I}{r^2} = \dfrac{5}{0.3^2} = 55.6 \text{Lux}$

여기서, E : 조도 I : 광도 r : 거리

■ 정답 ■ 26.④ 27.③ 28.④ 29.② 30.③

31 염산을 취급하는 A업체에서는 신설 설비에 관한 안전성 평가를 실시해야 한다. 정성적 평가단계의 주요 진단 항목에 해당하는 것은?

① 공장 내의 배치
② 제조공정의 개요
③ 재평가 방법 및 계획
④ 안전·보건교육 훈련계획해설)

해설 정성적 평가(제2단계) 주요 진단항목

설계 관계	운전 관계
① 입지조건	① 원재료, 중간체 제품
② 공장 내 배치	② 공정
③ 건조물	③ 수송, 저장 등
④ 소방설비	④ 공정기기

32 실린더 블록에 사용하는 가스켓의 수명은 평균 10000시간이며, 표준편차는 200시간으로 정규분포를 따른다. 사용시간이 9600시간일 경우에 신뢰도는 약 얼마인가?(단, 표준정규분포표에서 $u_{0.8413}=1$, $u_{0.9772}=2$이다.)

① 84.13%   ② 88.73%
③ 92.72%   ④ 97.72%

해설 1) 정규분포 표준화공식(Z)
$$Z = \frac{\text{변수}(X) - \text{평균}(\mu)}{\text{표준편차}(\sigma)}$$
2) $P(X \geq 9600)$
$= P(Z \geq \frac{9600-10000}{200})$
$= P(Z \geq -2)$
$= P(Z \leq 2) = 0.9772 = 97.72\%$

33 음압수준이 70dB인 경우, 1000Hz에서 순음의 phon치는?

① 50phon   ② 70phon
③ 90phon   ④ 100phon

해설 70dB, 1000Hz에서 순음의 phon치 : 70phon

34 인체계측자료의 응용원칙 중 조절 범위에서 수용하는 통상의 범위는 얼마인가?

① 5~95%tile   ② 20~80%tile
③ 30~70%tile   ④ 40~60%tile

해설 인체계측자료의 응용원칙 중 조절식 설계
1) 조절식 설계(가변적 설계) : 신체치수가 다른 여러 사람에게 맞도록 조절식으로 설계하는 원칙이다.
2) 모집단 특성치의 5% 값에서 95%의 값(90% 범위)을 사용한다.

35 동작 경제 원칙에 해당하지 않는 것은?

① 신체사용에 관한 원칙
② 작업장 배치에 관한 원칙
③ 사용자 요구 조건에 관한 원칙
④ 공구 및 설비 디자인에 관한 원칙

해설 동작경제의 원칙
1) 신체사용에 관한 원칙
2) 작업장 배치에 관한 원칙
3) 공구 및 설비의 설계에 관한 원칙

36 FMEA의 장점이라 할 수 있는 것은?

① 분석방법에 대한 논리적 배경이 강하다.
② 물적, 인적요소 모두가 분석대상이 된다.
③ 서식이 가능하고 비교적 적은 노력으로 분석이 가능하다.
④ 두 가지 이상의 요소가 동시에 고장 나는 경우에도 분석이 용이하다.

해설 FMEA의 장점 및 단점
1) 장점 : 서식이 간단하고 비교적 적은 노력으로 특별한 훈련 없이 분석을 할 수 있다.
2) 단점 : 논리성이 부족하고, 특히 각 요소 간의 영향을 분석하기 어렵기 때문에 동시에 두 가지 이상의 요소가 고장 날 경우에 분석이 곤란하며, 또한 요소가 물체로 한정되어 있기 때문에 인적 원인을 분석하는 데 곤란하다.

■ 정답 ■ 31.① 32.④ 33.② 34.① 35.③ 36.③

37 수리가 가능한 어떤 기계의 가용도(availability)는 0.9이고, 평균수리시간(MTTR)이 2시간일 때, 이 기계의 평균수명(MTBF)은?

① 15시간 ② 16시간
③ 17시간 ④ 18시간

해설 1) 가동률 $= \dfrac{MTBF}{MTBF - MTTR}$

2) $MTBF = \dfrac{가동률 \times MTTR}{1 - 가동률}$
$= \dfrac{0.9 \times 2}{1 - 0.9} = 18$

38 생명유지에 필요한 단위시간당 에너지량을 무엇이라 하는가?

① 기초 대사량 ② 산소 소비율
③ 작업 대사량 ④ 에너지 소비율

해설 기초대사율(BMR)
1) 기초대사율 : 생명을 유지하는데 필요한 최소한의 에너지소비량을 말한다.
2) 기초대사율에 영향을 주는 요인 : 나이, 체중, 성별 등
   ① 일반적으로 체격이 크고 젊은 남자가 BMR이 크다.
   ② 성인의 1일 기초대사량 : 1500~1800 Kcal/day(1.0~1.25 Kcal/min)
   ③ 기초대사량+여가대사량 : 2300Kcal/day

39 인간 – 기계시스템의 설계를 6단계로 구분할 때, 첫 번째 단계에서 시행하는 것은?

① 기본설계
② 시스템의 정의
③ 인터페이스 설계
④ 시스템의 목표와 성능명세 결정

해설 인간·기계시스템의 설계과정(단계)
1) 1단계 : 목표 및 성능명세 결정
2) 2단계 : 시스템의 정의
3) 3단계 : 기본설계
4) 4단계 : 인터페이스(interface)설계
5) 5단계 : 촉진물 설계
6) 6단계 : 검사와 평가

40 산업안전보건법령에 따라 제조업 중 유해·위험방지계획서 제출대상 사업의 사업주가 유해·위험방지계획서를 제출하고자 할 때 첨부하여야 하는 서류에 해당하지 않는 것은?(단, 기타 고용노동부장관이 정하는 도면 및 서류 등은 제외한다.)

① 공사개요서
② 기계·설비의 배치도면
③ 기계·설비의 개요를 나타내는 서류
④ 원재료 및 제품의 취급, 제조 등의 작업방법의 개요

해설 제조업 등 유해위험방지계획서 제출시 첨부서류 (시행규칙 제121조)
1) 건축물 각 층의 평면도
2) 기계·설비의 개요를 나타내는 서류
3) 기계·설비의 배치도면
4) 원재료 및 제품의 취급, 제조 등의 작업방법의 개요
5) 그 밖에 고용노동부장관이 정하는 도면 및 서류

■ 정답 ■ 37.④ 38.① 39.④ 40.①

제3과목 / 기계위험방지기술

41 로봇의 작동범위 내에서 그 로봇에 관하여 교시 등(로봇의 동력원을 차단하고 행하는 것을 제외한다.)의 작업을 행하는 때 작업시작 전 점검 사항으로 옳은 것은?

① 과부하방지장치의 이상 유무
② 압력제한 스위치 등의 기능의 이상 유무
③ 외부전선의 피복 또는 외장의 손상 유무
④ 권과방지장치의 이상 유무

해설 산업용 로봇의 교시 등의 작업시작 전 점검사항
① 외부전선의 피복 또는 외장의 손상유무
② 매니퓰레이터(Manipulator)작동의 이상유무
③ 제동장치 및 비상정지장치의 기능

42 아세틸렌 용접장치에 사용하는 역화방지기에서 요구되는 일반적인 구조로 옳지 않은 것은?

① 재사용 시 안전에 우려가 있으므로 역화 방지 후 바로 폐기하도록 해야 한다.
② 다듬질의 면이 매끈하고 사용상 지장이 있는 부식, 흠, 균열 등이 없어야 한다.
③ 가스의 흐름방향은 지워지지 않도록 돌출 또는 각인하여 표시하여야 한다.
④ 소염소자는 금망, 소결금속, 스틸울(steel wool), 다공성 금속물 또는 이와 동등이상의 소염성능을 갖는 것이어야 한다.

해설 역화방지기의 일반구조
1) ②, ③, ④ 항
2) 역화방지기의 구조는 소염소자, 역화방지장치 및 방출장치 등으로 구성되어야 한다. 다만, 토치 입구에 사용하는 것은 방출장치를 생략할 수 있다.
3) 역화방지기는 역화를 방지한 후 복원이 되어 계속 사용할 수 있는 구조이어야 한다.

43 화물중량이 200kgf, 지게차의 중량이 400kgf, 앞바퀴에서 화물의 무게중심까지의 최단거리가 1m일 때 지게차가 안정되기 위하여 앞바퀴에서 지게차의 무게중심까지 최단거리는 최소 몇 m를 초과해야하는가?

① 0.2m
② 0.5m
③ 1m
④ 2m

해설 W×a < G×b

$$b > \frac{W \times a}{G} = \frac{200 \times 1}{400} = 0.5m$$

여기서, W : 화물중량(kg)
G : 지게차의 중량(kg)
a : 앞바퀴에서 화물의 무게 중심까지의 최단거리(m)
b : 앞바퀴에서 지게차의 무게중심까지의 최단거리(m)

44 방사선 투과검사에서 투과사진에 영향을 미치는 인자는 크게 콘트라스트(명암도)와 명료도로 나누어 검토할 수 있다. 다음 중 투과사진의 콘트라스트(명암도)에 영향을 미치는 인자에 속하지 않는 것은?

① 방사선의 선질
② 필름의 종류
③ 현상액의 강도
④ 초점-필름간 거리

해설 방사선 투과사진의 콘트라스트(contrast ; 명암도)에 영향을 미치는 인자
① 방사선의 선질
② 필름의 종류
③ 현상액의 강도

45 다음 중 셰이퍼에서 근로자의 보호를 위한 방호장치가 아닌 것은?

① 방책
② 칩받이
③ 칸막이
④ 급속귀환장지

해설 셰이퍼의 방호장치
① 방책 ② 칩받이 ③ 칸막이

■ 정답 ■ 41.③ 42.① 43.② 44.④ 45.④

46 보기와 같은 기계요소가 단독으로 발생시키는 위험점은?

> 보기
> 고밀링커터, 둥근톱날

① 협착점　　② 끼임점
③ 절단점　　④ 물림점

해설 기계설비의 위험점의 예

위험점	보기(예)
협착점	프레스, 성형기, 절곡기 등
끼임점	연삭숫돌과 작업대, 반복동작되는 링크기구, 교반기의 교반날개와 몸체사이 등
절단점	밀링커터, 둥근톱날, 띠톱기계의 날 등
물림점	롤러, 기어와 피니언 등

47 산업안전보건법령상 프레스 작업시작 전 점검해야 할 사항에 해당하는 것은?

① 언로드 밸브의 기능
② 하역장치 및 유압장치 기능
③ 권과방지장치 및 그 밖의 경보장치의 기능
④ 1행정 1정지기구·급정지장치 및 비상정지장치의 기능

해설 프레스 및 전단기의 작업시작 전 점검사항
　① 클러치 및 브레이크의 기능
　② 크랭크축, 플라이휠, 슬라이드, 연결봉 및 연결나사의 볼트 풀림 유무
　③ 1행정 1정지 기구, 급정지장치, 비상정지장치의 기능
　④ 슬라이드 또는 칼날에 의한 위험방지기구의 기능
　⑤ 프레스의 금형 및 고정 볼트 상태
　⑥ 당해 방호장치의 기능 점검

48 프레스 및 전단기에서 위험한계 내에서 작업하는 작업자의 안전을 위하여 안전블록의 사용 등 필요한 조치를 취해야 한다. 다음 중 안전블록을 사용해야 하는 작업으로 가장 거리가 먼 것은?

① 금형 가공작업　　② 금형 해체작업
③ 금형 부착작업　　④ 금형 조정작업

해설 금형조정작업의 위험방지 : 프레스 등의 금형을 부착·해체 또는 조정작업을 할 때에 근로자의 신체가 위험한계 내에 있는 경우 슬라이드가 갑자기 작동함으로써 발생할 수 있는 위험을 방지하기 위해 「안전블록」을 사용하는 등 조치를 할 것

49 아세틸렌 용접장치를 사용하여 금속의 용접·용단 또는 가열작업을 하는 경우 아세틸렌을 발생시키는 게이지 압력은 최대 몇 kPa 이하이어야 하는가?

① 17　　② 88
③ 127　　④ 210

해설 압력의 제한 : 아세틸렌 용접장치는 게이지 압력이 127kPa을 초과하는 압력의 아세틸렌을 발생시켜 사용하지 않도록 할 것

50 보일러에서 폭발사고를 미연에 방지하기 위해 화염 상태를 검출할 수 있는 장치가 필요하다. 이 중 바이메탈을 이용하여 화염을 검출하는 것은?

① 프레임 아이　　② 스택 스위치
③ 전자 개폐기　　④ 프레임 로드

해설 검출방법에 따른 화염검출기의 분류
　① **스택스위치**(stack switch) : 화염의 발열을 검출하는 방식의 바이메탈식 화염검출기
　② **플레임아이**(flame eye) : 화염 빛의 유무에 따라 화염검출을 하는 전자관식 화염검출기
　③ **플레임로드**(flamelod) : 화염의 전기적 성질을 이용하는 방식

■ 정답 ■ 46.③　47.④　48.①　49.③　50.②

51 지게차 및 구내 운반차의 작업시작 전 점검사항이 아닌 것은?

① 버킷, 디퍼 등의 이상 유무
② 제동장치 및 조종장치 기능의 이상 유무
③ 하역장치 및 유압장치 기능의 이상 유무
④ 전조등, 후미등, 경보장치 기능의 이상 유무

해설 지게차 작업시작 전 점검사항
① 제동장치 및 조종 장치 기능의 이상 유무
② 하역장치 및 유압장치 기능의 이상 유무
③ 바퀴의 이상 유무
④ 전조등, 후조등, 방향지시기 및 경보장치기능의 이상 유무

52 급정지기구가 부착되어 있지 않아도 유효한 프레스의 방호장치로 옳지 않은 것은?

① 양수기동식   ② 가드식
③ 손쳐내기식   ④ 양수조작식

해설 프레스기의 급정지기구에 따른 방호장치
1) 급정지기구에 따른 방호장치 : 급정지기구가 부착되어 있어야만 유효한 방호장치(마찰식 클러치 프레스)
① 양수조작식 방호장치
② 감응식 방호장치
2) 급정지기구가 부착되어 있지 않아도 유효한 방호장치(확동식 클러치부착 프레스)
① 양수기동식 방호장치
② 게이트 가드식 방호장치
③ 수인식 방호장치
④ 손쳐내기식 방호장치

53 다음 중 선반에서 절삭가공시 발생하는 칩을 짧게 끊어지도록 공구에 설치되어 있는 방호장치의 일종인 칩 제거기구를 무엇이라 하는가?

① 칩 브레이커   ② 칩 받침
③ 칩 쉴드   ④ 칩 커터

해설 칩 브레이크 : 바이트에 설치된 칩을 짧게 끊어내는 장치

54 초음파 탐상법의 종류에 해당하지 않는 것은?

① 반사식   ② 투과식
③ 공진식   ④ 침투식

해설 1) 초음파 탐상법 : 초음파를 사용하여 주조재의 내부결함이나 용접부분, 관재 등의 내부결함을 비파괴적으로 측정하는 방법
2) 초음파탐상법의 종류
① 펄스 반사법(가장 많이 이용)
② 투과법
③ 공진법

55 다음 목재가공용 기계에 사용되는 방호장치의 연결이 옳지 않은 것은?

① 둥근톱기계 : 톱날접촉예방장치
② 띠톱기계 : 날접촉예방장치
③ 모떼기계 : 날접촉예방장치
④ 동력식 수동대패기계 : 반발예방장치

해설 ④ 항, 동력식 수동대패기계 : 날접촉예방장치

56 그림과 같이 50kN의 중량물을 와이어 로프를 이용하여 상부에 60°의 각도가 되도록 들어올릴 때, 로프 하나에 걸리는 하중(T)은 약 몇 kN인가?

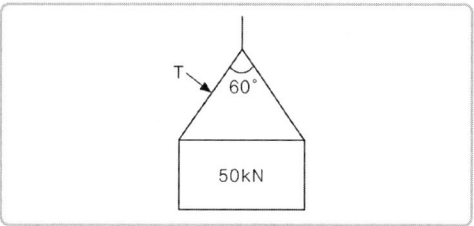

① 16.8   ② 24.5
③ 28.9   ④ 37.9

해설 $T = \dfrac{\text{짐의 무게}}{2} \div \cos\left(\dfrac{\theta}{2}\right)$
$= \dfrac{50}{2} \div \cos\left(\dfrac{60}{2}\right) = 28.87\text{kN}$

57 인장강도가 350MPa인 강판의 안전율이 4라면 허용응력은 몇 N/mm²인가?

① 76.4 ② 87.5
③ 98.7 ④ 102.3

해설 1) 안전율 = $\dfrac{인장강도}{허용응력}$

2) 허용응력 = $\dfrac{인장강도}{안전율} = \dfrac{350MPa}{4}$
= 87.5MPa(= N/mm²)

58 다음 중 방호장치의 기본목적과 가장 관계가 먼 것은?

① 작업자의 보호
② 기계기능의 향상
③ 인적·물적 손실의 방지
④ 기계위험 부위의 접촉방지

해설 방호장치의 기본목적
① 작업자의 보호
② 인적·물적손실의 방지
③ 기계위험 부위의 접촉방지

59 밀링작업 시 안전 수칙에 관한 설명으로 옳지 않은 것은?

① 칩은 기계를 정지시킨 다음에 브러시 등으로 제거한다.
② 일감 또는 부속장치 등을 설치하거나 제거할 때는 반드시 기계를 정지시키고 작업한다.
③ 커터는 될 수 있는 한 컬럼에서 멀게 설치한다.
④ 강력 절삭을 할 때는 일감을 바이스에 깊게 물린다.

해설 밀링작업시 안전수칙
1) ①, ②, ④항
2) 가공중에 손으로 가공면을 점검하지 않을 것
3) 밀링칩(공작기계 중 가장 가늘고 예리함)의 비산에 의한 부상방지를 위해 보안경을 착용할 것

60 다음 중 휴대용 동력 드릴 작업시 안전사항에 관한 설명으로 틀린 것은?

① 드릴의 손잡이를 견고하게 잡고 작업하여 드릴손잡이 부위가 회전하지 않고 확실하게 제어 가능하도록 한다.
② 절삭하기 위하여 구멍에 드릴날을 넣거나 뺄 때 반발에 의하여 손잡이 부분이 튀거나 회전하여 위험을 초래하지 않도록 팔을 드릴과 직선으로 유지한다.
③ 드릴이나 리머를 고정시키거나 제거하고자 할 때 금속성 망치 등을 사용하여 확실히 고정 또는 제거한다.
④ 드릴을 구멍에 맞추거나 스핀들의 속도를 낮추기 위해서 드릴날을 손으로 잡아서는 안 된다.

해설 ③항, 드릴이나 리머 고정 및 제거시 금속성 망치 등을 사용하지 않도록 할 것

제4과목 / 전기위험방지기술

61 화재·폭발 위험분위기의 생성방지 방법으로 옳지 않은 것은?

① 폭발성 가스의 누설 방지
② 가연성 가스의 방출 방지
③ 폭발성 가스의 체류 방지
④ 폭발성 가스의 옥내 체류

해설 화재·폭발 위험분위기의 생성방지법
① 폭발성 가스의 누설 방지
② 가연성 가스의 방출 방지
③ 폭발성 가스의 체류 방지

■ 정답 ■ 57.② 58.② 59.③ 60.③ 61.④

62 우리나라에서 사용하고 있는 전압(교류와 직류)을 크기에 따라 구분한 것으로 알맞은 것은?

① 저압 : 직류는 1.2kV 이하
② 저압 : 교류는 1.0kV 이하
③ 고압 : 직류는 800V를 초과하고, 6kV이하
④ 고압 : 교류는 700V를 초과하고, 6kV이하

해설 전기압력(전압)의 분류

압력분류	직류	교류
저압	1.5kV이하	1.0kV이하
고압	1.5kV~7kV이하	1.0kV~7kV이하
특별고압	7kV초과	7kV초과

63 교류 아크 용접기의 자동전격장치는 전격의 위험을 방지하기 위하여 아크 발생이 중단된 후 약 1초 이내에 출력측 무부하 전압을 자동적으로 몇 V 이하로 저하시켜야 하는가?

① 85   ② 70
③ 50   ④ 25

해설 교류아크용접기의 방호장치
  1) 방호장치 : 자동전격방지장치
  2) 방호장치의 성능
    ① 아크발생을 정지시킬 때 주접점이 개로될 때까지의 시간(지동시간)은 1초 이내일 것
    ② 2차 무부하전압은 25V 이내일 것
  3) 자동전격방지장치의 기능 : 용접작업중단 직후부터 다음 아크 발생기까지 유지할 것

64 내압방폭구조의 주요 시험항목이 아닌 것은?

① 폭발강도   ② 인화시험
③ 절연시험   ④ 기계적 강도시험

해설 내압방폭구조의 성능 시험항목
  ① 폭발강도(정적 및 동적)
  ② 폭발인화시험
  ③ 기계적 강도시험
  ④ 폭발압력(기준압력)

65 교류아크 용접기의 접점방식(Magnet식)의 전격방지장치에서 지동시간과 용접기 2차측 무부하전압(V)을 바르게 표현한 것은?

① 0.06초 이내, 25V 이하
② 1±0.3초 이내, 25V 이하
③ 2±0.3초 이내, 50V 이하
④ 1.5±0.06초 이내, 50V 이하

해설 교류아크용접기 전격방지장치의 성능
  ① 지동시간 : 1±0.3초 이내
  ② 2차측 무부하전압 : 25V이하

66 사업장에서 많이 사용되고 있는 이동식 전기기계·기구의 안전대책으로 가장 거리가 먼 것은?

① 충전부 전체를 절연한다.
② 절연이 불량인 경우 접지저항을 측정한다.
③ 금속제 외함이 있는 경우 접지를 한다.
④ 습기가 많은 장소는 누전차단기를 설치한다.

해설 이동식 전기기계·기구의 안전대책
  1) ①, ③, ④
  2) 전기기기에 위험표시를 한다.
  3) 이동전선에 전선관 또는 보호카바를 씌워서 피복이 손상되지 않도록 한다.

67 우리나라의 안전전압으로 볼 수 있는 것은 약 몇 V인가?

① 30V   ② 50V
③ 60V   ④ 70V

해설 우리나라 안전전압 : 30V

■ 정답 ■ 62.② 63.④ 64.③ 65.② 66.② 67.①

68 방폭전기기기의 등급에서 위험장소의 등급분류에 해당되지 않는 것은?

① 3종 장소 ② 2종 장소
③ 1종 장소 ④ 0종 장소

해설 위험장소의 등급분류
① 0종장소 : 폭발성분위기가 연속적 또는 장시간 발생할 염려가 있는 장소
② 1종장소 : 폭발성분위기가 주기적 또는 간헐적으로 발생할 염려가 있는 장소
③ 2종장소 : 이상상태에서 위험분위기로 발생할 염려가 있는 장소

69 방폭전기기기의 온도등급에서 기호 T_2의 의미로 맞는 것은?

① 최고표면온도의 허용치가 135℃이하인 것
② 최고표면온도의 허용치가 200℃이하인 것
③ 최고표면온도의 허용치가 300℃이하인 것
④ 최고표면온도의 허용치가 450℃이하인 것

해설 방폭전기기기의 온도등급

Class	최대표면온도(℃)
T_1	300 초과 450 이하
T_2	200 초과 300 이하
T_3	135 초과 200 이하
T_4	100 초과 135 이하
T_5	85 초과 100 이하
T_6	85 이하

70 감전사고를 방지하기 위해 허용보폭전압에 대한 수식으로 맞는 것은?

E : 허용보폭전압 R_b : 인체의 저항
ρ_s : 지표상층 저항률 I_K : 심실세동전류

① $E = (R_b + 3\rho_s)I_K$
② $E = (R_b + 4\rho_s)I_K$
③ $E = (R_b + 5\rho_s)I_K$
④ $E = (R_b + 6\rho_s)I_K$

해설 허용보폭전압(E) 산정식

$$E = \frac{(R_b + 6\rho_s)}{I_K}$$

여기서, R_b : 인체의 저항(Ω)
ρ_s : 지표상층 저항률(Ωm)
I_K : 심실세동전류(A)

71 누전차단기의 시설방법 중 옳지 않은 것은?

① 시설장소는 배전반 또는 분전반 내에 설치한다.
② 정격전류용량은 해당 전로의 부하전류 값 이상이어야 한다.
③ 정격감도전류는 정상의 사용상태에서 불필요하게 동작하지 않도록 한다.
④ 인체감전보호형은 0.05초 이내에 동작하는 고감도고속형이어야 한다.

해설 인체감전보호용 누전차단기 : 정격감도전류가 30mA이하이고 작동시간은 0.03초 이내일 것

72 인체저항이 5000Ω이고, 전류가 3mA가 흘렀다. 인체의 정전용량이 0.1 μF 라면 인체에 대전된 정전하는 몇 μC 인가?

① 0.5 ② 1.0
③ 1.5 ④ 2.0

해설 $Q = CV$
$= C \times I \times R$
$= 0.1 \times 3 \times 10^{-3} \times 5000$
$= 1.5 \mu C$

여기서, Q : 대전 전하량(C)
C : 정전용량 (F ; $1F = 10^6 \mu F$)
V : 전압(V) (I=V/R)

■ 정답 ■ 68.① 69.③ 70.④ 71.④ 72.③

73 인체저항을 500Ω이라 한다면, 심실세동을 일으키는 위험 한계 에너지는 약 몇 J인가? (단, 심실세동전류값 $I = \dfrac{165}{\sqrt{T}}$ mA의 Dalziel의 식을 이용하며, 통전시간은 1초로 한다.)

① 11.5
② 13.6
③ 15.3
④ 16.2

해설 $W = I^2 R T$
$= \left(\dfrac{165}{\sqrt{T}} \times 10^{-3}\right)^2 \times 500 \times T$
$= 13.6 J$

여기서, W : 전기에너지(J또는 cal)
I : 심실세동전류(A)
R : 전기저항(Ω)
T : 통전시간(sec)

74 다음 그림은 심장맥동주기를 나타낸 것이다. T파는 어떤 경우인가?

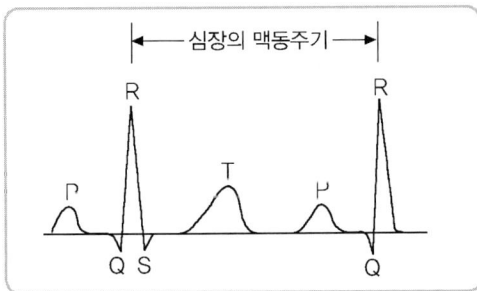

① 심방의 수축에 따른 파형
② 심실의 수축에 따른 파형
③ 심실의 휴식 시 발생하는 파형
④ 심방의 휴식 시 발생하는 파형]

해설 ① P : 심방수축에 따른 파형
② Q-R-S파 : 심실수축에 따른 파형
③ T파 : 심시의 수축종료 후 심실의 휴식시 발생하는 파형
④ 전격 인가시 심실세동을 일으킬 확률이 가장 크고 위험한 부분 : T파 부분

75 저압전로의 절연성능 시험에서 전로의 사용전압이 380V인 경우 전로의 전선 상호간 및 전로와 대지 사이의 절연저항은 최소 몇 MΩ 이상이어야 하는가?

① 0.4MΩ
② 0.3MΩ
③ 0.2MΩ
④ 1MΩ

해설 전로의 절연저항치

전로의 사용전압	DC시험전압 (V)	절연저항 (MΩ)
1) SELV 및 PELV	250	0.5
2) FELV, 500(V)이하	500	1.0
3) 500(V)초과	1,000	1.0

[주] 특별저압(extra low voltage) : 2차전압이 AC 50V, DC 120V이하)으로 SELV(비접지회로 구성) 및 PELV(접지회로구성)은 1차와 2차가 전기적으로 절연된 회로, FELV는 1차와 2차가 전기적으로 절연되지 않은 회로

[참고] 법 개정: 학습에서 제외

76 인체의 대부분이 수중에 있는 상태에서 허용접촉전압은 몇 V이하인가?

① 2.5V
② 25V
③ 30V
④ 50V

해설 허용접촉전압

종별	접촉상태	허용접촉 전압
제1종	·인체의 대부분이 수중에 있는 상태	2.5V 이하
제2종	·인체가 현저히 젖어있는 상태 ·금속성의 전기기계장치나 구조물에 인체의 일부가 상시 접촉되어 있는 상태	25V 이하
제3종	·제1종 및 제2종 이외의 경우로서 통상의 인체생태에 있어서 접촉전압이 가해지면 위험성이 높은 상태	50V 이하
제4종	·제3종의 경우로써 위험성이 낮은 상태 ·접촉전압이 가해질 위험이 없는 경우	제한없음

■ 정답 ■ 73.② 74.③ 75.② 76.①

77 22.9kV 충전전로에 대해 필수적으로 작업자와 이격시켜야 하는 접근한계 거리는?

① 45cm ② 60cm
③ 90cm ④ 110cm

해설 접근 한계거리

충전전로의 선간전압 (단위 :kV)	충전전로에 대한 접근한계거리(cm)
0.3 이하	접촉금지
0.3 초과 0.75 이하	30
0.75 초과 2이하	45
2 초과 15 이하	60
15 초과 37 이하	90
37 초과 88 이하	110
88 초과 121 이하	130
121 초과 145 이하	150
145 초과 169 이하	170
169 초과 242 이하	230
242 초과 362 이하	380
362 초과 550 이하	550
550 초과 800이하	790

78 개폐조작 시 안전절차에 따른 차단 순서와 투입 순서로 가장 올바른 것은?

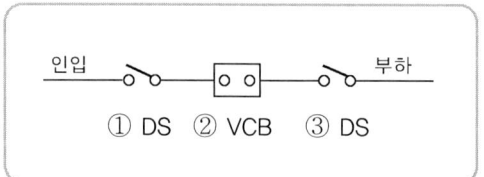

① DS ② VCB ③ DS

① 차단 ②→①→③, 투입 ①→②→③
② 차단 ②→③→①, 투입 ①→②→③
③ 차단 ②→①→③, 투입 ③→②→①
④ 차단 ②→③→①, 투입 ③→①→②

해설 유입차단기의 작동순서

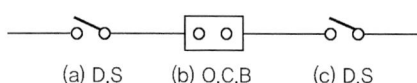

(a) D.S (b) O.C.B (c) D.S

① 투입순서 : (c)-(a)-(b)
② 차단순서 : (b)-(c)-(a)

79 다음은 무슨 현상을 설명한 것인가?

> 전위차가 있는 2개의 대전체가 특정거리에 접근하게 되면 등전위가 되기 위하여 전하가 절연공간을 깨고 순간적으로 빛과 열을 발생하며 이동하는 현상

① 대전 ② 충전
③ 방전 ④ 열전

해설 방전(discharge) : 본문설명

80 정전기에 대한 설명으로 가장 옳은 것은?

① 전하의 공간적 이동이 크고, 자계의 효과가 전계의 효과에 비해 매우 큰 전기
② 전하의 공간적 이동이 크고, 자계의 효과와 전계의 효과를 서로 비교할 수 없는 전기
③ 전하의 공간적 이동이 적고, 전계의 효과와 자계의 효과가 서로 비슷한 전기
④ 전하의 공간적 이동이 적고, 자계의 효과가 전계에 비해 무시할 정도의 적은 전기

해설 정전기
  ① 전하의 공간적 이동이 적고 자계의 효과가 전계에 비해 무시할 정도의 적은 전기
  ② 전하가 정지상태로 있어 전하의 분포가 시간적으로 변화하지 않는 전기

제5과목 / 화학설비위험방지시설

81 화재 감지에 있어서 열감지 방식 중 차동식에 해당하지 않는 것은?

① 공기관식 ② 열전대식
③ 바이메탈식 ④ 열반도체식

해설 차동식 감지기
1) **차동식 감지기** : 외계와의 변화가 일정치를 넘었을 때, 즉 그 주위의 온도가 정해진 비율 이상으로 크게 되었을 때 작동하는 감지기
2) **차동식의 열감지방식** : 공기식, 열전대식, 열반도체식 등

82 건조설비를 사용하여 작업을 하는 경우에 폭발이나 화재를 예방하기 위하여 준수하여야 하는 사항으로 틀린 것은?

① 위험물 건조설비를 사용하는 경우에는 미리 내부를 청소하거나 환기할 것
② 위험물 건조설비를 사용하여 가열건조하는 건조물은 쉽게 이탈되도록 할 것
③ 고온으로 가열건조한 인화성 액체는 발화의 위험이 없는 온도로 냉각한 후에 격납시킬 것
④ 바깥 면이 현저히 고온이 되는 건조설비에 가까운 장소에는 인화성 액체를 두지 않도록 할 것

해설 건조설비의 사용(안전보건규칙)
1) ①, ③, ④항
2) 위험물건조설비를 사용하여 가열건조하는 건조물은 쉽게 이탈되지 않도록 할 것
3) 위험물건조설비를 사용하는 경우에는 건조로 인하여 발생하는 가스·증기 또는 분진에 의하여 폭발·화재의 위험이 있는 물질은 안전한 장소로 배출 시킬 것

83 각 물질(A~D)의 폭발상한계와 하한계가 다음 [표]와 같을 때 다음 중 위험도가 가장 큰 물질은?

구분	A	B	C	D
폭발상한계	9.5	8.4	15.0	13
폭발하한계	2.1	1.8	5.0	2.6

① A ② B
③ C ④ D

해설
1) A위험도 = $\dfrac{9.5-2.1}{2.1}=3.52$
2) B위험도 = $\dfrac{8.4-1.8}{1.8}=3.67$
3) C위험도 = $\dfrac{1.5-5}{5}=2.0$
4) D위험도 = $\dfrac{13-2.6}{2.6}=4.0$

84 다음 중 분진 폭발의 특징으로 옳은 것은?

① 가스폭발보다 연소시간이 짧고, 발생 에너지가 작다.
② 압력의 파급속도보다 화염의 파급속도가 빠르다.
③ 가스폭발에 비하여 불완전 연소가 적게 발생한다.
④ 주위의 분진에 의해 2차, 3차의 폭발로 파급될 수 있다.

해설 분진폭발의 특징
1) 가스폭발보다 연소시간은 길고 가해지는 힘(발생에너지)은 매우 크다.
2) 연소속도나 폭발압력은 가스폭발보다 작다 (화염의 파급속도보다 압력의 파급속도가 빠르다.)
3) 가스폭발에 비하여 불완전 연소가 크게 발생하여 CO의 중독피해가 우려된다.
4) 2차, 3차 폭발을 한다.

■ 정답 ■ 81.③ 82.② 83.④ 84.④

85 액화 프로판 310kg을 내용적 50L 용기에 충전할 때 필요한 소요 용기의 수는 몇 개인가? (단, 액화 프로판의 가스정수는 2.35이다.)

① 15 ② 17
③ 19 ④ 21

해설 1) G(용기의 충진량 kg)
$= \dfrac{V}{C} = \dfrac{50}{2.35} = 21.28 \text{kg}$

여기서, V : 용기의 내용적[L]
C : 가스정수

2) 소요 용기 개수
$= \dfrac{310}{21.28} = 14.57 ≒ 15$개

86 NH_4NO_3의 가열, 분해로부터 생성되는 무색의 가스로 일명 웃음가스라고도 하는 것은?

① N_2O ② NO_2
③ N_2O_4 ④ NO

해설 아산화질소(N_2O)
1) 제법 : 질산암모늄(NH_4NO_3)을 약 260℃로 열분해시킨다.
$NH_4NO_3 \rightarrow N_2O + 2H_2O$
2) 성질 : 무색의 기체로 일명 웃음가스 (소기가스)라고도 한다.

87 다음 중 누설 발화형 폭발재해의 예방 대책으로 가장 거리가 먼 것은?

① 발화원 관리
② 밸브의 오동작 방지
③ 가연성 가스의 연소
④ 누설물질의 감지 경보

해설 누설 발화형(착화형)폭발재해의 예방 대책
1) ①, ②, ④항
2) 누설방지를 위한 안전설계, 재료선택, 보전검사의 실시
3) 밸브 조작 등의 안전조업에 대한 교육 훈련

88 사업주는 특수화학설비를 설치할 때 내부의 이상상태를 조기에 파악하기 위하여 필요한 계측장치를 설치하여야 한다. 다음 중 이에 해당하는 특수화학설비가 아닌 것은?

① 발열 반응이 일어나는 반응장치
② 증류, 증발 등 분리를 행하는 장치
③ 가열로 또는 가열기
④ 액체의 부설을 방지하는 방유장치

해설 특수화학설비의 종류
1) 발열반응이 일어나는 반응장치
2) 증류·정류·증발·추출 등 분리를 행하는 장치
3) 가열시켜주는 물질의 온도가 가열되는 위험물질의 분해온도 또는 발화점보다 높은 상태에서 운전되는 설비
4) 반응폭주 등 이상 화학반응에 의하여 위험물질이 발생할 우려가 있는 설비
5) 온도가 섭씨 350℃ 이상이거나 게이지 압력이 980kPa 이상인 상태에서 운전되는 설비 가열로 또는 가열기

89 다음 중 최소발화에너지(E[J])를 구하는 식으로 옳은 것은? (단, I는 전류[A], R은 저항[Ω], V는 전압[V] C는 콘덴서용량[F], T는 시간[초]이라 한다.)

① $E = I^2RT$
② $E = 0.24I^2RT$
③ $E = \dfrac{1}{2}CV^2$
④ $E = \dfrac{1}{2}\sqrt{CV}$

해설 최소발화 에너지(E ; J)
$E = \dfrac{1}{2}CV^2$

여기서, C : 정전용량 (F ; 패럿)
V : 대전전위 (전압, V)

$V = \sqrt{\dfrac{2E}{C}}$

■정답■ 85.① 86.① 87.③ 88.④ 89.③

90 다음 중 산업안전보건법령상 물질안전보건 자료의 작성 · 비치 제외 대상이 아닌 것은?

① 원자력법에 의한 방사성 물질
② 농약관리법에 의한 농약
③ 비료관리법에 의한 비료
④ 관세법에 의해 수입되는 공업용 유기용제

해설 물질안전보건자료의 작성 · 비치 등 제외 대상 제제(시행령 제 32조의 2)
1) 「원자력법」에 따른 **방사성물질**
2) 「약사법」에 따른 **의약품 · 의약외품**
3) 「화장품법」에 따른 **화장품**
4) 「마약류관리에 관한 법률」에 따른 **마약 및 향정신성의약품**
5) 「농약관리법」에 따른 **농약**
6) 「사료관리법」에 따른 **사료**
7) 「비료관리법」에 따른 **비료**
8) 「식품위생법」에 따른 **식품 및 식품첨가물**
9) 「총포·도검·화약류 등의 안전관리에 관한 법률」에 따른 **화약류**
10) 「폐기물관리법」에 따른 **폐기물**
11) 「의료기기법」에 따른 **의료기기**

91 다음 중 산업안전보건법령상 화학설비의 부속설비로만 이루어진 것은?

① 사이클론, 백필터, 전기집진기 등 분진처리 설비
② 응축기, 냉각기, 가열기, 증발기 등 열교환기류
③ 고로 등 점화기를 직접 사용하는 열교환기류
④ 혼합기, 발포기, 압출기 등 화학제품 가공설비

해설 화학설비 및 그 부속설비의 종류(안전보건규칙 별표 7)
1) 화학설비
   ① 반응기 · 혼합조 등 화학물질 반응 또는 혼합장치
   ② 증류탑 · 흡수탑 · 추출탑 · 감압탑 등 화학물질 분리장치
   ③ 저장탱크 · 계량탱크 · 호퍼 · 사일로 등 화학물질 저장설비 또는 계량설비
   ④ 응축기 · 냉각기 · 가열기 · 증발기 등 열교환기류
   ⑤ 고로 등 점화기를 직접 사용하는 열교환기류
   ⑥ 카렌다 · 혼합기 · 발포기 · 인쇄기 · 압축기 등 화학제품 가공설비
   ⑦ 분쇄기 · 분체분리기 · 용융기 등 분체화학물질 취급 장치
   ⑧ 결정조 · 유동탑 · 탈습기 · 건조기 등 분체화학물질 분리장치
   ⑨ 펌프류 · 압축기 · 이젝터 등의 화학물질 이송 또는 압축설비
2) 화학설비의 부속설비
   ① 배관 · 밸브 · 관 · 부속류 등 화학물질이송 관련설비
   ② 온도 · 압력 · 유량 등을 지시 · 기록 등을 하는 자동제어 관련설비
   ③ 안전밸브 · 안전판 · 긴급차단 또는 방출밸브 등 비상조치 관련설비
   ④ 가스누출감지 및 경보관련 설비
   ⑤ 세정기 · 응축기 · 벤트스택 · 플레어스택 등 폐가스처리설비
   ⑥ 사이클론, 백필터, 전기감진기 등 분진처리 설비
   ⑦ ①항 내지 ⑥항의 설비를 운전하기 위하여 부속된 전기 관련 설비
   ⑧ 정전기 제거장치, 긴급 샤워설비 등 안전 관련 설비

92 고압가스의 분류 중 압축가스에 해당되는 것은?

① 질소   ② 프로판
③ 산화에틸렌   ④ 염소

해설 고압가스의 상태에 따른 분류
1) **압축가스** : 비점이 낮은 가스로서 상온에서 압축하여도 액화하지 않은 가스를 그대로 압축하여 용기에 충전한 가스(질소, 산소, 수소, 메탄 등)
2) **액화가스** : 상온에서 비교적 낮은 압력으로 쉽게 액화할 수 있는 가스(프로판, 산화에틸렌, 염소 등)
3) **용해가스** : 용제에 용해시켜 취급하는 가스로 아세틸렌(C_2H_2)이 있다.

■ 정답 ■ 90.④ 91.① 92.①

93 다음 중 분진 폭발을 일으킬 위험이 가장 높은 물질은?

① 염소　　② 마그네슘
③ 산화칼슘　④ 에틸렌

해설 1) 염소(Cl_2) : 조연성 및 독성가스
2) 마그네슘(Mg) : 인화성 고체(분진폭발)
3) 산화칼슘(CaO) : 산화성 고체
4) 에틸렌(C_2H_4) : 인화성 가스

94 자연 발화성을 가진 물질이 자연발열을 일으키는 원인으로 거리가 먼 것은?

① 분해열　② 증발열
③ 산화열　④ 중합열

해설 자연발열을 일으키는 원인
1) ①, ③, ④항
2) 흡착열

95 가스 또는 분진 폭발 위험장소에 설치되는 건축물의 내화 구조를 설명한 것으로 틀린 것은?

① 건축물 기둥 및 보는 지상 1층까지 내화구조로 한다.
② 위험물 저장·취급용기의 지지대는 지상으로부터 지지대의 끝부분까지 내화구조로 한다.
③ 건축물 주변에 자동소화설비를 설치한 경우 건축물 화재 시 1시간 이상 그 안전성을 유지한 경우는 내화구조로 하지 아니할 수 있다.
④ 배관·전선관 등의 지지대는 지상으로부터 1단까지 내화구조로 한다.

해설 내화구조로 하여야 할 건축물 등(안전보건규칙 제270조)
1) **건축물의 기둥 및 보** : 지상 1층(지상 1층의 높이가 6m를 초과하는 경우에는 6m)까지
2) 위험물 저장·취급용기의 지지대(높이가 30cm 이하인 것을 제외) : 지상으로부터 지지대의 끝부분까지
3) **배관·전선관 등의 지지대** : 지상으로부터 1단(1단의 높이가 6m를 초과하는 경우에는 6m)까지

96 트리에틸알루미늄에 화재가 발생하였을 때 다음 중 가장 적합한 소화약제는?

① 팽창질석　② 할로겐화합물
③ 이산화탄소　④ 물

해설 (C_2H_5)$_3$Al(트리에틸알루미늄) 화재 발생시 적합한 소화 약제 : 팽창질석, 팽창진주암

97 산업안전보건법령상 위험물질의 종류와 해당 물질의 연결이 옳은 것은?

① 폭발성 물질 : 마그네슘분말
② 인화성 고체 : 중크롬산
③ 산화성 물질 : 니트로소화합물
④ 인화성 가스 : 에탄

해설 1) 마그네슘 분말 : 인화성 고체
2) 중크롬산 : 산화성 물질
3) 니트로소화합물 : 폭발성 물질

98 가연성 기체의 분출 화재 시 주 공급밸브를 닫아서 연료공급을 차단하여 소화하는 방법은?

① 제거소화　② 냉각소화
③ 희석소화　④ 억제소화

해설 소화방법
1) **제거소화** : 가연물을 제거하여 소화시키는 방법
2) **냉각소화** : 화점을 냉각시켜서 소화시키는 방법
3) **희석소화** : 가연물이나 산화제의 농도를 낮추어서 소화시키는 방법
4) **억제소화** : 연소억제제를 사용하여 소화하는 방법

■ 정답 ■　93.②　94.②　95.③　96.①　97.④　98.①

99 다음 가스 중 가장 독성이 큰 것은?

① CO
② COCl₂
③ NH₃
④ H₂

해설 허용농도
1) CO(일산화탄소) : 50ppm
2) COCl₂(포스겐) : 0.1ppm
3) NH₃(암모니아) : 25ppm

100 증류탑에서 포종탑 내에 설치되어 있는 포종의 주요 역할로 옳은 것은?

① 압력을 증가시켜주는 역할
② 탑내 액체를 이송하는 역할
③ 화학적 반응을 시켜주는 역할
④ 증기와 액체의 접촉을 용이하게 해주는 역할

해설 포종 : 증류탑에서 증기와 액체의 접촉을 좋게 하도록 증기를 거품상으로 분산시키기 위해 설치되어 있는 것

제6과목 / 건설안전기술

---

101 크레인 등 건설장비의 가공전선로 접근 시 안전대책으로 거리가 먼 것은?

① 안전 이격거리를 유지하고 작업한다.
② 장비의 조립, 준비시부터 가공전선로에 대한 감전 방지 수단을 강구한다.
③ 장비 사용 현장의 장애물, 위험물 등을 점검 후 작업계획을 수립한다.
④ 장비를 가공전선로 밑에 보관한다.

해설 장비는 가공전선로 밑을 피하여 보관한다.

102 다음은 강관을 사용하여 비계를 구성하는 경우에 대한 내용이다. 다음 ( )안에 들어갈 내용으로 옳은 것은?

> 비계기둥의 간격은 띠장 방향에서는
> ( ), 장선방향에서는 1.5m이하로 할 것

① 1.0m 이하
② 1.5m 이하
③ 1.85m 이하
④ 2m 이하

해설 강관비계의 구조
1) 비계기둥의 간격은 띠장방향에서는 1.85m 이하, 장선방향에서는 1.5m 이하로 할 것. 다만, 선박 및 보트 건조작업의 경우 안전성에 대한 구조검토를 실시하고 조립도를 작성하면 띠장 방향 및 장선방향으로 각각 2.7m 이하로 할 수 있음
2) 띠장간격은 2m 이하로 설치할 것.
3) 비계기둥의 제일 윗부분으로부터 31m되는 지점 밑부분의 비계기둥은 2개의 강관으로 묶어세울 것(브라켓 등으로 보강하여 2개의 강관으로 묶을 경우 이상의 강도가 유지되는 경우에는 그러하지 아니하다.)
4) 비계 기둥간의 적재하중은 400kg을 초과하지 아니하도록 할 것

103 작업발판 및 통로의 끝이나 개구부로서 근로자가 추락할 위험이 있는 장소에서 난간 등의 설치가 매우 곤란하거나 작업의 필요상 임시로 난간 등을 해체하여야 하는 경우에 설치하여야 하는 것은?

① 구명구
② 수직보호망
③ 추락방호망
④ 석면포

해설 개구부 등의 방호조치(안전보건규칙 제 43조)
1) 안전난간, 울타리, 수직형 추락방망 설치
2) 덮개 설치
3) (난간 설치 곤란 시 등) 추락방호망 설치
4) 안전대 착용

■ 정답 ■ 99.② 100.④ 101.④ 102.③ 103.③

104 지반조사의 목적에 해당되지 않는 것은?

① 토질의 성질 파악
② 지층의 분포 파악
③ 지하수위 및 피압수 파악
④ 구조물의 편심에 의한 적절한 침하 유도

해설 지반조사의 목적
1) ①, ②, ③항
2) 경제적 설계 및 시공시 안전 확보
3) 공사장 주변 구조물의 보호
4) 지하 매설물의 보호

105 다음 중 차량계 건설기계에 속하지 않는 것은?

① 불도저   ② 스크레이퍼
③ 타워크레인   ④ 항타기

해설 차량계 건설기계의 종류(안전보건규칙 별표 6)
1) 도저형 건설기계 : 불도저, 스트레이트도저, 틸트도저, 앵글도저, 버킷도저 등
2) 모터그레이더
3) 로더 : 포크 등 부착물 종류에 따른 용도 변경 형식을 포함
4) 스크레이퍼
5) 크레인형 굴착기계 : 클램셸, 드래그라인 등
6) 굴삭기 : 브레이커, 크러셔, 드릴 등 부착물 종류에 따른 용도 변경 형식을 포함
7) 항타기 및 항발기
8) 천공용 건설기계 : 어스드릴, 어스오거, 크롤러드릴, 점보드릴 등
9) 지반 압밀침하용 건설기계 : 샌드드레인머신, 페이퍼드레인머신, 팩드레인머신 등
10) 지반 다짐용 건설기계 : 타이어롤러, 매커덤롤러, 탠덤롤러 등
11) 준설용 건설기계 : 버킷준설선, 그래브준설선, 펌프준설선 등
12) 콘크리트 펌프카
13) 덤프트럭
14) 콘크리트 믹서 트럭
15) 도로포장용 건설기계 : 아스팔트 살포기, 콘크리트 살포기, 아스팔트 피니셔, 콘크리트 피니셔 등

106 유해위험방지 계획서를 제출하려고 할 때 그 첨부서류와 가장 거리가 먼 것은?

① 공사개요서
② 산업안전보건관리비 작성요령
③ 전체공정표
④ 재해 발생 위험 시 연락 및 대피방법

해설 유해 · 위험 방지 계획서 첨부 서류 (규칙 별표 15)
1) 공사 개요 및 안전보건관리계획
 ① 공사 개요서(별지 제45호 서식)
 ② 공사현장의 주변 현황 및 주변과의 관계를 나타내는 도면(매설물 현황 포함)
 ③ 건설물, 사용 기계설비 등의 배치를 나타내는 도면
 ④ 전체 공정표
 ⑤ 산업안전보건관리비 사용계획(별지 제46호 서식)
 ⑥ 안전관리 조직표
 ⑦ 재해 발생 위험 시 연락 및 대피방법
2) 작업 공사 종류별 유해·위험방지계획

107 크레인을 사용하여 작업을 할 때 작업시작 전에 점검하여야 하는 사항에 해당하지 않는 것은?

① 권과방지장치 · 브레이크 · 클러치 및 운전장치의 기능
② 주행로의 상측 및 트롤리가 횡행하는 레일의 상태
③ 와이어로프가 통하고 있는 곳의 상태
④ 압력방출장치의 기능

해설 크레인의 작업시작 전 점검사항
1) 권과방지장치 · 브레이크 · 클러치 및 운전장치 기능
2) 주행로의 상측 및 트롤리가 횡행하는 레일의 상태
3) 와이어로프가 통하고 있는 곳의 상태

108 흙막이 지보공을 설치하였을 때 정기적으로 점검하여 이상 발견 시 즉시 보수하여야 할 사항이 아닌 것은?

① 굴착 깊이의 정도
② 버팀대의 긴압의 정도
③ 부재의 접속부. 부착부 및 교차부의 상태
④ 부재의 손상. 변형. 부식. 변위 및 탈락의 유무와 상태

해설 흙막이지보공 설치시 정기적 점검사항
  ① 부재의 손상·변형·부식·변위 및 탈락의 유무와 상태
  ② 버팀대의 긴압의 정도
  ③ 부재의 접속부·부착부 교차부의 상태
  ④ 침하의 정도

> **길잡이** 터널지보공 설치시 수시점검사항
>   ① 부재의 손상·변형·부식·변위 및 탈락의 유무 및 상태
>   ② 부재의 긴압의 정도
>   ③ 부재의 접속부 및 교차부의 상태
>   ④ 기둥침하의 유무 및 상태

109 풍화암의 굴착면 붕괴에 따른 재해를 예방하기 위한 굴착면의 적정한 기울기 기준은?

① 1 : 1
② 1 : 1.0
③ 1 : 0.5
④ 1 : 0.3

해설 굴착작업시 굴착면의 기울기 기준

구분	지반의 종류	구배
보통 흙	모래	1 : 1.8
	그 밖에 흙	1 : 1.2
암반	풍화암	1 : 1.0
	연암	1 : 1.0
	경암	1 : 0.5

110 건설공사 시공단계에 있어서 안전관리의 문제점에 해당되는 것은?

① 발주자의 조사, 설계 발주능력 미흡
② 용역자의 조사, 설계능력 부실
③ 발주자의 감독 소홀
④ 사용자의 시설 운영관리 능력 부족

해설 내용 중 ①항, ②항은 시공전 단계, ④항은 시공 후의 안전 관리 문제점에 해당된다.

111 산업안전보건관리비 계상 및 사용기준에 따른 공사 종류별 계상기준으로 옳은 것은? (단, 중건설공사이고, 대상액이 5억원 미만인 경우)

① 1.85%
② 3.43%
③ 3.09%
④ 2.45%

해설 공사종류별 규모 및 안전 관리비 계상 기분표 (별표 1)

대상액 공사종류	5억원 미만	5억원이상 50억원 미만 비율(X)	5억원이상 50억원 미만 기초액(C)	50억원 이상
건축공사	2.93%	1.86%	5,349,000원	1.97%
토목공사	3.09%	1.99%	5,499,000원	2.10%
중건설공사	3.43%	2.35%	5,400,000원	2.44%
특수 건설공사	1.85%	1.20%	3,250,000원	1.27%

112 흙의 투수계수에 영향을 주는 인자에 관한 설명으로 옳지 않은 것은?

① 공극비 : 공극비가 클수록 투수계수는 작다.
② 포화도 : 포화도가 클수록 투수계수도 크다.
③ 유체의 점성계수 : 점성계수가 클수록 투수계수는 작다.
④ 유체의 밀도 : 유체의 밀도가 클수록 투수계수는 크다.

해설 공극비 : 공극비가 클수록 투수계수는 크다.

■ 정답 ■ 108.① 109.② 110.③ 111.② 112.①

113 크레인의 운전실 또는 운전대를 통하는 통로의 끝과 건설물 등의 벽체의 간격은 최대 얼마 이하로 하여야 하는가?

① 0.2m
② 0.3m
③ 0.4m
④ 0.5m

해설 건설물 등의 벽체와 통로의 간격 등 (안전보건규칙 제145조) : 다음 각 호의 간격을 0.3m 이하로 할 것. (다만, 추락이 위험이 없는 경우는 그 간격을 0.3m 이하로 유지하지 않을 수 있음)
1) 크레인의 운전실 또는 운전대를 통하는 통로의 끝과 건설물 등의 벽체의 간격
2) 크레인 거더(girder)의 통로 끝과 크레인 거더의 간격
3) 크레인 거더의 통로로 통하는 통로의 끝과 건설물 등의 벽체의 간격

114 흙막이 공법을 흙막이 지지방식에 의한 분류와 구조방식에 의한 분류로 나눌 때 다음 중 지지방식에 의한 분류에 해당하는 것은?

① 수평 버팀대식 흙막이 공법
② H-Pile 공법
③ 지하연속벽 공법
④ Top down method 공법

해설 흙막이 공법의 종류

구 분	공법 종류
흙막이 지지방식에 의한 분류	1) 자립공법 2) 버팀대 공법 　(빗버팀대식, 수평버팅대식) 3) 어스앵커공법 4) 타이로드 공법
흙막이 구조방식에 의한 분류	1) H-Pile 공법(H 말뚝, 흙막이 토류판 공법) 2) 버팀대공법(강널말뚝공법, 강관널말뚝공법) 3) Slurry Wall(지하연속벽공법, 다이어프램 월) 　(주열식 지하연속벽, 벽식 지하 연속법) 4) 톱다운 공법(역타 공법)

115 달비계를 설치할 때 작업발판의 폭은 최소 얼마 이상으로 하여야 하는가?

① 30cm
② 40cm
③ 50cm
④ 60cm

해설 달비계 설치 시 작업발판의 폭 : 40cm 이상

116 산소결핍이라 함은 공기 중 산소농도가 몇 퍼센트(%) 미만일 때를 의미하는가?

① 20%
② 18%
③ 15%
④ 10%

해설 산소결핍 : 공기 중 산소 농도가 18% 미만인 상태를 말한다.

117 그물코의 크기가 10cm인 매듭없는 방망사 신품의 인장강도는 최소 얼마 이상이어야 하는가?

① 240kg
② 320kg
③ 400kg
④ 500kg

해설 방망사의 강도
(1) 방망사의 신품에 대한 인장강도

그물코의 크기 (단위 : cm)	방망의 종류(단위 : kg)	
	매듭 없는 방망	매듭 방망
10	240	200
5		110

(2) 방망사의 폐기시 인장강도

그물코의 크기 (단위 : cm)	방망의 종류(단위 : kg)	
	매듭 없는 방망	매듭 방망
10	150	135
5		60

■ 정답 ■ 113.② 114.① 115.② 116.② 117.①

118 콘크리트 타설 시 거푸집의 측압에 영향을 미치는 인자들에 관한 설명으로 옳지 않은 것은?

① 슬럼프가 클수록 작다.
② 타설속도가 빠를수록 크다.
③ 거푸집 속의 콘크리트 온도가 낮을수록 크다.
④ 콘크리트의 타설높이가 높을수록 크다.

해설 ①항, 슬럼프가 클수록 크다.

> **길잡이** 콘크리트 타설시 거푸집의 측압에 미치는 영향
> 1) 슬럼프가 클수록 크다(물-시멘트 비가 클수록 크다)
> 2) 기온이 낮을수록 크다(대기 중에 습도가 높을수록 크다)
> 3) 콘크리트의 치어붓기 속도가 클수록 크다.
> 4) 거푸집의 수밀성이 높을수록 크다.
> 5) 콘크리트의 다지기가 강할수록 크다(진동기 사용시 측압은 30% 정도 증가)
> 6) 거푸집의 수평단면이 클수록 크다(벽두께가 클수록 크다.)
> 7) 거푸집의 강성이 클수록 크다.
> 8) 거푸집 표면이 매끄러울수록 크다.
> 9) 콘크리트의 비중이 클수록 크다(단위중량이 클수록 크다)
> 10) 묽은 콘크리트일수록 크다.
> 11) 철근량이 적을수록 크다.
>   측압은 생콘크리트의 높이가 높을수록 커지는 것이나, 일정한 높이에 이르면 측압의 증대는 없게 된다.

119 굴착과 싣기를 동시에 할 수 있는 토공기계가 아닌 것은?

① Power shovel   ② Tractor shovel
③ Back hoe   ④ Motor grader

해설 모터그레이더(moter grader) : 토공 기계의 대패 ·지면을 절삭하여 평활하게 다듬는 것이 목적인 토공 기계

120 항타기 및 항발기에 관한 설명으로 옳지 않은 것은?

① 도괴방지를 위해 시설 또는 가설물 등에 설치하는 때에는 그 내력을 확인하고 내력이 부족하면 그 내력을 보강해야 한다.
② 와이어로프의 한 꼬임에서 끊어진 소선(필러선을 제외한다)의 수가 10% 이상인 것은 권상용 와이어로프로 사용을 금한다.
③ 지름 감소가 공칭지름의 7%를 초과하는 것은 권상용 와이어로프로 사용을 금한다.
④ 권상용 와이어로프의 안전계수가 4이상이 아니면 이를 사용하여서는 아니 된다

해설 ④항, 권상용 와이어로프의 안전계수가 5이상이 아니면 이를 사용하여서는 아니된다.

■ 정답 ■ 118.① 119.④ 120.④

2024년 3회 CBT 복원 기출문제
산업안전기사

제1과목 / 안전관리론

01 산업안전보건법령상 사업 내 안전·보건교육 중 채용 시의 교육 내용에 해당되지 않는 것은? (단, 기타 산업안전보건법 및 일반관리에 관련 사항은 제외한다.)

① 사고 발생 시 긴급조치에 관한 사항
② 산업보건 및 직업병 예방에 관한 사항
③ 기계·기구의 위험성과 작업의 순서 및 동선에 관한 사항
④ 작업공정의 유해·위험과 재해 예방대책에 관한 사항

해설 1) 채용시 및 작업내용 변경시 교육내용
  ① 기계·기구의 위험성과 작업의 순서 및 동선에 관한 사항
  ② 작업 개시 전 점검에 관한 사항
  ③ 정리정돈 및 청소에 관한 사항
  ④ 사고 발생 시 긴급조치에 관한 사항
  ⑤ 산업안전 및 사고예방에 관한 사항
  ⑥ 산업보건 및 직업병 예방에 관한 사항
  ⑦ 물질안전보건자료에 관한 사항
  ⑧ 산업안전보건법령 및 산업재해보상보험제도에 관한 사항
  ⑨ 직무스트레스 예방 및 관리에 관한 사항
  ⑩ 직장 내 괴롭힘, 고객의 폭언 등으로 인한 건강장해 예방 및 관리에 관한 사항
2) 관리감독자 정기안전·보건교육내용
  ① 산업안전 및 사고 예방에 관한 사항
  ② 산업보건 및 직업병 예방에 관한 사항
  ③ 유해·위험 작업환경 관리에 관한 사항
  ④ 산업안전보건법령 및 산업재해보상보험제도에 관한 사항
  ⑤ 직무스트레스 예방 및 관리에 관한 사항
  ⑥ 직장 내 괴롭힘, 고객의 폭언 등으로 인한 건강장해 예방 및 관리에 관한 사항
  ⑦ 작업공정의 유해·위험과 재해예방대책에 관한 사항
  ⑧ 표준안전 작업방법 및 지도 요령에 관한 사항
  ⑨ 관리감독자의 역할과 임무에 관한 사항
  ⑩ 안전보건교육 능력 배양에 관한 사항
  ⑪ 현장근로자와의 의사소통능력 향상, 강의 능력 향상 및 그 밖에 안전보건교육 능력 배양 등에 관한 사항, 이 경우 안전보건교육 능력 배양 교육은 별표 4에 따라 관리감독자가 받아야 하는 전체 교육시간의 3분의 1 범위에서 할 수 있다.

02 헤드십(headship)의 특성에 관한 설명으로 틀린 것은?

① 상사와 부하의 사회적 간격은 넓다.
② 지휘형태는 권위주의적이다.
③ 상사와 부하의 관계는 지배적이다.
④ 상사의 권한 근거는 비공식적이다.

해설 헤드십(head ship)과 리더십(leader ship)의 특성

구분	헤드십	리더십
1. 권한근거	·법적 또는 공식적	·개인능력
2. 지휘형태	·권위주의적	·민주주의적
3. 권한부여 및 행사	·위에서 위임하여 임명	·아래에서 동의에 의해 선출
4. 부하와의 사회적 간격	·넓다	·좁다

■ 정답 ■ 01.④ 02.④

03 산업안전보건법상 안전보건관리책임자의 업무에 해당되지 않는 것은? (단, 기타 근로자의 유해·위험 예방조치에 관한 사항으로서 고용노동부령으로 정하는 사항은 제외한다.)

① 근로자의 안전·보건교육에 관한 사항
② 사업장 순회점검·지도 및 조치에 관한 사항
③ 안전보건관리규정의 작성 및 변경에 관한 사항
④ 산업재해의 원인 조사 및 재발 방지대책 수립에 관한 사항

해설 안전보건관리책임자의 업무내용(법 제13조)
1) 산업재해 예방계획의 수립에 관한 사항
2) 안전보건관리규정의 작성 및 그 변경에 관한 사항
3) 근로자의 안전·보건교육에 관한 사항
4) 작업환경의 측정 등 작업환경의 점검 및 개선에 관한 사항
5) 근로자의 건강진단 등 건강관리에 관한 사항
6) 산업재해의 원인조사 및 재발방지대책의 수립에 관한 사항
7) 산업재해에 관한 통계의 기록, 유지에 관한 사항
8) 안전·보건에 관한 안전장치 및 보호구 구입 시 적격품 여부 확인에 관한 사항
9) 그 밖에 근로자의 유해, 위험방지조치에 관한 사항으로 고용노동부령에 정하는 사항

04 교육의 형태에 있어 존 듀이(Dewey)가 주장하는 대표적인 형식적 교육에 해당하는 것은?

① 가정안전교육
② 사회안전교육
③ 학교안전교육
④ 부모안전교육

해설 1) 형식적 교육 : 학교안전교육
2) 비형식적 교육 : 가정안전교육, 부모안전교육, 사회안전교육 등

05 인간관계 관리기법에 있어 구성원 상호간의 선호도를 기초로 집단 내부의 동태적 상호관계를 분석하는 방법으로 가장 적절한 것은?

① 소시오매트리(sociometry)
② 그리드 훈련(grid training)
③ 집단역학(group dynamic)
④ 감수성 훈련(sensitivity training)

해설 1) 소시오매트리 : 집단에서 각 구성원 사이의 견인과 배척관계를 조사하며 집단내에서 어떤 개인의 관계나 위치를 평가하는 방법이다.
2) 소시오그램 : 소시오매트리를 상호간의 관계를 선으로 연결하여 나타내는 것으로 교우도식이라고도 한다.

06 산업안전보건법상 안전인증대상 기계·기구 등의 안전인증 표시에 해당하는 것은?

①    ②

③    ④ kp)

해설 1) ①항 : 안전인증대상 기계·기구의 안전인증 및 자율안전확인의 표시
2) ③항 : 안전인증대상 기계·기구 등이 아닌 유해·위험기계·기구·설비 등의 안전인증 표시

07 제조물책임법에 명시된 결함의 종류에 해당되지 않는 것은?

① 제조상의 결함   ② 표시상의 결함
③ 사용상의 결함   ④ 설계상의 결함

해설 제조물 책임법에 명시된 결함의 종류
1) 제조상의 결함   2) 표시상의 결함
3) 설계상의 결함

■ 정답 ■ 03.② 04.③ 05.① 06.① 07.③

08 500명의 근로자가 근무하는 사업장에서 연간 30건이 재해가 발생하여 35명의 재해자로 인해 250일의 근로손실이 발생한 경우 이 사업장의 재해 통계에 관한 설명으로 틀린 것은?

① 이 사업장의 도수율은 약 29.2 이다.
② 이 사업장의 강도율은 약 0.21 이다.
③ 이 사업장의 연천인율은 60 이다.
④ 근로시간이 명시되지 않을 경우에는 연간 1인당 2,400시간을 적용한다.

해설 1) 도수율 = $\dfrac{\text{재해건수}}{\text{연근로시간수}} \times 10^6$
   = $\dfrac{30}{500 \times 2,400} \times 10^6 = 25$
2) 연천인율 = 도수율 × 2.4
   = 25 × 2.4 = 60
3) 강도율 = $\dfrac{\text{근로손실일수}}{\text{연근로시간수}} \times 1,000$
   = $\dfrac{250}{500 \times 2,400} \times 1,000 = 0.21$
4) 근로시간이 명시되지 않을 경우 근로시간 : 1일 8시간, 1년 300일, 연간 근로시간 2,400시간/일

09 맥그리거(McGregor)의 Y이론과 관계가 없는 것은?

① 직무확장
② 책임과 창조력
③ 인간관계 관리방식
④ 권위주의적 리더십

해설 맥그리거의 X · Y이론의 관리처방

X이론의 관리처방	Y이론의 관리처방
1. 경제적 보상체제의 강화 2. 권위주의적 리더십의 확보 3. 면밀한 감독과 엄격한 통제 4. 상부책임제도의 강화 5. 조직구성의 고층성	1. 민주적 리더십의 확립 2. 분권화의 권한과 위임 3. 목표에 의한 관리 4. 직무확장 5. 비공식적 조직의 활용 6. 자체평가제도의 활성화

10 바람직한 안전교육을 진행시키기 위한 4단계 가운데 피교육자로 하여금 작업습관의 확립과 토론을 통한 공감을 가지도록 하는 단계는?

① 도입   ② 제시
③ 적용   ④ 확인

해설 교육법의 4단계
1) 제1단계-도입(준비) : 배우고자 하는 마음가짐을 일으키도록 도입한다.
2) 제2단계-제시(설명) : 상대의 능력에 따라 교육하고 내용을 확실하게 이해시키고 납득시켜 다시 기능으로서 습득시킨다.
3) 제3단계-적용(응용) : 이해시킨 내용을 구체적인 문제 또는 실제 문제로 활용시키거나 응용시킨다.(작업습관을 확립하는 단계)
4) 제4단계-확인(총괄) : 교육내용을 정확하게 이해하고 습득하였는지의 여부를 확인한다.

11 시몬즈(Simonds) 방식의 재해손실비 산정에 있어 비보험 코스트에 해당되지 않는 것은?

① 소송관계 비용
② 신규작업자에 대한 교육훈련비
③ 부상자의 직장 복귀 후 생산 감소로 인한 임금비용
④ 산업재해보상보험법에 의해 보상된 금액

해설 ④항, 산업재해보상보험법에 의해 보상된 금액(산업재해보상비) : 보험코스트

> **길잡이** 시몬즈의 재해손실비
> 총재해 cost=보험코스트+비보험코스트
> 1) 보험코스트(납입보험료)=지급보상비+제경비+이익금
> 2) 비보험코스트=(휴업상해건수×A)+(통원상해건수×B)+(응급조치건수×C)+(무상해사고건수×D)
> 여기서, A,B,C,D는 장해 정도별에 의한 비보험코스트의 평균치.

■ 정답 ■ 08.①, ③ 09.④ 10.③ 11.④

12 무재해운동 추진의 3요소에 관한 설명이 아닌 것은?

① 모든 재해는 잠재요인을 사전에 발견·파악·해결함으로써 근원적으로 산업재해를 없애야 한다.
② 안전보건은 최고경영자의 무재해 및 무질병에 대한 확고한 경영자세로 시작된다.
③ 안전보건을 추진하는 데에는 관리감독자들의 생산활동 속에 안전보건을 실천하는 것이 중요하다.
④ 안전보건은 각자 자신의 문제이며, 동시에 동료의 문제로서 직장의 팀 멤버와 협동 노력하여 자주적으로 추진하는 것이 필요하다.

해설 무재해운동의 추진 3기둥(무재해운동의 3요소)
1) 최고경영자의 엄격한 안전경영자세 : ②항
2) 관리감독자에 의한 안전보건의 추진(라인화의 철저) : ③항
3) 직장 소집단 자주활동의 활발화 : ④항

13 재해통계를 포함하여 산업재해조사 보고서를 작성하는 과정 중 유의해야 할 사항으로 가장 적절하지 않은 것은?

① 설비상의 결함 요인을 개선, 시정하는데 활용한다.
② 관리상 책임 소재를 명시하여 담당자의 평가 자료로 활용한다.
③ 재해의 구성요소와 분포상태를 알고 대책을 수립할 수 있도록 한다.
④ 근로자 행동결함을 발견하여 안전교육 훈련 자료로 활용한다.

해설 ②항, 관리상 책임소재를 명시하여 담당자의 평가자료로 활용하기 위해서 재해조사 보고서를 작성하는 것은 아니다.

14 주로 관리감독자를 교육대상자로 하며 직무에 관한 지식, 작업을 가르치는 능력, 작업방법을 개선하는 기능 등을 교육 내용으로 하는 기업 내 정형교육은?

① TWI(Training Within Industry)
② MTP(Management Training Program)
③ ATT(American Telephone Telegram)
④ ATP(Administration Training Program)

해설 TWI(Training Within Industry)
1) 교육대상자 : 감독자
2) 교육내용
① JI(Job Instruction) : 작업지도 기법
② JM(Job Method) : 작업개선 기법
③ JR(Job Relation) : 인간관계관리 기법 (부하통솔 기법)
④ JS(Job Safety) : 작업안전 기법
3) 교육방법 : 한 클래스는 10명 정도, 교육방법은 토의법, 1일 2시간씩 5일에 걸쳐 10시간 정도 한다.

15 집단의 기능에 관한 설명으로 틀린 것은?

① 집단의 규범은 변화하기 어려운 것으로 불변적이다.
② 집단 내에 머물도록 하는 내부의 힘을 응집력이라 한다.
③ 규범은 집단을 유지하고 집단의 목표를 달성하기 위해 만들어진 것이다.
④ 집단이 하나의 집단으로서의 역할을 수행하기 위해서는 집단 목표가 있어야 한다.

해설 집단의 기능
1) **응집력** : 집단의 내부로 부터 생기는 힘을 말한다.
2) **집단규범** : 집단이 존속하고 멤버의 상호작용이 이루어지고 있는 동안 집단규범은 그 집단을 유지하며, 집단의 목표를 달성하는데 필수적인 것으로서 자연발생적으로 성립되는 것이다.
3) **집단목표** : 집단이 집단의 역할을 다하기 위해서는 집단목표가 있어야 한다.

■ 정답 ■ 12.① 13.② 14.① 15.①

16 산업안전보건법령상 안전·보건표지의 종류 중 경고표지에 해당하지 않는 것은?

① 레이저광선 경고
② 급성독성물질 경고
③ 매달린 물체 경고
④ 차량통행 경고

해설 경고표시 종류

종류	모양(형태)	색상
1) 인화성물질 2) 산화성물질 3) 폭발성물질 4) 급성독성물질 5) 부식성물질 6) 발암성·병이원성·생식독성·전신독성·호흡기과민성물질	마름모	· 바탕은 무색 · 기본모형은 적색(흑색도 가능)
1) 방사성물질 2) 고압전기 3) 매달린물체 4) 낙하물 5) 고온·저온 6) 몸균형상실 7) 레이저광선 8) 위험장소	삼각형	· 바탕은 노랑색 · 기본모형 관련 부호 및 그림은 검정색

17 참가자의 다수인 경우에 전원을 토의에 참가시키기 위한 방법으로 소집단을 구성하여 회의를 진행 시키며 6-6 회의라고도 하는 것은?

① 포럼(Forum)
② 심포지엄(Symposium)
③ 버즈 세션(Buzz session)
④ 패널 디스커션(Panel discussion)

해설 토의식의 종류
1) forum(공개토론회) : 새로운 자료나 교재를 제시하고 거기서의 문제점을 피교육자로 하여금 제기케 하거나 의견을 여러 가지 방법으로 발표하게 하여 다시 깊이 파고들어 토의를 행하는 방법
2) symposium : 몇 사람의 전문가에 의하여 과제에 관한 견해를 발표한 뒤 참가자로 하여금 의견이나 질문을 하게 하여 토의하는 방법
3) panel discussion : 패널맴버(교육과제에 정통한 전문가 4~5명)가 피교육자 앞에서 자유로이 토의하고 뒤에 피교육자 전원이 참가하여 사회자의 사회에 따라 토의하는 방법
4) **버즈세션**(buzz session) : 6-6회의라고도 하며, 먼저 사회자와 기록계를 선출한 후 나머지 사람은 6명씩의 소집단으로 구분하고, 소집단별로 각각 사회자를 선발하여 6분간씩 자유토의를 행하여 의견을 종합하는 방법

18 무재해운동 추진기법에 있어 위험예지훈련 4라운드에서 제3단계 진행방법에 해당하는 것은?

① 본질추구
② 현상파악
③ 목표설정
④ 대책수립

해설 위험예지훈련의 4Round(4단계)
1) 1R-현상파악 : 잠재위험요인을 발견하는 단계(BS적용)
2) 2R-본질추구 : 가장 위험한 요인(위험 포인트)을 합의로 결정하는 단계(요약)
3) 3R-대책수립 : 구체적인 대책을 수립하는 단계(BS적용)
4) 4R-행동목표 설정 : 행동계획을 정하고 수립한 대책 가운데서 질이 높은 항목에 합의하는 단계(요약)

19 방진마스크의 선정기준으로 적합하지 않는 것은?

① 배기저항이 낮을 것
② 흡기저항이 낮을 것
③ 사용적이 클 것
④ 시야가 넓을 것

해설 ③항, 사용적(유효공간)이 작을 것

■ 정답 ■ 16.④ 17.③ 18.④ 19.③

20 스탭형 안전조직에 있어서 스탭의 주된 역할이 아닌 것은?

① 실시계획의 추진
② 안전관리 계획안의 작성
③ 정보수집과 주지, 활용
④ 기업의 제도적 기본방침 시달

해설 스탭의 주된 업무내용
1) 안전관리계획의 수립 및 작성
2) 안전관계 자료의 수집 및 정리(정보수집과 주지, 활용)
3) 실시계획의 추진(각 부분의 공통교육훈련 실시)
4) 라인에 협력·지원 및 대외활동 협조
[주] 기업의 제도적 기본방침 시달(示達) : 경영주(사업주) 업무

제2과목 / 인간공학 및 시스템안전공학

21 다음 중 진동의 영향을 가장 많이 받는 인간의 성능은?

① 추적(tracking) 능력
② 감시(monitoring) 작업
③ 반응시간(reaction time)
④ 형태식별(pattern recognition)

해설 진동이 인간성능에 끼치는 영향
1) 진동은 진폭에 비례하여 시력을 손상하여 10~25Hz의 경우 가장 심각하다.
2) 진동은 진폭에 비례하며 추적능력을 손상하여 5Hz 이하로 낮은 진동수에 가장 심하다.
3) 반응시간, 감시, 형태식별 등 중앙신경 처리에 딸린 임무는 진동의 영향을 덜 받는다.
4) 안정되고 정확한 근육조절을 요하는 작업은 진동에 의해서 저하된다.

22 안전·보건표지에서 경고표지는 삼각형, 안내 표지는 사각형, 지시표지는 원형 등으로 부호가 고안되어 있다. 이처럼 부호가 이미 고안되어 이를 사용자가 배워야 하는 부호를 무엇이라 하는가?

① 묘사적 부호
② 추상적 부호
③ 임의적 부호
④ 사실적 부호

해설 시각적 암호, 부호 및 기호의 유형
1) **묘사적 부호** : 사물의 행동을 단순하고 정확하게 묘사하는 것
(예 : 위험표지판의 해골과 뼈, 도보표지판의 걷는 사람)
2) **추상적 부호** : 전언(傳言)의 기본요소를 도시적으로 압축한 부호로서, 원 개념과는 약간의 유사성이 있을 뿐이다.
3) **임의적 부호** : 부호가 이미 고안되어 있으므로 이를 배워야 하는 부호
(예 : 교통표지판의 삼각형-주의, 원형-규제, 사각형-안내표시)

23 다음 중 FTA(Fault Tree Analysis)에 관한 설명으로 가장 적절한 것은?

① 복잡하고, 대형화의 시스템의 신뢰성 분석에는 적절하지 않다.
② 시스템 각 구성요소의 기능을 정상인가 또는 고장인가로 점진적으로 구분 짓는다.
③ "그것이 발생하기 위해서는 무엇이 필요한가?" 라는 것은 연역적이다.
④ 사건들을 일련의 이분(binary) 의사 결정 분기들로 모형화한다.

해설 FTA(결함수분석법)
1) 고장원인이 무엇인가 하는 연역적 사고방식으로 톱 다운(top-down)접근방법이다
2) 시스템의 고장을 결함수 차트(chart)로 탐색해 나감으로서 어떤 부품들이 고장의 원인이었는가를 찾아내는 해석기법이다.
3) FTA는 복잡하고 대형화된 시스템의 신뢰성 분석 및 안전성분석에 많이 이용되는 기법이다.

■ 정답 ■ 20.④ 21.① 22.③ 23.③

24 한 대의 기계를 10시간 가동하는 동안 4회의 고장이 발생하였고, 이때의 고장수리시간이 다음 표와 같을 때 MTTR (Mean Time To Repair)은 얼마인가?

가동시간(hour)	수리시간(hour)
$T_1 = 2.7$	$T_a = 0.1$
$T_2 = 1.8$	$T_b = 0.2$
$T_3 = 1.5$	$T_c = 0.3$
$T_4 = 2.3$	$T_d = 0.3$

① 0.225시간/회
② 0.325시간/회
③ 0.425시간/회
④ 0.525시간/회

해설 1) MTTR(mean trime to repair ; 평균수리시간) : 총 수리시간을 그 기간의 수리회수로 나눈 시간을 말한다.
2) MTTR = $\dfrac{\text{총 수리시간}}{\text{수리회수}}$
= $\dfrac{(0.1+0.2+0.3+0.3)시간}{4회}$
= 0.225시간/회

25 다음 중 소음에 대한 대책으로 가장 적합하지 않은 것은?

① 소음원의 통제
② 소음의 격리
③ 소음의 분배
④ 적절한 배치

해설 소음대책
1) 소음원의 제거(가장 적극적 대책)
2) 소음원의 통제
3) 소음의 격리
4) 적절한 배치(layout)
5) 차폐장치 및 흡음재료 사용
6) 음향처리제 사용
7) 방음보호구 사용
8) BGM(back ground music)

26 다음 중 산업안전보건법 시행규칙상 유해·위험방지 계획서의 제출 기관으로 옳은 것은?

① 대한산업안전협회
② 안전관리대행기관
③ 한국건설기술인협회
④ 한국산업안전보건공단

해설 유해위험방지계획서 제출기관(시행규칙 제 121조) : 한국산업안전보건공단

27 어떤 결함수를 분석하여 minimal cut set을 구한 결과 다음과 같았다. 각 기본사상의 발생확률을 qi, i= 1,2,3이라 할 때 정상사상의 발생확률함수로 옳은 것은?

$$k_1 = [1,2], k_2 = [1,3], k_3 = [2,3]$$

① $q_1q_2 + q_1q_2 - q_2q_3$
② $q_1q_2 + q_1q_3 - q_2q_3$
③ $q_1q_2 + q_1q_3 + q_2q_3 - q_1q_2q_3$
④ $q_1q_2 + q_1q_3 + q_2q_3 - 2q_1q_2q_3$

28 다음 중 인간공학을 기업에 적용할 때의 기대효과를 볼 수 없는 것은?

① 노사 간의 신뢰·저하
② 제품과 작업의 질 향상
③ 작업자의 건강 및 안전 향상
④ 이직률 및 작업손실시간의 감소

해설 인간공학의 기대효과(기여도)
1) ②, ③, ④항
2) 성능향상 및 훈련비용의 절감
3) 인력이용률의 향상 및 사용자의 수용도 향상
4) 생산 및 정비유지의 경제성 증대
5) 사고 및 오용으로부터의 손실 감소

■ 정답 ■ 24.① 25.③ 26.④ 27.④ 28.①

29 다음 중 인간 신뢰도(Human Reliability)의 평가 방법으로 가장 적합하지 않은 것은?

① HCR
② THERP
③ SLIM
④ FMECA

해설 FMECA : FMEA(고장형과 영향분석법)에 CA(치명도분석)를 병용시켜서 고장형태가 시스템이나 기계에 미치는 영향을 정량적으로 평가하는 안전해석기법이다(인간 신뢰도 분석 곤란)

30 자동차 엔진의 수명은 지수분포를 따르는 경우 신뢰도를 95%를 유지시키면서 8,000시간을 사용하기 위한 적합한 고장률은 약 얼마인가?

① 3.4×10^{-6}/시간
② 6.4×10^{-6}/시간
③ 8.2×10^{-6}/시간
④ 9.5×10^{-6}/시간

해설
1) $R_t = e^{-\lambda t}$
   $\ln R_t = -\lambda t$
   $\lambda = -\dfrac{\ln R_t}{t}$

   여기서, R_t : 신뢰도(고장없이 작동할 확률)
   λ : 고장율
   l : 가동시간

2) $\lambda = -\dfrac{\ln R_t}{t}$
   $= -\dfrac{\ln 0.95}{8,000} = 6.4 \times 10^{-6}$/시간

31 인간의 생리적 부담 척도 중 국소적 근육활동의 척도로 가장 적합한 것은?

① 혈압
② 맥박수
③ 근전도
④ 점멸융합 주파수

해설 근전도(EMG) : 국소적 근육활동의 척도(근육활동 전위차의 기록)

32 인간-기계 시스템에서 시스템의 설계를 다음과 같이 구분할 때 제3단계인 기본설계에 해당 되지 않는 것은?

1단계 : 시스템의 목표와 성능 명세 결정
2단계 : 시스템의 정의
3단계 : 기본설계
4단계 : 인터페이스설계
5단계 : 보조물 설계
6단계 : 시험 및 평가

① 화면 설계
② 작업 설계
③ 직무 분석
④ 기능 할당

해설 기본설계(제3단계)
1) 인간, 하드웨어 및 소프트웨어에 대한 기능할당
2) 작업설계(직무설계)
3) 과업분석(직무분석)
4) 인간 퍼포먼스(performance)요건

33 FMEA에서 고장의 발생확률 β가 다음 값의 범위일 경우 고장의 영향으로 옳은 것은?

$$[0.10 \leq \beta < 1.00]$$

① 손실의 영향이 없음
② 실제 손실이 예상됨
③ 실제 손실이 발생됨
④ 손실 발생의 가능성이 있음

해설 FMEA에서 고장의 발생확률에 의한 고장의 영향

발생확률(β)	고장의 영향
$\beta = 1.00$	·실제의 손실 : 실제손실이 발생됨
$0.10 \leq \beta < 1.00$	·예상되는 손실 : 실제손실이 예상됨
$0 \leq \beta < 0.10$	·가능한 손실 : 손실발생의 가능성이 있음
$\beta = 0$	·영향없음 : 손실의 영향이 없음

■ 정답 ■ 29.④ 30.② 31.③ 32.① 33.②

34 다음 중 Fitts의 법칙에 관한 설명으로 옳은 것은?

① 표적이 크고 이동거리가 길수록 이동시간이 증가한다.
② 표적이 작고 이동거리가 길수록 이동시간이 증가한다.
③ 표적이 크고 이동거리가 짧을수록 이동시간이 증가한다.
④ 표적이 작고 이동거리가 짧을수록 이동시간이 증가한다.

해설 Fitts의 법칙
1) 손과 발 등의 동작시간 혹은 이동시간(movement time)은 목표지점까지의 손, 발의 이동거리에 비례하고 목표물(표적)의 크기(폭)에 반비례한다. (이동시간은 표적이 작고 이동거리가 길수록 증가한다)
2) 관계식
$$MT = a + b\log_2 \frac{2A}{W}$$
여기서, MT : 동작시간 또는 이동시간
A : 목표물까지의 거리
W : 목표물의 폭

35 재해예방 측면에서 시스템의 FT에서 상부측 정상사상의 가장 가까운 쪽에 OR 게이트를 인터록이나 안전장치 등을 활용하여 AND 게이트로 바꿔주면 이 시스템의 재해율에는 어떠한 현상이 나타나겠는가?

① 재해율에는 변화가 없다.
② 재해율의 급격한 증가가 발생한다.
③ 재해율의 급격한 감소가 발생한다.
④ 재해율의 점진적인 증가가 발생한다.

해설 정상사상의 가장 가까운 쪽으로 OR게이트를 AND gate로 바꾸면 정상사상 발생률이 낮아지므로 재해율이 급격히 감소된다.

36 다음 중 중(重)작업의 경우 작업대의 높이로 가장 적절한 것은?

① 허리 높이보다 0~10cm 정도 낮게
② 팔꿈치 높이보다 10~20cm 정도 높게
③ 팔꿈치 높이보다 15~20cm 정도 낮게
④ 어깨 높이보다 30~40cm 정도 높게

해설 입식작업대의 높이
1) **경작업** : 팔꿈치 높이보다 5~10cm 정도 낮게 설계
2) **중량물을 취급하는 중작업** : 팔꿈치 높이보다 15~20cm 정도 낮게 설치

37 다음 중 청각적 표시장치보다 시각적 표시장치를 이용하는 경우가 더 유리한 경우는?

① 메시지가 간단한 경우
② 메시지가 추후에 재참조되지 않는 경우
③ 직무상 수신자가 자주 움직이는 경우
④ 메시지가 즉각적인 행동을 요구하지 않는 경우

해설 표시장치의 선택(청각장치와 시각장치의 선택)

청각장치 사용	시각장치 사용
1) 전언이 간단하고 짧다.	1) 전언이 복잡하고 길다.
2) 전언이 후에 재참조되지 않는다.	2) 전언이 후에 재참조된다.
3) 전언이 즉각적인 사상(event)을 이룬다.	3) 전언이 공간적인 위치를 다룬다.
4) 전언이 즉각적인 행동을 요구한다.	4) 전언이 즉각적인 행동을 요구하지 않는다.
5) 수신자가 시각계통이 과부하 상태일 때	5) 수신자의 청각계통이 과부하 상태일 때
6) 수신장소가 너무 밝거나 암조의 유지가 필요할 때	6) 수신장소가 너무 시끄러울 때
7) 직무상 수신자가 자주 움직이는 경우	7) 직무상 수신자가 한 곳에 머무르는 경우

38 다음 중 화학설비에 대한 안전성 평가에 있어 정량적 평가항목에 해당되지 않는 것은?

① 공정
② 취급물질
③ 압력
④ 화학설비용량

해설 화학설비에 대한 안전성평가시 정량적 평가(3단계)
1) **정량적평가 5과목** : 화학설비의 취급물질, 용량, 온도, 압력, 조작
2) 급수에 따른 점수 : A급 10점, B급 5점, C급 2점, D급 0점
3) 합산 결과에 따른 위험도의 등급

등급	점수	내용
등급Ⅰ	16점 이상	· 위험도가 높다.
등급Ⅱ	11~15점 이하	· 주위사항, 다른 설비와 관련해서 평가
등급Ⅲ	10점 이하	· 위험도가 낮다.

길잡이 화학설비의 안전성평가 5단계
1) 1단계 : 관계자료의 작성준비
2) 2단계 : 정성적 평가
3) 3단계 : 정량적 평가
4) 4단계 : 안전대책
5) 5단계 : 재평가

39 매직넘버라고도 하며, 인간이 절대식별시 작업 기억 중에 유지할 수 있는 항목의 최대수를 나타낸 것은?

① 3 ± 1
② 7 ± 2
③ 10 ± 1
④ 20 ± 2

해설 매직넘버(magic number)
1) Miller가 제시한 것으로 사람이 절대적 기준으로 확인할 수 있는 단일차원확인의 전형적 범위로서 7 ± 2(5~9)를 매직넘버(기억한계)라 한다.
2) 매직넘버는 인간의 절대식별시 작업기억 중에 유지할 수 있는 항목의 최대수(기억한계)를 나타낸 것이다.

40 다음 중 욕조곡선에서의 고장 형태에서 일정한 형태의 고장률이 나타나는 구간은?

① 초기 고장구간
② 마모 고장구간
③ 피로 고장구간
④ 우발 고장구간

해설 고장률의 유형(욕조곡선에서의 고장형태)
1) 초기고장구간 : 감소형
2) 우발고장구간 : 일정형
3) 마모고장구간 : 증가형

제3과목 / 기계위험방지기술

41 다음 중 설비의 내부에 균열 결함을 확인할 수 있는 가장 적절한 검사방법은?

① 육안검사
② 초음파탐상검사
③ 피로검사
④ 액체침투탐상검사

해설 비파괴 검사
1) **비파괴 검사** : 재료 또는 제품의 재질이나 형상치수에 아무런 변화를 주지 않고 그 재료의 결함, 재질, 상태를 검사하는 방법을 말한다.
2) 비파괴검사의 종류
① 육안검사
② 초음파탐상검사
③ 방사선투과검사
④ 자기탐상검사(자분검사)
⑤ 누설검사
⑥ 음향검사
⑦ 침투검사

■ 정답 ■ 38.① 39.② 40.④ 41.②

42 상용운전압력 이상으로 압력이 상승할 경우 보일러의 과열을 방지하기 위하여 버너의 연소를 차단하여 열원을 제거함으로써 정상압력으로 유도하는 장치는?

① 압력방출장치
② 고저수위조절장치
③ 압력제한스위치
④ 통풍제어스위치

해설 보일러의 방호장치
 1) **압력제한스위치** : 상용운전압력 이상으로 압력이 상승할 경우, 보일러의 과열을 방지하기 위하여 최고사용압력과 상용압력 사이에서 보일러의 버너 연소를 차단하여 열원을 제거하여 정상압력으로 유도하는 보일러의 방호장치
 2) **압력방출장치** : 최고사용압력(증기압력) 이하에서 자동적으로 밸브가 열려서 증기를 외부로 분출시켜 증기 상승압력을 방지하는 장치
 3) **고·저수위조절장치** : 보일러 내의 수위가 최저 또는 최고한계에 도달하였을 경우, 자동적으로 경보를 발하는 동시에 단수 또는 급수에 의해 수위를 조절하는 장치

43 회전축, 커플링에 사용하는 덮개는 다음 중 어떠한 위험점을 방호하기 위한 것인가?

① 협착점
② 접선물림점
③ 절단점
④ 회전말림점

해설 위험점의 분류 및 예
 1) **협착점** : 프레스, 성형기, 절곡기 등
 2) **끼임점** : 연삭숫돌과 작업대, 반복 동작되는 링크기구, 교반기의 교반날개와 몸체 사이 등
 3) **절단점** : 둥근톱날, 띠톱기계의 날, 밀링커터 등
 4) **물림점** : 롤러, 기어와 피니언 등
 5) **접선물림점** : 벨트와 풀리, 체인과 스프라켓, 랙과 피니언 등
 6) **회전말림점** : 회전축, 드릴축, 커플링 등

44 기계설비의 안전조건 중 외관의 안전성을 향상시키는 조치에 해당하는 것은?

① 전압강하·정전시의 오동작을 방지하기 위하여 자동제어장치를 하였다.
② 고장 발생을 최소화하기 위해 정기점검을 실시하였다.
③ 강도의 열화를 생각하여 안전율을 최대로 고려하여 설계하였다.
④ 작업자가 접촉할 우려가 있는 기계의 회전부를 덮개로 씌우고 안전색체를 적용하였다.

해설 외관의 안전화
 1) 덮개 및 방호장치(guard)설치
 2) 별실 또는 구획된 장소에 격리
 3) 안전색채조절

45 다음 중 연삭기 작업시 안전상의 유의사항으로 옳지 않은 것은?

① 연산숫돌을 교체한 때에는 1분 이내로 시운전하고 이상 여부를 확인한다.
② 연삭숫돌의 최고사용 원주속도를 초과해서 사용하지 않는다.
③ 탁상용연삭기에는 작업받침대와 조정편을 설치한다.
④ 탁상용연삭기의 경우 덮개의 노출각도는 90°를 넘지 않아야 한다.

해설 연삭숫돌은 작업시작 전에 1분 이상, 숫돌교체 시는 3분 이상 시운전할 것

46 다음 중 아세틸렌 용접시 역류를 방지하기 위하여 설치하여야 하는 것은?

① 안전기
② 청정기
③ 발생기
④ 유량기

해설 아세틸렌 용접방지의 방호장치 : 안전기(역류 및 역화방지장치)

■ 정답 ■ 42.③ 43.④ 44.④ 45.① 46.①

47 크레인에서 권과방지장치의 달기구 윗면이 권상장치의 아랫면과 접촉할 우려가 있는 경우에는 몇 cm 이상 간격이 되도록 조정하여야 하는가?(단, 직동식 권과장치의 경우는 제외한다.)

① 25 ② 30
③ 35 ④ 40

해설 방호장치의 조정(안전보건규칙 제134조) : 크레인 및 이동식크레인의 양중기에 대한 권과방지장치는 훅·버킷 등 달기구의 윗면(그 달기구에 권상용 도르래가 설치된 경우에는 권상용 도르래의 윗면)이 드럼, 상부도르래, 트롤리프레임 등 권상장치의 아랫면과 접촉할 우려가 있는 경우에 그 간격이 0.25m 이상(직동식 권과방지장치는 0.05m 이상)이 되도록 조정할 것

48 다음 중 프레스 작업시작 전 일반적인 점검사항으로서 가장 중요한 것은?

① 클러치 상태점검
② 상하 형틀의 간극 점검
③ 전원단전 유무확인
④ 테이블의 상태 점검

해설 프레스기에서 작업시작 전 가장 중요한 점검사항 : 클러치외 상태점검

49 다음 중 유체의 흐름에 있어 수격작용(water hammering)과 가장 관계가 적은 것은?

① 과열 ② 밸브의 개폐
③ 압력파 ④ 관내의 유동

해설 수격작용(water hammering) : 펌프에서 물을 압송하고 있을 때에 정전 등으로 급히 펌프를 멈춘 경우와 수량 조절밸브를 급히 개폐한 경우 관내의 유속이 급변하면 물에 심한 압력변화가 생기는데 이러한 현상을 수격작용이라 한다.

50 다음 중 밀링 작업시 안전수칙으로 옳지 않은 것은?

① 테이블 위에 공구나 기타 물건 등을 올려놓지 않는다.
② 제품 치수를 측정할 때는 절삭 공구의 회전을 정지한다.
③ 강력 절삭을 할 때는 일감을 바이스에 얇게 물린다.
④ 상하 좌우 이송장치의 핸들은 사용 후 풀어둔다.

해설 ③항, 강력 절삭을 할 때는 일감을 바이스에 깊게 물릴 것

51 다음 중 목재 가공용 둥근톱에서 반발방지를 방호하기 위한 분할날의 설치조건이 아닌 것은?

① 톱날과의 간격은 12mm 이내
② 톱날 후면날의 2/3 이상 방호
③ 분할날 두께는 둥근톱 두께의 1.1배 이상
④ 덮개 하단과 가공재 상면과의 간격은 15mm 이내로 조정

해설 덮개하단과 가공재 상면의 간격 : 조절나사를 통하여 항상 8mm 이하로 해둘 것

52 선반작업시 사용되는 방진구는 일반적으로 공작물의 길이가 직경의 몇 배 이상일 때 사용하는가?

① 4배 이상 ② 6배 이상
③ 8배 이상 ④ 12배 이상

해설 선박작업시 공작물의 길이가 직경의 12배 이상으로 가늘고 길 때는 방진구(공작물의 고정에 사용)를 사용하여 진동을 막을 것

■ 정답 ■ 47.① 48.① 49.① 50.③ 51.④ 52.④

53 지게차로 중량물 운반시 차량의 중량은 30kN, 전차륜에서 화물중심까지의 거리는 2m, 전차륜에서 차량중심까지의 최단거리를 3m라고 할 때, 적재 가능한 하물의 최대중량은 얼마인가?

① 15kN   ② 25kN
③ 35kN   ④ 45kN

해설 1) $W \cdot a < G \cdot b$
여기서, W : 화물중량
G : 차량의 중량
a : 전차륜에서 화물중심까지의 거리
b : 전차륜에서 차량중심까지의 거리

2) $W \cdot a < G \cdot b$
$W < \dfrac{G \cdot b}{a} = \dfrac{30\text{kN} \times 3\text{m}}{2} = 45\text{kN}$
화물의 최대중량(W) : 45kN

54 기계 진동에 의하여 물체에 힘이 가해질 때 전하를 발생하거나 전하가 가해질 때 진동 등을 발생시키는 물질의 특성을 무엇이라고 하는가?

① 압자   ② 압전효과
③ 스트레인   ④ 양극현상

해설 압전효과(피에조 효과, piezo electric effect)
1) 어떤 종류의 결정이 외력에 대응하여 기계적 일그러짐과 동시에 결정표면에 전하가 유기되고,
2) 그 결정에 전계를 인가하면 전하와 동시에 기계적 일그러짐이 생기는 현상을 말한다.

55 작업장 내 운반이 주 목적인 구내운반차의 핸들 중심에서 차체 바깥 측까지의 안전거리로 옳은 것은?

① 45cm이상   ② 55cm이상
③ 65cm이상   ④ 75cm이상

해설 구내운반차의 핸들 중심에서 차체 바깥측까지의 안전거리(안전보건규칙 제184조) : 65cm 이상일 것
[참조] 본문에는 법 개정(2021.11.19.)으로 내용이 삭제되었으므로 학습에서 제외시킬 것

56 드릴 작업시 너트 또는 볼트머리와 접촉하는 면을 고르게 하기 위하여 깎는 작업을 무엇이라 하는가?

① 보링(boring)
② 리밍(reaming)
③ 스폿 페이싱(spot facing)
④ 카운터 싱킹(counter sinking)

해설 스폿 페이싱(spot facing) : 볼트머리나 너트가 접촉되는 부분만 평탄하게 다듬질 하는 작업

57 연삭기에서 숫돌의 바깥지름이 150mm일 경우 평형플랜지 지름은 몇 mm 이상이어야 하는가?

① 30   ② 50
③ 60   ④ 90

해설 플랜지 지름 = 숫돌지름 × $\dfrac{1}{3}$
= $150\text{mm} \times \dfrac{1}{3} = 50\text{mm}$ 이상

58 클러치 맞물림 개소수가 4개, 양수기동식 안전장치의 안전거리가 360mm일 때 양손으로 누름단추를 조작하고 슬라이드가 하사점에 도달하기까지의 소요 최대시간은 얼마인가?

① 90ms   ② 125ms
③ 225ms   ④ 576ms

해설 $D_m = 1.6 T_m$
$T_m = \dfrac{D_m}{1.6} = \dfrac{360}{1.6} = 225\text{ms}$

■ 정답 ■ 53.④ 54.② 55.③ 56.③ 57.② 58.③

59 다음 중 산업용 로봇의 운전시 근로자 위험을 방지하기 위한 필요조치로서 가장 적합한 것은?

① 미숙련자에 의한 로봇 조종은 6시간 이내에만 허용한다.
② 근로자가 로봇에 부딪힐 위험이 있을 때에는 안전매트 및 높이 1.8m 이상의 방책을 설치한다.
③ 조작 중 이상 발견시 로봇을 정지시키지 말고 신속하게 관계 기관에 통보한다.
④ 급유는 작업의 연속성과 오동작 방지를 위하여 운전 중이만 실시하여야 한다.

해설 로봇의 운전 중 위험방지 조치사항
  1) 안전매트를 설치할 것
  2) 1.8m 이상의 방책을 설치할 것

60 다음 중 프레스의 손쳐내기식 방호장치 설치기준으로 틀린 것은?

① 방호판의 폭이 금형 폭의 1/2 이상이어야 한다.
② 슬라이드 행정수가 150SPM 이상의 것에 사용한다.
③ 슬라이드의 행성길이가 40mm 이상의 것에 사용한다.
④ 슬라이드 하행정거리의 3/4 위치에서 손을 완전히 밀어내야 한다.

해설 ②항, 슬라이드 행정수가 120SPM 이하의 것에 사용한다.

제4과목 / 전기위험방지기술

61 정전기 재해방지를 위한 배관 내 액체의 유속제한에 관한 사항으로 옳은 것은?

① 저항률이 $10^{10}\Omega\cdot cm$ 미만의 도전성 위험물의 배관유속은 7m/s 이하로 할 것
② 에텔, 이황화탄소 등과 같이 유동대전이 심하고 폭발위험성이 높으면 4m/s 이하로 할 것
③ 물이나 기체를 혼합하는 비수용성 위험물의 배관 내 유속은 5m/s 이하로 할 것
④ 저항률이 $10^{10}\Omega\cdot cm$ 이상인 위험물의 배관 내 유속은 배관내경 4인치일 때 10m/s 이하로 할 것

해설 배관 내 액체의 유속제한(정전기 발생 방지책)
  1) 저항률이 $10^{10}\Omega\cdot cm$ 미만의 도전성 위험물 : 7m/sec 이하
  2) 유동대전이 심하고 폭발위험성이 높은 물질(에테르, 이황화탄소 등) : 1m/sec 이하
  3) 물이나 기체를 포함한 비수용성 위험물 : 1m/sec 이하

62 전기설비 사용 장소에 폭발위험성에 대한 위험장소 판정시의 기준과 가장 관계가 먼 것은?

① 위험가스의 현존 가능성
② 통풍의 정도
③ 습도의 정도
④ 위험 가스의 특성

해설 위험장소의 판정기준
  1) 위험증기의 양
  2) 위험가스의 현존 가능성
  3) 가스의 특성(공기와의 비중차)
  4) 통풍의 정도
  5) 작업자에 의한 영향

■ 정답 ■ 59.② 60.② 61.① 62.③

63 전기설비의 안전을 유지하기 위해서는 체계적인 점검, 보수가 아주 중요하다. 방폭전기설비의 유지보수에 관한 사항으로 틀린 것은?

① 점검원은 해당 전기설비에 대해 필요한 지식과 기능을 가져야 한다.
② 불꽃 점화시점의 경과조치에 따른다.
③ 본질안전 방폭구조의 경우에도 통전 중에는 기기의 외함을 열어서는 안 된다.
④ 위험분위기에서 작업 시에는 수공구 등이 충격에 의한 불꽃이 생기지 않도록 주의해야 한다.

해설 1) 본질안전 방폭구조의 기본적 개념은 점화능력의 본질적 억제이다.
2) 본질안전 방폭구조는 통전 중 기기의 외함을 열어도 된다.

64 다음 중 계통접지의 목적으로 가장 옳은 것은?

① 누전되고 있는 기기에 접촉되었을 때의 감전방지를 위해
② 고압전로와 저압전로가 혼촉되었을 때의 감전이나 화재방지를 위해
③ 병원에 있어서 의료기기 계통의 누전을 10μA 정도도 허용하지 않기 위해
④ 의사의 몸에 축적된 정전기에 의해 환자가 쇼크사 하지 않도록 하기 위해

해설 접지목적에 따른 종류
1) **계통접지** : 고압전류와 저압전류가 혼촉되었을 때의 감전이나 화재방지
2) **기기접지** : 누전되고 있는 기기에 접촉되었을 때의 감전방지
3) **피뢰기접지** : 낙뢰로부터 전기기기의 손상방지
4) **정전기접지** : 정전기의 축적에 의한 폭발 재해방지
5) **지락검출용 접지** : 누전차단기의 동작을 확실하게 하기 위한 접지
6) **등전위접지** : 병원에 있어서의 의료기기 사용시의 안전도모

65 다음 그림과 같이 완전 누전되고 있는 전기기기의 외함에 사람이 접촉하였을 경우 인체에 흐르는 전류(I_m)는?(단, E(V)는 전원의 대지전압, $R_2(Ω)$는 변압기 1선 접지, 제2종 접지저항, $R_3(Ω)$는 전기기기 외함 접지, 제3종 접지저항, $R_m(Ω)$는 인체저항이다.)

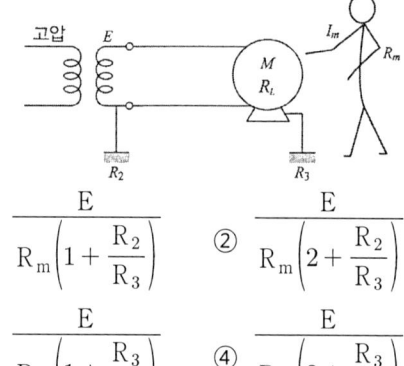

① $\dfrac{E}{R_m\left(1+\dfrac{R_2}{R_3}\right)}$ ② $\dfrac{E}{R_m\left(2+\dfrac{R_2}{R_3}\right)}$

③ $\dfrac{E}{R_m\left(1+\dfrac{R_3}{R_2}\right)}$ ④ $\dfrac{E}{R_m\left(2+\dfrac{R_3}{R_2}\right)}$

해설 인체에 흐르는 전류(I_m)

$$I_m = \dfrac{E}{R_m\left(1+\dfrac{R_2}{R_3}\right)}$$

여기서, E : 대지전압(V)
R_m : 인체저항(Ω)
R_2 : 변압기 1선접지, 제2종접지저항
R_3 : 전기기기 외함접지, 제3종접지저항

66 감전사고 행위별 통계에서 가장 빈도가 높은 것은?

① 전기공사나 전기설비 보수작업
② 전기기기 운전이나 점검작업
③ 이동용 전기기기 점검 및 조작작업
④ 가전기기 운전 및 보수작업

해설 감전사고 행위별 통계
1) 전기공사나 전기설비 보수작업 : 29.8%
2) 전기설비의 운전·점검작업 : 7.4%

67 상용 주파수(60Hz)의 교류에 건강한 성인 남자가 감전 되었을 경우 다른 손을 사용하지 않고 자력으로 손을 뗄 수 있는 최대전류(가수전류)는 몇 mA인가?

① 1 ~ 2
② 7 ~ 8
③ 10 ~ 15
④ 18 ~ 22

해설 가수전류 및 불수전류
1) 가수전류(let-go current) : 인체가 자력으로 이탈할 수 있는 전류(전원이 교류인 경우는 이탈전류, 직류인 경우는 해방전류라고도 함)
   ① 60Hz 정현파 교류에 의한 가수전류(이탈전류 또는 마비한계전류) : 10~15mA
   ② 직류에 의한 가수전류 : 남자는 73.7mA, 여자의 경우는 50mA
2) 불수전류(freezing current) : 자력으로 이탈할 수 없는 전류(교착전류라고도 함)

68 방폭형 기기에 폭발성 가스가 내부로 침입하여 내부에서 폭발이 발생하여도 이 압력에 견디도록 제작한 방폭구조는?

① 내압(d) 방폭구조
② 압력(p) 방폭구조
③ 안전증(e) 방폭구조
④ 본질안전(i) 방폭구조

해설 방폭구조의 종류
1) 압력(내부압)방폭구조 : 용기 내부에 보호기체(공기 또는 불활성기체)를 주입하여 용기 내부압을 외기압보다 높게 유지함으로써 폭발성 가스의 침입을 방지하는 구조(전폐형)
2) 내압방폭구조 : 용기 내부의 폭발성 가스가 폭발하였 때 용기가 그 압력에 견디게 하는 방폭구조(전폐형)
3) 유입방폭구조 : 전기불꽃, 아크 또는 고온이 발생하는 부분은 기름 속에 덤기 주위의 폭발성 가스로부터 격리하여 인화를 방지하는 구조(전폐형)
4) 안전증방폭구조 : 가스, 증기의 점화원이 될 전기불꽃, 고온이 되어서는 안 되는 부분에 기계적, 전기적 구조상 또는 온도상승을 억제할 수 있도록 안전도를 증가시킨 방폭구조

5) 본질안전방폭구조 : 정상시 또는 사고시(단선, 단락, 지락 등)에 발생하는 전기불꽃 등에 의하여 가스, 증기에 점화되지 않는 것이 점화시험 등에 의해 확인된 방폭구조
6) 특수방폭구조 : 폭발성 가스 또는 증기에 점화 또는 위험분위기로 인화를 방지할 수 있는 것이 시험, 기타에 의하여 확인된 구조

69 절연열화가 진행되어 누설전류가 증가하면 여러 가지 사고를 유발하게 되는 경우로서 거리가 먼 것은?

① 감전사고
② 누전화재
③ 정전기 증가
④ 아크 지락에 의한 기기의 손상

해설 1) 절연열화 : 전기적으로 절연된 물질 상호간에 전기저항이 감소하여 많은 전류가 흐르게 되는 현상
2) 절연열화에 의한 전기재해 : 감전사고, 전기화재, 기기손상 등

70 개폐기로 인한 발화는 개폐시의 스파크에 의한 가연물의 착화화재가 많이 발생한다. 이를 방지하기 위한 대책으로 틀린 것은?

① 가연성증기, 분진 등이 있는 곳은 방폭형을 사용한다.
② 개폐기를 불연성 상자 안에 수납한다.
③ 비포장 퓨즈를 사용한다.
④ 접속부분의 나사풀림이 없도록 한다.

해설 스파크(전기불꽃) 화재의 방지책
1) 개폐기를 불연성의 외함 내에 내장시키거나 통형퓨즈를 사용할 것
2) 가연성 증기, 분진 등의 위험성 물질이 있는 곳은 방폭형 개폐기를 사용할 것
3) 유입개폐기는 절연유의 열화 정도, 유량에 유의하고 주위에는 내화벽을 설치할 것
4) 접촉부분의 산화, 변형, 퓨즈의 나사풀림 등으로 인하여 접촉저항이 증가되는 것을 방지할 것

■ 정답 ■ 67.③ 68.① 69.③ 70.③

71 정전유도를 받고 있는 접지되어 있지 않는 도전성 물체에 접촉한 경우 전격을 당하게 되는데 물체에 유도된 전압 V(V)를 옳게 나타낸 것은?(단, 송전선전압 E, 송전선과 물체사이의 정전용량을 C_1, 물체와 대지사이의 정전용량을 C_2, 물체와 대지사이의 저항은 무한대인 경우이다.)

① $V = \dfrac{C_1}{C_1 + C_2} \cdot E$

② $V = \dfrac{C_1 + C_2}{C_1} \cdot E$

③ $V = \dfrac{C_1}{C_1 \cdot C_2} \cdot E$

④ $V = \dfrac{C_1 \cdot C_2}{C_1} \cdot E$

해설 물체에 유도된 전압(V)

$V = \dfrac{C_1}{C_1 + C_2} \cdot E$

여기서, V : 물체에 유도된 전압
C_1 : 송전선과 물체 사이의 정전용량
C_2 : 물체와 대지 사이의 정전용량
E : 송전선 전압

72 인체의 전기저항을 0.5kΩ이라고 하면 심실세동을 일으키는 위험한계 에너지는 몇 J 인가? (단, 통전시간은 1초이다.)

① 13.6　　② 12.6
③ 11.6　　④ 10.6

해설 1) 인체저항 0.5kΩ : 500Ω, 통전시간 : 1초
2) $W = I^2 RT$
$= \left(\dfrac{165}{\sqrt{T}} \times 10^{-3}\right)^2 \times 500 \times T = 13.6 J$

73 환기가 충분한 장소에 대한 설명으로 옳은 것은?

① 대기 중 가스 또는 증기의 밀도가 폭발 하한계의 50% 초과하여 축적되는 것을 방지하기 위한 충분한 환기량이 보장되는 장소
② 수직 또는 수평의 외부공기 흐름을 방해하지 않는 구조의 건축물 또는 실내로서 지붕과 사방의 벽이 있는 건축물
③ 밀폐 또는 부분적으로 밀폐된 장소로써 옥외의 동등한 정도의 환기가 자연환기방식 또는 고장 시 경보발생 등의 조치가 있는 자연 순환방식으로 보장되는 장소
④ 기타 적합한 방법으로 환기량을 계산하여 폭발 하한계의 35% 농도를 초과하지 않음이 보장되는 장소

해설 환기가 충분한 장소 : 대기 중의 가스 또는 증기의 농도가 폭발하한계의 25%를 초과하여 축적되는 것을 방지하기 위한 충분한 환기량이 보장되는 장소를 말하며 다음 각 항의 장소는 환기가 충분한 장소로 볼 수 있다.
1) 옥외
2) 수직 또는 수평의 외부공기 흐름을 방해하지 않는 구조의 개방된 건축물 또는 실내로써 지붕과 한 면의 벽만 있는 건축물 또는 벽이 없이 지붕만 있는 건축물 또는 적절히 설계된 바람막이가 있는 건축물
3) 밀폐 또는 부분적으로 밀폐된 장소로써 자연 환기방식 또는 기계적 환기장치에 의하여 폭발하한계의 25% 농도를 초과하지 않음이 보장되는 장소 단, 기계적 환기장치는 정상상태로 항상 운전 중이어야 하고 예비기 및 고장시 경보를 발하는 경보장치를 설치하여 통풍, 환기에 이상이 생긴 경우에 신속하게 조치를 강구할 수 있도록 할 것
4) 기타 적합한 방법으로 환기량을 계산하여 폭발하한계의 25% 농도를 초과하지 않음이 보장되는 장소

■ 정답 ■　71.①　72.①　73.②

74 작업장에서 교류 아크용접기로 용접작업을 하고 있다. 용접기에 사용하고 있는 용품 중 잘못 사용되고 있는 것은?

① 습윤장소와 2m 이상 고소작업 시에 자동전격방지기를 부착한 후 작업에 임하고 있다.
② 교류 아크용접기 홀더는 절연이 잘 되어 있으며, 2차측 전선은 비닐절연전선을 사용하고 있다.
③ 터미널은 케이블 커넥터로 접속한 후 충전부는 절연테이프로 테이핑 처리를 하였다.
④ 홀더는 KS 규정의 것만 사용하고 있지만 자동전격방지기는 안전보건공단 검정필을 사용한다.

해설 1) 교류아크 용접기 홀더는 절연용접봉 홀더를 사용하여야 한다.
2) 2차측 전선은 용접봉 케이블이나 캡타이어 케이블을 사용하여야 한다.

75 전압이 동일한 경우 교류가 직류보다 위험한 이유를 가장 잘 설명한 것은?

① 교류의 경우 전압의 극성변화가 있기 때문이다.
② 교류는 감전 시 화상을 입히기 때문이다.
③ 교류는 감전 시 수축을 일으킨다.
④ 직류는 교류보다 사용빈도가 낮기 때문이다.

해설 교류가 직류보다 위험한 이유 : 교류의 경우 전압의 극성변화가 있기 때문이다.

76 지락이 생긴 경우 접촉상태에 따라 접촉전압을 제한할 필요가 있다. 인체의 접촉상태에 따른 허용접촉전압을 나타낸 것으로 다음 중 옳지 않은 것은?

① 제1종 2.5V 이하   ② 제2종 25V 이하
③ 제3종 42V 이하   ④ 제4종 제한 없음

해설 허용접촉전압

종별	접촉상태	허용접촉전압
제1종	·인체의 대부분이 수중에 있는 상태	2.5V 이하
제2종	·인체가 현저히 젖어 있는 상태 ·금속성의 전기·기계장치나 구조물에 인체의 일부가 상시 접촉되어 있는 상태	25V 이하
제3종	·제1종 및 제2종 이외의 경우로서 통상의 인체상태에 있어서 접촉전압이 가해지면 위험성이 높은 상태	50V 이하
제4종	·제3종의 경우로써 위험성이 낮은 상태 ·접촉전압이 가해질 위험이 없는 경우	제한없음

77 가공 송전선로에서 낙뢰의 직격을 받았을 때 발생하는 낙뢰 전압이나 개폐서지 등과 같은 이상 고전압은 일반적으로 충격파라 부른다. 이러한 충격파는 어떻게 표시하는가?

① 파투시간 × 파미부분에서 파고치의 63%로 감소할 때까지의 시간
② 파두시간 × 파미부분에서 파고치의 50%로 감소할 때까지의 시간
③ 파장시간 × 파미부분에서 파고치의 63%로 감소할 때까지의 시간
④ 파장시간 × 파미부분에서 파고치의 50%로 감소할 때까지의 시간

해설 직격뇌에 의한 이상전압
1) **파두길이** : 파고치에 달할 때까지의 시간
2) **파미길이** : 파미부분에서 파고치의 50%로 감소할 때까지의 시간
3) **충격파** : 파고치와 파두길이 및 파미길이로 표시
∴ 충격파=파두길이 × 파미길이

■ 정답 ■ 74.② 75.① 76.③ 77.②

78 감전에 의하여 넘어진 사람에 대한 중요한 관찰사항이 아닌 것은?

① 의식의 상태
② 맥박의 상태
③ 호흡의 상태
④ 유입점과 유출점의 상태

해설 감전재해자의 관찰사항
1) 호흡, 맥박, 의식의 상태
2) 출혈, 골절유무(고소추락시)
3) 입술과 피부의 색깔, 체온의 상태, 전기출입부의 상태 등

79 정전기 방전에 의한 화재 및 폭발 발생에 대한 설명으로 틀린 것은?

① 정전기 방전에너지가 어떤 물질의 최소착화에너지보다 크게 되면 화재, 폭발이 일어날 수 있다.
② 부도체가 대전되었을 경우에는 정전에너지보다는 대전 전위 크기에 의해서 화재, 폭발이 결정된다.
③ 대전된 물체에 인체가 접근했을 때 전격을 느낄 정도이면 화재, 폭발의 가능성이 있다.
④ 작업복에 대전된 정전에너지가 가연성 물질의 최소착화 에너지보다 클 때는 화재, 폭발의 위험성이 있다.

해설 작업복에 대전된 정전에너지가 방전되었을 때의 방전에너지가 가연성물질의 최소착화에너지보다 클 때 화재, 폭발의 위험이 있다.

80 전력케이블을 사용하는 회로나 역률개선용 전력콘덴서 등이 접속되어 있는 회로의 정전작업 시에 감전의 위험을 방지하기 위한 조치로서 가장 옳은 것은?

① 개폐기의 통전금지
② 잔류전하의 방전
③ 근접활선에 대한 방호장치
④ 안전표지의 설치

해설 개로된 전로에서 유도전압 또는 전기에너지가 축적되어 전기위험을 끼칠 수 있는 전기기기(전력케이블이나 전력콘덴서 등) : 접촉하기 전에 잔류전하를 완전히 방전시킬 것

제5과목 / 화학설비위험방지기술

81 산업안전보건법에서 정한 위험물질을 기준량 이상 제조하거나 취급하는 화학설비로서 내부의 이상상태를 조기에 파악하기 위하여 필요한 온도계·유량계·압력계 등의 계측장치를 설치하여야 하는 대상이 아닌 것은?

① 가열로 또는 가열기
② 증류·정류·증발·추출 등 분리를 하는 장치
③ 반응폭주 등 이상 화학반응에 의하여 위험물질이 발생할 우려가 있는 설비
④ 흡열반응이 일어나는 반응장치

해설 특수화학설비의 종류(안전보건규칙) : 위험물질의 기준량 이상으로 제조 또는 취급되는 다음 각 호의 화학설비
1) 발열반응이 일어나는 반응장치
2) 증류, 정류, 증발, 추출 등 분리를 행하는 장치
3) 가열시켜주는 물질의 온도가 가열되는 위험물질의 분해온도 또는 발화점보다 높은 상태에서 운전되는 설비
4) 반응폭주 등 이상 화학반응에 의하여 위험물질이 발생할 우려가 있는 설비
5) 온도가 섭씨 350℃ 이상이거나 게이지 압력이 980kPa 이상인 상태에서 운전되는 설비
6) 가열로 또는 가열기

■ 정답 ■ 78.④ 79.④ 80.② 81.④

82 다음 중 퍼지(purge)의 종류에 해당하지 않는 것은?

① 압력퍼지 ② 진공퍼지
③ 스위프퍼지 ④ 가열퍼지

해설 퍼지의 종류(불활성화 방법)
① 진공퍼지(저압퍼지) : 용기에 대한 가장 일반적인 불활성화 방법으로 큰 용기는 보통 진공이 되도록 설계되지 않아서 큰 저장용기에는 사용할 수 없다.
② 압력퍼지 : 가압하에서 불활성 가스를 주입함으로써 퍼지시킬 수 있는 방법이다.
③ 스위프퍼지 : 용기의 한 개구부로 퍼지가스를 가하고 다른 개구부로부터 대기로 혼합가스를 축출시키는 방법으로 용기나 장치에 압력을 가하거나 진공으로 할 수 없을 때에 사용된다.
④ 사이폰퍼지 : 대상기기에 물 또는 적합한 액체를 채운 뒤 액체를 배출시키면서 치환가스를 주입하는 방법이다.

83 다음 중 열교환기의 보수에 있어 일상점검항목과 정기적 개방점검항목으로 구분할 때 일상점검항목으로 거리가 먼 것은?

① 도장의 노후상황
② 부착물에 의한 오염의 상황
③ 보온재, 보냉재의 파손여부
④ 기초볼트의 체결정도

해설 열교환기의 점검사항
1) 일상점검 항목(운전 중에도 점검 가능한 항목)
  ① 보온재 및 보냉재의 파손상황
  ② 도장의 열화 상황
  ③ flange부, 용접부 등에서 외부로 누출 여부
  ④ 기초 볼트의 헐거움 여부
  ⑤ 기초(특히 concrete 기초)에 파손이 없는지 여부
2) 정기적 개방점검항목
  ① 부식 및 폴리머 등의 생성물 상황 혹은 부착물에 오염상황 여부
  ② 부식의 형태, 정도, 범위
  ③ 누출의 원인이 되는 균열, 흠집의 유무
  ④ tube의 두께가 감소되지 않았는지의 여부
  ⑤ 라이닝(lining), 코팅(coating) 상태

84 폭발한계와 완전 연소 조정 관계인 Jones식을 이용하여 부탄(C_4H_{10})의 폭발하한계를 구하면 몇 vol% 인가?

① 1.4 ② 1.7
③ 2.0 ④ 2.3

해설 1) C_4H_{10}(부탄) 화학양론농도(C_{st})

$$C_{ST} = \frac{1}{1+4.773(n+\frac{m}{4})} \times 100$$

$$= \frac{1}{1+4.773 \times (4+\frac{10}{4})} \times 100 = 3.12\%$$

2) ① C_4H_{10}의 폭발하한치
  $= C_{ST} \times 0.55$
  $= 3.12 \times 0.55 = 1.72 vol\%$
② C_4H_{10}의 폭발상한치
  $= C_{ST} \times 3.5 = 10.92 vol\%$

85 질화면(Nitrocellulose)은 저장·취급 중에는 에틸알코올 등으로 습면상태를 유지해야 한다. 그 이유를 옳게 설명한 것은?

① 질화면은 건조 상태에서는 자연적으로 분해하면서 발화할 위험이 있기 때문이다.
② 질화면은 알코올과 반응하여 안정한 물질을 만들기 때문이다.
③ 질화면은 건조 상태에서 공기 중의 산소와 환원반응을 하기 때문이다.
④ 질화면은 건조 상태에서 유독한 중합물을 형성하기 때문이다.

해설 질화면(니트로셀룰로오스 ; $[C_6H_7O_2(ONO_2)_3]_n$)
1) 질화면은 건조한 상태에서 충격, 마찰에 의해 위험성이 증대되고 자연발화에 의해 분해폭발할 수 있다.
2) 질화면은 물과 혼합할수록 위험성이 감소되므로 저장, 취급시는 물(20%), 용제 또는 알코올(30%)을 첨가하여 습면상태를 유지한다.

■ 정답 ■ 82.④ 83.② 84.② 85.①

86 분진폭발의 특징으로 옳은 것은?

① 연소속도가 가스폭발보다 크다.
② 완전연소로 가스중독의 위험이 작다.
③ 화염의 파급속도보다 압력의 파급속도가 빠르다.
④ 가스폭발보다 연소시간은 짧고 발생에너지는 작다.

해설 분진폭발의 특징
1) 연소속도나 폭발압력은 가스폭발보다 작지만 가해지는 파괴력(힘)은 매우 크다.
2) 불안전연소로 발생되는 CO의 중독피해가 우려된다.
3) 화염의 파급속도보다 압력의 파급속도가 크다.
4) 가스폭발보다 연소시간이 길고 발생에너지는 크다.

87 다음 중 폭발 방호 대책과 가장 거리가 먼 것은?

① 불활성화   ② 억제
③ 방산   ④ 봉쇄

해설 폭발방호대책
1) 폭발봉쇄   2) 폭발억제
3) 폭발방산   4) 대기방출

88 크롬에 대한 설명으로 옳은 것은?

① 은백색 광택이 있는 금속이다.
② 중독 시 미나마타병이 발병한다.
③ 비중이 물보다 작은 값을 나타낸다.
④ 3가 크롬이 인체에 가장 유해하다.

해설 크롬(Cr)의 성상 등
1) 경도(hardness)가 큰 은백색의 금속으로 부식에 대한 저항성이 크다.
2) 중독시 심한 과뇨증(혈뇨증)이 오며 비중격 천공증 및 비강염을 유발한다.
3) 2가크롬(Cr^{2+}), 3가크롬(Cr^{3+}), 6가크롬(Cr^{6+}) 중에서 6가크롬이 인체에 가장 유해하며 발암성이 크다.

89 사업주는 인화성 액체 및 인화성 가스를 저장 취급하는 화학설비에서 증기나 가스를 대기로 방출하는 경우에는 외부로부터의 화염을 방지하기 위하여 화염방지기를 설치하여야 한다. 다음 중 화염방지기의 설치 위치로 옳은 것은?

① 설비의 상단   ② 설비의 하단
③ 설비의 측면   ④ 설비의 조작부

해설 화염방지기 설치(안전보건규칙) : 인화성 액체 및 인화성 가스를 저장·취급하는 화학설비로부터 증기 또는 가스를 방출하는 때에는 외부로부터의 화염을 방지하기 위하여 화염방지기를 그 설비상단에 설치하여야 한다. 다만, 인화점이 38℃ 이상 60℃ 이하인 인화성 액체를 저장·취급하는 경우로서 화염방지 기능을 가지는 인화방지망을 설치할 때는 그러하지 아니하다.

90 가스를 분류할 때 독성가스에 해당하지 않는 것은?

① 황화수소   ② 시안화수소
③ 이산화탄소   ④ 산화에틸렌

해설 ③항, 이산화탄소 : 불연성, 비독성 가스

91 열교환탱크 외부를 두께 0.2m의 단열재(열전도율 k=0.037 kcal/m·h·℃)로 보온하였더니 단열재 내면은 40℃, 외면은 20℃ 이었다. 면적 1m² 당 1시간에 손실되는 열량(kcal)은?

① 0.0037   ② 0.037
③ 1.37   ④ 3.7

해설 손실열량(Q)
$$Q = 0.037 kcal/m \cdot h \cdot ℃ \times \frac{1}{0.2m} \times (40-20)℃ = 3.7 kcal/m^2 \cdot h$$

■ 정답 ■ 86.③ 87.① 88.① 89.① 90.③ 91.④

92 산업안전보건법령상 다음 인화성 가스의 정의에서 ( ) 안에 알맞은 값은?

> '인화성 가스'란 인화한계 농도의 최저한도가 (㉠)% 이하 또는 최고한도와 최저한도의 차가 (㉡)% 이상인 것으로서 표준압력(101.3kPa), 20℃에서 가스 상태인 물질을 말한다.

① ㉠ 13, ㉡ 12 ② ㉠ 13, ㉡ 15
③ ㉠ 12, ㉡ 13 ④ ㉠ 12, ㉡ 15

해설 인화성가스의 정의
1) 인화성가스란 안화한계 농도의 최저한도가 13% 이하 또는 최고한도와 최저한도의 차가 12% 이상인 것으로서,
2) 표준압력(101.3kPa), 20℃에서 가스상태인 물질을 말한다.

93 고압가스 용기 파열사고의 주요 원인 중 하나는 용기의 내압력(耐壓力, capacity to resist pressure)부족이다. 다음 중 내압력 부족의 원인으로 거리가 먼 것은?

① 용기 내벽의 부식 ② 강재의 피로
③ 과잉 충전   ④ 용접 불량

해설 용기 파열사고 원인 중 내압력 부족의 원인
1) 용기내벽의 부식
2) 강재의 피로
3) 용접불량

94 알루미늄분이 고온의 물과 반응하였을 때 생성되는 가스는?

① 이산화탄소 ② 수소
③ 메탄   ④ 에탄

해설 알루미늄분(Al) : 뜨거운 물(H_2O)과 격렬하게 반응하여 수소(H_2)를 발생한다.
$2Al + 6H_2O \rightarrow 2Al(OH)_3 + 3H_2$

95 액체 표면에서 발생한 증기농도가 공기 중에서 연소하한농도가 될 수 있는 가장 낮은 액체온도를 무엇이라 하는가?

① 인화점   ② 비등점
③ 연소점   ④ 발화온도

해설 인화점(인화온도) : 본문설명

96 위험물의 저장방법으로 적절하지 않은 것은?

① 탄화칼슘은 물 속에 저장한다.
② 벤젠은 산화성 물질과 격리시킨다.
③ 금속나트륨은 석유 속에 저장한다.
④ 질산은 갈색병에 넣어 냉암소에 보관한다.

해설 탄화칼슘(CaC_2, 카바이트)
1) 물과 심하게 반응하여 수산화칼슘 [$Ca(OH)_2$; 소석회]와 아세틸렌 (C_2H_2)을 생성한다.
$CaC_2 + 2H_2O \rightarrow Ca(OH)_2 + C_2H_2$
2) 저장 및 취급 : 밀폐된 저장용기 중에 저장하며 물 또는 습기 등이 침투되지 않도록 한다.

97 다음 중 반응기의 구조 방식에 의한 분류에 해당하는 것은?

① 탑형 반응기
② 연속식 반응기
③ 반회분식 반응기
④ 회분식 균일상반응기

해설 반응기의 분류
1) 조작방식에 의한 분류
 ① 회분식 반응기(batch reactor)
 ② 반회분식 반응기(semi batch reactor)
 ③ 연속기 반응기(plug flow reactor)
2) 구조방식에 의한 분류
 ① 교반조형 반응기
 ② 관형 반응기
 ③ 탑형 반응기
 ④ 유동층형 반응기

■ 정답 ■ 92.① 93.③ 94.② 95.① 96.① 97.①

98 다음 중 공기 중 최소 발화에너지 값이 가장 작은 물질은?

① 에틸렌 ② 아세트알데히드
③ 메탄   ④ 에탄

해설 최소발화에너지(MIE)

가연성가스	최소발화에너지(공기중)
이황화탄소(CB_2)	0.015×10^{-3} J
수소(H_2)	0.019×10^{-3} J
아세틸렌(C_2H_2)	0.020×10^{-3} J
에틸렌(C_2H_4)	0.096×10^{-3} J
산화에틸렌(C_2H_4O)	0.105×10^{-3} J
메탄(CH_4)	0.28×10^{-3} J
에탄(C_2H_6)	0.31×10^{-3} J
프로판(C_4H_{10})	0.31×10^{-3} J

99 다음 표의 가스(A~D)를 위험도가 큰 것부터 작은 순으로 나열한 것은?

	폭발하한값	폭발상한값
A	4.0vol%	75.0vol%
B	3.0vol%	80.0vol%
C	1.25vol%	44.0vol%
D	2.5vol%	81.0vol%

① D – B – C – A
② D – B – A – C
③ C – D – A – B
④ C – D – B – A

해설
1) 수소위험도 : $\frac{75-4}{4} = 17.75$

2) 산화에틸렌 위험도 : $\frac{80-3}{3} = 25.67$

3) 이황화탄소 위험도 : $\frac{44-1.25}{1.25} = 34.2$

4) 아세틸렌 위험도 : $\frac{81-2.5}{2.5} = 31.4$

∴ 위험도 크기 : 이황화탄소 〉 아세틸렌 〉 산화에틸렌 〉 수소

100 메탄, 에탄, 프로판의 폭발하한계가 각각 5vol%, 2vol%, 2.1vol%일 때 다음 중 폭발하한계가 가장 낮은 것은? (단, Le Chatelier의 법칙을 이용한다.)

① 메탄 20vol%, 에탄 30vol%, 프로판 50vol%의 혼합가스
② 메탄 30vol%, 에탄 30vol%, 프로판 40vol%의 혼합가스
③ 메탄 40vol%, 에탄 30vol%, 프로판 30vol%의 혼합가스
④ 메탄 50vol%, 에탄 30vol%, 프로판 20vol%의 혼합가스

해설
$$L = \frac{V_1 + V_2 + V_3}{\frac{V_1}{L_1} + \frac{V_2}{L_2} + \frac{V_3}{L_3}}$$

$$= \frac{20+30+50}{\frac{20}{5}+\frac{30}{2}+\frac{50}{2.1}} = 2.28 vol\%$$

■ 정답 ■ 98.① 99.④ 100.①

제6과목 / 건설안전기술

101 건설현장에 거푸집동바리 설치 시 준수 사항으로 옳지 않은 것은?

① 파이프서포트 높이가 4.5m를 초과하는 경우에는 높이 2m 이내마다 2개 방향으로 수평 연결재를 설치한다.
② 동바리의 침하 방지를 위해 깔목의 사용, 콘크리트 타설, 말뚝박기 등을 실시한다.
③ 강재와 강재의 접속부는 볼트 또는 클램프 등 전용철물을 사용한다.
④ 강관틀 동바리는 강관틀과 강관틀 사이에 교차가새를 설치한다.

해설 ①항, 파이프서포트 높이가 3.5m를 초과하는 경우에는 높이 2m이내마다 2개 방향으로 수평 연결재를 설치한다.

102 건설업 중 유해위험방지계획서 제출 대상 사업장으로 옳지 않은 것은?

① 지상높이가 31m 이상인 건축물 또는 인공구조물, 연면적 30000m² 이상인 건축물 또는 연면적 5000m² 이상의 문화 및 집회시설의 건설공사
② 연면적 3000m² 이상의 냉동·냉장 창고시설의 설비공사 및 단열공사
③ 깊이 10m 이상인 굴착공사
④ 최대 지간길이가 50m 이상인 다리의 건설공사

해설 유해위험방지계획서 제출대상 사업장(시행규칙 제120조 제2항)
1) 지상높이가 31m 이상인 건축물 또는 인공구조물, 연면적 3만m² 이상인 건축물 또는 연면적 5천m² 이상의 문화 및 집회시설(전시장 및 동물원, 식물원은 제외), 판매시설, 운수시설(고속철도의 역사 및 집, 배송시설은 제외), 종교시설, 의료시설 중 관광숙박시설, 지하도상가 또는 냉동, 냉장창고시설의 건설, 개조 또는 해체(이하 '건설등'이라함)
2) 연면적 5천m² 이상의 냉동, 냉장창고시설의 설비공사 및 단열공사
3) 최대 지간길이가 50m 이상인 교량건설 등 공사
4) 터널 건설 등의 공사
5) 다목적댐, 발전용댐, 저수용량 2천만톤 이상의 용수 전용댐, 지방상수도 전용댐 건설 등의 공사
6) 깊이 10m 이상인 굴착공사

103 고소작업대를 설치 및 이동하는 경우에 준수하여야 할 사항으로 옳지 않은 것은?

① 와이어로프 또는 체인의 안전율은 3 이상일 것
② 붐의 최대 지면경사각을 초과 운전하여 전도되지 않도록 할 것
③ 고소작업대를 이동하는 경우 작업대를 가장 낮게 내릴 것
④ 작업대에 끼임·충돌 등 재해를 예방하기 위한 가드 또는 과상승방지장치를 설치할 것

해설 ①항, 와이어로프 또는 체인의 안전율은 5 이상일 것

104 건설작업용 타워크레인의 안전장치로 옳지 않은 것은?

① 권과 방지장치 ② 과부하 방지장치
③ 비상정지 장치 ④ 호이스트 스위치

해설 건설작업용 타워크레인의 안전장치(방호장치)
1) 과부하방지장치
2) 권과방지장치
3) 비상정지장치
4) 제동장치

■ 정답 ■ 101.① 102.② 103.① 104.④

105 건설공사의 유해위험방지계획서 제출기준일로 옳은 것은?

① 당해공사 착공 1개월 전까지
② 당해공사 착공 15일 전까지
③ 당해공사 착공 전날까지
④ 당해공사 착공 15일 후까지

해설 건설공사의 유해위험방지계획서 제출기준일 : 당해공사 착공전날까지

106 철골건립준비를 할 때 준수하여야 할 사항으로 옳지 않은 것은?

① 지상 작업장에서 건립준비 및 기계기구를 배치할 경우에는 낙하물의 위험이 없는 평탄한 장소를 선정하여 정비하여야 한다.
② 건립작업에 다소 지장이 있다하더라도 수목은 제거하거나 이설하여서는 안된다.
③ 사용 전에 기계기구에 대한 정비 및 보수를 철저히 실시하여야 한다.
④ 기계에 부착된 앵카 등 고정장치와 기초구조 등을 확인하여야 한다.

해설 ②항, 건립작업에 다소 지장이 있을 경우 수목을 제거하거나 이설하여야 한다.

107 건설용 리프트의 붕괴 등을 방지하기 위해 받침의 수를 증가 시키는 등 안전조치를 하여야 하는 순간풍속 기준은?

① 초당 15미터 초과
② 초당 25미터 초과
③ 초당 35미터 초과
④ 초당 45미터 초과

해설 건설작업용 리프트의 붕괴방지 : 순간풍속이 초당 35m를 초과하는 바람이 불어올 우려가 있는 경우 건설작업용 리프트에 대하여 받침의 수를 증가시키는 등 그 붕괴 등을 방지하기 위한 조치를 할 것

108 터널공사에서 발파작업 시 안전대책으로 옳지 않은 것은?

① 발파전 도화선 연결상태, 저항치 조사 등의 목적으로 도통시험 실시 및 발파기의 작동상태에 대한 사전점검 실시
② 모든 동력선은 발원점으로부터 최소한 15m 이상 후방으로 옮길 것
③ 지질, 암의 절리 등에 따라 화약량에 대한 검토 및 시방기준과 대비하여 안전조치 실시
④ 발파용 점화회선은 타동력선 및 조명회선과 한곳으로 통합하여 관리

해설 ④항, 발파용 점화회선은 타동력선 및 조명회선과 분리하여 관리

109 가설구조물의 특징으로 옳지 않은 것은?

① 연결재가 적은 구조로 되기 쉽다.
② 부재 결합이 간략하여 불안전 결합이다.
③ 구조물이라는 개념이 확고하여 조립의 정밀도가 높다.
④ 사용부재는 과소단면이거나 결함재가 되기 쉽다.

해설 ③항, 구조설계의 개념이 확실하지 않고 조립의 정밀도가 낮다.

110 토사붕괴에 따른 재해를 방지하기 위한 흙막이 지보공 부재로 옳지 않은 것은?

① 흙막이판   ② 말뚝
③ 턴버클   ④ 띠장

해설 턴버클(turn buckle) : 인장재(줄)를 팽팽히 당겨 조이는 나사 있는 탕개쇠로 거푸집 연결시 철선을 조이는데 사용하는 긴장기

■ 정답 ■ 105.③ 106.② 107.③ 108.④ 109.③ 110.③

111 가설공사 표준안전 작업지침에 따른 통로발판을 설치하여 사용함에 있어 준수사항으로 옳지 않은 것은?

① 추락의 위험이 있는 곳에는 안전난간이나 철책을 설치하여야 한다.
② 작업발판의 최대폭은 1.6m 이내이어야 한다.
③ 비계발판의 구조에 따라 최대 적재하중을 정하고 이를 초과하지 않도록 하여야 한다.
④ 발판을 겹쳐 이음하는 경우 장선 위에서 이음을 하고 겹침길이는 10cm 이상으로 하여야 한다.

해설 ④항, 발판을 겹쳐이음하는 경우 장선 위에서 이음을 하고 겹침길이는 20cm 이상으로 하여야 한다.

112 항타기 또는 항발기의 사용 시 준수사항으로 옳지 않은 것은?

① 증기나 공기를 차단하는 장치를 작업관리자가 쉽게 조작할 수 있는 위치에 설치한다.
② 해머의 운동에 의하여 증기호스 또는 공기호스와 해머의 접속부가 파손되거나 벗겨지는 것을 방지하기 위하여 그 접속부가 아닌 부위를 선정하여 증기호스 또는 공기호스를 해머에 고정시킨다.
③ 항타기나 항발기의 권상장치의 드럼에 권상용 와이어로프가 꼬인 경우에는 와이어로프에 하중을 걸어서는 안된다.
④ 항타기나 항발기의 권상장치에 하중을 건 상태로 정지하여 두는 경우에는 쐐기장치 또는 역회전방지용 브레이크를 사용하여 제동하는 등 확실하게 정지시켜 두어야 한다.

해설 증기 또는 압축공기를 동력원으로 사용하는 항타기, 항발기의 사용시 준수사항
1) 해머의 운동에 의하여 증기호스 또는 공기호스와 해머와의 접속부가 파손되거나 벗겨지는 것을 방지하기 위하여 당해 접속부 외의 부위를 선정하여 증기호스 또는 공기호스를 해머에 고정시킬 것
2) 증기 또는 공기를 차단하는 장치를 해머의 운전자가 쉽게 조작할 수 있는 위치에 설치할 것

113 이동식 비계를 조립하여 작업을 하는 경우의 준수기준으로 옳지 않은 것은?

① 비계의 최상부에서 작업을 할 때에는 안전난간을 설치하여야 한다.
② 작업발판의 최대적재하중은 400kg을 초과하지 않도록 한다.
③ 승강용 사다리는 견고하게 설치하여야 한다.
④ 작업발판은 항상 수평을 유지하고 작업발판 위에서 안전난간을 딛고 작업을 하거나 받침대 또는 사다리를 사용하여 작업하지 않도록 한다.

해설 이동식 비계를 조립하여 작업시 작업발판의 최대적재하중은 250kg은 초과하지 않도록 할 것

114 토사붕괴 원인으로 옳지 않은 것은?

① 경사 및 기울기 증가
② 성토높이의 증가
③ 건설기계 등 하중작용
④ 토사중량의 감소

해설 토사붕괴의 원인(고용노동부고시)
1) 외적요인
 ① 사면, 법면의 경사 및 구배의 증가
 ② 절토 및 성토의 높이가 증가
 ③ 공사에 의한 진동 및 반복하중의 증가
 ④ 지표수 및 지하수의 침투에 의한 토사중량 증가
2) 내적요인
 ① 절토사면의 토질, 암석
 ② 성토사면의 토질
 ③ 토석의 강도저하

■ 정답 ■ 111.④ 112.① 113.② 114.④

115 사다리식 통로 등의 구조에 대한 설치기준으로 옳지 않은 것은?

① 발판의 간격은 일정하게 할 것
② 발판과 벽과의 사이는 15cm 이상의 간격을 유지할 것
③ 사다리식 통로의 길이가 10m 이상인 때에는 7m 이내마다 계단참을 설치할 것
④ 사다리의 상단은 걸쳐놓은 지점으로부터 60m 이상 올라가도록 할 것

해설 사다리식 통로의 구조(안전보건규칙 제24조)
① 견고한 구조로 할 것
② 심한 손상·부식 등이 없는 재료를 사용할 것
③ 발판의 간격은 동일하게 할 것
④ 발판과 벽과의 사이는 15cm 이상의 간격을 유지할 것
⑤ 폭은 30cm 이상으로 할 것
⑥ 사다리가 넘어지거나 미끄러지는 것을 방지하기 위한 조치를 할 것
⑦ 사다리의 상단은 걸쳐놓은 지점으로부터 60cm 이상 올라가도록 할 것
⑧ 사다리식 통로의 길이가 10m 이상인 때에는 5m 이내마다 계단참을 설치할 것
⑨ 이동식 사다리식 통로의 기울기는 75° 이하로 할 것(다만, 고정식 사다리식 통로의 기울기는 90° 이하로 하고 높이 7m 이상인 경우 바닥으로부터 2.5m 되는 지점부터 등받이 울을 설치할 것)
⑩ 접이식 사다리기둥은 사용시 접혀지거나 펼쳐지지 않도록 철물 등을 사용하여 견고하게 조치할 것

116 거푸집 동바리의 침하를 방지하기 위한 직접적인 조치로 옳지 않은 것은?

① 수평연결재 사용
② 깔목의 사용
③ 콘크리트의 타설
④ 말뚝박기

해설 거푸집동바리 조립시 준수사항(거푸집동바리 등의 안전조치)
1) 깔목의 사용, 콘크리트 타설, 말뚝박기 등 동바리의 침하를 방지하기 위한 조치를 할 것
2) 개구부 상부에 동바리를 설치하는 때에는 상부하중을 견딜 수 있는 견고한 받침대를 설치할 것
3) 동바리의 상하고정 및 미끄러짐 방지조치를 하고 하중의지지 상태를 유지할 것
4) 동바리의 이음은 맞댄이음 또는 장부이음으로 하고 같은 품질의 재료를 사용할 것
5) 강재와 강재와의 접속부 및 교차부는 볼트, 클램프 등 전용철물을 사용하여 단단히 연결할 것
6) 거푸집이 곡면인 때에는 버팀대의 부착 등 그 거푸집의 부상을 방지하기 위한 조치를 할 것

117 가설통로를 설치하는 경우 준수해야할 기준으로 옳지 않은 것은?

① 경사는 30° 이하로 할 것
② 경사가 25°를 초과하는 경우에는 미끄러지지 아니하는 구조로 할 것
③ 건설공사에 사용하는 높이 8m 이상인 비계다리에는 7m 이내마다 계단참을 설치할 것
④ 수직갱에 가설된 통로의 길이가 15m 이상인 때에는 10m 이내마다 계단참을 설치할 것

해설 가설통로의 구조(안전보건규칙) : 가설통로 설치시 준수사항
1) 견고한 구조로 할 것
2) 경사는 30° 이하로 할 것(다만, 계단을 설치하거나 높이 2m 미만의 가설통로로서 튼튼한 손잡이를 설치한 경우에는 그러하지 아니하다)
3) 경사가 15°를 초과하는 경우에는 미끄러지지 아니하는 구조로 할 것
4) 추락할 위험이 있는 장소에는 안전난간을 설치할 것(작업상 부득이한 경우에는 필요한 부분만 임시로 이를 해체할 수 있다)
5) 수직갱에 가설된 통로의 길이가 15m 이상인 경우에는 10m 이내마다 계단참을 설치할 것
6) 건설공사에서 사용하는 높이 8m이상인 비계다리에는 7m 이내마다 계단을 설치할 것

■ 정답 ■ 115.③ 116.① 117.②

118 건설업 산업안전보건관리비 계상 및 사용기준은 산업재해보상 보험법의 적용을 받는 공사 중 총 공사금액이 얼마 이상인 공사에 적용하는가? (단, 전기공사업법, 정보통신공사업법에 의한 공사는 제외)

① 4천만원 ② 3천만원
③ 2천만원 ④ 1천만원

해설 안전관리비 적용범위 : 산업재해보상보험법의 적용을 받는 공사중 총공사금액이 2천만원 이상인 건설공사

119 건설업의 공사금액이 850억 원일 경우 산업안전보건법령에 따른 안전관리자의 수로 옳은 것은? (단, 전체 공사기간을 100으로 할 때 공사 전·후 15에 해당하는 경우는 고려하지 않는다.)

① 1명 이상 ② 2명 이상
③ 3명 이상 ④ 4명 이상

해설 건설업의 공사금액에 따른 안전관리자의 수

공사금액	안전관리자의 수
공사금액 50억원 이상(관계수급인은 100억원 이상) 120억원 미만(토목공사업은 150억원 미만)	1명 이상
공사금액 120억원 이상 (토목공사업은 150억원 이상) 800억원 미만	
공사금액 800억원 이상 1500억원 미만	2명 이상(다만, 전체공사기간중 전·후 15에 해당하는 기간은 1명 이상)
공사금액 1500억원 이상 2200억원 미만	3명 이상(다만, 전체공사기간중 전·후 15에 해당하는 기간은 2명 이상
· · · 공사금액 1조원 이상	11명 이상[매 2천억원(2조원 이상부터는 매 3천억원)마다 1명씩 추가(다만, 전체공사기간중 전·후 15에 해당하는 기간은 선임대상 안전관리자수의 2분의 1 이상)]

120 달비계에 사용하는 와이어로프의 사용금지 기준으로 옳지 않은 것은?

① 이음매가 있는 것
② 열과 전기 충격에 의해 손상된 것
③ 지름의 감소가 공칭지름의 7%를 초과하는 것
④ 와이어로프의 한 꼬임에서 끊어진 소선의 수가 7% 이상인 것

해설 달비계 설치시 주의사항
1) 이음매가 있는 와이어로프 등의 사용금지사항
① 이음매가 있는 것
② 와이어로프의 한 꼬임에서 끊어진 소선(필러선 제외)의 수가 10%이상(비전로프의 경우에는 끊어진 소선의 수가 와이어로프 호칭지름의 6배 길이 이내에서 4개 이상이거나 호칭지름의 30배 길이 이내에서 8개 이상)인 것
③ 지름의 감소가 공칭지름의 7%를 초과하는 것
④ 꼬인 것
⑤ 심하게 변형 또는 부식된 것
⑥ 열과 전기충격에 의해 손상된 것

■ 정답 ■ 118.③ 119.② 120.④

2025년 1회 CBT 복원 기출문제

산업안전기사

제1과목 / 안전관리론

01 학습자가 자신의 학습속도에 적합하도록 프로그램 자료를 가지고 단독으로 학습하도록 하는 안전교육 방법은?

① 실연법
② 모의법
③ 토의법
④ 프로그램 학습법

해설 프로그램 학습법 : 수업프로그램이 프로그램 학습의 원리에 의해서 만들어지고 자기 학습 속도에 따른 학습이 허용되어 있는 상태에서 학습자가 프로그램 자료를 가지고 단독으로 학습하도록 하는 교육방법이다.

02 재해원인 분석기법의 하나인 특성요인도의 작성 방법에 대한 설명으로 틀린 것은?

① 큰뼈는 특성이 일어나는 요인이라고 생각되는 것을 크게 분류하여 기입한다.
② 등뼈는 원칙적에서 우측에서 좌측으로 향하여 가는 화살표를 기입한다.
③ 특성의 결정은 무엇에 대한 특성요인도를 작성할 것인가를 결정하고 기입한다.
④ 중뼈는 특성이 일어나는 큰뼈의 요인마다 다시 미세하게 원인을 결정하여 기입한다.

해설 ②항, 등뼈는 원칙적으로 좌측에서 우측으로 향하여 가는 화살표를 기입한다.

03 무재해운동 추진의 3요소에 관한 설명이 아닌 것은?

① 안전보건은 최고경영자의 무재해 및 무질병에 대한 확고한 경영자세로 시작된다.
② 안전보건을 추진하는 데에는 관리감독자들의 생산 활동 속에 안전보건을 실천하는 것이 중요하다.
③ 모든 재해는 잠재요인을 사전에 발견·파악·해결함으로써 근원적으로 산업재해를 없애야한다.
④ 안전보건은 각자 자신의 문제이며, 동시에 동료의 문제로서 직장의 팀 멤버와 협동 노력하여 자주적으로 추진하는 것이 필요하다.

해설 무재해운동 추진 3기둥(무재해운동의 3요소)
1) 최고경영자의 엄격한 안전경영자세 : ①항
2) 관리감독자에 의한 안전보건의 추진(라인화의 철저) : ②항
3) 직장 소집단의 자주활동의 활발화 : ④항

04 헤링(Hering)의 착시현상에 해당하는 것은?

① 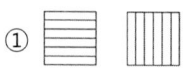   ②

③ >—< ↔   ④ ≋≋≋

해설 ① : 헬므홀즈(Helmholz)착시
② : 코홀러(Köhler)착시(윤곽착시)
③ : 뮬러·라이러(Müler·Lyer)착시
④ : 헤링(Hering)착시

■ 정답 ■ 01.④ 02.② 03.③ 04.④

05 산업안전보건법령상 안전보건표지의 종류 중 경고표지의 기본모형(형태)이 다른 것은?

① 고압전기 경고
② 방사성물질 경고
③ 폭발성물질 경고
④ 매달린 물체 경고

해설 경고표시 : 바탕은 노란색, 기본모형(삼각형), 관련부호 및 그림은 검정색 [다만, 인화성물질 경고, 산화성물질 경고, 폭발성물질 경고, 급성독성물질 경고, 부식성물질 경고 및 발암성·변이원성·생식독성·전신독성·호흡기과민성물질 경고의 경우 바탕은 무색, 기본모형(다이아몬드형)은 빨간색(흑색도 가능)]

06 재해조사에 관한 설명으로 틀린 것은?

① 조사목적에 무관한 조사는 피한다.
② 조사는 현장을 정리한 후에 실시한다.
③ 목격자나 현장 책임자의 진술을 듣는다.
④ 조사자는 객관적이고 공정한 입장을 취해야 한다.

해설 재해조사
  1) **재해조사의 목적** : 동종재해 및 유사재해의 재발방지
  2) **재해조사시 유의사항**
    ① 사실을 수집한다. 이유는 뒤에 확인한다.
    ② 목격자 등이 증언하는 사실 이외의 추측의 말은 참고로만 한다.
    ③ 조사는 신속히 행하고 긴급 조치하여 2차 재해의 방지를 도모한다.
    ④ 사람, 기계설비, 양면의 재해요인을 모두 도출한다.
    ⑤ 객관적인 입장에서 공정하게 조사하며, 조사는 2인 이상이 한다.
    ⑥ 책임 추궁보다 재발 방지를 우선하는 기본 태도를 갖는다.
    ⑦ 피해자에 대한 구급조치를 우선한다.
    ⑧ 2차 재해의 예방과 위험성에 대한 보호구를 착용한다.

07 산업안전보건법령상 특정행위의 지시 및 사실의 고지에 사용되는 안전·보건표지의 색도기준으로 옳은 것은?정

① 2.5G 4/10
② 5Y 8.5/12
③ 2.5PB 4/10
④ 7.5R 4/14

해설 산업안전표지의 색체종류, 색도 기준 및 용도

색채	색도기준	용도	사용예
빨간색	7.5R 4/14	금지	정지신호, 소화설비 및 그 장소, 유해행위 금지
		경고	화학물질 취급장소에서의 유해·위험경고
노란색	5Y 8.5/12	경고	화학물질 취급장소에서의 유해·위험 경고 이외의 위험 경고, 주의표지 또는 기계방호물
파란색	2.5PB 4/10	지시	특정 행위의 지시 및 사실의 고지
녹색	2.5G 4/10	안내	비상구 및 피난소, 사람 또는 차량의 통행표지
흰색	N 9.5		파란색 또는 녹색에 대한 보조색
검은색	N 0.5		문자 및 빨간색 또는 노란색에 대한 보조색

08 TWI의 교육 내용 중 인간관계 관리방법 즉 부하 통솔법을 주로 다루는 것은?

① JST(Job Satety Training)
② JMT(Job Method Training)
③ JRT(Job Relation Training)
④ JIT(Job Instruction Training)

해설 TWI(Traning Within Industry)
  1) **교육대상** : 감독자
  2) **교육내용**
    ① JI(Job Instruction) : 작업지도 기법
    ② JM(Job Method) : 작업개선 기법
    ③ JR(Job Relation) : 인간관계관리 기법 (부하통솔 기법)
    ④ JS(Job Safety) : 작업안전 기법
  3) **교육방법** : 한 클래스는 10명 정도, 토의법, 1일 2시간씩 5일(10시간)

■ 정답 ■ 05.③ 06.② 07.③ 08.③

09 헤드십의 특성이 아닌 것은?

① 지휘형태는 권위주의적이다.
② 권한행사는 임명된 헤드이다.
③ 구성원과의 사회적 간격은 넓다
④ 상관과 부하와의 관계는 개인적인 영향이다

해설 헤드십의 특성
  1) ①, ②, ③항
  2) 상사와 부하와의 관계는 종속적이다.

10 다음의 교육내용과 관련 있는 교육은?

- 작업 동작 및 표준작업방법의 습관화
- 공구·보호구 등의 관리 및 취급태도의 확립
- 작업 전후의 점검, 검사요령의 정확화 및 습관화

① 지식교육　　② 기능교육
③ 태도교육　　④ 문제해결교육

해설 안전교육의 3단계
  1) 제 1단계 - **지식교육** : 안전의식향상, 안전규정숙지, 기능교육 및 태도교육에 필요한 기초지식 주입
  2) 제 2단계 - **기능교육** : 전문적 기술 및 안전기술 기능, 점검·검사·정비 등에 관한 기능 습득
  3) 제 3단계 - **태도교육** : 작업동작 및 표준작업방법 습관화, 점검·검사요령의 정확화 및 습관화

11 도수율이 24.5이고, 강도율이 1.15인 사업장에서 한 근로자가 입사하여 퇴직할 때까지의 근로손일일수는?

① 2.45일　　② 115일
③ 215일　　④ 245일

해설 환산강도율 : 평생(40년, 10만 시간)동안의 근로손실일수
　　환산강도율 = 강도율 ×100
　　　　　　 = 1.15×100 = 115일

12 데이비스(K.Davis)의 동기부여 이론에 관한 등식에서 그 관계가 틀린 것은?

① 지식 × 기능 = 능력
② 상황 × 능력 = 동기유발
③ 능력 × 동기유발 = 인간의 성과
④ 인간의 성과 × 물질의 성과 = 경영의 성과

해설 데이비스(Davis)의 동기부여이론
  1) 인간의 성과 × 물리적인 성과 = 경영의 성과
  2) 인간의 성과 = 능력 × 동기유발
  3) 능력 = 지식 × 기능
  4) 동기유발 = 상황(situation) × 태도(attitude)

13 인간관계의 메커니즘 중 다른 사람의 행동 양식이나 태도를 투입시키거나 다른 사람 가운데서 자기와 비슷한 것을 발견하는 것은?

① 공감　　② 모방
③ 동일화　　④ 일체화

해설 인간관계의 메커니즘(mechanism)
  1) **동일화**(identification) : 다른 사람의 행동 양식이나 태도를 투입하거나 다른 사람 가운데서 자기와 비슷한 것을 발견하는 것을 말한다.
  2) **투사**(投射, projection) : 자기 속의 억압된 것을 다른 사람의 것으로 생각하는 것을 투사(또는 투출)라고 한다.
  3) **커뮤니케이션**(communication) : 갖가지 행동양식이나 기호를 매개로 하여 어떤 사람으로부터 다른 사람에게 전달되는 과정을 말한다.
  4) **모방**(imitation) : 남의 행동이나 판단을 표본으로 하여 그것과 같거나 또는 그것에 가까운 행동 판단을 취하는 것이다.
  5) **암시**(suggestion) : 다른 사람으로부터의 판단이나 행동을 무비판적으로 논리적, 사실적 근거 없이 받아들이는 것을 말한다.

■ 정답 ■　09.④　10.③　11.②　12.②　13.③

14 산업안전보건법령상 보호구 안전인증 대상 방독마스크의 유기화합물용 정화통 외부 측면 표시 색으로 옳은 것은?

① 갈색 ② 녹색
③ 회색 ④ 노랑색

해설 방독마스크의 종류별 시험가스

종류	표시색
유기화합물용 정화통	갈색
할로겐용 정화통	회색
황화수소용 정화통	회색
시안화수소용 정화통	회색
아황산용 정화통	노란색
암모니아용 정화통	녹색
복합용 및 겸용의 정화통	· 복합용의 경우 : 해당가스 모두 표시(2층 분리) · 겸용의 경우 : 백색과 해당 가스 모두 표시(2층 분리)

15 산업안전보건법령상 프레스를 사용하여 작업을 할 때 작업시작 전 점검사항으로 틀린 것은?

① 방호장치의 기능
② 언로드밸브의 기능
③ 금형 및 고정볼트 상태
④ 클러치 및 브레이크의 기능

해설 프레스 및 전단기의 작업시작 전 점검사항
1) 클러치 및 브레이크의 기능
2) 크랭크축 · 플라이 휠 · 슬라이드 · 연결봉 및 연결나사의 볼트의 풀림 유무
3) 1행정 1정지기구 · 급정지장치 · 비상정지장치의 기능
4) 슬라이드 또는 칼날에 의한 위험 방지기구의 기능
5) 프레스의 금형 및 고정 볼트 상태
6) 당해 방호장치의 기능 점검
7) 전단기의 칼날 및 테이블 상태

16 하인리히의 사고방지 기본원리 5단계 중 시정방법의 선정 단계에 있어서 필요한 조치가 아닌 것은?

① 인사조정
② 안전행정의 개선
③ 교육 및 훈련의 개선
④ 안전점검 및 사고조사

해설 사고 예방대책의 기본원리(사고방지원리의 5단계)

단계	과정	내용
1단계	조직	① 경영자의 안전목표 ② 안전관리자의 임명 ③ 안전의 라인 및 참모 조직구성 ④ 안전활동 방침 및 계획수립 ⑤ 조직을 통한 안전활동
2단계	사실의 발견	① 사고 및 안전활동 기록 검토 ② 작업 분석 ③ 안전점검 및 안전진단 ④ 사고조사 ⑤ 안전회의 및 통의 ⑥ 근로자의 제안 및 여론조사 ⑦ 관찰 및 보고서의 연구 등을 통하여 불안전 요소 발견
3단계	분석 평가	① 사고보고서 및 현장조사 ② 사고기록 및 인적 물적 조건의 분석 ③ 작업공정 분석 ④ 교육훈련 분석 등을 통하여 사고의 직접원인 및 간접원인 규명
4단계	시정책 선정	① 기술적 개선 ② 인사조정(배치조정) ③ 교육훈련의 개선 ④ 안전행정의 개선 ⑤ 규정 및 수칙 작업표준 제도의 개선 ⑥ 확인 및 통제체제 개선
5단계	시정책 적용	① 기술적(engineering) 대책 ② 교육적(education) 대책 ③ 단속적(enforcement) 대책

■ 정답 ■ 14.① 15.② 16.④

17 산업안전보건법령상 안전보건관리규정에 반드시 포함되어야 할 사항이 아닌 것은? (단, 그 밖에 안전 및 보건에 관한 사항은 제외한다.)

① 재해코스트 분석 방법
② 사고 조사 및 대책 수립
③ 작업장 안전 및 보건관리
④ 안전 및 보건 관리조직과 그 직무

해설 법상 안전보건관리규정에 포함되어야 할 사항
 (법 제25조)
 1) 안전 및 보건에 관한 관리조직과 그 직무에 관한 사항
 2) 안전보건교육에 관한 사항
 3) 작업장의 안전 및 보건관리에 관한 사항
 4) 사고 조사 및 대책 수립에 관한 사항
 5) 그 밖에 안전 및 보건에 관한 사항

18 산업안전보건법령상 안전보건교육 교육대상별 교육내용 중 관리감독자 정기교육의 내용으로 틀린 것은?

① 정리정돈 및 청소에 관한 사항
② 유해·위험 작업환경 관리에 관한 사항
③ 표준안전작업방법 및 지도 요령에 관한 사항
④ 작업공정의 유해·위험과 재해 예방대책에 관한 사항

해설 관리감독자 정기안전보건교육내용
 1) 작업공정의 유해·위험과 재해 예방대책에 관한 사항
 2) 표준안전작업방법 및 지도 요령에 관한 사항
 3) 관리감독자의 역할과 임무에 관한 사항
 4) 산업보건 및 직업병 예방에 관한 사항
 5) 유해·위험 작업환경 관리에 관한 사항
 6) 산업안전보건법 및 산업재해보상보험 제도에 관한 사항
 7) 안전보건교육능력배양에 관한 사항
 8) 직무스트레스 예방 및 관리에 관한 사항
 9) 직장 내 괴롭힘, 고객의 폭언 등으로 인한 건강장해 예방 및 관리에 관한 사항

19 학습을 자극(Stimulus)에 의한 반응(Response)으로 보는 이론에 해당하는 것은?

① 장설(Field Theory)
② 통찰설(Insight Theory)
③ 기호형태설(Sign-gestalt Theory)
④ 시행착오설(Trial and Error Theory)

해설 S-R이론 : 학습을 자극(stimulus)에 의한 반응(response)으로 보는 이론으로 시행착오설과 조건반사설이 있다.
 1) **시행착오설** : Thorndike
 2) **조건반사설** : Pavlov
 3) **접근적조건화설** : Guthrie
 4) **도구적(조작적) 조건화설** : Skinner

20 산업안전보건법령상 협의체 구성 및 운영에 관한 사항으로 ( )에 알맞은 내용은?

> 도급인은 관계수급인 근로자가 도급인의 사업장에서 작업을 하는 경우 도급인과 수급인을 구성원으로 하는 안전 및 보건에 관한 협의체를 구성 및 운영하여야 한다. 이 협의체는 ( ) 정기적으로 회의를 개최하고 그 결과를 기록·보존해야 한다.

① 매월 1회 이상
② 2개월마다 1회
③ 3개월마다 1회
④ 6개월마다 1회

해설 법상 안전·보건협의체의 정기회의 주기 : 매월 1회 이상

■ 정답 ■ 17.① 18.① 19.④ 20.①

제2과목 / 안전공학 및 시스템안전공학

21 일반적으로 은행의 접수대 높이나 공원의 벤치를 설계할 때 가장 적합한 인체 측정 자료의 응용원칙은?

① 조절식 설계
② 평균치를 이용한 설계
③ 최대치수를 이용한 설계
④ 최소치수를 이용한 설계

해설 인간계측자료의 응용원칙
1) 최대치수와 최소 치수 : 최대치수 또는 최소 치수를 기준으로 하여 설계한다.
   (극단에 속하는 사람을 위한 설계)
2) 조절범위(조절식) : 체격이 다른 여러 사람에게 맞도록 만드는 것이다. (조절할 수 있도록 범위를 두는 설계)
3) 평균치를 기준으로 한 설계 : 최대치수나 최소치수, 조절식으로 하기가 곤란할 때 평균치를 기준으로 하여 설계한다.(평균적인 사람을 위한 설계)

22 어떤 설비의 시간당 고장률이 일정하다고 할 때 이 설비의 고장간격은 다음 중 어떤 확률분포를 따르는가?

① t분포
② 와이블분포
③ 지수분포
④ 아이링(Eyring)분포

해설 지수분포(exponential distribuitoin)
1) **평균수명**(MTTF, Mean Time To Failure) : 고장이 나면 수명이 없어지는 제품에서는 지수분포를 하는 확률변수 T의 기댓값이 다음과 같이 되며 이를 고장까지의 평균시간 또는 평균수명(MTTF)이라 부른다.
   $$E(T) = MTTF = \frac{1}{\lambda}$$
2) **평균고장간격**(MTBF, Mean Time Between Failure) : 고장이 나도 수리해서 사용할 수 있는 제품에서 1/λ은 평균고장간격이 된다.

23 위험분석기법 중 고장이 시스템의 손실과 인명의 사상에 연결되는 높은 위험도를 가진 요소나 고장의 형태에 따른 분석법은?

① CA
② ETA
③ FHA
④ FTA

해설 CA(치명도 분석 또는 위험도 분석, criticality analysis)
1) 고장이 직접 시스템의 손실과 사상에 연결되는 높은 위험도(또는 치명도)를 가진 요소나 고장의 형태에 따른 분석법이다.
2) 고장형의 위험도 분류
   ① category Ⅰ : 생명의 상실로 이어질 염려가 있는 고장
   ② category Ⅱ : 작업의 실패로 이어질 염려가 있는 고장
   ③ category Ⅲ : 운용의 지연 또는 손실로 이어질 고장
   ④ category Ⅳ : 극단적인 계획외의 관리로 이어질 고장

24 일반적인 화학설비에 대한 안전성 평가(safety assessment) 절차에 있어 안전대책 단계에 해당되지 않는 것은?

① 보전
② 위험도 평가
③ 설비적 대책
④ 관리적 대책

해설 (1) 안전성 평가외 기본원칙 6단계
1) 1단계 : 관계 자료의 정비검토
2) 2단계 : 정성적 평가
3) 3단계 : 정량적 평가
4) 4단계 : 안전대책
5) 5단계 : 재해정보에 의한 재평가
6) 6단계 : FTA에 의한 재평가
(2) 제4단계 : 안전대책
1) 설비대책 : 안전장치 및 방재장치에 대한 대책
2) 관리적 대책 : 인원배치, 교육훈련 및 보전에 관한 대책

■ 정답 ■ 21.② 22.③ 23.① 24.②

25 욕조곡선에서의 고장 형태에서 일정한 형태의 고장률이 나타나는 구간은?

① 초기 고장구간 ② 마모 고장구간
③ 피로 고장구간 ④ 우발 고장구간

해설 고장율의 유형(욕조곡선에서의 고장형태)
1) 초기고장구간 : 감소형
2) 우발고장구간 : 일정형
3) 마모고장구간 : 증가형

26 인간공학 연구방법 중 실제의 제품이나 시스템이 추구하는 특성 및 수준이 달성되는지를 비교하고 분석하는 연구는?

① 조사연구 ② 실험연구
③ 분석연구 ④ 평가연구

해설 인간공학 연구방법
1) **조사연구** : 집단(사람)의 속성에 관한 특성을 탐구한다.
2) **실험연구** : 어떤 변수가 행동에 미치는 영향을 시험하는 것이 목적이다.
3) **평가연구** : 본문 설명

27 인간-기계시스템 설계과정 중 직무분석을 하는 단계는?

① 제1단계 : 시스템의 목표와 성능명세 결정
② 제2단계 : 시스템의 정의
③ 제3단계 : 기본 설계
④ 제4단계 : 인터페이스 설계

해설 기본설계(제3단계)
1) 인간, 하드웨어 및 소프트웨어에 대한 기능 할당
2) 작업설계(직무설계)
3) 과업분석(직무분석)
4) 인간 퍼포먼스(performance)요건

28 작업장의 설비 3대에서 각각 80 dB, 86 dB, 78 dB의 소음이 발생되고 있을 때 작업장의 음압 수준은?

① 약 81.3 dB ② 약 85.5 dB
③ 약 87.5 dB ④ 약 90.3 dB

해설 합성소음도(L)
$$L = 10\log\left(10^{\frac{L_1}{10}} + 10^{\frac{L_2}{10}} + 10^{\frac{L_3}{10}}\right)$$
$$= 10\log(10^{80/10} + 10^{86/10} + 10^{78/10})$$
$$= 87.49 \, dB$$

29 FT도에서 시스템의 신뢰도는 얼마인가? (단, 모든 부품의 발생확률은 0.1 이다.)

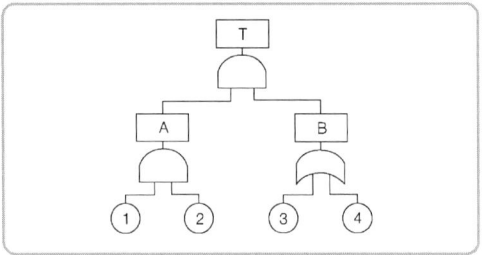

① 0.0033 ② 0.0062
③ 0.9981 ④ 0.9936

해설 1) 시스템 고장발생확률(T)
$T = A \times B$
$= ① \times ② \times [1 - (1 - ③)(1 - ④)]$
$= 0.1 \times 0.1 \times [1 - (1 - 0.1)(1 - 0.1)]$
$= 1.9 \times 10 - 3 = 0.0019$
2) 시스템 신뢰도(R)
$R = 1 - T$
$= 1 - 0.0019 = 0.9981$

30 두 가지 상태 중 하나가 고장 또는 결함으로 나타나는 비정상적인 사건은?

① 톱사상 ② 결함사상
③ 정상적인 사상 ④ 기본적인 사상

해설 결함사상 : 두 가지 상태 중 하나가 고장 또는 결함으로 나타나는 비정상적인 사건

■ 정답 ■ 25.④ 26.④ 27.③ 28.③ 29.③ 30.②

31 시스템 수명주기에 있어서 예비위험분석(PHA)이 이루어지는 단계에 해당하는 것은?

① 구상단계　② 점검단계
③ 운전단계　④ 생산단계

해설 시스템 수명주기의 단계
1) **구상단계** : 시작단계
 ① PHA(예비사고분석) : 이용
 ② 리스크(위험)분석 시행
 ③ SSPP(시스템 안전프로그램계획)
2) **정의단계** : 예비설계와 생산기술을 확인하는 단계
3) **개발단계** : 정의단계에 환경적 충격, 생산 기술, 운용연구 등을 포함시키는 단계
 ① OHA(운용위험분석)이용
 ② FMEA(고장의 형태 및 영향분석)과 관련된 신뢰 성공학 적용
4) **생산단계** : 생산이 시작되면 품질관리부서는 생산물을 검사하고 조사하는 역할을 함
5) **운전단계** : 시스템을 운전하는 단계

32 감각저장으로부터 정보를 작업기억으로 전달하기 위한 코드화 분류에 해당되지 않는 것은?

① 시각코드　② 촉각코드
③ 음성코드　④ 의미코드

해설 1) **인간기억체계** : 감각보관, 작업기억(단기기억), 장기기억의 3가지 형태로 되어 있다.

2) **작업기억의 정보** : 시각(視覺 : visual), 표음(表音 : phonetic), 의미(意味 : semantic)의 3가지 코드로 코드화 된다.
 ① **시각 및 표음(음성)코드** : 자극의 시각적 또는 청각적 표현이다.
 ② **의미코드** : 자극에 의해서 발생되는 상이나 음이 아닌 자극, 의미의 추상적 표현이다.

33 FTA에서 사용하는 다음 사상기호에 대한 설명으로 맞는 것은?

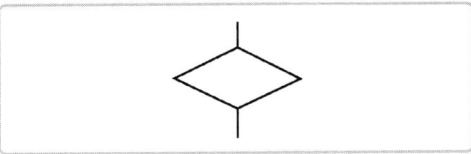

① 시스템 분석에서 좀 더 발전시켜야 하는 사상
② 시스템의 정상적인 가동상태에서 일어날 것이 기대되는 사상
③ 불충분한 자료로 결론을 내릴 수 없어 더 이상 전개 할 수 없는 사상
④ 주어진 시스템의 기본사상으로 고장원인이 분석되었기 때문에 더 이상 분석할 필요가 없는 사상

해설 **생략사상(추적가능한 최후사상)** : 사상과 원인과의 관계를 충분히 알 수 없거나 또는 필요한 정보를 얻을 수 없기 때문에 이것 이상 전개할 수 없는 최후적 사상을 나타낼 때 사용한다(말단사상).

34 동작경제의 원칙과 가장 거리가 먼 것은?

① 급작스런 방향의 전환은 피하도록 할 것
② 가능한 관성을 이용하여 작업하도록 할 것
③ 두 손의 동작은 같이 시작하고 같이 끝나도록 할 것
④ 두 팔의 동작은 동시에 같은 방향으로 움직일 것

해설 ④항, 두팔(양팔)은 동시에 서로 반대방향에서 대칭적으로 움직이도록 할 것

> **길잡이** 동작경제의 3원칙(Barnes)
> 1) 신체의 사용에 관한 원칙
> 2) 작업장 배치에 관한 원칙
> 3) 공구 및 설비의 설계에 관한 원칙

■ 정답 ■　31.①　32.②　33.③　34.④

35 정보를 전송하기 위해 청각적 표시장치보다 시각적 표시장치를 사용하는 것이 더 효과적인 경우는?

① 정보의 내용이 간단한 경우
② 정보가 후에 재참조되는 경우
③ 정보가 즉각적인 행동을 요구하는 경우
④ 정보의 내용이 시간적인 사건을 다루는 경우

해설 표시장치의 선택(청각장치와 시각장치의 선택)

청각장치 사용	시각장치 사용
1) 전언이 간단하고 짧다.	1) 적언이 복잡하고 길다.
2) 전언이 후에 재참조되지 않는다.	2) 전언이 후에 재참조된다.
3) 전언이 즉각적인 사상(event)을 이룬다.	3) 전언이 공간적인 위치를 다룬다.
4) 전언이 즉각적인 행동을 요구한다.	4) 전언이 즉각적인 행동을 요구하지 않는다.
5) 수신자가 시각계통이 과부하 상태일 때	5) 수신자의 청각계통이 과부하 상태일 때
6) 수신장소가 너무 밝거나 암조의 유지가 필요할 때	6) 수신장소가 너무 시끄러울 때
7) 직무상 수신자가 자주 움직이는 경우	7) 직무상 수신자가 한 곳에 머무르는 경우

36 의도는 올바른 것이었지만, 행동이 의도한 것과는 다르게 나타나는 오류는?

① Slip   ② Mistake
③ Lapse   ④ Violation

해설 인간의 오류모형
1) 실수(slip)
   ① 의도는 올바른 것이었지만 반응의 실행이 올바른 것이 아닌 경우를 실수라 한다.
   ② 실수는 주의력이 부족한 상태에서 발생하는 에러이다.
2) 착오(mistake)
   ① 부적합한 의도를 가지고 행동으로 옮긴 경우를 착오라 한다.
   ② 착오는 주관적인 인식과 객관적 실재가 일치하지 않는 것을 의미한다.
3) 건망증(lapse) : 단기기억의 한계로 이해 기억을 잊어서 해야 할 일을 못해 발생하는 에러이다.
4) 위반(고의사고 : violation) : 작업수행 과정 중에 일부러 나쁜 의도를 가지고 발생시키는 에러를 말한다.

37 설비보전 방법 중 설비의 열화를 방지하고 그 진행을 지연시켜 수명을 연장하기 위한 점검, 청소, 주유 및 교체 등의 활동은?

① 사후 보전   ② 개량 보전
③ 일상 보전   ④ 보전 예방

해설 설비보전방식의 유형
1) **예방보전** : 설비를 항상 정상, 양호한 상태로 유지하기 위한 정기검사와 초기단계에서 성능의 저하나 고장을 제거하거나 조정 또는 수복(修復)하기 위한 설비의 보수활동을 의미한다.
2) **일상보전** : 설비의 열화를 방지하고 그 진행을 지연시켜 수명을 연장하기 위한 설비의 점검, 청소, 주유, 교체 등의 활동을 의미한다.
3) **개량보전** : 고장을 미연에 방지하기 위해 설비를 개조하거나 설계에서부터 시정조치를 취하고 설비의 체질개선을 도모하는 설비보전 방법을 의미한다.
4) **보전예방** : 설비보전 정보와 신기술을 기초로 신뢰성, 조작성, 보전성, 안전성, 경제성 등이 우수한 설비의 선정, 조달 또는 설계를 통하여 궁극적으로 설비의 설계, 제작 단계에서 보전활동이 불필요한 체제를 목표로 한 설비보전 방법을 말한다.
5) **사후보전** : 수리를 행하는 설비보전방법을 의미한다.
6) **예지보전** : 설비의 이상 상태를 검출, 측정 또는 감시하여 열화의 정도가 사용한도에 이른 시점에서 분해, 검사, 부품교환, 수리하는 설비보전방법을 의미한다.

■ 정답 ■ 35.② 36.① 37.③

38 중량물 들기 작업 시 5분간의 산소소비량을 측정한 결과 90L의 배기량 중에 산소가 16%, 이산화탄소가 4%로 분석되었다. 해당 작업에 대한 산소소비량(L/min)은 약 얼마인가? (단, 공기 중 질소는 79vol%, 산소는 21vol%이다.)

① 0.948　　② 1.948
③ 4.74　　④ 5.74

해설 1) 배기량(L/min) = $\dfrac{배기량(L)}{시간(min)}$
　　= $\dfrac{90L}{5min}$ = $18L/min$

　2) 흡기량 × $\dfrac{79\%}{100}$ = 배기량 × $\dfrac{N_2\%}{100}$

　　흡기량 = $\dfrac{배기량 \times N_2\%}{79}$

　　= $\dfrac{배기량 \times (100 - O_2\% - CO_2\%)}{79}$

　　= $\dfrac{18 \times (100 - 16 - 4)}{79}$

　　= $18.23 L/min$

　3) 산소소비량
　　= 흡기량 × $\dfrac{21}{100}$ - 배기량 × $\dfrac{O_2\%}{100}$
　　= $18.23 \times 0.21 - 18 \times 0.16$
　　= $0.948 L/min$

39 음량수준을 평가하는 척도와 관계없는 것은?

① dB　　② HSI
③ phon　　④ sone

해설 음량수준의 평가척도
　1) dB(decibel) : 음압수준을 표시하는 단위로 사용한다. (dB은 소리의 세기에 대한 물리적 측정단위)
　2) phon : 1000Hz, 40dB의 음압수준(dB)을 나타낸다.
　3) sone : 1000Hz, 40dB의 음압수준을 가진 순음의 크기(=40phon)를 1sone이라 한다.
　4) sone과 phon의 관계식
　　$sone\ 차 = 2^{(phon-40)/10}$

40 실효 온도(effective temperature)에 영향을 주는 요인이 아닌 것은?

① 온도　　② 습도
③ 복사열　　④ 공기 유동

해설 실효온도(체감온도 또는 감각온도)에 영향을 주는 요인
　1) 온도　2) 습도　3) 공기유동(기류)

제3과목 / 기계위험방지기술

41 지게차의 방호장치인 헤드가드에 대한 설명으로 맞는 것은?

① 상부틀의 각 개구의 폭 또는 길이는 16센티미터 미만일 것
② 운전자가 앉아서 조작하는 방식의 지게차의 경우에는 운전자의 좌석 윗면에서 헤드가드의 상부틀 아랫면까지의 높이는 1.5미터 이상일 것
③ 지게차에는 최대하중의 2배(5톤을 넘는 값에 대해서는 5톤으로 한다.)에 해당하는 등분포정하중에 견딜 수 있는 강도의 헤드가드를 설치하여야 한다.
④ 운전자가 서서 조작하는 방식의 지게차의 경우에는 운전석의 바닥면에서 헤드가드의 상부틀 하면까지의 높이는 1.8미터 이상일 것

해설 지게차 헤드가드
　1) 강도는 지게차의 최대하중의 2배의 값(그 값이 4톤을 넘는 것에 대하여서는 4톤으로 함)의 등분포정하중에 견딜 수 있는 것일 것
　2) 상부틀의 각 개구의 폭 또는 길이가 16cm 미만일 것
　3) 운전자가 앉아서 조작하거나 서서 조작하는 지게차 헤드가드의 높이 : 「산업표준화법」에 따른 한국산업표준에서 정하는 높이 기준 이상일 것(입식 : 1.88m, 좌식 : 0.903m)

■ 정답 ■　38.①　39.②　40.③　41.①

42 다음 중 선반 작업 시 지켜야 할 안전수칙으로 거리가 먼 것은?

① 작업 중 절삭칩이 눈에 들어가지 않도록 보안경을 착용한다.
② 공작물 세팅에 필요한 공구는 세팅이 끝난 후 바로 제거한다.
③ 상의의 옷자락은 안으로 넣고, 끈을 이용하여 소맷자락을 묶어 작업을 준비한다.
④ 공작물은 전원스위치를 끄고 바이트를 충분히 멀리 위치시킨 후 고정한다.

해설 선반 작업 시 안전작업수칙
1) 공작물의 길이가 직경의 12배 이상으로 가늘고 길 때는 방진구(공작물의 고정에 사용)를 사용하여 진동을 막을 것
2) 보링작업 중 구멍 속에 손가락을 넣지 않을 것
3) 칩이나 부스러기를 제거할 때는 반드시 브러시를 사용할 것
4) 작업 중 장갑을 끼지 않을 것
5) 시동 전에 심압대가 잘 죄어져 있는가를 확인할 것
6) 선반기계를 정지시켜야 할 경우
   ① 치수를 측정할 경우
   ② 백기어(back gear)를 넣거나 풀 경우
   ③ 주축을 변속할 경우
   ④ 기계에 주유 및 청소를 할 경우
7) 바이트는 가급적 짧게 설치하여 진동이나 휨을 막을 것
8) 회전부분에 손을 대지 말 것
9) 선반의 베드위에 공구를 놓지 말 것
10) 일감의 센터구멍과 센터는 반드시 일치시킬 것

43 일반적으로 장갑을 착용해야 하는 작업은?

① 드릴작업 ② 밀링작업
③ 선반작업 ④ 전기용접작업

해설 1) 장갑착용 작업 : 전기용접작업
2) 장갑착용 금지작업 : 드릴작업, 밀링작업, 선반작업, 세이퍼 및 플레이너 작업, 연삭작업 등

44 프레스 금형부착, 수리 작업 등의 경우 슬라이드의 낙하를 방지하기 위하여 설치하는 것은?

① 슈트 ② 키이록
③ 안전블럭 ④ 스트리퍼

해설 안전블록 : 프레스 금형의 부착·해체·조정작업시 슬라이드 불시하강의 위험방지를 위하여 설치하는 것

45 회전수가 300rpm, 연삭숫돌의 지름이 200mm일 때 숫돌의 원주 속도는 약 몇 m/min인가?

① 60.0 ② 94.2
③ 150.0 ④ 188.5

해설 원주속도$(V) = \dfrac{\pi DN}{1000}$
$= \dfrac{3.14 \times 200 \times 300}{1000}$
$= 188.4 \text{m/min}$

여기서, D : 숫돌의 지름(mm)
N : 회전수(rpm)

46 소음에 관한 사항으로 틀린 것은?

① 소음에는 익숙해지기 쉽다.
② 소음계는 소음에 한하여 계측할 수 있다.
③ 소음의 피해는 정신적, 심리적인 것이 주가 된다.
④ 소음이란 귀에 불쾌한 음이나 생활을 방해하는 음을 통틀어 말한다.

해설 소음
1) 소음의 정의 : 귀에 불쾌한 음이나 생활을 방해하는 음을 통틀어 말한다.
2) 소음의 피해 : 정신적 심리적인 것이 주가 된다.

■ 정답 ■ 42.③ 43.④ 44.③ 45.④ 46.②

47 프레스기에 설치하는 방호장치에 관한 사항으로 틀린 것은?

① 수인식 방호장치의 수인끈 재료는 합성섬유로 직경이 4mm 이상이어야 한다.
② 양수조작식 방호장치는 1행정마다 누름버튼에서 양손을 떼지 않으면 다음 작업의 동작을 할 수 없는 구조이어야 한다.
③ 광전자식 방호장치는 정상동작표시램프는 적색, 위험표시램프는 녹색으로 하며, 쉽게 근로자가 볼 수 있는 곳에 설치해야 한다.
④ 손쳐내기식 방호장치는 슬라이드 하행정거리의 3/4위치에서 손을 완전히 밀어내야 한다.

해설 ③항, 정상동작표시램프는 녹색, 위험표시램프는 적색으로 할 것

48 회전 중인 연삭숫돌이 근로자에게 위험을 미칠 우려가 있을 시 덮개를 설치하여야할 연삭숫돌의 최소 지름은?

① 지름이 5cm 이상인 것
② 지름이 10cm 이상인 것
③ 지름이 15cm 이상인 것
④ 지름이 20cm 이상인 것

해설 연삭숫돌의 덮개 등(안전보건규칙 제122조)
1) 회전 중인 연삭숫돌(지름이 5cm 이상인 것으로 한정)이 근로자에게 위험을 미칠 우려가 있는 경우에 그 부위에 덮개를 설치하여야 한다.
2) 연삭숫돌을 사용하는 작업의 경우 작업을 시작하기 전에는 1분 이상, 연삭숫돌을 교체한 후에는 3분 이상 시험운전을 하고 해당 기계에 이상이 있는지를 확인하여야 한다.
3) 시험운전에 사용하는 연삭숫돌은 작업시작 전에 결함이 있는지를 확인한 후 사용하여야 한다.
4) 연삭숫돌의 최고 사용회전속도를 초과하여 사용하도록 해서는 아니 된다.
5) 측면을 사용하는 것을 목적으로 하지 않는 연삭숫돌을 사용하는 경우 측면을 사용하도록 해서는 아니 된다.

49 가스 용접에 이용되는 아세틸렌가스 용기의 색상으로 옳은 것은?

① 녹색   ② 회색
③ 황색   ④ 청색

해설 가스용기의 색상
1) 탄산가스(CO_2) : 청색
2) 산소(O_2) : 녹색
3) 수소(H_2) : 주황색
4) 아세틸렌(C_2H_2) : 황색
5) 암모니아(NH_3) : 백색
6) 염소(Cl_2) : 갈색
7) 기타 질소, LPG 등 : 회색

50 와이어 로프의 꼬임에 관한 설명으로 틀린 것은?

① 보통꼬임에는 S꼬임이나 Z꼬임이 있다.
② 보통꼬임은 스트랜드의 꼬임방향과 로프의 꼬임방향이 반대로 된 것을 말한다.
③ 랭꼬임은 로프의 끝이 자유로이 회전하는 경우나 킹크가 생기기 쉬운 곳에 적당하다.
④ 랭꼬임은 보통꼬임에 비하여 마모에 대한 저항성이 우수하다.

해설 양중기의 와이어로프 꼬임
1) 보통꼬임(regular lay)
① 스트랜드의 꼬임 방향과 로프의 꼬임 방향이 반대로 된 것이다.
② 소선의 외부길이가 짧아서 비교적 마모가 되기 쉽다.
③ 킹크가 잘 생기지 않고 로프의 변형이나 하중을 걸었을 때 저항성이 크고 취급이 용이하다.
2) 랭꼬임(lang lay)
① 스트랜드의 꼬임 방향과 로프의 꼬임 방향이 동일한 것이다.
② 보통꼬임에 비하여 소선과 외부와의 접촉 길이가 길다.
③ 마모에 대한 저항성, 유연성, 내피로성이 우수하다.
④ 꼬임이 풀리기 쉬워 로프의 끝이 자유로이 회전하는 경우나 킹크가 생기기 쉬운 곳에는 적당하지 않다.

■ 정답 ■ 47.③ 48.① 49.③ 50.③

51 비파괴시험의 종류가 아닌 것은?

① 자분 탐상시험 ② 침투 탐상시험
③ 와류 탐상시험 ④ 샤르피 충격시험

해설 1) 비파괴시험의 종류 : 자분탐상시험, 침투탐상시험, 와류탐상시험, 방사선투과시험, 초음파탐상시험 등
2) **샤르피 충격시험**(charpy impact test) : 재료의 노치 취성 시험법으로 충격시험의 일종

52 다음 중 기계설비의 정비·청소·급유·검사·수리 등의 작업 시 근로자가 위험해질 우려가 있는 경우 필요한 조치와 거리가 먼 것은?

① 근로자의 위험방지를 위하여 해당 기계를 정지시킨다.
② 작업지휘자를 배치하여 갑작스러운 기계 가동에 대비한다.
③ 기계내부에 압축된 기체나 액체가 불시에 방출될 수 있는 경우에는 사전에 방출조치를 실시한다.
④ 기계 운전을 정지한 경우에는 기동장치에 잠금장치를 하고 다른 작업자가 그 기계를 임의 조작할 수 있도록 열쇠를 찾기 쉬운 곳에 보관하다.

해설 ④항, **기계운전을 정지한 경우** : 기동장치에 잠금장치를 하고 다른 작업자가 그 기계를 임의 조작할 수 없도록 열쇠를 별도로 보관한다.

53 다음 중 용접 중 불꽃 온도가 가장 높은 것은?

① 산소-메탄 용접
② 산소-수소 용접
③ 산소-프로판 용접
④ 산소-아세틸렌 용접

해설 산소-아세틸렌가스의 불꽃온도 : 3430℃

54 구내운반차의 제동장치 준수사항에 대한 설명으로 틀린 것은?

① 조명이 없는 장소에서 작업 시 전조등과 후미등을 갖출 것
② 운전석이 차 실내에 있는 것은 좌우에 한 개씩 방향지시기를 갖출 것
③ 핸들의 중심에서 차체 바깥 측까지의 거리가 70센티미터 이상일 것
④ 주행을 제동하거나 정지상태를 유지하기 위하여 유효한 제동장치를 갖출 것

해설 구내운반차(제동장치 등)를 사용하는 경우 준수사항(안전보건규칙 제184조)
1) 주행을 제동하거나 정지상태를 유지하기 위하여 유효한 제동장치를 갖출 것
2) 경음기를 갖출 것
3) 핸들의 중심에서 차체 바깥 측까지의 거리가 65cm 이상일 것
4) 운전석이 차 실내에 있는 것은 좌우에 한 개씩 방향지시기를 갖출 것
5) 전조등과 후미등을 갖출 것. 다만, 작업을 안전하게 하기 위하여 필요한 조명이 있는 장소에서 사용하는 구내운반차는 제외

55 산업용 로봇에 사용되는 안전 매트의 종류 및 일반구조에 관한 설명으로 틀린 것은?

① 단선 경보장치가 부착되어 있어야 한다.
② 감응시간을 조절하는 장치가 부착되어 있어야 한다.
③ 감응도 조절장치가 있는 경우 봉인되어 있어야 한다.
④ 안전 매트의 종류는 연결사용 가능여부에 따라 단일 감지기와 복합 감지기가 있다.

해설 산업용 로봇에 사용되는 안전매트의 종류 및 일반구조
1) **안전매트의 종류** : 연결사용 가능여부에 따라 단일감지기와 복합감지기가 있다.
2) **안전매트의 일반구조**
① 단선 경보장치가 부착되어 있을 것
② 감응도 조절장치가 있는 경우 봉인되어 있을 것

■ 정답 ■ 51.④ 52.④ 53.④ 54.③ 55.②

56 컨베이어 방호장치에 대한 설명으로 맞는 것은?

① 역전방지장치에 롤러식, 라쳇식, 권과방지식, 전기브레이크식 등이 있다.
② 작업자가 임의로 작업을 중단할 수 없도록 비상정지장치를 부착하지 않는다.
③ 구동부 측면에 로울러 안내가이드 등의 이탈방지장치를 설치한다.
④ 로울러컨베이어의 로울 사이에 방호판을 설치할 때 로울과의 최대간격은 8mm이다.

해설 컨베이어의 방호장치
1) 이탈 및 역주행 방지장치 : 컨베이어·이송용 롤러 등(이하 "컨베이어 등"이라 한다.)을 사용하는 때에는 정전·전압강하 등에 의한 화물 또는 운반구의 이탈 및 역주행을 방지하는 장치를 갖출 것. 단, 무동력 상태 또는 수평상태로만 사용하여 근로자에게 위험을 미칠 우려가 없는 때에는 제외
2) 비상정지장치 : 근로자의 신체가 말려드는 등 위험시와 비상시에는 즉시 운전을 정지시킬 수 있는 비상정지 장치를 설치할 것.
3) 덮개 또는 울 : 컨베이어 등으로부터 화물의 낙하로 인하여 근로자에게 위험을 미칠 우려가 있는 때에는 당해 컨베이어 등에 덮개 또는 울을 설치하는 등 낙하방지를 위한 조치를 할 것.

57 로울러기 맞물림점의 전방에 개구부의 간격을 30mm로 하여 가드를 설치하고자 한다. 가드의 설치 위치는 맞물림점에서 적어도 얼마의 간격을 유지하여야 하는가?

① 154mm ② 160mm
③ 166mm ④ 172mm

해설 $Y = 6 + 0.15X$
$$X = \frac{Y-6}{0.15} = \frac{30-6}{0.15} = 160mm$$
여기서, Y : 가드 개구부의 간격(안전간극 ; mm)
X : 가드와 위험점(맞물림점)간의 거리 (안전거리 ; mm)

58 프레스의 방호장치 중 광전자식 방호장치에 관한 설명으로 틀린 것은?

① 연속 운전작업에 사용할 수 있다.
② 핀클러치 구조의 프레스에 사용할 수 있다.
③ 기계적 고장에 의한 2차 낙하에는 효과가 없다.
④ 시계를 차단하지 않기 때문에 작업에 지장을 주지 않는다.

해설 광전자식 방호장치의 장점 및 단점

장점	단점
1. 시계를 차단하지 않아서 작업에 지장을 주지 않는다. 2. 연속 운전 작업에 사용할 수 있다.	1. 작업 중에 진동에 의해 위치 변동이 생길 우려가 있다. 2. 기계적 고장에 의한 2차 낙하에는 효과가 없다 3. 설치가 어렵고, 핀 클러치 방식에는 사용할 수 없다.

59 아세틸렌 용접 시 역류를 방지하기 위하여 설치하여야 하는 것은?

① 안전기 ② 청정기
③ 발생기 ④ 유량기

해설 1) 아세틸렌 용접장치의 방호장치 : 안전기
2) 안전기 : 역류·역화방지장치

60 기계설비 구조의 안전화 중 가공결함 방지를 위해 고려할 사항이 아닌 것은?

① 안전율 ② 열처리
③ 가공경화 ④ 응력집중

해설 ①항, 안전율 : 구조의 안전화 중 설계상의 결함에 관한 사항이다.

■ 정답 ■ 56.③ 57.② 58.② 59.① 60.①

제4과목 / 전기위험방지기술

61 정전기 발생현상의 분류에 해당되지 않는 것은?

① 유체대전　② 마찰대전
③ 박리대전　④ 교반대전

해설 정전기 발생현상(정전기 대전현상)
1) **마찰대전** : 물체가 마찰을 일으킬 때 마찰에 의해서 접촉위치가 이동하며 전하 분리 및 재배열이 일어나서 정전기가 발생하는 현상이다.
2) **유동대전** : 액체류가 파이프 등을 통해서 유동할 때 관벽과 액체사이에 정전기가 발생하는 현상이다.
3) **박리대전** : 서로 밀착해 있던 물체가 박리되었을 때 전하분리가 일어나서 정전기가 발생하는 현상이다.
4) **분출대전** : 기체, 액체, 분체류 등이 단면적이 작은 분출구를 통과할 때 마찰에 의해서 정전기가 발생하는 현상이다.
5) **충돌대전** : 분체류와 같은 입자끼리 또는 입자와 고체와의 충돌에 의해서 급속한 분리, 접촉이 행해지기 때문에 정전기가 발생하는 현상이다.
6) **파괴대전** : 물체가 파괴될 때 정전기가 발생하는 현상이다.
7) **비말대전** : 공간에 분출한 액체류가 가늘게 비산해서 분리되는 과정에 정전기가 발생하는 현상이다.
8) **진동대전(교반대전)** : 액체를 교반할 때 정전기가 발생하는 현상이다.

62 산업안전보건기준에 관한 규칙에서 일반 작업장에 전기위험 방지 조치를 취하지 않아도 되는 전압은 몇 V 이하인가?

① 24　② 30
③ 50　④ 100

해설 안전전압 : 30V이하

63 폭발위험장소에서의 본질안전 방폭구조에 대한 설명으로 틀린 것은?

① 본질안전 방폭구조의 기본적 개념은 점화능력의 본질적 억제이다.
② 본질안전 방폭구조의 Exib는 fault에 대한 2중 안전보장으로 0종~2종 장소에 사용할 수 있다.
③ 이론적으로 모든 전기기기를 본질안전 방폭구조를 적용할 수 있으나, 동력을 직접 사용하는 기기는 실제적으로 적용이 곤란하다.
④ 온도, 압력, 액면유량 등의 검출용 측정기는 대표적인 본질안전 방폭구조의 예이다.

해설 위험장소 0종장소에는 본질안전방폭구조 중 ia만 사용할 수 있고 ib는 사용할 수 없다.

길잡이 위험장소의 방폭구조선정

위험장소	해당방폭구조 선정
0종 장소	본질안전 방폭구조(ia)
1종 장소	본질안전(ia 또는 ib), 내압, 압력, 유입, 충전, 몰드, 안전증 방폭구조
2종 장소	0종장소 및 1종장소에서 사용가능한 방폭구조, 비점화방폭구조

64 교류 아크용접기의 허용사용률(%)은?(단, 정격사용률은 10%, 2차 정격전류는 500A, 교류 아크용접기의 사용전류는 250A이다.)

① 30　② 40
③ 50　④ 60

해설 허용사용률(%)
$= 정격사용률(\%) \times \left(\dfrac{정격2차\ 전류}{실제용접전류}\right)^2$
$= 10 \times \left(\dfrac{500}{250}\right)^2 = 40\%$

■정답■ 61.① 62.② 63.② 64.②

65 정전작업 시 작업 전 조치하여야 할 실무사항으로 틀린 것은?

① 잔류전하의 방전
② 단락 접지기구의 철거
③ 검전기에 의한 정전확인
④ 개로개폐기의 잠금 또는 표시

해설 정전작업시 안전조치사항

단계 조치	실무사항(조치사항)
작업 전	1. 작업지휘자에 의한 작업내용의 주지 철저 2. 개로개폐기의 시건 또는 표시 3. 잔류전하의 방전 4. 검전기에 의한 정전확인 5. 단락접지 6. 일부정전작업시 정전선로 및 활선선로의 표시 7. 근접활선에 대한 방호
작업 중	1. 작업지휘자에 의한 지휘 2. 개폐기의 관리 3. 단락접지의 수시확인 4. 근접활선에 대한 방호상태의 관리
작업 종료 시	1. 단락접지기구의 철거 2. 표지의 철거 3. 작업자에 대한 위험이 없는 것을 확인 4. 개폐기를 투입해서 송전재개

66 전력용 피뢰기에서 직렬 갭의 주된 사용 목적은?

① 방전내량을 크게 하고 장시간 사용 시 열화를 적게 하기 위하여
② 충격방전 개시전압을 높게 하기 위하여
③ 이상전압 발생 시 신속히 대지로 방류함과 동시에 속류를 즉시 차단하기 위하여
④ 충격파 침입 시에 대지로 흐르는 방전전류를 크게 하여 제한전압을 낮게 하기 위하여

해설 전력용 피뢰기에서 직렬 갭의 사용 목적
 1) 뇌전류를 신속히 대지로 방전시킴
 2) 속류차단

67 전류가 흐르는 상태에서 단로기를 끊었을 때 여러 가지 파괴작용을 일으킨다. 다음 그림에서 유입차단기의 차단순위와 투입순위가 안전수칙에 가장 적합한 것은?

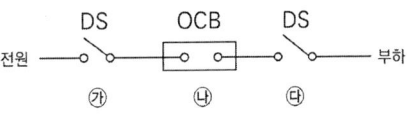

① 차단 : ㉮→㉯→㉰, 투입 : ㉮→㉯→㉰
② 차단 : ㉯→㉰→㉮, 투입 : ㉯→㉰→㉮
③ 차단 : ㉰→㉯→㉮, 투입 : ㉰→㉮→㉯
④ 차단 : ㉯→㉰→㉮, 투입 : ㉰→㉮→㉯

해설 유입차단기의 작동순서
 1) 유입차단기의 작동순서

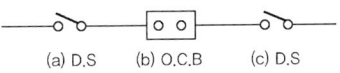

 · 투입순서 : (c)-(a)-(b)
 · 차단순서 : (b)-(c)-(a)

 2) 바이패스 회로 설치시 유입차단기의 작동순서

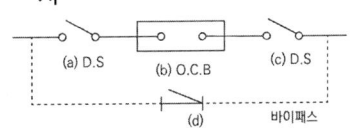

 · 작동순서 : (d)투입, (b), (c), (a)차단

68 누전된 전동기에 인체가 접촉하여 500mA의 누전전류가 흘렀고 정격감도전류 500mA인 누전차단기가 동작하였다. 이때 인체전류를 약 10mA로 제한하기 위해서는 전동기 외함에 설치할 접지저항의 크기는 약 몇 Ω인가?(단, 인체저항은 500Ω이며, 다른 저항은 무시한다.)

① 5 ② 10
③ 50 ④ 100

■ 정답 ■ 65.③ 66.③ 67.④ 68.②

69 방전전극에 약 7000V의 전압을 인가하면 공기가 전리되어 코로나 방전을 일으킴으로서 발생한 이온으로 대전체의 전하를 중화시키는 방법을 이용한 제전기는?

① 전압인가식 제전기
② 자기방전식 제전기
③ 이온스프레이식 제전기
④ 이온식 제전기

해설 전압인가식 제전기(코로나 방전식 제전기)
1) 제전전극에 7000V 정도의 고전압이 인가되어 코로나 방전발생, 인가된 고전압의 에너지에 의해 제전에 필요한 이온이 생성된다.
2) 제전능력이 뛰어나며(거의 0에 가까운 효과를 봄)단시간에 제전이 가능하다.

70 일반 허용접촉 전압과 그 종별을 짝지은 것으로 틀린 것은?

① 제1종 : 0.5V 이하
② 제2종 : 25V 이하
③ 제3종 : 50V 이하
④ 제4종 : 제한없음

해설 허용접촉전압

종별	접촉상태	허용접촉 전압
제1종	· 인체의 대부분이 수중에 있는 상태	2.5V
제2종	· 인체가 현저히 젖어있는 상태 · 금속성의 전기기계장치나 구조물에 인체의 일부가 상시 접촉되어 있는 상태	25V이하
제3종	· 제1종 및 제2종 이외의 경우로써 통상의 인체상태에 있어서 접촉전압이 가해지면 위험성이 높은 상태	50V이하
제4종	· 제3종의 경우로써 위험성이 낮은 상태 · 접촉전압이 가해질 위험이 없는 경우	제한없음

71 감전사고를 방지하기 위한 대책으로 틀린 것은?

① 전기설비에 대한 보호 접지
② 전기기기에 대한 정격 표시
③ 전기설비에 대한 누전차단기 설치
④ 충전부가 노출된 부분에는 절연 방호구 사용

해설 감전사고의 방지대책
1) 전기기기 및 설비의 위험부에 위험표시
2) 보허접지의 실시
3) 전기설비의 점검철저
4) 전기기기 및 설비의 정비 철저
5) 고전압 선로 및 충전부에 근접하여 작업하는 경우 보호구 착용
6) 충전부가 노출된 부분에는 절연 방호구 사용
7) 유자격자이외는 전기기계 및 기구에 접촉금지
8) 안전관리자는 작업에 대한 안전교육 실시
9) 사고발생시의 처리순서를 미리 작성하여 둘 것

72 내부에서 폭발하더라도 틈의 냉각 효과로 인하여 외부의 폭발성 가스에 착화될 우려가 없는 방폭구조는?

① 내압 방폭구조
② 유입 방폭구조
③ 안전증 방폭구조
④ 본질안전 방폭구조

해설 내압방폭구조 : 용기 내부에서 가스가 폭발하였을 때 용기가 그 압력에 견디고 또한 용기 내에 폭발성가스가 침입할 수 없도록 되어 있는 구조(전폐형 구조)
1) 내압방폭구조의 내압한도 : $10kg/cm^2$ 이상
2) 내압방폭구조에서 안전간극(safe gap)을 적게 하는 이유 : 폭발압력이 외부로 유출되지 않도록 하기 위해

■ 정답 ■ 69.① 70.① 71.② 72.①

73 피뢰기의 여유도가 33%이고, 충격절연강도가 1000kV라고 할 때 피뢰기의 제한전압은 약 몇 kV인가?

① 852 ② 752
③ 652 ④ 552

해설 1) 피뢰기의 여유도(%)
$$= \frac{충격절연강도 - 제한전압}{제한전압} \times 100$$
2) 제한전압
$$= \frac{충격절연강도}{\left(\frac{피뢰기여유도}{100} + 1\right)} = \frac{1000}{\left(\frac{33}{100} + 1\right)}$$
$$= 752 kV$$

74 다음 중 전동기를 운전하고자 할 때 개폐기의 조작순서로 옳은 것은?

① 메인 스위치→분전반 스위치→전동기용 개폐기
② 분전반 스위치→메인 스위치→전동기용 개폐기
③ 전동기용 개폐기→분전반 스위치→메인 스위치
④ 분전반 스위치→전동기용 스위치→메인 스위치

해설 전동기 운전 시 개폐기 조작순서 : 1) 메인스위치 → 2) 분전반 스위치 → 3) 전동기용 개폐기

75 인체 피부의 전기저항에 영향을 주는 주요 인자와 가장 거리가 먼 것은?

① 접촉면적   ② 인가전압의 크기
③ 통전경로   ④ 인가시간

해설 인체피부의 전기저항에 영향을 주는 요인
1) 인가전압의 크기와 전류의 세기
2) 접촉 면적
3) 인가 시간

76 내압 방폭구조에서 안전간극(safe gap)을 적게 하는 이유로 옳은 것은?

① 최소점하에너지를 높게 하기 위해
② 폭발화염이 외부로 전파되지 않도록 하기 위해
③ 폭발압력에 견디고 파손되지 않도록 하기 위해
④ 설치류가 전선 등을 훼손하지 않도록 하기 위해

해설 내압방폭구조에서 안전간극을 적게하는 이유 : 폭발화염이 외부로 전파되지 않도록 하기 위해서이다.

77 방폭전기기기의 온도등급의 기호는?

① E   ② S
③ T   ④ N

해설 전기기기의 최고 표면온도의 분류(KSCIEC)

온도등급	최고표면온도의 범위(℃)
T_1	300 초과 450 이하
T_2	200 초과 300 이하
T_3	135 초과 200 이하
T_4	100 초과 135 이하
T_5	85 초과 100 이하
T_6	85 이하

㈜ 최고표면온도 : 방폭기기가 사양 범위내의 최악의 조건에서 사용된 경우에 수위의 폭발성분위기에 점화될 우려가 있는 해당 전기기기의 구성부품이 도달하는 표면온도 중 가장 높은 온도

78 전기기기, 설비 및 전선로 등의 충전유무 등을 확인하기 위한 장비는?

① 위상검출기   ② 디스콘 스위치
③ COS   ④ 저압 및 고압용 검전기

해설 저압 및 고압용 검전기 : 전기기기, 설비 및 전선로 등의 충전유무를 확인하기 위한 장치

■ 정답 ■ 73.② 74.① 75.③ 76.② 77.③ 78.④

79 다음 ( )안에 들어갈 내용으로 알맞은 것은?

> 과전류차단장치는 반드시 접지선이 아닌 전로에 ( )로 연결하여 과전류 발생 시 전로를 자동으로 차단하도록 설치 할 것

① 직렬   ② 병렬
③ 임시   ④ 직병렬

해설 1) 과전류 차단기 : 평상시의 전류 및 고장시의 전류를 보호계전기와의 조합에 의하여 안전하게 차단하고 전로 및 기구를 보호하는 것
2) 과전류차단장치 설치 : 과전류차단장치는 반드시 접지선이 아닌 전로에 직렬로 연결하여 과전류 발생시 전로를 자동으로 차단하도록 설치할 것

80 인체감전보호용 누전차단기의 정격감도전류(mA)와 동작시간(초)의 최대값은?

① 10mA, 0.03초
② 20mA, 0.01초
③ 30mA, 0.03초
④ 50mA, 0.1초

해설 누전차단기의 특징
1) 누전차단기의 최소동작전류 : 정격감도 전류의 50% 이상
2) 감전보호용 누전차단기의 작동 : 정격감도 전류 30mA 이하, 동작시간 0.03초 이내

제5과목 / 화학설비위험방지기술

81 다음 중 압축기 운전시 토출압력이 갑자기 증가하는 이유로 가장 적절한 것은?

① 윤활유의 과다
② 피스톤 링의 가스 누설
③ 토출관 내에 저항 발생
④ 저장조 내 가스압의 감소

해설 압축기 토출압력 증가원인 : 토출관 내의 저항 발생

82 탄화수소 증기의 연소하한값 추정식은 연료의 양론농도(Cst)의 0.55배이다. 프로판 1몰의 연소반응식이 다음과 같을 때 연소하한값은 약 몇 vol%인가?

$$C_3H_8 + 5O_2 \rightarrow 3CO_2 + 4H_2O$$

① 2.22   ② 4.03
③ 4.44   ④ 8.06

해설 1) 프로판(C_3H_8)의 양론농도(C_{st})

$$C_{st} = \frac{1}{1+4.773\left(n+\frac{m}{4}\right)} \times 100$$

$$= \frac{1}{1+4.773\left(3+\frac{8}{4}\right)} \times 100$$

$$= 4.022\,vol\%$$

2) C_3H_8의 연소하한값
= C_{st} × 0.55
= 4.022 × 0.55
= 2.21 vol%

■ 정답 ■ 89.① 80.③ 81.③ 82.①

83 자동화재탐지설비의 감지기 종류 중 열감지기가 아닌 것은?

① 차동식   ② 정온식
③ 보상식   ④ 광전식

해설 (1) 자동화재 탐지설비의 구성요소
1) 감지기 : 화원에서 상승하는 열 또는 연기에 의해서 작동한다.
2) 발신기 : 감지기에 의해 주어지는 신호를 수신기에 보내는 역할을 한다.
3) 수신기 : 화재의 발생을 알린다.
(2) 감지기의 기능상 분류
1) 정온식 : 주위의 온도가 일정하게 재해둔 온도에 도달되었을 때 작동한다. (작동 온도 범위 60~150℃)
2) 차동식 : 외계와의 변화가 일정치를 넘었을 때 작동한다.
3) 보상식 : 정온식과 차동식을 하나로 조합한 형식으로 온도상승이 완만하거나 급격한 경우에도 작동하고 외기온도의 영향을 거의 받지 않는다.

84 진한 질산이 공기 중에서 햇빛에 의해 분해되었을 때 발생하는 갈색증기는?

① N_2 ② NO_2
③ NH_3 ④ NH_2

해설 $4HNO_3 \rightarrow 2H_2O + 4NO_2 \uparrow + O_2$

85 고온에서 완전 열분해하였을 대 산소를 발생하는 물질은?

① 황화수소   ② 과염소산칼륨
③ 메틸리튬   ④ 적린

해설 과염소산칼륨($KClO_4$)
1) 자신은 불연성이지만 강력한 산화제이다.
2) 400℃ 이상으로 가열하면 분해하여 산소(O_2)를 방출한다.
$KClO_4 \rightarrow KCl + 2O_2 \uparrow$

86 다음 중 분진 폭발에 관한 설명으로 틀린 것은?

① 폭발한계 내에서 분진의 휘발성분이 많으면 폭발 위험성이 높다.
② 분진이 발화 폭발하기 위한 조건은 가연성, 미분상태, 공기 중에서의 교반과 유동 및 점화원의 존재이다.
③ 가스폭발과 비교하여 연소의 속도나 폭발의 압력이 크고, 연소시간이 짧으며, 발생에너지가 작다.
④ 폭발한계는 입자의 크기, 입도분포, 산소농도, 함유수분, 가연성가스의 혼입 등에 의해 같은 물질의 분진에서도 달라진다.

해설 분진폭발 : 연소속도나 폭발압력은 가스폭발보다는 작지만 가해자는 힘(파괴력)은 매우 크다.

87 프로판과 메탄의 폭발하한계가 각각 2.5, 5.0vol% 이라고 할 때 프로판과 메탄이 3:1의 체적비로 혼합되어 있다면 이 혼합가스의 폭발하한계는 약 몇 vol%인가? (단, 상온, 상압 상태이다.)

① 2.9   ② 3.3
③ 3.8   ④ 4.0

해설 1) 프로판(C_3H_8)과 메탄(CH_4)의 부피%

$C_3H_8 = \dfrac{3}{3+1} \times 100 = 75 \text{vol}\%$

$CH_4 = 100 - 75 = 25 \text{vol}\%$

2) 혼합가스의 폭발하한치(L)

$L = \dfrac{V_1 + V_2}{\dfrac{V_1}{L_1} + \dfrac{V_2}{L_2}} = \dfrac{75 + 25}{\dfrac{75}{2.5} + \dfrac{25}{5.0}} = 2.86 \text{vol}\%$

■ 정답 ■ 83.④ 84.② 85.② 86.③ 87.①

88 산업안전보건법령상 폭발성 물질을 취급하는 화학설비를 설치하는 경우에 단위공정설비로부터 다른 단위공정설비 사이의 안전거리는 설비 바깥 면으로부터 몇 m 이상이어야 하는가?

① 10 ② 15
③ 20 ④ 30

해설 화학설비 및 시설의 안전거리(안전보건규칙 별표 8)

구분	안전거리
1. 단위공정시설 및 설비로부터 다른 단위공정시설 및 설비의 사이	설비의 바깥면으로부터 10m 이상
2. 플레어스택으로부터 단위공정 시설 및 설비, 위험물질 저장탱크 또는 위험물질 하역설비의 사이	플레어스택으로부터 반경 20m이상. 다만, 단위공정시설 등이 불연재로 시공된 지붕아래 설치된 경우에는 그리하지 아니하다.
3. 위험물질 저장탱크로부터 단위공정 시설 및 설비, 보일러 또는 가열로의 사이	저장탱크의 바깥으로부터 20m 이상. 다만, 저장탱크의 방호벽, 원격조정 소화설비 또는 살수설비를 설치한 경우에는 그러하지 아니한다.
4. 사무실·연구실·실험실·정비실 또는 식당으로부터 단위공정 시설 및 설비, 위험물질저장탱크, 위험물질 하역설비, 보일러 또는 가열로의 사이	사무실 등의 바깥면으로부터 20m 이상. 다만, 난방용 보일러인 경우 또는 사무실 등의 벽을 방호구조로 설치한 경우에는 그러하지 아니하다.

89 대기압에서 사용하나 증발에 의한 액체의 손실을 방지함과 동시에 액면 위의 공간에 폭발성 위험가스를 형성할 위험이 적은 구조의 저장탱크는?

① 유동형 지붕 탱크 ② 원추형 지붕 탱크
③ 원통형 저장 탱크 ④ 구형 저장탱크

90 다음 중 유류화재의 화재급수에 해당하는 것은?

① A급 ② B급
③ C급 ④ D급

해설 화재급수

구분	A급화재 (백색) 일반화재	B급화재 (황색) 유류화재	C급화재 (청색) 전기화재	D급화재 (무색) 금속화재
소화효과	냉각	질식	질식, 냉각	질식
적용소화기	·물소화기 ·강화액소화기 ·산알칼리소화기	·포말소화기 ·분말소화기 ·증발성액체소화기 ·CO_2소화기	·분말소화기 ·유기성소화기 ·CO_2소화기	·건조사 ·팽창질석 및 팽창진주암

91 증기 배관 내에 생성하는 응축수를 제거할 때 증기가 배출되지 않도록 하면서 응축수를 자동적으로 배출하기 위한 장치를 무엇이라 하는가?

① Vent stack ② Steam trap
③ Blow down ④ Relief valve

해설 스팀트랩(steam trap) : 스팀 배관 내에 생성하는 응축수를 자동적으로 배출하는 장치

92 다음 중 수분(H_2O)과 반응하여 유독성 가스인 포스핀이 발생되는 물질은?

① 금속나트륨 ② 알루미늄 분말
③ 인화칼슘 ④ 수소화리튬

해설 인화칼슘(Ca_3P_2 : 인화석회)
1) 적갈색의 미상고체로 건조한 공기중에서 안정하나 300℃ 이상에서 산화한다.
2) 물과 심하게 반응하여 유독성·가연성의 PH_3(포스핀)을 발생한다.
$Ca_3P_2 + 6H_2O \rightarrow 3Ca(OH)_2 + PH_3 \uparrow$
3) 금수성물질(물반응성물질)로 벤젠, 에테르, 이황화탄소와 습기하에서 접촉하면 발화한다.

■ 정답 ■ 88.① 89.① 90.② 91.② 92.③

93 다음 중 산업안전보건법령상 화학설비의 부속설비로만 이루어진 것은?

① 사이클론, 백필터, 전기집진기 등 분진처리 설비
② 응축기, 냉각기, 가열기, 증발기 등 열교환기류
③ 고로 등 점화기를 직접 사용하는 열교환기류
④ 혼합기, 발포기, 압출기 등 화학제품 가공설비

해설 화학설비 및 그 부속설비의 종류(안전보건규칙 별표 7)
1) ① 반응기·혼합조 등 화학물질 반응 또는 혼합장치
② 증류탑·흡수탑·추출탑·감압탑 등 화학물질 분리장치
③ 저장탱크·계량탱크·호퍼·사일로 등 화학물질 저장설비 또는 계량설비
④ 응축기·냉각기·가열기·증발기 등 열교환기류
⑤ 고로 등 점화기를 직접 사용하는 열교환기류
⑥ 카렌다·혼합기·발포기·인쇄기·압축기 등 화학제품 가공설비
⑦ 분쇄기·분체분리기·용융기 등 분체화학물질 취급 장치
⑧ 결정조·유동탑·탈습기·건조기 등 분체화학물질 분리장치
⑨ 펌프류·압축기·이젝터 등의 화학물질 이송 또는 압축설비
2) 화학설비의 부속설비
① 배관·밸브·관·부속류 등 화학물질 이송 관련설비
② 온도·압력·유량 등을 지시·기록 등을 하는 자동제어 관련설비
③ 안전밸브·안전판·긴급차단 또는 방출밸브 등 비상조치 관련설비
④ 가스누출감지 및 경보관련 설비
⑤ 세정기·응축기·벤트스택·플레어스택 등 폐가스처리설비
⑥ 사이클론, 백필터, 전기감진기 등 분진처리 설비
⑦ ①항 내지 ⑥항 설비를 운전하기 위하여 부속된 전기 관련 설비
⑧ 정전기 제거장치, 긴급 샤워설비 등 안전관련 설비

94 산업안전보건법령에서 규정하고 있는 위험물질의 종류 중 부식성 염기류로 분류되기 위하여 농도가 40%이상이어야 하는 물질은?

① 염산 ② 아세트산
③ 불산 ④ 수산화칼륨

해설 법상 부식성 물질의 종류
1) 부식성 산류
① 농도가 20% 이상인 염산(HCl), 황산(H_2SO_4), 질산(HNO_3) 등
② 농도가 60% 이상인 인산(H_3PO_4), 아세트산(CH_3COOH), 불산(HF) 등
2) 부식성 염기류 : 농도가 40% 이상인 수산화나트륨(NaOH), 수산화칼륨(KOH) 등

95 인화점이 각 온도 범위에 포함되지 않는 물질은?

① −30℃미만 : 디에틸에테르
② −30℃ 이상 0℃ 미만 : 아세톤
③ 0℃ 이상 30℃ 미만 : 벤젠
④ 30℃ 이상 65℃ 이하 : 아세트산

해설 물질의 인화점

물질명(화학식)	인화점
디에틸에테르($C_2H_5OC_2H_5$)	−45℃
아세톤(CH_3COCH_3)	−18℃
벤젠(C_6H_6)	−11℃
아세트산(CH_3COOH)	16.7℃

96 다음 중 아세틸렌을 용해가스로 만들 때 사용되는 용제로 가장 적합한 것은?

① 아세톤 ② 메탄
③ 부탄 ④ 프로판

해설 아세틸렌 용제 : 아세톤, DMF(dimethylformamide)

■ 정답 ■ 93.① 94.④ 95.③ 96.①

97 다음 중 밀폐 공간 내 작업시의 조치사항으로 가장 거리가 먼 것은?

① 산소결핍이나 유해가스로 인한 질식의 우려가 있으면 진행 중인 작업에 방해되지 않도록 주의하면서 환기를 강화하여야 한다.
② 해당 작업장을 적정한 공기상태로 유지되도록 환기하여야 한다.
③ 그 장소에 근로자를 입장시킬 때와 퇴장시킬 때마다 인원을 점검하여야 한다.
④ 그 작업장과 외부의 감시인 간에 항상 연락을 취할 수 있는 설비를 설치하여야 한다.

해설 사고시의 대피(안전보건규칙 제639조) : 밀폐 공간에서 작업을 하는 경우에 산소결핍이나 유해가스 등의 농도가 높아서 폭발할 우려가 있는 경우에는 즉시 작업을 중단시키고 해당 근로자를 대피하도록 하여야 한다.

98 다음 중 물질의 자연발화를 촉진시키는 요인으로 가장 거리가 먼 것은?

① 표면적이 넓고, 발열량이 클 것
② 열전도율이 클 것
③ 주위 온도가 높을 것
④ 적당한 수분을 보유할 것

해설 자연발화가 쉽게 일어나는 조건
1) 주위온도가 높을 것
2) 열축적이 클 것
3) 적당량의 수분이 존재할 것
4) 표면적이 넓고 발열량이 클 것
5) 열전도율이 낮을 것

길잡이 자연발화방지법
1) 통풍이 잘 시킬 것(열의 축적방지)
2) 습기가 많은 곳을 피할 것
3) 저장실의 온도상승을 피할 것(통풍이나 저장법을 고려하여 열의 축적을 방지할 것)
4) 연소성가스의 발생에 주의할 것

99 에틸알콜(C_2H_5OH) 1몰이 완전연소할 때 생성되는 CO_2의 몰수로 옳은 것은?

① 1   ② 2
③ 3   ④ 4

해설 $C_2H_5OH + 3O_2 \rightarrow 2CO_2 + 3H_2O$

100 다음 중 소화약제로 사용되는 이산화탄소에 관한 설명으로 틀린 것은?

① 사용 후에 오염의 영향이 거의 없다.
② 장시간 저장하여도 변화가 없다.
③ 주된 소화효과는 억제소화이다.
④ 자체 압력으로 방사가 가능하다.

해설 이산화탄소(CO_2)의 소화효과 : 질식소화

제6과목 / 건설안전기술

---

101 콘크리트 타설을 위한 거푸집 동바리의 구조검토 시 가장 선행되어야 할 작업은?

① 각 부재에 생기는 응력에 대하여 안전한 단면을 산정한다.
② 가설물에 작용하는 하중 및 외력의 종류, 크기를 산정한다.
③ 하중 및 외력에 의하여 각 부재에 생기는 응력을 구한다.
④ 사용할 거푸집동바리의 설치간격을 결정한다.

해설 거푸집 동바리 구조검토시 가장 선행되어야 할 작업 : 가설물(거푸집)에 작용하는 하중 및 외력의 종류, 크기 등 산정

■ 정답 ■ 97.① 98.② 99.② 100.③ 101.②

102 거푸집동바리 등을 조립하는 경우에 준수하여야할 안전조치기준으로 옳지 않은 것은?

① 동바리로 사용하는 강관은 높이 2m 이내마다 수평연결재를 2개 방향으로 만들고 수평연결재의 변위를 방지할 것
② 동바리로 사용하는 파이프 서포트는 3개 이상이어서 사용하지 않도록 할 것
③ 동바리로 사용하는 파이프 서포트를 이어서 사용하는 경우에는 3개 이상의 볼트 또는 전용철물을 사용하여 이을 것
④ 동바리로 사용하는 강관틀과 강관틀 사이에는 교차가새를 설치할 것

해설 거푸집의 동바리로 사용하는 파이프 서포트에 대한 설치 기준
1) 파이프 서포트를 3본 이상 이어서 사용하지 아니하도록 할 것
2) 파이프 서포트를 이어서 사용할 때에는 4개 이상의 볼트 또는 전용철물을 사용하여 이을 것
3) 높이가 3.5m를 초과할 때에는 높이가 2m 이내마다 수평 연결재를 2개 방향으로 만들고 수평연결재의 변위를 방지할 것

길잡이 거푸집동바리 조립시 준수사항(거푸집 동바리 등의 안전조치)
1) 깔목의 사용, 콘크리트 타설(打設), 말뚝박기 등 동바리의 침하를 방지하기 위한 조치를 할 것
2) 개구부 상부에 동바리를 설치하는 때에는 상부하중을 견딜 수 있는 견고한 받침대를 설치할 것
3) 동바리의 상하고정 및 미끄러짐 방지조치를 하고, 하중의 지지상태를 유지할 것
4) 동바리의 이음은 맞댄이음 또는 장부이음으로 하고 같은 품질의 재료를 사용할 것
5) 강재와 강재와의 접속부 및 교차부는 볼트·클램프 등 전용철물을 사용하여 단단히 연결할 것
6) 거푸집이 곡면인 때에는 버팀대의 부착 등 그 거푸집의 부상(浮上)을 방지하기 위한 조치를 할 것

103 동력을 사용하는 항타기 또는 항발기에 대하여 무너짐을 방지하기 위하여 준수하여야 할 기준으로 옳지 않은 것은?

① 연약한 지반에 설치하는 경우에는 각부(脚部)나 가대(架臺)의 침하를 방지하기 위하여 깔판·깔목 등을 사용할 것
② 각부나 가대가 미끄러질 우려가 있는 경우에는 말뚝 또는 쐐기 등을 사용하여 각부나 가대를 고정시킬 것
③ 버팀대만으로 상단부분을 안정시키는 경우에는 버팀대는 3개 이상으로 하고 그 하단부분은 견고한 버팀·말뚝 또는 철골 등으로 고정시킬 것
④ 버팀줄만으로 상단 부분을 안정시키는 경우에는 버팀줄을 2개 이상으로 하고 같은 간격으로 배치할 것

해설 항타기·항발기의 도괴를 방지하기 위하여 준수해야 할 사항
1) 연약한 지반에 설치하는 때에는 각부 또는 가대의 침하를 방지하기 위하여 깔판, 깔목 등을 사용할 것
2) 시설 또는 가설물 등에 설치하는 때에는 그 내력을 확인하고 내력이 부족한 때에는 그 내력을 보강할 것
3) 각부 또는 가대가 미끄러질 우려가 있는 때에는 말뚝 또는 쐐기 등을 사용하여 각부 또는 기대를 고정시킬 것
4) 궤도 또는 차로 이동하는 항타기 또는 항발기에 대하여 불시에 이동하는 것을 방지하기 위하여 레일클램프 및 쐐기 등으로 고정시킬 것
5) 버팀대만으로 상단부분을 안정시키는 때에는 버팀대는 3개 이상으로 하고 그 하단 부분은 견고한 버팀말뚝 또는 철골 등으로 고정시킬 것
6) 버팀줄만으로 상단부분을 안정시키는 때에는 버팀줄을 3개 이상으로 하고 같은 간격으로 배치할 것
7) 평형추를 사용하여 안정시키는 때에는 평형추의 이동을 방지하기 위하여 가대에 견고하게 부착시킬 것

■ 정답 ■ 102.③ 103.④

104 다음 중 해체작업용 기계 기구로 가장 거리가 먼 것은?

① 압쇄기　　② 핸드 브레이커
③ 철제 햄머　④ 진동롤러

해설 해체작업용 기계·기구 : 압쇄기, 대형브레이커 및 핸드브레이커, 철제햄머, 절단톱, 재키, 쐐기타입기, 화약류 등

105 다음은 강관틀비계를 조립하여 사용하는 경우 준수해야할 기준이다. ( )안에 알맞은 숫자를 나열한 것은?

> 길이가 띠장방향으로 (A)미터 이하이고 높이가 (B)미터를 초과하는 경우에는 (C)미터 이내마다 띠장방향으로 버팀기둥을 설치할 것

① A : 4, B : 10, C : 5
② A : 4, B : 10, C : 10
③ A : 5, B : 10, C : 5
④ A : 5, B : 10, C : 10

해설 강관틀비계를 조립하여 사용할 때의 준수할 사항
1) 비계기둥의 밑둥에는 밑받침철물을 사용하여야 하며 밑받침에 고저차가 있는 경우에는 조절형 밑받침철물을 사용하여 각각의 강관틀비계가 항상 수평 및 수직을 유지하도록 할 것
2) 높이가 20m를 초과하거나 중량물의 적재를 수반하는 작업을 할 경우에는 주틀 간의 간격이 1.8m 이하로 할 것
3) 주틀 간의 교차가새를 설치하고 최상층 및 5층 이내마다 수평재를 설치할 것
4) 수직 방향으로 6m, 수평 방향으로 8m 이내마다 벽이음을 할 것
5) 길이가 띠장방향으로 4m 이하이고 높이가 10m를 초과하는 경우에는 10m 이내마다 띠장방향으로 버팀기둥을 설치할 것

106 타워크레인을 자립고(自立高) 이상의 높이로 설치할 때 지지벽체가 없어 와이어로프로 지지하는 경우의 준수사항으로 옳지 않은 것은?

① 와이어로프를 고정하기 위한 전용 지지프레임을 사용할 것
② 와이어로프 설치각도는 수평면에서 60° 이내로 하되, 지지점은 4개소 이상으로 하고, 같은 각도로 설치할 것
③ 와이어로프와 그 고정부위는 충분한 강도와 장력을 갖도록 설치하되, 와이어로프를 클립·샤클(shackle) 등의 기구를 사용하여 고정하지 않도록 유의할 것
④ 와이어로프가 가공전선에 근접하지 않도록 할 것

해설 타워크레인을 와이어로프로 지지하는 경우 준수사항(안전보건규칙 제142조 제 ③항)
1) 와이어로프를 고정하기 위한 전용 지지프레임을 사용할 것
2) 와이어로프 설치각도는 수평면에서 60도 이내로 하되, 지지점은 4개소 이상으로 하고, 같은 각도로 설치할 것
3) 와이어로프와 그 고정 부위는 충분한 강도와 장력을 갖도록 설치하고, 와이어로프를 클립·샤클(shackle) 등의 고정기구를 사용하여 견고하게 고정시켜 풀리지 아니하도록 하며, 사용 중에는 충분한 강도와 장력을 유지하도록 할 것
4) 와이어로프가 가공전선(架空電線)에 근접하지 않도록 할 것

107 비계의 부재 중 기둥과 기둥을 연결시키는 부재가 아닌 것은?

① 띠장　　② 장선
③ 가새　　④ 작업발판

해설 비계의 기둥과 기둥을 연결시키는 부재 : 띠장, 장선, 가새 등

■ 정답 ■ 104.④　105.②　106.③　107.④

108 다음은 말비계를 조립하여 사용하는 경우에 관한 준수사항이다. ( )안에 들어갈 내용으로 옳은 것은?

> - 지주부재와 수평면의 기울기를 (A)°이하로 하고 지주부재와 지주부재 사이를 고정시키는 보조부재를 설치할 것
> - 말비계의 높이가 2m를 초과하는 경우에는 작업발판의 폭을 (B)cm 이상으로 할 것

① A : 75, B : 30　② A : 75, B : 40
③ A : 85, B : 30　④ A : 85, B : 40

해설 말비계를 조립하여 사용 시 준수사항(안전보건규칙)
1) 지주부재의 하단에는 미끄럼 방지장치를 하고, 양측 끝부분에 올라서서 작업하지 아니하도록 할 것
2) 지주부재와 수평면과의 기울기를 75°이하로 하고, 지주부재 사이를 고정시키는 보조부재를 설치할 것
3) 말비계의 높이가 2m를 초과할 경우에는 작업발판의 폭을 40cm 이상으로 할 것

109 산업안전보건관리비계상기준에 따른 일반건설공사(갑), 대상액「5억원 이상 ~ 50억원 미만」의 안전관리비 비율 및 기초액으로 옳은 것은?

① 비율 : 1.86%, 기초액 : 5,349,000원
② 비율 : 1.99%, 기초액 : 5,499,000원
③ 비율 : 2.35%, 기초액 : 5,400,000원
④ 비율 : 1.57%, 기초액 : 4,411,000원

해설 공사종류 및 규모별 안전관리비 계상 기준표(별표 1)

공사종류＼대상액	5억원 미만	5억원이상 50억원 미만		50억원 이상
		비율(X)	기초액(C)	
건축공사	2.93%	1.86%	5,349,000원	1.97%
토목공사	3.09%	1.99%	5,499,000원	2.10%
중건설공사	3.43%	2.35%	5,400,000원	2.44%
특수 건설공사	1.85%	1.20%	3,250,000원	1.27%

110 터널작업 시 자동경보장치에 대하여 당일의 작업시작 전 점검하여야 할 사항으로 옳지 않은 것은?

① 검지부의 이상 유무
② 조명시설의 이상 유무
③ 경보장치의 작동 상태
④ 계기의 이상 유무

해설 자동경보장치의 설치 등(안전보건규칙 350조)
1) 인화성 가스가 존재하여 폭발 또는 화재가 발생할 위험이 있는 때에는 필요한 장소에 당해 가연성 가스 농도의 이상상승을 조기에 파악하기 위하여 필요한 자동경보장치를 설치하여야 한다.
2) 자동경보장치에 대하여 당일의 작업시작전에 다음 각 호의 사항을 점검하고, 이상을 발견한 때에는 즉시 보수하여야 한다.
① 계기의 이상 유무
② 검지부의 이상 유무
③ 경보장치의 작동 상태

111 추락방지망 설치 시 그물코의 크기가 10cm인 매듭 있는 방망의 신품에 대한 인장강도 기준으로 옳은 것은?

① 100kgf 이상　② 200kgf 이상
③ 300kgf 이상　④ 400kgf 이상

해설 방망사의 강도
1) 방망사의 신품에 대한 인장강도

그물코의 크기 (단위 : cm)	방망의 종류(단위 : kg)	
	매듭 없는 방망	매듭 방망
10	240	200
5		110

2) 방망사의 폐기시 인장강도

그물코의 크기 (단위 : cm)	방망의 종류(단위 : kg)	
	매듭 없는 방망	매듭 방망
10	150	135
5		60

■ 정답 ■　108.②　109.①　110.②　111.②

112 지반의 종류가 다음과 같을 때 굴착면의 기울기 기준으로 옳은 것은?

> 보통흙의 모래

① 1 : 0.5 ~ 1 : 1 ② 1 : 1.2
③ 1 : 0.8 ④ 1 : 0.5

해설 굴착면의 구배기준

구분	지반의 종류	구배
보통 흙	모래	1 : 1.8
	그 밖에 흙	1 : 1.2
암반	풍화암	1 : 1.0
	연암	1 : 1.0
	경암	1 : 0.5

113 항만하역작업에서의 선박승강설비 설치 기준으로 옳지 않은 것은?

① 200톤급 이상의 선박에서 하역작업을 하는 경우에 근로자들이 안전하게 오르내릴 수 있는 현문(舷門) 사다리를 설치하여야 하며, 이 사다리 밑에 안전망을 설치하여야 한다.
② 현문 사다리는 견고한 재료로 제작된 것으로 너비는 55cm 이상이어야 한다.
③ 현문 사다리의 양측에는 82cm 이상의 높이로 울타리를 설치하여야 한다.
④ 현문 사다리는 근로자의 통행에만 사용하여야 하며, 화물용 발판 또는 화물용 보판으로 사용하도록 해서는 아니 된다.

해설 300톤급 이상의 선박에서 하역작업을 할 경우 조치할 사항
1) 근로자들이 안전하게 승강할 수 있는 현문사다리를 설치할 것
2) 현문사다리 밑에는 안전망을 설치할 것
3) 현문사다리의 너비는 55cm 이상이어야 하고, 양측에 82cm 이상의 높이로 방책을 설치할 것

114 운반작업을 인력운반작업과 기계운반작업으로 분류할 때 기계운반작업으로 실시하기에 부적당한 대상은?

① 단순하고 반복적인 작업
② 표준화되어 있어 지속적이고 운반량이 많은 작업
③ 취급물의 형상, 성질, 크기 등이 다양한 작업
④ 취급물이 중량인 작업

해설 기계운반작업으로 실시하여야 할 사항
1) 단순하고 반복적인 작업
2) 취급물이 중량인 작업
3) 표준화되어 있어 지속적이고 운반량이 많은 작업
4) 위험한 장소에서의 운반 작업

115 터널 등의 건설작업을 하는 경우에 낙반 등에 의하여 근로자가 위험해질 우려가 있는 경우에 필요한 직접적인 조치사항과 거리가 먼 것은?

① 터널지보공 설치 ② 부석의 제거
③ 울 설치 ④ 록볼트 설치

해설 터널건설작업시 낙반 등에 의한 위험방지 조치사항
1) 터널지보공 설치
2) 록 볼트의 설치
3) 부석의 제거

116 장비 자체보다 높은 장소의 땅을 굴착하는 데 적합한 장비는?

① 파워 쇼벨(Power Shovel)
② 불도저(Bulldozer)
③ 드래그라인(Drag line)
④ 클램쉘(Clam Shell)

해설 1) 파워셔블 : 장비자체보다 높은 장소 땅 굴착시 적합
2) 백호우 : 장비자체보다 낮은 장소 땅 굴착시 적합

■ 정답 ■ 112.② 113.① 114.③ 115.③ 116.①

117 사다리식 통로의 길이가 10m 이상일 때 얼마 이내마다 계단참을 설치하여야 하는가?

① 3m 이내마다 ② 4m 이내마다
③ 5m 이내마다 ④ 6m 이내마다

해설 사다리식 통로의 설치기준
1) 견고한 구조로 할 것
2) 심한 손상·부식 등이 없는 재료를 사용할 것
3) 발판의 간격은 일정하게 할 것
4) 발판과 벽과의 사이는 15센티미터 이상의 간격을 유지할 것
5) 폭은 30cm 이상으로 할 것
6) 사다리가 넘어지거나 미끄러지는 것을 방지하기 위한 조치를 할 것
7) 사다리의 상단은 걸쳐놓은 지점으로부터 60cm 이상 올라가도록 할 것
8) 사다리식 통로의 길이가 10m 이상인 경우에는 5m 이내마다 계단참을 설치할 것
9) 사다리식 통로의 기울기는 75°이하로 할 것, 다만, 고정식 사다리식 통로의 기울기는 90°이하로 하고, 그 높이가 7m 이상인 경우에는 바닥으로부터 높이가 2.5m 되는 지점부터 등받이울을 설치할 것
10) 접이식 사다리 기둥은 사용 시 접혀지거나 펼쳐지지 않도록 철물 등을 사용하여 견고하게 조치할 것

118 본 터널(main tunnel)을 시공하기 전에 터널에서 약간 떨어진 곳에 지질조사, 환기, 배수, 운반 등의 상태를 알아보기 위하여 설치하는 터널은?

① 프리패브(prefab) 터널
② 사이드(side) 터널
③ 쉴드(shield) 터널
④ 파일럿(pilot) 터널

해설 1) **파일럿 터널**(pilot tunnel) : 본문설명
2) **쉴드 터널**(shield tunnel) : 철제로 된 원통형의 쉴드를 원하는 깊이의 지하로 들어갈 수 있게 하는 수직구 안에 투입해 커터헤드를 회전시켜 지반을 구축한 다음 공장에서 제작된 콘크리트 구조물인 세그먼트를 조립해 터널을 완성하는 공법이다.

119 토질시험 중 연약한 점토 지반의 점착력을 판별하기 위하여 실시하는 현장시험은?

① 베인테스트(Vane Test)
② 표준관입시험(SPT)
③ 하중재하시험
④ 삼축압축시험

해설 베인테스트(Vane test) : 연약한 점토질(진흙) 지반에서 보링 구멍에 십자(十) 날개형의 베인테스트(Vane test)를 때려 박고 회전시켜 그 저항력에 의하여 지반의 점착력을 판별하는 방법이다.

120 다음 중 유해위험방지계획서 제출 대상 공사가 아닌 것은?

① 지상높이가 30m인 건축물 건설공사
② 최대지간길이가 50m인 교량건설공사
③ 터널 건설공사
④ 깊이가 11m인 굴착공사

해설 건설업 중 유해위험방지계획서 제출대상 사업장 (시행규칙 제 120조 제 4항)
1) 지상높이가 31m 이상인 건축물 또는 인공 구조물, 연면적 3만 제곱미터 이상인 건축물 또는 연면적 5천 제곱미터 이상의 문화 및 집회시설(전시장 및 동물원·식물원은 제외), 판매시설, 운수시설(고속철도의 역사 및 집·배송시설은 제외), 종교시설, 의료시설 중 종합병원, 숙박시설 중 관광숙박시설, 지하도상가 또는 냉동·냉장 창고시설의 건설·개조 또는 해체(이하 "건설등"이라 함)
2) 연면적 5천 제곱미터 이상의 냉동·냉장 창고시설의 설비공사 및 단열공사
3) 최대 지간길이가 50m 이상인 교량건설 등 공사
4) 터널 건설 등의 공사
5) 다목적댐, 발전용댐 및 저수용량 2천만 톤 이상의 용수 전용 댐, 지방상수도 전용댐건설 등의 공사
6) 깊이 10m 이상인 굴착공사

■ 정답 ■ 117.③ 118.④ 119.① 120.①

2025년 2회 CBT 복원 기출문제
산업안전기사

제1과목 / 안전관리론

01 매슬로우(Maslow)의 욕구단계 이론 중 제2단계 욕구에 해당하는 것은?

① 자아실현의 욕구
② 안전에 대한 욕구
③ 사회적 욕구
④ 생리적 욕구

해설 매슬로우의 욕구 5단계
① 1단계 : 생리적 욕구
② 2단계 : 안전욕구
③ 3단계 : 사회적 욕구(친화욕구)
④ 4단계 : 인정받으려는 욕구(자기존경의 욕구)
⑤ 5단계 : 자아실현의 욕구

02 어떤 사업장의 상시근로자 1000명이 작업 중 2명 사망자와 의사진단에 의한 휴업일수 90일 손실을 가져온 경우의 강도율은? (단, 1일 8시간, 연 300일 근무)

① 7.32
② 6.28
③ 8.12
④ 5.92

해설 강도율 = $\dfrac{근로손실일수}{연근로시간수} \times 100$

$= \dfrac{(2 \times 7500) + \left(90 \times \dfrac{300}{365}\right)}{1000 \times 8 \times 300} \times 1000$

$= 6.28$

03 주의의 수준이 Phase 0인 상태에서의 의식상태로 옳은 것은?

① 무의식 상태
② 의식의 이완 상태
③ 명료한 상태
④ 과긴장 상태

해설 의식수준의 상태

단계	의식의 상태	주의작용	생리적 상태	신뢰성
Phase 0	무의식, 실신	없음 (zero)	수면, 뇌발작	0
Phase I	정상이하 (subnormal) 의식 몽롱함	부주의 (inactive)	피로, 단조, 졸음, 술취함	0.9이하
Phase II	정상, 이완상태 (normal, relaxed)	수동적 (passive) 마음이 안쪽으로 향함	안정 기거, 휴식시, 장례작업시	0.99~0.99999
Phase III	정상, 상쾌한 상태 (normal, clear)	능동적 (active) 앞으로 향하는 주의 시야도 넓다.	적극 활동시	0.999999 이상
Phase IV	초정상, 과긴장 상태 (hypernormal, excited)	일점으로 응집, 판단지	긴급 방위반응 당황해서 panic	0.9 이하

■ 정답 ■ 01.② 02.② 03.①

04 재해통계에 있어 강도율이 2.0인 경우에 대한 설명으로 옳은 것은?

① 한 건의 재해로 인해 전체 작업비용의 2.0%에 해당하는 손실이 발생하였다.
② 근로자 1000명당 2.0건의 재해가 발생하였다.
③ 근로시간 1000시간당 2.0건의 재해가 발생하였다.
④ 근로시간 1000시간당 2.0일의 근로손실이 발생하였다.

해설 강도율 : 연근로시간 1000시간당 재해로 인해서 잃어버린 근로손실일수

$$강도율 = \frac{근로손실일수}{연근로시간수} \times 1000$$

05 재해의 발생형태 중 다음 그림이 나타내는 것은?

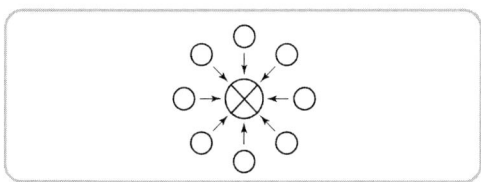

① 1단순연쇄형 ② 2복합연쇄형
③ 단순자극형 ④ 복합형

해설 산업재해의 발생형태(⊗ : 재해)

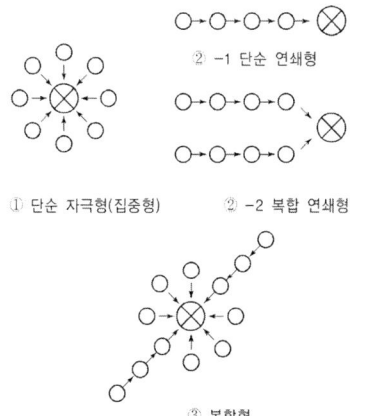

06 산업안전보건법령상 교육대상별 교육내용 중 관리감독자의 정기안전·보건교육 내용이 아닌 것은? (단, 산업안전보건법 및 일반관리에 관한 사항은 제외한다.)

① 산업재해보상보험 제도에 관한 사항
② 산업보건 및 직업병 예방에 관한 사항
③ 유해·위험 작업환경 관리에 관한 사항
④ 표준안전작업방법 및 지도 요령에 관한 사항

해설 관리감독자의 정기안전·보건교육 내용
① 작업공정의 유해·위험과 재해 예방대책에 관한 사항
② 표준안전작업방법 및 지도 요령에 관한 사항
③ 관리감독자의 역할과 임무에 관한 사항
④ 산업보건 및 직업병 예방에 관한 사항(공통)
⑤ 유해·위험 작업환경 관리에 관한 사항(공통)
⑥ 산업안전보건법 및 일반관리에 관한 사항(공통)

[참조] 법개정 : 내용 변경(학습에서 제외시킬 것)

07 안전보건교육 계획에 포함하여야 할 사항이 아닌 것은?

① 교육의 종류 및 대상
② 교육의 과목 및 내용
③ 교육장소 및 방법
④ 교육지도안

해설 안전교육계획에 포함하여야 할 사항(안전교육계획의 내용)
1) 교육목표(첫째 과제)
① 교육 및 훈련의 범위
② 교육 보조자료의 준비 및 사용지침
③ 교육훈련의 의무와 책임관계 명시
2) 교육의 종류 및 교육대상(교육계획 수립시 최우선적으로 고려해야 할 사항)
3) 교육의 과목 및 교육의 내용
4) 교육기간 및 시간
5) 교육장소
6) 교육방법
7) 교육담당자 및 강사

■ 정답 ■ 04.④ 05.③ 06.① 07.④

08 안전점검의 종류 중 태풍, 폭우 등에 의한 침수, 지진 등의 천재지변이 발생한 경우나 이상사태 발생 시 관리자나 감독자가 기계·기구, 설비 등의 기능상 이상 유무에 대하여 점검하는 것은?

① 일상점검　　② 정기점검
③ 특별점검　　④ 수시점검

해설 안전점검의 종류
1) **수시점검** : 작업 전, 중, 후에 실시하는 점검
2) **정기점검** : 일정기간마다 정기적으로 실시하는 점검
3) **임시점검** : 이상 발견시 임시로 실시하거나 정기점검과 정기점검 사이에 실시하는 점검
4) **특별점검**
    ① 기계·기구 및 설비의 신설·변경 및 수리 시 등 실시
    ② 천재지변 발생 후 실시
    ③ 안전강조 기간 내 실시

09 대뇌의 human error로 인한 착오요인이 아닌 것은?

① 인지과정 착오　　② 조치과정 착오
③ 판단과정 착오　　④ 행동과정 착오

해설 착오의 요인 (대뇌의 휴먼에러)
1) 인지과정 착오
    ① 생리, 심리적 능력의 한계
    ② 정보량 저장능력의 한계
    ③ 감각차단현상(단조로운 업무, 반복작업시 발생)
    ④ 정서불안정(공포, 불안, 불만)
2) 판단과정 착오
    ① 능력부족
    ② 정보부족
    ③ 자기합리화
    ④ 환경조건의 불비
3) 조치과정 착오

10 인간관계의 매커니즘 중 다른 사람의 행동 양식이나 태도를 투입시키거나 다른 사람 가운데서 자기와 비슷한 것을 발견하는 것은?

① 동일화　　② 일체화
③ 투사　　　④ 공감

해설 인간관계의 메커니즘(mechanism)
① **동일화**(identification) : 다른 사람의 행동 양식이나 태도를 투입시키거나, 다른 사람 가운데서 자기와 비슷한 것을 발견하는 것을 말한다.
② **투사**(投射 : projection) : 자기 속의 억압된 것을 다른 사람의 것으로 생각하는 것을 투사(또는 투출)라고 한다.
③ **커뮤니케이션**(communication) : 갖가지 행동 양식이나 기호를 매개로 하여 어떤 사람으로부터 다른 사람에게 전달되는 과정을 말한다.
④ **모방**(imitation) : 남의 행동이나 판단을 표본으로 하여 그것과 같거나 또는 그것에 가까운 행동 또는 판단을 취하려는 것이다.
⑤ **암시**(suggestion) : 다른 사람으로부터의 판단이나 행동을 무비판적으로 논리적, 사실적 근거 없이 받아들이는 것을 말한다.

11 유기화합물용 방독마스크 시험가스의 종류가 아닌 것은?

① 염소가스 또는 증기
② 시클로헥산
③ 디메틸에테르
④ 이소부탄

해설 방독마스크의 종류별 시험가스

종 류	시험가스
유기화합물용	시크로헥산(C_6H_{12})
할로겐용	염소가스 또는 증기(Cl_2)
황화수소용	황화수소가스(H_2S)
시안화수소용	시안화수소가스(HCN)
아황산용	아황산가스(SO_2)
암모니아용	암모니아가스(NH_3)

■ 정답 ■　08.③　09.④　10.①　11.①

12 Line-Staff형 안전보건관리조직에 관한 특징이 아닌 것은?

① 조직원 전원을 자율적으로 안전활동에 참여시킬 수 있다.
② 스탭의 월권행위의 경우가 있으며 라인이 스탭에 의존 또는 활용치 않는 경우가 있다.
③ 생산부분은 안전에 대한 책임과 권한이 없다.
④ 명령계통과 조언 권고적 참여가 혼동되기 쉽다.

해설 안전관리조직의 유형 및 특징
1) 라인(Line)형(직계식 조직)
   ① 안전관리에 관한계획에서 실시에 이르기까지 모든 권한이 포괄적이고 직선적으로 행사되며, 안전을 전문으로 분담하는 부분이 없다.(생산조직 전체에 안전관리기능을 부여한다.)
   ② 소규모 사업장에 적합하다.(100명 이하에 적합)
   ③ 라인형의 장점
   ㉠ 안전지시나 개선조치가 각 부분의 직제를 통하여 생산업무와 같이 흘러가므로 지시나 조치가 철저할 뿐만 아니라 그 실시도 빠르다.
   ㉡ 명령과 보고가 상하관계 뿐이므로 간단명료하다.
   ④ 라인형의 단점
   ㉠ 안선에 내한 정보기 불충분하며, 안전전문 입안이 되어 있지 않아 내용이 빈약하다.
   ㉡ 생산업무와 같이 안전대책이 실시되므로 불충분하다.
   ㉢ 라인에 과중한 책임을 지우기가 쉽다.
2) 스탭(Staff)형(참모식 조직)
   ① 안전관리를 담당하는 스탭(참모진)을 두고 안전관리에 관한 계획, 조사, 검토, 권고, 보고 등을 행하는 관리방식이다.
   ② 중규모 사업장(100명 이상~500명 미만 또는 1,000명 미만)에 사용된다.
   ③ 스탭형의 장점
   ㉠ 사업장의 특수성에 적합한 기술연구를 전문적으로 할 수 있다. (안전지식 및 기술 축적이 용이)
   ㉡ 경영자의 조언과 자문 역할을 한다.
   ④ 스탭형의 단점
   ㉠ 생산부분에 협력하여 안전 명령을 전달 실시하므로 안전 지시가 용이하지 않으며, 안전과 생산을 별개로 취급하기 쉽다.
   ㉡ 생산부분은 안전에 대한 책임과 권한이 없다.
   ㉢ 권한 다툼이나 조정 때문에 통제 수속이 복잡해지며, 시간과 노력이 소모된다.
3) 라인·스탭(Line-staff)혼합형(직계·참모 조직)
   ① 라인형과 스탭형의 장점을 취한 절충식 조직 형태로 안전업무를 전문으로 담당하는 스탭 부분을 두고 생산라인의 각층에도 겸임 또는 전임의 안전담당자를 두어서 안전대책은 스탭 부분에서 기획하고, 이것을 라인을 통하여 실시하도록 할 조직 방식이다.
   ② 대규모의 사업장(1,000명 이상)에 효율적이다.
   ③ 라인·스탭형의 특징(단점)
   ㉠ 명령계통과 조언 권고적 참여가 혼동되기 쉽다.
   ㉡ 라인이 스탭에만 의존하거나 또는 활용치 않는 경우가 있다.
   ㉢ 스탭의 월권행위의 경우가 있다.

13 산업안전보건법령상 근로자에 대한 일반건강진단의 실시 시기 기준으로 옳은 것은?

① 사무직에 종사하는 근로자 : 1년에 1회 이상
② 사무직에 종사하는 근로자 : 2년에 1회 이상
③ 사무직외의 업무에 종사하는 근로자 : 6월에 1회 이상
④ 사무직외의 업무에 종사하는 근로자 : 2년에 1회 이상

해설 일반건강진단의 실시 시기
1) 사무직에 종사하는 근로자(공장 또는 공사현장과 같은 구역에 있지 아니한 사무실에서 서무·인사·경리·판매·설계 등의 사무업무에 종사하는 근로자를 말하며, 판매업무 등에 직접 종사하는 근로자는 제외) : 2년에 1회 이상
2) 그 밖의 근로자 : 1년에 1회 이상

14 교육심리학의 기본이론 중 학습지도의 원리가 아닌 것은?

① 직관의 원리 ② 개별화의 원리
③ 계속성의 원리 ④ 사회화의 원리

해설 학습지도의 원리
① **자기활동의 원리** : 학습자 자신이 스스로 자발적으로 학습에 참여하는데 중점을 둔 원리
② **개별화의 원리** : 학습자가 지니고 있는 각자의 요구와 능력 등에 알맞은 학습활동의 기회를 마련해 주어야 한다는 원리
③ **사회화의 원리** : 학습내용이 현실사회의 사상과 문제를 기반으로 하여 학교에서 경험한 것을 교류시키고 공동학습을 통하여 협력적이고 우호적인 학습을 진행시키는 원리
④ **통합의 원리** : 학습을 종합적인 전체로서 지도하자는 원리(=동시학습의 원리)
⑤ **직관의 원리** : 구체적인 사물을 직접 제시하거나 경험시킴으로써 큰 효과를 볼 수 있다는 원리

15 생체리듬의 변화에 대한 설명으로 틀린 것은?

① 야간에는 체중이 감소한다.
② 야간에는 말초운동 기능이 저하된다.
③ 체온, 혈압, 맥박수는 주간에 상승하고 야간에 감소한다.
④ 혈액의 수분과 염분량은 주간에 증가하고 야간에 감소한다.

해설 ④항, 혈액의 수분과 염분량 : 주간에 감소하고 야간에 증가한다.

16 AE형 안전모에 있어 내전압성 이란 최대 몇 V이하의 전압에 견디는 것을 말하는가?

① 750 ② 1000
③ 3000 ④ 7000

해설 AE, ABE 안전모의 내전압성 : 7000V 이하

17 재해발생의 직접원인 중 불안전한 상태가 아닌 것은?

① 불안전한 인양
② 부적절한 보호구
③ 결함 있는 기계설비
④ 불안전한 방호장치

해설 불안전한 인양 : 불안전한 행동

18 산업안전보건법령상 안전·보건표지의 종류 중 다음 안전·보건 표지의 명칭은?

① 화물적재금지 ② 차량통행금지
③ 물체이동금지 ④ 화물출입금지

해설 물체이동금지 : 바탕은 흰색, 기본모형은 빨간색, 관련부호 및 그림은 검은색

19 6~12명의 구성원으로 타인의 비판 없이 자유로운 토론을 통하여 다량의 독창적인 아이디어를 이끌어내고, 대안적 해결안을 찾기 위한 집단적 사고기법은?

① Role playing
② Brain storming
③ Action playing
④ Fish Bowl playing

해설 브레인스토밍(BS, brain storming)의 4원칙
① **비평금지** : 좋다, 나쁘다고 비평하지 않는다.
② **자유분방** : 마음대로 편안히 발언한다.
③ **다량발언** : 무엇이건 좋으니 많이 발언한다.
④ **수정발언** : 타인의 아이디어에 수정하거나 덧붙여 말하여도 좋다.

■ 정답 ■ 14.③ 15.④ 16.④ 17.① 18.③ 19.②

20 Off JT(Off the Job Training)의 특징으로 옳은 것은?

① 훈련에만 전념할 수 있다.
② 상호신뢰 및 이해도가 높아진다.
③ 개개인에게 적절한 지도훈련이 가능하다.
④ 직장의 실정에 맞게 실체적 훈련이 가능하다.

해설 OJT와 off JT
1) OJT(현장중심교육) : 현장에서 개인에 대한 직속상사의 개별교육 및 지도
2) off JT(현장외중심교육) : 공통교육대상자에 대한 집합 교육
3) 특징

O·J·T (현장중심교육)	off J·T (현장외 중심교육)
① 개개인에게 적합한 지도 훈련을 할 수 있다.	① 다수의 근로자에게 조직적 훈련이 가능하다.
② 직장의 실정에 맞는 실체적 훈련을 할 수 있다.	② 훈련에만 전념하게 된다.
③ 훈련 필요한 업무의 계속성이 끊어지지 않는다.	③ 특별설비기구를 이용할 수 있다.
④ 즉시 업무에 연결되는 관계로 신체와 관련이 있다.	④ 전문가를 강사로 초청할 수 있다.
⑤ 효과가 곧 업무에 나타나며 훈련의 좋고 나쁨에 따라 개선이 용이하다.	⑤ 각 직장의 근로자가 많은 지식이나 경험을 교류할 수 있다.
⑥ 교육을 통한 훈련 효과에 의해 상호 신뢰 이해도가 높아진다.	⑥ 교육훈련 목표에 대해서 집단적 노력이 흐트러질 수도 있다.

제2과목 / 인간공학 및 시스템안전공학

21 FMEA에서 고장 평점을 결정하는 5가지 평가요소에 해당하지 않는 것은?

① 생산능력의 범위
② 고장발생의 빈도
③ 고장방지의 가능성
④ 영향을 미치는 시스템의 범위

해설 FMEA의 고장평점을 결정하는 5가지 평가요소
① C_1 : 기능적 고장 영향의 중요도
② C_2 : 영향을 미치는 시스템의 범위
③ C_3 : 고장발생의 빈도
④ C_4 : 고장방지의 가능성
⑤ C_5 : 신규설계의 정도

길잡이 고장평정법 : 5가지 평가요소의 전부 또는 2~3개를 사용하여 고장평점 C_s를 계산하고 이에 대응하는 고장등급을 결정하는 방법이다.

22 다음 그림과 같은 직·병렬 시스템의 신뢰도는? (단, 병렬 각 구성요소의 신뢰도는 R이고, 직렬 구성요소의 신뢰도는 M이다.)

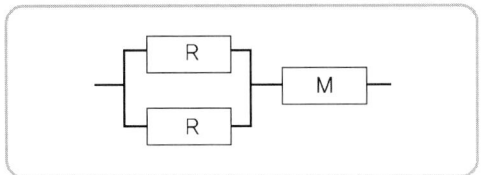

① MR^3
② $R^2(1-MR)$
③ $M(R^2+R)-1$
④ $M(2R-R^2)$

해설 시스템 신뢰도(R_t)
$R_t = [1-(1-R)(1-R)] \times M$
$= [1-(1-R-R+R^2)] \times M$
$= M(2R-R^2)$

23 음향기기 부품 생산공장에서 안전업무를 담당하는 OOO대리는 공장 내부에 경보등을 설치하는 과정에서 도움이 될 만한 몇 가지 지식을 적용하고자 한다. 적용 지식 중 맞는 것은?

① 신호 대 배경의 휘도대비가 작을 때는 백색 신호가 효과적이다.
② 광원의 노출시간이 1초보다 작으면 광속발산도는 작아야 한다.
③ 표적의 크기가 커짐에 따라 광도의 역치가 안정되는 노출시간은 증가한다.
④ 배경광 중 점멸 잡음광의 비율이 10%이상이면 점멸등은 사용하지 않는 것이 좋다.

해설 신호 및 경보 등의 빛의 검출성에 영향을 끼치는 인자
1) 광원의 크기, 광속발산도 및 노출시간 : 광속발산도의 역치(threshold)가 안정되는 노출시간은 표적의 크기나 면적에 따라 감소한다.
2) 색광(효과척도가 빠른 순서) : 적색-녹색-황색-백색(신호대 배경의 휘도비가 작을 경우 : 적색 신호가 효과적)
3) 전멸속도 : 점멸속도는 점멸-융합주파수보다 훨씬 적어야 한다. (초당 3~10회의 점멸속도, 지속시간 0.05초 이상이 적당)
4) 배경광 : 배경의 불꽃이 신호등과 비슷한 때는 신호광의 식별이 곤란해진다. (배경광 중 점멸 잡음광의 비율이 10%이면 점멸등을 사용하지 않는 것이 좋음)

24 어떤 소리가 1000Hz, 60dB인 음과 같은 높이임에도 4배 더 크게 들린다면, 이 소리의 음압수준은 얼마인가?

① 70dB   ② 80dB
③ 90dB   ④ 100dB

해설
1) 1000Hz, 60dB : 60phon
   sone = $2^{(60-40)/10} = 2^2 = 4$ sone
2) 4sone × 4배 = 16sone
   phon = $33.3 \log s + 40$
        = $33.3 \log 16 + 40 = 80$ phon
3) 80phon : 1000Hz에서 음압수준 80dB

25 안전교육을 받지 못한 신입직업이 작업 중 전극을 반대로 끼우려고 시도했으나, 플러그의 모양이 반대로는 끼울 수 없도록 설계되어 있어서 사고를 예방할 수 있었다. 작업자가 범한 오류와 이와 같은 사고 예방을 위해 적용된 안전설계 원칙으로 가장 적합한 것은?

① 누락(omission)오류, fail safe 설계원칙
② 누락(omission)오류, fool proof 설계원칙
③ 작위(commission)오류, fail safe 설계원칙
④ 작위(commission)오류, fool proof 설계원칙

해설 1) 휴먼에러의 심리적 분류
① Omission error(부작위 실수, 생략과오) : 필요한 task또는 절차를 수행하지 않는 데 기인한 error
② Time error(시간적 과오, 지연오류) : 필요한 task 또는 절차의 수행지연으로 인한 error
③ Comission error(작위 실수, 수행적 과오) : 필요한 task 또는 절차의 불확실한 수행으로 인한 error
④ Sequential error(순서적 과오) : 필요한 task 또는 절차의 순서착오로 인한 error
⑤ Extraneous error(불필요한 과오) : 불필요한 task 또는 절차를 수행함으로써 기인한 error

2) fail safe와 fool proof
① 페일 세이프(fail safe) : 인간이나 기계에 과오(error)나 동작상의 실수가 있더라도 사고 방지를 위해서 2중, 3중으로 통제를 가하도록 한 체계를 말함
② 풀프루프(fool proof) : 인간의 실수가 있어도 안전장치가 설치되어 사고나 재해로 연결되지 않는 구조를 말함

26 현재 시험문제와 같이 4지택일형 문제의 정보량은 얼마인가?

① 2bit   ② 4bit
③ 2byte ④ 4byte

해설 정보량(H) = $\log_2 n$
= $\log_2 4 = 2$ bit

■ 정답 ■ 23.④ 24.② 25.④ 26.①

27 결함수분석법(FTA)의 특징으로 볼 수 없는 것은?

① Top Down 형식
② 특정사상에 대한 해석
③ 정성적 해석의 불가능
④ 논리기호를 사용한 해석

해설 FTA의 특징
1) 간단한 FT도의 작성으로 정성적 해석 가능
2) 논리기호(AND · OR기호)를 사용한 연역적 해석(Top down형식)
3) 재해의 정량적 해석 가능(재해발생확률 계산)
4) 컴퓨터 처리 기능 등

28 인간이 기계와 비교하여 정보처리 및 결정의 측면에서 상대적으로 우수한 것은? (단, 인공지능은 제외한다.)

① 연역적 추리
② 정량적 정보처리
③ 관찰을 통한 일반화
④ 정보의 신속한 보관

해설 인간과 기계의 상대적 재능

인간이 우수한 기능	기계가 우수한 기능
① 저 에너지 자극(시각, 청각, 후각 등) 감지	① 인간 감지범위 밖의 자극(X선, 초음파 등)감지
② 복잡 다양한 자극 형태 식별	② 인간 및 기계에 대한 모니터 기능
③ 예기치 못한 사건 감지(예감, 느낌)	③ 드물게 발생하는 사상 감지
④ 다량정보를 오래 보관	④ 암호화된 정보를 신속하게 대량보관
⑤ 귀납적 추리	⑤ 연역적 추리
⑥ 과부하 상황에서는 중요한 일에만 전념	⑥ 과부하시 효율적으로 작동
⑦ 임기응변, 융통성, 원칙적용, 관찰을 통한 일반화, 주관적 추산, 독창력 발휘 등의 기능	⑦ 정량적 정보처리, 장시간 중량작업, 반복작업, 동시에 여러 가지 작업수행

29 시스템의 수명 및 신뢰성에 관한 설명으로 틀린 것은?

① 병렬설계 및 디레이팅 기술로 시스템의 신뢰성을 증가시킬 수 있다.
② 직렬시스템에서는 부품들 중 최소 수명을 갖는 부품에 의해 시스템 수명이 정해진다.
③ 수리가 가능한 시스템의 평균 수명(MTBF)은 평균 고장율(λ)과 정비례관계가 성립한다.
④ 수리가 불가능한 구성요소로 병렬구조를 갖는 설비는 중복도가 늘어날수록 시스템 수명이 길어진다.

해설 시스템의 평균수명(MTBF) : 평균고장율(λ)과 반비례가 성립한다.
$$MTBF = \frac{1}{\lambda} = \frac{고장건수}{시간}$$

30 인간실수확률에 대한 추정기법으로 가장 적절하지 않은 것은?

① CIT(Critical Incident Technique) : 위급사건 기법
② FMEA(Failure Mode and Effect Analysis) : 고장형태 영향분석
③ TCRAM(Task Criticality Rating Analysis Method) : 직무위급도 분석법
④ THERP(Technique for Human Error Rate Prediction) : 인간 실수율 예측기법

해설 인간실수확률에 대한 추정기법
1) 위급사건기법(CIT)
2) 직급위급도 분석(TCRAM)
3) 인간실수율예측기법(THERP)
4) 조작자행동나무(OAT)
5) (간헐적 사건)결함수분석법(FTA)
6) (인간신뢰도예측)컴퓨터 모의실험

■ 정답 ■ 27.③ 28.③ 29.③ 30.②

31 음성통신에 있어 소음환경과 관련하여 성격이 다른 지수는?

① AI(Articulation Index) : 명료도 지수
② MAA(Minimum Audible Angle) : 최소 가청각도
③ PSIL(Preferred - Octave Speech Interference Level) : 음성간섭수준
④ PNC(Preferred Noise Criteria Curves) : 선호 소음판단 기준곡선

해설 1) **실내소음의 평가법** : 다음 지수 등은 실내소음을 평가하는 방법으로 이용된다.
① AI(Articulation Index) : 명료도 지수
② PNC(Preferred Noise Criteria) : 신호 소음판단기준 곡선
③ PSIL(Preferred-octave Speech Interference Level) : 선호옥타브 음성간섭수준
④ SIL(Speech Interference Level) : 회화방해수준(음성간섭수준)
⑤ 기타 A보정음압수준(LA), NC곡선, NR곡선(Noise Rating Curves)
2) **MAA** : 최소가청각도

32 작업장 배치 시 유의사항으로 적절하지 않은 것은?

① 작업의 흐름에 따라 기계를 배치한다.
② 생산효율 증대를 위해 기계설비 주위에 재료나 반제품을 충분히 놓아둔다.
③ 공장내외는 안전한 통로를 두어야 하며, 통로는 선을 그어 작업장과 명확히 구별하도록 한다.
④ 비상시에 쉽게 대비할 수 있는 통로를 마련하고 사고 진압을 위한 활동통로가 반드시 마련되어야 한다.

해설 ②항, 생산효율 증대를 위해 기계설비 주위에 재료나 반제품 등을 쌓아 놓아서는 아니된다.

33 산업안전보건법령에 따라 제조업 등 유해·위험 방지계획서를 작성하고자 할 때 관련 규정에 따라 1명 이상 포함시켜야 하는 사람의 자격으로 적합하지 않은 것은?

① 한국산업안전보건공단이 실시하는 관련 교육을 8시간 이수한 사람
② 기계, 재료, 화학, 전기, 전자, 안전관리 또는 환경분야 기술사 자격을 취득한 사람
③ 관련분야 기사 자격을 취득한 사람으로서 해당 분야에서 3년 이상 근무한 경력이 있는 사람
④ 기계안전, 전기안전, 화공안전분야의 산업안전지도사 또는 산업보건지도사 자격을 취득한 사람

해설 제조업 유해·위험방지계획서 작성시 의견을 들어야할 자격을 갖춘 자
1) ②, ③, ④항
2) 산업기사 자격을 취득한 사람으로서 해당분야에서 7년 근무한 경력이 있는 자

34 스트레스에 반응하는 신체의 변화로 맞는 것은?

① 혈소판이나 혈액응고 인자가 증가한다.
② 더 많은 산소를 얻기 위해 호흡이 느려진다.
③ 중요한 장기인 뇌·심장·근육으로 가는 혈류가 감소한다.
④ 상황 판단과 빠른 행동 대응을 위해 감각기관은 매우 둔감해진다.

해설 스트레스에 반응하는 신체의 변화
① 혈소판이나 혈액응고 인자가 증가한다.
② 더 많은 산소를 얻기 위해 호흡이 빨라진다.
③ 중요한 장기인 뇌·심장·근육으로 가는 혈류가 증가한다.
④ 상황판단과 빠른 행동 대응을 위해 감각기관은 매우 민감해진다.

■ 정답 ■ 31.② 32.② 33.① 34.①

35 작업공간의 포락면(包絡面)에 대한 설명으로 맞는 것은?

① 개인이 그 안에서 일하는 일차원 공간이다.
② 작업복 등은 포락면에 영향을 미치지 않는다.
③ 가장 작은 포락면은 몸통을 움직이는 공간이다.
④ 작업의 성질에 따라 포락면의 경계가 달라진다.

해설 작업공간 포락면
1) 한 장소에 앉아서 수행하는 작업활동에서 사람이 작업하는데 사용하는 공간을 포락면이라 한다.
2) 작업의 성질에 따라 포락면의 경계가 달라진다.

36 A회사에서는 새로운 기계를 설계하면서 레버를 위로 올리면 압력이 올라가도록 하고, 오른쪽 스위치를 눌렀을 때 오른쪽 전등이 켜지도록 하였다면, 이것은 각각 어떤 유형의 양립성을 고려한 것인가?

① 레버 - 공간양립성, 스위치 - 개념양립성
② 레버 - 운동양립성, 스위치 - 개념양립성
③ 레버 - 개념양립성, 스위치 - 운동양립성
④ 레버 - 운동양립성, 스위치 - 공간양립성

해설 양립성(compatibility)
1) 양립성 : 정보입력 및 처리와 관련한 양립성은 인간의 기대와 모순되지 않는 자극들 간의, 반응들 간의 또는 자극·반응 조합의 관계를 말하는 것으로 다음의 3가지가 있다.
2) 양립성의 종류
   ① 공간적 양립성 : 표시장치나 조종 장치에서 물리적 형태나 공간적인 배치의 양립성
   ② 운동 양립성 : 표시 및 조종 장치, 체계반응에 대한 운동방향의 양립성
   ③ 개념적 양립성 : 사람들이 가지고 있는 개념적 연상(어떤 암호체계에서 청색이 정상을 나타내듯이)의 양립성

37 제한된 실내 공간에서 소음문제의 음원에 관한 대책이 아닌 것은?

① 저소음 기계로 대체한다.
② 소음 발생원을 밀폐한다.
③ 방음 보호구를 착용한다.
④ 소음 발생원을 제거한다.

해설 음원에 대한 소음대책
1) 발생원에서의 저감
   ① 저소음형 기계로 대체
   ② 충돌 및 공명방지
2) 소음원 밀폐, 방음 덮개(cover) 설치
3) 소음 발생원 제거(가장 적극적 대책)
4) 소음기 사용

38 입력 B_1과 B_2의 어느 한쪽이 일어나면 출력 A가 생기는 경우를 논리합의 관계라 한다. 이때 입력과 출력 사이에는 무슨 게이트로 연결되는가?

① OR 게이트
② 억제 게이트
③ AND 게이트
④ 부정 게이트

해설 논리기호

AND gate		출력 X의 사상이 일어나기 위해서는 모든 입력 A, B, C의 사상이 일어나지 않으면 안된다는 논리조작을 나타낸다. 즉, 모든 입력사상이 공존할 때만이 출력사상이 발생한다.
OR gate		입력사상 A, B중 어느 하나가 일어나도 출력 X의 사상이 일어난다고 하는 논리 조작을 나타낸다. 즉, 입력사상 중 어느 것이나 하나가 존재할 때 출력사상이 발생한다.

■ 정답 ■ 35.④ 36.④ 37.③ 38.①

39 사업장에서 인간공학의 적용분야로 가장 거리가 먼 것은?

① 제품설계
② 설비의 고장률
③ 재해 . 질병 예방
④ 장비 . 공구 . 설비의 배치

해설 인간공학 적용분야
1) 제품설계 및 사용성 평가
2) 재해 및 작업관련 질병예방
3) 작업장 내 조사 및 연구
4) 장비·공구·설비 등의 배치

40 다음의 FT도에서 사상 A의 발생 확률 값은?

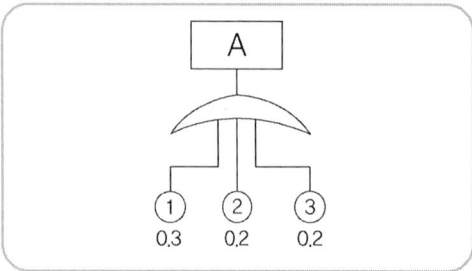

① 게이트 기호가 OR이므로 0.012
② 게이트 기호가 AND이므로 0.012
③ 게이트 기호가 OR 이므로 0.552
④ 게이트 기호가 AND이므로 0.552

해설 A = 1−(1−0.3)(1−0.2)(1−0.2)
= 0.552

제3과목 / 기계위험방지기술

41 반복응력을 받게 되는 기계구조부분의 설계에서 허용응력을 결정하기 위한 기초강도로 가장 적합한 것은?

① 항복점(Yeild point)
② 극한 강도(Ultimate strength)
③ 크리프 한도(Creep limit)
④ 피로 한도(Fatigue limit)

해설 허용응력 결정시 기초강도로서 고려되어야 할 경우
1) 반복응력을 받는 경우 : 피로한도
2) 고온에서 정하중을 받는 경우 : 크리프 강도
3) 상온에서 취성재료가 정하중을 받는 경우 : 극한강도
4) 상온에서 연성재료가 정하중을 받는 경우 : 극한강도 또는 항복점

42 다음 중 선반의 방호장치로 볼 수 없는 것은?

① 실드(shield)
② 슬라이딩(sliding)
③ 척커버(chuck cover)
④ 칩 브레이커(chip breaker)

해설 선반의 방호장치
1) **칩 브레이커** : 바이트에 설치된 칩을 짧게 끊어내는 장치
2) **실드(Shield)** : 칩비산방지 투명판
3) **덮개 또는 울** : 돌출가공물에 설치한 안전장치
4) **브레이크** : 급정지장치
5) **기타** 척커버, 고정브리지(bridge) 등

■ 정답 ■ 39.② 40.③ 41.④ 42.②

43 그림과 같이 목재가공용 둥근톱 기계에서 분할날(t_2) 두께가 4.0mm일 때 톱날 두께 및 톱날 진폭과의 관계로 옳은 것은?

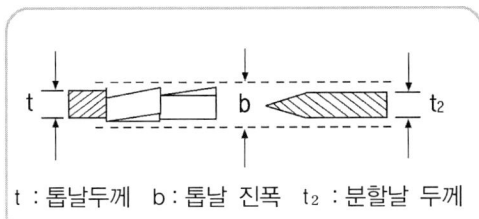

t : 톱날두께 b : 톱날 진폭 t_2 : 분할날 두께

① b > 4.0mm, t ≤ 3.6mm
② b > 4.0mm, t ≤ 4.0mm
③ b < 4.0mm, t ≤ 4.4mm
④ b > 4.0mm, t ≤ 3.6mm

해설 1) $1.1t \leq t_2 < b$

여기서, t : 톱날 두께
b : 톱날 진폭(치진폭)
t_2: 분할날 두께

2) $t_2 < b, b > 4.0mm$

3) $1.1t \leq t_2$ $1.1t \leq 4mm$

$t \leq \dfrac{4mm}{1.1}$, $t \leq 3.6mm$

44 컨베이어, 이송용 롤러 등을 사용하는 때에 정전, 전압강하 등에 의한 위험을 방지하기 위해 설치하는 안전장치는?

① 덮개 또는 울
② 비상정지장치
③ 과부하방지장치
④ 이탈 및 역주행 방지장치

해설 컨베이어의 방호장치(안전보건규칙)
1) 이탈 및 역주행방지장치 : 컨베이어, 이송용 롤러 등(이하"컨베이어 등"이라 함)을 사용하는 때에는 정전·전압강하 등에 의한 화물 또는 운반구의 이탈 및 역주행을 방지하는 장치를 갖출 것(단, 무동력상태 또는 수평상태로만 사용하여 근로자에 위험을 미칠 우려가 없는 때에는 제외)
2) 비상정지장치 : 근로자의 신체가 말려드는 등 위험시나 비상시에는 즉시 운전을 정지시킬 수 있는 비상정지장치를 설치할 것
3) 덮개 또는 울 : 컨베이어 등으로부터 화물이 낙하함으로 인하여 근로자에게 위험을 미칠 우려가 있는 때에는 당해 컨베이어 등에 덮개 울을 설치하는 등 낙하방지를 위한 조치를 할 것

45 다음 중 산업안전보건법령상 프레스 등을 사용하여 작업을 할 때에 작업시작 전 점검 사항으로 볼 수 없는 것은?

① 압력방출장치의 기능
② 클러치 및 브레이크의 기능
③ 프레스의 금형 및 고정볼트 상태
④ 1행정 1정지기구·급정지장치 및 비상정지장치의 기능

해설 프레스 등(프레스 또는 전단기)의 작업시작 전 점검항목
1) 클러치 및 브레이크의 기능
2) 크랭크축, 플라이휠, 슬라이드, 연결봉 및 연결나사의 볼의 풀림유무
3) 1행정 1정지기구, 급정지장치 및 비상정지장치의 기능
4) 슬라이드 또는 칼날에 의한 위험방지기구의 기능
5) 프레스의 금형 및 고정볼트 상태
6) 방호장치의 기능
7) 전단기의 칼날 및 테이블의 상태

46 지름 5cm 이상을 갖는 연삭숫돌의 파괴에 대비하여 필요한 방호장치는?

① 받침대
② 과부하 방지장치
③ 덮개
④ 프레임

해설 연삭기 숫돌의 덮개 : 회전중인 연삭숫돌(직경 5cm 이상)에는 덮개를 설치할 것

47 드릴링 머신에서 드릴의 지름이 20mm이고 원주속도가 62.8m/min 일 때 드릴의 회전수는 약 몇 rpm인가?

① 500　　　　② 1,000
③ 2,000　　　④ 3,000

해설 $V = \dfrac{\pi DN}{1,000}$

$N = \dfrac{V \times 1,000}{\pi D} = \dfrac{62.8 \times 1,000}{3.14 \times 20}$
$= 1,000 rpm$

48 롤러 작업 시 위험점에서 가드(guard) 개구부까지의 최단 거리를 60mm라고 할 때, 최대로 허용할 수 있는 가드 개 구부 틈새는 약 몇 mm 인가?(단, 위험점이 비전동체이다.)

① 6　　　　② 10
③ 15　　　④ 18

해설 Y = 6+0.15X
　　　= 6+0.15X60 = 15mm
여기서, ┌Y : 안전간격
　　　　│　　(가드 개구부 틈새*)
　　　　└X : 안전거리

49 다음 중 보일러의 방호장치와 가장 거리가 먼 것은?

① 언로드밸브
② 압력방출장치
③ 압력제한스위치
④ 고저수위조절장치

해설 1) 보일러의 방호장치
　　① 압력방출장치
　　② 압력제한스위치
　　③ 고저수위조절장치
　　④ 기타 도피밸브, 가용전, 방폭문, 화염검출기 등
2) 언로드 밸브(unloading valve) : 공기압축기의 방호장치

50 지게차의 안정을 유지하기 위한 안정도 기준으로 틀린 것은?

① 5톤 미만의 부하 상태에서 하역작업시의 전후 안정도는 4% 이내이어야 한다.
② 부하 상태에서 하역작업시의 좌우 안정도는 10% 이내이어야 한다.
③ 무부하 상태에서 주행시의 좌우 안정도는 (15+1.1×V)% 이내이어야 한다.(단, V는 구내 최고 속도[km/h])
④ 부하 상태에서 주행시 전후 안정도는18% 이내이어야 한다.

해설 지게차의 안전도
1) 하역 작업시
　① 전후 안정도 : 4%(5톤 이상의 것은 3.5%)
　② 좌우 안정도 : 6%
2) 주행시
　① 전후 안정도 : 18%
　② 좌우 안정도 : (15+1.1V)%,
　　V는 최고속도(km/hr)

51 프레스 방호 장치에서 수인식 방호장치를 사용하기에 가장 적합한 기준은?

① 슬라이드 행정길이가 100mm 이상, 슬라이드 행정수가 100spm 이하
② 슬라이드 행정길이가 50mm 이상, 슬라이드 행정수가 100spm 이하
③ 슬라이드 행정길이가 100mm 이상, 슬라이드 행정수가 200spm 이하
④ 슬라이드 행정길이가 50mm 이상, 슬라이드 행정수가 200spm 이하

해설 수인식 방호장치 설치기준
1) 행정수 120SPM 이하, 행정길이 40mm 이상일 경우에 사용할 것(손이 충격적으로 끌리는 것을 방지하기 위함)
2) 수인줄과 연결부는 50kg 이상의 정하중에 견딜 수 있을 것
3) 수인줄의 끄는 양은 정반의 안 길이의 1/2 이상일 것

■ 정답 ■　47.②　48.③　49.①　50.②　51.②

52 숫돌지름이 60cm인 경우 숫돌 고정 장치인 평형 플랜지 지름은 몇 cm이상이어야 하는가?

① 10cm ② 20cm
③ 30cm ④ 60cm

해설 플랜지 지름 = 숫돌지름 × $\frac{1}{3}$ 이상

$= 60 \times \frac{1}{3}$ = 20cm 이상

53 산업안전보건법령에 따른 가스집합 용접장치의 안전에 관한 설명으로 옳지 않은 것은?

① 가스집합장치에 대해서는 화기를 사용하는 설비로부터 5m 이상 떨어진 장소에 설치해야 한다.
② 가스집합 용접장치의 배관에서 플랜지, 밸브 등의 접합부에는 개스킷을 사용하고 접합면을 상호 밀착시킨다.
③ 주관 및 분기관에 안전기를 설치해야 하며 이 경우 하나의 취관에 2개 이상의 안전기를 설치해야 한다.
④ 용해아세틸렌을 사용하는 가스집합 용접장치의 배관 및 부속기구는 구리나 구리 함유량이 60퍼센트 이상인 합금을 사용해서는 아니 된다.

해설 아세틸렌 용접장치의 배관 및 부속기구 등 : 구리나 구리함유량이 70% 이상인 합금을 사용하지 않도록 할 것

54 다음 중 프레스기에 사용되는 방호장치에 있어 원칙적으로 급정지 기구가 부착되어야만 사용할 수 있는 방식은?

① 양수조작식 ② 손쳐내기식
③ 가드식 ④ 수인식

해설
1) 급정지기구에 따른 방호장치 : 급정지기구가 부착되어 있어야만 유효한 방호장치(마찰식 클러치 프레스)
   ① 양수조작식 방호장치
   ② 감응식 방호장치
2) 급정지기구가 부착되어 있지 않아도 유효한 방호장치(확동식 클러치 프레스)
   ① 양수기동식 방호장치
   ② 게이트 가드식 방호장치
   ③ 수인식 방호장치
   ④ 손쳐내기식 방호장치

55 산업용 로봇에서 근로자에게 발생할 수 있는 부상 등의 위험을 방지하기 위하여 방책을 세우고자 할 때 일반적으로 높이는 몇 m 이상으로 해야 하는가?

① 1.8 ② 2.1
③ 2.4 ④ 2.7

해설 로봇의 운전 중 위험방지
1) 안전매트를 설치할 것
2) 높이 1.8m 이상의 방책을 설치할 것

56 다음 중 와전류비파괴검사법의 특징과 가장 거리가 먼 것은?

① 관, 환봉 등의 제품에 대해 자동화 및 고속화된 검사가 가능하다.
② 검사 대상 이외의 재료적 인자(투자율, 열처리, 온도 등)에 대한 영향이 적다.
③ 가는 선 얇은 판의 경우도 검사가 가능하다.
④ 표면 아래 깊은 위치에 있는 결함은 검출이 곤란하다.

해설 검사대상 이외의 열처리, 온도 등 재료적 인자에 대한 영향이 크다.

■ 정답 ■ 52.② 53.① 54.① 55.① 56.②

57 다음 중 안전율을 구하는 산식으로 옳은 것은?

① $\dfrac{허용응력}{기초강도}$ ② $\dfrac{허용응력}{인장강도}$

③ $\dfrac{인장강도}{허용응력}$ ④ $\dfrac{안전하중}{파단하중}$

해설 안전율 $= \dfrac{인장강도}{허용응력}$

$= \dfrac{절단하중}{최대사용하중}$

58 산업안전보건법령에 따른 아세틸렌 용접장치 발생기실의 구조에 관한 설명으로 옳지 않은 것은?

① 벽은 불연성 재료로 할 것
② 지붕과 천장에는 얇은 철판과 같은 가벼운 불연성 재료를 사용할 것
③ 벽과 발생기 사이에는 작업에 필요한 공간을 확보할 것
④ 배기통을 옥상으로 돌출시키고 그 개구부를 출입구로부터 1.5m 거리 이내에 설치할 것

해설 아세틸렌 용접장치 발생기질의 구조
  1) 벽은 불연성의 재료로 하고 철근콘크리트 기타 이와 동등 이상의 강도를 가진 구조로 할 것
  2) 지붕 천장에는 얇은 철판이나 가벼운 불연성 재료를 사용할 것
  3) 바닥면의 1/16 이상의 단면적을 가진 배기통을 옥상으로 돌출시키고 그 개구부를 창 또는 출입구로부터 1.5m 이상 떨어지도록 할 것
  4) 출입구의 문은 불연성 재료로 하고 두께 1.5mm 이상의 철판 기타 이와 동등 이상의 강도를 가진 구조로 할 것

59 재료에 대한 시험 중 비파괴시험이 아닌 것은?

① 방사선투과시험 ② 자분탐상시험
③ 초음파탐상시험 ④ 피로시험

해설 1) 비파괴시험의 종류
  ① ①, ②, ③항
  ② 와류탐상시험
  ③ 침투형광탐상시험 등
2) 파괴시험의 종류 : 피로시험, 인장시험, 굽힘시험 등

60 안전계수가 5인 체인의 최대설계하중이 1,000N이라면 이 체인의 극한하중은 약 몇 N인가?

① 200 ② 2,000
③ 5,000 ④ 12,000

해설 안전계수
$= \dfrac{극한\,하중(파괴강도)}{최대설계하중(허용응력)}$
극한하중 $=$ 안전계수 $\times$ 최대설계하중
$= 5 \times 1,000 = 5,000$N

제4과목 / 전기위험방지기술

61 분진방폭 배선시설에 분진침투 방지재료로 가장 적합한 것은?

① 분진침투 케이블
② 컴파운드(compound)
③ 자기융착성 테이프
④ 씰링피팅(sealing fitting)

해설 분진침투 방지재료 : 자기융착성 테이프

62 정전기 발생에 영향을 주는 요인에 대한 설명으로 틀린 것은?

① 물체의 분리속도가 빠를수록 발생량은 적어진다.
② 접촉면적이 크고 접촉압력이 높을수록 발생량이 많아진다.
③ 물체 표면이 수분이나 기름으로 오염되면 산화나 부식에 의해 발생량이 많아진다.
④ 정전기의 발생은 처음 접촉, 분리할 때가 최대로 되고 접촉, 분리가 반복됨에 따라 발생량은 감소한다.

해설 정전기 발생에 영향을 주는 요인
1) 물체의 특성
  ① 대전량은 접촉이나 분리하는 두 가지 물체가 대전서열 내에서 가까운 위치에 있으면 대전량이 적고 먼 위치에 있을수록 대전량이 커진다.
  ② 물체가 불순물을 포함하고 있으면 정전기 발생량은 커진다.
2) 물체의 표면상태
  ① 물체의 표면이 원활하면 정전기 발생량이 적어진다.
  ② 물체표면이 수분이나 기름 등에 오염되었을 때에는 산화, 부식에 의해 정전기가 크게 발생한다.
3) 물체의 분리력 : 처음접촉, 분리가 일어날 때 정전기 발생은 최대가 되며 이후 접촉, 분리가 반복됨에 따라 발생량은 점차 감소한다.
4) 접촉면적 및 압력
  ① 접촉면적이 클수록 발생량은 커진다.
  ② 접촉압력이 증가하면 접촉면적이 커지므로 발생량도 증가하게 된다.
5) 분리속도
  ① 전하완화시간이 길면 전하분리에 주는 에너지가 커져서 발생량이 증가한다.
  ② 물체의 분리속도가 빠를수록 정전기 발생량은 커진다.

63 전기설비에 작업자의 직접 접촉에 의한 감전방지 대책이 아닌 것은?

① 충전부에 절연 방호망을 설치할 것
② 충전부는 내구성이 있는 절연물로 완전히 덮어 감쌀 것
③ 충전부가 노출되지 않도록 폐쇄형 외함구조로 할 것
④ 관계자 외에도 쉽게 출입이 가능한 장소에 충전부를 설치할 것

해설 ④항, 관계자 외의 자가 출입이 어려운 장소에 충전부를 설치할 것

64 교류 아크용접기의 자동전격방지장치는 아크 발생이 중단된 후 출력측 무부하 전압을 1초 이내 몇 V 이하로 저하시켜야 하는가?

① 25~30   ② 35~50
③ 55~75   ④ 80~100

해설 1) 자동전격방지장치의 성능
  ① 아크발생을 정지시킬 때 주접점이 개로될 때까지의 시간(자동시간)은 1초 이내일 것
  ② 2차 무부하전압은 25V 이내일 것
2) 자동전격방지장치의 기능 : 용접작업중단 직후부터 다음 아크 발생기까지 유지할 것

65 대전의 완화를 나타내는데 필요한 인자인 시정수(time constant)는 최초의 전하가 약 몇 % 까지 완화되는 시간을 말하는가?

① 20   ② 37
③ 45   ④ 50

해설 정전기의 완화
1) 절연체에 발생한 정전기는 축적, 소멸과정에 의해 처음값의 36.8% 감소하는 시간을 시정수 또는 완화시간이라 한다.
2) 완화시간은 영전위 소요시간의 1/4 ~ 1/5 정도이다.

■ 정답 ■ 62.① 63.④ 64.① 65.②

66 그림과 같은 설비에 누전되었을 때 인체가 접촉하여도 안전하도록 ELB를 설치하려고 한다. 누전차단기 동작전류 및 시간으로 가장 적당한 것은?

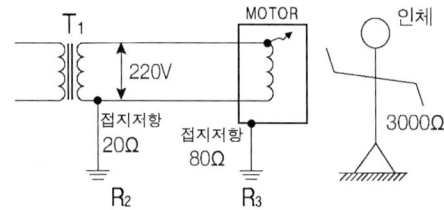

① 30mA, 0.1초
② 60mA, 0.1초
③ 90mA, 0.1초
④ 120mA, 0.1초

해설 누전차단기
1) 전격감도전류 : 30mA 이하
2) 동작시간 : 0.1초 이내

67 절연전선의 과전류에 의한 연소단계 중 착화단계의 전선전류밀도(A/mm²)로 알맞은 것은?

① 40   ② 50
③ 65   ④ 120

해설 과전류에 의한 전선의 발화단계
1) 인화단계(허용전류의 3배 정도 흐를 경우) : 전류밀도 40~43A/mm²
2) 착화단계(허용전류의 3배 이상 흐를 경우) : 전류밀도 43~60A/mm²
3) 발화단계 : 전류밀도 60~120A/mm²
   ① 발화 후 용융되는 단계 : 전류밀도 60~75A/mm²
   ② 용융되면서 스스로 발화하는 단계 : 전류밀도 75~120A/mm²
4) 용단단계(전선이 용단되며 폭발하는 단계) : 전류밀도 120A/mm² 이상

68 변압기의 중성점을 제2종 접지한 수전전압 22.9kV, 사용전압 220V인 공장에서 외함을 제3종 접지공사를 한 전동기가 운전 중에 누전되었을 경우에 작업자가 접촉될 수 있는 최소전압은 약 몇 V 인가?(단, 1선 지락전류 10A, 제3종 접지저항 30Ω, 인체저항 : 10000Ω이다.)

① 116.7   ② 127.5
③ 146.7   ④ 165.6

해설 1) 제2종 접지저항
$$= \frac{150}{1선지락 전류} = \frac{150}{10} = 15\Omega$$
2) 지락전류 I(A)
$$I = \frac{V}{R_2+R_3} = \frac{220}{15+30} = 4.89A$$
3) 외함에 제3종 접지공사를 한 경우 전압 V_1
$$I = \frac{V_1}{R_3}$$
$$V_1 = IR_3 = 4.89 \times 30 = 146.7V$$

길잡이
$V_1 = IR_3$
$= \left(\dfrac{V}{R_2+R_3}\right) \times R_3 = \left(\dfrac{220}{15+30}\right) \times 30$
$= 146.7V$

69 상용주파수 60Hz 교류에서 성인 남자의 경우 고통한계 전류로 가장 알맞은 것은?

① 15~20mA   ② 10~15mA
③ 7~8mA   ④ 1mA

해설 통전류의 크기와 인체에 미치는 영향
(60Hz의 교류에서 건강한 성인남자의 경우)
1) 최소감지전류 : 1mA 정도
2) 고통한계전류 : 7~8mA
3) 마비한계전류 : 10~15mA
4) 심실세동전류 : 치사전류

■ 정답 ■ 66.① 67.② 68.③ 69.③

70 전압은 저압, 고압 및 특별고압으로 구분되고 있다. 다음 중 저압에 대한 설명으로 가장 알맞은 것은?

① 직류 750V 미만, 교류 650V 미만
② 직류 750V 이하, 교류 650V 이하
③ 직류 750V 이하, 교류 600V 이하
④ 직류 750V 미만, 교류 600V 미만

해설 전기의 압력분류

압력분류	직류	교류
저압	1.5kV 이하	1kV 이하
고압	1.5kV초과 7kV 이하	1kV초과 7kV 이하
특별고압	7kV 초과	7kV 초과

71 금속성의 전기기계장치나 구조물에 인체의 일부가 상시 접촉되어 있는 상태의 허용접촉전압으로 옳은 것은?

① 2.5V 이하
② 25V 이하
③ 50V 이하
④ 제한없음

해설 접촉상태별 허용접촉전압

종별	접촉상태	허용접촉전압
제1종	・인체의 대부분이 수중에 있는 상태	2.5V 이하
제2종	・인체가 현저히 젖어 있는 상태 ・금속성의 전기기계장치나 구조물에 인체의 일부가 상시 접촉되어 있는 상태	25V 이하
제3종	・제1종 및 제2종 이외의 경우로서 통상의 인체상태에 있어서 접촉전압이 가해지면 위험성이 높은 상태	50V 이하
제4종	・제3종의 경우로써 위험성이 낮은 상태 ・접촉전압이 가해질 위험이 없는 경우	제한없음

72 정전기 대전현상의 설명으로 틀린 것은?

① 충돌대전: 분체류와 같은 입자 상호간이나 입자와 고체와의 충돌에 의해 빠른 접촉 또는 분리가 행하여짐으로써 정전기가 발생되는 현상
② 유동대전 : 액체류가 파이프 등 내부에서 유동할 때 액체와 관 벽 사이에서 정전기가 발생되는 현상
③ 박리대전 : 고체나 분체류와 같은 물체가 파괴되었을 때 전하분리에 의해 정전기가 발생하는 현상
④ 분출대전 : 분체류, 액체류, 기체류가 단면적이 작은 분출구를 통해 공기 중으로 분출될 때 분출하는 물질과 분출구의 마찰로 인해 정전기가 발생하는 현상

해설 1) 박리대전 : 서로 밀착해 있던 물체가 박리되었을 때 전하분리가 일어나서 정전기가 발생하는 현상이다.
2) 파괴대전 : 물체가 파괴될 때 정전기가 발생하는 현상이다.

73 정상작동 상태에서 폭발 가능성이 없으나 이상상태에서 짧은 시간동안 폭발성 가스 또는 증기가 존재하는 지역에 사용 가능한 방폭용기를 나타내는 기호는?

① ib
② p
③ e
④ n

해설 방폭구조의 기호(방폭구조의 상징[심벌] : ex)
1) 내압방폭구조 : d
2) 압력방폭구조 : p
3) 안전증방폭구조 : e
4) 본질안전방폭구조 : ia 또는 ib
5) 유입방폭구조 : o
6) 특수방폭구조 : s
7) 충전방폭구조 : q
8) 몰드방폭구조 : m
9) 비점화방폭구조 : n

■ 정답 ■ 70.③ 71.② 72.③ 73.④

74 인체의 저항을 1,000Ω으로 볼 때 심실세동을 일으키는 전류에서의 전기에너지는 약 몇 J 인가? (단, 심실세동전류는 $\frac{165}{\sqrt{T}}$ mA 이면, 통전시간 T는 1초, 전원은 정현파 교류이다.)

① 13.6 ② 27.2
③ 136.6 ④ 272.2

해설 $W = I^2 RT$

$= \left(\frac{165}{\sqrt{T}} \times 10^{-3}\right)^2 \times 1,000 \times T = 27.23 J$

여기서, W : 전기에너지(J)
　　　　I : 심실세동전류(A)
　　　　R : 전기저항(Ω)
　　　　T : 통전시간(sec)

75 고압 및 특고압의 전로에 시설하는 피뢰기의 접지저항은 몇 Ω 이하로 하여야 하는가?

① 10Ω 이하 ② 100Ω 이하
③ 106Ω 이하 ④ 1kΩ 이하

해설 피뢰기
1) 접지종별 : 제1종 접지
2) 접지저항 : 10Ω 이하
3) 접지선의 굵기 : 공칭단면적 6mm² 이상의 연동선

76 300A의 전류가 흐르는 저압 가공전선로의 1(한)선에서 허용 가능한 누설전류는 몇 mA 인가?

① 600 ② 450
③ 300 ④ 150

해설 누설전류 = 공급전류 × $\frac{1}{2,000}$

$= 300A \times \frac{1}{2,000} = 0.15A = 150 mA$

77 다음 중 1종 위험장소로 분류되지 않는 것은?

① Floating roof tank 상의 shell 내의 부분
② 인화성 액체의 용기 내부의 액면 상부의 공간부
③ 점검수리 작업에서 가연성 가스 또는 증기를 방출하는 경수의 밸브 부근
④ 탱크롤리, 드럼관 등이 인화성 액체를 충전하고 있는 경우의 개구부 부근

해설 가스폭발 위험장소 분류

폭발위험 장소 분류	적요	예(장소)
0종 장소	인화성 액체의 증기 또는 가연성 가스에 의한 폭발위험이 지속적으로 또는 장기간 존재하는 장소	용기·장치·배관 등의 내부 등
1종 장소	정상 작동상태에서 인화성 액체의 증기 또는 가연성 가스에 의한 폭발위험분위기가 존재하기 쉬운 장소	맨홀·벤트·피트 등의 주위 등
2종 장소	정상작동상태에서 인화성 액체의 증기 또는 가연성가스에 의한 폭발위험분위기가 존재할 우려가 없으나, 존재할 경우 그 빈도가 아주 적고 단기간만 존재할 수 있는 장소	개스킷·패킹 등의 주의

78 저압 전기기기의 누전으로 인한 감전재해의 방지대책이 아닌 것은?

① 보호접지
② 안전전압의 사용
③ 비접지식 전로의 채용
④ 배선용차단기(MCCB)의 사용

해설 1) ①, ②, ③항
2) 누전차단기 설치(사용)

■ 정답 ■ 74.② 75.① 76.④ 77.② 78.④

79 정전작업 시 조치사항으로 부적합한 것은?

① 작업 전 전기설비의 잔류 전하를 확실히 방전한다.
② 개로된 전로의 충전여부를 검전기구에 의하여 확인한다.
③ 개폐기에 시건장치를 하고 통전금지에 관한 표지판은 제거한다.
④ 예비 동력원의 역송전에 의한 감전의 위험을 방지하기 위해 단락접지 기구를 사용하여 단락 접지를 한다.

해설 ③항, 개폐기에 시건장치를 하고 통전금지에 관한 표지판을 설치한다.

> **길잡이** 정전작업시 조치사항(전로차단 절차)
> 1) 차단장치나 단로기 등에 잠금장치 및 꼬리표를 부착할 것
> 2) 개로된 전로에서 유도전압 또는 전기에너지가 축적되어 근로자에게 전기위험을 끼칠 수 있는 전기기기 등은 접촉하기 전에 잔류전하를 완전히 방전시킬 것
> 3) 검진기를 이용하여 작업 대상 기기가 충전되었는지를 확인할 것(검전기를 이용하여 충전여부확인)
> 4) 전기기기 등이 다른 노출 충전부와의 접촉, 유도 또는 예비동력원의 역송전 등으로 전압이 발생할 우려가 있는 경우에는 충분한 용량을 단락 접지기구를 이용하여 접지할 것

80 방폭 전기기기의 성능을 나타내는 기호표시로 EX P II A T5를 나타내었을 때 관계가 없는 표시내용은?

① 온도등급
② 폭발성능
③ 방폭구조
④ 폭발등급

해설 EX P II A T5
1) EX : 방폭구조의 상징(심벌)
2) P : 압력방폭구조
3) II A : W ≥ 0.9 (W : 최대안전틈새)
4) T5 : 85℃ 초과 100℃ 이하
   (최대표면온도 : ℃)

제5과목 / 화학설비위험방지시설

81 다음 중 송풍기의 상사법칙으로 옳은 것은? (단, 송풍기의 크기와 공기의 비중량은 일정하다.)

① 풍압은 회전수에 반비례한다.
② 풍량은 회전수의 제곱에 비례한다.
③ 소요동력은 회전수의 세제곱에 비례한다.
④ 풍압과 동력은 절대온도에 비례한다.

해설
1) 풍량(Q)은 회전수비(N_2/N_1)에 비례한다.
$$\frac{Q_2}{Q_1} = \frac{N_2}{N_1}$$
2) 풍압(P)은 회전수비(N_2/N_1)의 제곱에 비례한다.
$$\frac{P_2}{P_1} = \left(\frac{N_2}{N_1}\right)^2$$
3) 소요동력(L)은 회전수비(N_2/N_1)의 세제곱에 비례한다.
$$\frac{L_2}{L_1} = \left(\frac{N_2}{N_1}\right)^3$$

82 다음 중 Halon 2402의 화학식으로 옳은 것은?

① $C_2I_4Br_2$
② $C_2F_4Br_2$
③ $C_2Cl_4Br_2$
④ $C_2I_4Cl_2$

해설 Hallon(할론) 명명법

명명법	보기
Hallon 0 0 0 0 ↑ ↑ ↑ ↑ C F Cl Br 의 의 의 의 수 수 수 수	① CH_2ClBr : Hallon 1011 ② $CBrF_2CBrF_2$: Hallon 2402 ③ CF_3Br : Hallon 1301 ④ $CBrClF_2$: Hallon 1211

■ 정답 ■ 79.③　80.②　81.③　82.②

83 다음 중 냉각소화에 해당하는 것은?

① 튀김 기름이 인화되었을 때 싱싱한 야채를 넣어 소화한다.
② 가연성 기체의 분출 화재시 주 밸브를 닫아서 연료 공급을 차단한다.
③ 금속화재의 경우 불활성 물질로 가연물을 덮어 미연소 부분과 분리한다.
④ 촛불을 입으로 불어서 끈다.

해설 ①항 : 냉각소화
②항 : 제거소화
③항 : 질식소화
④항 : 제거소화

84 4% NaOH 수용액과 10% NaOH수용액을 반응기에 혼합하여 6% 100kg의 NaOH 수용액을 만들려면 각각 몇 kg의 NaOH수용액이 필요한가?

① 4% NaOH 수용액 : 50,
   10% NaOH 수용액 : 50
② 4% NaOH 수용액 : 56.2
   10% NaOH 수용액 : 43.8
③ 4% NaOH 수용액 : 66.67
   10% NaOH 수용액 : 33.33
④ 4% NaOH 수용액 : 80
   10% NaOH 수용액 : 20

해설 1) 4% NaOH : a(kg)
   10% NaOH : b(kg)
   a+b=100kg → ①
   0.04a+0.1b = 100×0.06 → ②
2) ①식에서, b=100-a → ③
   ③식을 ②식에 대입
   0.04a+0.1(100-a)=6
   0.1a-0.04a=10-6
   0.06a=4
   a(4% NaOH)=66.67kg
3) b(10% NaOH)=100-66.67
   =33.33kg

85 폭발하한계를 L, 폭발상한계를 U라 할 경우 다음 중 위험도(H)를 옳게 나타낸 것은?

① $H = \dfrac{U-L}{L}$
② $H = \dfrac{|L-U|}{U}$
③ $H = \dfrac{L}{U-L}$
④ $H = \dfrac{U}{|L-U|}$

해설 1) 위험도(H) : 폭발범위가 넓을수록, 폭발하한치가 낮을수록 커진다.
2) 위험도(H) 산정식
$$H = \dfrac{U-L}{L}$$
여기서, U : 폭발상한계
        L : 폭발하한계

86 산업안전보건법령상 특수화학설비 설치시 반드시 필요한 장치가 아닌 것은?

① 원재료 공급의 긴급차단장치
② 즉시 사용할 수 있는 예비동력원
③ 화재시 긴급대응을 위한 물분무소화장치
④ 온도계·유량계·압력계 등의 계측장치

해설 특수화학설비 설치시 필요한 장치
1) 특수화학설비 설치시 내부의 이상상태를 조기에 파악하기 위해 설치하는 장치
   ① 계측장치 : 온도계, 유량계, 압력계 등 설치
   ② 자동경보장치설치(자동경보장치설치 곤란시는 감시인 배치)
2) 특수화학설비 설치시 이상상태의 발생에 따른 폭발, 화재 또는 위험물의 누출방지를 위해 설치하는 장치
   ① 원재료 공급의 긴급차단장치
   ② 제품 등의 긴급방출장치
   ③ 불활성 가스의 주입 또는 냉각용수 등의 공급을 위한 장치 등 설치
3) **예비동력원** : 특수화학설비에 사용하는 동력원의 이상에 의한 폭발화재를 방지하기 위하여 즉시 사용할 수 있는 예비동력원을 갖추어 둘 것

■ 정답 ■ 83.① 84.③ 85.① 86.③

87 다음 중 Flashover의 방지(지연)대책으로 가장 적절한 것은?

① 출입구 개방전 외부 공기 유입
② 실내의 가열
③ 가연성 건축자재 사용
④ 개구부 제한

해설 flashover(플래시오버)의 방지대책
1) 출입구 개방전 외부공기 차단
2) 실내의 냉각
3) 불연성 건축자재 사용
4) 개구부 제한

88 다음 중 가연성 가스의 연소 형태에 해당하는 것은?

① 분해연소   ② 자기연소
③ 표면연소   ④ 확산연소

해설 연소형태
1) 확산연소 : 가연성 가스와 공기가 확산에 의해 혼합되면서 연소되는 것(수소, 아세틸렌 등의 기체연소)
2) 증발연소 : 액체표면에 발생한 증기가 연소하는 것(알코올, 에테르, 등유, 경유 등의 액체연소)
3) 분해연소 : 열분해에 의해 가연성 가스를 방출시켜서 연소하는 것(중유, 석탄, 목재, 고체파라핀 등의 고체연소)
4) 표면연소 : 고체 표면에서 연소가 일어나는 것(숯, 알루미늄박, 마그네슘 리본 등의 고체연소)

89 관부속품 중 유로를 차단할 때 사용되는 것은?

① 유니온   ② 소켓
③ 플러그   ④ 엘보우

해설 배관부속품
1) 배관을 연결할 때 사용하는 관부속품 :
   ① 플랜지 ② 유니온 ③ 커플링 등
2) 유로를 차단할 때 사용하는 관부속품 :
   ① 플러그 ② 캡 등

90 다음 중 분진이 발화 폭발하기 위한 조건으로 거리가 먼 것은?

① 불연성질
② 미분상태
③ 점화원의 존재
④ 지연성가스 중에서의 교반과 운동

해설 분진폭발을 일으키는 조건
1) 가연성 분진
2) 분진(미분) 상태
3) 조연성 가스(공기) 중에서의 교반과 유동
4) 점화원(발화원) 존재

91 공업용 가스의 용기가 주황색으로 도색되어 있을 때 용기 안에는 어떠한 가스가 들어있는가?

① 수소   ② 질소
③ 암모니아   ④ 아세틸렌

해설 공업용 가스용기의 색채(고압가스안전관리법)
1) 탄산가스 : 청색
2) 아세틸렌 : 황색
3) 수소 : 주황색
4) 액화암모니아 : 백색
5) 액화염소 : 갈색
6) 산소 : 녹색
7) 기타 가스 : 회색

92 인화성액체 위험물을 액체상태로 저장하는 저장탱크를 설치할 때, 위험물질이 누출되어 확산되는 것을 방지하기 위하여 설치해야 하는 것은?

① 방유제   ② 유막시스템
③ 발폭제   ④ 수막시스템

해설 방유제 : 인화성액체 위험물이 누출되어 확산되는 것을 방지하기 위해 설치하는 것

■ 정답 ■ 87.④ 88.④ 89.③ 90.① 91.① 92.①

93 위험물안전관리법령에 의한 위험물 분류에서 제1류 위험물은 산화성고체이다. 다음 중 산화성 고체 위험물에 해당하는 것은?

① 과염소산칼륨　② 황린
③ 마그네슘　　　④ 나트륨

해설 제1류 위험물 산화성고체의 품명 및 종류
1) **아염소산염류** : 아염소산나트륨, 아염소산칼륨 등
2) **염소산염류** : 염소산나트륨, 염소산칼륨, 염소산암모늄, 염소산칼슘 등
3) **과염소산염류** : 과염소산나트륨, 과염소산칼륨, 과염소산암모늄 등
4) **무기과산화물** : 과산화나트륨, 과산화 칼륨 등
5) 기타 브롬산염류, 질산염류, 요오드산염류, 과망간산염류, 중크롬산염류 등

94 다음 중 산업안전보건기준에 관한 규칙에서 규정한 위험물질의 종류에서 "물반응성 물질 및 인화성 고체"에 해당하는 것은?

① 질산에스테르류　② 니트로화합물
③ 칼륨·나트륨　　④ 니트로소화합물

해설 물반응성물질 및 인화성고체(안전보건규칙)
1) 리튬
2) 칼륨·나트륨
3) 황
4) 황린
5) 황화인·적린
6) 셀룰로이드류
7) 알킬알루미늄·알킬리튬
8) 마그네슘분말
9) 금속분말(마그네슘분말은 제외)
10) 알칼리금속(리튬·칼륨 및 나트륨은 제외)
11) 유기금속화합물(알킬알루미늄 및 알킬리튬은 제외)
12) 금속의 수소화물
13) 금속의 인화물
14) 칼슘탄화물·알루미늄탄화물

95 다음 중 산업안전보건법령상 공정안전보고서의 안전운전 계획에 포함되지 않는 항목은?

① 안전작업허가
② 안전운전지침서
③ 가동 전 점검지침
④ 비상조치계획에 따른 교육계획

해설 공정안전보고서의 안전운전계획의 세부내용(시행규칙 제130조의 2)
1) 안전운전지침서
2) 설비점검·검사 및 보수 계획, 유지계획 및 지침서
3) 안전작업허가
4) 도급업체 안전관리계획
5) 근로자 등 교육계획
6) 가동전 점검지침
7) 변경요소 관리계획
8) 자체감사 및 사고조사계획
9) 그 밖에 안전운전에 필요한 사항

96 다음 중 펌프의 사용시 공동현상(cavitation)을 방지하고자 할 때의 조치사항으로 틀린 것은?

① 펌프의 회전수를 높인다.
② 흡입비 속도를 작게 한다.
③ 펌프의 흡입관의 두(head)손실을 줄인다.
④ 펌프의 설치높이를 낮추어 흡입양정을 짧게 한다.

해설 ①항, 펌프의 회전수를 낮춘다.

97 다음 중 C급 화재에 해당하는 것은?

① 금속화재　② 전기화재
③ 일반화재　④ 유류화재

해설 화재의 종류
1) A급 화재 : 일반화재
2) B급화재 : 유류화재
3) C급화재 : 전기화재
4) D급화재 : 금속화재

■ 정답 ■ 93.① 94.③ 95.④ 96.① 97.②

98 다음 중 인화점이 가장 낮은 물질은?

① 등유 ② 아세톤
③ 이황화탄소 ④ 아세트산

해설 인화점
1) 등유 : 43~72℃
2) 아세톤 : -20℃
3) 이황화탄소 : -30℃
4) 아세트산 : 39℃

99 일산화탄소에 대한 설명으로 틀린 것은?

① 무색·무취의 기체이다.
② 염소와는 촉매 존재하에 반응하여 포스겐이 된다.
③ 인체 내의 헤모글로빈과 결합하여 산소운반 기능을 저하시킨다.
④ 불연성가스로서, 허용농도가 10ppm이다.

해설 일산화탄소(CO) : 가연성가스로서 허용농도는 50ppm이다.

100 다음 중 공기 속에서의 폭발하한계 (vol%)값의 크기가 가장 작은 것은?

① H_2 ② CH_4
③ CO ④ C_2H_2

해설 가연성가스의 폭발범위
1) H_2(수소) : 4.1~74.2%
2) CH_4(메탄) : 4.0~15.0%
3) CO(일산화탄소) : 12.5~74.0%
4) C_2H_2(아세틸렌) : 2.5~80.5%

제6과목 / 건설안전기술

101 신품의 추락방지망 중 그물코의 크기 10cm인 매듭방망의 인장강도 기준으로 옳은 것은?

① 110kg 이상 ② 200kg 이상
③ 360kg 이상 ④ 400kg 이상

해설 방망사의 강도
1) 방망사의 신품에 대한 인장강도

그물코의 크기 (단위 : cm)	방망의 종류(단위 : kg)	
	매듭 없는 방망	매듭 방망
10	240	200
5		110

2) 방망사의 폐기시 인장강도

그물코의 크기 (단위 : cm)	방망의 종류(단위 : kg)	
	매듭 없는 방망	매듭 방망
10	150	135
5		60

102 지표면에서 소정의 위치까지 파내려간 후 구조물을 축조하고 되메운 후 지표면을 원상 태로 복구시키는 공법은?

① NATM 공법 ② 개착식 터널공법
③ TBM 공법 ④ 침매공법

해설
1) 개착식 터널공법 : 본문설명
2) NATM 공법(New Austrain Tunnel Method, 무지보공 터널굴착공법) : 암반을 천공하고 화약을 충진하여 발파한 후 스틸리브(Steel rib) 및 와이어메시(Wire mesh)를 설치하고 숏크리트(Shotcrete)를 타설하여 시공하는 터널공법
3) TBM 공법(Tunnel Boring Machine) : 터널굴착기계를 이용한 터널굴착공법

■ 정답 ■ 98.③ 99.④ 100.④ 101.② 102.②

103 건립 중 강풍에 의한 풍압 등 외압에 대한 내력이 설계에 고려되었는지 확인하여야 하는 철골구조물의 기준으로 옳지 않은 것은?

① 높이 20m 이상의 구조물
② 구조물의 폭과 높이의 비가 1 : 4 이상인 구조물
③ 이음부가 공장 제작인 구조물
④ 연면적당 철골량이 50kg/m² 이하인 구조물

해설 철골공사시 철골의 자립도 검토사항 : 구조안전의 위험성이 큰 다음 항목의 철골구조물은 건립 중 강풍에 의한 풍압 등 외압에 대한 내력이 설계에 고려되었는지 확인할 것
　1) 높이 20m 이상의 구조물
　2) 구조물의 폭과 높이의 비가 1 : 4 이상인 구조물
　3) 단면구조에 현저한 차이가 있는 구조물
　4) 연면적당 철골량이 50kg/m² 이하인 구조물
　5) 기둥이 타이 플레이트(tie plate)형인 구조물
　6) 이음부가 현장용접인 구조물

104 재해사고를 방지하기 위하여 크레인에 설치된 방호장치와 거리가 먼 것은?

① 공기정화장치　② 비상정지장치
③ 제동장치　　　④ 권과방지장치

해설 크레인의 방호장치
　1) 과부하방지장치
　2) 권과방지장치
　3) 비상정지장치
　4) 제동장치

105 항타기 또는 항발기에 사용되는 권상용 와이어로프의 안전계수는 최소 얼마 이상이어야 하는가?

① 3　　　　　　② 4
③ 5　　　　　　④ 6

해설 항타기 또는 항발기의 권상용 와이어로프의 안전계수(안전보건규칙 제211조) : 5 이상

106 유해·위험방지계획서를 제출해야 할 대상 공사의 조건으로 옳지 않은 것은?

① 터널 건설등의 공사
② 최대지간 길이가 50m이상인 교량건설등 공사
③ 다목적댐·발전용댐 및 저수용량 2천만톤 이상의 용수전용댐, 지방상수도 전용 댐 건설 등의 공사
④ 깊이가 5m 이상인 굴착공사

해설 건설업 중 유해위험방지계획서 제출대상 사업장
　(시행규칙 제120조 제2항)
　1) 지상높이가 31미터 이상인 건축물 또는 인공구조물, 연면적 3만 제곱미터 이상인 건축물 또는 연면적 5천 제곱미터 이상의 문화 및 집회시설(전시장 및 동물원·식물원은 제외), 판매시설, 운수시설(고속철도의 역사 및 집·배송시설은 제외), 종교시설, 의료시설 중 종합병원, 숙박시설 중 관광숙박시설, 지하도상가 또는 냉동·냉장 창고시설의 건설·개조 또는 해체(이하 "건설등"이라 함)
　2) 연면적 5천 제곱미터 이상의 냉동·냉장 창고시설의 설비공사 및 단열공사
　3) 최대 지간길이가 50미터 이상인 교량건설 등 공사
　4) 터널 건설 등의 공사
　5) 다목적댐, 발전용댐 및 저수용량 2천만톤 이상의 용수 전용 댐, 지방상수도 전용댐 건설 등의 공사
　6) 깊이 10미터 이상인 굴착공사

107 흙막이 가시설 공사시 사용되는 각 계측기 설치 목적으로 옳지 않은 것은?

① 지표침하계 – 지표면 침하량 측정
② 수위계 – 지반 내 지하수위의 변화 측정
③ 하중계 – 상부 적재하중 변화 측정
④ 지중경사계 – 지중의 수평 변위량 측정

해설 하중계(load cell) : 버팀보(지주) 또는 어스앵커(earth anchor) 등의 실제 축하중 변화상태를 측정(부재의 안전상태를 파악하는 기기)

■ 정답 ■　103.③　104.①　105.③　106.④　107.③

108 시스템 동바리를 조립하는 경우 수직재와 받침철물 연결부의 겹침길이 기준으로 옳은 것은?

① 받침철물 전체길이의 1/2 이상
② 받침철물 전체길이의 1/3 이상
③ 받침철물 전체길이의 1/4 이상
④ 받침철물 전체길이의 1/5 이상

해설 1) 시스템 동바리 : 규격화·부품화된 수직재, 수평재 및 가새재 등의 부재를 현장에서 조립하여 거푸집으로 지지하는 동바리 형식을 말한다.
2) 시스템 동바리 설치방법
  ① 수평재는 수직재와 직각으로 설치하여야 하며, 흔들리지 않도록 견고하게 설치할 것
  ② 연결철물을 사용하여 수직재를 견고하게 연결하고, 연결 부위가 탈락 또는 꺾어지지 않도록 할 것
  ③ 수직 및 수평하중에 의한 동바리 본체의 변위가 발생하지 않도록 각각의 단위 수직재 및 수평재에는 가새재를 견고하게 설치하도록 할 것
  ④ 동바리 최상단과 최하단의 수직재와 받침철물은 서로 밀착되도록 설치하고 수직재와 받침철물의 연결부의 겹침길이는 받침철물 전체길이의 3분의 1이상 되도록 할 것

109 다음 기계 중 양중기에 포함되지 않는 것은?

① 리프트
② 곤돌라
③ 크레인
④ 트롤리 컨베이어

해설 양중기의 종류
  1) 크레인(hoist 포함)
  2) 이동식 크레인
  3) 리프트(이삿짐운반용 리프트는 적재하중이 0.1톤 이상인 것)
  4) 곤돌라
  5) 승강기

110 구조물 해체작업으로 사용되는 공법이 아닌 것은?

① 압쇄공법
② 잭공법
③ 절단공법
④ 진공공법

해설 구조물 해체공법
  1) 압쇄공법
  2) 잭공법
  3) 절단공법
  4) 대형브레이커 공법
  5) 핸드브레이커 공법
  6) 전도공법
  7) 화약 발파공법
  8) 철해머 공법
  9) 팽창압공법
  10) 쐐기타입공법
  11) 화염공법
  12) 통전공법

111 산업안전보건관리비의 효율적인 집행을 위하여 고용노동부장관이 정할 수 있는 기준에 해당되지 않는 것은?

① 안전·보건에 관한 협의체 구성 및 운영
② 공사의 진척 정도에 따른 사용기준
③ 사업의 규모별 사용방법 및 구체적인 내용
④ 사업의 종류별 사용방법 및 구체적인 내용

해설 안전·보건에 관한 협의체 구성 및 운영 : 도급사업의 안전·보건 조치 사항

112 철골보 인양 시 준수해야 할 사항으로 옳지 않은 것은?

① 인양 와이어로프의 매달기 각도는 양변 60°를 기준으로 한다.
② 크램프로 부재를 체결할 때는 크램프의 정격용량 이상 매달지 않아야 한다.
③ 크램프는 부재를 수평으로 하는 한 곳의 위치에만 사용하여야 한다.
④ 인양 와이어로프는 후크의 중심에 걸어야 한다.

해설 ③항, 클램프는 부재를 수평으로 하는 두곳의 위치에 사용하여야 하며, 부재 양단방향은 등간격이어야 한다.

113 콘크리트 타설작업을 하는 경우에 준수해야할 사항으로 옳지 않은 것은?

① 당일의 작업을 시작하기 전에 해당 작업에 관한 거푸집동바리 등의 변형·변위 및 지반의 침하 유무 등을 점검하고 이상이 있으면 보수할 것
② 작업 중에는 거푸집동바리등의 변형·변위 및 침하 유무 등을 감시할 수 있는 감시자를 배치하여 이상이 있으면 작업을 빠른 시간 내 우선 완료하고 근로자를 대피시킬 것
③ 콘크리트 타설작업 시 거푸집붕괴의 위험이 발생할 우려가 있으면 충분한 보강조치를 할 것
④ 콘크리트를 타설하는 경우에는 편심이 발생하지 않도록 골고루 분산하여 타설할 것

해설 콘크리트 타설작업시 준수해야할 사항
  1) ①, ③, ④항
  2) 작업 중에는 거푸집동바리 등의 변형·변위 및 침하유무 등을 감시할 수 있는 감시자를 배치하여 이상을 발견한 때에는 작업을 중지시키고 근로자를 대피시킬 것
  3) 설계 도서상의 콘크리트 양생기간을 준수하여 거푸집동바리 등을 해체할 것

114 차량계 건설기계를 사용하여 작업하고자 할 때 작업계획서에 포함되어야 할 사항에 해당되지 않는 것은?

① 사용하는 차량계 건설기계의 종류 및 성능
② 차량계 건설기계의 운행경로
③ 차량계 건설기계에 의한 작업방법
④ 차량계 건설기계의 유지보수방법

해설 차량계 건설기계 작업시 작업계획서에 포함되어야 할 사항
  1) 사용하는 차량계 건설기계의 종류 및 성능
  2) 차량계 건설기계의 운행경로
  3) 차량계 건설기계에 의한 작업방법

115 토질시험 중 액체 상태의 흙이 건조되어 가면서 액성, 소성, 반고체, 고체 상태의 경계선과 관련된 시험의 명칭은?

① 아터버그 한계시험 ② 압밀 시험
③ 삼축압축 시험   ④ 투수 시험

해설 아터버그 한계(atterberg limits) : 함수량의 변화에 따라 축축한 상태로부터 건조되어가는 사이에 일어나는 4개의 과정(액성·소성·반고체·고체) 각각의 상태로 변화하는 한계

116 산업안전보건기준에 관한 규칙에 따른 암반 중 풍화암 굴착 시 굴착면의 기울기 기준으로 옳은 것은?

① 1 : 1.5   ② 1 : 1.1
③ 1 : 1.0   ④ 1 : 0.5

해설 굴착작업시 굴착면의 기울기 기준

구 분	지반의 종류	구 배
보통 흙	모 래	1 : 1.8
	그 밖에 흙	1 : 1.2
암 반	풍화암	1 : 1.0
	연 암	1 : 1.0
	경 암	1 : 0.5

117 기계가 위치한 지면보다 높은 장소의 땅을 굴착하는데 적합하며 산지에서의 토공사 및 암반으로부터의 점토질까지 굴착할 수 있는 건설장비의 명칭은?

① 파워쇼벨   ② 불도저
③ 파일드라이버 ④ 크레인

해설 파워쇼벨(power shovel)
  1) 중기가 위치한 지면보다 높은 장소 굴착시 적합
  2) 굳은 점토 굴착, 깨진 돌이나 자갈 등의 옮겨쌓기 등에 사용

■ 정답 ■ 113.② 114.④ 115.① 116.③ 117.①

118 단관비계를 조립하는 경우 벽이음 및 버팀을 설치할 때의 수평방향 조립간격 기준으로 옳은 것은?

① 3m
② 5m
③ 6m
④ 8m

해설 강관비계의 조립간격(보건안전규칙 별표5)

강관비계의 종류	조립간격(단위 : m)	
	수직방향	수평방향
단관비계	5	5
틀비계 (높이가 5m미만의 것은 제외)	6	8

119 철골작업 시 철골부재에서 근로자가 수직방향으로 이동하는 경우에 설치하여야 하는 고정된 승강로의 최소 답단 간격은 얼마 이내인가?

① 20cm
② 25cm
③ 30cm
④ 40cm

해설 철골작업시 승강로 및 작업발판의 설치
1) 근로자가 수직방향으로 이동하는 철골부재에는 답단(踏段)간격이 30cm 이내인 고정된 승강로를 설치할 것
2) 수평방향 철골과 수직방향 철골이 연결되는 부분에는 연결작업을 위하여 작업발판 등을 설치할 것

120 콘크리트 타설시 거푸집 측압에 대한 설명으로 옳지 않은 것은?

① 기온이 높을수록 측압은 크다.
② 타설속도가 클수록 측압은 크다
③ 슬럼프가 클수록 측압은 크다.
④ 다짐이 과할수록 측압은 크다.

해설 ①항, 기온이 낮을수록 측압은 크다.

길잡이 콘크리트 타설시 거푸집의 측압에 미치는 영향
1) 슬럼프가 클수록 크다(물-시멘트 비가 클수록 크다)
2) 기온이 낮을수록 크다(대기 중에 습도가 높을수록 크다)
3) 콘크리트의 치어붓기 속도가 클수록 크다.
4) 거푸집의 수밀성이 높을수록 크다.
5) 콘크리트의 다지기가 강할수록 크다(진동기 사용시 측압은 30% 정도 증가)
6) 거푸집의 수평단면이 클수록 크다(벽두께가 클수록 크다.)
7) 거푸집의 강성이 클수록 크다.
8) 거푸집 표면이 매끄러울수록 크다.
9) 콘크리트의 비중이 클수록 크다(단위중량이 클수록 크다)
10) 묽은 콘크리트일수록 크다.
11) 철근량이 적을수록 크다.
측압은 생콘크리트의 높이가 높을수록 커지는 것이나, 일정한 높이에 이르면 측압의 증대는 없게 된다.

■ 정답 ■ 118.② 119.③ 120.①

2025년 3회 CBT 복원 기출문제

산업안전기사

제1과목 / 안전관리론

01 다음 중 재해예방을 위한 시정책인 "3E"에 해당하지 않는 것은?

① Education ② Energy
③ Engineering ④ Enforcement

해설 3E
1) Education : 교육
2) Engineering : 기술
3) Enforcement : 독려·규제

02 다음 중 위험예지훈련에 있어 touch and call에 관한 설명으로 가장 적절한 것은?

① 현장에서 팀 전원이 각자의 왼손을 맞잡아 원을 만들어 팀 행동목표를 지적확인하는 것을 말한다.
② 현장에서 그 때 그 장소의 상황에서 즉응하여 실시하는 위험예지활동으로 즉시즉응법이라고도 한다.
③ 작업자가 위험작업에 임하여 무재해를 지향하겠다는 뜻을 큰소리로 호칭하면서 안전의식수준을 제고하는 기법이다.
④ 한 사람 한 사람의 위험에 대한 감수성 향상을 도모하기 위한 삼각 및 원포인트 위험에 지훈련을 통합한 활용기법이다.

해설 touch & call : 팀의 전원이 각자의 왼손을 서로 붙잡고 둥근 원을 만들어 팀의 행동목표나 무재해운동의 구호를 지적확인하는 것

03 다음 중 산업안전보건법령상 안전·보건 표지의 색체의 색도기준이 잘못 연결된 것은? (단, 색도기준은 KS에 따른 색의 3속성에 의한 표시방법에 따른다.)

① 빨간색 – 7.5R 4/14
② 노란색 – 5Y 8.5/12
③ 파란색 – 2.5PB 4/10
④ 흰색 – N0.5

해설 1) 흰색 : N9.5   2) 검은색 : N0.5

04 다음 중 몇 사람의 전문가에 의하여 과제에 관한 견해를 발표한 뒤에 참가자로 하여금 의견이나 질문을 하게 하여 토의하는 방법을 무엇이라 하는가?

① 심포지엄(symposium)
② 버즈 세션(buzz session)
③ 케이스 메소드(case method)
④ 패널 디스커션(panel discussion)

해설 토의법
1) symposium : 몇 사람의 전문가에 의하여 과제에 관한 견해를 발표한 뒤 참가자로 하여금 의견이나 질문을 하게 하여 토의하는 방법
2) 버즈세션(buzz session) : 6-6회의라고도 하며, 먼저 사회자와 기록계를 선출한 후 나머지 사람은 6명씩의 소집단으로 구분하고, 소집단별로 각각 사회자를 선발하여 6분간씩 자유토의를 행하여 의견을 종합하는 방법
3) panel discussion : 패널맴버(교육과제에 정통한 전문가 4~5명)가 피교육자 앞에서 자유로이 토의하고 뒤에 피교육자 전원이 참가하여 사회자의 사회에 따라 토의하는 방법

■ 정답 ■ 01.② 02.① 03.④ 04.①

05 다음 중 교육심리학의 학습이론에 관한 설명으로 옳은 것은?

① 파블로프(Pavlov)의 조건반사설은 맹목적 시행을 반복하는 가운데 자극과 반응이 결합하여 행동하는 것이다.
② 레빈(Lewin)의 장설은 후천적으로 얻게 되는 반사작용으로 행동을 발생시킨다는 것이다.
③ 톨만(Tolman)의 기호형태설은 학습자의 머릿속에 인지적 지도 같은 인지구조를 바탕으로 학습하려는 것이다.
④ 손다이크(Thorndike)의 시행착오설은 내적, 외적의 전체구조를 새로운 시점에서 파악하여 행동하는 것이다.

해설 톨만(Tolman)의 기호형태설(sign-gestalt theory)
1) 학습자의 머릿속에 인지적 지도같은 인지구조를 바탕으로 학습하려는 것이다.
2) 인지학습론은 전체를 중요시하며 중추신경의 자극, 인지구조의 변화를 중시하므로 개념 습득이나 사고활동이 학습 등에 효과적이라 할 수 있다.

06 다음 중 부주의의 발생 현상으로 혼미한 정신상태에서 심신의 피로나 단조로운 반복작업시 일어나는 현상은?

① 의식의 과잉   ② 의식의 집중
③ 의식의 우회   ④ 의식 수준의 저하

해설 부주의 현상
1) 의식의 과잉 : 지나친 의욕에 의해서 생기는 부주의 현상으로 긴급사태시 순간적으로 긴장이 한 방향으로만 쏠리게 되는 경우가 이에 해당한다.
2) 의식의 단절 : 지속적인 의식의 흐름에 단절이 생기고 공백의 상태가 나타나는 것으로 특수한 질병이 있는 경우에 나타난다.
3) 의식의 우회 : 의식의 흐름이 옆으로 빗나가 발생하는 경우이다.
4) 의식수준의 저하 : 혼미한 정신상태에서 심신이 피로할 경우나 단조로운 반복작업시 일어나기 쉽다.

07 다음 중 헤드십(head-ship)의 특성으로 옳지 않은 것은?

① 권한의 근거는 공식적이다.
② 지휘의 형태는 권위주의적이다.
③ 상사와 부하와의 사회적 간격은 좁다.
④ 상사와 부하와의 관계는 지배적이다.

해설 헤드십과 리더십의 구분

구분	헤드십	리더십
1. 권한근거	・위에서 위임하여 임명	・아래에서 동의에 의해 선출
2. 권한근거	・법적 또는 공식적	・개인능력
3. 상관과 부하와의 관계 및 책임 귀속	・지배적 상사	・개인적인 경향 상사와 부하
4. 부하와의 사회적 간격	・넓다	・좁다
5. 지휘형태	・권위주의적	・민주주의적

08 다음 중 하인리히 방식의 재해코스트 산성에 있어 직접비에 해당되지 않은 것은?

① 간병급여
② 신규채용비용
③ 작업재활급여
④ 상병(傷病)보상연금

해설 하인리히의 재해손실비
∴ 총재해 cost=직접비(1)+간접비(4)
1) 직접비 : 법령으로 정한 법정보상비를 말한다.
2) 간접비 : 재산손실, 생산중단 등으로 기업이 입은 법정보상비 이외의 손실을 말한다.

■ 정답 ■ 05.③ 06.④ 07.③ 08.②

09 다음 중 무재해운동의 이념에서 "선취의 원칙"을 가장 적절하게 설명한 것은?

① 사고의 잠재요인을 사후에 파악하는 것
② 근로자 전원의 일체감을 조성하여 참여하는 것
③ 위험요소를 사전에 발견, 파악하여 재해를 예방하거나 방지하는 것
④ 관리감독자 또는 경영층에서의 자발적 참여로 안전활동을 촉진하는 것

해설 무재해운동이념 3원칙
1) 무의 원칙 : 사망, 휴업 및 불휴재해는 물론 일체의 장래위험요인을 사전에 발견, 파악, 해결함으로써 근원적인 산업재해를 없애는 것을 말한다.
2) 참가의 원칙 : 재해 및 일체의 위험요인을 발견, 해결하기 위해 전원이 무재해운동에 참가하여 문제 해결 등을 실천하는 것을 말한다.
3) 선취해결의 원칙 : 선취란 궁극의 목표로서 무재해, 무질병의 직장을 실현하기 위해 일체의 위험요인을 행동하기 전에 발견, 파악, 해결하여 재해를 예방하거나 방지하는 것을 말한다.

10 다음 중 구체적인 동기유발요인과 가장 거리가 먼 것은?

① 작업   ② 성과
③ 권력   ④ 독자성

해설 Dubin 및 Ross의 구체적인 동기유발요인
1) 안정(security)
2) 기회(opportunity)
3) 참여(participation)
4) 인정(recognition)
5) 경제(economic)
6) 성과(accomplishment)
7) 권력(power)
8) 적응도(conformity)
9) 독자성(independence)
10) 의사소통(communication)

11 다음 중 레빈(Lewin, K.)에 의하여 제시된 인간의 행동에 관한 식을 올바르게 표현한 것은? (단, B의 인간의 행동, P는 개체, E는 환경, f는 함수관계를 의미한다.)

① $B = f(P \cdot E)$ ② $B = f(P+1)^B$
③ $P = E \cdot f(B)$ ④ $E = f(B+1)^P$

해설 Lewin, K.의 법칙 : Lewin은 인간의 행동(B)은 그 사람이 가진 자질 즉, 개체(P)와 심리학적 환경(E)과의 상호 함수관계에 있다고 하였다.
$B = f(P \cdot E)$
여기서, B : Behavior(인간의 행동)
f : function(함수관계 : 적성, 기타 P와 E에 영향을 미칠 수 있는 조건)
P : Person(개체 : 연령, 경험, 심신상태, 성격, 지능 등)
E : Environment(심리적 환경 : 인간관계, 작업환경 등)

12 다음 중 산업안전보건법령상 사업내 안전·보건교육에 있어 관리감독자의 정기안전보건교육 내용에 해당하는 것은?(단, 기타 산업안전보건법 및 일반관리에 관한 사항은 제외한다.)

① 작업개시 전 점검에 관한 사항
② 정리정돈 및 청소에 관한 사항
③ 작업공정의 유해·위험과 재해 예방대책에 관한 사항
④ 기계·기구의 위험성과 작업의 순서 및 동선에 관한 사항

해설 관리감독자 정기안전·보건교육내용
1) 작업공정의 유해·위험과 재해 예방대책에 관한 사항
2) 표준안전작업방법 및 지도 요령에 관한 사항
3) 관리감독자의 역할과 임무에 관한 사항
4) 산업보건 및 직업병 예방에 관한 사항
5) 유해·위험 작업환경 관리에 관한 사항
6) 산업안전보건법 및 일반관리에 관한 사항

■ 정답 ■ 09.③ 10.① 11.① 12.③

13 다음 중 산업재해조사표를 작성할 때 기입하는 상해의 종류에 해당하는 것은?

① 낙하·비래
② 유해광선 노출
③ 중독·질식
④ 이상온도 노출·접촉

해설 1) 상해의 종류 : 골절, 동상, 부종, 찔림(자상), 타박상(뼈임), 절단, 중독 및 질식, 찰과상 베임(창상), 화상, 뇌진탕, 익사, 피부염, 청력 및 시력장해 등
2) 재해의 형태 : 추락, 전도, 충돌, 낙하·비래, 협착, 감전, 폭발, 붕괴·도괴, 파열, 화재, 무리한 동작, 유해물 접촉 등

14 다음 중 방진마스크의 구비 조건으로 적절하지 않은 것은?

① 흡기밸브는 미약한 호흡에 대하여 확실하고 예민하게 작동하도록 할 것
② 쉽게 착용되어야 하고 착용하였을 때 안면부가 안면에 밀착되어 공기가 새지 않을 것
③ 여과재는 여과성능이 우수하고 인체에 장해를 주지 않을 것
④ 흡·배기밸브는 외부의 힘에 의하여 손상되지 않도록 흡·배기 저항이 높을 것

해설 ④항, 흡·배기 저항이 낮을 것

15 다음 중 점검시기에 따른 안전점검의 종류로 볼 수 없는 것은?

① 수시점검   ② 개인점검
③ 정기점검   ④ 일상점검

해설 점검시기에 의한 안전점검의 종류
1) 수시점검 (일상점검)
2) 정기점검 및 계획점검
3) 특별점검

16 베어링을 생산하는 사업장에 300명의 근로자가 근무하고 있다. 1년에 21건의 재해가 발생하였다면 이 사업장에서 근로자 1명이 평생 작업시 약 몇 건의 재해를 당할 수 있겠는가? (단, 1일 8시간씩, 1년에 300일 근무하며, 평생근로 시간은 10만 시간으로 가정한다.)

① 1건   ② 3건
③ 5건   ④ 6건

해설 환산도수율
$$= 도수율 \times \frac{1}{10}$$
$$= \frac{재해건수}{연근로시간수} \times 10^6 \times \frac{1}{10}$$
$$= \frac{21}{300 \times 8 \times 300} \times 10^5$$
$$= 2.92 ≒ 약 3건$$

17 다음 중 인간의 적성과 안전과의 관계를 가장 올바르게 설명한 것은?

① 사고를 일으키는 것은 그 작업에 적성이 맞지 않는 사람이 그 일을 수행한 이유이므로, 반드시 적성검사를 실시하여 그 결과에 따라 작업자를 배치하여야 한다.
② 인간의 감각기별 반응시간은 시각, 청각, 통각 순으로 빠르므로 비상시 비상등을 먼저 켜야 한다.
③ 사생활에 중대한 변화가 있는 사람이 사고를 유발할 가능성이 높으므로 그러한 사람들에게는 특별한 배려가 필요하다.
④ 일반적으로 집단의 심적 태도를 교정하는 것보다 개인의 심적 태도를 교정하는 것이 더 용이하다.

해설 사생활에 중대한 변화가 있는 사람 → 사고방지를 위해 특별한 배려 필요

■ 정답   13.③   14.④   15.②   16.②   17.③

18 다음 중 안전·보건교육계획의 수립 시 고려할 사항으로 가장 거리가 먼 것은?

① 현장의 의견을 충분히 반영한다.
② 대상자의 필요한 정보를 수집한다.
③ 안전교육시행체계와의 연관성을 고려한다.
④ 정부 규정에 의한 교육에 한정하여 실시한다.

해설 안전교육계획 수립시에 고려할 사항
1) 필요한 정보를 수집한다.
2) 현장의 의견을 충분히 반영한다.
3) 안전교육시행 체계와의 관련을 고려한다.
4) 법 규정에 의한 교육에만 그치지 않는다.

19 산업안전보건법령상 같은 장소에서 행하여지는 사업으로서 사업의 일부를 분리하여 도급을 주어하는 사업의 경우 산업재해를 예방하기 위한 조치로 구성·운영하는 안전·보건에 관한 협의체의 회의 주기로 옳은 것은?

① 매월 1회 이상
② 2개월 간격의 1회 이상
③ 3개월 내의 1회 이상
④ 6개월 내의 1회 이상

해설 안전·보건에 관한 협의체의 회의 주기(시행규칙 제29조) : 매월 1회 이상 정기적으로 회의를 개최하고 그 결과를 기록·보존하여야 한다.

20 산업안전보건법상 산업안전보건위원회의 사용자위원에 해당되지 않는 것은? (단, 각 사업장은 해당하는 사람을 선임하여 하는 대상 사업장으로 한다.)

① 안전관리자
② 해당 사업장의 부서의 장
③ 산업보건의
④ 명예산업안전감독관

해설 산업안전보건위원회의 구성
1) 근로자위원
   ① 근로자대표
   ② 명예산업안전감독관
   ③ 근로자대표가 지명하는 9인 이내의 근로자
2) 사용자위원
   ① 해당 사업의 대표자
   ② 안전관리자, 보건관리자, 산업보건의
   ③ 해당 사업의 대표자가 지명하는 9인 이내의 사업장 부서의 장

제2과목 / 인간공학 및 시스템안전공학

21 다음 중 실효온도(Effective Temperature)에 관한 설명으로 틀린 것은?

① 체온계로 입안의 온도를 측정한 값을 기준으로 한다.
② 실제로 감각되는 온도로서 실감온도라고 한다.
③ 온도, 습도 및 공기 유동이 인체에 미치는 열효과를 나타낸 것이다.
④ 상대습도 100% 일 때의 건구온도에서 느끼는 것과 동일한 온감이다.

해설 실효온도 : 체온계로 피부온도를 측정하여 기준으로 한다.

22 다음 중 감각적으로 물리현상에 왜곡하는 지각현상에 해당하는 것은?

① 주의산만   ② 착각
③ 피로   ④ 무관심

해설 착각 : 감각적으로 물리현상을 왜곡하는 지각현상

■ 정답 ■ 18.④ 19.① 20.④ 21.① 22.②

23 다음 중 FTA에서 활용하는 최소 컷셋 (Minimal cut sets)에 관한 설명으로 옳은 것은?

① 해당 시스템에 관한 신뢰도를 나타낸다.
② 컷셋 중에 타 컷셋을 포함하고 있는 것을 배제하고 남은 컷셋들을 의미한다.
③ 어느 고장이나 에러를 일으키지 않으면 재해가 일어나지 않는 시스템의 신뢰성이다.
④ 기본사상이 일어나지 않을 때 정상사상(Top event)이 일어나지 않는 기본사상의 집합이다.

해설 컷셋과 미니멀 컷
1) 컷셋(cut sets) : 정상사상을 일으키는 기본사상(통상사상, 생략사상 포함)의 집합을 컷이라 한다.
2) 미니멀 컷(minimal cut sets) : 정상사상을 일으키기 위해 필요한 최소한의 컷을 말한다.(시스템의 위험성을 나타냄)

24 그림과 같이 FT도에서 활용하는 논리게이트의 명칭으로 옳은 것은?

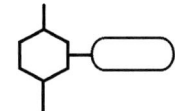

① 억제 게이트
② 제어 게이트
③ 배타적 OR 게이트
④ 우선적 AND 게이트

해설 억제게이트(inhibit gate) : 수정기호(modifier)의 일종으로서 억제 모디파이어(inhibit modifier)라고 하며, 실질적으로 수정기호를 병용해서 게이트의 역할을 한다.
1) 입력사상이 일어난 조건이 만족되어야 출력사상이 생긴다. (조건이 만족되지 않으면 출력은 생기지 않는다)
2) 조건은 수정기호 안에 쓴다.

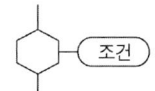

25 주어진 자극에 대해 인간이 갖는 변화감지역을 표현하는 데에는 웨버(Weber)의 법칙을 이용한다. 이 때 웨버(Weber) 비의 관계식으로 옳은 것은? (단, 변화감지역을 $\triangle I$, 표준자극을 I라 한다.)

① 웨버(Weber) 비 = $\dfrac{\triangle I}{I}$

② 웨버(Weber) 비 = $\dfrac{I}{\triangle I}$

③ 웨버(Weber) 비 = $\triangle I \times I$

④ 웨버(Weber) 비 = $\dfrac{\triangle I - I}{\triangle I}$

해설 Weber의 법칙 : 특정감각기관의 변화감지역($\triangle L$)은 사용되는 표준자극(I)에 비례한다는 관계를 Weber의 법칙이라 한다.(Weber비가 작을수록 분별력이 좋아진다.)
$\dfrac{\triangle L}{I} = \mathrm{const}$(일정)

26 인체 계측 중 운전 또는 워드 작업과 같이 인체의 각 부분이 서로 조화를 이루며 움직이는 자세에서의 인체지수를 측정하는 것을 무엇이라 하는가?

① 구조적 치수   ② 정적 치수
③ 외곽 치수   ④ 기능적 치수

해설 인체계측의 방법
1) 구조적 치수(정적 인체계측)
① 체위를 정지한 상태에서의 기본자세(선 자세, 앉은 자세 등)에 관한 신체 각 부를 계측하는 것이다.
② 여러 가지 설계의 표준이 되는 기초적 치수를 결정하는 데 그 목적이 있다.
2) 기능적 치수(동적 인체계측)
① 상지나 하지의 운동이나 체위의 움직임에 따른 상태에서 계측하는 것이다.
② 설계의 작업, 생활조건에 밀접한 관계를 갖는 현실성 있는 인체치수를 구하는 것이다.

■ 정답 ■ 23.② 24.① 25.① 26.④

27 다음 중 보전효과의 평가로 설비종합효율을 계산하는 식으로 옳은 것은?

① 설비종합효율 = 속도가동률 × 정미가동률
② 설비종합효율 = 시간가동률 × 성능가동률 × 양품률
③ 설비종합효율 = (부하시간 − 정지시간) / 부하시간
④ 설비종합효율 = 정미가동률 × 시간가동률 × 양품률

해설 설비종합효율(%)=시간가동률×성능가동률×양품률

28 염산을 취급하는 A 업체에서는 신설 설비에 관한 안전성 평가를 실시해야 한다. 다음 중 정성적 평가단계에 있어 설계와 관련된 주요 진단 항목에 해당하는 것은?

① 공장 내의 배치
② 제조공정의 개요
③ 재평가 방법 및 계획
④ 안전·보건교육 훈련계획

해설 정성적 평가의 주요 진단항목

1. 설계관계	2. 운전관계
① 입지조건	① 원재료, 중간체 제품
② 공장 내 배치	② 공정
③ 건조물	③ 수송, 저장 등
④ 소방설비	④ 공정기기

29 인간의 위치 동작에 있어 눈으로 보지 않고 손을 수평면상에서 움직이는 경우 짧은 거리는 지나치고, 긴 거리는 못 미치는 경향이 있는데 이를 무엇이라고 하는가?

① 사정효과(Range effect)
② 간격효과(Distance effect)
③ 손동작효과(Hand action effect)
④ 반응효과(Reaction effect)

30 실린더 블록에 사용하는 가스켓의 수명은 평균 10,000시간이며, 표준편차는 200시간으로 정규분포를 따른다. 사용시간이 9,600시간일 경우 이 가스켓의 신뢰도는 약 얼마인가? (단, 표준정규분포상 Z_1=0.8413, Z_2=0.9772이다.)

① 84.13% ② 88.73%
③ 92.72% ④ 97.72%

해설 1) 정규분포 표준화공식(Z)
$$Z = \frac{변수(X) - 평균(\mu)}{표준편차(\sigma)}$$
2) $P(X \geq 9600)$
$= P(Z \geq \frac{9600 - 10000}{200})$
$= P(Z \geq -2)$
$= P(Z \leq 2) = 0.9772 = 97.72\%$

31 다음 중 동작경제의 원칙에 있어 "신체사용에 관한 원칙"에 해당하지 않는 것은?

① 두 손의 동작은 동시에 시작해서 동시에 끝나야 한다.
② 손의 동작은 유연하고 연속적인 동작이어야 한다.
③ 공구, 재료 및 제어장치는 사용하기 가까운 곳에 배치해야 한다.
④ 동작이 급작스럽게 크게 바뀌는 직선 동작은 피해야 한다.

해설 ③항, 작업량 절약의 원칙

32 다음 중 인간공학을 나타내는 용어로 적절하지 않은 것은?

① ergonomics
② human factors
③ human engineering
④ customize engineering

해설 인간공학 용어의 분류
1) human engineering : 인간공학
2) human-factors engineering : 인간요소공학
3) man-machine system engineering : 인간·기계체계공학
4) ergonomics : 작업경제학

33 다음 중 시스템 안전계획(SSPP, System Safety Program Plan)에 포함되어야 할 사항으로 가장 거리가 먼 것은?

① 안전조직
② 안전성의 평가
③ 안전자료의 수집과 갱신
④ 시스템의 신뢰성 분석비용

해설 시스템안전프로그램계획(SSPP, system safety program plan)의 내용
1) 계획의 개요 2) 안전조직
3) 계약조건 4) 관련부문과의 조정
5) 안전기준 6) 안전해석
7) 안전성의 평가
8) 안전데이터의 수집 및 분석
9) 경과 및 결과의 분석

34 다음은 유해·위험방지계획서의 제출에 관한 설명이다. ( ) 안의 내용으로 옳은 것은?

> 산업안전보건법령상 제출대상 사업으로 제조업의 경우 유해·위험방지계획서를 제출하려면 관련 서류를 첨부하여 해당 작업 시작 (㉠) 까지, 건설업의 경우 해당 공사의 착공 (㉡) 까지 관련 기관에 제출하여야 한다.

① ㉠ : 15일 전, ㉡ : 전날
② ㉠ : 15일 전, ㉡ : 7일 전
③ ㉠ : 7일 전, ㉡ : 전날
④ ㉠ : 7일 전, ㉡ : 3일 전

해설 유해·위험방지계획서와 첨부서류 제출시기
1) **제조업** : 해당 작업시작 15일전까지
2) **건설업** : 착공전날까지

34 말소리의 질에 대한 객관적 측정 방법으로 명료도 지수를 사용하고 있다. 그림에서와 같은 경우 명료도 지수는 약 얼마인가?

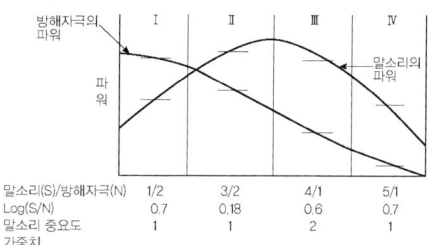

① 0.38
② 0.68
③ 1.38
④ 5.68

해설 명료도 지수
$(-0.7 \times 1) + (0.18 \times 1) + (0.6 \times 2) + (0.7 \times 1)$
$= 1.38$

36 다음 중 청각적 표시장치의 설계에 관한 설명으로 가장 거리가 먼 것은?

① 신호를 멀리 보내고자 할 때에는 낮은 주파수를 사용하는 것이 바람직하다.
② 배경 소음의 주파수와 다른 주파수의 신호를 사용하는 것이 바람직하다.
③ 신호가 장애물을 돌아가야 할 때에는 높은 주파수를 사용하는 것이 바람직하다.
④ 경보는 청취자에게 위급 상황에 대한 정보를 제공하는 것이 바람직하다.

해설 신호가 장애물을 통과할 때 : 500Hz 이하의 낮은 주파수를 사용한다.

37 다음 중 결함수분석의 기대효과와 가장 관계가 먼 것은?

① 사고원인 규명의 간편화
② 시간에 따른 원인 분석
③ 사고원인 분석의 정량화
④ 시스템의 결함 진단

■ 정답 ■ 33.④ 34.① 35.③ 36.③ 37.②

해설 FTA의 활용에 따른 기대효과
1) 사고원인 규명의 간편화
2) 사고원인 분석의 일반화
3) 사고원인 분석의 정량화
4) 노력시간의 절감
5) 시스템의 결함 진단
6) 안전점검표의 작성

38 휴식 중 에너지소비량은 1.5 kcal/min이고, 어떤 작업의 평균 에너지소비량이 6kcal/min이라고 할 때 60분간 총 작업시간 내에 포함되어야 하는 휴식시간은 약 몇 분인가? (단, 기초대사를 포함한 작업에 대한 평균 에너지소비량은 상한의 5kcal/min이다.)

① 10.3　　② 11.3
③ 12.3　　④ 13.3

해설 휴식시간(R)
$$R = \frac{60(E-5)}{E-1.5} = \frac{60 \times (6-5)}{6-1.5}$$
$$= 13.3$$

39 Rasmussen은 행동을 세 가지로 분류하였는데, 그 분류에 해당하지 않는 것은?

① 숙련 기반 행동(skill-based behavior)
② 지식 기반 행동
   (knowledge-based behavior)
③ 경험 기반 행동
   (experience-based behavior)
④ 규칙 기반 행동(rule-based behavior)

해설 Rasmussen에 의한 행동의분류
1) 숙련 기반 행동
2) 지식 기반 행동
3) 규칙 기반 행동

40 다음 중 복잡한 시스템을 설계, 가동하기 전의 구상단계에서 시스템의 근본적인 위험성을 평가하는 가장 기초적인 위험도 분석기법은?

① 예비위험분석(PHA)
② 결함수 분석법(FTA)
③ 운용 안전성 분석(OSA)
④ 고장의 형과 영향분석(FMEA)

해설 PHA(예비사고분석) : 시스템안전 프로그램에 있어서 최초단계(구상단계, 개발단계 등)의 분석법으로 시스템 내의 위험요소가 얼마나 위험 상태에 있는가를 정성적으로 평가하는 기법이다.

제3과목 / 기계위험방지기술

41 프레스작업에서 재해예방을 위한 재료의 자동송급 또는 자동배출장치가 아닌 것은?

① 롤피더　　② 그리퍼피더
③ 플라이어　　④ 셔블 이젝터

해설 자동프레스의 도입 : 자동 송급장치, 배출장치를 부착한 프레스
1) **자동송급장치** : 재료를 자동적으로 금형 사시에 이송시키는 장치
   ① 1차 가공용 : 롤 피더, 그리퍼 피더
   ② 2차 가공용 : 호퍼 피더, 푸셔 피더, 다이얼 피더, 슬라이딩 다이, 슈트(chute)
2) **자동배출장치** : 재료를 가공한 후 가공물을 자동적으로 꺼내는 장치
   ① 셔블이젝터
   ② 산업용 로봇
   ③ 공기분사나 스프링 탄력을 이용하는 방법
   ④ 슬라이드에 연동시켜 각종 기계장치를 이용하는 방법

■ 정답 ■ 38.④　39.③　40.①　41.③

42 롤러기 급정지장치의 종류가 아닌 것은?

① 어깨조작식 ② 손조작식
③ 복부조작식 ④ 무릎조작식

해설 롤러기급정지장치의 종류 및 설치위치

급정지장치의 종류	설치위치
1. 손조작 로프식	밑면에서 1.8m 이내
2. 복부 조작식	밑면에서 0.8m 이상 1.1m 이내
3. 무릎 조작식	밑면에서 0.6m 이내

43 기계 고장률의 기본 모형이 아닌 것은?

① 초기고장 ② 우발고장
③ 마모고장 ④ 수시고장

해설 기계 고장률의 유형
1) 초기고장 : 감소형 2) 우발고장 : 일정형
3) 마모고장 : 증가형

44 다음 중 지브가 없는 크레인의 정격하중에 관한 정의로 옳은 것은?

① 짐을 싣고 상승할 수 있는 최대하중
② 크레인의 구조 및 재료에 따라 들어올릴 수 있는 최대하중
③ 권상하중에서 훅, 그랩 또는 버킷 등 달기구의 중량에 상당하는 하중을 뺀 하중
④ 짐을 싣지 않고 상승할 수 있는 최대하중

해설 1) **정격하중** : 크레인의 권상(호이스트)하중에서 훅크, 그랩 또는 버킷 등 달기기구의 중량에 상당하는 하중을 뺀 하중, 단 지브가 있는 크레인 등으로서 경사각의 위치에 따라 권상능력이 달라지는 것은 그 위치에서의 권상하중으로부터 달기기구의 중량을 뺀 하중
2) **권상하중** : 크레인의 구조 및 재료에 따라 들어올릴 수 있는 최대의 하중

45 이상온도, 이상기압, 과부하 등 기계의 부하가 안전 한계치를 초과하는 경우에 이를 감지하고 자동으로 안전상태가 되도록 조정하거나 기계의 작동을 중지시키는 방호장치는?

① 감지형 방호장치
② 접근거부형 방호장치
③ 위치제한형 방호장치
④ 접근반응형 방호장치

해설 1) **감지형 방호장치** : 본문설명
2) **접근거부형 방호장치** : 작업자의 신체부위가 위험한계로 접근하였을 때 기계적인 작용에 의하여 접근을 못하도록 제지하는 것
[예]수인식, 손쳐내기식 방호장치 등
3) **접근반응형 방호장치** : 작업자의 신체부위가 위험한계 또는 그 인접한 거리 내로 들어오면 이를 감지하여 그 즉시 기계의 동작을 정지시키고 경보 등을 발하는 것
[예] 프레스기의 감응식 방호장치 등
4) **위치제한형 방호장치** : 작업자의 신체부위가 위험한계 밖에 있도록 기계의 조작장치를 위험한 작업점에서 안전거리 이상 떨어지게 하거나 조작장치를 양손으로 동시조작하게 함으로써 위험한계에 접근하는 것을 제한하는 것[예] 양수조작식

46 연삭용 숫돌의 3요소가 아닌 것은?

① 조직 ② 입자
③ 결합제 ④ 기공

해설 연삭기 숫돌의 3요소 및 5인자
1) 3요소
① 입자(절삭날) ② 결합제(절삭날의 지지)
③ 기공(칩의 저장)
2) 구성 5인자
① 숫돌입자의 종류 : 절삭날의 종류
② 조직 : 숫돌입률
③ 입도 : 절삭날의 크기
④ 결합제의 족별 : 결합제 종류
⑤ 결합도 : 발인속도의 조정

■ 정답 ■ 42.① 43.④ 44.③ 45.① 46.①

47 크레인의 방호장치에 해당되지 않은 것은?

① 권과방지장치   ② 과부하방지장치
③ 자동보수장치   ④ 비상정지장치

해설 크레인의 방호장치
1) 과부하방지장치   2) 권과방지장치
3) 비상정지장치   4) 제동장치

48 산업용 로봇에 사용되는 안전 매트의 종류 및 일반구조에 관한 설명으로 틀린 것은?

① 안전매트의 종류는 연결사용 가능여부에 따라 단일 감지기와 복합 감지기가 있다.
② 단선경보장치가 부착되어 있어야 한다.
③ 감응시간을 조절하는 장치가 부착되어 있어야 한다.
④ 감응도 조절장치가 있는 경우 봉인되어 있어야 한다.

해설 안전매트의 구성 : 감지기, 제어부, 출력부로 구성

49 오스테나이트 계열 스테인리스 강판의 표면 균열발생을 검출하기 곤란한 비파괴 검사방법은?

① 염류침투검사   ② 자분검사
③ 와류검사   ④ 형광침투검사

50 일반구조용 압연강판(SS400)으로 구조물을 설계할 때 허용응력을 10kg/mm² 으로 정하였다. 이 때 적용된 안전율은?

① 2   ② 4
③ 6   ④ 8

해설 일반구조용 압연강판(ss400)
1) 안전율 : 4
2) 허용응력 : 10kg/mm²

51 동력프레스기의 No hand in die 방식의 안전대책으로 틀린 것은?

① 안전금형을 부착한 프레스
② 양수조작식 방호장치의 설치
③ 안전울을 부착한 프레스
④ 전용프레스의 도입

해설 프레스의 작업점에 대한 방호방법
1) no-hand in die 방식 : 손을 금형 사이에 집어넣을 필요가 없도록 하는 본질적 안전화 대책
2) hand in die 방식 : 손이 금형 사이에 들어가야만 되는 방식으로 방호장치를 부착해야 함

no-hand in die방식	hand in die방식
① 안전울을 부착한 프레스 : 작업을 위한 개구부를 제외하고 다른 틈새는 8mm 이하 ② 안전금형을 부착한 프레스 : 상형과 하형과의 틈새 및 가이드 포스트와 부시와의 틈새는 8mm 이하 ③ 전용 프레스의 도입 : 작업자의 손을 금형 사이에 넣을 필요가 없도록 부착한 프레스 ④ 자동 프레스의 도입 : 자동송급, 배출장치를 부착한 프레스	① 프레스기의 종류, 압력능력, 매분 행정수, 행정의 길이 및 작업방법에 상응하는 방호장치 ㉠ 가드식 방호장치 ㉡ 손쳐내기식 방호장치 ㉢ 수인식 방호장치 ② 프레스기의 정지성능에 상응하는 방호장치 ㉠ 양수조작식 방호장치 ㉡ 감응식 방호장치

52 프레스 양수조작식 방호장치에서 누름버튼 상호간 최소 내측거리로 옳은 것은?

① 200mm 이상   ② 250mm 이상
③ 300mm 이상   ④ 400mm 이상

해설 양수조작식 방호장치의 누름버튼 또는 조작레버의 간격 : 300mm 이상

■ 정답 ■   47.③   48.③   49.②   50.②   51.②   52.③

53 다음 중 선반작업에서 안전한 방법이 아닌 것은?

① 보안경 착용
② 칩 제거는 브러쉬를 사용
③ 작동 중 수시로 주유
④ 운전 중 백기어 사용금지

해설 **선반작업 시 안전작업수칙**
1) 공작물의 길이가 직경의 12배 이상으로 가늘고 길 때는 방진구(공작물의 고정에 사용)를 사용하여 진동을 막을 것
2) 보링작업 중 구멍 속에 손가락을 넣지 않을 것
3) 칩이나 부스러기를 제거할 때는 반드시 브러시를 사용할 것
4) 작업 중 장갑을 끼지 않을 것
5) 시동 전에 심압대가 잘 죄어져 있는가를 확인할 것
6) 선반기계를 정지시켜야 할 경우
   ① 치수를 측정할 경우
   ② 백기어(back gear)를 넣거나 풀 경우
   ③ 주축을 변속할 경우
   ④ 기계에 주유 및 청소를 할 경우
7) 바이트는 가급적 짧게 설치하여 진동이나 힘을 막을 것
8) 회전부에 손을 대지 말 것
9) 선반의 베드 위에 공구를 놓지 말 것
10) 일감의 센터구멍과 센터는 반드시 일치시킬 것
11) 공작물의 설치가 끝나면 척에서 렌치류는 제거시킬 것

54 와이어로프의 구성요소가 아닌 것은?

① 소선   ② 클립
③ 스트랜드   ④ 심강

해설 1) **와이어로프의 구성** : 여러 개의 와이어(wire, 소선)로 1개의 가닥 또는 꼬임(자승, strand)을 만든 다음에 이것을 보통 6개 이상 꼬아서 만든 것으로 심에는 기름을 칠한 대마심선을 삽입시킨다.
2) **와이어로프의 명명법**
자승(가닥, strand)의 수 × 소선(wire)의 수
[보기] 6(자승의 수) × 19(소선의 수)

55 아세틸렌용접장치에 관한 설명 중 틀린 것은?

① 아세틸렌 발생기로부터 5m 이내, 발생기실로부터 3m 이내에는 흡연 및 화기사용을 금지한다.
② 역화가 일어나면 산소밸브를 즉시 잠그고 아세틸렌 밸브를 잠근다.
③ 아세틸렌 용기는 뉘어서 사용한다.
④ 건식안전기에는 차단방법에 따라 소결금속식과 우회로식이 있다.

해설 아세틸렌 용기는 세워서 사용한다.

56 물질 내 실제 입자의 진동이 규칙적일 경우 주파수의 단위는 헤르츠(Hz)를 사용하는데 다음 중 통상적으로 초음파는 몇 Hz 이상의 음파를 말하는가?

① 10,000   ② 20,000
③ 50,000   ④ 100,000

해설 1) 가청주파수 : 20~20,000Hz
2) 초음파 : 20,000Hz 이상

57 회전 중인 연삭숫돌이 근로자에게 위험을 미칠 우려가 있을 시 덮개를 설치하여야할 연삭숫돌의 최소 지름은?

① 지름이 5cm 이상인 것
② 지름이 10cm 이상인 것
③ 지름이 15cm 이상인 것
④ 지름이 20cm 이상인 것

해설 **연삭숫돌의 덮개** : 직경이 5cm 이상인 회전중인 연삭숫돌에는 덮개를 설치할 것

■ 정답 ■ 53.③ 54.② 55.③ 56.② 57.①

58 보일러 과열의 원인이 아닌 것은?

① 수관과 본체의 청소 불량
② 관수 부족 시 보일러의 가동
③ 드럼내의 물의 감소
④ 수격작용이 발생될 때

해설 보일러의 과열원인
1) 수관 및 몸체의 청소 불량
2) 관수를 감소시키고 빈 통에 불을 땔 때
3) 수면계의 고장으로 드럼 내의 물의 감소

59 안전색채와 기계장비 또는 배관의 연결이 잘못된 것은?

① 시동스위치 - 녹색
② 급정지스위치 - 황색
③ 고열기계 - 회청색
④ 증기배관 - 암적색

해설 급정지스위치 - 적색

60 지름이 D(mm)인 연삭기 숫돌의 회전수가 N(rpm)일 때 숫돌의 원주속도(m/min)를 옳게 표시한 식은?

① $\dfrac{\pi DN}{1,000}$
② πDN
③ $\dfrac{\pi DN}{60}$
④ $\dfrac{DN}{1,000}$

해설 $V = \dfrac{\pi DN}{1,000}$

여기서, V : 원주속도(표면속도, 회전속도, 절삭속도)(m/min)
D : 직경(mm)
N : 회전수(rpm)

제4과목 / 전기위험방지기술

61 피부의 전기저항 연구에 의하면 인체의 피부 중 1~2mm² 정도의 적은 부분은 전기 자극에 의해 신경이 이상적으로 흥분하여 다량의 피부지방이 분비되기 때문에 그 부분의 전기저항이 1/10 정도로 적어지는 피전점(皮電点)이 존재한 다고 한다. 이러한 피전점이 존재하는 부분은?

① 머리
② 손등
③ 손바닥
④ 발바닥

해설 피전점(皮電点)
1) 피전점 : 인체의 피부 중 1~2mm² 정도의 적은 부분이 전기자극에 의해서 신경이 이상적으로 흥분해 다량의 피지가 분비되어 그 부분의 전기저항이 1/10 정도로 작아지는 부분을 피전점이라 한다.
2) 피전점이 있는 부분 : 손등, 턱, 볼 등 인체저항이 특히 작아지는 부분

62 다음 설명과 가장 관계가 깊은 것은?

- 파이프 속에 저항이 높은 액체가 흐를 때 발생 된다.
- 액체의 흐름이 정전기 발생에 영향을 준다.

① 충돌대전
② 박리대전
③ 유동대전
④ 분출대전

해설 유동대전
1) 액체류가 파이프 등을 통해서 유동할 때 관벽과 액체사이에 정전기가 발생하는 현상
2) 액체유동에 의한 정전기 발생은 액체의 유속에 큰 영향을 받는다.
① 배관 내 유체의 대전량(정전하량) : 유속의 1.5~2배에 비례
② 배관 내 유체의 제한유속 : 1m/sec 이하

■ 정답 ■ 58.④ 59.② 60.① 61.② 62.③

63 정전작업을 하기 위한 작업전 조치사항이 아닌 것은?

① 단락접지 상태를 수시로 확인
② 전로의 충전 여부를 검전기로 확인
③ 전력용 커패시터, 전력케이블 등 잔류전하 방전
④ 개로개폐기의 잠금장치 및 통전금지 표지판 설치

해설 ①항, 정전작업중 조치사항

길잡이	정전작업시 안전조치사항
단계 조치	실무사항(조치사항)
작업 전	1. 작업지휘자에 의한 작업내용의 주지 철저 2. 개로개폐기의 시건 또는 표시 3. 잔류전하의 방전 4. 검전기에 의한 정전확인 5. 단락접지 6. 일부정전작업시 정전선로 및 활선 선로의 표시 7. 근접활선에 대한 방호
작업 중	1. 작업지휘자에 의한 지휘 2. 개폐기의 관리 3. 단락접지의 수시확인 4. 근접활선에 대한 방호상태의 관리
작업 종료 시	1. 단락접지기구의 철거 2. 표지이 철거 3. 작업사에 대한 위험이 없는 것을 확인 4. 개폐기를 투입해서 송전재개

64 전기설비의 방폭구조의 종류가 아닌 것은?

① 근본 방폭구조
② 압력 방폭구조
③ 안전증 방폭구조
④ 본질안전 방폭구조

해설 방폭구조의 종류
1) 내압방폭구조
2) 압력방폭구조
3) 유입방폭구조
4) 안전증방폭구조
5) 본질안전방폭구조
6) 특수방폭구조

65 대지를 접지로 이용하는 이유 중 가장 옳은 것은?

① 대지는 토양의 주성분이 규소(SiO_2)이므로 저항이 영(0)에 가깝다.
② 대지는 토양의 주성분이 산화알미늄(Al_2O_3)이므로 저항이 영(0)에 가깝다.
③ 대지는 철분을 많이 포함하고 있기 때문에 전류를 잘 흘릴 수 있다.
④ 대지는 넓어서 무수한 전류통로가 있기 때문에 저항이 영(0)에 가깝다.

해설 접지
1) 대지는 넓어서 무수한 전류통로가 있기 때문에 다수의 저항을 병렬로 접속한 것과 같아서 대지의 저항이 크게 저하하기 때문에 대지를 접지로 이용한다.
2) 대지는 전기가 잘 통하는 도전체이지만 토양의 주성분인 규소(SiO_2)와 산화알루미늄(Al_2O_3)은 절연물이기 때문에 토양이 완전히 건조되어 있으면 전기가 통하지 않는다.

66 폴리에스터, 나일론, 아크릴 등의 섬유에 정전기 대전방지 성능이 특히 효과가 있고, 섬유에의 균일 부착성과 열 안전성이 양호한 외부용 일시성 대전방지제로 옳은 것은?

① 양ion계 활성제
② 음ion계 활성제
③ 비ion계 활성제
④ 양성ion계 활성제

해설 음이온계 활성제
1) 값이 싸고 무독성이다.
2) 섬유의 균일 부착성과 열안전성이 양호하다.
3) 섬유의 원사 등에 사용된다.(인산 에스테르계는 폴리에스테르(polyester), 나일론(nylon), 아크릴(acrylic) 등의 섬유에 효과가 크고, 황산에스테르계는 비스코스(viscose), 비닐론(vinylon) 등에 효과가 있다.)

■ 정답 ■ 63.① 64.① 65.④ 66.②

67 고압 및 특고압 전로에 시설하는 피뢰기의 설치장소로 잘못된 곳은?

① 가공전선로와 지중전선로가 접속되는 곳
② 발전소, 변전소의 가공전선 인입구 및 인출구
③ 가공전선로에 접속하는 배전용 변압기의 저압측
④ 특고압 가공전선로로부터 공급 받는 수용장소의 인입구

해설 피뢰기의 설치장소
1) 고압 또는 특별고압의 전로중에서 다음의 장소에 설치할 것.
   ① 발전소, 변전소의 가공전선의 인입구 및 인출구
   ② 가공 전선로에 접속하는 특고압 옥외 배전용 변압기의 고압 및 특고압측
   ③ 고압가공 전선로에서 수전하는 500kW 이상의 수용장소의 인입구
   ④ 특고압 가공 전선로에서 수전하는 수용장소의 인입구
2) 배전선로의 차단기, 개폐기의 전원측 및 부하측
3) 콘덴서의 전원측

68 전기작업 안전의 기본 대책에 해당되지 않는 것은?

① 취급자의 자세
② 전기설비의 품질 향상
③ 전기시설의 안전관리 확립
④ 유지보수를 위한 부품 재사용

해설 전기작업안전의 기본대책
1) **전기설비의 품질향상** : 전기설비의 품질이 기술기준에 적합하고 신뢰성 및 안전성이 높을 것
2) **전기시설의 안전관리확립** : 시설의 운용 및 보수의 적정화를 꾀한다.
3) **취급자의 자세** : 취급자의 관심도를 높이고 안전작업을 위한 작업지원을 확립한다.

69 분진폭발 방지대책으로 거리가 먼 것은?

① 작업장 등은 분진이 퇴적하지 않는 형상으로 한다.
② 분진 취급 장치에는 유효한 집진 장치를 설치한다.
③ 분체 프로세스의 장치는 밀폐화하고 누설이 없도록 한다.
④ 분진 폭발의 우려가 있는 작업장에는 감독자를 상주시킨다.

해설 분진폭발 우려가 있는 작업장에 감독자를 상주시키는 것은 분진폭발 방지대책이 될 수 없다.

70 그림과 같은 전기설비에서 누전사고가 발생하여 인체가 전기설비의 외함에 접촉하였을 때 인체통과 전류는 약 몇 mA인가?

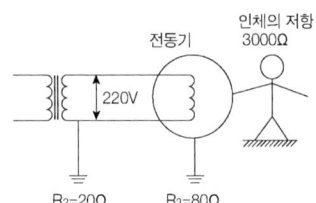

① 43.25   ② 51.24
③ 58.36   ④ 61.68

해설 인체통전전류(I_m)

$$I_m = \frac{E}{R_m \times (1 + R_2/R_3)}$$

$$= \frac{220}{3000 \times (1 + 20/80)} = 0.05867A$$

$$= 58.67 mA$$

여기서, E : 대지전압(V)
R_m : 인체저항(Ω)
R_2 : 제2종 접지저항치(Ω)
R_3 : 제3종 접지저항치(Ω)

71 전기기기의 케이스를 전폐구조로 하며 접합면에는 일정치 이상의 깊이를 갖는 패킹을 사용하여 분진이 용기 내로 침입하지 못하도록 한 방폭구조는?

① 보통방진 방폭구조
② 분진특수 방폭구조
③ 특수방진 방폭구조
④ 밀폐방진 방폭구조

해설 분진방폭구조의 종류
1) **보통방진 방폭구조** : 전폐구조로 접합면 깊이를 일정치 이상으로 하거나 접합면에 패킹을 사용하여 분진이 침입하기 어렵게 한 구조
2) **특수방진 방폭구조** : 전폐구조로 접합면이 깊이를 일정치 이상으로 하거나 접합면에 일정치 이상의 깊이를 갖는 패킹으로 사용하여 분진침입을 막는 구조
3) **방진특수 방폭구조** : 특수방진, 보통방진구조 이외의 구조로서 방진특수 방폭성이 있는 것으로 확인된 구조

72 화재대비 비상용 동력 설비에 포함되지 않는 것은?

① 소화 펌프
② 급수 펌프
③ 배연용 송풍기
④ 스프링클러용 펌프

해설 급수펌프 : 화재대비용 소화설비에 포함되지 않는다.

73 50kW, 60Hz 3상 유도전동기가 380V 전원에 접속된 경우 흐르는 전류는 약 몇 A인가? (단, 역률은 80%이다.)

① 82.24
② 94.96
③ 116.30
④ 164.47

해설 $I = \dfrac{50,000}{\sqrt{3} \times 380 \times 0.8} = 94.96 A$

74 반도체 취급 시 정전기로 인한 재해 방지 대책으로 거리가 먼 것은?

① 작업자 정전화 착용
② 작업자 제전복 착용
③ 부도체 작업대 접지 실시
④ 작업장 도전성 매트 사용

해설 반도체 취급시 정전기로 인한 재해방지대책
1) 송풍형 제전기 설치
2) 작업자의 대전방지복(제전복)및 정전화 등 보호구 착용
3) 작업대에 정전기매트 사용

75 방폭지역에 전기기기를 설치할 때 그 위치로 적당하지 않은 것은?

① 운전·조작·조정이 편리한 위치
② 수분이나 습기에 노출되지 않는 위치
③ 정비에 필요한 공간이 확보되는 위치
④ 부식성 가스발산구 주변 검지가 용이한 위치

해설 부식성 가스발산구 주변에는 전기기기를 설치하지 않는다.

76 전기누전 화재경보기의 시험 방법에 속하지 않는 것은?

① 방수시험
② 전류특성시험
③ 접지저항시험
④ 전압특성시험

해설 전기누전화재경보의 시험방법
1) ①, ②, ④
2) 전로개폐시험
3) 절연저항 및 절연내력시험

■ 정답 ■ 71.③ 72.② 73.② 74.③ 75.④ 76.③

77 Q=2×10⁻⁷C으로 대전하고 있는 반경 25cm 도체구의 전위는 약 몇 kV인가?

① 7.2 ② 12.5
③ 14.4 ④ 25

해설 1) 반지름(반경) r(m)인 고립도구체의 전위 및 정전용량

① 전위(V) = $\dfrac{Q}{4\pi\epsilon_o r}$ (V)

② 정전용량(C) = $\dfrac{Q}{V}$ = $(4\pi\epsilon_o)r$

(F : 패럿)

2) $V = \dfrac{Q}{4\pi\epsilon_o r} = \dfrac{2\times 10^{-7}}{\left(\dfrac{1}{9\times 10^9}\right)\times 0.25}$

= 7200V = 7.2kV

여기서, Q : 전하(C ; 쿨롬)
$4\pi\epsilon_o : \dfrac{1}{9\times 10^9}$
r : 반경(m)

78 전기설비 화재의 경과별 재해 중 가장 빈도가 높은 것은?

① 단락(합선) ② 누전
③ 접촉부 과열 ④ 정전기

해설 출화의 경과에 의한 전기화재 비율
∴ 단락(25%) 〉 스파크(24%) 〉 누전(15%) 〉 접촉부과열(12%) 〉 절연열화·파괴(11%) 〉 과전류(8%)

79 코로나 방전이 발생할 경우 공기 중에 생성되는 것은?

① O_2 ② O_3
③ N_2 ④ N_3

해설 코로나 방전시 공기 중에 생성하는 가스 : 오존(O_3)

80 200A의 전류가 흐르는 단상 전로의 한 선에서 누전되는 최소 전류(mA)의 기준은?

① 100 ② 200
③ 10 ④ 20

해설 누전전류 = 최대공급전류 × $\dfrac{1}{2,000}$ 이하
= 200A × $\dfrac{1}{2,000}$ = 0.1A = 100mA

제5과목 / 화학설비위험방지기술

81 불연성이지만 다른 물질의 연소를 돕는 산화성 액체 물질에 해당하는 것은?

① 히드라진 ② 과염소산
③ 벤젠 ④ 암모니아

해설 과염소산칼륨($KClO_4$)
1) 자신은 불연성이지만 강력한 산화제이다.
2) 400℃ 이상으로 가열하면 분해하여 산소(O_2)를 방출한다.
$KClO_4 \rightarrow KCl + 2O_2 \uparrow$

82 산업안전보건법령상 특수화학설비를 설치할 때 내부의 이상상태를 조기에 파악하기 위하여 필요한 계측장치를 설치하여야 한다. 이러한 계측장치로 거리가 먼 것은?

① 압력계 ② 유량계
③ 온도계 ④ 비중계

해설 특수화학설비 설치시 내부의 이상상태를 조기에 파악하기 위해 설치하는 장치
1) 계측장치 : 온도계, 유량계, 압력계 등
2) 자동경보장치 설치(자동경보장치 설치 곤란 시는 감시인 배치)

■ 정답 ■ 77.① 78.① 79.② 80.① 81.② 82.④

83 산업안전보건법령상 단위공정시설 및 설비로부터 다른 단위공정 시설 및 설비사이의 안전거리는 설비의 바깥 면부터 얼마 이상이 되어야 하는가?

① 5m ② 10m
③ 15m ④ 20m

해설 화학설비 및 시설의 안전거리(안전보건규칙 별표 8)

구분	안전거리
1. 단위공정시설 및 설비로부터 다른 단위공정시설 및 설비의 사이	설비의 바깥면으로부터 10m 이상
2. 플레어스택으로부터 단위공정 시설 및 설비, 위험물질 저장탱크 또는 위험물질 하역설비의 사이	플레어스택으로부터 반경 20m이상. 다만, 단위공정시설 등이 불연재로 시공된 지붕아래 설치된 경우에는 그러하지 아니하다.
3. 위험물질 저장탱크로부터 단위공정 시설 및 설비, 보일러 또는 가열로의 사이	저장탱크의 바깥으로부터 20m 이상. 다만, 저장탱크의 방호벽, 원격조정 소화설비 또는 살수설비를 설치한 경우에는 그러하지 아니한다.
4. 사무실·연구실·실험실·정비실 또는 식당으로부터 단위공정 시설 및 설비, 위험물질저장탱크, 위험물질 하역설비, 보일러 또는 가열로의 사이	사무실 등의 바깥면으로부터 20m 이상. 다만, 난방용 보일러인 경우 또는 사무실 등의 벽을 방호구조로 설치한 경우에는 그러하지 아니하다.

84 다음 중 증기배관내에 생성된 증기의 누설을 막고 응축수를 자동적으로 배출하기 위한 안전장치는?

① Steam trap ② Vent stack
③ Blow down ④ Flame arrester

해설 스팀트랩(steam trap) : 스팀 배관내에 생성하는 응축수를 자동적으로 배출하는 장치

85 산업안전보건법령상 위험물질의 종류를 구분할 때 다음 물질들이 해당하는 것은?

리튬, 칼륨, 나트륨, 황, 황린, 황화인·적린

① 폭발성 물질 및 유기과산화물
② 산화성 액체 및 산화성 고체
③ 물반응성 물질 및 인화성 고체
④ 급성 독성 물질

해설 물반응성물질 및 인화성고체(안전보건규칙)
  1) 리튬
  2) 칼륨·나트륨
  3) 황
  4) 황린
  5) 황화인·적린
  6) 셀룰로이드류
  7) 알킬알루미늄·알킬리튬
  8) 마그네슘분말
  9) 금속분말(마그네슘분말은 제외)
  10) 알칼리금속(리튬·칼륨 및 나트륨은 제외)
  11) 유기금속화합물(알킬알루미늄 및 알킬리튬은 제외)
  12) 금속의 수소화물
  13) 금속의 인화물
  14) 칼슘탄화물·알루미늄탄화물

86 제1종 분말소화약제의 주성분에 해당하는 것은?

① 사염화탄소 ② 브롬화메탄
③ 수산화암모늄 ④ 탄산수소나트륨

해설 분말소화약제
  1) 제1종 분말소화약제 : 중탄산나트륨($NaHCO_3$)
  2) 제2종 분말소화약제 : 중탄산칼륨($KHCO_3$)
  3) 제3종 분말소화약제 : 인산암모늄($NH_4H_2PO_4$)
  4) 제4종 분말소화약제 : 중탄산칼륨($KHCO_3$) + 요소[$(NH_2)_2CO$]

■ 정답 ■ 83.② 84.① 85.③ 86.④

87 다음 [표]를 참조하여 메탄 70vol%, 프로판 21vol%, 부탄 9vol%인 혼합가스의 폭발범위를 구하면 약 몇 vol%인가?

가스	폭발하한계 (vol%)	폭발상한계 (vol%)
C_4H_{10}	1.8	8.4
C_3H_8	2.1	9.5
C_2H_6	3.0	12.4
CH_4	5.0	15.0

① 3.45~9.11 ② 3.45~12.58
③ 3.85~9.11 ④ 3.85~12.58

해설 1) 혼합가스 폭발하한계(L_a)

$$L_a = \frac{V_1 + V_2 + V_3}{\frac{V_1}{L_1} + \frac{V_2}{L_2} + \frac{V_3}{L_3}}$$

$$= \frac{70 + 21 + 9}{\frac{70}{5.0} + \frac{21}{2.1} + \frac{9}{1.8}} = 3.45 \text{vol}\%$$

2) 혼합가스 폭발상한계(L_b)

$$L_b = \frac{70 + 21 + 9}{\frac{70}{15.0} + \frac{21}{9.5} + \frac{9}{8.4}} = 12.58 \text{vol}\%$$

88 탄화칼슘이 물과 반응하였을 때 생성물을 옳게 나타낸 것은?

① 수산화칼슘 + 아세틸렌
② 수산화칼슘 + 수소
③ 염화칼슘 + 아세틸렌
④ 염화칼슘 + 수소

해설 물(H_2O)과 탄화칼슘(CaC_2)이 반응하면 수산화칼슘[$Ca(OH)_2$]과 아세틸렌(C_2H_2)을 발생시킨다.
$CaC_2 + 2H_2O \rightarrow Ca(OH)_2 + C_2H_2$

89 다음 중 분진 폭발의 특징으로 옳은 것은?

① 가스폭발보다 연소시간이 짧고, 발생에너지가 작다.
② 압력의 파급속도보다 화염의 파급속도가 빠르다.
③ 가스폭발에 비하여 불완전 연소의 발생이 없다.
④ 주위의 분진에 의해 2차, 3차의 폭발로 파급될 수 있다.

해설 분진폭발의 특징
1) 가스폭발보다 연소시간은 길고 가해지는 힘(발생에너지)은 매우 크다.
2) 연소속도나 폭발압력은 가스폭발보다 작다 (화염의 파급속도보다 압력의 파급속도가 빠르다.)
3) 가스폭발에 비하여 불완전 연소가 크게 발생하여 CO의 중독피해가 우려된다.
4) 2차, 3차 폭발을 한다.

90 산업안전보건법령에 따라 공정안전보고서에 포함해야 할 세부내용 중 공정안전자료에 해당하지 않는 것은?

① 안전운전지침서
② 각종 건물·설비의 배치도
③ 유해하거나 위험한 설비의 목록 및 사양
④ 위험설비의 안전설계·제작 및 설치관련 지침서

해설 공정안전보고서 중 공정안전자료의 세부내용
1) 취급·저장하고 있거나 취급·저장하고자 하는 유해·위험물질의 종류 및 수량
2) 유해·위험 물질에 대한 물질안전보건자료
3) 유해·위험설비의 목록 및 사양
4) 유해·위험설비의 운전방법을 알 수 있는 공정도면
5) 각종 건물설비의 배치도
6) 방폭지역 구분도 및 전기단선도
7) 위험설비의 안전설계·제작 및 설치 관련 지침서

■ 정답 ■ 87.② 88.① 89.④ 90.①

91 아세톤에 대한 설명으로 틀린 것은?

① 증기는 유독하므로 흡입하지 않도록 주의해야 한다.
② 무색이고 휘발성이 강한 액체이다.
③ 비중이 0.79 이므로 물보다 가볍다.
④ 인화점이 20℃이므로 여름철에 인화 위험이 더 높다.

해설 아세톤(CH_3COCH_3, 디메틸케톤)
1) 물에 잘 용해되는 수용성 인화성 물질 (인화점 : -18℃)
2) 일광이나 공기 중에 노출되면 폭발성의 과산화물을 생성
3) 피부에 닿으면 탈지작용을 일으킴
4) 저장용기는 밀봉하여 냉암소에 보관

92 가연성 가스 A의 연소범위를 2.2~9.5 vol% 라 할 때 가스 A의 위험도는 얼마인가?

① 2.52   ② 3.32
③ 4.91   ④ 5.64

해설 가스 A의 위험도
$$= \frac{폭발상한계 - 폭발하한계}{폭발하한계}$$
$$= \frac{9.5 - 2.2}{2.2} = 3.32$$

93 CF_3Br 소화약제의 하론 번호를 옳게 나타낸 것은?

① 하론 1031   ② 하론 1311
③ 하론 1301   ④ 하론 1310

해설 CF_3Br : 하론 1301

94 자연발화 성질을 갖는 물질이 아닌 것은?

① 질화면   ② 목탄분말
③ 아마인유   ④ 과염소산

해설 과염소산($HClO_4$) : 산화성물질

95 다음 중 왕복펌프에 속하지 않는 것은?

① 피스톤 펌프   ② 플런저 펌프
③ 기어 펌프   ④ 격막 펌프

해설
1) 왕복펌프 : 피스톤펌프, 플런저펌프, 격막펌프 등
2) 회전펌프 : 기어펌프, 베인펌프 등
3) 원심펌프 : 볼류트펌프, 터어빈펌프 등

96 산업안전보건법령에 따라 위험물 건조설비 중 건조실을 설치하는 건축물의 구조를 독립된 단층 건물로 하여야 하는 건조설비가 아닌 것은?

① 위험물 또는 위험물이 발생하는 물질을 가열·건조하는 경우 내용적이 2m³ 인 건조설비
② 위험물이 아닌 물질을 가열·건조하는 경우 액체연료의 최대사용량이 5kg/h 인 건조설비
③ 위험물이 아닌 물질을 가열·건조하는 경우 기체연료의 최대사용량이 2m³/h 인 건조설비
④ 위험물이 아닌 물질을 가열·건조하는 경우 전기사용 정격용량이 20kW 인 건조설비

해설 (1) 위험물 건조설비(위험물 또는 위험물이 발생하는 물질을 가열·건조하는 긴조실 및 건조기)중 건조실을 설치하는 건축물의 구조 : 녹립된 단층 건물로 할 것(단, 건조실을 건축물의 최상층에 설치하거나 건축물이 내화구조일 때는 제외)
(2) 독립된 단층건물로 해야 하는 건조설비
  1) 위험물을 가열·건조하는 경우 내용적이 1m³ 이상인 건조설비
  2) 위험물이 아닌 물질을 가열·건조하는 경우로서 다음 각 목의 어느 하나의 용량에 해당하는 건조설비
    ① 고체 또는 액체연료의 최대사용량이 시간당 10kg 이상
    ② 기체연료의 최대사용량이 1m³/hr 이상
    ③ 전기사용 정격용량이 10kW 이상

■ 정답 ■ 91.④ 92.② 93.③ 94.④ 95.③ 96.②

97 5% NaOH 수용액과 10% NaOH 수용액을 반응기에 혼합하여 6% 100kg의 NaOH 수용액을 만들려면 각각 몇 kg의 NaOH 수용액이 필요한가?

① 5% NaOH 수용액 : 33.3, 10% NaOH 수용액 : 66.7
② 5% NaOH 수용액 : 50, 10% NaOH 수용액 : 50
③ 5% NaOH 수용액 : 66.7, 10% NaOH 수용액 : 33.3
④ 5% NaOH 수용액 : 80, 10% NaOH 수용액 : 20

해설 1) 5% NaOH 수용액 질량 : W_1(kg)
10% NaOH 수용액 질량 : W_2(kg)
$W_1 + W_2 = 100$ ············· ①
$0.05W_1 + 0.1W_2 = 0.06 \times 100$ ··· ②

2) ①식에서 $W_2 = 100 - W_1$을 ②식에 대입
$0.05W_1 + 0.1(100 - W_1) = 6$
$0.05W_1 + 10 - 0.1W_1 = 6$
$0.1W_1 - 0.05W_1 = 10 - 6$
$0.05W_1 = 4$
$W_1 = \dfrac{4}{0.05} = 80Kg$
$W_2 = 100 - 80 = 20Kg$

98 다음 중 노출기준(TWA, ppm) 값이 가장 작은 물질은?

① 염소
② 암모니아
③ 에탄올
④ 메탄올

해설 노출기준(TWA)

물질명	TWA
염소(Cl_2)	0.5ppm
암모니아(NH_3)	25ppm
에탄올(C_2H_5OH)	1000ppm
메탄올(CH_3OH)	200ppm

99 두 물질을 혼합하면 위험성이 커지는 경우가 아닌 것은?

① 이황화탄소+물
② 나트륨+물
③ 과산화나트륨+염산
④ 염소산칼륨+적린

해설 이황화탄소(CS_2) : 물속에 보관

100 화학물질 및 물리적 인자의 노출기준에서 정한 유해인자에 대한 노출기준의 표시단위가 잘못 연결된 것은?

① 에어로졸 : ppm
② 증기 : ppm
③ 가스 : ppm
④ 고온 : 습구흑구온도지수(WBGT)

해설 유해인자에 대한 노출기준의 표시단위
1) 화학적 인자의 가스, 증기, 분진, 흄(fume), 미스트(mist)등의 농도 : 피피엠(ppm)또는 세제곱미터 당 밀리그램(mg/m^3)으로 표시한다. 다만, 석면의 농도표시는 세제곱센티미터 당 섬유개수(개/cm^3)로 표시한다.
2) 피피엠(ppm)과 세제곱미터 당 밀리그램(mg/m^3)간의 상호 농도변환 공식
  ① 노출기준(mg/m^3)
   $= \dfrac{노출기준(ppm) \times 그램분자량(MW)}{24.45(25℃, 1기압)}$
  ② 노출기준(ppm)
   $= \dfrac{노출기준(mg/m^3) \times 24.45}{그램분자량(MW)}$
3) 소음수준의 측정단위 : 데시벨[dB(A)]로 표시한다.
4) 고열(복사열 포함)의 측정단위 : 습구흑구 온도지수(WBGT)를 구하여 섭씨 온도(℃)로 표시한다.

■ 정답 ■ 97.④ 98.① 99.① 100.①

제6과목 / 건설안전기술

101 강관틀비계(높이 5m 이상)의 넘어짐을 방지하기 위하여 사용하는 벽이음 및 버팀의 설치간격 기준으로 옳은 것은?

① 수직방향 5m, 수평방향 5m
② 수직방향 6m, 수평방향 7m
③ 수직방향 6m, 수평방향 8m
④ 수직방향 7m, 수평방향 8m

해설 강관비틀계를 조립하여 사용할 때의 준수할 사항
1) 비계기둥의 밑둥에는 밑받침철물을 사용하여야 하며 밑받침에 고저차가 있는 경우에는 조절형 밑받침철물을 사용하여 각각의 강관틀비계가 항상 수평 및 수직을 유지하도록 할 것
2) 높이가 20m를 초과하거나 중량물의 적재를 수반하는 작업을 할 경우에는 주틀 간의 간격이 1.8m 이하로 할 것
3) 주틀 간의 교차가새를 설치하고 최상층 및 5층 이내마다 수평재를 설치할 것
4) 수직방향으로 6m, 수평방향으로 8m 이내마다 벽이음을 할 것
5) 길이가 띠장방향으로 4m 이하이고 높이가 10m를 초과하는 경우에는 10m 이내마다 띠장방향으로 버팀기둥을 설치할 것

102 장비가 위치한 지면보다 낮은 장소를 굴착하는 데 적합한 장비는?

① 트럭크레인   ② 파워셔블
③ 백호   ④ 진폴

해설 Back hoe(백호우)
1) 중기가 위치한 지면보다 낮은 곳의 땅을 파는 데 적합하다.
2) 경질지반 기초굴착, 지하층굴착, 도랑파기굴착, 수중굴착 등에 쓰인다.

103 다음은 산업안전보건법령에 따른 산업안전보건관리비의 사용에 관한 규정이다. ( )안에 들어갈 내용을 순서대로 옳게 작성한 것은?

> 건설공사도급인은 고용노동부장관이 정하는 바에 따라 해당 건설공사를 위하여 계상된 산업안전보건관리비를 그가 사용하는 근로자와 그의 관계수급인이 사용하는 근로자의 산업재해 및 건강장해 예방에 사용하고, 그 사용명세서를 (   )작성하고 건설공사 종료 후 (   )간 보존해야 한다.

① 매월, 6개월
② 매월, 1년
③ 2개월 마다, 6개월
④ 2개월 마다, 1년

해설 사용명세서 작성 및 보존 : 산업안전 보건관리비 사용명세서는 매월(공사가 1개월 이내에 종료되는 사업의 경우에는 해당 공사종료 시) 작성하고 공사종료 후 1년간 보존하여야 한다.

104 지반의 굴착 작업에 있어서 비가 올 경우를 대비한 직접적인 대책으로 옳은 것은?

① 측구 설치
② 낙하물 방지망 설치
③ 추락 방호망 설치
④ 매설물 등의 유무 또는 상태 확인

해설 지반의 굴착작업 시 비가 올 경우를 대비한 빗물 등의 침투에 의한 붕괴재해를 예방하기 위한 조치사항
1) 측구설치
2) 굴착경사면에 비닐을 덮음

> **길잡이** 굴착작업 시 지반의 붕괴 또는 토석 낙하 등에 의한 위험방지 조치사항
> 1) 흙막이 지보공의 설치
> 2) 방호망이 설치
> 3) 근로자의 출입금지

■ 정답 ■ 101.③   102.③   103.②   104.①

105 흙막이 가시설 공사 중 발생할 수 있는 보일링(Boiling) 현상에 관한 설명으로 옳지 않은 것은?

① 이 현상이 발생하면 흙막이 벽의 지지력이 상실된다.
② 지하수위가 높은 지반을 굴착할 때 주로 발생된다.
③ 흙막이벽의 근입장 깊이가 부족할 경우 발생한다.
④ 연약한 점토지반에서 굴착면의 융기로 발생한다.

해설 보일링(boiling) 현상
1) **보일링(boiling)** : 보일링이란 사질토 지반을 굴착시, 굴착부와 지하수위차가 있을 경우, 수두차(水頭差)에 의하여 삼투압이 생겨 흙막이벽 근입부분을 침식하는 동시에 모래가 액상화(液狀化)되어 솟아오르는 현상으로 흙막이 벽의 근입부가 지지력을 상실하여 흙막이공의 붕괴를 초래한다.
2) **지반조건** : 지하수위가 높은 사질토
3) **대책**
  ① 굴착배면의 지하수위를 낮춘다.
  ② 흙막이벽(토류벽)의 근입깊이를 깊게 한다.
  ③ 흙막이벽 하단부에 버팀대를 보강한다.
  ④ 흙막이벽 선단에 코어 및 필터 층을 설치한다.

106 굴착과 싣기를 동시에 할 수 있는 토공 기계가 아닌 것은?

① 트랙터 셔블(tractor shovel)
② 백호(back hoe)
③ 파워 셔블(power shovel)
④ 모터 그레이더(motor grader)

해설 모터그레이더(motor grader) : 토공기계의 대패·지면을 절삭하여 평활하게 다듬는 것이 목적인 토공 기계

107 굴착공사에 있어서 비탈면붕괴를 방지하기 위하여 실시하는 대책으로 옳지 않은 것은?

① 지표수의 침투를 막기 위해 표면배수공을 한다.
② 지하수위를 내리기 위해 수평배수공을 설치한다.
③ 비탈면 하단을 성토한다.
④ 비탈면 상부에 토사를 적재한다.

해설 토사붕괴예방을 위한 조치사항(고용노동부고시)
1) 적절한 경사면의 기울기를 계획하여야 한다.
2) 경사면의 기울기가 당초 계획과 차이가 발생되면 즉시 재검토하여 계획을 변경시켜야 한다.
3) 활동할 가능성이 있는 토석은 제거하여야 한다.
4) 경사면의 하단부에 압성토 등 보강공법으로 활동에 대한 저항대책을 강구하여야 한다.
5) 말뚝(강관, H형강, 철근콘크리트)을 타입하여 지반을 강화시킨다.
6) 비탈면 또는 법면의 「하단」을 다져서 활동이 안되도록 저항을 만들어야 한다.
7) 지표수가 침투되지 않도록 배수를 시키고 지하수위를 낮추기 위하여 수평보링을 하여 배수시켜야 한다.

108 건설공사도급인은 건설공사 중에 가설구조물의 붕괴 등 산업재해가 발생할 위험이 있다고 판단되면 건축·토목 분야의 전문가의 의견을 들어 건설공사 발주자에게 해당 건설공사의 설계변경을 요청할 수 있는데, 이러한 가설구조물의 기준으로 옳지 않은 것은?

① 높이 20m 이상인 비계
② 작업발판 일체형 거푸집 또는 높이 6m 이상인 거푸집 동바리
③ 터널의 지보공 또는 높이 2m 이상인 흙막이 지보공
④ 동력을 이용하여 움직이는 가설구조물

해설 ①항, 높이 31m 이상인 비계

■ 정답 ■ 105.④ 106.④ 107.④ 108.①

109 강관을 사용하여 비계를 구성하는 경우 준수해야할 사항으로 옳지 않은 것은?

① 비계기둥의 간격은 띠장 방향에서는 1.85m 이하, 장선(長線) 방향에서는 1.5m 이하로 할 것
② 띠장 간격은 2.0m이하로 할 것
③ 비계기둥의 제일 윗부분으로부터 31m되는 지점 밑부분의 비계기둥은 3개의 강관으로 묶어 세울 것
④ 비계기둥 간의 적재하중은 400kg을 초과하지 않도록 할 것

해설 강관비계의 구조 : 강관을 사용하여 비계를 구성할 때의 준수사항
  1) 비계기둥의 간격은 띠장방향에서는 1.85m이하, 장선방향에서는 1.5m 이하로 할 것
  2) 띠장간격은 2.0m 이하로 할 것
  3) 비계기둥의 최고부로부터 31m 되는 지점 밑부분의 비계기둥은 2개의 강관으로 묶어 세울 것
  4) 비계기둥 간의 적재하중은 400kg을 초과하지 아니하도록 할 것

110 부두·안벽 등 하역작업을 하는 장소에서 부두 또는 안벽의 선을 따라 통로를 설치하는 경우에는 폭을 최소 얼마 이상으로 하여야 하는가?

① 85 cm
② 90 cm
③ 100 cm
④ 120 cm

해설 부두·안벽 등 하역작업을 하는 장소에 대한 조치사항(하역작업장의 조치기준)
  1) 작업장 및 통로의 위험한 부분에는 안전하게 작업할 수 있는 조명을 유지할 것
  2) 부두 또는 안벽의 선을 따라 통로를 설치하는 때에는 폭을 90cm 이상으로 할 것
  3) 육상에서의 통로 및 작업장소로서 다리 또는 선거의 갑문을 넘는 보도 등의 위험한 부분에는 안전난간 또는 울 등을 설치 할 것

111 다음은 산업안전보건법령에 따른 시스템 비계의 구조에 관한 사항이다. ( )안에 들어갈 내용으로 옳은 것은?

> 비계 밑단의 수직재와 받침철물은 밀착되도록 설치하고, 수직재와 받침철물의 연결부의 겹침길이는 받침철물 전체 길이의 ( )이상이 되도록 할 것

① 2분의 1
② 3분의 1
③ 4분의 1
④ 5분의 1

해설 시스템비계의 구조
  1) 수직재·수평재·가사재를 견고하게 연결하는 구조가 되도록 할 것
  2) 비계 밑단의 수직재와 받침철물은 밀착되도록 설치하고, 수직재와 받침철물의 연결부의 겹침길이는 받침철물 전체길이의 3분의 1이상이 되도록 할 것
  3) 수평재는 수직재와 직각으로 설치하여야 하며, 체결 후 흔들림이 없도록 견고하게 설치할 것
  4) 수직재와 수직재의 연결철물은 이탈되지 않도록 견고한 구조로 할 것
  5) 벽 연결재의 설치간격은 제조사가 정한 기준에 따라 설치할 것

112 건설현장에서 작업으로 인하여 물체가 떨어지거나 날아올 위험이 있는 경우에 대한 안전조치에 해당하지 않는 것은?

① 수직보호망 설치
② 방호선반 설치
③ 울타리설치
④ 낙하물 방지망 설치

해설 물체가 떨어지거나 날아올 위험이 있는 경우 위험방지 조치사항(안전보건규칙 제14조)
  1) 낙하물방지망·수직보호망 또는 방호선반의 설치
  2) 출입금지구역의 설정
  3) 보호구의 착용

■ 정답 ■ 109.③ 110.② 111.② 112.③

113 거푸집동바리 등을 조립하는 경우에 준수해야 할 기준으로 옳지 않은 것은?

① 동바리의 상하 고정 및 미끄러짐 방지조치를 하고, 하중의 지지상태를 유지한다.
② 강재와 강재의 접속부 및 교차부는 볼트·클램프 등 전용철물을 사용하여 단단히 연결한다.
③ 파이프서포트를 제외한 동바리로 사용하는 강관은 높이 2m마다 수평연결재를 2개 방향으로 만들고 수평연결재의 변위를 방지할 것
④ 동바리로 사용하는 파이프서포트는 4개 이상 이어서 사용하지 않도록 할 것

해설 거푸집동바리 조립시 준수사항(거푸집동바리 등의 안전조치)
1) 깔목의 사용, 콘크리트 타설(打設), 말뚝박기 등 동바리의 침하를 방지하기 위한 조치를 할 것
2) 개구부 상부에 동바리를 설치하는 때에는 상부하중을 견딜 수 있는 견고한 받침대를 설치할 것
3) 동바리의 상하고정 및 미끄러짐 방지조치를 하고, 하중의 지지상태를 유지할 것
4) 동바리의 이음은 맞댄이음 또는 장부이음으로 하고 같은 품질의 재료를 사용할 것
5) 강재와 강재와의 접속부 및 교차부는 볼트·클램프 등 전용철물을 사용하여 단단히 연결할 것
6) 거푸집이 곡면인 때에는 버팀대의 부착 등 그 거푸집의 부상(浮上)을 방지하기 위한 조치를 할 것
7) 동바리로 사용하는 파이프서포트를 이어서 사용하는 경우에는 4개 이상의 볼트 또는 전용철물을 사용하여 이을 것

114 산업안전보건법령에 따른 작업발판 일체형 거푸집에 해당되지 않는 것은?

① 갱 폼(Gang Form)
② 슬립 폼(Slip Form)
③ 유로 폼(Euro Form)
④ 클라이밍 폼(Climbing Form)

해설 1) 작업발판 일체형 거푸집 : 거푸집의 설치·해체, 철근 조립, 콘크리트 타설, 콘크리트 면 처리 작업 등을 위하여 거푸집을 작업발판과 일체로 제작하여 사용하는 거푸집을 말한다.
2) 작업발판 일체형 거푸집의 종류
① 갱폼 (gang form)
② 슬립폼(slip form)
③ 클라이밍 폼(climbing form)
④ 터널 라이닝 폼(tunnel lining form)
⑤ 그 밖에 거푸집과 작업발판이 일체로 제작된 거푸집 등

115 가설통로 설치에 있어 경사가 최소 얼마를 초과하는 경우에는 미끄러지지 아니하는 구조로 하여야 하는가?

① 15도   ② 20도
③ 30도   ④ 40도

해설 가설통로 설치 시 준수사항
1) 견고한 구조로 할 것
2) 경사는 30°이하로 할 것 (계단을 설치하거나 높이 2m 미만의 가설통로로서 튼튼한 손잡이를 설치한 때에는 그러하지 아니하다)
3) 경사가 15°를 초과하는 때에는 미끄러지지 않는 구조로 할 것
4) 추락의 위험이 있는 장소에는 안전난간을 설치할 것(작업상 부득이한 때에는 필요한 부분에 한하여 임시로 해체할 수 있다)
5) 수직갱에 가설된 통로의 길이가 15m 이상인 때에는 10m 이내마다 계단참을 설치할 것
6) 건설공사에서 사용하는 높이 8m 이상인 비계다리에는 7m 이내마다 계단을 설치할 것

■ 정답 ■ 113.④ 114.③ 115.①

116 터널 지보공을 조립하는 경우에는 미리 그 구조를 검토한 후 조립도를 작성하고, 그 조립도에 따라 조립하도록 하여야 하는데 이 조립도에 명시하여야할 사항과 가장 거리가 먼 것은?

① 이음방법   ② 단면규격
③ 재료의 재질   ④ 재료의 구입처

해설 터널지보공 조립 시 조립도에 명시하여야 할 사항
1) 재료의 재질
2) 단면규격
3) 설치간격
4) 이음간격

117 콘크리트 타설 시 안전수칙으로 옳지 않은 것은?

① 타설순서는 계획에 의하여 실시하여야 한다.
② 진동기는 최대한 많이 사용하여야 한다.
③ 콘크리트를 치는 도중에는 거푸집, 지보공 등의 이상유무를 확인하여야 한다.
④ 손수레로 콘크리트를 운반할 때에는 손수레를 타설하는 위치까지 천천히 운반하여 거푸집에 충격을 주지 아니하도록 타설하여야 한다.

해설 콘크리트 타설 시 내부진동기를 사용하여 다지기를 할 때 유의사항
1) 진동기는 슬럼프 값 15cm 이하에만 사용한다.
2) 퍼붓기 1회의 깊이는 60cm 미만으로 하고 진동기 사용간격은 60cm 이내로 한다.
3) 내부진동기는 수직으로 사용한다.
4) 진동기를 넣고 나서 뺄 때까지의 시간은 보통 5~15초가 적당하다.
5) 진동기를 가지고 거푸집 속의 콘크리트를 옆 방향으로 이동시켜서는 안 된다.
6) 진동기는 거푸집, 철근 또는 철골에 접촉되지 않도록 하고 뽑을 때에는 천천히 뽑아내어 콘크리트에 구멍이 남지 않도록 한다.

118 산업안전보건법령에 따른 건설공사 중 다리건설공사의 경우 유해위험방지계획서를 제출하여야 하는 기준으로 옳은 것은?

① 최대 지간길이가 40m 이상인 다리의 건설 등 공사
② 최대 지간길이가 50m 이상인 다리의 건설 등 공사
③ 최대 지간길이가 60m 이상인 다리의 건설 등 공사
④ 최대 지간길이가 70m 이상인 다리의 건설 등 공사

해설 건설업 중 유해위험방지계획서 제출대상 사업장 (시행규칙 제 120조 제 4항)
1) 지상높이가 31m 이상인 건축물 또는 인공 구조물, 연면적 3만 제곱미터 이상인 건축물 또는 연면적 5천 제곱미터 이상의 문화 및 집회시설(전시장 및 동물원·식물원은 제외), 판매시설, 운수시설(고속철도의 역사 및 집·배송시설은 제외), 종교시설, 의료시설 중 종합병원, 숙박시설 중 관광숙박시설, 지하도 상가 또는 냉동·냉장 창고시설의 건설·개조 또는 해체(이하 "건설등"이라 함)
2) 연면적 5천 제곱미터 이상의 냉동·냉장 창고시설의 설비공사 및 단열공사
3) 최대 지간길이가 50미터 이상인 교량건설 등 공사
4) 터널 건설 등의 공사
5) 다목적댐, 발전용댐 및 저수용량 2천만 톤 이상의 용수 전용 댐, 지방상수도 전용댐건설 등의 공사
6) 깊이 10미터 이상인 굴착공사

119 산업안전보건법령에 따른 양중기의 종류에 해당하지 않는 것은?

① 고소작업차   ② 이동식 크레인
③ 승강기   ④ 리프트(Lift)

해설 양중기의 종류
1) 크레인(호이스트 포함)
2) 이동식 크레인

정답 116.④ 117.② 118.② 119.①

3) 리프트(이삿짐운반용 리프트의 경우 적재하중이 0.1ton 이상인 것)
4) 곤돌라
5) 승강기

120 강관틀 비계를 조립하여 사용하는 경우 준수하여야 할 사항으로 옳지 않은 것은?

① 비계기둥의 밑둥에는 밑받침 철물을 사용할 것
② 높이가 20m를 초과하거나 중량물의 적재를 수반하는 작업을 할 경우에는 주틀 간의 간격을 1.8m 이하로 할 것
③ 주틀 간에 교차 가새를 설치하고 최하층 및 3층 이내마다 수평재를 설치할 것
④ 길이가 띠장 방향으로 4m 이하이고 높이가 10m를 초과하는 경우에는 10m 이내마다 띠장 방향으로 버팀기둥을 설치할 것

해설 강관비틀계를 조립하여 사용할 때의 준수할 사항
1) 비계기둥의 밑둥에는 밑받침철물을 사용하여야 하며 밑받침에 고저차가 있는 경우에는 조절형 밑받침철물을 사용하여 각각의 강관틀 비계가 항상 수평 및 수직을 유지하도록 할 것
2) 높이가 20m를 초과하거나 중량물의 적재를 수반하는 작업을 할 경우에는 주틀 간의 간격이 1.8m 이하로 할 것
3) 주틀 간의 교차가새를 설치하고 최상층 및 5층 이내마다 수평재를 설치할 것
4) 수직방향으로 6m, 수평방향으로 8m 이내마다 벽이음을 할 것
5) 길이가 띠장방향으로 4m 이하이고 높이가 10m를 초과하는 경우에는 10m 이내마다 띠장방향으로 버팀기둥을 설치할 것

■ 정답 ■ 120.③

산업안전기사 필기
4주완성 [2026]

초판 1쇄 발행　2020년 01월 10일
초판 2쇄 발행　2021년 01월 20일
초판 3쇄 발행　2022년 01월 20일
초판 4쇄 발행　2023년 01월 20일
초판 5쇄 발행　2024년 01월 10일
초판 6쇄 발행　2025년 01월 10일
초판 7쇄 발행　2026년 01월 20일

지은이 | 경국현
펴낸이 | 이주연
펴낸곳 | **명인북스**
등　록 | 제 409-2021-000031호

주　소 | 인천시 서구 완정로65번안길 10, 114동 605호
전　화 | 032-565-7338
팩　스 | 032-565-7348
E-mail | phy4029@naver.com
정　가 | 43,000원

ISBN 979-11-94269-21-2 (13530)

이 책은 저작권법에 따라 보호받는 저작물이므로 무단 전재와 무단 복제를 금합니다.
※ 파본은 구입하신 서점에서 교환해 드립니다.